पदार्थ विज्ञान एवं इन्जीनियरी

[MATERIAL SCIENCE AND ENGINEERING]

[AMIE के नवीन पाठ्याक्रमानुसार]

वाई. डी. शर्मा
पूर्व विभागाध्यक्ष विद्युत अभियन्त्रण
राजकीय पॉलीटेक्निक, उत्तरप्रदेश

आर. पी. गर्ग
पूर्व विभागाध्यक्ष यांत्रिक अभियन्त्रण
राजकीय पॉलीटेक्निक, उत्तरप्रदेश

प्रकाशक

स्टैण्डर्ड पब्लिशर्स डिस्ट्रीब्यूटर्स

1705-B, नई सड़क, पोस्ट बाक्स न. : 1066, दिल्ली-110006

www.standardpublishers.com Email: stpub@vsnl.com

प्रकाशक : ए. के. जैन
स्टैण्डर्ड पब्लिशर्स डिस्ट्रीब्यूटर्स
1705-B, नई सड़क, दिल्ली-110006
दूरभाष : 23262700, 23285798, Fax : 23243180

प्रथम संस्करण : 1998
द्वितीय संस्करण : 2008
संस्करण : 2013
संस्करण : 2016

मूल्य : रु. 200/-

ISBN: 81-8014-113-6

लेज़र टाइपसैटिंग :
भार्गव लेज़र प्रिंटर्स, दिल्ली

मुद्रक : लोमस ऑफसेट प्रैस, दिल्ली

प्रस्तावना

आज के इस विज्ञान एवं टेक्नालॉजी के युग में, लगभग प्रत्येक क्षेत्र में, उत्तम गुणवत्ता एवं वांछित परिणाम प्राप्त करने के लिए, उनमें प्रयुक्त उपकरणों के निर्माण में प्रयोग किये जाने वाले पदार्थों की महत्ता के कारण पदार्थ विज्ञान का विशेष महत्त्व है। सभी इन्जीनियर्स, पदार्थों के अधिकतम प्रयोग के साथ सम्बन्धित हैं तथा उनको अपने जॉब के लिए सर्वाधिक उपयोगी पदार्थ को चुनना होता है। पदार्थ सिविल इन्जीनियरी संरचना, विद्युत पारेषण, पावर प्लान्ट, आधुनिक कटाई मशीनों अथवा एक विद्युत घटक इत्यादि के लिए हो सकता है। पदार्थ विज्ञान एक ऐसा विषय है जिसमें मनुष्य की जिज्ञासा एवं कुछ और "उत्तम" करने की इच्छा के कारण सदैव नवीनतम प्रयोगों की सम्भावना बनी रहती है।

प्रस्तुत पुस्तक 'पदार्थ विज्ञान एवं इन्जीनियरी' इन्जीनियरिंग विद्यार्थियों को पदार्थ विज्ञान के मौलिक सिद्धान्तों की अच्छी पकड़ जो पदार्थों के विभिन्न गुणों को नियन्त्रित करती है तथा पदार्थ के आशावादी चयन को बनाने में सहायता करती है, से परिचय कराने हेतु अनेक भारतीय यूनिवर्सिटीज तथा प्रोफेसनल सोसाइटीज जैसे इन्स्टीट्यूशन आफ इन्जीनियर्स (इण्डिया) सेक्शन A परीक्षा, डिप्लोमा एवं नॉन-डिप्लोमा स्ट्रीम दोनों की तैयारी करने हेतु छात्रों की आवश्यकताओं को पूरा करने के लिए ग्रीष्मकालीन 2005 से प्रभावी नये संशोधित पाठ्यक्रम के अनुसार 'पदार्थ विज्ञान एवं इन्जीनियरी' विषय (कोड संख्या AN–202 तथा AD–302) के लिए सरल हिन्दी भाषा में तैयार की गई है।

यद्यपि इस विषय से सम्बन्धित अंग्रेजी भाषा में अनेकानेक पुस्तकें उपलब्ध है, सम्भवतः उपयुक्त चयन की समस्या के कारण एक बड़ा पाठक वर्ग ऐसा है जिसे इस विषय पर सैद्धान्तिक जिज्ञासा तो है परन्तु अंग्रेजी भाषा के मूल आधार की अनुपस्थिति के कारण पदार्थ विज्ञान का विषय उनके लिए जटिलता उत्पन्न करता है। दुर्भाग्य है कि इस श्रेणी के पाठकों के लिए विशेष रूप से हिन्दी में अच्छी पुस्तकों का नितान्त अभाव है। अत्यन्त हर्ष का विषय है कि मै० स्टैण्डर्ड पब्लिशर्स डिस्ट्रीब्यूटर्स नई सड़क देहली ने इस विषय से सम्बन्धित इस पुस्तक का हिन्दी में प्रकाशन कर एक सराहनीय कार्य किया है।

यह पुस्तक तीन खण्डों में विभाजित है। खण्ड−1 में इन्जीनियरी पदार्थों का परिचय, परमाणु एवं क्रिस्टल की संरचना, ठोस पदार्थों में बन्ध, ठोसों में दोष, ठोसों में डिफ्यूजन, फेज डायग्राम्स, पदार्थों के यान्त्रिक गुण, पदार्थों का डिफॉर्मेशन, खण्ड−2 में ऊष्मा-उपचार, पदार्थों के ऊष्मीय गुण, सिरेमिक पदार्थ, पॉलीमेराइज़ेशन, पदार्थों के इलैक्ट्रॉनिक गुण जैसे अध्यायों तथा खण्ड−3 में पाठ्यक्रम पर आधारित लघु उत्तर सहित विशेष प्रश्न बैंक तथा ऑबजैक्टिव

प्रश्नों को दिया गया है। पुस्तक में सम्पूर्ण विषय की पर्याप्त गम्भीरता को पूरा करने का भरसक प्रयास किया गया है।

प्रत्येक अध्याय के अन्त में विषय को सरलता एवं शीघ्रता से समझने के लिए महत्त्वपूर्ण एवं उपयोगी पदों की शब्दावली दी गई है। प्रत्येक अध्याय के सम्बन्धित अनुच्छेदों को स्वच्छ चित्रों एवं हल किये गये उदाहरणों के माध्यम से और स्पष्ट किया गया है तथा परीक्षा उपयोग के लिए अध्याय के अन्त में अभ्यासमाला दी गई है। आवश्यक स्थानों पर हिन्दी तकनीकी शब्दों के लिए सुविधा हेतु अंग्रेजी भाषा के शब्दों को कोष्ठों में दिया गया है। इस पुस्तक को यह रूप देने के लिए विषय से सम्बन्धित अनेक विद्वान लेखकों की पुस्तकों की सहायता ली गई है। लेखक गण इन सबके लिए अपनी कृतज्ञता प्रकट करते हैं।

अन्त में पुस्तक को अधिक उपयोगी एवं लाभप्रद बनाने के लिए छात्रों, अध्यापकों एवं प्रोफेसनल इन्जीनियरों से अनुरोध है कि अपने अमूल्य सुझाव देकर त्रुटियों (यदि कोई हो) से अवगत कराकर प्रकाशक के माध्यम से भेजकर कृतार्थ करने का कष्ट करें।

—लेखकगण

SYLLABUS

[Effective From Summer -2005]

[For Code AN-202 and AD-302]

MATERIALS SCIENCE AND ENGINEERING

Group A

Introduction to **materials.** Metal and alloys, ceramics, polymers and semiconducting materials – introduction and application as engineering materials.

Defects in solids. Point, line and surface defects, *Diffusion in solids.*

Phase diagrams. Monocomponent and binary systems, non-equilibrium system, phase diagram and application in crystalline and non-crystalline solids.

Mechanical properties. Tensile strength, yield strength, elastic and viscoelastic properties, creep, stress relaxation and impact. Fracture behaviour. Ductile fracture, Griffith theory, effect of heat treatment and temperature on properties of metals.

Deformation of metals. Elastic and plastic deformation, slip, twin, dislocation theory, critical resolved shear stress, deformation in polycrystalline materials, season cracking, Bauschinger's effect, **strengthing mechanism,** work hardening, recovery, crystallisation and grain growth, cold and hot working.

Group B

Heat treatment. Iron-carbon system. Annealing, normalising, hardening, critical cooling rate, hardenability, age hardening, surface hardening, tempering.

Thermal properties. High temperature materials, materials for cryogenic applications, thermally insulating materials. (Specific heat, thermal conductivity, thermal expansion).

Ceramic materials and polymers. Silicon structures, polymerism fraction in glass, electrical properties of ceramic phases, rocks, building stones, refractories.

Polymerisation mechanism, structural properties of polymers, thermoplastics, thermosets, elastomer, resins, composites, particle and fibre reinforced composite. Composite material including nano material.

Electronic properties. Magnetism, dimagnetism, paramagnetism, ferromagnetism, magnetic energy, zone theory of solids, zones in conductors and insulators.

विषय-सूची

अध्याय पृष्ठ

खण्ड—1

खण्ड—2

खण्ड—3

खण्ड-1

1

इन्जीनियरी पदार्थ का परिचय

(Introduction To Engineering Materials)

1.1. परिचय (Introduction)

पदार्थ विज्ञान (material science) पद इन्जीनियरी में प्रयोग होने वाले दो लोकप्रिय शब्दों पदार्थ (material) तथा विज्ञान (science) का संयोग (combination) है। इन शब्दों का मतलब जब एक साथ एकीकृत किया जाता है तो, इसलिए विषय को परिज्ञान प्रदान करता है। यहाँ पदार्थों (materials) से तात्पर्य उन सभी जड़ पदार्थों से सन्दर्भित नहीं है जो संसार में पाए जाते हैं बल्कि पदार्थ विज्ञान की रूचि (scope) पदार्थों के उस भाग तक सीमित है जो इन्जीनियर अथवा टेक्नोलाजिस्ट के आधुनिक सभ्यता की आवश्यकताओं की पूर्ति को उसके व्यवसाय के व्यवहार में उपयोगी हैं अर्थात् पदार्थों से तात्पर्य इन्जीनियरी पदार्थों (engineering materials) से है तथा जो केवल ठोस पदार्थों (solid materials) तक सीमित है।

विज्ञान (science) शब्द का तात्पर्य (meaning) यद्यपि अत्यन्त व्यापक है, परन्तु पदार्थ विज्ञान (material science), विज्ञान (science), भौतिक शास्त्र (physics) एवं रसायन विज्ञान (chemistry) से सम्बन्धित physical science को सन्दर्भित है। जैसा कि पूर्व में बताया जा चुका है कि पदार्थ विज्ञान केवल ठोस पदार्थों तक सीमित है। इसलिए विषय solid state physics एवं solid state chemistry से सम्बन्धित है। चूँकि हम सदैव पदार्थ की इन्जीनियरी उपयोगिता को देखते हैं इस बात की परवाह न करते हुए कि विज्ञान के मालिक नियमों का सख्ती से पालन हो भी सकता है अथवा नहीं, पदार्थ विज्ञान प्राथमिक रूप

से इन्जीनियरी विज्ञान के साथ व्यवहार करती है जैसे—मैटलर्जी (metallurgy), सेरेमिक्स (ceramics) तथा पॉलिमर विज्ञान (polymer science) जो physics एवं chemistry दोनों के scientific discipline के साथ अपने विशिष्ट क्षेत्र में विकसित किए गए हैं।

पदार्थ विज्ञान तथा इन्जीनियरी (material science and engineering) वर्तमान नाट्य रूपरेखा (present scenerio) में अपने बेहतर उपयोग के लिए नए पदार्थों तथा पहले से ज्ञात एवं विद्यमान पदार्थों की खोज के साथ सम्बन्धित एक अन्तर्नियमबद्ध क्षेत्र (interdisciplinary area) है। ज्ञात पदार्थों में यह सुधार (improvement) microstructure composition-synthesis तथा processing relationship की गहन समझ के द्वारा प्राप्त किया जाता है। composition से हमारा तात्पर्य पदार्थ की रासायनिक बनावट एवं structure से तात्पर्य विभिन्न स्तरों पर दिखाई देने वाले अणुओं (atoms) की व्यवस्था से है जबकि synthesis तथा प्रोसेसिंग से हमारा तात्पर्य घटकों (components) के उत्पादन से है।

इन्जीनियरों को पदार्थों की बड़ी श्रेणी उपलब्ध है तथा ये सभी पदार्थ विस्तृत रूप में विभिन्न गुण रखते हैं। ग्लास, कंक्रीट, रबर, टिम्बर, मेटल्स, ऐलायज, प्लास्टिक या सेरेमिक्स इन्जीनियरों द्वारा सभी प्रयोग किए जाते हैं, परन्तु उनके लक्षण (characteristies) तथा गुण (properties) परस्पर पूर्णतया भिन्न हैं। पदार्थों के एक ग्रुप के अन्तर्गत भी, गुणों की रेंज बहुत बड़ी हो सकती है, अर्थात्, गुण मृदु (soft) एवं आसानी से विरूपित पदार्थ (लैड) से कठोर (hard) तथा चीमड़ पदार्थ (tough material) (टूल स्टील) तक रेंज कर सकते हैं।

आज के इस विज्ञान एवं टेक्नालॉजी के युग में पदार्थ विज्ञान का विशेष महत्त्व है। सभी इन्जीनियर्स पदार्थों के अधिकतम प्रयोग के साथ सम्बन्धित हैं तथा उनको अपने जॉब के लिए सर्वाधिक उपयोगी पदार्थ को चुनना होता है। पदार्थ सिविल इन्जीनियरी संरचना, विद्युत पारेषण, पावर प्लान्ट, आधुनिक कटाई मशीनों या शायद एक विद्युत घटक के लिए हो सकता है। पदार्थ के चयन करते समय, उसे अनेक फेक्टर्स पर विचार करना होता है। उसे जॉब से सम्बन्धित सभी तथ्यों के विषय में सोचना पड़ता है जैसे सेवा के दौरान क्या पदार्थ के गुणों में परिवर्तन होगा ? क्या फिनिश किए गए घटक कम लागत पर उत्पादित हो सकते हैं ? क्या फिनिश घटक (finished component) अस्थिर गुणों को स्वीकार हो सकते हैं ? क्या पदार्थ परिवर्तित स्थितियों में संक्षारण (corrosion) सहन कर सकता है ? क्या पदार्थ सरलता से वाँछित आकार का बनाया जा सकता है ? क्या पदार्थ आवश्यक यान्त्रिक, विद्युत, तापीय (thermal), चुम्बकीय तथा ऑप्टिकल गुणों को रखता है ? क्या पदार्थ static या dynamic भार को सहन कर सकता है ? आदि।

जैसे कि हजारों पदार्थ उपलब्ध हैं तथा एक इन्जीनियर के लिए सभी के विषय में विस्तृत ज्ञान रखना सम्भव नहीं है। परन्तु मौलिक सिद्धान्तों की अच्छी पकड़ जो पदार्थों के गुणों को नियन्त्रित करती है, उसे पदार्थ के ऑप्टिमस चयन को बनाने में अवश्य सहायता करेगी।

एक चीज जो सभी पदार्थों में सामान्य है, कि उनमें सभी अणुओं (atoms) से बने होते हैं। अणु, वास्तव में, एक-दूसरे से भिन्न होते हैं परन्तु सभी ज्ञात 103 अवयवों के अणु तीन बेसिक कणों अर्थात् प्रोटोन्स (protons), इलैक्ट्रोन्स (electrons) तथा न्यूट्रोन्स

(neutrons) से बने होते हैं। अणु बड़े रूप में एक ढंग (way) जिसमें वे परस्पर बाण्ड (bond) रहते हैं तथा एक ढ़ंग में भी जिसमें प्रोटोन्स, न्यूट्रोन्स तथा इलैक्ट्रोन्स अणुओं में एसेम्बल होते हैं, के द्वारा इन्जीनियरी पदार्थों के अन्तिम गुणों को नियन्त्रित करते हैं।

1.2. इन्जीनियरी पदार्थों का वर्गीकरण (Classification of Engineering Materials)

पदार्थों की सीमाएँ परिभाषित करने के पश्चात् जो पदार्थ विज्ञान के दृष्टिक्षेत्र (scope) के अन्तर्गत आती है, उनको उनके संयोग (occurance) के मोड (mode) के अनुसार निम्न समूहों में वर्गीकृत किया जा सकता है—

1. धातुएँ तथा एलॉय (Metals and Alloys)
2. अधातु (Non-metals)
3. सिरेमिक्स (Ceramics)
4. कार्बनिक पॉलीमर्स (Organic polymers)
5. संयुक्त पदार्थ (Composite materials)

1.2.1. धातुएँ तथा एलॉय (Metals and Alloys)

धातु एक मौलिक पदार्थ (elemental substance) है। धातुएँ सरलता से अपने संयोजी इलेक्ट्रॉन (Valency electrons) उत्सर्जित कर धात्विय बन्ध (metallic bond) बना देती है। धात्विक ठोस, विद्युत एवं ऊष्मा के अच्छे चालक (good conductors) होते हैं। इनके मुख्य गुण धात्विक चमक (metallic lusture), तन्यता (ductility), कुट्टयता (malleability), उच्च तनन सामर्थ्य (high tensile stress) तथा प्लास्टिकता (plasticity), कठोरता (hardness), कड़ापन (toughness), मशीनन (machineability) आदि हैं। उदाहरणतः सिल्वर, गोल्ड, कॉपर, आयरन, निकिल, एल्यूमिनियम आदि। धात्विक ठोसों को दो भागों में बाँटा जा सकता है—(1) लौह (ferrous) तथा (2) अलौह (non-ferrous)।

सभी लौह पदार्थ जिनमें विभिन्न प्रकार के आयरन एवं स्टील हैं तथा जो कार्बन तथा अन्य तत्त्व मिलाने पर प्राप्त होते हैं, लौह धातुएँ (ferrous metals) कहलाते हैं। अनेक लौह पदार्थों को विभिन्न प्रोसेसों द्वारा उनकी संरचना में परिवर्तन कर एलॉय स्टील में परिवर्तित किया जाता है। आयरन में कार्बन की मात्रा का परिवर्तन कर उद्योगों की आवश्यकता के अनुरूप नए लौह पदार्थ विकसित किए जाते हैं। उदाहरणतः

कास्ट आयरन, सीमेन्टाइट (cementite), ऑस्टेनाइट (Austenite), पीयरलाइट (Pearlite), मार्टेनसाइट (Martensite), बैनाइट (Banite), फैराइट (Ferrite), ट्रूस्टाइट (Troosite) तथा सौरबाइट (Sorbite) इत्यादि।

अलौह धातु पदार्थों में लोहे की मात्रा बिलकुल नहीं होती है। कुछ परिस्थितियों में केवल अलौह धातुओं का प्रयोग ही सम्भव होता है। इनका प्रयोग इनके विशेष गुणों जैसे जंगरोधी, निम्न आपेक्षिक भार, उच्च विद्युत तथा ऊष्मा चालकता तथा निम्न गलनांक आदि के कारण होता है। कुछ प्रमुख अलौह धातुएँ कॉपर, एल्यूमिनियम, टिन, सीसा (lead) तथा जिंक

आदि हैं। इनकी मिश्र धातुएँ जैसे पीतल (brass), काँसा (bronze), गनमेटल तथा ड्यूरेल्युमीन (duralumin) आदि अधिक प्रयोग की जाती हैं।

एलॉय (Alloys)—जब दो अथवा दो से अधिक शुद्ध धातुएँ पिघलाकर अथवा अन्य विधियों द्वारा एक साथ मिलाई जाती हैं तब उत्पन्न पदार्थ के गुण मूल पदार्थों से काफी भिन्न होते हैं। उत्पन्न नया पदार्थ मिश्र धातु अथवा एलॉय (Alloy) कहलाता है। मिश्र धातुओं के melting point उनके घटकों (components) के melting point से कम होते हैं। परन्तु इनकी कठोरता तथा brittleness घटक धातुओं से अधिक होती है। एलॉय में कम से कम एक धात्विक तत्त्व (metallic component) अवश्य होता है।

कुछ धातुओं की मुख्य मिश्र धातुएँ और उनकी रचना (composition) तालिका 1.1 में दी गई हैं—

तालिका 1.1
(मुख्य मिश्र धातुएँ)

क्र० स०	एलॉय (Alloy)	रचना (Composition)
1.	**इस्पात (Steel) के मिश्र धातु**	
	(i) स्टेन लैश स्टील	18% Cr, 8% Ni, Austenitic stainless steel कहलाता है तथा अत्यन्त लोकप्रिय तथा बहुउद्देश्यीय एप्लीकेशन्स के लिए है।
	(ii) हाई स्पीड स्टील	18% W, 4% Cr, 1% Va तथा लगभग 0.75% C, टंगस्टन (W) आधारित बहुउपयोगी टूल स्टील है।
2.	**अलौह मिश्र धातुएँ** (Non ferrous alloys) एल्यूमिनियम के मिश्र धातु	
	(i) ड्यूरेल्युमिन (Duralumin)	Al 94%, Cu 3.5 to 4.5%, Mg 0.8%, Mn 0.8% तथा Si 0.5%
	(ii) Y-एलॉय	Al 92.5%, Cu 4%, Ni 2%, Mg 1.5%
3.	**कॉपर के मिश्र धातु**	
	(i) पीतल (Brass)	Cu 70%, Zn 30%
	(ii) जर्मन सिल्वर (German silver)	Cu 6.5%, Zn 35%
	(iii) डच मेटल (Dutch metal)	Cu 80%, Zn 20%
	(iv) ब्रांज (Bronze)	Cu 88%, Sn 12%

	(v) गन मेटल (Gun metal)	Cu 88%, Sn 10%, Zn 2%
	(vi) बैल मेटल (Bell metal)	Cu 80%, Sn 20%
	(vii) रॉल्ड गोल्ड (Rolled Gold)	Cu 95%, Al 5%
4.	**लैड (Lead) के मिश्र धातु**	
	(i) सोल्डर (Solder)	Pb 67%, Sn 33%
	(ii) सफेद मेटल (White metal)	Pb 75%, Sb 19%, Sn 5%, Cu 1%
	(iii) टाइप मेटल (Type metal)	Pb 82%, Sb 15%, Sn 3%

1.2.2. अधातु पदार्थ (Non-metals)

अधातु वे तत्त्व हैं जिनमें धातुओं के गुण नहीं होते हैं। अधातु पदार्थ भंगुर (brittle) होते हैं तथा इनमें प्लास्टिकता (plasticity) लगभग नगन्य होती है। इन्जीनियरी में अधातु पदार्थों का उपयोग उनके विशिष्ट गुणों जैसे—कम लागत, कम घनत्व, ऊष्मारोधकता, विद्युत रोधकता तथा लचीलापन आदि के कारण किया जाता है। प्रमुख अधातु पदार्थ लकड़ी, शीशा, रबड़, चमड़ा, एस्बेस्टस (asbestos), प्लास्टिक, कार्बन तथा फेरोडो (ferrode) आदि हैं।

1.2.3. सिरेमिक पदार्थ (Ceramic materials)

सिरेमिक्स phases के बने हुए पदार्थ हैं। Phase एक पदार्थ का physically separable तथा chemically homogeneous तत्त्व है। ये धातुओं एवं अधातु तत्त्वों के यौगिक (compounds) होते हैं तथा इसलिए पदार्थों की विशाल संख्या है जो इस समूह (group) के अन्तर्गत आते हैं। सिरेमिक एवं अधातु ठोस पदार्थ (non-metallic solids) अकार्बनिक यौगिकों से, उदाहरणतः ऑक्साइड्स, नाइट्राइड्स, बोराइड्स, कारबाइड्स इत्यादि से निर्मित होते हैं।

सिरेमिक पदार्थों के फेब्रिकेशन के लिए constituent materials के पाऊडर की शैपिंग के बाद, आवश्यकतानुसार उच्च दाब पर compact किया जाता है तथा उच्च ताप पर उन्हें गर्म किया जाता है। यह विधि 'sintering' कहलाती है। सिरेमिक पदार्थों का प्रयोग पॉटरीज, पोर्सिलेन, सीमेन्ट तथा ग्लास इत्यादि के निर्माण में किया जाता है। कुछ विशिष्ट सिरेमिक पदार्थों में विद्युत, चुम्बकीय तथा तापीय गुण भी होते हैं। इस प्रकार के सिरेमिक पदार्थों का उपयोग कम्प्यूटर्स, नाभिकीय संयन्त्रों तथा अनेक विद्युत कन्ट्रोल में प्रयुक्त डिवाइस के निर्माण में किया जाता है। मुख्य सिरेमिक पदार्थ निम्न हैं—

सभी धात्विक यौगिक, चट्टानें (rocks), खनिज (minerals), ग्लास, ग्लास फाइबर, मैग्नीसियम ऑक्साइड, फैराइट, जिंक ऑक्साइड, एब्रेसिब्स (abrasives) तथा सभी फायरक्ले (fire clays) इत्यादि।

1.2.4. कार्बनिक पदार्थ (Organic materials)

ये वे पदार्थ हैं जिनको सीधे कार्बन से ग्रहण किया जाता है। सभी कार्बनिक पदार्थ कार्बन के यौगिक होते हैं। ये प्रायः हाइड्रोजन, ऑक्सीजन अथवा अन्य अधात्विक पदार्थों के

साथ रासायनिक रूप में संयोजित कार्बन के बने होते हैं तथा उनकी संरचना अधिकतर काफी जटिल होती है। प्लास्टिक तथा सिन्थेटिक रबर व्यापक रूप से प्रयोग किए जाने वाले कार्बनिक इन्जीनियरी पदार्थ हैं। इन्हें पॉलीमर (polymers) कहा जाता है क्योंकि ये polymerization reaction के द्वारा बनाए जाते हैं जिसमें अपेक्षाकृत सरल अणुओं (molecules) को ठोस लम्बी आणुविक शृंखलाओं (mossive long molecular chains) अथवा त्रिविमीय (3-dimensional) संरचनाओं में रासायनिक रूप से संयोजित किया जाता है। मुख्य कार्बनिक यौगिक निम्न हैं—

पॉलीथीन, फाइबर, टेरीलीन, नायलॉन, सिन्थेटिक रबर, प्लास्टिक इत्यादि।

कार्बनिक पदार्थ अर्थात् पॉलीमर्स कम आपेक्षिक गुरुत्व (specific gravity) एवं अच्छी सामर्थ्य रखते हैं। कई पॉलीमर्स बहुत अच्छी विद्युतीय रोधकता रखते हैं। पॉलीमर्स अच्छी thermal insulation भी प्रदान कर सकते हैं।

पॉलीमर्स कम सामर्थ्य रखते हैं परन्तु बहुत अच्छी सामर्थ्य-भार अनुपात रखते हैं। इनको उच्च तापमान पर प्रयोग नहीं किया जाता है। पॉलीमर्स के हजारों अनुप्रयोग हैं जैसे—बुलेट प्रूफ वेस्टस (bullet proof vests), compact disks, ropes तथा Liquid Crustal Displays (LCD's) से लेकर कपड़ों तथा tea cups एवं utensils तक।

1.2.5. संयुक्त पदार्थ (Composite Materials)

प्रायः दो या अधिक पदार्थों के मिश्रण से अन्य उपयोगी पदार्थ निर्मित किए जाते हैं जिनके गुण किसी एक पदार्थ में उपलब्ध नहीं होते हैं। इस प्रकार उत्पन्न पदार्थ संयुक्त पदार्थ (composite materials) कहलाते हैं। संयुक्त पदार्थ विकसित करने के पीछे मुख्य विचार एक व्यक्तिगत पदार्थ की तुलना में उच्च सामर्थ्य (high strength), चीमड़पन (stiffness) तथा ऊष्मा प्रतिरोधी जैसे कुछ विशिष्ट भौतिक लक्षणों को प्राप्त करना है। संयुक्त पदार्थ (composites) धातुओं, सिरेमिक्स, प्लास्टिक तथा अन्य पदार्थों का संयोजन (combination) है। कान्क्रीट (concrete), प्लाईवुड तथा फाइबर ग्लास कार्बन फाइबर, vinyl-coated steel, rein forced plastic से युक्त संयुक्त पदार्थ के कुछ उदाहरण हैं। फाइबर ग्लास (fibre-glass) को polymer matrix में glass fibres को disperse करके बनाया जाता है। ग्लास फाइबर पॉलीमर्स के इसका घनत्व (density) बढ़ाए बिना अधिक चीमड़ (stiffer) बनाता है। Composites के साथ हम हल्के भार वाला (light weight), मजबूत (strong), तन्य (ductile), उच्च ताप प्रतिरोधी पदार्थ उत्पन्न कर सकते हैं अथवा हम कठोर (hard), धक्का प्रतिरोधी कटाई टूल (shock resistance cutting tools) जो अन्यथा shatter करेगा, बना सकते हैं। आज की space science अपने aircraft एवं vehicles के लिए composites पर स्थूलता से विश्वास करती है।

1.2.6. सेमी कन्डक्टर्स (Semi conductors)

ये वे पदार्थ हैं जो 0° K पर इन्सूलेटर्स (insulators) के रूप में व्यवहार करते हैं परन्तु तापमान में वृद्धि होने पर अत्यधिक चालकता (conductivity) विकसित करते हैं। वे 10^{-1} एवं 10^5 Ohm के बीच resistivities रखते हैं। सिलिकॉन-जर्मेनियम तथा गैलियम

आरसेनाइड आधारित सेमीकन्डक्टर्स, जैसे जो कम्प्यूटर्स एवं इलेक्ट्रॉनिक्स में प्रयोग किए जाते हैं, electronic materials के रूप में जानने वाले पदार्थों की बड़ी क्लास के अंग हैं।

कार्बन (carbon), सिलिकॉन (silicon), जर्मेनियम (germanium), जिंक सल्फाइड, मैग्नीसियम ऑक्साइड, ग्रे-टिन तथा सैलीनियम (selenium) सेमीकडक्र्स के रूप में प्रयोग होने वाले सामान्य पदार्थ हैं।

इन्जीनियरी पदार्थ की बृहद् स्पेक्ट्रम तालिका 1.2 में सूचीबद्ध की गई है जो केवल उपरोक्त बताए गए पदार्थों के ग्रुप का ही उदाहरण नहीं देती है बल्कि उनके सामान्य प्रयोगों के विषय में भी बताती है।

तालिका 1.2—अनुप्रयोगों के साथ पदार्थों के कुछ महत्त्वपूर्ण समूह

क्र० स०	पदार्थों का समूह	इन्जीनियरी प्रयोग के सामान्य उदाहरण
1.	धातुएँ तथा एलॉय (Metals and Alloys)	इस्पात, एल्यूमिनियम, कॉपर, ब्रासेज, ब्रांज, इनबार, कन्डक्र्स, सुपर एलॉय इत्यादि।
2.	सिरेमिक्स (Ceramics)	MgO, Cds, ZnO, SiC, $BaTiO_2$, Silica, Soda-lime glass, concrete, cement, ferrites and garnets इत्यादि।
3.	कार्बनिक पॉलीमर्स (Organic Polymers)	प्लास्टिक, पीवीसी, पीटी एफ ई, पॉलीथिलीन फाइबर्स, टेरीलीन, नॉयलान, कॉटन, प्राकृतिक एवं कृत्रिम रबर, लैदर इत्यादि।
4.	कम्पोजिट्स (Composites)	
	(i) धातुएँ व एलॉय तथा सिरेमिक्स	स्टील-रेनफोर्स्ड कन्क्रीट, डिसपर्सन हार्डन्ड एलॉय
	(ii) धातुएँ व एलॉय एवं कार्बनिक पॉलीमर्स	विनायल कोटिड स्टील, भिस्कर-रेनफोर्स्ड प्लास्टिक्स
	(iii) सिरेमिक्स एवं कार्बनिक पॉलीमर्स	फाइबर-रेनफोर्स्ड प्लास्टिक्स, कार्बन रेनफोर्स्ड रबर
5.	सेमी कन्डक्टर्स	
	(i) सिलिकॉन	ट्रांजिस्टर्स एवं इन्टीग्रेटिड सर्किट
	(ii) GeAs	आप्टो-इलैक्ट्रोनिक सिस्टम्स

1.3. पदार्थों का कार्य सम्बन्धी वर्गीकरण (Functional Classification of Materials)

पदार्थों का कार्यात्मक वर्गीकरण भी उपयोगी हो सकता है। पदार्थों को हम उनके द्वारा किए जाने वाली अत्यन्त महत्त्वपूर्ण कार्यों, मैकेनिकल (संरचनात्मक), बायोलाजिकल, इलैक्ट्रीकल, मैगनेटिक या आप्टीकल के आधार पर भी वर्गीकृत कर सकते हैं। इन केटागरीजों को पुनः सहकेटेगरीजों में विभाजित किया जा सकता है। चित्र 1.1 में पदार्थों का कार्यात्मक वर्गीकरण प्रदर्शित किया गया है।

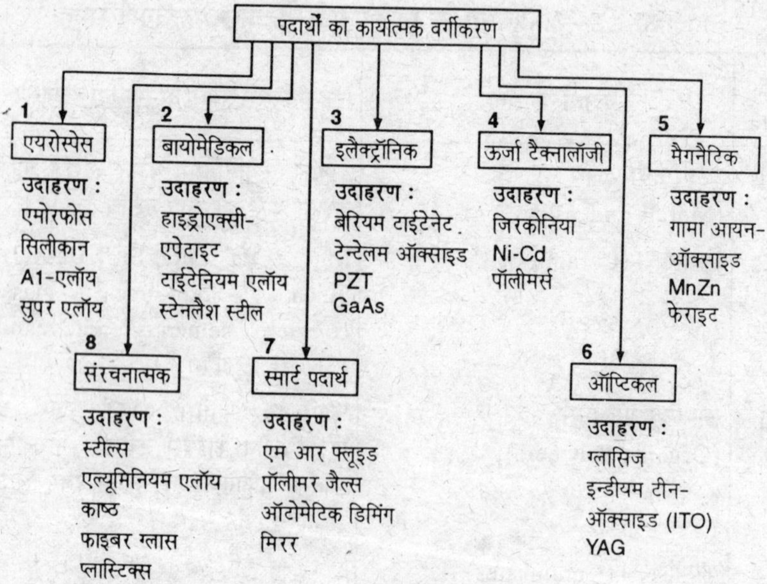

चित्र 1.1—पदार्थों का कार्यात्मक वर्गीकरण।

1.3.1. एयरोस्पेस (Aerospace)

बहुत पहले Wright brothers ने अपनी ऐतिहासिक उड़ान में एयरक्राफ्ट के लिए हल्के पदार्थों जैसे लकड़ी तथा एल्यूमिनियम, ताँबा का प्रयोग किया था। आज, नासा स्पेस सटिल (NASA's Space Shuttle) बूस्टर रॉकेटों के लिए एल्यूमिनियम पाऊडर का प्रयोग करता है। एल्यूमिनियम एलॉय, प्लास्टिक्स, स्पेस सटिल टाइल्स के लिए सिलिका तथा इस वर्ग के अन्तर्गत बहुत से अन्य पदार्थ आते हैं। एयरोस्पेस के कुछ उदाहरण C-C कम्पोजिटस, एमोरफोस सिलिकान, एल्यूमिनियम एलॉय इत्यादि हैं।

1.3.2. बायमेडिकल (Biomedical)

हमारी हड्डियाँ तथा दाँत अंश में प्राकृतिक रूप से निर्मित hydroxyapatile के रूप में जानने वाले सिरेमिक से बने होते हैं। अनेक कृत्रिम अंग (artificial organs), bone replacement parts, cardiovascular stents, orthodontic braces तथा अन्य घटक भिन्न प्लास्टिक्स, टाईटेनियम एलॉयज तथा नान मेगनेटिक स्टेनलैश स्टील्स का प्रयोग कर बनाए जाते हैं। अल्ट्रासोनिक इमेजिंग सिस्टम्स PZT (lead zirconium titanate) के रूप में जानने वाले सिरेमिक्स का प्रयोग कर बनाए जाते हैं। मेगनेटिक रेजोनेन्स इमेजिंग के लिए प्रयोग होने वाले मेगनेट, मेटेलिक नियोबियम टिन आधारित सुपर कन्डक्टर्स का प्रयोग कर बनाए जाते हैं। बायोमेडिकल के कुछ उदाहरण hydroxyapatite, titanium alloys, stainless steels इत्यादि हैं।

1.3.3. इलैक्ट्रॉनिक (Electronic)

सेमीकडक्टर्स, जैसे जो सिलिकॉन से बने होते हैं, कम्प्यूटर चिप्स के लिए intergrated circuits बनाने के लिए प्रयोग किए जाते हैं। बेरियम टाइटेनेट ($BaTiO_3$), टाइटेनियम ऑक्साइड (Ta_2O_5) तथा कई अन्य डाइइलैक्ट्रीक पदार्थ सिरेमिक केपेसिटर्स तथा अन्य डिवाइसों को बनाने के लिए प्रयोग किए जाते हैं। सुपर कन्डटर्स शक्तिशाली मेगनेट बनाने में प्रयोग होते हैं। कॉपर, एल्यूमिनियम तथा अन्य धातुएँ कन्डटर्स के रूप में पावर ट्रांसमिशन तथा माइक्रोइलैक्ट्रॉनिक्स में प्रयोग किए जाते हैं। इलैक्ट्रॉनिक पदार्थों के कुछ उदाहरण Si, GaAs, Ge, PZT, Al, Cu व कन्डक्टिंग पॉलीमर्स इत्यादि हैं।

1.3.4. ऊर्जा टेक्नालॉजी तथा एनवायरनमेन्टल टेक्नालॉजी (Energy Technology and Environmental Technology)

न्यूक्लियर उद्योग यूरेनियम डाइऑक्साइड तथा प्लूटोनियम जैसे पदार्थों को ईंधन के रूप में प्रयोग करते हैं। अनेक अन्य पदार्थ जैसे ग्लासेज एवं स्टेनलैश स्टील्स न्यूक्लियर पदार्थों को हेण्डल करने तथा रेडियोएक्टिव वेस्ट मेनेज करने में प्रयोग किए जाते हैं। बेटरीज तथा फ्यूल सैल्स से सम्बन्धित नई टेक्नालॉजी कई सिरेमिक पदार्थों जैसे जिरकोनिया (ZrO_2) तथा पॉलीमर्स का प्रयोग करती है। बेटरी टेक्नालॉजी ने कई इलेक्ट्रॉनिक डिवाइसों जिसे लम्बी चलने वाली तथा पोर्टेबल पावर की जरूरत होती है, के लिए आवश्यकता के कारण सार्थक महत्ता प्राप्त की है। फ्यूल सैल्स भी इलैक्ट्रिक कारों में प्रयोग होंगे। ऑयल एवं पेट्रोलियम उद्योग zeolites, alumina तथा अन्य पदार्थ catalyst substrates के बड़े रूप में प्रयोग करते हैं। वे Pt, Pt/Rh तथा कई अन्य धातुओं को catalysts के रूप में प्रयोग करते हैं। तरलों तथा गैसों के शुद्धीकरण के लिए अनेक मेम्मरेन टेक्नालॉजी सिरेमिकों तथा प्लास्टिकों का प्रयोग करती हैं। सोलर पावर amorphous silicon जैसे पदार्थों को प्रयोग कर पैदा की जाती है। ऊर्जा टेक्नॉलाजी एवं एनवायरनमेन्ट टेक्नालॉजी के कुछ उदाहरण UO_2, Ni–Cd, $LiCoO_2$, Amorphous Si : H इत्यादि हैं।

1.3.5. मेगनेटिक पदार्थ (Magnetic materials)

कम्प्यूटर हार्ड डिस्क तथा ऑडियो व विडियो कैसेस्टस बनाने के लिए कई सिरेमिक, मेटेलिक तथा पॉलीमरिक पदार्थों का प्रयोग करते हैं। उदाहरण के लिए, आयरन ऑक्साइड को विशेष रूप के कण जो gamma iron oxide ($\gamma-Fe_2O_3$) जाने जाते हैं, ऑडियो कैसेटस बनाने के लिए पॉलीमर substrate पर जमाए जाते हैं। उच्च शुद्धता वाले आयरन कणों को

video-taps बनाने के लिए प्रयोग किया जाता है। कम्प्यूटर हार्ड डिस्क cobalt-platinium-tantalum-chromium (Co-Pt-Ta-Cr) पर आधारित एलॉयों को प्रयोग कर बनाई जाती है। अनेक magnetic ferrites को inductors तथा वायरलैस कम्युनिकेशन्स के लिए घटकों को बनाने के लिए प्रयोग किया जाता है। आयरन एवं सिलिकॉन पर आधारित स्टील्स को ट्रान्सफोरमर कोरों को बनाने के लिए प्रयोग किया जाता है। मेगनेटिक पदार्थों के कुछ उदाहरण Fe, Fe-Si, NiZn तथा MnZn ferrites इत्यादि हैं।

1.3.6. ऑप्टिकल पदार्थ (Optical Materials)

ऑप्टिकल फाइबर्स को बनाने के लिए सिलिका बड़े पैमाने पर प्रयोग किया जाता है। ऑप्टिकल फाइबर का लगभग 15×10^6 किमी॰ संसार में स्थापित किया जा चुका है। ऑप्टिकल पदार्थों को सेमीकन्डक्टर डिटेक्टर्स को बनाने तथा फाइबर ऑप्टिक कम्युनिकेशन्स सिस्टम्स तथा अन्य अनुप्रयोगों में प्रयोग होने वाली लेजर में प्रयोग किया जाता है। इसी प्रकार, एल्यूमिया (Al_2O_3) तथा Yttrium Aluminium Garnets (YAG) को लेजर बनाने में प्रयोग किया जाता है। Amorphous सिलिकॉन को solar cells तथा photovoltaic modules बनाने में प्रयोग किया जाता है। पॉलीमर्स को liquid crystal displays (LCD_S) बनाने में प्रयोग किया जाता है। ऑप्टिकल पदार्थों के कुछ उदाहरण SiO_2, GaAs, Glasses, ITO (Indium Tin Oxide) इत्यादि हैं।

1.3.7. स्मार्ट पदार्थ (Smart Materials)

एक स्मार्ट पदार्थ एक external stimulus जैसे तापान्तर (change in temperature), प्रतिबल का अनुप्रयोग (application of stress) या आर्द्रता में परिवर्तन (change in humidity) या केमीकल एनवायरनमेन्ट को समझ सकता तथा उत्तर दे सकता है। प्रायः स्मार्ट-पदार्थ आधारित सिस्टम, सेन्सर्स तथा एक्यूरोटर्स, जो परिवर्तन को पढ़ते तथा एक कार्यवाही में हिस्सा लेते हैं, से बना होता है। एक निष्क्रिय स्मार्ट पदार्थ का उदाहरण लैड जिरकोनियम टाइटेनेट (PZT) तथा shape-memory alloys है। जब उचित प्रकार से प्रोसेस किया जाता है, PZT प्रतिबल के अधीन हो सकता है तथा वोल्टेज उत्पन्न होती है। यह प्रभाव ऐसे डिवाइसों जैसे गैस ग्रिल्स (gas grills) के लिए स्पार्क जनरेटर्स तथा सेन्सर्स जो मछली तथा सबमेरीन्स जैसे पानी के नीचे उद्देश्यों को पता लगा सकता है, को बनाने में प्रयोग किया जाता है। स्मार्ट पदार्थों के अन्य उदाहरणों में megnetorheological या MR फ्लूइडस सम्मिलित हैं। कुछ मेगनेटिक पेन्ट्स हैं जो मेगनेटिक फिल्डस को respond करते हैं। ये पदार्थ ऑटोमोबाइल्स के सस्पेन्शन सिस्टमों में प्रयोग किए जा रहे हैं। स्मार्ट पदार्थों एवं सिस्टमों के अन्य उदाहरण फोटोक्रोमीक ग्लासेज तथा ऑटोमेटिक डिमिंग मिर्रस (automatic dimming mirrors), Ni-Ti shap memory alloys, पालीमरजेल्स इत्यादि हैं।

1.3.8. संरचनीय पदार्थ (Structural Materials)

ये पदार्थ कुछ प्रकार के प्रतिबलों को ले जाने के लिए डिजाइन किए जाते हैं। स्टील्स, कन्क्रीट तथा कम्पोजिट्स भवनों तथा पुलों को बनाने के लिए प्रयोग किए जाते हैं। स्टील्स,

ग्लासेज, प्लास्टिक्स तथा कम्पोजिट्स भी आटोमोटिव्स बनाने के लिए बड़े रूप में प्रयोग किये जाते हैं। इन एप्लीकेशन्स में अक्सर, सामर्थ्य का संयोग (combination of strength), चीमड़पन (stiffness) तथा कड़ापन (toughness) का तापमान एवं लोडिंग की भिन्न दशाओं के अधीन आवश्यकता पड़ती है। संरचनीय पदार्थ के कुछ उदाहरण एल्यूमिनियम एलॉय, फाइबर ग्लास, वुड तथा प्लास्टिक इत्यादि है।

1.4. विद्युतीय गुणों के आधार पर पदार्थों का वर्गीकरण (Classification of Materials on the basis of Electrical Properties)

पदार्थों को उनके विद्युत-चुम्बकीय अभिलक्षणों के आधार पर निम्न प्रकार वर्गीकृत किया जा सकता है—

(i) चालक (Conductors)
(ii) अर्द्धचालक (Semiconductors)
(iii) अचालक (Insulating Materials or Dielectrics)
(iv) चुम्बकीय (Magnetic Materials)
(v) सुपर कन्डक्टर (Super Conductors)

(i) चालक (Conductors)—चालक, वह पदार्थ है जिसमें विद्युत चालन (electric conduction) हेतु इलेक्ट्रॉन पर्याप्त मात्रा में उपलब्ध होते हैं। सिलवर, गोल्ड, एल्युमिनियम तथा कॉपर विद्युत के अच्छे चालक हैं। परमाणु में ऊर्जा बैन्ड के आधार पर चालकों की व्याख्या इस प्रकार की जा सकती है कि इनमें कन्डक्शन बैंड (conduction band) तथा संयोजन बैंड (valency band) परस्पर ओवर लैप करते हैं जिसके कारण पदार्थ के मुक्त इलेक्ट्रॉन सरलता से चालन (conduction) में भाग लेते हैं।

(ii) अर्द्धचालक (Semiconductors)—अर्द्धचालक ऐसे पदार्थ हैं जिनकी चालकता (conductivity) चालकों एवं कुचालकों के मध्य होती है। सिलिकॉन एवं जरमेनियम अत्यन्त महत्त्वपूर्ण अर्द्धचालक हैं। अर्द्धचालक ठोस पदार्थ होते हैं। यह अधात्विक तत्त्व अथवा यौगिक होते हैं। अर्द्धचालक पदार्थों में संयोजन बैन्ड (valency band) पूर्णतया भरी (filled) होती है परन्तु कन्डक्शन बैन्ड लगभग पूर्णतया खाली होती है। शून्य डिग्री केलविन (0°K) पर यह लगभग पूर्ण कुचालक की भाँति व्यवहार करते हैं क्योंकि कन्डक्शन के लिए कोई भी इलेक्ट्रॉन उपलब्ध नहीं होता है परन्तु ताप बढ़ने पर valency band तथा conduction बैन्ड के मध्य energy gap की चौड़ाई (width) कम हो जाती है तथा कुछ इलेक्ट्रॉन valency band से कन्डक्शन बैन्ड में पहुँच जाते हैं जिससे अर्द्धचालक की चालकता (conductivity) बढ़ती है। इस प्रकार अर्द्धचालकों का प्रतिरोध ताप गुणांक (resistance temperature coefficient) ऋणात्मक (negative) होता है। अर्द्धचालक पदार्थ प्रायः कठोर तथा भंगुर (brittle) होते हैं। कुछ अर्द्धचालक पदार्थ निम्न प्रकार हैं—

1. Germanium 2. Silicon 3. Boron 4. Carbon 5. Phosphorous 6. Arsenic 7. Selenium इत्यादि।

अर्द्धचालकों का मुख्य प्रयोग इलेक्ट्रॉनिक डिवाइसेज़ बनाने में किया जाता है। उदाहरणतः डायोड, ट्राँजिस्टर, थर्मिस्टर, यूनिजकंशन ट्राँजिस्टर, सिलिकॉन कन्ट्रोल्ड रेक्टीफायर इत्यादि। अर्द्धचालक युक्तियों का प्रयोग इलेक्ट्रॉनिक्स एवं कम्युनिकेशन परिपथों तथा विद्युत इन्जिनियरिंग में व्यापक रूप से किया जाता है।

(iii) कुचालक पदार्थ (Insulating Materials)—वह पदार्थ, जिनमें विद्युत का चालन (conduction) नहीं होता इनसुलेटिंग पदार्थ कहलाते हैं। इनसुलेटिंग पदार्थों के अभिलक्षण उनके विद्युत, मेकेनिकल, थर्मल तथा रासायनिक गुणों पर निर्भर करते हैं। इन पदार्थों में संयोजकता इलेक्ट्रॉन (valency electron) अपने parent परमाणुओं से दृढ़ता से (tightly) बद्ध होते हैं। तथा उन्हें नाभिक के आकर्षण बल से मुक्त करने के लिए अत्यन्त प्रबल विद्युत क्षेत्र की आवश्यकता होती है। इनसुलेटिंग पदार्थों की valency band पूर्णतया भरी हुई तथा conduction band पूर्णतया खाली होती है। Valency band तथा conduction band के मध्य energy gap भी अधिक होता है। जिसका अर्थ है कि इलेक्ट्रान को valency band से conduction band तक पहुँचने के लिए काफी अधिक ऊर्जा की आवश्यकता है। विद्युत परिपथों में पोर्सिलेन, एसबेस्टस, माइका, बेकेलाइट, रबर, PVC, पॉलीथीन, ग्लास, सिल्क इत्यादि इनसुलेटिंग मेटेरियल की भाँति प्रयुक्त किए जाते हैं। माइका, खनिज तेल पेपर तथा Wax, कैपेसिटर्स में डाइलेक्ट्रिक (dielectric) की भाँति प्रयोग किए जाते हैं।

द्रव इनसुलेटर्स (liquid insulators) में natural resin, बिटुमिन्स, फिनोलिक, शैलॉक वारनिश इत्यादि हैं।

(iv) चुम्बकीय पदार्थ (Magnetic Materials)—पदार्थों को चुम्बकीय (magnetic) तथा अचुम्बकीय (non-magnetic) समूहों में भी वर्गीकृत किया जा सकता है। Non-magnetic पदार्थ वे पदार्थ हैं जिन पर बाह्य चुम्बकीय क्षेत्र (external magnetic field) एप्लाई करने पर कोई प्रतिक्रिया नहीं होती है।

चुम्बकीय पदार्थों को तीन प्रकार से वर्गीकृत किया जा सकता है—(i) Diamagnetic, (ii) Para-magnetic तथा (iii) Ferro-magnetic।

(i) डायमेगनेटिक पदार्थ (Diamagnetic Materials)—वह पदार्थ जो चुम्बकों द्वारा विकर्षित (repel) होते हैं डायमेगनेटिक मेटेरियल कहलाते हैं। उदाहरणतः जिंक, मरकरी, लैड, सल्फर, कॉपर, सिल्वर इत्यादि। इन पदार्थों की relative permeability इकाई (1) से कम होती है। प्रबल (strong) चुम्बकीय क्षेत्र में रखने पर यह हल्के चुम्बकित हो जाते हैं तथा इनका चुम्बकीय क्षेत्र, एप्लाइड् चुम्बकीय क्षेत्र का विरोध करता है।

(ii) पेरामेगनेटिक पदार्थ (Paramagnetic Materials)—पेरामेगनेटिक पदार्थ; चुम्बकीय क्षेत्रों द्वारा प्रबलता (strongly) से आकर्षित नहीं होते हैं। उदाहरणतः प्लेटीनम, टिन, एल्यूमिनियम, मेगनिशियम, मेगनीज इत्यादि।

इन पदार्थों की relative permeability का मान 1 से अधिक होता है। प्रबल (strong) चुम्बकीय क्षेत्रों में रखने पर यह हल्के चुम्बकित होते हैं तथा इनका चुम्बकीय क्षेत्र, प्रयुक्त चुम्बकीय क्षेत्र की दिशा में कार्य करता है।

(iii) फैरोमेगनेटिक पदार्थ (Ferro-magnetic Materials)—ये पदार्थ प्रायः क्रिस्टलाइन ठोस होते हैं। इन पदार्थों के permanent atomic dipoles परस्पर समानान्तर में विभिन्न समूहों में aligned रहते हैं जिन्हें डोमेन (domain) कहते हैं। प्रत्येक डोमेन सदैव एक दिशा में चुम्बकित रहता है।

(iv) सुपर-कन्डक्टर्स (Super conductors)—इन पदार्थों का प्रतिरोध ताप (temperature) कम होने पर कम होता है। कुछ पदार्थ ऐसे भी हैं जिनका विद्युत प्रतिरोध परम शून्य से पहले ही पूर्णतया समाप्त हो जाता है। ऐसे पदार्थों को सुपर कन्डक्टर कहा जाता है। वह तापक्रम जिस पर प्रतिरोध कम होकर शून्य हो जाता है पदार्थ का ट्राँजिशन तापमान (transition temperature) कहलाता है कुछ धातुओं के ट्राँजिशन तापमान निम्न प्रकार हैं—

Titanium	—	0·4° K
Aluminium	—	1·17° K
Niobium	—	9·2° K

विद्युत चालकों के सुपर कन्डक्टिविटी के गुण को उन पर बाह्य चुम्बकीय क्षेत्र प्रयुक्त कर अथवा उच्च मात्रा में धारा प्रवाहित कर समाप्त किया जा सकता है।

1.5. पदार्थों की इन्जीनियरी आवश्यकताएँ (Engineering Requirements of Materials)

सभी प्रकार के इन्जीनियरी पदार्थों का व्यवहारिक अनुप्रयोग (practical application) दशाओं (conditions) की बड़ी रेंज के अधीन उनके विशिष्ट गुणों के सम्पूर्ण ज्ञान के आधार पर निर्भर करता है। पदार्थों के भिन्न वर्गों में गुणों की रेंज बहुत बड़ी है। पदार्थों के अत्यन्त महत्त्वपूर्ण गुणों में से कुछ का विवरण चित्र 1.2 में दिया गया है—

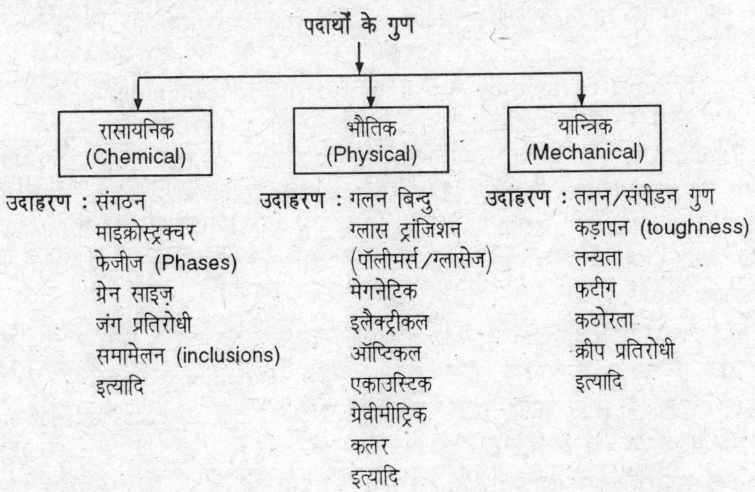

चित्र 1.2—पदार्थों की इन्जीनियरी आवश्यकता।

1.6. पदार्थों के गुण (Properties of Materials)

रासायनिक गुण (Chemical properties)—मुख्य रासायनिक गुण संक्षारण प्रतिरोधी (corrosion resistance), अम्लता (acidity) या क्षारीयता (alkalinity) तथा संगठन (composition) इत्यादि हैं।

पदार्थों के रासायनिक गुणों द्वारा उनकी अन्य पदार्थों से प्रतिक्रिया ज्ञात होती है। इन गुणों द्वारा पदार्थ के संक्षारण (corrosion), अभिलक्षण, solublities, reactivities इत्यादि का विश्लेषण किया जाता है। संक्षारण (corrosion) एक धीमी रासायनिक क्रिया है जिसमें वायुमण्डल की प्रतिक्रिया के फलस्वरूप धातुएँ ऑक्साइड अथवा अन्य यौगिकों में परिवर्तित हो जाती है। संक्षारण प्रक्रिया मुख्यतः धातु सतह की, वायु, औद्योगिक वातावरण, अम्लीय अथवा बेसिक वातावरण, रासायनिक घोल इत्यादि के सम्पर्क में आने पर होती है।

भौतिक गुण (Physical properties)

पदार्थों के भौतिक गुण उनकी अनुप्रयोगों (applications) के प्रति उपयुक्तता (suitability) प्रदर्शित करते हैं। पदार्थों के कुछ महत्त्वपूर्ण भौतिक गुण निम्न प्रकार हैं—

1. पदार्थ की अवस्था (State of Material)—इस गुण के द्वारा पदार्थ की अवस्था (ठोस, द्रव अथवा गैस) का ज्ञान होता है।

2. घनत्व (Density)—पदार्थ की प्रति इकाई आयतन द्रव्यमान (mass per unit volume) उसके घनत्व को प्रदर्शित करता है। मीटरी प्रणाली में इसका मात्रक Kg/m^3 है। कुछ धातुओं के निम्न (low) घनत्वों (उदाहरणतः एल्यूमिनियम, मेगनिशियम तथा उनकी मिश्र धातुओं) के कारण वह एयरोनॉटिक्स एवं ट्राँसपोर्टेशन जैसे अति महत्त्वपूर्ण क्षेत्रों में अत्यन्त उपयोगी सिद्ध हुए हैं।

3. हिमांक अथवा द्रवणांक (Melting or Freezing Point)—पदार्थ (धातु) का melting अथवा freezing point वह तापक्रम है जिस पर वह solid तथा liquid phase में एक साथ stable equilibrium में रह सकता है। धातु को melting point तक गरम करने पर उसकी द्रव अवस्था (liquid phase) उत्पन्न होती है तथा उसे और ऊष्मा देने पर धातु स्थिर ताप पर पूर्णतया द्रव में परिवर्तित होता है। द्रवों का फ्रिज (freeze) होना सुपर कूलिंग का उदाहरण है। ताप एवं दाब मापन संयन्त्रों (थर्मामीटर, बैरोमीटर, मैनोमीटर इत्यादि) में पारे का प्रयोग, उसके निम्न (low) melting point के कारण किया जाता है जबकि विद्युत बल्ब तथा हीटर्स का टंगस्टन का प्रयोग उसके उच्च melting point के कारण किया जाता है।

4. क्वथनांक (Boiling Point)—द्रव का क्वथनांक वह ताप है जिस पर द्रव का वाष्प दाब एक वायुमण्डल दाब के तुल्य होता है। धातुओं का boiling point उच्च होता है उदाहरणतः जिंक का B.P. 907°C होता है। धातुओं की recovery एवं recrystallisation में क्वथनांक का अत्यन्त महत्त्व है।

5. लम्बाई प्रसार गुणांक (Co-efficient of linear expansion)—प्रत्येक एक डिग्री धातु का ताप बढ़ाने पर उसकी लम्बाई में आपेक्षिक वृद्धि (increase in length per unit length) रेखीय (linear) प्रसार गुणांक (α) कहलाता है—

$$\alpha = \frac{l_t - l_0}{l_0 t}$$

अनेक उपकरणों के प्रचालन के समय उसके कम्पोनेन्टस के ताप में वृद्धि होती है उदाहरणतः हीट इन्जिन में पिस्टन की गति से ताप वृद्धि।

6. ऊष्मा चालकता (Thermal Conductivity)—पदार्थ की ऊष्मा चालकता ताप प्रवाह की दिशा में लम्बवत् एकांक अनुप्रस्थ क्षेत्र से प्रति सेकण्ड में प्रवाहित ऊष्मा की मात्रा है। सिलवर तथा कॉपर की ऊष्मा चालकता अन्य धातुओं की तुलना में उच्च है। जरमन सिलवर की ऊष्मा चालकता काफी कम होती है।

7. प्रतिरोधकता (Resistivity)—पदार्थ द्वारा विद्युत धारा के प्रवाह के प्रति अवरोध (resistance) उत्पन्न करने का गुण, प्रतिरोधकता कहलाती है। प्रतिरोधकता, विद्युत चालकता (G) का विलोम होता है $\left(\rho = \frac{1}{G}\right)$।

यान्त्रिक गुण (Mechanical properties)—पदार्थों के यान्त्रिक गुणों द्वारा पदार्थ की external load के प्रति उसका व्यवहार प्रदर्शित होता है। इन गुणों के द्वारा पदार्थ का उपयोगी कार्यकाल (useful life) तथा मशीन एवं संरचना डिजाइन में इनका उपयोग निर्धारित किया जाता है। पदार्थों के महत्त्वपूर्ण यान्त्रिक गुण निम्न हैं—

सामर्थ्य (strength), चीमड़पन (stiffness), प्रत्यास्थता (elasticity), प्लास्टिकता (plasticity), तन्यता (ductility), कुट्टयता (malleability), भंगुरता (brittleness), कठोरता (hardness), कड़ापन (toughness), फटीग (fatigue), मशीनन (machineability), सरकन (creep) व लचक (resilience) आदि।

पदार्थों के उपरोक्त यान्त्रिक गुणों का विस्तृत विवरण आगे के अध्याय में किया गया है।

पदार्थों की ऊष्मा उपचार प्रक्रिया (Heat Treatment of Materials)

पदार्थों में कुछ विशिष्ट गुण उत्पन्न करने के लिए उन पर ऊष्मा उपचार की क्रिया की जाती है। उदाहरणतः धातु एवं मिश्र धातुओं की hardness, strength, toughness, malleability, ductility, casting qualities तथा ऊष्मारोधिता (resistance of heat) इत्यादि गुणों में ऊष्मा उपचार द्वारा सुधार होता है। मुख्य ऊष्मा-उपचार प्रक्रियाएँ निम्न प्रकार हैं—

(1) Hardening (2) Tempering (3) Annealing (4) Normalising (5) Case harening (6) Flame hardening (7) Induction hardening (8) Powder metallurgy.

इलैक्ट्रीकल गुण (Electrical properties)—पदार्थों के मुख्य इलैक्ट्रिकल गुण निम्न प्रकार हैं—

चालकता (conductivity), प्रतिरोधकता (resistivity), डाइइलैक्ट्रिक परमीटिविटी (dielectric permittivity), डाइइलैक्ट्रिक सामर्थ्य (dielectric strength) इत्यादि हैं।

चुम्बकीय गुण (Magnetic properties)—पदार्थों के मुख्य चुम्बकीय गुण निम्न प्रकार हैं—

चुम्बकशीलता (permeabilility), retentivity, corecive force, hysteresis इत्यादि हैं।

तापीय गुण (Thermal properties)—पदार्थों के तापीय गुणों से उनका ऊष्मा (heat or temperature) के प्रति व्यवहार ज्ञात होता है। ठोस पदार्थ के किसी विशेष अनुप्रयोग के लिए चयन (selection) के समय उसके तापीय गुणों को ध्यान में रखा जाता है। पदार्थों के मुख्य तापीय गुण (thermal properties) निम्न प्रकार हैं—

ऊष्मा के प्रति प्रतिरोध (resistance to heat), विशिष्ट ऊष्मा (specific heat), तापीय प्रसार (thermal expension), तापीय चालकता (conductivity), तापीय प्रसार (thermal expension), तापीय शॉक (thermal shock) इत्यादि हैं।

ऑप्टिकल गुण (Optical properties)—पदार्थों के मुख्य ऑप्टिकल गुण (optical properties) निम्न प्रकार हैं—

रंग (colour), प्रकाश पारेषण (light transmission), प्रकाश परावर्तन (light reflection) इत्यादि हैं।

ध्वनि सम्बन्धी गुण (Acoustial properties)—पदार्थों के ध्वनि सम्बन्धी गुण (acoustial properties) निम्न प्रकार हैं—

ध्वनि पारेषण (sound transmission), ध्वनि परावर्तन (sound reflection) इत्यादि।

कुछ सामान्य रूप से प्रयुक्त पदार्थों के गुण संलग्न तालिका 1.3 में दिए गए हैं।

1.7. धातुएँ एवं अधातुएँ (Metals and Non-Metals)

तत्त्वों (elements) को उनके गुणों के अनुसार धातुओं एवं अधातुओं में विभाजित किया जाता है। धातुओं तथा अधातुओं के कुछ बेसिक गुण निम्न प्रकार हैं—

धातुओं के गुण (Properties of Metals)

1. साधारण तापमान पर वे प्रायः ठोस रहते हैं।
2. कुछ सीमा तक वे कुट्टय (malleable) तथा तन्य (ductile) होते हैं।
3. धात्विक ठोस विद्युत एवं ऊष्मा के अच्छे चालक (good conductors) होते हैं।
4. अधिकतर धातुएँ एलॉय बनाती हैं।
5. उनकी ताजा काटी गई सतहें चमकदार (bustrous) होती हैं।
6. चोट मारने पर वे विशेष धात्विक ध्वनि उत्पन्न करते हैं।

अधातुओं के गुण (Properties of Non-Metals)

1. वे ठोस (solids), तरल (liquids), गैस (gases) हो सकते हैं तथा प्रायः dull होते हैं जब ठोस होते हैं।
2. ठोस अधातुएँ अधिकतर भंगुर (brittle) होती हैं। इनमें प्लास्टिकता लगभग नगन्य होती है।
3. वे प्रायः विद्युत एवं ऊष्मा के कुचालक (non-conductors) होते हैं।
4. वे यौगिक (compounds) बनाने के लिए रासायनिक द्वारा संयोजित करने के द्वारा एलॉय नहीं बनाते हैं।

एक इन्जीनियर एवं शुद्ध वैज्ञानिक भिन्न दृष्टि बिन्दुओं से धातुओं की तरफ देखते हैं। एक इन्जीनियर पदार्थों के गुणों (properties) एवं अनुप्रयोगों (applications) के साथ अधिक सम्बन्धित है जबकि एक वैज्ञानिक रासायनिक प्रतिक्रियाओं में उनके व्यवहार के साथ

अधिक दिलचस्पी रखता है। धातुओं को इन्जीनियरी में उनके प्रयोगों के अनुसार विशेष प्रकार से निम्न प्रकार वर्गीकृत किया जाता है—

1. शुद्ध धातुएँ (Pure Metals)—वे कच्ची धातुओं (ore) का शुद्धिकरण करके प्राप्त की जाती हैं। साधारणतः शुद्ध धातु को उत्पन्न करना अत्यन्त कठिन है। पुनः शुद्ध धातुएँ अधिकतर, इन्जीनियरों के किसी प्रयोग की नहीं होती। परन्तु विशिष्ट एवं महँगी तकनीकीयों के द्वारा, अत्यन्त शुद्ध धातुएँ (99.99%) प्राप्त की जा सकती हैं जैसे ताँबा एवं एल्यूमिनियम।

2. एलॉय धातुएँ (Alloyed Metals)—धातुओं को दो या अधिक धातुओं को संयोजित (combine) करने के द्वारा मिश्रित (alloy) किया जाता है। इस प्रकार बनाया गया संयोजन (combination) एलॉय (alloys) कहलाता है। एक एलॉय के गुण इसके बेसिक धातुओं से पूर्णतया भिन्न हो सकते हैं। उदाहरण के लिए 18–8 स्टेनलैश स्टील, जिसमें 18% क्रोमियम, 8% निकिल निम्न कार्बन इस्पात में (कार्बन 0·15% से कम) होता है, तन्यता में वृद्धि तथा उच्च संक्षारण प्रतिरोधी के साथ अत्यन्त tough होता है। ये गुण मूल कार्बन इस्पात के व्यवहार से बिल्कुल भिन्न होते हैं।

3. लौह धातुएँ (Ferrous Metals)—ऐसी धातुओं का लोह (iron) प्रमुख तत्त्व है। लौह एलॉय में अलौह धातुओं की बड़ी मात्रा होती है। इन्जीनियरी में लौह एलॉय (ferrous alloys) अत्यन्त महत्त्वपूर्ण हैं। उनको कार्बन की प्रतिशत (percentage of carbon) तथा उपस्थित अन्य एलॉय तत्त्वों के आधार पर वर्गीकृत किया जा सकता है। उपस्थित कार्बन की प्रतिशत के आधार पर महत्त्वपूर्ण समूह निम्न प्रकार हैं—

(i) मृदु इस्पात (Mild steels)—0·05 से 0·15% कार्बन की मात्रा वाले इस्पात मृत मृदु इस्पात (dead mild steel) कहलाते हैं। ये अत्यन्त मृदु (soft), तन्य (ductile) तथा उत्तम मशीनन एवं वेल्डन गुणों वाली धातु है। जबकि 0·15 से 0·30% कार्बन की मात्रा वाले इस्पात मृदु इस्पात कहलाते हैं। ये इस्पात अच्छे वेल्डन गुणों वाले तथा मध्यम श्रेणी की सामर्थ्य वाले होते हैं। इनकी उत्पादन लागत कम हैं।

(ii) मध्यम कार्बन इस्पात (Medium carbon steels)—इनमें कार्बन की मात्रा 0·30% से 0·60% तक होती है। ये मृदु इस्पात से कम तन्य (ductile) परन्तु अधिक कठोरता तथा सामर्थ्य वाले होते हैं। वेल्डन एवं मशीनन में भी मृदु इस्पात से अच्छे नहीं हैं।

(iii) उच्च कार्बन इस्पात (High carbon steels)—इनमें कार्बन की मात्रा 0·60% से 1·5% तक होती है। ये कठोर (hard) परन्तु कम कड़ापन (toughness) वाले होते हैं। वेल्डन बहुत कठिन तथा ग्राइडिंग के अतिरिक्त केवल अनीलित (annealed) अवस्था में ही मशीनन किया जा सकता है। ऊष्मा उपचार के द्वारा कठोर तथा कड़ा हो जाता है, इसलिए यह ऊष्मा उपचारित अवस्था में प्रयोग किया जाता है।

(iv) ढलवाँ इस्पात (Cast irons)—लोहा (iron) तथा 2% से अधिक कार्बन की मात्रा वाले एलॉय को ढलवाँ लोहा (cast iron) कहा जाता है। 90% से अधिक कास्ट आयरन को कूपोला भट्टी में पिग आयरन एवं स्क्रेप को पिघला कर बनाया जाता है। इसमें कार्बन की मात्रा 2% से 4% तक हो सकती है। इनकी उत्पादन लागत काफी कम है। मुख्य कास्ट आयरन ग्रे (gray), श्वेत (white), कुट्टय (malleable), एलॉय (alloys) कास्ट आयरन के नाम से जाने जाते हैं।

4. अ-लौह धातुएँ (Non-ferrous metals)—ये लोहा (iron) के अलावा अन्य धातुओं से बने होते हैं। अनेकों उपलब्ध अलौह धातुओं में से केवल सात (seven) धातुएँ काफी मात्रा एवं कम लागत पर उपलब्ध हैं। उनको सामान्य इन्जीनियरी धातुओं के रूप में प्रयोग किया जाता है। वे ताँबा (copper), टिन (tin), सीसा (lead), एल्यूमिनियम (aluminium), जिंक (zinc), निकिल (nickel) तथा मेगनीशियम हैं। कुछ अन्य अ-लौह धातुएँ (लगभग 14 संख्या में) अपेक्षाकृत कम मात्रा में उत्पन्न की जाती है परन्तु आधुनिक उद्योग में बड़े स्तर पर प्रयोग होती है। वे कोबाल्ट (cobalt), पारा (mercury), क्रोमियम (chromium), टंगस्टन (tingsten), वेनेडियम (vanadium), मोलीबीडीनम (molybdenum), एन्टीमोनी (antimony), जिरकोनियम (zirconium), बेरीलियम (beryllium), नियोबियम (niobium), टाइटेनियम (titanium), टेन्टालम (tentalum) तथा मेगनीज (manganese) हैं।

5. सिन्टर्ड धातुएँ (Sintered metals)—ये धातुएँ बहुत अलग गुण रखती हैं तथा कास्ट की गई धातुओं की तुलना में structure होती हैं। इनको पाउडर मेटलर्जी तकनीक के द्वारा उत्पन्न किया जाता है। सिन्टर्ड किए जाने वाली धातुओं को पहले powered किया जाता है तथा तब निश्चित अनुपात में मिलाया जाता है। मिलाने के बाद उनको वांछित आकार की डाई में रखा जाता है तथा तब निश्चित दाब के साथ प्रोसेस किया जाता है। अन्त में इनकों भट्‌टी में सिन्टर किया जाता है। इस प्रकार उत्पन्न मिश्रण शुद्ध एलॉय नहीं है बल्कि इसमें विशेष प्रकार के एलॉय की कुछ या कई गुण होते हैं।

6. क्लेड धातुएँ (Clad Metals)—दोनों पदार्थों के गुणों का लाभ प्राप्त करने के लिए दो पदार्थों का "Sandwich" तैयार किया जाता है। इस प्रकार की तकनीकी को Cladding कहते हैं। उदाहरण के लिए स्टेनलैश स्टील को अधिकतर दो धातुओं को आपस में रॉलिंग के द्वारा जब वे लाल गर्म होती हैं, मृदु इस्पात (mild steel) की मोटी परत के द्वारा दबाया जाता है। यह क्लेडिंग तकनीकी एक सतह को संक्षारण होने की अनुमति नहीं देगी। यह अपेक्षाकृत बनाना सस्ता है। दूसरा उदाहरण डूरेलियम को शुद्ध एल्यूमिनियम की पतली चादर के साथ क्लेडिंग करने का है। एल्यूमिनियम की बाहरी सतह परतें संक्षारण का प्रतिरोध करती हैं, जबकि डूरेलियम की बीच की परत उच्च सामर्थ्य प्रदान करती है।

1.8. कार्बनिक, अकार्बनिक तथा बायोलॉजिकल पदार्थ (Organic, Inorganic and Biological Materials)

कार्बनिक यौगिक बड़ी रेंज में उपलब्ध हैं क्योंकि सैकड़ों हाइड्रोकार्बन यौगिकों तथा सैकड़ों उनके उत्पादक (derivatives) अस्तित्व में हैं। कार्बनिक यौगिकों का अध्ययन महत्त्वपूर्ण है क्योंकि सभी बायोलॉजिकल सिस्टम्स कार्बन यौगिकों के बने होते हैं। परन्तु बायोलॉजिकल ऑरीजन के पदार्थों के कुछ कार्बनिक कम्पोजिशन धारण नहीं करते हैं, उदाहरण के लिए लाइम स्टोन।

कार्बनिक पदार्थ (Organic Materials)

ये पदार्थ कार्बन के बने होते हैं जो हाइड्रोजन, ऑक्सीजन तथा अन्य अधात्त्विक पदार्थों के साथ रासायनिक रूप से bonded होते हैं। वे जटिल संरचना (complex structures) रखते हैं। लकड़ी, विभिन्न प्रकार के मोम (waxes), प्लास्टिक्स तथा पेट्रोलियम उत्पादक कार्बनिक पदार्थ हैं।

कुछ सामान्य इन्जीनियरी कार्बनिक पदार्थ कृत्रिम रबर (synthetic rubber) हैं तथा प्लास्टिक्स पालीमर्स (polymers) कहलाते हैं क्योंकि उनको polymerization प्रतिक्रिया के द्वारा तैयार किया जाता है। इस प्रकार की प्रतिक्रिया में, सरल अणुओं (molecules) को ठोस लम्बी शृंखला वाले अणुओं या त्रि-विमीय संरचना (three dimensional structures) में रासायनिक रूप से संयोजित किया जाता है। अधिकतर पालीमर्स तथा ठोस पदार्थ हाइड्रोजन, नाइट्रोजन, ऑक्सीजन तथा अन्य तत्त्वों के साथ कार्बन का रासायनिक रूप से संयोग (combination) रखते हैं। ये पदार्थ निम्न विशिष्ट गुरुत्व (specific gravity) तथा अच्छी सामर्थ्य रखते हैं। दो महत्त्वपूर्ण पालीमर्स निम्न प्रकार हैं—

(अ) थर्मोप्लास्टिक्स (Thermoplastics)—वे ऊष्मा के अनुप्रयोग पर मृदु (soft) हो जाते हैं तथा ठण्डा होने पर पुनः कठोर हो जाते हैं। उदाहरण के लिए, नाइलॉन, पॉलीथीन इत्यादि।

(ब) थर्मोसेटिंग प्लास्टिक्स (Thermosetting plastics)—इनको पॉलीमरीजेशन (polymerisation) के बाद पुनः मृदुकरण (resoftened) नहीं किया जा सकता है। उदाहरण के लिए, यूरिया फोर्मेल्डिहाइड (urea formaldehyde), फिनोल फोर्मेल्डिहाइड (phenol formaldehyde) इत्यादि।

कुछ प्लास्टिक्स बहुत अच्छे इलैक्ट्रिकल एवं तापीय इन्सूलेटर्स होते हैं तथा साथ-साथ उच्च घिसाव प्रतिरोधी होते हैं। उनकी उच्च सामर्थ्य भार अनुपात के कारण वे अनेक परिस्थितियों में बड़े रूप में प्रयोग होते हैं। उनको मोबाइल आबजेक्टों के लिए भार कम करने के लिए प्रयोग किया जाता है जैसे कारों, एयर क्राफ्टों तथा रॉकेटों में।

अन्य थर्मोप्लास्टिक पदार्थ कृत्रिम रबर हैं जो बायोलॉजिकल ऑरीजन का कार्बनिक पदार्थ है। यह तरल (fluid) जो रबर के पेड़ों से प्रदान किया जाता है, से तैयार किया जाता है। इस प्रकार के रबर पदार्थ ऑटोमोबाइलों के टाइपों, धातु कम्पोनेन्टों के इन्सूलेशन, खिलौनों (toys) तथा अन्य रबर उत्पादों के लिए प्रयोग किए जाते हैं।

अकार्बनिक पदार्थ (Inorganic Materials)

अकार्बनिक पदार्थ बायोलॉजिकल पदार्थ नहीं हैं, वे प्राकृतिक उत्पत्ति (natural growth) तथा living organisms के विकास के कारण नहीं बने होते हैं। अकार्बनिक पदार्थ, धातुएँ, clays, sandrocks, gravels, minerals तथा सिरेमिंक्स हैं। वे mineral अस्तित्व (origin) रखते हैं।

रॉक्स (rocks) इकाइयाँ (units) हैं जो पृथ्वी का पृष्टभाग (crust) बनाती हैं। रॉक्स के तीन दीर्घ समूह हैं—

(अ) आग्नेय चट्टानें (Igneous rocks)—ये अर्द्ध तरल (semi liquid) अथवा तरल पदार्थ (magma) के दृढ़ीकरण (consolidation) के द्वारा बनाई जाती हैं। चट्टानों (rocks) को Plutonic कहा जाता है यदि दृढ़ीकरण पृथ्वी के अन्दर गहरे होते हैं तथा उनको volcanic कहा जाता है यदि lava या magma पृथ्वी की सतह पर ठोस (solidifies) होता है, उदाहरण के लिए Basalt igneous volcanic है तथा granite igneous plutonic हैं।

(ब) सेडीमेन्ट्री चट्टानें (Sedimentary rocks)—जब विद्यमान चट्टानों के टूटे हुए अवशेषों का दाब के अधीन दृढ़ीकरण होता है, इस प्रकार बनी चट्टानों को sedimentary rocks कहा जाता है। Shale तथा sandstone सेडीमेन्ट्री चट्टानें हैं। आवश्यक दाब rocky पदार्थ के overlying के द्वारा आपूर्तित किया जाता है।

(स) परावर्ती चट्टानें (Metamorphic rocks)—ये मूलतः सेडीमेन्ट्री चट्टानें हैं जो ऊष्मा एवं तीव्र दाब द्वारा नई चट्टानों में परिवर्तित होती हैं। उनकी संरचना igneous rock तथा sedimentary rock के बीच की है। मारबल (marble) तथा स्लेट (slates) परावर्ती चट्टानों (metamorpluic rocks) के उदाहरण हैं।

Rock पदार्थों को स्मारकों (monuments), भवनों (houses), arches, tombs, पुल आदि बनाने में प्रयोग किया जाता है। आज भी, स्लेट (slate), जो काफी कठोरता रखता है, को roofing पदार्थ के रूप में प्रयोग किया जाता है। Basalt, dolerite, rhyolite को stones में कूटा जाता है तथा सड़क निर्माण पदार्थ (road construction material) तथा concerete aggregate के लिए प्रयोग किया जाता है।

अन्य प्रकार का पदार्थ जो एक इन्जीनियर के खास पसन्द का है, Pozzolanic पदार्थ है। ये प्राकृतिक रूप से होने वाले या कृत्रिम सिलिसियस पदार्थ हैं जो सिमेन्ट बनाने को hydrate करेगें। ब्लास्ट फरनेन्स स्लेग, वोलकेनिक राख (volcanic ash), कुछ shales तथा flyash, pozzolanic पदार्थ के कुछ उदाहरण हैं। सीमेन्ट जिसमें 10–20% ग्राउण्ड ब्लास्ट फरनेन्स स्लेग होती है, pozzolanic portland cement कहलाती है। यह साधारण portland cement की तुलना में अधिक धीरे set होती है। यह sulphate solutions तथा sea water का अधिक प्रतिरोधी होती है।

कुछ पदार्थ प्रकृति में जिसमें उनको प्रयोग किया जाता है, के उस रूप में अस्तित्व में रहते हैं। इनको प्राकृतिक रूप में होने वाले पदार्थ (naturally occuring materials) कहा जाता है। ये पदार्थ rocks, stones, wood, copper, silver, gold इत्यादि हैं। वे संख्या में कई नहीं हैं। आधुनिक समय में यद्यपि अधिकतर पदार्थ का विनिर्माण किया जाता है ताकि वे विशेष स्थिति को पूरा करने को विशेष गुण धारण कर सकें। इसलिए, इन्जीनियरी पदार्थों का अध्ययन विनिर्माण प्रक्रम (manufaturing process) के साथ भी जुड़ा हुआ है जिसके द्वारा पदार्थों को वांछित गुणों को प्राप्त करने को उत्पन्न किया जाता है।

धातुएँ जो प्रकृति में अपनी स्वतन्त्र अवस्था में नजर आती हैं, अधिकतर रासायनिक रूप से निष्क्रय (inert) हैं। ऐसी धातुएँ जैसे ताँबा, सिल्वर (silver), सोना (gold) आदि अत्यन्त कुट्टय (malleable) तथा तन्य (ductile) के साथ अत्यन्त ही संक्षारण प्रतिरोधी हैं। उनके एलॉय उनके मूल धातुओं की तुलना में अधिक कठोर (hard) हैं। अधिक क्रियाशील धातुएँ कार्बोनेट्स, सल्फेट्स तथा सल्फाइड अयस्क (ores) के रूप में पाई जाती हैं।

बायोलॉजिकल पदार्थ (Biological Metals)

इन्जीनियर बायोलॉजिकल पदार्थों जैसे चमड़ा (leather), लाइमस्टोन बोन (limestone bone), हॉर्न, वेक्स (wax), लकड़ी इत्यादि में भी बहुत अधिक इच्छुक हैं। प्राचीन मानव लकड़ी को अनेक प्रायोजनों के लिए प्रयोग करते थे। लकड़ी हाइड्रोकार्बन सेलूलोज तथा लिगनिन का एक फाइबर युक्त संगठन (fibrous composition) है। इन तत्त्वों के अतिरिक्त गम (gum), स्टार्च रेजन (starch resin), वेक्स एवं कार्बनिक ऐसिड भी उपस्थित रहते हैं। लकड़ी को मुदु लकड़ी (soft wood) तथा कठोर लकड़ी (hard wood) के रूप में वर्गीकृत किया जाता है। ताजा लकड़ी में पानी का उच्च प्रतिशत रहता है तथा लकड़ी को सुखाने के लिए seasoning किया जाता है। यदि लकड़ी का उचित प्रकार से seasoning नहीं किया जाता है तो उसमें cracks, twist, warp इत्यादि दोष हो सकते हैं।

जानवरों की खालें, सफाई (cleaning) तथा tanning संक्रिया के बाद चमड़ा (leather) कहलाती है। चमड़े को प्राचीन व्यक्तियों द्वारा कपड़ों (clothing) के रूप में प्रयोग किया जाता था तथा आज भी यह belts, boxes, purses, shoes इत्यादि बनाने के लिए प्रयोग किया जाता है। चमड़े के संरक्षण (preserving) के लिए tanning संक्रिया की जाती है। इन दिनों दो टेनिंग तकनीकें प्रयोग की जाती हैं जो निम्न प्रकार हैं—

(i) वनस्पति टेनिंग (Vegetable tanning)

(ii) क्रोम टेनिंग (Chrome tanning)

(i) वनस्पति टेनिंग (Vegetable tanning)—यह, कई दिनों के लिए tanning liquor में खाल (skin) को डुबाने तथा तब चमड़े की condition करने को सुखाने से बनी होती है।

(ii) क्रोम टेनिंग (Chrome tanning)—इस क्रिया में तेजाब के घोल (acid solution) में खाल की pickling तथा तब उसे ड्रम में, जिसमें क्रोमियम साल्ट घोल रहता है, घुमाना (revoling) सम्मिलित है। उसके बाद चमड़े को सुखाया जाता है तथा रॉल (roll) किया जाता है।

एक महत्त्वपूर्ण पदार्थ जो कार्बनिक (organic) नहीं है परन्तु बायोलॉजिकल मूल (biological origin) रखता है, लाइमस्टोन है। यह मुख्य रूप से कैलसियम कार्बोनेट तथा लाइमस्टोन रखता है। यह सिमेन्ट के विनिर्माण में प्रयोग किया जाता है। लाइमस्टोन को शुद्ध रूप में लोहे (iron) तथा इस्पात उद्योगों में फलक्स (flux) के रूप में प्रयोग होता है।

जानवरों की हड्डियाँ (bones) प्राचीन समय में टूल्स एवं वेपन्स (tools and weapons) बनाने को प्रयोग होती थीं। वे कार्बनिक पदार्थों (organic substance) के laminate हैं तथा कैलसियम के फॉस्फेट एवं कार्बोनेट्स हैं। हड्डियाँ तनाव (tension) की तुलना में संपीडन (compression) में अधिक मजबूत होती हैं। आधुनिक दिनों में हड्डियाँ rule, gelatin इत्यादि बनाने के लिए प्रयोग की जाती हैं।

1.9. पदार्थों में संरचना-गुण सम्बन्ध (Structure-Property Relationship in Materials)

विभिन्न पदार्थ समान stimuli एवं constraints को भिन्न रूप से respond करते हैं। उदाहरण के लिए, कम विरूपता वाले ठोस, नियमानुसार, लगाए गए भार को हटाने के बाद अपने मूल आकार एवं विमाओं (shape and dimensions) को पुनः प्राप्त कर लेते हैं, जबकि तरल (liquids) तथा सम्बन्धित पदार्थ, जैसे putty, tar तथा wax ऐसा नहीं करते हैं। पहले के पदार्थ प्रत्यास्थ (elastic) हैं तथा बाद के चिपचिपे (viscous) हैं। हम आसानी से इन उदाहरणों को गुणित कर सकते थे। उनमें से सभी stimuli एवं constraints को प्रभाव डालने के respond की गुणवत्ता पदार्थ की प्रकृति (nature) के द्वारा ज्ञात होती है। हम इस गुणवत्ता को पदार्थ गुण (material property) के रूप में परिभाषित करते हैं। इस प्रकार, धुधँलापन (opacity) धातुओं का गुण है, पारदर्शिता (transparency) अनेक मिनरल्स का गुण है, प्रत्यास्थता (elasticity) ठोसों (solids) का गुण है, श्यानता (viscosity) तरलों का गुण है तथा इसी प्रकार हम पदार्थ गुण को साधारणतः यह कहकर कि

यह एक फेक्टर है जो गुणात्मक रूप से (qualitatively) या परिमाणात्मक रूप से (quantitatively) stimuli एवं constraints को प्रभाव डालने को दिए हुए पदार्थ के response को प्रभावित करता है, के द्वारा परिभाषित कर सकते हैं। अर्थात् इन्जीनियरी अनुप्रयोगों में यह जानना ही काफी नहीं है कि कैसे पदार्थ stimuli एवं constraints का प्रभाव डालने के respond करता है, हमको यह भी सीखना चाहिए कि यह कितना respond करता है तथा यह स्वयं पदार्थ की प्रकृति पर निर्भर करता है।

इसलिए, आधुनिक वर्षों में पदार्थों की संरचना (structure) तथा गुणों के बीच सम्बन्ध का अध्ययन करने की आवश्यकता की बढ़ती हुई जागरूकता (awareness) रही है, क्योंकि उनके सम्भव सुधारों (improvements) की प्रशंसा (appreciation) पूर्णरूप से संगठन (composition), उपचार (treatment), गुणों (properties) तथा पदार्थों के प्रयोगों से नहीं आती है। तथ्य यह कि सभी पदार्थों के गुण उनकी संरचना (structure) से उठते हैं, अर्थात् उस ढंग से जिसमें उनके अणु (atoms) क्रमहीन निराकार संरचनाओं (disordered amorphos structures) के क्रिस्टलों के molecules बनाने को एकत्रित होते हैं, यह अब पूर्णरूप से महसूस तथा स्थापित किया जाता है। इसके अतिरिक्त सभी प्रकार के bulk matter के गुण प्रकृति तथा अपूर्णता के वितरण (distribution of imperfections) पर या तो रासायनिक रूप से या वास्तुकला (architectural) से, मुख्य क्रम में मजबूती से निर्भर करते हैं। पदार्थों में प्रतीत होने वाले तथा व्यवहार में लाए जाने वाले अधिकतर गुण, घटक atoms एवं molecules की तुलना में समूह के सहकारी गुण हैं।

1.10. संरचना अवलोकन का स्तर (Level of Structure Observation)

पदार्थ की आन्तरिक संरचना, सरल रूप से जिसे संरचना (structure) कहते हैं, का अवलोकन के विभिन्न स्तरों पर अध्ययन किया जा सकता है। अनेक विधियों के द्वारा उनका अध्ययन करने के लिए आवश्यक आवर्धन की मात्रा (degree of magnification) अवलोकन के स्तर का माप है। विवरण (details) जो आवर्धन के निश्चित स्तर पर प्रदर्शित किए जाते हैं, आवर्धन के कुछ अन्य स्तर पर खोले गए विवरणों से साधारणतः भिन्न होते हैं।

जब विभिन्न स्तरों पर संरचनाओं पर विचार करते समय सापेक्ष साइजों तथा जो "logarithmic scale of universe" कहलाती हैं, की कुछ भावना (concept) रखना लाभप्रद है। तालिका 1.4 में साइज की तुलना करने की एक विधि दिखाई गई है।

तालिका 1.4—संसार के अन्तर्गत सापेक्ष साइजें : एक लोगरीथमिक स्केल

क्र० स०	उद्देश्य	औसत साइज	लोगरीथमिक स्केल
1.	सबसे समीप गेलेक्सी की दूरी	1 मिलियन प्रकाश वर्ष	10^{21}
2.	सबसे समीप स्टार की दूरी	1 प्रकाश वर्ष	10^{16}
3.	सूर्य की दूरी	1 मिलियन किमी	10^{9}
4.	पृथ्वी का व्यास	10,000 किमी	10^{7}

5.	मानव (Human being) (औसत विमा)	1 मीटर	10^0
6.	सेन्ड ग्रेन	1 मिमी	10^{-3}
7.	धूल के कण (Dust particle)	1 माइक्रोमीटर	10^{-6}
8.	अणु (Molecule)	1 नेनोमीटर	10^{-9}
9.	परमाणु (Atom)	10^{-1} नेनोमीटर	10^{-10}

1.11. पदार्थों की विभिन्न संरचना (Various Structure of Materials)

आधुनिक वर्षों में, पदार्थों की संख्या तथा विभिन्नता (variety), जो एक इन्जीनियर की विशेष पसन्द है, में विशाल रूप से वृद्धि हुई है। उदाहरण के लिए, इस्पात की एक हजार से अधिक किस्म हैं। प्रत्येक किस्म (type) विशिष्ट प्रयोग के लिए विशिष्ट गुणों को रखते हुए विशिष्ट संगठन (composition) रखती है। ऐसे सभी प्रकार के पदार्थों के गुणों को स्पष्ट करना सम्भव है। शब्द संरचना (structure) का अर्थ materials atoms की व्यवस्था (arrangement of a materials atoms) है। पदार्थ की आन्तरिक संरचना का ज्ञान किसी को भी पदार्थों के गुणों के अध्ययन में सहायता करता है। पदार्थों की संरचना को निम्न प्रकार वर्गीकृत किया जा सकता है—

(i) मेक्रो संरचना (Macro structure)
(ii) माइक्रो संरचना (Micro structure)
(iii) नेनो संरचना (Nano structure)
(iv) सह-संरचना (Sub-structure)
(v) क्रिस्टल संरचना (Crystal structure)
(vi) इलैक्ट्रॉनिक संरचना (Electronic structure)
(vii) नाभिकीय संरचना (Nuclear structure)

(i) मेक्रो संरचना (Macro structure)—पदार्थ की मन्द शक्ति माइक्रोस्कोप अथवा नंगी आँखों के अधीन परीक्षा ली जाती है। कुछ क्रिस्टलों की दशा में, जैसे क्वार्ट्ज (quartz), क्रिस्टल का बाह्य रूप अणुओं की आन्तरिक समिति (internal symmetry) परावर्तित कर सकती है। मेक्रो संरचना उचित तकनीकी के द्वारा दोषों (flaws), अलगावों (segrations), दरारों (cracks) आदि को प्रकट कर सकती है। लम्बाई पैमाना $\geq$ 100 nm है।

(ii) माइक्रो संरचना (Micro structure)—पदार्थ का शक्तिशाली माइक्रोस्कोप के अधीन अवलोकन किया जाता है। ऑप्टिकल माइक्रोस्कोप साधारणतः प्रयोग किए जाते हैं क्योंकि वे 3000 तक का उच्च आवर्धन (magnification) रखते हैं। ऐसे माइक्रोस्कोप दो रेखाओं को अलग रेखाओं के रूप में विभेद कर सकते हैं जब उनके अलगाव का अन्तर 0.1 μm अर्थात् 10^{-7} m होता है। दरारें, संरध्रता (porosity), अधात्त्विक इनसुलेशन्स प्रदर्शित किए जा सकते हैं।

(iii) नेनो संरचना (Nano structure)—का अर्थ है नेनो (~ लम्बाई पैमाना 1–100 nm) पर पदार्थ की संरचना। आयरन ऑक्साइड के नेनो साइज के कण (~ 5–10 nm) ferrofluids या liquid magnets में प्रयोग किए जाते हैं। इन तरल चुम्बकों (liquid magnets) का अनुप्रयोग लाउडस्पीकरों के लिए cooling madium (ऊष्मा स्थानान्तरण) के रूप में है।

(iv) सह-संरचना (Sub-structure)—कभी-कभी अध्ययन की जाने वाली संरचनाओं के अत्यन्त सूक्ष्म विवरणों की जरूरत होती है, जिसके लिए काफी अधिक शक्तिशाली माइक्रोस्कोप की जरूरत होती है। सह-संरचना ऐसी संरचना को संदर्भित करती है जिनका 10^6 के क्रम का आवर्धन रखने वाले माइक्रोस्कोप का प्रयोग कर अवलोकन किया जाता है। विस्थापन (dislocation) तथा अन्य क्रिस्टलों के दोषों को ऐसे उपकरणों के द्वारा सर्वश्रेष्ठ अध्ययन किया जा सकता है। Field ion माइक्रोस्कोप atomic arrangements में दोषों के साथ-साथ व्यक्तिगत अणुओं की आकृतियों (images) को पैदा कर सकते हैं।

(v) क्रिस्टल संरचना (Crystal structure)—यह क्रिस्टल के अन्तर्गत atomic arrangement के साथ व्यवहार करती है। Unit cell arrangement के विवरण (details) का अध्ययन किया जाता है। X-rays diffraction तकनीकी क्रिस्टल संरचना ज्ञात करने को प्रयोग की जाती है। एक क्रिस्टल, सभी दिशाओं में regularly repeating pattern बनाते हुए unit cells की बड़ी संख्याओं के द्वारा बनाया जाता है।

(vi) इलैक्ट्रॉनिक संरचना (Electronic structure)—यह एक अणु (atom) के भिन्न आरबिटों (different orbits) में इलेक्ट्रॉनों के प्रबन्ध (arrangement of electrons) को सन्दर्भ करता है। इलैक्ट्रॉनिक संरचना spectroscopic तकनीकीयों के द्वारा ज्ञात की जाती है। बाहरी shell में orbit करने वाले इलेक्ट्रॉनों की संख्या काफी सीमा तक पदार्थ के गुणों को नियन्त्रित करती है।

(vii) न्यूकलियर संरचना (Nuclear structure)—नाभिकीय संरचना nuclear magnetic resonance (NMR) तथा Mossbauer studies जैसी नाभिकीय spectroscopic तकनीकीयों द्वारा अध्ययन की जाती है।

1.12. पदार्थों का चयन (Selection of Materials)

एक विशिष्ट अनुप्रयोग के लिए पदार्थ का चयन (selection of material) एक पूर्णतः लम्बी तथा महंगी जाँच (investigation) है। अक्सर सदैव एक से अधिक पदार्थ अनुप्रयोग को उपयुक्त होता है तथा अन्तिम चयन एक समझौता (compromise) है जो सापेक्ष लाभों तथा हानियों की तुलना करता है।

एक इन्जीनियर के सबसे महत्त्वपूर्ण कार्यों में से एक, मशीन या संरचना के विशेष घटक के लिए पदार्थ का उपयुक्त चयन है। इन्जीनियर को न्यूनतम लागत पर एक पदार्थ में गुणों के अन्तिम संयोग (optimum combination) को विकसित करने की स्थिति में होना चाहिए। पदार्थ के गुण एवं व्यवहार सेवा तथा उनके बीच अन्तर्क्रिया के दौरान संगठन (composition), क्रिस्टल संरचना (crystal structure) व शर्तों के ऊपर निर्भर करता है।

पदार्थों की परफारमेन्स, सीमा के निश्चित प्रतिबन्धों (conditions) के अन्तर्गत सन्तोषजनक हो सकती है। परन्तु इन प्रतिबन्धों के परे, पदार्थों की परफारमेन्स सन्तोषजनक नहीं हो सकती है।

पदार्थ के चयन में समावेशित विभिन्न पद (steps) चित्र 1.3 में दिखाए गए हैं।

ये सभी फेक्टर्स एक-दूसरे के बीच जटिल अन्तर्क्रिया (interaction) रखते हैं। घटक का आकार एवं साइज प्रोसेसिंग यूनिट की पसन्द पर (choice of processing unit) बड़ा प्रभाव रखता है जो अन्तिम रूप से पदार्थ की पसन्द को प्रभावित करता है। उदाहरण के लिए, यदि डाई कास्टिंग में, दिए गए प्रतिबन्धों के अधीन यदि सर्वश्रेष्ठ उत्पादन विधि चयन की जाती है तब पदार्थ की पसन्द सीमित हो जाती है, अर्थात् पदार्थों के निम्न गलनांक बिन्दु (melting point) प्रयोग किए जा सकते हैं, जो एल्यूमिनियम, जिंक, मेगनीसियम तथा थर्मोप्लास्टिक्स हैं।

कुछ पदार्थों को निकट टालरेन्स तक फिनिश किया जा सकता है जबकि अन्यों को नहीं। इस प्रकार, फिनिश घटकों के लिए आवश्यक विमिय टालरेन्स (dimensional tolerances) पदार्थों की पसन्द (choice of materials) को प्रभावित करेगी।

सभी यान्त्रिक गुण जैसे कठोरता (hardness), सामर्थ्य इत्यादि विशिष्ट प्रतिबन्धों के लिए उपयुक्त पदार्थ के चयन की गाइड लाइनें प्रदान करते हैं। पदार्थों के प्रोसेसिंग की विधि भी घटक के गुणों को प्रभावित करती है। उदाहरण के लिए, कास्ट किए घटकों की तुलना में फोर्ज किए गए घटक मजबूत हो सकते हैं। भिन्न प्रकार के कार्यकारी प्रोसेस भी भिन्न प्रकार की फाइबर संरचना दे सकते हैं। Investment कास्टिंग मशीन आपरेशन्स की तुलना में कम लागत पर सूक्ष्म (precise) विमाएँ दे सकती हैं।

सेवा आवश्यकताओं (service requirements) में dimensional stability, सामर्थ्य (strength), toughness, heat resistance, corrosion resistance, fatigue तथा creep resistance, विद्युत तथा थर्मल चालकता इत्यादि सम्मिलित हैं।

फेर्बिकेशन आवश्यकताएँ कास्ट करने की योग्यता (castability) है अर्थात् पदार्थ के कास्टिंग में आसानी, वेल्डन योग्यता (weldability) अर्थात् पदार्थ को वेल्ड करने में सुगमता, मशीनन योग्यता (machinability) अर्थात् पदार्थ को मशीनन करने में सुगमता, रूपण योग्यता (formability) अर्थात् पदार्थ का रूपण करने में सुगमता, कठोर करने की योग्यता (hardenability) इत्यादि है।

अधिकतर दशाओं में लगभग 50 प्रतिशत फिनिश लागत (finished cost) के लिए कच्चे पदार्थ की लागत महत्त्व रखती है। इस प्रकार, पदार्थ की लागत (cost of material) एक दीर्घ फेक्टर (major factor) है जो पदार्थ अथवा प्रोसेस के चयन को प्रभावित करता है। यह सदैव सत्य नहीं है कि सस्ते पदार्थ का प्रयोग घटक की अन्तिम लागत (final cost) को कम करेगा। सस्ता पदार्थ की जाने वाली बड़ी संख्याओं में संक्रियाओं तथा उच्च स्क्रेप (scrap) के कारण उच्च प्रोसेसिंग लागत के साथ संयुक्त (associate) हो सकता है। यह कभी-कभी ओवरआल लागत (overall cost) को, कम संख्या में संक्रियाओं तथा कम स्क्रेप को निम्न प्रोसेसिंग लागत के साथ संयोजन में महँगे कच्चे पदार्थ की तुलना में, अधिक बना सकता है।

प्रोसेस के साथ-साथ पदार्थ की पसन्द प्रारम्भिक डिजाइन अवस्था पर बनाई जाती है क्योंकि पदार्थ का प्रकार (type of material) डिजाइन के detailed aspect को प्रभावित करता है। उदाहरण के लिए जब पदार्थ को स्पाट वेल्डन, स्क्रू या रिवेट के द्वारा जोड़ा जाता है, इसे डिजाइन अवस्था (design stage) पर तय किया जाना चाहिए।

प्रोसेसिंग लागत (श्रम लागत) तथा अन्य लागतें (costs) जैसे ओवरआल लागत अधिकतर उद्योगों में उत्पादन लागत के लगभग 50% के लिए महत्त्व रखती है। ऑटोमेटिक उद्योगों में, ओवरआल लागत अन्य लागतों की तुलना में कहीं अधिक है। यदि इस प्रकार की

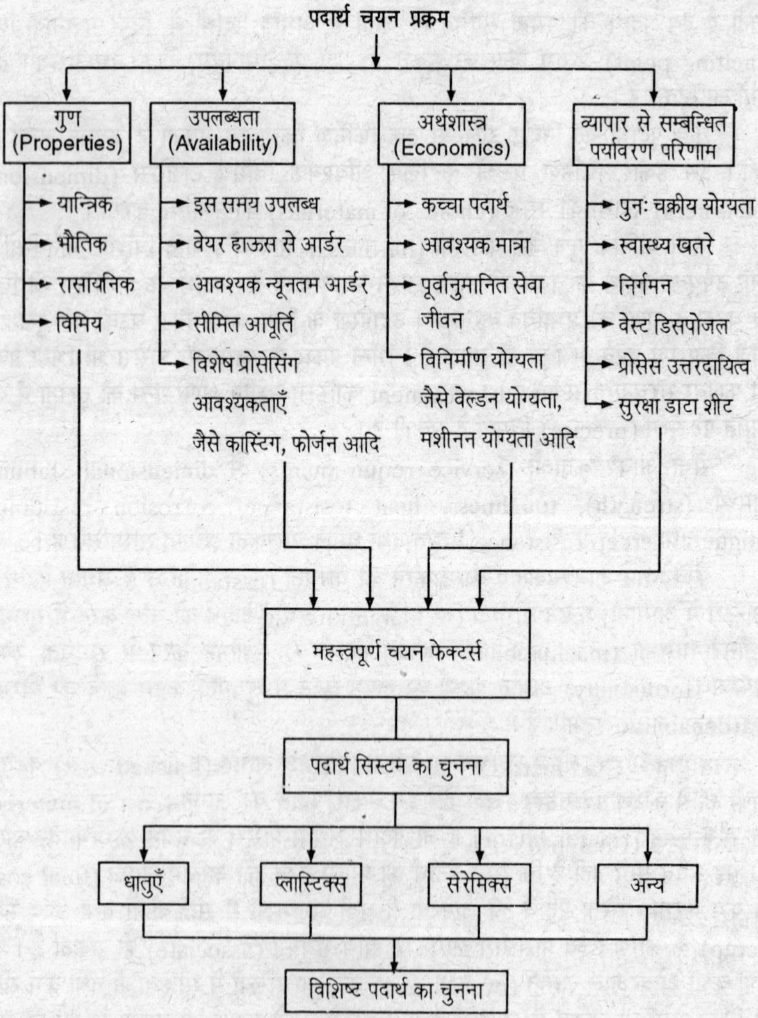

चित्र 1.3—पदार्थ चयन में सम्मिलित पद।

लागतों को किसी प्रकार कम किया जा सकता है, तो कुल उत्पादन लागत कम होगी। कभी-कभी इन्जेक्शन मोल्डिंग प्रोसेस अन्य पारम्परिक प्रोसेसों की तुलना में पसन्द किया जाता है क्योंकि बाद का प्रोसेस कई माध्यमिक स्टेज एवं कई मशीनन प्रोसेसों को समावेशित कर सकता है।

रॉलिंग या फोर्जन संक्रियाओं के द्वारा उत्पादन की लागत, पाउडर्ड मेटलरजी प्रोसेस के द्वारा उत्पादन की लागत की तुलना में दुगुनी है। यह इस तथ्य के कारण है कि रॉलिंग या फोर्जन उसी फिनिश एवं टालरेन्सों के लिए कई मशीनन संक्रियाओं के द्वारा अनुसरण की जाती है।

पदार्थ की उपलब्धता, कभी-कभी नियन्त्रक फेक्टर हो जाती है। जब आवश्यक पदार्थ की आपूर्ति सीमित है। एक महँगा पदार्थ, जो यथेष्ट परिमाण में उपलब्ध है, चुना जा सकता है।

उपरोक्त सभी फेक्टरों पर विचार करने के बाद, यह स्थिति हो सकती है कि दो या अधिक पदार्थ उपयुक्त हैं। यह भी हो सकता है कि उपरोक्त फेक्टर्स एक-दूसरे के विपरीत हों। इस प्रकार, कोई ठीक या सत्य हल नहीं होगा तथा अन्तिम चयन तब एक समझौता होता है। समझौता सम्बन्धित योग्यताओं (merits) एवं अयोग्यताओं (demerits), फिनिश घटक की लागत तथा इसके जीवन पर विचार करने के द्वारा किया जाता है।

पदार्थ का चयन एक गतिज प्रोसेस (dynamic process) है तथा डिजाइन में परिवर्तन प्रगतिशील हो सकता है। उपलब्धता तथा आधुनिक टेक्नालॉजी की जागरुकता पर निर्भर करते हुए, पदार्थ समयानुसार बदल सकता है। भिन्न प्रकारों के पदार्थों की बड़ी रेंज उपलब्ध हैं तथा पदार्थों के दक्ष उपयोग को प्राप्त करने को उपरोक्त फेक्टर्स पर विचार करने के द्वारा सबसे बुद्धिमान पसन्द बनाई जानी चाहिए।

1.13. शब्दावली (Glossary)

एलॉय (alloy)—एक धात्विक पदार्थ जो दो या अधिक भिन्न शुद्ध धातुओं के रासायनिक संयोग से प्राप्त की जाती है। इस प्रकार प्राप्त पदार्थ के गुण मूल पदार्थों से काफी भिन्न होते हैं।

सिरेमिक्स (Ceramics)—क्रिस्टलीय अकार्बनिक पदार्थों का एक समूह जिसमें अच्छी सामर्थ्य, विशेष रूप से संपीडन में तथा उच्च गलनांक तापमान जैसे गुण होते हैं। कुछ सिरेमिक्स बहुत अच्छी विद्युत तथा थर्मल इन्सूलेशन व्यवहार रखते हैं।

क्लेड धातुएँ (Clad metals)—दोनों पदार्थों के गुणों का लाभ प्राप्त करने के लिए दो पदार्थों को सेन्डविच करके क्लेड धातुएँ तैयार की जाती हैं।

कम्पोजिट्स (Composites)—दो या अधिक पदार्थों के मिश्रण से अन्य उपयोगी पदार्थ निर्मित किए जाते हैं जिनके गुण किसी एक पदार्थ में उपलब्ध नहीं होते हैं, ये कम्पोजिट्स कहलाते हैं।

संगठन (Composition)—पदार्थ की रासायनिक संरचना।

इलैक्ट्रॉनिक संरचना (Electronic structure)—यह एक अणु के भिन्न आरबिटों में इलेक्ट्रॉनों की व्यवस्था से सन्दर्भित है।

ग्लास (Glass)—विशेष रूप से परन्तु सदैव नहीं, सिलिका पर आधारित पिघली अवस्था से निकाला गया एक निराकार पदार्थ।

ग्लास-सिरेमिक्स (Glass-ceramics)—ग्लास बनाकर तथा तब छोटे क्रिस्टल्स बनाने को इसे ऊष्मा उपचारित के द्वारा प्राप्त विशेष वर्ग का पदार्थ।

ग्रेन (Grains)—पॉली क्रिस्टलाइन पदार्थ में क्रिस्टल्स।

आग्नेय चट्टानें (Igneous rocks)—अर्द्ध तरल के ठोसकरण के द्वारा बनी हुई चट्टानें।

अकार्बनिक पदार्थ (Inorganic materials)—प्राकृतिक उत्पत्ति तथा रहने वाले जीवाणुओं के विकास के कारण नहीं बने हुए पदार्थ।

मेक्रो संरचना (Macro structure)—पदार्थ की संरचना मन्द शक्ति माइक्रोस्कोप या नंगी आँखों के अधीन परीक्षण की जाती है।

मेटेरियल्स इन्जीनियरी (Materials engineering)—एक इन्जीनियरी उद्गामी क्षेत्र जो इस बात पर केन्द्रित करता है कि कैसे पदार्थों को उपयोगी डिवाइस या संरचना में स्थानान्तरित या पारेषित किया जाए।

पदार्थ विज्ञान एवं इन्जीनियरी (Material science and engineering)—नवीन पदार्थों की खोज तथा भिन्न पदार्थों के बीच microstructure-composition-synthesis-processing सम्बन्ध के गहन ज्ञान को विकसित करने के द्वारा पहले से ज्ञात पदार्थों के सुधार के साथ सम्बन्धित एक अन्तर अनुशासनीय क्षेत्र।

पदार्थ विज्ञान (Material science)—विज्ञान का क्षेत्र जो आन्तरिक या माइक्रोस्टक्चर, synthesis तथा प्रोसेसिंग एवं पदार्थों के गुणों के बीच सम्बन्ध के अध्ययन पर जोर डालता है।

धातु (Metal)—एक अवयव जो धात्विक बाण्ड तथा साधारणतः अच्छी तन्यता, सामर्थ्य तथा विद्युत चालकता (electrical conductivity) रखता है।

मेटामोरफिक चट्टानें (Metamorphic rocks)—ये मूलतः सेडीमेन्ट्री चट्टाने हैं जो ऊष्मा एवं तीव्र दाब के द्वारा नई चट्टानों में बदल जाती हैं।

माइक्रो संरचना (Micro structure)—शक्तिशाली माइक्रोस्कोप के अधीन अवलोकन की गई पदार्थ की संरचना।

नाभिकीय संरचना (Nuclear structure)—नाभिकीय स्पेक्ट्रोस्कोपिक तकनीक के द्वारा अध्ययन की गई संरचना।

नेनो संरचना (Nano structure)—नेनो स्केल (लम्बाई स्केल 1–100 nm) पर पदार्थ की संरचना।

कार्बनिक पदार्थ (Organic materials)—ये पदार्थ कार्बन से बने होते हैं जो हाइड्रोजन, ऑक्सीजन एवं अन्य अधात्विक पदार्थ के साथ रासायनिक रूप से बाण्ड होते हैं।

प्लास्टिक (Plastics)—ये संयोजी (addilives) से बने हुए पॉलीमरीक पदार्थ हैं।

पॉलीमर्स (Polymers)—कार्बनिक मालीक्यूल्स को बड़े मॉलीक्यूलर शृंखलाओं या नेटवर्कों में जोड़ने के द्वारा सामान्यतया प्राप्त पदार्थों का समूह। पॉलीमर्स कम सामर्थ्य, निम्न गलनाँक तापमानों तथा कम विद्युतीय चालकता वाले होते हैं।

पोजोलेनिक पदार्थ (Pozzolanic material)—ये प्राकृतिक रूप से होने वाले या कृत्रिम सिलिसियस पदार्थ हैं जो सीमेन्ट बनाने को hydrate करेंगे।

शुद्ध धातुएँ (Pure metals)—ये अयस्कों (ore) का शुद्धिकरण करके प्राप्त किए जाते हैं।

सेडीमेन्ट्री चट्टानें (Sedimentary rocks)—वे दाब के अधीन ठोस होकर बनी चट्टानें होती हैं।

सेमी कन्डेक्टर्स (Semi conductors)—धातुओं तथा विशिष्ट सिरेमिक्स (जैसे Si, GaAs) के बीच विद्युतीय चालकता रखने वाले पदार्थों का समूह है।

सिन्टर्ड धातुएँ (Sintered metals)—ये पाउडर मेटलर्जी तकनीकी द्वारा उत्पादित धातुएँ हैं।

संरचना (Structure)—पदार्थ में अणुओं या आयनों के व्यवस्थाओं का विवरण है। पदार्थों की संरचना पदार्थों के अनेक गुणों, जहाँ तक यदि ओवर आल संगठन नहीं बदलता है, पर अगाध प्रभाव (profound influence) रखती है।

सह संरचना (Sub-structure)—यह संरचना जिसकी 10^6 क्रम की आवर्धन रखने वाले ऐसे माइक्रोस्कोपों के प्रयोग द्वारा अवलोकन किया जा सकता है, को सन्दर्भित है।

थर्मोप्लास्टिक्स (Thermoplastics)—पॉलीमर्स का विशेष समूह जिसमें आणविक शृंखलाएँ (molecular chains) पाशबद्ध होती हैं परन्तु अन्तर्सयुक्त नहीं होती है। उनको आसानी से पिघलाया जा सकता है तथा उपयोगी आकारों में बनाया जा सकता है। सामान्यतया, ये पॉलीमर्स शृंखला प्रकार की संरचना (chainlike structure) रखती हैं जैसे पॉलीथीलीन।

थर्मोसेट्स (Thermosets)—पॉलीमर्स का विशिष्ट समूह जो गर्म करने पर पिघलने के स्थान पर विघटित होता है। वे सामान्यतया अपेक्षाकृत दृढ़ होने के कारण बिल्कुल भंगुर, त्रिविमिय नेटवर्क संरचना (three dimensional network structure) वाले होते हैं जैसे पॉलीयूरेथेन।

अभ्यासमाला (Exercise)

1. पदार्थ विज्ञान तथा इन्जीनियरी से आप क्या समझते हैं ?
2. एक पदार्थ इन्जीनियर के लिए पदार्थों का सिस्टेमेटिक वर्गीकरण रखना क्यों महत्त्वपूर्ण है ?
3. उनके प्रयोग के अनुसार धातुओं का वर्गीकरण स्पष्ट कीजिए।
4. पदार्थों के कार्यात्मक वर्गीकरण को सूचीबद्ध तथा विवेचना कीजिए।
5. कार्बनिक तथा बायोलॉजिकल पदार्थों की उनके लक्षणों, संरचना तथा गुणों के पदों में तुलना कीजिए।

6. कार्बनिक तथा अकार्बनिक पदार्थों के महत्त्वपूर्ण फीचर्स को संक्षेप में बताइए।
7. उन फेक्टर्स की विवेचना कीजिए जो पदार्थों के वर्गीकरण के सिस्टम के आधार के रूप में प्रयोग किए जाते हैं।
8. धातुओं एवं अधातुओं में उनकी लाक्षणिक गुणों एवं प्रयोगों के पदों में विभेद कीजिए।
9. आग्नेय (igneous), सेडीमेन्ट्री तथा मेटामोरफिक चट्टानों का लाक्षणिक संरचना तथा वर्णन कीजिए।
10. उदाहरण सहित निम्न पदों को स्पष्ट कीजिए—
    (i) एलॉय सिन्टर्ड धातु (ii) कोटिड धातु
    (iii) क्लेड धातु तथा (iv) अलौह धातुएँ
11. पदार्थों के चयन को प्रभावित करने वाले फेक्टर्स को सूचीबद्ध तथा वर्णन कीजिए।
12. पदार्थों की संरचनीय वर्गीकरण का वर्णन कीजिए।
13. उनके रासायनिक संगठन के अनुसार पदार्थों को कैसे वर्गीकरण किया जाता है ? स्पष्ट कीजिए।
14. निम्न पदों को संक्षेप में परिभाषित कीजिए—
    (i) संगठन (composition) (ii) संरचना (structure)
    (iii) synthesis (iv) माइक्रो संरचना (microstructure)

2

परमाणु एवं क्रिस्टल की संरचना
(Structure of the Atom and Crystal)

2.1. परिचय (Introduction)

सन् 1808 में स्कोटिश कैमिस्ट जॉन डाल्टन (John Dalton) ने द्रव्य की रचना के सन्दर्भ में यह मत प्रस्तुत किया कि प्रत्येक पदार्थ अत्यन्त सूक्ष्म कणों से बना है जिन्हें परमाणु (atom) कहते हैं। डाल्टन के मतानुसार परमाणु का किसी भी भौतिक अथवा रासायनिक विधि से विभाजन नहीं किया जा सकता था। परमाणु न तो सृजित (create) हो सकते हैं तथा न ही नष्ट (destroy)। परन्तु परमाणुओं की अविभाज्यता की धारणा टिक न सकी तथा बाद के अनुसन्धानों द्वारा प्रमाणित हो गया कि परमाणु द्रव्य के अन्तिम कण नहीं हैं। परमाणु की अपनी भी संरचना है। पदार्थों के बहुत से गुण परमाणु की संरचना तथा ढंग (ways) जिसमें परमाणु molecules, crystals तथा पदार्थ की मेक्रो यूनिट्स बनाने को परस्पर जुड़ते हैं के पदों (terms) में सर्वश्रेष्ठ समझे जाते हैं।

आधुनिक कल्पना के अनुसार, एक परमाणु एक नाभिक (nucleus) से बना है जो इलेक्ट्रॉनों (electrons) से घिरा रहता है। नाभिक का व्यास 10^{-1} नेनोमीटर या 10^{-10} मीटर है। Nucleus पुनः न्यूट्रोंन्स (neutrons) एवं प्रोटॉन्स (protons) से बना होता है। यह कहा जा सकता है कि एक परमाणु दो मुख्य अंगों से बना होता है (i) प्रोटॉन्स तथा न्यूट्रॉन्स से बना भारी नाभिक तथा (ii) परिवेष इलेक्ट्रॉन्स (surrounding electrons)। दोनों ही पदार्थों के गुणों को स्पष्ट करने के लिए समान रूप से महत्त्वपूर्ण हैं।

प्रोटॉन की संहति (mass) $1 \cdot 673 \times 10^{-27}$ किग्रा० है तथा यह $1 \cdot 602 \times 10^{-19}$ कूलम्ब के धनात्मक चार्ज की इकाई (unit) रखती है। प्रोट्रॉन प्रायः एक परमाणु के nucleus में न्यूट्रॉन्स के साथ विद्यमान रहता है।

न्यूट्रॉन थोड़ा भारी है (प्रोटॉन की तुलना में $1 \cdot 008$ गुना) तथा यह कोई धनात्मक चार्ज एवं विद्युत चार्ज नहीं रखता है। प्रोटॉन्स एवं न्यूट्रॉन्स दोनों nucleus कहलाते हैं क्योंकि वे एक परमाणु के nucleus बनाते हैं।

इलेक्ट्रॉन्स shells का orbits में इससे अपेक्षाकृत अधिक दूरी पर nucleus के चारों तरफ घूमते हैं। इलेक्ट्रॉन्स ऋणात्मक विद्युत चार्ज ($- 1 \cdot 602 \times 10^{-19}$ कूलम्ब) रखते हैं जो प्रोटॉन्स के धनात्मक चार्ज के समान एवं विपरीत है। इलेक्ट्रॉन्स की संहति प्रोट्रॉन की संहति का केवल 1/1836 है। चूँकि इलेक्ट्रॉन्स nucleus को घेरते हैं। परमाणु का व्यास nucleus के 10,000 गुने के क्रम में बड़ा हो जाता है।

सन् 1897 में अत्यधिक विरलित (rarer) गैसों में विद्युत विसर्जन (electric discharge) के फलस्वरूप उत्पन्न कैथोड किरणों के जे० जे० टॉमसन द्वारा किए गए अध्ययन से इलेक्ट्रॉन की खोज हुई। लगभग उसी समय बेकुरेल (Becquerel) ने रेडियो-ऐक्टिविटी की खोज की। तब प्रयोगों द्वारा यह सिद्ध हुआ कि प्रत्येक तत्त्व के परमाणु में ऋण-आवेशित कण (negatively charged particles) इलेक्ट्रॉन होते हैं। परन्तु परमाणु के उदासीन (neutral) होने के कारण उसमें समान मात्रा में धन आवेश भी कहीं होना चाहिए। धातु के महीन पत्रों (thin foils) पर α-कणों की बौछार (bombardment) से प्राप्त परिणामों के आधार पर रदरफोर्ड (Rutherford) ने यह निष्कर्ष निकाला कि परमाणु के भीतर अत्यन्त सूक्ष्म संपुजित (massive) न्यूक्लियस होता है जिसके चारों ओर लगभग नगण्य भार के इलेक्ट्रॉन घूमते रहते हैं। सन् 1913 में मोज़ले (Moseley) द्वारा परमाणु क्रमांक (atomic number) की धारणा (concept) के आधार पर परमाणु में इलेक्ट्रॉनों की संख्या तथा उनकी व्यवस्था (arrangement) प्रस्तुत की गई।

परमाणु संरचना की खोज के सम्बन्ध में निम्न मॉडल, परमाणु सिद्धान्त को आधुनिक रूप देने में सहायक हुए।

2.2. टॉमसन मॉडल (Thomson Model)

सर्वप्रथम टॉमसन ने सन् 1904 में परमाणु की संरचना का एक रूप प्रस्तुत किया जिसे परमाणु का "टॉमसन मॉडल" कहते हैं। टॉमसन के अनुसार परमाणु, 10^{-10} मीटर त्रिज्या का एक धनावेशित (positively charged) गोला है जिसमें परमाणु का द्रव्यमान (mass) तथा धनावेश समान रूप से वितरित (uniformly distributed) होते हैं। इस गोले में चित्र 2.1

की भाँति इलेक्ट्रॉन जगह-जगह पर धंसे रहते हैं। इसे टॉमसन का Plum Pudding मॉडल भी कहते हैं। परमाणु में इलेक्ट्रॉन की संख्या इतनी होती है कि इनका ऋण आवेश, परमाणु के धन आवेश के बराबर होता है।

टॉमसन मॉडल द्वारा तापायनिक उत्सर्जन (thermionic emission), आयनीकरण (ionisation) तथा फोटो-इलेक्ट्रिक उत्सर्जन (photo-electric emission) की क्रिया की व्याख्या की गई है। परमाणु से प्रकाश फोटॉन (light photon) के उत्सर्जन की क्रिया को इस प्रकार समझाया गया कि परमाणु को बाहर से ऊर्जा मिलने पर इलेक्ट्रॉन कम्पन करने लगते हैं तथा अपनी कम्पन-आवृत्ति (frequency of vibration) की प्रकाश तरंगें उत्सर्जित करते हैं।

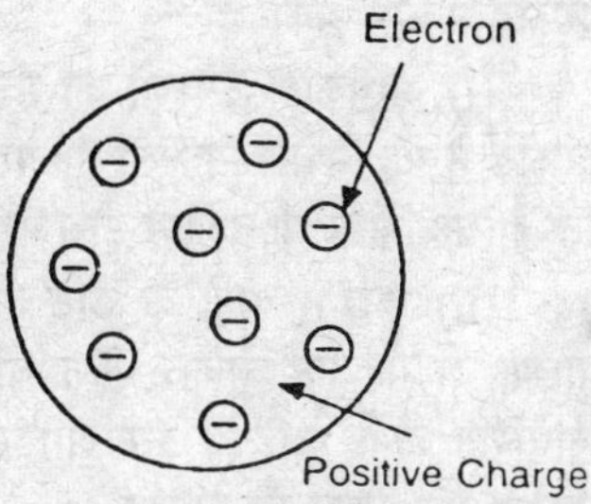

चित्र 2.1—टॉमसन मॉडल।

परन्तु इस सिद्धान्त के अनुसार हाइड्रोजन परमाणु, जिसमें केवल एक इलेक्ट्रॉन है, के स्पेक्ट्रम (spectrum) में केवल एक रेखा (spectral line) होनी चाहिए जबकि वास्तव में हाइड्रोजन स्पेक्ट्रम में अनेक लाइनें होती हैं। अतः टॉमसन मॉडल के आधार पर स्पेक्ट्रम की व्याख्या (explanation) नहीं दी जा सकी। इसके अतिरिक्त यह मॉडल α-कणों (alpha particles) की स्कैटरिंग (scattering) का कोई कारण नहीं बता सका जिसे रदरफोर्ड ने अपने प्रयोगों द्वारा दिखाया था।

इन कारणों से टॉमसन मॉडल स्वीकार नहीं किया गया।

2.3. रदरफोर्ड का नाभिकीय परमाणु मॉडल (Rutherford's Nuclear Atom)

परमाणु संरचना सम्बन्धी हमारा आधुनिक ज्ञान रदरफोर्ड के नाभिकीय परमाणु सिद्धान्त पर आधारित है। परमाणु की सही संरचना जानने के लिए रदरफोर्ड ने सन् 1911 में एक महत्त्वपूर्ण प्रयोग 'α-particles scattering experiment' किया। इस प्रयोग में रदरफोर्ड ने देखा कि जब किसी बहुत पतले स्वर्ण पत्र (thin gold foil) पर चित्र 2.2 की भाँति α-कणों की बौछार की जाती है तब अधिकांश α-कण अपने सीधे रास्ते (straight path) पर

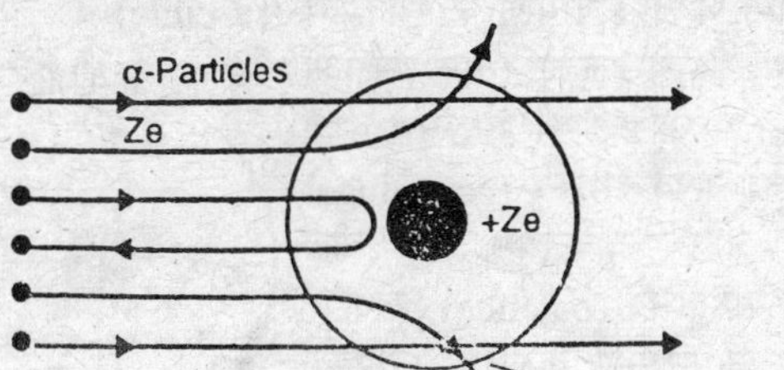

चित्र 2.2—α-कणों की स्कैटरिंग।

चलते हुए स्वर्ण पत्र के बाहर निकल जाते हैं, कुछ कण बड़े कोणों (angles) पर scatter हो जाते हैं तथा कुछ थोड़े से कण इस प्रकार पलट कर वापस आ जाते हैं जैसे कि वे अपने रास्ते में किसी ठोस, अभेद्य वस्तु से टकरा गए हों। एल्फा कणों की इस प्रकार स्कैटेरिंग की व्याख्या रदरफोर्ड ने निम्न प्रकार दी—

(i) अधिकांश α-कणों का स्वर्ण पत्र के आर-पार बिना प्रभावित हुए निकल जाने से रदरफोर्ड ने यह निष्कर्ष निकाला कि परमाणु का अधिकांश भाग अन्दर से खोखला (hollow) होता है (यह किसी भी दशा में ठोस नहीं हो सकता जैसा कि टॉमसन ने माना था)।

(ii) कुछ α-कणों के छोटे-छोटे कोण बनाते हुए विक्षेपित होने के सम्बन्ध में यह व्याख्या दी गई कि चूँकि α-कण धनावेशित है, अतः इन्हें विक्षेपित करने वाली वस्तु भी धनावेशित होनी चाहिए। इस आधार पर रदरफोर्ड ने व्याख्या दी कि परमाणु का सम्पूर्ण धनावेश एक स्थान पर केन्द्रित (centred) रहता है (यह परमाणु में समान रूप से वितरित (distributed) नहीं हो सकता जैसा कि टॉमसन का विचार था)।

(iii) कुछ कण ऐसे भी हैं जो अपने प्रारम्भिक मार्ग से 90° से भी अधिक कोण पर scatter होकर वापस लौट आते हैं। इससे यह ज्ञात होता है कि जब α-कण स्वर्ण पत्र के परमाणुओं में से गुजरते हैं तब किसी-किसी कण पर इतना अधिक प्रतिकर्षण बल लगता है कि वह तीव्रगामी α-कण को वापिस लौटा देता है। एल्फा कण, इलेक्ट्रॉन की अपेक्षा लगभग 7,000 गुना भारी होता है, अतः इसके किसी इलेक्ट्रॉन से टकराकर अपने पथ से विचलित होने का प्रश्न ही नहीं उठता। इसका बड़े कणों से विचलित हो जाने से इसी बात का निर्देश मिलता है कि यह लगभग अपने बराबर द्रव्यमान (mass) और आवेश के किसी पिण्ड से टकरा गया हो। इस पिण्ड (स्थान) को नाभिक (nucleus) कहते हैं।

रदरफोर्ड के अनुसार परमाणु का समस्त द्रव्यमान (इलेक्ट्रॉनों को छोड़ कर) तथा समस्त धनावेश परमाणु के केन्द्र, 10^{-15} मीटर के क्रम (order) की त्रिज्या के नाभिक (nucleus) में संकेन्द्रित (centred) है।

चूँकि परमाणु विद्युतीय रूप से उदासीन (neutral) है अतः ऋणावेशित इलेक्ट्रॉन अवश्य ही नाभिक के चारों ओर के रिक्त स्थान में वितरित होंगे ताकि परमाणु के नाभिक का धनावेश समतुलित (balance) हो जाए। रदरफोर्ड ने यह भी परिकल्पना की, कि ये इलेक्ट्रॉन अचल (stationary) नहीं हो सकते क्योंकि ऐसी दशा में वे धीरे-धीरे नाभिक द्वारा खिंच कर अन्त में उसमें जमा जाएँगें। परमाणु के स्थायित्व (stability) की व्याख्या करने के लिए यह कल्पना की गई कि ये इलेक्ट्रॉन बन्द कक्षाओं (closed orbits) में नाभिक का परिक्रमण करते रहते हैं और उनका अपकेन्द्री बल (centrifugal force) उनके तथा न्यूक्लियस के बीच आकर्षण बल को समतुलित (balance) करता है अथवा इलेक्ट्रॉनों के परिभ्रमण के लिए आवश्यक अभिकेन्द्र बल, इलेक्ट्रॉन एवं नाभिक के बीच स्थिर-वैद्युत आकर्षण (electrostatic attraction) से प्राप्त होता है।

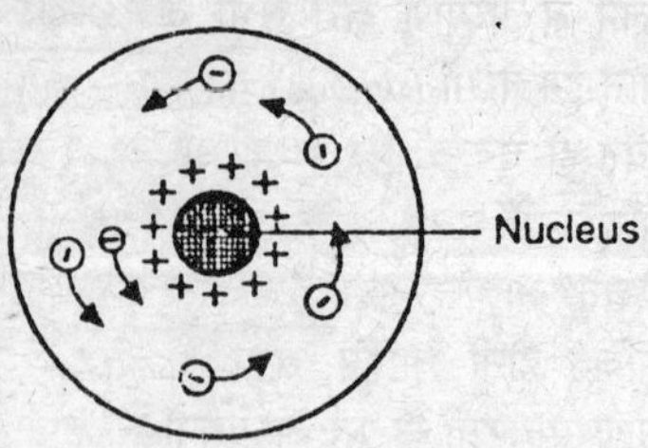

चित्र 2.3—रदरफोर्ड मॉडल।

रदरफोर्ड मॉडल के दोष
(Drawbacks of Rutherford Model)

रदरफोर्ड के परमाणु मॉडल को तत्त्वों की आवर्त्त तालिका (periodic table) से भी समर्थन (support) प्राप्त हुआ, परन्तु इस मॉडल में निम्न कठिनाइयाँ उत्पन्न हुईं—

(i) परमाणु के स्थायित्व के सम्बन्ध में (About the stability of atom)

न्यूक्लियस के चारों ओर घूमते हुए इलेक्ट्रॉन में अपकेन्द्रीय त्वरण (centrifugal acceleration) होता है। विद्युत गति विज्ञान (electro-dynamics) के अनुसार accelerated charged particle, विद्युत चुम्बकीय तरंगें (ऊर्जा) उत्सर्जित करता है। अतः नाभिक के चारों ओर विभिन्न कक्षाओं में घूमते इलेक्ट्रॉनों से विद्युत-चुम्बकीय तरंगें (electromagnetic waves) लगातार उत्सर्जित होनी चाहिए। इस प्रकार इलेक्ट्रॉनों की ऊर्जा में लगातार ह्रास (loss of cnergy) होने के कारण उनके वृत्तीय पथ की त्रिज्या (radius) लगातार कम होती जानी चाहिए तथा अन्त में इलेक्ट्रॉन नाभिक में गिर जाएँगे और रदरफोर्ड द्वारा प्रस्तावित परमाणु का अस्तित्व (existence) समाप्त हो जाएगा, अर्थात् इस प्रकार परमाणु स्थायी नहीं रह सकता।

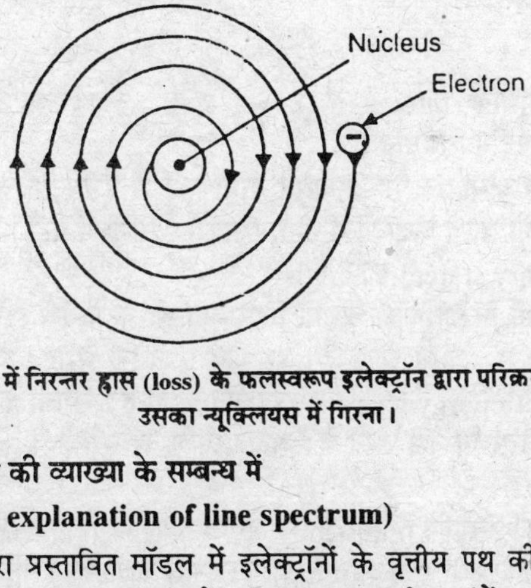

चित्र 2.4—ऊर्जा में निरन्तर ह्रास (loss) के फलस्वरूप इलेक्ट्रॉन द्वारा परिक्रमण का पथ तथा उसका न्यूक्लियस में गिरना।

(ii) रेखीय स्पेक्ट्रम की व्याख्या के सम्बन्ध में
(Regarding explanation of line spectrum)

रदरफोर्ड द्वारा प्रस्तावित मॉडल में इलेक्ट्रॉनों के वृत्तीय पथ की त्रिज्या के लगातार बदलने से, परमाणु द्वारा सभी आवृत्तियों की विद्युत-चुम्बकीय तरंगें उत्सर्जित होनी चाहिए, अर्थात् इन तरंगों (waves) का स्पेक्ट्रम, सतत (continuous) होगा। परन्तु प्रयोगों द्वारा यह साबित हो चुका है कि परमाणुओं के स्पेक्ट्रम रेखीय (line spectrum) होते हैं, सतत नहीं। अर्थात् उनमें अनेक बारीक रेखाएँ (fine lines) होती हैं तथा प्रत्येक spectral line की एक निश्चित आवृत्ति होती है। अतः परमाणु से केवल कुछ निश्चित आवृत्तियों की तरंगें ही उत्सर्जित होनी चाहिए, सभी आवृत्तियों की नहीं। इस प्रकार परमाणु के इस मॉडल से परमाणु-स्पेक्ट्रमों के पूर्व अध्ययनों से प्राप्त विशाल emperical डाटा की व्याख्या भी नहीं हो सकी।

इन कठिनाइयों को प्रोफेसर नील बोर (Niel Bohr) ने प्लांक के क्वान्टम सिद्धान्त की सहायता से दूर किया।

2.4. परमाणु का बोर मॉडल (Bohr's Model of Atom)

सन् 1913 में प्रोफेसर नील बोर ने हाइड्रोजन परमाणु के लिए प्लांक सिद्धान्त प्रयुक्त कर अपना क्वान्टम-मेकेनिकल (quantum mechanical) मॉडल प्रस्तुत किया। इस मॉडल में रदरफोर्ड के नाभिकीय मॉडल (nuclear model) के मूल तत्त्व उसी रूप में विद्यमान हैं किन्तु बोर (Bohr) ने इलेक्ट्रॉन के व्यवहार के सम्बन्ध में अधिक विस्तृत व्याख्या प्रस्तुत की। परमाणु के स्थायित्व का निश्चय करने के लिए उन्होंने निम्न अभिग्रहीत (postulates) प्रस्तुत किए—

(i) परमाणु में इलेक्ट्रॉन केवल उन्हीं कक्षाओं में घूम सकते हैं जिनमें उनका कोणीय संवेग (angular momentum) $h/2\pi$ का पूर्ण गुणज (integral multiple) हो, जहाँ h प्लांक का सार्वत्रिक नियतांक (Plank's Universal Constant) है। यदि इलेक्ट्रॉन का द्रव्यमान m हो तथा वह r त्रिज्या की कक्षा (orbit) में v वेग से घूम रहा हो तब उसका कोणीय संवेग (mvr), बोर के अनुसार

$$mvr = \frac{nh}{2\pi}$$

जहाँ n एक पूर्णांक (integer) है ($n = 1, 2, 3, \ldots$) तथा यह उस कक्षा (orbit) की संख्या है जिसमें इलेक्ट्रॉन विद्यमान है।

इस प्रकार, बोर मॉडल पर आधारित परमाणुओं में इलेक्ट्रान केवल कुछ 'निश्चित' (discreet) त्रिज्याओं वाली कक्षाओं में ही घूम सकते हैं, सभी में नहीं। इन कक्षाओं को स्थिर अवस्थाएँ (stationary states) कहते हैं।

(ii) किसी भी विशेष कक्षा अथवा स्थिर अवस्था के प्रत्येक इलेक्ट्रॉन के साथ ऊर्जा की एक निश्चित राशि संलग्न रहती है। इस प्रकार प्रत्येक स्थिर अवस्था किसी निश्चित ऊर्जा-स्तर (discreet energy level) को प्रदर्शित करती है। स्थायी कक्षाओं में घूमते समय इलेक्ट्रॉन ऊर्जा का उत्सर्जन नहीं करते हैं। अतः परमाणु का स्थायीत्व (stability) बना रहता है।

(iii) ऊर्जा का उत्सर्जन (emission) अथवा अवशोषण (absorption) तभी होता है जब कोई इलेक्ट्रॉन एक कक्षा से कूद (jump) कर दूसरी कक्षा में जा पहुँचता है।

(iv) इलेक्ट्रॉन, ऊर्जा का अवशोषण अथवा उत्सर्जन निश्चित राशियों (discreet quantity) में ही करता है जिन्हें क्वान्टम अथवा फोटॉन (quantum or photon) कहा जाता है।

इलेक्ट्रॉन-संक्रमण में होने वाला ऊर्जा परिवर्तन (ΔE) प्लांक समीकरण द्वारा निम्न प्रकार व्यक्त होता है—

$$\Delta E = E_2 - E_1 = h\nu$$

यहाँ, E_1 = Energy of electron in first stationary state

E_2 = Energy of electron in second stationary state

h = प्लांक स्थिरांक = $6 \cdot 6 \times 10^{-34}$ Joule second

ν = अवशोषित (absorbed) अथवा उत्सर्जित (emitted) होने वाले विकिरण (radiation) की आवृत्ति

अतः किसी परमाणु द्वारा केवल निश्चित आवृत्तियों की तरंगें ही उत्सर्जित होती हैं जिनके कारण रेखिक स्पेक्ट्रम (line spectrum) प्राप्त होता है जिसमें तीक्ष्ण रेखाएँ (sharp lines) होती हैं। इस आधार पर हाइड्रोजन स्पेक्ट्रम की सफल व्याख्या की गई।

बोर मॉडल के दोष
(Drawbacks of Bohr's Model)

यद्यपि परमाणु के बोर सिद्धान्त की प्रतिष्ठा काफी समय तक बनी रही परन्तु इसके द्वारा निम्न असंगतियों की व्याख्या नहीं की जा सकी—

(i) बोर सिद्धान्त की सहायता से हाइड्रोजन जैसे सरल परमाणु के स्पेक्ट्रम की व्याख्या हो जाती है परन्तु इसके द्वारा ऐसे जटिल परमाणुओं की स्पेक्ट्रमी रेखाओं (spectral lines) की व्याख्या नहीं हो पाती जिसमें अनेक इलेक्ट्रॉन होते हैं।

(ii) इस सिद्धान्त द्वारा चुम्बकीय अथवा वैद्युत क्षेत्र के प्रभाव के अन्तर्गत स्पेक्ट्रमी रेखाओं के विभक्त होने की व्याख्या नहीं की जा सकी।

(iii) इस सिद्धान्त के आधार पर केवल एक क्वान्टम संख्या 'n' की जानकारी प्राप्त होती है जबकि स्पेक्ट्रमी रेखाओं की संरचना से अन्य क्वान्टम संख्याओं के होने की प्राप्ति होती है।

(iv) इस सिद्धान्त द्वारा इलेक्ट्रॉनों के एक ऊर्जा स्तर से दूसरे ऊर्जा स्तरों में संक्रमण (transition) के सम्बन्ध में कोई नियम अथवा प्रतिबन्ध भी नहीं ज्ञात हो सके।

2.5. बोर के परमाणु मॉडल पर आधारित गणनाएँ
(Calculations on the basis of Bohr's Model of Atom)

माना एक इलेक्ट्रॉन जिस पर आवेश e है, एक Ze आवेश के न्यूक्लियस का परिभ्रमण कर रहा है जहाँ Z परमाणु क्रमांक (atomic number) तथा e प्रोटॉन पर आवेश है।

यदि m = इलेक्ट्रॉन का द्रव्यमान (Mass) = 9×10^{-31} kg

r = कक्षा की त्रिज्या (Radius of the orbit)

v = इलेक्ट्रॉन का रेखीय वेग (Linear velocity)

ω = कोणीय वेग (Angular velocity)

h = प्लांक नियतांक = $6 \cdot 625 \times 10^{-34}$ js

ε_0 = फ्री-स्पेस की विद्युतशीलता (Permittivity of free space)

$= 8 \cdot 854 \times 10^{-12}$ farad/m

E = इलेक्ट्रॉन पर ऊर्जा

चित्र 2.5 के अनुसार

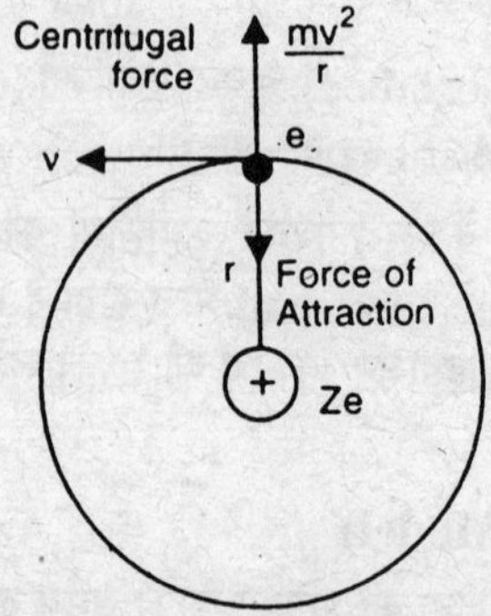

चित्र 2.5—परमाणु में परिभ्रमण करते हुए इलेक्ट्रॉन पर बल तथा इलेक्ट्रॉन का स्पर्शीय वेग।

(i) न्यूक्लियस का परिभ्रमण करते हुए इलेक्ट्रॉन एवं नाभिक के धनात्मक आवेश के मध्य विद्युत आकर्षण बल $\left(\frac{1}{4\pi\varepsilon_0}\cdot\frac{Ze\,.\,e}{r^2}\right)$ द्वारा परिभ्रमण के लिए आवश्यक अभिकेन्द्रीय बल $\left(mr\omega^2 = \frac{mv^2}{r}\right)$ प्राप्त होता है। अर्थात्,

$$\frac{mv^2}{r} = \frac{1}{4\pi\varepsilon_0}\frac{Ze^2}{r^2} \qquad \text{...2.1}$$

(ii) बोर के उपरोक्त वर्णित postulate के अनुसार स्थिर अवस्थाएँ (stationary state) वह हैं जिनमें इलेक्ट्रॉन का कोणीय संवेग (*mvr*), $h/2\pi$ का integral multiple होता है। अतः

$$mvr = n\frac{h}{2\pi}$$

$$\text{जहाँ } n = 1, 2, 3, 4 \ldots \qquad \text{...2.2}$$

यहाँ *n* कक्षा (orbit) की संख्या है। इसे मुख्य क्वान्टम संख्या (principal quantum number) कहते हैं। यह समीकरण बोर की quantum condition कहलाती है। इस प्रतिबन्ध के अनुसार परिभ्रमण करते हुए इलेक्ट्रॉन के लिए अनुमन्य अवस्थाएँ (allowed orbits) की संख्या निर्धारित होती है।

1. परिभ्रमण कक्षों की त्रिज्या (Radius of the Orbits)

समीकरण 2.1 को पुनः लिखने पर,

$$\frac{mv^2}{r} = \frac{1}{4\pi\,\varepsilon_0}\cdot\frac{Z\,e^2}{r^2}$$

या

$$r = \frac{1}{4\pi\,\varepsilon_0}\cdot\frac{Z\,e^2}{mv^2} \qquad \text{...2.3}$$

समीकरण 2.2 से,

$$v = \frac{n\,h}{2\pi\, m\, r} \qquad ...2.4$$

समीकरण 2.4 से v का मान समीकरण 2.3 में रखने पर,

$$r = \frac{1}{4\pi\,\varepsilon_0\, m} \cdot \frac{Z\,e^2}{m\,(nh/2\pi mr)^2}$$

$$= \frac{1}{4\pi\,\varepsilon_0} \cdot \frac{Z\,e^2 \times 4\pi^2 m^2 r^2}{mn^2 h^2}$$

हल करने पर

$$r = n^2 \frac{\varepsilon_0\, h^2}{\pi\, m\, Z\, e^2} \qquad ...2.5$$

यह समीकरण nth स्थायी कक्षा (stationary orbit) की त्रिज्या प्रदर्शित करती है तथा इसे r_n से व्यक्त किया जाता है।

अतः
$$r_n = n^2 \frac{\varepsilon_0\, h^2}{\pi\, m\, Z\, e^2} \qquad ...2.6$$

हाइड्रोजन परमाणु ($Z = 1$) की सबसे छोटी कक्षा ($n = 1$) के लिए,

समीकरण 2.6 से

$$r_1 = 1^2 \cdot \frac{\varepsilon_0\, h^2}{\pi\, m\, Z\, e^2}$$

$$= \frac{9 \times 10^{-12} \times (6{\cdot}625 \times 10^{-34})^2}{3{\cdot}14 \times 9{\cdot}1 \times 10^{-31} \times (1{\cdot}6 \times 10^{-19})^2}$$

$$= 0{\cdot}53 \times 10^{-10} \text{ m}$$

$$= 0{\cdot}53 \text{ Å}$$

यह राशि बोर त्रिज्या (Bohr radius) कहलाती है इसे a_0 द्वारा व्यक्त किया जाता है

$\therefore \qquad a_0 = r_1 \qquad$ जबकि $r = 1$

समीकरण 2.6 से स्पष्ट है कि हाइड्रोजन परमाणु में कक्षाओं (orbit) की त्रिज्याएँ मुख्य क्वान्टम संख्या (n) के वर्ग के समानुपाती है। अतः हाइड्रोजन परमाणु (चित्र 2.7) के लिए

$$r_n = n^2\, a_0$$

$$r_1 = (1)^2 \times 0{\cdot}53 \times 10^{-10} \text{ m} = 0{\cdot}53 \times 10^{-10} \text{ m}$$

$$r_2 = (2)^2 \times 0{\cdot}53 \times 10^{-10} \text{ m} = 2{\cdot}12 \times 10^{-10} \text{ m}$$

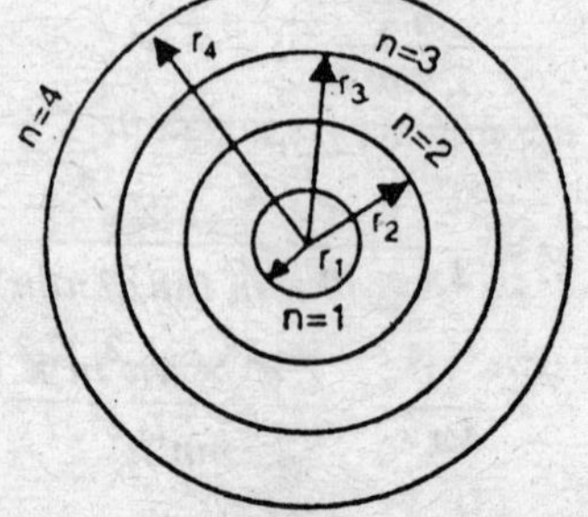

चित्र 2.7—हाइड्रोजन परमाणु में कक्षाओं की त्रिज्याएँ।

2. इलेक्ट्रॉन का परिभ्रमण वेग (Velocity of Electron in the Orbit)

समीकरण 2.4 से इलेक्ट्रॉन का वेग,

$$v = \frac{n\,h}{2\pi\,m\,r}$$

समीकरण 2.5 से r का मान रखने पर तथा हल करने पर,

$$v = \frac{Z\,e^2}{2\varepsilon_0\,n\,h} = 9 \times 10^9 \cdot \frac{2\pi\,Z\,e^2}{n\,h} \quad \ldots 2.7$$

$$\left(\because \frac{1}{4\pi\,\varepsilon_0} = 9 \times 10^9\right)$$

समीकरण 2.7 से ज्ञात होता है कि वेग, मुख्य क्वान्टम संख्या n के विलोमानुपाती है अर्थात्

$$v \propto \frac{1}{n}$$

3. इलेक्ट्रॉन परिभ्रमण की आवृत्ति (Frequency of Revolution)

$$f = \frac{v}{2\pi\,r}$$

v तथा r का मान रखने पर

$$= \frac{Z\,e^2}{2\varepsilon_0\,n\,h} \times \frac{\pi\,m\,Z\,e^2}{2\pi \times n^2 \times \varepsilon_0 \times h^2}$$

$$= \frac{m\,Z^2\,e^4}{4\varepsilon_0^2\,n^3\,h^3} \quad \ldots 2.8$$

4. इलेक्ट्रॉन पर ऊर्जा (Energy of Electron)

परिभ्रमण करते हुए इलेक्ट्रॉन पर ऊर्जा (E), उसकी गतिज ऊर्जा $\left(\frac{1}{2}mv^2\right)$ तथा स्थितिज ऊर्जा $\left(-\frac{Z\,e\,.\,e}{4\pi\,\varepsilon_0\,r}\right)$ के योग के बराबर होती है।

$$E = K.E. + P.E.$$

$$= \frac{1}{2}mv^2 - \frac{Ze^2}{4\pi\varepsilon_0 r} \quad ...2.9$$

गतिज ऊर्जा (K.E.) $= \frac{1}{2}mv^2 = \frac{1}{4\pi\varepsilon_0}\frac{Ze^2}{2r}$ (समी० 2.1 से)

स्थितिज ऊर्जा (P.E.) $= -\frac{1}{4\pi\varepsilon_0}\frac{Ze^2}{r}$

अतः समीकरण 2.9 से इलेक्ट्रॉन पर सम्पूर्ण ऊर्जा

$$E = \frac{1}{4\pi\varepsilon_0}\frac{Ze^2}{2r} - \frac{1}{4\pi\varepsilon_0}\cdot\frac{Ze^2}{r}$$

$$= -\frac{1}{4\pi\varepsilon_0}\frac{Ze^2}{2r} \quad ...2.10$$

समीकरण 2.5 से r का मान रखने पर nth कक्ष में इलेक्ट्रॉन की ऊर्जा

$$E_n = -\frac{mZ^2e^4}{8\varepsilon_0^2 h^2}\cdot\frac{1}{n^2} \quad ...2.11$$

ऊर्जा के व्यंजक (2.11) में ऋणात्मक चिन्ह का अर्थ है कि इलेक्ट्रॉन को nth कक्षा से उत्सर्जित कराने के लिए न्यूनतम इतनी ऊर्जा की आवश्यकता है।

समीकरण 2.11 तथा समीकरण 2.5 से स्पष्ट है कि परमाणु के बोर मॉडल में इलेक्ट्रॉन की ऊर्जा तथा कक्षा (orbit) की त्रिज्या दोनों क्वान्टाइज्ड (quantised) हैं। इन राशियों के मान n पर निर्भर करते हैं जिसे मुख्य क्वान्टम संख्या (principal quantum number) कहते हैं।

समीकरण 2.11 को रिडबर्ग स्थिरांक (R) प्रयुक्त कर निम्न प्रकार सरल रूप में लिखा जा सकता है—

रिडबर्ग नियतांक $R = \frac{me^4}{8\varepsilon_0^2 ch^3}$

अतः समीकरण 2.11 से

$$E_n = -\frac{Z^2 Rhc}{n^2} \quad ...2.12$$

यहाँ c प्रकाश का वेग (3×10^8 m/sec) है।

हाइड्रोजन परमाणु के लिए $Z = 1$

$$\therefore \quad E_n = -\frac{Rhc}{n^2}$$

इलेक्ट्रॉन संक्रमण में ऊर्जा (Energy involved in Electron Transition)

माना कोई इलेक्ट्रॉन उच्च ऊर्जा स्तर (higher energy state) से निम्न ऊर्जा स्तर (lower energy state) में कूदता (jump) है। यदि प्रारम्भिक एवं अन्तिम ऊर्जा स्तरों की क्वान्टम संख्याएँ n_1 एवं n_2 हैं तथा E_1 एवं E_2 उनकी संगत ऊर्जाएँ हैं तब समीकरण 2.12 से,

$$E_1 = -Z^2 \frac{Rhc}{n_1^2}$$

तथा

$$E_2 = -Z^2 \frac{Rhc}{n_2^2}$$

यदि इलेक्ट्रॉन द्वारा उत्सर्जित विकिरण (emitted radiation) की आवृत्ति ν है तब बोर के postulate के अनुसार—

$$E_1 - E_2 = h\nu$$

अथवा

$$\nu = \frac{E_1 - E_2}{h} = -\frac{Z^2 Rc}{n_1^2} - \left(-\frac{Z^2 Rc}{n_2^2}\right)$$

$$= Z^2 Rc \left(\frac{1}{n_2^2} - \frac{1}{n_1^2}\right) \quad \ldots 2.13$$

विकिरण का wave number (reciprocal of wave length) निम्न प्रकार प्रदर्शित किया जाता है—

$$\bar{\nu} = \frac{1}{\lambda} = \frac{\nu}{c} = Z^2 R \left(\frac{1}{n_1^2} - \frac{1}{n_2^2}\right) \quad \ldots 2.14$$

$$(\because c = \nu\lambda)$$

हाइड्रोजन परमाणु के लिए $Z = 1$;

$$\therefore \quad \frac{1}{\lambda} = R \left(\frac{1}{n_1^2} - \frac{1}{n_2^2}\right) \quad \ldots 2.15$$

समीकरण 2.15 द्वारा हाइड्रोजन स्पेक्ट्रम में विभिन्न लाइनों (lines) के origin की व्याख्या सफलतापूर्वक की जा सकी। इलेक्ट्रॉन के बाहरी उच्च ऊर्जा कक्षाओं से अन्दर की निम्न ऊर्जा कक्षाओं में कूदने से स्पेक्ट्रम रेखाओं की श्रेणी प्राप्त होती है।

2.6. हाइड्रोजन स्पेक्ट्रम (Hydrogen Spectrum)

जब हाइड्रोजन गैस को ऊर्जा दी जाती है तब इलेक्ट्रॉन अधिक उच्च स्तरों में पहुँच जाता है जिनमें अवशोषित ऊर्जा के परिमाण के आधार पर n का मान 2, 3, 4, 5, 6 और 7 हो सकता है। इन उच्च स्तरों से इलेक्ट्रॉन तुरन्त (लगभग 10^{-10} सेकण्ड में) किसी न किसी निम्न ऊर्जा स्तर में लौट आता है तथा इस क्रिया में अवशोषित ऊर्जा को एक क्वान्टम के रूप में

उत्सर्जित करता है। उत्सर्जित विकिरण की तरंग दैर्ध्य (wave length) निम्न समीकरण से ज्ञात की जा सकती है।

$$\frac{1}{\lambda} = R.\left[\frac{1}{n_1^2} - \frac{1}{n_2^2}\right]^*$$

एवं n_1 तथा n_2 को विभिन्न मान देकर स्पेक्ट्रमी श्रेणियों (spectral series) की व्याख्या की जा सकती है। हाइड्रोजन परमाणु के स्पेक्ट्रम में निम्न श्रेणियाँ पाई जाती हैं—

1. लाइमन श्रेणी (Lyman Series)
2. बामर श्रेणी (Balmer Series)
3. पाश्चेन श्रेणी (Paschen Series)
4. ब्रैकेट श्रेणी (Brackett Series)
5. फुण्ड श्रेणी (Pfund Series)

1. लाइमन श्रेणी (Lyman Series)

जब कोई परमाणु किसी उच्च ऊर्जा स्तर से निम्नतम ऊर्जा स्तर (lowest energy level) में आता है (अर्थात् $n_1 = 1$ तथा $n_2 = 2, 3, 4 \ldots$) तब उत्सर्जित स्पेक्ट्रम की रेखाएँ पराबैंगनी (ultraviolet) भाग में मिलती है। इन रेखाओं की तरंग दैर्ध्य निम्न समीकरण से ज्ञात की जा सकती है—

$$\bar{\nu} = \frac{1}{\lambda} = R\left[\frac{1}{1^2} - \frac{1}{n^2}\right]$$

जहाँ $n = 2, 3, 4, \ldots$

यह श्रेणी लाइमन श्रेणी (Lyman Series) कहलाती है। इस श्रेणी की सबसे बड़ी तरंग-दैर्ध्य ($n = 2$ के लिए) 1216 Å तथा सबसे छोटी तरंग दैर्ध्य ($n = \infty$ के लिए) 912 Å है। $n = \infty$ के संगत तरंग दैर्ध्य (912 Å) को श्रेणी सीमा (series limit) कहते हैं।

2. बामर श्रेणी (Balmer Series)

जब परमाणु किसी ऊँचे ऊर्जा स्तर से दूसरे ऊर्जा स्तर में आता है (अर्थात् $n_1 = 2$ तथा $n_2 = 3, 4, 5, \ldots$) तब उत्सर्जित स्पेक्ट्रम की रेखाएँ (spectral lines) स्पेक्ट्रम के दृश्य (visible) भाग में होती है।

---

* यह सूत्र हाइड्रोजन के लिए है। यदि परमाणु हाइड्रोजन का न होकर कोई दूसरा, परन्तु हाइड्रोजन के समान है जैसे Helium (He^+), Lithium (Li^{++}) आयन, तब सूत्र निम्न होगा—

$$\frac{1}{\lambda} = RZ^2\left[\frac{1}{n_1^2} - \frac{1}{n_2^2}\right]$$

जहाँ Z परमाणु क्रमाँक (atomic number) है He^+ के लिए $Z = 2$ तथा Li^{++} के लिए $Z = 3$

$$\bar{\nu} = \frac{1}{\lambda} = R\left[\frac{1}{2^2} - \frac{1}{n^2}\right]$$

जहाँ $n = 3, 4, 5, \ldots$

इस श्रेणी की सबसे बड़ी तरंग दैर्ध्य (longest wavelength) $n = 3$ के लिए 6563 Å तथा सबसे छोटी तरंग दैर्ध्य (shortest wavelength) $n = \infty$ के लिए 3646 Å है।

स्पेक्ट्रमी रेखाओं की यह श्रेणी बामर श्रेणी कहलाती है।

3. पाश्चेन श्रेणी (Paschen Series)

यह स्पेक्ट्रमी रेखाएँ उस स्थिति में उत्पन्न होती हैं तब कोई परमाणु किसी ऊँचे ऊर्जा स्तर से तीसरे ऊर्जा स्तर में आता है। (अर्थात् $n_1 = 3$ तथा $n_2 = 4, 5, 6, \ldots$)। यह रेखाएँ स्पेक्ट्रम के इन्फ्रा-रेड (infra-red) भाग में प्राप्त होती हैं।

$$\bar{\nu} = \frac{1}{\lambda} = R\left[\frac{1}{3^2} - \frac{1}{n^2}\right]$$

जहाँ $n = 4, 5, 6, \ldots$

4. ब्रैकेट श्रेणी (Brackett Series)

जब परमाणु किसी ऊँचे ऊर्जा स्तर से चौथे ऊर्जा स्तर में आता है ($n_1 = 4$ तथा $n_2 = 5, 6, 7, \ldots$) तब यह रेखाएँ भी स्पेक्ट्रम के इन्फ्रा-रेड भाग में प्राप्त होती है।

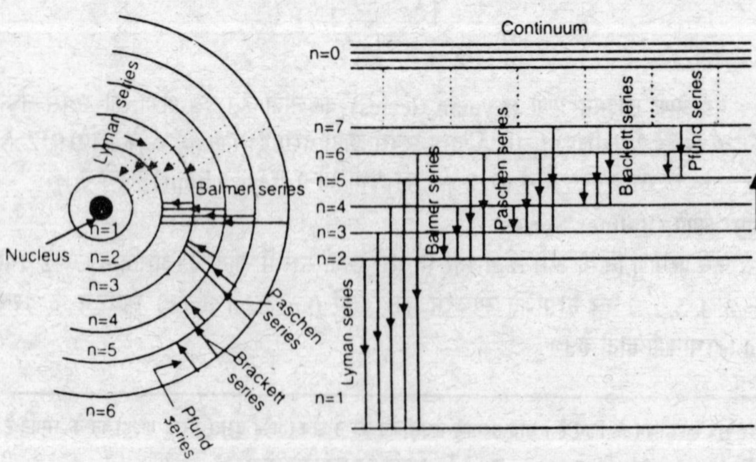

(a) Orbit diagram (b) Energy level diagram

चित्र 2.8—हाइड्रोजन स्पेक्ट्रम।

$$\bar{v} = \frac{1}{\lambda} = R\left[\frac{1}{4^2} - \frac{1}{n^2}\right]$$

जहाँ $n = 5, 6, 7, \ldots$

5. फुण्ड श्रेणी (Pfund Series)

जब परमाणु किसी ऊँचे ऊर्जा-स्तर से पाँचवे ऊर्जा स्तर में आता है ($n_1 = 5$ तथा $n_2 = 6, 7, 8 \ldots$) तो ये रेखाएँ भी स्पेक्ट्रम के इन्फ्रा-रेड भाग में प्राप्त होती हैं।

$$\bar{v} = R\left[\frac{1}{5^2} - \frac{1}{n^2}\right],$$

जहाँ $n = 6, 7, 8, \ldots$

चित्र 2.8 में हाइड्रोजन परमाणु के स्पेक्ट्रम की विभिन्न श्रेणियां प्रदर्शित की गई हैं।

2.7. परमाणु का तरंग यान्त्रिकी मॉडल (Wave Mechanical Model of Atom)

तरंग यान्त्रिकी (Wave Mechanics) के अनुसार परमाणु में इलेक्ट्रॉन की पूर्ण व्याख्या के लिए इलेक्ट्रॉन के दोहरे व्यवहार (dual nature), एक कण (particle) की भाँति तथा दूसरे तरंग (wave) की भाँति पर विचार करना आवश्यक है। अतः एक गतिमान (moving) इलेक्ट्रॉन के किसी बिन्दु पर उपलब्ध होने की प्रायिकता (probability) की तरंग समीकरण द्वारा नियन्त्रित होती है जिसमें इलेक्ट्रॉन की निश्चित स्थिति के सम्बन्ध में कुछ अनिश्चितता अवश्य सम्मिलित है।

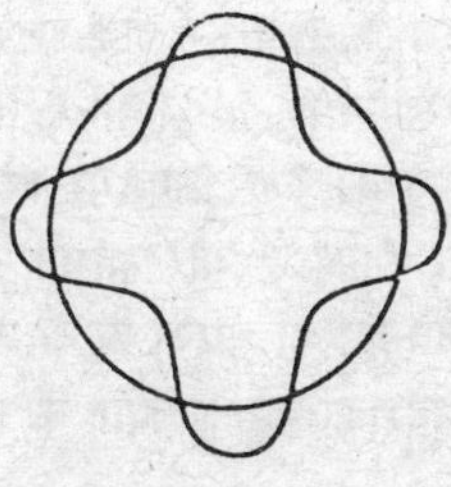

चित्र 2.9—तरंग यान्त्रिकी के आधार पर परमाणु का मॉडल।

तरंग यान्त्रिकी के अनुसार किसी स्रोत से उत्सर्जित एवं स्पेस में फैलते हुए इलेक्ट्रॉन, एक बड़े तालाब की सतह पर उत्पन्न भँवरों (ripples) की भाँति होते हैं जो कि स्रोत (source of disturbance) से निरन्तर बड़े होते हुए वृत्तों (ever widening circles) के रूप में फैलती हैं।

इसके विपरीत परमाणु में इलेक्ट्रॉन, जिन पर नाभिक का वैद्युत आकर्षण बल कार्य करता है तथा जिसके कारण यह परमाणु को छोड़कर नहीं जा सकते, एक तनी हुई डोरी (fixed string) में उत्पन्न स्थावर तरंगों (stationary waves) की भाँति हैं (चित्र 2.9)। इन स्थावर

तरंगों में अनेक लूप (loops) तथा नोड्स (nodes) होते हैं जोकि डोरी के कम्पन के mode को व्यक्त करते हैं। इस आधार पर कहा जा सकता है कि इलेक्ट्रॉन तरंगों का उस समय परावर्तन होता है कि जब वे परमाणु की बाउन्ड्री पर पहुँचती हैं। अतः परमाणु के अन्दर स्थावर तरंगों के एक सिस्टम की कल्पना की जा सकती है।

उपरोक्त मत के दृष्टिगत निम्न मुख्य निष्कर्ष निकाले जा सकते हैं—

(i) इलेक्ट्रॉन को किसी निश्चित ऑर्बिट में स्थाई स्थान (fixed positions) देना त्रुटिपूर्ण है। परमाणु में इलेक्ट्रॉन के किसी भी जगह पर मिलने की प्रायिकता (probability) हो सकती है, यद्यपि स्थावर तरंगों के लूप एवं नोड्स की भाँति परमाणु में वितरण समरूप (uniform) नहीं है। यही कारण हैं, जब परमाणु में अनेक इलेक्ट्रॉन होते हैं तब वे अपनी individuality काफी सीमा तक खो देते हैं क्योंकि यह बताना सम्भव नहीं है कि इलेक्ट्रॉन को प्रदर्शित करने वाली किसी probability wave का कोई विशेष भाग किस विशेष इलेक्ट्रॉन से सम्बन्धित है।

(ii) इलेक्ट्रॉन के नाभिक से किसी निश्चित दूरी पर उपलब्ध होने की प्रायिकता (probability) एकदम शून्य नहीं होती। अनन्त पर यह शून्य होती है अतः सैद्धान्तिक दृष्टि से इलेक्ट्रॉन स्पेस में कही भी उपलब्ध हो सकता है। परन्तु एक क्षेत्र में इलेक्ट्रॉन probability तेजी से कम होती है जिसे हम परमाणु की बाउन्ड्री कहते हैं।

(iii) स्थावर इलेक्ट्रॉन तरंगें बाउन्ड्री विभिन्न मोड (mode) में कम्पन्न कर सकती हैं जिसका अर्थ है कि सिस्टम में विभिन्न आवृत्तियाँ तथा तरंग दैर्ध्य है अतः सिस्टम में ऊर्जा की विभिन्न मात्राओं में है।

2.8. श्रोडिंगर तरंग समीकरण (Schroedinger's Wave Equation)

चूँकि इलेक्ट्रॉन नाभिक से बद्ध (bound) हैं अतः इलेक्ट्रॉन तरंग के कम्पन के mode सीमित हैं। श्रीडिंगर ने प्रायिकता सिद्धान्त (probability approach) को सार्थकता प्रदान करने के लिए एक समीकरण स्थापित की, जिसे श्रोडिंगर तरंग समीकरण कहते हैं। उसकी समीकरण तरंग-यान्त्रिकी का आधार स्तम्भ है और नाभिक के चारों ओर 'अप्रगामी तरंग' (stationary wave) के रूप में इलेक्ट्रॉन की धारणा पर आधारित है। एक ऐसे कण के लिए जिसकी गति स्पेस में x, y, z तीन निर्देशकों द्वारा प्रदर्शित की जा सकती है, श्रोडिंगर की तरंग समीकरण निम्न प्रकार है—

$$\frac{d^2\psi}{dx^2} + \frac{d^2\psi}{dy^2} + \frac{d^2\psi}{dz^2} + \frac{8\pi^2 m}{h^2}(E - P.E.)\psi = 0$$

अथवा
$$\Delta^2 \psi + \frac{8\pi^2 m}{h^2}(E - P.E.)\psi = 0$$

(यहाँ Δ^2 लाप्लास ऑपरेटर है)

श्रोडिंगर समीकरण में, ψ तरंग फंक्शन (wave function) है, E कण की समग्र (total) ऊर्जा है जो गतिज ऊर्जा (K.E.) तथा स्थितिज ऊर्जा (P.E.) के योग के बराबर है।

ψ तथा ψ^2 का महत्त्व (Significance of ψ and ψ^2)

श्रोडिंगर समीकरण में ψ वृत्ताकार तरंग (circular wave) का आयाम प्रदर्शित करता है। आयाम का वर्ग ψ^2 तरंग के घनत्व के समानुपाती है। ऊर्जा की तरंग अथवा ऋणावेश के अभ्र (cloud) का घनत्व अन्य भागों की तुलना में कुछ भागों में अधिक होता है, हाइड्रोजन परमाणु के लिए श्रोडिंगर तरंग समीकरण, दूरी r पर स्थित इलेक्ट्रॉन का तरंग फंक्शन निम्न रूप में देती है—

$$\psi = C_1 e^{-C_2 r} \qquad ...(i)$$

जिसमें C_1 तथा C_2 नियतांक है।

किसी भी इलेक्ट्रॉन की, स्पेस में r त्रिज्या के कोश (orbital) में पाए जाने की प्रायिकता निम्न समीकरण द्वारा प्राप्त होती है—

$$D = 4\pi r^2 \psi^2$$

ψ का मान रखने पर,

$$D = 4\pi r^2 C_1^2 e^{-2C_2 r} \qquad ...(ii)$$

समीकरण (ii) के अनुसार इलेक्ट्रॉन पाए जाने की प्रायिकता स्पष्टतः r का फंक्शन है। जब $r = 0$ या ∞ तब प्रायिकता फंक्शन D शून्य हो जाता है (चित्र 2.10)। अर्थात् इलेक्ट्रॉन के नाभिक अथवा अनन्त पर पाए जाने की जरा भी सम्भावना नहीं है। तथापि r का ऐसा मान चुना जा सकता है जिस पर इलेक्ट्रॉन पाए जाने की सम्भावना $90-95\%$ हो जाए।

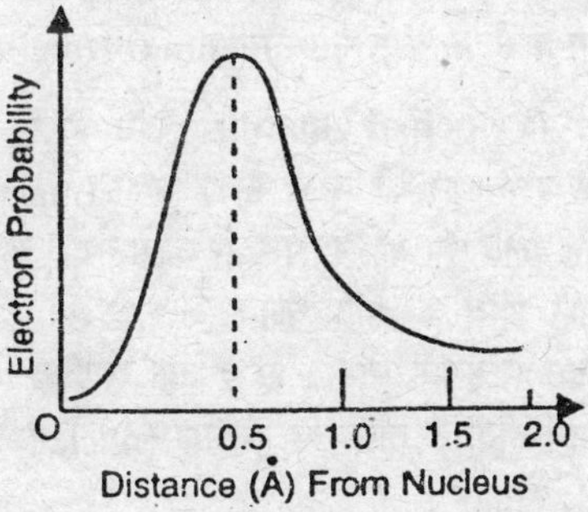

चित्र 2.10—प्रायिकता वितरण (Probability distribution)।

हाइड्रोजन परमाणु के लिए यह दूरी $0 \cdot 53$ Å है। यह दूरी बोर की प्रथम त्रिज्या r_0 के अनुरूप है।

चित्र 2.10 में प्रदर्शित ग्राफ में कन्टूर, आवेश की उच्च प्रतिशतता प्रदर्शित करता है। जब इलेक्ट्रॉन उत्तेजित हो जाता है और n उच्चतर ऊर्जा स्तरों तक बढ़ जाता है (जैसे $n = 2$ या $n = 3$) तब तरंग समीकरण के हल ψ^2 के मान के अनेक सैट प्रदान करते हैं जो इलेक्ट्रॉन के space distribution की विभिन्न आकृतियाँ देते हैं।

2.9. क्वान्टम संख्याएँ (Quantum Numbers)

बोर (Bohr) के ऊर्जा स्तरों (energy level) द्वारा जिन्हें मुख्य क्वान्टम संख्या 'n' से प्रदर्शित किया गया था, हाइड्रोजन परमाणु की समुचित व्याख्या नहीं हो पाती। अन्य तत्त्वों के स्पेक्ट्रम काफी जटिल हैं और इस धारणा से उनकी व्याख्या करना सम्भव नहीं है।

परमाणुओं में इलेक्ट्रॉनों की समुचित व्याख्या करने के लिए ऐसी 'सम्भव कक्षाओं' (possible energy levels or orbits) की संख्या को बढ़ाना आवश्यक है जिनमें परमाणु के भीतर इलेक्ट्रॉन की उपस्थिति बताई जा सके। तरंग यान्त्रिकी (wave mechanics), बोर (Bohr) द्वारा प्रस्तावित इलेक्ट्रॉन की अवस्था के अतिरिक्त तीन अन्य अवस्थाओं की परिकल्पना करती है। बोर (Bohr) की ऊर्जा अवस्थाओं की भाँति (जिन्हें $n = 1, 2, 3 \ldots$ आदि से व्यक्त किया जाता है) ये अवस्थाएँ भी अंकों (numbers) द्वारा व्यक्त की जाती हैं तथा इनके द्वारा इलेक्ट्रॉन की स्थिति एवं ऊर्जा (location and energy) ज्ञात होती है। इस प्रकार कुल मिलाकर चार निर्धारण अंक हैं जिन्हें क्वान्टम अंक (quantum numbers) कहते हैं। प्रत्येक क्वान्टम अंक, इलेक्ट्रॉन की किसी एक विशेषता को प्रदर्शित करता है और इस प्रकार चारों क्वान्टम अंकों द्वारा परमाणु में विद्यमान इलेक्ट्रॉन का पूर्ण विवरण प्राप्त होता है। ये क्वान्टम अंक निम्न हैं—

1. मुख्य क्वान्टम अंक 'n' (Principle Quantum Number)
2. एजीमुथल क्वान्टम अंक 'l' (Azimuthal or orbital Quantum Number l)
3. चुम्बकीय क्वान्टम अंक 'm' (Magnetic Quantum Number m)
4. स्पिन क्वान्टम अंक 'm_s' (Spin Quantum Number m_s)

1. मुख्य क्वान्टम अंक 'n' (Principal Quantum Number)

यह क्वान्टम अंक इलेक्ट्रॉन की मुख्य ऊर्जा कोश (main energy level) निर्दिष्ट (specify) करता है। यह इलेक्ट्रॉन की नाभिक से औसत दूरी को प्रदर्शित करता है। मुख्य क्वान्टम अंक 'n' का मान शून्य के अतिरिक्त $n = 1, 2, 3, \ldots$ बढ़ते हुए अनन्त तक हो सकता है तथापि ज्ञात तत्त्वों में इसके मान 1 से 7 तक स्थापित किए गए हैं। $n = 1$ वाले इलेक्ट्रॉन की ऊर्जा न्यूनतम होती है और वह नाभिक (nucleus) से सर्वाधिक दृढ़ रूप से सम्बद्ध (tightly bound) होता है।

$n = 1, 2, 3, 4, 5, 6$ तथा 7 मान वाले ऊर्जा स्तर (energy level or orbits) क्रमशः K, L, M, N, O, P तथा Q अक्षरों द्वारा भी प्रदर्शित किए जाते हैं। किसी परमाणु में इलेक्ट्रॉनों की वह संख्या जिसका मुख्य क्वान्टम अंक एक ही होता है, सीमित होती है तथा $2n^2$ के बराबर होती है जबकि n मुख्य क्वान्टम अंक है। इस प्रकार

Principal quantum number ($n =$)	1	2	3	4
Symbol	K	L	M	N
Number of maximum electrons ($= 2n^2$)	2	8	18	32

2. एजीमुथल क्वान्टम अंक 'l'
(Azimuthal Quantum Number 'l')

इसे subsidiary quantum number भी कहा जाता है। यह, इलेक्ट्रॉन द्वारा occupied orbital की आकृति तथा इलेक्ट्रॉन के कोणीय संवेग (angular momentum) को परिभाषित (define) करता है। मुख्य क्वान्टम अंक n के किसी दिए हुए मान के लिए, एजीमुथल क्वान्टम अंक l के 0 से $n - 1$ तक सभी मान (integral values) हो सकते हैं जिनमें से प्रत्येक मान एक ऊर्जा उपस्तर (energy sublevel) अथवा सब-शैल (sub-shell) को प्रदर्शित करता है। इन सब-शैलों (sub-shells) अथवा ऑर्बिटलों (orbitals) को s, p, d, f आदि अक्षरों से व्यक्त किया जाता है। उदाहरणतः $n = 1$ के लिए l का केवल एक सम्भव मान है : $l = 0$ अर्थात् इसमें केवल एक ऑर्बिटल ही सम्भव है जोकि s है ($n = 1, l = 0$)। मुख्य क्वान्टम संख्या $n = 2$ के लिए l के दो सम्भव मान हैं : $l = 0$ तथा $2 - 1 = 1$। इसमें $l = 0$ एक s ऑर्बिटल तथा $l = 1$ एक अन्य p ऑर्बिटल को प्रदर्शित करता है। इसी प्रकार $n = 4$ के लिए $l = 0$ (s ऑर्बिटल), $l = 1$ (p ऑर्बिटल), $l = 2$ (d ऑर्बिटल) तथा $l = 3$ (f ऑर्बिटल)।

किसी भी मुख्य स्तर (main energy level) में ऑर्बिटलों की संख्या सीमित होती है। परमाणुओं की संरचना समझने के लिए केवल निम्न ऑर्बिटलों पर विचार करना आवश्यक है—

प्रत्येक ऑर्बिटल (अथवा उपस्तर) से पहले लिखी गई संख्या उसके मुख्य ऊर्जा स्तर को सूचित करती है।

1s	2s	3s	4s	5s	6s	7s
	2p	3p	4p	5p	6p	7p
		3d	4d	5d	6d	
			4f	5f		

इलेक्ट्रॉन का ऑर्बिटल कोणीय संवेग (orbital angular momentum)

$$\frac{h}{2\pi}\sqrt{l\,(l+1)}$$

होता है जहाँ h प्लांक नियतांक (Plank's Constant) है।

3. चुम्बकीय क्वान्टम अंक 'm_l' (Magnetic Quantum Number 'm_l')

यह Orientation quantum number भी कहलाता है क्योंकि इसके द्वारा इलेक्ट्रॉन के उप-स्तर (sub shell) का स्पेस में Orientation ज्ञात होता है। एजीमुथल क्वान्टम अंक l के प्रत्येक मान के लिए चुम्बकीय क्वान्टम अंक m_l के मान l से 0 होते हुए $-l$ तक, अर्थात् $+l, (+l-1), \ldots 0, \ldots (-l+1), -l$ हो सकते हैं। अतः l के प्रत्येक मान के लिए m_l के कुल $(2l + 1)$ मान होंगे। इस प्रकार जब $l = 0$ (S ऑर्बिटल) अब m_l का केवल एक ही मान $m_l = 0$ होगा। $l = 1$ (p ऑर्बिटल) के लिए m_l के तीन मान $+1, 0$ और -1 होगें; अतः p आर्बिटल के स्पेस में तीन विन्यास (orientation) सम्भव हैं तथा इन्हें p_x, p_y तथा p_z द्वारा व्यक्त किया जाता है।

इसी प्रकार $l = 2$ (d ऑर्बिटल) के लिए m_l के पाँच मान अर्थात् + 2, + 1, 0, − 1 और − 2 सम्भव है। इन पाँच d ऑर्बिटलों का स्पेस में विन्यास d_{xy}, d_{yz}, d_{zx}, $d_z{}^2$ तथा $d_{(x^2 - y^2)}$ द्वारा प्रदर्शित किया जाता है।

इसी प्रकार $l = 3$ (f ऑर्बिटल) के लिए m_l के सात $(2 \times 3 + 1)$ मान हो सकते हैं—+ 3, + 2, + 1, 0, − 1, − 2और − 3। चित्र 2.11 में s, p और d ऑर्बिटलों की आकृतियाँ तथा ओरियन्टेशन प्रदर्शित किए गए हैं।

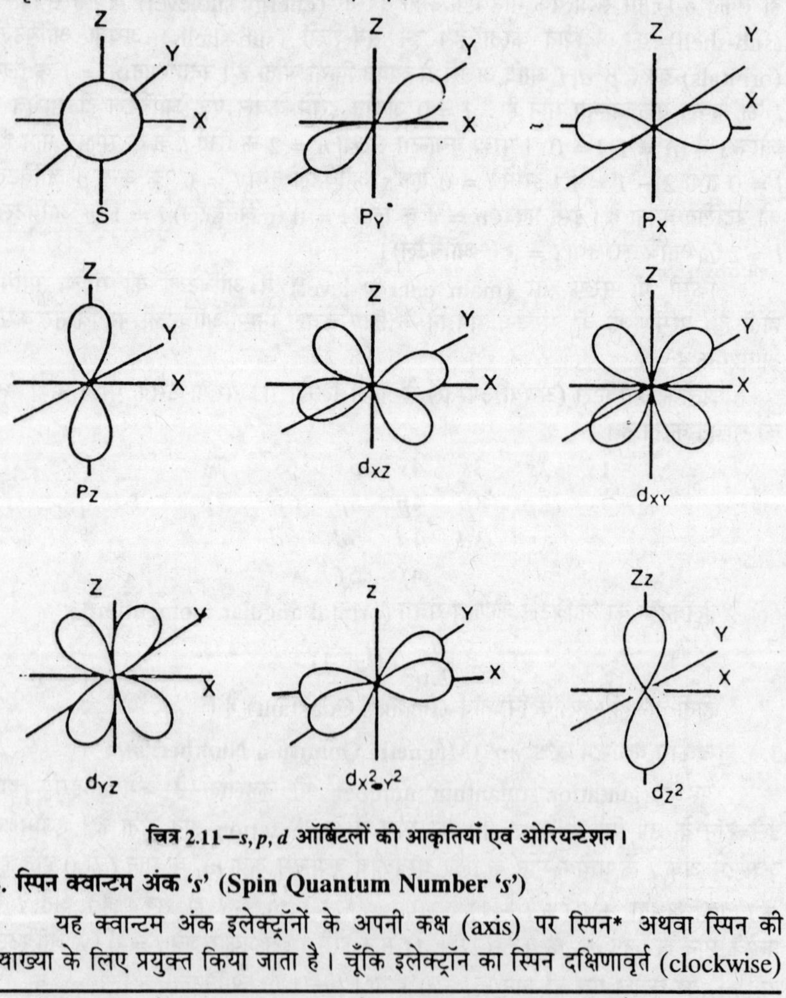

चित्र 2.11—s, p, d ऑर्बिटलों की आकृतियाँ एवं ओरियन्टेशन।

4. स्पिन क्वान्टम अंक 's' (Spin Quantum Number 's')

यह क्वान्टम अंक इलेक्ट्रॉनों के अपनी कक्ष (axis) पर स्पिन* अथवा स्पिन की व्याख्या के लिए प्रयुक्त किया जाता है। चूँकि इलेक्ट्रॉन का स्पिन दक्षिणावृर्त (clockwise)

* चूँकि स्पिनिंग आवेश (spinning charge) के साथ चुम्बकीय क्षेत्र संलग्न होता है अत: इलेक्ट्रॉन का pinning angular momentum होना भी अनिवार्य है। Spin angular momentum $\sqrt{s\,(s+1)}\,\dfrac{h}{2\pi}$ द्वारा ज्ञात होता है जहाँ s स्पिन क्वान्टम अंक के absolute मान (अर्थात् $\frac{1}{2}$) को निर्दिष्ट करता है।

अथवा वामावर्त (anticlockwise) हो सकता है अतः s के दो ही मान सम्भव हैं। क्वान्टम अंकों में परस्पर 1 का अन्तर सम्भव है अतः s को दो मान $+\frac{1}{2}$ तथा $-\frac{1}{2}$ दिए गए हैं। इलेक्ट्रॉन का स्पिन तीर द्वारा (↑ अथवा ↓) द्वारा प्रदर्शित किया जाता है। स्पिन क्वान्टम अंकों के समान दिशा में तीर के चिन्ह वाले (↑↑ अथवा ↓↓) दो इलेक्ट्रॉन के स्पिन समानान्तर कहलाते हैं तथा विपरीत स्पिन (↑↓) वाले इलेक्ट्रॉन युग्मित स्पिन (coupled spin) के इलेक्ट्रॉन कहलाते हैं।

उपरोक्त चारों क्वान्टम अंकों के अनुमन्य (allowed) मान निम्न सारणी में दिए गए हैं।

Table 2.1 : Quantum numbers and associated electrons

Principal Quantum Number n		Azimuthal Quantum Number l		Magnetic Quantum Number m_l	Spin Quantum Number s	Associated electron	
Number	Symbol	Number	Symbol (Sub-shell)				
1.	K	0	s	0	$+\frac{1}{2}, -\frac{1}{2}$	2	
2.	L	0	s	0	$+\frac{1}{2}, -\frac{1}{2}$	2	8
		1	p	+1, 0, −1	$+\frac{1}{2}, -\frac{1}{2}$	6	
3.	M	0	s	0	$+\frac{1}{2}, -\frac{1}{2}$	2	18
		1	p	+1, 0, −1	$+\frac{1}{2}, -\frac{1}{2}$	6	
		2	d	+2, +1, 0, −1, −2	$+\frac{1}{2}, -\frac{1}{2}$	10	
4.	N	0	s	0	$+\frac{1}{2}, -\frac{1}{2}$	2	32
		1	p	+1, 0, −1	$+\frac{1}{2}, -\frac{1}{2}$	6	
		2	d	+2, +1, 0, −1, −2	$+\frac{1}{2}, -\frac{1}{2}$	10	
		3	f	+3, +2, +1, 0, −1, −2, −3	$+\frac{1}{2}, -\frac{1}{2}$	14	

2.10. परमाणुओं में इलेक्ट्रॉनिक विन्यास (Electronic Configuration of Atoms)

प्रत्येक इलेक्ट्रॉन चार क्वान्टम अंकों द्वारा पूर्णतया परिभाषित किया जा सकता है। n इलेक्ट्रॉन के ऑर्बिटल के साइज को, l उसकी आकृति को, m_l ऑर्बिटल के ओरियन्टेशन को

तथा s स्पिन की दिशा प्रदर्शित करता है। समान मुख्य क्वान्टम संख्या n के मान वाले इलेक्ट्रॉन एक ही ऊर्जा स्तर में होते हैं। किसी भी विशेष ऊर्जा स्तर को s, p, d तथा f द्वारा व्यक्त किया जा सकता है। प्रत्येक ऊर्जा स्तर के, विभिन्न उप-ऊर्जा स्तरों (s, p, d, f) में सूक्ष्म अन्तर होता है जो एजीमुथल क्वान्टम अंक l के मान में वृद्धि के क्रम में बढ़ता है। अतः मुख्य ऊर्जा स्तर $n = 4$ में, जिसमें एक s ऑर्बिटल $(l = 0)$, p ऑर्बिटल $(l = 1)$, d ऑर्बिटल $(l = 2)$ और f ऑर्बिटल $(l = 3)$ होते हैं ऊर्जा $s < p < d < f$ क्रम में बढ़ती है। क्वान्टम संख्याओं n तथा l वाले इलेक्ट्रॉन की ऊर्जा, क्वान्टम संख्याओं $(n + 1)$ तथा l वाले इलेक्ट्रॉन की ऊर्जा से सदा कम होती है, अर्थात् $3s$ ऑर्बिटल की ऊर्जा $4s$ ऑर्बिटल की ऊर्जा से कम होती है तथा $4p$ ऑर्बिटल की ऊर्जा $3p$ ऑर्बिटलों की ऊर्जा से अधिक होती है।

अन्य दो क्वान्टम अंकों, चुम्बकीय क्वान्टम अंक m_l तथा स्पिन क्वान्टम अंक s द्वारा कि उप-ऊर्जा स्तर (sub-shell) में इलेक्ट्रॉनों की अधिकतम संख्या निर्धारित होती है।

पॉली (Pauli) ने एक सिद्धान्त प्रस्तुत किया जो परमाणुओं में इलेक्ट्रॉनों की संख्या के मानों पर कुछ प्रतिबन्ध लागू करता है। यह पॉली का अपवर्जन सिद्धान्त (Pauli's Exclusion Principle) कहलाता है। इसके अनुसार—

"किसी परमाणु में कोई भी दो इलेक्ट्रॉन ऐसे नहीं हो सकते हैं जिनके चारों क्वान्टम अंक समान हों।"

अर्थात् यदि दो इलेक्ट्रॉनों के n, l तथा m_l के मान समान हों तो उनके s के मान अवश्य भिन्न होंगे।

2.11. ऑर्बिटल में इलेक्ट्रॉन की अधिकतम संख्या (Maximum Number of Electrons in a Orbit)

हम देख चुके हैं कि प्रथम कोश (shell) अर्थात् $n = 1$ में केवल एक ही ऑर्बिटल हो सकता है—$1s$; पॉली के अपवर्जन सिद्धान्त के अनुसार क्वान्टम अंकों की केवल दो व्यवस्थाएँ सम्भव हैं—

n	l	m_l	s	
1	0	0	$+\frac{1}{2}$	(प्रथम इलेक्ट्रॉन)
2	0	0	$-\frac{1}{2}$	(द्वितीय इलेक्ट्रॉन)

इसका अर्थ है कि किसी ऑर्बिटल में अधिकतम दो इलेक्ट्रॉन रह सकते हैं और उनके स्पिन अनिवार्यतः विपरीत (opposite spin) होने चाहिए।

दूसरे कोश $(n = 2)$ में चार ऑर्बिटल होंगे, एक s ऑर्बिटल $(l = 0)$ तथा तीन p ऑर्बिटल $(l = 1)$। इन ऑर्बिटलों में n, l, m_l तथा s के अग्र सम्भव मान हो सकते हैं—

n	l	m_l	s	
2	0	0	$+\frac{1}{2}$	$2s$ ऑर्बिटल ($l = 0$) में 2 इलेक्ट्रॉन
2	0	0	$-\frac{1}{2}$	
2	1	+1	$+\frac{1}{2}$	तीनों $2p$ ऑर्बिटलों ($l = 1$) में 6 इलेक्ट्रॉन, दो इलेक्ट्रॉन $2p_x$ ऑर्बिटल ($m_l = +1$) में, दो इलेक्ट्रॉन $2p_y$ ऑर्बिटल ($m_l = 0$) में तथा दो इलेक्ट्रॉन $2p_z$ ऑर्बिटल ($m_l = -1$) में
2	1	+1	$-\frac{1}{2}$	
2	1	0	$+\frac{1}{2}$	
2	1	0	$-\frac{1}{2}$	
2	1	−1	$+\frac{1}{2}$	
2	1	−1	$-\frac{1}{2}$	

इस प्रकार द्वितीय कोश ($n = 2$) में समा सकने वाले इलेक्ट्रॉनों की कुल संख्या $2 + 6 = 8$ है। इसी प्रकार दिखाया जा सकता है कि तीसरे ($n = 3$) तथा चौथे ($n = 4$) कोशों में इलेक्ट्रॉनों की अधिकतम संख्या 18 व 32 हो सकती है। सारणी 2.1 से स्पष्ट है कि उप-ऊर्जा स्तरों s, p, d तथा f में इलेक्ट्रॉनों की अधिकतम संख्या क्रमशः 2, 6, 10 तथा 14 हो सकती है।

किसी भी कोश में इलेक्ट्रॉनों की अधिकतम संख्या ज्ञात करने के लिए पॉली अपवर्जन सिद्धान्त अत्यधिक महत्त्वपूर्ण है।

जटिल परमाणुओं के लिए जिनमें अनेक ऑर्बिटल होते हैं, इलेक्ट्रॉनों की प्रविष्टि की क्रिया निम्न प्रकार नियन्त्रित होती है—

1. प्रत्येक orbit में अधिकतम $2n^2$ इलेक्ट्रॉन समा सकते हैं।

2. ये इलेक्ट्रॉन s, p, d और f आर्बिटलों (orbitals) में व्यवस्थित कर लिए जाते हैं। प्रत्येक आर्बिटल में इलेक्ट्रानों की अधिकतम संख्या उसकी इलेक्ट्रॉन ग्रहण करने की क्षमता (capacity) द्वारा निर्धारित होती है (s के लिए 2, p के लिए 6, d के लिए 10 तथा f के लिए 14)।

3. परमाणु की ग्राउन्ड स्टेट में इलेक्ट्रॉन, ऊर्जाओं के बढ़ते क्रम में उपलब्ध ऑर्बिटलों में प्रविष्ट होते हैं तथा पहले निम्न ऊर्जा (lower energy) वाले ऑर्बिटल को भरते हैं। इसे पॉली का आफबौ सिद्धान्त (Aufbau principle) कहते हैं।

4. किसी भी आर्बिटल में एक या अधिक से अधिक दो इलेक्ट्रॉन हो सकते हैं। दो इलेक्ट्रॉन एक आर्बिटल में तभी हो सकते हैं जब उनके स्पिन विपरीत दिशाओं में हों (Pauli's Exclusion Principle)।

5. जब समान ऊर्जा के अनेक ऑर्बिटल उपलब्ध हैं तब इलेक्ट्रॉन एक ही ऑर्बिटल में युग्मित होने की अपेक्षा अलग-अलग ऑर्बिटल में प्रविष्ट होते हैं (हुण्ड नियम)। ऐसे इलेक्ट्रॉनों के स्पिन समान होते हैं।

तालिका 2.2 में सभी ज्ञात तत्त्वों के इलेक्ट्रॉनिक विन्यास दिए गए हैं। सामान्य रूप से इलेक्ट्रॉन विन्यास ऑफबौ (Aufbau) के सिद्धान्त के अनुसार ही होते हैं।

तालिका के अनुसार कुछ तत्त्वों के इलेक्ट्रॉन विन्यास पर विचार करते हैं—

1. हाइड्रोजन व हीलियम (Hydrogen and Helium)—हाइड्रोजन में 1 इलेक्ट्रॉन है जो 1*s* ऑर्बिटल में स्थित है जबकि अन्य ऑर्बिटल रिक्त (empty) रहते हैं। हीलियम में 2 इलेक्ट्रॉन हैं तथा दोनों 1*s* ऑर्बिटल में ही स्थित हैं क्योंकि यह दोनों विपरीत स्पिन वाले हैं अतः एक ऑर्बिटल में रह सकते हैं। (चित्र 2.12)

चित्र 2.12—हाइड्रोजन तथा हीलियम के इलेक्ट्रॉन विन्यास।

2. लीथियम (Lithium)—इसका परमाणु क्रमांक (Z) तीन है अतः इसमें तीन इलेक्ट्रॉन हैं। दो इलेक्ट्रॉन K-शैल (1*s*) ऑर्बिटल को भरते हैं जिसके लिए $n = 1$ तथा $l = 0$। तीसरा इलेक्ट्रॉन 2*s* ऑर्बिटल में जाता है। अतः इसकी इलेक्ट्रॉनिक संरचना चित्र 2.13 के अनुसार है—

$$1s^2, 2s$$

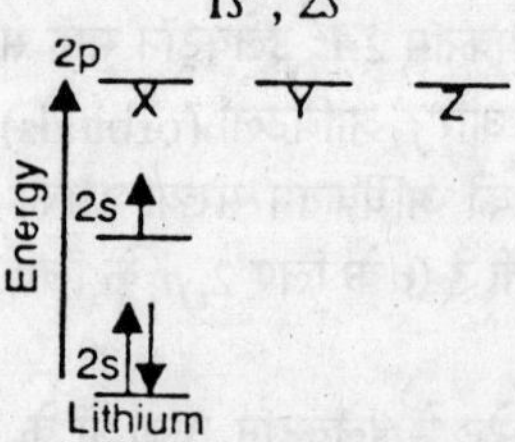

चित्र 2.13—लीथियम का इलेक्ट्रॉनिक विन्यास।

3. बेरीलियम (Beryllium)—इसमें चार इलेक्ट्रॉन ($Z = 4$) हैं। दो इलेक्ट्रॉन 1*s* ऑर्बिटल में तथा दो इलेक्ट्रॉन 2*s* ऑर्बिटल में स्थित होते हैं। अतः इसकी इलेक्ट्रॉनिक संरचना निम्न है—

$$1s^2, 2s^2$$

Table 2.2

At. No.	Ele-ments	1	2		3			4				5				6				7
		s	s	p	s	p	d	s	p	d	f	s	p	d	f	s	p	d	f	s
1	H	1																		
2	He	2																		
3	Li	2	1																	
4	Be	2	2																	
5	B	2	2	1																
6	C	2	2	2																
7	N	2	2	3																
8	O	2	2	4																
9	F	2	2	5																
10	Ne	2	2	6																
11	Na	2	2	6	1															
12	Mg	2	2	6	2															
13	Al	2	2	6	2	1														
14	Si	2	2	6	2	2														
15	P	2	2	6	2	3														
16	S	2	2	6	2	4														
17	Cl	2	2	6	2	5														
18	Ar	2	2	6	2	6														
19	K	2	2	6	2	6		1												
20	Ca	2	2	6	2	6		2												
21	Sc	2	2	6	2	6	1	2												
22	Ti	2	2	6	2	6	2	2												
23	V	2	2	6	2	6	3	2												
24	Cr	2	2	6	2	6	5	1												
25	Mn	2	2	6	2	6	5	2												
26	Fe	2	2	6	2	6	6	2												
27	Co	2	2	6	2	6	7	2												
28	Ni	2	2	6	2	6	8	2												
29	Cu	2	2	6	2	6	10	1												
30	Zn	2	2	6	2	6	10	2												
31	Ga	2	2	6	2	6	10	2	1											
32	Ge	2	2	6	2	6	10	2	2											
33	As	2	2	6	2	6	10	2	3											
34	Se	2	2	6	2	6	10	2	4											
35	Br	2	2	6	2	6	10	2	5											
36	Kr	2	2	6	2	6	10	2	6											
37	Rb	2	2	6	2	6	10	2	6			1								
38.	Sr	2	2	6	2	6	10	2	6			2								
39	Y	2	2	6	2	6	10	2	6	1		2								
40	Zr	2	2	6	2	6	10	2	6	2		2								
41	Nb	2	2	6	2	6	10	2	6	4		1								
42	Mo	2	2	6	2	6	10	2	6	5		1								
43	Tc	2	2	6	2	6	10	2	6	5		2								
44	Ru	2	2	6	2	6	10	2	6	7		1								
45	Rh	2	2	6	2	6	10	2	6	8		1								
46	Pd	2	2	6	2	6	10	2	6	10		0								
47	Ag	2	2	6	2	6	10	2	6	10		1								
48	Cd	2	2	6	2	6	10	2	6	10		2								
49	In	2	2	6	2	6	10	2	6	10		2	1							
50	Sn	2	2	6	2	6	10	2	6	10		2	2							

At. No.	Elements	1 s	2 s	2 p	3 s	3 p	3 d	4 s	4 p	4 d	4 f	5 s	5 p	5 d	5 f	6 s	6 p	6 d	6 f	7 s
51	Sb	2	2	6	2	6	10	2	6	10		2	2							
52	Te	2	2	6	2	6	10	2	6	10		2	4							
53	I	2	1	6	2	6	10	2	6	10		2	5							
54	Xe	2	2	6	2	6	10	2	6	10		2	5							
55	Cs	2	2	6	2	6	10	2	6	10		2	6			1				
56	Ba	2	2	6	2	6	10	2	6	10		2	6			2				
57	La	2	2	6	2	6	10	2	6	10		2	6	1		2				
58	Ce	2	2	6	2	6	10	2	6	10	2	2	6			2				
59	Pr	2	2	6	2	6	10	2	6	10	3	2	6			2				
60	Nd	2	2	6	2	6	10	2	6	10	4	2	6			2				
61	Pm	2	2	6	2	6	10	2	6	10	5	2	6	1		2				
62	Sm	2	2	6	2	6	10	2	6	10	6	2	6			2				
63	Eu	2	2	6	2	6	10	2	6	10	7	2	6			2				
64	Gd	2	2	6	2	6	10	2	6	10	7	2	6			2				
65	Tb	2	2	6	2	6	10	2	6	10	9	2	6			2				
66	Dy	2	2	6	2	6	10	2	6	10	10	2	6			2				
67	Ho	2	2	6	2	6	10	2	6	10	11	2	6			2				
68	Er	2	2	6	2	6	10	2	6	10	12	2	6			2				
69	Tm	2	2	6	2	6	10	2	6	10	13	2	6			2				
70	Yb	2	2	6	2	6	10	2	6	10	14	2	6			2				
71	Lu	2	2	6	2	6	10	2	6	10	14	2	6	1		2				
72	Hf	2	2	6	2	6	10	2	6	10	14	2	6	2		2				
73	Ta	2	2	6	2	6	10	1	6	10	14	2	6	3		2				
74	W	2	2	6	2	6	10	2	6	10	14	2	6	4		2				
75	Re	2	2	6	2	6	10	2	6	10	14	2	6	5		2				
76	Os	2	2	6	2	6	10	2	6	10	14	2	6	6		2				
77	Ir	2	2	6	2	6	10	2	6	10	14	2	6	7		2				
78	Pt	2	2	6	2	6	10	1	6	10	14	2	6	9		2				
79	Au	2	2	6	2	6	10	2	6	10	14	2	6	10		1				
80	Hg	2	2	6	2	6	10	2	6	10	14	2	6	10		1				
81	Tl	2	2	6	2	6	10	2	6	10	14	2	6	10		2	1			
82	Pb	2	2	6	2	6	10	2	6	10	14	2	6	10		2	2			
83	Bi	2	2	6	2	6	10	2	6	10	14	2	6	10		2	3			
84	Po	2	2	6	2	6	10	2	6	10	14	2	6	10		2	4			
85	At	2	2	6	2	6	10	2	6	10	14	2	6	10		2	5			
86	Rn	2	2	6	2	6	10	2	6	10	14	2	6	10		2	6			
87	Fr	2	2	6	2	6	10	2	6	10	14	2	6	10		2	6			1
88	Ra	2	2	6	2	6	10	2	6	10	14	2	6	10		2	6			2
89	Ac	2	2	6	2	6	10	2	6	10	14	2	6	10		2	6	1		2
90	Th	2	2	6	2	6	10	2	6	10	14	2	6	10		2	6	2		2
91	Pa	2	2	6	2	6	10	2	6	10	14	2	6	10		2	6	1		2
92	U	2	2	6	2	6	10	2	6	10	14	2	6	10		2	6	1		2
93	Np	2	2	6	2	6	10	2	6	10	14	2	6	10		2	6	1		2
94	Pu	2	2	6	2	6	10	2	6	10	14	2	6	10		2	6	1		2
95	Am	2	2	6	2	6	10	2	6	10	14	2	6	10		2	6	1		2
96	Cm	2	2	6	2	6	10	2	6	10	14	2	6	10		2	6	1		2
97	Bk	2	2	6	2	6	10	2	6	10	14	2	6	10		2	6	1		2
98	Cf	2	2	6	2	6	10	2	6	10	14	2	6	10		2	6	1		2
99	Es	2	2	6	2	6	10	2	6	10	14	2	6	10		2	6	1		2
100	Fm	2	2	6	2	6	10	2	6	10	14	2	6	10		2	6	1		2
101	Md	2	2	6	2	6	10	2	6	10	14	2	6	10		2	6	1		2
102	No	2	2	6	2	6	10	2	6	10	14	2	6	10		2	6	1		2
103	Lw	2	2	6	2	6	10	2	6	10	14	2	6	10		2	6	1		2

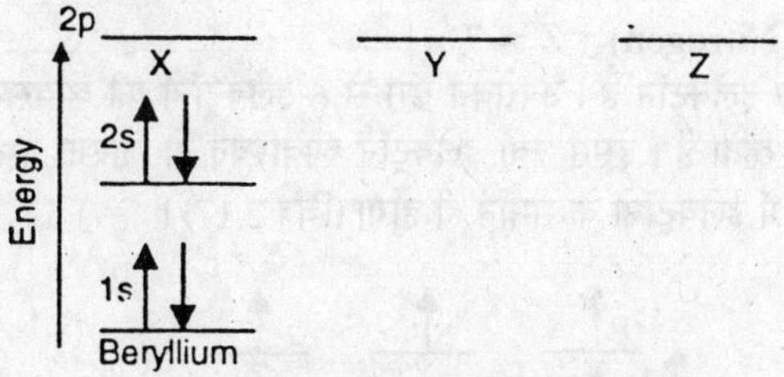

चित्र 2.14—बेरीलियम का इलेक्ट्रॉनिक विन्यास।

4. बोरॉन (Boron)—बोरॉन में 5 इलेक्ट्रॉन ($Z = 5$) हैं। $1s$ तथा 25 ऑर्बिटल चार इलेक्ट्रॉनों से पूर्णतः भरे हुए हैं। चित्र 2.15 के अनुसार बोरॉन का पाँचवाँ इलेक्ट्रॉन $2p$ ऑर्बिटल में जायेगा*

$$1s^2, 2s^2, 2p^1$$

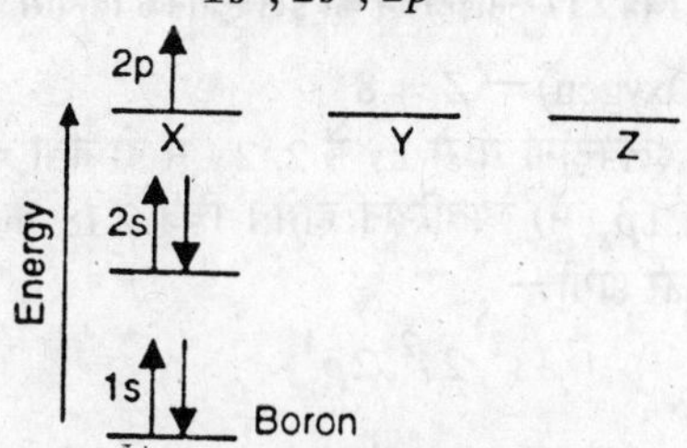

चित्र 2.15—बोरॉन का इलेक्ट्रॉनिक विन्यास।

5. कार्बन (Carbon)—$Z = 6$

कार्बन में दो-दो इलेक्ट्रॉन $1s$ तथा $2s$ ऑर्बिटल में जाते हैं। पाँचवाँ $2p_x$ तथा छठा $2p_y$ में जायेगा। (चित्र 2.16)

अतः कार्बन में इलेक्ट्रॉन वितरण निम्न प्रकार होगा—

$$1s^2, 2s^2, 2p^2$$

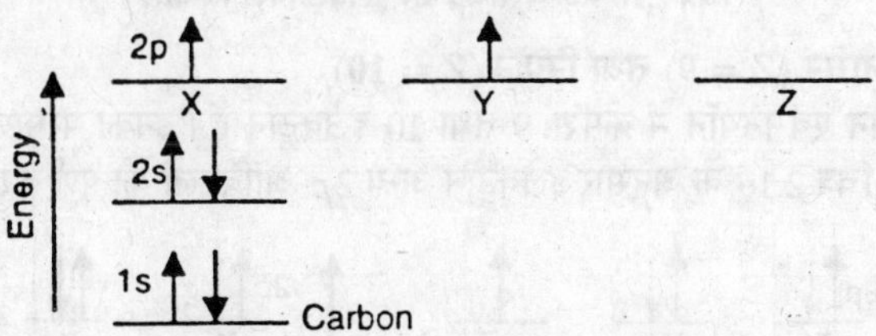

चित्र 2.16—कार्बन का इलेक्ट्रॉनिक विन्यास।

---

* क्योंकि हुण्ड के नियम (Hund' rule of maximum multiplicity) के अनुसार आर्बिटलों में इलेक्ट्रॉनों का वितरण इस प्रकार होता है कि अयुग्मित इलेक्ट्रॉनों (uncoupled electrons) की संख्या अधिकतम रहे तथा उनके स्पिन एक ही दिशा में हों। अतः परमाणु संरचना में p आर्बिटलों में इलेक्ट्रॉन इस प्रकार व्यवस्थित होते हैं कि वे पहले एक इलेक्ट्रॉन प्राप्त करते हैं (5 वाँ $p\,x$ में, 6 वाँ $2p_y$ में 7 वाँ p_z में) और उसके पश्चात् वे क्रमशः 8वाँ, 9वाँ तथा 10वाँ इलेक्ट्रॉन ग्रहण करके युग्मित होने लगते हैं।

6. नाइट्रोजन (Nitrogen)—$Z = 7$

नाइट्रोजन में 7 इलेक्ट्रॉन हैं। उपरोक्त ढंग से 6 इलेक्ट्रॉनों की व्यवस्था होने पर एक ऑर्बिटल $2p_z$ रिक्त रहता है। इसमें 7वाँ इलेक्ट्रॉन व्यवस्थित हो जाएगा तथा उसका स्पिन p_x तथा p_y ऑर्बिटल में इलेक्ट्रॉनों के समान ही होगा (चित्र 2.17)।

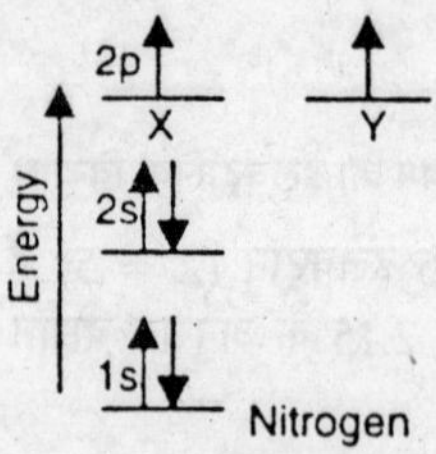

चित्र 2.17—नाइट्रोजन का इलेक्ट्रॉनिक विन्यास।

7. ऑक्सीजन (Oxygen)—$Z = 8$

ऑक्सीजन के 8 इलेक्ट्रॉनों में से $1s$ में 2, $2s$ में दो तथा चार इलेक्ट्रॉन p आर्बिटल में ($2p_x$ में $1p_y$ में तथा $1p_z$ में) व्यवस्थित होंगे। चित्र 2.18 के अनुसार ऑक्सीजन की परमाणु संरचना निम्न प्रकार होगी—

$$1s^2, 2s^2, 2p^4$$

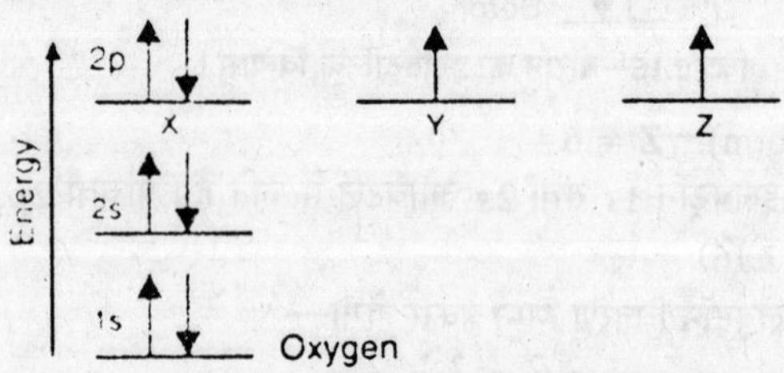

चित्र 2.18—ऑक्सीजन का इलेक्ट्रॉनिक विन्यास।

8. फ्लोरीन ($Z = 9$) तथा नियॉन ($Z = 10$)

फ्लोरीन एवं नियॉन में क्रमशः 9 तथा 10 इलेक्ट्रॉन हैं। इनकी परमाणु संरचना निम्न प्रकार होगी। चित्र 2.19 के अनुसार इलेक्ट्रॉन अन्य $2p$ ऑर्बिटलों को पूर्ण कर देते हैं—

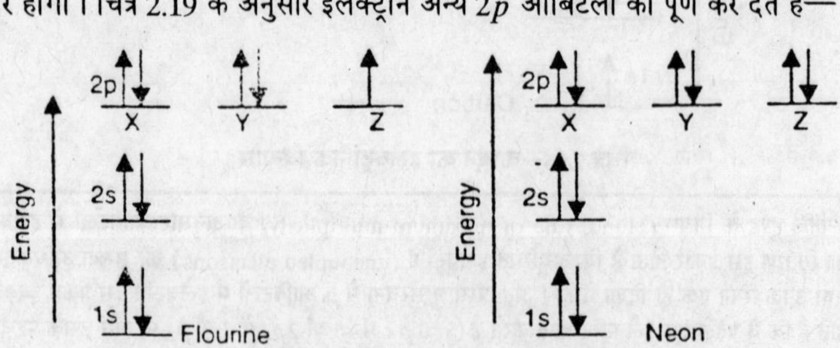

चित्र 2.19—फ्लोरीन (Fl) तथा निऑन (Ne) के इलेक्ट्रॉनिक विन्यास।

Flourine : $1s^2, 2s^2, 2p^5$ तथा Neon : $1s^2, 2s^2, 2p^6$

उदाहरण—ग्राउन्ड स्टेट में निम्न तत्वों के इलेक्ट्रॉनिक विन्यास दीजिए।

(i) Sodium ($Z = 11$)

(ii) Iron ($Z = 26$)

(iii) Argon ($Z = 18$)

(iv) Nickel ($Z = 28$)

हल : (i) Na : $1s^2, 2s^2, 2p^6, 3s^1$

(ii) Fe : $1s^2, 2s^2, 2p^6, 3s^2, 3p^6, 3d^6, 4s^2$

(iii) Ar : $1s^2, 2s^2, 2p^6, 3s^2, 3p^6$

(iv) Ni : $1s^2, 2s^2, 2p^6, 3s^2, 3p^6, 3d^8, 4s^2$

उदाहरण 2.1—निम्न तत्वों के इलेक्ट्रॉनिक विन्यास दीजिए।

(i) Nickel तथा Chromium **(AMIE, Summer 1996)**

(ii) Silicon तथा Germanium **(AMIE, Summer 1995)**

हल :

(i) Nickel का परमाणु क्रमांक $Z = 28$ है अतः इसका इलेक्ट्रॉनिक विन्यास निम्न प्रकार होगा—

$$\text{Ni} : 1s^2, 2s^2\ 2p^6, 3s^2, 3p^6\ 3d^8, 4s^2$$

Chromium का परमाणु क्रमांक 24 है। इसका इलेक्ट्रॉनिक विन्यास निम्न है—

$$\text{Cr} : 1s^2, 2s^2\ 2p^6, 3s^2, 3p^6, 3d^5\ 4s^1$$

(ii) Silicon का परमाणु क्रमांक 14 है। अतः इसका इलेक्ट्रॉनिक विन्यास निम्न है—

$$\text{Si} : 1s^2, 2s^2\ 2p^6, 3s^2\ 3p^2$$

Germanium का परमाणु क्रमांक 32 है अतः इसका इलेक्ट्रॉनिक विन्यास निम्न है—

$$\text{Ge} : 1s^2, 2s^2, 2p^6, 3s^2\ 3p^6\ 3d^{10}, 4s^2 4p^2$$

उदाहरण 2.2—हाइड्रोजन परमाणु के प्रथम तीन ऊर्जा स्तरों में इलेक्ट्रॉन की ऊर्जा की गणना कीजिए। ग्राउन्ड स्टेट (ground state) से आप क्या समझते हैं ?

(AMIE, Summer 1992)

हल : हाइड्रोजन परमाणु की nth ऊर्जा स्तर में ऊर्जा

$$E_n = -\frac{13 \cdot 6}{n^2} \text{ eV}$$

अतः प्रथम कक्ष $n = 1$ में ऊर्जा

$$E_1 = -\frac{13 \cdot 6}{1^2} = -\mathbf{13 \cdot 6\ eV}$$

द्वितीय कक्ष $n = 2$ में ऊर्जा

$$E_2 = -\frac{13 \cdot 6}{2^2} = -\mathbf{3 \cdot 4\ eV}$$

तृतीय कक्ष $n = 3$ में ऊर्जा

$$E_3 = -\frac{13 \cdot 6}{3^2} = -\mathbf{1 \cdot 51\ eV}$$

ग्राउन्ड स्टेट (Ground State)

परमाणु की निम्नतम ऊर्जा अवस्था (lowest energy state) ग्राउन्ड स्टेट कहलाती है। पॉली-एक्सक्लुजॅन (Pauli's Exclusion) सिद्धान्त के अनुसार परमाणु में किन्हीं दो इलेक्ट्रॉनों की क्वान्टम अवस्थाएँ समान नहीं हो सकती अर्थात् केवल एक इलेक्ट्रॉन ही एक निर्दिष्ट क्वान्टम अवस्था में हो सकता है। परमाणु में अनेक इलेक्ट्रॉन होने की स्थिति में प्रत्येक इलेक्ट्रॉन भिन्न ऊर्जा अवस्थाओं में होता है। ग्राउन्ड स्टेट में होने पर परमाणु का प्रत्येक इलेक्ट्रॉन अपनी निम्नतम ऊर्जा अवस्था में होता है।

उदाहरण 2.3—एक हाइड्रोजन परमाणु को ऊर्जा देने से उसमें ऊर्जा-अवस्था $n = 1$ से $n = 4$ में संक्रमण (transition) हो जाता है। यदि $n = 1$ अवस्था में परमाणु की स्थितिज ऊर्जा $-13 \cdot 6$ eV हो तो गणना कीजिए—(i) $n = 4$ अवस्था में स्थितिज ऊर्जा (ii) transition में परमाणु द्वारा अवशोषित ऊर्जा (iii) यदि परमाणु पुनः अपनी पूर्व अवस्था में आता हो तो उत्सर्जित विकिरण की wavelength।

$$\text{Ch} = 6 \cdot 6 \times 10^{-34}\ \text{js}, \quad \text{C} = 3 \cdot 0 \times 10^8 \text{ms}^{-1}$$

हल : हाइड्रोजन परमाणु के n वें स्तर की ऊर्जा

$$E_n = -\frac{Rhc}{n^2}$$

जहाँ R रिडबर्ग नियतांक, h प्लांक नियतांक तथा c प्रकाश का वेग है।

इस प्रकार निम्नतम स्तर (lowest energy level $n = 1$) में ऊर्जा

$$E_1 = -\frac{Rhc}{1^2} = -Rhc$$

(i) $n = 4$ अवस्था में ऊर्जा

$$E_4 = -\frac{Rhc}{4^2} = \frac{E_1}{16}$$

यहाँ $E_1 = 13 \cdot 6$ eV। अतः $n = 4$ अवस्था में ऊर्जा

$$E_4 = \frac{E_1}{16} = \frac{-13 \cdot 6\ \text{eV}}{16} = -\mathbf{0 \cdot 85\ eV}$$

(ii) $n = 1$ से $n = 4$ ऊर्जा स्तर में transition से परमाणु द्वारा अवशोषित ऊर्जा

$$\begin{aligned} \Delta E &= E_4 - E_1 \\ &= -0 \cdot 85 - (-13 \cdot 6) \\ &= \mathbf{12 \cdot 75\ eV} \end{aligned}$$

(iii) ऊर्जा स्तर $n = 4$ से $n = 1$ स्तर में लौटने पर, क्वान्टम सिद्धान्त के अनुसार उत्सर्जित प्रकाश की तरंग दैर्ध्य निम्न सूत्र द्वारा दी जाती है—

$$h\nu = \frac{hc}{\lambda} = \Delta E$$

अथवा $$\lambda = \frac{hc}{\Delta E} = \frac{(6 \cdot 6 \times 10^{-34}\ \text{Js}) \times (3 \cdot 0 \times 10^{8}\ \text{ms}^{-1})}{12 \cdot 75\ \text{eV}}$$

$$= \frac{6 \cdot 6 \times 10^{-34}\ \text{Js} \times 3 \cdot 0 \times 10^{8} \text{ms}^{-1}}{12 \cdot 75 \times 1 \cdot 6 \times 10^{-19}\ \text{J}}$$

$$= 9 \cdot 7 \times 10^{-8}\ \text{m} = \mathbf{970\ \mathring{A}}$$

उदाहरण 2.4—सिद्ध कीजिए कि ऊर्जा स्तर $n = 3$ से $n = 1$ से संक्रमण तथा $n = 2$ से $n = 1$ में संक्रमण पर एक इलेक्ट्रॉन द्वारा उत्सर्जित ऊर्जाओं के अनुपात 32 : 27 होते हैं। **(AMIE, Summer 1993)**

हल : हम जानते हैं कि परमाणु संख्या Z के परमाणु में किसी इलेक्ट्रॉन की n वें स्तर में स्थितिज ऊर्जा निम्न होती है।

$$E_n = -Z^2 \frac{Rhc}{n^2} = -Z^2 \frac{13 \cdot 6}{n^2}\ \text{eV}$$

ऊर्जा स्तर $n = 3$ तथा $n = 1$ में स्थितिज ऊर्जाएँ,

$$E_3 = -Z^2 \frac{13 \cdot 6}{3^2}$$

तथा $$E_1 = -Z^2 \frac{13 \cdot 6}{1^2}$$

अत: $n = 3$ स्तर से $n = 1$ में संक्रमण पर उत्सर्जित ऊर्जा—

$$E_{(3-1)} = E_1 - E_3 = -13 \cdot 6\, Z^2 \left(\frac{1}{1^2} - \frac{1}{3^2}\right)$$

$$= -13 \cdot 6\, Z^2 \times \frac{8}{9}$$

इसी प्रकार $n = 2$ स्तर से $n = 1$ में इलेक्ट्रॉन की स्थितिज ऊर्जाएँ

$$E_2 = -Z^2 \frac{13 \cdot 6}{2^2}$$

तथा $$E_1 = -Z^2 \frac{13 \cdot 6}{1^2}$$

$$E_{(2-1)} = E_1 - E_2 = -13 \cdot 6\, Z^2 \left(\frac{1}{1^2} - \frac{1}{2^2}\right)$$

$$= -13 \cdot 6 Z^2 \times \frac{3}{4}$$

$$\frac{E_1 - E_3}{E_1 - E_2} = \frac{-13 \cdot 6 Z^2 \cdot 8/9}{-13 \cdot 6 Z^2 \cdot 3/4} = \mathbf{\frac{32}{27}}$$

उदाहरण 2.5 हाइड्रोजन परमाणु के प्रथम बोर कक्ष (Bohr's first orbit) में (i) गतिज ऊर्जा (ii) स्थितिज ऊर्जा तथा (iii) कुल ऊर्जा की गणना कीजिए।

हल : (i) इलेक्ट्रॉन की गतिज ऊर्जा $= \frac{1}{2} m v^2$

समीकरण 2.7 से v का मान रखने पर,

$$K.E. = \frac{1}{2} m \left(\frac{Z e^2}{2 \varepsilon_0 n h} \right)^2$$

$$= \frac{1}{8} \cdot \frac{m \cdot Z^2 e^4}{\varepsilon_0^2 n^2 h^2}$$

अत: $n = 1$ में गतिज ऊर्जा,

$$= \frac{1}{8} \times \frac{9 \cdot 1 \times 10^{-31} \times 1^2 \times (1 \cdot 6 \times 10^{-19})^4}{(8 \cdot 854 \times 10^{-12})^2 \times 1^2 \times (6 \cdot 6 \times 10^{-34})^2}$$

$$= 21 \cdot 7 \times 10^{-19} \text{ joules}$$

$$= \frac{21 \cdot 7 \times 10^{-19}}{1 \cdot 6 \times 10^{-19}} \text{ eV } (\because 1 \text{ eV} = 1 \cdot 6 \times 10^{-19} \text{ j})$$

$$= \mathbf{13 \cdot 6 \text{ eV}}$$

(ii) परमाणु में इलेक्ट्रॉन की स्थितिज ऊर्जा

$$= -\frac{1}{4\pi \varepsilon_0} \frac{Z e^2}{r}$$

समीकरण 2.5 से r का मान रखने पर

$$P.E. = -\frac{1}{4\pi \varepsilon_0} \times \frac{Z e^2 \pi m Z e^2}{n^2 \varepsilon_0 h^2}$$

$$= -\frac{1}{4} \frac{m Z^2 e^4}{\varepsilon_0^2 n^2 h^2}$$

$$= -2 \left[\frac{1}{8} \frac{m Z^2 e^4}{\varepsilon_0^2 n^2 h^2} \right]$$

$$= -2 \times \text{ गतिज ऊर्जा}$$

$$= -2 \times 13 \cdot 6 \text{ eV}$$

$$= \mathbf{-27 \cdot 2 \text{ eV}}$$

(iii) प्रथम कक्ष में इलेक्ट्रॉन पर समस्त ऊर्जा

$$= K.E. + P.E.$$
$$= 13\cdot6 + (-27\cdot2)$$
$$= \mathbf{-13\cdot6\ eV}$$

उदाहरण 2.6—हाइड्रोजन परमाणु के प्रथम बोर ऑर्बिट (Bohr's first orbit) की त्रिज्या ज्ञात कीजिए। ($h = 6\cdot62 \times 10^{-34}$ j–s, $m_e = 9\cdot11 \times 10^{-31}$ kg तथा $e = 1\cdot6 \times 10^{-19}$ C)

(AMIE, Summer 1997)

हल : परमाणु में ऑर्बिट की त्रिज्या

$$r_n = n^2 \frac{\varepsilon_0 h^2}{\pi m Z e^2}$$

हाइड्रोजन के लिए $Z = 1$ तथा प्रश्नानुसार $n = 1$ अतः प्रथम बोर ऑर्बिट की त्रिज्या

$$r_1 = \frac{1^2 \times 8\cdot854 \times 10^{-12} \times (6\cdot62 \times 10^{-34})^2}{\pi \times 9\cdot11 \times 10^{-31} \times 1 \times (1\cdot6 \times 10^{-19})^2}$$
$$\approx 0\cdot53 \times 10^{-10} \text{ metre}$$
$$\approx \mathbf{0\cdot53\ \text{Å}}$$

उदाहरण 2.7—हाइड्रोजन परमाणु के प्रथम बोर ऑर्बिट (first Bohr's orbit) में इलेक्ट्रॉन की घूर्णन आवृत्ति ज्ञात कीजिए। **(AMIE Summer, 1988)**

हल : बोर परमाणु में इलेक्ट्रॉन की कक्षीय आवृत्ति समी॰ 2.8 से

$$f = \frac{m z^2 e^4}{4 \varepsilon_0^2 n^3 h^3}$$

हाइड्रोजन के लिए $Z = 1$ तथा $n = 1$ अतः

$$f = \frac{9\cdot11 \times 10^{-31} \times 1^2 \times (1\cdot6 \times 10^{-19})^4}{4 \times (8\cdot854 \times 10^{-12})^2 \times 1^3 \times (6\cdot625 \times 10^{-34})^2}$$
$$= \mathbf{6\cdot54 \times 10^{15}\ Hz}$$

उदाहरण 2.8—हाइड्रोजन परमाणु में प्रथम बोर ऑर्बिट की त्रिज्या $0\cdot529$ Å है। द्वि-आयनित (doubly ionised) हीलियम परमाणु के द्वितीय बोर ऑर्बिट (second Bohr's orbit) की त्रिज्या ज्ञात कीजिए। **(AMIE, Winter 1993)**

हल : परमाणु में nth बोर ऑर्बिट की त्रिज्या

$$r_n = \frac{\varepsilon_0 n^2 h^2}{\pi m e^2 Z}$$

हाइड्रोजन के लिए $r_n = r_{He_1} = 0\cdot529$ Å, $Z = 1$ तथा $n = 1$ एवं द्वि-आयनित हीलियम के लिए

$$r_n = r_{H_2} = ?, Z = 2 \text{ तथा } m = 2$$

अतः $$0\cdot529 = \frac{\varepsilon_0 \times 1^2 \times h^2}{\pi \times m \times e^2 \times 1} \quad \ldots(i)$$

तथा $$r_{He_2} = \frac{\varepsilon_0 \times 2^2 \times h^2}{\pi \times m \times e^2 \times 2} \quad \ldots(ii)$$

समीकरण (ii) को (i) से भाग देने पर

$$r_{He_2} = 2 \times 0\cdot529$$

$$= \mathbf{1\cdot058\ \text{Å}}$$

2.12. क्रिस्टल स्ट्रक्चर (Crystal structure)

ठोस पदार्थों में परमाणुओं का वितरण नियमित (regular) अथवा अनियमित (irregular) होने के आधार पर उन्हें दो वर्गों में वर्गीकृत किया गया है—क्रिस्टलाइन (crystalline) तथा नॉन-क्रिस्टलाइन (non-crystalline)। ठोस पदार्थ की आकृति (shape) की नियमितता (regularity) से निर्धारित होता है कि वह किस वर्ग के अन्तर्गत आता है। नॉन-क्रिस्टलाइन ठोसों की आकृति नियमित नहीं होती। काँच (glass), रबर, विभिन्न प्रकार के प्लास्टिक, लाल फासफोरस तथा अक्रिस्टलीय गंधक, नॉनक्रिस्टलाइन पदार्थों के कुछ उदाहरण हैं।

क्रिस्टल वह ठोस पदार्थ है जिसमें समस्त परमाणु एक रेगुलर पैटर्न (regular pattern) में व्यवस्थित रहते हैं तथा परमाणुविक परतों (atomic layers) के मध्य दूरी कुछ एंगस्ट्रॉम (few Angstrom units) के क्रम की होती है। प्रायः सभी ठोस क्रिस्टलाइन होते हैं अर्थात् उनमें परमाणुओं की रेगुलर व्यवस्था प्रदर्शित होती है। क्रिस्टलाइन ठोस, केवल एक क्रिस्टल भी हो सकता है अथवा अनेक क्रिस्टलों का समूह हो सकता है जिसमें क्रिस्टलों के मध्य बाउन्डरी को पूर्णतया परिभाषित (well defined boundaries) किया जा सकता है। ऐसे पदार्थ पॉली-क्रिस्टलाइन (poly-crystalline) कहलाते हैं।

2.13. यूनिट सैल तथा स्पेस लैटिस (Unit Cell and Space Lattice)

पदार्थ की क्रिस्टलाइन अवस्था उस दशा में परिभाषित की गई हैं जिससे परमाणु, आयन अथवा अणु चित्र 2.20 (a) की भाँति three dimensional arrangement में व्यवस्थित हों।

क्रिस्टल में परमाणुओं की यह व्यवस्था उनके वास्तविक साइजों (actual size) को नहीं बल्कि उनके केन्द्रों (centres) की पोजीशन दर्शाने वाले बिन्दुओं द्वारा प्रदर्शित की जाती है। इस three dimensional arrangement को क्रिस्टल लैटिस (crystal lattice) कहते हैं। क्रिस्टल लैटिस में परमाणुओं द्वारा ग्रहण की गई स्थितियों (positions) को लैटिस प्वॉइन्ट्स (lattice points) अथवा लैटिस साइट (lattice site) कहते हैं। लैटिस, समतल फलकों (plane faces) से घिरे होते हैं। क्रिस्टल का वह छोटे से छोटा भाग (tiny block) जिसकी पुनरावृत्ति (repeatition) सम्पूर्ण क्रिस्टल की रचना में एक यूनिट की तरह प्रयुक्त की जा सके, यूनिट सैल (unit cell) कहलाता है। चित्र 2.20 (a) में क्रिस्टल का ABCDEFGH भाग यूनिट सैल को प्रदर्शित करता है।

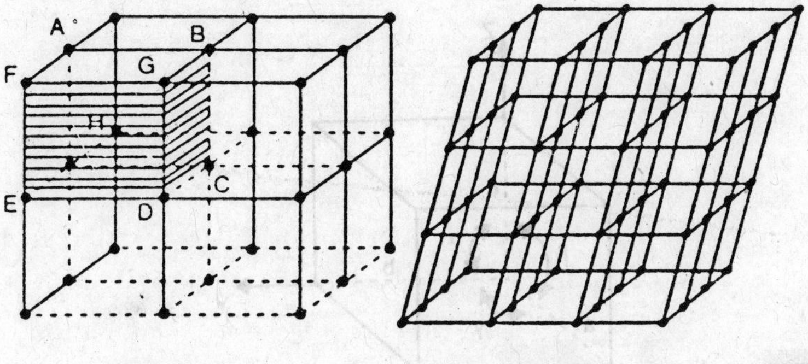

चित्र 2.20—स्पेस लैटिस एवं यूनिट सैल।

इस प्रकार यूनिट सैल three dimensional लैटिस की एक सरल इकाई है जिसकी three dimension में पुनरावृत्ति कर सम्पूर्ण क्रिस्टल लैटिस की रचना की जा सकती है। इस प्रकार प्राप्त स्पेस लैटिस चित्र 2.20 (b) की भाँति three dimension में एक array of points है जिसमें प्रत्येक लैटिस प्वान्ट्स के चारों ओर परमाणुओं की एक समान व्यवस्था है।

लैटिस प्वॉइन्ट्स (or atomic-points) के मध्य की दूरी अन्तर-परमाणुविक (inter-atomic) अथवा लैटिस स्पेसिंग कहलाती है।

2.14. लैटिस पैरामीटर्स (Lattice Parameters)

किसी भी क्रिस्टलोग्राफिक व्यवस्था (arrangement) में यूनिट सैल के dimensions लैटिस पैरामीटर कहलाते हैं। यदि यूनिट सैल घनाकार आकृति (symmetrical cubic) का है तब केवल यूनिट सैल की लम्बाई से, लैटिस का आकार निर्धारित किया जा सकता है अन्यथा एक से अधिक लैटिस पैरामीटर्स निर्दिष्ट (specify) किए जाते हैं।

चित्र 2.21 में एक सामान्य 3-dimensional यूनिट सैल प्रदर्शित किया गया है।

यह सैल आसन्न भुजाओं (adjacent sides) a, b, c द्वारा निर्मित हैं। a, b, c को primitives कहते हैं तथा भुजाओं a, b, c द्वारा निर्मित यह सैल primitive cell भी कहलाता है। Primitive cell वह cell है जिसमें lattice प्वाइन्ट्स अथवा परमाणु, सैल के केवल कोनों (corners) पर स्थित हों।

यूनिट सैलों के अक्षों (axes) X, Y तथा Z के मध्य कोण interfacial angles कहलाते हैं।

प्रीमिटिव्ज (primitives) तथा interfacial angle यूनिट सैल के लैटिस पैरामीटर्स कहलाते हैं।

लैटिस पैरामीटर्स a, b, c तथा interfacial कोण α, β एवं γ ज्ञात होने पर यूनिट सैल का आकार एवं वास्तविक आकृति ज्ञात की जा सकती है।

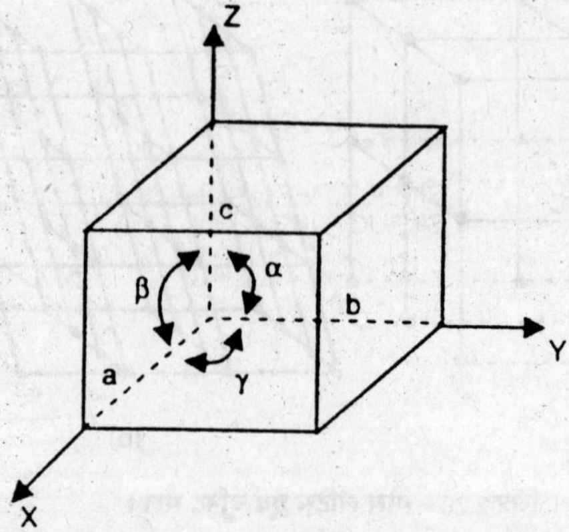

चित्र 2.21—यूनिट सैल एवं प्रिमिटिव्स (Unit cell and primitives) ।

2.15. क्रिस्टल प्रणालियाँ (Crystal Systems)

क्रिस्टलों की संरचना के गहन अध्ययन से ज्ञात होता है कि उनकी 230 प्रकार की आकृतियाँ हो सकती हैं। इनकी सिमेट्री (symmetry) के आधार पर इन्हें 14 किस्मों [जिन्हें ब्रेविस लैटिस (bravais lattices) कहा जाता है] तथा 7 क्रिस्टल सिस्टमों (systems) में वर्गीकृत किया गया है। ये सातों क्रिस्टल सिस्टम यूनिट सैल के प्रीमिटिव्ज (a, b तथा c) एवं interfacial angles (α, β तथा γ) की दृष्टि से भिन्न होते हैं। इस सात क्रिस्टल प्रणालियों के प्रीमिटिव्ज एवं interfacial angles में अन्तर तालिका 2.3 में प्रदर्शित किया गया है तथा चित्र 2.22 में इनकी आकृतियाँ दिखाई गई हैं।

Table 2.3 : The seven basic crystal systems

S. No.	System	Relation between Primitives	Interfacial angles	Examples
1.	Cubic	$a = b = c$	$\alpha = \beta = \gamma = 90°$	NaCl, KCl CaF_2
2.	Tetragonal	$a = b \neq c$	$\alpha = \beta = \gamma = 90°$	SnO_2, TiO_2
3.	Hexagonal	$a = b \neq c$	$\alpha = \beta = 90°, \gamma = 120°$	Graphite, ZnO
4.	Trigonal or Rhomobohedral	$a = b = c$	$\alpha = \beta = \gamma \neq 90°$	Calcite, $NaNO_3$
5.	Orthorhombic	$a \neq b \neq c$	$\alpha = \beta = \gamma = 90°$	KNO_3, $BaSO_4$
6.	Monoclinic	$a \neq b \neq c$	$\alpha = \beta = 90° \neq \gamma$	Na_2SO_4
7.	Triclinic	$a \neq b \neq c$	$\alpha \neq \beta \neq \gamma \neq 90°$	$CuSO_4$ $K_2Cr_2O_7$

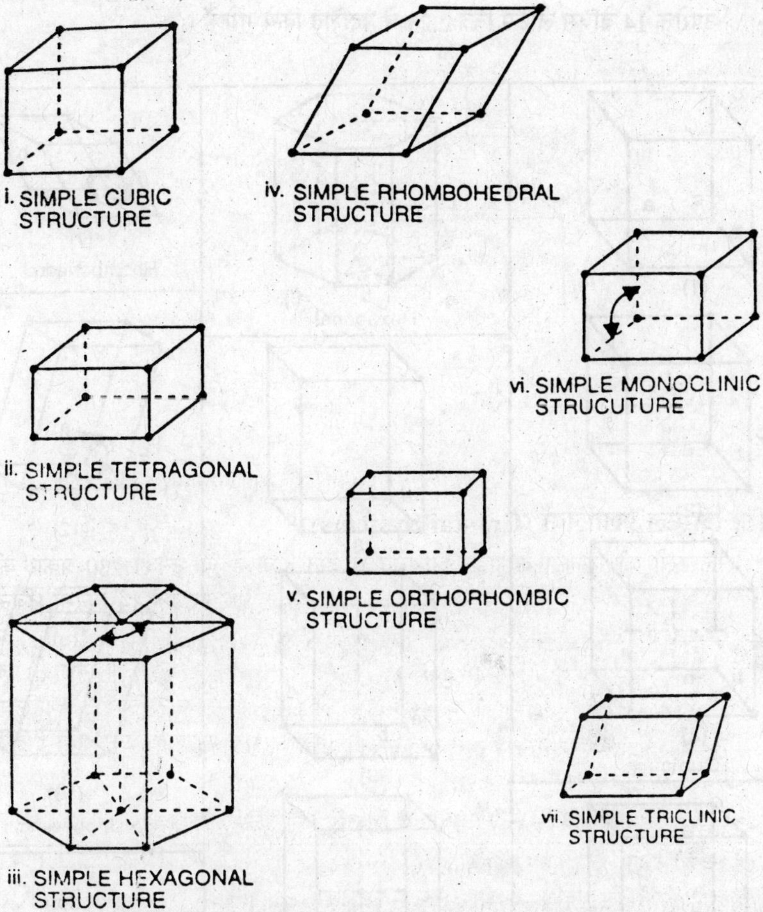

चित्र 2.22—बेसिक क्रिस्टल प्रणालियाँ (Basic Crystal Systems) ।

2.16. ब्रेविस लैटिस (Bravais Lattices) (AMIE, Winter 1990)

सन् 1880 में ब्रेविस (Bravais) ने स्पेस लैटिस के सम्बन्ध में विचार प्रस्तुत किया कि 7 बेसिक क्रिस्टल प्रणालियों में 14 विभिन्न प्रकार के स्पेस लैटिस सम्भव हो सकते हैं—

Cubic	—	3
Tetragonal	—	2
Hexagonal	—	1
Rhombohedral	—	1
Orthorhombic	—	4
Monoclinic	—	2
Triclinic	—	1

उपरोक्त 14 ब्रेविस लैटिस चित्र 2.23 में प्रदर्शित किये गये हैं।

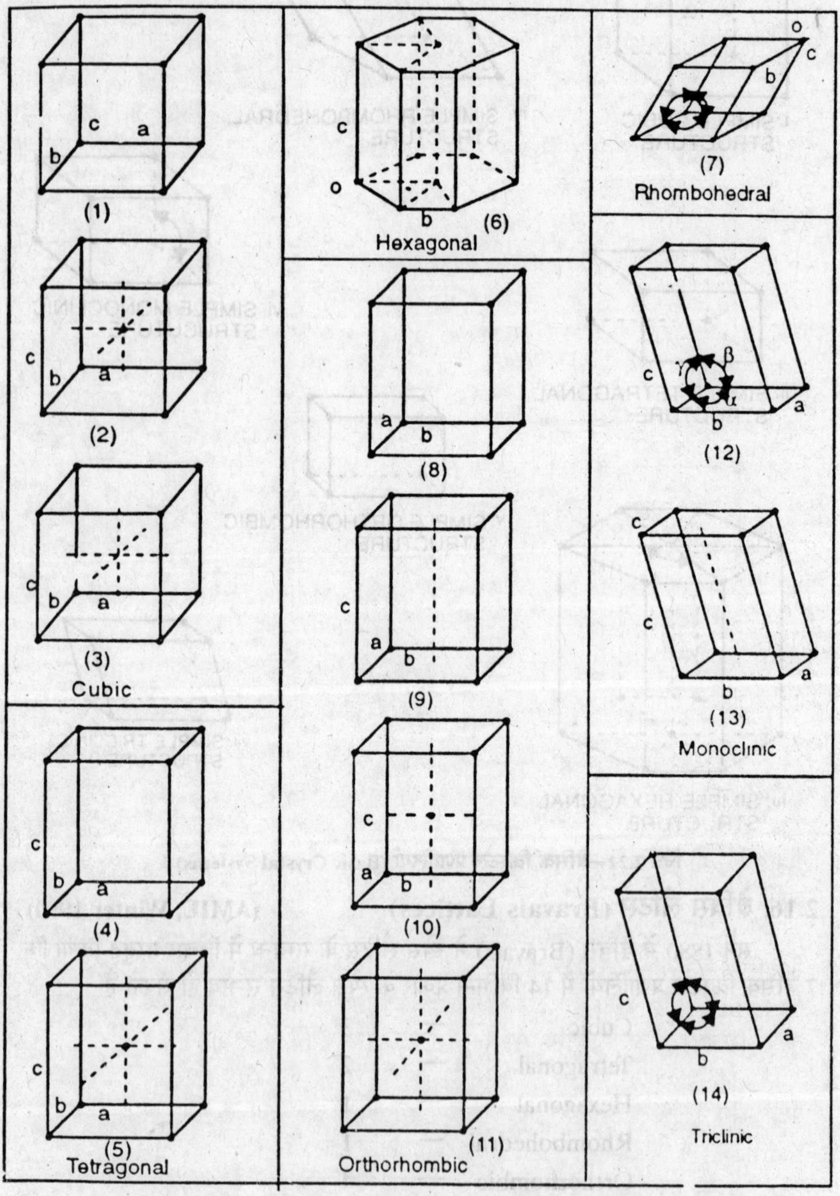

चित्र 2.23—ब्रेविस लैटिस के यूनिट सैल (Conventional unit cells of 14 Bravais Lattices)।

2.17. धातुओं के क्रिस्टल स्ट्रक्चर (Crystal Structure of Metallic elements)

ठोस अवस्था में तत्त्वों के अणु, परमाणु अथवा आयन, द्रव एवं गैसों की तुलना में परस्पर अधिक प्रभावी सम्पर्क (effective contact) में होते हैं तथा उनके मध्य strong cohesive forces के कारण ठोस के कणों की close packing होती है। ठोस पदार्थ विभिन्न प्रकार की लैटिस संरचनाओं में क्रिस्टलाइज (crystallise) होते हैं। सर्वाधिक सामान्य स्पेस लैटिस निम्न हैं—

(i) Body Centred Cubic (B.C.C.)
(ii) Face Centred Cubic (F.C.C.)
(iii) Hexagonal Close Packed Structure (HCP)

लैटिस प्वाइन्टस, 3-dimension में इस प्रकार व्यवस्थित होते हैं कि इनमें से किसी भी बिन्दु पर स्थित परमाणु अन्य प्वाइन्ट्स द्वारा समरूप ढंग (symmetrically) से घिरा होता है।

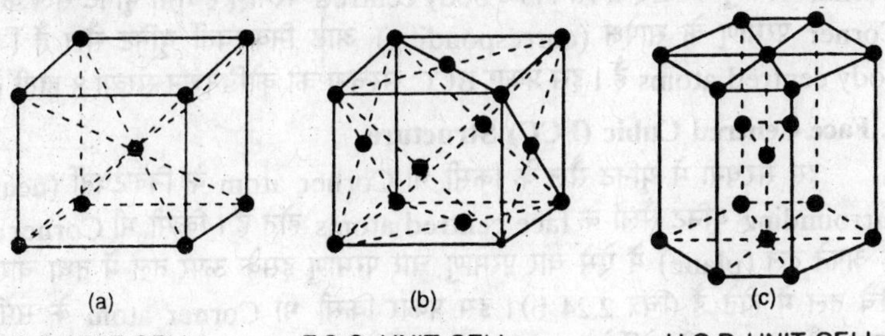

चित्र 2.24—क्रिस्टल स्ट्रक्चर जिनमें काले बिन्दु लैटिस प्वाइन्टस को प्रदर्शित करते हैं।

Body Centred Cubic लैटिस (चित्र 2.24 a) में चार कोनों के अतिरिक्त घन (Cubic Cell) के केन्द्र (centre) पर भी एक लैटिस प्वाइन्ट होता है। इस प्रकार के यूनिट सैल α-आयरन (910°C से कम पर), δ-आयरन (1400°C से 1539°C तक), टंगस्टन, वेनेडियम, मोलिबिडनम, क्रोमियम, लीथियम सोडियम, पोटेशियम, सीजियम इत्यादि में पाई जाती है।

Face Centred Cubic लैटिस (चित्र 2.24 b) में आठ कोनों (eight corners) के अतिरिक्त घन (Cube) के छहों faces में से प्रत्येक पर एक लैटिस प्वाइन्ट (lattice point or lattice site) होता है। इस संरचना के उदाहरण γ-आयरन (910°C से 1400°C तक), कॉपर, सिलवर, गोल्ड, एल्यूमिनियम, निकिल, लैड तथा प्लेटिनम इत्यादि हैं।

Hexagonal close packed संरचना में यूनिट सैल चित्र 2.24 (c) की भाँति एक षटकोणीय प्रिज्म (hexagonal prism) के आकार का होता है तथा इसके बारह कोनों (corners) में से प्रत्येक पर एक परमाणु स्थित होता है।

इसके अतिरिक्त दोनों hexagonal faces पर एक-एक परमाणु तथा सैल की body में 3 परमाणु होते हैं। इस प्रकार के यूनिट सैल मेग्नीशियम, जिंक, टिटेनियम, बेरीलियम, कैडमियम इत्यादि धातुओं में पाए जाते हैं।

2.18. कोर्डिनेशन संख्या (Co-ordination Number)

यह उन कणों (atoms) की संख्या है जो किसी क्रिस्टल लैटिस में प्रत्येक कण के निकटवर्ती (nearest neighbours) होते हैं।

1. Simple Cubic (SC) Structure

इस स्ट्रक्चर में यूनिट सैल के प्रत्येक कोने पर एक परमाणु होता है। प्रत्येक Corner atom के चार निकटवर्ती परमाणु एक तल में तथा एक-एक परमाणु ठीक उसके (corner atom के) ऊपर तथा नीचे होता है (चित्र 2.22–i)। इस प्रकार इस स्ट्रक्चर में छः निकटवर्ती परमाणु होते हैं अतः Simple Cubic Structure (SC) की कोर्डिनेशन संख्या 6 होती है।

2. Body Centred Cubic (BCC) Structure

इस संरचना में यूनिट सैलों के आठ कोनों (eight corners) में से प्रत्येक पर एक परमाणु तथा सैल के केन्द्र पर एक परमाणु होता है (चित्र 2.24 a) यूनिट सैल के किसी भी Corner परमाणु के लिए सबसे निकट body centred परमाणु हैं तथा यूनिट सैल के प्रत्येक Corner परमाणु के सापेक्ष (corresponding) आठ निकटवर्ती यूनिट सैल हैं जिनमें 8 body centred atoms है। इस प्रकार BCC संरचना की कोर्डिनेशन संख्या 8 होती है।

3. Face Centred Cubic (FCC) Structure

इस संरचना में यूनिट सैल के किसी भी Corner atom के निकटवर्ती (nearest), surrounding यूनिट सैलों के face centred atoms होते हैं। किसी भी Corner atom के अपने तल (plane) में ऐसे चार परमाणु, चार परमाणु इसके ऊपर तल में तथा चार इसके नीचे तल में होते हैं (चित्र 2.24 b)। इस प्रकार किसी भी Corner atom के समीप 12 परमाणु हैं अतः इसकी कोर्डिनेशन संख्या 12 होती है।

2.19. परमाणुओं की प्रति यूनिट सैल संख्या (Number of Atoms per Unit Cell)

Cubic क्रिस्टल लैटिस में परमाणुओं अथवा कणों की संख्या ज्ञात करने के लिए ध्यान में रखना चाहिए कि—

(i) यूनिट सैल के प्रत्येक कोने पर स्थित कण (corner atom), three dimension के आठ अन्य यूनिट सैलों द्वारा बराबरी से share किया जाता है।

(ii) प्रत्येक, face पर स्थित कण (facial particle or atom) समान रूप से दो यूनिट सैलों द्वारा share किया जाता है।

(iii) प्रत्येक edge particle चार अन्य यूनिट सैलों द्वारा share किया जाता है।

(iv) Body centred particle पूर्णतः एक यूनिट सैल का ही अंग (part) होता है।

1. Simple Cube

चित्र 2.25 (a) के अनुसार cube के 8 कोनों में से प्रत्येक कोने (corner) पर एक परमाणु होता है तथा उनमें से प्रत्येक परमाणु को आठ यूनिट सैल share करते हैं। अतः एक cube का share, प्रत्येक corner atom का 1/8 वाँ भाग है। चूँकि cube में 8 corner atoms हैं अतः

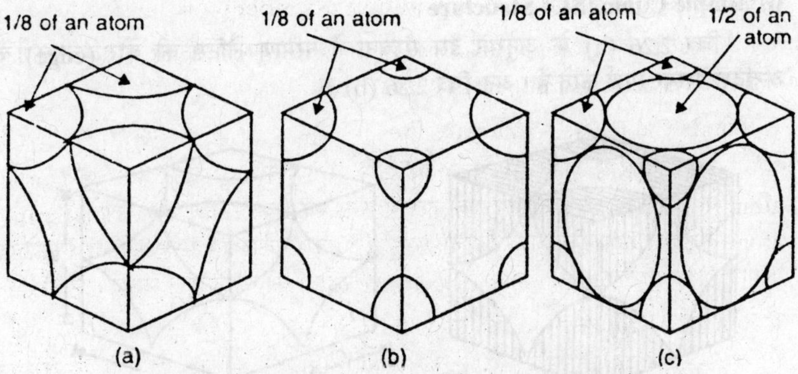

चित्र 2.25—परमाणु की संख्या प्रति यूनिट सैल (a) Simple Cube (b) Body Centred Cube (c) Face Centred Cube.

$$\text{Total no. of atoms} = \frac{1}{8} \times 8$$
$$= 1$$

2. Body Centred Cube

चित्र 2.25 (b) के अनुसार cube के प्रत्येक कोने (corner) पर एक परमाणु है जिसे 8 surrounding cubes share करते हैं। इसके अतिरिक्त cube के केन्द्र पर एक परमाणु है अत: body centred cube में

$$\text{Total no. of atoms} = \frac{1}{8} \times 8 + 1$$
$$= 2$$

3. Face Centred Cube

चित्र 2.25 (c) के अनुसार cube के आठ कोनों में से प्रत्येक पर एक-एक परमाणु तथा cube के छ: तलों (planes) पर 6 face centred परमाणु हैं। प्रत्येक face centred परमाणु को दो surrounding cubes share करते हैं। अत:

$$\text{Total no. of atoms} = \frac{1}{8} \times 8 + \frac{1}{2} \times 6$$
$$= 1 + 3$$
$$= 4$$

2.20. परमाणुविक त्रिज्या (Atomic Radius)

शुद्ध धातु (pure element) के क्रिस्टल में दो निकटवर्ती कणों के मध्य की दूरी का आधा (half of the distance between two nearest neighbours) परमाणु त्रिज्या कहलाता है। क्रिस्टल संरचना में परमाणु को गोलाकार (spherical) मान कर atomic radius ज्ञात किया जा सकता है।

(i) Simple Cubic (SC) Structure

चित्र 2.26 (a) के अनुसार इस संरचना में परमाणु लैटिस की कोर (edge) के अनुदिश परस्पर स्पर्श करते हैं। अत: चित्र 2.26 (b) से

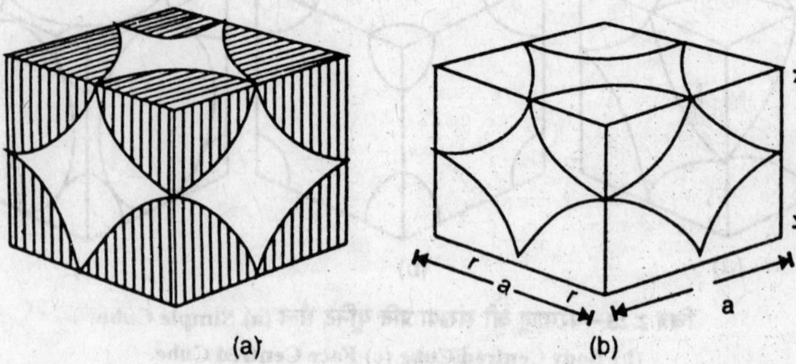

चित्र 2.26—SC स्ट्रक्चर में परमाणु त्रिज्या।

$$a = 2r$$

या
$$r = a/2$$

(ii) Body Centred Cubic (BCC) Structure

चित्र 2.27 (a) के अनुसार इस संरचना में परमाणु घन (cube) के कर्ण (diagonal) के अनुदिश परस्पर स्पर्श करते हैं। अत: कर्ण की लम्बाई $4r$ के तुल्य है।

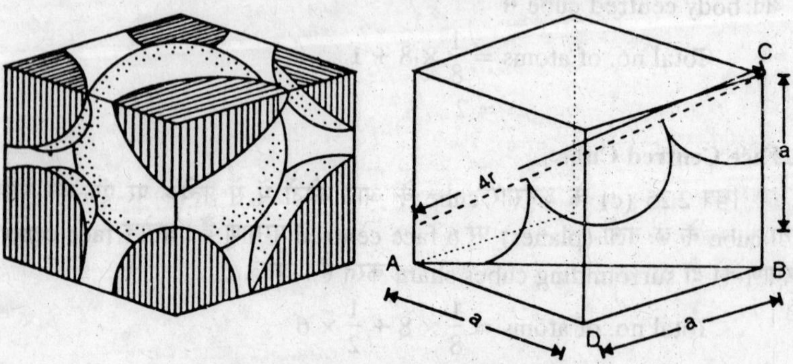

चित्र 2.25—BCC स्ट्रक्चर में परमाणु त्रिज्या।

चित्र 2.27 (b) से,

$$\text{diagonal } AC = \sqrt{AD^2 + DB^2 + BC^2} = \sqrt{a^2 + a^2 + a^2}$$

$$= a\sqrt{3}$$

$$\therefore \quad 4r = a\sqrt{3}$$

या
$$r = \frac{a\sqrt{3}}{4}$$

(iii) Face Centred Cubic (FCC) Structure

चित्र 2.28 (a) के अनुसार इस संरचना में परमाणु, घन (cube) के face के कर्ण (diagonal) के अनुदिश परस्पर स्पर्श करते हैं। अतः face के diagonal की लम्बाई $4r$ के बराबर है।

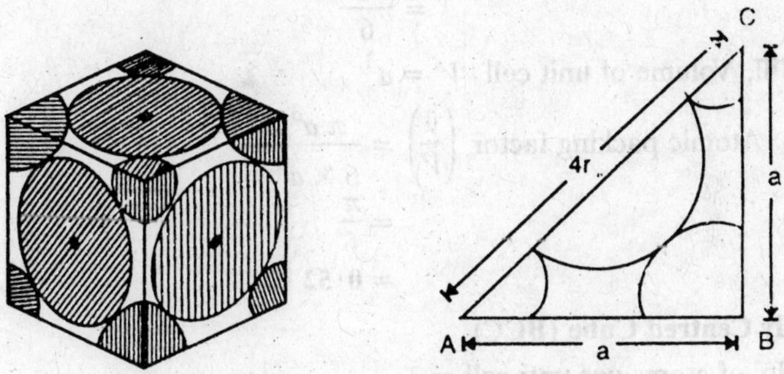

(a) (b)

चित्र 2.28—FCC स्ट्रक्चर में परमाणु त्रिज्या।

चित्र 2.28 (b) से,

$$\text{diagonal } AC = \sqrt{AB^2 + BC^2} = \sqrt{a^2 + a^2}$$

$$= a\sqrt{2}$$

$$\therefore \quad 4r = a\sqrt{2}$$

या $$r = \frac{a\sqrt{2}}{4}$$

2.21. परमाणुविक पैकिंग गुणक (Atomic Packing Factor)

यह क्रिस्टल में परमाणुओं के घनत्त्व की माप है। Atomic packing factor का मान एक यूनिट सैल में परमाणुओं के आयतन तथा यूनिट सैल के आयतन के अनुपात के बराबर होता है।

$$\text{Atomic packing factor} = \frac{\text{Volume of atoms per unit cell}}{\text{Volume of the unit cell}}$$

$$= \frac{v}{V}$$

(i) Simple Cubic (SC) Structure

Number of atoms per unit cell = 1

Atomic radius $r = a/2$

$\therefore$ Volume of one atom 'v'

$$= \frac{4}{3}\pi\left(\frac{a}{2}\right)^3$$

$$= \frac{4\pi}{3} \times \frac{a^3}{8}$$

$$= \frac{\pi a^3}{6}$$

तथा, Volume of unit cell 'V' = a^3

$$\therefore \text{ Atomic packing factor } \left(\frac{v}{V}\right) = \frac{\pi a^3}{6 \times a^3}$$

$$= \frac{\pi}{6}$$

$$\approx \mathbf{0 \cdot 52}$$

(ii) Body Centred Cube (BCC)

No. of atoms per unti cell = 2

Atomic radius (r) = $\frac{a\sqrt{3}}{4}$

$$\therefore \text{ Volume of atoms per unit cell} = 2 \times \frac{4\pi}{3} \times \left(\frac{a\sqrt{3}}{4}\right)^3$$

$$= \frac{\pi a^3 \sqrt{3}}{8}$$

तथा, Volume of one unit cell = a^3

$\therefore$ Atomic packing factor = $\frac{v}{V}$

$$= \frac{\pi a^3\sqrt{3}}{8} / a^3$$

$$= \frac{\pi\sqrt{3}}{8}$$

$$\approx \mathbf{0 \cdot 68}$$

(iii) Face Centred Cube (FCC)

No. of atoms per unit cell = 4

Atomic radius $r = \frac{a\sqrt{2}}{4}$

$$\therefore \text{ Volume of atoms per unit cell } v = 4 \times \frac{4\pi}{3} \times \left(\frac{a\sqrt{2}}{4}\right)^3$$

$$= \frac{\pi a^3 \sqrt{2}}{6}$$

तथा Volume of unit cell $V = a^3$

$$\therefore \quad \text{Atomic packing factor} = \frac{v}{V}$$

$$= \frac{\pi a^3 \frac{\sqrt{2}}{6}}{a^3}$$

$$= \frac{\pi \sqrt{2}}{6}$$

$$\approx \mathbf{0 \cdot 74}$$

2.22. लैटिस नियताँक की गणना (Calculation of Lattice Constant)

एक cubic लैटिस पर विचार कीजिए जिसका lattice constant 'a' है। यदि क्रिस्टल का घनत्व ρ है तब—

$$\text{प्रत्येक यूनिट सैल का आयतन} = a^3$$

$$\text{प्रत्येक यूनिट सैल में द्रव्यमान (mass)} = a^3\rho \quad \text{...(i)}$$

यदि क्रिस्टल का अणु भार M तथा एवोगेड्रो संख्या N है तब

$$\text{प्रत्येक अणु का द्रव्यमान} = \frac{M}{N}$$

यदि प्रत्येक यूनिट सैल में n अणु हैं अर्थात् n lattice points हैं तब

$$\text{प्रत्येक यूनिट सैल में द्रव्यमान} = n \cdot \frac{M}{N} \quad \text{...(ii)}$$

समीकरण (i) तथा (ii) से,

$$a^3\rho = n\frac{M}{N}$$

$$\therefore \quad a = \left(\frac{n\,M}{NP}\right)^{1/3} \quad \text{...(iii)}$$

उदाहरण 2.9—कॉपर में FCC संरचना है तथा इसकी परमाणुवीय त्रिज्या (atomic radius) 1·278 Å है। कॉपर क्रिस्टल का घनत्व ज्ञात कीजिए। (कॉपर का परमाणु भार = 63·5 तथा एवोगेड्रो संख्या = $6 \cdot 023 \times 10^{23}$) **(AMIE Winter, 1990)**

हल :

$$a^3 \rho = n\frac{M}{N}$$

$$\therefore \quad \rho = \frac{n\,M}{N\,a^3}$$

यहाँ, ρ = Density of crystal

a = Lattice constant

n = No. of molecules/unit cell

N = Avogadro's number

M = Molecular weight of crystal material

FCC क्रिस्टल में लैटिस नियतांक (a) तथा परमाणुवीय त्रिज्या (r) में निम्न सम्बन्ध है—

$$a = \frac{4r}{\sqrt{2}}$$

$$= \frac{4 \times 1 \cdot 278}{\sqrt{2}} \text{ Å} \qquad (\because r = 1 \cdot 278 \text{ Å})$$

$$= 3 \cdot 615 \text{ Å} = 3 \cdot 615 \times 10^{-8} \text{ cm}$$

FCC क्रिस्टल में प्रति यूनिट सैल परमाणुओं की संख्या 4 है अतः $n = 4$

$$\therefore \qquad \rho = \frac{4 \times 63 \cdot 5}{6 \cdot 03 \times 10^{23} \times 3 \cdot 615 \times 10^{-8}} = \mathbf{8 \cdot 92 \text{ g/cm}^3}$$

उदाहरण 2.10—NaCl क्रिस्टल में FCC संरचना है। यदि NaCl का घनत्व $2 \cdot 18 \text{ g/cm}^3$ है तब दो निकटवर्ती परमाणुओं के मध्य दूरी ज्ञात कीजिए (Avogadro's Number = $6 \cdot 02 \times 10^{23}$ per gm mole, Molecular weight of NaCl = $58 \cdot 45$)

(AMIE, Summer 1987)

हल : माना लैटिस नियतांक a है ...(i)

अतः एक यूनिट सैल में mass = $a^3 \times 2 \cdot 18$ gm है। NaCl का अणुभार $58 \cdot 45$ है। चूँकि NaCl का सम्बन्ध FCC लैटिस से है, अतः इसमें प्रति यूनिट सैल 4 अणु हैं।

अतः प्रत्येक यूनिट सैल का द्रव्यमान (mass)

$$= n \times \frac{M}{N} \qquad \text{...(ii)}$$

$$= 4 \times \frac{58 \cdot 45}{6 \cdot 02 \times 10^{23}} \qquad \text{...(iii)}$$

समीकरण (i) तथा (ii) को तुल्य रखने पर,

$$a^3 \times 2 \cdot 18 = \frac{4 \times 58 \cdot 45}{6 \cdot 02 \times 10^{23}}$$

$$\therefore \qquad a = 5 \cdot 643 \times 10^{-10} \text{ m}$$

$$= \mathbf{5 \cdot 643 \text{ Å}}$$

FCC क्रिस्टल में दो निकटवर्ती परमाणुओं के मध्य दूरी $d = a/2$

$$\therefore \qquad d = \frac{5 \cdot 643}{2} \text{ Å}$$

$$= \mathbf{2 \cdot 821 \text{ Å}}$$

उदाहरण 2.11—एक धातु में प्रति यूनिट सैल परमाणुओं की गणना कीजिए जिसका लैटिस पैरामीटर $a = 2 \cdot 9$ Å, घनत्व $\rho = 7 \cdot 87 \text{ gm/cm}^3$ तथा परमाणु भार $55 \cdot 85$ है।

(Avogadro's Number = $6 \cdot 0238 \times 10^{23}$) **(AMIE, Winter 1989)**

हल :

$$\rho a^3 = \frac{n M}{N}$$

$$\therefore \qquad n = \frac{\rho a^3 N}{M}$$

$$= \frac{7\cdot87 \times (2\cdot9 \times 10^{-8})^3 \times 6\cdot0238 \times 10^{23}}{55\cdot85} = 2$$

उदाहरण 2.12—α–iron का घनत्व 7870 kg/m^3 तथा परमाणु भार $55\cdot8$ है। ज्ञात है कि α–iron bcc स्पेस लैटिस में क्रिस्टलाइज होता है। इसका लैटिस नियतांक (a) ज्ञात कीजिए।

$[N = 6\cdot02 \times 10^{26}$ (kg mole)$^{-1}$]

हल : $$\text{Lattice constant} = \left(\frac{nM}{N\rho}\right)^{1/3}$$

यहाँ n = bcc लैटिस में प्रति यूनिट अणुओं की संख्या = 2

$M = 55\cdot8, N = 6\cdot02 \times 10^{26}, \rho = 7870$ kg/m^3

$$\therefore \qquad a = \left[\frac{2 \times 55\cdot8}{7870 \times 6\cdot02 \times 10^{26}}\right]^{1/3}$$

$$= 2\cdot86 \times 10^{-10} \text{ m}$$

$$= \mathbf{2\cdot86 \text{ Å}}$$

2.23. लैटिस प्लेन तथा मिलर इन्डिसेज (Lattice Planes and Miller Indices)

क्रिस्टल लैटिस को ऐसे समानान्तर एवं समान दूरी पर स्थित planes के विभिन्न सैटों (different sets of parallel and equidistant planes) का समूह माना जा सकता है जो lattice points से गुजरते हों। ये तल lattice planes अथवा crystallographic planes कहलाते हैं। किसी विशेष लैटिस के लिए ये planes विभिन्न विधियों (उदाहरणतः

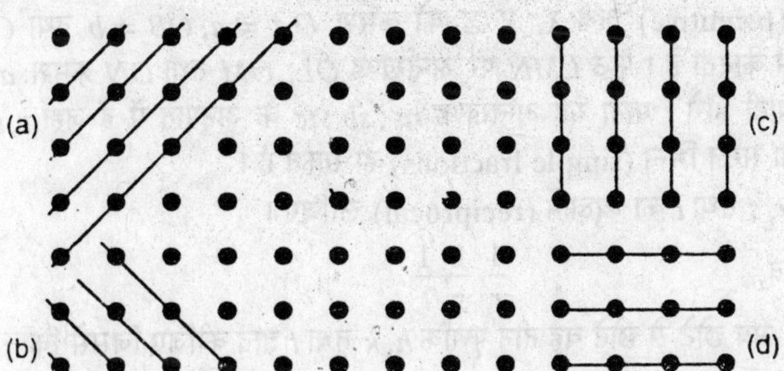

चित्र 2.29—क्रिस्टलोग्राफिक प्लेन्स।

चित्र 2.29 में (a), (b), (c) अथवा (d) द्वारा चुने जा सकते हैं। क्रिस्टल में successive planes के मध्य दूरी तथा लैटिस प्वाइन्ट्स का घनत्व (density of lattice points) विभिन्न स्थानों पर भिन्न हो सकता है।

मिलर इन्डिसेज (Miller Indices), लैटिस पृष्ठों (planes) को परिभाषित करने के लिए एक नोटेशन है। मिलर इन्डिसेज द्वारा क्रिस्टल में किसी plane की दिशा ज्ञात की जा सकती है। किसी पृष्ठ के मिलर सूचकांक निम्न प्रकार ज्ञात किए जा सकते हैं—

एक three-dimensional coordinate system पर विचार कीजिए जिसके अक्ष चित्र 2.30 के अनुसार X, Y, Z तथा मूल बिन्दु O हैं।

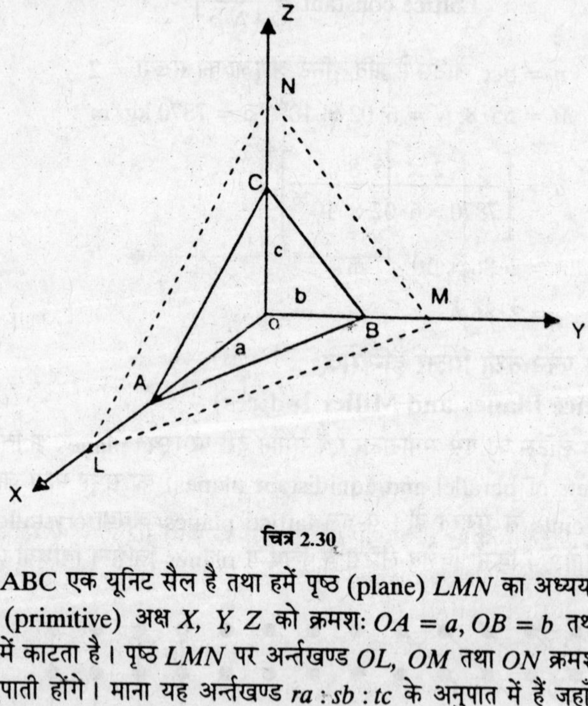

चित्र 2.30

(i) ABC एक यूनिट सैल है तथा हमें पृष्ठ (plane) LMN का अध्ययन करना है। यूनिट सैल (primitive) अक्ष X, Y, Z को क्रमशः $OA = a$, $OB = b$ तथा $OC = c$ अर्न्तखण्डों में काटता है। पृष्ठ LMN पर अर्न्तखण्ड OL, OM तथा ON क्रमशः a, b तथा c के समानुपाती होंगे। माना यह अर्न्तखण्ड $ra : sb : tc$ के अनुपात में हैं जहाँ r, s तथा t पूर्णांक अथवा सरल भिन्न (simple fractions) हो सकते हैं।

(ii) r, s तथा t का व्युत्क्रम (reciprocal) लीजिए।

अर्थात्, $$\frac{1}{r}, \frac{1}{s}, \frac{1}{t}$$

(iii) अब छोटे से छोटे वह तीन पूर्णांक h, k तथा l ज्ञात कीजिए जिससे कि

$$h : k : l = \frac{1}{r} : \frac{1}{s} : \frac{1}{t}$$

पूर्णांक (integers) h, k तथा l किसी दिए हुए plane के मिलर इन्डिसेज कहलाते हैं तथा इन्हें $[hkl]$ द्वारा प्रदर्शित किया जाता है।

2.24. मिलर इन्डिसेज की विशेषताएँ (Some Features of Miller Indices)

(i) किसी अक्ष के समानान्तर पृष्ठ (plane), उस अक्ष पर अनन्त (∞) अर्न्तखण्ड काटता है अतः उस विशेष अक्ष के लिए Miller Index शून्य होता है। उदाहरणार्थ चित्र 2.31 में (110) plane प्रदर्शित किया गया है।

यदि plane अक्ष की ऋणात्मक दिशा में काटता है तब उस अक्ष के संगत इन्डेक्स पर बार (bar) प्रयुक्त किया जाता है, उदाहरणतः $(\bar{1}10)$ plane । मिलर इन्डिसेज के बड़े ब्रैकेट

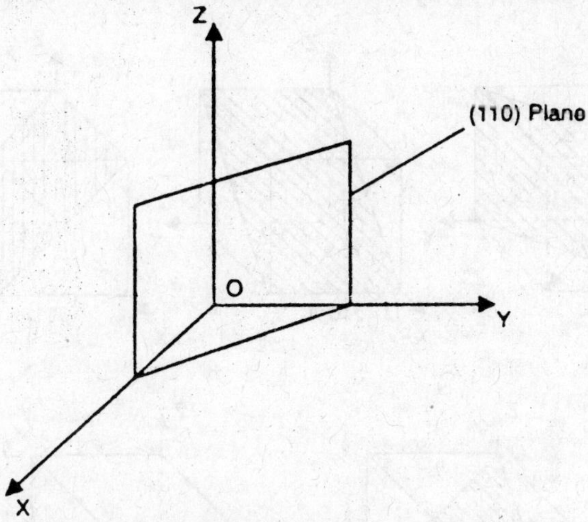

चित्र 2.31—(110) प्लेन।

में रखने पर यह [*hkl*] family of equivalent planes को प्रदर्शित करता है। उदाहरणतः [100] एक cubic क्रिस्टल के 6 faces को प्रदर्शित करता है। यह पृष्ठ (100), (010), (001), (100), (010) तथा (001) हैं।

चित्र 2.32 में एक cubic क्रिस्टल के कुछ मुख्य planes प्रदर्शित किए गए हैं।

(ii) समान दूरी पर स्थित (equally spaced) तथा समान orientation वाले समस्त समानान्तर पृष्ठों के मिलर अंक समान होते हैं।

(iii) मिलर अंक किसी विशेष पृष्ठ को नहीं बल्कि पृष्ठों के एक सैट (set of planes) को प्रदर्शित करते हैं।

(iv) समान अनुपात में दिए गए मिलर अंक एक ही पृष्ठ को प्रदर्शित करते हैं। उदाहरणतः (121) तथा (242) अंक एक ही पृष्ठ (plane) को व्यक्त करते हैं।

(v) मिलर इन्डिसेज (h, k, l) वाले पृष्ठ पर नॉरमल (normal), डायरेक्शन $[h, k, l]$ को प्रदर्शित करते हैं। पृष्ठ पर नॉरमल की दिशा ज्ञात होने पर पृष्ठों के मध्य कोण ज्ञात किया जा सकता है।

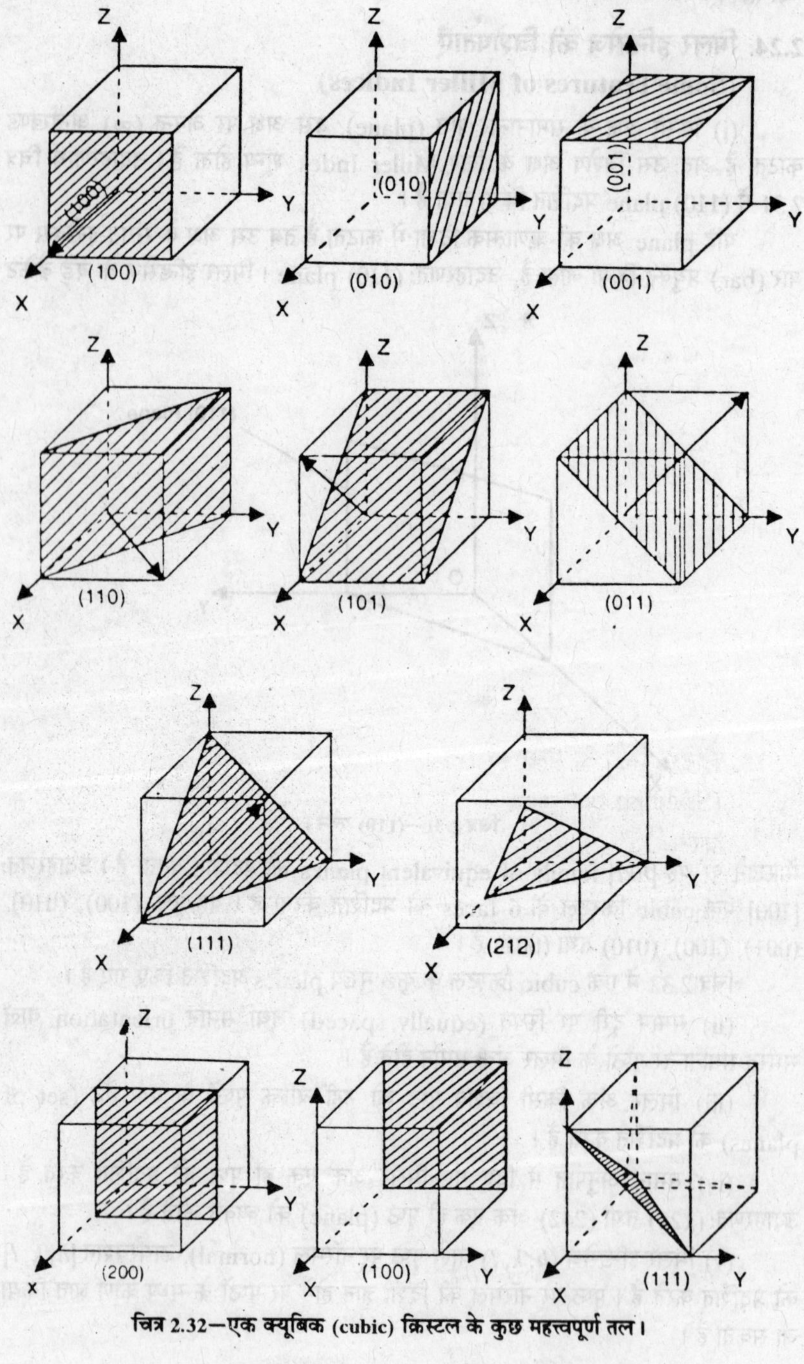

चित्र 2.32—एक क्यूबिक (cubic) क्रिस्टल के कुछ महत्त्वपूर्ण तल।

यदि दो पृष्ठों पर नॉर्मल की दिशाएँ क्रमशः $[u_1, v_1, w_1]$ तथा $[u_2, v_2, w_2]$ हों तब उनके मध्य कोण निम्न सूत्र द्वारा ज्ञात किया जा सकता है—

$$\cos\theta = \frac{u_1 u_2 + v_1 v_2 + w_1 w_2}{\sqrt{(u_1^2 + v_1^2 + w_1^2)(u_2^2 + v_2^2 + w_2^2)}}$$

चित्र 2.33 में Normal की दिशा प्रदर्शित की गई है।

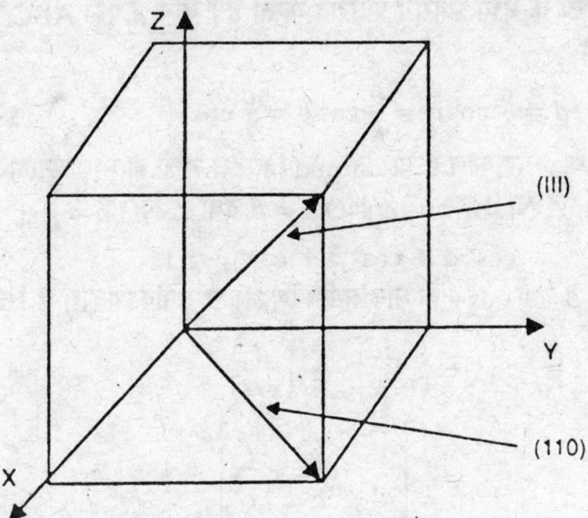

चित्र 2.33—Direction (110) तथा (111)।

2.25. लैटिस पृष्ठों के मध्य स्पेसिंग (Spacing between Lattice Planes)

क्रिस्टलों की cubic, orthorhombic तथा tetragonal प्रणालियों में, जिसमें यूनिट सैल की edges परस्पर लम्बवत् होती है, लैटिस पृष्ठों (planes) के मध्य स्पेसिंग निम्न प्रकार ज्ञात की जा सकती है—

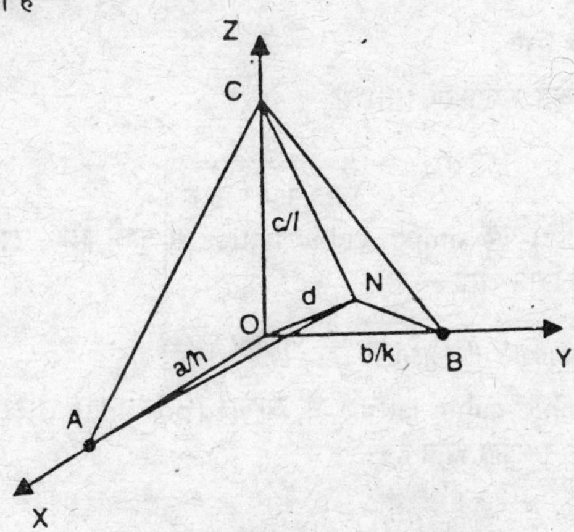

चित्र 2.34—लैटिस पृष्ठों के मध्य स्पेसिंग (d)।

माना OA, OB तथा OC परस्पर लम्बवत् अक्ष हैं। समानान्तर पृष्ठों के एक समूह (set) पर विचार कीजिए जिसके मिलर इन्डिसेज (hkl) हैं। यदि मूल बिन्दु से गुजरने वाले पृष्ठ को reference पृष्ठ माना जाए तब अगला पृष्ठ ABC (next plane ABC) अक्षों पर $a/h, b/k$ तथा c/l अर्न्तखण्ड काटता है। माना लाइन ON मूल बिन्दु से गुजरने वाले पृष्ठ पर normal है तब इसकी (ON) की लम्बाई 'd' दो लगातार निकटवर्ती (consecutive) पृष्ठों के मध्य स्पेसिंग प्रदर्शित करती है। चूँकि d पृष्ठ ABC पर normal है अत: चित्र 2.34 से,

$$d = \frac{a}{h}\cos\alpha = \frac{b}{k}\cos\beta = \frac{c}{l}\cos\gamma \qquad \text{...(i)}$$

यहाँ α, β तथा γ वह कोण हैं जो normal क्रिस्टल अक्षों के साथ बनाता है, अर्थात्

$$\angle \text{NOX} = \alpha, \angle \text{NOY} = \beta \text{ तथा } \angle \text{NOZ} = \gamma$$

तथा
$$\cos^2\alpha + \cos^2\beta + \cos^2\gamma = 1 \qquad \text{...(ii)}$$

$\cos\alpha, \cos\beta$ तथा $\cos\gamma$ के मान समीकरण (i) से समीकरण (ii) में रखने पर,

$$\left(\frac{d}{a/h}\right)^2 + \left(\frac{d}{b/k}\right)^2 + \left(\frac{d}{c/l}\right)^2 = 1$$

या
$$d^2\left[\frac{h^2}{a^2} + \frac{k^2}{b^2} + \frac{l^2}{c^2}\right] = 1$$

या
$$d = \left[\frac{h^2}{a^2} + \frac{k^2}{b^2} + \frac{l^2}{c^2}\right]^{-1/2} \qquad \text{...(iii)}$$

यहाँ यह बात ध्यान में रखनी चाहिए कि यह सूत्र (समीकरण (iii) केवल cubic, orthorhombic तथा tetragonal संरचना के primitives lattice के लिए ही प्रयुक्त किया जा सकता है।

1. Cubic lattice के लिए

$a = b = c$, अत: समीकरण (iii) से,

$$d_{hkl} = \frac{a}{\sqrt{h^2 + k^2 + l^2}} \qquad \text{...(iv)}$$

समीकरण (iv) से एक simple cubic lattice में पृष्ठों 100, 110, तथा 111 में interplaner स्पेसिंग निम्न होगी—

$$d_{100} = a, d_{110} = \frac{a}{\sqrt{2}} \text{ तथा } d_{111} = \frac{a}{\sqrt{3}} \qquad \text{...(v)}$$

इस प्रकार simple cubic lattice में, सम्भव (possible) लैटिस प्लेनों के मध्य स्पेसिंग का अनुपात निम्न प्रकार होता है—

$$d_{100} : d_{110} : d_{111} = a : \frac{a}{\sqrt{2}} : \frac{a}{\sqrt{3}}$$

$$= 1 : \frac{1}{\sqrt{2}} : \frac{1}{\sqrt{3}} \qquad \ldots(vi)$$

2. Tetragonal lattice के लिए

$a = b$, अतः समीकरण (iv) से,

$$d_{hkl} = \left[\frac{h^2 + k^2}{a^2} + \frac{l^2}{c^2}\right]^{-1/2} \qquad \ldots(vii)$$

3. BCC तथा FCC lattice planes के मध्य स्पेसिंग (Spacing between lattice planes in BCC and FCC lattices)

BCC लैटिस—चित्र 2.35 से स्पष्ट है कि simple cubic लैटिस की तुलना में BCC लैटिस में 100 तथा 111 ओरियन्टेशन की स्थिति में यूनिट सैल के मध्य अतिरिक्त समानान्तर पृष्ठ भी होते हैं।

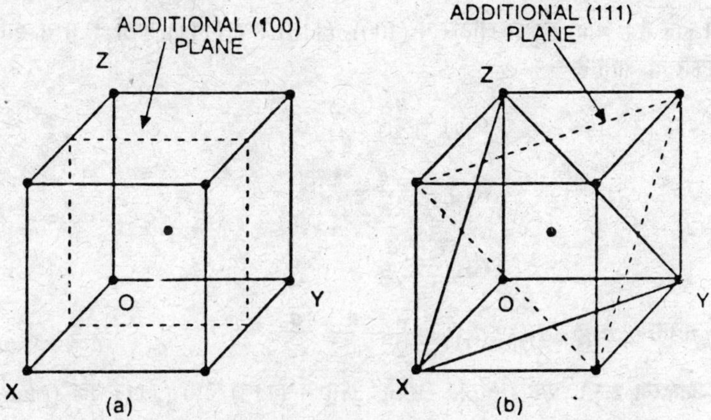

चित्र 2.35—BCC लैटिस में additional planes : (a) 100 तथा (b) 111

अतः BCC लैटिस में (100), (110) तथा (111) पृष्ठों के मध्य स्पेसिंग निम्न प्रकार दी जाती है।

$$d_{100} = \frac{a}{2}$$

$$d_{110} = \frac{a}{\sqrt{2}}$$

$$d_{111} = \frac{a}{2\sqrt{3}}$$

4. FCC लैटिस

चित्र 2.36 से स्पष्ट है कि simple cubic lattice की तुलना में BCC लैटिस में (100) तथा (110) ओरियेन्टेशन की स्थिति में, यूनिट सैल के मध्य में अतिरिक्त समानान्तर

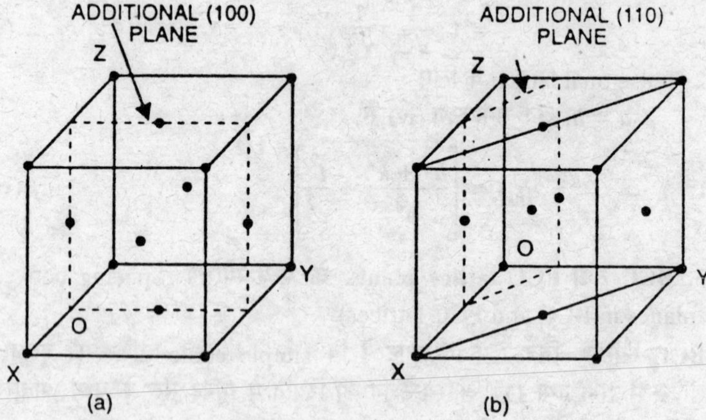

चित्र 2.36—FCC लैटिस में additional planes : (a) 100 तथा (b) 110

पृष्ठ भी होते हैं। अतः FCC लैटिस में (100), (110) तथा (111) पृष्ठों के मध्य स्पेसिंग निम्न प्रकार दी जाती है—

$$d_{100} = \frac{a}{2}$$

$$d_{110} = \frac{a}{2\sqrt{2}}$$

$$d_{111} = \frac{a}{\sqrt{3}}$$

अथवा $$d_{100} : d_{110} : d_{111} = \frac{a}{2}, \frac{a}{2\sqrt{2}}, \frac{a}{\sqrt{3}}$$

उदाहरण 2.13. एक simple cubic cell में (112) तथा (111) तल (planes) खींचिए।

अथवा

एक simple cubic structure के यूनिट सैल में विभिन्न (111) तल खींचिए।

(AMIE, Summer 1987)

हल : तल (112) खींचने के लिए सर्वप्रथम इस तल द्वारा अक्षों पर काटे गए अन्तखण्ड (intercepts) ज्ञात किए जाते हैं। इसके लिए मिलर अंकों का विलोम (reciprocal) लीजिए। अतः तल (112) द्वारा अक्षों पर काटे गए intercepts—

$$\frac{1}{1}, \frac{1}{1}, \frac{1}{2}$$

या $$1, 1, 0\cdot5$$

अब यूनिट सैल में इन अन्तखण्डों को चित्र 2.37 (a) की भाँति प्रदर्शित कीजिए। KFH अभीष्ट (112) तल है।

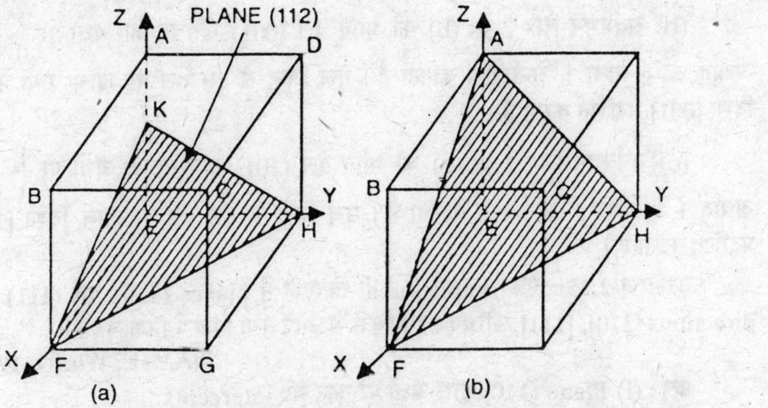

चित्र 2.37—Simple cubic cell में (a) 112 तथा (b) 111 तल।

इसी प्रकार तल (111) द्वारा अक्षों पर काटे गए intercepts

$$\frac{1}{1}, \frac{1}{1}, \frac{1}{1}$$

या $$1, 1, 1$$

चित्र 2.37 (b) में एक (111) तल AFH प्रदर्शित किया गया है। अन्य (111) तल CFH तथा ACF होंगे।

उदाहरण 2.14—एक FCC स्ट्रक्चर में [112], [001] तथा [101] directions प्रदर्शित कीजिए। **(AMIE, Winter, 1989)**

हल : (a) यूनिट सैल में (112) दिशा प्रदर्शित करने के लिए सर्वप्रथम चित्र 2.38 (a) की भाँति तल (112) खींचिए। यह अक्षों पर $\frac{1}{1}, \frac{1}{1}, \frac{1}{2}$ intercepts काटता है। मूल बिन्दु से इस तल पर खींचा गया नॉर्मल (Normal) दिशा [112] प्रदर्शित करता है।

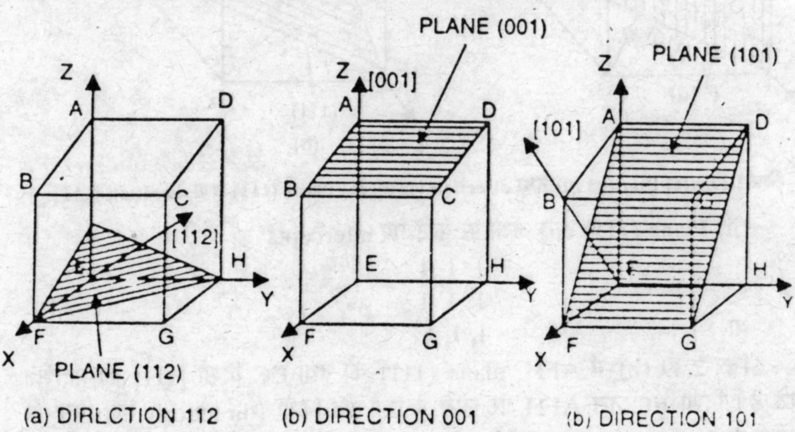

चित्र 2.38—Directions : (a) [112], (b) [001], (c) [101]

(b) सर्वप्रथम चित्र 2.38 (b) की भाँति तल (001) खींचिए जो अक्षों पर $\frac{1}{0}, \frac{1}{0}, \frac{1}{1}$ अर्थात् ∞, ∞ तथा 1 अन्तखण्ड काटता है। मूल बिन्दु से इस तल पर खींचा गया नॉर्मल दिशा [001] प्रदर्शित करता है।

(c) सर्वप्रथम चित्र 2.38 (c) की भाँति तल (101) खींचिए जो अक्षों पर $\frac{1}{1}, \frac{1}{0}, \frac{1}{1}$ अर्थात् 1, ∞ तथा 1 अन्तखण्ड काटता है। मूल बिन्दु से इस तल पर लम्ब, दिशा [101] प्रदर्शित करता है।

उदाहरण 2.15—एक simple cubic क्रिस्टल में planes (110) एवं (111) तथा directions [110], [111] खींचिए। इन चित्रों से आप क्या निष्कर्ष निकालते हैं ?

(AMIE, Winter, 1990)

हल : (i) Plane (110) द्वारा अक्षों पर काटे गए intercepts

$$\frac{1}{1}, \frac{1}{1}, \frac{1}{0}$$

या $$1, 1, \infty$$

चित्र 2.39 (a) में **BDHF** plane (110) तथा EG direction [110] प्रदर्शित करते हैं। चित्र से ज्ञात होता है कि direction 110, plane (110) पर लम्ब हैं।

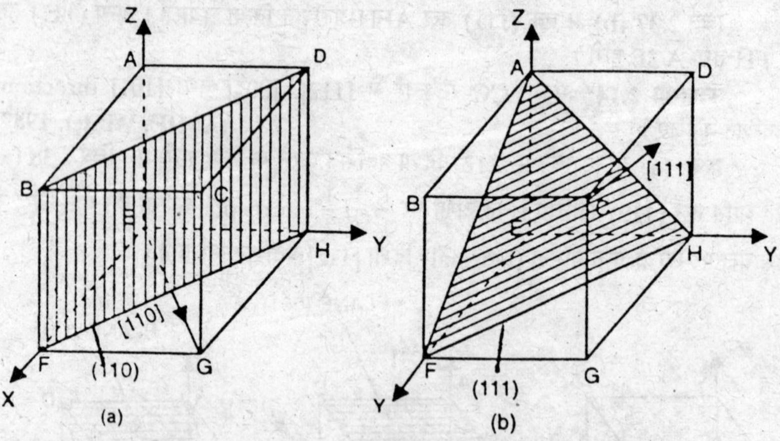

चित्र 2.39—(a) Plane (110) तथा direction [110], (b) Plane (111) तथा direction [111]

(ii) Plane (111) द्वारा अक्षों पर काटे गए intercepts

$$\frac{1}{1}, \frac{1}{1}, \frac{1}{1}$$

या $$1, 1, 1$$

चित्र 2.39 (b) में AFH, plane (111) को तथा EC दिशा [111] को प्रदर्शित करते हैं। दिशा EC तल AFH पर लम्ब है तथा यह दिशा (direction) मूल बिन्दु से गुजरती है।

उदाहरण 2.16—एक simple cubic structure के यूनिट सैल में उन pair of planes पर नॉर्मलों (normals) के मध्य कोण ज्ञात कीजिए जिनके मिलर अंक निम्न हैं—

(AMIE, Winter, 1990)

(i) (100) तथा (010) (ii) (121) तथा (111)

हल : (i) तलों (100) तथा (010) पर नॉर्मलों की direction [100] तथा [010] हैं। अत: नॉर्मलों के मध्य कोण

$$\cos\theta = \frac{u_1 u_2 + v_1 v_2 + w_1 w_2}{\sqrt{(u_1^2 + v_1^2 + w_1^2)(u_2^2 + v_2^2 w_2^2)}}$$

यहाँ $u_1 = 1, u_2 = 0$

$v_1 = 0, v_2 = 1$

तथा $w_1 = 0, w_2 = 0$

$$\therefore \quad \cos\theta = \frac{1\times 0 + 0\times 1 + 0\times 0}{\sqrt{(1^2+0^2+0^2)(0^2+1^2+0^2)}} = 0$$

$$\therefore \quad \theta = \mathbf{90°}$$

(ii) इसी प्रकार तलों (121) एवं (111) पर नॉमलों के मध्य कोण

$$\cos\theta = \frac{1\times 1 + 2\times 1 + 1\times 1}{\sqrt{(1^2+2^2+1^2)(1^2+1^2+1^2)}}$$

$$= \frac{4}{\sqrt{6\times 3}} = 0\cdot 956$$

$$\therefore \quad \theta = \mathbf{16° \, 56'}$$

उदाहरण 2.17—एक FCC स्ट्रक्चर में निम्न तल तथा दिशाएँ (directions) प्रदर्शित कीजिए।

(a) (111) (b) (010) (c) (011)

(d) (321) (e) (102) (f) (201)

हल : (a) Plane and direction (111)

इस plane के लिए,

$$h = 1, k = 1 \text{ तथा } l = 1$$

तथा अक्षों पर intercepts $\frac{1}{1}, \frac{1}{1}, \frac{1}{1} = 1, 1, 1$

चित्र 2.40 (a) की भाँति अक्षों X-X, Y-Y तथा Z-Z पर 1, 1 तथा 1 intercept काटने वाला तल खींचिए। मूल बिन्दु से इस तल पर नॉर्मल खींचिए। यह नॉर्मल दिशा [111] प्रदर्शित करता है।

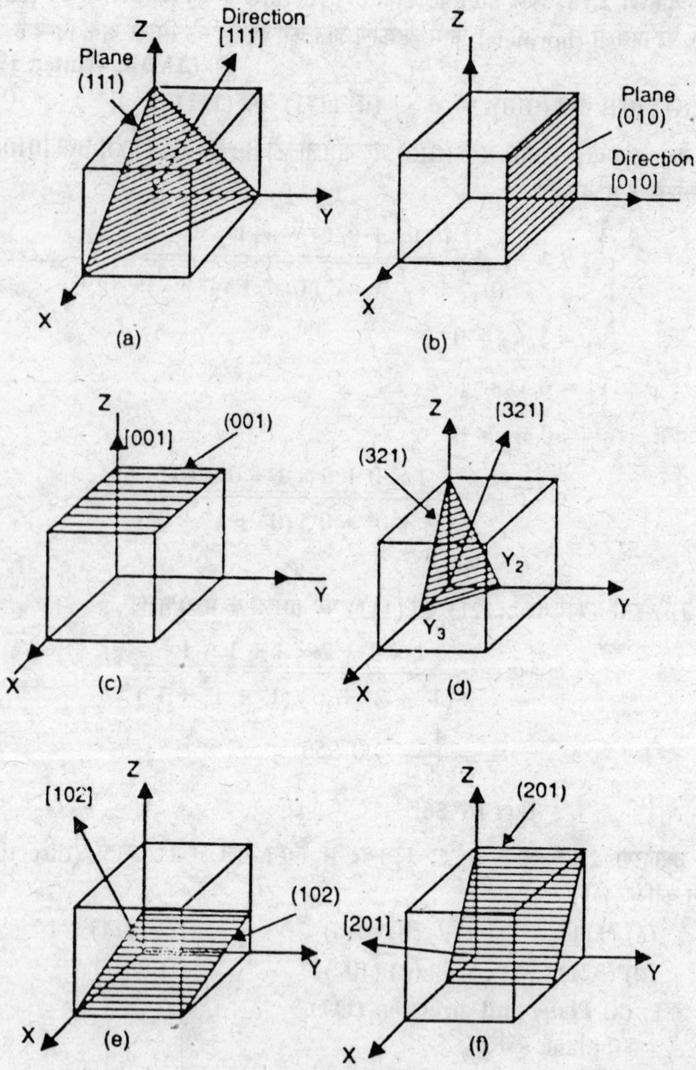

चित्र 2.40

(b) Plane and direction (010)

यहाँ $h = 0, k = 1$ तथा $l = 0$

अतः अक्षों पर intercepts $\frac{1}{0}, \frac{1}{1}$ तथा $\frac{1}{1} = \infty, 1$ तथा ∞

चित्र 2.40 (b) में plane (010) तथा direction [010] प्रदर्शित की गई है।

(c) Plane and direction (011)

यहाँ $h = 0, k = 1$ तथा $l = 1$

अतः अक्षों पर intercepts $\frac{1}{0}, \frac{1}{1}, \frac{1}{1} = \infty, 1, 1$

चित्र 2.40 (c) की भाँति अक्षों X-X, Y-Y तथा Z-Z पर अन्तखण्ड ∞, 1 तथा 1 काटने वाला तल खींचिए। मूल बिन्दु से इस तल पर नॉर्मल खींचिए जो direction [011] प्रदर्शित करता है।

(d) Plane and direction (321)

यहाँ $h = 3, k = 2$ तथा $l = 1$

अतः अक्षों पर intercepts

$$\frac{1}{3}, \frac{1}{2}, \frac{1}{1} = 0 \cdot 3, 0 \cdot 5, 1$$

चित्र 2.40 (d) की भाँति X-X, Y-Y तथा Z-Z अक्षों पर intercepts 0·3, 0·5 तथा 1 काटने वाला तल खींचिए। मूल बिन्दु से इस तल पर लम्ब खींचिए जो direction [321] प्रदर्शित करता है।

(e) Plane and direction (102)

यहाँ $h = 1, k = 0$ तथा $l = 2$

∴ अक्षों पर अन्तखण्ड $\frac{1}{1}, \frac{1}{0}, \frac{1}{2} = 1, \infty, 0 \cdot 5$

चित्र 2.40 (e) की भाँति अक्षों पर 1, ∞ तथा 0·5 intercept काटने वाला तल खींचिए। मूल बिन्दु से इस तल पर नॉर्मल, direction [102] को प्रदर्शित करता है।

(f) Plane and direction (201)

यहाँ $h = 2, k = 0$ तथा $l = 1$

अतः अक्षों पर intercepts $\frac{1}{2}, \frac{1}{0}, \frac{1}{1} = 0 \cdot 5, \infty, 1$

चित्र 2.40 (f) की भाँति X-X, Y-Y, Z-Z अक्षों पर intercepts 0·5, ∞ 1 काटने वाला तल खींचिए। मूल बिन्दु से इस तल पर खींचा गया नॉर्मल direction [201] प्रदर्शित करता है।

उदाहरण 2.18—एक simple cubic लैटिस में तल (321) के लिए interplaner स्पेसिंग ज्ञात कीजिए, जहाँ लैटिस नियतांक $4 \cdot 2 \times 10^{-10}$ m है।

हल : तलों (*hkl*) के मध्य स्पेसिंग निम्न सूत्र द्वारा दी जाती है—

$$d_{hkl} = \left[\frac{h^2}{a^2} + \frac{k^2}{b^2} + \frac{l^2}{c^2}\right]^{-1/2}$$

Simple Cubic लैटिस में $a = b = c$

$$\therefore \quad d_{hkl} = \frac{a}{\sqrt{h^2 + k^2 + l^2}}$$

यहाँ $h = 3, k = 2, l = 1$ तथा $a = 4{\cdot}2 \times 10^{-10}$ m

$$\therefore \quad d_{321} = \frac{4{\cdot}2 \times 10^{-10}}{\sqrt{3^2 + 2^2 + 1^2}}$$

$$= 1{\cdot}123 \times 10^{-10} \text{m}$$

2.26. लैटिस तल में लैटिस प्वाइन्ट्स का घनत्व (Density of Lattice Points in a Lattice Plane)

माना किसी लैटिस में क्रमशः N समानान्तर लैटिस तलों के मध्य स्पेसिंग d तथा उनका अनुप्रस्थ क्षेत्र (area of cross-section) A है।

लैटिस का आयतन $= N.A.d.$

यदि प्रत्येक यूनिट सैल का आयतन V है तब लैटिस में यूनिट सैलों की संख्या

$$= \frac{NAd}{V}$$

यदि प्रत्येक यूनिट सैल में लैटिस प्वाइन्टस की संख्या n है तब लैटिस में लैटिस प्वाइन्टस की संख्या

$$= \frac{NAd}{V} \cdot n$$

यदि लैटिस प्वाइन्टस की संख्या प्रति एकांक क्षेत्रफल (per unit area) ρ है, तब सम्पूर्ण लैटिस में लैटिस प्वाइन्टस की संख्या $= A\,\rho\,N$

$$\therefore \quad A\,\rho\,N = \frac{NAd}{V} n$$

या

$$\rho = \frac{nd}{V}$$

Cubic, tetragonal तथा orthorhombic लैटिसों में प्रत्येक यूनिट सैल का आयतन

$$V = abc$$

$$\therefore \quad \rho = \frac{nd}{abc}$$

Cubic, tetragonal तथा orthorhombic संरचना में एक लैटिस प्वाइन्ट प्रति यूनिट सैल ($n = 1$) होता है। अतः इस परिस्थिति में,

$$\rho = \frac{d}{abc}$$

उदाहरण 2.19—एक simple cubic लैटिस में तलों (111) तथा (110) में लैटिस प्वाइन्टस के घनत्वों की तुलना कीजिए।

हल : Simple cubic lattice में लैटिस प्वाइन्ट्स का घनत्व

$$\rho = \frac{d}{abc}$$

$$\therefore \qquad \rho_{111} = \frac{d_{111}}{abc} \quad \text{तथा} \quad \rho_{110} = \frac{d_{110}}{abc}$$

$$\therefore \qquad \frac{\rho_{111}}{\rho_{110}} = \frac{d_{111}}{d_{110}} = \frac{a/\sqrt{1^2 + 1^1 + 1^2}}{a/\sqrt{1^2 + 1^2 + 0^2}} = \frac{a/\sqrt{3}}{a/\sqrt{2}} = \frac{\sqrt{2}}{\sqrt{3}}$$

$$\therefore \quad \rho_{111} : \rho_{110} = \mathbf{\sqrt{2} : \sqrt{3}}$$

उदाहरण 2.20—एक FCC क्रिस्टल में तल (100) पर परमाणुओं की प्रति वर्ग मि० मी० संख्या ज्ञात कीजिए। लैटिस में परमाणुओं की परस्पर दूरी 3·499 Å है।

हल : चित्र 2.41 में एक FCC क्रिस्टल का तल (100) प्रदर्शित किया गया है।

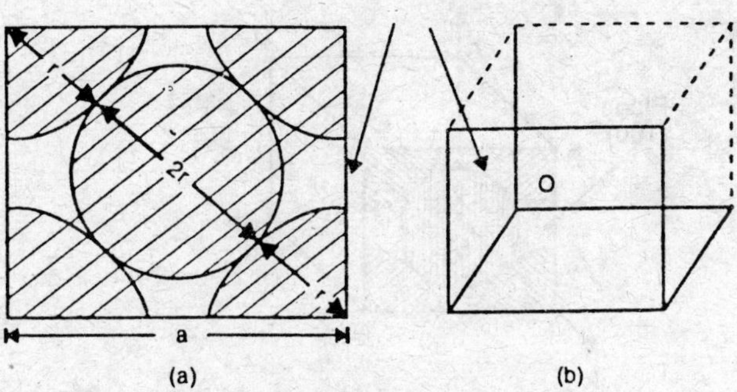

चित्र 2.41—FCC क्रिस्टल में (100) तल।

अन्तरपरमाणुविक दूरी = 3·499 Å

चित्र 2.41 से,

$$2r = 3 \cdot 499 \text{ Å}$$

$$\text{तथा} \qquad 2a^2 = 16r^2$$

$$\therefore \qquad a = 2\sqrt{2}\, r = 2 \times \sqrt{2} \times 3 \cdot 499 \text{ Å} = 4 \cdot 95 \text{ Å}$$

$$\text{तल (100) का क्षेत्रफल} = a^2 = (4 \cdot 95 \times 10^{-10} \times 10^3)^2 \text{ mm}^2$$

$$= (4 \cdot 95 \times 10^{-7})^2 \text{ mm}^2$$

$$\text{चित्र से तल (100) में परमाणुओं की संख्या} = 1 + 4 \times \frac{1}{4}$$

$$= 2$$

(∵ इस तल में एक पूर्ण परमाणु, तथा चार, परमाणु के 1/4 भाग हैं) = 2

$$\therefore \text{ प्रतिवर्ग मि० मी० परमाणुओं की संख्या} = \frac{2}{(4 \cdot 95 \times 10^{-7})^2}$$

$$= \mathbf{8 \cdot 2 \times 10^{12}} \textbf{ परमाणु}$$

उदाहरण 2.21—कॉपर में FCC स्ट्रक्चर होता है। यदि इसका lattice constant $a = 3 \cdot 61 \times 10^{-10}$ m हो तब कॉपर क्रिस्टल के तलों (i) (100) (ii) (110) तथा (iii) (111) पर परमाणुओं का घनत्व प्रति वर्ग मिमी ज्ञात कीजिए।

हल : (i) तल (100) पर परमाणुविक घनत्व

चित्र 2.42 के अनुसार FCC संरचना में तल (100) पर परमाणुओं की संख्या—.

$$= 1 + 4 \times \frac{1}{4} = 2$$

चित्र 2.42 से ही तल BCFG का क्षेत्रफल $= a^2 = (3 \cdot 61 \times 10^{-10})^2 \text{ m}^2$

$$= 13 \times 10^{-14} \text{ mm}^2$$

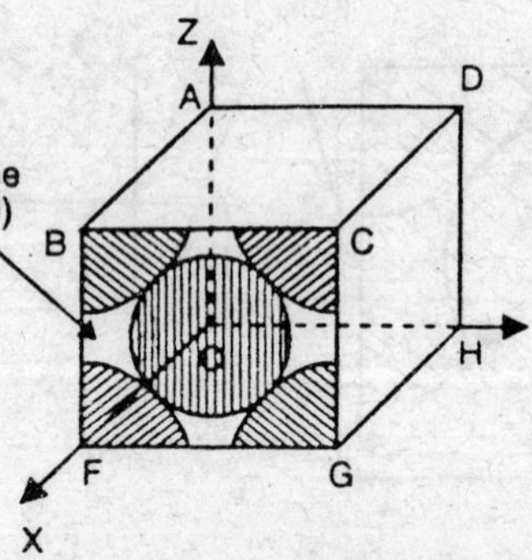

चित्र 2.42—FCC क्रिस्टल में (100) तल।

∴ तल (100) पर परमाणुओं की प्रति वर्ग मि० मी० संख्या

$$= \frac{\text{परमाणुओं की संख्या}}{\text{तल का क्षेत्रफल}}$$

$$= \frac{2}{13 \times 10^{-14}} = \mathbf{1 \cdot 54 \times 10^{13}} \textbf{ atoms/mm}^2$$

(ii) तल (110) पर परमाणुविक घनत्व

चित्र 2.43 (b) में BDFH, तल (110) है। चित्र से स्पष्ट है कि इसमें चार 1/4 परमाणु तथा दो 1/2 परमाणु हैं। अतः तल में परमाणुओं की संख्या

$$= 4 \times \frac{1}{4} + 2 \times \frac{1}{2} = 2$$

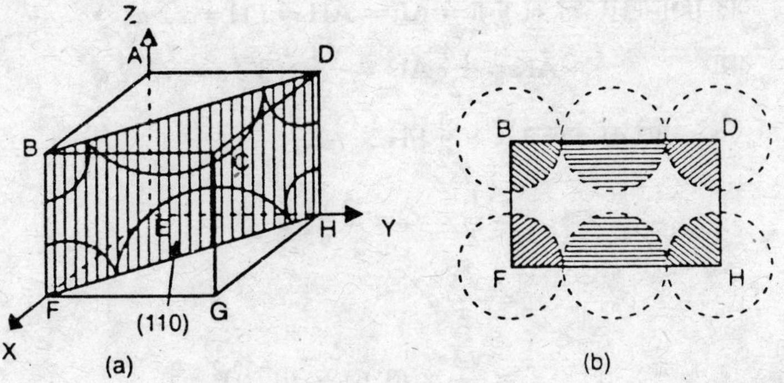

चित्र 2.43—FCC क्रिस्टल में (110) तल।

$$\text{तल BDFH का क्षेत्रफल} = BD \times BF$$
$$= \sqrt{2}\, a \times a$$
$$= a^2 \sqrt{2}$$
$$= (3 \cdot 61 \times 10^{-10})^2 \times \sqrt{2} \text{ m}^2$$
$$= (3 \cdot 61 \times 10^{-7})^2 \times \sqrt{2} \text{ mm}^2$$

अतः परमाणुओं की प्रति वर्ग मि० मी० संख्या

$$= \frac{2}{(3 \cdot 61)^2 \times (10^{-7})^2 \times 1 \cdot 414}$$
$$= \mathbf{1 \cdot 08 \times 10^{13} \text{ atoms/mm}^2}$$

(iii) तल (111) पर परमाणुविक घनत्व

चित्र 2.44 में तल (111) प्रदर्शित किया गया है। स्पष्ट है यह तल समत्रिभुजाकार (equilateral shape) का है जिसकी प्रत्येक भुजा cube के कर्ण (diagonal) के बराबर है।

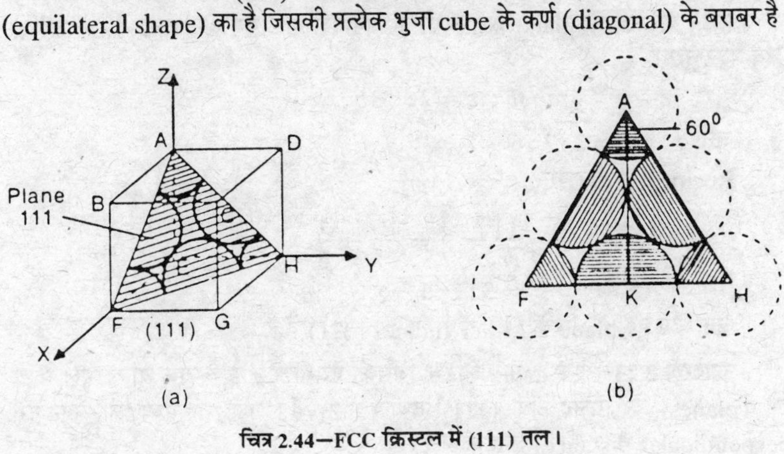

चित्र 2.44—FCC क्रिस्टल में (111) तल।

अतः त्रिभुजाकार तल की भुजा $= AF = AH = FH = \sqrt{2}\, a$

तथा $$AK = \frac{\sqrt{3}}{2} AH = \frac{\sqrt{3}}{2} \times \sqrt{2}\, a = \sqrt{3/2}\, a$$

$\therefore$ $$\text{तल का क्षेत्रफल} = \times \frac{1}{2} FH \times AK$$

$$= \frac{1}{2} \times \sqrt{2}\, a \times \frac{\sqrt{3}}{\sqrt{2}} a$$

$$= \frac{\sqrt{3}}{2} a^2$$

$$= \frac{\sqrt{3}}{2} \times (3 \cdot 61 \times 10^{-10})^2\ m^2$$

$$= \frac{\sqrt{3}}{2} \times (3 \cdot 61 \times 10^{-7})^2\ mm^2$$

$$= 0 \cdot 866 \times (3 \cdot 61 \times 10^{-7})^2\ mm^2$$

चित्र से स्पष्ट है कि इस तल (111) में तीन, 1/6 परमाणु तथा तीन 1/2 परमाणु है। अतः परमाणुओं की संख्या

$$= 3 \times \frac{1}{6} + 3 \times \frac{1}{2} = 2$$

अतः परमाणुओं की प्रति वर्ग मि० मी० संख्या $= \dfrac{2}{0 \cdot 866 \times (3 \cdot 61 \times 10^{-7})^2}$

$$= \mathbf{1 \cdot 772 \times 10^{13}\ atoms/mm^2}$$

उदाहरण 2.22—एक क्रिस्टल में एक lattice plane अक्षों X, Y तथा Z के अनुदिश $2a, 3b$ तथा $6c$ अर्न्तखण्ड काटता है जहाँ a, b तथा c यूनिट सैल के प्रीमिटिव वेक्टर (primitive vectors) हैं। दिए गए plane के मिलर अंक ज्ञात कीजिए।

हल : यदि लैटिस plane द्वारा अक्षों के अनुदिश काटे गए अर्न्तखण्ड ra, sb तथा tc है तब प्रश्नानुसार,

$$ra : sb : tc = 2a : 3b : 6c$$

अतः $r : s : t = 2 : 3 : 6$

Reciprocal लेने पर,

$$\frac{1}{r} : \frac{1}{s} : \frac{1}{t} = \frac{1}{2} : \frac{1}{3} : \frac{1}{6}$$
$$= 3 : 2 : 1$$

अतः दिए हुए plane के Miller Indices (321) हैं।

उदाहरण 2.23—एक cubic लैटिस, जिसका पैरामीटर a है, के एक यूनिट सैल में दो तलों (planes) के मिलर अंक (111) तथा (222) हैं। तलों के मध्य लाम्बिक दूरी (perpendicular distance) ज्ञात कीजिए।

हल : मूल बिन्दु (origin) से तल d_{hkl} की दूरी

$$= \frac{a}{\sqrt{h^2 + k^2 + l^2}}$$

अतः तल d_{111} की मूल बिन्दु से दूरी (माना d_1)

$$d_1 = \frac{a}{\sqrt{1^2 + 1^2 + 1^2}} = \frac{a}{\sqrt{3}}$$

तथा तल d_{222} की मूल बिन्दु से दूरी d_2 (माना)

$$d_2 = \frac{a}{\sqrt{2^2 + 2^2 + 2^2}} = \frac{a}{2\sqrt{3}}$$

अतः d_{111} तथा d_{222} के मध्य दूरी

$$= d_1 - d_2$$

$$= \frac{a}{\sqrt{3}} - \frac{a}{2\sqrt{3}}$$

$$= \frac{a}{2\sqrt{3}}$$

2.27. एक्स किरणें (X-Rays)

सन् 1895 में जर्मन वैज्ञानिक प्रोफेसर रॉज्जन (Rontgen) ने यह देखा कि जब तीव्र वेग से चलने वाली कैथोड किरणें किसी अधिक परमाणु भार तथा ऊँचे द्रवणांक (melting point) वाली धातु से टकराती हैं तो एक प्रकार की नई किरणें उत्पन्न होती हैं। यह किरणें आँख से दिखाई नहीं देती परन्तु फोटोग्राफी प्लेट पर ये प्रकाश किरणों की भाँति ही क्रिया करती हैं। उन्होंने इन अज्ञात व अदृश्य किरणों का नाम X-किरणें रखा। इन किरणों का मुख्य गुण, इनकी अपारदर्शी (opaque) वस्तुओं में से गुजरने की विशेषता है, जिनमें से सामान्य प्रकाश नहीं गुज़र सकता है। एक्स किरणों की तरंग दैर्ध्य (wave length), अल्ट्रावायलेट प्रकाश से भी कम पाई गई।

कूलिज ट्यूब द्वारा एक्स-किरणों का उत्पादन (Production of X-Rays by Coolidge Tube)

सन् 1913 में डॉ० कूलिज द्वारा निर्मित कूलिज चित्र 2.45 में प्रदर्शित की गई है। इसमें लगभग 10^{-6} सेमी (पारा) के क्रम का शून्यीकृत (evacuated) कठोर काँच का एक बल्ब होता है। नली में टंगस्टन का एक फिलामेन्ट F प्रयुक्त किया जाता है जिसमें बैटरी से धारा प्रवाह करने पर तापायनिक प्रभाव (thermionic emission) के कारण इलेक्ट्रॉन उत्सर्जित होते हैं। फिलामेन्ट के चारों ओर ऋणावेशित (negatively charged) मोलीबिडनम का बेलन (cylinder) होता है। इससे फिलामेन्ट से निकलने वाले इलेक्ट्रॉन एक बारीक किरण-पुंज के रूप में संकेन्द्रित हो जाते हैं। फिलामेन्ट F के ठीक सामने ताँबे का एक ब्लॉक होता है जो इलेक्ट्रॉन पुंज के अक्ष से 45° पर झुका रहता है। इस ब्लॉक पर उच्च परमाणु-भार

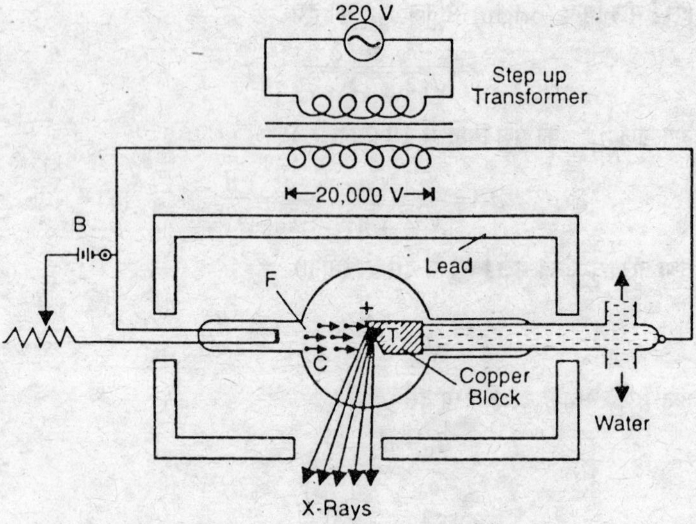

चित्र 2.45—कूलिज ट्यूब द्वारा X-किरणों का उत्पादन।

वाली एवं उच्च द्रवणांक (melting point) वाली धातु (जैसे टंगस्टन अथवा मोलिबिडनम) का एक टुकड़ा T लगा रहता है जिसे एनोड, एण्टीकैथोड (anticathode) या लक्ष्य (target) कहते हैं। ताँबे का ब्लॉक एक धातु की खोखली नली के एक सिरे पर स्थित किया जाता है जिसमें ठण्डे जल की धारा प्रवाहित की जाती है। पूरी नलिका एक सीसे के खोल से घिरी होती है।

फिलामेन्ट तथा एनोड (anode or target) के मध्य लगभग 20,000 वोल्ट का विभवान्तर प्रयुक्त किया जाता है। फिलामेन्ट से उत्सर्जित इलेक्ट्रॉन तीव्र वेग से लक्ष्य से टकराते हैं। इलेक्ट्रॉनों के लगातार टकराने से लक्ष्य T बहुत गर्म हो जाता है। वास्तव में इलेक्ट्रॉन की ऊर्जा का केवल 0·2 प्रतिशत भाग ही एक्स-किरणें उत्पन्न करने में काम आता है, शेष भाग ऊष्मा में परिवर्तित हो जाता है। यही कारण है लक्ष्य T हेतु उच्च परमाणु भार एवं द्रवणांक वाली धातुएँ ही प्रयुक्त की जाती हैं।

X-किरणों की तीव्रता तथा भेदकता पर नियन्त्रण
(Control of Intensity and Penetrating Power of X-Rays)

(i) X-किरणों की तीव्रता उनको उत्पन्न करने वाले इलेक्ट्रॉनों की संख्या के समानुपाती होती है। कूलिज नलिका से प्राप्त X-किरणों की तीव्रता बढ़ाने के लिए फिलामेन्ट में बहने वाली धारा को बढ़ा दिया जाता है।

इससे तन्तु से निकलने वाले इलेक्ट्रॉन की संख्या बढ़ जाती है तथा उत्पन्न X-किरणों की तीव्रता बढ़ जाती है।

(ii) X-किरणों की भेदकता (penetration) उनकी तरंग-दैर्ध्य (wavelength) पर निर्भर करती है। बड़ी तरंग-दैर्ध्य (लगभग 4 Å) वाली किरणों की आवृत्ति कम होती है अतः उनकी ऊर्जा भी कम होती है। ऊर्जा कम होने पर उनकी बेधन-क्षमता (penetrating power) कम होती है तथा उन्हें Soft X-rays कहते हैं। छोटी तरंग-दैर्ध्य (लगभग 1 Å) वाली किरणों की बेधन क्षमता अधिक होती है तथा उन्हें कठोर (Hard) एक्स किरणें कहते हैं।

X-किरणों की तरंग-दैर्ध्य, उनको उत्पन्न करने वाले इलेक्ट्रॉन की गतिज ऊर्जा पर निर्भर करती है तथा यह फिलामेन्ट F तथा लक्ष्य T के बीच विभवान्तर पर निर्भर करती है। विभवान्तर बढ़ने पर X-किरणों की तरंग-दैर्ध्य कम होती है अर्थात् बेधन क्षमता बढ़ती जाती है।

इस प्रकार X-rays की बेधन क्षमता कूलिज ट्यूब के सिरों पर लगाए विभवान्तर को घटा-बढ़ा कर कम अथवा अधिक की जा सकती है।

एक्स-किरणों का स्पेक्ट्रम (X-Ray Spectrum)

चित्र 2.46 में X-rays स्पेक्ट्रम प्रदर्शित किया गया है। यह तरंग दैर्ध्य के साथ X-किरणों की तीव्रता (intensity) में परिवर्तन प्रदर्शित करता है। चित्र से स्पष्ट है कि X-किरणों के लिए तरंग-दैर्ध्य की एक निम्नतम (lowest) सीमा λ_{min} होती है। कूलिज ट्यूब

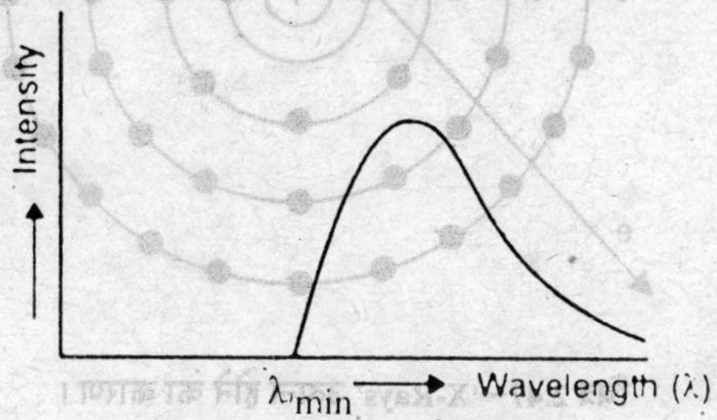

चित्र 2.46—'X-Ray' स्पेक्ट्रम।

से निकलने वाली X-rays में λ_{min} से छोटी तरंग दैर्ध्य की X-किरणें नहीं होती है। λ_{min} का मान नलिका के वोल्टेज V पर निर्भर करता है। वोल्टेज जितना अधिक होता है λ_{min} का मान उतना ही कम होता है।

X-Rays उत्पन्न होने का कारण
(Origin of X-Rays)

क्वान्टम सिद्धान्त के अनुसार X-किरणों को उत्सर्जन ऊर्जा के छोटे-छोटे बण्डलों के रूप में होता है जिन्हें फोटॉन (photon) कहते हैं। जब कूलिज ट्यूब के सिरों पर वोल्टेज V एप्लाई किया जाता है तब फिलामेन्ट से निकलने वाले इलेक्ट्रॉनों की लक्ष्य (T) पर पहुँचने पर ऊर्जा eV होती है जब इस प्रकार का एक उच्च ऊर्जा इलेक्ट्रॉन लक्ष्य के किसी परमाणु से टकराता है तब यह परमाणु के नाभिक के समीप के निम्न ऊर्जा कक्ष (K-अक्ष) के इलेक्ट्रॉन को विस्थापित कर देता है (चित्र 2.45)। इस स्थिति में उच्च ऊर्जा कक्षों (L अथवा M) से तुरन्त एक उच्च ऊर्जा इलेक्ट्रॉन, निम्न ऊर्जा कक्ष (K) में उत्पन्न खाली जगह को भरने के लिए कूदता है तथा दोनों स्थितियों में इलेक्ट्रॉन की ऊर्जा का अन्तर X-rays के रूप में उत्सर्जित होता है।

यदि कैथोड से उत्पन्न होने वाली किरणों (cathode rays) अर्थात् इलेक्ट्रॉन की ऊर्जा कम होती है तब L अथवा M ऑर्बिट का इलेक्ट्रॉन विस्थापित होता है तथा M अथवा अन्य उच्च ऑर्बिट से इलेक्ट्रॉन इस स्थान को ग्रहण करता है। इस स्थिति में ऊर्जा का अन्तर अर्थात् उत्सर्जित X-rays की ऊर्जा, पहले की तुलना में कम होती है।

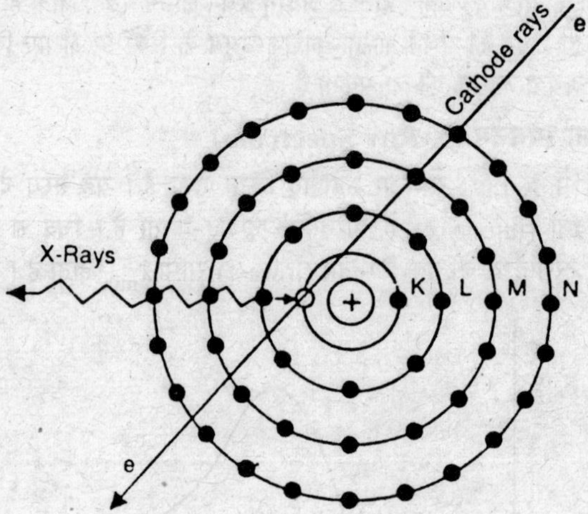

चित्र 2.47—'X-Rays' उत्पन्न होने का कारण।

λ_{min} की गणना

यदि इलेक्ट्रॉन अपनी समस्त ऊर्जा eV केवल एक ही परमाणु को टकराने में दे देता है, तो अधिकतम ऊर्जा $h\nu_{max}$ का फोटॉन उत्सर्जित होता है। इस प्रकार लक्ष्य से उत्सर्जित होने वाले X-विकिरण में continuous range of frequencies होगी तथा अधिकतम आवृत्ति का मान ν_{max} होगा। स्पष्ट है कि,

$$h\nu_{max} = eV \qquad \ldots(i)$$

या

$$\nu_{max} = \frac{eV}{h}$$

अधिकतम आवृत्ति के संगत न्यूनतम तरंग दैर्ध्य λ_{min} है,

$$\lambda_{min} = \frac{c}{\nu_{max}} \qquad \ldots(ii)$$

यहाँ c प्रकाश की चाल है।

समीकरण (i) से ν_{max} का मान समीकरण (ii) में रखने पर,

$$\lambda_{min} = \frac{ch}{eV}$$

$$= \frac{12375}{V} \text{ Å}$$

X-किरणों के गुण (Properties of X-rays)

(i) X-किरणें विद्युत चुम्बकीय (electromagnetic) तरंगें हैं। इनमें प्रकाश किरणों के सभी गुण पाए जाते हैं। यह प्रकाश के वेग (3×10^8 m/sec) से चलती हैं तथा इनमें परावर्तन (reflection), अपवर्तन (refraction), व्यतिकरण (interference), विवर्तन (diffraction) तथा ध्रुवण (polarisation) होता है।

(ii) इनकी तरंग-दैर्ध्य (wavelength) प्रकाश की तरंग-दैर्ध्य की तुलना में बहुत छोटी होती है। अत: इनमें अधिक ऊर्जा ($E = h\nu$) है।

(iii) X-किरणें वैद्युत अथवा चुम्बकीय क्षेत्रों से विक्षेपित नहीं होतीं।

(iv) X-किरणें गैस में से गुजरने पर उसका आयनीकरण (ionisation) कर देती हैं।

(v) इनकी भेदन क्षमता (penetrating power) उच्च होती है।

(vi) ये फोटोग्राफी की प्लेट पर रासायनिक क्रिया करके उसे काला कर देती हैं।

(vii) ये अनेक पदार्थों पर गिरने पर प्रतिदीप्ति (fluorescence) उत्पन्न करती हैं।

(viii) यह कुछ धातु सतहों (उदाहरणत: जिंक) पर प्रकाश विद्युत प्रभाव उत्पन्न करती हैं।

X-किरणों की विद्युत चुम्बकीय तरंग प्रकृति (Electromagnetic Wave-nature of X-Rays)

वैज्ञानिक शूस्टर (Schuster) ने बताया कि X-किरणें प्रकाश की भाँति विद्युत-चुम्बकीय तरंगें हैं। इनकी तरंग-दैर्ध्य, प्रकाश के सापेक्ष कम होने के कारण, इनका सामान्य ग्रेटिंग (grating) से विवर्तन (diffraction) नहीं हो सकता क्योंकि इनका grating element बड़ा होता है। इन किरणों के लिए इनकी तरंग-दैर्ध्य की कोटि (order) के grating element की आवश्यकता होगी।

लावे (Laue) ने 1913 में यह विचार प्रदर्शित किया कि क्रिस्टलों के परमाणु समान दूरियों पर नियमित रूप से (regularly) व्यवस्थित होते हैं तथा उनके बीच की दूरी X-किरणों

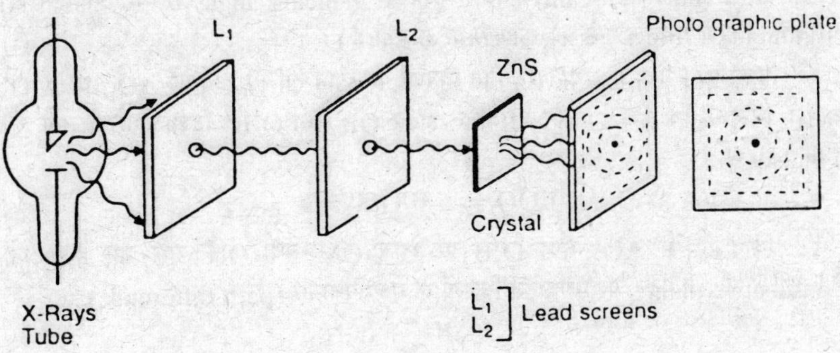

चित्र 2.48—X-किरणों का विवर्तन (diffraction)।

की तरंग-दैर्ध्य (10^{-10} मी) के क्रम की होती है। अतः क्रिस्टल X-किरणों के लिए प्राकृतिक ग्रेटिंग (natural grating) का कार्य कर सकते हैं। लावे के इस सुझाव पर फ्रीडरिच (Friedrich) तथा निपिंग (Knipping) ने जिंक सल्फाइड के क्रिस्टल द्वारा चित्र 2.48 में प्रदर्शित उपकरण पर X-किरणों के विर्वतन पर प्रयोग किया।

X-किरणें दो छिद्रों (holes) से गुजरने के पश्चात् क्रिस्टल पर डाली गई तथा क्रिस्टल से प्राप्त किरणों को फोटोग्राफिक प्लेट पर डाला गया। फोटोग्राफी प्लेट के निरीक्षण से प्लेट के मध्य में एक बड़ा धब्बा (spot) पाया गया जहाँ पर X-किरणें सीधी पड़ती हैं। इसके अतिरिक्त regularly placed कई अन्य धब्बे मिले जिन्हें लावे के धब्बे (Laue spots) कहा गया। धब्बों से X-rays के विवर्तन होने का प्रमाण प्राप्त हुआ। प्रोफेसर ब्रेग (Bragg) ने इससे निष्कर्ष निकाला कि क्रिस्टल में परमाणु एक regular pattern में व्यवस्थित होते हैं। जब X-किरणें किसी क्रिस्टल पर पड़ती हैं तब ये परमाणु द्वितीयक तरंगों (secondary waves) के स्रोतों का कार्य करते हैं तथा हाइगन्स (Huygens) की रचना के अनुसार इसके परिणामी wave front खींचे जा सकते हैं। इस प्रकार इस प्रयोग से X-किरणों का विद्युत चुम्बकीय तरंग-स्वरूप स्पष्ट हो जाता है।

2.28. ब्रैग का नियम (Bragg's Law)

ब्रैग (Bragg) ने एक्स किरणों (X-rays) का विभिन्न क्रिस्टलों पर प्रयोग कर लैटिस पृष्ठों के मध्य गणितीय विधियों से प्राप्त स्पेसिंग की पुष्टि की। ब्रैग के प्रयोग द्वारा क्रिस्टलों के स्ट्रक्चर ज्ञात करने के लिए भी एक ठोस आधार प्राप्त हुआ।

ब्रैग के नियम के अनुसार जब मोनोक्रोमेटिक X-rays की किरणावली (beam) किसी क्रिस्टल पर पड़ती है तब यह क्रिस्टल में परमाणुओं से टकराकर scatter होती हैं। ये परमाणु क्रिस्टल में समानान्तर पर्तों के रूप में व्यवस्थित रहते हैं।

कल्पना कीजिए कि किसी क्रिस्टल में चित्र 2.49 की भाँति लैटिस पृष्ठों (lattice planes) के मध्य स्पेसिंग 'd' है तथा λ तरंग दैर्ध्य (wavelength) की X-rays की एक पतली किरण (narrow beam) लैटिस पृष्ठों पर glancing angle 'θ' पर आपतित है। परावर्तित किरण समतल पृष्ठ को, कोण θ पर छोड़ती है।

पृष्ठों PQ तथा RS पर परावर्तित किरणों पर ध्यान दीजिए। किरणें AO तथा A′O′ क्रमशः बिन्दुओं O तथा O′ पर परावर्तित होकर OB तथा O′B′ दिशाओं से चलती हैं। चित्र 2.49 से,

$$\angle BOQ = \angle B'O'S' = \theta$$

बिन्दु O से AO′ तथा O′B पर लम्ब OM तथा ON डाले गए हैं। दोनों consecutive planes पर परावर्तित किरणों के मध्य पथान्तर (path difference)—

$$= MO' + O'N$$
$$= d \sin\theta + d \sin\theta$$
$$= 2d \sin\theta$$

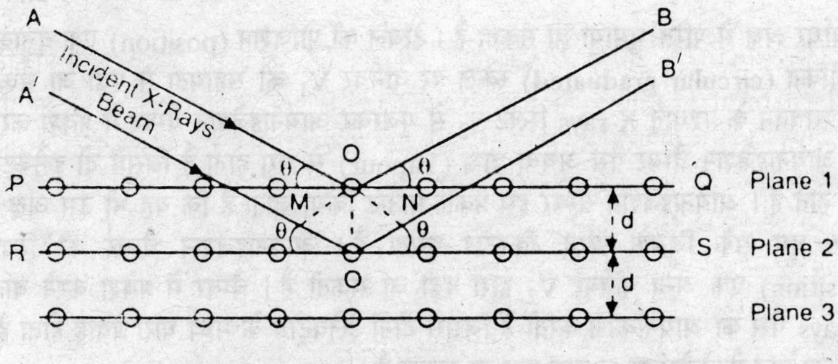

चित्र 2.49—लैटिस Planes पर X-rays का परावर्तन।

यदि यह पथान्तर तरंग दैर्ध्य λ का पूर्ण गुणक (integral multiple) है तब दोनों परावर्तित किरणें constructively interfere करेंगी जिससे अधिकतम तीव्रता (maximum intensity) उत्पन्न होती है। इस प्रकार उन दिशाओं में, जिनमें पथान्तर $\lambda, 2\lambda, 3\lambda, \ldots$ इत्यादि है, Consecutive planes से परावर्तित किरणों के मध्य strong reflection (reinforcement) होता है। अतः अधिकतम तीव्रता के लिए

$$2d \sin\theta = n\lambda \qquad \ldots(i)$$

यहाँ n एक पूर्णांक है तथा स्पेक्ट्रम के क्रम (order of spectrum) को प्रदर्शित करता है। First, second एवं third order, maxima के लिए n के मान 1, 2, 3 ... हैं।

समीकरण (i) क्रिस्टल सतह पर diffraction के लिए ब्रैग समीकरण (Bragg's equation) कहलाती है।

2.29. ब्रैग स्पेक्ट्रोमीटर (Bragg's Spectrometer)

चित्र 2.50 में ब्रैग स्पेक्ट्रोमीटर प्रदर्शित किया गया है। X-Rays एक तंग चैनल (narrow channel) S_1 से गुजारी जाती है। चैनल एक कोलीमेटर (collimater) का कार्य करती है तथा incident X-rays को एक बारीक किरणावली (fine pencil beam) में परिवर्तित करती है। यह beam एक क्रिस्टल C पर पड़ती है। क्रिस्टल प्रायः '100' face वाला NaCl होता है तथा एक वृत्ताकार टेबिल T पर माउन्ट किया जाता है। टेबिल को

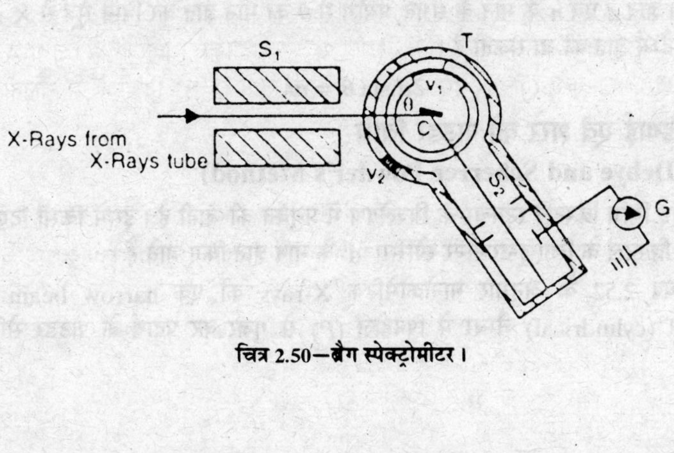

चित्र 2.50—ब्रैग स्पेक्ट्रोमीटर।

ऊर्ध्वाधर अक्ष से परितः घुमाया जा सकता है। टेबिल की पोजिशन (position) एक वृत्ताकार अशांकित (circular graduated) स्केल पर वर्नियर V_1 की सहायता से पढ़ी जा सकती है। परावर्तन के पश्चात् X-rays स्लिट S_2 से गुजरकर आयनाइजेशन चैम्बर में प्रवेश करती है। आयनाइजेशन चैम्बर गैस अथवा वाष्प (Vapour) से भरा होता है जिसमें दो इलेक्ट्रोड लगे होते हैं। आयनाइजेशन चैम्बर इस प्रकार माउन्ट किया जाता है कि यह भी उस अक्ष के परितः घूम सके जिसके परितः क्रिस्टल घूमता है। आयनाइजेशन चैम्बर की स्थिति (position) एक अन्य वर्नियर V_2 द्वारा पढ़ी जा सकती है। चैम्बर में प्रवेश करने वाली X-rays गैस का आयनीकरण करती हैं जिससे दोनों इलेक्ट्रोड के मध्य धारा प्रवाह होता है। धारा का मान गैल्वेनोमीटर G द्वारा पढ़ा जा सकता है।

सर्वप्रथम आपतित किरण (incident beam) का glancing angle $\theta = 0$ से धीरे-धीरे बढ़ाया जाता है। क्रिस्टल के प्रत्येक small rotation के लिए, परावर्तित beam को प्राप्त करने के लिए आयनाइजेशन चैम्बर को दो गुना rotate किया जाता है। प्रयोग में यह

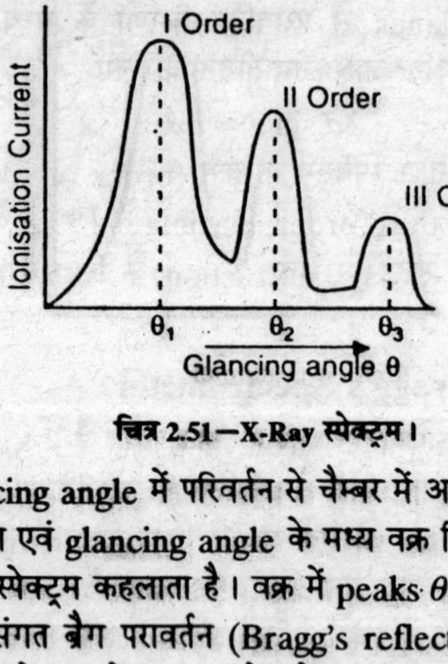

चित्र 2.51—X-Ray स्पेक्ट्रम।

देखा गया है कि glancing angle में परिवर्तन से चैम्बर में आयनाइजेशन भी परिवर्तित होता है। आयनाइजेशन धारा एवं glancing angle के मध्य वक्र चित्र 2.51 की भाँति प्राप्त होता है। यह वक्र X-Ray स्पेक्ट्रम कहलाता है। वक्र में peaks θ_1, θ_2 तथा θ_3 इत्यादि विभिन्न order के कोणों के संगत ब्रैग परावर्तन (Bragg's reflection) के अभिलक्षण प्रदर्शित करती हैं। ज्ञात d एवं n के मान के संगत, प्रयोग से θ का मान ज्ञात कर निम्न सूत्र से X-rays की तरंग दैर्ध्य ज्ञात की जा सकती है।

$$2d \sin\theta = n\lambda$$

2.30. डिबाई एवं शरर की पाउडर विधि
(Debye and Scherrer Powder's Method)

यह विधि क्रिस्टल स्ट्रक्चर के विश्लेषण में प्रयुक्त की जाती है। इसमें किसी दिए हुए पदार्थ के क्रिस्टल के लिए इन्टरप्लेनर स्पेसिंग 'd' के मान ज्ञात किए जाते हैं।

चित्र 2.52 के अनुसार मानोक्रोमेटिक X-rays की एक narrow beam एक बेलनाकार (cylindrical) चैम्बर में पिनहोल (P) से गुजर कर पदार्थ के पाउडर सेम्पिल

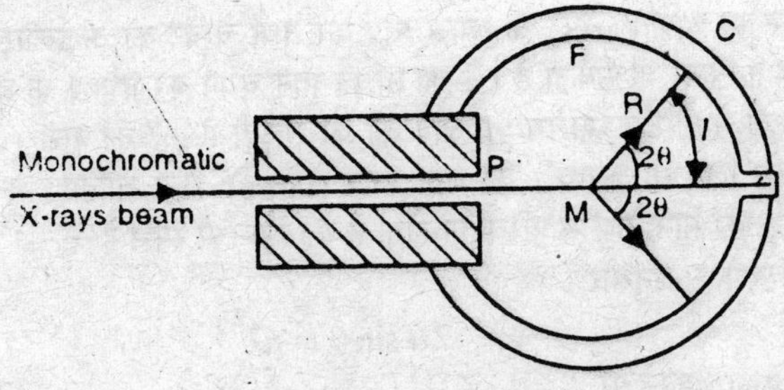

चित्र 2.52—पाउडर विधि।

(powder sample) 'M' पर पड़ती है। पाउडर सेम्पिल, छोटे-छोटे क्रिस्टलों का एक समूह (collection) है जो एक बेलनाकार छड़ (cylindrical rod) के रूप में कम्प्रेस्ड (compressed) होता है तथा इसे चैम्बर के अक्ष पर (चित्र 2.52 में पेज के लम्बवत्) माउन्ट किया जाता है। एक फोटोग्राफिक फिल्म-स्ट्रिप 'F' चैम्बर की आन्तरिक परिधि के अनुदिश रखी जाती है।

पाउडर में लाखों माइक्रो-क्रिस्टल स्पेस में लगभग सभी सम्भव ओरियेन्टेशन में होते हैं। जब X-rays की रेखीय किरण (Collimated beam) पाउडर पर पड़ती है तब प्रत्येक d तथा n के एक सैट (set) के लिए θ का एक विशेष मान होता है जोकि ब्रैग समीकरण ($2d \sin\theta = n\lambda$) को सन्तुष्ट करता है। θ के इस मान के लिए X-ray किरण 2θ कोण पर विचलित (deviate) होकर प्राप्त होती हैं।

चूँकि क्रिस्टल में एक विशेष स्पेसिंग d तथा समान n एवं θ के मान के समानान्तर लैटिस पृष्ठ (planes), आपतित X-ray किरण के अक्ष के चारों ओर सभी स्थितियों (positions) में होते हैं अतः परावर्तित किरणें semi-vertical angle 2θ का एक शंकु (cone) बनाती हैं। d तथा n के विभिन्न मान के सैट (sets) के लिए किरणों के विभिन्न शंकु प्राप्त होते हैं। Semi-vertical angle '2θ' का एक ऐसा कोण चित्र 2.52 में प्रदर्शित किया गया है।

फोटोग्राफिक फिल्म पर चित्र 2.53 की भाँति पैटर्न प्राप्त होता है।

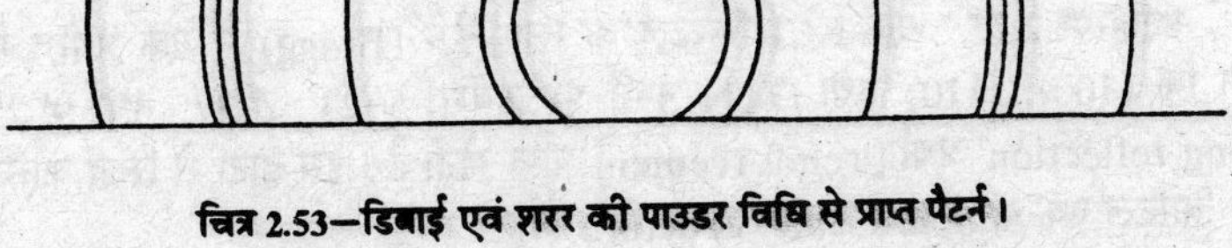

चित्र 2.53—डिबाई एवं शरर की पाउडर विधि से प्राप्त पैटर्न।

यदि फिल्म पर किसी वृत्त के चापों (arcs) के मध्य दूरी l है तथा कैमरे के चैम्बर का अर्द्धव्यास R है तब

$$2\theta_{radians} = \frac{l}{R} \text{ or } \theta_{rad} = \frac{l}{2R}$$

इस प्रकार इन चापों (arcs) के व्यास माप कर तथा चैम्बर का अर्द्धव्यास R प्रयुक्त कर θ का मान ज्ञात किया जा सकता है। n का उचित मान चयन कर तथा λ के ज्ञात मान को प्रयुक्त कर क्रिस्टल में लैटिस स्पेसिंग 'd' ज्ञात की जा सकती है। d का शुद्ध (accurate) मान ज्ञात करने के लिए θ अथवा l का मान उच्च (large) होना चाहिए। क्योंकि d में परिवर्तन के साथ θ का मान तेजी से परिवर्तित होता है यह निम्न से स्पष्ट है—

ब्रैग समीकरण के अनुसार,

$$2d \sin\theta = n\lambda$$

differentiate करने पर,

$$2\,\Delta d \sin\theta + 2d\cos\theta\,\Delta\theta = 0$$

या
$$\frac{\Delta\theta}{\Delta d} = -\frac{\tan\theta}{d}$$

स्पष्ट है $\Delta\theta/\Delta d$ अधिकतम होगा जब $\theta = 90°$ या $2\theta = 180°$। यह उस स्थिति को व्यक्त करती है जब X-rays अपने प्रारम्भिक पथ (initial path) के अनुदिश परावर्तित होती हैं। यह 'back reflection' कहलाता है। प्रयोगात्मक दृष्टि से इस प्रकार परावर्तित किरण रिकॉर्ड नहीं की जा सकतीं। तथापि θ के उच्च सम्भव मान से $\Delta\theta/\Delta d$ का मान काफी अधिक (very large) किया जा सकता है।

उदाहरण 2.24—एक क्रिस्टल में interplaner स्पेसिंग की गणना कीजिए जबकि $1\cdot 54$ Å तरंग-दैर्ध्य की X-rays का एक पुँज क्रिस्टल में atomic plane से $20\cdot 3°$ पर आपतित हो। **(AMIE, New Scheme, Summer 1993)**

हल : ज्ञात है $\lambda = 1\cdot 54$ Å, $\theta = 20\cdot 3°$

ब्रैग समीकरण के अनुसार,

$$2d \sin\theta = n\lambda$$

$$\therefore \quad 2d \times \sin 20\cdot 3° = 1\cdot 54 \qquad (\because n = 1)$$

$$\therefore \quad d = \frac{1\cdot 54}{2\sin 20\cdot 3°}\text{ Å}$$

$$= \frac{1\cdot 54}{2 \times 0\cdot 3469}\text{ Å}$$

$$= 2\cdot 219\text{ Å}$$

अतः interplaner spacing $2\cdot 219$ Å अथवा $2\cdot 219 \times 10^{-10}$ m है।

उदाहरण 2.25—एक KCl क्रिस्टल के लिए ब्रैग (Bragg) ने एक प्रयोग में ज्ञात किया कि (100), (110) तथा (111) पृष्ठों पर क्रमशः $5° 23'$, $7° 37'$ तथा $9° 25'$ पर strong reflection अर्थात् reinforcement प्राप्त होता है। इस डाटा से सिद्ध कीजिए कि *KCl* क्रिस्टल एक Simple Cubic Structure है।

हल : ब्रैग समीकरण के अनुसार,

$$2d \sin\theta = n\lambda$$

यहाँ
$$n = 1$$

$$\therefore \quad 2d\sin\theta = \lambda \qquad \ldots(1)$$

जब reflecting plane (100) है तब glancing angle 5° 23′ है

अतः समीकरण (1) से,

$$2d_{100}\sin 5^\circ 23' = \lambda \qquad \ldots(2)$$

जब reflecting plane (110) है, तब glancing angle 7° 37′ है

$$2d_{110}\sin 7^\circ 37' = \lambda \qquad \ldots(3)$$

इसी प्रकार (111) plane के लिए glancing angle 9° 25′ है

$$2d_{111}\sin 9^\circ 25' = \lambda \qquad \ldots(4)$$

समीकरण (2), (3) तथा (4) की तुलना करने पर,

$$d_{100}\sin 5^\circ 23' = d_{110}\sin 7^\circ 37' = d_{111}\sin 9^\circ 25'$$

या
$$\frac{1}{d_{100}} : \frac{1}{d_{110}} : \frac{1}{d_{111}} = \sin 5^\circ 23' : \sin 7^\circ 37' : \sin 9^\circ 25'$$

$$= \mathbf{1 : \sqrt{2} : \sqrt{3}}$$

यह प्रतिबन्ध simple cubic crystal के लिए होता है। अतः प्रश्नगत *KCl* क्रिस्टल एक simple cubic crystal है।

उदाहरण 2.26—एक $a = 3\cdot16$ Å लैटिस पैरामीटर के cubic crystal का $1\cdot54$ Å तरंग दैर्ध्य की X-rays द्वारा diffraction पैटर्न प्राप्त किया गया। पैटर्न में $\theta = 20\cdot3^\circ$ पर प्रथम लाइन प्राप्त हुई। Reflecting plane के interplaner spacing तथा मिलर इन्डिसेज ज्ञात कीजिए। **(AMIE, Winter 1987, Summer 1996)**

हल : ज्ञात है—$a = 3\cdot16$ Å, $\lambda = 1\cdot54$ Å, $\theta = 20\cdot3^\circ$ तथा $n = 1$

ब्रैग समीकरण के अनुसार

$$2d\sin\theta = n\lambda$$

या
$$d = \frac{n\lambda}{2\sin\theta} = \frac{1\cdot54\text{ Å}}{2\times\sin 20\cdot3^\circ}$$

$$= \frac{1\cdot54}{2\times 0\cdot3469}\text{ Å}$$

$$\therefore \quad d = 2\cdot219\text{ Å}$$

माना reflecting plane के मिलर अंक $(h\,k\,l)$ है।

अतः
$$d = \frac{a}{\sqrt{h^2+k^2+l^2}}$$

$$\therefore \quad 2\cdot219 = \frac{3\cdot16}{\sqrt{h^2+k^2+l^2}}$$

$$\therefore \quad \sqrt{h^2+k^2+l^2} = \frac{3\cdot16}{2\cdot219}$$

$$= 1 \cdot 421$$
$$= \sqrt{2}$$

अत: $h^2 + k^2 + l^2 = 2$

यह तभी सम्भव है जबकि तीन में से दो मिलर अंक 1 तीसरा 0 हो। अत: समतल के मिलर अंक निम्न प्रकार हैं—

(110), (101) तथा (011)

उदाहरण 2.27—एक क्रिस्टल में 1·75 Å तरंग-दैर्ध्य की X-rays पर (111) पृष्ठ (plane) से first order reflection के संगत ब्रैग कोण (Bragg's angle) 30° है। क्रिस्टल में atomic स्पेसिंग की गणना कीजिए।

हल :
$$d_{hkl} = \frac{a}{\sqrt{h^2 + k^2 + l^2}}$$

जहाँ, h, k, l = Miller indices

a = Interatomic distance

d = Interplaner distance

प्रश्न के अनुसार मिलर इन्डिसेज (1, 1, 1) हैं

अत:
$$d_{111} = \frac{a}{\sqrt{1^2 + 1^2 + 1^2}} = \frac{a}{\sqrt{3}}$$

ब्रैग समीकरण के अनुसार

$$2d \sin\theta = n\lambda$$

यहाँ $n = 1, d_{111} = \frac{a}{\sqrt{3}}, \lambda = 1 \cdot 75$ Å तथा $\theta = 30°$

अत:
$$\frac{2a}{\sqrt{3}} \sin 30° = 1 \cdot 75 \text{ Å}$$

$\therefore$
$$a = \frac{\sqrt{3}}{2} \times 1 \cdot 75 \times 2 \text{ Å}$$
$$= \sqrt{3} \times 1 \cdot 75 \text{ Å} \qquad (\because 1 \text{ Å} = 10^{-8} \text{ cm})$$
$$= \sqrt{3} \times 1 \cdot 75 \times 10^{-8} \text{ cm}$$
$$= \mathbf{3 \cdot 031 \times 10^{-8} \text{ cm}}$$

उदाहरण 2.28—एक BCC क्रिस्टल के (110) पृष्ठों में interplanar distance 1·181 Å है। ये पृष्ठ 1·540 Å तरंग-दैर्ध्य की X-rays पर reinforcement प्रदर्शित करते हैं। इस स्थिति में ब्रैग परावर्तन के कितने क्रम (orders of Bragg's reflection) देखे जा सकते हैं।

हल : ब्रैग समीकरण के अनुसार

$$2d \sin\theta = n\lambda$$

जहाँ n, ब्रैग के Orders of reflections हैं

प्रश्न के अनुसार,

$$d = 1\cdot181\ \text{Å} = 1\cdot181 \times 10^{-10}\ \text{m}$$

$$\lambda = 1\cdot540\ \text{Å} = 1\cdot540 \times 10^{-10}\ \text{m}$$

अतः

$$n = \frac{2d \sin\theta}{\lambda}$$

$$= \frac{2 \times 1\cdot181 \times 10^{-10} \sin 90°}{1\cdot540 \times 10^{-10}}$$

$$= \mathbf{1\cdot53}$$

चूँकि n केवल एक पूर्णांक (integer) हो सकता है अतः इस स्थिति में $n = 1$ है।

उदाहरण 2.29 – Nickel धातु के एक sample में d_{200} की गणना के लिए $0\cdot58$ Å Wavelength की X-rays प्रयुक्त की गई। यदि reflecting angle θ का मान $9\cdot5°$ है तब यूनिट सैल का साइज ज्ञात कीजिए। **(AMIE Winter 1988)**

हल : प्रश्न के अनुसार

$$\lambda = 0\cdot58\ \text{Å} \text{ तथा}$$

$$\theta = 9\cdot5°$$

ब्रैग समीकरण के अनुसार

$$2d \sin\theta = n\lambda$$

यहाँ $n = 1$

$$\therefore \quad d = \frac{\lambda}{2\sin\theta}$$

$$= \frac{0\cdot58}{2\sin 9\cdot5°}\ \text{Å}$$

$$= 1\cdot75\ \text{Å}$$

Cubic lattice के लिए,

$$d = \frac{a}{\sqrt{h^2 + k^2 + l^2}}$$

d_{200} के लिए $h = 2, k = 0$ तथा $l = 0$

अतः

$$d_{200} = \frac{a}{\sqrt{2^2 + 0^2 + 0^2}} = \frac{a}{2}$$

अतः

$$\frac{a}{2} = 1\cdot75\ \text{Å}$$

या

$$\mathbf{a = 3\cdot5\ \text{Å}}$$

इस प्रकार यूनिट सैल का साइज $3\cdot5$ Å है।

उदाहरण 2.30—(i) एक cubic lattice में (111) पृष्ठ प्रदर्शित कीजिए तथा उनका interplanar distance ज्ञात कीजिए।

(ii) एक cubic lattice के (111) पृष्ठ पर 1·54 Å wavelength की X-rays आपतित है। ब्रैग कोण (Bragg's angle) की गणना कीजिए यदि $a = 3 \cdot 57$ Å।

हल : (i) चित्र 2.54 में (111) पृष्ठ प्रदर्शित है

$$d_{hkl} = \frac{a}{\sqrt{h^2 + k^2 + l^2}}$$

$$\therefore \quad d_{111} = \frac{a}{\sqrt{1^2 + 1^2 + 1^2}} = \frac{a}{\sqrt{3}}$$

यहाँ a, lattice constant है।

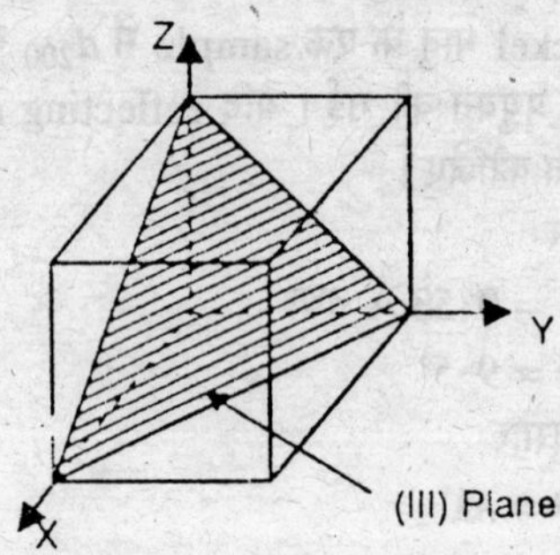

चित्र 2.54

प्रश्न के अनुसार

$$a = 3 \cdot 57 \text{ Å}$$

$$\therefore \quad d_{111} = \frac{3 \cdot 57}{\sqrt{3}} \text{ Å}$$

$$= \mathbf{2 \cdot 061 \text{ Å}}$$

(ii) ब्रैग समीकरण के अनुसार

$$2d \sin\theta = n\lambda$$

first order diffraction pattern के लिए $n = 1$

$$\therefore \quad 2d \sin\theta = \lambda$$

$$\therefore \quad \sin\theta = \frac{1 \cdot 54 \text{ Å}}{2 \times 2 \cdot 061 \text{ Å}}$$

$$= 0 \cdot 376$$

$$\therefore \quad \theta = \sin^{-1} 0 \cdot 376$$

$$= \mathbf{21 \cdot 94°}$$

2.31. शब्दावली (Glossary)

परमाणु (Atom)—जॉन डाल्टन के अनुसार प्रत्येक पदार्थ अत्यन्त सूक्ष्म कणों से बना हैं जिन्हें परमाणु (atom) कहते हैं। परमाणु का किसी भी भौतिक अथवा रासायनिक विधि से विभाजन नहीं किया जा सकता था।

परमाणुविक संहति या भार (Atomic mass or weight)—परमाणुओं की एवोगेड्रो संख्या की संहति (mass), g/mol सामान्यतः यह प्रोट्रॉन्स तथा परमाणु में न्यूट्रॉन्स की औसत संख्या है। इसे परमाणुविक भार कहते हैं।

परमाणुविक संहति इकाई (Atomic mass unit)—कार्बन परमाणु के 1/12 संहति के रूप में प्रदर्शित एक परमाणु की संहति।

परमाणुविक संख्या (Atomic number)—एक परमाणु में प्रोट्रॉन्स एवं इलेक्ट्रॉन्स की संख्या।

परमाणुविक त्रिज्या (Atomic radius)—शुद्ध धातु (pure element) के क्रिस्टल में दो निकटवर्ती कणों के मध्य दूरी का आधा (half of the distance between two nearest neighbours) परमाणु त्रिज्या कहलाता है।

परमाणुविक संरचना (Atomic structure)—सभी परमाणुओं तथा उनकी व्यवस्थाएँ (arrangements) जो पदार्थ के building blocks बनाती हैं।

एजीमुथल क्वान्टम अंक (Azimuthal quantum number)—इसे subsidary quantum number भी कहा जाता है। यह इलेक्ट्रॉन द्वारा occupied orbital की आकृति तथा इलेक्ट्रॉन के कोणीय वेग (angular momentum) को परिभाषित करता है।

ब्रैग का नियम (Bragg's Law)—ब्रैग (Bragg) ने एक्स किरणों (X-rays) का विभिन्न क्रिस्टलों पर प्रयोग कर लैटिस पृष्ठों के बीच गणितीय विधियों से प्राप्त स्पेसिंग की पुष्टि की। ब्रैग के नियम के अनुसार जब मोनोक्रोमेटिक X-rays की beam किसी क्रिस्टल पर पड़ती है तब यह क्रिस्टल में परमाणुओं से टकराकर scatter होती है। ये परमाणु क्रिस्टल में समानान्तर पर्तों के रूप में व्यवस्थित रहते हैं।

क्रिस्टलीय पदार्थ (Crystalline materials)—क्रिस्टलीय वह ठोस पदार्थ हैं जिसमें समस्त परमाणु एक नियमित पैटर्न (regular pattern) में व्यवस्थित रहते हैं तथा परमाणुविक परतों (atomic layers) के बीच दूरी few angstrom units के क्रम की होती है।

इलेक्ट्रॉनिक विन्यास (Electronic configuration)—यह इलेक्ट्रॉनों का परमाणु के भिन्न shell, sub shells तथा ऑर्बिटल्स में वितरण (distribution) है।

इलेक्ट्रॉन्स (Electrons)—इसकी संहति (mass) हाइड्रोजन परमाणु की संहति का 1/1850 वाँ भाग है तथा यह लघु ऋणात्मक विद्युत चार्ज ले जाता है।

ग्राउन्ड अवस्था (Ground state)—परमाणु की निम्नतम ऊर्जा (lowest energy state) ग्राउन्ड अवस्था कहलाती है।

आइसोटोप्स (Isotopes)—भिन्न संहतियों (masses) के साथ परमाणु (atoms) समान रासायनिक गुण रखते हैं। सभी isotopes समान परमाणुविक संख्या (atomic number) रखते हैं।

लैटिस पैरामीटर्स (Lattice parameters)—किसी भी क्रिस्टलोग्राफिक व्यवस्था में यूनिट सैल के dimensions लैटिस पैरामीटर्स कहलाते हैं।

लैटिस प्लेन (Lattice planes)—क्रिस्टल लैटिस में ऐसे समानान्तर एवं समान दूरी पर स्थित planes के विभिन्न सेटों (different sets of parallel and equidistant planes) का समूह माना जा सकता है जो lattice points से गुजरते हों। यह तल (planes) लैटिस प्लेन कहलाते हैं।

चुम्बकीय क्वान्टम अंक (Magnetic quantum number)—यह एक क्वान्टम अंक है जो प्रत्येक एजीमुथल क्वान्टम अंक के लिए ऊर्जा के स्तरों (energy levels) का वर्णन करता है। इसे orientation quantum number भी कहते हैं। क्योंकि इसके द्वारा इलेक्ट्रॉन के सह स्तर (sub shell) का स्पेस में orientation ज्ञात होता है।

न्यूट्रॉन (Neutron)—इसकी संहति प्रोट्रॉन के समतुल्य होती है। यह कोई विद्युत चार्ज नहीं ले जाता है।

प्रोट्रॉन (Proton)—प्रत्येक प्रोट्रॉन की संहति हाइड्रोजन परमाणु के समान ही है तथा ये लघु धनात्मक चार्ज ले जाते हैं। प्रोट्रॉन भी सभी परमाणुओं में उपस्थित रहते हैं।

क्वान्टम संख्या (Quantum numbers)—संख्याएँ जो ऊर्जा स्तरों को discrete करने को एक परमाणु में इलेक्ट्रॉनों को निर्दिष्ट करती हैं। चार क्वान्टम संख्या क्रमशः (i) प्रमुख क्वान्टम संख्या (n), (ii) एजीमुथल क्वान्टम संख्या (l), (iii) चुम्बकीय क्वान्टम संख्या (m) तथा स्पिन क्वान्टम संख्या (s) हैं।

स्पिन क्वान्टम अंक (Spin quantum number)—यह क्वान्टम अंक इलेक्ट्रॉनों के अपने अक्ष (axis) पर स्पिन (spin) अथवा स्पिन की व्याख्या के लिए प्रयुक्त किया जाता है।

एक्स किरणें (X-rays)—जब तीव्र वेग से चलने वाली कैथोड किरणें किसी अधिक परमाणु भार वाले ऊँचे द्रवणांक (melting point) वाली धातु से टकराती हैं तो एक प्रकार की नई किरणें उत्पन्न होती हैं जिनको X-rays कहा जाता है। इन किरणों का मुख्य गुण, इनकी अपारदर्शी (opaque) वस्तुओं से गुजरने की विशेषता है, जिनमें से सामान्य प्रकाश नहीं गुजर सकता है।

अभ्यासमाला (Exercise)

1. परमाणु (atom) से आप क्या समझते हैं ? परमाणु के मौलिक घटकों (components) का वर्णन कीजिए।
2. चित्र के द्वारा रदरफोर्ड की नाभिकीय परमाणु मॉडल स्पष्ट कीजिए। इसकी मुख्य कमियाँ (drawbacks) क्या हैं ?
3. (i) हाइड्रोजन परमाणु बोर (Bohr) मॉडल को समझाइए।
   (ii) लाइमन तथा बामर श्रेणी क्या है ? **(AMIE, Summer 1993)**
4. बोर थ्यौरी के मुख्य दोष क्या हैं ? बोर के परमाणु मॉडल पर आधारित निम्न का वर्णन कीजिए—
   (i) आर्बिटल की त्रिज्या (radius of orbits)

(ii) इलेक्ट्रॉन का परिभ्रमण वेग (Electron velocity in orbit)

(iii) ऑर्बिटल की आवृत्ति (Orbital frequency)

(iv) इलेक्ट्रॉन ऊर्जा (Electron energy)

5. निम्न की परिभाषा दीजिए—

(i) परमाणु भार (ii) नाभिक (iii) परमाणु-क्रमांक (iv) क्रिस्टल

(v) आइसोटोप (vi) आयन (vii) यूनिट सैल (viii) क्रिस्टल लैटिस

(AMIE, Winter 1979)

6. निम्न को संक्षेप में समझाइए—

(i) बोर परमाणु मॉडल (ii) टामसन मॉडल

7. यूनिट सैल क्या है ? **(AMIE, Winter 1993, 94)**

8. क्रिस्टल में मिलर अंकों (*hkl*) द्वारा तलों (planes) को किस प्रकार प्रदर्शित किया जाता है ? चित्र द्वारा समझाइए। **(AMIE, Winter 1979)**

9. (i) एक simple cubic crystal में मुख्य तलों के सिस्टम (system of planes) प्रदर्शित कीजिए। प्रदर्शित तलों के मध्य स्पेसिंग ज्ञात कीजिए।

(ii) रदरफोर्ड के नाभिकीय मॉडल के मुख्य दोषों का वर्णन कीजिए। बोर (Bohr) द्वारा इन दोषों को किस प्रकार निराकरण किया गया ?

(iii) हाइड्रोजन परमाणु के प्रथम बोर ऑर्बिट में इलेक्ट्रॉन की आवृत्ति ज्ञात कीजिए।

(AMIE, winter 1981)

10. (a) ब्रेविस लैटिस क्या है ? इन्हें समझाइए।

(b) हाइड्रोजन परमाणु में इलेक्ट्रॉन के प्रथम बोर ऑर्बिट (Bohr's orbit) की त्रिज्या $0 \cdot 529$ Å है। एक singly ionised हीलियम परमाणु में बोर द्वितीय ऑर्बिट की त्रिज्या की गणना कीजिए।

(c) एल्फा आयरन (α-iron) का घनत्व $7 \cdot 87 \times 10^3$ kg/m^3 तथा परमाणु भार $55 \cdot 8$ है। यदि α-iron bcc स्पेस लैटिस में क्रिस्टलाइज होता हो तब इसका लैटिस नियतांक (lattice parameter) ज्ञात कीजिए।

($n = 6 \cdot 02 \times 10^{26}$/kg mol) **(AMIE, Winter 1993)**

11. (a) X-ray विवर्तन के सन्दर्भ में ब्रैग नियम (Bragg's Law of X-ray diffraction) की विवेचना कीजिए। क्रिस्टल संरचना (structure) ज्ञात करने के लिए पाउडर विधि (powder method) का वर्णन कीजिए।

(b) एक cubic क्रिस्टल (lattice parameter $a = 3 \cdot 16$ Å का $1 \cdot 54$ Å wavelength की monochromatie X-rays द्वारा डिफ्रैक्शन पैटर्न प्राप्त किया गया। पैटर्न में प्रथम लाइन $\theta = 20 \cdot 3°$ पर प्रेक्षित की गई। परावर्तन तल (reflecting plane) के मिलर अंक तथा interplaner spacing ज्ञात कीजिए।

[**संकेत** (b)—$a = 3 \cdot 16$ Å, $\lambda = 1 \cdot 54$ Å, $\theta = 20 \cdot 3°$ तथा $n = 1$

$$2d \sin \theta = n\lambda$$

$$d = \frac{1\cdot5}{2 \times \sin 20\cdot3^\circ} = 2\cdot219 \text{ Å}$$

$$d = \frac{a}{\sqrt{h^2 + k^2 + l^2}}$$

$$h^2 + k^2 + l^2 = \left(\frac{a}{d}\right)^2 = \left(\frac{3\cdot16}{2\cdot219}\right)^2 = (\sqrt{2})^2 = 2$$

अत: मिलर अंकों h, k तथा l में से दो अंकों का मान एक-एक तथा तीसरा अंक शून्य होना चाहिए अत: मिलर अंक निम्न प्रकार हो सकते हैं—

(110), (101), (101)

12. (a) मिलर अंक क्या हैं ? उन्हें किस प्रकार ज्ञात किया जाता है ? **(AMIE, Winter 1994)**

(b) ब्रैग के X-rays विवर्तन (diffraction) के नियम की व्याख्या कीजिए। इसके क्या उपयोग हैं ? **(AMIE, Summer 1994)**

13. क्रिस्टल में मिलर अंकों (h, k, l) द्वारा तलों (planes) को किस प्रकार प्रदर्शित किया जाता है ? चित्र द्वारा समझाइए।

14. X-ray विवर्तन (diffraction) विधि द्वारा लैटिस पैरामीटर्स किस प्रकार ज्ञात किए जा सकते हैं ? समझाइए। **(Summer, 1983)**

15. ब्रेविस लैटिस क्या है ? समझाइए।

एक धातु में परमाणुओं की संख्या/यूनिट सैल की गणना कीजिये, जिसका परमाणु भार 55·85, लैटिस पैरामीटर 2·9 Å तथा घनत्व 3·87 gm/cm^2 है। एवोगेड्रो संख्या का मान $8\cdot0238 \times 10^{23}$ है।

16. क्रिस्टल लैटिस से आप क्या समझते हैं ? धातुओं में यह कितने प्रकार की पाई जाती है ? यूनिट सैल क्या है ?

17. (i) हाइड्रोजन परमाणु में इलेक्ट्रॉन की ऊर्जा का व्यंजक लिखिए। इसमें ऋण चिन्ह का क्या अर्थ है ?

(ii) हाइड्रोजन परमाणु में प्रथम बोर ऑर्बिट की त्रिज्या ज्ञात कीजिए। **(AMIE, Summer 1985)**

[**संकेत** (i)—परमाणु में इलेक्ट्रॉन की ऊर्जा $\left(-\frac{m z^2 e^4}{8 \varepsilon_0^2} n^2 h^2\right)$ में ऋण चिन्ह का अर्थ है कि इलेक्ट्रॉन को परमाणु से बाहर निकालने के लिए परमाणु को इतनी ऊर्जा देनी होगी।]

18. (a) क्रिस्टलोग्राफी के सन्दर्भ में निम्न को समझाइए—

(i) प्रीमिटिव सैल (ii) यूनिट सैल (iii) कोर्डिनेशन संख्या (iv) पेकिंग घनत्व

(b) मिलर अंकों से आप क्या समझते हैं ? उदाहरण के साथ स्पष्ट कीजिए।

(c) निम्न धातुओं में किस प्रकार की संरचना (structure) होती है ? इसमें पाए जाने वाले यूनिट सैल को स्कैच कीजिए।

(i) आयरन (ii) एल्यूमिनियम (iii) मैग्निशियम **(AMIE, Summer 1985)**

19. निम्न पर संक्षिप्त टिप्पणी लिखिए—

(i) इलेक्ट्रॉनिक संरचना (ii) यूनिट सैल एवं स्पेस लैटिस

20. धातुएँ अधिकतर क्रिस्टलाइन क्यों होती हैं ? धातुओं में विभिन्न प्रकार के क्रिस्टल संरचना होने का क्या कारण है ? **(AMIE, Summer 1988)**

21. तरंग-दैर्घ्य 1·54 Å की X-किरणों की एक beam एक क्रिस्टल पर परमाणुविक तल (atomic plane) से 20·3 Å बनाते हुए डाला गया। इन्टर प्लेनर स्पेसिंग की गणना कीजिए। **(AMIE, Summer 1993)**

22. (a) विभिन्न क्वान्टम संख्याओं की व्याख्या कीजिए।

(b) सरल क्यूबिक (simple cubic), BCC तथा FCC क्रिस्टल स्ट्रक्चर के चित्र बनाइए। प्रत्येक स्ट्रक्चर में परमाणुओं की प्रभावी (effective) संख्या ज्ञात कीजिए। **(AMIE, Winter 1996)**

23. एक HCP संरचना का चित्र बनाइए तथा उसमें परमाणुओं की स्थितियाँ प्रदर्शित कीजिए। HCP संरचना वाली धातुओं के दो उदाहरण दीजिए। **(AMIE, Winter 1996)**

24. (a) परमाणु संरचना के सन्दर्भ में बोर की अभिकल्पनाएँ (Bohr's postulates) क्या हैं ?

(b) परमाणुओं के इलेक्ट्रॉनिक विन्यास (configuration) से क्या तात्पर्य है ? **(AMIE, Summer 1997)**

25. (a) एक sub-shell में परमाणुओं की अधिकतम संख्या कितनी होती है ?

(b) FCC संरचना के प्रत्येक यूनिट सैल में परमाणुओं की संख्या क्या होती है ?

(c) X-rays तरंग-दैर्घ्यों (λ) की रेंज (range) क्या होती है ? **(AMIE, Summer 1977)**

●

3

ठोस पदार्थों में बन्ध

(Bonding in Solids)

3.1. परिचय (Introduction)

किसी ठोस पदार्थ में परमाणुओं की व्यवस्था बन्धन बलों (binding forces), संलागी बलों (cohesive forces) या रासायनिक बन्धों (chemical bonds) की प्रकृति, सामर्थ्य तथा दिशात्मकता (directionality) पर निर्भर करती हैं। ये बन्ध आकर्षण तथा विकर्षण बलों (attractive and repulsive forces) से बने होते हैं जो भिन्न दूरियों पर परमाणुओं (अर्थात् ions, radicals, molecules) या परमाणुविक इकाइयों को पकड़े रहने को इस प्रकार प्रवत्त होते हैं कि विपरीत बल ठीक समतुलित होते हैं तथा उनको पकड़ने का प्रोसेस बन्ध (bonding) कहलाता है।

चूँकि पदार्थ के अन्तर्गत विशेष बन्ध पैटर्न (particular bonding pattern) उस पदार्थ की भौतिक, रासायनिक तथा इलेक्ट्रीकल गुणों को ज्ञात करने में अहम् हिस्सा अदा करता है, इसलिए पदार्थ इन्जीनियर को इन्जीनियरी पदार्थों में पाए जाने वाले बन्ध के प्रकारों का समुचित कार्यकरी ज्ञान रखना चाहिए।

3.2. परमाणुओं के बीच बल (Forces between atoms)

परमाणुओं के बीच बल दो प्रकार के हो सकते हैं—आकर्षण के बल (forces of attraction) तथा विकर्षण के बल (forces of repulsion)। स्थितिज, या संचित, पदार्थ की आन्तरिक ऊर्जा, परमाणुओं की व्यक्तिगत ऊर्जाओं तथा उनकी अन्तर्क्रिया ऊर्जा का योग है। जब परमाणु सभी अपनी ground state में होते हैं तथा अनन्त रूप से अलग होते हैं ताकि वे ठोस बनाने को एक-दूसरे के साथ अन्तर्क्रिया नहीं करते हैं, स्थितिज ऊर्जा (potential energy) शून्य है, चूँकि यह पृथकता (separation) की दूरी कुछ शक्ति के विपरीत अनुपात में है। यह मानते हुए कि परमाणु चल इलेक्ट्रीकल चार्जों से बने होते हैं, दो

बातों में से एक हो सकती है क्योंकि परमाणु एक-दूसरे के समीप आते हैं। या तो वे एक-दूसरे के प्रति आकर्षित होते हैं अथवा विकर्षित होते हैं। आकर्षण के कारण स्थितिज ऊर्जा ऋणात्मक (negative) है, चूँकि परमाणु आकर्षण का कार्य करते हैं। विकर्षित ऊर्जा धनात्मक (positive) हैं चूँकि परमाणुओं को साथ-साथ लाने के लिए बाह्य कार्य किया जाना चाहिए तथा यह interatomic separation (r) की कुछ शक्ति के विपरीत अनुपात में है। शुद्ध स्थितिज ऊर्जा दो पदों (terms) का योग है—

$$V = V_{att} + V_{rep}$$
$$= -\frac{\alpha}{r^n} + \frac{\beta}{r^m} \qquad ...3.1$$

जहाँ α आनुपातिक स्थिराँक (attraction) तथा β आनुपातिक स्थिराँक (repulsion) के लिए है। चित्र 3.1 (a) में ठोस वक्र (solid curve) स्थितिज ऊर्जा प्रदर्शित करता है।

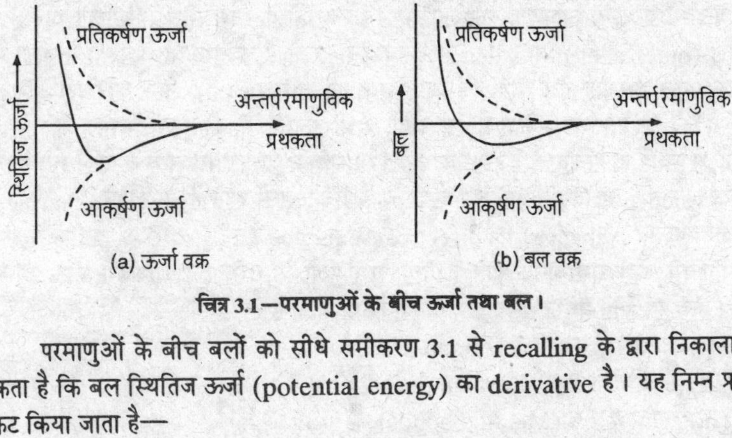

चित्र 3.1—परमाणुओं के बीच ऊर्जा तथा बल।

परमाणुओं के बीच बलों को सीधे समीकरण 3.1 से recalling के द्वारा निकाला जा सकता है कि बल स्थितिज ऊर्जा (potential energy) का derivative है। यह निम्न प्रकार प्रकट किया जाता है—

$$F = -\frac{dv}{dr} = -\frac{n\alpha}{-r^{n+1}} + \frac{m\beta}{r^{m+1}} \qquad ...3.2$$

शुद्ध बल चित्र 3.1 (b) में solid curve के द्वारा प्रदर्शित है।

बड़ी पृथकता (large separation) पर, परमाणु एक-दूसरे के साथ अन्तर्क्रिया नहीं करते हैं ताकि $V = 0$ तथा $F = 0$ जैसे ही परमाणु एक-दूसरे के समीप आते हैं, एक-दूसरे पर प्राथमिक रूप से परमाणुओं में धनात्मक एवं ऋणात्मक चार्जों के कारण आकर्षण बल लगाते हैं। जब परमाणु केवल कुछ परमाणुविक व्यासों (atomic diameters) के द्वारा पृथक् होते हैं। नाभिक (nuclear) के समान चार्जों के बीच प्रतिकर्षण बल, हालाँकि, थोड़ा अधिक धीरे-धीरे आपस में पुष्टि करने को प्रारम्भ करते हैं। कुछ पृथकता पर जो equilibrium separation कहलाता है, आकर्षण बल (r_e) विकर्षण बलों के ठीक समान है तथा स्थितिज ऊर्जा न्यूनतम पर है।

विकर्षण बल (forces of repulsion) परमाणुओं (atoms), ions तथा molecules के बीच बाह्य इलेक्ट्रॉन shells के interpenetration का परिणाम होते हैं, जब

वे interatomic अथवा intermolecular दूरियों पर एक-दूसरे के समीप आते हैं। पर्याप्त रूप से stable aggregate के बनने का परिणाम होते हुए जिसे स्वतन्त्र molecular species के रूप में समझा जा सकता है, आकर्षण बल दो परमाणुओं के बाह्य इलेक्ट्रॉनों के बीच interaction के कारण होते हैं।

3.3. बन्ध के प्रकार तथा उनकी ऊर्जाएँ (Types of bonds and their energies)

रासायनिक बन्धों की प्रकृति, सामर्थ्य तथा दिशात्मकता समावेशित इलेक्ट्रॉनों की गतियों तथा स्थितियों के सन्दर्भ के द्वारा स्पष्ट की जा सकती है। सामर्थ्य के अनुसार, रासायनिक बन्ध सामान्य रूप से दो समूह में बाँटे जा सकते हैं— (i) प्राइमरी (Primary) बन्ध तथा (ii) सेकेण्ड्री बन्ध (Secondary bonds) अथवा आणविक बन्ध (Molecular bonds)। उनकी प्रकृति के गुण के द्वारा प्राइमरी बन्ध interatomic bonds हैं जबकि सेकेण्ड्री बन्ध intermolecular bonds हैं।

प्राइमरी बन्धों में आकर्षण बल valence-इलेक्ट्रॉनों के साथ सीधे सम्मिलित रहते हैं। बाह्य सैल (outer shell), जो valence इलेक्ट्रॉन्स रखते हैं, उच्च ऊर्जा अवस्था में होता है तथा अपेक्षाकृत अस्थाई है। यदि यह आठ तक का योग (total) लाने के लिए अधिक इलेक्ट्रॉन्स को अर्जित कर सकता है, या अपने सभी इलेक्ट्रॉनों को अन्य परमाणुओं को दे सकता है, ये स्थाई हो सकता है। इस प्रकार से परमाणुविक या प्राइमरी बन्ध बनते हैं। वास्तव में, प्रत्येक valence इलेक्ट्रॉनों जो $s-$ तथा $p-$ऑर्बिटल्स में रहते हैं, के बाँटने (sharing) या अदला बदली (exchange) का direct consequence है।

प्राइमरी बन्ध रासायनिक होते हैं तथा परमाणुओं के मध्य दृढ़ आकर्षण बल उत्पन्न करते हैं। इन्हें पुनः तीन प्रमुख बन्धों में वर्गीकृत किया जाता है—

(i) आयनिक बन्ध (Ionic bonds)
(ii) सहसंयोजी बन्ध (Covalent bonds)
(iii) धात्विक बन्ध (Metallic bonds)

सेकेण्ड्री बन्ध (secondary or molecular bonds) प्राइमरी बन्धों की तुलना में कमजोर (weak) होते हैं। वान्डर वाल्स बन्ध (Vander Waals bonds) तथा हाइड्रोजन बन्ध सेकेण्ड्री बन्धों के विशिष्ट उदाहरण हैं। वाण्डर वाल्स प्रभाव जो द्रवों अथवा ठोसों में अणुओं को परस्पर थामे रहता है मुख्यतः दो कारकों (factors) का योग है—(i) अणुओं अथवा परमाणुओं के अत्यन्त निकट आ जाने पर उत्पन्न होने वाला instantaneous dipole attraction तथा (ii) परमाणुओं अथवा अणुओं के इलेक्ट्रॉन clouds के overlapping तथा interaction करने वाले कणों के धन (positive) नाभिकों की निकटता के फलस्वरूप उत्पन्न प्रतिकर्षण।

ठोसों में बन्धन की आयनिक (ionic), सहसंयोजी (covalent), धात्विक (matallic) तथा वाण्डर वाल्स प्रकार की प्रकृति चित्र 3.2 में प्रदर्शित की गई है।

कुछ पदार्थ एक प्रकार या अन्य प्रकार के शुद्ध बन्ध (pure bonds) रखते हैं। वास्तव में, मिश्रित बन्ध (mixed bonds) सामान्य पदार्थों में अधिकतर पाए जाते हैं।

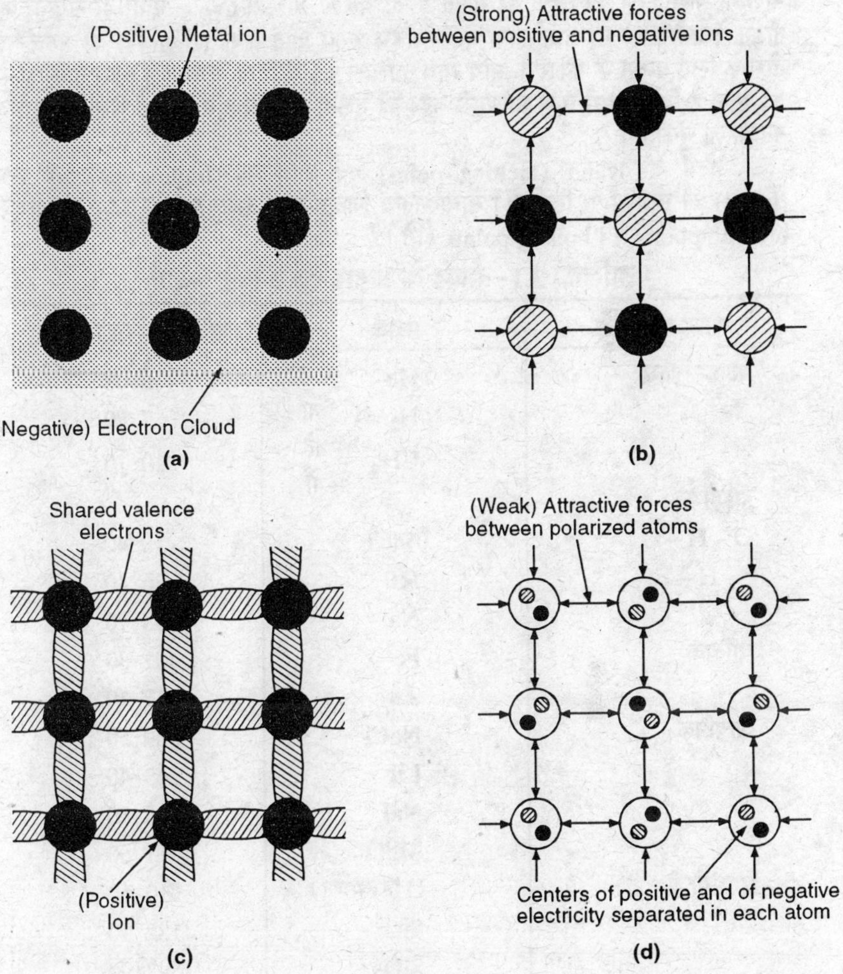

चित्र 3.2

बन्ध ऊर्जाएँ (Bond energies)—बन्धन ऊर्जा (bonding energy) अथवा संलागी ऊर्जा (cohesive energy) इसके परमाणुओं या आयनों से पदार्थ के 1 mole के बनने की ऊर्जा के रूप में परिभाषित की जाती हैं। यह समान (equal) है परन्तु पदार्थ के energy of dissociation को चिन्ह (sign) में विपरीत है। बन्ध ऊर्जा की गणना, zero of potential के रूप में परमाणुओं या आयनों के अनन्त अलगाव की अवस्था को प्रयोग करते हुए, क्रिस्टल संरचना में equalibrium spacing पर परमाणुओं या आयनों की ऊर्जा के रूप में की जा सकती है।

बन्ध की सामर्थ्य का इसे तोड़ने की आवश्यक ऊर्जा के द्वारा सर्वश्रेष्ठ मापन किया जाता है, अर्थात, ऊष्मा की मात्रा जो ठोस को वाष्पीकृत करने को आपूर्ति की जानी चाहिए

(असीमित अलगाव) तथा इसलिए घटक परमाणुओं को पृथक् करता है। यदि हम एक किग्रा मोल के वाष्पीकरण की ऊष्मा को मापते हैं, तो यह N बाण्डस (N_0 = एवोगेड्रो संख्या) को तोड़ने में प्रयोग की गई ऊर्जा होना चाहिए। इस प्रकार प्राप्त अंकों (figures) को सम्बन्धित ठोस के लिए बन्धन कें प्रकार के साथ-साथ तालिका 3.1 में दिखाया गया है। इस तालिका से यह स्पष्ट है कि प्राइमरी बन्ध सेकेण्डरी बन्ध की तुलना में अधिक मजबूत हैं जैसा कि पूर्व में बताया जा चुका है।

तत्वों के गलनांक (melting point) एवं क्वथनांक (boiling points) बन्ध (bond) की सामर्थ्य पर निर्भर हैं। साधारणतया, जितना बाण्ड मजबूत होगा, उतना ही अधिक melting points एवं boiling points होंगे।

तालिका 3.1—बाण्ड के प्रकार एवं उनकी ऊर्जाएँ

बाण्ड का प्रकार	पदार्थ	बाण्ड ऊर्जा (KJ/mol)
वाण्डर वाल्स	He	0·08
	N_2	7·80
	CH_4	10·10
हाइड्रोजन :		
O–H–O	फिनोल	18·40
F–H–F	HF	28·40
	Na	108·70
धात्विक	Fe	401·30
	Zn	117·10
आयनिक	NaCl	639·50
	LiI	543·40
	NaI	505·80
	MgO	1011·60
सहसंयोजी	C (डायमण्ड)	710·60
	SiC	1182·90
	SiO_2	1692·90
	Si	355·30

3.4. प्राइमरी बन्ध (Primary Bonds)

(i) आयनिक बन्ध (Ionic Bonds)

आयनिक ठोस लैटिसों (ionic solid lattices) की रचना में आयन basic constitutional units होते हैं। आयनिक बन्ध मुख्यतः अकार्बनिक यौगिकों (compounds) उदाहरणतः NaCl, KOH इत्यादि में निर्मित होते हैं। शुद्ध तत्त्वों (elements) में आयनिक बन्ध निर्मित नहीं होते हैं।

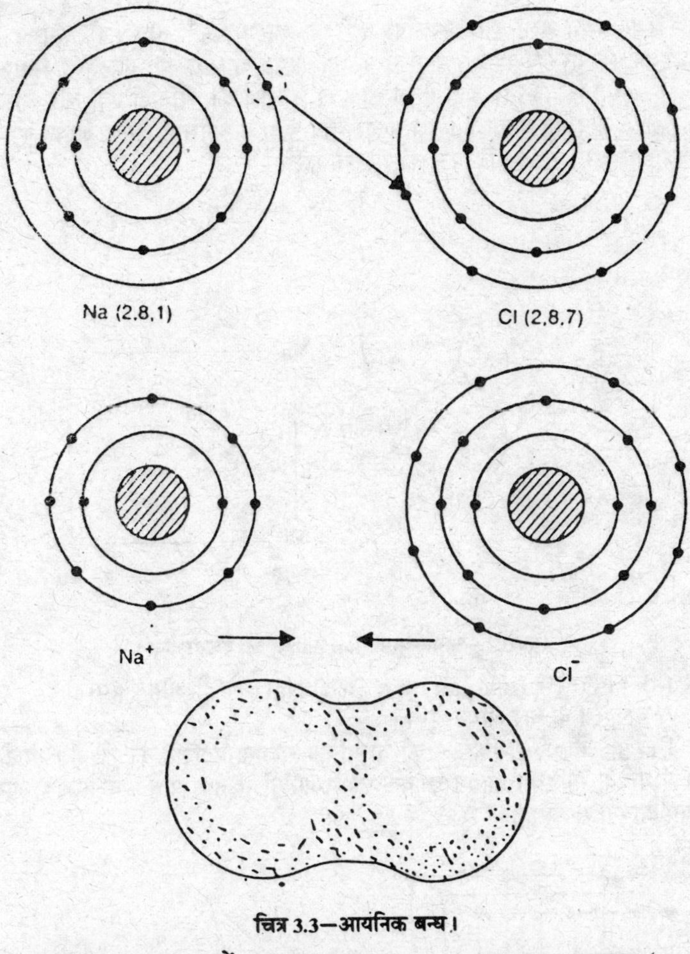

चित्र 3.3—आयनिक बन्ध।

आयनिक बन्ध वास्तव में एक धनात्मक (positive) तथा एक ऋणात्मक (negative) आयन के मध्य आकर्षण बल हैं, जब वे परस्पर निकट लाए जाते हैं। ये बल अ-दिशात्मक (non-directional) होते हैं। ये आयन उस समय निर्मित होते हैं जब कोई परमाणु अपने अन्तिम कक्ष को स्थायित्व (stability) देने के लिए इलेक्ट्रॉन ग्रहण करता है अथवा खोता (lose) है। उदाहरणतः NaCl एक महत्त्वपूर्ण किस्म का आयनी लैटिस होता है। यह electropositive सोडियम (धातु) तथा electronegative क्लोरीन (अधातु) के संयोग से निर्मित होता है। सोडियम के अन्तिम कक्ष में केवल एक इलेक्ट्रॉन है तथा क्लोरीन के बाह्य कक्ष में 7 इलेक्ट्रॉन हैं। सोडियम अपने 1 संयोजक इलेक्ट्रॉन (valancy electron) को चित्र 3.3 की भाँति क्लोरीन के बाह्य कक्ष के 7 इलेक्ट्रॉनों के साथ संयोजित (join) करने के लिए ट्रांसफर कर देता है। एक इलेक्ट्रॉन के इस प्रकार एक परमाणु से दूसरे परमाणु में ट्रांसफर होने से आयन निर्मित होते हैं जो परस्पर विद्युत स्थैतिक आर्कषण (electrostatic attraction) से परस्पर दृढ़ता से जुड़े रहते हैं। आयनों के मध्य बल की प्रकृति विद्युतीय होने के कारण परमाणुओं के मध्य यह बल आयनिक अथवा इलक्ट्रोवेलेन्ट (electrovalent) कहलाता है।

स्थिर वैद्युत बलों द्वारा आकर्षित होने के कारण Na^+ तथा Cl^- आयन विपरीत आवेशों का एक युग्म बनाते हैं। इनमें से प्रत्येक आयन के चारों ओर एक तीव्र अवशिष्ट क्षेत्र (strong residual field) होता है जो ठीक दो चुम्बकों की भाँति ही एक और आयन-युग्म (ion-pair) आकर्षित करता है। इस प्रकार चित्र 3.4 के अनुसार, अनेक आयन-युग्म अपने को व्यवस्थित करके NaCl क्रिस्टल की संरचना करेंगे।

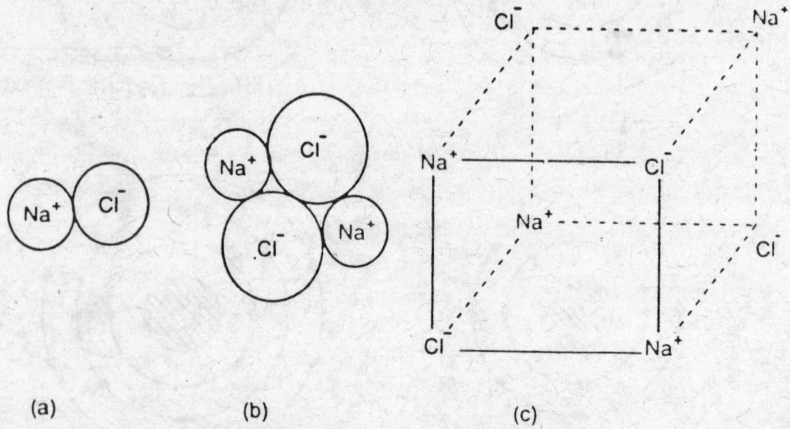

चित्र 3.4—आयन-युग्मों (ion-pairs) का इकट्ठा होना।

(a) आयन-युग्म (ion-pair) (b) NaCl के दो आयन-युग्म
(c) NaCl के चार आयन-युग्म

चित्र 3.5 में NaCl क्रिस्टल की वास्तविक संरचना प्रदर्शित की गई है। स्पष्ट है कि लैटिस में प्रत्येक सोडियम आयन छः क्लोराइड आयनों से तथा प्रत्येक क्लोराइड आयन छः सोडियम आयनों से घिरा हुआ है।

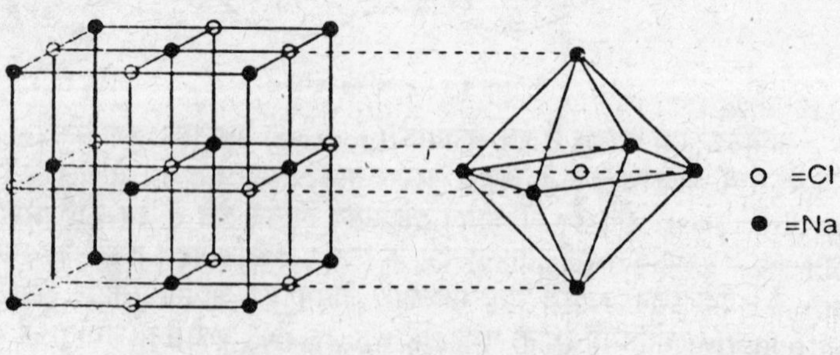

चित्र 3.5—(a) NaCl की वास्तविक संरचना जो कि simple cubic है। (b) क्लोराइड आयन के गिर्द छः सोडियम परमाणुओं की अष्टफलकीय (octahedral) संरचना।

इस क्रिस्टल लैटिस की coordination संख्या 6 है (जैसी कि simple cubic में होनी चाहिए)। इस cubic system में परमाणुओं के मध्य में से गुजारे जा सकने वाले तलों (planes) के मिलर अंक (100), (110) या (111) हैं तथा face centred यूनिट सैल

(FCC) के लिए स्पेसिंग $a/2, \frac{a}{2\sqrt{2}}$ और $\frac{a}{\sqrt{3}}$ है जबकि simple cubic के लिए $a, a/\sqrt{2}$ तथा $\frac{a}{\sqrt{3}}$ एवं body centred cubic लैटिस के लिए $\frac{a}{2}, \frac{a}{\sqrt{2}}, \frac{a}{2\sqrt{3}}$ है अतः body centred cubic लैटिस के लिए अनुपात

$$d_{100} : d_{110} : d_{111} = \frac{a}{2} : \frac{a}{2\sqrt{2}} : \frac{a}{\sqrt{3}}$$

आयनी ठोसों के धनायनों (anions) तथा ऋणायनों (cations) के त्रिज्या अनुपातों के अनुसार क्रिस्टल लैटिसों की अन्य अनेक किस्में भी पाई जाती हैं। उदाहरणार्थ CsCl में FCC लैटिस होता है तथा इसकी coordination संख्या 8 है क्योंकि Cs^+ आयन व Cl^- आयन का त्रिज्या अनुपात Na^+ आयन व Cl^- आयन के त्रिज्या अनुपात से भिन्न है तथापि समरूप त्रिज्या अनुपातों के कारण CsF की संरचना NaCl की संरचना के अनुरूप ही होती है।

आयनी ठोसों की मुख्य विशेषताएँ
(Characteristics of Ionic Solids)

(i) आयनी ठोस क्रिस्टलाइन (crystalline) प्रकृति के होते हैं।

(ii) आयनी बन्ध अ-दिशात्मक (non-directional) होते हैं।

(iii) आयनी ठोस काफी कठोर होते हैं।

(iv) इनके वाष्पदाब (vapour pressure) कम होने कारण यह अ-वाष्पशील होते हैं तथा इनके गलनांक (melting point and boiling point) उच्च होते हैं।

(v) आयनी ठोस विद्युत के कुचालक (non-conductors) होते हैं क्योंकि ठोस अवस्था में आयन bound state में रहते हैं और धारा वाहकों (current carries) का कार्य नहीं कर सकते परन्तु पिघली हुई अवस्था एवं द्रव अवस्था में आयनों को इतनी स्वतन्त्रता मिल जाती है कि उनके लिए विद्युत का चालन होने देना सम्भव हो जाता है।

(vi) आयनी ठोस जल में घुलनशील (soluble) होते हैं परन्तु कार्बनिक विलायकों (organic solvents) में नहीं घुलते हैं।

3.5. सहसंयोजी बन्ध (Covalent Bonds)

सन् 1919 में ल्यूइस ने सुझाव दिया कि किसी इलेक्ट्रॉन का दो परमाणुओं के बीच साझे (share) में इस ढंग से बने रहना सम्भव है कि दोनों के परमाणुओं को स्थायित्व (stability) प्राप्त हो सके। दो परमाणुओं A व B पर विचार कीजिए जिनमें से प्रत्येक में एक संयोजकता इलेक्ट्रॉन (valency electron) है। दोनों में ही स्थायी (stable) हीलियम संरचना से एक इलेक्ट्रॉन कम है। यदि दोनों परमाणु इन इलेक्ट्रॉनों का साझे में उपयोग कर लें तो दोनों ही हीलियम संरचना कर लेंगे जैसा कि नीचे दिखाया गया है।

shared electrons

$$A^{\times} + \bullet B \longrightarrow A \overset{\times}{\bullet} B \quad \text{or} \quad A — B$$

covalent bond

इस प्रकार के बन्ध (bond) को एक डैश (—) द्वारा व्यक्त किया जाता है। इस प्रकार के बन्ध में दो परमाणु एक-एक इलेक्ट्रॉन का साझा (share) करते हैं तथा उस इलेक्ट्रॉन पर

दोनों परमाणुओं का समान अधिकार होता है। यह बन्ध, सहसंयोजी (covalent) बन्ध कहलाते हैं। परमाणुविक ठोसों में प्रायः सहसंयोजक लैटिस होते हैं तथा दो परमाणुओं के मध्य का बन्धन न्यूनाधिक (more or less) सहसंयोजक होता है। इन लैटिसों में बन्धन का ढंग ऐसा होता है कि क्रिस्टल में व्यक्तिगत कणों (individual particles) में विभेद करना सम्भव नहीं होता है।

आयनी क्रिस्टलों की तुलना में परमाणुवीय क्रिस्टल (covalent solids) इतनी अधिकता में नहीं पाए जाते।

सहसंयोजक बन्ध दो समान प्रकृति के ऐसे परमाणु को संयुक्त कर सकता है जिनमें स्थायित्व प्राप्त करने के लिए आवश्यक संख्या से कुछ इलेक्ट्रॉन कम हों। सहसंयोजक बन्धों में इलेक्ट्रॉनों का एक परमाणु से दूसरे परमाणु में स्थानान्तरण (transfer) नहीं होता अतः इन बन्धों में ध्रुवता नहीं उत्पन्न होती अर्थात् यह अ-ध्रुवीय (nonpolar) होते हैं उदाहरणतः क्लोरीन परमाणु में सात संयोजक इलेक्ट्रॉन होते हैं। अतः क्लोरीन अणु, दो क्लोरीन परमाणुओं द्वारा एक जोड़ा (pair) इलेक्ट्रॉन के साझे द्वारा बनता है। (चित्र 3.6)

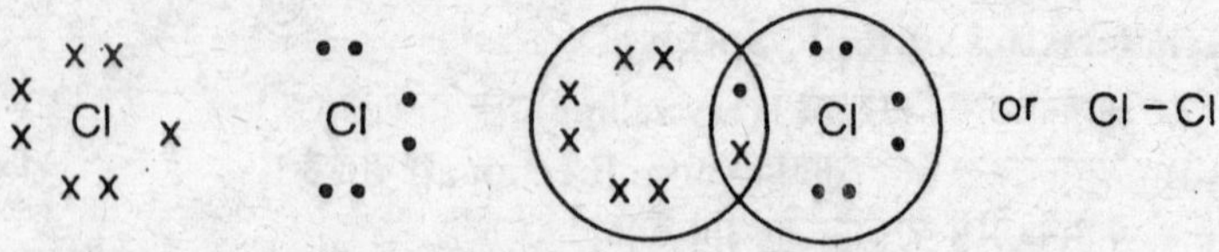

चित्र 3.6—क्लोरीन परमाणु में सहसंयोजी बन्ध।

सहसंयोजी ठोसों के उदाहरण कार्बन के दो क्रिस्टलीय रूप (i) हीरा तथा (ii) ग्रेफाइट, एवं चतुर्थ वर्ग के तत्त्व जर्मेनियम, सिलिकॉन आदि हैं।

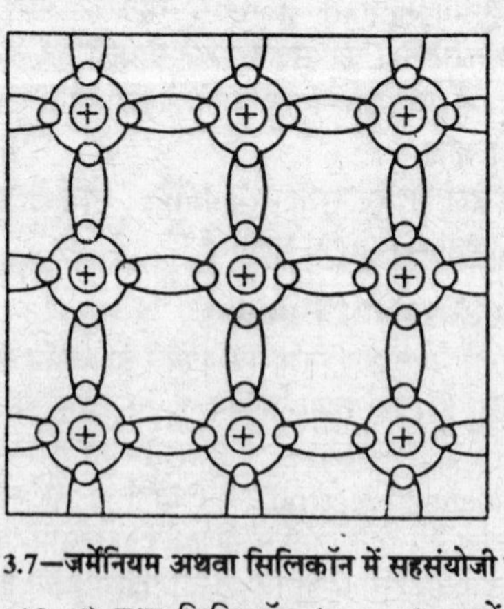

चित्र 3.7—जर्मेनियम अथवा सिलिकॉन में सहसंयोजी बन्ध।

जर्मेनियम (2, 8, 18, 4) तथा सिलिकॉन (2, 8, 4) तत्त्वों के परमाणुओं के अन्तिम कक्ष में चार-चार इलेक्ट्रॉन हैं। इनमें से प्रत्येक इलेक्ट्रॉन समीप के चार परमाणुओं के एक-एक इलेक्ट्रॉन से सहसंयोजी बन्ध बनाता है। इस प्रकार परमाणु में चार सहसंयोजी बन्ध बनकर अपने (octet) पूर्ण करते हैं। (चित्र 3.7)

हीरे के क्रिस्टल में प्रत्येक कार्बन परमाणु, चार अन्य चतुष्फलीय (tetrahedral) व्यवस्थित कार्बन परमाणुओं से घिरा होता है। कार्बन परमाणुओं में शुद्ध सहसंयोजी बन्धन

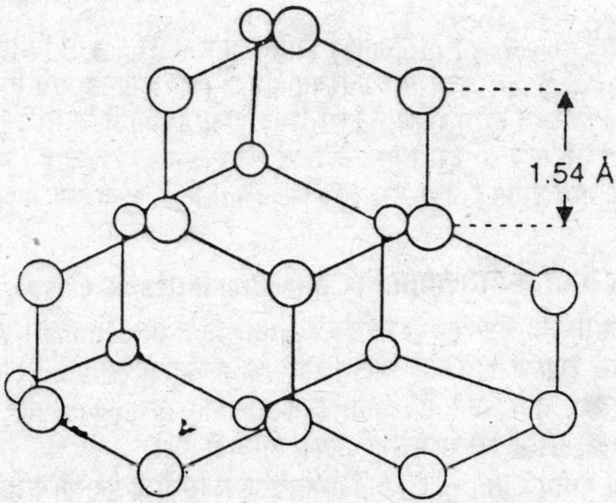

चित्र 3.8—हीरे की क्रिस्टल संरचना।

होता है जिनमें sp^3 hybridized ऑर्बिटल औवरलैप (overlap) करते हैं तथा परमाणुओं का लैटिस अत्यन्त सुदृढ़ (rigid) होता है। यही कारण है कि.हीरा अत्यन्त कठोर होता है। चित्र 3.8 से स्पष्ट है कि प्रत्येक कार्बन परमाणु सहसंयोजी बन्धों द्वारा चार अन्य कार्बन परमाणुओं से जुड़ा होता है। जिससे कि सम्पूर्ण क्रिस्टल एक अत्यन्त विशाल अणु (macromolecule) का रूप धारण कर लेता है।

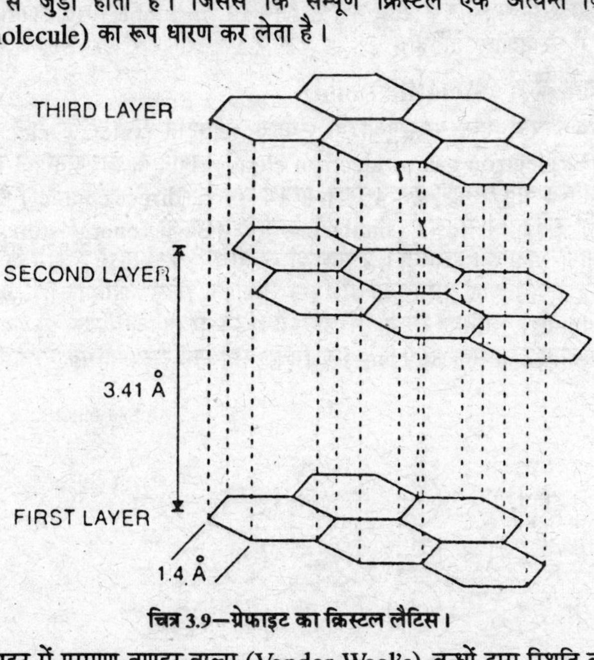

चित्र 3.9—ग्रेफाइट का क्रिस्टल लैटिस।

ग्रेफाइट में परमाणु वाण्डर वाल्स (Vander Waal's) बन्धों द्वारा स्थिति बद्ध होते हैं। जब प्रत्येक कार्बन परमाणु sp^2 हाइब्रिडाइजेशन के कारण तीन सहसंयोजी बन्ध बनाता है तब

ग्रेफाइट की परतें (layers of graphite) निर्मित होती हैं (चित्र 3.9) जिनमें कार्बन परमाणु षटकोणीय (hexagonal) पैटर्न में व्यवस्थित होते हैं। दो क्रमागत परतें दुर्बल वाण्डरवाल्व बलों द्वारा एक निश्चित दूरी (3·34 Å) पर स्थित होती हैं। परतों के मध्य क्रियाशील दुर्बल बलों के कारण एक परत को दूसरी परत के ऊपर खिसकाया जा सकता है। यही कारण है कि ग्रेफाइट काफी नरम होता है तथा उसे लुब्रिकेन्ट (lubricant) के रूप में प्रयुक्त किया जा सकता है।

सहसंयोजक बन्धों की विशेषताएँ (Characteristics of Covalent Bonds)

(i) सहसंयोजी बन्ध दृढ़ दिशात्मक (strong and directional) होता है। परमाणु, बल रेखाओं द्वारा नहीं अपितु साझे के इलेक्ट्रॉनों (shared electrons) द्वारा परस्पर बन्धे रहते हैं। अतः इनमें spatial arrangements तथा stereo-isomerism की सम्भवनाएँ उत्पन्न हो जाती हैं।

(ii) अ-ध्रुवीय (non-polar) होने के कारण सहसंयोजी पदार्थों में बल का कोई बाह्य क्षेत्र नहीं होता अतः ये ठोस द्रव अथवा गैसें होते हैं।

(iii) इनमें क्वथनाँक (boiling point) तथा गलनांक (melting point) कम होते हैं।

(iv) चूँकि सहसंयोजी पदार्थों में परमाणु इलेक्ट्रॉनों द्वारा दृढ़ता से जुड़े रहते हैं अतः जल में घुलने पर अथवा पिघलाने पर सहसंयोजी पदार्थ वियोजित (disintegrate) नहीं होते अतः सामान्यतः ये विद्युत के कुचालक (non-conductors) होते हैं।

(v) सहसंयोजी यौगिक प्रायः जल में अविलेय (insoluble) तथा कार्बनिक यौगिकों में घुलनशील होते हैं।

3.6. धात्विक बन्ध (Metallic Bond)

धात्विक बन्ध धातु परमाणुओं के संयोजी इलेक्ट्रॉन (valency electrons) द्वारा इलेक्ट्रॉन गैस (electron gas or electron cloud) बनाने के कारण उत्पन्न होते हैं। धातु लैटिसों में समस्त धातु परमाणु एक-दूसरे के प्रत्यक्ष सम्पर्क (direct contact) में होते हैं तथा उनके संयोजी इलेक्ट्रॉन समरूप (similar) ऊर्जा-अवस्थाओं (energy-states) में होते हैं अतः ऐसा माना जाता है। इलेक्ट्रॉन, परमाणुओं के बीच ड्रिफ्ट (drift) करने के लिए स्वतन्त्र होते हैं (चित्र 3.10) धातु परमाणुओं में निम्न ऊर्जा के रिक्त ऑर्बिटल (lower energy empty orbitals) अधिक संख्या में होते हैं। इन रिक्त ऑर्बिटलों के कारण संयोजी इलेक्ट्रॉन किसी एक नाभिक (nucleus) के निकट से किसी अन्य नाभिक के समीप चले जाते

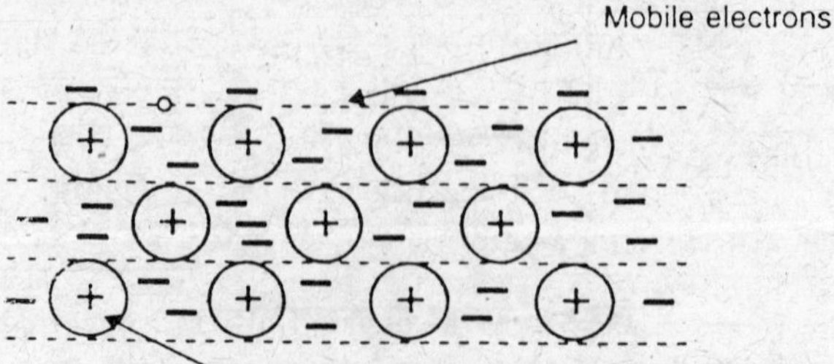

चित्र 3.10—गतिशील इलेक्ट्रॉन cloud में धनात्मक धातु क्रोडें (cores)।

हैं जहाँ उनकी स्थिति पहली स्थिति के समान ही होती है। इस प्रकार धात्विक ठोसों (metallic solids) की कल्पना धनात्मक परमाणुवीय क्रोड (positive atomic cores) के समूह से की जा सकती है जो इलेक्ट्रॉन के एक समुद्र (electron cloud) में स्थापित होते हैं। संयोजी इलेक्ट्रॉनों एवं धन आवेशित परमाणुओं के मध्य धात्विक बलों (forces of metallic bonds) की तीव्रता, प्रति परमाणु संयोजी इलेक्ट्रॉनों (valency electron per atom), परमाणुवीय त्रिज्या (atomic radius) तथा रिक्त ऑर्बिटलों की प्रकृति (s, p, d या f) पर निर्भर होती है।

धात्विक ठोसों में बलों के आधार पर उनकी भौतिक विशेषताओं जैसे धात्विक चमक (lustre), आघातवर्ध्यता (brittlity), तन्यता (ductility), उच्च गलनांक (high melting point), ऊष्मीय एवं वैद्युत चालकता (thermal and electrical conductivity) की व्याख्या की जा सकती है।

धात्विक यौगिकों की विशेषताएँ
(Characteristics of Mctallic Solids)

(i) धात्विक ठोसों में संयोजी इलेक्ट्रॉनों द्वारा निर्मित ऋणात्मक इलेक्ट्रॉन cloud एवं धनात्मक परमाणुवीय नाभिकों के मध्य बन्धनकारी बल (bonding force) होते हैं।

(ii) यह यौगिक क्रिस्टलाइन प्रकृति के होते हैं।

(iii) यह विद्युत के सुचालक होते हैं।

(iv) प्रकाश के लिए यह अपारदर्शी (opaque) होते हैं क्योंकि धातु के तल पर आपतित प्रकाश इलेक्ट्रॉन को उत्तेजित कर देता है तथा दोलन करने में स्वतन्त्र होने के कारण इलेक्ट्रॉन अपनी नॉर्मल स्थितियों में लौट आते हैं और इस प्रकार ये ऊर्जा को प्रकाश के रूप में उत्सर्जित कर देते हैं। यह प्रकाश तल से परावर्तित होता प्रतीत होता है और उसे चमकीलापन (lustrous) प्रदान करता है।

(v) धात्विक ठोसों का गलनांक उच्च होता है।

(vi) इनमें ऊष्मा चालकता (thermal conductivity) का गुण होता है।

3.7. बन्धों की तुलना (Comparison of Bonds)

विभिन्न बन्धों (bonds) के बीच तुलना निम्न प्रकार स्पष्ट की गई हैं—

आयनिक एवं धात्विक बन्ध (Ionic and Metallic Bonds)

आयनिक बन्धन (ionic bonding) में, इसके परमाणु के बाह्य इलेक्ट्रॉन सैल से धात्विक तत्त्व इसके numerical valency के समान इलेक्ट्रॉनों की संख्या खोता (lose) है। ये खोये हुए (lost) इलेक्ट्रॉन अधात्विक परमाणु या परमाणुओं, जिसके साथ धातु मिल रही है, के दूसरे इलेक्ट्रॉन सैलों को स्थानान्तरित हो जाते हैं। इसमें इलेक्ट्रॉनों का सम्पूर्ण octet धात्विक कण में पीछे छूट जाता है तथा अधात्विक कण में सम्पूर्ण होता है। इस प्रकार, आयनिक बन्ध (ionic bond) धन (positive) एवं ऋण (negative) आयनों, जो इलेक्ट्रॉनों की हानि (loss) या प्राप्ति (gain) के द्वारा स्वतन्त्र परमाणुओं से devided होते हैं, वे बीच एक इलेक्ट्रोस्टेटिक आकर्षण (electrostatic attraction) से फलित होता है। आदर्श रूप में, आयनिक बन्ध उच्च रूप से electropositive परमाणु (धात्विक परमाणु जो इलेक्ट्रॉनों को खोने की प्रवृत्ति रखता है तथा धन आयन हो जाता है) electronegative

परमाणु के साथ (अधात्विक परमाणु जो इलेक्ट्रॉनों को अर्जित करने को प्रवत्त होता है तथा ऋण आयन हो जाता है) मिलने के द्वारा बनते हैं। बन्ध स्वयं अदिशात्मक (non-directional) है चूँकि प्रत्येक धन आयन सभी पड़ोसी ऋण आयनों को आकर्षित करता है तथा प्रत्येक ऋण आयन सभी पड़ोसी धन आयनों को आकर्षित करता है। सोडियम क्लोराइड में बन्ध आयनिक बन्ध का एक अच्छा उदाहरण है।

धात्विक बन्ध (metallic bonding) में उसी धातु के परमाणु, धातु परमाणुओं के द्वारा कब्जा किए गए space के सन्दर्भ electron "cloud" बनाने को, अपने valence electrons खोते हैं। valence electrons अधातुओं में करने की तुलना में नाभिकीय (nucleus) से कहीं आगे lie करते हैं। इस प्रकार valence इलेक्ट्रॉनों का बड़ा ऑर्बिटल उनको उनके मूल परमाणुओं से दूर के क्षेत्रों में गुजरने को अनुमत करते हैं। इसी प्रकार, वे कभी भी धातु में किसी भी एक परमाणु के साथ जुड़ते नहीं हैं परन्तु इलेक्ट्रॉन गैस की किस्म के रूप में समस्त एसेम्बली के द्वारा drift करते हैं। केवल valence इलेक्ट्रॉन इस ढंग में व्यवहार करते हैं, आन्तरिक सैल में इलेक्ट्रॉनों के लिए नाभिकीय के अधिक निकट lie करते हैं तथा प्रभाव (influence) के अपने क्षेत्र के बाहर गति करने को असमर्थ होते हैं। इस कारणवश, जहाँ तक आन्तरिक इलेक्ट्रॉनों से सम्बन्ध है, धातु का एक परमाणु काफी कुछ वही है जो isolated परमाणु होता है क्योंकि ये इलेक्ट्रॉन परमाणु के अन्तर्गत दृढ़ता से पकड़े होते हैं तथा अपने characteristic quanum shell में रहते हैं।

सहसंयोजी एवं धात्विक बन्ध (Covalent and Metallic Bonds)

कुछ सन्दर्भ में, धात्विक बन्ध (metallic bond) सहसंयोजी बन्ध (covalent bond) के समतुल्य हैं, तथा फिर भी यह बिलकुल भिन्न है। एक प्रारम्भिक ढंग में, धात्विक बन्ध को resonating सहसंयोजी बन्ध की बहुरूपता (multiplicity) के रूप में माना जा सकता है। धात्विक बन्ध में valence इलेक्ट्रॉन्स जो परमाणुओं को परस्पर बद्ध किए रहते हैं, व्यक्तिगत परमाणुओं या परमाणुओं के जोड़ों को सीमाबद्ध नहीं होते हैं परन्तु समस्त धातु के चारों ओर स्वतन्त्रता से गति करते हैं। सहसंयोजी बन्ध में, दो परमाणु उनके बीच बँटे हुए इलेक्ट्रॉनों के विशिष्ट जोड़ों के द्वारा परस्पर सीमित होते हैं।

इस प्रकार, सहसंयोजी बन्ध की समानता (similarity) इलेक्ट्रॉनों के बाँटने (sharing) में lie करती है। भिन्नता (difference) इस प्रकार है कि ये इलेक्ट्रॉन्स समस्त (whole) के रूप में जैसा चाहिए किसी विशेष परमाणु की तुलना में धातु को अंगभूत होते हैं।

3.8. सेकेण्डरी अथवा आणविक बन्ध (Secondary or Molecular Bonds)

यह बन्ध उन तत्त्वों में निर्मित होते हैं जिनमें इलेक्ट्रॉन विन्यास इस प्रकार का होता है कि परमाणुओं के मध्य इलेक्ट्रॉन स्थानान्तरण बहुत कम होता है। यह बन्ध विभिन्न परमाणुओं के मध्य विद्यमान (existing) दुर्बल वान्डर वाल बलों (Weak Vander Waal forces) के कारण बनते हैं। गैसों में अणुओं के दूर-दूर तथा द्रुत (fast) गति में होने के कारण वान्डर वाल बल लगभग पूर्णतः अनुपस्थित रहते हैं। किन्तु जैसे-जैसे उच्च दाब के अन्तर्गत किसी गैस के परमाणुओं या अणुओं को निकट लाया जाता है वान्डर वाल बल अणुओं को परस्पर थाम कर द्रव अथवा ठोस अवस्था में रूपान्तरण करने में समर्थ हो जाते हैं। वान्डर वाल बल निम्न कारणों से उत्पन्न होते हैं—

(i) अणुओं तथा परमाणुओं के अत्यन्त निकट आ जाने पर उत्पन्न होने वाला तात्क्षणिक द्विध्रुव उत्पादित द्विध्रुव आकर्षण (dipole attraction due to instantaneously produced dipole)

(ii) परमाणुओं तथा अणुओं के electron clouds overlapping तथा interaction करने वाले कणों के धन नाभिकों की निकटता के कारण उत्पन्न प्रतिकर्षण (repulsion) अणुओं के मध्य बनने वाले वान्डर वाल बन्ध तीन प्रकार के हो सकते हैं—

1. डिसपर्शन बन्ध (Dispersion bonds) 2. डाई-पोल बन्ध (Dipole bonds)
3. हाइड्रोजन बन्ध (Hydrogen bonds)

1. डिसपर्शन बन्ध (Dispersion Bond)

इस प्रकार के बन्ध उत्पन्न होने का मुख्य कारण अणुओं के समीपवर्ती परमाणुओं के मध्य विकर्षण है। जब इलेक्ट्रॉन, नाभिक का परिभ्रमण करते हैं तब वे समान कला (phase) में रहने का प्रयास करते हैं जैसा कि चित्र 3.11 में हाइड्रोजन अणु के लिए प्रदर्शित किया गया है। परिणामतः अणु के दोनों सिरों पर एक परिवर्ती (fluctuating) नैट आवेश उत्पन्न हो जाता है

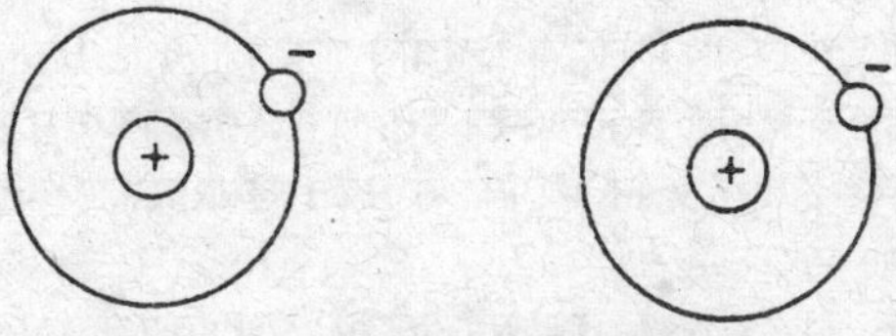

चित्र 3.11—हाइड्रोजन अणु में डिसपर्शन बन्ध।

तथा अणु एक दोलनी (oscillating) डाई-पोल (dipole) की भाँति व्यवहार करता है। चित्र 3.11 में प्रदर्शित हाइड्रोजन अणु क्षणिक रूप से सिरे पर ऋणावेशित (negatively charged) तथा दूसरे सिरे पर धनावेशित हो जाता है। एक अणु पर यह परिवर्ती आवेश, दूसरे निकटवर्ती अणु के परिवर्ती आवेश से अर्न्तक्रिया करता है। फलस्वरूप एक आकर्षण बल उत्पन्न होता है।

निष्क्रीय गैसों (insert gases) के अणु जिनमें केवल एक परमाणु होता है ठोस में रूपान्तरण होने पर परस्पर डिसपर्शन बन्धों द्वारा जुड़े होते हैं। अधिकांश कार्बनिक यौगिकों में अणुओं के मध्य मुख्य बन्धन बल, डिसपर्शन बन्धों के कारण ही होते हैं।

2. डाईपोल बन्ध (Dipole Bonds)

कुछ सहसंयोजक बन्ध ध्रुवीय (polar) होते हैं। इन बन्धों की ध्रुवता के कारण समग्र अणु में धन (+) तथा ऋण (−) आवेश के पृथक् केन्द्र हो सकते हैं। ऐसे अणु को जिसमें ध्रुवता होती है, द्विध्रुव (dipole) कहलाता है। जब अणुओं में डाई-पोल निर्मित होने से वह एक-दूसरे को आकर्षित करते हैं तब वे इस प्रकार व्यवस्थित होते हैं कि एक अणु का धन ध्रुव दूसरे अणु के ऋण ध्रुव के निकट रहता है (चित्र 3.12)।

ध्रुवीय अणुओं में द्विध्रुव-आघूर्ण (dipole moment) होता है। उदाहरणतः हाइड्रोजन क्लोराइड (HCl) अणु, जिसमें सहसंयोजी बन्ध होता है एक द्वि-ध्रुव की भाँति व्यवहार करता है। इसमें हाइड्रोजन परमाणु पर धनात्मक आवेश तथा क्लोरीन पर समान परन्तु ऋणावेश (10^{-10} e.s.u के क्रम का) होता है। दोनों परमाणु के मध्य परस्पर बहुत अल्प दूरी ($1 \cdot 28 \times 10^{-8}$ cm) होती है जिससे dipole moment प्राप्त होता है ($\mu = q \times d$)।

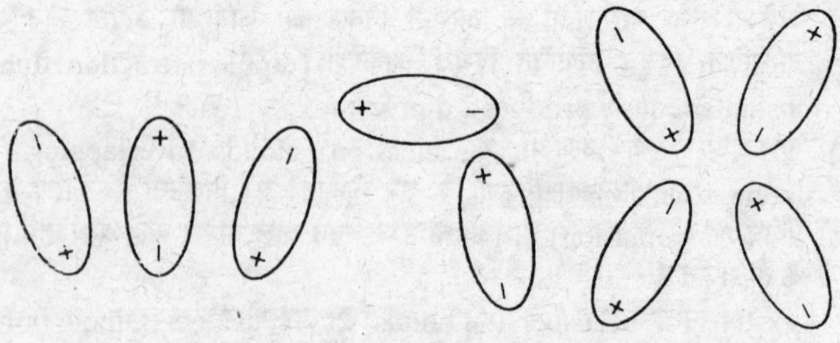

चित्र 3.12—डाईपोल-डाईपोल आकर्षण के फलस्वरूप उत्पन्न कॉनफिगुरेशन्स।

समीपवर्ती HCl अणुओं के मध्य, उनके सिरों (ends) पर विपरीत आवेश होने के कारण वैद्युत आकर्षण (electrostatic attraction) होता है।

डाई-पोल बन्ध, आयनी बन्धों की तुलना में दुर्बल होते हैं परन्तु डिसपर्शन बन्ध की तुलना में मजबूत होते हैं।

3. हाइड्रोजन बन्ध (Hydrogen Bonds)

हाइड्रोजन बन्ध एक विशेष प्रकार के द्विध्रुवीय-बन्ध (dipole bond) हैं परन्तु उनसे अधिक दृढ़ होते हैं। इस बन्ध में एक हाइड्रोजन परमाणु, सहसंयोजक ढंग से एक प्रबल ऋण विद्युत परमाणु से संयुक्त होता है। इन यौगिकों में प्रबल अन्तरपरमाणु बल (interatomic forces) पाए जाते हैं।

उदाहरणतः HF, H_2O, NH_3 इन यौगिकों में ऋण विद्युती (electronegative) परमाणु, सहसंयोजक बन्ध बनाने वाले इलेक्ट्रॉनों को लगभग पूर्णतः अपनी ओर आकर्षित कर लेता है। इस प्रकार ऋण विद्युती परमाणु हाइड्रोजन परमाणु के साथ साझा किए हुए इलेक्ट्रॉनों को लगभग पूर्णतः अपने अधिकार में कर लेता है। फलस्वरूप हाइड्रोजन परमाणु पर आंशिक (partial) धन आवेश उत्पन्न हो जाता है। अतः अणु ध्रुवीय (polar) हो जाता है और उसका हाइड्रोजन सिरा लगभग हाइड्रोजन नाभिक या प्रोटॉन H^+ ही होता है। ऐसे ध्रुवीय अणुओं से बने हुए पदार्थों में धन हाइड्रोजन परमाणु दूसरे अणु के ऋण ध्रुव की ओर आकर्षित हो जाता है। चूँकि हाइड्रोजन इलेक्ट्रॉनों से विहीन होकर प्रोटॉन का रूप धारण कर लेता है

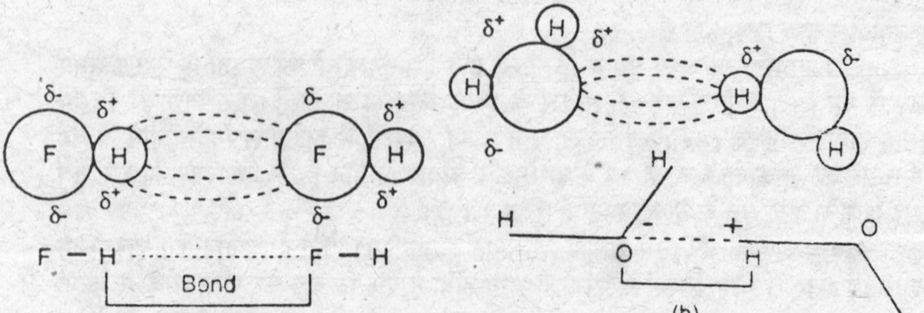

चित्र 3.13—(a) HF में हाइड्रोजन बन्ध (b) H_2O में हाइड्रोजन बन्ध।

अतः आकर्षण बल सामान्य द्विध्रुव-द्विध्रुव (dipole-dipole) की अपेक्षा अधिक प्रबल होता है। दोनों अणुओं के बीच सेतु (bridge) के रूप में काम करने वाला अत्यन्त लघु (small) हाइड्रोजन परमाणु अर्न्तक्रिया करने वाले अणुओं को परस्पर काफी निकट ला देता है। दो अणुओं को बाँधने वाला यह बन्ध हाइड्रोजन बन्ध (hydrogen bond) कहलाता है। चित्र 3.13 में HF तथा H_2O में हाइड्रोजन बन्ध प्रदर्शित किए गए हैं।

आणविक बन्ध की विशेषताएँ (Characteristics of Molecular Bonds)

(i) आणविक यौगिक क्रिस्टलीय अथवा अक्रिस्टलीय (non crystalline) किसी भी प्रकार के हो सकते हैं।

(ii) दुर्बल वान्डर वाल बन्धन बलों के कारण इनके गलनांक (melting point) निम्न (low) होते हैं।

(iii) सामान्यतः ये प्रकाश के लिए पारदर्शी (transparent) होते हैं।

(iv) इनमें संयोजक इलेक्ट्रॉन न होने के कारण ये विद्युत के कुचालक (insulators) होते हैं। तालिका 3.1 में बन्धों की तुलनात्मक विशेषताएँ प्रदर्शित की गई हैं।

3.9. रासायनिक बन्ध तथा ठोस पदार्थों के गुण (Chemical bonding and properties of solid materials)

ठोस पदार्थों को बेसिक इकाइयों (basic units) के प्रकार जिससे वे बनाए जाते हैं तथा रासायनिक बन्धों की प्रकृति (nature) जो इन इकाइयों को परस्पर दृढ़ बद्ध करती है, के अनुसार वर्गीकरण करना लाभप्रद है। यह वर्गीकरण प्रकट करता है कि सभी ठोस पदार्थों को आयनिक (ionic), सहसंयोजी (covalent), धात्विक या आणविक पद क्रम दिया जा सकता है। इन चार वर्गों के लक्षण एवं गुणों को तालिका 3.2 में दर्शाया गया है।

आयनिक या सहसंयोजी रूप से बन्ध पदार्थ अचालक (non-conductors) हैं चूँकि उनके इलेक्ट्रॉन्स स्वयं बन्धों में दृढ़ता से बद्ध होते हैं। हालाँकि, धातुएँ उत्कृष्ट चालक होती हैं चूँकि धातु के अन्तर्गत "electron cloud" एक अनुप्रयुक्त potential difference के द्वारा सरलता से निदेशित किया जा सकता है। समस्त रूप से सहसंयोजी बन्ध रखने वाला हीरा (diamond) जैसा पदार्थ सभी पदार्थों में सबसे अधिक कठोर (hardest) है जो उच्च melting एवं boiling points रखता है। धात्विक बन्ध रखने वाले पदार्थ सदैव अपारदर्शक (opaque) होते हैं चूँकि स्वतन्त्र बाह्य सैल इलेक्ट्रॉन्स radiant energy को सरलता से शोषित कर लेते हैं तथा परिणामस्वरूप उच्चतर ऊर्जा स्तरों को गतिमान होते हैं। जैसे ही ये इन इलेक्ट्रॉन निम्नतर ऊर्जा स्तरों पर वापस गिरते हैं तो अतिरिक्त ऊर्जा radiant energy के रूप में विसर्जित होती है तथा इस प्रकार धात्विक पदार्थ तेजपूर्ण (lustrous) होते हैं जब तव वे अदृश्य नहीं होते हैं। क्षीण सेकेण्डूरी बन्ध परस्पर अणुओं को बद्ध रखने के कारण, अपनी बेसिक इकाइयों के रूप में अणुओं के साथ क्रिस्टल क्षीण (weak), मृदु (soft) हैं तथा निम्न melting point रखते हैं। जबकि आयनिक तथा सहसंयोजी दोनों रूप से बन्ध क्रिस्टलीय पदार्थ अचालक होते हैं तथा कठोर, मजबूत एवं उच्च गलनांक बिन्दु वाले होते हैं। धात्विक क्रिस्टल्स बन्ध इलेक्ट्रॉनों के सरलता से बनने एवं बन्धों को तोड़ने की योग्यता के कारण तन्यता (ductility) रखते हैं, जबकि सुचालकता (conductivity), चमक (lustrous), सामर्थ्य (strength) तथा कठोरता (hardness) जैसे गुण समावेशित परमाणुओं के विन्यास (configuration) तथा विशेष रूप से बन्ध (bonding) में सम्मिलित इलेक्ट्रॉनों की संख्या पर निर्भर करते हैं।

तालिका 3.2—विभिन्न बन्ध एवं उनके गुण

बन्ध/ठोसों के प्रकार	ऑप्टीकल	विद्युत	यान्त्रिक	तापीय	उदाहरण
आयनिक	पारदर्शक या आयनों के द्वारा लाक्षणिक शोषण के द्वारा रंगीन	इन्सूलेटर्स	आयनिक चार्ज के साथ कठोरता में वृद्धि cleavage द्वारा भंजन	आयनों को बनाने को साधारणतः उच्च पिघलना	NaCl, Magnesia, Calcite
सहसंयोजी (अत्यन्त दीर्घ आणविक)	पारदर्शक, उच्च रेफरेक्टिव इन्डेक्स (R.F.)	अर्द्धचालक (डायमण्ड के अलावा अघुलनशील)	अत्यन्त कठोर, cleavage द्वारा भंजन (break)	अत्यन्त उच्च पिघलना	डायमण्ड, कारबोरण्डम
धात्विक	पारदर्शक तथा परावर्तक	इलेक्ट्रॉनिक चालक, लवण बनाने को तेजाबों में घुलनशील	चीमड़ (tough) एवं तन्य (ductile) (टंगस्टन के अलावा)	मध्यम उच्च पिघलना, अच्छा ऊष्मा चालक	कॉपर, आयरन, सोडियम
सेकेण्डरी या आणविक	पारदर्शक तथा अपने पिघले रूप में एकसार	इन्सूलेटर्स, नान आयनाईजिंग घोलक में घुलनशील	मृदु तथा प्लास्टिक रूप से विपणन	काफी निम्न गलनांक बिन्दु	आरगन, पेराफीन कालोमल, बर्फ, ठोस CO_2

3.10. आयनिक, सहसंयोजी तथा धात्विक बन्धों में भिन्नता (Difference between ionic, covalent and metallic bonds)

क्र० सं०	आयनिक बन्ध	सहसंयोजी बन्ध	धात्विक बन्ध
1.	ये भिन्न तत्त्वों के धन (+) एवं ऋण (−) आयनों के बीच इलेक्ट्रोस्टेटिक आकर्षण बल के कारण विद्यमान रहते हैं।	ये समान या भिन्न धातुओं के electron cloud तथा धन (+ ve) आयनों के बीच इलेक्ट्रोस्टेटिक आकर्षण बल के कारण विद्यमान रहते हैं।	ये परमाणुओं जो covalent bond बनाने को इलेक्ट्रॉन जोड़ों को बाँटते हैं के बीच इलेक्ट्रोस्टेटिक आकर्षण बल के कारण विद्यमान रहते हैं।
2.	यह दो भिन्न तत्त्वों के बीच बनता है। परमाणुओं में एक आयन अपना valence इलेक्ट्रॉन खोता है तथा दूसरा इसे स्वीकार करता है। इस प्रकार बने आयन एक आयनिक बन्ध से एक-दूसरे को आकर्षित करते हैं।	यह समान या भिन्न तत्त्वों के परमाणुओं के बीच इलेक्ट्रॉन जोड़ों के sharing के कारण बनता है।	यह बनता है जब valence इलेक्ट्रॉन्स अपने को मूल परमाणु से अलग करते हैं तथा common pool बनाते हैं। बल जो इलेक्ट्रॉन cloud को बाँधता है तथा धातु के धन (+ ve) आयन धात्विक बन्ध बनाते हैं।
3.	आयनिक ठोस अत्यन्त निम्न विद्युत तथा थर्मल चालकताएँ रखते हैं।	सहसंयोजी ठोस भी निम्न विद्युत एवं थर्मल चालकताएँ रखते हैं।	धात्विक ठोस उच्च विद्युत एवं तापीय चालकता रखते हैं।
4.	आयनिक ठोस अपनी क्रिस्टलीय संरचना के कारण उच्च कठोरता रखते हैं।	सहसंयोजी ठोस सिवाय डायमण्ड सिलिकॉन, कारबाइड इत्यादि के निम्न कठोरता रखते हैं।	धात्विक ठोस क्रिस्टलीय संरचना रखते हैं, परन्तु प्रकृति में मृदु होते हैं।
5.	आयनिक ठोस आघात वर्धनीय (malleable) एवं तन्य (ductile) नहीं होते हैं।	सहसंयोजी ठोस आघात वर्धनीय एवं तन्य नहीं हैं।	धात्विक ठोस आघात वर्धनीय एवं तन्य होते हैं।
6.	आयनिक ठोस उच्च गलनांक (melting) तथा क्वथनांक (boiling) तापमान रखते हैं।	सहसंयोजी ठोस आयनिक ठोस की तुलना में निम्नतर melting एवं boiling तापमान रखते हैं।	धात्विक ठोस आयनिक ठोसों की तुलना में थोड़ा कम melting एवं boiling तापमान रखते हैं।
7.	आयनिक यौगिक (compounds) केवल ठोसों के रूप में विद्यमान रहते हैं।	सहसंयोजी यौगिक ठोस, तरल एवं गैसों के रूप में विद्यमान रहते हैं।	धात्विक यौगिक के बल ठोसों के रूप में विद्यमान रहते हैं।
8.	आयनिक ठोस पानी में घुलनशील हैं।	सहसंयोजी ठोस बेंजीन toluene आदि में घुलनशील हैं।	धात्विक ठोस न तो पानी में घुलनशील हैं तथा न ही benzene आदि में।

3.11. शब्दावली (Glossary)

बन्धन ऊर्जा (Binding energy)—एक असीमित दूरी अलग होने के उनके साम्यवस्था स्थान से दो परमाणुओं को पृथक् करने के लिए आवश्यक ऊर्जा। दूसरे शब्दों में, बन्धन ऊर्जा दो परमाणुओं के बीच बन्ध (bond) की सामर्थ्य है।

बन्ध ऊर्जा (Bond energy)—बन्ध ऊर्जा अथवा cohesive energy एक पदार्थ के परमाणुओं या ions से 1 mole के बनने की ऊर्जा के रूप में परिभाषित की जाती है।

बन्ध सामर्थ्य (Bond strength)—एक बन्ध (bond) की सामर्थ्य इसके भंजन (break) के लिए आवश्यक ऊर्जा के द्वारा सर्वश्रेष्ठ प्रकार से मापी जा सकती है; अर्थात् ऊष्मा की मात्रा जो ठोस को वाष्पीकृत करने को आपूर्तित की जानी चाहिए तथा इसलिए constituent परमाणुओं को अलग करती है।

बन्धन (Bonding)—बन्ध (bonds) दृढ़ आकर्षण एवं प्रतिकर्षण (repulsive) बलों के बने होते हैं जो परमाणुओं के बद्ध करने को प्रवत्त होते हैं। उनको परस्पर दृढ़ता से पकड़े रहने का प्रक्रम (process) बन्धन (bonding) कहलाता है।

केशन (Cation)—धनात्मक (+ ve) चार्ज किया आयन उत्पन्न होता है जब एक परमाणु, प्रायः एक धातु का अपने valence इलेक्ट्रॉन्स छोड़ता है।

रासायनिक बन्धन (Chemical bonding)—किसी ठोस पदार्थ में, एक परमाणु की व्यवस्था बन्ध बल (bonding force) तथा पदार्थ में उपस्थित रासायनिक बन्धों की सामर्थ्य, दिशा तथा लक्षण (character) के द्वारा ज्ञात की जाती है।

सहसंयोजी बन्ध (Covalent bond)—दो परमाणुओं के बीच बना बाण्ड जब परमाणु अपने valence इलेक्ट्रॉनों को share करते हैं।

इलेक्ट्रॉन्स (Electrons)—इसकी संहति हाइड्रोजन परमाणु की संहति (mass) की 1/1850 वाँ भाग होती है तथा यह लघु ऋण (– ve) विद्युत चार्ज ले जाता है।

हाइड्रोजन बन्ध (Hydrogen bond)—ये विशेष प्रकार के द्विध्रुवीय बन्ध (dipole bond) हैं परन्तु उनसे अधिक दृढ़ होते हैं।

आयनिक बन्ध (Ionic bond)—आयनिक बन्ध वास्तव में एक धनात्मक (positive) तथा एक ऋणात्मक (negative) आयन के मध्य आकर्षण बल है, जब वे परस्पर समीप लाए जाते हैं। ये बल अदिशात्मक (non-directional) होते हैं।

धात्विक बन्ध (Metallic bond)—धात्विक बन्ध धातु परमाणुओं के संयोजी इलेक्ट्रॉन (valency electron) द्वारा इलेक्ट्रॉन गैस (electron gas or electron cloud) बनाने के कारण उत्पन्न होते हैं।

प्राइमरी बन्ध (Primary bond)—आयनिक ठोस लैटिसों (ionic solid lattices) की रचना में आयन basic constitutional इकाई होते हैं। ये बाह्य ऑर्बिटल इलेक्ट्रॉन के स्थानान्तरण अथवा share करने के फलस्वरूप संलग्न परमाणुओं के बीच मजबूत बन्ध होते हैं।

सेकेण्ड्री बन्ध (Secondary bond)—इन्हें आणविक बन्ध भी कहा जाता है। ये बन्ध विभिन्न परमाणुओं के मध्य विद्यमान (existing) दुर्बल वाण्डर वाल बलों (weak Vander Waal forces) के कारण बनते हैं।

वेलेन्स (Valence)—एक परमाणु में इलेक्ट्रॉनों की संख्या जो bonding या रासायनिक प्रक्रियाओं (chemical reactions) में भाग लेती है। प्राय: valence बाह्य s एवं p ऊर्जा स्तरों में इलेक्ट्रॉनों की संख्या है।

वाण्डर वाल बन्ध (Vander Waals bond)—परमाणुओं तथा अणुओं के बीच dipole के बीच अन्तर्क्रिया के परिणामस्वरूप उत्पन्न सेकेण्डूरी बन्ध जो प्रेरित या स्थाई होते हैं।

अभ्यासमाला (Exercise)

1. (a) धात्विक बन्धों (metallic bonds) के निर्मित होने के कारणों को (origin) समझाइए। अपने उत्तर को उचित उदाहरण द्वारा प्रदर्शित कीजिए। **(AMIE Summer 1995)**

   (b) क्वान्टम तथा तरंग यान्त्रिकी (quantum and wave mechanism) के सिद्धान्त प्रयुक्त कर विवेचना कीजिए कि ψ^2 दिशाओं में सहसंयोजी बन्ध (covalent bonds) सर्वाधिक दृढ़ (strong) होते हैं।

   (c) समझाइए कि हीरे (diamond) में कार्बन परमाणु सहसंयोजी बन्ध क्यों बनाते हैं जबकि सीसे (Pb) में परमाणु धात्विक बन्ध निर्मित करते हैं यद्यपि कार्बन तथा सीसा (Pb) दोनों में चार संयोजी इलेक्ट्रॉन होते हैं।

   [**संकेत** (b)—श्रोडिंगर की 3-dimension तरंग समीकरण (Schroedinger's wave equation in 3-dimension) निम्न प्रकार है—

$$\frac{\delta^2\psi}{\delta x^2}+\frac{\delta^2\psi}{\delta y^2}+\frac{\delta^2\psi}{\delta z^2}+\frac{8\pi^2 m}{h^2}(E-\nu)\,\psi=0$$

2. ठोस पदार्थों में आयनिक तथा धात्विक (metallic) बन्धों में विभेद कीजिए। **(AMIE Summer 1972)**

3. धात्विक बन्धों में परमाणु परस्पर किस प्रकार बद्ध रहते हैं ?

4. क्रिस्टलों में पाए जाने वाले विभिन्न बन्ध क्या हैं ? किसी एक प्रकार के बन्ध पर टिप्पणी लिखिए। **(AMIE Summer 1978, 83)**

5. धात्विक बन्ध की प्रकृति समझाइए तथा इसकी आयनिक एवं सहसंयोजी बन्ध से तुलना कीजिए। **(AMIE Winter 1983)**

6. धातु की परमाणु संरचना के किस अभिलक्षण पर उच्च ऊष्मीय तथा वैद्युत चालकता निर्भर करती है ? **(AMIE Summer 1984)**

   [**संकेत**—धातु तत्त्वों में बन्ध के प्रकार (type of bond) द्वारा उसकी उच्च ऊष्मीय एवं वैद्युत चालकताएँ निर्धारित होती हैं। यह बन्ध, धात्विक बन्ध (metallic bond) होते हैं। इस प्रकार के बन्ध में समान अथवा विभिन्न प्रकार के तत्त्व अपने संयोजी इलेक्ट्रॉनों को इलेक्ट्रॉन गैस (electron gas or cloud) निर्मित करने के लिए मुक्त कर देते हैं। संयोजी इलेक्ट्रॉन दे देने के पश्चात् ये तत्त्व वास्तव में धन आयन (positive ions) बन जाते हैं। ये आयन आयनिक बन्धों के इलेक्ट्रोस्टेटिक बलों की तरह के बलों के द्वारा परस्पर जुड़े (held) रहते हैं परन्तु यहाँ यह बल आयनों तथा इलेक्ट्रॉनों के मध्य होते हैं। इस प्रकार के बन्ध उन तत्त्वों में पाए जाते हैं जिनमें संयोजी इलेक्ट्रॉनों की संख्या कम होती है। सिल्वर तथा गोल्ड जैसी धातुओं के धात्विक

बन्धों में इलेक्ट्रॉन गैस से मुक्त इलेक्ट्रॉन, वैद्युत विभव लगाने पर धारा प्रवाह हेतु आवेश वाहक (charge carriers) का कार्य करते हैं। यही कारण है कि इन धातुओं की वैद्युत चालकता उच्च होती है। परमाणुओं तथा अणुओं के कम्पन से संचारित ऊष्मा, वैद्युत चालकता की तुलना में बहुत कम होती है तथा धात्विक बन्धों में यह ऊष्मा मुक्त इलेक्ट्रॉनों से प्राप्त हो जाती है। अतः इन धातुओं की ऊष्मीय चालकता भी उच्च होती है।]

7. निम्न पर संक्षिप्त टिप्पणी लिखिए—

(i) सहसंयोजी बन्ध (covalent bond)

(ii) आयनिक एवं धात्विक बन्धों में अन्तर

(iii) सहसंयोजी एवं धात्विक बन्धों में अन्तर

8. (a) धात्विक (metallic), सहसंयोजी (covalent) तथा आयनिक बाण्ड की तुलना कीजिए। प्रत्येक के उदाहरण दीजिए।

(b) उपयुक्त चित्रों द्वारा क्रिस्टलों में विभिन्न प्रकार के बाण्ड (bonds) का वर्णन कीजिए।

(AMIE, Summer 1997)

9. स्पष्ट कीजिए कि सहसंयोजी बन्ध दिशात्मक (directional) तथा धात्विक एवं आयनिक बन्ध अदिशात्मक (non-directional) क्यों हैं ?

10. निम्न को स्पष्ट कीजिए—

(i) Hybrid orbital bonds

(ii) Bond energies

(iii) Bond strength

(iv) Hydrogen bonds

11. उदाहरण सहित स्पष्ट कीजिए कि पदार्थों के भौतिक गुण रासायनिक बाण्डिग (chemical bonding) पर निर्भर हैं ?

12. (a) स्पष्ट कीजिए कि क्यों डायमण्ड बन्ध में कार्बन परमाणु covalently है, जबकि lead परमाणु बन्ध metallically है, जबकि कार्बन एवं लैड (lead) प्रत्येक 4 valence इलेक्ट्रॉन रखते हैं।

(b) विभिन्न प्रकार के बन्धों में सामर्थ्य (strength), तन्यता (ductility) तथा चालकता (conductivity) पर आप क्या प्रभावों की आशा करते हैं ?

13. पदार्थों में निरीक्षित किए जाने वाले चार प्रकार के परमाणुविक बन्धों के नाम बताइए। उदाहरण देकर उनका विस्तृत वर्णन कीजिए।

14. परमाणुओं तथा अणुओं के मध्य कार्य कर रहे बल क्या हैं ? दो परमाणुओं या अणुओं की परस्पर potential energies उनके पृथकता की दूरी (distance of separation) के साथ कैसे बदलती है ?

15. सेकेण्ड्री अथवा आणविक बन्ध से आप क्या समझते हैं ? अणुओं के मध्य बनने वाले विभिन्न वाण्डर वाल बन्धों के विषय में वर्णन कीजिए।

●

4
ठोसों में दोष
(Defects in Solids)

4.1. परिचय (introduction), 4.2. दोषों के प्रकार (Types of defects), 4.3. बिन्दु अपूर्णताएँ या दोष (Point imperfections or defects) 4.4. बिन्दु दोषों का उत्पादन (Production of point defects), 4.5. रेखा अपूर्णताएँ या दोष (Line imperfections or defects), 4.6. बर्जर्स वेक्टर (Burgers vector), 4.7. ऊष्मीय कम्पन (Thermal vibrations), 4.8. सतह अपूर्णताएँ या दोष (Surface imperfections of defects), 4.9. शब्दावली (Glossary), अभ्यासमाला (Exercises) ।

4.1. परिचय (Introduction)

वास्तव में क्रिस्टलीय ठोसों में, यद्यपि, अपूर्णता (imperfections) अथवा दोष (defects) सदैव उपस्थित रहते हैं तथा उनकी प्रकृति तथा प्रभाव अक्सर ठोसों के गुणों को समझने में अत्यन्त महत्त्वपूर्ण हैं। यह इसलिए है क्योंकि पदार्थों के कुछ गुण जैसे दुर्नग्यता (stiffness), घनत्व (density) तथा वैद्युत चालकता (electrical conductivity) जिनको structure-insensitive पुकारा जाता है, दोषों की उपस्थिति के द्वारा प्रभावित नहीं होते हैं, जबकि सर्वाधिक टेक्नीकल महत्ता के कई गुण जैसे यान्त्रिक सामर्थ्य (mechanical strength), तन्यता (ductility), क्रिस्टल उत्पत्ति (crystal growth), चुम्बकीय हिस्टेरिसिस (magnetic hysteresis), डाइइलैक्ट्रिक सामर्थ्य (dielectric strength), अर्द्धचालकों में संवहन (conduction in semiconductors), जिनको structure-sensitive पुकारा जाता है, दोषों के कारण क्रिस्टल संरचना में अपेक्षाकृत लघु परिवर्तनों के द्वारा बड़े रूप में प्रभावित होते हैं। साधारण पदार्थ, यद्यपि, विभिन्न किस्मों की अपूर्णताएँ या दोष रखते हैं, जो उपयोगी गुण तथा ऐसे अवांछित प्रभाव दोनों भी उत्पन्न करते हैं जो सामर्थ्य को पूर्ण क्रिस्टल के नीचे कम कर देते हैं। इसलिए, क्रिस्टल संरचना में पाए जाने वाले सामान्य दोषों के विषय में अध्ययन करना उचित है जिनका विवरण अग्र अनुच्छेदों में दिया गया है।

4.2. अपूर्णताओं या दोषों के प्रकार
(Types of Imperfections or Defects)

ठोसों की ज्यामिति के आधार पर संरचनीय दोषों या अपूर्णताओं को निम्न रूप में वर्गीकरण किया जा सकता है—

1. बिन्दु अपूर्णताएँ या दोष (शून्य विमाय अपूर्णता) (Point imperfection or defects, i.e., zero dimensional imperfections)

2. रेखा अपूर्णताएँ या दोष (एक विमाय अपूर्णता) (Line imperfections or defects, i.e., one dimensional imperfection)
3. सतह अपूर्णताएँ या दोष (द्वि-विमाय अपूर्णता) (Surface imperfections of defects, i.e., two dimensional imperfection)
4. आयतन अपूर्णताएँ या दोष (त्रि-विमाय अपूर्णता) (Volume imperfections or defects, i.e., three dimensional imperfection)
5. तापीय कम्पन (Thermal Vibration)

4.3. बिन्दु अपूर्णताएँ या दोष (Point Imperfections or Defects)

बिन्दु दोष पृथक् किए गए लैटिस बिन्दुओं (isolated lattice points) पर लैटिस त्रुटियाँ हैं। जैसा कि नाम से स्पष्ट है, वे क्रिस्टल में अपूर्ण बिन्दु जैसे क्षेत्र (imperfect point like regions) है तथा इसलिए, उनको शून्य विमाय अपूर्णताएँ (zero-dimensional imperfections) के रूप में सन्दर्भित किया जा सकता है। एक बिन्दु दोष इसकी लैटिस स्थिति से परे केवल कुछ परमाणु व्यासों को अपना प्रभाव विस्तार करता है। बिन्दु अपूर्णताएँ, नियमानुसार, matrix परमाणु की अनुपस्थिति (एक परमाणु जो एक पूर्ण क्रिस्टल में उपस्थित होगा), एक अशुद्ध परमाणु की उपस्थिति या 'wrong' स्थान में matrix परमाणु, के कारण घटित होती है।

शुद्ध तत्त्व के एक क्रिस्टल या ठोस में बहुत सामान्य बिन्दु दोष या अपूर्णताएँ निम्न प्रकार हैं जिनका विवरण अग्र दिया गया है—

(अ) रिक्त स्थान दोष (Vacancy defect)
  (i) शॉटकी दोष (Schottky defect)
(ब) Interstitialcies
  (i) फ्रेन्किल दोष (Frenkel defect)
(स) रचनात्मक दोष (Compositional defects)
  (i) स्थानापन्नक अशुद्धता (Substitutional impurity)
  (ii) Interstitial अशुद्धता
(द) इलेक्ट्रॉनिक दोष (Electronic defects)

(अ) रिक्त स्थान दोष (Vacancy defect)

सबसे सरल बिन्दु दोष रिक्ति (vacancy) है। ये **Missing atom** या **Vacant atomic site** से सम्बन्धित है। इस प्रकार के दोष या तो मूल क्रिस्टलीकरण (original crystallisation) के दौरान अपूर्ण पेकिंग से अथवा उच्च तापमान पर अणुओं के ऊष्मीय कम्पन (thermal vibrations) से पैदा हो सकते हैं। बाद की स्थिति में जब कम्पन के कारण ऊष्मीय ऊर्जा में वृद्धि होती है, तो यह प्रबल सम्भावना है कि विशिष्ट परमाणु अपनी निम्नतम ऊर्जा की स्थिति के बाहर कूदेंगे। अधिकतर ठोसों के लिए यह ऊष्मीय ऊर्जा प्रति vacancy 1 ev के क्रम की है। रिक्तियाँ एकल (single) या दो या उनकी अधिक di-vacancy अथवा tri-vacancy में संघनित (condense) हो सकती है। देखिए चित्र 4.1 (a)। रिक्तियाँ (vacancies) अधिकतर solid-state प्रतिक्रियाओं के लिए वाहक (vehicle) हैं।

परमाणुओं के close-packed व्यवस्था में यदि आणविक पेकिंग फेक्टर (atomic packing factor) कम है, एक अतिरिक्त परमाणु क्रिस्टल संरचना के अन्तर्गत निवास कर सकता है। इस प्रक्रिया को **interstitials** के रूप में जाना जाता है। एक परमाणु inter-stitial void अथवा नियमित रूप से स्थित परमाणुओं के मध्य space में प्रवेश कर सकता है केवल जब यह मूल परमाणु की तुलना में मुख्यतः छोटा है (चित्र 4.1 a), अन्यथा यह परमाणुविक मरोड (atomic distoration) उत्पन्न करेगा।

Interstitialcies भी एकल-interstitial, द्वि-interstitial तथा त्रि-interstitial हो सकती है। Vacancy तथा interstitialcy, इसलिए, उत्क्रम फिनोमीना (inverse phenomena) हैं।

Schottky तथा Frenkel दोष—अधात्विक क्रिस्टलीय ठोसों में, vacancy का बनना surrounding क्रिस्टल में चार्ज का स्थानीय पुनः समायोजन (local readjustment) इस प्रकार सम्मिलित करता है कि चार्ज उदासीनता (neutrality) समस्त (whole) के रूप में क्रिस्टल में बनी रहती है। इस प्रकार से, यदि एक आयनिक क्रिस्टल में positive-ion site में एक vacancy है, charge neutrality पड़ोसी negative-ion site में vacancy सृजित करके प्राप्त हो सकती है अर्थात् जब आयतनिक ठोस में एक +ve तथा एक –ve आयन द्वारा लैटिस को छोड़ने पर दो रिक्त स्थान उत्पन्न करते हैं तब इस प्रकार के vacant sites के जोड़े **Schottky defect** कहलाते हैं। देखिए चित्र 4.1 (b)। यह रिक्तियों (vacancies) के निकटता से सम्बन्धित है।

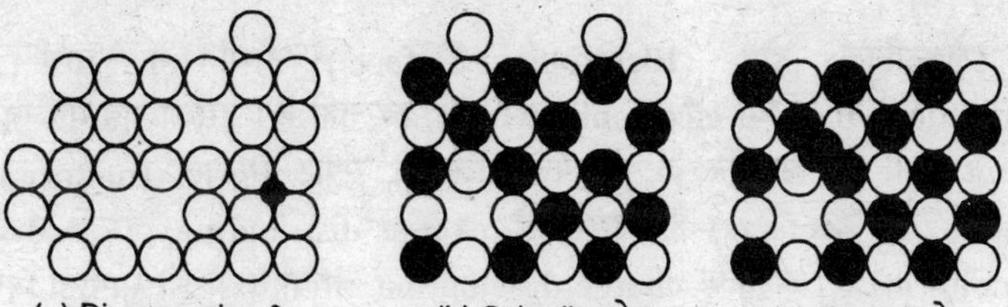

(a) Di-vacancies & inter stitials (b) Schotlky दोष (c) Frankel दोष

चित्र 4.1—ठोसों में बिन्दु दोष।

दूसरी तरफ, यदि charge neutrality एक interstitial स्थिति में धंन (+ ve) आयन रखने के द्वारा अनुरक्षित की जाती है, तो युगल (pair) interstitialcies के समीपता से सम्बन्धित Frenkel defect बनाते हैं। दूसरे शब्दो मे जब कोई धन (+ve) आयन किसी लैटिस बिन्दु को छोड़कर क्रिस्टल में interstitialy ग्रहण कर लेता है तब यह फ्रेन्कल दोष कहलाता है। चित्र 4.1 (c)

Close-packed संरचनाएँ vacancies एवं Schottky दोषों की तुलना में कुछ ही interstitialcies तथा Frenkel defects रखती है, क्योंकि उनकी नई स्थितियों में परमाणुओं को बल देने को अतिरिक्त ऊर्जा की आवश्यकता होती है।

रचनात्मक दोष (Copositional Defects)—रचनात्मक दोष मूल क्रिस्टलीयकरण के दौरान अशुद्ध परमाणुओं से पैदा होते हैं। पूर्ण लैटिस (perfect lattice) में दोषों के रूप में माने जाने वाले अशुद्ध परमाणु अधिकतर अर्द्धचालक डिवाइसों (semiconductor devices) की कार्यशीलता के लिए उत्तरदायी हैं। वे substitutional impurity के रूप में अथवा एक interstitial impurity के रूप में लैटिस बिन्दु पर दिखाई पड़ते हैं।

जब लैटिस में एक foreign परमाणु parent परमाणु के लिए प्रतिनिधित्व करता है या रखता है, तो एक substitutional impurity सृजित होती है। देखिए चित्र 4.2 (a)। पीतल (brass), जिंक कॉपर लैटिस में एक substitutional atom है।

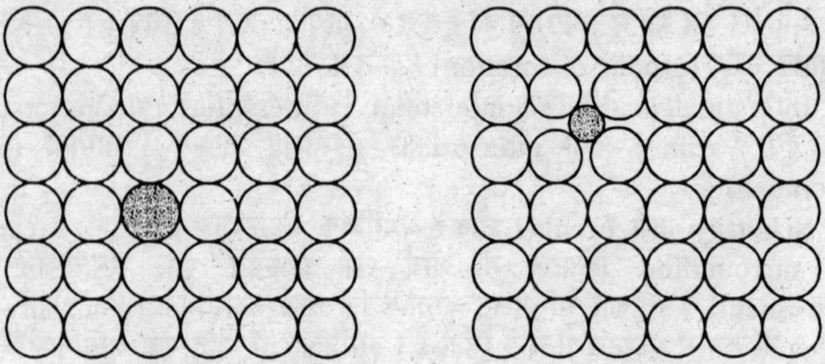

(a) Substitutional impurity (b) Interstitial impurity

चित्र 4.2—रचनात्मक दोष

एक interstitial impurity नियमित रूप से स्थित परमाणुओं के मध्य एक interstice अथवा space occupying करते हुए एक छोटे आकार का परमाणु है। (चित्र 4.2 (b))।

इलेक्ट्रॉनिक दोष (Electronic Defects)—ठोसों में चार्ज वितरण (distribution) में त्रुटियाँ **electronic defects** कहलाती है। इसका यह मतलब नहीं है कि unit cell के आयतन के अन्तर्गत चार्ज की सपाट सरूपता (uniformity) से deviation दोष (defects) है। इससे परे, charge distribution वास्तव में असमान (nonuniform) है। हालाँकि, charge distribution अथवा ऊर्जा की सामान्य नियमितता (normal regularity) से प्रस्थान (departures) इलेक्ट्रॉनिक दोष हैं। Spatial distribution अथवा charge के विचलन (deviations) साधारणत: ज्यामितीय अथवा संरचनीय क्रिस्टल दोषों (structural crystal defects) के साथ रहते हैं। उदाहरण के लिए, एक impurity atom, host atoms से बिलकुल भिन्न चार्ज रख सकता है तथा इसलिए, स्थानीय इलेक्ट्रॉनिक अवरोध (local electronic disturbance) को उत्पन्न कर सकते हैं। इसी प्रकार, एक vacancy अथवा interstitial को electrical-charge deviations उत्पन्न करना निश्चित है। इनके अतिरिक्त, ज्यामितीय पूर्ण लैटिस (geometrically perfect lattice) में इलेक्ट्रॉन स्वयं इस प्रकार गति कर सकता है जैसे चार्ज में local fluctuations पैदा करना। इससे अधिक, इलेक्ट्रॉन्स ऊष्मीय ऊर्जा की बदलने वाली मात्रा अवशोषित कर सकते हैं ताकि लैटिसों से होकर उनकी गति परिवर्तित होती है। ये इस प्रकार से पुकारे जाने वाले electronic imperfections ठोसों में वैद्युत चालकता तथा सम्बन्धित फिनोमेनन को स्पष्ट करने को प्राथमिक रूप से आवश्यक हैं। शायद इसका सबसे प्रसिद्ध उदाहरण धन (+ ve) तथा ऋण (– ve) चार्ज वाहकों के अर्द्धचालकों में creation है। यह प्रभाव $p-n$ junctions एवं transistors के चालन के लिए उत्तरदायी है।

4.4. बिन्दु दोषों का उत्पादन (Production of Point Defects)

ऊष्मीय साम्य में क्रिस्टल vacancies एवं interstitials की सीमित संख्या धारण करते हैं। ऊष्मीय उच्चावचन (thermal fluctuations) के द्वारा बने बिन्दु दोषों के अतिरिक्त, बिन्दु दोष क्रिस्टल में अम्य साधनों के द्वारा पैदा हो सकते हैं।

तालिका 4.1 में दिखाया गया है कि कैसे धातु में vacant lattices sites का अंश तापमान के साथ शीघ्रता से बढ़ता है। दिए तापमान पर बिन्दु दोषों की अत्यधिक संख्या पैदा करने की एक विधि उच्च तापमान से quenching (शीघ्रता से ठण्डा करना) के द्वारा है। यदि quench में तापमान में कमी काफी तेजी से की जाती है, तो उच्च तापमान पर साम्यावस्था में दोषों में कुछ निम्न तापमान पर बने हो सकते हैं।

अध्याधिक दोषों वो पैदा करने की अन्य विधि क्रिस्टल लैटिस के गम्भीर विरूपण (severe deformation) के द्वारा है, उदाहरण के लिए, हथोड़े द्वारा चोट करके (hammering) अथवा रॉलिंग (rolling) द्वारा। जबकि लैटिस अभी भी अपनी सामान्य क्रिस्टलीय प्रकृति धारण किए रहते हैं, अनेक दोष उत्पन्न होते हैं।

तालिका 4.1—धातु में साम्य रिक्तियाँ (equilibrium vacancies)

तापमान °C	रिक्त लैटिस साइटों (lattice sites) के लगभग अंश
500	1×10^{-10}
1000	1×10^{-5}
1500	1×10^{-4}
2000	3×10^{-3}

अत्यधिक बिन्दु दोषों को पैदा करने की तीसरी विधि परमाणुओं अथवा उच्च ऊर्जा कणों (high energy particles) के द्वारा external bombardment के द्वारा है, उदाहरण के लिए, एक नाभिकीय रिएक्टर (nuclear reactor) में cyclotron की beam या neutrons से। पहला कण लैटिस परमाणुओं के साथ टकराता है तथा उनको विस्थापित करता है, वहाँ पर बिन्दु दोष बनाते हुए इस ढंग से पैदा हुई संख्या तापमान पर निर्भर नहीं है, परन्तु केवल क्रिस्टल की प्रकृति पर तथा bombarding particles पर निर्भर करती है।

4.5. रेखा अपूर्णताएँ या दोष (Line Imperfections or Defects)

परमाणु व्यवस्था (atomic arrangement) में वह रेखीय विचलन (lineardisturbance) जो क्रिस्टल स्लिप तल (Slip plane) पर सरलता से गति (move) कर सकते हैं, एक **line** के रूप में एक दोष (defect) है तथा **विस्थापन या स्थानच्यूति** (dislocation) के रूप में जाना जाता है। ज्यामितिय विचार में, रेखा अपूर्णताएँ एकल विमाय

अपूर्णताएँ (one-dimensional imperfections) हैं। (परन्तु वक्र रेखाओं की दशा में द्वि-विमाय के रूप में देखी जा सकती हैं।) विस्थापन (dislocation) slip के फिनोमिनन के लिए उत्तरदायी दोष है, जिसके द्वारा अधिकतर धातुएँ प्लास्टिक रूप से (plastically) विस्थापित होती हैं। इसलिए, dislocation के विषय में सोचने का एक रास्ता यह विचार करना है कि यह क्रिस्टल के slipped तथा unslipped regions को अलग करते हुए localised lattice disturbance का क्षेत्र है। सभी विस्थापन (dislocations) महत्त्वपूर्ण लक्षण रखते हैं कि मरोड़ (distortion) विस्थापन रेखा की immediate vicinity में गम्भीर है। विभिन्न प्रकार के विस्थापन क्रिस्टलों में पाए जाते हैं। वे एक-दूसरे से तथा बिन्दु दोषों के साथ अन्तर्क्रिया करते हैं क्योंकि वे प्रतिबल क्षेत्रों (stress-fields) के द्वारा घिरे होते हैं। साधारणतया निम्न तीन प्रकार के विस्थापन (dislocation) होते हैं—

(i) छोर विस्थापन (Edge dislocation)

(ii) स्क्रू विस्थापन (Screw dislocation) तथा

(iii) मिश्रित विस्थापन (Mixed dislocation)

उपरोक्त दोनों प्रकार के विस्थापन धातु के उनके ठोसकरण (solidification) अथवा क्रिस्टलीकरण (crystallisation) के प्रोसेस में तथा मुख्य रूप से उनके विरूपण (diformation) में बनते हैं। ये विस्थापन बहुत ही उल्लेखनीय दोष हैं तथा धातुओं (metals), सिरेमिक्स या क्रिस्टलीय पॉलीमरों में तन्यता (ductility) के उपयोगी गुण के लिए उत्तरदायी हैं।

(i) छोर विस्थापन (Edge dislocations)—चित्र 4.3 में छोर विस्थापन को व्यवस्थात्मक रूप से दिखाया गया है। यह ड्राइंग के समतल (plane) के लम्बवत् एक extra half plane PQ अथवा $P'Q'$ की उपस्थिति के कारण क्रिस्टल लैटिस का स्थानीय विस्थापन (localised dislocation) है। ऐसी स्थिति में जैसा कि यह है, जहाँ एक रेखा जो छोर बनाती है, में क्रिस्टल के अन्दर लैटिस समतल समाप्त होता है, इसे **edge dislocation** नाम दिया जाता है। यह ध्यान देने की बात है कि चित्र 4.3 का विस्थापन, एक दोष प्रदर्शित करता है जो सामने (front) से पीछे (back) क्रिस्टल से होकर पूर्ण रूप से जाता है।

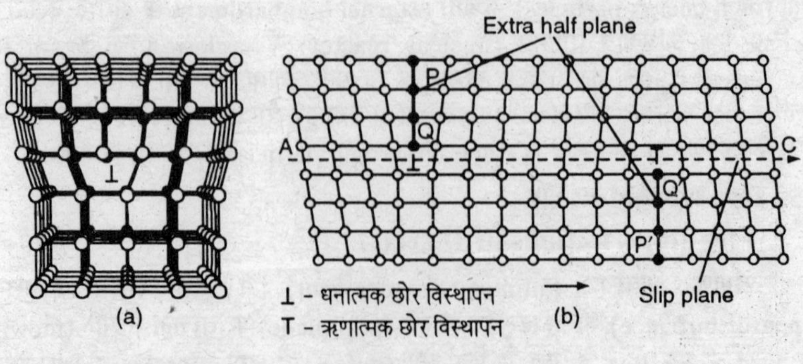

चित्र 4.3—धनात्मक तथा ऋणात्मक छोर विस्थापन।

चित्र 4.3 में यह अतिरिक्त समतल या तो (*PQ*) के ऊपर अथवा (*P'Q'*) के नीचे, dash line AC के द्वारा दिखाए गए स्लिप समतल (slip plane) हो सकता है। पहली स्थिति में, विस्थापन (*PQ*) को धनात्मक (+ ve) कहा जाता है तथा चिन्ह ⊥ के द्वारा प्रकट किया जाता है, बाद की स्थिति में, यह (*P'Q'*) को ऋणात्मक (– ve) कहा जाता है तथा चिन्ह T के द्वारा प्रकट किया जाता है, जहाँ चिन्ह में क्षैतिज रेखा (horizontal line) स्लिप समतल प्रदर्शित करती है तथा ऊर्ध्वाधर रेखा (vertical line) अपूर्ण समतल प्रदर्शित करती है।

विस्थापन का परिणाम एवं दिशा (magnitude and direction) एक vector के द्वारा जिसे **Burgers vector** जो dislocation line के लम्बवत् है, ज्ञात की जाती है।

(ii) स्क्रू विस्थापन (Screw dislocation)—दूसरा बेसिक प्रकार का विस्थापन (dislocation) स्क्रू (screw) अथवा Burger's dislocation हैं। इसमें परमाणु परस्पर लम्बवत् दो पृथक् समतलों में विस्थापित होते हैं। चित्र 4.4 में स्क्रू विस्थापन का सरल उदाहरण दिखाया गया है। समतल *ABCD* slipped area है। क्रिस्टल का ऊपरी भाग निचले भाग के सापेक्ष दायीं (right) परमाणुविक दूरी (atomic distance) के द्वारा sheared किया गया है जो चित्र में छायाकार क्षेत्रफल द्वारा दिखाया गया है। *AD* के दाएँ (right) को कोई slip नहीं हुई है तथा *AD* विस्थापन रेखा (dislocation line) है। यहाँ, dislocation, Burgers vector अथवा Shear vector के समानान्तर है। इस लैटिस दोष को screw इसलिए नाम दिया गया है क्योंकि क्रिस्टल के लैटिस समतल dislocation line *AD* को spiral करते हैं। इस spiral को बनाने में हमने बायाँ हस्त स्क्रू (left hand screw) का path बनाया है (चित्र 4.4 b)। आखिरी बिन्दु लैटिस में slip plane के

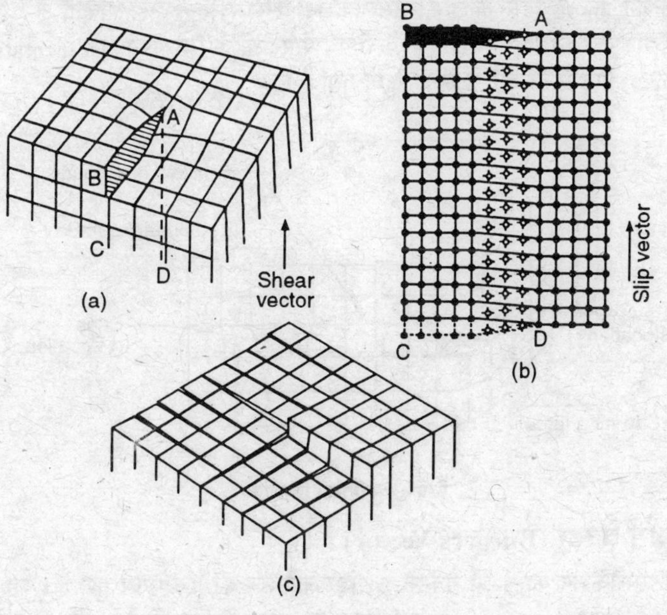

चित्र 4.4—स्क्रू विस्थापन का गठन।

समानान्तर एक समतल विस्थापित होते हुए, प्रत्येक बार एक circuit विस्थापन रेखा के चारों ओर बनता है। इसलिए, spiral staircase अथवा screw में विस्थापन के चारों ओर atomic planes व्यवस्थित होते हैं। Slip समतल के ठीक ऊपर atomic समतल में open circles परमाणु प्रदर्शित करते हैं तथा solid स्लिप समतल के ठीक नीचे समतल में solid circles हैं। Screw dislocation के बनने पर, क्रिस्टल की helical surface में लिपटा हुए एकल atom plane के बने हुए रूप में माना जाना चाहिए। छोर विस्थापन (edge dislocation) की भाँति, स्क्रू डिसलोकेशन भी दो प्रकार का होता है—

(i) दायाँ हस्त (righ hand) (ii) बायाँ हस्त (left hand) स्क्रू डिसलोकेशन। यह right hand तथा left hand स्क्रू कनवेन्शन के अनुसार ही होते हैं। दायाँ हस्त डिसलोकेशन को + चिन्ह द्वारा तथा बायाँ हस्त डिसलोकेशन को – चिन्ह द्वारा प्रदर्शित किया जाता है। चित्र 4.4 (c) में स्क्रू विस्थापन में स्लिप प्रक्रिया का एक अन्य उदाहरण दिया गया है।

(iii) मिश्रित विस्थापन (Mixed dislocation)—डिसलोकेशन अक्सर edge तथा screw डिसलोकेशन के संयोग (combination) पर विचार किए जाते हैं तथा mixed dislocation के नाम से जाने जाते हैं। Curved डिसलोकेशन रेखा (चित्र 4.5 में) के लिए बायाँ हस्त डिसलोकेशन purely स्क्रू प्रकार का है जहाँ यह क्रिस्टल में प्रवेश करता है तथा दायीं तरफ जहाँ यह क्रिस्टल को छोड़ता है, edge प्रकार का है। क्रिस्टल के अन्दर डिसलोकेशन edge तथा screw components का mixture है।

यद्यपि उपरोक्त बनाई गए तीन प्रकार की रेखा अपूर्णताएँ अध्ययन के लिए काफी हैं, real materials में और अधिक जटिल व्यवस्थाएँ घटित होती हैं। ये curved edge डिसलोकेशन, bent डिसलोकेशन, डिसलोकेशन रिंग्स (rings) हो सकती हैं। हालांकि डिसलोकेशन के सिद्धान्त एवं यान्त्रिकी के विषय में पदार्थों के विस्थापन (Deformation of Materials) पाठ में विस्तार से स्पष्ट किया गया है।

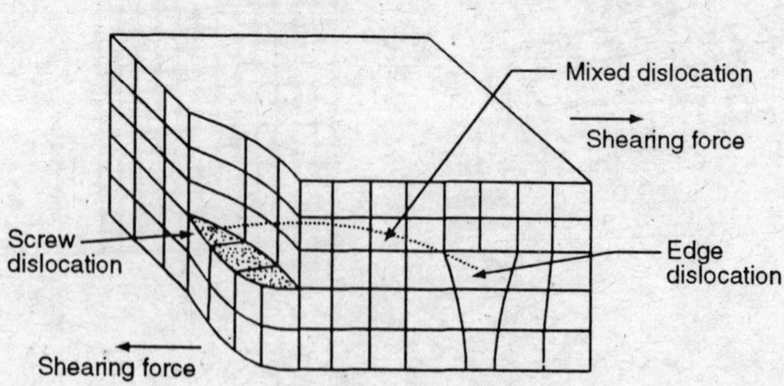

चित्र 4.5—मिश्रित विस्थापन।

4.6. बर्जर्स वेक्टर (Burgers Vector)

डिसलोकेशन का बर्जर्स वेक्टर (b) डिसलोकेशन का एक मुख्य गुण है। यह वेक्टर, स्लिप का परिमाण (magnitude) एवं दिशा को परिभाषित करता है। यदि डिसलोकेशन

रेखा का orientation तथा बर्जर्स वेक्टर ज्ञात है तो डिसलोकेशन को पूर्ण रूप से वर्णित किया जा सकता है। बर्जर्स वेक्टर से ज्ञात होता है कि स्लिप समतल के ऊपर, स्लिप समतल के निचले भाग के सापेक्ष, लैटिस कितनी तथा किस दिशा में शिफ्ट हुई है। चित्र 4.6 में छोर डिसलोकेशन को अप्लाइड बर्जर्स वेक्टर ज्ञात करने की विधि प्रदर्शित की गई है। सर्वप्रथम डिसलोकेशन के लिए स्वेच्छापूर्ण एक धनात्मक दिशा को चुनना आवश्यक है तथा तब वेक्टर ज्ञात किया जाता है जो सर्किट (तीरों की रेखा) को बन्द (close) करता है। वर्तमान स्थिति में, atom-to-atom चरणों को क्लॉकवाइज सर्किट डिसलोकेशन के वृत्ताकार समझा जाता है। यह देखा जाता है कि A सर्किट को बन्द (close) करने में असफल रहता है जब पूर्ण लैटिस B में दोहराया जाता है जब तक कि बर्जर्स वेक्टर b के बराबर बन्द वेक्टर के द्वारा पूर्ण नहीं होता है। जो डिसलोकेशन के अभिलम्ब (normal) पाया जाता है। यह वेक्टर डिसलोकेशन का बर्जर्स वेक्टर कहलाता है।

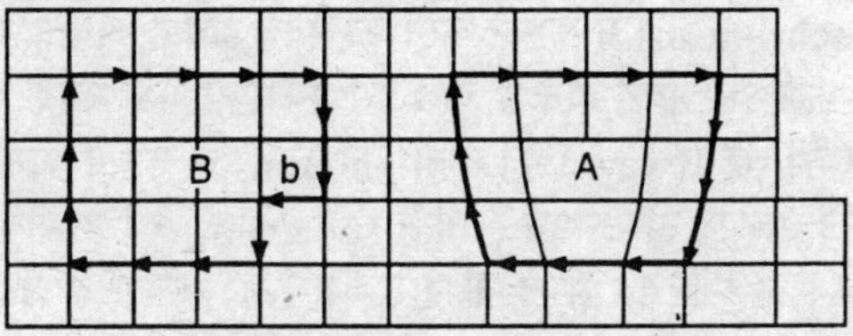

चित्र 4.6-- छोर विस्थापन के लिए बर्जर वेक्टर।

चित्र 4.7 में स्क्रू डिसलोकेशन के लिए, बर्जर्स सर्किट, बर्जर्स वेक्टर b जो डिसलोकेशन के समानान्तर है, के द्वारा सूचित मात्रा के द्वारा बन्द करने में असफल रहता है।

एक बिन्दु पर मिलने वाले उसी समतल में अनेक डिसलोकेशन के बर्जर्स वेक्टरों का बीजगणितीय योग **node** कहलाता है जो शून्य होता है। यह nodes की कुछ ज्यामिती को स्पष्ट करने को मदद करता है।

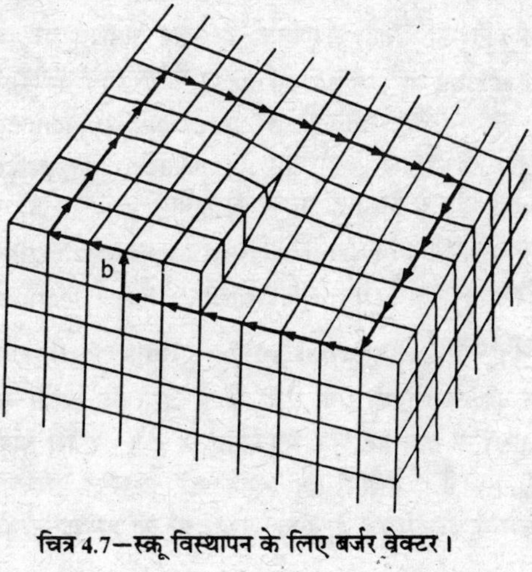

चित्र 4.7—स्क्रू विस्थापन के लिए बर्जर वेक्टर।

4.7. ऊष्मीय कम्पन (Thermal Vibrations)

गणितसम्बन्धीय पूर्ण लैटिस पर परमाणुओं को वही sites जिनसे वे बद्ध हैं, कब्जा (occupy) करना चाहिए। वास्तव में, कोई भी क्रिस्टल या ठोस पूर्ण रूप से दृढ़ (rigid) नहीं है, चूँकि उसे सीमित बलों के द्वारा विरूपित किया जा सकता है। अतः, परमाणुओं को उनकी ideal sites से ऊष्मीय कम्पनों (thermal vibrations) के कारण ऊर्जा के निश्चित खर्चे के साथ विस्थापित करना सम्भव है। कम्पन की आवृत्ति (frequency) तापमान के लगभग अनाश्रित है, परन्तु आयाम (amptitude) में तापमान वृद्धि के साथ, वृद्धि होती है। जब कम्पन काफी strong होते हैं, तब परमाणु उनके मध्य बन्धों (bonds) को तोड़ सकते हैं तथा यह ठोस के वास्तव में पिघलने (melting) तथा तरल होने (becoming liquid) के सदृश्य है, संगत तापमान (corresponding temperature) गलन तापमान (melting temperature) है। चूँकि परमाणु एक-दूसरे के साथ अन्तर्क्रिया (interact) करते हैं, वे समकालीकरण (synchronism) में कम्पन करने को प्रवत्त होते हैं, अर्थात्, परमाणुओं के समूह उसी दिशा में गति करने को प्रवत्त होते हैं, कुछ इस प्रकार से जैसे समुद्र पर लहरें करती हैं। चूँकि विशिष्ट प्रकार की लहर (wave) की ऊर्जा phonons के रूप में जानी जाने वाली यूनिट में मापी जा सकती है, सम्पूर्ण ठोस नमूने (solid specimen) की ऊष्मीय ऊर्जा (thermal energy) phonons के निश्चित संग्रह के द्वारा बिल्कुल सरलता से प्रदर्शित की जाती है, जिसमें प्रत्येक को विशेष प्रकार के 'particle' के रूप में चित्रांकन किया जाता है।

ठोस के परमाणुओं के ऊष्मीय कम्पन महत्त्वपूर्ण हैं क्योंकि यह क्रिस्टल की पूर्णतः (perfection) को गम्भीर रूप से विघ्न नहीं पहुँचाते हैं। प्रत्येक परमाणु अपनी उचित स्थिति में, औसत पर होता है। प्रत्येक परमाणु, इसलिए, लगभग उचित दूरी पर निकटतम neighbours की आवश्यक संख्या रखता है।

4.8. सतह अपूर्णताएँ या दोष (Surface Imperfections or Defects)

संरचनीय प्रकृति की सतह अपूर्णताएँ या दोष बाउण्ड्री पर या त्रिर्यक परमाणुविक समतलों के पुंज (stacking of atomic planes) में परिवर्तन से पैदा होते हैं। यह परिवर्तन orientation से एक अथवा समतलों के stacking sequence का हो सकता है। ज्यामितीय कल्पना में सतह अपूर्णताएँ (surface imperfections) द्वि-विमाय (two-dimensional) हैं। ये निम्न दो प्रकार की होती हैं—

(i) बाह्य सतह अपूर्णताएँ (External Surface Imperfections)

(ii) आन्तरिक अपूर्णताएँ (Internal Surface Imperfections)

(i) बाह्य सतह अपूर्णताएँ (External Surface Imperfections)

बाह्य प्रकार की अपूर्णताएँ ठीक वैसी ही हैं जैसा कि इसके नाम से पता चलता है, बाउण्ड्री (boundary) के द्वारा प्रदर्शित अपूर्णताएँ या दोष। सबसे स्पष्ट बाउण्ड्री बाह्य सतह (external surface) है। यद्यपि हम सतह को क्रिस्टल संरचना के सरल सीमान्त (terminus) के रूप में देख सकते हैं, हमको इस तथ्य की प्रसंशा करनी चाहिए कि सतह पर

परमाणुओं की क्रिस्टल के अन्दर परमाणुओं के साथ तुलना नहीं हो सकती है। सतह परमाणु केवल एक side पर neighbours रखते हैं, जबकि क्रिस्टल के अन्दर परमाणु उनके किसी भी तरफ neighbours रखते हैं। यह चित्र 4.8 में दिखाया गया है। चूँकि ये सतह परमाणु दूसरों के द्वारा पूर्ण रूप से घिरे हुए नहीं होते हैं, वे आन्तरिक परमाणुओं की तुलना में उच्चतर ऊर्जा धारण करते हैं। सतह परमाणु की यह ऊर्जा, अधिकतर धातुओं के लिए, 1 J/m^2 क्रम की होती हैं।

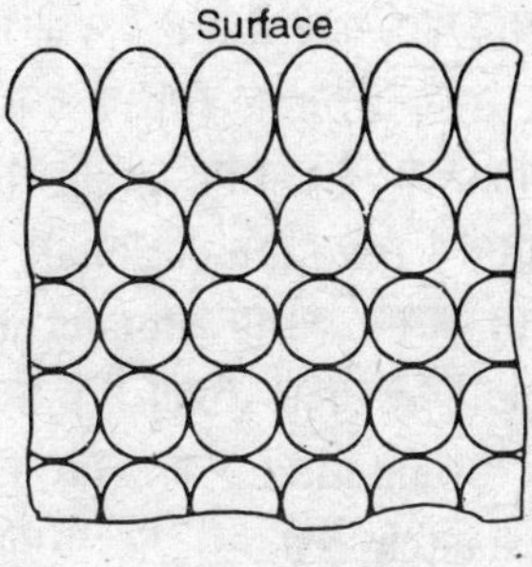

चित्र 4.8—बाह्य सतह दोष।

(ii) आन्तरिक सतह अपूर्णताएँ या दोष (Internal Surface Imperfections or Defects)

आन्तरिक सतह अपूर्णताएँ निम्न दोषों के रूप में व्यक्त की जाती हैं—

(अ) ग्रेन बाउण्ड्रिज (Grain boundaries)

(ब) टिल्ट बाउण्ड्रिज (Tilt boundaries)

(स) युग्मक बाउण्ड्रिज (Twin boundaries) तथा

(द) स्टेकिंग दोष (Stacking faults)

(अ) ग्रेन बाउण्ड्रिज (Grain boundaries)—टकराने वाले क्रिस्टल के बीच बाउण्ड्री क्रिस्टल अथवा ग्रेन बाउण्ड्रिज (crystal or grain boundaries) कहलाती हैं। ग्रेन बाउण्ड्रिज वे सतह अपूर्णताएँ हैं जो nucleation अथवा crystallization के दौरान polycrystalline aggregation में भिन्न उदगामिता (orientation) के क्रिस्टल अथवा grains को पृथक् करती है।

ग्रेन का आकार surrounding grains की उपस्थिति के द्वारा प्राय: प्रभावित होता है। दो randomly oriented grains में, boundary atoms, इसलिए surrounding atoms का पूर्ण पूरक भाग नहीं रख सकते हैं। इसके परिणामस्वरूप, परिवर्तन का क्षेत्र (region of transition) विद्यमान रहता है जिसमें atomic packing अपूर्ण (imperfect) है। देखिए चित्र 4.9। बाउण्ड्री में जहाँ क्रिस्टल्स अथवा ग्रेन्स अप्रत्याशित रूप से परिवर्तित होते हैं, पड़ोसी ग्रेन्स के बीच orientation difference10–15° से अधिक है, तथा बाउण्ड्री **high angle grain boundaries** के रूप में जानी जाती है। त्रि-विमीय (three-dimensions) में, यह परिवर्तन (transition) ग्रेन्स को अलग करने वाली सतह के तिर्यक उत्पन्न होता है। ग्रेन बाउण्ड्री में यह अपूर्णता एक पारदर्शी क्रिस्टलीय पदार्थ में वे प्रकाश को फैला सकते हैं, तथा एक अपारदर्शी पदार्थ में वे रासायनिक रूप से etch हो सकते हैं, के लिए, उनमें देखने को सूक्ष्मदर्शी को समर्थ करती हैं। हालांकि, दो क्रिस्टलों के बीच बाउण्ड्री पर transition region में, परमाणु एक-दूसरे पर पड़ोस (neighbours) से बलों के

विपरीत कार्य करते हैं तथा वे न तो क्रिस्टल से जुड़ सकते हैं, तथा, इसलिए एक समाधान स्थिति लेते हैं यद्यपि, grain boundry द्वि-विमीय (two-dimensional) है, यह 2 से 10 अथवा अधिक atomic distances की निश्चित मोटाई रखता है। संलग्न ग्रेन्स की orientation का खराब मिलान (mismatch) बाउण्ड्री पर परमाणुओं की कम दक्ष पेकिंग (less efficient packing) उत्पन्न करता है। इस प्रकार बाउण्ड्री के अनुदिश (along) परमाणु ग्रेन्स के अन्दर की तुलना में उच्चतर ऊर्जा रखते हैं।

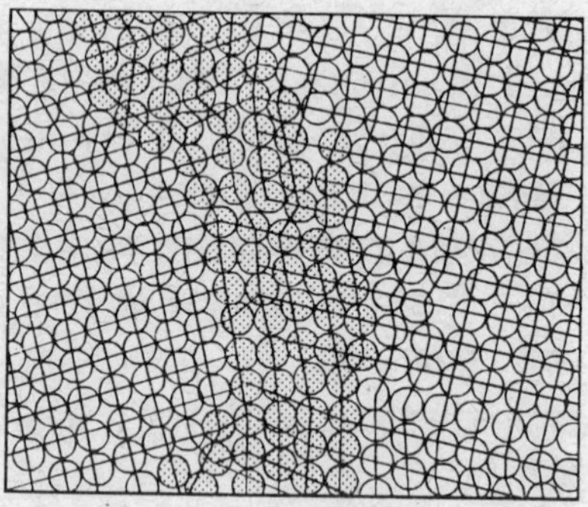

चित्र 4.9—दो ग्रेनों के बीच बाउण्ड्री।

दो क्रिस्टलों के मध्य बाउण्ड्री जो भिन्न क्रिस्टलीय व्यवस्थाएँ (crystalline arrangements) अथवा भिन्न संगठन (compositions) रखती हैं, एक **interphase boundary** अथवा सामान्यतया एक **interface** कहलाती है।

(ब) झुकी बाउण्ड्रियाँ (Tilt boundaries)—दूसरी सतह अपूर्णता tilt boundary है। यह low-angle boundary कहलाती है, क्योंकि दो पड़ोसी क्रिस्टलों के बीच orientation difference 10° से कम है। यह इसलिए है क्योंकि बाउण्ड्री में विरूपता (disruption) इतनी घातक (drastic) नहीं है जितनी कि high-angle boundary में है।

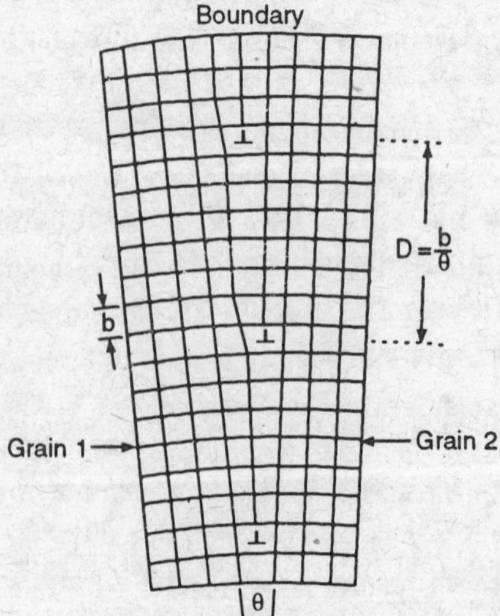

चित्र 4.10—झुकी बाउण्ड्री।

साधारणतः, low-angle boundaries को dislocation के उचित arrays द्वारा वर्णित किया जा सकता है। देखिए चित्र 4.10। एक low-angle tilt boundary, बाउण्ड्री में एक-दूसरे के ऊपर लेटते हुए edge dislocation की बनी होती है। Angle अथवा tilt $\theta = \frac{b}{D}$ होगा, जहाँ b Burger's vector का परिमाण है तथा D dislocations के बीच औसत लम्बवत् दूरी है।

(स) युग्मक बाउण्ड्रियाँ (Twin boundaries)—सतह अपूर्णताएँ जो दो orientations, जो एक-दूसरे की दर्पण छाया (mirror image) हैं, को अलग करती हैं, **twin boundaries** कहलाती हैं। पदार्थ का आयतन जो एक orientation रखता है, जो matrix orientation की mirror image है, **twin** कहलाता है। Twins क्रिस्टल की उत्पत्ति के दौरान अस्तित्व में आ सकता है अथवा वे पदार्थों की विरूपता (diformetion) के दौरान आ सकते हैं। Recrystallisation के प्रोसेस के दौरान बने twins, annealing twins हैं तथा जो प्लास्टिक विरूपता के दौरान बनते हैं, deformation twins कहलाते हैं। Twin boundary के समानान्तर कर्तन (Shear) twin पैदा कर सकती है जैसा चित्र 4.11 में दिखाया गया है, विशेष रूप से यदि slip उस दिशा में आरम्भ करने (initiate) अथवा विस्तार करने (propagate) को कठिन है। चित्र 4.11 में बिन्दुदार रेखाएँ (dashed lines) ठोस रेखाओं के बाद twinning के पूर्व लैटिस प्रदर्शित करती है।

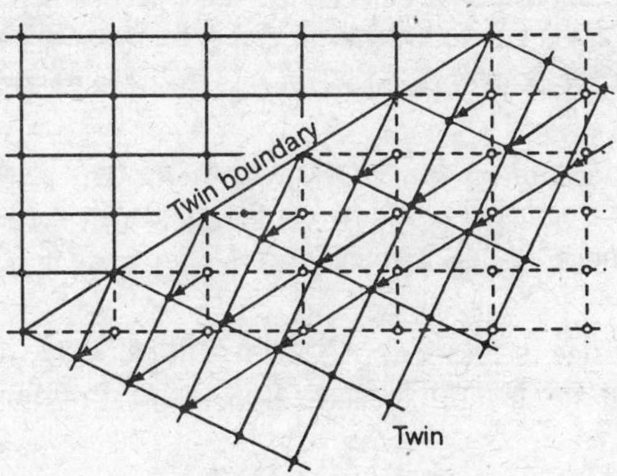

चित्र 4.11—युग्मक बाउण्ड्री।

The dashed lines represent the lattice before twinning, the solid lines after.

(द) स्टेकिंग दोष (Stacking fault)—Staking fault एक सतह अपूर्णता है जो दूसरे तल पर क्रम के बाहर एक परमाणुविक समतल (atomic plane) के stacking से उत्पन्न होता है। जबकि दोष (fault) के किसी भी तरफ लैटिस पूर्ण (perfect) होती है। उदाहरण के लिए एक आदर्श fcc क्रिस्टल में, stacking sequence को ABC ABC ABC ... के रूप में वर्णित किया जा सकता है। परन्तु stacking दोष ABC AC ABC ..

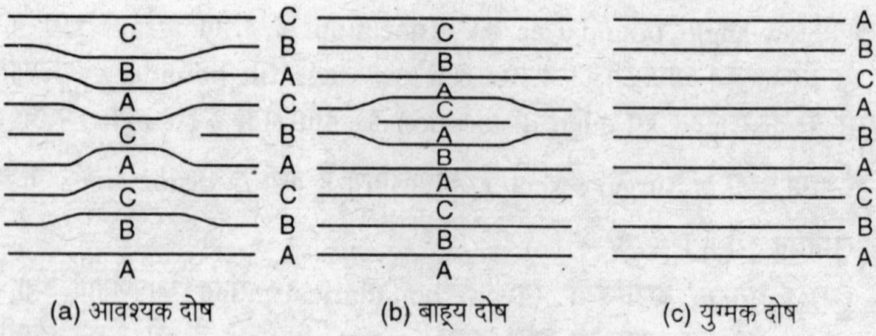

चित्र 4.12—स्टेकिंग क्रमों में दोष।

को क्रम बदल सकता था। FCC क्रिस्टल्स के stacking क्रम में दोष (faults) चित्र 4.12 में दिखाए गए हैं।

4.9. शब्दावली (Glossary)

बर्जर्स वेक्टर (Burgers vector)—दूरी (distance) या परिमाण (magnitude) एवं दिशा जो dislocation प्रत्येक पद में चलता है, बर्जर्स वेक्टर कहलाता है। यह वेक्टर, स्लिप की मात्रा तथा दिशा को परिभाषित करता है। इसे slip vector भी कहते हैं। बर्जर्स वेक्टर से ज्ञात होता है कि slip समतल के ऊपर slip समतल के निचले भाग के सापेक्ष लैटिस कितनी तथा किस दिशा में shift हुई है।

संघटनल दोष (Compositional defects)—संघटनल दोष मूल क्रिस्टलीकरण के दौरान अशुद्ध परमाणुओं से पैदा होते हैं। पूर्ण लैटिस में दोषों के रूप में माने जाने वाले अशुद्ध परमाणु अधिकतर अर्द्धचालक डिवाइसों (semi-conductor devices) की कार्यशीलता के लिए उत्तरदायी है।

विस्थापन (Dislocation)—यह क्रिस्टलीय पदार्थ में रेखा अपूर्णता (line imperfection) है। यदि परमाणुओं का समतल एक क्रिस्टल से होकर केवल partway करता है, इस प्रकार के समतल की edge रेखा दोष (line defect) के रूप में dislocation कहा जाता है।

छोर विस्थापन (Edge dislocation)—क्रिस्टल में परमाणुओं के एक extra 'half plane' के जोड़ने के द्वारा जारी किया गया विस्थापन (dislocation) छोर विस्थापन (edge dislocation) कहलाता है।

इलेक्ट्रॉनिक दोष (Electronic defects)—ठोसों में charge distribution में त्रुटियाँ electronic defects कहलाता है। इसका यह अर्थ नहीं है कि यूनिट सैल के आयतन के अन्तर्गत चार्ज की uniformity से deviation defects हैं।

फ्रेकेल दोष (Frenkel defects)—जब कोई धन (+ve) आयन किसी लैटिस बिन्दु को छोड़कर क्रिस्टल में interstitialey ग्रहण कर लेता है तब यह फ्रेंकल दोष कहलाता है।

ग्रेन बाउण्ड्री (Grain boundary)—टकराने वाले क्रिस्टल के बीच बाउण्ड्री क्रिस्टल अथवा ग्रेन बाउण्ड्री कहलाती है। ग्रेन बाउण्ड्री सतह अपूर्णता (surface imperfection) है।

अन्तर्फेज बाउण्ड्री (Interphase boundary)—दो क्रिस्टलों के बीच बाउण्ड्री जो भिन्न क्रिस्टलीय व्यवस्थाएँ (crystalline arrangements) अथवा भिन्न composition रखती है, एक interphase boundary अथवा सामान्यतया एक interface कहलाती है।

Interstitial Defects—यह बिन्दु दोष (point defect) है जो पैदा होता है जब एक विदेशी परमाणु को लैटिस में unoccupied site के अभिलम्ब प्रवेश कराया जाता है।

रेखा दोष (Line defects)—परमाणुविक व्यवस्था का रेखीय disturbance जो क्रिस्टल से होकर slip plane पर आसानी से हो सकता है, रेखा दोष या अपूर्णता अथवा dislocation कहलाता है। यहं एक विमीय दोष है तथा बहुत महत्त्वपूर्ण क्रिस्टल अपूर्णता है।

मिश्रित विस्थापन (Mixed dislocation)—एक विस्थापन (dislocation) जो आंशिक छोर घटक (partly edge components) तथा आंशिक स्क्रू घटक (partly screw components) रखता है।

बिन्दु दोष (Point defects)—बिन्दु दोष पृथक् किए गए लैटिस बिन्दुओं (isolated lattice point) पर लैटिस त्रुटियाँ हैं।

Schottky defect—यदि एक आयनिक क्रिस्टल में धन (+ ve) तथा एक ऋण (– ve) आयन द्वारा लैटिस छोड़ने पर दो रिक्त स्थान उत्पन्न करते हैं तब इस प्रकार के vacant sites के pair Schottky defects कहलाते हैं।

स्क्रू डिसलोकेशन (Screw dislocation)—एक डिसलोकेशन जो एक क्रिस्टल के screwing के द्वारा उत्पन्न होता है ताकि एक atomic plane डिसलोकेशन के चारों ओर एक spiral ramp पैदा करता है।

स्केटिंग दोष (Stacking fault)—यह एक सतह अपूर्णता है जो दूसरे तल पर क्रमहीन एक atomic plane के stacking से उत्पन्न होती है जबकि fault के किसी तरफ लैटिस पूर्ण है।

सतह दोष (Surface defects)—संरचनीय प्रकृति की सतह अपूर्णताएँ या दोष बाउण्ड्री पर या तिर्यक stacking of atomic plane में परिवर्तन से पैदा होते हैं। ये द्वि-विमीय (two dimensional) हैं। यह बाह्य एवं आन्तरिक सतह अपूर्णता होती हैं।

Tilt Boundary—यह low angle बाउण्ड्री कहलाती है, क्योंकि दो पड़ोसी क्रिस्टलों के बीच orientation difference 10° से कम है। यह edge dislocation के array compose होती है।

युग्मक बाउण्ड्री (Twin boundary)—सतह अपूर्णताएँ जो दो orientations जो एक-दूसरे की mirror-image है, को अलग करती हैं, twin boundaries कहलाती हैं।

Twinning—यह लैटिस में परमाणुओं का movement है जो दो भागों, जो समिति हैं परन्तु भिन्न रूप से oriented हैं में लैटिस के division में फलित होता है।

रिक्ति (Vacancy)—यह सबसे सरल बिन्दु दोष (point defect) है। यह missing atom या vacant atomic site से सम्बन्धित है। यह original crystallisation के दौरान अपूर्ण पेकिंग से अथवा उच्च तापमान पर अणुओं के thermal vibrations से पैदा हो सकते हैं।

अभ्यासमाला (Exercise)

1. ठोस या क्रिस्टल की अपूर्णताओं (imperfections) से आप क्या समझते हैं ? उनकी ज्यामिती के क्रम में वर्गीकरण कीजिए।
2. पदार्थों में ठोस अपूर्णताओं (solid imperfections) की उपस्थिति के प्रभावों के विषय में विवेचना कीजिए।
3. Edge तथा Screw डिसलोकेशन के बीच भेद (difference) स्पष्ट कीजिए।

   (AMIE, Summer 2006)
4. बर्जर्स वेक्टर (Burgers Vector) क्या है ? यह कहाँ तथा क्यों प्रयोग किया जाता है ?

   (AMIE, Summer 2005)
5. उच्च कोण (high angle) तथा निम्न कोण (low angle) बाउण्ड्री के बीच भेद बताइए तथा पदार्थों पर उनका सापेक्ष प्रभाव बताइए।
6. Twin तथा twin boundary क्या है ?
7. एक FCC संरचना (structure) में stacking fault का चित्र बनाइए।
8. डिसलोकेशन (dislocation) को परिभाषित कीजिए। तीन प्रकार के डिसलोकेशन के विषय में संक्षेप में बताइए।
9. निम्न पर संक्षिप्त टिप्पणी लिखिए—
   (i) Vacancies
   (ii) Schottky defect
   (iii) Frankel defect
   (iv) Interstitial impurity
10. बिन्दु दोषों (point defects) के उत्पादन पर संक्षिप्त में लिखिए।
11. निम्न पर संक्षिप्त टिप्पणी लिखिए—
    (i) बिन्दु दोष (Point defects)
    (ii) रेखीय दोष (Line defects)
    (iii) सतह दोष (Surface defects)
    (iv) तापीय कम्पन (Thermal vibrations)
12. Di-vacancies एवं interstitials, Schottky तथा Frenkel दोष में चित्र द्वारा अन्तर स्पष्ट कीजिए।
13. संघटनल (compositional) दोषों तथा इलेक्ट्रॉनिक दोष के विषय में संक्षिप्त में स्पष्ट कीजिए।
14. निम्न में अन्तर बताइए—
    (i) छोर (edge) तथा स्क्रू डिसलोकेशन
    (ii) Schottky तथा Frankel defects **(AMIE, Winter 2005)**
    (iii) बाह्य (external) तथा आन्तरिक (internal) सतह अपूर्णताएँ।

●

5

ठोसों में डिफ्यूजन
(Diffusion in Solids)

5.1. परिचय (Introduction); 5.2. डिफ्यूजन का सिद्धान्त, स्वतः डिफ्यूजन (theory of diffusion, self diffusion); 5.3. डिफ्यूजन गुणांक—फिक नियम (Diffusion Coefficient : Fick's law); 5.4. फिक का डिफ्यूजन का दूसरा नियम (Fick's Second law of diffusion); 5.5. डिफ्यूजन की यन्त्रावली (mechanism of diffusion); 5.6. डिफ्यूजन के लिए सक्रियता ऊर्जा (Activation energy for diffusion); 5.7. डिफ्यूजन के अनुप्रयोग (application of diffusions); 5.8. पॉलीमर्स में डिफ्यूजन (diffusion in polymers); 5.9. डिफ्यूजन गुणांक का प्रायोगिक अभिप्राय (Experimental determination of diffusion coefficient); 5.10. शब्दावली (glossary), अभ्यासमाला (exercises)।

5.1. परिचय (Introduction)

पिछले अध्यायों में हमने देखा है कि कोई दिया हुआ परमाणु इससे निर्दिष्ट एक विशेष lattice site रखता है। क्रिस्टल लैटिस पर इसकी मध्यम स्थिति के चारों ओर ऊष्मीय कम्पन (Thermal vibration) से एक ओर, परमाणु को गति न करते हुए माना गया था। वास्तविक तथ्य में, हालाँकि, परमाणु अधिक स्वतन्त्रता रखते हैं तथा वे एक लैटिस से दूसरे तक गति करते हैं। **परमाणुओं की इस गति (movement) अथवा उत्प्रवास (migration) को विस्तृतीकरण (diffusion) कहते हैं।** Diffusion ठोसों में परमाणुओं अथवा अन्य किस्मों की एक अवलोकनीय गति (movement) को संदर्भित है। जैसे पहाड़ों से पानी अपनी गुरुत्वीय स्थितिज ऊर्जा (gravitational potential energy) को कम करने को समुद्र की तरफ बहता है। संक्षेप में, परमाणुओं तथा अणुओं का नई स्थिति को बदलना सम्मिलित करते हुए एक महत्त्वपूर्ण भौतिक प्रक्रम, diffusion है। विस्तृतीकरण (diffusion) phase परिवर्तन को आवश्यक है तथा ऊष्मा उपचार (heat treatment) में महत्त्वपूर्ण है। यह अनेक प्रक्रमों को मूल (basic) है जैसे sintering powders द्वारा दृढ़ वस्तुओं (strong bodies) के इस्पात उत्पादन की case hardening, कास्टिंग्स की समानता (homogenization) तथा अन्य औद्योगिक संक्रियाएँ (industrial operations) इत्यादि।

5.2. डिफ्यूजन का सिद्धान्त—स्वतः डिफ्यूजन (Theory of diffusion : Self diffusion)

Diffusion का उद्देश्य सरलता से समझा जा सकता है। यह सरलता से है कि ठोस में परमाणु पड़ौसी स्थिति (neighbouring position) को संरचना में एक स्थिति से लगातार

jumping करते हैं। शुद्ध धातु में सभी परमाणु समरूप (alike) होते हैं। इसलिए diffusion का कोई सबूत प्राप्त करना कठिन है। हालाँकि, यदि प्रश्न में धातु के radioactive isotopes होने के गुण के द्वारा निश्चित परमाणु विभेदनीय हैं, तब यह self diffusion की दर, जिस पर परमाणु अपनों के बीच diffuse करते हैं, को मापना सम्भव है।

विशेष परमाणु गति (individual atomic movements) तथा diffusion के मध्य सम्बन्ध (relationship) उसी प्रकार के सामान्य परमाणुओं के बीच radioactive atoms के movement के लिए चित्र 5.1 में प्रदर्शित किया गया है। चित्र 5.1 (a) में radioactive परमाणुओं के समान घनत्व अथवा concentration c_1 रखते हुए एक केन्द्रीय क्षेत्र (central region) तथा दो संलग्न क्षेत्रों (adjoining regions) के प्रारम्भिक रूप से केवल अभिलम्ब परमाणुओं (normal atoms) तथा कोई radioactive atoms नहीं रखते हुए दिखाया गया है। अब परमाणुओं में प्रत्येक अपनी स्थिति से पड़ौसी स्थिति (neighbouring positions) में से एक को गति करने अथवा jump करने को प्रवत्त होंगे। प्रति परमाणु एक jump के एक औसत के बाद, परमाणुओं का distribution चित्र 5.1 (b) के अनुसार हो सकता है। Radioactive परमाणुओं की दशा में, उदाहरण के लिए, प्रत्येक कालम में प्रारम्भ में इस प्रकार के चार परमाणु थे [चित्र 5.1 (a)] तथा प्रत्येक परमाणु ऊपर, नीचे, बाएँ अथवा दाएँ jump करने की सम्भावना रखते थे।

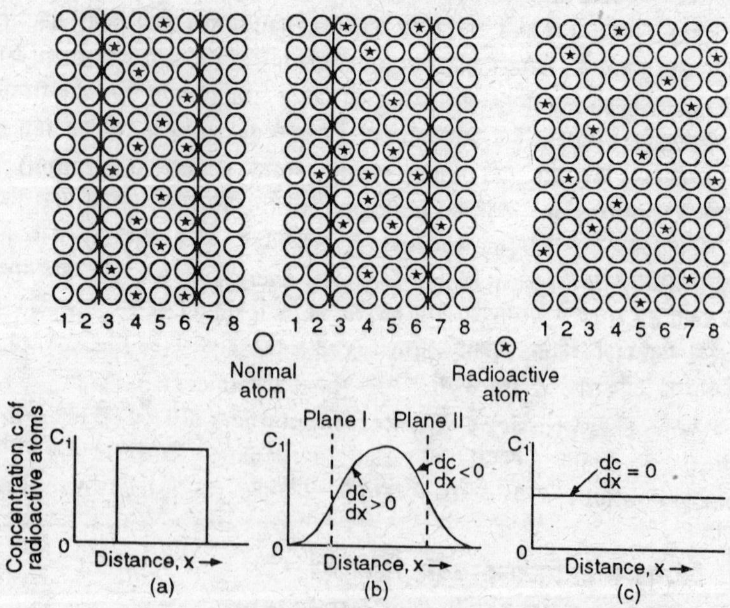

चित्र 5.1—धातुओ में स्वतः डिफ्यूजन

(a) condition before diffusion (b) Condition after one jump per atom (brief diffusion) (c) Uniform condition by prolonged diffusion.

चित्र 5.1 में नीचे खींचे गए संकेन्द्रण वक्र (concentration curves) diffusion प्रक्रम में तीन अवस्थाओं के लिए specimen से होकर रेडियोएक्टिव परमाणुओं के distribution के लिए दशा (condition) दिखलाते हैं। चित्र 5.1 (a) में concentration curve, डिफ्यूजन से पूर्व की दशा दिखाता है। जबकि चित्र 5.1 (b) एक jump प्रति परमाणु के बाद की condition दिखाता है, अर्थात् अल्प डिफ्यूजन के बाद (after brief diffusion)। चित्र 5.1 (c) prolong diffusion के द्वारा उत्पन्न अभिन्न दशा (uniform condition) दिखाता है। यद्यपि परमाणु तब पूर्व की भाँति jump करना जारी रखते हैं, concentration curve में कोई परिवर्तन नहीं होता है तथा concentration curve में परिवर्तन के रूप में diffusion अवलोकन करना अधिक समय के लिए सम्भव नहीं है।

चित्र 5.1 में दिखाए गए self diffusion का विवरण ठोस घोल (solid solution) के अन्तर्गत solute atoms की उपस्थिति को भी लागू हो सकता है। उदाहरण के लिए, यदि निकिल (Nickel) को कॉपर की सतह पर लेपित किया जाता है तो परमाणुविक डिफ्यूजन को ऊँचे उठे तापमानों पर काफी समय बाद कॉपर के अन्तर्गत nickel homogenization परिणाम होना चाहिए। हालाँकि, कॉपर में concentration gradient के नीचे nickel diffusion की दर निकिल की तुलना में अधिक होती है, क्योंकि कॉपर परमाणुओं के बीच निकिल परमाणुओं को गति देने को आवश्यक activation ऊर्जा निकिल परमाणुओं के बीच निकिल परमाणुओं को गति देने को आवश्यक की तुलना में कम है। यह विभेद (difference) समझा जा सकता है क्योंकि कॉपर को निम्न गलन तापमान (1083°C v/s 1455° निकिल के लिए) सूचित करता है कि Cu-Cu बाण्ड Ni-Ni बाण्डों की तुलना में कमजोर है।

तापमान के अतिरिक्त, अन्य फेक्टर जो diffusion दर को प्रभावित करते हैं, concentration gradient, crystal structure, impurities तथा धातु के grain size इत्यादि है।

यह प्रायोगिक रूप से पाया गया है कि डिफ्यूजन दर प्रत्यक्ष रूप से concentration gradient, जो driving force के जैसे कार्य करती है तथा परमाणुओं के स्थानान्तरण (transfer) के लिए उपलब्ध क्षेत्रफल (area), पर निर्भर करती है। किसी निश्चित क्रस्टल संरचना में परमाणुओं की लैटिस व्यवस्था अन्यों की तुलना में अधिक open है तथा यह प्राकृतिक रूप से डिफ्यूजन दर को प्रभावित करती है।

5.3. डिफ्यूजन गुणांक—फिक्स नियम (Diffusion coefficient : Fick's Law)

चित्र 5.1 में concentration curves प्रदर्शित करते हैं कि concentration gradient dc/dx ज्ञात करता है कि अवलोकन योग्य डिफ्यूजन होता है अथवा नहीं। इस प्रकार यहाँ $\frac{dc}{dx} = 0$, जैसा कि चित्र 5.1 (c) में है, डिफ्यूजन नहीं होता है। हालाँकि चित्र 5 .1 (b) के भाग में जहाँ dc/dx धनात्मक ($dc/dx > 0$) है; ऋणात्मक x-दिशा में समतल I के अन्वायाम रेडियोएक्टिव परमाणुओं का समग्र बहाव (net flow) होता है, जबकि जहाँ dc/dx ऋणात्मक ($-ve$) है, net flow धनात्मक x-दिशा ($+ ve$ x-direction) में है।

Concentration gradient तथा x-दिशा में डिफ्यूजन के द्वारा ले जाए गए पदार्थ की मात्रा के मध्य परिमाणात्मक सम्बन्ध (quantitative relation) फिक (Fick) के डिफ्यूजन के प्रथम नियम (Fick's first law of diffusion) द्वारा दिया जाता है। यह कथन करता है कि

$$dn = -D\frac{dc}{dx}A\,dt$$

अथवा

$$\frac{dn}{dt} = -DA\frac{dc}{dx} \quad ...(5.1)$$

जहाँ dn धातु के किग्रा की संख्या (number of kilograms of metal) है जो डिफ्यूजन की दिशा के लम्बवत् समतल को cross करती है, D को डिफ्यूजन गुणांक (diffusion coefficient) अथवा diffusivity कहते हैं तथा सिस्टम का स्थिर लक्षण (constant characterstic) है। D का मान विचार किए गए तत्त्व तथा अन्य फेक्टरों पर निर्भर करता है। A समतल, जिसके तिर्यक डिफ्यूजन होता है, का मी॰^{2} में क्षेत्रफल है तथा dt सेकण्ड में समय है जिसके दौरान डिफ्यूजन होता है। ऋणात्मक चिन्ह (– *ve* sign) सूचित करता है कि पदार्थ का बहाव concentration gradient के नीचे होता है।

परिभाषानुसार, flux J प्रति इकाई समय, प्रति इकाई अनुप्रस्थ काट क्षेत्रफल बहाव हैं इसलिए फिक का डिफ्यूजन का प्रथम नियम निम्नानुसार लिखा जा सकता है—

$$J = -\frac{1}{A}\frac{dn}{dt} = -D\frac{dc}{dx} \quad ...(5.2)$$

यह वर्णन करता है कि पदार्थ की मात्रा (amount of material), अर्थात्, इकाई समय में इकाई सतह के तिर्यक गति करता हुआ फ्लक्स J, concentration gradient dc/dx के समानुपाती है।

x की units मीटर्स (metres) है तथा C की किग्रा/मी^{3} हैं। उपरोक्त समीकरण (5.1) को निम्न प्रकार लिखा जा सकता है—

$$\frac{\text{परमाणु (atoms)}}{\text{मी॰}^2/\text{से॰}} = \frac{(\text{मी॰}^2/\text{से॰})\,(\text{atoms/मी॰}^3)}{\text{मी॰}} \quad ...(5.3)$$

5.4. फिक का डिफ्यूजन का दूसरा नियम (Fick's Second Law of diffusion)

यह समय (time) के साथ concentration में परिवर्तन से सम्बन्धित है। यह वर्णन करता है कि

$$\frac{dc}{dt} = D\left(\frac{d^2c}{dx^2}\right) \quad ...(5.4)$$

समीकरण (5.4) को इस प्रकार लिखा जा सकता है—

$$c\,(x, t) = A - B\cdot fer\left[\frac{x}{2\sqrt{Dt}}\right] \quad ...(5.5)$$

जहाँ $fer\,(x/2\sqrt{Dt})$ विशेष function है जिसे error function कहते हैं तथा A एवं B स्थिरांक है।

इस नियम से यह समझना सरल है कि homogenization की अन्तिम अवस्थाएँ क्यों धीमी (slow) हैं। देखिए चित्र 5.1।

विभिन्न Argument values के लिए error function के मान तालिका 5.2 में दिए गए हैं। समीकरण 5.5 में स्थिरांक A एवं B प्रारम्भिक शर्तों को तय करके ज्ञात किए जाते हैं। ठोस जिसमें डिफ्यूजन होता है, लम्बी छड़ के रूप में होती है। छड़ का एक सिरा diffusing atoms (called solute) को exposed किया जाता है। माना c_s solute की विशेष concentration है तथा c_0 प्रारम्भिक concentration है। $c\,(x, 0) = c_0$, अर्थात् छड़ में solute की प्रारम्भिक concentration छड़ की लम्बाई के uniform है। तथा $c\,(0, t) = c_s$ अर्थात् डिफ्यूजन के दौरान अन्त में concentration स्थिर रखी जाती है।

इन शर्तों का प्रयोग करते हुए

$$c\,(x, 0) = c_0 = A - B \qquad [\text{चूँकि } fer\,(\infty) = 1] \qquad ...(5.6)$$

$$c\,(0, t) = c_s = A \qquad [fer\,(0) = 0] \qquad ...(5.7)$$

समीकरण (5.6), (5.7) से,

$$B = c_s - c_0$$

अथवा

$$\frac{c\,(x, t) - c_0}{c_s - c_0} = 1 - fer\left[\frac{x}{2\sqrt{Dt}}\right] \qquad ...(5.8)$$

डिफ्यूजन गुणांक (diffusion coefficient) solute परमाणुओं की प्रकृति के साथ, ठोस संरचना (solid structure) की प्रकृति के साथ तथा तापमान में परिवर्तन के साथ परिवर्तित होता है। तालिका 5.1 में इसके अनेक उदाहरण दिए गए हैं। तालिका 5.1 में सूचीबद्ध अनेक मानों (values) के लिए कुछ कारण इस प्रकार हैं—(1) उच्चतर ऊष्मीय ऊर्जाएँ तथा इसलिए, परमाणुओं के बीच energy barrier के ऊपर क्रियाशील होने की अधिक सम्भावनाएँ; (2) लोहे में कार्बन उच्चतर डिफ्यूजन गुणांक रखता है जो निकिल लोहे में करता है क्योंकि कार्बन परमाणु छोटा है; (3) कॉपर, कॉपर की तुलना में एल्युमिनियम में शीघ्रता से डिफ्यूज करता है क्योंकि Cu-Cu bonds Al-Al bonds की तुलना में अधिक मजबूत है। जैसा उनके गलन तापमान (melting temperature) के द्वारा प्रमाणित है; (4) परमाणु fcc आरयन की तुलना में bcc आयरन में उच्चतर डिफ्यूजन गुणांक रखते हैं क्योंकि bcc आयरन निम्न atomic factor (0.68 verses 0.74) रखता है; (5) डिफ्यूजन grain boundaries के अन्वायाम अधिक शीघ्रता से घटित होता है क्योंकि यह क्रिस्टल अपूर्णताओं (crystal imperfections) का जोन है।

तालिका 5.1—डिफ्यूजन गुणांक

	Solute	द्रावक (Solvent) (host stucture)	डिफ्यूजन गुणांक 500°C	(m^2/sec.) 1000°C
1.	कार्बन	fcc आयरन	($10^{-8.2}$)	$10^{-4.5}$
2.	कार्बन	bcc आयरन	$10^{-5.2}$	$10^{-3.2}$
3.	आयरन	fcc आयरन	($10^{-17.5}$)	$10^{-9.8}$
4.	आयरन	bcc आयरन	$10^{-14.2}$	$10^{-7.5}$
5.	निकिल	fcc आयरन	$10^{-17.0}$	$10^{-9.6}$.
6.	मैंगनीज	fcc आयरन	$10^{-17.5}$	$10^{-15.0}$
7.	जिंक	कॉपर	$10^{-10.2}$	$10^{-7.0}$
8.	कॉपर	एल्यूमिनियम	$10^{-7.3}$	पिघलना
9.	कॉपर	कॉपर	$10^{-13.1}$	$10^{-6.8}$
10.	सिल्वर	सिल्वर (क्रिस्टल)	$10^{-10.9}$	पिघलना
11.	सिल्वर	सिल्वर	$10^{-4.9}$	पिघलना
12.	कार्बन	hcp-titanium	$10^{-9.5}$	$10^{-4.8}$

तालिका 5.2—विभिन्न Argument error function मान

z	*fer*	*z*	*fer*	*z*	*fer*
0	0	0.55	0.5633	1.3	0.9340
0.025	0.0282	0.60	0.6039	1.4	0.9523
0.05	0.0564	0.65	0.6420	1.5	0.9661
0.10	0.1125	0.70	0.6778	1.6	0.9763
0.15	0.1680	0.75	0.7112	1.7	0.9838
0.20	0.2227	0.80	0.7421	1.8	0.9891
0.25	0.2763	0.85	0.7707	1.9	0.9928
0.30	0.3286	0.90	0.7970	2.0	0.9953
0.35	0.3794	0.95	0.8209	2.2	0.9981
0.40	0.4284	1.0	0.8427	2.4	0.9993
0.45	0.4755	1.1	0.8802	2.6	0.9998
0.50	0.5205	1.2	0.9103	2.8	0.9999

5.5. डिफ्यूजन की यन्त्रावली
(Mechanism of diffusion)

विवरण युक्त यन्त्रावली पर अनेक सम्भावनाएँ विद्यमान हैं जिनके द्वारा विशेष परमाणुविक कूद (individual atomic jumps) घटित होती है। ये निम्न प्रकार हैं—

1. रिक्ति यन्त्रावली (Vacancy mechanism)
2. Interstitial यन्त्रावली
3. प्रत्यक्ष विनिमय यन्त्रावली (direct interchange mechanism)

पिछले अध्याय 4 में क्रिस्टल्स या ठोसों में अपूर्णताओं की अपनी विवेचना में हम पाते हैं कि क्रिस्टल्स कभी भी पूर्ण (perfect) नहीं हैं तथा दोषों की समुचित संख्या रखते हैं। सबसे महत्त्वपूर्ण दोषों में से एक रिक्ति (vacancy) है जो विशेष परमाणुओं के साथ स्थितियाँ (positions) अदला-बदली (interchanging positions) करने के द्वारा क्रिस्टल से होकर लगातार गति करते हैं तथा कर सकते हैं।

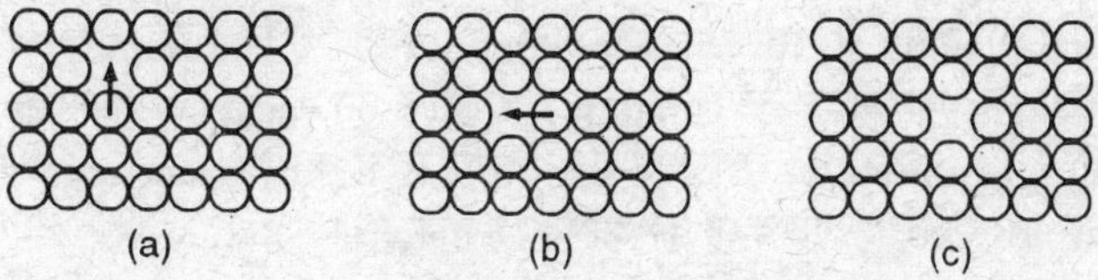

चित्र 5.2—वेकेन्सी की गति में चरण।

रिक्ति यन्त्र विन्यास (vacancy mechanism) **में**, डिफ्यूजन यह कल्पना करके स्पष्ट किया जाता है कि vacancies लैटिस से होकर गति करती हैं तथा एक लैटिस स्थिति से अन्य तक परमाणुओं की random shifts पैदा करती हैं। Vacancy डिफ्यूजन का मूल सिद्धान्त चित्र 5.2 में प्रदर्शित किया गया है जहाँ एक vacancy की गति (movement) में तीन क्रमागत चरणों को दिखाया गया है। प्रत्येक दशा में, यह देखा जा सकता है कि vacancy, एक परमाणु के छिद्र को bordering करते हुए लैटिस स्थिति से छिद्र (hole) के अन्दर jumping करने के, परिणामस्वरूप गति (move) करती है। समय के परिपथ पर, परमाणुओं

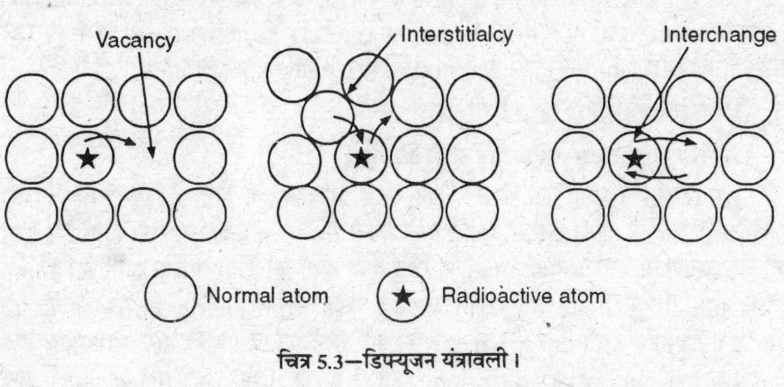

चित्र 5.3—डिफ्यूजन यंत्रावली।

के इन विनिमय (interchange) के पर्याप्त् concentration changes पैदा करते हैं जो diffusion के रूप में अवलोकित किया जाता है। चित्र 5.3 (a) सूचित करता है कि कैसे एक रेडियोएक्टिव परमाणु एक vacancy में से jumping के द्वारा दाएँ (right) को एक atomic spacing आगे रख सकता था। औसत vacancy धातु में केवल एक सीमित life time को गति करती है। यह इसलिए है क्योंकि vacancies सतह, grain boundaries तथा उपयुक्त आन्तरिक स्थितियों जैसे dislocations, पर लगातार पैदा (creat) तथा नष्ट (destroy) होती रही हैं। उच्च तापमान पर vacancy motion अत्यन्त द्रुत (rapid) है। डिफ्यूजन की दर (rate of diffusion), इसलिए, तापमान की वृद्धि के साथ शीघ्रता से बढ़ती है।

एक **interstitialcy mechanism** में, डिफ्यूजन solute atoms के द्वारा एक interstitial site से पड़ौसी (neighbouring) के अन्दर नजर अती है, जैसा कि चित्र 5.3 (b) में प्रदर्शित है। परिणाम में, दो परमाणु (atoms) उभयनिष्ठ लैटिस साइट (Common Latice Site) share करते हैं, परन्तु दोनों इससे displaced होते हैं। Interstitial atoms के डिफ्यूजन का अच्छा उदाहरण आयरन लैटिस में कार्बन है जहाँ कार्बन परमाणु एक interstitial स्थिति से संलग्न तक jump करते हैं। Jumping प्रोसेस तथा interstitialcies का जीवनकल (lifetime), हालाँकि उन vacancy यन्त्रावली के समतुल्य (similar) हैं। Interstitial डिफ्यूजन मूल रूप से सरल हैं चूँकि vacancies की उपस्थिति solute atoms के लिए गति करने को आवश्यक नहीं है।

प्रत्यक्ष विनिमय यन्त्रावली (direct interchange mechanism) में, दो अथवा अधिक निकटवर्ती परमाणु परस्पर jump past करते हैं तथा स्थिति की अदला-बदली करते हैं। यह चित्र 5.3 (c) में प्रदर्शित है। इस यन्त्र विन्यास (mechanism) का प्रबलता से समर्थन नहीं किया जाता है चूँकि इस यन्त्रविन्यास में गम्भीर स्थानीय मरोड़ (severe local distortion) होता है।

उपरोक्त बताए गए यन्त्र विन्यास के द्वारा atomic motion के लिए दिखलाई देने को आवश्यक ऊर्जा की विवरणयुक्त सैद्धान्तिक गणनाएँ दिखाती हैं कि vacancy motion के द्वारा डिफ्यूजन को शुद्ध धातुओं तथा प्रतिनिधित्व एलॉयों में नियन्त्रण करना चाहिए। अनेक प्रयोग (experiments) इस पसन्द (choice) का समर्थन करते हैं। एलॉयों के एक समूह के लिए, हालाँकि, interstitial motion निश्चित रूप से नियन्त्रित करता (predominates) है। यह गति (motion) मूल क्रिस्टल (parent crystal) में interstices में घुले हुए छोटे परमाणुओं का diffusion है। ऐसे एलॉय interstitial alloys कहलाते हैं।

5.6. डिफ्यूजन के लिए संक्रियता ऊर्जा (Activation energy for diffusion)

एक डिफ्यूजन यन्त्रावली में, कार्य की सदैव आवश्यकता होती है जब परमाणुओं को एक लैटिस स्थिति से अन्य लैटिस स्थिति तक अपनी locations को बदलना होता है। दूसरे शब्दों में, परमाणुओं द्वारा प्रत्येक jump के लिए कुछ ऊर्जा की आवश्यकता होती है। Jump को एक site से दूसरी site तक बनाने को, एक ऊर्जा सीमा (energy barrier) को पार किया जाना चाहिए। इस energy barrier को पार करने को परमाणु के द्वारा आवश्यक ऊर्जा को activation energy of diffusion कहते हैं देखिए चित्र 5.4। एक vacancy यन्त्र

विन्यास में, ऊर्जा को इसके neighbours से दूर परमाणुओं को खींचने की आवश्यकता होती है। देखिए चित्र 5.4 (a)। Interstitialcy यन्त्र विन्यास में ऊर्जा की परमाणुओं को neighbouring परमाणुओं के साथ, जैसे ही यह उनके अन्वायाम गति करता है, निकट सम्पर्क में बल लगाने की, आवश्यकता होती है। देखिए चित्र 5.4 (b)।

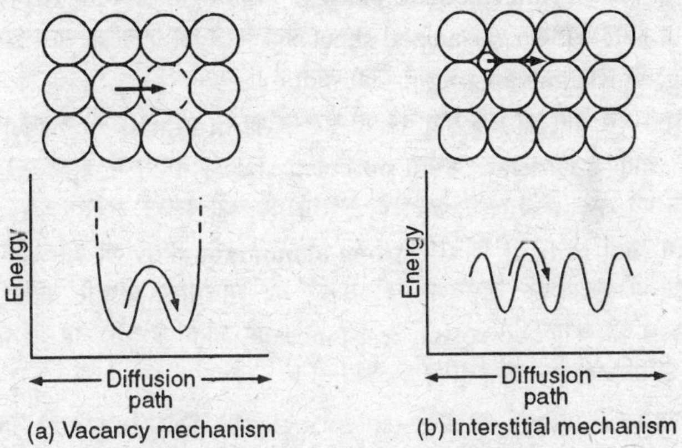

चित्र 5.4—परमाणु मूवमेन्ट्स तथा ऊर्जा सीमा।

प्रभावीकरण ऊर्जा (activation energy) कई फेक्टरों के साथ बदलती है। उदाहरण के लिए, एक छोटा परमाणु बड़े परमाणु अथवा अणु की तुलनों में निम्नतर activation energy रखता है। इसी प्रकार, interstitial movements को vacancy movements की तुलना में अधिक ऊर्जा की आवश्यकता पड़ती है। अन्तिम रूप से, उच्च activation energies की डिफ्यूजन के लिए उच्च गलनांक (melting point) में मजबूती से बाण्ड किए गए पदार्थ जैसे टंगस्टन, बोरोन कारबाइड तथा कोरण्डम (Al_2O_3), आवश्यकता होती है।

5.7. डिफ्यूजन्स के अनुप्रयोग (Application of diffusions)

डिफ्यूजन जो ठोसों में होता है, अनेक महत्त्वपूर्ण औद्योगिक ऑपरेशन्स को क्रने में पाए जाते हैं। उनमें से कुछ का विवरण निम्नवत् दिया गया है—

धातुओं का बाण्ड होना (bonding of metals) डिफ्यूजन सिद्धान्त के औद्योगिक अनुप्रयोग का एक अच्छा उदाहरण है। Bonding की प्रत्येक दशा में, अन्य शर्तों के सिवाय, कुछ डिफ्यूजन होता है। चूँकि डिफ्यूजन केवल solid solution में हो सकता है, केवल दो धातुएँ जो समुचित solid solubility रखती हैं bond हो सकती हैं। यह पाया जाता है कि लैड (lead) व्यवहारिक रूप से आयरन में अघुलनशील है। यह, इसलिए, इस्पात को पिघले लैड बाथ (molten lead baths) में, आयरन की शीट पर लैड परत के खतरे के बिना, गर्म करना सम्भव है। समस्या तब उठती है जब लैड की पतली पर्त के साथ शीट को बचाना वांछनीय होता है। यह, दूसरी धातु (second metal) जो lead bath में आयरन के साथ

एलॉय बनाती है, की थोड़ी-सी मात्रा के द्वारा हल की जा सकती है। इस्पात के साथ सबसे लोकप्रिय वृद्धि (addition) टिन (tin) है। परिणामस्वरूप प्राप्त एलॉय roofing के लिए **terne** प्लेटिड शीट बनाने में व्यापक रूप से प्रयोग किया जाता है।

जब डिफ्यूजन दो धातुओं के बीच होता है, प्राथमिक solid solution बनते हैं। साथ में, वे माध्यमिक फेज (intermediate phases) जो डिफ्यूजन तापमान पर विद्यमान रहते हैं, भी बनते हैं। यह व्यवहार galvanized sheet पैदा करने को जिंक के साथ इस्पात के लेपन (coating) के लिए **galvanizing** में देखा जाता है।

भिन्न बेस धातु को एक धातु की पर्त संलग्न करने (attach) को अनेक भिन्न विधियाँ प्रयोग की जाती हैं। **Alclad** अथवा pureclad sheets बनाने में, शुद्ध एल्यूमिनियम की सुरक्षात्मक पर्त (protective layer) दो पदार्थों की बनी स्लैबों अर्थात् "sandwich" की गर्म रॉलिंग (hot rolling) के द्वारा strong aluminium alloy को बाण्ड किया जाता है। इस स्थिति में अत्यधिक डिफ्यूजन को रोकने को सावधानी बरतनी चाहिए, चूँकि शुद्ध एल्यूमिनियम की अच्छी corrosion resistance खो जाती है यदि यह strong alloy में उपस्थित अतिरिक्त तत्त्वों द्वारा दूषित की जाती है।

वेल्डन (welding), **सोल्डरन** (soldering) तथा **ब्रेजन** (brazing) प्रक्रम हैं जिनमें पिघला हुआ एलॉय ठोस धातु के अन्दर आंशिक रूप से डिफ्यूज होता है तथा bonding पैदा करता है।

रासायनिक रूप से inhomogeneous solid solution में **homogenization** डिफ्यूजन के द्वारा पैदा किया जाता है। यह प्रक्रम निम्न तापमान पर बहुत कम दर (very small rate) रखता है। हालाँकि, व्यवहार में विशेष ऊष्मा उपचार (special heat treatment) homogenization पैदा करने को प्रयोग किया जाता है। बहुत से व्यावसायिक एलॉयों में homogenization जैसा चाहिए सरलता से प्राप्त किया जाता है। मध्यम तापमान पर कॉपर में जिंक का शीघ्र डिफ्यूजन ढले हुए पीतल (cast brasses) का प्रभावी homogenization उत्पन्न करता है, जबकि उसी तापमान पर निकिल कॉपर में इतने धीमे डिफ्यूज करती है कि cast cupro-nickels में अलगाव (segregation) को विलोप करना कठिन है।

इसके सिवाय, solid solution alloys में विकसित cored structure उच्च तापमान डिफ्यूजन की सहायता के साथ ऊष्मा उपचार (heat treatment) के द्वारा विलोप हो सकता है। कठोरीकरण (hardening) के पूर्व निम्न कार्बन इस्पात का सतह **carburization** सम्पूर्ण रूप से डिफ्यूजन पर निर्भर करता है। धातु तथा सिरेमिक पाउडर्स का **sintering**, interface के तिर्यक (across) परमाणुओं के डिफ्यूजन के द्वारा सम्भव बनाया जाता है। धातुओं तथा एलॉयों (metals and alloys) के लिए महत्त्वपूर्ण strangthening प्रोसेस ageing phenomena पर निर्भर करता है। Ageing, डिफ्यूजन यन्त्रावली के द्वारा Al-Cu alloys में नाइट्रोजन रखते हुए निम्न कार्बन इस्पातों में होता है।

5.8. पॉलीमर्स में डिफ्यूजन (Diffusion in polymers)

पॉलीमरिक अणुओं का डिफ्यूजन परमाणुओं अथवा आयनों से कम से कम दो तरीकों में भिन्न है। पहला, macromolecules बड़े तथा विशाल हैं, क्योंकि वे coil तथा link कर सकते हैं, उनकी जटिलताएँ भूतकालीन अन्य अणुओं के सार्थक movements को रोकती हैं। दूसरा, पॉलीमरिक ठोसों का प्रयोग अपेक्षाकृत निम्न तापमानों तक सीमित है। अत: पहले की डिफ्यूजन विवेचना की अनेकों में सहायक थर्मल ऊर्जाएँ यहाँ पर कार्यशील नहीं है।

छोटे solute molecules, हालाँकि, पॉलीमरिक ठोसों के अन्दर तथा होकर डिफ्यूज कर सकते हैं क्योंकि आणुविक distortion के लिए activation ऊर्जा कम (lower) है। विशेष रूप से कमजोर intermolecular bonds के साथ linear molecules में यह दीर्घ व्यवहारिक महत्ता रखती है, क्योंकि बहुत से पॉलीमर्स फिल्म अथवा फाइबर के रूप में प्रयोग किए जाते हैं जहाँ एक अथवा दो विमाएँ (dimensions) बहुत छोटी हैं। कुछ उदाहरण इस बिन्दु पर जोर डालेंगे। (1) Food-packaging फिल्में केवल मिमी के अंश के मोटी होती है, इसलिए निस्सन्देह निम्न डिफ्यूजन गुणांक (diffusion coefficient) O_2 की अत्यधिक मात्रा को अन्दर जाने को अथवा CO_2 को बाह्य जाने को अनुमत कर सकता है। (2) टॉयर (tire) की आन्तरिक ट्यूब से होकर O_2 तथा N_2 अणुओं का धीमे डिफ्यूजन (gradual diffusion) आन्तरिक दाबों (internal pressures) को कम करेगा। (3) टेक्टाइल फाइबर डिफ्यूजन को dye penetration के साधनों के रूप में उपयोग में लाते हैं। (4) Membrances से होकर selective डिफ्यूजन एक बायलॉजीकल कार्य (biological function) है; यह व्यावसायिक व्यवहारों (commertcial practices) में भी महत्ता प्राप्त कर रहा है।

पॉलीमर्स में डिफ्यूजन की एक स्पष्ट घटना **swelling** अथवा absorption है जो नॉन-क्रिस्टलीय linear पॉलीमर्स में हो सकती है। जब माइक्रोमोलीक्यूल्स पॉलीमर संरचना में प्रवेश करते हैं तो संयोजित वाल्यूम की आवश्यकता होती है। माइक्रोमालीक्यूल्स का बड़ी वृद्धि अन्तिम रूप से पॉलीमर को dissolve कर सकती है। संरचनीय फेक्टर्स (structural factors) जो डिफ्यूजन का समर्थन करते हैं भी swelling को बढ़ाने को प्रवृत्त होते हैं। इस कारण के लिए क्रिस्टलीय अथवा cross linked पॉलीमर्स विशेषित किए जाते हैं जहाँ volume स्थिरता आवश्यक है।

5.9. डिफ्यूजन गुणांक का प्रायोगिक अभिप्राय (Determination of diffusion coefficient)

एक पदार्थ में विशेष परमाणु का डिफ्यूजन गुणांक ज्ञात करने को, डिफ्यूज्ड परमाणुओं (solute) के पदार्थ की पतली फिल्म (thin film) host पदार्थ जिसमें डिफ्यूज़न ज्ञात किया जाता है, पर जमा की जाती है। इस सेम्पल को स्थिर तापमान पर अनुरक्षित रखा जाता है। solute परमाणु को ज्ञात समय मध्यान्तर के लिए host material में डिफ्यूज होने को अनुमत किया जाता है। Solute atoms का concentration भिन्न-भिन्न गहराइयों (different depths) पर मापा जाता है। रासायनिक विश्लेषण (chemical analyses) अथवा रेडियोएक्टिव ट्रेसर (radioactive tracer), concentration मापने को प्रयोग किया जाता है।

यदि c_s सतह पर solute atoms का concentration है तथा host material में solute atoms का concentration, शून्य (zero) है, तब

$$c\,(0, t) = c_s \text{ तथा } c\,(x, 0) = 0$$

समीकरण (5.5) में मान रखने पर, हम पाते हैं $A = c_x$ तथा $(A - B) = 0$

ताकि
$$c\,(x, t) = c_s \left[1 - fer\left(\frac{x}{2\sqrt{Dt}}\right)\right] \quad \ldots(5.9)$$

चूँकि solute atoms $c\,(x, t)$ का concentration विशिष्ट ज्ञात मान x, ज्ञात समय मध्यान्तर t के बाद तथा solute का प्रारम्भिक concentration c_s ज्ञात है, डिफ्यूजन गुणांक D का मान उपरोक्त समीकरण द्वारा ज्ञात किया जा सकता है।

उदाहरण 5.1—एक इस्पात छड़ कार्बन की $0 \cdot 30$ wt% uniform concentration रखती है। छड़ का एक सिरा $1 \cdot 2$ wt% की कार्बन के एक atmosphere के साथ सम्पर्क में रखा जाता है। छड़ को 950°C तक गर्म किया जाता है। 7 घण्टे के समय मध्यान्तर के बाद $0 \cdot 50$ मिमी की गहराई पर कार्बन का concentration क्या होगा ? 950°C पर इस्पात में कार्बन का डिफ्यूजन गुणांक $1 \cdot 6 \times 10^{-11}$ m^2/s है।

$0 \cdot 5$ मिमी की गहराई पर $0 \cdot 7\%$ का concentration प्राप्त होने में कितना समय लगेगा ?

हल : समीकरण (5.7) के द्वारा

(i)
$$\frac{c\,(x, t) - c_0}{c_s - c_0} = 1 - fer\left[\frac{x}{2\sqrt{Dt}}\right]$$

हम जानते हैं कि $c_0 = 0 \cdot 30$ wt%, $x = 0 \cdot 50 \times 10^{-3}$ m,

$t = 7 \times 60 \times 60$ से०, $c_s = 1 \cdot 20$ wt%, $D = 1 \cdot 6 \times 10^{-11}$ m^2/s

मान रखने पर,

$$\frac{c\,(x, t) - 0 \cdot 30}{1 \cdot 20 - 0 \cdot 30} = 1 - fer \frac{0 \cdot 50 \times 10^{12}}{2\sqrt{1 \cdot 6 \times 10^{-11} \times 7 \times 60 \times 60}}$$

$$c\,(x, t) = 0 \cdot 806 \text{ wt\%}$$ उत्तर

(ii)
$$\frac{0 \cdot 70 - \cdot 30}{1 \cdot 20 - 0 \cdot 30} = 1 - fer\left[\frac{0 \cdot 50 \times 10^{-3}}{2\sqrt{1 \cdot 6 \times 10^{-11} \times t}}\right]$$

$$t = 14102 \cdot 4 \text{ से०} = 3 \cdot 92 \text{ घण्टे}$$

उदाहरण 5.2—यदि बोरॉन 1100°C पर 2 घण्टों के लिए श . सिलिकॉन की स्लाइड के अन्दर डिफ्यूज की जाती है, सतह के नीचे जिस पर concentration 10^{17} atoms/cm^3 है, गहराई क्या है ? यदि सतह concentration 10^{18} atoms/cm^3। बोरॉन का सिलिकॉन में डिफ्यूजन गुणांक 4×10^{-13} cm^2/s हैं।

हल : दिया है $c\,(0, t) = A = 10^{18}$ atoms/cm^3 सतह पर

$c\,(x, 2) = 10^{17}$ atoms/cm^3 सतह के नीचे x गहराई पर

$$c(x, 0) = A - B = 0$$
$$A = B = 10^{18} \text{ atoms/cm}^3$$

हम जानते हैं $$c(x, t) = A - B \, fer\left[\frac{x}{2\sqrt{Dt}}\right]$$

अथवा $$fer\left[\frac{x}{2\sqrt{Dt}}\right] = \frac{A - C(x, t)}{B}$$
$$= \frac{10^{18} - 10^{17}}{10^{18}} = 0 \cdot 9$$

$0 \cdot 9$ मान के लिए तालिका से error function 1.2 हैं, जहाँ $t = 2 \times 60 \times 60$ से०

अर्थात् $$\frac{x}{2\sqrt{Dt}} = 1 \cdot 2$$
$$x = 2 \times 1 \cdot 2 \sqrt{Dt}$$
$$= 2 \times 1 \cdot 2 \sqrt{4 \times 10^{-13} \times 2 \times 60 \times 60}$$
$$= 1 \cdot 288 \times 10^{-4} \text{ से०}$$ **उत्तर**

5.10. शब्दावली (Glossary)

सक्रियता ऊर्जा (Activation energy)—डिफ्यूजन में, सक्रियता ऊर्जा एक लैटिस साइट से दूसरी लैटिस साइट तक एक परमाणु को move करने के लिए आवश्यक ऊर्जा से सम्बन्धित है।

Concentration Gradient—Concentration gradient dc/dx ज्ञात करता है कि डिफ्यूजन होता है अथवा नहीं। यदि $dc/dx = 0$ डिफ्यूजन नहीं होता है।

डिफ्यूजन (Diffusion)—परमाणुओं का एक लैटिस स्थिति से दूसरी लैटिस स्थिति तक movement अथवा migration, डिफ्यूजन कहलाता है।

डिफ्यूजन बाण्डिग (Diffusion bonding)—एक जोड़ने की तकनीकी जिसमें दो सतहों को परस्पर उच्च दाब एवं तापमान पर दबाया (pressed) जाता है। परमाणुओं का डिफ्यूजन interface को voids में भरता (fill) है तथा सतहों के बीच मजबूत बाण्ड पैदा करता है।

डिफ्यूजन गुणांक (D)—यह तापमान आधारित गुणांक है जो परमाणुओं, आयनों अथवा अन्य species के डिफ्यूज होने की दर से सम्बन्धित है। डिफ्यूजन गुणांक host पदार्थ के तापमान (temperature), संगटन (composition) तथा माइक्रो संरचना पर तथा diffusing species के concentration पर भी आधारित है।

फिक का पहला नियम (Fick's first law)—यह concentration gradient, डिफ्यूजन गुणांक तथा डिफ्यूजन के द्वारा ट्रांसपोर्ट की गई पदार्थ की मात्रा (amount of material transported by diffusion) के बीच परिमाणात्मक सम्बन्ध है।

फिक का दूसरा नियम (Fick's second law)—एक आंशिक differential equation जो दर (rate) जिस पर परमाणु पदार्थ में डिफ्यूजन के द्वारा redistributed किए जाते हैं, का वर्णन करती है। यह समय के साथ concentration में परिवर्तन से सम्बन्धित है।

Interstitialcy डिफ्यूजन—इस यन्त्रावली में डिफ्यूजन, solute परमाणुओं के द्वारा एक interstitial site के पड़ोसी के अन्दर घटित होता है। परिणामस्वरूप, दो परमाणु उभयनिष्ठ लैटिस साइट (common lattice site), share करते हैं, परन्तु दोनों इससे displaced होते हैं।

प्रत्यक्ष अदला-बदली यन्त्रावली (Direct interchange mechanism)—इसमें, दो अथवा अधिक निकटवर्ती परमाणु परस्पर jump past करते हैं तथा स्थिति की अदला-बदली करते हैं।

अभ्यासमाला (Exercise)

1. (a) डिफ्यूजन क्या है ?
   (b) स्वतः डिफ्यूजन (self-diffusion) के सिद्धान्त को स्पष्ट कीजिए।
2. Concentration curve क्या है तथा यह क्या सूचित करता है ?
3. डिफ्यूजन गुणांक (diffusion coefficient) को स्पष्ट कीजिए। उन फेक्टर्स को बताइए जिन पर डिफ्यूजन गुणांक निर्भर करता है।
4. डिफ्यूजन की विभिन्न यन्त्रविन्यासों (various mechanisms) का सचित्र विस्तृत वर्णन कीजिए।
5. सक्रियता ऊर्जा (activation energy) क्या है ? डिफ्यूजन यन्त्रावली में इसके कार्य स्पष्ट कीजिए।
6. डिफ्यूजन के कुछ औद्योगिक अनुप्रयोगों को संक्षेप में वर्णन एवं स्पष्ट कीजिए।
7. पॉलीमर्स में डिफ्यूजन स्पष्ट कीजिए तथा उन फेक्टरों को बताइए जो पॉलीमर्स में डिफ्यूजन को प्रभावित करते हैं।
8. पॉलीमर में swelling क्या है तथा यह कैसे घटित होती है ?
9. फिक का डिफ्यूजन का प्रथम नियम लिखिए। सूत्र में प्रत्येक पद को स्पष्ट रूप से समझाइए।
   [AMIE, Summer 2005]
10. फिक का डिफ्यूजन का दूसरा नियम लिखिए तथा स्पष्ट कीजिए।
11. स्वतः डिफ्यूजन (self diffusion) तथा inter diffusion के बीच संक्षेप में भेद स्पष्ट कीजिए।
12. निम्न पर संक्षिप्त टिप्पणी लिखिए—
    (i) स्वतः डिफ्यूजन (self diffusion)
    (ii) डिफ्यूजन गुणांक (diffusion coefficient)
    (iii) सक्रियता ऊर्जा (activation energy)
    (iv) फिक का डिफ्यूजन का प्रथम नियम (Fick's first law of diffusion)
    [AMIE, Summer 2005]

●

6

फेज़ डायग्राम्स

(Phase Diagrams)

6.1. परिचय (Introduction)

एलॉयज (alloys) समान धर्मी (homogeneous), एकरूप (uniform) अथवा मिश्रण (mixtures) हो सकते हैं। एक homogeneous एलॉय एकल फेज (single phase) का बना होगा। यदि एक एलॉय मिश्रण (mixture) है तो यह कई फेजों का संयोग (combination) होगा।

एक फेज (phase), एक सिस्टम जो एक सतह (surface) द्वारा सीमाबद्ध है तथा सिस्टम के अन्य अंगों (parts) से यान्त्रिक रूप से पृथक् होने योग्य (mechanically separable) है, के किसी homogeneous तथा भौतिक रूप से भिन्न अंग के रूप में परिभाषित किया जाता है।

सामान्य पदों (terms) में, एक फेज (phase) अच्छी प्रकार से परिभाषित संरचना, एकरूप रचना (uniform composition) तथा स्पष्ट सीमाएँ अथवा interfaces रखता है।

एक फेज संतत (continuous) अथवा असंतत (discontinuous) हो सकता है। एक कक्ष (room) में हवा संतत फेज (continuous phase) है जबकि shaker में salt का ग्रेन असंतत फेज (discontinuous phase) है। एक फेज ठोस (solid), शुद्ध पदार्थ के

लिए द्रव गैस (liquid gas) हो सकता है। फेज एक शुद्ध पदार्थ (pure substance) अथवा एक घोल (solution) हो सकता है यदि संरचना (structure) तथा संगटन (composition) पूर्ण रूप से एकरूप (uniform) है।

उदाहरण के लिए पानी (water) एवं एल्कोहल (alcohol), एकल फेज (single phase) बनाते हैं क्योंकि वे सभी अनुपातों में पूर्णतः mix होते हैं, जबकि पानी एवं आयल (oil) स्पष्ट सीमाओं के साथ अलग क्षेत्र (isolated region) बनाने को प्रवत्त होते हैं तथा दो भिन्न फेजों के रूप में जाने जाते हैं।

एक सिस्टम इसके वाष्प (vapour) के साथ सन्तुलन में द्रव का बना, दो फेजों को बनाता है। जैसे, द्रव फेज (liquid phase) तथा वाष्प फेज (vapour phase), प्रत्येक फेज दूसरे से एक भिन्न सीमा (distinct boundary) के द्वारा पृथक् होता है।

बर्फ (Ice)-द्रव जल (liquid water)-जल वाष्प तीन फेजों को रखते हुए एक सिस्टम बनाते हैं।

यह नोट करने का विषय है कि अनमेल सिस्टम (heterogeneous system) में प्रत्येक फेज स्वयं में समान धर्मी (homogeneous) है। जब एक अनमेल सिस्टम में विभिन्न फेज एक-दूसरे के साथ साम्यावस्था (equilibrium) में हैं, तो एक फेज से दूसरे फेज को कोई ऊर्जा अथवा mass का स्थानान्तर नहीं हो सकता है। इसका तात्पर्य है कि साम्यावस्था पर विभिन्न फेज एक ही तापमान तथा दाब पर होने चाहिए।

साम्य फेज डायग्राम (equilibrium phase diagram)—यह एक पदार्थ सिस्टम की प्राकृतिक प्रवृत्तियों का ग्राफिकल प्रदर्शन (graphical representation) है, यह मानते हुए कि विशिष्ट शर्तों (specific conditions) के लिए साम्यावस्था प्राप्त कर ली गई है।

तीन प्राथमिक variables निम्न प्रकार हैं—

(i) तापमान (temperature)

(ii) दाब (pressure)

(iii) संगठन (composition)

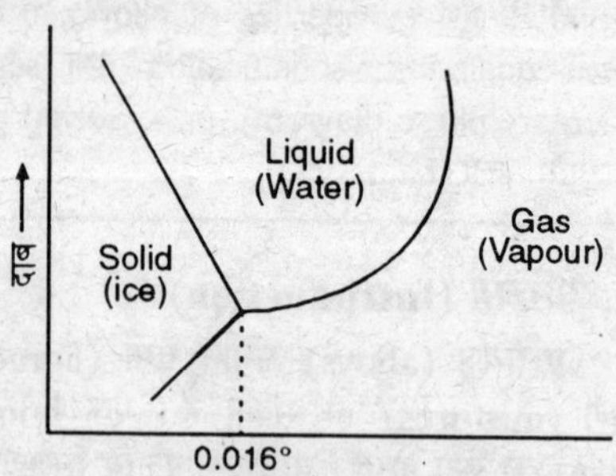

चित्र 6.1—शुद्ध जल के लिए दाब-तापमान डायग्राम।

सरलतम फेज डायग्राम स्थिर संगठनात्मक पदार्थ (शुद्ध जल) के लिए दाब-तापमान डायग्राम है जो चित्र 6.1 में दिखाया गया है। सबसे उपयोगी मानचित्रकरण (mapping), इसलिए वायुमण्डलीय दाब पर तापमान संगटन फेज डायग्राम होगा जिसमें तापमान को ऊर्ध्वाधर अक्ष (vertical axis) तथा संगटन (composition) को क्षैतिज पर रखा जाता है।

कुछ धातुएँ हैं जो ठोस अवस्था में allotropic हैं, वे भिन्न ठोस फेज (solid phases) रखेगीं। जब भी क्रिस्टल संरचना में परिवर्तन होता है, फेज में परिवर्तन होगा क्योंकि प्रत्येक क्रिस्टल संरचना भौतिक रूप से भिन्न (distinct) है।

निश्चित लैटिस संरचना (lattice structure) के साथ क्रिस्टल भी एक फेज है। जब द्रव ठोस होता (solidify) है, फेज में परिवर्तन होता है तथा एक नया ठोस फेज (solid phase) द्रव फेज (liquid phase) से बनता है। जब धातु allotropic transformation से गुजरती है, फेज परिवर्तन (phase change) होता है, क्योंकि वहाँ क्रिस्टल संरचना में परिवर्तन होता है।

6.2. बेसिक पद (Basic terms)

फेज तथा फेज डायग्राम के अध्ययन में कुछ पद (terms) अक्सर प्रयोग किए जाते हैं। इसलिए विषयों के विभिन्नं पहलुओं को स्पष्ट करने से पूर्व इन पदों को स्पष्ट रूप से परिभाषित होना चाहिए।

एक **सिस्टम** (system), जो प्राय: ऊष्मागतिकी (thermodynamics) अथवा भौतिक रसायन विज्ञान (physical chemistry) में प्रयोग किया जाता है, matter का एक isolated body है। अधिक सूक्ष्म परिभाषा इस प्रकार है, एक सिस्टम एक पदार्थ (substance) अथवा पदार्थों का समूह जो अपनी आस-पास (surrounding) से इस प्रकार isolated है कि यह surroundings के द्वारा पूर्ण रूप से अप्रभावित है तथा इसकी जाँच करने वाले व्यक्ति के द्वारा एक सीमा तक अनुमत तथा ओवरऑल संगठन (composition), तापमान, दाब अथवा कुल आयतन में परिवर्तनों के अधीन है। एक सिस्टम गैसों, द्रवों (liquids), ठोसों अथवा उनके किसी संयोग (combination) का बना हो सकता है तथा धातुओं तथा अधातुओं को या तो पृथक् रूप से अथवा किसी संयोग में सम्मिलित करता है।

सिस्टम की **अवस्था** (state) एक भौतिक दशा है जैसा कि किसी quantities के संयोग जो दशा निश्चित करती है, के द्वारा परिभाषित किया जाता है। उदाहरण के लिए, त्रिभुज (triangle) की अवस्था (state), कोणों (angles) एवं भुजाओं (sides) जैसी quantities के द्वारा परिभाषित होती है। इस सिस्टम में, दशा निश्चित करने वाली quantities, intensive (nonadditive) हैं जैसे दाब, तापमान, घनत्व इत्यादि अथवा extensive (additive) है जैसे संहति (mass), आयतन इत्यादि।

सिस्टम के **घटक** (components) रासायनिक तत्त्व अथवा यौगिक (compounds) हैं जो सिस्टम बनाते हैं। सिस्टम घटकों की संख्या विशेष पदार्थों (individual substances) की न्यूनतम संख्या है जो सिस्टम अथवा इसके अंग के किसी तापमान तथा/ अथवा दाब पर रासायनिक संगठन (chemical composition) को पूर्ण रूप से वर्णित करने को सूचीबद्ध होनी चाहिए।

एक **फेज** (phase) मूल वस्तु (matter) का भौतिक रूप से तथा रासायनिक रूप से homogeneous portion है। यह homogeneous इस विचार से है कि इसके सबसे छोटे संलग्नी अंग एक-दूसरे से indistinguishable हैं। प्रत्येक अपनी स्वयं की परमाणुविक व्यवस्था (atomic arrangement), भौतिक तथा रासायनिक गुण रखता है। अर्थात, यह अलग पहचान रखता है। एक phase change, तदानुसार, गुणों में परिवर्तन के द्वारा संलग्न है। सिस्टम में फेजों की संख्या भिन्न पदार्थों (different substances) की संख्या है जो इसमें विद्यमान रहती है, जिसकी प्रत्येक अपने अन्तर्गत सभी उपरोक्त विचारों में homogeneous है।

एक सिस्टम में **साम्यावस्था** (equilibrium) ओवरऑल संगटन, तापमान, दाब तथा कुल आयतन के किसी विशिष्ट संयोग के अधीन न्यूनतम स्वतन्त्र ऊर्जा की अवस्था (stage) है। एक बार साम्यावस्था प्राप्त हो जाती है, हालांकि सिस्टम के अन्दर किसी पदार्थ की मात्रा, संगटन, आयतन अथवा अवस्था में थोड़ा सा परिवर्तन का मतलब स्वतन्त्र ऊर्जा (free energy) में वृद्धि है। साम्यावस्था लागू होती है कि एक क्रिस्टल में एक दिशा में प्रोसेस के होने के परिणामस्वरूप होने वाले परिवर्तन सिस्टम में प्रोसेस के reversal के कारण परिवर्तनों के द्वारा पूर्ण रूप से भरपाई होती है।

एक अतिरिक्त पद degree of freedom है। ये independent variables की संख्या जिसके मान (values) सिस्टम की अवस्था (stage) को ठीक प्रकार से परिभाषित करने के क्रम में विशेषित होने चाहिए, के रूप में परिभाषित किए जाते हैं। घटकों की संख्या तथा ओवरऑल संगठन dependent variables हैं। उपस्थित फेजों की संख्या dependent variable है लेकिन construction, अर्थात् विशेष फेजों की रचना, न कि ओवरऑल रचना को, साधारणतः independent माना जाता है। प्रायः तापमान, दाब तथा concentrations को independent variables के रूप में अर्थात् degree of freedom माना जाता है।

संक्षेप में, हालांकि, एक फेज डायग्राम सूचित करता है कि (1) तापमान जिस पर ठोस एलॉय पिघलना (melting) प्रारम्भ तथा समाप्त करेगा तथा (2) सम्भव फेज परिवर्तन जो रचना (composition) अथवा तापमान के बदलने के फलस्वरूप घटित होंगे।

यद्यपि अधिकतर इन्जीनियरी पदार्थ metastable अथवा nonequilibrium state में विद्यमान रहते हैं, कोई सहज परिवर्तन equilibrium की तरफ होगा तथा इस प्रकार के पदार्थों में फेज परिवर्तन के विषय में सर्वाधिक उपयोगी सूचना equilibrium अथवा phase डाइग्राम्स से निकाली जा सकती है।

हालांकि equilibrium अथवा phase diagrams, unary, binary, tenary तथा इसी प्रकार सम्मिलित घटकों (components) की संख्या पर निर्भर करते हुए, के रूप में वर्गीकृत किए जाते हैं। इनमें से, binary diagrams, उनके अत्यधिक प्रयोग के कारण निम्न अनुच्छेदों में प्रदर्शित किए गए हैं।

6.3. फेज डायग्राम या साम्यावस्था डायग्राम या संघटन डायग्राम (Phase Diagram or Equilibrium diagram or Constitution Diagram)

फेज डायग्राम, साम्यावस्था शर्तों के अधीन तापमान के function के रूप में एलॉय की संघटना (constitution) को, ग्राफिय रूप (graphical form) में दिखाते हैं। साम्यावस्था शर्तों से हमारा तात्पर्य अत्यधिकता से मन्द ऊष्मन (slow heating) अथवा ठण्डाकरण शर्तों (cooling conditions) से है, अर्थात् यदि कोई परिवर्तन होना है, इसको होने के लिए पर्याप्त समय दिया जाना चाहिए। फेज परिवर्तन थोड़े से ऊँचे अथवा निम्न तापमान पर होने को प्रवृत्त होते हैं। तापमान में तेजी से बदलाव, फेज परिवर्तन को रोकता है जो साम्यावस्था शर्तों के अधीन होता है, इन डायग्रामों को विरूपित करेगा। धातु एलॉयों का ठोस होना, फेज डायग्राम्स, जिसे equilibrium diagrams अथवा constitution diagram के रूप में भी जाना जाता है, के द्वारा स्पष्ट रूप से समझा जाता है।

सभी फेज डायग्राम्स, तापमानों (temperature) को ऊर्ध्वाधर पैमाना (ordinate) के रूप में तथा भारों के द्वारा प्रतिशत संगटन (percentage composition) को क्षैतिज पैमाना (abscissa) के रूप में रखते हैं। चूँकि फ़ेज डायग्राम इस आधार पर बनाया जाता है कि साम्यावस्था सदैव उपस्थित फेज़ों के बीच विद्यमान रहती है, इसलिए समय (time) को ऐसे डायग्राम में प्रदर्शित नहीं किया जा सकता है।

संक्षेप में, हालांकि, फेज डायग्राम बताता है कि (1) तापमान जिस पर Solid alloy पिघलना प्रारम्भ तथा समाप्त करता है तथा (2) सम्भव फेज परिवर्तन जो composition अथवा तापमानों के बदलने के फलस्वरूप होंगे।

6.4. फेज नियम (Phase Rule)

सभी परिवर्तन जो बाह्य दशाओं जैसे तापमान तथा दाब के अनुयायी अनेक फेजों से बने सिस्टम में होते हैं, phase rule कहे जाने वाले के नियमानुसर व्यवहार (conform) करते हैं। किसी एलॉय में उपस्थित फेजों की संख्या, तत्वों (elements) जिसका एलॉय बना है, की सख्या पर निर्भर करती है। फेज नियम जो **Gibbs phase rule** कहलाता है, degrees of freedom की संख्या, घटकों की संख्या तथा फेजों की संख्या के बीच सम्बन्ध स्थापित करता है। यह गणितानुसार निम्न प्रकार प्रकट किया जाता है—

$$F = C - P + 2 \qquad \ldots(6.1)$$

जहाँ F degrees of freedom की संख्या या independent variables की संख्या है, C साम्यावस्था में सिस्टम में घटकों (components) की संख्या तथा P फेजों की संख्या है जो एक दिए सिस्टम में साम्यावस्था पर coexist कर सकती है। डिजिट 2, दो variables, तापमान तथा दाब के लिए रहती है। डिग्री आफ फ्रीडम में बाह्य variables, तापमान एवं दाब तथा तीसरा coexisting phases के प्रत्येक का संगटन (composition), सम्मिलित करती है। सिस्टम के लिए $P(C-1)$ composition variables हैं, क्योंकि प्रत्येक फेज का संगटन (composition) उस फेज में $(C-1)$ घटकों के concentration को विशेषित करने के द्वारा पूर्णरूप से परिभाषित किया जाता है तथा वहाँ P फेज है।

फेज डायग्रामों को, इसलिए, सिस्टम में घटकों के संख्या के अनुसार वर्गीकृत किया जा सकता है। एकल-घटक सिस्टम (Single-component system) **unary** diagrams रखते हैं। दो घटक सिस्टम **binary** diagrams रखते हैं, त्रि-घटक सिस्टम **tenary** diagram रखते हैं, तथा इसी प्रकार।

6.5. यूनरी फेज डायग्राम्स (Unary Phase Diagrams)

Unary अथवा एक घटक सिस्टम की दशा में, केवल तापमान तथा दाब vary हो सकता है। इसलिए unary फेज डायग्राम्स के coordinates तापमान (temperature) तथा दाब (pressure) हैं। Unary डायग्राम्स में जो चित्र 6.2 में दिखाया गया है, तापमान को परम्परा के द्वारा क्षैतिज (abscissa) के रूप में चुना जाता है, यद्यपि binary डायग्राम में तापमान को ऊर्ध्वाधर (ordinate) के रूप में चुना जाएगा। हालांकि, एक-घटक सिस्टम के लिए, फेज नियम (phase rule) निम्न प्रकार होता है—

$$\begin{aligned} F &= 1 - P + 2 \\ &= 3 - P \end{aligned} \qquad \ldots(6.2)$$

इससे यह अर्थ प्रकट होता है कि साम्यावस्था में फेजों की अधिकतम संख्या तीन है जब $F = 0$ । यह चित्र 6.2 में प्रदर्शित किया गया है जो तीन regions अर्थात् ठोस (solid), द्रव (liquid) तथा वाष्प (vapour) रखता है । इन regions अथवा phases के किसी में तापमान अथवा दाब फेज में परिवर्तन के बैगर vary हो सकता है क्योंकि वहाँ दो degrees of freedom ($F = 3 - P$, यहाँ $F = 3 - 1 = 2$) है ! Coexist होने को जारी रहने को दो फेजों के लिए केवल तापमान अथवा दाब स्वतन्त्रता से vary हो सकते हैं

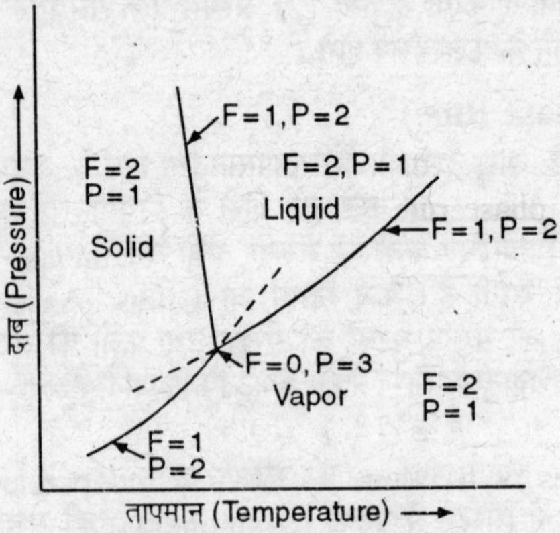

चित्र 6.2—Unary फेज डायग्राम ।

($F = 3 - 2 = 1$) उभयनिष्ठ बिन्दु (common point), जहाँ फेजों की तीन रेखाएँ काटती हैं, **triple point** के रूप में जाना जाता है। इस बिन्दु पर केवल जहाँ $F = 0$, विशिष्ट तापमान तथा दाब के साथ, सभी तीन फेज अर्थात् ठोस (solid), द्रव (liquid) तथा वाष्प (vapour) साम्यावस्था में coexist करते हैं। द्वि-फेज साम्यावस्था (two-phase equilibrium) केवल phase boundaries के अन्वायाम (along) सम्भव है जो मोटी रेखा द्वारा प्रदर्शित है ।

6.6. बाइनरी फेज डायग्राम्स

(Binary phase diagrams)

दो घटक अथवा बाइनरी सिस्टम (two component or binary systems) में, variables की अधिकतम संख्या तीन है, अर्थात् तापमान, दाब तथा concentration का बदलाव। दो घटकों (components) के संगटन को परिभाषित करने के लिए केवल एक concentration की जरूरत होती है, चूँकि दूसरा component इकाई (unity) से घटाने के द्वारा ज्ञात किया जाता है। इस प्रकार के सिस्टम का ग्राफिय प्रदर्शन को इसलिए एक त्रि-विमीय डायग्राम (three-dimensional diagram) की जरूरत होती है। यह हालांकि, चित्रण के अच्छी तरह से उपयुक्त नहीं है। इसलिए कागज पर ग्राफिय प्रदर्शन (graphical representation) को सरल करने के क्रम में, binary phase diagrams केवल तापमान तथा संगटन (composition) में बदलाव (variations) को दिखाते हुए स्थिर दाब पर खींचे जाते हैं। फेज नियम को इस प्रकार संक्षिप्त किया जा सकता है—

$$F = C - P + 1 \qquad \ldots(6.3)$$

6.7. फेज डायग्रामों की रचना (Construction of Phase Diagrams)

फेज डायग्राम्स की प्रायः चुने गए एलॉयों के छोटे नमूनों (small samples) के लिए जो साम्यावस्था शर्तों के अधीन ठण्डा होने को अनुमत किए जाते हैं, समय (time) के विरुद्ध गिरते हुए तापमान (falling temperature) को plot करने के द्वारा प्राप्त cooling curves के डाटा से रचना की जाती है। चित्र 6.3 में तीन मुख्य प्रकार के cooling curves दिखाए गए हैं।

Cooling curves में प्रत्येक प्रग्रहण (arrestment) phase transformation की कुछ प्रकार की प्रारम्भ (start) अथवा समाप्ति (finish) सूचित करता है। शुद्ध धातु में, जैसा कि चित्र 6.3 (a) में दिखाया गया है, cooling curve का arrestment zone तापमान t पर A से B तक एक सीधी रेखा है। यह दिखाता है कि द्रव (liquid) से ठोस (solid) तक transformation स्थिर तापमान पर होता है।

हालांकि, eutectic mixtures के अलावा, सभी एलॉय, फेज परिवर्तन के होने के दौरान तापमान में गिरना (fall) जारी रखते हैं जैसा कि चित्र 6.3 (b) में solid solution के लिए दिखाया गया है। बहुफेज एलॉय (multi-phase alloy) जो eutectic mixtures रखते हैं, चित्र 6.3 (c) में ABC मध्यान्तर (interval) के द्वारा solidification range सूचित की जाती है जबकि क्षैतिज रेखा BC eutectic reaction सूचित करती है। इस प्रकार, एक arrestment point, transformation के प्रारम्भ से होता है तथा पुनः उनके बिन्दुओं अथवा completion के बिन्दुओं पर होता है।

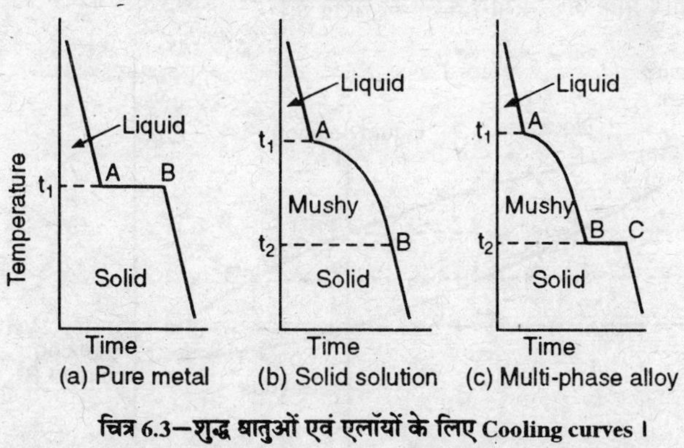

चित्र 6.3—शुद्ध धातुओं एवं एलॉयों के लिए Cooling curves।

चित्र 6.4 प्रदर्शित करता है कि डायग्राम के बाएँ तरफ में दिखाए गए cooling curves में डाटा का प्रयोग कर उनके अनेक संगटनों में दो धातुओं A तथा B के एलॉयों के लिए कैसे फेज डायग्राम की रचना की जाती है। Arrestment बिन्दुओं को वास्तविक फेज डायग्राम प्राप्त करने के लिए बिन्दुदार रेखाओं (dashed lines) के द्वारा जोड़ा गया है। पूर्ण रूप से यह डायग्राम चित्र 6.5 में दिखाया गया है। ऊपरी रेखा तापमान जिस पर एलॉय ठोस होना प्रारम्भ करते हैं अर्थात् liquidus, को सम्मत (corresponds) होती है। निचली रेखा (lower line) अर्थात् **solidus,** ठोसकरण की समाप्ति (completition of

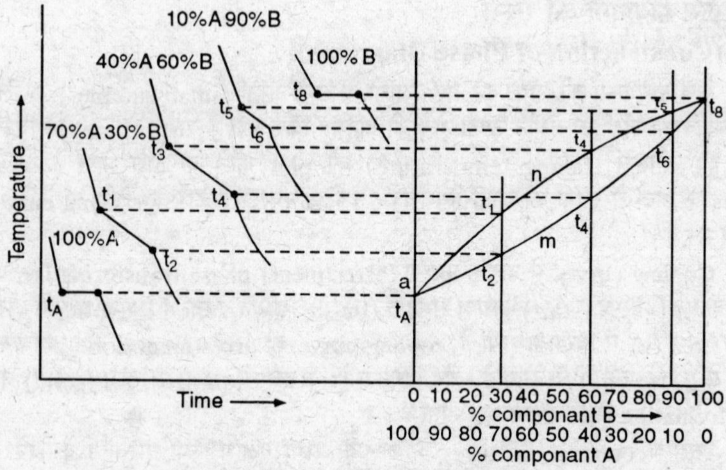

चित्र 6.4—फेज डायग्राम की रचना।

solidification) को बताती है। Liquids तथा Solids के बीच क्षेत्रफल एलॉयों को अर्द्ध-ठोस अवस्था (semi-solid state) अथवा "mushy" धातु में प्रदर्शित करता है, अर्थात् वे घटकों *A* एवं *B* तथा द्रव एलॉय (liquid alloy) के solid solution के क्रिस्टलों के बने होते हैं। Solid solution को पदनाम करने को फेज डायग्रामों के अध्ययन के साथ सम्बन्ध में α, β, γ इत्यादि ग्रीक अक्षर प्रयोग करने का चलन है।

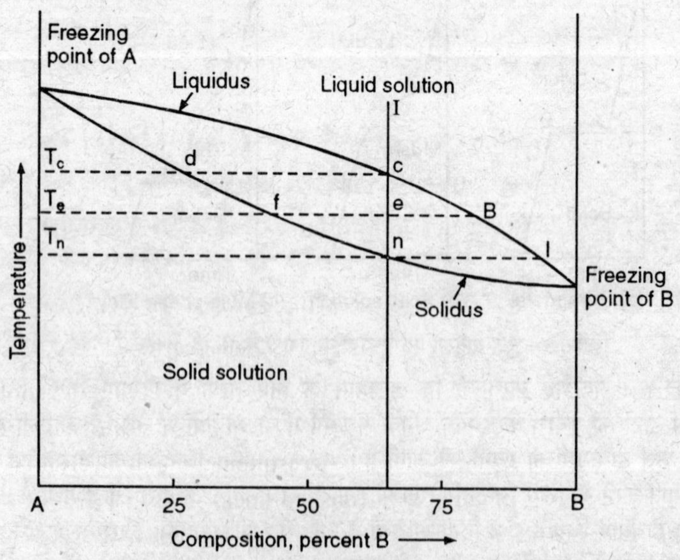

चित्र 6.5—द्रव एवं ठोस अवस्थाओं में पूर्ण अन्तर्गलाने की योग्यता को दिखाते हुए बाइनरी सिस्टम का साम्यावस्था डायग्राम।

6.8. लीवर नियम (Lever Rule)

यह अत्यन्त महत्त्वपूर्ण सम्बन्ध, एक जो दो घटक अथवा बायनरी फेज डायग्राम के किसी दो फेज रिजन को लागू होता है, lever rule कहलाता है जो दो फेजों के सापेक्ष **amounts** को ज्ञात करता है। इन amounts को प्राप्त करने को, composition scale पर एक बिन्दु पर एक ordinate अथवा ऊर्ध्वाधर रेखा खड़ी की जाती है जो एलॉय की ओवरऑल रचना प्रदान करती है। इस ऊर्ध्वाधर रेखा तथा दी हुई समताप (isothermal) रेखा का अन्तर्काट (intersection) सरल लीवर सिस्टम का फलक्रम (fulcrum) है। लीवर भुजाओं की सापेक्ष लम्बाइयों की phase के मात्राओं (amounts) से गुणा सन्तुलित होनी चाहिए। चित्रण के रूप में, चित्र 6.5 में एलॉय I पर विचार किया जाता है। यह ऊर्ध्वाधर (vertical) तापमान क्षैतिज *Te* को बिन्दु *e* पर काटता है। *feg* की लम्बाई उपस्थित दो फेजों की कुल मात्रा (total amount) सूचित करती है। रेखा *fe* की लम्बाई द्रव (liquid) की मात्रा (amount) को सूचित करती है जबकि रेखा *eg* की लम्बाई solid की मात्रा को सूचित करती है। दूसरे शब्दों में,

$$\frac{eg}{fg} \times 100 = \text{उपस्थित ठोस (solid) का प्रतिशत}$$

$$\frac{fe}{fg} \times 100 = \text{उपस्थित द्रव (liquid) का प्रतिशत}$$

फेजों की रचना भी इस डायग्राम से ज्ञात हो सकता है। Solid phase की रचना solidus के साथ तापमान *Te* के संगत क्षैतिज रेखा के अन्तर्काट द्वारा ज्ञात किया जाता है। जबकि इस क्षैतिज रेखा का अन्तर्काट liquidus के साथ solid phase की रचना (composition) देता है। *Te* रेखा solidus को *f* पर तथा liquidus को *g* पर, *B* के *f* प्रतिशत के solid composition तथा *A* के (100−*f*) प्रतिशत बताते हुए काटती है। इस तापमान *Te* पर liquid composition *B* का *g* प्रतिशत तथा *A* का (100–*g*) प्रतिशत है। दो फेज सिस्टम में यह रेखा 'tie' line के रूप में जानी जाती है, क्योंकि यह one-fold saturation की रेखाओं को एक-साथ जोड़ती (connect) अथवा 'tie' करती है।

6.9. आइसोमोरफोस सिस्टम्स (Isomorphous Systems)

दो घटकों अथवा बाइनरी, एलॉय सिस्टम का सरलतम आइसोमोरफोस सिस्टम है जिसमें केवल एकल प्रकार की क्रिस्टल संरचना अवलोकित की जाती है तथा उनके परमाणु घटकों के सभी अनुपातों के लिए समरूप (similar) रासायनिक लक्षण प्रदर्शित करते हैं, अर्थात्, एलॉय solid solution की सतत श्रेणियाँ (continuous series) बनाते हैं। कॉपर तथा निकिल, कॉपर तथा प्लेटिनम, कॉपर तथा गोल्ड, गोल्ड तथा सिल्वर, आयरन तथा वेनेडियम तथा बिस्मथ व टिन के बीच बने एलॉय सिस्टम्स इस प्रकार के हैं।

इस प्रकार के सभी एलॉय सिस्टम निम्न लक्षण प्रदर्शित करते हैं—

1. सिस्टम के अन्तर्गत कोई eutechtie विद्यमान नहीं रहता चूँकि प्रत्येक संगटन के एलॉय solid solution बनाते हैं।

2. बदलती प्रतिशत रचनाओं (varying percentage compositions) के धातुओं के solidification के द्वारा बने solid solution उनके यान्त्रिक गुणों के सन्दर्भ में कम variation प्रकट करते हैं, जबकि इलेक्ट्रीकल गुण तथा संक्षारण प्रतिरोधी (corrosion resistance) केवल थोड़े से संगटनल बदलाव (compositional variation) के साथ बुरी तरह से बदल सकते हैं।
3. औद्योगिक (non-equilibrium) शर्तों के अधीन ठण्डा किए गए इस प्रकार के एलॉय dendritic segregation अथवा coring प्रदर्शित करते हैं। Core पद (term) जब प्रयोग की जाती हैं जब वहाँ शीघ्र cooling rate के कारण grain boundary के अन्दर से संगठन का बदलाव होता है। हालांकि, यह coring उचित annealing के द्वारा आसानी से दूर कर ली जाती है।

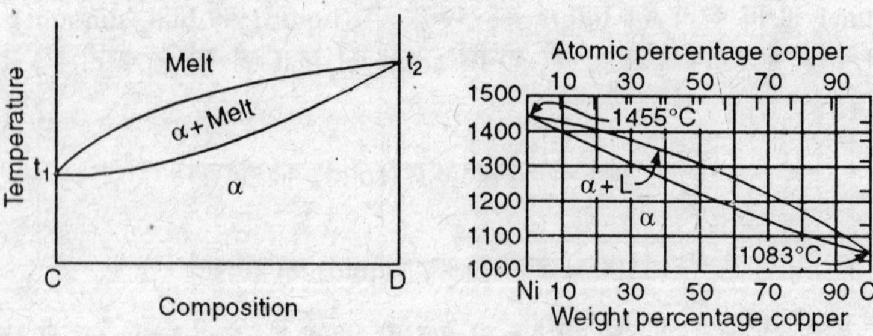

चित्र 6.6—कॉपर-निकिल साम्यावस्था डायग्राम।

एक आइसोमोरफोस सिस्टम चित्र 6.6 में चित्रित किया गया है। डायग्राम के बाएँ तरफ में धातु C का t_1 गलन बिन्दु है तथा t_2 धातु D का गलन बिन्दु है। क्षेत्र (field) में किसी बिन्दु पर α चिन्हित किया है जो solid solutions को पदनाम करता है, दो धातुएँ इसलिए आपस में पूर्णरूप से घुलनशील हैं कि वे पहचानी नहीं जा सकती हैं। कॉपर-निकिल सिस्टम विशेष प्रकार का है तथा एक उपयोगी उदाहरण का कार्य करेगा चूँकि ये एलॉय औद्योगिक महत्ता के हैं। यह चित्र 6.6 के दाहिने तरफ दिखाया गया है।

6.10. यूटेक्टिक सिस्टम्स (Eutectic Systems)

इस प्रकार के सिस्टम में, एक eutectic मिश्रण बनाया जाता है, अर्थात्, दो भिन्न solid phases उसी समय पृथक् होते हैं तथा स्थिर तापमान पर एक single liquid phase बनाते हैं। एक eutectic मिश्रण में उपस्थित फेज शुद्ध धातुएँ (pure metals) अथवा solid solutions हो सकते हैं जो उस सिस्टम के अन्तर्गत धातुओं के द्वारा प्रदर्शित solubility के प्रकार पर निर्भर करते हैं। साधारणतः सरल बायनरी एलॉय सिस्टम (binary alloy system) के अन्तर्गत eutectic मिश्रण उस एलॉय सिस्टम के अन्तर्गत निम्नतम गलन बिन्दु मिश्रण होता है।

Eutectic reaction निम्न रूप में दर्शाया जा सकता है—

$$L \underset{\text{heating}}{\overset{\text{cooling}}{\rightleftharpoons}} \alpha + \beta$$

बायनरी एलॉय सिस्टम में eutectic systems को सर्वाधिक पारम्परिक रूप से दो समूहों में विभाजित किया जाता है—

1. वे सिस्टम्स जिनमें दो शुद्ध धातुएँ solid state में परस्पर mutually insoluble हैं।
2. वे सिस्टम्स जिनमें आंशिक solid solubility विद्यमान रहती है।

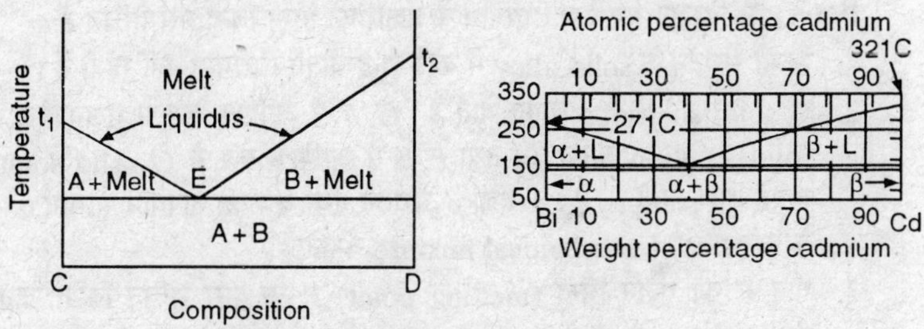

चित्र 6.7—कैडमियम-बिस्मथ फेज डायग्राम।

समूह 1. परस्पर liquid solubility परन्तु solid insolubility

चित्र 6.7 में दिखाए गए इस प्रकार के फेज अथवा equilibrium डायग्राम्स से सम्बन्धित निम्न बिन्दु नोट करने योग्य हैं—

1. धातु A का गलन बिन्दु t_1 के द्वारा बताया गया है, जबकि धातु B का t_2 के द्वारा।
2. Eutectic बिन्दु E के द्वारा बताया गया है, जबकि Z-Z रेखा eutectic isotherm है तथा solidus भी जो तापमान बताती है जिस पर eutectic mixture का पृथकीकरण किसी भी एलॉय संगटन के लिए प्रारम्भ होगा। बिन्दु E के बायीं तरफ स्थित एलॉय hypoeutectoid alloys कहलाते हैं तथा बिन्दु E के दायीं तरफ स्थित एलॉय hypereutectoid alloys कहलाते हैं।
3. Liquidus रखा किसी दिए गए एलॉय संगठन के solidification के प्रारम्भ को बताती है।
4. $A + B$ चिन्हित किया गया क्षेत्रफल बताता है कि A तथा B ठोस (solid) हैं तथा दोनों के क्रिस्टल्स यान्त्रिक रूप से मिश्रित (mechanically mixed) हैं। α तथा β solid solutions बताते हैं।

केडमियम-बिस्मथ एलॉय सिस्टम पूर्ण solid insolubility का अच्छा उदाहरण है तथा इस सिस्टम के लिए फेज डायग्राम चित्र 6.7 की दायीं हस्त की तरफ दिया हुआ है।

समूह 2. परस्पर liquid solubility परन्तु आंशिक solid solubility

यह समूह, जैसा कि यह अनेक महत्त्वपूर्ण औद्योगिक एलॉय सिस्टमों को करता है, को रखते हुए, यथासम्भव अत्यन्त महत्त्वपूर्ण हैं।

यदि बायनरी सिस्टम का solvent metal, solute metals की केवल निश्चित प्रतिशत को समायोजित कर सकता है, तब सीमित solid solution बनता है तथा सम्मिलित दो धातुएँ केवल आंशिक solid solubility कही जाती है। इस प्रकार की solid solubility तापमान के साथ, गिरते तापमान के साथ लगभग प्रत्येक समय में कम होती हुई अधिक बदलती है। कुछ ऐसे एलॉय सिस्टम में eutectic अनेक solutions का मिश्रण होते हुए, एक eutectic mixture बनता है।

चित्र 6.8 में दिखाए गए फेज डायग्राम के प्रकार को निम्न बिन्दु प्रसंगोचित्त हैं—

1. किसी संगटन के solid alloy में कोई शुद्ध धातुएँ विद्यमान नहीं रहती हैं।
2. दो solid solutions बनाए जाते हैं। G, F में आंशिक रूप से घुलनशील है, α solid solution बनाते हुए तथा F, β में आंशिक रूप से G solid solution बनाते हुए soluble है। α तथा β संगठन तथा क्षेत्र का तापमान सीमाएँ $\alpha + \beta$ के अन्तर्गत, एक mechanical mixture बनाते हैं।
3. धातु F का गलन बिन्दु (melting point) t_1 के द्वारा सूचित किया जाता है, जबकि धातु G का t_2 के द्वारा।
4. Composition line पर एक ऊर्ध्वाधर रेखा के द्वारा ज्ञात संगठन रखते हुए eutectic point बिन्दु E के द्वारा बताया जाता है। रेखा Z-Z बिन्दु E रखते हुए eutectic isotherm है।

इस समूह का lead-tin alloy विशिष्ट प्रकार (typical) का है तथा चित्र 6.8 के दायीं तरफ दिखाया गया है। इस सिस्टम में α फेज lead-rich है जबकि β फेज tin-rich है।

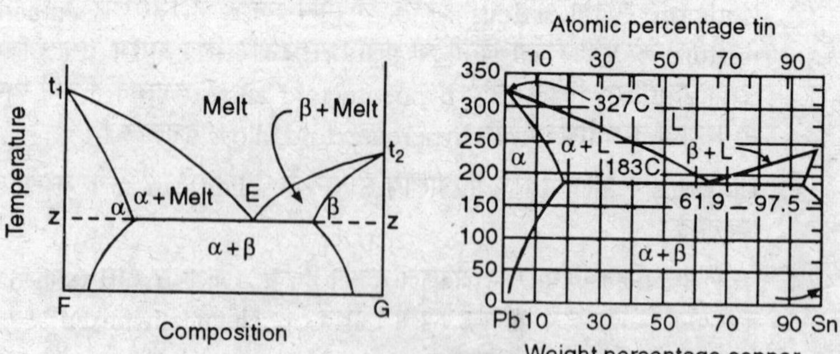

चित्र 6.8—लैड-टिन फेज़ डायग्राम (Equilibrium diagram)।

चित्र 6.9 में प्रतिनिधि eutectic microstructures दिखाए गए हैं। ये भिन्न परिस्थितियों में पाए जाते हैं।

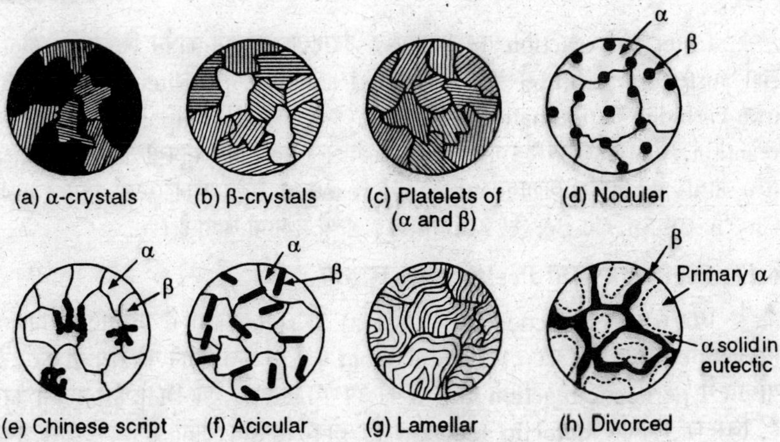

चित्र 6.9—Eutectic संरचनाएं।

6.11. Eutectoid सिस्टम

पिछले अनुच्छेद में डायग्राम्स ने solid solution, eutectic में तथा इसी प्रकार liquid solution के decomposition का वर्णन किया है। ठीक जैसे एक **eutectic** reaction एक liquid solution के decomposition को मिलाता है, उसी प्रकार एक **eutectoid** reaction दो अन्य solid phases में solid solution के decomposition को मिलाता है। यह **solid solution transformation, liquid-solid eutectic** से इसे पहचानने को **eutectoid** कहलाता है। Eutectoid reaction इस प्रकार लिखा जाता है—

$$\underset{\text{heating}}{\overset{\text{cooling}}{\rightleftharpoons}} \alpha + \beta$$

एक eutectoid transformation चित्र 6.10 में दिखाया गया है। यह प्रक्रम eutectic transformation जैसा ही है सिवाय प्रारम्भिक फेज एक solid solution है। दूसरे शब्दों में, चित्र 6.10 एक सिस्टम दिखाता है जो उच्च तापमानों पर isomorphous है। दोनों घटक निम्नतर तापमानों पर polymorphic अथवा allotropic transformations से गुजरते हैं। अल्फा तथा बीटा फेज eutectic structure के रूप में नहीं है जैसा कि चित्र 6.9 में दिखाया गया है, परन्तु नए फेज की क्रिस्टल संरचना Widmanstatten structure कहलाती है।

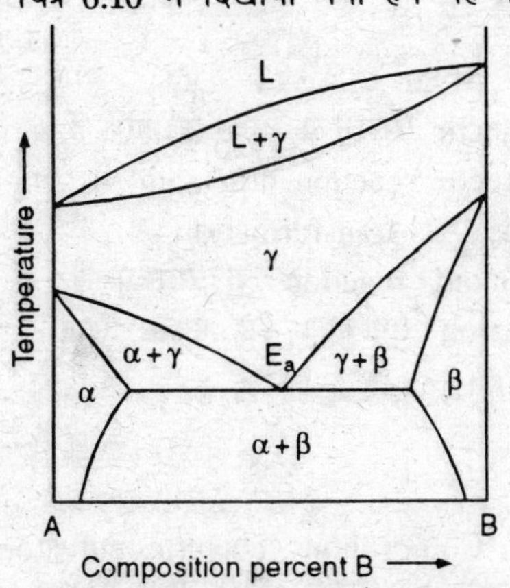

चित्र 6.10—Eutectoid transformation.

Eutectoid reaction का व्यवहारिक उदाहरण आयरन-कार्बन सिस्टम में होता है जहाँ austenite, γ-iron में कार्बन का solid solution, pearlite जो α-iron तथा iron-carbide का intimate mixture है, बनने को decompose होता है। यह reaction इस्पात के ऊष्मा उपचार तथा इसके विभिन्न प्रकार के अनुप्रयोगों के लिए अधिक मूल आधार है। इसके अलावा eutectoid reaction बहुत से सिस्टमों जैसे Cu-Al, Cu-Zn, Cu-Sn, Cu-Be, Al-Mn तथा कई अन्यों में पाया जाता है।

6.12. Peritectic तथा Peritectoid सिस्टम

चित्र 6.8 में, eutectic में, द्रव (liquid) दो solid फेजों में परिवर्तित होता है। Peritectic सिस्टम में (चित्र 6.11), α तथा liquid फेज, β फेज बनाने को संयुक्त करते हैं। वास्तव में, peritectic reaction दो फेजों को उपयोग करता है, एक भिन्न फेज उत्पन्न करता है, जिसका व्यवहार eutectic reaction के ठीक विपरीत होता है। हम इस प्रकार peritectic को eutectic की 'upside down' के रूप में विचार कर सकते हैं। यह रूप परिवर्तन (transformation) अथवा reaction स्थिर तापमान पर होता है जैसे कि eutectic transformation करता है। Peritectic reaction को निम्न प्रकार लिखा जाता है—

$$L + \beta \underset{\text{heating}}{\overset{\text{cooling}}{\rightleftharpoons}} \alpha$$

चित्र 6.11 में, एलॉय I पिघली स्थिति में है। Reaction अथवा transformation, eutectic की भाँति होता है, परन्तु T_p के ठीक नीचे तापमान पर, liquid phase अदृश्य हो जाता है तथा β फेज transformation के पूरा होने पर दिखाई पड़ता है।

Sl-Sn, Ag-Pt एक सरल peritectic सिस्टम के अच्छे उदाहरण हैं। Peritectic reaction तीसरे solid में दो solids का transformation है तथा eutectoid reaction के समरूप है। Reaction समीकरण इस प्रकार लिखी जाती है।

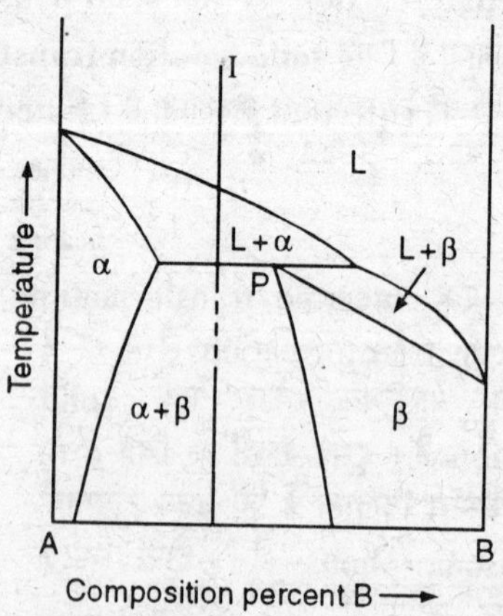

चित्र 6.11—विशेष प्रकार का peritectic

$$\alpha + \beta \underset{\text{heating}}{\overset{\text{cooling}}{\rightleftharpoons}} \gamma$$

Isomorphous, eutectic, eutectoid, peritectic तथा peritectoid जिनकी हम पहले ही विवेचना कर चुके हैं के अलावा, binary सिस्टम्स में अन्य सरल

transformation हो सकते हैं जैसे monotectic, monotectoid, syntectic तथा intermediate phase, सिस्टम्। Iron-carbon फेज डायग्राम, इस अर्थ में थोड़ा संकीर्ण होते हुए भी यह peritectic, eutectic तथा eutectoid reaction रखता है तथा विशेष रूप से आयरन व इस्पात के रूप परिवर्तन में उपयोगी है, की बाद के अध्याय में विवेचना की गई है।

तालिका 6.1 में इन सिस्टम्स की summary दी गई है जो बहुत उपयोगी प्रयोजन का कार्य करेगी।

तालिका 6.1—बाइनरी सिस्टम्स में Equilibrium reactions

सिस्टम	प्रतिक्रिया समीकरण	वास्तविक सिस्टम
शुद्ध धातु (Pure metal)	$L \rightleftharpoons \alpha$	...
एजियोट्रोप (Azeotrope)	$L \rightleftharpoons \alpha$	Zr–Ti
इयूटेकटिक (Eutectic)	$L \rightleftharpoons \alpha + \beta$	Pb–Sn
इयूटेकटोइड (Eutectoid)	$\gamma \rightleftharpoons \alpha + \beta$	Fe–Fe
पेरीटेकटिक (Peritectic)	$L + \beta \rightleftharpoons \alpha$	Sb–Sn
पेरीटेकटोइड (Peritectoid)	$\alpha + \beta \rightleftharpoons \gamma$	U–Zr
मोनोटेकटिक (Monotectic)	$L \rightleftharpoons \alpha + L_1$	U–Tn
मोनोटेकटोइड (Monotectoid)	$\alpha \rightleftharpoons \beta + \gamma$	Tn–Zr
सिनटेकटोइड (Syntectoid)	$L + L_1 \rightleftharpoons \alpha$	Na–Zn

6.13. ठोस फेज (Solid Phase)

हम जानते हैं कि ठोस (solid), द्रव (liquid) तथा गैस (gas) अपने लक्षणों (characteristies) में बिलकुल भिन्न हैं तथा हिमांक बिन्दु अथवा क्वथनांक बिन्दु (boiling point) पर जहाँ द्रव तथा ठोस अथवा द्रव व गैस क्रमशः समकालीन हो सकते हैं, वहाँ एक के स्थान पर पदार्थ (matter) की दो सजातीय (homogeneous) प्रकार उपस्थित हैं। इसलिए यह कहा जा सकता है कि तीनों रूपों के प्रत्येक पृथक् एवं भिन्न फेज बनाते हैं।

6.14. एकल एवं बहु-फेज ठोस (Single and Multi-phase Solids)

धातुएँ, चट्टानें (rocks), मिनरल्स तथा अन्य ठोस पदार्थ, सविस्तार माइक्रोस्कोपिक परीक्षण के अधीन प्रकट करते हैं कि जब इस स्तर पर कुछ पदार्थों के बीच बड़ी भिन्नता विद्यमान रहती है, अन्य संरचना की निश्चित समानताएँ रखते हैं। उदाहरण के लिए, जबकि

शुद्ध कॉपर तथा एक क्वार्टज (quartz) की पतली काट प्रत्येक एक भिन्न प्रकार के ग्रेन, मेटेरियल्स जैसे कास्ट आयरन, माइल्ड स्टील, ब्रास तथा ग्रेनाइट, प्रत्येक अनेक भिन्न रूपीय भिन्न प्रकार के ग्रेन्स के बने होते हैं, अर्थात् वे भिन्न micro-constituents रखते हैं। प्रभाव में, तब, एक बड़ी भिन्नता, उन पदार्थों जो एकल फेज (Single phase) तथा वे जो बहुत फेज हैं, के बीच बनाई जानी चाहिए।

यह दिमाग में पैदा होना चाहिए कि यह भिन्नता (distinction) उससे बिलकुल अलग है जो single crystal तथा polycrystalline पदार्थ के बीच विद्यमान रहती है। Single crystals के बने पदार्थ, अर्थात् समरूपीय क्रिस्टल्स निश्चित रूप से पूरी तरह से समान orientation के crystal lattices रखते हैं, जबकि polycrystalline पदार्थ जिसमें से प्रत्येक अपनी स्वयं की विशेषता अथवा भिन्न रूप से oriented क्रिस्टल लैटिस रखते हुए, क्रिस्टलों की संख्या रखेंगे। परिणामस्वरूप, polycrystals भिन्न orientations के क्रिस्टलों को अलग करते हुए grain boundaries रखते हैं। यह नोट करना महत्त्वपूर्ण है कि समस्त औद्योगिक रूप से उत्पन्न की हुई धातुएँ तथा पॉलीमर्स polycrystalline पदार्थ हैं।

इस प्रकार यह स्पष्ट हो जाता है कि पदार्थ का single crystal केवल एक फेज का बना हो सकता है, जबकि polycrystalline पदार्थ, विशेष क्रिस्टलों अथवा उपस्थित ग्रेनों की प्रकृति पर निर्भर करते हुए, single अथवा multiphase हो सकते हैं, हालांकि, जबकि सभी शुद्ध धातुएँ single-phase हैं, एलॉय विशिष्ट एलॉय बनाने को एक-साथ पिघली धातुओं की solid solubities पर निर्भर करते हुए, single-phase अथवा multi-phase हो सकते हैं।

शायद सबसे सामान्य multi-phase पदार्थ प्राकृतिक रूप से होने वाले solids हैं जो rocks कहलाती हैं। यह दो अथवा अधिक फेजों का बना होता है। साधारणतः अपने निर्माण के दौरान जितनी अधिक धीरे-धीरे चट्टानें ठण्डी होती है, उतनी ही phase distribution का scale सकल (coarser) होता है।

सिरेमिक पदार्थ भी multi-phase solids हैं। वे अपने फेजों के कठोर, भंगुर (brittle) प्रकृति होने के कारण, कुछ चट्टानें जैसे लक्षण रखते हैं, परन्तु वे अपने मूल (origin) तथा उपस्थित फेजों की संरचना दोनों में, चट्टानों से भिन्नता रखते हैं।

इसके अलावा, wood, कई पॉलीमर्स, फाइबर ग्लास अन्य सामान्य multi-phase solids हैं। इस्पात तथा कास्ट आयरन बहु-फेज (multi-phase) एलॉय के विशिष्ट उदाहरण हैं। ये multi-phase एलॉय matrix phase की प्रकृति में पूर्व में बताए गए एलॉय से भिन्न हैं।

फेजों की यह बहुलता (multiplicity) multi-phase solids की संरचनाओं को अत्यधिक जटिल बना देती है परन्तु इसके स्थान पर उनको कई उपयोगी एवं दिलचस्प इन्जीनियरी गुण देती है। बहु-फेज पदार्थों (multi-phase materials) में संरचनीय फीचर्स की संख्या महत्त्वपूर्ण है, विशेष रूप से, प्रत्येक फेज की प्रकृति (nature) तथा इसके domains की साइज। इसलिए, कुछ महत्त्वपूर्ण फेज व्यवस्थाओं के वर्णन करने के द्वारा multi-phase solids की विवेचना करना लाभप्रद होगा क्योंकि वे वास्तविक पदार्थों (actual materials) में पाए जाते हैं।

यह साधारणतया माना जाता है कि सभी multi-phase पदार्थों में structure-property सम्बन्ध निम्न चार फेक्टर्स पर निर्भर करता है—

1. उपस्थित फेज की भौतिक तथा रासायनिक प्रकृतियाँ।
2. प्रत्येक उपस्थित फेज की प्रतिशत मात्रा।
3. एक-दूसरे के सम्बन्ध में प्रत्येक फेज का वितरण (distribution)।
4. प्रत्येक phase के द्वारा धारित "domains" का साइज।

हालांकि फेजों तथा फेज डायग्रामों की विवेचना में हमने अपना ध्यान एलॉयों तक सीमित किया है क्योंकि वे इन्जींनियरी महत्ता के अधिकतर पदार्थों को उत्पन्न करते हैं।

6.15. एलॉयज (Alloys)

इन्जीनियरी में, शुद्ध धातुएँ उनके खराब भौतिक तथा यान्त्रिक गुणों के कारण बहुत कम प्रयोग की जाती है। इसने ही एलॉयों के विकास के मार्ग प्रदर्शित किया है।

एक पदार्थ जो धात्विक गुण (metallic properties) रखता है, metallic bond रखता है तथा दो अथवा अधिक तत्त्वों का बना है जिसमें कम से कम एक धातु है, एलॉय कहलाता है। एक एलॉय की मूल धातु (base metal) अधिकतम अनुपात में धातु के रूप में उपस्थित रहती है, जबकि उपस्थित अन्य धात्विक अथवा अधात्विक तत्त्व alloying elements के रूप में जाने जाते हैं।

Alloying elements, या तो थोड़ी अथवा अधिक मात्रा में base metal के गुणों में निर्दिष्ट परिवर्तन का परिणाम हो सकते हैं। मूल धातु (base metal) को alloying तत्त्वों के मिलाने के परिणामस्वरूप इस प्रकार बनी संरचना समस्त के रूप में एलॉय के गुणों को बताती है। गुणों के परिवर्तन की सीमा एवं प्रकार इस बात पर निर्भर करती है कि alloying elements insoluble in, dissolve in अथवा base metal के साथ नया फेज (new phase) बनाती है।

Solid phases की प्रकृति जो एलॉयों में आती है पर अब विचार किया जाएगा। अधिकतर एलॉय सिस्टम्स में solid फेज solid solution, intermetallic तथा interstitial यौगिक (compounds) हैं।

6.16. Solid Solutions

जब दो अथवा अधिक प्रकारों के परमाणुओं के सजातीय मिश्रण (homogeneous mixtures) ठोस अवस्था में होते हैं, परिचित acqueous solutions जैसे पानी में शुगर के साथ समानता के द्वारा, वे **solid solutions** के रूप में जाने जाते हैं। एकल फेज (single phase) में एक solid solution, क्योंकि यह रासायनिक रूप से homogeneous है तथा साधारण साधनों के द्वारा भौतिक रूप से अथवा यान्त्रिक रूप से पृथक् component atoms को पहचाना नहीं जा सकता है। दो प्रकार के solid solutions बनते हैं—

1. Interstitial solutions तथा
2. Substitutional solutions

जब solute atoms, solvent (matrix) atoms के साथ तुलना में बहुत छोटे होते हैं तथा solute atoms, solvent atoms के बीच "holes" अथवा interstices में पाए जाते हैं, तब interstitial solid solutions बनते हैं। जैसा कि चित्र 6.12 में दिखाया गया है। शायद लौह धातुओं (ferrous metals) में उपस्थित सबसे महत्त्वपूर्ण interstitial solid solution, ferrite है जो कक्ष तापमान पर अधिकतम 0·008 प्रतिशत उपस्थित कार्बन रखते हुए शुद्ध आयरन का बना होता है। साधारणत:, हाइड्रोजन, कार्बन, नाइट्रोजन तथा बोरॉन (boran) जो छोटे atomic diameters रखते हैं, transtition धातुओं के साथ interstitial solid solutions बना सकते हैं। Interstitial solid solutions सामान्यतया बहुत सीमिंत solubility रखते हैं तथा साधारणतया सीमित महत्ता रखते हैं।

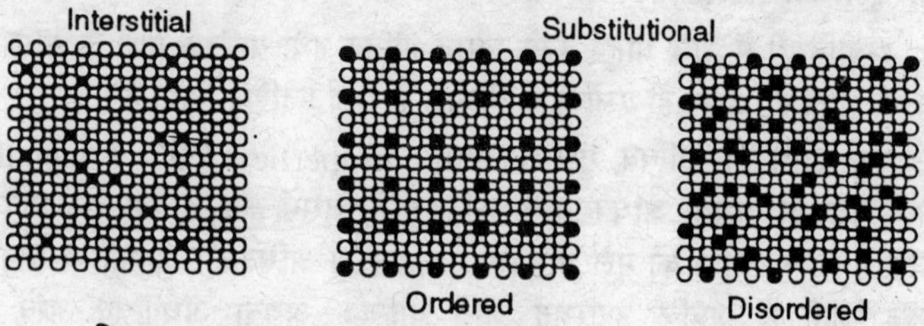

चित्र 6.12—Interstitial तथा substitutional solid solutions.

Atomic size ही केवल फेक्टर नहीं है जो यह बताता है कि क्या एक interstitial solid solution बनेगा अथवा नहीं। छोटे interstitial solute परमाणु अन्य धातुओं की तुलना में transition metal (जैसे Fe, Ni, Zr, Ti, V, C, M, W) में कहीं अधिक आसानी से घुलते हैं। Interstitial atoms को dissolve करने को transition elements की योग्यता उनकी असामान्य इलेक्ट्रॉनिक संरचना (electronic structure) के कारण होना विश्वास किया जाता है। सभी transition metals बाहरी (outer) एक valence, electron shell के अन्दर एक अपूर्ण electronic shell धारण करते हैं। Non-transitional metals, दूसरी तरफ, valency shell के नीचे filled shells रखते हैं। सीमा (extent) जिसको interstitial atoms, transition metals में dissolve कर सकते हैं, metal in question पर निर्भर करती है, परन्तु यह प्राय: छोटी है।

जब solute atoms, solvent metal के क्रिस्टल लैटिस में स्थितियाँ लेते हैं तो **Substitutional solid solutions** बनते हैं। Solid solubility दो तत्त्वों (elements) के परमाणुओं की तुलनात्मक साइज के द्वारा नियन्त्रित की जाती है। Hume-Rothery के अनुसार, यदि solvent तथा solute का atomic radii, solvent के radius के 15 प्रतिशत से अधिक भिन्न रहता है, तो solubility की range बहुत छोटी है। वास्तव में, solid solution की सतत श्रेणियाँ (continuous series) अथवा solid state की असीमित solubility बनती है जब दो तत्त्वों के radii 8 प्रतिशत से अधिक के द्वारा भिन्न नहीं होते हैं, तथा solute तथा solvent elements दोनों समान क्रिस्टल संरचना (crystal structure) रखते हैं। Cu-Ni तथा Ag-Au-Ni पूर्ण solid solubility के साथ binary तथा ternary सिस्टम्स के उदाहरण है।

Solid solutions प्राइमरी (terminal) अथवा सेकेण्ड्री (intermediate) solutions हो सकते हैं। Primary solid solutions, solvent तत्त्व की संरचना रखते हैं, जबकि secondary solid solutions अपने component elements से भिन्न क्रिस्टल संरचना के द्वारा गुण वर्णित किए जाते हैं।

Substitutional solid solutions, **ordered** अथवा **disordered** हो सकते हैं। यदि solute पदार्थ के परमाणु, solvent पदार्थ की क्रिस्टल संरचना के अन्तर्गत समरूप लैटिस बिन्दु (similar lattice points) घेरते हैं, तब यह ordered solution के रूप में जाना जाता है। लेकिन जब substitution आकस्मिक है, तो यह disordered solution के रूप में जाना जाता है (चित्र 6.12)। अनेक बार एक substitutional solid solution, तापमान पर निर्भर करते हुए ordered अथवा disordered होगा। इसका उदाहरण कॉपर-जिंक एलॉय सिस्टम में β-phase है, जो केवल लगभग 450°C के नीचे ordered है।

आदर्श रूप में, solute तथा solvent परमाणु लैटिस साइटों पर statistically uniform distribution के साथ आकस्मिक रूप से वितरित किए जाते हैं। निश्चित दशाओं में, हालांकि, substitution आकस्मिक (random) के बजाए नियमित (regular) है। यह बाइनरी सिस्टम्स में 1 : 1 अथवा 1 : 3 atomic ratios के साथ हो सकता है। 1 : 1 सिस्टम बहुधा कार्नर्स पर एक प्रकार के परमाणुओं तथा केन्द्र पर अन्य प्रकार के परमाणुओं के साथ bcc संरचना रखता है। ये नियमित व्यवस्थाएँ **superlattices** के रूप में जानी जाती हैं। ये superlattices आकस्मिक substitutional solutions के slow cooling पर बनती हैं।

6.17. Substitutional Solid Solutions तथा Humerothery Rules

एक एलॉय विकास की दिशा में एक धातु की वृद्धि के द्वारा जो एक solid solution बनाएगी, एक दिए हुए एलॉय की सामर्थ्य को बढ़ाना सदैव वांछनीय है। Hume-Rothery के कार्य के द्वारा बड़े रूप में, substitutional solid solution के बनने (formation) को नियन्त्रित करते हुए कई सामान्य नियम (general rules) ऐसे alloying elements की यथोचित चयन (proper choice) में उपलब्ध हैं। यदि alloying element देवयोग से चुना गया है, तो यह solid solution के स्थान पर एक आपत्तिजनक intermediate phase बनाना संभाव्य है। हालांकि, इन नियमों को नीचे संक्षिप्त किया गया है—

1. सापेक्ष साइज फेक्टर (Ralative size factor)—यदि दो धात्विक परमाणुओं की साइज 15 प्रतिशत से कम भिन्न होती है, तब धातुएँ solid solution formation के लिए favourable साइज फेक्टर रखती हुई कहीं जाती है। यदि size factor 15% से बड़ा है, तब solid-solution formation गम्भीर रूप से सीमित होने को प्रवत्त होता है तथा प्रायः एक प्रतिशत का केवल एक अंश है।

2. रासायनिक समानता फेक्टर (Chemical affinity factor)—जितनी अधिक दो धातुओं की chemical affinity होती है, उतनी ही अधिक उनकी solid solubility सीमित होती है। जब उनकी chemical affinity बड़ी है, तो दो धातुएँ एक solid solution की तुलना में एक intermediate phase बनाने को प्रवृत्त होती हैं।

3. सापेक्ष वेलेन्सी फेक्टर (Relative valency factor)—यदि alloying element मूल धातु (base metal) से भिन्न valence रखता है, तब प्रति परमाणु valence electrons की संख्या **electron ratio** कहलाती है तथा alloying के द्वारा परिवर्तित होगी। उच्च valence की धातु, इसलिए, निम्नतर valence धातु की केवल थोड़ी सी मात्रा को dissolve कर सकता है, जबकि निम्नतर valence धातु उच्चतर valence धातु की अच्छी solubility रख सकता है। सापेक्ष valence effect दूसरे में एक धातु की उस solubility में chemical affinity effect के समतुल्य है, जो electron solubility का function समझा जाता है।

4. लैटिस टाइप फेक्टर (Lattice-type factor)—केवल वे धातुएँ जो समान प्रकार का लैटिस (उदाहरण के लिए fcc) रखती है, solid solutions की पूरी शृंखला बना सकती हैं। जैसा पूर्व में बताया गया है, size factor को पूर्ण solid solubility के लिए प्रायः 8% से कम होना चाहिए।

दूसरे में एक घटक (component) की solid solubility का गुणात्मक आगणन (qualitative estimate) उपरोक्त चार फेक्टरों पर विचार करने के द्वारा बनाया जा सकता है। यह नोट किया जाना चाहिए कि एक अकेला unfavourable relative size factor निम्न मान (low value) को solid solubility सीमित करने को पर्याप्त है। यदि size factor, favourable है, तब दूसरे तीन फेक्टर्स solid solubility की सम्भव डिग्री पर तय करने में विचार किए जाने चाहिए। उदाहरण के लिए, Cu-Zn सिस्टम में, Cu, Zn के लिए solubility की wide range रखता है, परन्तु वहाँ Zn में Cu की बहुत सीमित solubility है। यह जोर दिया जाना चाहिए कि उन Hume-Pothery rules के अनेक अपवाद ज्ञात हैं।

6.18. माध्यमिक फेज (Intermediate Phase)

जब एक alloying element एक दी हुई धातु में ऐसी मात्रा में मिलाया जाता है कि solid solubility की सीमा बढ़ जाती है, एक दूसरा फेज प्राइमरी solid solution के साथ प्रतीत होता है। यह दूसरा फेज alloying element में बेस धातु का प्राइमरी solid solution हो सकता है। अनेक बार दूसरा फेज जो प्रतीत होता है कि एक "intermediate" फेज होता है। यह क्रिस्टल संरचना तथा गुणों दोनों में प्रत्येक solid solution से भिन्न होता है। यह intermediate फेज एक सेकण्ड्री सोलिड सोल्यूशन हो सकता है अथवा यह intermetallic compounds के रूप में वर्गीकृत अबद्ध फेजों की विविधता में से एक हो सकता है। ये intermediate फेज homogeneity की या तो तंग अथवा व्यापक रेंज रख सकते हैं तथा सरल रासायनिक सूत्र रखते हुए संगटन (composition) सम्मिलित कर सकते अथवा नहीं कर सकते हैं। Intermediate फेज एक तरफ ideal solid solution के बीच रेंज कर सकते हैं तथा दूसरी तरफ ideal chemical compound।

6.19. Intermetallic तथा Interstitial यौगिक

निश्चित अच्छी प्रकार से परिभाषित शर्तों के अधीन निश्चित यौगिक (compounds) एक एलॉय के constituent elements के बीच बनाए जाते हैं। एलॉय सिस्टम्स में बने यौगिक दो बड़े समूहों (groups) में वर्गीकृत किए जा सकते हैं—

1. Intermetallic यौगिक तथा

2. Interstitial यौगिक

Intermetallic यौगिक—Intermetallic compounds यौगिकों के रूप में, जो दो अथवा अधिक धातुओं, जो normal valence नियमों के सन्दर्भ में परस्पर संयुक्त करते हैं, के बीच बनते हैं, परिभाषित किए जा सकते हैं। Ionic तथा covalent bonding उनकी electronegalitives में विभेद पर निर्भर करते हुए, हो सकते हैं। ऐसे यौगिक लाक्षणिक रूप से कठोर (hard) तथा भंगुर (brittle) होते हैं तथा उच्च गलन बिन्दु (high melting point) रखते हैं। मेगनिसियम सिलिसाइड (magnesium silicide), Mg_2Si, तथा copper aluminide, $CuAl_2$, intermetallic यौगिक के उदाहरण हैं। Intermetallic compounds को पुनः निम्न भिन्न समूहों में वर्गीकृत किया जाता है—

(i) Valency यौगिक, (ii) Electron यौगिक तथा Radius ratio के साथ यौगिक

(i) Valency compounds—कुछ intermetallic यौगिक normal valence नियमों का पालन करते हैं। वे तब valency compounds कहलाते हैं। जब एक धातु strong धात्विक गुण रखती है जबकि दूसरी weak metallic properties अथवा नानमेटल पर bordering करने वाले गुण रखती है तो वे अस्तित्व रखते हैं। चूँकि bonding, ionic अथवा covalent होने को अनुमति देती है, इसलिए गुण (properties) substantially non-metallic हैं तथा यौगिक सापेक्ष रूप से भंगुर (brittle) हैं। Intermedaite फेज जो normal valence नियम का पालन करता है, क्रिस्टल संरचनाओं की विविधता में पाए जाते हैं। ये फेज अधिकतर ऑक्साइड्स (oxides), florides, hydrides, carbides तथा धातु एवं metalloids जैसे S, Se, Te, As, Sb व Bi के संयोग (combination) होते हैं।

(ii) Electron compounds—जब दो धातुएँ बहुत कुछ समान साइज के परमाणुओं की बनी होती हैं, परन्तु valence में भिन्न होती हैं, तो intermetallic compounds जो electron compounds कहलाते हैं, बनते हैं। वे इस नाम से इसलिए पुकारे जाते हैं क्योंकि परमाणुओं की valency electrons की कुल संख्या तथा स्वयं intermetallic compounds के "molecule" में उपस्थित परमाणुओं की संख्या के बीच स्थिर अनुपात होता है। उपस्थित ये तीन अनुपात (ratios) 3 : 2 (अथवा 21 : 14), 21 : 13 तथा 7 : 4 (अथवा 21 : 12) हैं। एक उदाहरण CuZn है जिसमें कॉपर का 1 valence है तथा जिंक 2 valence रखता है, जो 3 के रूप में कुल valence electrons देता है। चूँकि वहाँ दो परमाणु सम्मिलित हैं, इसलिए electron atom ratio 3 : 2 है। इन अनुपातों के प्रयोग ने संरचनीय रूप से साथ-साथ सम्बन्धित होने वाले apparently unrelated compounds की बड़ी संख्या को समर्थ बनाया है।

निश्चित त्रिज्या अनुपात के साथ यौगिक (Compounds with definite radius ratio)—कुछ intermetallic यौगिक बनते हैं जब परमाणु विशेष रूप से सुविधाजनक packing arrangements के अनुमत करने को ठीक उचित त्रिज्या अनुपात (radius ratio) रखते हैं। ये यौगिक (compounds) निश्चित त्रिज्या अनुपात के साथ यौगिक कहलाते हैं। उदाहरण के लिए NaTL, LiZn, Cu_2Mg तथा CaMg क्रमशः 1 : 25, 1 : 15, 1 : 25 तथा 1 : 24 की radius ratio रखते हैं।

Interstitial यौगिक—Interstitial compounds, intermetallic compounds के विशेष case के रूप में माने जा सकते हैं। वे धातु तथा अधातु (non-metal) के बीच बनते हैं तथा transition elements एवं C, N, B तथा H जहाँ interstitial element की solubility limit बढ़ने पर atomic sizes में अन्तिम भिन्नताएँ (extreme differences) विद्यमान होती हैं, के बीच विशेष रूप से होते हैं। अधिकतर intermetallic compounds के जैसे, interstitial compounds सामान्य valence नियमों का पालन नहीं करते हैं तथा बहुत कठोर (hard) एवं भंगुर (brittle) हैं। आयरन कारबाइड, Fe_3C, जो इस्पातों में अन्तिम महत्त्वपूर्ण role रखते हैं, interstitial compound के अच्छे उदाहरण हैं।

ये नोट करने की बात है कि interstitial compounds, interstitial solutions से बहुत भिन्न हैं।

6.20. एलॉयों (Solid Phases) के गुण (Properties of alloys)

साधारणतः एक एलॉय की पूरक शुद्ध धातुओं के गुणों का औसत करने के द्वारा इसके भौतिक, रासायनिक तथा यान्त्रिक गुणों को ज्ञात नहीं किया जाता है। हालांकि, निम्न सामान्यकरण (generalisations) महत्त्वपूर्ण हैं—

Solid Solutions

1. पूर्ण solid solubility के लिए प्रत्येक धातु की लगभग 50% के संगटन (composition) पर, कठोरता (hardness) साधारणतया अधिकतम तक बढ़ती है, जबकि तन्य सामर्थ्य (tensile strength) stronger components की तरफ धीरे-धीरे बढ़ती है। यदि दो धातुएँ सीमित solid solution बनाती है, तब साधारणतः जितनी अधिक solute की मात्रा होती है (अर्थात् dissolved metal), उतनी ही उच्च कठोरता तथा सामर्थ्य होती है। उदाहरण के लिए, 10% जिंक के साथ brass, 30% Zinc के साथ brass की तुलना में softer तथा weaker है।

2. घटक शुद्ध धतुओं की तुलना में solid solution में Electrical conductivity सदैव निम्नतर होती है, तथा निसन्देह solute metal की बहुत कम मात्रा electrical conductivity को बुरी तरह से कम करने को पर्याप्त है।

दो-घटक एलॉय सिस्टम्स (Two-component alloy systems)

1. ऐसे एलॉयों की सामर्थ्य तथा कठोरता से सम्बन्धित कोई सामान्य नियम नहीं कहे जा सकते हैं, चूँकि ये गुण उपस्थित फेजों की प्रकृति तथा ढंग (way) जिसमें वे एक-दूसरे के सापेक्ष छितराए जाते हैं, पर निर्भर करते हैं।

2. सुचालकता (conductivity) उपस्थित प्रत्येक घटक तथा उनकी सुचालकताओं के ऊपर निर्भर करती है। इसलिए पुनः सामान्यकरण (generalisation) कठिन है।

6.21. Non-equilibrium Systems

माना हम एक एलॉय जैसे Pb–15% Sn रखते हैं, जो साधारण रूप से एक solid solution alloy के रूप में solidifies होता है। आखिरी liquid, eutectic के काफी ऊपर 230°C के निकट freeze होना चाहिए। हालांकि, यदि एलॉय बहुत शीघ्र ठण्डा होता है, तो एक non equilibrium solidus वक्र पैदा होता है जैसा चित्र 6.13 में दिखाया गया है। प्राइमरी α का ठीक 183°C के ऊपर बढ़ना जारी रहता है अवशेष non-equilibrium liquid 61·9% Sn रखता है। यह liquid प्राइमरी α को घेरते हुए तब eutectic microconstituent को रूप परिवर्तित होता है।

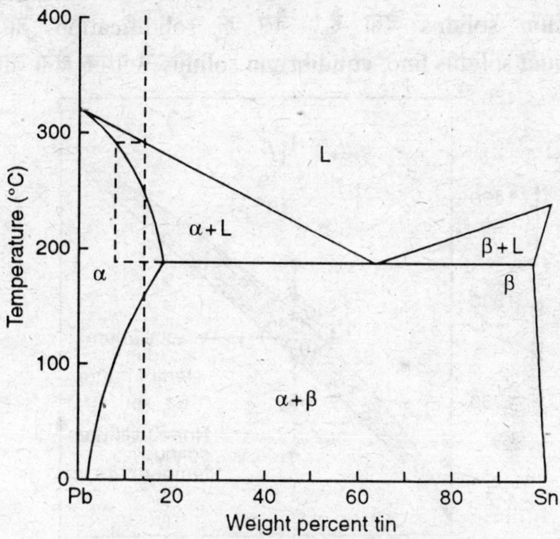

चित्र 6.13—नान-इक्यूलीब्रियम सालिडिफिकेशन।

जब Pb–15% Sn जैसे एक एलॉय का ऊष्मा उपचार (heat treating) करते समय, हमको hot shortness अथवा partial melting को रोकने के लिए अधिकतम तापमान 183°C के eutectic तापमान के नीचे रखना चाहिए। यह भावना (concept), metallic alloys जैसे Al-Cu सिस्टम में, के precipitation अथवा age hardening में बहुत महत्त्वपूर्ण है।

6.22. Non-equilibrium Soldification तथा Segregation

हम जानते हैं कि द्रवों (liquids) के द्वारा अनुसरण कर तथा तब solids के द्वारा गैसों में diffusion, सबसे शीघ्र होता है। हमने यह भी देखा कि तापमान बढ़ाने पर diffusion rates में वृद्धि होती है। जब diffuse करने तथा equilibrium दशाओं को पैदा करने का परमाणुओं के लिए cooling अतिशीघ्र (rapid) है, तो कास्टिंग (costing) में non-equilibrium structures उत्पन्न होते हैं। आइए देखें कि rapid cooling पर Cu-4% Ni एलॉय का क्या होता है ?

पुनः प्रथम solid 52% Ni रखते हुए, liquidus तापमान पर पहुँचने पर बनता है। (चित्र 6.14)। 1260°C तक ठण्डा होने पर, tie रेखा हमको बताती है कि liquid 34% Ni रखता है तथा solid जो उस तापमान पर बनता है, 46% Ni रखता है। चूँकि द्रवों में diffusion बहुत शीघ्रता से होता है, हम liquid composition को यथार्थता से बताने के लिए tie रेखा से आशा करते हैं। हालांकि, solids में diffusion अपेक्षाकृत धीमा (slow) है। पहला solid जो बनता है अभी भी लगभग 52% Ni रखता है, परन्तु नया solid केवल 46% Ni रखता है। हम पा सकते थे कि solid का औसत संगटन (average composition) 51% है। यह phase diagram द्वारा दिए गए की तुलना में भिन्न non-equilibrium solidus देता है। जैसे ही solidification जारी रहता है, non-equilibrium solidus line, equilibrium solidus से पृथक् होना जारी रखती है।

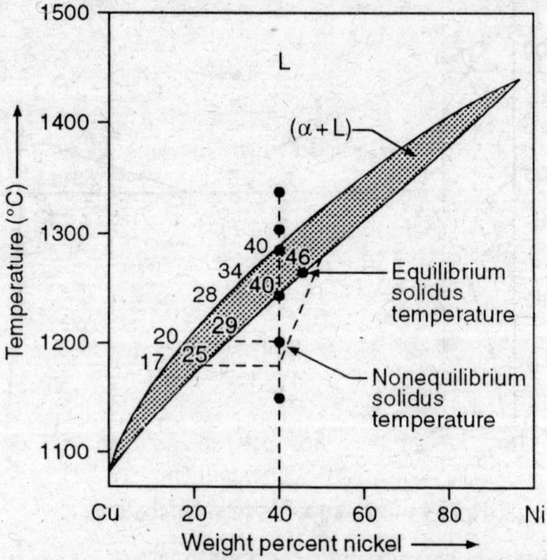

चित्र 6.14—Non-equilibrium solidification के दौरान Cu–40% Ni एलॉय की संरचना में परिवर्तन।

जब तापमान 1240°C (equilibrium solidus) पहुँचता है, liquid की सार्थक मात्रा रहती है। द्रव पूर्णरूप से solidify नहीं होगा जब तक हम 1180°C तक ठण्डा करते हैं, जहाँ non-equilibrium solidus 40% Ni की मूल संगटन को काटता है। उस तापमान पर, 17% Ni रखते हुए, 25% Ni रखकर solid देते हुए, द्रव ठोस होता है। जमने को आखिरी द्रव इसलिए 17% Ni रखता है तथा आखिरी solid बनने को 25% Ni रखता है। Solid का औसत संगटन 40% Ni है, परन्तु संगटन (composition) सरुप (uniform) नहीं है।

Non-equilibrium solidus रेखा की वास्तविक स्थिति तथा अन्तिम non-equilibrium solidus तापमान cooling rate पर निर्भर करता है। तीव्रतर ठण्डा होने की दर (cooling rate), equilibrium से बड़े प्रस्थानों (departures) का कारण बनती है।

6.23. तिहरा फेज डायग्राम्स (Ternary Phase Diagrams)

हम अनुभव करते हैं कि बहुत से एलॉय सिस्टम्स तीन (three) अथवा निसन्देह अधिक तत्त्वों पर आधारित होते है। जब तीन तत्त्व (elements) उपस्थित होते हैं, हम **ternary alloy** रखते हैं। एक तिहरे सिस्टम के लिए स्थिर दाब के अधीन अधिकतम चार फेज समकालीन (coexist) हो सकते हैं तथा यह एक invariant point परिभाषित करेगा। तापमान के साथ संरचना (structure) में परिवर्तनों का वर्णन करने को, हमको त्रि-विमीय फेज डायग्राम (three-dimensional phase diagram) खींचना चाहिए। चित्र 6.15 *A*, *B* तथा *C* तत्त्वों से बने hypothetical खींचे गए ternary phase diagram को प्रदर्शित करता है। नोट कीजिए कि डाइग्राम के दो दिखाई देने वाले फलकों पर दो बाइनरी eutectics उपस्थित हैं, *B* तथा *C* तत्त्वों के बीच तीसरा बाइनरी eutectic, प्लॉट (plot) के पीछे पर छुपा है।

त्रि-विमीय तिहरे plot को प्रयोग करना कठिन है, हालांकि, हम अनेक विधियों में से किसी एक के द्वारा liquidus plot तथा isothermal plot को सम्मिलित करते हुए, द्वि-विमीय (two-dimensions) में डाइग्राम से सूचना प्रस्तुत कर सकते हैं।

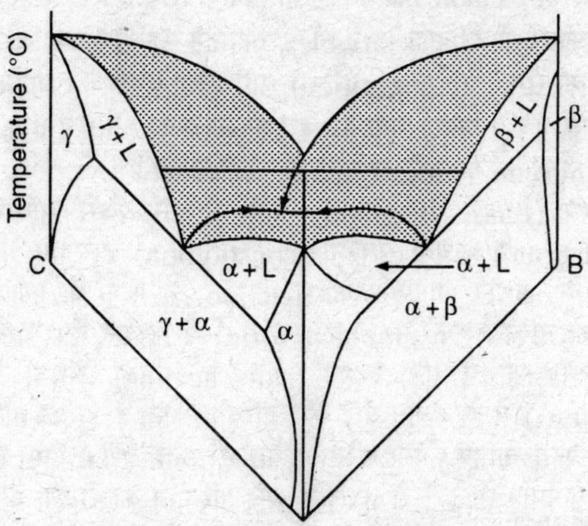

चित्र 6.15—हाइपोथेटिकल टरनरी फेज़ डायग्राम।

6.24. हल किए गए उदाहरण (Solved Examples)

उदाहरण 6.1. फेज क्या है ? फेज नियम (Phase rule) एवं फेज डाइग्राम में तथा solvus एवं solidus line में अन्तर स्पष्ट कीजिए। **[AMIE, Summer 2005]**

हल : फेज (phase) एक सिस्टम है जो एक सतह (surface) के द्वारा सीमाबद्ध है तथा सिस्टम के अन्य अंगों (parts) से यान्त्रिक रूप से पृथक् होने योग्य (mechanically separable) है, के किसी homogeneous तथा भौतिक रूप से भिन्न अंग के रूप में परिभाषित किया जाता है।

सामान्य पदों में, फेज (phase) एक अच्छी प्रकार से परिभाषित संरचना, रूप संगटन (uniform composition) तथा स्पष्ट सीमाएँ (distinct boundaries) अथवा interfaces रखता है।

फेज नियम [Phase Rule (Gibbs Rule)]—सभी परिवर्तन जो बाह्य दशाओं जैसे तापमान तथा दाब के अनुयायी अनेक फेजों से बने सिस्टम में होते हैं, phase rule कहे जाने वाले के नियमानुसर व्यवहार (conform) करते हैं। किसी एलॉय में उपस्थित फेजों की संख्या, तत्वों (elements) जिसका एलॉय बना है, की सख्या पर निर्भर करती है। फेज नियम जो Gibbs phase rule कहलाता है, degree of freedom, घटकों की संख्या (number of components) तथा फेजों की संख्या (number of phases) के बीच सम्बन्ध स्थापित करता है। गणितानुसार यह निम्न प्रकार प्रकट किया जाता है—

$$F = C - P + 2$$

जहाँ, F = degree of freedom की संख्या अथवा independent variables की संख्या

C = साम्यावस्था में सिस्टम में घटकों (component) की संख्या

P = फेजों की संख्या

2 = दो variables तापमान तथा दाब के लिए है।

डिग्री ऑफ फ्रीडम में दो बाह्य variables, तापमान एवं दाब तथा तीसरा coexisting phases के प्रत्येक का संगटन (composition), सम्मिलित करती है। धातुओं को अधिकतर वायुमण्डलीय दाब पर प्रयोग किया जाता है। इस प्रकार, दाब solid में तथा liquid states में एलॉयों का equilibrium पर कोई अच्छा प्रभाव नहीं रखता है।

फेज डायग्राम (Phase diagram)—फेज डायग्राम जिसे साम्यावस्था डायग्राम (equilibrium diagram) अथवा संघटना (constitution) डायग्राम भी कहा जाता है, साम्यावस्था शर्तों के अधीन तापमान के function के रूप में एलॉय की संघटना (constitution) को ग्राफीय रूप (graphical form) में दिखाते हैं। साम्यावस्था शर्तों से हमारा तात्पर्य अत्याधिकता से मन्द ऊष्मन (slow heating) अथवा ठण्डाकरण शर्तों (cooling conditions) से है, अर्थात् यदि कोई परिवर्तन होता है, इसको घटित होने के लिए पर्याप्त समय दिया जाना चाहिए। फेज परिवर्तन थोड़े से ऊँचे अथवा निम्न तापमान पर होने को प्रवत्त होते हैं। तापमान में तेजी से बदलाव, फेज परिवर्तन को रोकता है जो साम्यावस्था शर्तों के अधीन होता है, इन डायग्रामों को विरूपित करेगा। धातु एलॉयों का ठोस होना, फेज डायग्राम्स के द्वारा स्पष्ट रूप से समझा जाता है।

सभी फेज डायग्राम्स, तापमानों को ऊर्ध्वाधर पैमाना (ordinate) तथा भारों के द्वारा प्रतिशत संगटन (percentage composition) को क्षैतिज पैमाना (abscissa) के रूप में रखते हैं। चूँकि फेज डायग्राम इस आधार पर बनाया जाता है कि साम्यावस्था सदैव उपस्थित फेजों के बीच विद्यमान रहती है, इसलिए समय (time) को ऐसे डायग्राम में प्रदर्शित नहीं किया जा सकता है।

(ii) Solvus line, solid solubility की सीमा को परिभाषित करते हुए एक equilibrium डायग्राम पर रेखा है।

दूसरी तरफ solidus line एक equilibrium डायग्राम पर तापमान सूचित करते हुए जिस पर एक धातु अथवा एलॉय ठण्डा होने पर पूर्णतः solid हो जाता है, अथवा जिस पर equilibrium शर्तों के अधीन गर्म करने पर melting प्रारम्भ होती है, एक रेखा है। यह रेखा solid के संगटन (compositions) जो equilibrium में समकालीन हो सकता है, को बताती है। देखिये चित्र 6.16

जब घटकों (components) के केवल solid solution, precipitate हो सकते हैं तथा कोई शुद्ध घटक A में B के solid solution को precipitate नहीं कर सकता है, α है तथा B में A, β है।

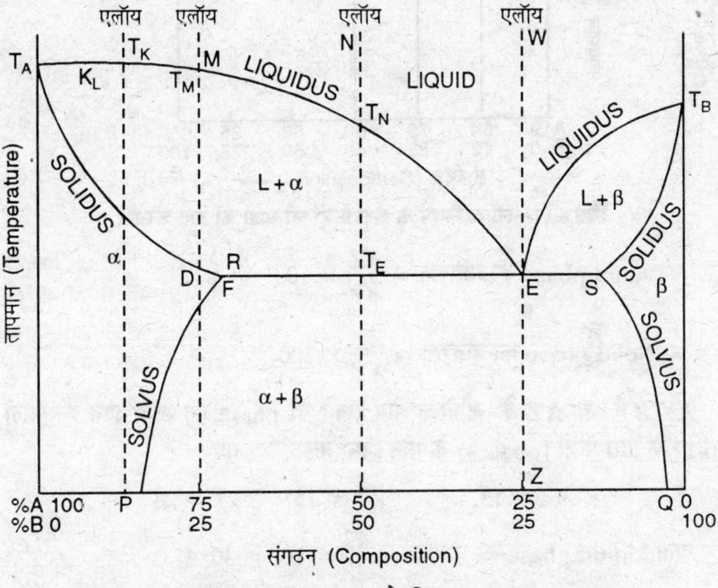

चित्र 6.16—आंशिक Solid solubility के लिए equilibrium डायग्राम।

उदाहरण 6.2. (a) Tie line के साथ Lever rule स्पष्ट कीजिए।

(b) $0 \cdot 3\%$ कार्बन-इस्पात के eutectoid तापमान के ठीक ऊपर pro-eutectoid ferrite का भार प्रतिशत (weight percentage) ज्ञात कीजिए।

[AMIE, Summer 2005]

हल : (a) **लीवर नियम** (Lever Rule)—यह एक महत्त्वपूर्ण सम्बन्ध है जो दो घटकों अथवा बायनरी फेज डायग्राम के किसी दो फेज क्षेत्र (region) को लागू होता है। इसके द्वारा दो फेजों की सापेक्ष amounts को ज्ञात किया जाता है। लीवर नियम एक दिए हुए संगटन (composition) के लिए उपस्थित constituents का अनुपात प्राप्त करने को थर्मल equilibrium डायग्राम को mechanical lever force calculations की एक उपयोगिता (adaptation) है।

यदि दो घटक (constituents) A तथा B डायग्राम में x दूरी के द्वारा पृथक् किये जाते हैं, तब उनके बीच कोई भी संगटन, माना A से दूरी y पर, घटक A का xy अनुपात तथा B का y अनुपात रखेगा। चित्र 6.17 के अनुसार

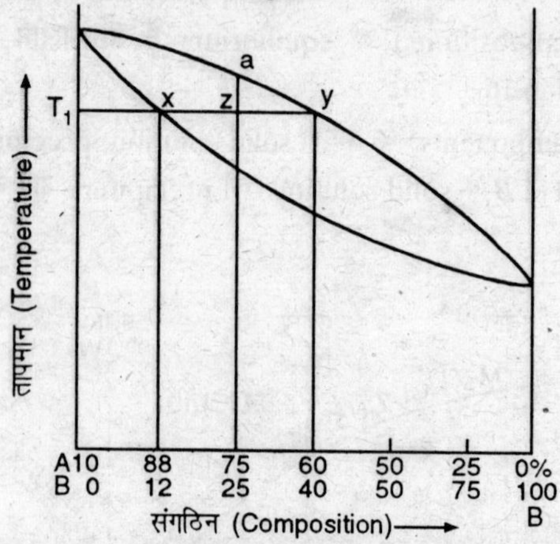

चित्र 6.17—लीवर नियम के द्वारा फेजों की मात्रा को ज्ञात करना।

$$\text{Liquid phase का प्रतिशत} = \frac{XZ}{XY} \times 100$$

$$\text{Solid phase का प्रतिशत} = \frac{ZY}{XY} \times 100$$

XY, ZY तथा XZ के आंकिक मान रखने पर phase की मात्रा ज्ञात की जाती है। चित्र 6.17 के द्वारा फेजों (phases) के मान निम्न प्रकार पाए गए—

$$XZ = 13, \qquad ZY = 15, \qquad XY = 28$$

अत: $\text{Liquid phase का प्रतिशत} = \frac{13}{28} \times 100 = 46 \cdot 4$

तथा $\text{Solid phase का प्रतिशत} = \frac{15}{28} \times 100 = 53 \cdot 6$

अतः solid की मात्रा (amount), liquid composition को अंकित करते हुए लीवर के सिरे को होने वाले फलक्रम (fulcrum) से दूरी के समानुपाती (proportional) है।

(b) $0 \cdot 3\%$ कार्बन पर फलक्रम के साथ $0 \cdot 0$ तथा $0 \cdot 8\%$ के बीच लीवर नियम लागू करने पर

$$f_{pro} = \frac{0 \cdot 8 - 0 \cdot 3}{0 \cdot 8 - 0 \cdot 0} = 0 \cdot 625$$

$$f_{pearite} = 1 \cdot 0 - 0 \cdot 625 = 0 \cdot 375 \text{ अथवा } 37 \cdot 5$$

6.25. शब्दावली (Glossary)

एलॉय (Alloy)—एक पदार्थ जो धात्विक गुणों को रखता है, धात्विक बाण्ड धारण करता है, तथा दो अथवा अधिक तत्त्वों, जिसमें से कम से कम एक धातु है, से बना है, एलॉय कहलाता है।

बाइनरी फेज डायग्राम (Binary phase diagram)—दो घटकों (components) के साथ सिस्टम के लिए फेज डायग्राम।

इयूटेकटिक एलॉय (Eutectic alloy)—धातुओं का मिश्रण (mixture) जो ठीक एकल धातु (single metal) का व्यवहार करेगा, अर्थात्, स्थिर तापमन पर solidity।

फ्रिजिंग रेंज (Freezing range)—Liquidus तथा Solidus तापमानों के बीच तापमान अन्तर।

गिब्ज फेज नियम (Gibbs phase rule)—यह degree of freedom की संख्या, अथवा variables की संख्या जिसे तापमान एवं फेज का संगटन $(2 + C = F + P)$ विशेषित करने को स्थित होना चाहिए, का वर्णन करता है जहाँ दाब तथा तापमान परिवर्तित हो सकते हैं, $1 + C = F + P$, जहाँ दाब अथवा तापमन स्थिर है।

आइसोमोरफोस फेज डायग्राम (Isomorphous phase diagram)—यह एक फेज डायग्राम है जिसमें घटक असीमित solid solubility का प्रदर्शन करते हैं।

लीवर नियम (Lever rule)—एक अत्यन्त महत्त्वपूर्ण सम्बन्ध, एक जो दो घटक अथवा बायनरी फेज डायग्राम के किसी दो फेज रिजन को लागू होता है। यह दो फेजों की सापेक्ष amounts को ज्ञात करता है।

लिक्विडस (Liquidus)—फेज डायग्राम्स पर वक्र (curves) जो सभी सम्भव एलॉयों के liquidus temperatures को वर्णित करते हैं।

मेटास्टेबल फेज (Metastable phase)—एक पदार्थ जैसे undercooled liquid जो non-equilibrium conditions के अधीन विद्यमान रहता है। एक मेटास्टेबल फेज प्रायः एक दिशा में बनाया जा सकता है (उदाहरण के लिए, सुपरकूल्ड जल को इसके हिमांक तापमान के नीचे जल को ठण्डा करने के द्वारा बनाया जा सकता है, परन्तु बर्फ को गर्म करने के द्वारा नहीं)।

बहु-फेज एलॉय (Multi-phase alloy)—एक एलॉय जो दो अथवा अधिक फेजों का बना होता है।

पेरीटेकटिक (Peritectic)—एक प्रतिक्रिया (reaction) होती है जब द्रव (liquid), द्रव के precepitate पर क्रिस्टल के साथ प्रतिक्रिया करता है तथा नए प्रकार का क्रिस्टल बनाता है।

फेज (Phase)—यह एक सिस्टम का जो एक सतह के द्वारा सीमाबद्ध है तथा सिस्टम के अन्य अंगों (parts) से यान्त्रिक रूप से अलग होने योग्य है, के किसी homogeneous तथा भौतिक रूप से भिन्न अंग के रूप में परिभाषित है।

फेज डायग्राम (Phase diagrams)—यह डायग्राम है जो साम्य शर्तों के अधीन उपस्थित फेजों को तथा तापमान तथा ओवरऑल संगटन (composition) के प्रत्येक संयोग पर फेज संगटनों को दिखाता है। कभी-कभी फेज डायग्राम metastable phases को भी सूचित करता है।

सालिड सोल्यूशन (Solid solution)—बहु-तत्त्वों अथवा यौगिकों को संयुक्त करने के द्वारा बना solid phase इस प्रकार से कि ओवरऑल फेज समान संगटन तथा गुण रखता है जो इसे बनाने वाले तत्त्वों अथवा यौगिकों से भिन्न है।

सालिडस (Solidus)—फेज डायग्राम पर वक्र जो सभी सम्भव एलॉयों के लिए solidus तापमानों को trace करता है।

Solubility—एक पदार्थ की मात्रा जो दूसरा फेज (second phase) को बनाए बिना दूसरे पदार्थ में पूर्ण रूप से घुलेगी।

Solute—यह solution अथवा पदार्थ जो घुलता है का minor part है।

Solvent—यह solution के major भाग से बना होता है। solute एवं solvent दोनों ठोस, द्रव या गैस हो सकता है।

यूनरी फेज डायग्राम (Unary phase diagram)—एक फेज डायग्राम जिसमें केवल एक घटक (component) होता है।

Unlimited Solubility—Solubility जब एक पदार्थ की मात्रा जो दूसरे फेज को बनाए बिना दूसरे पदार्थ में घुलेगी।

Unsaturated Solid Solution—दिए हुए तापमान अथवा दाब पर solvent के घुल सकने की तुलना में solvent, solute की कम मात्रा को dissolve करता है।

अभ्यासमाला (Exercise)

1. "Solid phase" से आप क्या समझते हैं ? एकल फेज (single phase) तथा बहुफेज पदार्थ (multi-phase materials) के कुछ उदाहरण दीजिए तथा बताइए कि वे ऐसा क्यों कहलाते हैं ?
2. एक एलॉय (alloy) क्या है ? एक एलॉय में कितने घटक (components) पाए जाते हैं ? बेस धातु (base metal) से क्या तात्पर्य है ? Alloying elements क्या है ? Alloying elements तथा impurities के बीच आप कैसे विभेद करते हैं ?
3. Solid solution क्या है ? Subtitutional तथा interstitial solid solution के बीच समानताएँ तथा भिन्नताओं की विवेचना कीजिए।
4. Intermetallic compound तथा interstitial compound के द्वारा क्या तात्पर्य है ? उनके बीच यदि कोई हो, समानताएँ या भिन्नताएँ बताइए।
5. Substitutional solid solution में परन्तु एक interstitial solid solution में नहीं, सम्पूर्ण intersolubility क्यों सम्भव है ?

6. निम्न पदों को परिभाषित कीजिए—
   (i) State, (ii) फेज (phase), (iii) घटक (component), (iv) constituent,
   (v) Degree of freedom तथा (vi) Equilibrium
7. Hume-Rothery के द्वारा कार्य किए गए फेक्टर बताइए जो एक ideal solid solution के बनने को नियन्त्रित करता है।
8. Solid solution तथा two-component alloy systems के सामान्य भौतिक, रासायनिक तथा यान्त्रिक गुणों को बताइए।
9. 'फेज' (phase) को परिभाषित कीजिए। फेज के भिन्न प्रकार क्या सम्भव हैं तथा phase नियम के द्वारा यह कैसे निश्चय हो सकता है ?
10. लीवर नियम (Lever rule) क्या हैं ? लीवर नियम क्या सूचित करता है ?
11. Cooling curve क्या है ? स्वच्छ चित्रों की सहायता से शुद्ध धातु (pure metal), एलॉय तथा eutectic में cooling curves में अन्तर बताइए।
12. Cooling curves से फेज डायग्राम की रचना का स्वच्छ चित्र खींचिए।
13. एक घटक (one component), दो घटक (two component) सिस्टम के द्वारा आप क्या समझते हैं ? Degree of freedom के सन्दर्भ में उनमें अन्तर बताइए।
14. फेज डायग्राम से क्या निकाला जा सकता है, बताइए।
15. निम्न की समानताएँ तथा अन्तर बताइए—
   (i) Isomorphous तथा Eutectic की।
   (ii) एक eutectic तथा एक eutectoid की।
   (iii) एक eutectic तथा एक peritectic की।
   (iv) एक peritectic तथा एक peritectoid की।
   (v) एक eutectoid तथा एक peritectoid की।
   (vi) एक hypoeutectic तथा hypoeutectoid की।
16. निम्न में simply the reactions and actual systems को बताइए—
   (i) monotectic
   (ii) monotectoid तथा
   (iii) syntectic
17. निम्न में विभेद कीजिए।
   (i) Phase Rule तथा Phase Diagram.
   (ii) Solvus line and solidus line **[AMIE, Summer 2005]**

●

7

पदार्थों के यांत्रिक गुण
(Mechanical Properties of Solids)

7.1. परिचय (Introduction)

अधिकतर इन्जीनियर्स मशीनों, संरचनाओं तथा विविध प्रकार के उत्पादों के विकास के साथ प्राथमिक रूप से सम्बन्ध रखते हैं, चूंकि ये रचनाएँ प्रायः भारों (loads) तथा विरूपता (deformation) के अधीन रहती हैं, विविध परिस्थितियों के लिए इस प्रकार उत्पादित भारों तथा विरूपता की क्रिया के अधीन पदार्थों के गुण एक महत्त्वपूर्ण इन्जीनियरी चिन्तन (consideration) हो जाते हैं। अनुप्रयुक्त बलों या भारों के (applied forces or loads) के अधीन पदार्थों के मेक्रोस्कोपिक गुण (macroscopic properties) विस्तार में यांत्रिक गुणों (mechanical properties) के रूप में वर्गीकृत किये जाते हैं। ये सेवा में पदार्थ की सामर्थ्य तथा टिकाऊ लक्षणों का मापन है तथा विशेष रूप से डिजाइन इन्जीनियरों को अत्यन्त महत्त्व का है। दुर्भाग्यवश, ये गुण अकेले संरचनीय (structural) अथवा bonding चिन्तन से अनुमान नहीं हो सकते हैं चूंकि उनमें से अधिकतर structure-sensitive हैं। यह structure-sensitive गुणों का लाक्षणिक feature हैं कि वे crystal imperfections तथा अन्य फेक्टरों जैसे संगठन (composition), ग्रेन साइज, हीट टीटमेन्ट इत्यादि तथा

यांत्रिक गुणों के द्वारा कहीं अधिक प्रभावित हैं, इसलिए लगभग सभी स्थितियों में उन पर निर्भर करते हैं।

चूंकि गुणों की अधिक संख्या विविध परिस्थितियों के अधीन testing specimens के द्वारा सर्वश्रेष्ठ मूल्यांकित की जाती है, डिजाइन इन्जीनियर को उपयोगी सूचनाएँ प्रदान करने को, यांत्रिक परीक्षण (mechanical testing) किये जाते हैं। पदार्थों के यांत्रिक व्यवहारों (mechanical behaviours) के अध्ययन के लिए इसलिए, यांत्रिक गुणों तथा इन्जीनियरी प्रेक्टिस में पायी जाने वाली परिवर्तित दशाओं के अधीन किये गये विविध परीक्षणों (tests) दोनों के ज्ञान की आवश्यकता होती है।

7.2. आइसोट्रॉपी तथा एनिस्ट्रॉपी
(Isotropy and Anistropy)

पदार्थों की सामर्थ्य के सन्दर्भ में सामान्य धारणा यह है कि परीक्षण होने वाली वस्तु (body being analysed) सतत (continuous), समांगी (homogeneous) तथा आइसोट्रॉपिक (isotropic) है। कोई भी पिण्ड (body) उस समय सतत (continuous) कहलाता है जब उसमें किसी भी प्रकार का कोई खाली स्थान (voids) नहीं होता है। पिण्ड, समांगी (homogeneous) उस समय कहलाता है जब उसके प्रत्येक बिन्दु पर गुण समान होते हैं। आइसोट्रॉपिक पिण्ड वह है जब उसमें दिशा अथवा ओरियन्टेशन (orientation) के अनुसार गुणों में परिवर्तन नहीं होता है। पिण्ड उस अवस्था में एनिस्ट्रापिक (anistropic) कहलाता है जब उसके गुण विभिन्न दिशाओं में परिवर्तित होते हैं। यह विदित है कि पदार्थों की संरचना परमाणु के समतलों (planes) द्वारा होती है तथा क्रिस्टल की सामर्थ्य (Strength) इन समतलों के मध्य लगने वाले बलों एवं उनकी प्रकृति पर निर्भर करती है। परमाणुविक समतलों का घनत्व उनके ओरियन्टेशन के अनुसार समान अथवा असमान (equal or unequal) हो सकता है। अतः पदार्थ की आइसोट्रॉपी अथवा एनिसोट्रॉपी प्रायः क्रिस्टल की symmetry की प्रकृति पर निर्भर करती है। पॉली क्रिस्टलीय पदार्थ उदाहरणतः इस्पात, कास्ट आयरन, एल्यूमिनियम तथा अन्य धातुओं को सामान्यतः आइसोट्रॉपिक कहा जाता है क्योंकि इनमें क्रिस्टलों का वितरण आकस्मिक (random) होता है। एर्मोफस पदार्थ उदाहरणतः ग्लास (glass) तथा अनेक पॉलीमर पदार्थ आइसोट्रॉपिक होते हैं, इसके विपरीत लकड़ी लेमिनेटेड प्लास्टिक तथा अन्य कम्पोजिट पदार्थ उच्च एनिस्ट्रॉपिक (highly anistropic) होते हैं। प्लास्टिक विरूपता (plastic deformation) से भी पदार्थ में एनिस्ट्रॉपी हो सकती है। जब धातु किसी विशेष दिशा में अत्याधिक विरूपित (deform) हो जाता है, जैसा कि रोलिंग (rolling), फोर्जिंग (forging) अथवा ड्राइंग (drawing) में होता है, तब पदार्थ के गुणों में अत्याधिक एनिस्ट्रॉपी उत्पन्न हो सकती है।

7.3. प्रतिबल एवं विकृति
(Stress and strain)

अनुभव यह दिखाता है कि जब किसी पदार्थ पर कोई भार (load) लगाया जाता है तब यह विरूपित (deform), ईल्ड (yield) अथवा टूट (break) सकता है। यह भार की मात्रा, पदार्थ की प्रकृति तथा इसके अनुप्रस्थ विमाओं (cross-sectional dimensions) पर

निर्भर करता है। उदाहरण के लिए, माना कोई वस्तु किसी भार पर केवल deform होती है अर्थात् उसके आकार (shape) अथवा विमाओं में परिवर्तन होता है। विरूपता (deformation) तात्क्षणिक (instantaneous) नहीं होती बल्कि यह धीरे-धीरे बढ़ती है तथा अधिकतम होने के पश्चात् रुक जाती है। जब तक वस्तु पर विरूपता (deformation) की क्रिया चलती रहती है तब तक पदार्थ निरन्तर भार के विरुद्ध आन्तरिक प्रतिरोध (internal resistances) उत्पन्न करता है। जिस क्षण पर विरूपता होनी बन्द हो जाती है तब वस्तु भार तथा आन्तरिक प्रतिरोध के प्रभाव के अन्तर्गत सन्तुलन की स्थिति में कहलाती है। स्पष्ट है कि यह दोनों क्रियाएँ विपरीत तथा तुल्य होती हैं।

वस्तु पर भार लगाने के फलस्वरूप समस्त अन्तर्परमाणुवीय बलों (interatomic forces) का योग अर्थात् उत्पन्न आन्तरिक प्रतिरोध प्रतिबल (stress) कहलाता है तथा परिणामी विरूपता (resultant deformation) जो वस्तु के आकार में भिन्नात्मक परिवर्तन (fractional change) के रूप में प्रदर्शित किया जाता है विकृति (strain) कहलाती है।

चूँकि प्रतिबल (stress) को लगाये गये भार (applied load) को सन्तुलित करना चाहिए, हम रखते हैं कि $\sigma A_0 = P$ अथवा

$$\sigma = \frac{P}{A_0} \qquad ...(7.1)$$

जहाँ σ सामान्य प्रतिबल (normal stress), P भार तथा A_0 मूल अनुप्रस्थ काट क्षेत्रफल हैं। इसलिए, प्रतिबल, तीव्रता (intensity) अथवा आन्तरिक बल (internal force) है तथा प्रति इकाई क्षेत्रफल बल की विमा रखता है, SI इकाई (SI units) में साधारणतया न्यूटन प्रति वर्ग मी० (N/m^2) इकाई प्रयोग की जाती हैं। प्रयुक्त भार की प्रकृति के अनुसार तीन प्रकार की सरल प्रतिबल (simple stress) होते हैं, (1) तनाव प्रतिबल (tensile stress), (2) संपीडन प्रतिबल (compressive stress) तथा (3) कर्तन अथवा तिर्यक प्रतिबल (shear or transverse stress) जिसे τ से प्रदर्शित किया जाता है तथा जो समतल के अभिलम्ब (normal to the plane) समतल में कार्य करती है।

प्रति इकाई लम्बाई परिवर्तन (change per unit length) अर्थात्, लम्बाई में परिवर्तन एवं मूल लम्बाई (original length) का अनुपात विकृति (strain) कहलाता है। चूंकि कुल परिवर्तन अंगों के परिवर्तनों का योग (sum) है, हम रखते हैं कि $\delta = el_0$ अथवा

$$e = \frac{\delta}{l_0} \qquad ...(7.2)$$

जिसमें e विकृति (strain), δ कुल परिवर्तन अथवा विरूपता (elongation, compression इत्यादि) तथा l_0 मूल लम्बाई है। चूंकि विकृति (strain) दो लम्बाइयों का अनुपात है इसलिए यह विमा रहित राशि (dimensionless quantity) है। चूंकि विभिन्न प्रकार की प्रतिबल होती हैं इसलिए विभिन्न प्रकार की विकृति होती हैं, जैसे (1) तनाव विकृति (tensile strain), (2) संपीडन विकृति (compressive strain), (3) कर्तन अथवा तिर्यक विकृति (Shear or transverse strain) जिसे γ से प्रकट करते हैं तथा (4) आयतनात्मक विकृति (volumetric strain)।

हुक का नियम तथा पदार्थ का मॉडुलस (Hook's law and modulus of material)—पदार्थ के प्रत्यास्थ क्षेत्र (elastic region) में, प्रतिबल तथा संगत विकृति के बीच सम्बन्ध हुक के नियम द्वारा नियन्त्रित किया जाता है, जो बताता है कि प्रतिबल (Stress) विकृति (strain) के समानुपाती है तथा समय पर निर्भर नहीं करती है। यह नियम सामान्यतया बहुत कम विकृतियों के लिए अधिकतर प्रत्यास्थ पदार्थों (elastic materials) को लागू होता है। एक आइसोट्रॉपिक पदार्थ में प्रत्येक प्रतिबल संगत विकृति उत्पन्न करेगी, जबकि एक एनिस्ट्रॉपिक पदार्थ (anistropic material) में एकल प्रतिबल घटक एक प्रकार से अधिक विकृति उत्पन्न कर सकता है। हालांकि, हुक के नियम से यह अनुसरण करता है कि प्रतिबल एवं विकृति का अनुपात पदार्थ का एक स्थाई लक्षण है तथा यह अनुपातिक स्थिरांक (proportionality constant) पदार्थ का modulus कहलाता है। यह पदार्थ तथा पदार्थ के बीच तथा एक प्रकार के प्रतिबल एवं उसी पदार्थ में दूसरे के बीच भिन्न होता है। तनाव तथा संपीडन प्रतिबल में यह प्रत्यास्था गुणांक (modulus of elasticity) अथवा यंगमापाक (Young's modulus) जिसे E द्वारा प्रदर्शित किया जाता है, कर्तन (shear) में दृढ़ता गुणांक (modulus of rigidity) जिसे G द्वारा प्रदर्शित किया जाता है, आयतनात्मक विरूपण में, आयतन गुणांक (Bulk modulus) जिसे K द्वारा प्रदर्शित किया जाता है, कहलाता है। पदार्थ के मॉडूलस की इकाई (dimension or unit) बल प्रति इकाई क्षेत्रफल (force per unit area) है।

पाइजन अनुपात (Poisson's Ratio)—एक महत्त्वपूर्ण प्रत्यास्थ स्थिरांक पाइजन का अनुपात (poisson's Ratio) है जिसे μ से प्रदर्शित करते हैं। जब एक specimen को एक uniaxial बल द्वारा प्रतिबलित किया जाता है, यह सामान्य रूप से उस बल (axial strain) की दिशा में विरूपित होता है, तथा बल की दिशा (lateral strain) के अभिलम्ब विमाओं में संगत समायोजन (corresponding adjustment) होता है। पाइजन अनुपात (poisson's ratio) lateral strain तथा axial strain के बीच विद्यमान सम्बन्ध को प्रदर्शित करता है। पाइजन अनुपात का मान भिन्न पदार्थ के साथ परिवर्तित होता है। अधिकतर संरचीय पदार्थों के लिए इसका मान प्रायः 0·3 तथा 0·6 के बीच होता है।

प्रतिबल विकृति सम्बन्ध (Stress-strain relation)—प्रतिबल तथा विकृति के बीच सम्बन्ध को सामान्यतया प्रतिबल-विकृति आरेख के माध्यम द्वारा दिखाया जाता है। यह प्रतिबल के मानों (values of stress) के साथ ordinates के रूप में तथा विकृति के मानों (values of strain) के साथ abscisses के रूप में बनाया हुआ आरेख (diagram) है। हांलाकि प्रतिबल विकृति आरेख के पद का प्रयोग आरेखों को पूरा करने को बढ़ाया जाता है जिसमें ordinates अनुप्रयुक्त भार अथवा अनुप्रयुक्त आघूर्ण के मान हैं तथा abscissas, वृद्धि (extension), संपीडन (compression), झुकाव (deflection) अथवा मरोड़ (twist) के मान (values) हैं। कुछ इन्जीनियरी पदार्थों के लिए इन्जीनियरी प्रतिबल विकृति वक्र (stress-strain curves) चित्र 7.1 में दिये गए हैं।

True Stress तथा True Strain—पूर्व में बतायी गयी प्रतिबल तथा विकृति की परिभाषा पारम्परिक (conventional), सामान्य (nominal) अथवा इन्जीनियरी प्रतिबल तथा विकृति हैं। वास्तव में वे मानक specimen पर भार (load) तथा deformation के

सरल रूप में मापन हैं। इस प्रकार से वे मानकीय तनाव तथा संपीडन yielding and rupture व्यवहार के पदों में पदार्थों की तुलना करने के माध्यम के रूप में विचारणीय उपयोग रखते हैं। वास्तव में, इसका प्रयोग यांत्रिक गुणों को विशेषित करने में प्रतिबल तथा विकृति के पदों में किया जाता रहा है।

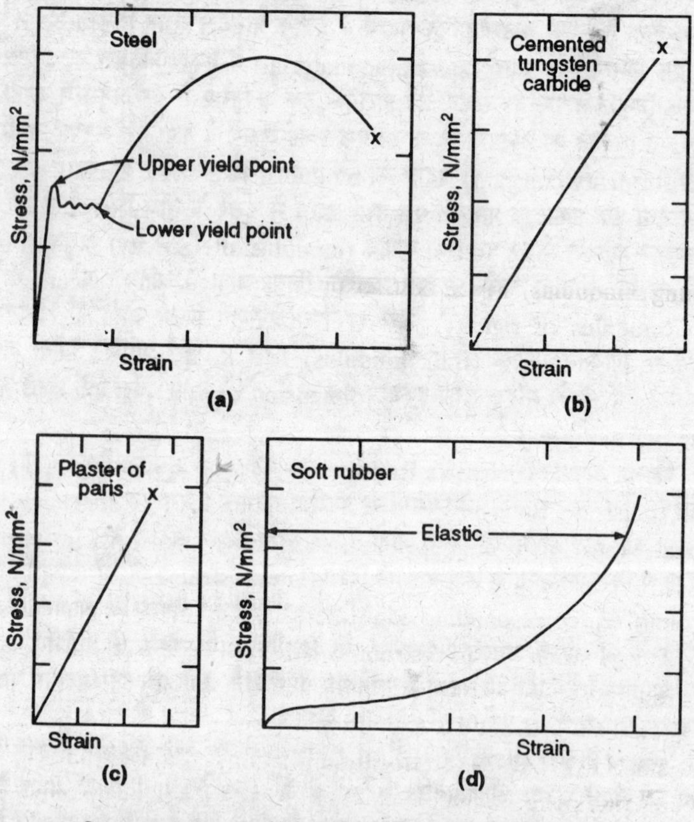

चित्र 7.1—विभिन्न पदार्थों के लिए इंजीनियरी प्रतिबल-विकृति वक्र।

यह ध्यान देने की बात है कि प्लास्टिक डिफॉर्मेशन के दौरान परिवर्तन (change) नगन्य (negligible) है, परन्तु प्रत्यास्थ डिफॉर्मेशन के दौरान क्षेत्रफल में कमी (reduction) काफी होती है। आधुनिक वर्षों में, इसलिए इन्जीनियरों ने सभी क्षेत्रों में, जहाँ तक कि elastic range में पदार्थों के यांत्रिक व्यवहार के उचित मापन के रूप में "true stress" तथा 'true strain जिसे natural strain भी कहते हैं, की तरफ अधिक से अधिक ध्यान दिया है। आधुनिक समय में धातुओं का उद्योगों में अत्यन्त Sensitive एवं Sophisticated कार्यों के के लिए प्रयोग किया जाता है तथा उनमें धातुओं के true stress strain अभिलक्षण अधिक उपयोगी होते हैं।

$$\text{True stress } (\sigma) = \frac{\text{किसी वद्धि (elogation) पर सेम्पल अथवा स्पेसिमेन पर भार } (P)}{\text{उस elongation पर अनुप्रस्थ काट क्षेत्रफल } (A_i)}$$

$$= \frac{P}{Ai} \qquad ...(7.3)$$

तथा $$\text{True strain } (e') = \log_e \frac{\text{सेम्पल की तात्कालिक लम्बाई } (li)}{\text{सेम्पल की मूल लम्बाई } (lo)}$$

$$= \log e \frac{li}{l_0} \qquad ...(7.4)$$

अथवा $$\text{True strain } (e') = \log_e (1 + e) \qquad ...(7.5)$$

True stress तथा True strain को भार तथा व्यास मापन के रूप में निम्न प्रकार ज्ञात किया जा सकता है—

$$\sigma' = \frac{P}{\frac{\pi}{4} d_1^2} \qquad ...(7.6)$$

$$e' = \log e \frac{A_0}{A_i} = 2 \log_e \frac{d_0}{d_i} \qquad ...(7.7)$$

जहाँ d_0 तथा d_i क्रमशः मूल तथा तात्कालिक व्यास हैं।

पारम्परिक तथा वास्तविक प्रतिबल-विकृति सम्बन्ध (Conventional And True Stress-strain Relation)

चित्र 7.2 पारम्परिक (conventional) तथा वास्तविक मानों (true-values) को प्रयोग करते हुए, एक एल्यूमिनियम एलॉय के लिए प्रतिबल-विकृति की तुलना (comparison) है। यह नोट किया जाना चाहिए कि जब तक अधिकतम भार पहुँचता है, true stress-strain curve पर बिन्दु पारम्परिक वक्र (conventional curve) पर सदैव उसके बायें को रहते हैं। इस बिन्दु के बाद, हालांकि, neck में उच्च स्थानीय विकृति के कारण true strain के लिए वक्र (curve), उस conventional strain के लिए, overtake करता है तथा breaking point पर दायें (right) के दूर है। True stress-strain अभिलक्षणों में वक्र, fracture तक समान रूप से rise करता है।

पारम्परिक तथा true stress तथा strain दोनों का इन्जीनियरी अभ्यास में उपयोग है। Conventional stress तथा strain प्रायः elastic range में प्रयोग की जाती हैं; जबकि true stress तथा strain प्लास्टिक रेंज में प्रयोग की जाती है, जैसा कि पूर्व में बताया जा चुका है, conventional stress तथा strain इस क्षेत्र में बढ़ती हुई विकृति के साथ कम यथार्थ (accurate) होती है। दोनों लाभ तथा हानियाँ रखते हैं तथा किसी दिये हुए विश्लेषण (analysis) में कौन सी प्रयोग की जानी चाहिए इसका निर्णय कई फेक्टरों पर निर्भर करता है। हालांकि, डिजाइन के लिए यांत्रिक गुणों की विशिष्टियों (specification of mechanical properties) में conventional stress तथा strain कुछ विशिष्ट गुणों के सिवाय अभी भी बड़े रूप में प्रयोग की जाती हैं।

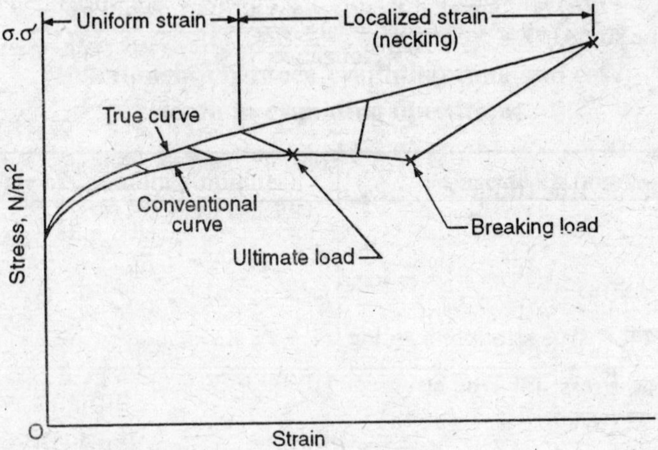

चित्र 7.2—विशिष्ट पारम्परिक तथा वास्तविक stress-strain वक्र ।

7.4. तनाव सामर्थ्य
(Tensile strength)

पदार्थ की सामर्थ्य (strength) बाह्य भारों (external loads) की क्रिया के अधीन destruction को सहन करने की क्षमता (capacity) है। किसी पदार्थ पर लगाये गये अधिकतम भार (load) तथा उसके मूल अनुप्रस्थ काट क्षेत्रफल (original cross-sectional area) के अनुपात को तनाव सामर्थ्य (tensile strength) कहते हैं। तनाव सामर्थ्य पदार्थ के प्रतिबल-विकृति वक्र (stress-strain curve) से समझी जा सकती है। चित्र 7.3 में एक धातु के लिए विशिष्ट इन्जीनियरी Stress-strain curve दिखाया गया है।

बिन्दु A तक पदार्थ elastic है तथा बिन्दु A के परे (beyored) प्रतिबलों के लिए yield करता है। उसके बाद वक्र non-linear है तथा पदार्थ में plastic deformation का कारण होते हुए प्रतिबल में वृद्धि होती है। बिन्दु B तक प्रतिबल में वृद्धि होती है। अधिकतम प्रतिबल (maximum stress) के इस बिन्दु पर, एक छोटा निपीडन (constriction) अथवा एक neck निर्माण specimen में किसी बिन्दु पर होना प्रारम्भ होता है जैसा चित्र 7.3 में दिखाया गया है। इस अधिकतम बिन्दु पर इन्जीनियरी प्रतिबल पदार्थ की tensile strength कहलाता है जिसे T_s द्वारा प्रदर्शित करते हैं। बिन्दु B के परे इन्जीनियरी प्रतिबल में कमी होती है तथा neck बनना बढ़ जाती है तथा पुनः अधिकतम विकृति के साथ बिन्दु C पर भंजन (fracture) होता है। धातुओं की तनाव सामर्थ्य एल्यूमिनियम के लिए 90 MPa न्यूनतम से उच्च सामर्थ्य स्टील के लिए लगभग 3000 MPa उच्चतम तक परिवर्तित होती है। Yield सामर्थ्य, तनाव सामर्थ्य तथा ductility कुछ चयनित धातुओं के लिए तालिका 7.1 में दी गई हैं।

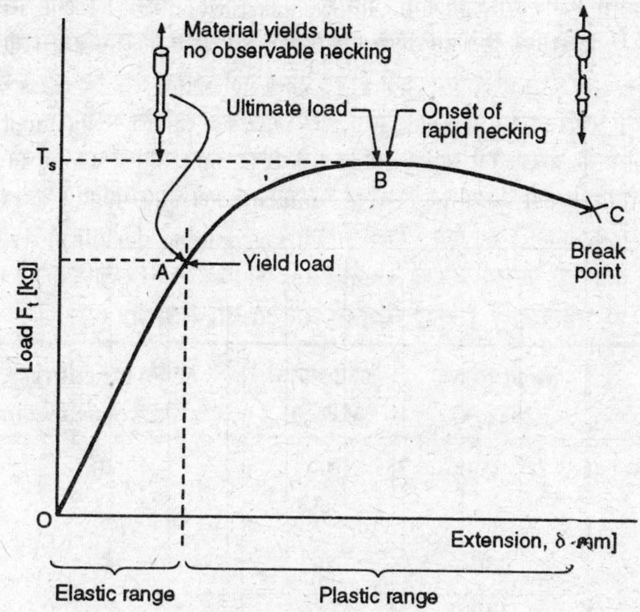

Force-deflection curve

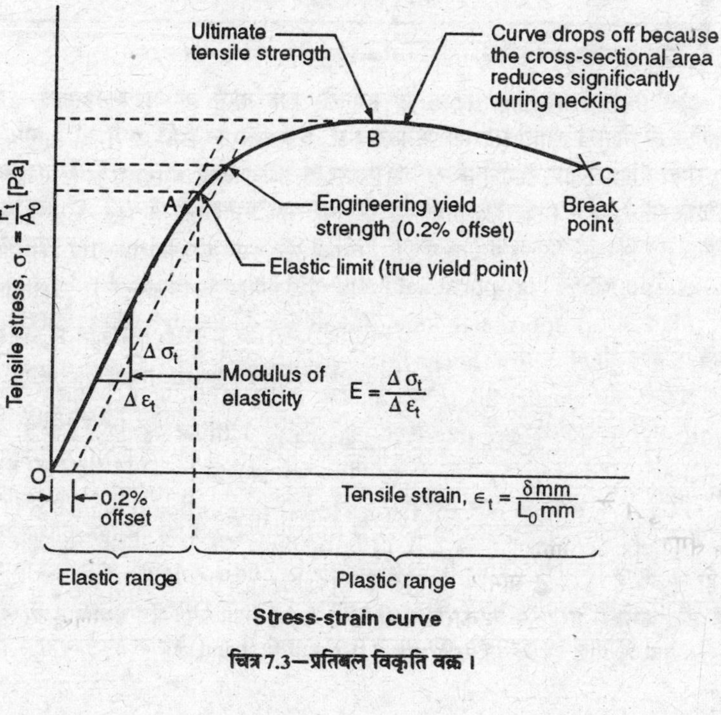

Stress-strain curve

चित्र 7.3—प्रतिबल विकृति वक्र ।

यह पदार्थ की सामर्थ्य तथा तन्यता (ductility) का उपयोगी संयोग (combination) है जो एक दिये हुए उपयोग के लिए पदार्थ की उपयोगिता तय करता है। जब yield stress के परे भार लगाया जाता है, इसे टूटना नहीं चाहिए जैसा कि glass टूटता है, परन्तु टूटे बिना प्लास्टिक रूप से yield करना चाहिए। लेकिन प्लास्टिक फ्लो (ductility) एक स्वीकार सीमा के अन्दर होनी चाहिए। प्रतिबल के संगत तनाव सामर्थ्य तक पहुँचने तक, पदार्थ को प्लास्टिक रूप में अत्याधिक विरूपित (deform) नहीं होना चाहिए। यह पदार्थ वैज्ञानिकों (technologists) का एक स्वीकार तन्यता (acceptable ducilility) की मात्रा के साथ एलॉय तथा बड़ी सामर्थ्य के साथ composites को डिजाइन करने का प्रयास है।

तालिका 7.1 कुछ चयनित धातुओं की सामर्थ्य

धातुएँ	yield सामर्थ्य (MPa में)	तनाव सामर्थ्य (MPa में)	तन्यता (ductility) (% EL में, $l_0 = 50$ mm)
एल्यूमिनियम	35	90	40
कॉपर	69	200	45
आयरन	130	262	45
स्टील	180	380	25
ब्रास	75	300	68

7.5. yield सामर्थ्य

एक load carrying सदस्य के रूप में कार्य करने को मशीन अथवा संरचना (structure) में रखे पदार्थ को प्लास्टिक रूप में deform करने को कभी भी अनुमत नहीं किया जाता है। इसलिए, डिजाइनर को अक्सर पदार्थ की elastic strength के द्वारा इसको गुण वर्णन करने की आवश्यकता होती है। दो प्रकार की सामर्थ्य है जिसकी प्रतिबल-विकृति आरेख से पहचान हो सकती है। वे क्रमशः "ideal" तथा practical elastic सामर्थ्य हैं। Ideal elastic सामर्थ्य "proportional limit" तथा "elastic limit" हैं।

पदार्थ की proportional limit वह प्रतिबल है जिस तक पदार्थ प्रतिबल तथा विकृति के बीच रेखिक सम्बन्ध (linear relationship) रखता है।

पदार्थ की elastic limit वह प्रतिबल है जिस तक पदार्थ प्रत्यास्थ रूप से (elastically) व्यवहार करता है। प्रत्यास्था (elasticity) पदार्थ का वह गुण है जिसके कारण वह बाह्य बल लगाने पर अपने आकार में परिवर्तन (deformation) का विरोध करता है।

बिन्दु A के संगत प्रतिबल स्तर (stress level) proportional limit है तथा बिन्दु B के संगत elastic limit है (चित्र 7.3)। Elastic limit वास्तव में, वक्र के वक्राकार हिस्से तक हो सकती है। Ideal सामर्थ्य के दोनों मान (values) पदार्थ के वास्तविक गुण वर्णन में उनके ज्ञात करने में परेशानी के कारण कभी-कभी प्रयोग किये जाते हैं। इसलिए, व्यवहारिक elastic सामर्थ्य मान परिभाषित किये जाते हैं तथा ज्ञात किये जाते हैं।

अधिकतर तन्य पदार्थ (ductile materials) yield नहीं करते हैं तथा चित्र 7.4 में दिखाये गये प्रतिबल-विकृति वक्र के प्रकार को दिखाते हैं। इस प्रकार के पदार्थों के लिए प्रत्यास्थ व्यवहार (elastic behavious) का अन्त एक निश्चित प्लास्टिक विकृति को प्राप्त करने के रूप में परिभाषित किया जाता है। इस सामर्थ्य मान को ज्ञात करने की विधि मूल बिन्दु O से एक निश्चित offset strain (e_0) ज्ञात करना हैं, जो चित्र 7.4 में OA द्वारा प्रदर्शित है। बिन्दु A से elastic straight portion के समानान्तर रेखा खींची जाती है जो $\sigma - e$ वक्र को d पर मिलती है। बिन्दु D के संगत प्रतिबल पदार्थ की yield strength अथवा 'proof strength' कहलाती है। offset strain (e_0) का मान भिन्न पदार्थों के लिए मानकीकृत किया गया है। e_0 का मान 0.2% या 0.35% अक्सर प्रयोग किया जाता है। Offset विधि के द्वारा ज्ञात की गई yield strength, offset e_0 के लिए yield strength के रूप में सदैव वर्णित की जाती है।

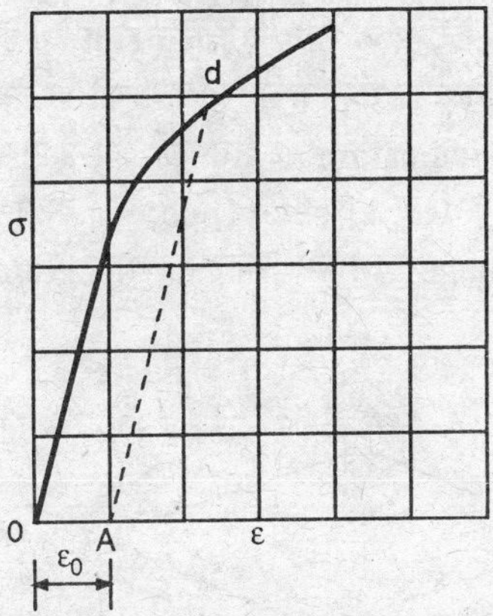

चित्र 7.4—प्रूफ प्रतिबल का ज्ञात करना।

पदार्थों के प्रत्यास्थ गुण
(Elastic properties of materials)

जब एक धातु specimen पर तनाव प्रतिबल (tensile stress) आरोपित की जाती है, एक प्रत्यास्थ लम्बाई में वृद्धि (elastic elongation) तथा संलागी विकृति e_z प्रयुक्त प्रतिबल की दिशा में फलित होती है जो चित्र 7.5 में z दिशा में दिखाई गई है। इस लम्बाई में वृद्धि (elongation) के फलस्वरूप, lateral x तथा y दिशाओं में प्रयुक्त प्रतिबल के लम्बवत, संकोच (constrictions) होंगे, इन constrictions से, संपीडन प्रतिबल e_x तथा e_y ज्ञात हो सकती हैं, यदि प्रयुक्त प्रतिबल केवल z दिशा में uniaxial है तथा पदार्थ isotropic है, तब $e_x = e_y$. A पेरामीटर जो Poisson's ratio v कहलाती है को lateral तथा axial strain के अनुपात है के रूप में परिभाषित किया जाता है, अथवा

$$v = -\frac{e_x}{e_z} = -\frac{e_y}{e_z} \qquad \ldots(7.8)$$

उपरोक्त समीकरण में $(-ve)$ चिन्ह लिया गया है ताकि ν सदैव धनात्मक होगा, चूंकि e_x तथा e_z विपरीत चिन्हों वाले होंगे। सिद्धान्तक रूप में, Poisson's ratio का मान isotropic पदार्थों के लिए 1/4 होना चाहिए, तथा ν का अधिकतम मान 0·50 है जिसके लिए net volume में कोई परिवर्तन नहीं हैं। कई धातुओं तथा अन्य एलॉय के लिए Poisson's ratio का मान 0·25 से 0·35 के बीच range करता है।

Isotropic पदार्थों के लिए, कर्तन (Shear) तथा elastic moduli परस्पर सम्बन्धित हैं तथा Poisson's ratio को इसके अनुसार

$$E = 2G(1 + \nu) \qquad \ldots(7.9)$$

अधिकतर धातुओं में G का मान लगभग $0 \cdot 4\,E$ है, इस प्रकार, यदि एक modulus का मान ज्ञात है तो दूसरे का मान ज्ञात हो सकता है।

बहुत से पदार्थ प्रत्यास्थ रूप से anisotropic हैं अर्थात्, प्रत्यास्थ व्यवहार (जैसे E का परिमाण) crystallographic दिशा के साथ परिवर्तित होता है। इन पदार्थों के लिए elastic properties उनकी संख्या क्रिस्टल संरचना के अभिलक्षणों पर निर्भर करते हुए केवल अनेक elastic constants की specification के द्वारा पूर्ण रूप से गुण वर्णित की जाती हैं। जहाँ तक कि isotropic पदार्थों के लिए, elastic properties के पूर्ण Characterization के लिए, कम से कम दो constants दिये होने चाहिए। चूंकि grain orientation अधिकतर

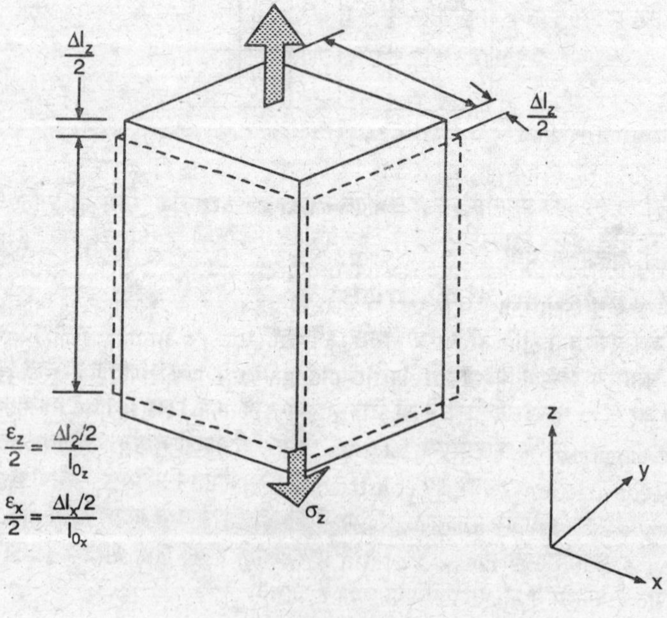

चित्र 7.5

polycrystalline पदार्थों में तात्कालिक (random) है, इनको isotropic होना विचार किया जा सकता है, अकार्बनिक सेरेमिक ग्लास भी isotropic हैं। यांत्रिक व्यवहार (mechanical behavior) का अवशेष विवेचन isotropy तथा polycrystallinity मानता है क्योंकि अधिकतर इन्जीनियरी पदार्थों का ऐसा ही character है।

7.6. Viscoelastic डिफॉर्मेशन

क्रिस्टलीय ठोसों में यह डिफॉर्मेशन प्रायः कर्तन प्रतिबल (shear stress) के प्रभाव के अधीन विस्थापन की गति (movement of dislocation) के द्वारा होता है। नान-क्रिस्टलीय पदार्थों (non-crystalline substances) में, डिफॉर्मेशन viscous flow के कारण होता है। जब भी हम elastic पदार्थ पर कर्तन प्रतिबल लगाते हैं, छोटे परमाणु (atoms), अणु (molecules) अथवा आयन्स (ions) डिफॉर्मेशन करते हुए अपने neighbours के निकट से गति करते हैं तथा माध्यम (medium) को viscosity प्रदान करते हैं। डिफॉर्मेशन की दर (rate of deformation) अनुप्रयुक्त बल अथवा प्रतिबल के समानुपाती होती है।

Viscosity माध्यम को प्रभावित करने वाले फेक्टर निम्न प्रकार हैं—

(i) अणु का आकार तथा साइज (Shape and size of molecule)

(ii) आणुविक भार (molecular weight)

(iii) अणुओं का Polar character

(iv) अणुओं में cross-linking अथवा frame work structure.

अधिकतर पदार्थों का डिफॉर्मेशन perfectly elastic behaviour तथा ideally viscous behaviour के बीच wide transition में होता है। जैसे ही किसी पदार्थ का तापमान बढ़ाया जाता है, Viscous घटक अधिक महत्त्वपूर्ण हो जाता है तथा एक निश्चित तापमान की रेंज में visco elastic deformation पद अवलोकित व्यवहार को ज्ञात करने में दो mechanisms के संयुक्त प्रभाव (Combind effect) को उचित रूप से वर्णित करता है। प्रतिबल-विकृति वक्र प्रभावपूर्ण रूप से भिन्न हो जाता है, हालांकि, यदि परीक्षण का समय काफी छोटा अथवा लम्बा है। यह viscoelastic deformation का एक कारक (feature) है जो अनेक mechanisms को सम्मिलित करता है परन्तु जिसका अभिलक्षण भार लगाने के समय (duration of loading) तथा तापमान पर भी निर्भर करता है। संक्षेप में, Viscoelastic deformation, elastic तथा viscous तत्त्वों के पदार्थ में, जब अनुप्रयुक्त बलों को लगाया जाता है, संयुक्त क्रिया (combind action) का परिणाम है।

Viscoelastic पदार्थों में पॉलीमर्स, विटरस पदार्थ (Vitreous materials), amorphous substances तथा कंक्रीट सम्मिलित हैं, चूंकि वे एक मेकेनिज्म जो शायद "Viscous movement" के रूप में सर्वश्रेष्ठ वर्णित हो सकता है, के द्वारा डिफार्म होते हैं। ऐसे पदार्थ बहुत variable हैं, कुछ रबर जैसे elastic होते हुए, जबकि दूसरे ग्लास की भाँति भंगुर (brittle) हैं। आवश्यक रूप से, यह viscous flow, जैसे ही प्रतिबल में वृद्धि होती है, एक-दूसरे के ऊपर अणुओं के समूहों के molecules का sliding है।

7.7. Viscoelastic व्यवहार के मॉडल्स

Viscoelastic deformation की प्रकृति में उपयोगी अन्तर्भाग स्प्रिग तथा dash pot पर आधारित अपेक्षाकृत सरल मेकेनिकल मॉडल्स के विचार करने से प्राप्त की जा सकती है।

मेक्सवैल मॉडल (Maxwell model)

एक ठोस जिसका डिफॉर्मेशन आंशिक ideal elastic तथा आंशिक ideal viscous है, को कभी-कभी Maxwell element कहलाने वाले के द्वारा प्रदर्शित किया जा सकता है। यह एक spring तथा श्रेणी (series) में जुड़ा हुआ dash pot से बना होता है। स्प्रिग पूर्णरूप से elastic behaviour प्रदर्शित करती है, जबकि dash pot पूर्णरूप से Viscous behaviour प्रदर्शित करता है। Dash pot एक viscous तरल में गति करते हुए पिस्टन के साथ धारक (container) है।

चित्र 7.6 (a) से स्पष्ट है जो एक Maxwell element दिखाता है कि स्प्रिग तथा dash pot एक ही प्रतिबल को सहारते हैं, परन्तु element में विकृति (strain) स्प्रिग के कारण तथा dash pot के कारण विकृति का योग (sum) है।

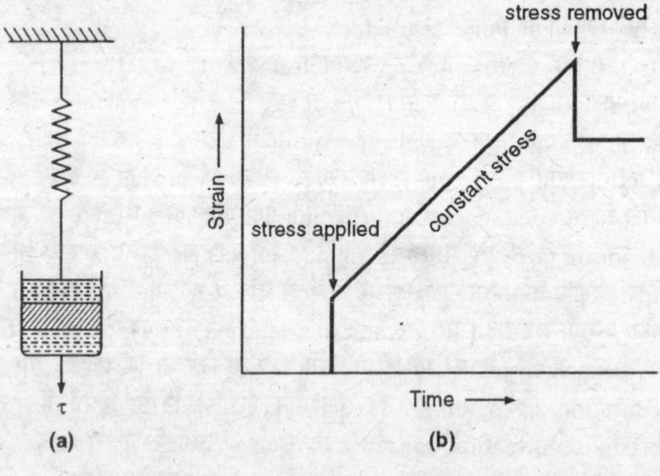

चित्र 7.6—मैक्सवैल मॉडल—(a) मैक्सवैल एलीमेन्ट (b) समान viscous flow के द्वारा अनुसरित डिफॉर्मेशन प्राप्त की जाती है।

जब एक बल (अथवा प्रतिबल) लगाया जाता है, तो स्प्रिग एक अभिलम्ब elastic strain कारण होते हुए तुरन्त प्रति उत्तर करता है। तब समय के function के रूप में, dash pot बढ़ती हुई प्रयासी रूप से viscous strain प्रति उत्तर करता है। जब प्रतिबल को मॉडल से हटाया जाता है, एक निश्चित समय अन्तराल के बाद, केवल elastic डिफॉर्मेशन समान

viscous flow के द्वारा अनुसरित प्राप्त की जाती है जैसा कि चित्र 7.6 (b) में दिखाया गया है। Maxwell element इस प्रकार solid, viscous flow अथवा creep की तरह समय के function के रूप में, तरल (liquid) तथा instantaneous elastic recovery की तरह दिखाता है।

VOIGT-KELVIN मॉडल—Voigt-Kelvin मॉडल में, स्प्रिंग तथा dash pot समानान्तर (parallel) में इस प्रकार से जोड़े जाते हैं कि element के द्वारा धारण की हुई प्रतिबल स्प्रिंग तथा dash pot में प्रतिबलों का योग है तथा दोनों एक प्रकार की विकृति (identical strain) का अनुभव करते हैं।

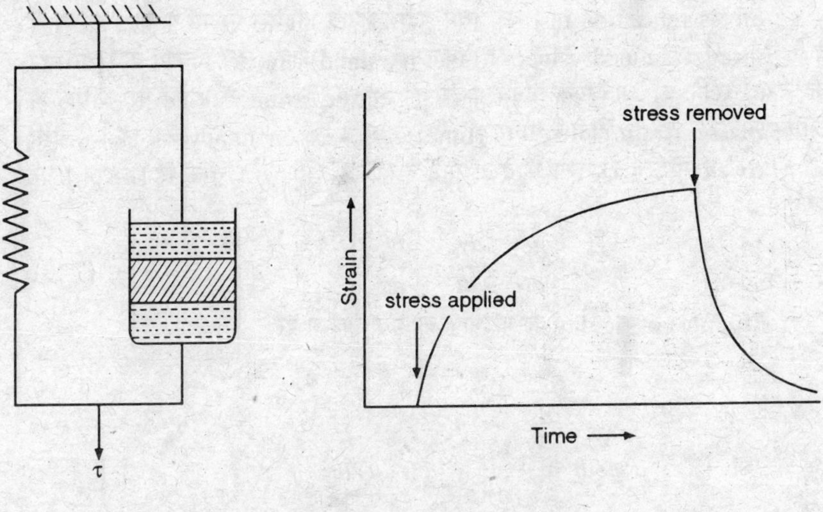

चित्र 7.7—Voigt-Kelvin मॉडल।

प्रारम्भ में, सभी प्रतिबल dash pot पर होते हैं तथा इस प्रकार विकृति की दर (rate of strain) अधिकतम है। जैसे ही स्प्रिंग की लम्बाई में वृद्धि होती है, इस प्रकार dash pot पर कार्य करते हुए net stress कम होते हुए, इसकी प्रतिबल में वृद्धि होती है। विकृति होने की दर शून्य की तरफ कम होती है जैसे ही विकृति अधिकतम को पहुँचती है। जब प्रतिबल को एक निश्चित समय अन्तराल पर हटाया जाता है, स्प्रिंग में elastic stress एक exponential curve बनाते हुए dash pot को विपरीत दिशा में flow कराती है। यह भी चित्र 7.7 में दिखाया गया है। Voigt-Kelvin element प्रदर्शित करता है कि विकृति (Strain) केवल समय के function के रूप में परिवर्तित होती है, तथा प्रयोग (experiment) के अन्त में कोई स्थायी डिफॉर्मेशन नहीं है।

7.8. प्रतिबल शिथिलता

(Stress Relaxation)

बहुत सी इन्जीनियरी एप्लीकेशन्स में सिस्टम constant strain के अधीन होता है। ऐसे सिस्टम का Viscoelastic behaviour को stress relaxation test के द्वारा अवलोकित किया जा सकता है; जिसमें प्रतिबल (stress) इस प्रकार से बदलती है कि विकृति (strain) स्थिर रहती है। इस शर्त के अधीन विकृति का Viscoelastic घटक (यदि कोई है) इसमें कोई परिवर्तन किये बिना प्रतिबल को relax होने को अनुमत करता हैं। देखिये चित्र 7.8 (d))।

Stress relaxation test के दौरान, पदार्थ तनाव प्रतिबल लगाने के द्वारा प्रारम्भ में तेजी से predetermined value को विकृत (strained) होता है। विकृति के स्थिर मान को बनाये रखने को आवश्यक प्रतिबल जैसे ही elastic strain के स्थान पर अधिक से अधिक plastic strain होती है, समय (time) के साथ exponentially कम होती है जैसा कि Maxwell मॉडल की दशा में देखा गया है। चित्र 7.8 (b)। चूंकि डिफॉर्मेशन स्थिर रहती है।

$$\frac{d\gamma}{dt} = \frac{d\gamma_e}{dt} + \frac{d\gamma_v}{dt} = 0 \qquad \dots(7.10)$$

Modulus of rigidity की परिभाषा का प्रयोग करने पर

$$\frac{d\gamma_v}{dt} = \frac{\tau}{\eta}$$

तथा $$d\gamma e/dt = -\frac{d\gamma_v}{dt} = d\,(\tau/\mu)\,dt$$

इसलिए $$\frac{1}{\mu}\frac{d\tau}{dt} = -\tau/n \qquad \dots(7.11)$$

इसलिए $$\tau = \tau_o e^{-(\mu/\eta)t} = \tau_0 \exp(-t/\lambda v) \qquad \dots(7.12)$$

जहाँ γ_0 प्रारम्भिक समय (initial time) $t = 0$ पर shear stress है। उपरोक्त समीकरण stress relaxation दिखाती है तथा λ_v relaxation time है जिसके दौरान τ_0, τ_0/e हो जाता है। हम जानते हैं कि resolved shear stress τ अक्षीय प्रतिबल (axial stress) σ के समानुपाती है।

इसलिए, $$\sigma = \sigma_0 \exp(-t/\lambda v) \qquad \dots(7.13)$$

जहाँ σ_0 समय $t = 0$ पर प्रारम्भिक axial stress है, तथा λ_v relaxation time है जिसके दौरान σ_0, σ_0/e तथा $\lambda_v = \eta/\mu$ हो जाता है।

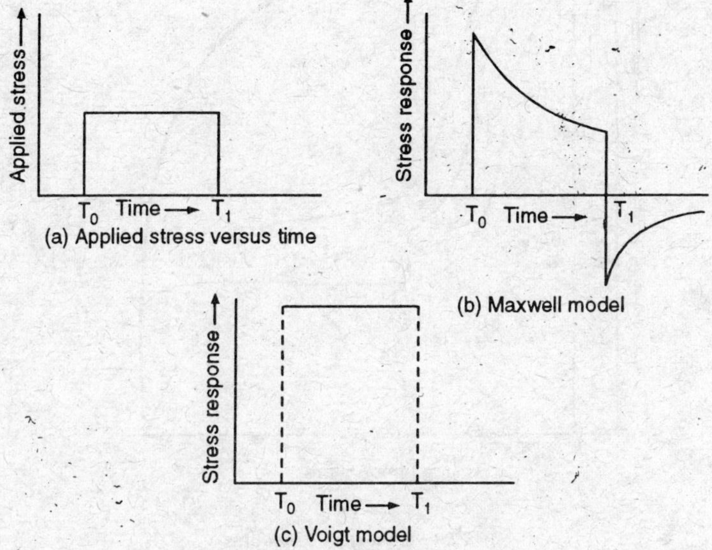

चित्र 7.8—(a) प्रतिबल समय (b) मैक्सवैल मॉडल (c) Voigt मॉडल।

कुछ निश्चित पदार्थ स्थिर विकृति लगाने के दौरान, स्थिर प्रतिबल मान दिखाते हैं, यह व्यवहार Voigt model के द्वारा चित्र 7.8 (c) में प्रदर्शित किया गया है।

7.9. Viscoelastic modulus

Viscoelastic modulus E, τ/γ के द्वारा प्रदर्शित किया जाता है। चूँकि τ समय (time) का function हैं, हम प्रकट कर सकते है कि

$$E = (\tau_0/\gamma) \exp(-t/\lambda_v) = E_0 \exp(-t/\lambda_v) \qquad ...(7.14)$$

जहाँ E_0 viscoelastic modulus का प्रारम्भिक मान है। Relaxation time $\lambda v = \eta/\mu$ भी तापमान का function है चूंकि $\eta = \eta_0 e^{Q/RT}$ इस प्रकार

$$\eta_v = (\eta_0 \mu)\, e^{Q/RT} \qquad ...(7.15)$$

तापमान का λ_v का dependence भी E को भी imply करता है, तापमान का function है। चित्र 7.9 तापमान के साथ E का variation दिखाता है।

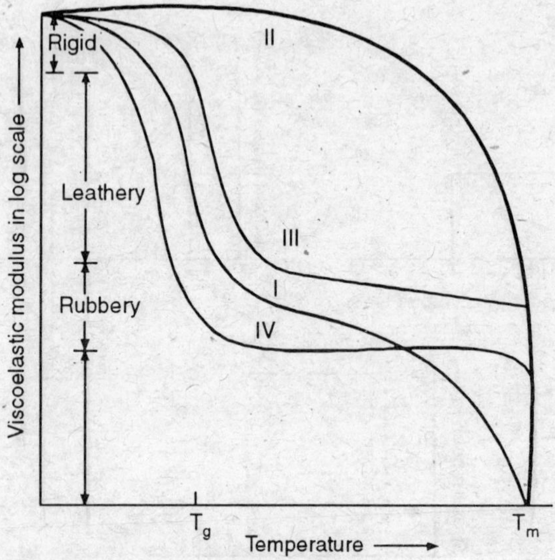

चित्र 7.9—Viscoelastic modulus

उदाहरण 7.1—प्रतिबल 8MPa से 5.7 MPa 105 दिन में होती है।

(a) Relaxalion time क्या है ?

(b) 3 MPa को relax होने को कितने दिन लगेगे।

हल : (a)

$$\tau_1 = \tau_0 \exp(-t_1/\lambda_v) = 8 \text{ MPa}$$

$$\tau_2 = \tau_0 \exp(-t_2/\lambda_v) = 5 \cdot 7 \text{ MPa}$$

$$\frac{\tau_1}{\tau_2} = \exp - (t_1 - t_2)/\lambda_v$$

$$\frac{8}{5.7} = \exp(105/\lambda_v) \qquad [t_1 - t_2 = 105 \text{ days}]$$

$$\lambda_v = \frac{105}{\log(8/5 \cdot 7)} = 309 \cdot 75 \text{ days}$$

$$= \mathbf{310\ days}$$

(b)

$$\tau_3 = 3 \text{ MPa}$$

$$\tau_3/\tau_1 = \exp - (t_3 - t_1)/\lambda_v$$

$$3/8 = \exp - (t_3 - t_1)\ 310$$

अथवा $(t_3 - t_1) = $ **304 days**

उदाहरण 7.2—एक पॉलामरीक पदार्थ 25°C पर 90 दिन का relaxation time रखता है। जब एक 5.5 MPa का प्रतिबल लगाया जाता है, तो गणना कीजिए—

(a) कितने दिनों में प्रतिबल 3 MPa होता है ?

(b) 35°C पर relaxation time यदि प्रोसेस के लिए activation energy 18 KJ/mole है।

हल : (a) $\lambda_{25} = 90$ days 25°C पर

$$\tau_0 = 5\cdot5 \text{ MPa}, \quad \tau = 3\,MPa.$$

$$\tau/\tau_0 = \exp(-t/90)$$

$$\log 3/5\cdot5 = -\frac{t}{90}$$

$$t = 90 \log\left(\frac{5\cdot5}{3}\right) = 54\cdot55 \text{ days} \qquad \text{अथवा} \qquad 55 \text{ days}$$

$$\lambda_{25} = \lambda_0 \exp(Q/(273+25)\,R) = 90 \text{ days}$$

$$\lambda_{35} = \lambda_0 \exp[Q/308R] = \mathbf{71\ days}.$$

7.10. तन्यता (Ductility)

पदार्थ के इस गुण के कारण पदार्थ को बड़े काट (large section) से छोटे काट (small section) के रूप खींचा जा सकता है। यह भंजन बिन्दु (breaking point) पर प्लास्टिक डिफॉर्मेशन के रूप में भी प्रदर्शित की जाती है। इसका मान लम्बाई में वृद्धि (elongation) के रुप में प्रगट किया जाता है। अर्थात् प्रतिशत elongation तन्यता (ductility) मापने के लिए अधिकतर बड़े रूप में प्रयोग किया जाता है। तन्य पदार्थ दृढ़ (strong) तथा प्लास्टिक प्रकृति के होते हैं।

पदार्थ में percentage elongation, उस पदार्थ से निर्मित एक छड़ की लम्बाई में fracture के पूर्व उस समय वृद्धि है जब उसे परीक्षण मशीन में अक्षीय रूप से खींचा (axially pull) जाता है।

$$\text{प्रतिशत लम्बाई में वृद्धि (\% elongation)} = \frac{\text{लम्बाई में अधिकतम परिवर्तन}}{\text{मूल लम्बाई}} \times 100$$

$$= \frac{l_f - l_0}{l_0} \times 100$$

जहाँ l_0 मूल लम्बाई तथा l_f अन्तिम लम्बाई है।

प्रतिशत लम्बाई में वृद्धि (percentage elongation) एक पदार्थ की तन्यता (ductility) का वर्णन करने के एक index के रूप में ली जाती है। इसका अर्थ यह होगा कि जितनी अधिक प्रतिशत लम्बाई में वृद्धि होगी उतनी ही अधिक पदार्थ तन्य (ductile) है। यदि पदार्थ में percentage elongation 15% से अधिक है तब पदार्थ ductile होता है। यदि % elongation का मान 5 प्रतिशत है तब वह brittle है तथा यदि % elongation,

5 से 15% तक है तब पदार्थ मध्यम श्रेणी का ductile है। हालांकि, प्रतिशत लम्बाई में वृद्धि इस बात पर निर्भर करती है कि gauge length क्या चुनी गई है। अर्थात् प्रतिशत लम्बाई में वृद्धि एक पदार्थ के लिए एक unique quantity नहीं है परन्तु gauge length के साथ परिवर्तित हो सकती है। इस कारण से एक gauge length को मानकीकृत कर दिया जाता है ताकि दो पदार्थों के बीच ductility की तुलना सुसंगत हो सके। बेलनाकार स्पेसीमेन के लिए, gauge length को व्यास का पाँच गुना मानक (standard) के रूप में चुना जाता है। परन्तु किसी स्थिति में प्रतिशत लम्बाई में वृद्धि, लम्बाई के साथ जिस पर इसकी गणना की गई है, वर्णित की जाती है।

पदार्थ के अनुप्रस्थ क्षेत्रफल में प्रतिशत कमी (percentage reduction), पदार्थ से निर्मित छड़ को axially pull करने पर, rupture होने से पूर्व अनुप्रस्थ क्षेत्रफल (area of cross section) में कमी के तुल्य होती है।

$$\text{क्षेत्रफल में प्रतिशत कमी} = \frac{\text{अनुप्रस्थ क्षेत्रफल में कमी}}{\text{मूल क्षेत्रफल}} \times 100$$

$$= \frac{A_0 - A_f}{A_0} \times 100$$

जहाँ A_0 मूल क्षेत्रफल तथा A_f अन्तिम क्षेत्रफल हैं।

उपरोक्त वर्णन से यह समझा जा सकता है कि प्रतिशत लम्बाई में वृद्धि (% elongation) तथा क्षेत्रफल में प्रतिशत कमी (% reduction in area) दोनों ही पदार्थ की स्थानीय तन्यता (local ductility) को परिभाषित करेगें। अधिकतम तथा समान विकृति (maximum and uniform strain) जो necking प्रारम्भ होने के ठीक पहले की विकृति है अथवा अधिकतम प्रतिबल के संगत विकृति है, को कभी-कभी पदार्थ की ductility को सूचित करने को प्रयोग हो सकता है।

तन्यता (ductility) पदार्थ का एक महत्त्वपूर्ण गुण है जो drawing, rolling तथा forging जैसे प्रक्रमों में डिफार्म होने की इसकी योग्यता को नियन्त्रित करता है। पर्याप्त तन्यता यह सुनिश्चित करती है कि इन प्रक्रमों के दौरान पदार्थ भंजित (fracture) नहीं होंगे। एक सहायक गुण जिसके कारण चादरों (sheets) को पदार्थ से roll किया जा सकता है, malleability कही जाती है।

उच्च तन्यता (high ductility) रखने वाले पदार्थों को break होने से पूर्व बड़े रूप में अनुप्रस्थ काट में कम किया जा सकता है। तन्य पदार्थों को मजबूत (strong) तथा प्लास्टिक दोनों होना चाहिए।

किसी दिये हुए पदार्थ के लिए, सामर्थ्य (strength) तथा तन्यता (ductility) परस्पर विलोमानुपाती है। कोई उपचार जो सामर्थ्य में वृद्धि करता है, तन्यता में कमी करता है। पदार्थों की सामर्थ्य तथा तन्यता तापमान के द्वारा काफी प्रभावित होती हैं। जैसे ही तापमान में वृद्धि होती हैं, सामर्थ्य तथा प्रत्यास्थ सीमा (elastic limit) में कमी होती है तथा तन्यता में वृद्धि होती है।

गोल्ड (gold), प्लेटिनम, सिलवर, कॉपर, एल्यूमिनियम, निकिल तथा लैड तन्य धातुएँ हैं।

7.11. भंजन (Fracture)

किसी पदार्थ (material) पर प्रतिबल लगाने के फलस्वरूप उसका दो या दो से अधिक भागों में अलग होकर (separation into two or more parts) असफल होना भंजन (fracture) कहलाता है। भंजन के साथ जुड़े अनेक फिनोमिना (phenomena) का ज्ञान, भंजन की संभवता को कम करने के संसाधनों को सुझा सकता है। fractured surface के परीक्षण से पदार्थ के अनेक गुणों का विश्लेषण किया जा सकता है। किसी स्पेसीमैन में धातु की शुद्धता (purity of metal) भी fractured surface के परीक्षण से ज्ञात की जा सकती है। भंजन (fracture) physical तथा chemical forces के द्वारा होती है।

भंजन का प्रक्रम दो स्टेंजों में होता है—

(1) क्रेक प्रारम्भ (crack initiation) अर्थात् crack का प्रारम्भिक निर्माण

(2) क्रेक प्रसार (Crack propagation) अर्थात् crack का फैलना

किसी पॉलीक्रिस्टलाइन पदार्थ में भंजन (fracture) की तीन मुख्य प्रकृति हो सकती है—

(i) ग्रेन बाउन्ड्री पर क्रिस्टलों के separation से intergranular भंजन हो सकता है।

(ii) क्रिस्टलोग्राफिक सतहों के मध्य कर्तन (shear) के कारण भंजन हो सकता है।

(iii) क्रिस्लोग्राफिक सतहों के Separation से Cleavage भंजन हो सकता है।

धातुओं में भंजन के प्रकार (Types of fracture in Metals)—धातु विभिन्न प्रकार के fractures दिखाते हैं, जो निम्न पर निर्भर करते हैं—

(i) पदार्थ का प्रकार (type of material)

(ii) भार लगाने की दर (rate of loading)

(iii) प्रतिबल की अवस्था (state of stress) तथा

(iv) तापमान

मुख्य प्रकार के भंजन (fracture) निम्न प्रकार हैं—

(a) भंगुर भंजन (Brittle fracture)

(b) कर्तन भंजन (Shear fracture)

(c) किलेवेज भंजन (Cleavage fracture)

(d) तन्य भंजन (Ductile fracture)

भंजन निम्न लक्षणों के संदर्भ में भी वर्गीकृत किये जाते हैं—

(i) भंजन को विकृति (Strain to fracture)

(ii) क्रिस्टलोग्राफिक मोड (crystallographic mode of fracture) तथा

(iii) भंज़न की उपस्थिति (appearance of fracture)

(a) भंगुर भंजन (Brittle fracture)—इस भंजन में स्पेसीमैन के अनुप्रस्थ काट (cross-section) में crack का प्रसार तीव्र गति (rapidly) से होता है तथा फ्रेक्चर से पूर्व

कोई विशेष प्लास्टिक डिफॉर्मेशन नहीं होता। Brittle fracture पदार्थ की प्रत्यास्थ अवस्था में ही तथा यकायक होता है। भंजन में broken pieces को परस्पर मिलाकर स्पेसीमैन की वास्तविक shape प्राप्त की जा सकती है। स्पेसीमैन में भंगुर भंजन किसी भी स्थिति से, जहाँ पर stress raiser points हो, प्रारम्भ हो सकता है। इस प्रकार का fracture प्रायः उन धातुओं में होता है जिनकी प्लास्टिकता उत्तम नहीं होती है।

पदार्थ में भंगुर fracture होने की प्रवृत्ति निम्न कारणों से बढ़ती हैं—

(i) तापमान में निरन्तर कमी

(ii) बढ़ती हुई strain rate

(iii) कार्य कठोरता (Work hardening)

शब्द 'brittle' प्लास्टिक डिफॉर्मेशन के न्यूनतम के साथ जुड़ा है। इस प्रकार भंगुर भंजन (brittle fracture) वह है जिसमें क्रेक का movement, क्रेक से लगे धातु के बहुत कम प्लास्टिक डिफॉर्मेशन को सम्मिलित करता है। यह अभिलम्ब प्रतिबलों (normal stresses) के द्वारा interatomic bonds को नष्ट करने में बना है। धातुओं में brittle fracture, बिना gross डिफॉर्मेशन तथा बहुत कम माइक्रो-डिफॉर्मेशन के साथ, absorption की न्यूनतम ऊर्जा के साथ crack propagalion की तीव्र दर के द्वारा अभिलक्षणित है। जैसा कि चित्र 7.10 (a) तथा (b) में दिखाया गया है।

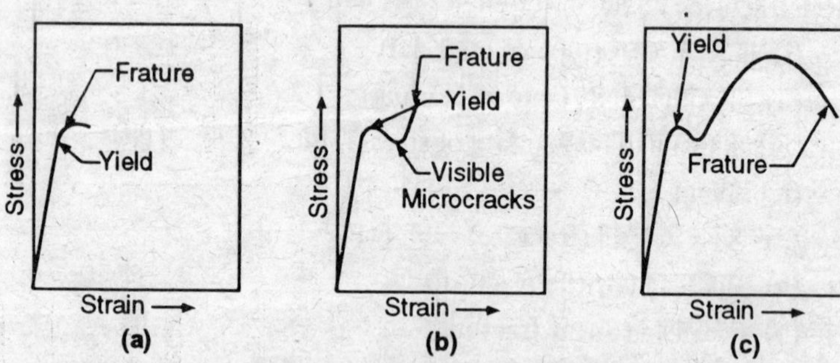

चित्र 7.10—तनाव प्रतिबल-विकृति वक्र।

Brittle fracture उसमें भी हो सकता है जिसमें fracture, grain boundaries के अन्वायाम गुजरता है। कुछ अवसरों में इस प्रकार का फ्रेक्चर, कॉपर में बिस्मथ के द्वारा बने जैसा कठोर भंगुर द्वितीय फेज की grain boundary films के द्वारा हो सकता है। अन्य दशाओं में यह actual precipitate के कारण नहीं हो सकता है, बल्कि crystal boundaries के निकट धातु में solute के concentation के कारण। Brittle fracture के लिए प्रवृत्ति घटते तापमान, बढ़ती विकृति दर तथा नॉच के द्वारा प्रायः उत्पन्न triaxial stress conditions के साथ बढ़ती है।

एक brittle fracture तनाव प्रतिबल के अभिलम्ब separation के द्वारा अभिलक्षणित है। भंगुर भंजन तुलनात्मक रूप से rare है। उदाहरण के लिए, इस प्रकार का fracture जिंक में तथा इसके एलॉयों अथवा आयरन में तथा कम तापमानों पर एलॉय स्टीलों में, साथ-साथ जब grain bounderies पर layers gegregate करती है, अवलोकित हो सकता है। यह ध्यान दिया जाना चाहिए, हालांकि, pure brittle fracture व्यवहारिक रूप से कभी नहीं होता है। Brittle fracture सभी लागत पर avoid होना चाहिए क्योंकि यह बिना चेतावनी के होता है तथा प्रायः disastrous consequences पैदा करता है।

Brittle fracture, pressure vessels ब्रिजों, जहाजों तथा पाइप लाइनों में दो तापमानों पर घटित होता है।

(b) कर्तन भंजन (Shear fracture)—कर्तन भंजन active slip plane पर extensive slip के परिणामस्वरूप होता है। इस प्रकार का fracture कर्तन प्रतिबलों (Shear stresses) के द्वारा उन्नति करता है। भंजन सतह (fracture surface) जो कर्तन (Shear) के द्वारा होती है निम्न आवर्द्धन (magnification) पर भूरी (grey) तथा फाइबर युक्त (fibrous) प्रतीत होती है।

(c) किलेवेज भंजन (Cleavage fracture)—Cleavage mode of fracture कर्तन प्रतिबलों के द्वारा promote होता है। इस प्रकार का फ्रेक्चर क्रिस्टलोग्राफिक Cleavage समतल के अभिलम्ब कार्य करने वाली तनाव प्रतिबलों (tensile stresses) के द्वारा नियन्त्रित होता है। Cleavage planes प्रायः NaCl अथवा α – Fe में (100) planes तथा Zn में (0001) के रूप में large interplaner spacing द्वारा पृथक किये गये समतल हैं। दूसरी तरफ क्रिस्टलों में interatomic forces की प्रकृति इस generalisation को modify कर सकती है। उदाहरण के लिए, layered structures को रखते हुए क्रिस्टल्स layers के समानान्तर समतलों के along, cleave करते हैं क्योंकि layers के बीच बल, layer के अन्दर की तुलना में अक्सर Weaker होते हैं। चूँकि क्रिस्टल्स केवल निश्चित समतलों के अन्वायाम Cleave करने की प्रवत्त होते हैं, Cleavage उत्पन्न करने को आवश्यक Critical stress प्रतिबल दिशा के सापेक्ष crystal orientation पर निर्भर करते हैं। एक cleavage fracture, चपटी cleavage सतहों से प्रकाश के परावर्तन के कारण bright अथवा granular प्रतीत होते हैं। पॉलीक्रिस्टलाइन पदार्थ या तो grain boundaries के अन्वायाम अथवा grains के द्वारा fracture कर सकते हैं। तदानुसार, पॉलीक्रिस्टलाइन सेम्पलों में fracture या तो intergranular के रूप में जब crack grain boundaries के द्वारा प्रसार करता है अथवा transgranular के रूप में जब crack, grains के अन्वायाम प्रसार करते हैं, वर्गीकृत किये जाते हैं। चित्र 7.11 में कुछ प्रकार के fractures दिखाये गये हैं जो uniaxial tension के द्वारा आरोपित धातुओं में हो सकते हैं।

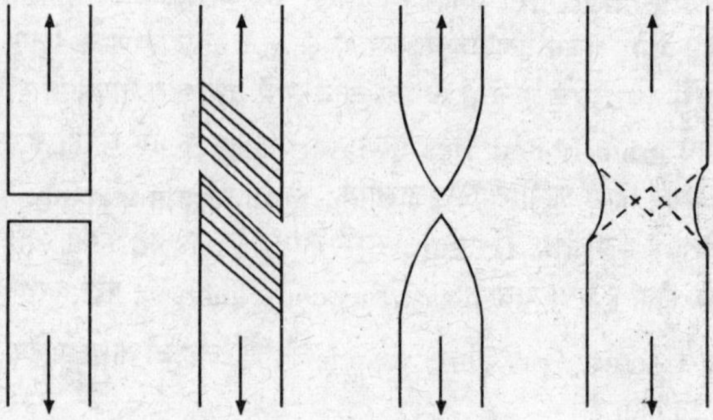

चित्र 7.11—भंजन के प्रकार।

(d) **तन्य भंजन** (Ductile fracture)—शब्द "ductile" बड़ा प्लास्टिक डिफॉर्मेशन जाहिर करता है, तथा ductile crack वह है जो क्रेक के सिरे पर धातु के सघन स्थानीय प्लास्टिक डिफॉर्मेशन (intense localised plastic deformation) के परिणामस्वरूप फैलता है। उच्च तापमानों पर, क्योंकि स्लिप अधिक सरलता से होती है, सभी फ्रेक्चर ductile होने को प्रवत्त होते हैं। इस दशा में प्रतिबल-विकृति वक्र चित्र 7.10 (c) की आकृति लेता है।

Ductile fractures अनेक रूप (several froms) ले सकते हैं। hcp धातुओं के single क्रिस्टल्स क्रमानुसार basal समतलों पर slip हो सकते हैं जब तक कि क्रिस्टल अन्तिम रूप से कर्तन (Shear) के द्वारा पृथक होता है। (चित्र 7.11 b)। Gold अथवा Lead जैसी अत्यन्त तन्य धातुओं के पॉलीक्रिस्टलाइन स्पेसीमैन उनके rupture होने के पहले बिन्दु तक वास्तविक रूप से खींचे जा सकते हैं (चित्र 7.11 C) । औसत रूप से तन्य धातुओं के तनाव फ्रेक्चर में प्लास्टिक डिफॉर्मेशन परिणामस्वरूप एक necked region पैदा करता है। (चित्र 7.11 d)। फ्रेक्चर, स्पेसीमैन के केन्द्र पर प्रारम्भ होता है तथा तब चित्र 7.11 d में बिन्दुदार रेखा के अन्वायाम कर्तन अलगाव (Shear Separation) के द्वारा बढ़ता है। यह परिचित "cup and cone" fracture में फलित होता है।

तन्य "cup and cone' फ्रेक्चर के विकास में अवस्थाएँ (stages) चित्र 7.12 में प्रदर्शित की गई हैं। Necking प्लास्टिक अस्थिरता के बिन्दु पर प्रारम्भ होती है। जहाँ strain-hardering के कारण सामर्थ्य में वृद्धि अनुप्रस्थ काट क्षेत्रफल में कमी के लिए क्षतिपूर्ति करने को असफल होती है। (चित्र 7.12 a) । यह अधिकतम भार (maximum load) पर घटित होती है। Neck का रूपण (formation), region में प्रतिबल की triaxial स्थिति परिचित कराता है। तनाव का hydrostatic component, necked रिजन के केन्द्र पर स्पेसीमैन की अक्ष के अन्वायाम कार्य करता है। इस रिजन में अनेक fine cavities बनती है (चित्र 7.12 b) तथा सतत विकृति के अधीन ये central crack में उगती

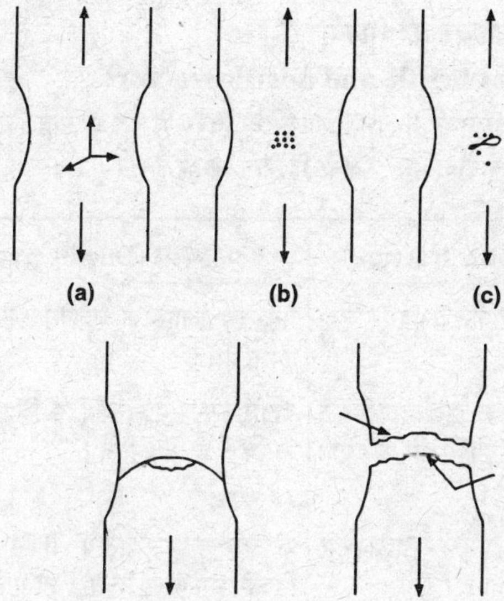

चित्र 7.12—Cup-and-Cone फ्रेक्चर के फार्मेशन में अवस्थायें।

तथा एकत्रित होती हैं (चित्र 7.12 c)। यह क्रेक स्पैसीमैन की अक्ष के लम्बवत दिशा में पैदा होता है जब तक कि यह स्पैसीमैन की सतह तक पहुँचता है। यह तब फ्रेक्चर के cone हिस्सा बनाने को तनाव अक्ष के लगभग 45° दिशा में स्पेसीमैन की सतह को प्रसारित करता है। (चित्र 7.12 d)।

फ्रेक्चर का केन्द्रीय 'cup' रिजन बहुत fibrous आकृति रखता हैं। यह प्रतीत होता है जैसे स्पेसीमैन के individual elements, longitudinal fibres में अलग हैं तथा तब rupture के पूर्व बिन्दु तक खींचे जाते (drawn down) हैं। जब फ्रेक्चर को longitudinally काटा जाता है, तब केन्द्रीय क्रेक zigzag contour रखता है, जैसे कई छिद्रों के बीच फटने (tearing) के द्वारा पैदा होगा। फ्रेक्चर का बाहरी कोन (outer cone) उच्च रूप से स्थानीय कर्तन (highly localised shear) का रिजन है। अत्याधिक स्थानीय डिफॉर्मेशन एक-दूसरे के ऊपर ग्रेन्स के sliding के द्वारा होता है, तथा क्योंकि कर्तन फ्रेक्चर (shear fracture) फाइबरयुक्त फ्रेक्चर के साथ तुलना में शीघ्रता से propagate होता है, वहाँ समुचित स्थानीय heating होती है।

तन्य फ्रेक्चर (ductile fracture), भंगुर फ्रेक्चर (brittle fracture) की तुलना में बहुत कम अध्ययन किया गया है, सम्भवतः इस कारण से यह बहुत कम गम्भीर समस्या है। Ductile fracture का महत्त्वपूर्ण लक्षण, जो brittle fracture के पूर्व मनन से स्पष्ट है, कि यह विचारणीय ऊर्जा की खपत के साथ धातु के slow tearing के द्वारा होता है। Brittle फ्रेक्चर की तरह न होकर पूर्णरूप से ductile fracture, rough dirty grey सतह प्रस्तुत करता है।

7.12. भंगुर तथा तन्य फ्रेक्चर की तुलना (Comparison of brittle and ductile fracture)

यद्यपि brittle फ्रेक्चर तथा ductile फ्रेक्चर के विषय में पूर्व में स्पष्ट किया जा चुका है, उसके अनुसार brittle तथा ductile फ्रेक्चर में निम्न अन्तर है—

	भंगुर फ्रेक्चर (Brittle fracture)	तन्य फ्रेक्चर (Ductile fracture)
1.	यह प्लास्टिक डिफॉर्मेशन के वगैर जुड़ा है।	यह बड़े प्लास्टिक डिफॉर्मेशन को सूचित करता है।
2.	धातुएँ Cleavage के द्वारा अपेक्षाकृत बड़े मेक्रोस्कोपिक डिफॉर्मेशन के बाद असफल हो सकती है।	धातुएँ नगन्य मेक्रोस्कोपिक विकृति के, साथ असफल हो सकती हैं।
3.	फ्रेक्चर उस बिन्दु, जहाँ माइक्रोक्रेक सबसे बड़ा हैं, पर होता है।	फ्रेक्चर कुछ स्थानीय रीजन में जिसमें डिफॉर्मेशन बहुत उच्च है, होता है।
4.	क्रेक का मूवमेन्ट क्रेक से लगे बहुत छोटे प्लास्टिक डिफॉर्मेशन को सम्मिलित करता है।	यह धातु के उच्च रूप से स्थानीय प्लास्टिक डिफॉर्मेशन के परिणामस्वरूप फैलता है।
5.	एक पूर्ण भंगुर Cleavage फ्रेक्चर sharp planer facets (अनेक sides की बॉडी की cone side; जैसे डाइक्ड कट) को दिखाता है।	एक पूर्ण तन्य फ्रेक्चर एक रुक्ष गन्दी सतह प्रस्तुत करता है। यह रुक्ष गन्दी contour रखता है।
6.	यह वगैर किसी चेतावनी के यकायक होता है।	यह विचारणीय ऊर्जा की खपत के साथ धातु की slow tearing के द्वारा होता है।

7.13. किलेवेज (Cleavage)

निश्चित शर्तों के अधीन, क्रिस्टलों को low indices के समतलों अर्थात् बड़े interplaner spacings के द्वारा अलग किये गये समतलों के अन्वायाम दो खण्डों में अलग करना सम्भव है। माना चित्र 7.13 (a) में जिंक का एक single crystal है। अब यह माना जाता है कि एक wedge अथवा knife edge एक basal-plane पर lay करता है तथा कि knife edge पर एक छोटे हेमर के साथ तेज चोट्ट मारी जाती है। यदि तापमान जिस पर यह संक्रिया की जाती है पर्याप्त रूप से कम है, क्रिस्टल अलग (split) होगा अथवा दो भागों में cleaved होगा जैसा चित्र 7.13 (b) में दिखाया गया है। यह आपरेशन **cleavage** कहलाती है, तथा समतल जिस पर यह होता है क्रिस्टल का Cleavage plane कहलाता है। जिंक की दशा में, जैसा कि पूर्व में कहा गया है, यह वास्तव में basal plane (0001) है।

जिंक क्रिस्टल्स कक्ष तापमन (room temperature) पर cleave होने के समर्थ है; परन्तु केवल कुछ परेशानी के साथ, तथा Cleaved surfaces प्रायः बुरी तरह से मरोड़ी जाती है (distorted) हैं। जैसे ही तापमान कम किया जाता है, splitting सरल हो जाती है तथा चिकनी सतहें प्राप्त होती हैं। bcc तथा hcp धातुओं में कम तापमान पर बहुत अच्छी cleaves सरलता से प्राप्त हो सकती हैं, परन्तु fcc क्रिस्टलों में नहीं।

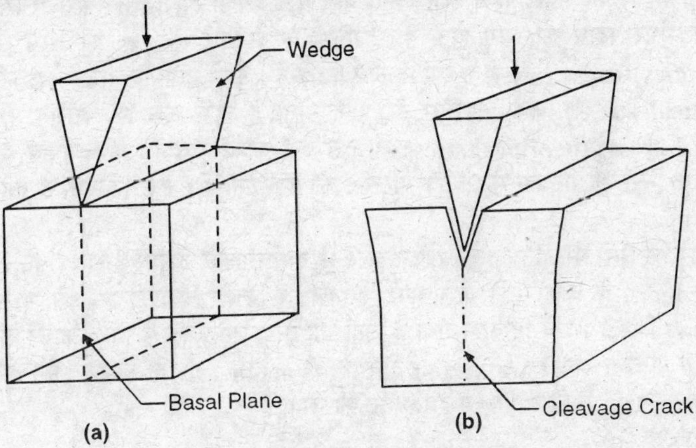

चित्र 7.13—जिंक क्रिस्टल का Cleavage।

तालिका 7.2 में दिये गये डाटा Cleavage fracture के लिए आवश्यक दिये गये समतल के अभिलम्ब प्रतिबल के क्रान्तिक मानों (critical values) को दिखाते हैं। साधारणतया, एक preferred fracture plane होता है, उदाहरण के लिए Fe में (100) समतल, परन्तु Zn क्रिस्टलों का व्यवहार दिखाता है कि फ्रेक्चर अन्य समतलों पर हो सकता है यदि प्रतिबल पर्याप्त रूप से उच्च है। Zn क्रिस्टलों में Solid solution में Cadmium की 0.53% की उपस्थिति Cleavage के लिए क्रान्तिक प्रतिबल को बढ़ा देती है। विशेष रूप से, वे धातुएँ जो कम तापमानों पर Cleavage के द्वारा brittle ढंग में fracture करती हैं, उच्चतर तापमान पर अधिक ductile behaviour दिखाती हैं।

तालिका 7.2 एकल क्रिस्टलों में Cleavage फ्रेक्चर

धातु (Metal)	Cleavage समतल	तापमान °C	Cleavage समतल के अभिलम्ब क्रान्तिक प्रतिबल MN/m^2
α – Fe	(100)	– 100	260
(bcc)	(100)	– 185	275
Zn	(0001)	– 185	1·90
(hcp)	(1010)	– 185	18·00
Zn + 0·53 Cd	(0001)	– 185	12·00

7.14. भंगुर फ्रेक्चर के लिए ग्रिफिथ का सिद्धान्त (Griffith theory for brittle fracture)

क्रिस्टल की अवलोकित फ्रेक्चर सामर्थ्य सैद्धांन्तिक संयोगी सामर्थ्य (theoretical cohesive strength) की तुलना में काफी कम है। ग्रिफिथ ने इस असंगति (discrepancy) को सबसे पहले स्पष्ट किया था। मूल रूप से Griffith थ्यौरी ग्लास जैसे वास्तविक भंगुर पदार्थ को लागू होती है। ग्रिफिथ के अनुसार, cracks की चरम सीमाएँ (extremities) stress raiser के रूप में कार्य करती हैं। उसने माना कि सैद्धान्तिक प्रतिबल (theoritical stress) क्रेक के सिरों पर प्राप्त होता है, जहाँ तक कि औसत प्रतिबल (average stress) theoritical stress की तुलना में काफी नीचे हैं। फ्रेक्चर जब होता है जब क्रेक के सिरों पर प्रतिबल सैद्धान्तिक प्रतिबल को बढ़ा देती है। जब यह होता है, तब क्रेक फैलता है।

क्रेक के सिरों पर प्रतिबल की गणना करने में, दीर्घवृत्ताकार अनुप्रस्थ काट (elliptical cross-section) के क्रेक रखने वाले चपटे समतल पर विचार किया गया। इस प्रकार का क्रेक (flaw) चित्र 7.14 में दिखाया गया है, जहाँ यह देखा जा सकता है कि क्रेक की लम्बाई 2c है तथा प्रतिबल अक्ष (stress axis) दीर्घवृत्त की major axis के लम्बवत है। क्रेक के सिरे पर प्रतिबल σ_m निम्न समीकरण द्वारा प्रगट की जाती है—

$$\sigma_m = 2\sigma \left(\frac{c}{\rho}\right)^{1/2} \quad ...(7.16)$$

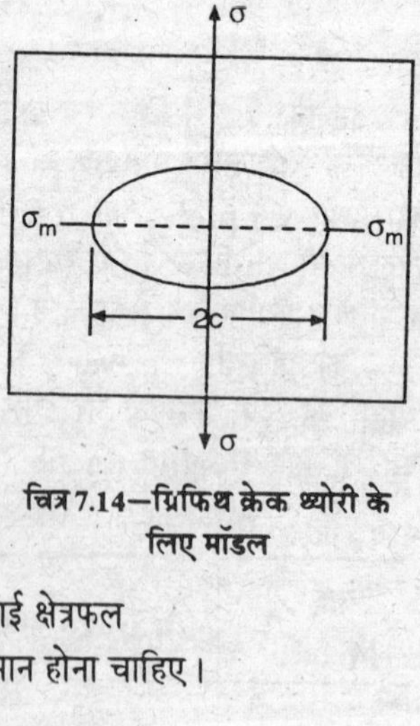

चित्र 7.14—ग्रिफिथ क्रेक थ्योरी के लिए मॉडल

जहाँ ρ दीर्घवृत्त के सिरों पर वक्रता त्रिज्या (radius of curvature) है तथा σ औसत अनुप्रयुक्त प्रतिबल (average applied stress) है।

जब फ्रेक्चर होता है तब प्रतिबल का मान

$$\sigma_c = \sqrt{\frac{\gamma E}{y}} \quad ...(7.17)$$

जहाँ y = शून्य प्रतिबल पर interatomic दूरी

γ = सतह ऊर्जा (surface energy)/ इकाई क्षेत्रफल

फैलने को फ्रेक्चर के लिए σ_m का मान σ_c के समान होना चाहिए।

अतः $$2\sigma \left(\frac{c}{\rho}\right)^{1/2} = \left(\frac{\gamma E}{y}\right)^{1/2}$$

अतः $$\sigma = \left(\frac{\gamma E}{4C} \cdot \frac{\rho}{y}\right)^{1/2} = \sigma_f \quad ...(7.18)$$

अनुप्रयुक्त प्रतिबल σ किसी क्षण पर प्रतिबल है तथा σ_f औसत अनुप्रयुक्त प्रतिबल है जिस पर क्रेक फैलता है।

यह नोट किया जा सकता है कि जब क्रेक की लम्बाई बढ़ती है, प्रतिबल का मान कम होता है। यह दिखाता है कि एक बार क्रेक फैलना प्रारम्भ करता है, यह उच्च वेग को त्वरित करने योग्य है।

ग्रिफिथ समीकरण (Griffith equation)—ग्रिफिथ ने सबसे पहले प्रस्तावित किया कि भंगुर पदार्थ (brittle material) छोटे फाइन क्रेक्स की बड़ी संख्या रखता है। ये fine cracks, stress concentration पैदा करते हैं। जब क्रेक्स में से एक brittle fracture में फैलता है, तो क्रेक के sides के सतह क्षेत्रफल में वृद्धि होती है। यह ऊर्जा elastic strain energy के द्वारा आपूर्ति की जाती है जो मुक्त की जाती है जैसे ही क्रेक फैलता है। ग्रिफिथ ने यह नियम स्थापित किया कि एक क्रेक प्रसार करेगा जब elastic energy में कमी कम से कम दो नई सतहों को सृजित करने की आवश्यक ऊर्जा के बराबर है अर्थात् सतह ऊर्जा (surface energy) में प्राप्ति (gain) विकृति ऊर्जा (Strain energy) में हानि (loss) के बराबर है।

$$\text{Released Elastic energy } U_E = -\frac{\sigma^2 \pi C^2}{E} \qquad \ldots(7.19)$$

सतह ऊर्जा (surface energy (2C लम्बाई तथा इकाई चौड़ाई के लिए) $U_s = 4\gamma c$ (दो face होने के कारण)

$$\frac{du}{dc} = \frac{d\,(U_E + U_s)}{dc} = 4\gamma - \frac{2\pi C\sigma^2}{E} = 0$$

अथवा $$\sigma^2 = \frac{2\gamma E}{\pi C}$$

अथवा $$\sigma = \sqrt{\frac{2\gamma E}{\pi c}} \qquad \ldots(7.20)$$

उपरोक्त समीकरण (7.20) दिखाती है कि brittle fracture होने के लिए आवश्यक प्रतिबल, क्रेक लम्बाई के वर्गमूल (Square root) के विपरीत समानुपाती है। पुनः उपरोक्त सम्बन्ध से यह दिखाया जा सकता है कि क्रेक की सहजता (spontaneously) से प्रसार करने को आवश्यक क्रान्तिक तनाव प्रतिबल (critical tensile stress) पदार्थ के Young's modulus की तुलना में छोटी है। इस प्रकार पहले से विद्यमान क्रेक तथा ग्रिफिथ का नियम (Griffith's criterion) अवलोकित (observed) तथा सैद्धान्तिक सामर्थ्यों (theoretical strengths) के बीच कमी (diserepency) को स्पष्ट करता है। यह नोट करना चाहिए कि एक क्रेक निःसन्देह ग्रिफिथ नियम सन्तुष्ट होने के बाद भी प्रसार नहीं कर सकता है, यदि क्रेक के टिप पर पर्याप्त stress concentration नहीं है। यह भी नोट किया जा सकता है कि ग्रिफिथ थ्यौरी केवल पूर्ण रूप से brittle पदार्थों को लागू होती है तथा ग्रिफिथ समीकरण में प्लास्टिक कार्य के लिए विचार करने की कोई सरल विधि नहीं है।

एक C लम्बाई का सतह क्रेक उतना ही प्रभावी है जितना कि 2C लम्बाई का आन्तरिक क्रेक (internal crack)। इस प्रकार एक दिये हुए पदार्थ में सतह क्रेक (Surface crack) आन्तरिक क्रेक की तुलना में अधिक प्रभावी हैं।

सभी पदार्थ उनमें क्रेक का statistical distribution रखते हैं। सबसे लम्बा क्रेक जो stress axis के सर्वाधिक favourably oriented है, सबसे अधिक प्रभावी है। यह इसलिए, फ्रेक्चर होने के लिए पहले प्रसार करता है जब प्रयुक्त प्रतिबल बढ़ाया जाता है।

संशोधित ग्रिफिथ थ्यौरी (Modified Griffith theory)

जब धातुओं से brittle fracture की सतह की X-ray diffraction के द्वारा परीक्षा ली जाती है, तो प्लास्टिक रूप से विरूपित (Plastically deformed) धातु की पतली पर्त (layer) अवलोकित की जाती है। इसका आशय यह है कि जो भी धातुओं में brittle fracture होता है, वहाँ सदैव ही प्लास्टिक विरूपण की थोड़ी सी मात्रा रहती है। ग्रिफिथ थ्यौरी का तदानुसार निम्न प्रकार संशोधित किया जाता है—

$$\sigma_g = \left[\frac{2E\,(\gamma + p)}{\pi c}\right]^{1/2}$$

जहाँ p क्रेक प्रसार करने के लिए आवश्यक प्लास्टिक कार्य है—

अतः
$$\sigma = \left[\frac{Ep}{C}\right]^{1/2}$$

क्योंकि p का मान बहुत बड़ा (लगभग 10^6 mJ/m^2) है सतह ऊर्जा (1500 mJ/m^2) की तुलना में।

यह समीकरण ग्रिफिथ समीकरण के तुल्य है परन्तु ऊर्जा के नये अनुवाद के साथ। संशोधन महत्त्वपूर्ण है क्योंकि p का मान को पदार्थ के माइक्रो संरचना (micro-structure) में उचित परिवर्तन के द्वारा बढ़ाया जा सकता है। यदि p के मान में वृद्धि की जाती है, तो प्रतिबल की उच्चतर दर को दिये साइज के flows के साथ लागू किया जा सकता है अथवा बड़े साइज के flows दिंये प्रयुक्त प्रतिबल पर सहन किये जा सकते हैं।

7.15. क्रीप (Creep)

अधिकतर इन्जीनियरी पदार्थों की tensile properties कक्ष तापमान पर प्रयोगात्मक प्रयोजनों के लिए समय के निर्भर नहीं हैं। परिणामों में बहुत कम अन्तर पड़ता है यदि इसे परीक्षण पूरा करने को दो घण्टे अथवा दो मिनट की आवश्यकता होती है। पुनः, कक्ष तापमान परीक्षण में पदार्थ का elastic behaviour अर्थात्, जब पुनः प्राप्त न करने योग्य संरचनीय परिवर्तन (irrecoverable structural change) होता है, एक छोटी व्यवहारिक घटना है। हालांकि, उच्च तापमान पर सामर्थ्य, विकृति दर (strain rate) अथवा rate of deformation तथा अनावरण का समय (time of exposure) दोनों पर अधिक निर्भर होती है। इन दशाओं के अधीन कई पदार्थ कई सत्कारों में Viscoelastic पदार्थों जैसे व्यवहार करते हैं। एक पदार्थ एक उच्च तापमान पर स्थिर तनाव भार के अधीन creep करेगा तथा समयाधारित विरूपण (time dependent deformation) से गुजरेगा।

स्थिर प्रतिबल पर समय के साथ पदार्थ का धीमें (slow) तथा प्रयासी विरूपण (progressive deformation) इसलिए, क्रीप (creep) कहलाना है। दूसरे शब्दों में क्रीप, धातुओं तथा अधातुओं में लगातार प्रतिबल होने के कारण अथवा लम्बे समय तक भारित (loading) होने के कारण, उत्पन्न होने वाला Slow plastic deformation है। क्रीप प्रक्रिया proportional limit से कम प्रतिबल पर भी हो सकती है। क्रीप डिफॉर्मेशन का सबसे सरल प्रकार का viscous flow है। क्रीप के set होने के पश्चात् पर्याप्त विकृति हो चुकने तक यह जारी रहती है ताकि necking down तथा reduction of cross-sectional area होता है। इसके बाद तथा rupture होने तक, डिफॉर्मेशन की दर में वृद्धि होती है क्योंकि भार को सहारने को कम क्षेत्रफल रहता है। क्रीप का फिनोमिना धातुओं (metals), ionic तथा covalent crystals तथा amorphous materials जैसे ग्लासेज तथा पॉलीमर्स में प्रेक्षण योग्य है। धातुएँ में, सामान्यतया उच्च तापमानों पर क्रीप दृष्टिगोचर होती है। जबकि प्लास्टिक, रबर तथा समरूप amorphous पदार्थ क्रीप के बहुत temperature-sensitive होते हैं। जिंक, टिन, लैड (lead) एवं उनके एँलाय सामान्य तापमान पर भी क्रीप प्रदर्शित करते हैं।

धातुओं में क्रीप के कारण प्लास्टिक डिफॉर्मेशन होता है। इसका मुख्य कारण पदार्थ के क्रिस्टलों में क्रिस्टलोग्राफिक (crystallographic) अक्षों के अनुदिश स्लिप तथा ग्रेन बाउन्ड्री के डिफॉर्मेशन है। भार हटाने पर प्लास्टिक डिफॉर्मेशन का कुछ अंश समय के साथ recover हो जाता है परन्तु धातुओं में क्रीप के कारण उत्पन्न अधिकांश डिफॉर्मेशन recoverable नहीं होते हैं।

क्रीप निम्न में महत्त्वपूर्ण हो जाता है—

1. कक्ष तापमान पर प्रयोग होने वाली मृदु धातुएँ (Soft metals) जैसे लैड (lead) पाइप तथा सफेद धातु बियरिंग (White metal bearings),
2. 450° से 550°C पर कार्य करने वाले स्टीम तथा केमिकल प्लान्टस,
3. उच्च तापमानों पर कार्य करने वाले गैस टरबाइन्स,
4. रॉकेट्स तथा मिसाइल्स (rockets and missiles), सुपरसेनिक जेट्स,
5. न्यूक्लीयर रिऐक्टर फील्ड।

क्रीप के प्रकार (Types of Creep)

क्रीप उच्च तापमानों पर proportional अथवा elastic limit के नीचे प्रतिबलों पर हो सकती है। चाहे एक दिया हुआ तापमान बढ़ाया जाता है अथवा नहीं, प्रश्न में पदार्थ पर निर्भर करता है, चूंकि एक पदार्थ दूसरे की तुलना में कक्ष तापमान पर अधिक क्रीप कर सकता है, माना 1000°C पर। यह, इसलिए, क्रीप के व्यवहार का अध्ययन करना तथा तापमान के विभिन्न रेजों पर उनके प्रकारों को परिभाषित करना सर्वश्रेष्ठ है।

निम्न तापमान पर क्रीप दर (creep rate) प्रायः समय के साथ कम होती है तथा logarithmic क्रीप वक्र प्राप्त होता है। उत्पन्न डिफॉर्मेशन समय के समानुपाती है। °K में

परम स्केल पर मापा गया गलनांक बिन्दु T_m के $0 \cdot 5$ से $0 \cdot 7$ के रेंज में उच्च तापमानों पर, हालांकि, Work-hardering का प्रभाव कमजोर होता है तथा वहाँ mechanical recovery की सम्भावना है। परिणामस्वरूप, क्रीप दर उतनी तेजी से कम नहीं होती है जितनी कि निम्न तापमान पर। उच्च तापमान क्रीप जो धातुओं की hot working के दौरान विशेष रूप से बहुत से इन्जीनियरी पदार्थों में होता है इस केटेगरी के अधीन आता है। बहुत उच्च तापमान पर, अर्थात् $0 \cdot 7\ T_m K$ के परे क्रीप प्राथमिक रूप से diffusion के द्वारा प्रभावित होती है तथा प्रयुक्त प्रतिबल कम प्रभाव रखता है। क्रीप, इसलिए, तापमान पर निर्भर करते हुए निम्न प्रकार वर्गीकृत हो सकती है—

(i) Logarithmic क्रीप

(ii) Recovery क्रीप तथा

(iii) Diffusion क्रीप अथवा प्लास्टिक क्रीप

क्रीप वक्र (Creep curve)

समय (time) के साथ भिन्न प्रतिबलों के अधीन धातु की विकृति (extension) की भिन्नता (Variation) को चित्र 7.15 में दिखाया गया है। वक्र स्थिर सामान्य प्रतिबल (Constant normal stress) तथा स्थिर तापमान (constant temperature) के लिए है। यह क्रीप की तीन भिन्न अवस्थाओं (stages) को दिखाता है—

(1) प्राइमरी स्टेज (Primary stage)

(2) सेकेन्ड्री स्टेज (Secondary stage)

(3) तृतीय स्टेज (Teritiary stage)

(1) प्राइमरी स्टेज (Primary stage)—क्रीप की पहली स्टेज जो (primary stage) के रूप में जानी जाती है, घटती हुई क्रीप दर के रीजन (region of decreasing creep rate) को प्रदर्शित करती है। प्राइमरी क्रीप predominantly transient creep जिसमें पदार्थ का क्रीप प्रतिरोध (Creep resistance) इसके अपने डिफॉर्मेशन के गुण के द्वारा बढ़ता है, की अवधि (period) है। निम्न तापमानों तथा प्रतिबलों के लिए, जैसा कि कक्ष तापमान पर लैड (lead) की क्रीप में, प्राइमरी क्रीप predominant creep प्रक्रम है। यह एक डिजाइनर के पसन्द का विषय है, चूंकि यह एक दिये समय में पहुँची कुल लम्बाई में वृद्धि (total extension) का हिस्सा बनाती है तथा Clearances को प्रभावित कर सकती है।

(2) सेकेन्ड्री स्टेज (Secondary Stage)—क्रीप की दूसरी स्टेज जो secondary creep जानी जाती है, लगभग स्थिर क्रीप दर की अवधि है जो Work Hardening process तथा recovery के बीच सन्तुलन से फलित है। इस वजह से, सेकेण्डरी क्रीप प्रायः steady-state creep के रूप को सन्दर्भित की जाती है। सेकेण्ड्री क्रीप के दौरान क्रीप दर का औसत मान न्यूनतम क्रीप दर (minimum creep rate) कहलाती हैं। यह अधिकतर अनुप्रयोगों के लिए वक्र का महत्त्वपूर्ण भाग है।

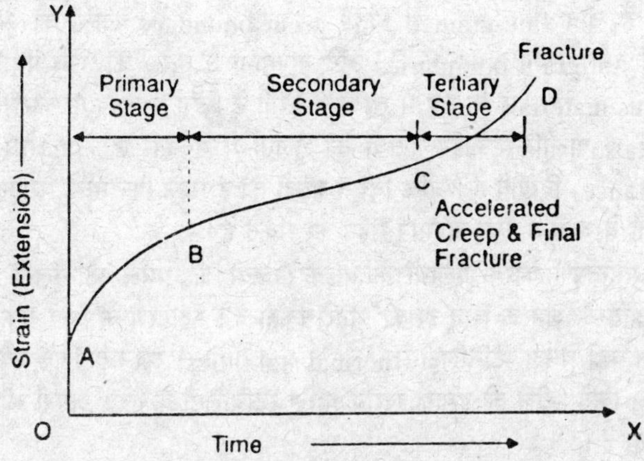

चित्र 7.15—क्रीप वक्र (Creep Curve)

(3) **तृतीय स्टेज** (Teritiary stage)—क्रीप की तीसरी स्टेज जो teritiary stage के रूप में जानी जाती है, मुख्य रूप से एक त्वरित दर (accelerated rate) पर होती है। यह वास्तव में intercrystalline अथवा अन्य कारणों के द्वारा पदार्थ के एक imminent fracture में फलित होते हुए progressive damage का प्रोसेस प्रदर्शित करता है।

सामान्यतः प्रयुक्त प्रतिबल पर वक्र का AB भाग बहुत कम समय को प्रदर्शित करता है जबकि वक्र का BC भाग स्पेसीमैन की अधिकांश life में उत्पन्न विकृति (strain) को प्रदर्शित करता है। वक्र के इस भाग (BC) का slope एक निश्चित प्रतिबल तथा तापमान पर extension प्रदर्शित करता है। अतः वक्र का यह भाग व्यावहारिक रूप से अत्यधिक महत्त्वपूर्ण है क्योंकि संरचना (structure) का जीवन (life) मुख्यतः extension rate पर निर्भर करता है। यदि तनाव प्रतिबल (tensile stress) कम की जाती है तब BC का slope भी कम होना चाहिए परन्तु practically प्रतिबल कम होने पर भी वक्र का भाग BC क्षैतिज (horizontal) नहीं होता है। इसका अर्थ है कि प्रतिबल की कोई ऐसी limiting value नहीं जिस पर स्पेसीमैन प्रयुक्त प्रतिबल का तथा तापक्रम के प्रभाव को पूर्णतया resist कर सके। अतः मशीन कम्पोनेन्ट्स अथवा स्ट्रक्चर्स के डिजाइन के समय service की निश्चित अवधि (definite duration of service) तथा minimum permisible distortion अथवा डिफॉर्मेशन के आधार पर डिजाइनिंग करना उचित होता है।

क्रीप को प्रभावित करने वाले कारक (Factors affecting creep)

क्रीप अत्याधिक structure-sensitive है तथा कई अन्य कारकों की तुलना में ग्रेन साइज (grain size), माइक्रोस्ट्रक्चर (microstructure) तथा previous strain history के द्वारा कहीं अधिक प्रभावित है।

क्रीप में ग्रेन साइज (grain size) एक बड़ा कारक (major facter) है। सामान्यतया, coarse-grained पदार्थ, fine-grained पदार्थों की तुलना में बहतर creep प्रतिरोधी

प्रदर्शित करते हैं, चूंकि fine-grained धातुएँ grain boundary पदार्थों की अधिक बड़ी मात्रा रखती हैं तथा grain boundaries ऊँचे तापमानों में flow की उच्च प्रवृत्ति के साथ quasi-viscous materials के रूप में व्यवहार करती हैं। इस प्रयोजन के कारण यह है कि single crystals पॉलीक्रिस्ट्रलाइन पदार्थों की तुलना में उच्चतर क्रीप प्रतिरोध (higher creep resistance) दिखाते हैं। चूंकि विद्युत बल्बों का टंगस्टन फिलामेन्ट सिगल क्रिस्टल्स का बना होता है, वे अत्यन्त उच्च तापमान सहन कर सकते हैं।

दूसरा महत्त्वपूर्ण कारक एलायों के माइक्रोस्ट्रक्चर की थर्मल स्टेबिलिटी तथा उच्च तापमानों पर ऑक्सीडेशन के लिए इसकी प्रतिरोधकता है। उदाहरण के लिए, एक अनिलिंग किया स्पेसीमैन बड़ी थर्मल स्टेबिलिटी (thermal stabilities) रखने के लिए, एक क्वैन्चिंग (quenching) किये स्टील को इसकी खराब थर्मल स्टेबिलिटी के लिए, अपनी क्रीप प्रतिरोध में अधिक बेहतर है।

Prior cold working भी क्रीप पर मजबूत प्रभाव रखती है जो cold work follow करते हुए recrystallisation के दौरान कुछ धातुओं में त्वरित (accelerated) है। यह त्वरित क्रीप (accelerated creep), recrystallised धातु में अपेक्षाकृत slow creep की अवधि के द्वारा अनुकरण की जाती है।

शुद्ध धातुएँ जो उच्च melting points तथा compact atomic structure रखती हैं, साधारणतया उच्च तापमानों पर अच्छी क्रीप प्रतिरोधी दृष्टिगोचर होती है। शुद्ध धातुओं की creep resistance को उचित elements के साथ उनकी एलॉय करके काफी बढ़ाया जा सकता है।

7.16. क्रीप टेस्ट
(Creep Test)

जैसा कि पहले स्पष्ट किया जा चुका है, क्रीप उच्च तापमान तथा स्थिर प्रतिबल (steady stress) के नीचे जो स्थाई सैट (permanent set) उत्पन्न करने को आवश्यक है, के संयोग (combination) के द्वारा पैदा किये गये पदार्थ का मन्द प्लास्टिक फ्लो है।

क्रीप टेस्ट का प्रयोजन क्रीप सीमा (creep limit) को ज्ञात करना है, अर्थात्, अधिकतम प्रतिबल जो एक दिये तापमान पर लम्बी अवधि के समय के लिए लगाई जा सके यदि इस दी अवधि के समय पर क्रीप की दर एक विशिष्ट मान तक बढ़ने नहीं दी जाती है।

एक क्रीप टेस्ट स्टालेशन चित्र 7.16 में दिखाया गया है। स्पेसीमैन को एक विद्युत भट्टी में रखा जाता है जहाँ इसे दिये तापमान तक गर्म किया जाता है तथा एक लीवर तथा भारों के द्वारा स्थिर रूप से भार लगाया जाता है, स्पैसीमेन में विकृति (strain) एक optical extensometer के द्वारा 0.001 मिमी की यथार्थता के साथ मापी जाती है। चार अथवा पाँच स्पैसीमैनों का प्रत्येक ताापमान पर भिन्न भारों के अधीन परीक्षण किया जाता है तथा elongation एवं समय (time) के विरुद्ध वक्र (creep curves) प्रत्येक स्पेसीमैन के लिए खींचे जाते हैं। देखिए चित्र 7.17।

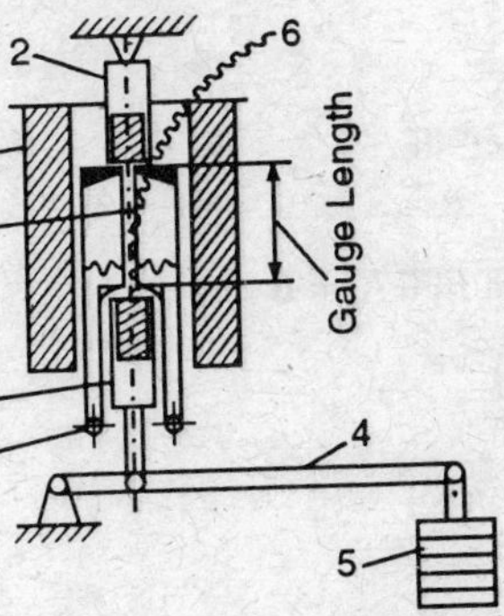

चित्र 7.16—क्रीप टेस्टिंग स्टालेशन

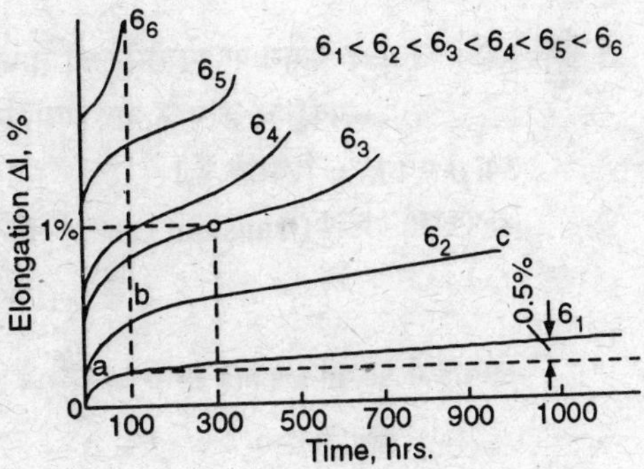

चित्र 7.17—क्रीप वक्र

1. Specimen
2. grips
3. furnac
4. lever
5. weight
6. thermocouple
7. instrument for stain measurement

चित्र 7.17 में क्रीप वक्रों पर oa काट भार के momentary अनुप्रयुक्त के कारण elastic तथा प्लास्टिक डिफॉर्मेशन को संगत करता है। अनुकरणीय काट *ab* में, धातु कम होती (uniform) दर पर elongate होती है तथा काट *bc* में क्रीप की दर समान (uniform) है।

क्रीप सीमा (creep limit) को लाक्षणिक किया जा सकता है, उदाहरण के लिए, प्रतिबल के द्वारा जो 300 घण्टों में 1 प्रतिशत का कुल elongation उत्पन्न करता है। क्रीप वक्रों पर यह प्रतिबल σ_3 के संगत होगा। यदि विशिष्टि (specification) की आवश्यकता होती है कि क्रीप सीमा 100 घण्टों में 1% से अधिक नहीं है, एक elongation के लिए ज्ञात की जाती है, तो प्रतिबल का मान σ_4 होगा।

केवल स्थिर प्रोसेस के लिए क्रीप दर मशीनी अंगों जो उच्च तापमानों पर लगातार आपरेशन के लिए डिजाइन किये जाते हैं, के लिए विचार में ली जाती है। ऐसे अंगों के लिए limiting conditions उल्लेख की जाती हैं। व्यवहार में, प्रतिबलों 1000, 10,000 तथा 100,000 घण्टों में 1 प्रतिशत कुल elongation के लिए अधिकतर बार-बार ज्ञात की जाती है। ये क्रमशः 10^{-3}, 10^{-4} तथा 10^{-5} प्रतिशत प्रति घण्टा के औसत दरों के संगत हैं।

7.17. क्रीप वक्र समीकरण (Creep curve equations)

क्रीप वक्र दो भिन्न क्रीप प्रोसेसों के संयोग का बना माना जा सकता है, जो यकायक विकृति (Sudden strain) के बाद होते हैं। वे निम्न प्रकार हैं—

(i) घटती हुई क्रीप दर रखते हुए अल्पकालीन क्रीप

(ii) स्थिर क्रीप दर रखते हुए viscous क्रीप

वक्र की समीकरण निम्न प्रयोग पर आधारित (empirical) समीकरण द्वारा दी जाती है—

$$l_t = l_0 (1 + \beta t^{1/3})\, e^{kt}.$$

जहाँ $l_t = t$ समय पर स्पेसीमैन की लम्बाई

l_0 = यकायक क्रीप के बाद स्पेसीमैन की लम्बाई

तथा β एवं K = स्थिरांक हैं।

अल्पकालीन क्रीप (transient creep) के लिए, या माना $K = 0$

$$l_t = l_0 (l + \beta t^{1/3})$$

$$\text{लम्बाई में परिवर्तन/इकाई समय} = \frac{dlt}{dt} = 1/3\, l_0 \beta t^{-2/3}$$

Viscous क्रीप के लिए, $\beta = 0$

$$l_t = l_0 e^{kt}$$

$$\text{लम्बाई में परिवर्तन/इकाई समय} = \frac{dl_t}{dt} = Kl_0 e^{kt} = kl_t$$

$$k = \frac{dl_t}{l_t.dt} = \text{विकृति/इकाई समय} = \text{विकृति दर}$$

विकृति/इकाई समय (अथवा k) स्थिर दर पर आगे बढ़ता है। इस प्रकार Viscous का slope स्थिर है।

7.18. क्रीप पर प्रतिबल तथा तापक्रम परिवर्तन का प्रभाव (Effect of change of either stress or temperature on creep)

क्रीप वक्र प्रतिबल तथा तापक्रम का function है। यदि तापक्रम स्थिर रखा जाता है तो क्रीप वक्र की आकृति (shape) भिन्न प्रतिबलों के लिए भिन्न होगी। निश्चित प्रतिबलों के लिए क्रीप की तीन अवस्थाएँ (stages) स्पष्ट रूप से परिभाषित होगी जबकि अन्य प्रतिबलों के लिए केवल दो अवस्थाएँ (stages) दिखाई देगी। क्रीप की series curve भिन्न प्रतिबलों को स्थिर तापमान पर चित्र 7.18 में दिखाई गई हैं।

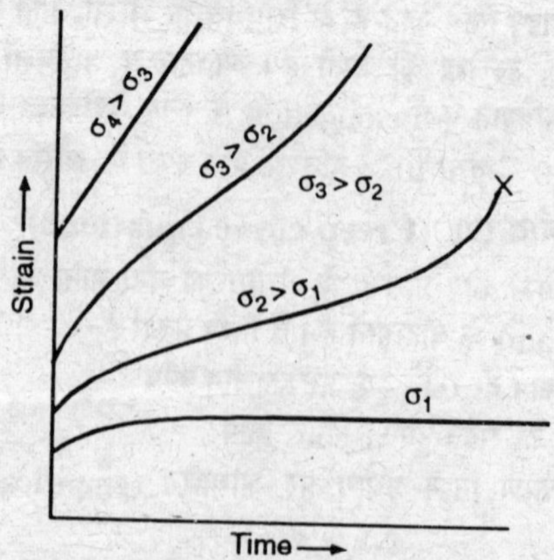

चित्र 7.18—स्थिर तापमान पर प्रतिबलों का क्रीप वक्र पर प्रभाव

उसी प्रकार के परिणाम देखे जाते हैं जब प्रतिबल स्थिर रखी जाती है तथा तापक्रम परिवर्तित होता है। देखिये चित्र 7.19।

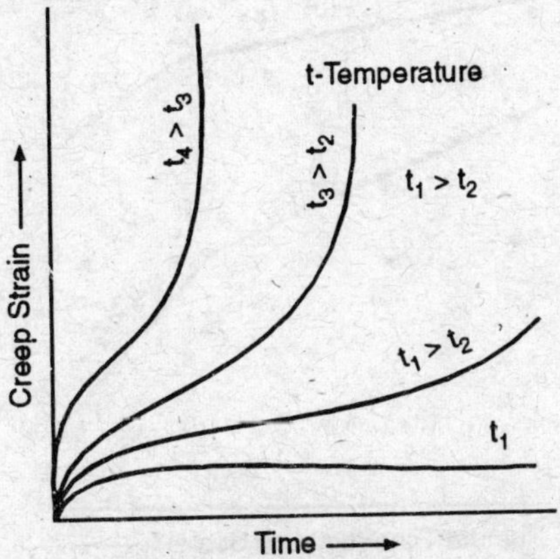

चित्र 7.19—भिन्नत तापक्रम पर स्थिर प्रतिबल का क्रीप वक्र पर प्रभाव

इन दो चित्रों से यह देखा जा सकता है कि, उच्च तापक्रम प्राइमरी अवस्था को कुछ सीमा तक कम करते हैं तथा सेकेण्ड्री स्टेज को भी विलोप करते हैं। यह टेस्ट के प्रारम्भ पर क्रीप के acceleration में फलित होता है। माध्यमिक प्रतिबल (intermediate stress) तथा माध्यमिक तापक्रम के लिए प्राइमरी तथा सेकेन्डूरी स्टेज अधिक स्पष्ट रूप से परिभाषित हैं। निम्न तापक्रम तथा निम्न प्रतिबल पर, सेकेन्ड्री स्टेज अत्यन्त मन्द क्रीप दर के साथ अधिक pronounce होती है।

7.19. प्रतिबल-भंजन टेस्ट

(Stress-rupture test)

यह क्रीप टेस्ट हैं जो स्पेसीमैन के failure को किया जाता है। इस टेस्ट से दी गई प्रतिबल तथा स्थिर तापक्रम पर स्पेसीमैन के failure के लिए आवश्यक समय तथा समय के function के रूप में elongation के मापन के द्वारा न्यूनतम क्रीप दर की गणना की जा सकती है।

यह टेस्ट, उच्चतर क्रीप दरें रखने के क्रम में उच्चतर भारों (higher loads) पर किया जाता है। जबकि क्रीप टेस्ट तीसरी दशा को avoid करने को lesser load लगाया जाता है। Rupture-tests केवल 1000 घण्टों तक किये जाते हैं तथा stress rupture test में विकृति लगभग 50% तक होती है। इस टेस्ट में प्रतिबलें उच्च होती हैं। इस प्रकार structural change कम समय में होता है। यह टेस्ट जेट इंजन एप्लीकेशन के लिए एक एलॉय पदार्थ की सामर्थ्य के टेस्ट के लिए किया जाता है।

एक ग्राफ rupture time तथा प्रतिबल (stress) के बीच खींचा जाता है, देखिये चित्र 7.20। ग्राफ अधिकतर एक दिये तापक्रम के लिए सीधी रेखा है तथा सीधी रेखा में

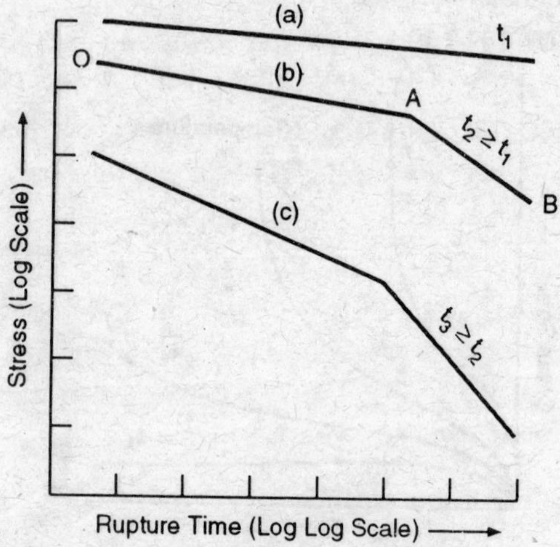

चित्र 7.20—प्रतिबल-भंजन वक्र

slope में परिवर्तन है। यह परिवर्तन पदार्थ में हो रहे structural changes के कारण है, अर्थात् recrystallization, grain growth, graphitization, oxidation तथा spherodation इत्यादि के कारण।

7.20. क्रीप पर धातु विद्या सम्बन्धी परिवर्तनों (metallurgical variables) का प्रभाव

धातु विद्या सम्बन्धी परिवर्तन (variables) क्रीप पर निम्न प्रभाव रखते हैं—

1. कठोरीकृत ऐंलाय के precipitation में recovery, recrystallization तथा overaging क्रीप दर (creep rate) को बढ़ाने को प्रवत्त होते हैं तथा ऐंलाय जो डिफॉर्मेशन के दौरान second phase को precepitale करते हैं, क्रीप दर को कम करते हैं।

2. ग्रेन साइज भी क्रीप पर अच्छा प्रभाव रखते हैं। फाइन ग्रेन पदार्थ rapid dislocation climb के कारण उच्च क्रीप दर रखते हैं। Dislocation climb क्रीप दर को अधिक करती है। Coarse grain पदार्थ में dislocation climb धीमी है, इसलिए coarse grain पदार्थ कम क्रीप दर रखते हैं।

3. क्रीप सामर्थ्य उच्च तापक्रम पर coarse grain के लिए, fine grain पदार्थ के साथ तुलना में, अधिक है। परन्तु निम्न तापक्रमों पर fine grain पदार्थ अधिक सामर्थ्य रखते हैं।

4. कास्ट ऐंलाय उच्च तापक्रम पर फोर्ज्ड ऐंलाय की तुलना में अधिक creep resistance रखते हैं।

5. ऐंलाय पदार्थ की cold working प्लास्टिक डिफॉर्मेशन के कारण संचित ऊर्जा के कारण उच्चत्तर क्रीप सामर्थ्य पैदा करते हैं।

6. उच्च तापक्रमों पर लम्बे exposure पर, fine carbides के quenched तथा tempered martensite structure, grow तथा coalesce करते हैं तथा इसलिए क्रीप गुण poor हैं।

7. स्टील के क्रीप गुण composition, melting practice, microstructure तथा mechanical working की किस्म पर निर्भर करते हैं। Vacuum melting बेहतर क्रीप गुण रखता है अर्थात् rupture की life बढ़ जाती है।

8. जिंक (single crystal) पर कोई क्रीप दिखाई नहीं पड़ती है, जब इसे कॉपर प्लेटिड किया जाता है। जब कॉपर प्लेटिंग हटा ली जाती है तो क्रीप फिर से प्रारम्भ हो जाती है।

9. उच्च तापक्रम पर ऑक्सीडेशन भी क्रीप गुणों को प्रभावित करती हैं। एक पतली ऑक्साइड की परत सामर्थ्य बढ़ाने को प्रवत्त होती है परन्तु जब ऑक्साइड grains में penetrate की जाती है, तो rupture life में कमी होती है।

7.21. क्रीप टेस्ट की महत्ता तथा डिजाइन नियम (Importance of creep test and design criteria)

चित्र 7.20 के वक्र (b) में *ABC* तुलनात्मक रूप से लघु समय (Short time) प्रदर्शित करता है जबकि स्पेसीमैन का सम्पूर्ण life time, *BC* के अन्तर्गत रहता है। Life time structure, elongation की दर अर्थात् *BC* के slope पर निर्भर करता है।

यदि तनाव प्रतिबल कम किया जाता है, तो slope *BC* कम होता है, परन्तु यह कभी भी क्षैतिज (horizontal) नहीं होता है; जिसका अर्थ है कि limiting प्रतिबल जिस पर स्पेसीमैन प्रतिबल तथा तापक्रम का अनिश्चित रूप से प्रतिरोध कर सकता है, का कोई साक्ष्य नहीं हैं। सामान्यतया क्रीप, जहाजों (Ships), पुलों (bridges) तथा अन्य बड़ी संरचनाओं के लिए स्टील के अनुप्रयोग में महत्त्वपूर्ण नहीं है। इस प्रकार के आइटमों की डिजाइन प्रत्यास्था के सिद्धान्त (theory of elasticity) पर आधारित है। परन्तु स्टील की वस्तुएँ जो उच्च तापक्रम (500°C से ऊपर) के ऊपर प्रयोग किये जाते हैं, क्रीप पर विचार करने के साथ डिजाइन किये जाते हैं, अर्थात् वे भार के अधीन धीरे-धीरे डिफार्म होगें। ऐसे अंग कई वर्षों के आशा किये गये जीवन के लिए डिजाइन किये जाते हैं। इस अवधि (जीवन) के समाप्त होने पर ऐसे अंग भार लेने को और अधिक योग्य नहीं होंगे तथा उनको नये अंगों के द्वारा बदल दिया जाता है। इस प्रकार, डिजाइन संरचना की सेवा के निश्चित अवधि तथा मरोड़ (distortion) की निश्चित मात्रा जो अनुभव रूप से विचार की जा सकती है, की कल्पनाओं (assumptions) पर आधारित होनी चाहिए, जैसे भाप टरबाइन के रूप में चल अंगों की डिजाइन में, क्रीप 100,000 घण्टों में 1 से अधिक नहीं होगी तथा यह साधारणतया 1% से कम तक सीमित होती है। क्रीप दरें जैसे 10,000 घण्टों में 1% जैसी उच्च बायलर ट्यूबों तथा स्टीम पाइपिंग में प्रयोग की जा सकती है।

डिजाइन कार्य के लिए क्रीप सामर्थ्य (Creep strength) उच्च तापक्रम सेवा परफामेन्स के नियम के रूप में प्रयोग की जाती है। creep strength स्थिर नामीनल प्रतिबल

है जो स्थिर तापक्रम पर दिये गये समय में विशिष्ट creep extension पैदा करेगी। यह धातु अथवा ऍलाय के लिए क्रीप वक्र (creep curve) खींचने के द्वारा प्राप्त की जा सकती है। डिजाइन डाटा प्राय: स्थिर क्रीप विकृति (0.01, 0.03 प्रतिशत आदि) सम्बधित प्रतिबल तथा दिये गये तापक्रम के लिए, समय के लिए curves की श्रेणियों के रूप में दिये जाते हैं। क्रीप की अनुमत मात्रा वस्तु (article) तथा सेवा शर्तों पर अधिक निर्भर करती हैं। यहाँ यह नोट किया जा सकता है कि क्रीप टेस्ट प्राय: न्यूनतम लगभग 1000 घण्टे लेते हैं परन्तु सामान्यतया 10,000 घण्टे अथवा अधिक चलते हैं। इस्पात के लिए उदाहरण निम्न तालिका 7.3 में दिये गये हैं।

तालिका 7.3
क्रीप के कारण मशीनी घटकों का सेवा जीवन (Service lives)

इस्पात के लिए उदाहरण	क्रीप की दर (मि/मि/घण्टा)	अधिकतम अनुमत विकृति (strain)	सेवा जीवन (घण्टों में)
टरबाइन रोटर व्हील्स, शाफ्ट पर Shrink किये हुए	10^{-9}	0·0001	1,00,000
स्टीम पाइपिंग, वेल्डिड ज्वान्ट बायलर ट्यूब्स	10^{-7}	0·003	100,000
सुपरहीटर ट्यूब्स	10^{-6}	0·02	20,000

7.22. क्रीप की यांत्रिकी (Mechanism of creep)

क्रीप की यांत्रिकी movements of dislocations से सम्बन्धित है। निम्न तापक्रम पर, विकृति (strain) प्रतिबन्धित होती है क्योंकि dislocation movements grain boundaries अथवा impurity atoms के द्वारा रोके जाते हैं। हालांकि, उच्च तापक्रम पर atomic movements, climb करने को, स्लिप के इसके समतल से jog out करने को अथवा निसन्देह नष्ट करने dislocation को अनुमत करते हैं। जैसे ही vacancies तथा atoms, dislocation से तथा को चलते हैं, dislocation, प्रारम्भिक slip plane को climb out करते हैं, इस प्रकार incremental प्रतिबल अथवा क्रीप के तारतम्य को अनुमत करते हैं। climb, surrounding atoms के thermal agitation को आरोपित किया जाता है। इस agitation में पकड़कर, dislocation, अवरोध (obstacle) के ऊपर एक loop throw करने में सफल होता है तथा अपने forward motion को फिर से लेता है।

Dislocations ही बढ़े हुए तापक्रम तथा atoms के consequent increased agitation के द्वारा प्रभावित केवल अपूर्णताएँ (imperfections) नहीं है। Grain boundaries भी बड़ी mobilities प्राप्त करती हैं तथा बदलाव के अधीन जाती हैं जो क्रम में, क्रीप की दर (rate) तथा प्रकृति को प्रभावित करती हैं। हम पाते हैं, इसलिए, कि जैसे ही तापक्रम में वृद्धि की जाती है, grain boundary का रोल निम्न तापक्रम पर resisting डिफॉर्मेशन के एक से उच्च तापक्रम पर aiding डिफॉर्मेशन के एक को उलट जाता है।

तापक्रम जिस पर grains की सामर्थ्य तथा grain boundaries समान है, equicohesive temperature कहलाता है। यह straining की दर पर निर्भर पाया जाता है तथा slower strain rates के द्वारा कम हो जाता है।

7.23. टेन्साइल टेस्ट (Tensile Test)

यह परीक्षण पदार्थ द्वारा निर्मित एक specimen पर किया जाता है। Specimen एक uniform cross-section की bar के रूप में होता है। यह परीक्षण सामान्यतः चित्र 7.21 की भाँति एक यूनिवर्सल टेस्टिंग मशीन (UTM) पर किया जाता है। इस परीक्षण से पदार्थ के निम्न गुण ज्ञात किए जा सकते हैं—

(1) Limit of proportionality
(2) Elastic Limit
(3) Yield point stress
(4) Ultimate tensile strength
(5) Young's Modulus
(6) Proof Stress
(7) Percentage reduction and elongation in area, *i.e.*, ductility and brittleness
(8) Toughness
(9) Endurance limit

परीक्षण के लिए specimen को एक निश्चित आकार का बनाया जाता है। Specimen (test piece) का आकार, परीक्षण किए जाने वाले पदार्थ के साइज एवं आकृति (size and shape) पर तथा परीक्षण के उद्देश्य (object of test) पर निर्भर करता है।

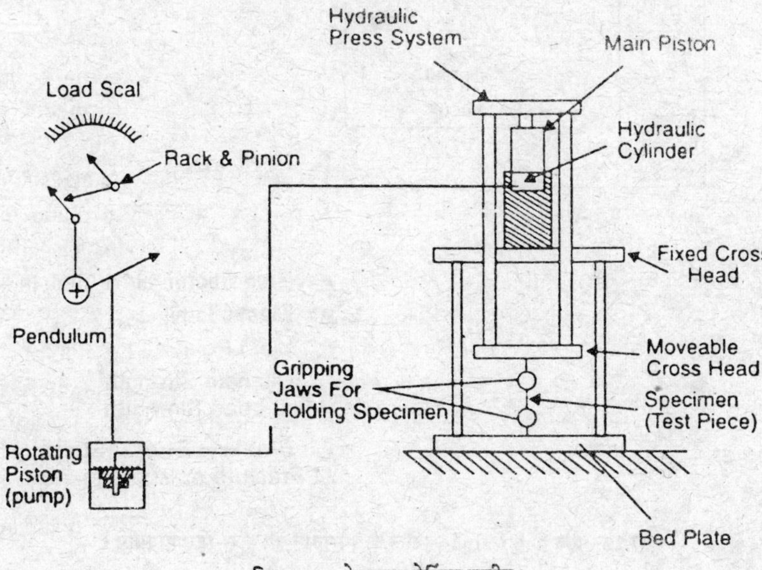

चित्र 7.21—टेन्साइल टेस्टिंग मशीन।

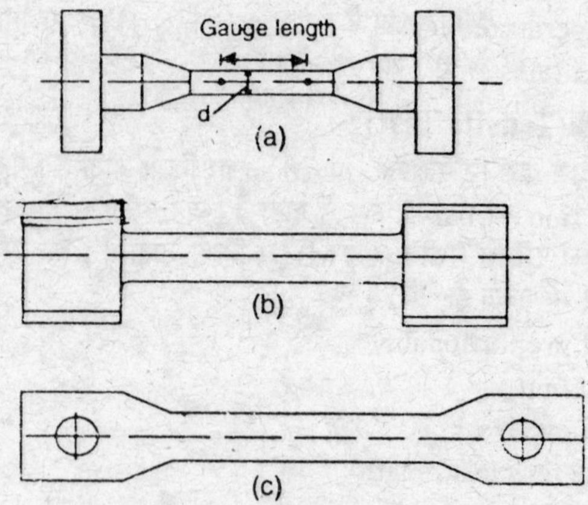

चित्र 7.22—विभिन्न आकार के टेस्ट स्पेसीमेन

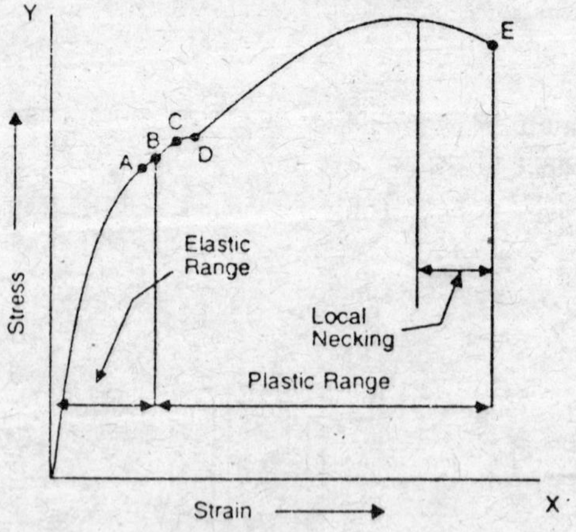

A- Proportional Limit
B- Elastic Limit
C- Yield Point
D- Ultimate Strength (Max, Load Strength)
E- Breaking Stress (Stress) At Fracture or Rupture)

चित्र 7.23—एक Low Carbon स्टील के स्पेसीमेन का स्ट्रैस-स्ट्रेन डायग्राम।

चित्र 7.21 (b) में specimen के कुछ स्टैन्डर्ड आकार (standard shapes) प्रदर्शित किए गए हैं। Specimen को tensile testing मशीन में उपलब्ध jaws के मध्य दृढ़ता पूर्वक क्लैम्प किया जाता है तथा hydraulic press द्वारा धीरे-धीरे लोड बढ़ाया जाता है। प्रत्येक लोड परिवर्तन पर, लोड तथा extension का मान नोट किया जाता है। लोड तथा extension के मध्य चित्र 7.23 की भाँति stress-strain ग्राफ खींचा जाता है। कुछ मशीनों में यह ग्राफ स्वतः प्लॉट होने की व्यवस्था होती है। Hydraulic प्रणाली में एक hydraulic cylinder में pressure develop किया जाता है। परीक्षण की अवधि में oil pump लगातार चलता रहता है तथा hydraulic cylinder को दाब के अन्तर्गत (under pressure) तेल सप्लाई करता है। लोड का पाठयांक (reading) एक pendulam टाइप pointer द्वारा लोड स्केल से नोट किया जाता है।

7.24. प्रतिबल-विकृति आरेख
(Stress-strain diagram)

चित्र 7.23 में निम्न कार्बन स्टील (low carbon steel) के एक specimen का stress-strain डॉयग्राम प्रदर्शित किया गया है। वक्र बिन्दु *A* तक हुक के नियम का पालन करता है। यह बिन्दु limit of proportionality कहलाता है। इस बिन्दु के पश्चात् वक्र का linearity से विचलन (deviation) होता है अर्थात् बिन्दु *A* के पश्चात् हुक के नियम का पालन नहीं होता यद्यपि पदार्थ elastic रहता है। इस अवस्था में लोड हटाने पर स्ट्रेन पूर्णतया समाप्त हो जाती है। बिन्दु *B*, elastic limit को प्रदर्शित करता है। यदि specimen का इस बिन्दु (*B*) तक loading जारी रखा जाता है तब भी लोड हटाने पर पदार्थ अपने मूल (original) आकार को प्राप्त कर लेता है। बिन्दु *B* तथा *C* के मध्य स्ट्रैस (stress) की तुलना में strain में अधिक वृद्धि होती है तथा बिन्दु *C* पर पदार्थ yield कर देता है। माइल्ड स्टील (mild steel) में दो yield points प्राप्त होते हैं एक upper yield point (*C*) तथा दूसरा lower yield point (*D*)। लोड को थोड़ा और बढ़ाने पर स्ट्रेन बहुत तीव्रता से बढ़ती है तथा बिन्दु *E* पर specimen में neck का formation हो जाता है। इस बिन्दु के पश्चात् लोड का मान घटने पर भी specimen में डिफॉर्मेशन (अर्थात् elongation) होता रहता है तथा अन्त में specimen में fracture हो जाता है।

Tensile test के आधार पर पदार्थ के गुणों की व्याख्या निम्न प्रकार से की जा सकती है—

(1) Limit of proportionality : वह अधिकतम स्ट्रैस जिस पर स्ट्रैस सीधे स्ट्रेन के समानुपाती होती है limit of proportionality कहलाती है। इसे ज्ञात करने के लिए स्ट्रैस स्ट्रेन वक्र पर मूल बिन्दु से स्पर्श रेखा खींची जाती है तथा वह बिन्दु (*A*) नोट किया जाता है जिस पर वक्र स्पर्श रेखा से विचलित (deviate) होता है।

(2) Elastic limit : यह अधिकतम स्ट्रैस की वह सीमा है जो पदार्थ में permanent डिफॉर्मेशन हुए बिना, पदार्थ सहन (withstand) कर सकता है।

चित्र 7.23 में बिन्दु B, elastic limit को प्रदर्शित करता है। Elastic limit के पश्चात् डिफॉर्मेशन permanent होता है। Elastic limit (बिन्दु B) के पश्चात् yield point C आता है।

(3) Yield Point : स्ट्रैन-स्ट्रेन डायग्राम में वह बिन्दु जिस पर पदार्थ में बिना लोड बढ़ाए काफी permanent स्ट्रेन उत्पन्न हो जाता है yield point कहलाता है। किसी-किसी स्थिति में yield point पर लोड में कमी हो जाती है।

बिन्दु C के सगंत स्ट्रैस जिस पर बिना लोड बढ़ाए पदार्थ में काफी permanent स्ट्रेन उत्पन्न हो जाता है, स्ट्रैस का मान yield point stress अथवा yield strength कहलाता है। बिन्दु C से D तक वक्र लगभग समतल है। Yield point ज्ञात करने के लिए specimen पर दो चिन्ह (gauge marks) लगाए जाते हैं तथा वह load नोट किया जाता है जिस पर दोनों चिन्हों के मध्य दूरी बढ़ने लगे।

(4) Tensile Strength (Maximum or Ultimate Tensile Strength) : Tensile Test में पदार्थ पर लगाए गए लोड के अधिकतम मान तथा Specimen के original cross-sectional area के अनुपात को Tensile strength कहते हैं।

इन्जिनियरिंग डिजाइनों में tensile strength का व्यापक रूप से प्रयोग किया जाता है।

(5) Rupture Strength or Breaking Stress : Specimen के fracture के समय प्रयुक्त लोड एवं specimen के original Cross-sectional area के अनुपात को rupture strength कहते हैं।

(6) Elongation : Elongation ज्ञात करने के लिए फ्रेक्चर (fracture) के पश्चात् broken specimen के दोनों piece को परस्पर मिलाकर, दोनों चिन्हों (जो परीक्षण से पूर्व लगाए गए थे) के मध्य दूरी, डिवाइडर द्वारा ज्ञात की जाती है तथा निम्न प्रकार elongation ज्ञात किया जा सकता है—

$$\text{Percentage elongation} = \frac{\text{Final length} - \text{Original length}}{\text{Original length}}$$

(7) Reduction in Cross-Sectional Area : फ्रेक्चर के पश्चात् Specimen के फ्रेक्चर वाले स्थान पर तथा फ्रेक्चर से पूर्व original cross-section area माप कर प्रतिशत reduction ज्ञात किया जा सकता है—

$$\text{Percentage reduction of area} = \frac{\text{Original area} - \text{Area at fracture}}{\text{Original area}} \times 100$$

(8) Modulus of Elasticity (E) : पदार्थ के stress-strain डायग्राम में limit of proportionality (बिन्दु A) से प्रत्येक बिन्दु पर Stress एवं Strain परस्पर समानुपाती होते हैं—

अतः $\text{Stress} \propto \text{Strain}$

या $\text{Stress} = E \times \text{Strain}$

$$\therefore \quad E = \frac{\text{Stress}}{\text{Strain}}$$

यहाँ E पदार्थ का Modulus of Elasticity है। Stress-Strain डायग्राम में वक्र के लीनियर भाग पर मूल बिन्दु से खींची गई स्पर्श रेखा का slope, पदार्थ के Modulus of Elasticity (E) के बराबर होता है।

(9) Proof Stress : ऐसे पदार्थों के लिए जिनमें Yield point स्पष्ट (well defined) नहीं होता, प्रूफ स्ट्रैस प्रयुक्त किया जाता है उदाहरणतः अलौह धातुएँ (non-ferrous metals) एवं (alloys) तथा कठोर स्टील (hard steels)। प्रूफ स्ट्रैस, स्ट्रैस का वह मान है जो specimen की लम्बाई में 0·1% extension उत्पन्न करता है। प्रूफ स्ट्रैस ज्ञात करने के लिए विधि चित्र 7.24 में प्रदर्शित की गई है। Load-extension वक्र में extension स्केल पर specimen की 0.1% गेज length पर बिन्दु P अंकित कीजिए तथा P से वक्र के लीनियर भाग के समानान्तर रेखा PQ खींचिए। Q से संगत लोड का मान 0·1% प्रूफ लोड है। प्रूफ लोड को Original Cross-sectional area से भाग देकर 0·1% प्रूफ स्ट्रैस ज्ञात की जा सकती है।

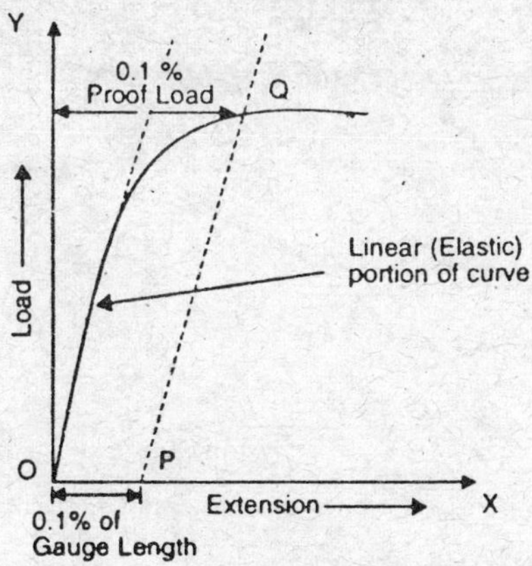

चित्र 7.24—प्रूफ स्ट्रैस।

7.25. लौह पदार्थों के प्रतिबल-विकृति आरेख
(Stress-strain diagram of ferrous metals)

चित्र 7.25 में विभिन्न प्रकार के स्टील के स्ट्रैस-स्ट्रेन डायग्राम प्रदर्शित किये गये हैं। स्पष्ट है कि सभी प्रकार के इस्पात (steels) के elastic portion लगभग एक समान हैं अतः उनके modulus of elasticity भी लगभग बराबर होते हैं। कास्ट आयरन, हाई कारबन स्टील तथा एलॉय स्टील में elastic तथा yield point बहुत अनिश्चित होते हैं तथा इन बिन्दुओं के समीप वक्र (mild स्टील की तुलना में) अधिक smooth होता है। अतः इस

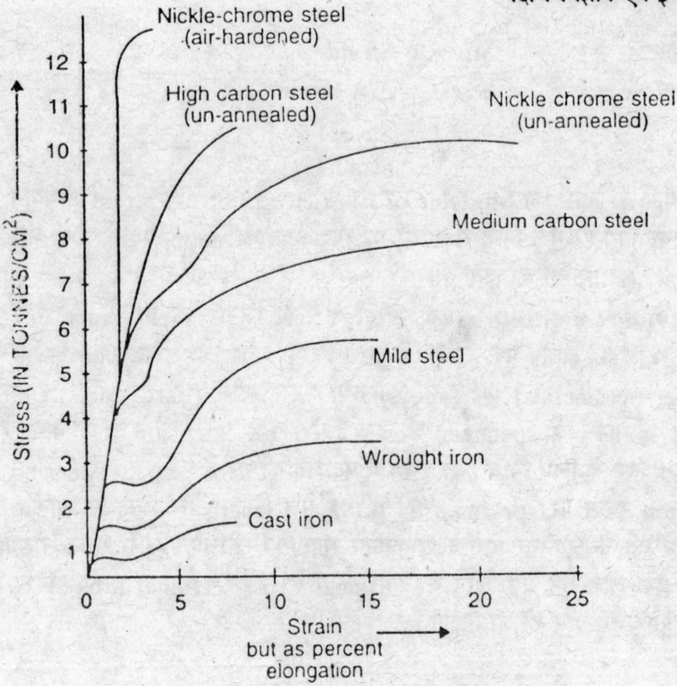

चित्र 7.25—लौह पदार्थों के स्ट्रैस-स्ट्रेन डायग्राम।

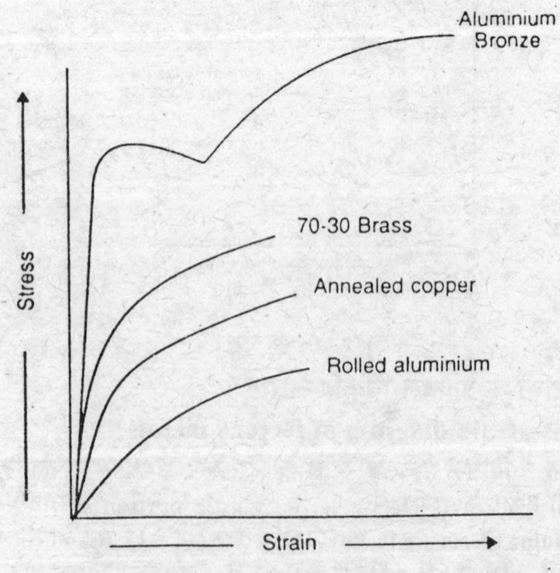

चित्र 7.26—अलौह (non ferrous) धातुओं के स्ट्रैस-स्ट्रेन डायग्राम।

प्रकार के इस्पात (steels) में elastic तथा yield strength का सही (correct) मान ज्ञात करना कठिन है।

ग्रे कास्ट आयरन (grey cast iron) में स्ट्रैस के उच्च मान पर भी extension बहुत कम होता है अतः इनमें yield point नहीं होता तथा इनकी ultimate tensile strength भी निम्न (low) होती है।

7.26. अलौह धातुओं का प्रतिबल-विकृति आरेख
(Stress-strain diagram of non-ferrous metals)

चित्र 7.26 में अलौह धातुओं (Aluminium, Brass, Copper तथा Bronze) के स्ट्रैस-स्ट्रेन डायग्राम प्रदर्शित किये गये हैं। यह सभी ductile धातुएँ हैं। सभी धातुओं के अभिलक्षणों में elastic portion स्पष्ट नहीं है परन्तु प्रायः सभी में yield point पूर्णतया स्पष्ट (well defined) है। इन धातुओं की संरचना (composition), हीट ट्रीटमेन्ट तथा निर्माण विधि के अनुसार इनके अभिलक्षण परिवर्तित होते हैं।

7.27. इम्पैक्ट सामर्थ्य (Impact Strength)

किसी पदार्थ की फ्रेक्चर से पहले शॉक से उत्पन्न ऊर्जा (shock energy) अवशोषण (absorb) करने की क्षमता, impact strength कहलाती है। पदार्थ की impact strength से उसकी toughness की सूचना भी प्राप्त होती है तथा प्लास्टिक डिफॉर्मेशन में पदार्थ द्वारा अवशोषित ऊर्जा ज्ञात होती है। पदार्थ की impact strength जितनी अधिक उच्च होती है उतना ही वह कम भंगुर (brittle) होता है।

पदार्थ का impact के प्रति प्रतिरोध (impact resistance), पदार्थ को लोडिग (loading) की फ्रीक्वेन्सी तथा तापक्रम से प्रभावित होता है। यदि पदार्थ पर स्ट्रैस बढ़ाने वाले अन्य तत्त्व भी कार्यशील हैं तब भी उसकी impact strength घटती है। पदार्थ की प्रकृति एवं संरचना अर्थात् उसके हीट ट्रीटमेन्ट तथा उसमें सल्फर तथा फॉस्फोरस की मात्रा का भी प्रभाव impact strength पर पड़ता है।

7.28. इम्पैक्ट टेस्ट का महत्त्व (Significance of Impact Test)

पदार्थ के impact test द्वारा उस पर impulse loading की स्थिति में toughness का ज्ञान होता है। विभिन्न तापक्रमों पर यह परीक्षण कर ज्ञात किया जा सकता है कि पदार्थ का व्यवहार ductile से brittle होने की सम्भावना कब है। इस परीक्षण से पदार्थ की लोडिंग एवं notch के प्रति sensitiveness तथा पदार्थ में alloy constant भी ज्ञात किये जा सकते हैं। पदार्थ पर impact test से यह भी ज्ञात होता है कि उसका proper हीट ट्रीटमेन्ट किया गया है अथवा नहीं। अत्यन्त ductile प्रकृति के पदार्थों पर impact test सन्तोष जनक रूप से नहीं किया जा सकता क्योंकि impacting force लगने पर वे fracture नहीं होते बल्कि बैन्ड हो जाते हैं।

इम्पैक्ट परीक्षण (Impact Tests)

इम्पैक्ट परीक्षणों में पदार्थ के एक notched specimen पर पेन्डुलम टाइप हैमर से blow देकर उसमें stored energy ज्ञात की जाती है। मुख्य इम्पैक्ट परीक्षण निम्न हैं—

(1) आइज़ोद् परीक्षण (Izod Test)

(2) चार्पी परीक्षण (Charpy Test)

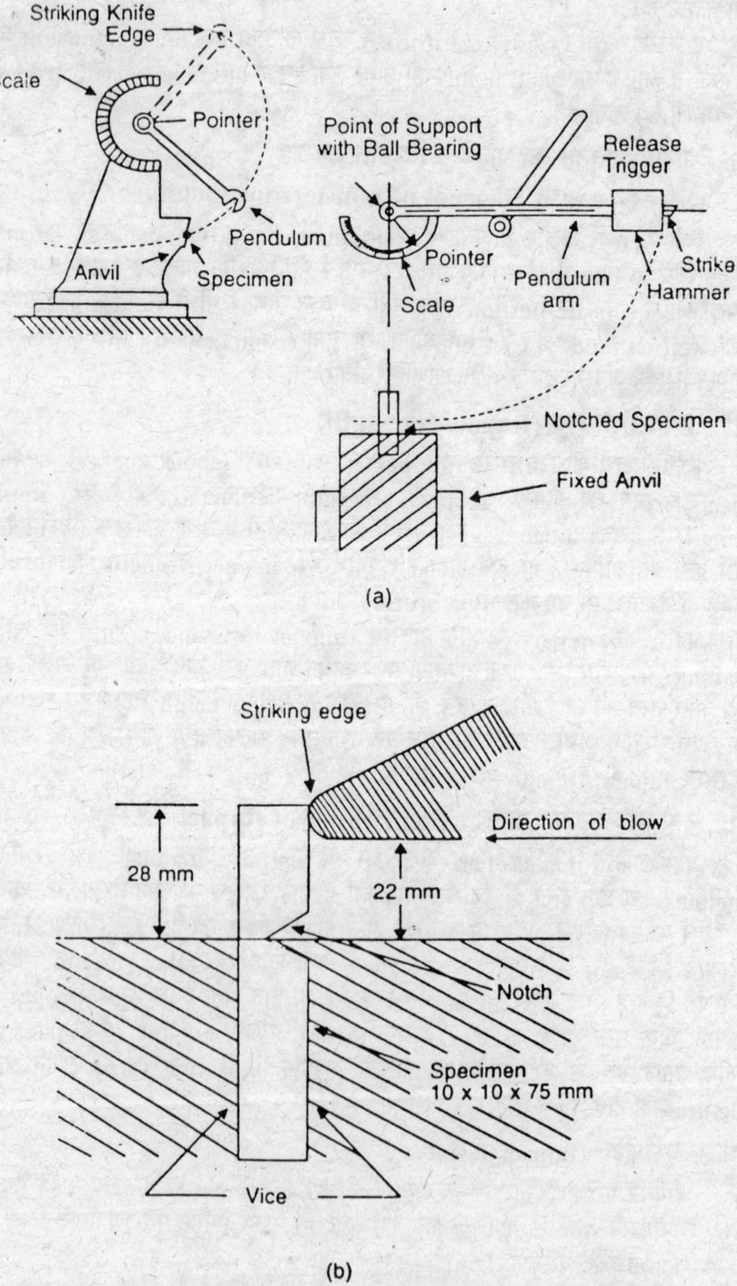

चित्र 7.27 (a)—आइज़ोद (Izod) मशीन, (b) specimen की माउन्टिंग।

आइज़ोद परीक्षण (Izod Test)

Izod Test में specimen का एक कैन्टीलीवर (cantilever) की भाँति test किया जाता है। चित्र 7.27 (a) में Izod test के लिए उपकरण प्रदर्शित किया गया है।

इस परीक्षण में 10 mm × 10 mm cross-section एवं 75 mm लम्बाई का test piece प्रयुक्त किया जाता है जिसमें 2 mm deep एक 45° Notch होती है। Specimen को एक anvil में चित्र 7.27 (b) की भाँति माउन्ट किया जाता है। यह specimen एक swinging पेन्डुलम द्वारा एक निश्चित ऊँचाई (height) से release कर break किया जाता है। पेन्डुलम के height से fall होने पर impact loading create होती है। Specimen के rupture होने के पश्चात् hammer का angle of rise एक graduated स्केल पर नोट किया जा सकता है। जब hammer अपने swing के पश्चात् वापस आता है तब scale पर pointer अपनी जगह ही स्थिर रहता है। Specimen को rupture करने के लिए आवश्यक ऊर्जा का मान angle of rise पर निर्भर करता है।

चार्पी परीक्षण (Charpy Test)

चित्र 7.28 (a) से Charpy impact testing मशीन प्रदर्शित की गई है। इस परीक्षण में impact होने के लिए प्रयुक्त पेन्डुलम में एक हल्की rod प्रयुक्त की जाती है

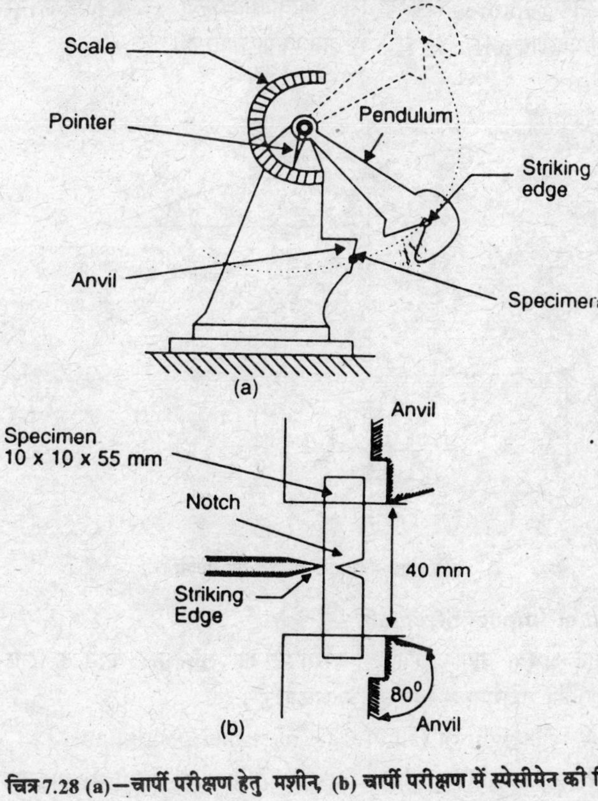

चित्र 7.28 (a)—चार्पी परीक्षण हेतु मशीन, (b) चार्पी परीक्षण में स्पेसीमेन की स्थिति।

जिसके एक end पर एक heavy disc लगी होती है। पेन्डुलम एक छोटे आकार की शाफ्ट पर लटका होता है। शाफ्ट बॉल बियरिंग पर दो rigid upright स्टेन्ड्स के मध्य rotate करती है। दोनों स्टेन्ड्स के मध्य बेस (base) के पास एनविल होते हैं। जिन के मध्य test piece एक horizontal simply supported beam की भाँति रखा जाता है। स्पेसीमैन का cross-sectional area 10 mm × 10 mm साइज का होता है।

पेन्डुलम को उसकी उच्चतम स्थिति (highest position) पर ले जाकर कैच लीवर द्वारा hold कर दिया जाता है। इसके पश्चात् उसे release कर दिया जाता है जिससे वह गिर कर specimen को fracture करता है। Speciment को rupture करने के पश्चात् अपने upward स्विंग के साथ दूसरी दिशा में उठता है तथा उसी के साथ friction pointer भी एक वृत्ताकार पैमाने पर move करता है तथा pendulum की rupture के पश्चात् highest स्विंग की स्थिति पर रुक जाता है एवं pendulum पुनः downward स्विंग करता है। वृत्ताकार स्केल डिग्री (degrees) अथवा kgf-m में graduated होता है। Impact Strength का मान friction pointer द्वारा वृत्ताकार पैमाने पर इंगित (pointed) मान से ज्ञात किया जा सकता है। यदि स्केल का caliberation डिग्री में हो तब specimen को rupture करने के लिए आवश्यक ऊर्जा का मान स्केल पर friction pointer द्वारा प्रदर्शित angle of rise से ज्ञात किया जाता है।

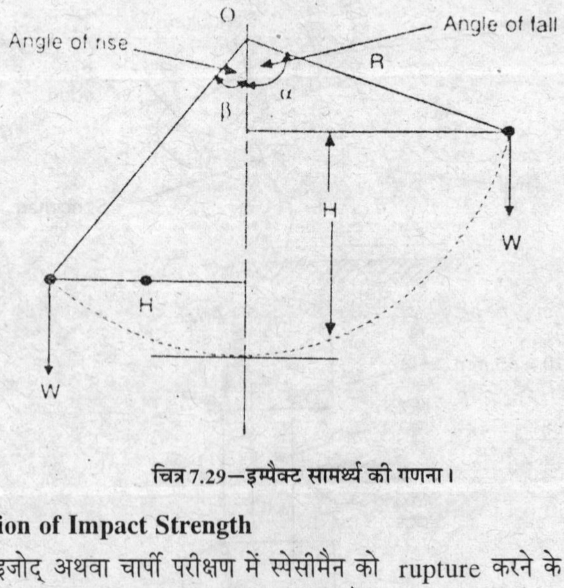

चित्र 7.29—इम्पैक्ट सामर्थ्य की गणना।

Calculation of Impact Strength

आइजोद् अथवा चार्पी परीक्षण में स्पेसीमैन को rupture करने के लिए आवश्यक ऊर्जा चित्र 7.29 की सहायता से ज्ञात की जा सकती है।

यदि H = Height of fall of C.G. of striker/pendulum

H' = Height to which the pendulum rises after rupture

$\alpha =$ Angle of fall of striker

$\beta =$ Angle of rise after rupture

$R =$ Distance between C.G. of pendulum and axis of rotation

$W =$ Weight of pendulum or striker

पेन्डुलम की प्रारम्भिक ऊर्जा $= WH$

(Initial Energy of Pendulum)

$$= W(R - R\cos\alpha)$$

$$= WR(1 - \cos\alpha)$$

Specimen को rupture करने के पश्चात् पेन्डुलम की ऊर्जा $= WH'$

(Energy in the pendulum/striker after rupture)

$$= W(R - R\cos\beta)$$

$$= WR(1 - \cos\beta)$$

Specimen को rupture करने में व्यय ऊर्जा

(Energy Consumed in rupturing the Specimen)

$$= WH - WH'$$

$$= WR[(1 - \cos\alpha) - (1 - \cos\beta)]$$

$$= WR(\cos\beta - \cos\alpha)$$

यदि initial angle $\alpha = 90°$ तब specimen को rupture करने के लिए आवश्यक ऊर्जा $= WR\cos\beta$

इम्पैक्ट सामर्थ्य (Impact Strength) पर मुख्य Variables का प्रभाव

पदार्थ की impact strength पर physical variables का निम्न प्रकार प्रभाव होता है—

(1) इम्पैक्ट के वेग का प्रभाव (Effect of Impact Velocity)—यदि pendulum अथवा striker का specimen से impact करने का वेग बढ़ाया जाये तब एक निश्चित वेग (critical velocity) के पश्चात् पदार्थ का impact प्रतिरोध काफी कम हो जाता है। क्रिटिकल वेग तथा impact प्रतिरोध में कमी का मान विभिन्न धातुओं के लिए भिन्न होता है।

(2) नॉच टेस्ट बार का आकार (Size of Notch Bar)—Speciment की dimensions कम करने से rupture करने के लिए आवश्यक ऊर्जा का मान कम होता है।

(3) नॉच का कोण (Angle of Notch)—Notch angle का मान 60° तक बढ़ाने पर rupture conditions पर कोई विशेष प्रभाव नहीं होता। Ductile पदार्थों में Notch angle 60° से अधिक रखने पर impact load अधिक करना पड़ता है उदाहरणतः Mild steel।

(4) स्पेसीमैन का ताप (Temperature of Specimen)—पदार्थ के ताप पर fracture की प्रकृति निर्भर करती है कि fracture, ductile है अथवा brittle अथवा fracture mixed प्रकृति का है।

(5) नॉच का आकार (Shape of Notch Bottom)—Notch के bottom पर sharpness बढ़ने पर rupture के लिए आवश्यक ऊर्जा का मान बढ़ता है।

7.29. कठोरता टेस्ट (Hardness test)

किसी पदार्थ की कठोरता (hardness) उसकी abrasion को विरोध करने की अथवा किसी अन्य उससे अधिक कठोर पदार्थ द्वारा उसमें penetration को विरोध करने की क्षमता है। पदार्थ की hardness निम्न में से किसी भी परीक्षण द्वारा ज्ञात की जा सकती है।

(a) इन्डेंटेशन अथवा पेनीट्रेशन परीक्षण (Indentation or Penetration Test)—इस सिद्धान्त पर hardness ज्ञात करने के लिए तीन परीक्षण प्रचलित हैं—

(i) ब्रिनैल हार्डनैस टेस्ट (Brinell Hardness Test)

(ii) विकर्स हार्डनैस टेस्ट (Vicker's Hardness Test)

(iii) रॉकवैल हार्डनैस टेस्ट (Rockwell Hardness Test)

(b) रिबाउन्ड टेस्ट (Rebound Test)

(c) स्क्रेच टेस्ट (Scratch Test)

ब्रिनैल हार्डनैस टेस्ट (Brinell Hardness Test)

इस परीक्षण में specimen की सतह पर एक स्टेन्डर्ड आकार की कठोरीकृत (hardened) बाल (ball) धीरे-धीरे लोड लगाकर press की जाती है। तब specimen पर ball का pressure एक निश्चित समय तक एप्लाई किया जाता है। specimen पर ball द्वारा छोड़े गये impression (चित्र 7.30) को माइक्रोस्कोप द्वारा मापा जाता है। पदार्थ की Brinell Hardness संख्या (B.H.N) निम्न प्रकार प्रदर्शित की जाती है—

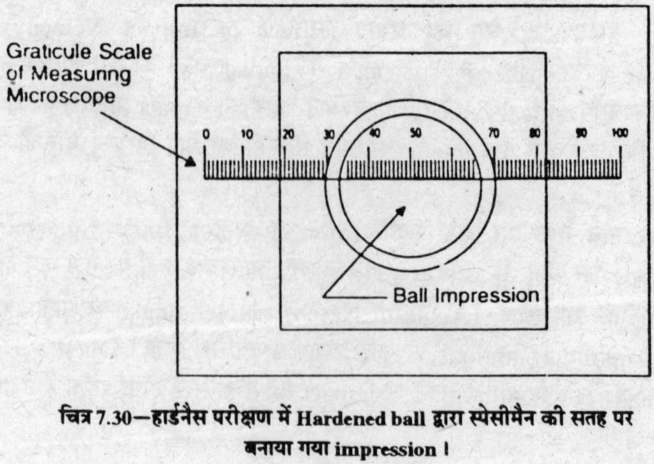

चित्र 7.30—हार्डनैस परीक्षण में Hardened ball द्वारा स्पेसीमैन की सतह पर बनाया गया impression।

Brinell Hardness Number (BHN)

$$= \frac{\text{Load Applied}}{\text{Area of impression left by ball or indentation}}$$

या $$\text{BHN} = \frac{2P}{\pi D\left[D - \sqrt{(D^2 - d^2)}\right]}$$

यहाँ P = Applied load in kg

D = Diameter of ball in mm

d = Diameter of indentation in mm

ब्रिनैल हार्डनैस टेस्टर (Brinell Hardness Tester)

चित्र 7.31 में एक ब्रिनैल हार्डनैस टेस्टर प्रदर्शित किया गया है। स्पेसीमैन को एक स्क्रू पर रखा जाता है। स्क्रू को hand wheel द्वारा ऊपर उठाया जा सकता है। टेस्टर में स्पेसीमैन

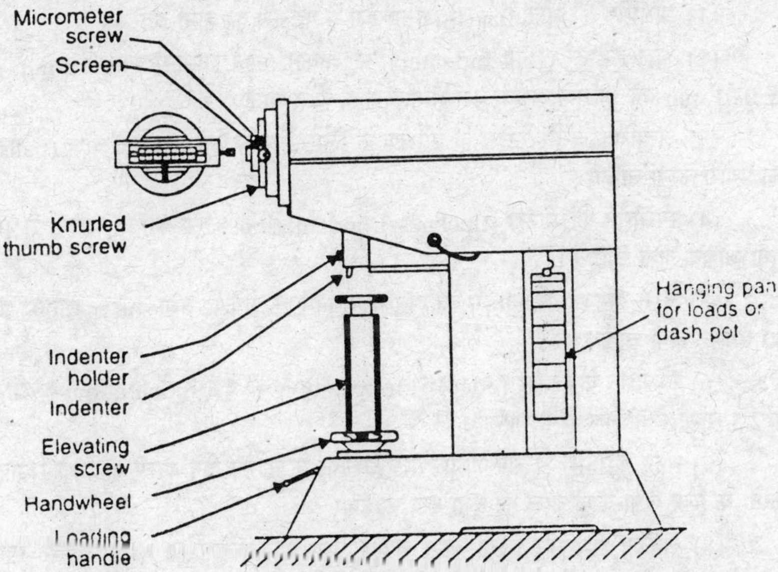

चित्र 7.31—ब्रिनैल हार्डनैस टेस्टर।

की सतह (surface) को देखने की एक विजुअल (Visual) व्यवस्था होती है। स्क्रू को ऊपर उठाने पर एक परावर्तक (reflector) से स्पेसीमैन की सतह पर प्रकाश पड़ता है तथा स्पेसीमैन के पदार्थ (steel) का एक sharp view उपकरण में लगे ग्राउण्ड-ग्लास स्क्रीन पर बनता है। हार्डनैस टेस्टर में उपलब्ध डैश-पॉट द्वारा लोडिंग की proper rate सैट की जाती है तथा लोड लीवर को 30° तक ऊपर उठाया जाता है। इस स्थिति से लीवर स्वतः (automatically) ही आगे घूमता है। इस अवधि में इन्डेन्टर टैस्टपीस तक गति करता है

तथा उस पर इन्डेन्टेशन मार्क (impression) बनाता है। लगभग 15 सेकण्ड पश्चात् लोड लीवर को उसकी मूल स्थिति (original position) पर वापस लाया जाता है। इसके साथ ही उपकरण में लगे माइक्रोस्कोप का objective लैन्स स्पेसीमैन के ऊपर अपनी सामान्य स्थिति में आ जाता है तथा इन्डेन्टेशन का लगभग 70% आवर्धित (magnified) चित्र स्क्रीन पर प्राप्त होता है। हार्डनैस टेस्टर में लगे एक माइक्रोमीटर स्क्रूगेज द्वारा इन्डेन्टेशन मार्क के व्यास को नोट किया जा सकता है तथा निम्न सूत्र द्वारा ब्रिनैल हार्डनैस ज्ञात की जा सकती है।

$$\text{BHN} = \frac{2P}{\pi D\left(D - \sqrt{(D^2 - d^2)}\right)}$$

यद्यपि ब्रिनैल टेस्ट एक सरल परीक्षण है परन्तु ठीक परिणाम प्राप्त करने के लिए निम्न सावधानियाँ लेना आवश्यक है—

(1) स्पेसीमैन की सतह flat तथा उत्तम रूप से पॉलिश की होनी चाहिए।

(2) बॉल इन्डेन्टर (Ball Indenter) का आकार अपने सामान्य व्यास 10 mm से ± 0.01 mm तक अधिक अथवा कम सीमा तक ही होना चाहिए।

(3) अत्यधिक कठोर स्टील के परीक्षण के लिए टंगस्टन कारबाइड की बॉल (balls) का प्रयोग करना चाहिए।

(4) स्पेसीमैन की मोटाई (thickness), indentation की सम्भावित गहराई से 10 गुना अधिक होनी चाहिये।

(5) फैरस धातुओं पर लोडिंग की अवधि न्यूनतम 15 सेकण्ड तथा softer धातुओं पर 30 सेकण्ड होनी चाहिए।

(6) स्पेसीमैन के किनारे (edge) से indentation की दूरी, indentation के व्यास के 2.5 गुणा से अधिक होनी चाहिए।

(7) बॉल (Ball) में सम्भावित distortion के कारण होने वाली त्रुटि को समाप्त करने के लिए कभी-कभी बॉल को घुमा देनां चाहिए।

(8) लोडिंग धीरे-धीरे किया जाना चाहिए तथा आवश्यक लोड का सम्भावित मान पदार्थ की स्टैन्डर्ड BHN से अनुमान लगाकर परीक्षण करना उत्तम होता है। निम्न तालिका में विभिन्न हार्डनैस संख्याओं की range के लिए load का मान दिया गया है। इसका प्रयोग परीक्षण में किया जा सकता है—

S.No.	Load (kg)	BHN Range
1	3000	96–600
2	1500	48–300
3	500	16–100

कुछ महत्त्वपूर्ण धातुओं की ब्रिनैल हार्डनैस संख्यायें
(BHNs of Some Important Metals and Alloys)

MATERIALS	B.H.N.
Lead	4–80
Babbitt metal (cast)	10–25
Zinc sheet	25–40
Copper	30–600
Wrought Iron	70–85
Phosphor Bronze (sand cast)	80–95
Mild Steel	80–105
Duralumin, plate, medium	90–120
Cast Iron. (sand cast)	115–200
Brass (medium drawn)	100–150
Nickel steel (annealed)	130–160
H.S. steel	150–260
Nickel Chrome steel	175–300
H.S. Steel (Hardened)	450–700

रॉकवैल हार्डनैस टेस्ट (Rockwell Hardness Test)

इस विधि एवं ब्रिनैल टेस्ट में मुख्य अन्तर यह है कि इस परीक्षण में इन्डेन्टर्स (indenters) का आकार छोटा तथा लोड का प्रयुक्त मान कम होता है। इस परीक्षण में indentation मार्क भी छोटा होता है। इस विधि द्वारा उन धातुओं की हार्डनैस ज्ञात की जाती है जिनकी ब्रिनैल विधि द्वारा ज्ञात नहीं की जा सकती। इसमें हार्डनैस के 9 स्केल A से H तक तथा K होते हैं। इनमें स्केल B तथा C का व्यापक प्रयोग किया जाता है।

रॉकवैल टेस्टर (Rockwell Tester)

चित्र 7.32 में रॉकवैल टेस्टर का चित्र प्रदर्शित किया गया है।

रॉकवैल परीक्षण में ब्रिनैल विधि की तुलना में छोटे आकार के penetrator तथा कम लोड प्रयुक्त किया जाता है। इस परीक्षण में चार आकारों की hard balls (1/16)″ से (1/2)″ व्यास तक की प्रयुक्त की जाती है। इसके अतिरिक्त coneshaped diamond भी indentation के लिए उपलब्ध होता है। धात्विक पदार्थों के परीक्षण के लिए सामान्यतः (1/16)″ बॉल तथा डायमण्ड penetrator प्रयुक्त किये जाते हैं। डायमण्ड कोन इन्डेन्टर

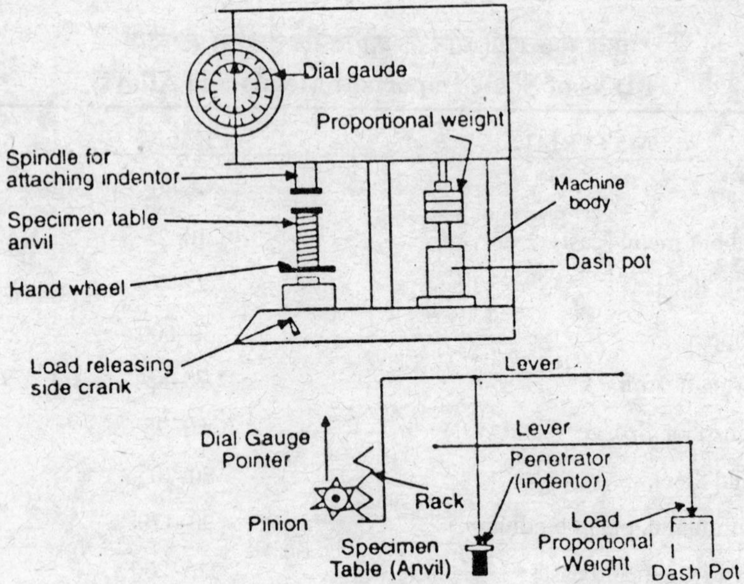

चित्र 7.32—रॉकवैल टैस्टर।

का कोण 120° का होता है तथा उसकी टिप 0.2 mm अर्धव्यास की गोलाकार (spherical) होती है। टैस्टर के डायल में दो स्केल B तथा C होते हैं दोनों के मध्य 30 हार्डनैस संख्याओं का अन्तर होता है। जब specimen, इन्डेन्टर से स्पर्श करता है तब दोनों स्केल के लिए केवल 10 kg का लोड (minor load) लगाया जाता है। स्केल B के लिए कुल लोड 100 kg (90 kg additional) तथा 1·58 mm आकार का ball indenter प्रयुक्त किया जाता है। स्केल C के लिए डायमण्ड इन्डेन्टर के साथ कुल लोड 150 kg (140 kg additional) प्रयुक्त करते हैं।

परीक्षण विधि :

Specimen को एनविल पर (चित्र 7.32) रखकर तथा हैण्डव्हील को घुमाकर specimen को indenter से touch कराया जाता है। हैन्डव्हील द्वारा specimen को तब तक lift किया जाता है जब तक कि specimen पर 10 kg के तुल्य minor लोड एप्लाई न हो जाये तथा डायल पर छोटा pointer 'Set' प्रदर्शित न करे। उपकरण में उपलब्ध साइड लीवर को press करने तक major load एप्लाई किया जाता है।

उसके पश्चात् side lever द्वारा ही major load को हटा लिया जाता है तथा minor load द्वारा loading जारी रहती है।

Major load को हटाने पर specimen के indentation में कुछ recovery होती है तथा penetration की final depth को हार्डनैस संख्या के पदों में *C* डायल इन्डीकेटर से ज्ञात की जा सकती है। विभिन्न प्रकार के penetrators (indenters) तथा major load के भिन्न-भिन्न combination बनाये जा सकते हैं तथा उन्हें अलग अक्षरों द्वारा सम्बोधित किया जाता है।

दो सामान्यतः प्रयुक्त स्केल B तथा C (HRB एवं HRC) में क्रमशः (1/16)'' बाल के साथ 100 kg लोड तथा डायमण्ड पेनीट्रेटर के साथ 150 kg major load प्रयोग किया जाता है।

अत्यधिक कठोर पदार्थों का परीक्षण डायमण्ड penetrater द्वारा ही किया जाता है। माइल्ड स्टील की HRB रीडिंग लगभग 20 होती है तथा hardened alloy का HRC, 55 हो सकता है। इन पाठ्यांकों को HRB 20 तथा HRC 55 कहा जाता है।

सावधानियाँ (Precautions)

(i) इन्डेन्टेशन मार्क (Indentations) परस्पर superimpose नहीं करने चाहिये तथा न ही परस्पर अत्यधिक समीप होने चाहिये।

(ii) स्पेसीमैन (specimen) पर impression किनारे (edge) के पास नहीं होने चाहिए। स्पेसीमैन की thickness इतनी कम भी नहीं होनी चाहिए कि impression दूसरी सतह तक पहुँच जाये।

(iii) इस परीक्षण में indentation का आकार छोटा होता है अतः स्पेसीमैन की सतह ब्रिनैल परीक्षण की तुलना में अधिक smooth एवं flat होनी चाहिए।

(iv) स्पेसीमैन की सतह में किसी प्रकार की स्प्रिंग एक्शन नहीं होना चाहिए।

रॉकवैल परीक्षण के मुख्य लाभ

(Important advantages of Rockwell Test)

(i) इस परीक्षण में ब्रिनैल परीक्षण की तुलना में indenter एवं लोड के अधिक combinations उपलब्ध हैं।

(ii) प्रायः रॉकवैल टैस्टिंग मशीन में धातुओं के विभिन्न आकार एवं माप के fixtures के परीक्षण की सुविधा है।

(iii) इन्डेन्टेशन का मार्क छोटा होने के कारण यह परीक्षण Non-destructive test माना जाता है।

विकर्स हार्डनैस टैस्ट

(Vickers Hardness Test)

इस परीक्षण में एक वर्गाकार आधार वाला (square shaped) पिरैमिड टूल (Pyramid Tool) प्रयुक्त किया जाता है। पिरैमिड के फलकों (faces) के मध्य 136° का कोण होता है। Indenting tool पर धीरे-धीरे दाब (load) बढ़ाया जाता है।

विकर्स टेस्टिंग मशीन लगभग ब्रिनैल मशीन की भाँति ही होती है। परीक्षण के लिए Specimen को anvil पर रखकर स्क्रू प्रणाली द्वारा anvil को तब तक उठाया जाता है जब तक कि यह indenter को स्पर्श न करे। स्टार्टिंग लीवर द्वारा indenter पर धीरे-धीरे लोड बढ़ाया जाता है। Indentation मार्क प्राप्त करने के पश्चात् foot lever द्वारा मशीन को reset किया जाता है। एनविल को lower करने के पश्चात् माइक्रोस्कोप द्वारा indentation mark का व्यास 0·001 mm accuracy तक मापा जाता है। विकर्स मशीन में 1 अथवा

2 mm साइज की बॉल indenters द्वारा परीक्षण की सुविधा भी है। पदार्थ की hardness संख्या प्रयुक्त लोड को indentation के क्षेत्रफल से विभाजित कर प्राप्त की जा सकती है। विकर्स हार्डनैस संख्या निम्न समीकरण द्वारा प्रदर्शित की जाती है—

$$\text{VHN} = \frac{P}{A} = \frac{2P \sin(\theta/2)}{L^2}$$

θ का मान 136° प्रयुक्त करने पर

$$\text{VHN} = \frac{1 \cdot 854\, P}{L^2}$$

यहाँ P = प्रयुक्त लोड kg में

A = Indentation का sq mm में क्षेत्रफल

L = Diagonals की mm में लम्बाई

θ = डायमण्ड पिरेमिड के opposite faces के मध्य कोण = 136°

विकर्स परीक्षण के मुख्य लाभ

(Main features of Vicker's Test)

इस परीक्षण में डायमण्ड indenter प्रयुक्त किये जाने के कारण, इस विधि द्वारा अधिक कठोर (harder) पदार्थों की hardness का परीक्षण किया जा सकता है।

विकर्स परीक्षण के दोष

(Demerits of Vicker's Test)

यह परीक्षण रॉकवैल एवं ब्रिनैल परीक्षण की तुलना में अधिक जटिल है तथा महँगा है।

रिबाउन्ड टैस्ट

(Rebound or Shore's Scleroscope Test)

सेलेरोस्कोप एक ऐसा यन्त्र है जो पदार्थों की कठोरता (hardness) उसकी elasticity के पदों में, (जब धातु उच्च ताप पर होती है) व्यक्त करता है। इस परीक्षण से सामान्यतः rolls, dies एवं gears इत्यादि का परीक्षण किया जाता है। इस यन्त्र में एक छोटे आकार का 2·5 ग्राम भार का डायमण्ड pointed hammer प्रयुक्त किया जाता है। यह हैमर एवं ग्लासट्यूब (glasstube) में से 25 cm ऊँचाई से टेस्ट पीस पर गिरता है। हैमर के रिबाउन्ड की height द्वारा पदार्थ की हार्डनैस ज्ञात की जाती है। परीक्षण में प्रयुक्त specimen की सतह smooth एवं oil free होनी आवश्यक है तथा ग्लास ट्यूब vertical होनी चाहिए। स्टील के लिए Shore's hardness संख्या BHN की संख्या की $\frac{1}{6}$ से $\frac{1}{7}$ गुणा तक होती है।

स्क्रैच टैस्ट (Scratch Test)

इस विधि से खनिज तथा अधातु पदार्थों का परीक्षण किया जाता है। यह Moh's hardness test भी कहलाता है। यह पदार्थ की scratch resistance पर निर्भर करता है। Moh के हार्डनैस स्केल में 10 steps में प्रत्येक step एक खनिज (mineral) पदार्थ को

प्रदर्शित करता है। निम्न तालिका में यह 10 step पदार्थ की हार्डनैस के बढ़ते क्रम में लिखे गये हैं। प्रत्येक पदार्थ क्रम के अनुसार अपने से पिछले पदार्थ में scratching कर सकता है।

(1) Talc (2) Gypsum
(3) Calcite (4) Flouspar
(5) Apatite (6) Orthoclase
(7) Quartz (8) Topaz
(9) Sapphire (10) Diamond

7.30. धातुओं के गुणों को प्रभावित करने वाले कारक (Factors affecting properties of metals)

अनेक कारक हैं जो बहुत सी शर्तों के अधीन पदार्थों के इन्जीनियरी गुणों को प्रभावित करते हैं। कारक जो धातुओं के गुणों को काफी प्रभावित करते हैं, में ग्रेन साइज (grain size) ऊष्मा उपचार (heat treatment), वायुमण्डलीय प्रगटकरण (atmospheric exposure) तथा निम्न एवं उच्च तापक्रम (low and high temperatures) सम्मिलित हैं।

पदार्थों के गुणों पर ग्रेन साइज का प्रभाव (Effect of grain size on properties of metals)

धातुओं की संरचना क्रिस्टलाइन (Crystalline) होती हैं। छोटे ग्रेन साइज की संरचना fine grained structure कहलाती हैं तथा अपेक्षाकृत बड़े आकार के ग्रेन द्वारा निर्मित क्रिस्टल Coarse grained structure कहलाते हैं। ग्रेन का आकार अनेक बिन्दुओं पर निर्भर करता है। उनमें तापक्रम जिस तक धातु को गर्म किया जाता है तथा ऊष्मा उपचार (heat treatment) मुख्य हैं। ग्रेन साइज के धातुओं के गुणों पर निम्न मुख्य प्रभाव होते हैं—

1. बड़े ग्रेन अथवा coarse grained संरचना वाले धातु की सतह (surface) रुक्ष (rough) होती है तथा उस पर पालिश करना कठिन होता है।

2. समान ग्रेन रखने वाली धातुएँ (fine grained structure) कठिनाई से डिफार्म होती हैं, अर्थात् वे उच्च yield strength, उच्च तनाव सामर्थ्य तथा अधिक कठोरता रखती हैं।

3. Coarse grained धातु की toughness कम होती है तथा ये fine grained धातुओं की तुलना में शीघ्र डिफार्म हो जाते हैं।

4. Coarse grained धातुओं में work hardening, fine grained धातुओं की तुलना में कम होता है।

5. Coarse grained धातुओं की कार्य करने की योग्यता (workability), fine grained structure की तुलना में अधिक होती हैं।

6. Fine grained structure में coarse grained की तुलना में अधिक grain boundary होती हैं जिसके कारण सामान्य ताप पर fine grained धातु में अधिक सामर्थ्य (strength) तथा कठोरता (hardness) होती है। यह तथ्य शुद्ध धातुओं एवं solid solution alloys के लिए सत्य है। परन्तु उच्च ताप पर प्रायः coarse grained पदार्थ अधिक prefer किये जाते हैं।

7. उच्च ताप पर Coarse grained धातुओं में fine grained धातुओं की तुलना में अधिक क्रीप प्रतिरोध होता है।

8. Coarse grained structure मृदु स्टील तथा अन्य मृदु धातुओं (Softer sted and other softer melats) के यांत्रिक गुणों को प्रभावित नहीं करते हैं।

9. Fine grain क्रेकिंग को बहतर प्रतिरोधी होती है, deep drawing के बहतर surface finish प्राप्त होती है तथा उसी composition के course grain के साथ तुलना में बहतर प्लास्टिक डिफॉर्मेशन में फलित होती है।

10. Coarse grained स्टील्स fine grained structure की तुलना में hardenability, forgeability तथा high temperature creep strength में निश्चित लाभ रखते हैं।

पदार्थों के गुणों पर ऊष्मा उपचार का प्रभाव
(Effect of heat treatment on properties of metals)

धातुओं अथवा मिश्र धातुओं में कुछ विशिष्ट गुण (desired properties) उत्पन्न करने के लिए उनका नियन्त्रित विधि द्वारा heating तथा cooling ऊष्मा-उपचार (heat teratment) कहलाता है। मुख्य ऊष्मा उपचार प्रक्रियाएँ annealing, quenching, hardening, case hardening, precipitate hardening, tempring, austempring तथा spheroidizing हैं। ऊष्मा उपचार की इन विभिन्न प्रक्रियाओं द्वारा धातुओं के गुणों पर निम्न प्रभाव होते हैं—

1. धातु के माइक्रो-स्ट्रक्चर में विभिन्न प्रकार के परिवर्तन होते हैं।

2. एनीलिंग द्वारा धातु की softening होती है जिससे उसकी machinability बढ़ती है।

3. Cold working के कारण धातु में उत्पन्न internal stress को anneating द्वारा समाप्त किया जा सकता है तथा उनकी तन्यता (ductility) में सुधार होता है।

4. एनीलिंग द्वारा Cold worked धातु की विद्युत चालकता (electrical conductivity) में सुधार होता है।

5. Hardening तथा precipitate hardening द्वारा धातु की Strength तथा hardness बढ़ती है।

6. स्टील की hardening द्वारा उसके चुम्बकीय गुणों में सुधार होता है। इस प्रकार का hardened steel स्थायी चुम्बक बल में प्रयुक्त किया जाता है।

7. Hardening प्रक्रिया में इस्पात में उत्पन्न भंगुरता (brittleness) को tempering द्वारा समाप्त किया जा सकता है।

8. एनीलिंग द्वारा hot working के कारण धातु के grain structures के distortion को कम किया जा सकता है।

9. Spheroidizing प्रक्रिया द्वारा high carbon steel को Soften तथा tough किया जा सकता है।

10. ऊष्मा उपचार द्वारा धातु कास्टिंग में उपस्थित गैसों को निकाला जा सकता है।

11. इन प्रक्रियाओं द्वारा shock resistant तथा Wear resistant बनाया जा सकता है।

वायुमण्डलीय प्रगटकरण का धातुओं के गुणों पर प्रभाव
(Effect of atomospheric exposure on properties of metals)

धातुओं का वायुमण्डल को प्रगटकरण (exposure) वायुमण्डलीय गैसों तथा वाष्पों (atmospheric fumes and vapours) के द्वारा उनमें संक्षारण (corrosion) उत्पन्न करता है। संक्षारण (carrosion), localities के साथ बदलता है। यह surrounding की composition पर निर्भर करता है। सबसे अधिक नियन्त्रण करने वाला कारक आर्द्रता (humidity) है। यदि आर्द्रता अधिक है तो लोह धातुओं को संक्षारण होता है।

इलैक्ट्रोकेमिकल तथा केमिकल कोरोजन moisture के condensation के द्वारा धातु के बारी-बारी से गीला करने (Wetting) तथा सुखाने (drying) के द्वारा होता है। कार्बन डाइऑक्साइड, सल्फर डाइऑक्साइड तथा हाइड्रोजन सल्फाइड गैसें (औद्योगिक वायुमण्डल से) condensed moisture द्वारा शोषित की जाती हैं। तब तरल ऐसिड (dilute acids) बनते हैं जो electrolytes के रूप में कार्य करते हैं तथा electrochemical कोरोजन प्रारम्भ करते हैं। Dilute acids की उपस्थिति धातुओं की विद्युत प्रतिरोधकता (electrical resistivity) को भी कम करती है। Marine वायुमण्डल में क्लोराइडों की उपस्थिति धातु सतह के साथ सम्पर्क में liquid layer की conductivity को बढ़ाती है।

वायु तथा ऑक्सीजन जैसे सूखी गैसों के सम्पर्क से फलित धातुओं का वायुमण्डलीय संक्षारण लगभग पूर्णतया केमिकल है। Surrounding वायुमण्डल को exposed अरसुरक्षित धातु केवल ऑक्सीडाइज्ड होती हैं तथा ऑक्साइड की फिल्म तथा अन्य यौगिक (compounds) सतह पर बनते हैं। ऑक्सीजन के द्वारा धातु हानि (metal loss) की दर धातु के अभिलक्षणों तथा Surrounding परिस्थितियों पर निर्भर करती है। प्रारम्भ में ऑक्सीडेशन की दर बहुत शीघ्र (rapid) है तथा तब स्थिर दर पर कम होती है।

ऑक्सीडेशन की दर (rate of oxidation) तापक्रम के साथ बढ़ती है। निम्न तापमान पर ऑक्सीडेशन asymptotic curve का अनुकरण करती है जबकि ऊँचे तापक्रम पर यह parabolic curve का अनुकरण करती है। देखिये चित्र 7.33।

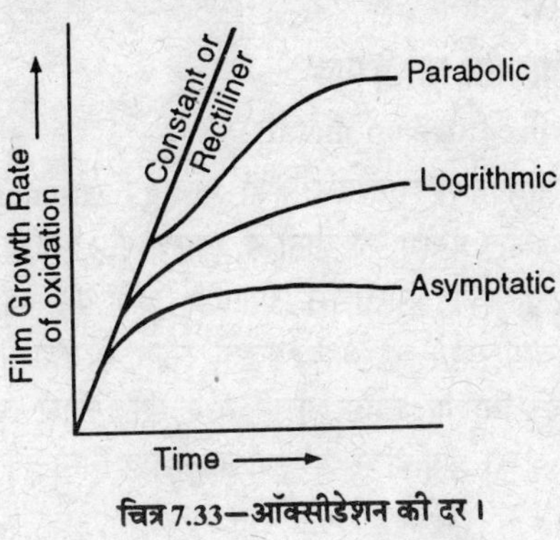

चित्र 7.33—ऑक्सीडेशन की दर।

लगभग सभी स्थितियों में सिवाय जहाँ ऑक्सीडेशन rectilinear है, ऑक्साइड फिल्म धातु सतह पर बनती है। फिल्म अधिक से अधिक सुरक्षित (protective) हो जाती है, जैसे ही यह बनती है। Metal ions ऑक्साइड फिल्म के बाहर चलते हैं तथा सतह पर ऑक्साइड होते हैं। सभी oxide films नमी सोखती हैं तथा शोषित नमी के कारण, electro chemical corrosion होता है। वायुमण्डलीय प्रभाव (अथवा corrosion attack) निम्न बातों पर निर्भर करता है—

(i) धातु के लाक्षणिक गुणों पर

(ii) सुरक्षात्मक फिल्म की प्रकृति, अर्थात् dense films, ions की कम संख्या को चलने को अनुमत करते हैं तथा इसलिए वहाँ कम ऑक्सीडेशन होगा।

(iii) धातु के साथ सम्पर्क में Liquid layer की Conductivity

जब ऑक्साइड फिल्म भंजित होती है, नई धातु वायुमण्डल के साथ सम्पर्क में आती है, जिसके परिणामस्वरूप आगे ऑक्सीडेशन होता है।

वायुमण्डल की इलैक्ट्रोकेमिकल क्रिया के कारण, pits, cracks अथवा अन्य अनियमिताएँ धातु सतह पर होती हैं जो धातु की fatigue resistance को बुरी तरह से प्रभावित करती है।

आन्तरिक रूप से प्रतिबलित घटक (internally stressed components) असफल होते हैं जब mild media जैसे औद्योगिक वायुमण्डल, समुद्री जल अथवा अमोनिया के आधीन होते हैं, उदाहरण के लिए, ब्रासबोल्ट (60% Cu, 40% Zn) असफल हो सकते हैं यदि कसी हुई स्थिति में हों। ऐसे media में भी brass pressing, condenser tubes, cartridge cases की season cracking हो सकती है जब इनको work hardened conditions में प्रयोग किया जाता है।

धातुएँ जैसे निकिल, क्रमोमियम, एल्यूमिनियम तथा स्टेनलैश स्टील उनकी सतह को उच्च वायुमण्डलीय प्रतिरोध (atmospheric resistance) प्रदान करती हैं निसन्देह जब उनको वर्षा में expose किया जाता है। परन्तु उच्च रूप से औद्योगिक क्षेत्रों में, अर्थात्, निश्चित reducing agents की उपस्थिति में, इन धातुओं की सतहें (surfaces) दूषित हो जाती हैं अर्थात् चमक खो देती हैं।

धातुओं पर निम्न तापमानों का प्रभाव

(Effect of low temperature on metals)

धातुएँ तथा ऍलाय तथा प्लास्टिक जैसी अधातुएँ (nometats) कई अनुप्रयोगों में निम्न तापमानों पर आजकल प्रयोग की जाती हैं, एयरक्राफ्ट, मिलिट्री मशीनरी तथा व्हीकल्स, रेफ्रिजिरेशन उपकरण, केमिकल प्रोसेसिंग उपकरण तथा कई अन्य आजकल Subzero temperatures पर कार्य करने को आवश्यकता रखते हैं तथा पदार्थों का $-150°C$ तक तापक्रम पर व्यवहार को विशिष्ट ध्यान जाँचने तथा खोजनें की आवश्यकता है। कम ताप (low temperatures) का धातु के मुख्य गुणों पर प्रभाव निम्न प्रकार का होता है—

1. सामान्यतः धातुओं एवं मिश्र धातुओं के लक्षण निम्न तापक्रम पर tensile तथा yield strength, modulus of elasticity, ultimate strength, hardness आदि में वृद्धि के होते हैं।

2. एल्यूमिनियम, निकिल, कॉपर तथा ऑस्टेनाइटिक (austenitic) मिश्र धातुएँ, निम्न तापमान पर उनकी सामर्थ्य (strength) में वृद्धि होने पर भी अपनी tensile strength, ductility तथा resistance to shock बनाये रखती हैं।

3. धातुएँ तापमान में कमी के साथ toughness में कमी दिखाते हैं।

4. अधिकांश धातुओं की सामान्य तापक्रम की तुलना में निम्न तापमान पर कठोरता तथा भंगुरता (brittleness) अधिक होती है।

5. सभी face-centred cubic (fcc) धातुएँ जैसे कॉपर, लैड, एल्यूमिनियम yield strength में तापमान कम होने पर धीरे-धीरे वृद्धि तथा ductility में gradual change दिखाती है जबकि नान fcc धातुएँ जैसे आयरन yield strength में अधिक तेजी तथा ductility में परिवर्तन रखती है।

6. अनेक धातुएँ परम शून्य (absolute zero) तापक्रम के समीप superconductivity प्रदर्शित करती हैं। उदाहरणतः टिन, लैड (Pb), एल्यूमिनियम तथा जिंक धातुओं का absolute zero पर विद्युत धारा के प्रति प्रतिरोध समाप्त हो जाता है। इन परिस्थितियों में ये Super conductors कहलाते हैं।

7. अत्यन्त निम्न तापमान पर लैटिस में thermal vibration बहुत कम हो जाते हैं अतः लैटिस संरचना का निम्न ताप पर उत्तम रूप से विश्लेषणात्मक अध्ययन किया जा सकता है।

8. धातुएँ जो Cleavage द्वारा fracture होती हैं, निम्न तापमान पर ductility में काफी कमी दिखा सकते हैं। ऐसी स्थिति में, ductility में कमी tensile strength में कमी को lead करती हैं चूंकि प्लास्टिक फ्लों अधिकतम tensile stress पहुँचने के पूर्व fractures द्वारा रोका जाता है।

9. Unnotched mild steel की दशा में, elongation तथा क्षेत्रफल में कमी – 130°C पर सन्तोषजनक रूप से नीचे है तथा तब बुरी तरह से नीचे गिरती है।

10. Ferric steels की दशा में, 0°C के लगभग तापमान पर Izod value में तेजी से कमी आती है।

11. निम्न तापमान पर क्रीप सामर्थ्य में वृद्धि हो जाती है।

धातुओं पर उच्च तापमानों का प्रभाव (Effect of high temperatures on metals)—उच्च तापमानों का प्रतिरोध करने वाले पदार्थों का विकास आज के वर्षों का एक महत्त्वपूर्ण technological advance रहा है। एयर क्राफ्ट, आटोमोबाइल, मेरीन तथा न्यूक्लियर पावर एप्लीकेशन्स में गैस टरबाइनों का बढ़ा हुआ प्रयोग तप प्रतिरोधी पदार्थों की बड़ी मात्रा की माँग करेगा। उच्च तापमान पदार्थों के लिए आजकल सबसे अधिक गम्भीर

आवश्यकता उच्च चाल एयर क्राफ्ट, मिसाइल्स तथा रॉकेटों के क्षेत्रों में है। धातुओं पर उच्च तापमानों के निम्न प्रभाव होते हैं—

1. कक्ष तापमान से ऊपर तापमान बढ़ाने पर सामान्यतः सभी धातुओं में static strength में हानि तथा ductility में कुछ वृद्धि होती है।

2. कई धातुओं में उच्च तापमानों पर Structure अथवा phase में metallurgical changes होते हैं।

3. इस्पात में recrystallisation temperature के निकट तापमान पर strength में काफी कमी होती है।

4. तापमान में वृद्धि के साथ कई धातुओं में Stiffness तथा fracture stress में कमी होती है।

5. उच्च तापमानों पर इस्पात का embrittlement होता है तथा toughness में कमी आती है।

6. उच्च तापमानों पर क्रीप होती है तथा पदार्थ बहुत कम प्रतिबल पर भी fail होता है।

7. तापमान में वृद्धि के कारण thermal vibration of atoms में संगत वृद्धि होती है, परिणामस्वरूप structural properties में changes होते हैं।

7.31. स्टिफनैस (Stiffness)

प्रत्यास्थ डिफॉर्मेशन (elastic deformation) अथवा डिफलेक्शन (deflection) को पदार्थ का प्रतिरोध (resistance) स्टिफनैस कहलाता है। दूसरे शब्दों में अन्य पदार्थों की तुलना में होने वाला आपेक्षिक डिफॉर्मेशन (relative deformation) उसकी Stiffness प्रदर्शित करता है। एक पदार्थ जो भार (load) के अधीन थोड़ा डिफॉर्मेशन (Slight deformation) सहन करता है, स्टिफनैस की high degree रखता है। उदाहरण के लिए, इस्पात तथा ऐल्यूमिनियम की लटकी धरन (Suspended beams) आवश्यक भार को ले जाने के लिए दोनों काफी मजबूत हो सकती हैं, परन्तु एल्यूमिनियम की धरन आगे 'Sag' अथवा deflect होगी। दूसरे शब्दों में इस्पात की धरन एल्यूमिनियम धरन (beam) की तुलना में अधिक stiff है।

यदि पदार्थ हुक के नियम (Hook's law) का अनुकरण करता है, अर्थात् एक रेखीय प्रतिबल विकृति (linear stress-strain) सम्बन्ध रखता है, इसकी Stiffness, Young's modulus E के द्वारा मापी जाती है। पदार्थ की stiffness, पदार्थ में विकृति (strain) उत्पन्न करने के लिए आवश्यक प्रतिबल (Stress) द्वारा मापी जाती है। एक निर्दिष्ट (given) स्ट्रेन उत्पन्न करने के लिए जितने अधिक प्रतिबल की आवश्यकता होगी, पदार्थ उतना ही अधिक Stiff होगा। Elastic range में पदार्थ का modulus of elasticity (E) उसकी Stiffness को प्रदर्शित करता है। पदार्थ में प्रति यूनिट डिफॉर्मेशन उत्पन्न करने के लिए आवश्यक प्रतिबल को भी Stiffness कहते हैं। पदार्थ की Stiffness जो Hook's law का अनुकरण नहीं करती है, स्पष्ट रूप से स्थिर (constant) नहीं है, वरन् प्रतिबल के साथ बदलती है।

Flexibility पद कभी-कभी Stiffness के विलोम के रुप में प्रयोग होता है। हालांकि flexibility को प्रायः flexture अथवा bending के साथ प्रयोग करना है। पदार्थ की flexibility जितनी अधिक होगी, Stiffness उतनी ही कम होगी। वस्तु अथवा संरचनीय सदस्य की प्रभावी अथवा ऑवरआल Stiffness अथवा rigidity or flexibility, पदार्थ के लक्षण के साथ-साथ वस्तु की विमाएँ एवं आकार का function है।

जैसा कि पहले बताया जा चुका है कि प्रतिबल-विकृति वक्र के प्रारम्भिक रेखीय भाग का Slope, modulus of elasticity अथवा young's modulus है। Modulus of elasticity पदार्थ की Stiffness का माप है। निर्दिष्ट प्रतिबल के लगाने से फलित जितना अधिक modulus का मान होगा उतनी ही कम elastic strain होगी। चूंकि modulus of elasticity की धरनों (beams) तथा अन्य सदस्यों के deflection कम्प्यूट करने के लिए आवश्यकता होती है, इसलिए यह एक महत्त्वपूर्ण डिजाइन मान (design value) रखती हैं। Modulus of elasticity निम्न समीकरण से ज्ञात की जाती है—

$$E = \frac{\sigma}{e} = \frac{P_p L}{\delta A_0}$$

जहाँ P_p समानुपाती सीमा (proportional limit) पर भार है, L गेज लम्बाई, δ proportional limit पर लम्बाई में वृद्धि (extension) तथा A_0 स्पैसीमैन का मूल अनुप्रस्थ काट क्षेत्रफल है। जितना अधिक E का मान होगा, उतना ही अधिक पदार्थ stiff होगा।

7.32. Resilience

पदार्थ का प्रत्यास्थ रूप से (elastically) ऊर्जा अवशोषित (absorb) करने की क्षमता अथवा ऊर्जा स्टोर करने का गुण, पदार्थ की resilience कहलाता है।

पदार्थ को प्रत्यास्थ सीमा (elastic limit) तक प्रतिबल लगाने में, पदार्थ द्वारा अवशोषित अधिकतम ऊर्जा अथवा elastic limit आने पर पदार्थ से प्रतिबल हटाने पर release की गई अधिकतम ऊर्जा elastic resilience अथवा proof resilience कहलाती है तथा proof resilience प्रति इकाई आयतन, modulus of resilience कहलाती है। दूसरे शब्दों में elastic limit पर प्रति इकाई आयतन (per unit volume) में स्टोर की गई ऊर्जा modulus of resilience कहलाती है। यह quantity पदार्थ या यांत्रिक गुण है, तथा shocks तथा vibrations सहन करने को पदार्थ की क्षमता प्रदान करती है। Modulus of resilience निम्न सम्बन्ध से ज्ञात की जाती है—

$$U_r = \frac{\sigma_s^2}{2E}$$

जहाँ E पदार्थ का young's modulus स्थिर quantity है तथा भिन्न पदार्थों के लिए भिन्न होती है, तथा σ_s proportional limit stress है।

पदार्थ जो उच्च resilience रखते हैं, springs के लिए प्रयोग किये जाते हैं। अनिलीकृत कॉपर, elastic limit कम होने के कारण spring के लिए प्रयोग नहीं होता है। परन्तु cold-worked कॉपर अधिक उच्च elastic limit तथा resilience रखता है तथा इसलिए, बहतर spring बनाता है। इस प्रकार उच्च resilience उच्च elastic limit के साथ जुड़ी है।

7.33. टफनैस (Toughness)

प्लास्टिक तथा इलास्टिक डिफॉर्मेशन दोनों को सहन करने की योग्यता पदार्थ की दुर्गम्यता (toughness) कहलाती है। यह वास्तव में, वास्तविक fracture अथवा असफल होने से पूर्व, पदार्थ द्वारा ऊर्जा अवशोषन (absorption) की क्षमता है। उदाहरण के लिए, यदि मृदु इस्पात (mild steel) के खण्ड को एक भार (load) यकायक लगाया जाता है तथा तब इसे glass के टुकड़े पर लगाया जाता है तो, failure होने से पूर्व mild steel काफी अधिक ऊर्जा अवशोषित करेगा। इस प्रकार mild steel, glass की तुलना में अधिक tougher कहा जाता है। इस प्रकार toughness, संरचनीय तथा मशीनी अंगों जिनको shock तथा Vibration को सहन करना पड़ता है, के लिए उच्च रूप से वांछित गुण है।

इस गुण के कारण पदार्थ fracture से पहले, Shocks का विरोध करता है। एक tough पदार्थ, tensile test में उच्च ultimate tensile strength प्रदर्शित करता है तथा उसमें elongation तथा अनुप्रस्थ क्षेत्र में कभी भी सामान्य होती है। Ductile पदार्थों में Ultimate strength तथा elongation का गुणनफल जिसे 'MERIT NUMBER' कहते हैं, पदार्थ की toughness की माप है। मध्यम कार्बन इस्पात सर्वाधिक tough होते हैं। Manganese steel, wrought iron, mild steel इत्यादि tough पदार्थ हैं।

यद्यपि toughness को परम इकाईयों (absolute units) में measure करना लगभग असम्भव है, यह प्रायः प्रतिबल-विकृति वक्र के अधीन क्षेत्रफल द्वारा प्रदर्शित किया जाता है इसलिए Strength तथा ductility दोनों को सम्मिलित करता है। प्रतिबल-विकृति वक्र के अधीन कुल क्षेत्रफल पदार्थ के fracture होने तक इसके एक cubic metre को डिफॉर्म करने में खर्च किया गया कार्य (work expended) है। यह कार्य (work) अथवा ऊर्जा कभी-कभी modulus of toughness कहलाता है। Toughness, impact strength को सम्बन्धित है, अर्थात् Shock loading के प्रतिरोधी, परन्तु static तथा impact loading से प्राप्त ऊर्जा मानों के बीच कोई निश्चित सम्बन्ध नहीं है। चित्र 7.34 में stress-strain curve के नीचे कुल क्षेत्रफल निम्न तथा मध्यम कार्बन इस्पात के लिए अधिक है इसलिए वे tougher पदार्थ हैं।

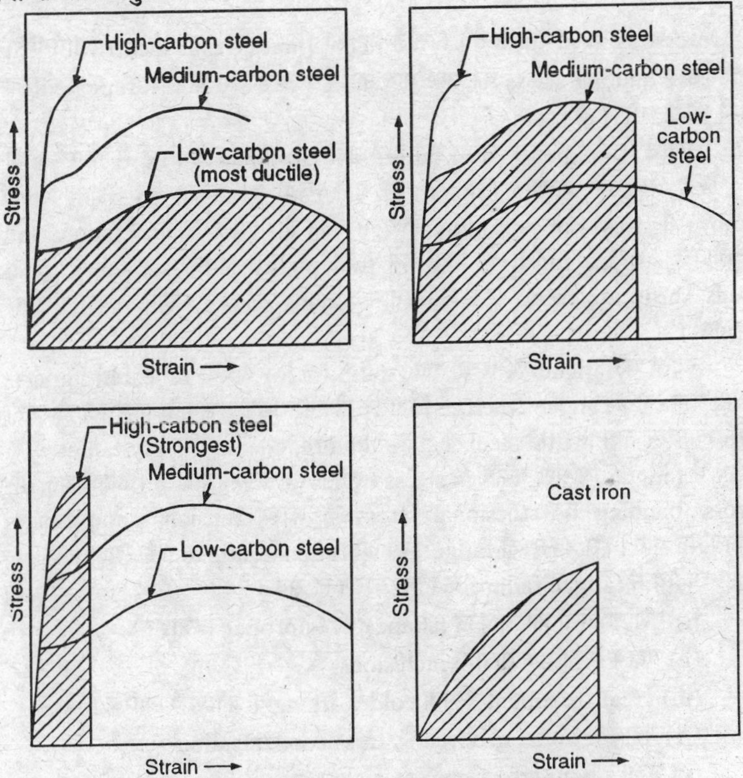

चित्र 7.34—प्रतिबल-विकृति डायग्राम के नीचे क्षेत्रफल में toughness ।

7.34. धातुओं में फटीग (Fatigue in Metals)

पदार्थ का repeatedly cyclic loading के अधीन failure होना, fatigue कहलाता है। यद्यपि इस मात्रा का भार सामान्य रूप से लगाने से पदार्थ में कोई स्पष्ट detectable प्लास्टिक डिफॉर्मेशन उत्पन्न नहीं होता है।

प्रतिबल का वह अधिक मान जिसे अनेकों बार (large number of cycles) एप्लाई करने पर पदार्थ failure हुए बिना सहन (withstand) कर सकता है, फटीग की सीमा (fatigue limit) कहलाती है। यह पदार्थ की **endurance limit** भी कहलाती है।

पदार्थ की repeatedly loading (cyclic loading) करने से पदार्थ में stress concentrations के केन्द्रों (centre) पर अथवा सतह पर महीन (microscopic) क्रेक उत्पन्न होते हैं जो पदार्थ की repeated loading किये जाने के फलस्वरूप बढ़ते रहते हैं। इन cracks के grwoth एवं propagation से पदार्थ का यकायक brittle fracture होता है।

लौह धातुओं एवं ऍलाय में प्रतिबल की एक limiting value होती है जिसे failure हुए बिना असंख्य बार (infinitely large number of cycles) एप्लाई किया जा सकता है

एवं reverse किया जा सकता है। अलोह धातुओं (non-ferrous metals) एवं ऍलाय के लिए किसी limiting stress का स्पष्ट मान नहीं है जिससे कम प्रतिबल repeatedly प्रयुक्त करने पर फ्रेक्चर न हो।

पदार्थ में fatigue के कारण failure उच्चतम प्रतिबल के बिन्दु से प्रारम्भ होती है। यह बिन्दु वस्तु की आकृति (Shape) से ज्ञात किया जा सकता है। उदाहरण के लिए, groove में stress concentration उच्चतम होती है। इसके अतिरिक्त fatigue failure पदार्थ की surface finish के दोष जैसे tool marks अथवा scratches, internal voids, shrinkage cracks तथा कास्टिंग में cooling cracks इत्यादि के कारण उत्पन्न हो सकते हैं।

पदार्थ में, fatigue पर स्थिर बल (static force) अथवा repeated impacts का प्रभाव पड़ता है। Fatigue fracture बिना किसी स्पष्ट डिफॉर्मेशन के यकायक हो जाता है। कास्ट आयरन तथा brittle steel में static failure, coarse तथा crystalline होता है। पदार्थ में fatigue विभिन्न प्रकार के stress cycles से उत्पन्न होती है। उदाहरणत: direct stress, bending तथा torsional stress के कारण tension, compression के अनियमित चक्र। इस प्रकार की fatigue को vibrational fatigue कहा जाता है।

पदार्थ में fatigue failure के निम्न कारण हो सकते हैं—

(i) मशीनी अंगों की आकृति (shape) की improper डिजाइन

(ii) पदार्थ में अधिक मात्रा में inclusions

(iii) Heat treatment अथवा cold working के कारण आन्तरिक fissures

(iv) पदार्थ में holes, grooves में stress concentration

(v) सतह की imperfections

(vi) पदार्थ पर निरन्तर vibration stress का प्रयुक्त किया जाना।

(vii) धातु का ग्रेन साइज

उपरोक्त कारकों (factors) के proper नियन्त्रण द्वारा पदार्थ की fatigue प्रवत्ति को कम किया जा सकता है।

पदार्थ पर fatigue test के लिए अनेक विधियों का विकास किया गया है। यह परीक्षण लम्बे समय तक, परिवर्ति लोडिंग तथा उच्च आवृत्ति (high frequencies of loading) पर किये जाते हैं। प्रयोगशाला में यह परीक्षण wholer system द्वारा किया जाता है।

7.35. हल किये गये प्रश्न (Solved Examples)

उदाहरण 7.3—(a) True Strain तथा Engineering strain के बीच सम्बन्ध ग्रहण (derive) कीजिए। Resilience क्या है? यह spring पदार्थ के लिए क्यों महत्त्वपूर्ण है?

(b) yield point फिनोमिनन का वर्णन कीजिए। ग्लास (glass) का Engineering stress-strain डायग्राम खींचिए। तन्य पदार्थ (ductile material) के tension test के दौरान necking क्यों होती हैं?

(c) उचित सिद्ध कीजिए—

(i) जिंक (Zinc), कॉपर जैसा तन्य (ductile) नहीं है।

(ii) Cold working से पदार्थों की कठोरता (hardness) में वृद्धि होती है।

(iii) उच्च तापक्रम क्रीप एक diffusion controlled प्रक्रम है।

[AMIE, Summer 2005]

हल (Solution) : (a) पारम्परिक इन्जीनियरी विकृति (strain) प्रायः elastic range में प्रयोग की जाती है, जबकि true strain प्लास्टिक रेंज में प्रयोग की जाती है। पारम्परिक विकृति इस region में बढ़ती हुई विकृति (increasing strain) के साथ कम यथार्थ हो जाती है। सामान्य अथवा पारम्परिक इन्जीनियरी stress-strain वक्र nominal stress व strain को प्रदर्शित करते हैं। इलास्टिक डिफॉर्मेशन में strain बहुत कम (लगभग नगन्य) होती है। True stress-strain अभिलक्षणों में curve, fracture तक uniformly rise करता है। यह वक्र (curve) वास्तविक strain hardening अभिलक्षण प्रदर्शित करता है।

$$\text{इन्जीनियरी विकृति (strain)} = \frac{\text{स्पेसीमैन की लम्बाई में परिवर्तन } (\delta)}{\text{मूल लम्बाई } (l)}$$

$$\text{True strain} = \int_{l_0}^{l} \frac{\delta l}{l}$$

अथवा $$\text{True strain} = \int_{l_0}^{l} \text{(इन्जीनियरी strain)}$$

जहाँ l स्पेसीमैन की तात्कालिक लम्बाई तथा l_0 मूल लम्बाई (original length) है।

Resilience : पदार्थ की ऊर्जा अवशोषित (absorb) अथवा संचित (store) करने तथा shock एवं impact का प्रतिरोध करने की क्षमता (capacity) resilience कहलाती है। यह पदार्थ को प्रत्यास्थ सीमा (elastic limit) तक stress करने में पदार्थ के प्रति इकाई आयतन (per unit volume) में संचित की गई ऊर्जा (energy stored) की मात्रा के द्वारा मापी जाती है। पदार्थ में यह गुण स्प्रिंगों (springs) के प्रयोग के लिए अत्यन्त महत्त्वपूर्ण है।

प्रत्यास्था सीमा (elastic limit) तक वस्तु में अधिकतम ऊर्जा जो संचित की जा सकती है, proof resilience कहलाती है, तथा प्रति इकाई आयतन proof resilience, modules of resilience कहलाती है। इस प्रकार प्रत्यास्थ सीमा पर प्रति इकाई आयतन संचित ऊर्जा (energy stored), modulus of resilience है।

उच्च resilience रखने वाले पदार्थ स्प्रिंगों (springs) के लिए प्रयोग किये जाते हैं। अनिलीकृत कॉपर (annealed copper) की प्रत्यास्थ सीमा बहुत कम है, इस प्रकार यह स्प्रिंगों के लिए प्रयोग नहीं किया जाता है। परन्तु cold-worked कॉपर अधिक उच्च elastic limit (तथा resilience) रखता है तथा इस प्रकार यह springs के लिए प्रयोग किया जाता है। अतः resilience उच्च elastic limit के साथ जुड़ा हुआ है। Resilience shocks तथा vibrations सहन करने को आवश्यक पदार्थों के लिए भी महत्त्व का है।

(b) yield point फिनोमिनन—मृदु इस्पात (mild steel) का एक स्पेसीमैन tensile डिफॉर्मेशन के दौरान एक निश्चित उच्च भार (high load) तक प्रत्यास्थ रूप से व्यवहार करता है तथा तब यह यकायक रूप से lower value को प्लास्टिक रूप से yield करता है। पहला उच्चतर बिन्दु (first higher point) जिस पर yield प्रारम्भ होता है, upper yield point कहलाता है तथा lower point जिस पर विचारणीय strain होती है, lower yield point के रूप में पुकारा जाता है। इस वक्र से नोट करने का महत्त्वपूर्ण कारक (feature) यह है कि प्लास्टिक फ्लो को बनाये रखने को yielding हो चुकने के तुरन्त बाद आवश्यक प्रतिबल, इसको प्रारम्भ करने को आवश्यक प्रतिबल की तुलना में कम है। उसके बाद स्पेसीमैन work harden होता है तथा वक्र स्थिर रूप से एवं आराम से आगे बढ़ता है। मृदु इस्पात (mild steel) में यह yield point phenomenons, dislocation सिद्धान्त के द्वारा स्पष्ट किया जाता है।

ग्लास का इन्जीनियरी प्रतिबल-विकृति डायग्राम चित्र 7.35 में दिखाया गया है।

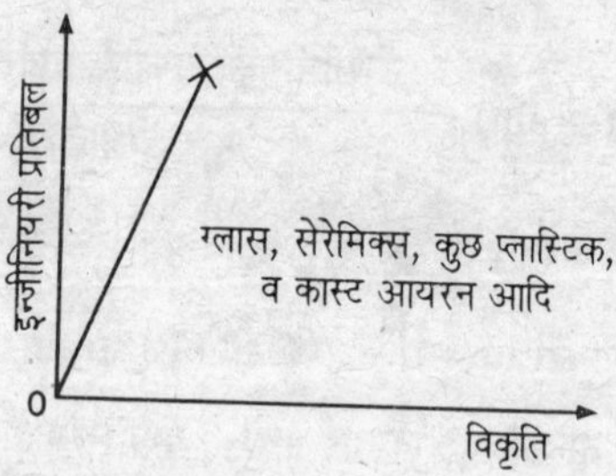

चित्र 7.35—ग्लास का इंजीनियरी स्ट्रैस-स्ट्रेन डायग्राम (असतत इल्डिंग के साथ पदार्थ)।

तन्य पदार्थ के तनाव परीक्षण के दौरान Necking होती हैं—

चित्र 7.36 में ductile "cup and cone" फ्रेक्चर के विकास में अवस्थाएँ (stages) दिखाई गई हैं। Necking Plastic instability के बिन्दु पर जहाँ strain-hardening के कारण सामर्थ्य में वृद्धि अनुप्रस्थ काट क्षेत्रफल में कमी (decrease) के लिए क्षति पूर्ति करने को असफल होती है, प्रारम्भ होती है देखिये चित्र 7.36 (a)। यह अधिकतम भार (maximum load) पर होती है। Neck का बनना रिजन में प्रतिबल की triaxial state परिचित कराता है। तनाव (tension) का hydrostatic component, necked region के केन्द्र पर स्पैसीमैन की अक्ष के अन्वायाम कार्य करता है। इस region में कई fine cavities बनती है (चित्र 7.36 b) तथा continued straining के अधीन ये central crack के अन्दर coalesce पैदा करती हैं (चित्र 7.36 c)। यह क्रेक स्पैसीमेन की सतह तक पहुँचने तक स्पेसीमैन का अक्ष के लम्बवत् दिशा में पैदा होता है। यह तब स्पैसीमैन की सतह को फ्रेक्चर का cone part बनने को tensile axis के लगभग 45° दिशा में बढ़ता है (चित्र 7.36 d)।

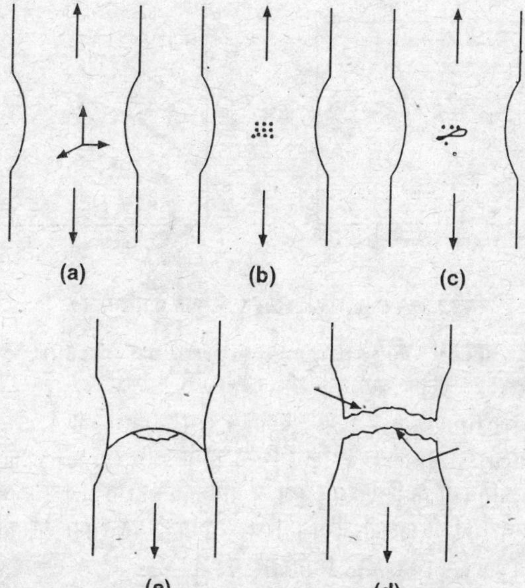

चित्र 7.36—Cup and Cone फ्रेक्चर के बनने में अवस्थायें (a से e तक) ।

(c) (i) जिंक (Zinc) कॉपर की भाँति तन्य (ductile) नहीं है—जिंक (zinc) bluish white धातु है। यह साधारण तापक्रम पर brittle है, परन्तु 100°C से 150°C के बीच malleable तथा ductile है। 200°C पर यह फिर से brittle हो जाती है तथा आसानी से पाउडर हो सकती है। दूसरी तरफ कॉपर (Copper) रंग में लाल है तथा क्रिस्ट्रेलाइन स्ट्रक्चर (crystalline structure) रखता है तथा FCC संरचना बनाता है। यह उच्च रूप से तन्य (ductile) तथा malleable है तथा बहुत उच्च tenacity रखता है। यह ऊष्मा (heat) तथा विद्युत (electricity) का अच्छा चालक (conductor) है, इसकी conductivity सिलवर (silver) के तुल्य है। इसलिए, जिंक (Zinc) कॉपर जैसा तन्य (ductile) नहीं है।

(ii) cold working से गुणों में महत्त्वपूर्ण परिवर्तन धातुओं की सामर्थ्य (Strength) में वृद्धि है। जैसे-जैसे deformation में वृद्धि होती है, आगे के डिफॉर्मेशन को धातु का प्रतिरोध (resistance of metal) स्थायी रूप से बढ़ जाता है। उसी समय धातु की तन्यता (ductility) कम होने लगती है। यह फिनोमिनन strain hardening कहलाती है। पुनः जैसे ही Cold working का तापक्रम बढ़ता है, strain hardening की दर में कमी होती है। सभी धातुओं की कठोरता (hardness) cold working के साथ बढ़ती है। देखिये चित्र 7.37।

Cold working, working की प्रमुख दिशा में grains का elongation पैदा करता है, जो tensile properties में परिवर्तन को अग्रसर होता है। प्रायः Cold working के साथ ductility में कमी होती है।

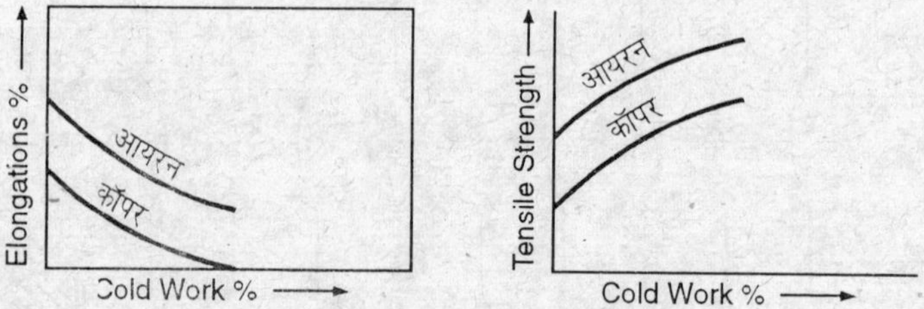

चित्र 7.37—Cold Working V/S गुणों में परिवर्तन।

(iii) उच्च तापक्रम क्रीप (high temperature creep) एक diffusion controlled प्रोसेस है—क्रीप वक्र (creep curve) प्रतिबल (stress) तथा तापक्रम (temperature) का function है। यदि तापक्रम स्थिर रखा जाता है, creep curve का आकार भिन्न प्रतिबलों (stresses) के लिए भिन्न होगा क्रीप (creep) की तीन अवस्थाएँ (stages) निश्चित प्रतिबलों के लिए स्पष्ट रूप से परिभाषित होगी। जबकि अन्य प्रतिबलों के लिए केवल दो अवस्थाएँ दिखलाई देंगी। स्थिर तापक्रम पर भिन्न प्रतिबलों के अनुसार creep curves की series चित्र 7.38 में दिखाई गई हैं।

जब प्रतिबल स्थिर (constant) रखा जाता है तथा तापक्रम परिवर्तित होता है तो इसी प्रकार के परिणाम देखे जाते हैं। जैसा कि चित्र 7.39 में दिखाया गया है।

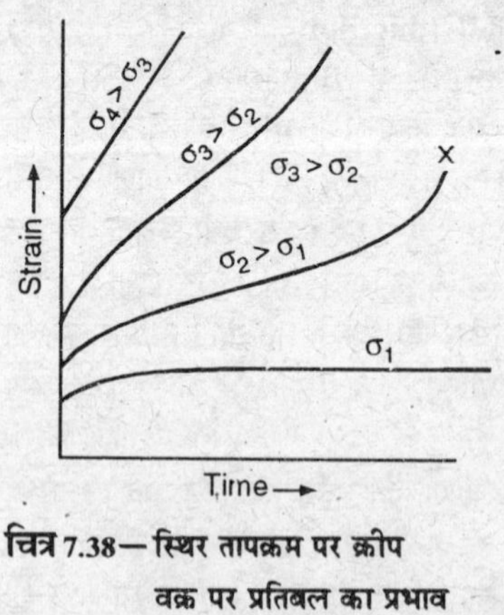

चित्र 7.38— स्थिर तापक्रम पर क्रीप वक्र पर प्रतिबल का प्रभाव

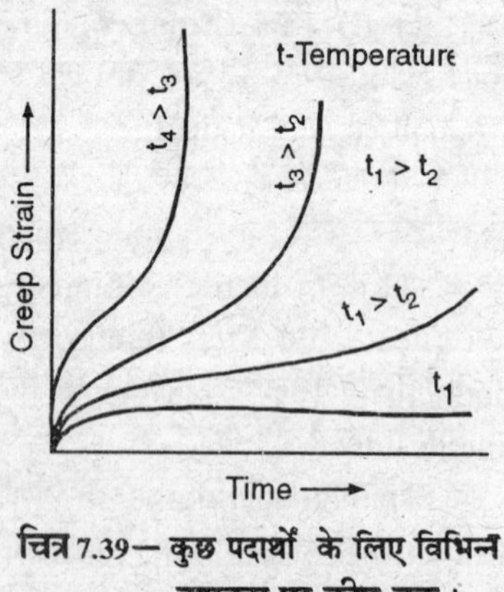

चित्र 7.39— कुछ पदार्थों के लिए विभिन्न तापक्रम पर क्रीप वक्र।

उपरोक्त दो चित्रों से यह देखा जा सकता है कि उच्च तापक्रम primary stage को कुछ सीमा तक कम करते हैं तथा Secondary stage को विलोपित भी करते हैं। यह परीक्षण के प्रारम्भ पर creep rate को त्वरित (accelerate) करने में फलित होता है। Intermediate stress तथा intermediate temperature के लिए primary तथा Secondary stages अधिक स्पष्ट रूप से परिभाषित हैं। निम्न तापक्रम तथा निम्न प्रतिबलों पर, Secondary stage अधिक धीमी creep rate के साथ अधिक स्पष्ट हो जाती है।

उदाहरण 7.4–(a) एक typical creep curve की तीन पद्धतियाँ (regimes) समय (time) के विरुद्ध Creep strain को दिखाते हुए, क्या हैं ? क्रीप की तीन अवस्थाओं (stages) में सम्मिलित deformation mechanism के बीच विभेद कीजिए।

(b) प्रतिबल शिथिलता परीक्षण (stress relaxation Test) तथा क्रीप परीक्षण (creep test) के बीच मौलिक अन्तर (fundamental difference) क्या है ?

(AMIE Winter 2005)

हल (Solution) : (a) Typical creep curve की तीन पद्धतियाँ (regimes) निम्न प्रकार हैं—

स्टेज 1. अथवा प्राइमरी क्रीप (Stage I or Primary creep)—यह decreasing slope की एक regime है। विकृति दर (strain rate) बहुत बड़े प्रारम्भिक मान (very large initial value) से तेजी से कम होती है। विकृति दर instantaneous strain के विकास के दौरान अत्याधिक उच्च है। कम होती विकृति दर (decreasing strain rate)के निम्न कारण हैं।

डिफॉर्मेशन के दौरान धातु में structural changes होते हैं। ऊर्जा का अधिकतम भाग structural changes में प्रयोग होता है तथा यह विकृति दर (strain rate) में कमी के लिए कारण है। Structural changes धातु की Strain hardening अर्थात् hardening processes तथा recovery एवं recrystallization अर्थात् softening processes से बने होते हैं। ये दोनों प्रोसेज एक-दूसरे के विपरीत हैं।

अब ऐसी स्थिति (situation) पर विचार कीजिए जहाँ Operating temperature, recovery temperature के नीचे है तथा Softening reactions लघु रोल अदा करते हैं। ऐसे लघु Softening process को नगन्य माना जा सकता है। अतः, अन्य प्रोसेस अर्थात् hardening process केवल कार्य करेगा। इसलिए हम कह सकते हैं कि धातु, परीक्षण के दौरान कठोरता (Hardness) में लगातार वृद्धि करेगी।

यह नोट किया जा सकता है कि विकृति (strain) के कारण, स्पैसीमेन का क्षेत्रफल लगातार कम हो रहा है परन्तु भार (load) स्थिर है। इस प्रकार, प्रतिबल स्थिर रूप से बढ़ता जायेगा। प्रतिबल में यह उत्थान (rise) क्रीप दर (creep rate) को बढ़ा देता है। यहाँ पुनः दो संक्रियाएँ (operations) हो रही हैं—

(1) Strain hardening, जो क्रीप दर (creep rate) को कम करती है।

(2) प्रतिबल में उत्थान (rise in stress), जो क्रीप दर को बढ़ा देता है।

ये दोनों सक्रियाएँ (operations) एक-दूसरे का विरोध करती है तथा वे प्रथम स्टेज (I stage) के अन्त तक विरोध करती हैं।

स्टेज 2. अथवा सेकेण्ड्री क्रीप (Stage II or Secondary Creep)—वक्र का Slope स्थिर हो जाता है। देखिये चित्र 7.40 । यह इस कारण से है कि उपरोक्त दो विरोधी सक्रियाओं (Strain hardening तथा rise in stress) के बीच balance प्राप्त होता है। परन्तु यह balance अनिश्चित रूप से नहीं जाता है, चूंकि अधिकतर स्पैसीमैन necking की

प्रक्रिया से गुजरते हैं अर्थात् प्रतिबल में वृद्धि होगी। अन्त में एक बिन्दु (point) आ पहुँचता है जहाँ क्रीप दर में वृद्धि प्रतिबल में वृद्धि के कारण strain hardening की तुलना में अधिक होगी जो क्रीप दर को कम करती है। इस बिन्दु पर स्टेज II समाप्त हो जाती है। सेकेण्ड्री क्रीप को steady state creep भी कहते हैं। इस स्टेज के दौरान क्रीप के मान को minimum creep rate कहते हैं।

स्टेज 3. अथवा तृतीय क्रीप (Stage III or Tertiary creep)—इस स्टेज के दौरान flow process, cata strophic (disastrous end) हो जाता है। डिफॉर्मेशन की दर (rate of deformation), Void formation तथा क्रेक फार्मेशन के कारण बढ़ती है। तथा इस प्रकार फ्रेक्चर होता है। यह स्टेज उच्च तापक्रमों (high temperatures) तथा उच्च प्रतिबलों (high stresses) पर घटित होती है।

स्थिर भार पर क्रीप वक्र (creep curve) में विविध स्टेज चित्र 7.40 में दिखाई गईं हैं—

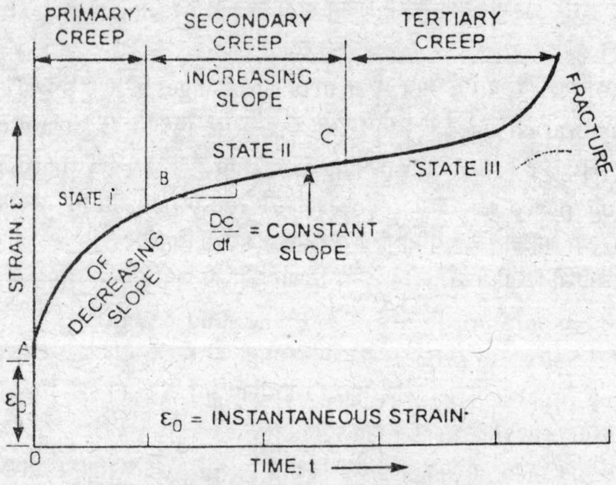

चित्र 7.40—स्थिर भार पर क्रीप वक्र में विविध स्टेज।

(b) प्रतिबल शिथिलता परीक्षण (Stress relaxation test)—इस परीक्षण में, पदर्थ प्रारम्भिक रुप से tensile stress लगाने के द्वारा पहले से निश्चित मान (predetermined value) को तेजी से विकृत होता है। विकृति (Strain) का स्थिर मान बनाये रखने के लिए आवश्यक प्रतिबल समय (time) के साथ (exponentially) कम होता है जैसे ही अधिक से अधिक प्लास्टिक विकृति, प्रत्यास्थ विकृति (elastic strain) के स्थान में होती हैं जैसा कि Maxwell मॉडल की दशा में देखा गया है, डिफॉर्मेशन स्थिर रहती है अर्थात्

$$\frac{d\gamma}{dt} = \frac{d\gamma_e}{dt} + \frac{d\gamma_v}{dt} = 0$$

क्रीप परीक्षण (Creep test)—एक क्रीप स्पेसीमेन तैयार किया जाता है, जो प्रायः वही होता है जो tesile testing का स्पेसीमेन होता है। एक प्लेटिनम तार स्पेसीमेन के एक

सिरे पर spot welded किया जाता है तथा दूसरे सिरे पर एक प्लेटिनम ट्यूब को स्पाट वेल्डिज किया जाता है, प्लेटिनम तार ट्यूब के अन्दर slide होती है। तार तथा ट्यूब दोनों पर reference marks रखे जाते हैं जो मध्य पर टेलीस्कोप से होकर अवलोकित किये जा सकते हैं। टेलीस्कोप के अन्दर scale रहता है तथा elongation को मापा जा सकता है।

क्रीप परीक्षण में बहुत समय लगता है। एक स्पेसीमेन को 10,000 घण्टे अथवा 417 दिनों की आवश्यकता होती है। क्रीप परीक्षण का उद्देश्य सीमान्त क्रीप प्रतिबल (limiting creep stress) को ज्ञात करना है जो प्रतिबल के रूप में परिभाषित की जाती है। जो एक विशिष्ट स्थिर तापमान पर एक असीमित समय काल के लिए लगाई गई प्रतिबल के साथ स्पेसीमेन को ठीक नहीं तोड़ेगी।

उदाहरण 7.5—(a) आप एक चित्रात्मक स्ट्रेस-स्ट्रेन वक्र से, प्लास्टिक स्ट्रेन रेंज को loading तथा unloading दिखाते हुए प्रत्यास्था तथा प्लास्टिक स्ट्रेन के अवयवों (plastic components of strain) को कैसे ज्ञात करेंगे, स्पष्ट कीजिए।

(b) निम्न पदों को परिभाषित कीजिए—

(i) इल्ड सामर्थ्य (yield strength)

(ii) तनाव सामर्थ्य (tensile strength)

(iii) पाइजन अनुपात (poission's ratio)

हल (a) चित्र 7.41 (a) में true-stress-true strain डायग्राम दिखाया गया है जो दिखाता है कि कैसे एक तन्य धातु (उदाहरण के लिए स्टील) व्यवहार करेगी जब उसे धीरे-धीरे loaded तथा unloaded किया जाता है। प्रत्यास्थ सीमा (elastic limit) के अन्दर loading एवं unloading, बिन्दुओं *O* तथा *A* के बीच वक्र के रेखीय भाग (linear portion) को ऊपर व नीचे cycling में फलित होती है। यदि प्लास्टिक क्षेत्र में (उदाहरण के लिए बिन्दु *B* तक) प्रारम्भिक भार unloading BeC पथ का अनुसरण करते हैं, जो रेखा OA के लगभग समानान्तर है। परिमाण *OC*, स्थायी लम्बाई में वृद्धि (permanent elongation) प्रदर्शित करता है। Reloading वक्र CfD देता है, जो unloading के पथ से थोड़ा सा भिन्न है।

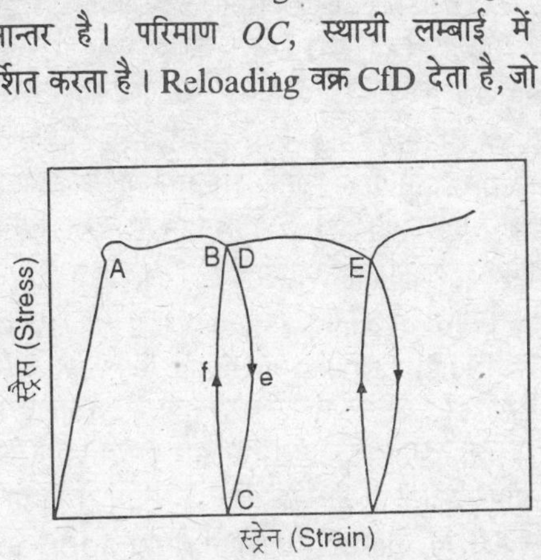

चित्र 7.41 (a)—बारंबार लोडिंग एवं अनलोडिंग।

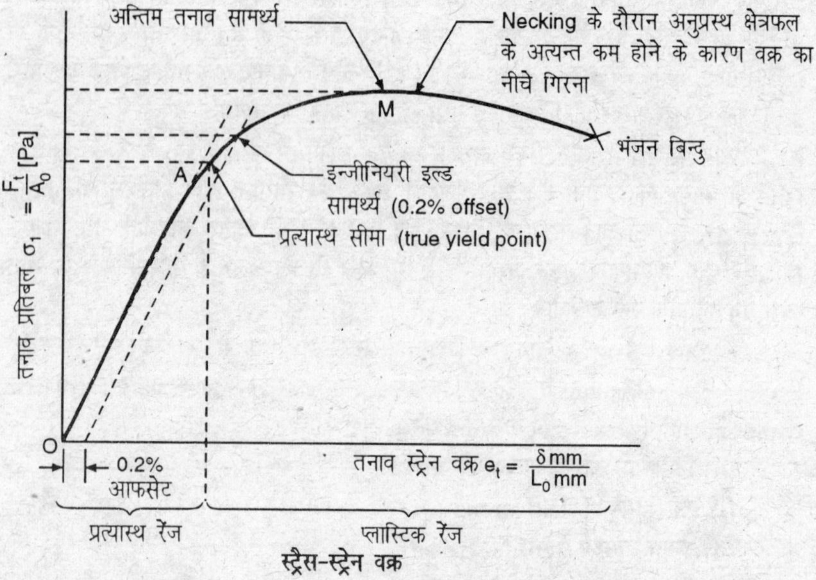

चित्र 7.41 (b)—तनाव परीक्षण विधि तथा परिणामी डाटा।

तनाव सामर्थ्य (tensile strength) को पदार्थ के स्ट्रैस-स्ट्रेन वक्र से समझा जा सकता है। एक धातु के लिए विशिष्ट इन्जीनियरी स्ट्रैस-स्ट्रेन वक्र चित्र 7.41 (b) में दिखाया गया है।

पदार्थ बिन्दु *Y* तक प्रत्यास्थ (elastic) है तथा Y के परे स्ट्रैसों के लिए इल्ड करता है। उसके पश्चात् वक्र non-linear है तथा पदार्थ में प्लास्टिक डिफॉर्मेशन का कारण होते हुए स्ट्रैस बढ़ती है। बिन्दु *M* तक स्ट्रैस बढ़ती है। अधिकतम स्ट्रैस (maximum stress) के इस बिन्दु पर, थोड़ा निपीडन (small constriction) अथवा neck स्पैसीमेन में कुछ बिन्दु पर बनना प्रारम्भ होता है। देखिए चित्र 7.41 (b)। इस अधिकतम बिन्दु पर इंजनियरी स्ट्रैस पदार्थ की tensile strength कहलाती है जिसे T_s से दर्शाया गया है। बिन्दु *M* के परे इंजनियरी स्ट्रैस कम होती है तथा necking में वृद्धि होती है, जब तक कि पुनः स्ट्रेन के साथ बिन्दु *F* पर भंजन (fracture) नहीं हो जाता है। धातुओं की तनाव सामर्थ्य (tensile strength) एल्यूमिनियम के लिए 90 MPa के न्यूनतम से उच्च सामर्थ्य इस्पातों के लिए लगभग 3000 Mpa उच्चतम तक परिवर्तित होती है।

(b) (i) इल्ड सामर्थ्य (Yield strength)—एक मशीन अथवा संरचना (structure) में रखा पदार्थ load carrying member के रूप में कार्य करने को प्लास्टिक रूप से डिफार्म होने के लिए कभी अनुमत नहीं किया जाता है। इसलिए, डिजानरों को अक्सर पदार्थ की प्रत्यास्थ सामर्थ्य (elastic strength) के द्वारा इसको इंगित करने की आवश्यकता होती है। दो प्रकार की सामर्थ्य होती हैं जो स्ट्रैस-स्ट्रेन डायग्राम से पहचानी जा सकती हैं। वे क्रमशः ideal' तथा practical elastic strengths हैं। Ideal elastic strengths, समानुपाती सीमा (proportional limit) तथा elastic limit हैं।

पदार्थ की समानुपाती सीमा (proportional limit) वह स्ट्रैस है जिस तक पदार्थ स्ट्रैस व स्ट्रैन के बीच रेखीय सम्बन्ध (linear relationship) रखता है।

पदार्थ की प्रत्यास्थ सीमा (elastic limit) वह स्ट्रैस है जिस तक पदार्थ प्रत्यास्थ रूप से (elastically) व्यवहार करता है।

(ii) तनाव सामर्थ्य (Tensile strength)—इसे तनाव परीक्षण के दौरान अधिकतम सहने वाले भार को परीक्षण खण्ड (test piece) के मूल अनुप्रस्थ काट क्षेत्रफल के द्वारा भाग देने के रूप में लिया जा सकता है; अर्थात् पदार्थ में विकसित अधिकतम तनाव प्रतिबल के रूप में एक धातु की अधिकतम तनाव सामर्थ्य (maximum tensile strength) उच्च होगी यदि इसे डिफॉर्मेशन होने पर तेजी से कठोर किया जाता है। तन्य धातुओं की स्थिति में तनाव सामर्थ्य प्रायः भंजन सामर्थ्य (breaking strength) की तुलना में अधिक होती है; परन्तु सदैव पदार्थ में विकसित अधिकतम true stress के नीचे होती है।

तनाव सामर्थ्य (tensile strength) अधिकतम प्रतिबल है। कई तन्य पदार्थों में डिफार्मेशन समान नहीं है तथा कुछ बिन्दु पर एक क्षेत्र (region) अन्य की तुलना में अधिक डिफॉर्म करता है तथा अनुप्रस्थ काट क्षेत्रफल में large local decrease होता है। यह स्थानीय डिफार्म क्षेत्र (locally deformed region), 'neck' कहलाता है तथा फिनोमिनन 'necking' है। डिफॉर्मेशन जारी रखने को कम बल की आवश्यकता होती है क्योंकि अनुप्रस्थ काट क्षेत्रफल (cross sectional area) अपेक्षाकृत कम हो जाता है तथा इन्जीनियरी स्ट्रैस की कम हुए मूल क्षेत्रफल A0 से गणना की जाती है। तनाव सामर्थ्य (tensile strength) वह स्ट्रैस है जिस पर तन्य पदार्थ में necking प्रारम्भ होती है।

(iii) पाइजन अनुपात (Poisson's ratio)—पाइजन अनुपात lateral strain तथा linear or longitudinal strain के मध्य विद्यमान सम्बन्ध को प्रकट करता है। पाइजन अनुपात का मान भिन्न पदार्थों के साथ परिवर्तित होता है। अधिकतर संरचनीय पदार्थों के लिए यह 0.3 से 0.6 के बीच होता है।

7.36. शब्दावली (Glossary)

एनिस्ट्रापी (Anistropy)—कोई पिण्ड उस अवस्था में एनिस्ट्रापिक (anistropic) कहलाता है। जब उसके गुण विभिन्न दिशाओं में परिवर्तित होते हैं।

भंगुरता (Brittleness)—पदार्थ पर भार (load) अथवा चोट लगने पर डिफॉर्मेशन हुए बिना उसमें fracture होना, उसकी brittleness का गुण प्रदर्शित करता है। सभी non-ductile पदार्थ brittle कहलाते हैं। भंगुरता तन्यता का विलोम (opposite) है।

क्लेवेज (Cleavage)—क्रेक प्रसार (Crack propagation) विशेष crystallographic समतलों के अन्वायाम आणविक बाण्डों की क्रमानुसार (Successive) तथा बारंबार भंजन (repeated breaking) को सम्मत (corresponds) होता है। क्लेवेज में क्रेक समतल से होकर गुजरते हैं।

क्रीप (Creep)—पदार्थ पर steady load लगाने पर उसमें उत्पन्न लगातार डिफॉर्मेशन (continuous deformation) क्रीप (creep) कहलाता है। स्थिर भार (constant load) अथवा स्थिर स्ट्रैस पर होने वाले उच्च तापमानों पर समय पर निर्भर, स्थायी डिफार्मेशन क्रीप (creep) कहलाता है।

क्रीप दर (Creep rate)—वह दर जिस पर एक पदार्थ डिफार्म करता है जब एक स्ट्रैस उच्च तापमान पर आरोपित की जाती है।

क्रीप परीक्षण (Creep Test)—यह डिफॉर्मेशन तथा failure को एक पदार्थ का प्रतिरोध मापता है जब एक ऊँचे तापमान पर yield strength के नीचे इस पर एक स्थैतिक भार (Static load) लगाया जाता है।

तन्य भंजन (Ductile fracture)—तन्य भंजन अनेक रूप ले सकता है। hcp धातु के single crystals कर्तन (Shear) के द्वारा क्रिस्टल के अन्तिम रूप से अलग होने तक परम्परागत basal planes पर slip कर सकते हैं। ये fracture प्रायः overloads के द्वारा अथवा पदार्थ पर अत्यधिक उच्च प्रतिबंल लगाने के द्वारा होते हैं।

Ductile to brittle transition temperature (DBTT)—वह तापमान जिसके नीचे एक पदार्थ एक impact test में brittle manner में व्यवहार करता है। The ductile to brittle switch over विकृति दर (strain rate) पर भी निर्भर करता है।

तन्यता (Ductility)—जब एक बल लगाया जाता है तो बिना भंजन हुए (without breaking) स्थायी रूप से डिफार्म होने की पदार्थ की योग्यता तन्यता (ductility) कहलाती है।

प्रत्यास्थ सीमा (Elastic limit)—यह वह बिन्दु है जिस पर प्रतिबल का परिमाण जिस पर स्ट्रैस एवं स्ट्रेन के बीच सम्बन्ध linearity से विमुख होता है।

प्रत्यास्थ विकृति (Elastic strain)—एक पदार्थ में पूर्णरूप से तथा तात्कालीक रूप से पुनः प्राप्त करने योग्य विकृति।

प्रत्यास्थ सामर्थ्य (Elastic strength)—यह सामर्थ्य का मान (Value) है जब पदार्थ elastic range से plastic range को अपना व्यवहार बदलता है। इसे यथार्थता से नहीं मापा जा सकता है। यह ideal stress के रूप में जानी जाती है।

प्रत्यास्थता (Elasticity)—बल हटाने के पश्चात् पदार्थ की अपनी मूल साइज तथा आकार (Shape) पुनः प्राप्त करने की योग्यता। प्रत्यास्थता अधिकतर स्ट्रैस अथवा elastic limit के पदों में मापी जाती है।

धीरता सीमा (Endurance limit)—पदार्थ द्वारा repeated stress को सहन करने का गुण उसकी धीरता (endurance) कहलाती है। पदार्थ की धीरता सीमा (endurance limit) अथवा fatigue सामर्थ्य, स्ट्रैस का वह मान है जिसे असंख्य बार (infinitely large times) प्रयोग करने पर पदार्थ में failure न हो।

इन्जीनियरी स्ट्रेन (Engineering strain)—वह मात्रा (amount) जो एक पदार्थ एक तनाव परीक्षण (tensile test) में प्रति इकाई लम्बाई डिफार्म करता है।

इन्जीनियरी स्ट्रैस (Engineering stress)—यह पदार्थ के मूल अनुप्रस्थ काट क्षेत्रफल के द्वारा भाग किया हुआ लगाया गया भार अथवा बल है।

फटीग (Fatigue)—पदार्थ का repeatedly cyclic loading किये जाने पर failure होना fatigue कहलाता है। यद्यपि इस मात्रा का भार सामान्य रूप से लगाने से पदार्थ में कोई स्पष्ट detectable प्लास्टिक डिफॉर्मेशन उत्पन्न नहीं होता है।

फटीग सीमा (Fatigue limit)—यह स्ट्रैस का वह अधिकतम मान है जिसे अनेकों बार (large numbers of cycles) एप्लाई करने पर पदार्थ failure हुए बिना सहन (with stand) कर सकता है। यह पदार्थ की enduarance limit भी कहलाती है।

फ्रेक्चर (Fracture)—किसी ठोस पिण्ड (Solid body) पर स्ट्रैस लगाने के फलस्वरूप उसका दो या दो से अधिक भागों में टूटना (separation) तथा प्लास्टिक डिफार्मेशन प्रोसेस का end result फ्रेक्चर कहलाता है।

ग्रिफिथ नियम (Griffith law)—पदार्थ में एक क्रेक (crack) अथवा भंजन (flaw) जो लगाई गई स्ट्रैस को संकेन्द्रित (concrentrate) तथा आवर्धित (magnify) करता है। ग्रिफिथ के अनुसार brittle पदार्थ में अनेक microcracks होते हैं जो stress concentration के centre का कार्य करते हैं। स्ट्रैस की एक critical value से कम पर एक निर्धारित आकार के micro cracks लगातार नहीं बढ़ते हैं।

इम्पेक्ट सामर्थ्य (Impact strength)—किसी पदार्थ की फ्रेक्चर से पूर्व शॉक (Shock) से उत्पन्न ऊर्जा (Shock energy) अवशोषण (absorb) करने की क्षमता impact strength कहलाती है। पदार्थ की impact strength से उसकी toughness की सूचना भी प्राप्त होती है। यह एक स्पैसीमैन को फ्रेक्चर करने की प्रति इकाई अनुप्रस्थ काट क्षेत्रफल आवश्यक ऊर्जा है।

प्रत्यास्थता मापांक (Modulus of Elasticity, E)—पदार्थ के स्ट्रैस-स्ट्रेन डायग्राम में समानुपाती सीमा (limit of proportionality) से पहले प्रत्येक बिन्दु पर स्ट्रैस एवं स्ट्रैन परस्पर समानुपाती होते हैं। स्ट्रैस-स्ट्रेन डायग्राम में वक्र के लीनियर भाग पर मूल बिन्दु से खींची गई स्पर्श रेखा का Slope, पदार्थ के Modulus of Elasticity (E) के बराबर होता है।

रेजिलियेन्स गुणांक (Modulus of resilience, E_r)—यह भार लगाने पर पदार्थ के द्वारा अवशोषित अधिकतम प्रत्यास्थ ऊर्जा (maximum elastic energy absorbed) है।

मैलियेबिलिटी (Malleability)—पदार्थ पर compressive stress लगाने पर उसमें स्थायी डिफॉर्मेशन होना malleability कहलाती है। पदार्थ में यह गुण तब ही सम्भव हो सकता है जब उसमें प्लास्टिकता का गुण हो।

रेजिलियेन्स (Resilience)—पदार्थ का ऊर्जा अवशोषित (absorb) करने का अथवा ऊर्जा स्टोर करने का गुण, पदार्थ की resilience कहलाता है।

स्ट्रैन (Strain)—प्रति इकाई मूल लम्बाई विमा (dimension) में elongational परिवर्तन।

स्टिफनैस (Stiffness)—किसी पदार्थ में, अन्य पदार्थों की तुलना में होने वाला आपेक्षिक डिफॉर्मेशन (relative deformation) उसकी स्टिफनैस प्रदर्शित करता है। पदार्थ में प्रति इकाई डिफॉर्मेशन उत्पन्न करने के लिए आवश्यक स्ट्रैस को भी stiffness कहते हैं।

सामर्थ्य (Strength)—भार सहन करने की पदार्थ की क्षमता। पदार्थ के failure हुए बिना उसके stress सहन करने के गुण को पदार्थ की सामर्थ्य (strength) कहते हैं।

स्ट्रैस (Stress)—पदार्थ पर प्रयुक्त भार एवं उसके अनुप्रस्थ क्षेत्रफल के अनुपात को स्ट्रैस कहते हैं। यह nominal stress भी कहलाता है।

तनाव सामर्थ्य (Tensile strength)—तनाव परीक्षण (tensile test) में पदार्थ पर लगाये गये भार के अधिकतम मान तथा स्पैसीमेन के original cross-sectional area के अनुपात को tensile strength कहते हैं।

ट्रू स्ट्रैन (True strain)—पदार्थ में उसकी instantaneous dimensions में per unit डिफार्मेशन को true-strain अथवा Natural strain कहते हैं। यह वास्तविक विमा (actual dimension) को, मूल विमा (original dimension) नहीं का प्रयोग कर ज्ञात की जाती है, $e_t = \log (l/l_0)$।

ट्रू-स्ट्रैस (True Stress)—पदार्थ पर भार प्रयुक्त करने के पश्चात् उसके अनुप्रस्थ क्षेत्रफल में परिवर्तन होता है। किसी क्षण पर भार तथा उस क्षण पर उसके अनुप्रस्थ क्षेत्रफल (instantaneous cross-sectional area) के अनुपात को True stress कहते हैं।

अन्तिम सामर्थ्य (Ultimate strength)—यह पदार्थ के इकाई अनुप्रस्थ काट की fracture करने का आवश्यक अधिकतम भार है।

इल्ड सामर्थ्य (yield strength)—स्ट्रैस-स्ट्रैन डायग्राम में बह बिन्दु जिस पर पदार्थ में बिना भार बढ़ायें काफी स्थाई (permanent) स्ट्रैन उत्पन्न हो जाता है, yield point कहलाता है। इस बिन्दु पर स्ट्रैस का मान yield point stress अथवा yield strength कहलाता है।

यंग मापांक (Young's modulus)—स्ट्रैस-स्ट्रैन डायग्राम में वक्र के लीनियर भाग पर मूल बिन्दु से खींची गई स्पर्श रेखा का slope, यंग मापांक (young's modulus) अथवा प्रत्यास्थता मापांक (modulus of elasticity) कहलाता है।

अभ्यासमाला (Exercise)

1. पदार्थों के यांत्रिक गुणों (mechanical properties) से आप क्या समझते हैं? एक मशीन अथवा संरचना अवयवों (structure elements) की डिजाइन में उनकी महत्ता बताइये।
2. आइसोट्रॉपी (isotropy) पर एनिसट्रॉपी (anistropy) के द्वारा आप का क्या आशय है?
3. इन्जीनियरी स्ट्रैस तथा स्ट्रेन क्या है? 'True stress' तथा 'True-strain' का क्या मतलब (meaning) है? एक स्ट्रैस-स्ट्रैन डायग्राम खींचकर उसमें क्रान्तिय बिन्दुओं (critical points) को अंकित कीजिए तथा उनकी महत्ता समझाइये।
4. प्रत्यास्था मापांक (modulus of elasticity) तथा पाइजन अनुपात (poisson's ratio) क्या हैं?
5. निम्न में अन्तर स्पष्ट कीजिए—

   (i) yield point एवं yield strength

   (ii) सामर्थ्य (Strength) एवं चीमड़पन (Stiffness)

   (iii) कठोरता (hardness) एवं भंगुरता (brittleness)

(iv) धीरता सीमा (endorance limit) एवं फटींग सामर्थ्य
(v) कड़ापन (toughness) एवं रेजिलियन्स (resilience)

6. Ductile तथा Brittle fractures में अन्तर स्पष्ट कीजिए। दो Ductile तथा दो Brittle पदार्थों के नाम लिखिए।

7. ग्रिफिथ की theory of fracture का वर्णन कीजिए।

8. धातुओं में विभिन्न प्रकार के फ्रेक्चर्स कौन से हैं?

9. निम्न कार्बन इस्पात (low carbon steel) के लिए एक labelled स्ट्रेस-स्ट्रेन वक्र खींचिये। यह कॉपर के लिए वक्र से किस प्रकार भिन्न है?
(AMIE, Summer 1982, Winter 1989)

10. क्रीप (creep) से आप क्या समझते हैं? एक Typical creep वक्र खींचिए तथा उसके द्वारा creep की different stages का वर्णन कीजिए। ग्रेन साइज, स्ट्रेन हार्डनिंग, हीट ट्रीटमेन्ट तथा alloying का क्रीप पर प्रभाव समझाइये। अपने उत्तर की इस्पात के संदर्भ में व्याख्या कीजिए। **(AMIE, Winter 1983, Wummer 1985, 86, 87)**

11. (i) धातुओं एवं मिश्र धातुओं के मुख्य गुण ज्ञात करने के लिए महत्त्वपूर्ण यांत्रिक परीक्षण के नाम दीजिए।

(ii) Impact test करने के क्या उद्देश्य हैं?

(iii) Pendulum Type Impact testing मशीन द्वारा impact test करने की विधि का सूत्र सहित विवरण दीजिए।

12. उन फेक्टर्स का विवरण दीजिए जिनके कारण धातु में ductile से brittle व्यवहार पर ट्रांजिशन होता है। **(AMIE, Winter 1985, Summer 1990)**

13. (i) Low carbon steel के लिए स्ट्रैस-स्ट्रेन डायग्राम खींचिए तथा इसमें elastic limit एवं yield point का विवरण दीजिए।

(ii) विभिन्न hardness परीक्षणों का विवरण दीजिए तथा प्रत्येक के गुण एवं दोष का वर्णन कीजिए। **(AMIE, Winter 1986, 87, Summer 1988, 89)**

14. (i) क्रीप के मेकेनिज्म को स्पष्ट कीजिए।

(ii) Ductile and brittle fracture में अन्तर स्पष्ट कीजिए। **(AMIE, Summer 2006)**

15. (i) पदार्थों की Viscoelastic properties पर स्ट्रेन के साथ स्ट्रैस तथा समय के साथ स्ट्रेन के variation के schematic plots को दिखाते हुए, नोट लिखिए।
(AMIE, Summer 2006)

(ii) धातुओं के यांत्रिक गुणों (mechanical properties) पर उच्च तापमान के क्या प्रभाव हैं? **(AMIE, Summer 2006)**

16. (a) धातुओं के यांत्रिक गुणों पर ग्रेन साइज (grain size) एवं निम्न तापमान (low temperature) का क्या प्रभाव है ?

(b) Proof stress, ultimate tensile strength, % elongation तथा % reduction in area के लिए व्यंजक प्राप्त कीजिए।

17. धातुओं में fatigue से क्या तात्पर्य है ?

18. निम्न मेकेनिज्म का वर्णन कीजिए—

(i) फटीग असफलता (fatigue failure)

(ii) क्रीप असफलता (creep failure)

19. क्रीप (creep) तथा creep limit की परिभाषा दीजिए। क्रीप परीक्षण (creep test) कैसे किया जाता है ? क्रीप परीक्षण के क्या उद्देश्य हैं ?

20. उच्च तापमान पर fire grained materials की तुलना में coarse grained materials क्यों stronger हैं ?

8

धातुओं का डिफॉर्मेशन
(Deformation of Metals)

8.1. परिचय (Introduction)

पदार्थ पर बल लगाने पर उसके आकार में परिवर्तन (change in dimension or form) डिफॉर्मेशन कहलाता है। डिफॉर्मेशन, बाह्य बलों के एप्लाई करने पर अथवा विभिन्न भौतिक-रासायनिक (physico-chemical) प्रक्रियाओं द्वारा हो सकता है उदाहरणतः फेज ट्रांसफॉर्मेशन में क्रिस्टलों के आयतन में परिवर्तन अथवा ताप प्रवणता (temperature gradient) के कारण वस्तु के आकार में परिवर्तन। परन्तु हम केवल बाह्य लोड के प्रभाव से उत्पन्न डिफॉर्मेशन की विवेचना करेंगे जोकि प्रायः सभी ठोस पदार्थों में, उनके प्रतिदिन के उपयोग में होता है। यह डिफॉर्मेशन स्थायी (permanent) अथवा अस्थायी (temporary) हो सकता है। स्थायी डिफॉर्मेशन, एप्लाई किए गए लोड अथवा डिफॉर्मिंग बल के हटाने पर भी रहता है जबकि अस्थायी डिफॉर्मेशन लोड हटाने पर स्वतः समाप्त (disappear) हो जाता है।

पदार्थों को मुख्यतः तीन वर्गों 1. एलास्टिक (elastic) 2. इलेक्ट्रोप्लास्टिक तथा 3. विस्कोएलास्टिक (viscoelastic) में विभाजित किया जा सकता है। इस आधार पर प्रायः इन्जीनियरिंग पदार्थों में होने वाले सभी प्रकार के डिफॉर्मेशन तीन प्रकार के हो सकते हैं एलास्टिक, प्लास्टिक तथा विस्कोएलास्टिक।

8.2. प्रत्यास्थ डिफॉर्मेशन (Elastic Deformation)

बाह्य बल अथवा स्ट्रैस के प्रभाव से सभी पदार्थों में कुछ डिफॉर्मेशन अवश्य होता है, चाहे यह कितना ही कम क्यों न हो। यदि स्ट्रैस हटाने पर (जिसके कारण स्ट्रेन उत्पन्न हुआ है)

पदार्थ में उत्पन्न स्ट्रेन अथवा डिफॉर्मेशन पूर्णतया विलुप्त (disappear) हो जाता है, तब यह एलास्टिक डिफॉर्मेशन (elastic deformation) कहलाता है। क्रिस्टलाइन पदार्थों में स्ट्रैस-स्ट्रेन वक्र लीनियर होता है जबकि अक्रिस्टलीय (non-crystalline) पदार्थों में नान-लीनियर (non-linear) होता है। एलास्टिक डिफॉर्मेशन अस्थायी (temporary or recoverable) होता है। वह डिफॉर्मेशन जो पूर्णतया रिकवर (fully recoverable) हो सकता है तथा समय पर निर्भर नहीं करता एलास्टिक डिफॉर्मेशन कहलाता है। यह डिफॉर्मेशन हुक के नियम का पालन करता है, अर्थात् डिफॉर्मेशन एप्लाइड स्ट्रैस के समानुपाती होता है तथा यंग मॉडुलस (*Y*) इसमें समानुपातिक नियतांक (proportionality constant) होता है। इस डिफॉर्मेशन के पश्चात् सीधे फ्रेक्चर हो सकता है। टेन्साइल स्ट्रैस एप्लाई करने पर भंगुर पदार्थ (brittle materials) उदाहरणतः कान्क्रीट, कास्ट आयरन तथा सिलिकेट ग्लास इत्यादि फ्रेक्चर होने तक एलास्टिक डिफॉर्मेशन प्रदर्शित करते हैं। जबकि डक्टाइल पदार्थ उदाहरणतः कॉपर एल्यूमिनियम तथा स्टील एलास्टिक सीमा (elastic limit) तक एलास्टिक व्यवहार प्रदर्शित करते हैं। इन दोनों प्रकार के पदार्थों में, एलास्टिक क्षेत्र में स्ट्रेन सदैव स्टैस के समानुपाती होती है।

यह देखा गया है कि एलास्टिक डिफॉर्मेशन से पदार्थ की रचना (structure) में कोई उल्लेखनीय परिवर्तन नहीं होता। लोड एप्लाई करने पर पदार्थ के परमाणुओं में एक-दूसरे के सापेक्ष कुछ एलास्टिक विस्थापन (elastic displacement) होता है अथवा क्रिस्टल के

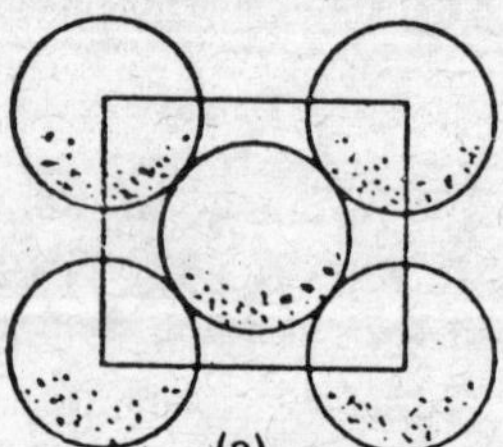

(a)
Before loading and after removing the load

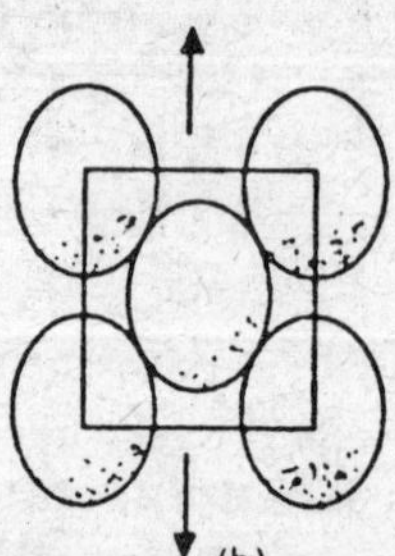

(b)
On loading in tension

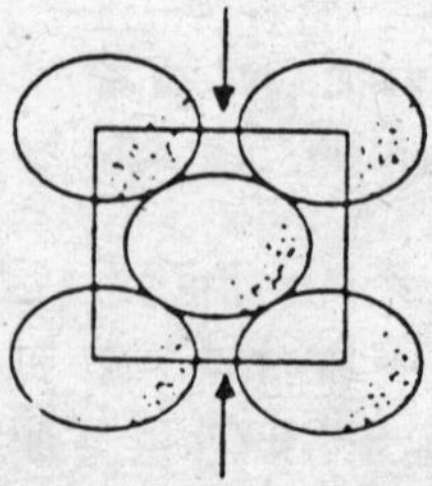

On loading in compression

चित्र 8.1—ऍलास्टिक डिफॉर्मेशन : (a) पदार्थ में स्ट्रैस लगाने से पूर्व परमाणुओं की स्थिति
(b) टैन्साइल लोड एप्लाई करने पर अन्तरपरमाणुविक दूरी में वृद्धि
(c) कम्प्रेसिव लोड पर अन्तर परमाणुविक दूरी में कमी

ब्लॉक ट्विस्ट हो जाते हैं। सिंगल क्रिस्टल (single crystal) पर टेन्साइड लोड (tensile load) एप्लाई करने से अन्तरपरमाणुविक स्पेसिंग (interatomic spacing) चित्र 8.1 (a) की भाँति अधिक हो जाती है तथा कम्प्रैसिव (compressive) लोड होने पर चित्र 8.1 (b) की भाँति कम होती है जिससे लैटिस की ऊर्जा में वृद्धि होती है। लोड हटाने पर आकर्षण एवं विकर्षण (attraction and repulsion) बलों के कारण परमाणु शीघ्र ही अपनी साम्य स्थिति (equilibrium position) पर वापस आ जाते हैं एवं क्रिस्टल पुनः अपने पूर्व आकार में आ जाता है तथा क्रिस्टल द्वारा ग्रहण की ऊर्जा (exces energy) उष्मा (heat) के रूप में मुक्त हो जाती है। पदार्थों का यह व्यवहार शुद्ध एलास्टिक व्यवहार कहलाता है। इसी प्रकार किसी पॉलीक्रिस्टलाइन पदार्थ के नमूने (sample) पर स्ट्रैस एप्लाई करने पर प्रत्येक ग्रेन (grain) के अन्दर लैटिस अस्थायी रूप से (temporarily) विस्थापित अथवा विरूपित (distort) हो जाती है। पदार्थ की समस्त स्ट्रेन, प्रत्येक ग्रेन के अन्दर लैटिसों (lattices) के डिसप्लेसमैन्ट के बीजीय योग (algebric sum) के बराबर होती है। एलास्टिक डिफॉर्मेशन एक उत्क्रमणीय प्रक्रिया (reversible process) है।

8.3. प्लास्टिक डिफॉर्मेशन (Plastics Deformation)

प्लास्टिक डिफॉर्मेशन, एलास्टिक डिफॉर्मेशन की भाँति उत्क्रमणीय प्रक्रिया (reversible process) नहीं है तथा इसमें उत्पन्न स्ट्रेन (strain) हुक के नियम के अनुसार नहीं होता। प्लास्टिक डिफॉर्मेशन लोडिंग पथ (loading path) पर निर्भर करता है जिसके द्वारा पदार्थ की अन्तिम अवस्था (stage) प्राप्त होती है जबकि एलास्टिक डिफॉर्मेशन स्टैस एवं स्ट्रेन की प्रारम्भिक अवस्थाओं पर निर्भर करता है। प्लास्टिक डिफॉर्मेशन में स्ट्रैस एवं स्ट्रेन को परस्पर सम्बन्धित (connect) करने वाला कोई ऐसा नियतांक (constant) नहीं होता जिसका मापन (measure) किया जा सके जबकि एलास्टिक डिफॉर्मेशन में स्ट्रैस तथा स्ट्रेन परस्पर यंग मांपाक (Young's Modulus) द्वारा सम्बन्धित होते हैं।

धातु पदार्थों में एलास्टिक लिमिट के पश्चात् (अधिक) स्ट्रैस प्रयुक्त करने पर प्लास्टिक डिफॉर्मेशन होता है। क्रिस्टलाइन पदार्थों में उनके द्रवणांक (melting temperature 'T_m') के 40% ताप ($0{\cdot}4\,T_m$) के लगभग तुल्य माप पर उत्पन्न स्थायी (permanent) डिफॉर्मेशन, प्लास्टिक डिफॉर्मेशन होता है। प्लास्टिक डिफॉर्मेशन स्ट्रैस, ताप तथा स्ट्रनिंग की दर (rate of straining) पर निर्भर करता है। प्लास्टिक डिफॉर्मेशन में स्ट्रैस, ताप एवं स्ट्रेन के विभिन्न मान (values) पर विभिन्न प्रक्रियाएँ होती हैं जिनमें ग्रेन (grains) के अन्दर परमाणुओं का विस्थापन (displacement of atomic) होता हैं तथा पदार्थ के आकार (shape) में स्थायी परिवर्तन उत्पन्न हो जाते हैं। प्लास्टिक डिफॉर्मेशन, टेन्साइल, कॉम्प्रेशनल (compressional) अथवा कर्तन (tortional) किसी भी स्ट्रैस द्वारा उत्पन्न हो सकता है।

प्रायः सभी स्ट्रक्चुरल धातुओं (structural metals) में ऍलास्टो-प्लास्टिक गुण होते हैं चूँकि पदार्थ में ऍलास्टिक डिफॉर्मेशन के पश्चात् failure होने से पहले प्लास्टिक डिफॉर्मेशन होता है। धातुओं का यह विशिष्ठ गुण उन्हें अन्य अनेक पदार्थों की तुलना में उपयोगी बनाता है, क्योंकि इस गुण के कारण धातुओं पर रोलिंग (rolling), फोर्जिंग (forging), प्रेसिंग (pressing), ड्राइंग (drawing), स्पिनिंग (spinning) तथा टर्निंग (turning) इत्यादि की प्रक्रिया की जा सकती हैं जिससे अनेक उपयोगी वस्तुएँ (articles) बनती हैं।

8.4. सिंगल क्रिस्टल का डिफॉर्मेशन (Deformation of a Single Crystal)

धातुओं में प्लास्टिक डिफॉर्मेशन की व्याख्या एक सिंगल क्रिस्टल की स्ट्रैस के प्रति व्यवहार से की जा सकती है जबकि क्रिस्टल में इसी प्रकार का प्लास्टिक डिफॉर्मेशन (similar deformation) हो रहा हो। विश्लेषण में यदि पॉलीक्रिस्टलाइन सेम्पल प्रयुक्त किया गया है तब सिंगल क्रिस्टल के अध्ययन से प्राप्त परिणाम धातु में सभी विभिन्न प्रकार से oriented ग्रेनों (grains) के औसत व्यवहार को प्रदर्शित करते हैं। सिंगल क्रिस्टल निम्न विधियों द्वारा उत्पन्न किए जा सकते हैं—

1. धातु के melt के solidification का सावधानीपूर्वक नियन्त्रण द्वारा।
2. धातु की कोल्ड-वर्किंग का (cold working) के पश्चात् लम्बी अवधि तक एनीलिंग (annealing) द्वारा।

दूसरी विधि प्रयुक्त कर लगभग 1·5 mm व्यास के तार (wire) उत्पन्न किए जा सकते हैं जिन्हें सिंगल क्रिस्टल की भाँति प्रयुक्त किया जा सकता है।

सिंगल क्रिस्टल में प्लास्टिक डिफॉर्मेशन दो क्रियाओं के फलस्वरूप हो सकता है—

1. स्लिप द्वारा (by slip) तथा 2. ट्विनिंग द्वारा (by twinning)

8.5. स्लिप द्वारा डिफॉर्मेशन (Deformation by Slip)

धातुओं में प्लास्टिक डिफॉर्मेशन क्रिस्टल ब्लॉक्स के एक-दूसरे के ऊपर स्लाइड (sliding) करने से होता है। ब्लॉक्स का स्लाइडिंग (sliding) कुछ निश्चित (definite) क्रिस्टेलोग्राफिक तलों (crystallographic planes) जिन्हें स्लिप प्लेनस (slip planes) कहते हैं, के अनुदिश (along) होता है। क्रिस्टलों का एक-दूसरे पर स्लिप (slip or glide) ठीक उस प्रकार होता है जैसे कि ताश की गड्डी (pile of cards) का एक सिरे से पुश करने से, ताश की ढेरी में डिस्टोंशन होता है। चित्र 8.2 में स्लिप प्रक्रिया प्रदर्शित की गई है। चित्र 8.2 (a) में धातु के एक सेम्पल (cube) पर शीयर स्ट्रैस (shear stress) एप्लाई की गई है

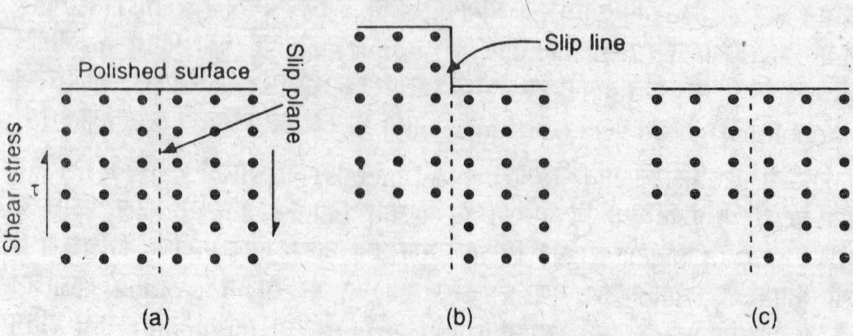

चित्र 8.2—स्लिप प्रक्रिया (slip process)

धातु की ऊपर की सतह (top surface) पॉलिशड् है। शीयर स्ट्रैस का मान एक क्रिटिकल (critical value) मान से अधिक होने पर धातु में स्लिप द्वारा डिफॉर्मेशन होता है। परमाणु, स्लिप प्लेन के अनुदिश (along the slip plane) सैकड़ों परमाणुविक दूरी (an integral number of atomic distance) के बराबर गति करते हैं। परमाणुओं की इस गति से चित्र 8.2 (b) की भाँति पॉलिशड् सतह अब समतल (plane) नहीं रहती तथा उसमें एक स्टेप (step) उत्पन्न हो जाता है। यदि पॉलिश की गई सतह को माइक्रोस्कोप द्वारा ऊपर (top) से देखा जाए तब सतह में यह स्टेप एक लाइन की भाँति प्रतीत होता है जिसे स्लिप लाइन कहते हैं। यदि स्लिप प्रक्रिया होने के पश्चात् सतह को पॉलिश कर दिया जाए तब स्लिप लाइन चित्र 8.2 (c) की भाँति विलुप्त (disappear) हो जाती है।

यदि डिफॉर्मेशन यूनिफार्म (uniform) है तब लैटिस की सिमेट्री (symmetry) के कारण स्लिप सम्पन्न होने के पश्चात् क्रिस्टल स्ट्रक्चर पुनः व्यवस्थित हो जाता है। क्रिस्टल के स्लिप हुए भाग (slippcd part) का प्रत्येक परमाणु समान दूरी तक विस्थापित होता है यह दूरी अन्तर परमाणुविक स्पेसिंग की एक पूर्ण संख्या (integral number of interatomic spacing) के तुल्य होती है।

चूँकि प्लास्टिक डिफॉर्मेशन (plastic or homogeneous deformation) के बाद भी सिंगल क्रिस्टल एक सिंगल क्रिस्टल ही रहता है अतः प्लास्टिक डिफॉर्मेशन कुछ विशेष सीमाओं (limitations) के अन्तर्गत होता है। स्लिप प्रक्रिया, कुछ निश्चित क्रिस्टलोग्राफिक तलों (certain crystallographic planes) पर विशेष दिशाओं (specific directions) में होती है। स्लिप प्लेन प्रायः अधिकतम परमाणुविक घनत्व (greatest atomic density) वाला तल (plane) होता है तथा स्लिप दिशा (slip direction), स्लिप प्लेन में closest packed दिशा होती है। चूँकि अधिकतम परमाणु घनत्व वाले तल, क्रिस्टल स्ट्रक्चर में सबसे अधिक दूरी पर व्यवस्थित (most widely placed) होते हैं अतः सामान्यतः इन तलों के लिए स्लिप के प्रति प्रतिरोध (resistance to slip), तलों के किसी अन्य समूह (set of planes) की तुलना में कम होता है। स्लिप प्लेन तथा स्लिप दिंशा संयुक्त रूप से (together) स्लिप सिस्टम (slip system) कहलाता है।

स्लिप प्लेन तथा दिंशाएँ धातु के ताप, प्रारम्भिक डिफॉर्मेशन तथा एलॉय संगठन (alloy composition) पर निर्भर करती हैं। उदाहरणतः एल्यूमिनियम में निम्न ताप पर डिफॉर्मेशन में स्लिप, (111) प्लेन पर तथा उच्च ताप पर (100) प्लेन के अनुदिश होती है।

जैसा कि ऊपर विवरण दिया जा चुका है कि धातु क्रिस्टलों में प्लास्टिक डिफॉर्मेशन दुर्बल (weak) क्रिस्टलोग्राफिक तलों के अनुदिश (along), परमाणु बन्धों (atomic bonds) की शीयरिंग के कारण होता है चाहे क्रिस्टल पर टेन्साइल अथवा कम्प्रैसिव स्ट्रैस कोई भी प्रयुक्त की गई हो। क्रिस्टल की लम्बाई में फ्लो की दिशा में (in the direction of flow) वृद्धि होती है क्योंकि एक-दूसरे के सापेक्ष गतिमान क्रिस्टल ब्लॉक, वास्तव में घूर्णन (rotate) करते हैं तथा चित्र 8.3 की भाँति तनाव (tension) की अक्ष के समानान्तर होने का प्रयत्न करते हैं अथवा कम्प्रेशन की अक्ष के लम्बवत् रहते हैं। अतः कहा जा सकता है कि स्लिप प्लेन तथा दिशा डिफॉर्मेशन के साथ फ्लो की दिशा में रोटेट (rotate) करने का प्रयत्न करती है।

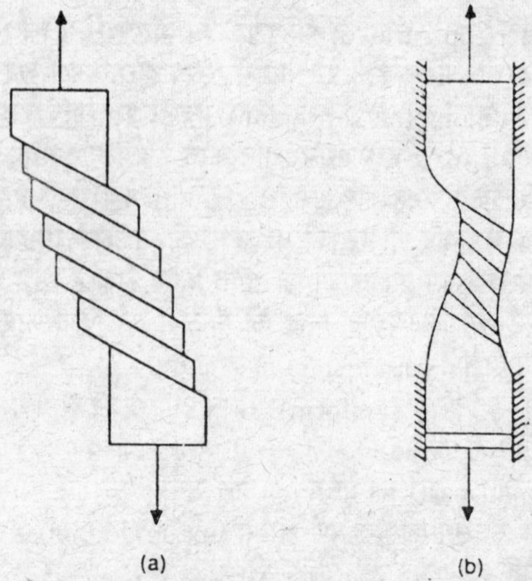

चित्र 8.3—(a) सिंगल (single) क्रिस्टल का अवरोध रहित (without constraint) टेन्साइल डिफॉर्मेशन (b) अवरोध (constraint) के कारण स्लिप तलों का रोटशन

8.6. स्लिप उत्पन्न करने के लिए क्रिटिकल रिजोल्वड शियर स्ट्रैस (Critical Resolved Shear Stress for Slip)

(AMIE, Winter 1977, 78, 81, 84, 86, 87, 88, 91 Summer 1980, 82, 86, NS 1993)

सिंगल क्रिस्टल में स्लिप का मान (amount of slip) बाह्य लोड (external loads) द्वारा उत्पन्न शियर स्ट्रैस की मात्रा (magnitudes), क्रिस्टल स्ट्रक्चर तथा शियर स्ट्रैस के सापेक्ष एक्टिव स्लिप प्लेन पर निर्भर करता है। क्रिस्टल में स्लिप उस समय प्रारम्भ

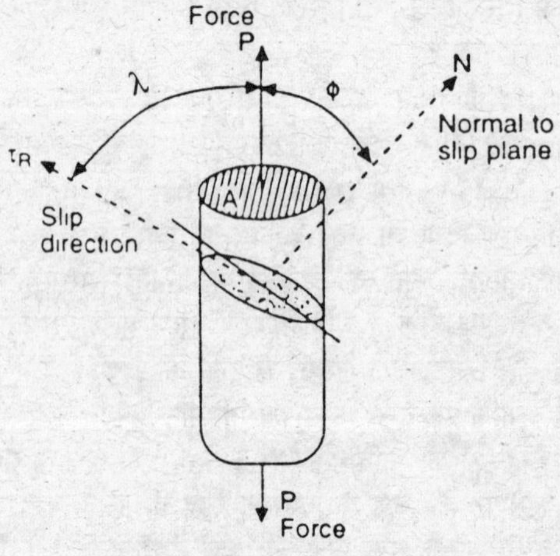

चित्र 8.4—क्रिटिकल रिजॉल्वड शियर स्ट्रैस की गणना

होती है जब स्लिप प्लेन पर स्लिप डायरेक्शन में शियर स्ट्रैस का मान क्रिटिकल रिज़ोल्वड शियर स्ट्रैस (τ_R) के तुल्य हो जाता है।

चित्र 8.4 में एक सिलिन्डर के आकार का क्रिस्टल प्रदर्शित किया गया है जिस पर अक्ष की दिशा में एक टेन्साइल लोड P एप्लाई किया गया है। टेन्साइल लोड के दो घटकों (components) में विभाजित (resolve) किया जा सकता है; (1) स्लिप प्लेन के लम्बवत् तथा (2) स्लिप प्लेन के अनुदिश शियरिंग फोर्स। चूँकि स्लिप प्लेन क्रिस्टल के क्रॉस सेक्शन से ϕ डिग्री पर है अतः इसका क्षेत्रफल $A/\cos\phi$ है, जहाँ A क्रिस्टल के फेस (face) का क्रॉस-सेक्शनल एरिया है।

यदि स्लिप की दिशा (direction) एप्लाइड लोड से λ कोण बनाती है तब अक्षीय लोड (axial load) का स्लिप प्लेन में, स्लिप की दिशा में कम्पोनेन्ट $P\cos\lambda$ होगा। अतः क्रिटिकल रिजॉल्वड शियर स्ट्रैग (τ_R) निम्न प्रकार ज्ञात की जा सकती है—

$$\tau_R = \frac{\text{Force}}{\text{Area}} = \frac{P\cos\lambda}{A/\cos\phi} = \frac{P}{A}\cos\phi\cos\lambda$$

यह समीकरण Schmid's समीकरण कहलाती है।

प्रयोगों से ज्ञात हुआ है कि $\phi = 45°$ होने पर स्लिप प्लेन में अधिकतम शियर स्ट्रैस होता है, परन्तु प्रत्येक अवस्था में प्रथम स्लिप (first slip) उत्पन्न करने के लिए क्रिटिकल रिजॉल्वड शीयर स्ट्रैस (τ_R) के तुल्य स्ट्रैस की ही आवश्यकता होती है। अनेक प्रयोगों से यह भी सिद्ध हुआ है कि अधिकांश धातु क्रिस्टलों में केवल यही resolved कम्पोनेन्ट ही स्लिप को प्रभावित करता है। स्लिप तलों (slip planes) के लम्बवत् स्ट्रैस कम्पोनेन्ट कोई विशेष प्रभाव उत्पन्न नहीं करता।

प्रत्येक पदार्थ के लिए क्रिटिकल शियर स्ट्रैस नियत (constant) होती है तथा यह बॉन्डिग बलों (bonding forces) पर निर्भर करती है। यह एप्लाइड स्ट्रैस के ऑरियन्टेशन (orientation) तथा स्लिप डायरेक्शन पर निर्भर नहीं करती परन्तु यह तापक्रम, धातु की शुद्धता (purity), प्रारम्भिक डिफॉर्मेशन (perior deformation), डिफॉर्मेशन की दर (rate) तथा धातु सतह पर निर्भर करती है।

उदाहरण 8.1. एक सिलवर क्रिस्टल में $(1\bar{1}\bar{1})$ $[0\bar{1}1]$ सिस्टम में स्लिप उत्पन्न करने के लिए अक्ष $[0\bar{1}0]$ के अनुदिश टेन्साइल स्ट्रैस की गणना कीजिए जबकि क्रिटिकल रिजोल्वड शियर स्ट्रैस का मान 6 MP_a है।

हल :	**Tensile axis**	$[1\bar{1}0]$
	Slip plane	$(1\bar{1}\bar{1})$
	Slip direction	$[0\bar{1}1]$

Tensile axis $[1\bar{1}0]$ तथा slip plane $(1\bar{1}\bar{1})$ के normal के मध्य कोण

$$\cos\phi = \frac{(1)(1) + (-1)(-1) + (0)(-1)}{\sqrt{(1)^2 + (-1)^2 + (0)^2}\sqrt{(1)^2 + (-1)^2 + (-1)^2}}$$

$$= \frac{2}{\sqrt{3}\sqrt{3}}$$

$$= \frac{2}{\sqrt{6}}$$

Tensile axis $[1\,\bar{1}\,0]$ तथा slip direction $[0\,\bar{1}\,1]$ के मध्य कोण

$$\cos\lambda = \frac{(1)(0) + (-1)(-1) + (0)(-1)}{\sqrt{2}\sqrt{(0)^2 + (-1)^2 + (-1)^2}}$$

$$= \frac{1}{\sqrt{2}\sqrt{2}}$$

$$= \frac{1}{2}$$

अतः समीकरण 8.1 से टेन्साइल स्ट्रैस का मान

$$\sigma = \frac{P}{A} = \frac{\tau_R}{\cos\phi\cos\lambda} = \frac{6}{(2 \times \sqrt{6}) \times \frac{1}{2}} = 6\sqrt{6}$$

$$= 14 \cdot 7 \text{ Mpa}$$

8.7. ट्विनिंग (Twinning) (AMIE, Winter 1975, 84, Summer 1974, 78)

एक अन्य मुख्य प्रक्रिया जिसके द्वारा धातुओं में डिफॉर्मेशन होता है ट्विनिंग (twinning) कहलाती है। ट्विनिंग की क्रिया में डिफॉर्मेशन के पश्चात् क्रिस्टल का एक भाग ऐसी ओरियेन्टेशन (orientation) में आ जाता है जिससे कि यह मूल क्रिस्टल (parental crystal) की छाया (mirror image) की भाँति होता है। क्रिस्टल के ट्विन्ड (twinned) तथा अनट्विन्ड (untwinned) भागों के मध्य 'plane of symmetry' ट्विनिंग प्लेन (twinning plane) कहलाता है। ट्विनिंग में परमाणुविक तलों (atomic planes) का ट्विनिंग प्लेन के समानान्तर क्रमबद्ध (step by step), एक निश्चित दूरी द्वारा विस्थापन (displacement) होता है। यह दूरी लैटिस पैरामीटर का एक भिन्नात्मक भाग (fractional part) होती है।

धातुओं में प्लास्टिक डिफॉर्मेशन के पश्चात् ऍनीलिंग (annealing) करने पर ट्विन्स उत्पन्न हो सकते हैं। प्रथम प्रकार के टिवन मैकेनिकल ट्विन-तथा दूसरे ऍनीलिंग ट्विन्स (twins) कहलाते हैं। मैकेनिकल ट्विन्स BCC (body centered) तथा HCP (hexagonally close packed) धातुओं में उस स्थिति में उत्पन्न होते हैं जब उनकी लोडिंग तीव्र गति (rapid rate of loading) से की जाती है उदाहरणतः शॉक लोडिंग। निम्न ताप पर FCC टाइप की धातुओं में प्रायः मैकेनिकल ट्विनिंग नहीं होती यद्यपि गोल्ड तथा सिल्वर मिश्र धातुओं में निम्न ताप पर तत्परता से ट्विन द्वारा डिफॉर्मेशन होता है। कॉपर में 4°K पर शॉक लोडिंग द्वारा टेन्साइल डिफॉर्मेशन एवं मैकेनिकल ट्विन्स उत्पन्न होते हैं। डिफॉर्मेशन के समय ट्विन्स बहुत कम समय (few microseconds) में उत्पन्न हो जाते हैं जबकि स्लिप

द्वारा डिफॉर्मेशन में स्लिप बैन्ड बनने में काफी समय (delay time) लग सकता है। कुछ विशेष परिस्थितियों में ट्विन्स बनने (formation) के समय क्लिक (click) अथवा तीव्र ध्वनि (loud tin cry) सुनी जा सकती है। टेन्साइल टेस्ट में ट्विन उत्पन्न होने पर स्ट्रैस-स्टेन वक्र में अनियमितता (serrations) उत्पन्न होती है।

चित्र 8.5 में एक क्रिस्टल ABCD में ट्विनिंग की क्रिया प्रदर्शित की गई है। क्रिस्टल के AFCD भाग में डिफॉर्मेशन नहीं है, यह undeformed है तथा क्रिस्टल के FBC भाग में डिफॉर्मेशन हुआ है। अक्ष FC ट्विनिंग अक्ष (twinning axis) है। ट्विनिंग से पहले परमाणुओं की स्थिति डैश-डॉट (dash and dots) द्वारा प्रदर्शित की गई है। ट्विनिंग अक्ष से गुजरने वाला तल जो ट्विन्ड (twinned) तथा अन-ट्विन्ड (untwinned) भाग को अलग-अलग करता है ट्विनिंग प्लेन कहलाता है। चित्र 8.5 से स्पष्ट है कि ट्विनिंग के कारण 1-1 प्लेन के परमाणु ट्विनिंग प्लेन FC के सापेक्ष ट्विन की दिशा में एक अन्तर-परमाणु की

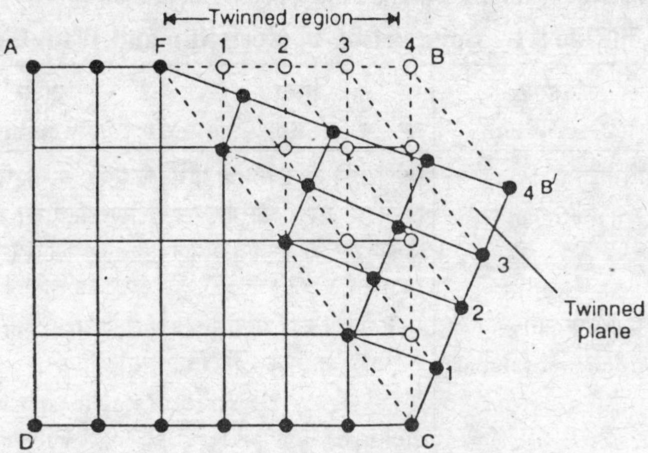

चित्र 8.5—एक क्रिस्टल में ट्विनिंग की क्रिया।

दूरी के बहुत छोटे अंश (fraction of interatomic distance) द्वारा विस्थापित हो गए हैं। प्लेन 2-2, प्लेन 1-1 के सापेक्ष उतनी ही दूरी द्वारा विस्थापित हुआ है। इस प्रकार प्लेन 2-2, ट्विनिंग अक्ष के सापेक्ष तल 1-1 के विस्थापन की तुलना में दो गुना विस्थापित हुआ है इस प्रकार ट्विनिंग प्लेन के समानान्तर प्रत्येक परमाणुविक तल, ट्विनिंग प्लेन से उसकी दूरी के समानुपाती विस्थापित होता है। अतः ट्विन्ड क्षेत्र के परमाणु ऐसी स्थितियाँ (positions) ग्रहण कर लेते हैं जोकि ट्विनिंग प्लेन में क्रिस्टल के अनडिफॉर्म्ड (undeformed) भाग के परमाणुओं की mirror image होती है।

क्रिस्टल में ट्विनिंग केवल कुछ विशिष्ट क्रिस्टलोग्राफिक तलों के अनुदिश (along specific crystallographic planes) ही हो सकती है। क्रिस्टल में ट्विनिंग होने के लिए tangential स्ट्रैस का मान एक क्रिटिकल मान से अधिक होना आवश्यक है। चूँकि ट्विनिंग में समीपस्थ परमाणुविक तलों को एक-दूसरे के सापेक्ष विस्थापन (relative displacement) अत्यन्त कम होता है अतः इस क्रिया में अवशिष्ट डिफॉर्मेशन (residual deformation) बहुत अधिक नहीं होता है।

प्लास्टिक डिफॉर्मेशन में ट्विनिंग का महत्त्व टिवनिंग क्रिया के कारण उत्पन्न स्ट्रैस नहीं है परन्तु मुख्य बात यह है कि ट्विनिंग के कारण ओरियन्टेशन में परिवर्तन होने से कुछ नए स्लिप सिस्टम, स्ट्रैस अक्ष (stress axis) के सापेक्ष favourably oriented हो जाते हैं जिससे क्रिस्टल में अतिरिक्त स्लिप हो सकती है। इस प्रकार उन धातुओं के डिफॉर्मेशन में जिनमें स्लिप सिस्टम की संख्या कम होती है, ट्विनिंग महत्त्वपूर्ण है। तथापि यह समझना आवश्यक है कि क्रिस्टल के सम्पूर्ण आयतन का बहुत छोटा अंश (small fraction) ही ट्विनिंग द्वारा reoriented होता है।

8.8. स्लिप एवं ट्विनिंग की तुलना
(Comparison between Slip and Twinning)

तालिका 8.1 में स्लिप तथा ट्विनिंग में अन्तर स्पष्ट किया गया है—

तालिका 8.1—Comparison between Slip and Twinning

	विवरण (Description)	स्लिप (Slip)	ट्विन (Twinning)
1.	ओरियेन्टेशन (Orientations)	स्लिप प्लने के ऊपर तथा नीचे क्रिस्टल का ओरियन्टेशन, डिफार्मेशन के पश्चात् समान रहता है।	क्रिस्टल के ट्विनिंग के कारण ट्विनिंग प्लेन के across ओरियेन्टेशन में अन्तर आ जाता है।
2.	परमाणुविक गति (Atomic movement)	सामान्यतः स्लिप परमाणुविक स्पेसिंग के एक निश्चित गुणक (discrete multiple) में होती है।	परमाणुओं की गति परमाणुविक स्पेसिंग (atomic spacing) का एक भिन्नात्मक अंश (fractional part) होती है।
3.	डिफॉर्मेशन तल तथा दिशा (Deformation plane and direction)	स्लिप डिफॉर्मेशन प्रायः बड़े तलों (wide planes) में होता है तथा स्लिप प्लेन उच्चतम परमाणुविक घनत्व (greatest atomic density) वाला तल होता है तथा स्लिप दिशा, स्लिप प्लेन में closest packed दिशा होती है।	क्रिस्टल के ट्विनिंग क्षेत्र का प्रत्येक परमाणुविक तल डिफॉर्मेशन में involve होता है। प्रत्येक क्रिस्टल में ट्विन विशेष क्रिस्टलोग्राफिक तलों के अनुदिश एक निश्चित दिशा में होता है।

4.	डिफॉर्मेशन में स्ट्रैस की प्रवृत्ति (Nature of stress involved)	क्रिस्टल में स्लिप उस समय प्रारम्भ होती है जब स्लिप प्लेन पर स्लिप की दिशा में शियरिंग स्ट्रैस का मान क्रिटिकल रिजॉल्वड शियर स्ट्रैस से अधिक हो जाता है।	ट्विनिंग के लिए कोई क्रिटिकल रिजॉल्वड (resolved) शियर स्ट्रैस है अथवा नहीं, यह ज्ञात नहीं है।
5.	डिफॉर्मेशन में व्यय समय (Time involved in deformation)	डिफॉर्मेशन प्रारम्भ होने के पश्चात् स्लिप बैंड बनने में कुछ समय (micro-seconds) लगता है जिसे डिले टाइम कहते हैं।	ट्विन बनने (formation) में बहुत कम समय (few microseconds) लगता है।

8.9. क्रिस्टल लैटिस में दोष
(Imperfections in Crystal Lattice)

ठोस के निर्माण के समय क्रिस्टल लैटिस में कुछ अपूर्णताएँ (imperfections) रह जाती हैं। इन्हें क्रिस्टल दोष (crystal defects or imperfections) कहा जाता है क्रिस्टल दोष मुख्यतः दो प्रकार के होते हैं—

1. प्वॉइन्ट दोष (Point defects) 2. लाइन दोष (Line defects)

1. प्वॉइन्ट दोष (Point defects)

मुख्य प्वॉइन्ट दोष निम्न हैं—

(i) रिक्त स्थान दोष (Vacancy defect)

(ii) इन्टरस्टिशियल दोष (Interstitial defect)

(iii) शॉटकी दोष (Schottky defect)

(iv) फ्रेन्कील दोष (Frenkel defect)

(i) रिक्त स्थान दोष (Vacancy defect)—वैकेन्सी दोष उस समय उत्पन्न होता है जब लैटिस से कोई संरचनात्मक इकाई (constituent unit) अपने स्थान को छोड़ देती है जैसा कि चित्र 8.6 में प्रदर्शित किया गया है।

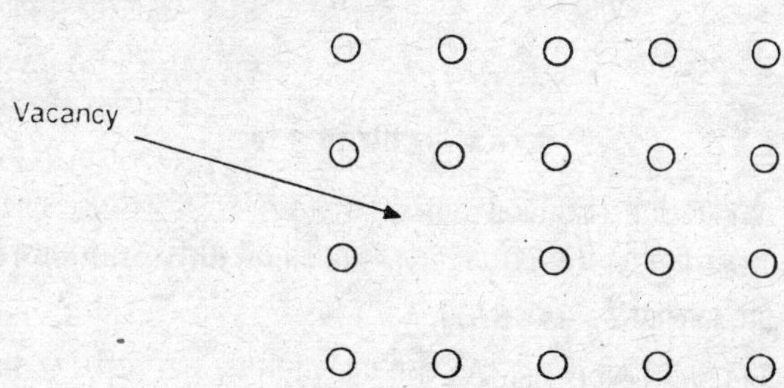

चित्र 8.6—रिक्त स्थान (Vacancy) दोष।

(ii) इन्टरस्टिशियल दोष (Interstitial defect)—जब एक आदर्श (ideal) क्रिस्टल लैटिस में कोई अतिरिक्त इकाई (परमाणु) स्थान ले लेती है तब यह दोष इन्टरस्टिशियल दोष कहलाते है। (चित्र 8.7)।

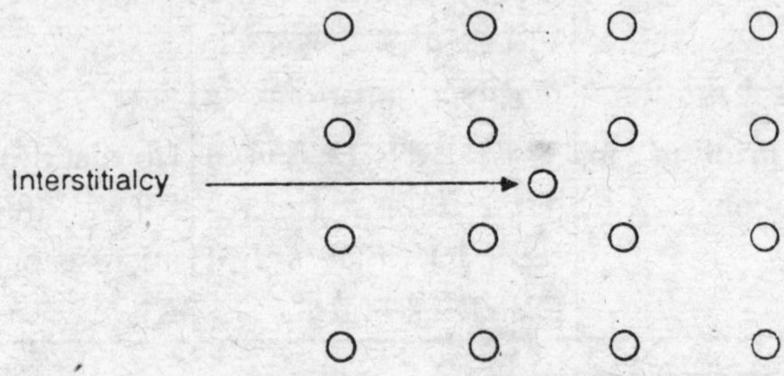

चित्र 8.7—इन्टरस्टिशियल दोष।

(iii) शॉटकी दोष (Schottky defect)—जब आयनिक ठोस (ionic solid) में एक पॉजिटिव तथा एक निगेटिव आयन द्वारा लैटिस को छोड़ने पर दो रिक्त स्थान उत्पन्न करते हैं (चित्र 8.8) तब यह शॉटकी दोष कहलाता है।

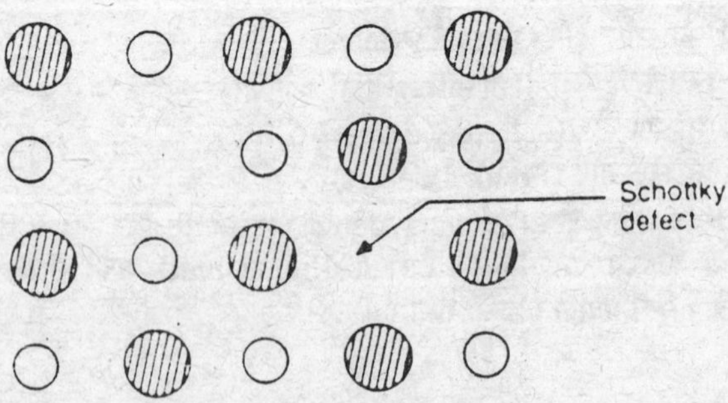

चित्र 8.8—इन्टरस्टिशियल दोष।

(iv) फ्रेन्केल दोष (Frenkel defect)—जब कोई पॉजिटिव आयन किसी लैटिस प्वाइन्ट को छोड़कर क्रिस्टल में इन्टरस्टिशियल स्थान (interstitialcy) ग्रहण कर लेता है तब यह फ्रेन्केल दोष कहलाता है। (चित्र 8.9)।

यह दोष एक वैकेन्सी (vacancy) तथा एक अतिरिक्त इन्टरस्टिशियल आयन का योग होता है।

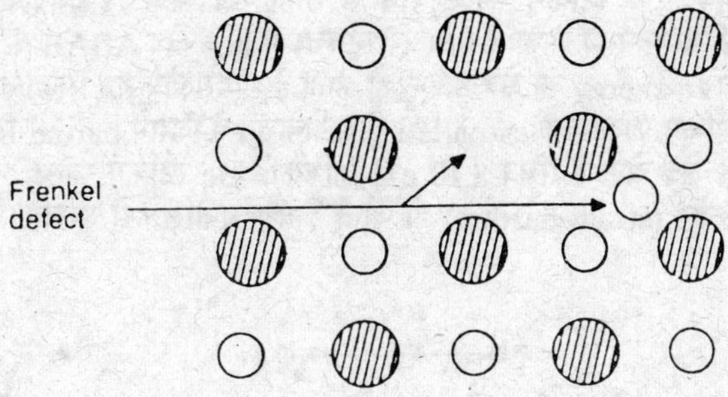

चित्र 8.9—फ्रेन्केल दोष।

2. लाइन दोष (Line defects)

लाइन दोष डिसलोकेशन कहलाते हैं। परमाणु व्यवस्था (atomic arrangement) में वह रेखीय विचलन (linear disturbance) जो क्रिस्टल में स्लिप तल (slip plane) पर सरलता से गति (move) कर सकते हैं डिसलोकेशन कहलाते हैं।

डिसलोकेशन का सम्पूर्ण विवरण अनुच्छेद 8.10 में दिया गया है।

8.10. स्टैकिंग फॉल्ट (Stacking Fault)

स्टैकिंग फॉल्ट एक पृष्ठ दोष (surface imperfection) है। यह उस समय उत्पन्न होता है जब कोई परमाणुविक तल (atomic plane) किसी दूसरे तल पर क्रमहीन (out of sequence) ढंग से स्टैक होता है जबकि लैटिस इस दोषपूर्ण स्थान के दोनों तरफ पूर्ण (perfect) होती है। उदाहरणतः एक fcc क्रिस्टल (face centered crystal) के (111) प्लेन में स्टैकिंग क्रम चित्र 8.10 (a) की भाँति ABC ABC ABC द्वारा तथा hcp स्ट्रक्चर में चित्र 8.10 (b) की भाँति AB AB AB द्वारा दिया जाता है। धातुओं में स्टैकिंग क्रम दोष प्लास्टिक डिफॉर्मेशन द्वारा उत्पन्न हो सकता है। FCC लैटिस के प्लेन (111) में स्लिप होने से चित्र 8.10 (b) की भाँति डिफॉर्मेशन स्टैकिंग फॉल्ट उत्पन्न होता है। पर्त (layer) A तथा B के मध्य स्लिप होने से स्टैकिंग का क्रम ABC AC AB हो गया है। यदि स्टैकिंग के इस क्रम की तुलना एक hcp स्ट्रक्चर के स्टैकिंग क्रम (without fault) ABAB से की जाए, तब ज्ञात होता है कि डिफॉर्मेशन के कारण उत्पन्न स्टैकिंग फॉल्ट में hcp क्रम की चार पर्तें (layers) हैं। इस प्रकार एक fcc धातु में डिफॉर्मेशन स्टैकिंग फॉल्ट, एक hcp क्षेत्र बनने के तुल्य है। FCC स्ट्रक्चर में एक अन्य स्टैकिंग फॉल्ट चित्र 8.10 (c) में प्रदर्शित क्रम में हो सकता है। इस फॉल्ट में स्टैकिंग क्रम ABC ACB CA है। यह इन्ट्रिन्जिक फॉल्ट (intrinsic fault) अथवा ट्विन (twin) स्टैकिंग फॉल्ट कहलाता है। तीन पर्तें (ACB) ट्विन का फॉर्मेशन करती हैं। इस प्रकार fcc धातुओं में स्टैकिंग फॉल्ट, लगभग परमाणुविक मोटाई (atomic thickness) के अन्यन्त महीन (submicroscopic) ट्विन्स होते हैं।

FCC धातुओं में स्टैकिंग फॉल्ट होने से उनके प्लास्टिक डिफॉर्मेशन की प्रकृति (behaviour) में परिवर्तन हो जाता है। FCC स्ट्रक्चर में hcp क्षेत्र ABAB के निर्मित होने से एक higher free energy का क्षेत्र उत्पन्न हो जाता है। डिसलोकेशन सिद्धान्त के अनुसार fcc धातुओं में स्टैकिंग फॉल्ट एक extended डिसलोकेशन है जिसमें partial डिसलोकेशन से घिरा एक hcp क्षेत्र होता है (चित्र 8.10 e)। अधिक wide स्टैकिंग फॉल्ट वाली धातुएँ शीघ्रता से स्ट्रेन-हार्डेन (strain-harden) हो जाती हैं तथा एनीलिंग में सरलता से ट्विन हो जाती हैं।

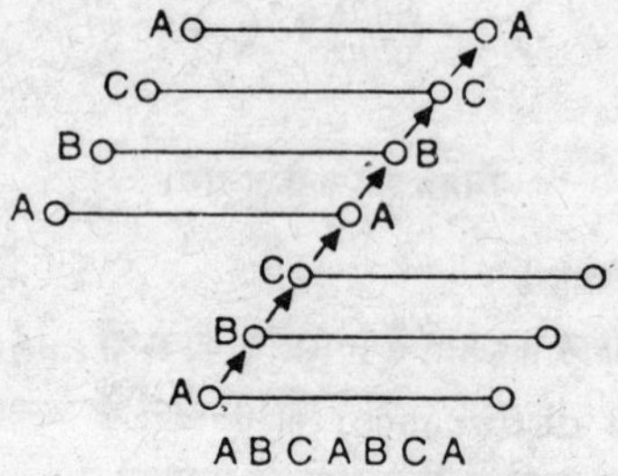

चित्र 8.10 (a)—FCC पैकिंग।

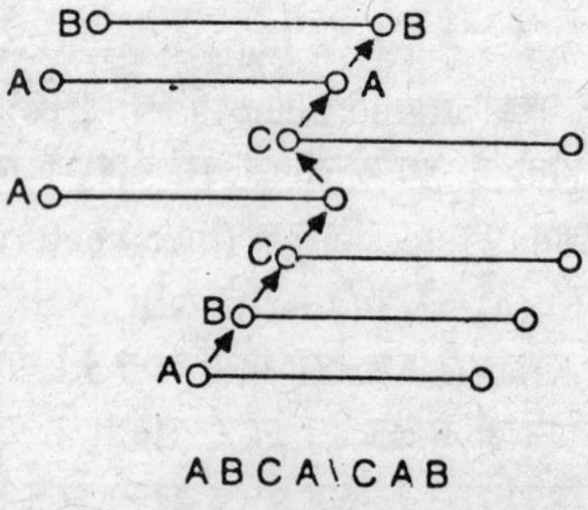

चित्र 8.10 (b)—डिफॉर्मेशन स्टैकिंग फॉल्ट।

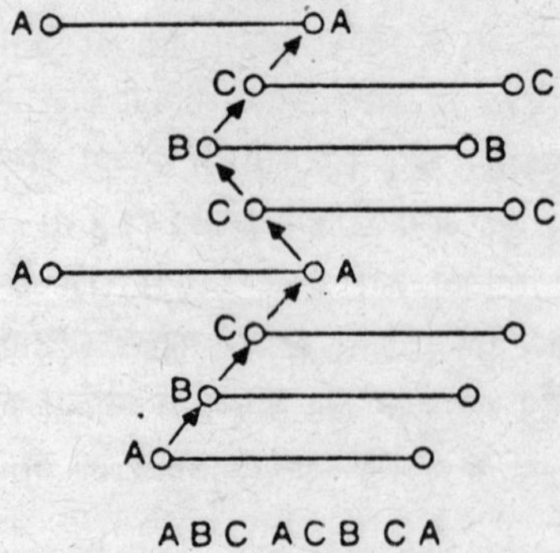

चित्र 8.10 (c)—fcc में ट्विन स्टैकिंग फॉल्ट।

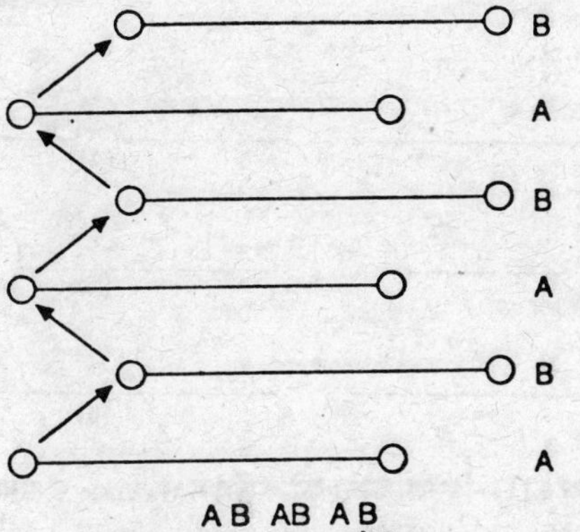

चित्र 8.10 (d)—hcp पैकिंग।

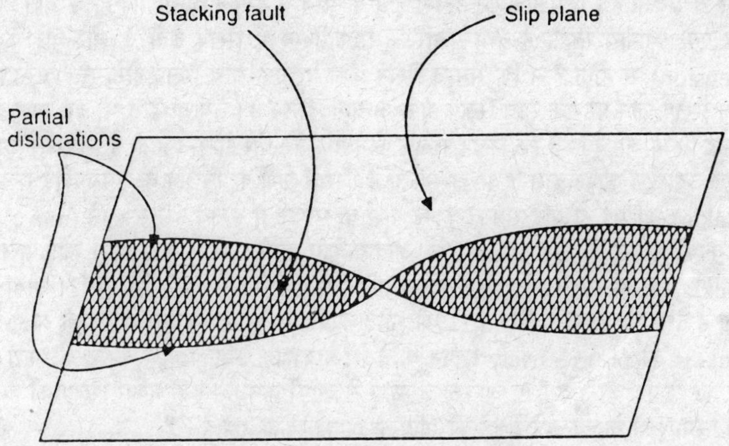

चित्र 8.10 (e)—स्टॉकिंग फॉल्ट का मॉडल।

8.11. डिसलोकेशन का सिद्धान्त (Theory of Dislocation)

(AMIE Winter 1975, 76, 84, Summer 1977, 82, 83, 84, 86, 88)

डिसलोकेशन एक लीनियर लैटिस दोष (linear lattice defect) है तथा धातुओं में लगभग सभी प्लास्टिक डिफॉर्मेशन के लिए उत्तरदायी (responsible) है। जब क्रिस्टल स्ट्रक्चर का मध्य भाग (central portion) स्लिप हो जाता है परन्तु बाहरी भाग स्लिप नहीं होता तब स्लिप्ड् एवं अनस्लिप्ड् (slipped and unslipped) भाग को अलग करने वाले लैटिस के दोषयुक्त भाग के एक क्षेत्र को डिसलोकेशन कहते हैं। क्रिस्टल लैटिस में परमाणु के एक समूह के समीप, किसी दूसरे समूह का लीनियर disturbance डिसलोकेशन कहलाता है। दूसरे शब्दों में, क्रिस्टल लैटिस में, डिसलोकेशन परमाणुओं का एक छोटा सा समूह है जोकि अपनी रेगुलर स्थिति (regular position) से विस्थापित (displaced) हो जाता है

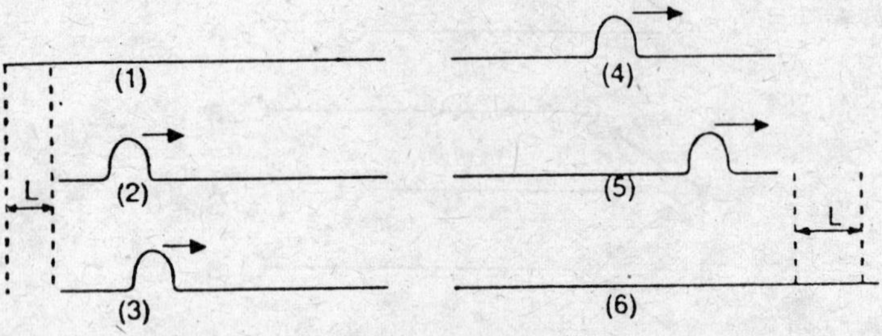

चित्र 8.11—डिसलोकेशन की कार्पेट में Wrinkle से समानता।

जिसके फलस्वरूप लैटिस में कुछ विरूपण (distortion) आ जाता है। क्रिस्टल में डिसलोकेशन, मेल्ट (melt) क्रिस्टल के ग्रोथ के समय अथवा स्लिप डिफॉर्मेशन के समय उत्पन्न हो सकता है। डिसलोकेशन उत्पन्न होने के सम्बन्ध में मूल विचार यह है कि धातुओं में स्लिप एक स्थानीय क्रिया है तथा प्लास्टिक डिफॉर्मेशन में स्लिप क्षेत्रों के धीरे-धीरे फैलने (extension) से होता है न कि समस्त स्लिप प्लेन पर एक साथ स्लिप होने पर। वास्तव में समस्त स्लिप प्लेन पर एक साथ स्लिप होना अत्यन्त कठिन है। प्रयोगों द्वारा भी यह स्पष्ट रूप से सिद्ध किया जा चुका है कि स्लिप, स्लिप प्लेन पर धीरे-धीरे सम्पन्न होती है। डिसलोकेशन का एक उदाहरण कार्पेट द्वारा दिया जा सकता है जिसमें फर्श पर बिछाने के समय कोई सलवट (wrinkle) आ गई हो यदि समस्त कार्पेट फर्श के सम्पर्क में है तब उसे सरकाने (move) के लिए काफी प्रयास (large effort) की आवश्यकता होगी। परन्तु यदि उसमें कोई सलवट (wrinkle) है तब सलवट को बहुत कम प्रयास द्वारा एक सिरे से दूसरे सिरे तक ले जाया जा सकता है तथा इस क्रिया में चित्र 8.11 की भाँति कार्पेट 'L' दूरी दायीं ओर शिफ्ट हो जाता है। Wrinkles को progressively शिफ्ट करने में आवश्यक ऊर्जा सम्पूर्ण कार्पेट को फर्श पर खींच कर शिफ्ट करने के लिए आवश्यक ऊर्जा से काफी कम है। इसी प्रकार स्लिप की क्रिया में भी परमाणुओं के एक बड़े समूह की गति की आवश्यकता नहीं है।

क्रिस्टल में लाखों, करोड़ों डिसलोकेशन (10^8 से $10^{10}/m^2$ तक) हो सकते हैं तथा वे क्रिस्टल में काफी अधिक स्लिप उत्पन्न कर सकते हैं जिसे प्रत्यक्ष (visually) देखा जा सकता

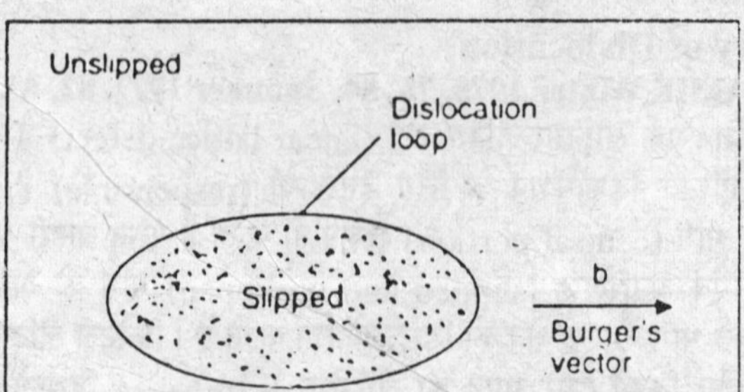

चित्र 8.12—क्रिस्टल के 'slipped' तथा 'unslipped' क्षेत्र।

है। इसके अतिरिक्त उच्च स्टैस की अवस्था में डिसलोकेशन परस्पर क्रिया कर नए डिसलोकेशन उत्पन्न कर सकते हैं जिससे और अधिक प्लास्टिक डिफॉर्मेशन होता है। क्रिस्टल में चित्र 8.12 की भाँति slipped तथा unslipped क्षेत्रों को अलग-अलग करने वाले लैटिस disturbance को एक क्षेत्र की डिसलोकेशन कहा जाता है।

डिसलोकेशन दो प्रकार के होते हैं—

1. ऐज डिसलोकेशन (Edge dislocation)
2. स्क्रू डिसलोकेशन (Screw dislocation)

1. ऐज डिसलोकेशन (Edge dislocation)

चित्र 8.13 में स्लिप डिफॉर्मेशन प्रदर्शित किया गया है। सर्वप्रथम क्रिस्टल का ऊपरी भाग नीचे वाले भाग के सापेक्ष बायीं ओर डिसप्लेस होता है। इस अवस्था में तल (plane) PQRS, क्रिस्टल के ऊपरी भाग में एक अतिरिक्त हॉफ प्लेन (half plane) है। इस तल की कोर (edge) 'PS' ऐज डिसलोकेशन (edge dislocation) कहलाती है। यह ऐज (edge) स्लिप की दिशा के लम्बवत् है चित्र 8.13 (a) से स्पष्ट है कि स्लिप, सम्पूर्ण तल पर ट्रांसमिट (transmit) नहीं हो रही है बल्कि यह डिसलोकेशन लाइन PS पर समाप्त हो जाती है। इस प्रकार ऐज डिसलोकेशन उस स्लिप प्लेन की एक बाउन्ड्री (front boundary) की भाँति है जिसके एक्रोस डिसलोकेशन की लोकल गति (local movement) होती है।

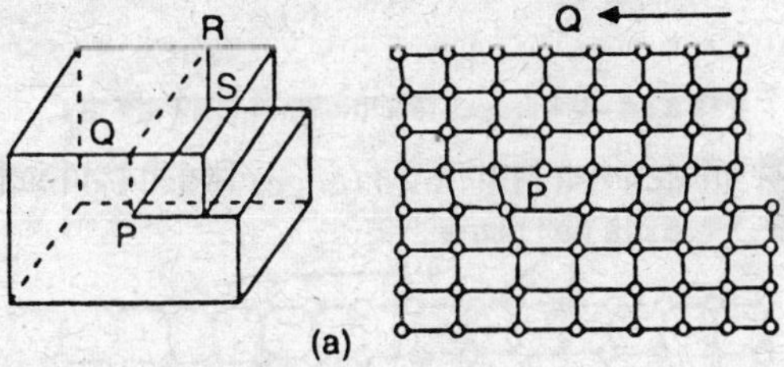

(a)

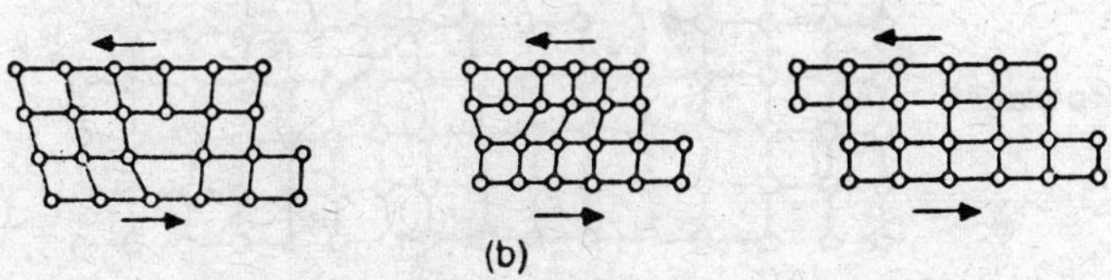

(b)

चित्र 8.13—क्रिस्टल में डिसलोकेशन की गति।

यदि स्लिप प्लेन पर रिजॉल्वड (resolved) शियर स्ट्रैस τ_r है तथा डिसलोकेशन का बर्जर (Burgers) वेक्टर 'b' है (चित्र 8.14) तब डिसलोकेशन द्वारा उत्पन्न बल (force/unit length)

$$F = \tau_r b$$

चित्र 8.13 (b) यह प्रदर्शित करता है कि इस प्रकार के बलों के प्रभाव से डिसलोकेशन की गति (movement) से किस प्रकार स्लिप क्रिस्टल में ट्रांसमिट होती है। परमाणुओं का अतिरिक्त 'हॉफ प्लेन' तब तक बायीं ओर गति करता है जब तक कि यह क्रिस्टल की सतह पर एक परमाणुविक दूरी के तुल्य स्लिप को प्रोपेगेट न कर दे।

इसी प्रकार चित्र 8.14 की भाँति बायें से दायें (left to right) की ओर गति वाले पॉजिटिव डिसलोकेशन द्वारा भी उतना ही शियर (shear) उत्पन्न होता है। इस स्थिति में परमाणुओं का अतिरिक्त 'हाफ प्लेन' स्लिप प्लेन के ऊपर है तथा डिसलोकेशन धनात्मक (positive) कहलाता है। इसे चिन्ह ⊥ द्वारा प्रदर्शित किय जाता है। जब 'हाफ प्लेन' स्लिप प्लेन के नीचे होता है तब यह ऋणात्मक डिसलोकेशन (negative dislocation) कहलाता है तथा चिन्ह ⊥ द्वारा प्रदर्शित किया जाता है।

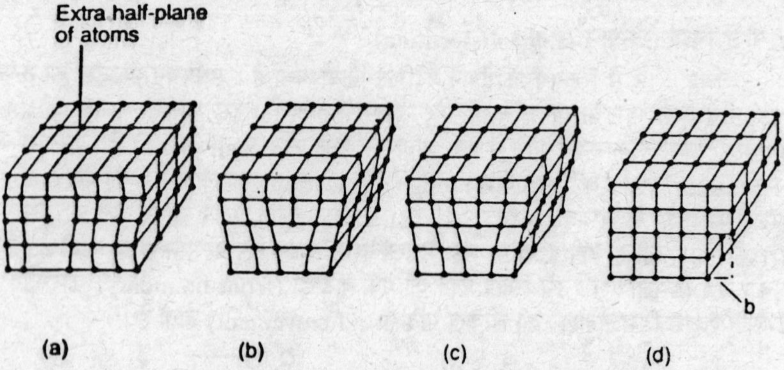

चित्र 8.14—ऐज (edge) डिसलोकेशन में स्लिप प्रक्रिया।

चित्र 8.15 में पॉजिटिव तथा निगेटिव ऐज (edge) डिसलोकेशन प्रदर्शित किए गए हैं।

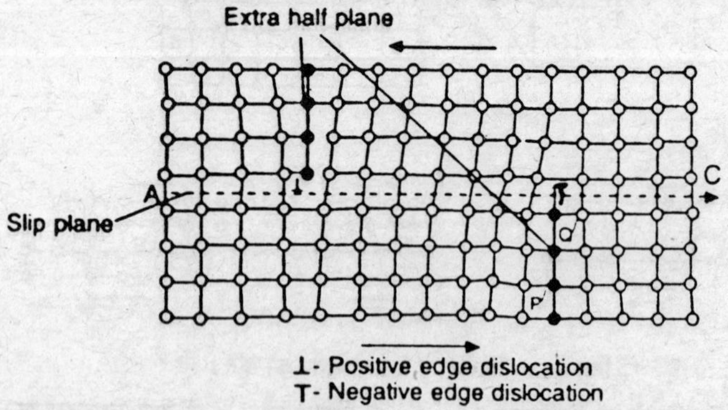

चित्र 8·15—पॉजिटिव तथा निगेटिव ऐज (edge) डिसलोकेशन (a) पॉजिटिव (b) निगेटिव

2. स्क्रू डिसलोकेशन (Screw Dislocation)

स्क्रू डिसलोकेशन को Burgers डिसलोकेशन भी कहा जाता है इस डिसलोकेशन में परमाणु दो परस्पर लम्बवत् तलों में डिसप्लेस होते हैं। चित्र 8.16 में स्क्रू डिसलोकेशन का एक सरल उदाहरण प्रदर्शित किया गया है।

ABCD क्षेत्र slipped area है। क्रिस्टल का ऊपरी भाग नीचे वाले भाग के सापेक्ष दायीं ओर शियर हो गया है जैसा कि शेडेड (shaded) मान द्वारा प्रदर्शित किया गया है। AD के दायीं ओर कोई स्लिपिंग (slipping) नहीं हुई है। लाइन AD डिसलोकेशन लाइन है। इस डिफॉर्मेशन में डिसलोकेशन शियर वेक्टर (Shear or Burger's vector) के समानान्तर है।

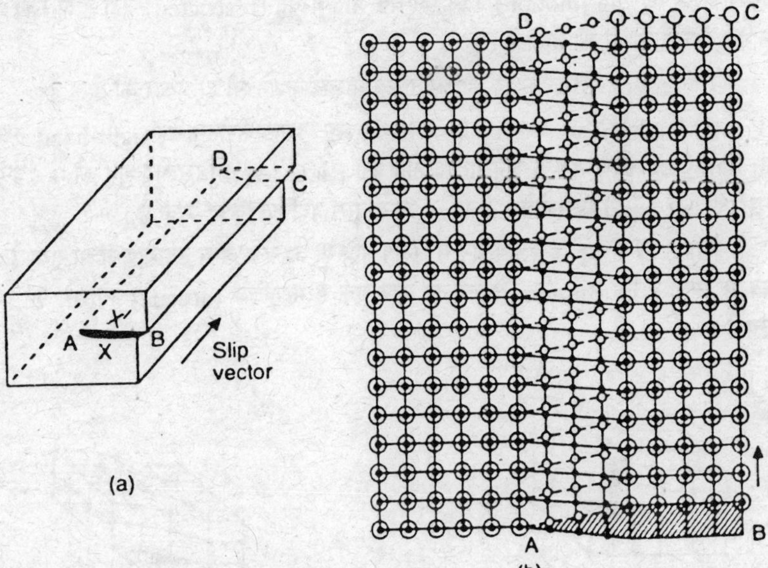

चित्र 8.16—क्रिस्टल में स्क्रू डिसलोकेशन का फॉर्मेशन : (a) लैटिस में स्क्रू डिसलोकेशन उत्पन्न करने वाली स्लिप; डिसलोकेशन स्लिप दिशा के समान्तर AD दिशा में होता है। क्षेत्र ABCD पर स्लिप क्रिया होती है। (b) स्क्रू डिसलोकेशन के चारों और परमाणुओं की व्यवस्था; चित्र का प्लेन स्लिप प्लेन के समान्तर है। ABCD क्षेत्र slipped area है तथा AD स्क्रू डिसलोकेशन है।

इस डिसलोकेशन को 'स्क्रू' डिसलोकेशन इसलिए कहा जाता है क्योंकि क्रिस्टल के लैटिस प्लेन डिसलोकेशन लाइन AD के चारों ओर स्पाइरल (spiral) करते हैं। बिन्दु X से प्रारम्भ कर लाइन AD के चतुर्दिश spiral करने के लिए हमें एक right handed स्क्रू की भाँति (counter clockwise) गति करनी होगी (चित्र 8.16 a)। डिसलोकेशन लाइन का एक चक्कर (round) पूर्ण करने पर हम X' पर पहुँचते हैं जो अन्तिम बिन्दु (end point) है। यह बिन्दु लैटिस में स्लिप प्लेन के समानान्तर एक प्लेन (plane) द्वारा विस्थापित है। अतः सभी परमाणुविक तल डिसलोकेशन के चारों ओर एक स्पाइरल स्टेयर केस (spiral stair case) अर्थात् स्क्रू के रूप में व्यवस्थित हो जाते हैं। चित्र 8.16 (b) में एक सामान्य

cubic लैटिस में, स्क्रू डिसलोकेशन के चारों ओर (around) परमाणुओं की व्यवस्था (2-dimension में) प्रदर्शित की गई है। चित्र में खुले हुए वृत्त (open circles) स्लिप प्लेन के ठीक ऊपर वाले परमाणुओं को प्रदर्शित करते हैं तथा ठोस वृत्त (solid circles), स्लिप प्लेन के नीचे परमाणुओं को प्रदर्शित करते हैं। स्क्रू डिसलोकेशन का कोई preferred स्लिप प्लेन नहीं होता जैसा कि ऐज डिसलोकेशन (edge dislocation) में होता है अतः स्क्रू डिसलोकेशन की गति (motion) इतनी अधिक प्रतिबन्धित (restricted) नहीं होती जितनी कि ऐज डिसलोकेशन की होती है।

ऐज (edge) डिसलोकेशन की भाँति स्क्रू डिसलोकेशन भी दो प्रकार का होता है—

(i) Right-hand तथा (ii) Left-hand स्क्रू डिसलोकेशन। यह right-hand तथा left-hand स्क्रू कनवेन्शन के अनुसार ही होते हैं। Right-hand डिसलोकेशन को + चिन्ह द्वारा तथा left-hand डिसलोकेशन को − चिन्ह द्वारा प्रदर्शित किया जाता है।

चित्र 8.17 में स्क्रू डिसलोकेशन में स्लिप प्रक्रिया का एक अन्य उदाहरण दिया गया है। चित्र से स्पष्ट है कि Burgers वेक्टर का मान एक परमाणुविक (atomic) स्पेसिंग '*b*' के तुल्य है।

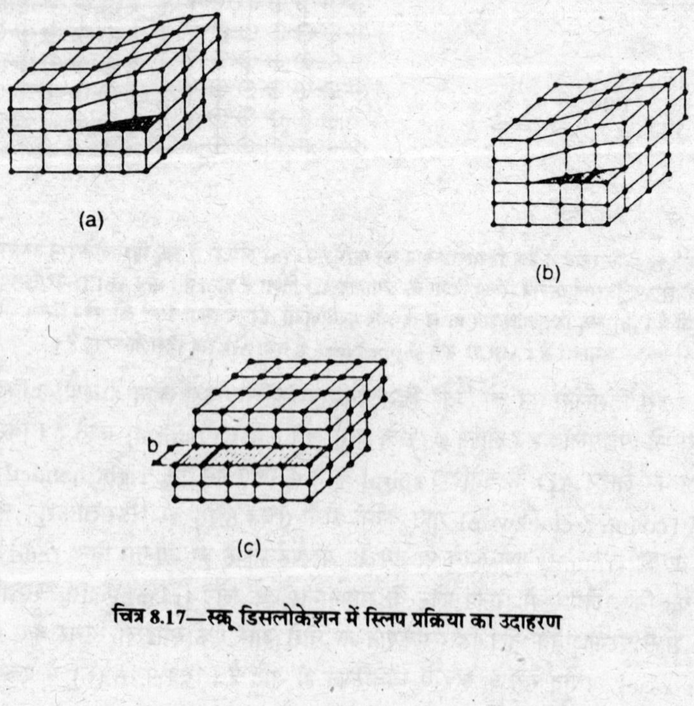

चित्र 8.17—स्क्रू डिसलोकेशन में स्लिप प्रक्रिया का उदाहरण

8.12. ऐज (edge) तथा स्क्रू (Screw) डिसलोकेशन की तुलना (Comparison between Edge and Screw Dislocation)

Table 8.2.
Comparison between Edge and Screw Dislocation

S. No.	Feature	Edge dislocation	Screw dislocation
1.	लैटिस में दोष का स्थान (Region involved in lattice)	क्रिस्टल में यह डिसलोकेशन एक ऐज (edge) के अनुदिश (along) क्षेत्र में होता है।	यह दोष दो परस्पर लम्बवत् तलों में परमाणुओं के विस्थापन से होता है।
2.	दोष उत्पन्न होने की विधि (Mode of fault creation)	क्रिस्टल बनने के समय क्रिस्टल दो समीस्थ (adjacent) भागों के एक-दूसरे के सापेक्ष डिसप्लेस होने से उत्पन्न होता है। इस डिसलोकेशन में परमाणुओं की एक row विलुप्त (eliminate) हो जाती है अथवा एक अतिरिक्त row प्रविष्ठ (introduce) हो जाती है। डिफॉर्मेशन द्वारा शियर उत्पन्न होने के साथ edge डिसलोकेशन उत्पन्न हो सकती है।	क्रिस्टल में क्रिस्टलाइजेशन के समय परमाणु अथवा यूनिट सैल के स्टैकिंग (stacking) क्रम में डिसलोकेशन लाइन के चारों ओर स्टैप (step) फॉर्मेशन से स्क्रू डिसलोकेशन उत्पन्न होता है। यह भी डिफॉर्मेशन द्वारा शियर उत्पन्न होने के समय उत्पन्न होता है।
3.	स्ट्रैस की प्रकृति (Nature of stress)	टेन्साइल, कम्प्रैसिव अथवा शियर किसी भी प्रकार का स्ट्रैस हो सकता है।	केवल शियर स्ट्रैस उत्पन्न होता है।
4.	बर्जर वेक्टर की स्थिति (Position of Burger's Vector)	Burgers वेक्टर सदा डिसलोकेशन लाइन के लम्बवत् होता है।	Burgers वेक्टर डिसलोकेशन लाइन के समानान्तर होता है।

5.	डिसलोकेशन की गति (Movement of dislocation)	ऐज (edge) डिसलोकेशन स्लिप लाइन के लम्बवत् गति (slip) करता है। परन्तु परमाणुओं अथवा रिक्तियों (vacancies) के अत्यधिक डिफ्यूजन होने पर यह 'climb' प्रक्रिया द्वारा उर्ध्वाधर (vertically) भी गति कर सकता है।	स्क्रू डिसलोकेशन केवल ग्लाइड (gliding) द्वारा गति कर सकता है। इसमें 'climb' द्वारा गति (movement) नहीं हो सकती।
6.	डिसलोकेशन उत्पन्न होने का समय (Period of formation of dis- location)	यह क्रिस्टल के डिफॉर्मेशन तथा क्रिस्टलाइजेशन के समय फॉर्म होता है।	यह भी क्रिस्टल के डिफॉर्मेशन तथा क्रिस्टलाइजेशन प्रक्रियाओं (phenomenon) के समय form होता है।

8.13. डिसलोकेशन सिद्धान्त के महत्त्वपूर्ण बिन्दु (Salient features of Dislocation Theory)

डिसलोकेशन सिद्धान्त से सम्बन्धित कुछ महत्त्वपूर्ण बिन्दु निम्न प्रकार हैं—

1. बर्जर वेक्टर (Burgers Vector)

डिसलोकेशन का बर्जर वेक्टर (*b*), डिसलोकेशन सिद्धान्त का एक मुख्य गुण है। यह वेक्टर, स्लिप की मात्रा (magnitude) तथा दिशा को परिभाषित करता है। यदि डिसलोकेशन का ओरियेन्टेशन (orientation) तथा बर्जर वेक्टर ज्ञात है तब डिसलोकेशन की पूर्ण व्याख्या की जा सकती है। बर्जर वेक्टर से ज्ञात होता है कि स्लिप प्लेन के ऊपर, स्लिप प्लेन के निचले भाग के सापेक्ष, लैटिस कितनी तथा किस दिशा में शिफ्ट हुई है। चित्र 8.18 में ऐज डिसलोकेशन (edge dislocation) में बर्जर वेक्टर ज्ञात करने की विधि प्रदर्शित की गई है।

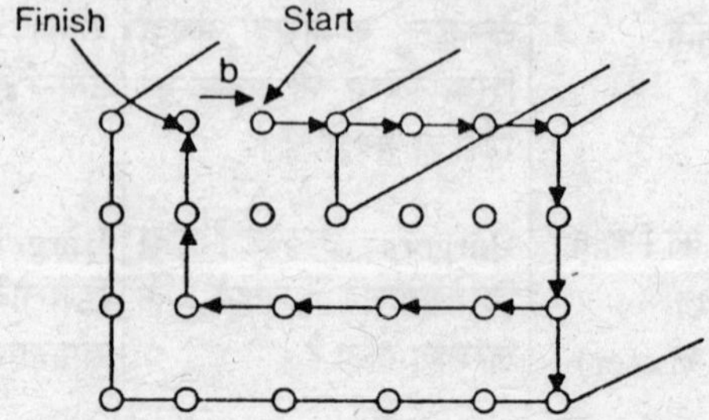

चित्र 8.18—ऐज (edge) डिसलोकेशन क लिए बर्जर वेक्टर।

डिसलोकेशन के बर्जर वेक्टर को बर्जर सरकिट द्वारा सरलता से परिभाषित किया जा सकता है। सर्वप्रथम डिसलोकेशन के लिए एक धनात्मक दिशा का चयन करना आवश्यक है।

यदि हम किसी लैटिस प्वाइन्ट से प्रारम्भ कर, एक परमाणु से दूसरे परमाणु तक क्लॉक वाइज दिशा में चलें तब सरकिट बन्द (close) नहीं होता है। सरकिट के प्रारम्भ से सरकिट के अन्त (finish) तक आने के लिए एक वेक्टर (*b*) की आवश्यकता है। यह वेक्टर, डिसलोकेशन का बर्जर वेक्टर कहलाता है। यदि बर्जर सरकिट को anticlockwise दिशा में ट्रेस किया जाता तब बर्जर वेक्टर की दिशा विपरीत होती है।

इसी प्रकार यदि 8.19 में प्रदर्शित स्क्रू डिसलोकेशन के चारों ओर (around) बर्जर परिपथ को ट्रेस किया जाए तब बर्जर वेक्टर की दिशा क्रिस्टल के सामने वाले तल (front face) से बाहर की ओर होगी। यह एक right-handed स्क्रू डिसलोकेशन है क्योंकि डिसलोकेशन लाइन के चतुर्दिश (around) सरकिट को ट्रेस करने पर हम क्रिस्टल में स्पाइरल (helix) को एक परमाणु तल (atomic plane) आगे बढ़ाते (advance)।

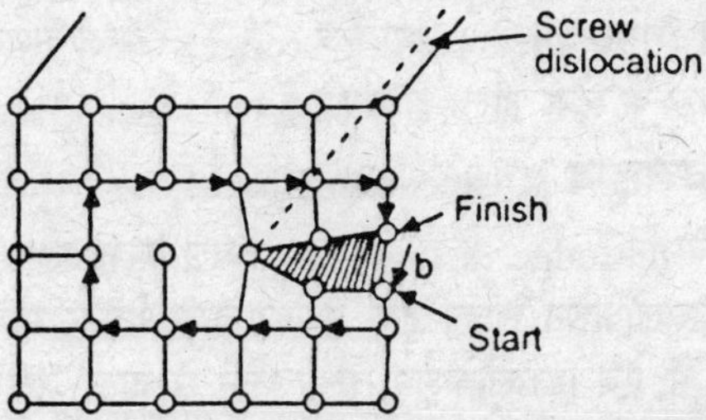

चित्र 8.19—स्क्रू डिसलोकेशन क लिए बर्जर वेक्टर।

2. डिसलोकेशन लूप (Dislocation loop)

क्रिस्टलों में डिसलोकेशन सीधी रेखाओं (straight lines) अथवा एक प्लेन में सामान्यतः बहुत कम (rarely) होता है। प्रायः प्रत्येक डिसलोकेशन में, कुछ अंश ऐज

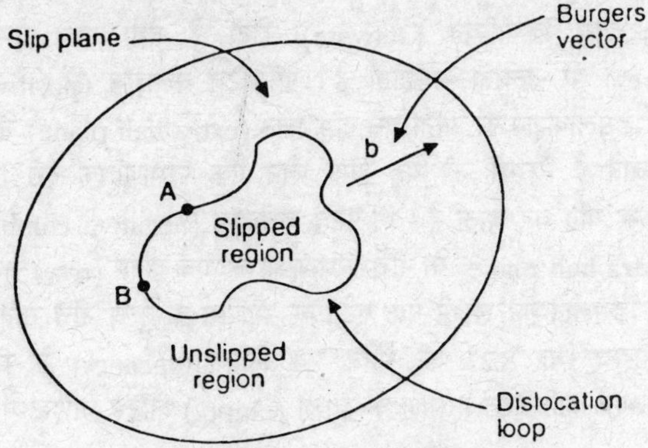

चित्र 8.20—स्लिप प्लेन में डिसलोकेशन लूप।

(edge) तथा कुछ स्क्रू डिसलोकेशन होता है। डिसलोकेशन चित्र 8.20 की भाँति प्रायः लूप (loops) अथवा वक्रों (curves) का आकार ले लेते हैं तथा ये 3-dimensions में परस्पर इन्टरलॉक होकर एक नैटवर्क बना लेते हैं। यदि केवल स्लिप प्लेन में डिसलोकेशन पर विचार किया जाए तब डिसलोकेशन का एक बहुत छोटा भाग ही ऐज (edge) एवं स्क्रू डिसलोकेशन में विघटित (resolve) किया जा सकता है। चित्र 8.20 में प्रदर्शित डिसलोकेशन लूप बिन्दु A पर शुद्ध (purely) स्क्रू तथा B पर, ऐज (edge) डिसलोकेशन है। परन्तु लूप की अधिकांश लम्बाई में स्क्रू तथ ऐज दोनों का संयोजन (combination) है तथापि समस्त डिसलोकेशन लूप के लिए बर्जर वेक्टर समान है।

3. डिसलोकेशन का स्ट्रैस फील्ड (Stress field of Dislocation)

क्रिस्टल में डिसलोकेशन पर चारों ओर से प्रतिबल (stress) कार्य करते हैं। जिन्हें स्ट्रैस फील्ड कहते हैं। इन स्ट्रैस के कारण क्रिस्टल में अन्य डिसलोकेशनों पर भी बल लगता है, जिससे डिसलोकेशन तथा अन्य अप्रभावित (solute) परमाणुओं के मध्य अन्तक्रिया होती है। स्क्रू डिसलोकेशन में शियर (shear) तथा ऐज (edge) डिसलोकेशन में टेन्साइल, कम्प्रैसिव तथा शियर तीनों प्रकार के स्ट्रैस फील्ड हो सकते हैं।

4. डिसलोकेशन क्लाइम्ब (Dislocation Climb)

ऐज डिसलोकेशन (edge dislocation) केवल स्लिप प्लेन में ग्लाइड (glide) कर सकता है जिसमें डिसलोकेशन लाइन तथा उसका बर्जर वेक्टर सम्मिलित हों, तथापि कुछ विशेष परिस्थितियों में, ऐज डिसलोकेशन स्लिप प्लेन से बाहर, स्लिप प्लेन के ऊपर अथवा नीचे गति कर सकता है। यह क्रिया डिसलोकेशन क्लाइम्ब (dislocation climb) कहलाती है।

डिसलोकेशन क्लाइम्ब का कारण, डिसलोकेशन के स्थान (site) में रिक्तियों (vacancies) या interstitials का डिफ्यूज होना अथवा डिसलोकेशन के स्थान से बाहर डिफ्यूज होना है। चूँकि 'क्लाइम्ब' प्रक्रिया डिफ्यूजन द्वारा नियन्त्रित होती है अतः यह ताप (thermally) द्वारा क्रियान्वित (activate) होती है तथा उच्च तापों (elevated temperatures) पर तत्परता से होती है। पॉजिटिव क्लाइम्ब (positive climb) में, पॉजिटिव ऐज डिसलोकेशन पर अतिरिक्त हॉफ प्लेन (extra half plane) से परमाणु निकल (remove) जाते हैं जिससे की यह हॉफ प्लेन एक परमाणुविक दूरी (one atomic spacing) ऊपर गति कर जाता है। निगेटिव क्लाइम्ब (negative climb) में, अतिरिक्त हॉफ प्लेन (extra half plane) के नीचे परमाणुओं की एक कतार (row) जुड़ (add) जाती है जिससे कि डिसलोकेशन लाइन एक एटोमिक स्पेसिंग के तुल्य नीचे गति कर जाती है। पॉजिटिव क्लाइम्ब चित्र 8.21 की भाँति, एक रिक्ति (vacancy) के डिसलोकेशन में डिफ्यूजन तथा एक अतिरिक्त परमाणु के खाली (empty) लैटिस प्वॉइन्ट में जाने के कारण होता है।

चित्र 8.21—(a) ऐज डिसलोकेशन में रिक्ति (vacancy) का डिफ्यूजन (b) डिसलोकेशन एक लैटिस स्पेसिंग के तुल्य क्लाइम्ब-अप (Climb up) करता है।

निगेटिव क्लाइम्ब उत्पन्न करने के लिए परमाणुओं के अतिरिक्त हॉफ प्लेन (extra half plane of atoms) में परमाणु add किए जाते हैं। यह, अतिरिक्त हॉफ प्लेन को घेरने वाली समीपस्थ (adjacent surrounding) लैटिस के परमाणुओं द्वारा ही किया जा सकता है जिससे डिसलोकेशन से कुछ दूर रिक्तियों (vacancies) का समूह उत्पन्न हो जाता है, अथवा यह क्रिया interstitial परमाणुओं के लैटिस में डिफ्यूज होने से हो सकती है।

5. डिसलोकेशन में जोग

(Jogs in Dislocation)

जब कोई डिसलोकेशन एक स्लिप प्लेन से दूसरे स्लिप प्लेन पर गति करता है तब डिसलोकेशन लाइन में चित्र 8.22 की भाँति एक जोग (jog or step) उत्पन्न (create) हो जाता है।

क्रिस्टल में डिसलोकेशनों के परस्पर इन्टरसेक्शन (intersection) से जोग (jog) उत्पन्न होते हैं। दो ऐज डिसलोकेशन के इन्टर सेक्शन से उत्पन्न जोग (jog), ऐज

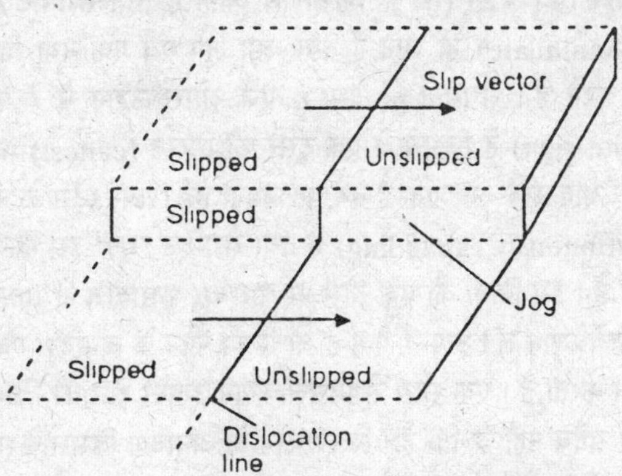

चित्र 8.22—ऐज (edge) डिसलोकेशन में जोग (Jog)।

ओरियेन्टेशन में होता है, जिससे यह शेष डिसलोकेशन के साथ ग्लाइड कर सकता है। अतः ऐज डिसलोकेशन में jog (edge oriented) फॉर्म होने से डिसलोकेशन की गति प्रभावित

नहीं होती है। चित्र 8.22 से स्पष्ट है कि jog, डिसलोकेशन की लम्बाई का एक छोटा भाग (short length) है जोकि उस तल में नहीं होता जिसमें मुख्य डिसलोकेशन होता है परन्तु दोनों का बर्जर वेक्टर समान होता है।

6. फ्रैन्क-रीड सोर्स
(Frank-Read Sources)

फ्रैन्क तथा रीड ने बताया कि क्रिस्टल में विद्यमान (existing) डिसलोकेशन अन्य डिसलोकेशनों के स्रोत (source) का कार्य करते हैं। यह सोर्स फ्रैन्क-रीड सोर्स कहलाते हैं। चित्र 8.23 (a) में, स्लिप प्लेन में एक डिसलोकेशन लाइन, प्लेन को इस प्रकार छोड़ती हैं कि इसके सिरे D तथा D' अपने स्थान पर ही स्थित (fixed) रहते हैं। ये बिन्दु नोड्स (nodes) होते हैं। इन बिन्दुओं पर एक स्लिप प्लेन में डिसलोकेशन, अन्य स्लिप तलों (planes) के डिसलोकेशनों को काटता (intersect) है। सिरों (ends) के एक स्थान पर इस प्रकार फिक्स होने का कारण क्रिस्टल में अशुद्धि परमाणुओं (impurity atoms) की उपस्थिति भी हो सकती है। जब स्लिप प्लेन पर शियर स्ट्रैस कार्य करती है तब डिसलोकेशन लाइन बाहर की ओर फैलती (bulges out) है तथा स्लिप उत्पन्न करती हैं। एक दी हुई स्ट्रैस (given stress) के लिए डिसलोकेशन लाइन निश्चित त्रिज्या (R) का वक्र (curvature) बनाती हैं। डिसलोकेशन लाइन के वक्र को $l/2$ त्रिज्या के अर्द्धवृत्त में बल्ज (bulge) होने के लिए शियर स्ट्रैस का मान उच्चतम होता है जहाँ l, नोड्स (D तथा D') के मध्य दूरी है।

जब स्ट्रैस का मान क्रिटिकल स्ट्रैस से अधिक होता है (अर्थात् $\sigma_s = G\frac{b}{l}$, जहाँ G = शियर मॉडुलस तथा b = बर्जर वेक्टर है) तब डिसलोकेशन अस्थायी (unstable) हो जाता है तथा अनिश्चित रूप से फैलता है तथा इस पर स्ट्रैस का मान घटने (decrease) लगता है। जब लूप चित्र 8.23 (d) के आकार में आता है तथा सेगमेन्ट m एवं n परस्पर मिलकर निरस्त (annihilate) हो जाते हैं तथा बड़ा लूप एवं एक नया डिसलोकेशन (चित्र 8.23 e) निर्मित करते हैं। सेगमेन्ट m तथा n ऐज ओरियेन्टेशन में हैं परन्तु उनके चिन्ह विपरीत (opposite sign) हैं जिससे वे एक-दूसरे को निरस्त (cancel) करते हैं। जब लूप चित्र 8.23 (c) के आकार में आ जाता है तब यह बढ़ती हुई शियर स्ट्रैस के प्रभाव से लगातार फैल सकता (continuously expanding) है तथा सेगमेन्ट DD' इस क्रिया को पुनः दोहरा (repeat) सकती हैं। इस क्रिया की एक सोर्स पर बारम्बार पुनरावृत्ति हो सकती है तथा प्रत्येक क्रिया में एक डिसलोकेशन लूप उत्पन्न होता है जो स्लिप प्लेन के अनुदिश एक बर्जर वेक्टर के तुल्य स्लिप उत्पन्न करता है। एक सोर्स से डिसलोकेशन उत्पन्न होने की क्रिया प्रारम्भ होने के पश्चात् यह क्रिया सदैव नहीं चलती है। स्लिप प्लेन के अनुदिश डिसलोकेशन की बढ़ती हुई संख्या द्वारा उत्पन्न बैक स्ट्रैस, प्रयुक्त स्ट्रैस (applied stress) का विरोध करती है तथा जब यह क्रिटिकल स्ट्रैस के बराबर हो जाती है तब सोर्स, ऑपरेट होना बन्द हो जाता है।

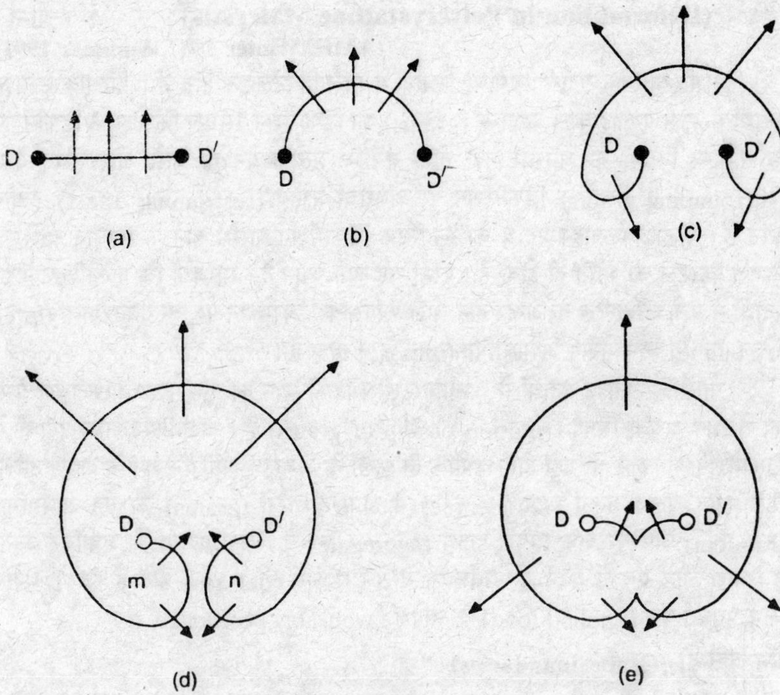

चित्र 8.23—फ्रेंक-रीड सोर्स का ऑपरेशन।

7. क्रॉस-स्लिप (Cross-slip)

क्रॉस-स्लिप वह प्रक्रिया (process) है जिसमें एक स्क्रू डिसलोकेशन किसी अन्य स्लिप प्लेन में, जिसकी स्लिप दिशा मूल (original) स्लिप प्लेन के साथ कॉमन हो, ग्लाइड करता है। चित्र 8.24 में क्रॉस-स्लिप प्रदर्शित की गई है। क्रॉस-स्लिप प्लेन, सामान्यतः closed-packed प्लेन होता है उदाहरणतः fcc में (111) प्लेन।

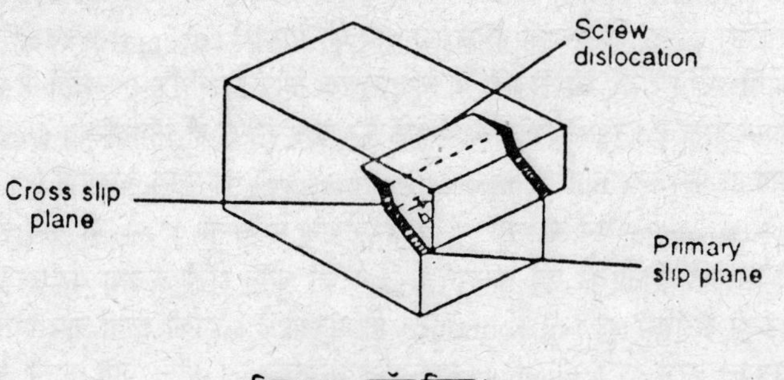

चित्र 8.24—क्रॉस स्लिप।

8.14. पॉलीक्रिस्टलाइन पदार्थों में डिफॉर्मेशन (Deformation in Polycrystalline Materials)

(AMIE Winter 1987, Summer 1991)

सभी धात्विक पदार्थ सामान्य स्थिति में पॉलीक्रिस्टलाइन होते हैं। पॉलीक्रिस्टलाइन पदार्थों में स्ट्रैस एप्लाई करने पर ग्रेन्स (grains) का डिफॉर्मेशन, सिंगल क्रिस्टल के डिफॉर्मेशन के सामान्य नियमों के अनुसार नहीं होता क्योंकि प्रत्येक ग्रेन के चारों ओर स्थित ग्रेन्स (surrounding grains) डिफॉर्मेशन पर अवरोधी प्रभाव (restraining effect) उत्पन्न करते हैं। पॉलीक्रिस्टलाइन पदार्थ का प्लास्टिक डिफॉर्मेशन प्रारम्भ होने के पश्चात् यह, एक सिंगल क्रिस्टल की भाँति ही होता है। परन्तु यह बात ध्यान देने योग्य है कि पॉलीक्रिस्टलाइन पदार्थों में प्रत्येक क्रिस्टल के अन्दर होने वाले प्लास्टिक डिफॉर्मेशन पर, अर्न्तक्रिस्टलीय (inter crystalline) डिफॉर्मेशन अध्यारोपित (impose) होता है।

पॉलीक्रिस्टलाइन पदार्थों में अर्न्तक्रिस्टलीय डिफॉर्मेशन का एक मुख्य अभिलक्षण ग्रेन्स का रोटेशन अथवा स्लिप (rotation or slip of grains) है। पॉलीक्रिस्टलाइन पदार्थों में डिफॉर्मेशन यूनिफार्म भी नहीं होता क्योंकि क्रिस्टलों के असमान ओरियेन्टेशन के कारण उनका डिफॉर्मेशन अलग-अलग मात्रा (degree) में होता है। ग्रेनों (grains) का यह अनियमित (random) ओरियेन्टेशन, सम्पूर्ण पदार्थ (aggregate) में स्लिप प्रक्रिया को प्रभावित करता है। बाह्य लोड एप्लाई करने पर सर्वप्रथम वे ग्रेन डिफॉर्म (deform) होते हैं जिनके स्लिप प्लेन, प्रयुक्त बल (applied load) के सापेक्ष favourably positioned हों।

ग्रेन बाउन्ड्री (Grain Boundaries)

पॉलीक्रिस्टलाइन पदार्थ में क्रिस्टलोग्राफिक ओरियेन्टेशन, ग्रेन बाउन्ड्री के एक्रोस (across) एक ग्रेन से दूसरे तक जाने में तेजी से बदलता है। सामान्य high-angle ग्रेन बाउन्ड्री उच्च पृष्ठ ऊर्जा (higher surface energy) वाली बाउन्ड्री होती हैं। उच्च ऊर्जा के कारण ग्रेन बाउन्ड्री पर विसरण (diffusion), फेज ट्रांसफॉर्मेशन, अवक्षेपण (precipitation) जैसी क्रियाएँ अन्य स्थानों की तुलना में वरीयता (preferably) से होती हैं। ग्रेन बाउन्ड्री, पॉलीक्रिस्टलाइन पदार्थ को दृढ़ (strengthen) अथवा दुर्बल (weak) कर सकती हैं। यह ताप, स्ट्रेनिंग की दर तथा धातु की शुद्धता के स्तर (level of purity) पर निर्भर करता है। द्रवणांक (melting point) से लगभग आधे ताप पर तथा उच्च स्ट्रेनिंग दर पर ग्रेन बाउन्ड्री वर्क हार्डनिंग की दर को बढ़ाती है जिससे धातु की सामर्थ्य (strength) बढ़ती है। उच्च ताप तथा धीमी स्ट्रेनिंग दर की स्थिति में (उदाहरणतः क्रीप डिफॉर्मेशन) केवल ग्रेन बाउन्ड्री पर डिफॉर्मेशन होता है। डिफॉर्मेशन का केवल ग्रेन बाउन्ड्री पर ही प्रतिबन्धित (restrict) होना, उच्च ताप पर फ्रेक्चर (high temperature fracture) का मुख्य कारण है।

Low-angle ग्रेन बाउन्ड्री में ओरियेन्टेशन में अन्तर 1° से भी कम होता है। यह बाउन्ड्री डिसलोकेशनों की एक कतार (array) की भाँति होती है तथा यह उच्च ऊर्जा वाली ग्रेन बाउन्ड्री से घिरी हुई (surrounded) हो सकती है। इनकी ऊर्जा कम होती है। शियर स्ट्रैस प्रयुक्त करने पर low-angle बाउन्ड्री एक यूनिट की भाँति गति करती है तथा शियर

(shear) की दूरी बढ़ने पर बाउन्ड्री angle कम होता है। इसका अर्थ है कि बाउन्ड्री की गति होने से, बाउन्ड्री डिसलोकेशन lose करती है।

सामान्यतः ग्रेन बाउन्ड्रीज, स्लिप के लिए, ग्रेन्स के अन्दर के भाग की तुलना में अधिक प्रतिरोध उत्पन्न करती हैं क्योंकि क्रिस्टलों की स्लिप दिशाएँ भिन्न-भिन्न होती हैं।

चूँकि पॉलीक्रिस्टलीय पदार्थों में कुछ क्रिस्टलों का ओरियेन्टेशन इस प्रकार का होता है कि उनकी स्लिप दिशाएँ (directions) अधिकतम शियर के तल में हों अतः ऐसे क्रिस्टल, सिंगल क्रिस्टल के लिए आवश्यक yielding स्ट्रैस पर yield कर सकते हैं; यदि इनके चारों ओर क्रिस्टल काफी प्रत्यास्थ (elastic) हैं।

तब इन दुर्बल क्रिस्टलों में बहुत कम मात्रा में yielding (minute amount of yielding) हो जाती है। इस प्रकार पॉलीक्रिस्टलाइन क्रिस्टलों में yielding की क्रिया बहुत धीरे-धीरे होती है।

पॉलीक्रिस्टलीय धातु में डिफॉर्मेशन से काफी संरचनात्मक परिवर्तन (structural changes) हो जाते हैं। स्थायी डिफॉर्मेशन से धातु में स्लिप लाइन्स (slip lines or bands) उत्पन्न होती हैं। पदार्थ के बहुत अल्प (slightest) डिफॉर्मेशन से भी स्लिप बैन्ड उत्पन्न हो जाते हैं। धातु के प्लास्टिक डिफॉर्मेशन से उसके भौतिक रासायनिक तथा यान्त्रिक (mechanical) गुण अत्यन्त प्रभावित होते हैं।

8.15. सीजन क्रैकिंग (Season Cracking)

(AMIE, Summer 1977, 79, 83, Winter 1977, 81, 91)

ऐसे पदार्थ जिनमें आन्तरिक स्ट्रैस (internal stress) होता है कुछ समय पश्चात् कोरोजिव माध्यम, औद्योगिक वातावरण, एमोनिया समुद्री जल अथवा मरक्यूरस नाइट्रेट जैसे वातावरण में एक्सपोज (expose) होने पर क्रैक (crack) होने की प्रवृत्ति रखते हैं। यह क्रिया सीज़न क्रैकिंग कहलाती है।

वर्क हार्डनिंग के पश्चात् धातु आन्तरिक स्ट्रैस की अवस्था में होती है। अतः वर्क हार्डनिंग किए गए ब्रास, प्रेसिंग, स्पिनिंगस, कन्डेन्सर ट्यूब इत्यादि औद्योगिक प्रक्रियाओं, में प्रयुक्त किए जाने पर उनमें प्रायः सीजन क्रैकिंग होती हैं। ब्रास बोल्टस (60% कॉपर, 40% जिंक) भी कसी हुई स्थिति (tightened position) में प्रयुक्त किए जाने पर फेल (fail) हो सकते हैं। सीज़न क्रैकिंग की क्रिया धीमी गति से विकसित होती है तथा कोरोज़िव वातावरण के प्रभाव से त्वरित (accelerate) हो जाती है। क्रेक, ग्रेन्स के चारों ओर फैल जाते हैं अर्थात् ये अर्न्तक्रिस्टलीय (intercrystalline) होते हैं तथा टेन्साइल स्ट्रैस एप्लाई होने पर फेक्चर्ड सतह परस्पर अलग-अलग हो जाती हैं। कुछ अवस्थाओं में ये क्रैक ट्रांसग्रेनुलर (transgrannular) होते हैं उदाहरणतः मैगनिशियम एलॉय तथा स्टैनलैस स्टील में। इन पदार्थों में सतह की रक्षात्मक फिल्म (protective film) स्लिप द्वारा नष्ट (rupture) हो जाती है जिससे tunnel कोरोज़न होता है तथा पदार्थ में डेक्टाइल फ्रेक्चर हो जाता है।

सीजन क्रैकिंग दोष को उपयुक्त स्ट्रेस रिलिविंग क्रियाओं द्वारा नियन्त्रित किया जा सकता है उदाहरणतः उच्च ताप पर एनीलिंग, जिससे क्रिस्टल की पुर्नःव्यवस्था (readjustment) हो जाती है। परन्तु यह ताप इतना उच्च नहीं होना चाहिए कि पदार्थ का अवांछित softening हो जाए। कॉपर एलॉय में, विशेष रूप से ब्रास को 300°C पर, 30 मिनट एनीलिंग कर सीज़न क्रैकिंग के दोष को समाप्त किया जा सकता है।

8.16. बॉशिगर्स प्रभाव (Baushinger Effect)

(AMIE Summer 1977, 79, 85, 86, 87, Winter 1977, 81, 82, 87, 88, 90, 91)

क्रिस्टलीय पदार्थों पर, प्लास्टिक रेंज में कम्प्रैसिव लोडिंग तथा अनलोडिंग (unloading) करने से वही परिणाम प्राप्त होते हैं जो टेन्साइल लोडिंग में प्राप्त होते हैं। अनलोडिंग (unloading) में प्रत्यास्थ स्ट्रैन (elastic strain) तो recover हो जाती है परन्तु प्लास्टिक स्ट्रेन बनी रहती है अर्थात् permanent set की भाँति रहती है। पदार्थ को पुनः कम्प्रेसिव लोड देने पर proportional limit तथा yield strength का मान अधिक प्राप्त होता है।

अब यदि पदार्थ पर स्ट्रैस की दिशा परिवर्तित की दी जाए अर्थात् स्पेसीमेन (specimen) में कुछ प्लास्टिक डिफॉर्मेशन के पश्चात् उस पर कम्प्रेसिव स्ट्रैस प्रयुक्त की जाए तब yield strength का मान कम प्राप्त होता है। इसका कारण पदार्थ में अवशिष्ट स्ट्रैस (residual stress) है जिसके प्रभाव से डिसलोकेशन वास्तविक दिशा (original direction) के विपरीत सरलता से गति कर जाते हैं तथा कम स्ट्रैस पर ही स्ट्रेन उत्पन्न हो जाती है। यह प्रक्रिया बॉशिंगर (Bauschinger) प्रभाव कहलाती है तथा उत्क्रमणीय (reversible) है। यदि स्पेसीमेन को प्रारम्भ में कम्प्रेसिव लोडिंग द्वारा प्लास्टिक क्षेत्र तक स्ट्रैस किया जाता है तब टैन्साइल लोड प्रयुक्त करने पर yield stress का मान कम प्राप्त होता। इस प्रकार किसी पदार्थ की लोडिंग से एक दिशा में डिफॉर्मेशन के पश्चात् लोडिंग की प्रकृति बदल दी जाए तब विपरीत दिशा में डिफॉर्मेशन के समय पदार्थ की yield stress का मान कम हो जाता है। चित्र 8.25 में बॉशिगर प्रभाव प्रदर्शित किया गया है। टेन्साइल लोडिंग पर प्रारम्भिक yield stress '*A*' है। डॉटेड वक्र पर बिन्दु *B* कम्प्रेसिव लोडिंग पर लगभग समान yield stress प्रदर्शित करता है। अब माना एक नये सेम्पल (new specimen) पर टेन्साइल yield stress से अधिक वक्र *OAC* के अनुदिश बिन्दु *C* तक टेन्साइल लोड लगाया जाता है। अब यदि स्पेसीमेन को अनलोड (unload) किया जाए तब यह *CD* पथ follow करता है। अब इस स्थिति में यदि कम्प्रेसिव स्ट्रैस एप्लाई की जाए तब बिन्दु *E* पर प्लास्टिक डिफॉर्मेशन प्रारम्भ हो जाता है जिस पर स्ट्रैस वास्तविक (original) कम्प्रेसिव स्ट्रैस से कम है।

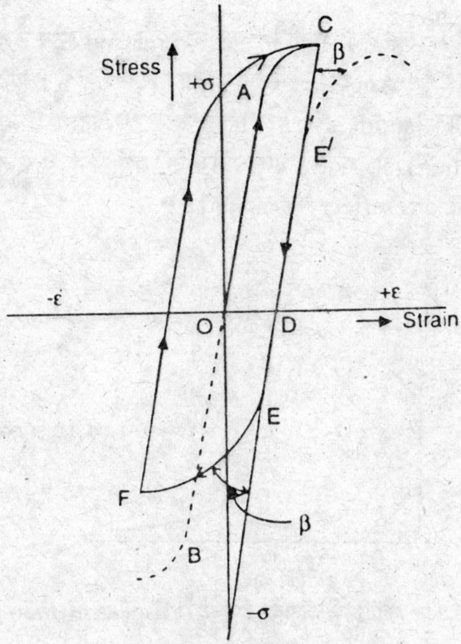

चित्र 8.25—बाशिगंर प्रभाव।

वक्र से स्पष्ट है कि टेन्साइल लोडिंग में वर्क हार्डनिंग (work hardening) के कारण yield stress का मान A से C तक बढ़ गया था, परन्तु कम्प्रैशन में yield stress का मान कम हो गया है। यह बॉशिंगर प्रभाव है। बॉशिंगर प्रभाव का स्तर (degree) स्ट्रेन 'β' द्वारा प्रदर्शित किया जाता है। यह बॉशिंगर स्ट्रेन कहलाती है।

बॉशिंगर प्रभाव का महत्त्वपूर्ण परिणाम धातुओं के कोल्ड वर्किंग (cold working) में देखा जा सकता है; उदाहरणतः कोल्डरोल्ड स्टील, वर्क हार्डनिंग की क्रिया द्वारा दृढ़ (strengthen) किए जाते हैं। माइल्ड स्टील की छड़ को रोलर्स में से गुजारने पर यह laterally कम्प्रेस हो जाती है तथा इसकी लम्बाई बढ़ जाती है (elongate) है। लम्बाई बढ़ने (elongature) से पदार्थ की टेन्साइल yield strength बढ़ जाती है परन्तु lateral कम्प्रेशन से छड़ के एक्रोस से टेन्साइल yield strength कम हो जाती है।

8.17. एलास्टिक आफ्टर-इफैक्ट (Elastic After Effect)

प्रत्यास्थता (elasticity) की परिभाषा के अनुसार प्रत्यास्थ स्ट्रेन (elastic strain) केवल स्ट्रैस पर निर्भर करती है परन्तु कुछ विशेष परिस्थितियों में, स्ट्रेन, समय पर भी निर्भर करती है। पदार्थ का यह गुण anelasticity कहलाता है। चित्र 8.26 में किसी anelastic पदार्थ में स्ट्रैस के प्रभाव से किसी समय (माना $t = t_0$ पर) स्ट्रेन e_1 उत्पन्न होती है। समय के

साथ स्ट्रेन भी धीरे-धीरे e_2 तक बढ़ जाती है। यह स्ट्रेन relaxed स्ट्रेन है क्योंकि स्ट्रेन में यह वृद्धि बहुत धीरे-धीरे हुई है। Anelastic स्ट्रेन का मान $e_2 - e_1$ है। यदि समय $t = t_1$ पर पदार्थ से लोड अकस्मात् (suddenly) हटा लिया जाए तब पदार्थ में e_1 के तुल्य स्ट्रेन में तुरन्त कमी (contraction) हो जाती है तथा समय के साथ स्ट्रेन शून्य हो जाती है। पदार्थ का यह व्यवहार elastic aftereffect कहलाता है।

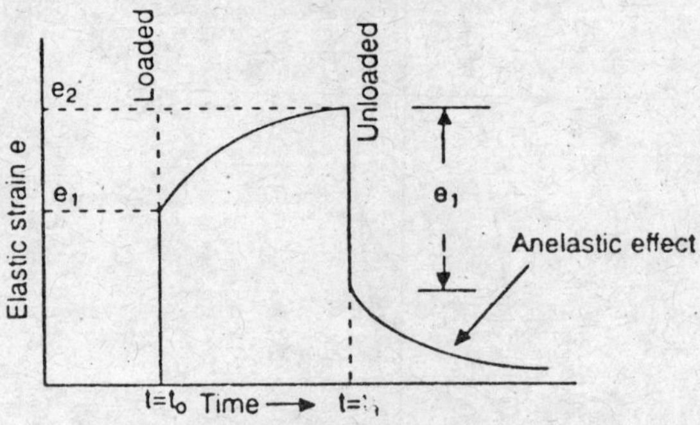

चित्र 8.26—एलास्टिक आफ्टर-इफेक्ट (Elastic after-effect)।

Elastic aftereffect का मुख्य अभिलक्षण इसकी क्षणिक (transient) प्रवृत्ति है। यह धीमी गति से बढ़ती है तथा शीघ्रता से शून्य हो जाती है। Elastic aftereffect का एक उदाहरण थर्मोएलास्टिक क्रिया है। यद्यपि अधिकांश elastic aftereffect प्रभाव बहुत कम मात्रा में होते हैं परन्तु सामान्य थर्मोप्लास्टिक पदार्थों में सामान्य ताप पर इसका मापन किया जा सकता है, जबकि रबर में यह प्रभाव बहुत अधिक होता है।

Elastic aftereffect का मुख्य कारण पदार्थ में अनलोडिंग (unloading) के पश्चात्, परमाणुओं का आन्तरिक घर्षण (internal friction) के कारण तुरन्त अपने स्थान पर वापस न आना है।

8.18. वर्क हार्डनिंग (Work Hardening)

धातुओं में प्लास्टिक डिफॉर्मेशन का मुख्य अभिलक्षण यह है कि शियर स्ट्रेन बढ़ने के साथ, स्लिप उत्पन्न करने के लिए आवश्यक शियर स्ट्रैस का मान लगातार बढ़ता है। धातु में पूर्व में हुए प्लास्टिक डिफॉर्मेशन (previous plastic deformation) के कारण, स्लिप उत्पन्न करने के लिए आवश्यक स्ट्रैस में वृद्धि वर्क हार्डनिंग अथवा स्ट्रैन हार्डनिग (work hardening or strain hardening) कहलाती है। वर्क हार्डनिंग की क्रिया में पदार्थ के डिफॉर्मेशन के प्रति प्रतिरोध में (resistance to deformation) वृद्धि होती है।

धातुओं में वर्क हार्डनिंग डिसलोकेशनों की परस्पर अर्न्तक्रिया (interaction) से, अथवा डिसलोकेशन की क्रिस्टल लैटिस में गति अवरुद्ध (impede) होने से होती है। गति में अवरोध, लैटिस में किसी अवरोध (barrier) अथवा किसी अन्य धातु के परमाणु की उपस्थिति से हो सकता है। 'Sessile' डिसलोकेशन भी, डिसलोकेशन की गति में अवरोध

(barrier) उत्पन्न करते हैं। डिसलोकेशनों की क्रिया से, क्रिस्टल में उत्पन्न निम्न गतिशीलता (low mobility) के डिसलोकेशन 'sessile' डिसलोकेशन कहलाते हैं। धातु में निरन्तर डिफॉर्मेशन से भी विभिन्न स्लिप तलों (slip planes) में, डिसलोकेशनों की बड़ी संख्या उत्पन्न होती है जो सक्रिय होते हैं। ये डिसलोकेशन स्लिप तलों पर एकत्र (pile up) हो जाते हैं तथा क्रिस्टल में अवरोध उत्पन्न करते हैं। डिसलोकेशन के pile-up होने से विपरीत दिशा में स्ट्रैस (back stress) उत्पन्न होती है जो स्लिप प्लेन पर एप्लाईड स्ट्रैस का विरोध (opposition) करती है। यह उस स्थिति में होता है जब डिसलोकेशन का घनत्व बहुत अधिक बढ़ जाता है। गणना से ज्ञात हुआ है कि डिसलोकेशन की संख्या 10^{12} प्रति वर्ग मीटर होने पर पदार्थ में वर्क हार्डनिंग होती है।

वर्क हार्डनिंग का एक अन्य कारण यह है कि स्लिप प्लेन में गति करते हुए डिसलोकेशन, एक्टिव स्लिप प्लेन को intersect करने वाले अन्य डिसलोकेशनों को काटते हैं। एक्टिव स्लिप प्लेन से गुजरने वाले (threading through) डिसलोकेशन 'dislocation forest' कहलाते हैं तथा इस विधि से वर्क हार्डनिंग की क्रिया डिसलोकेशन के 'forest' का intersection कहलाती है।

चित्र 8.27 में एक सिंगल fcc क्रिस्टल में स्ट्रेन हार्डनिंग प्रक्रिया प्रदर्शित की गई है। यह क्रिस्टल का फ्लो वक्र (flow curve) कहलाता है। वक्र का प्रथम भाग (I) 'easy glide' प्रदर्शित करता है। इस क्षेत्र में क्रिस्टल की वर्क हार्डनिंग बहुत कम होती है। 'Easy glide' में डिसलोकेशन अपेक्षाकृत (relatively) अधिक दूर चलते हैं तथा उन्हें किसी अवरोधक (barrier) का सामना नहीं करना पड़ता इस क्षेत्र में कम (low) स्ट्रेन यह हार्डनिंग प्रदर्शित करती है कि क्रिस्टल के अधिकांश डिसलोकेशन सतह पर आ जाते हैं। 'Easy glide' में स्लिप सदा एक स्लिप सिस्टम में होती है।

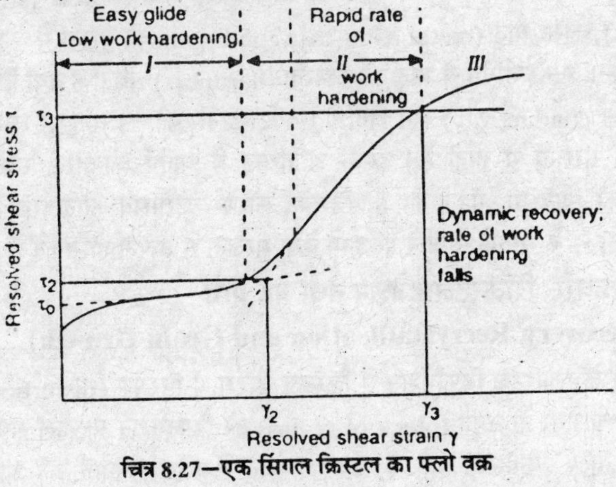

चित्र 8.27—एक सिंगल क्रिस्टल का फ्लो वक्र

वक्र के दूसरे भाग में स्ट्रेन हार्डनिंग (or work hardening) तीव्रता से बढ़ती है। यह वक्र का लीनियर भाग है। इस क्षेत्र में स्लिप, एक से अधिक स्लिप प्लेन (more than one set of planes) में होती है। इसी क्षेत्र में डिसलोकेशन intersecting स्लिप तलों पर गति करते हैं तथा एक-दूसरे से क्रिया करते हैं। डिसलोकेशन की परस्पर इस अन्तर्क्रिया (entangling) से जोग (jogs) उत्पन्न होते हैं तथा डिसलोकेशन एक स्थान पर एकत्रित हो जाते हैं जिससे स्लिपिंग की क्रिया बन्द हो जाती है। डिसलोकेशनों के इस प्रकार एकत्रित (pinning) होने से उसी स्लिप प्लेन में डिसलोकेशनों की गति अवरुद्ध (impede) हो जाती है।

वक्र का भाग 'III' एक परलयाकार (parabolic) हार्डनिंग प्रदर्शित करता है। इस क्षेत्र में स्ट्रेन हार्डनिंग की दर कम हो जाती है। यह dynamic recovery का क्षेत्र कहलाता है। स्ट्रैस (τ_3) जिस पर यह स्टेज प्रारम्भ होती है, ताप पर निर्भर करती है। इस क्षेत्र में उच्च स्ट्रैस होने के कारण क्रॉस-स्लिप उत्पन्न हो जाती है जिससे स्क्रू डिसलोकेशन एक तल से दूसरे तल पर गति कर सकते हैं तथा धीरे-धीरे ग्लाइड कर पदार्थ में और अधिक स्ट्रेन उत्पन्न करते हैं। जिससे स्ट्रेन हार्डनिंग की दर कम हो जाती है।

पॉलीक्रिस्टलाइन पदार्थों में, वक्र के भाग 'I' के संगत (corresponding) स्ट्रेन हार्डनिंग नहीं होती क्योंकि पदार्थ की ग्रेन बाउन्ड्री डिसलोकेशनों की ग्लाइडिंग में अवरोध उत्पन्न करती है। बाउन्ड्रीज पर डिसलोकेशन तब तक पाइल-अल (pile-up) होते रहते हैं जब तक कि स्ट्रैस इतनी अधिक उच्च नहीं हो जाती कि उन्हें बाउन्ड्री पर मुक्त कर दे अथवा रिकवरी क्रिया (उदाहरणतः रिक्रिस्टलाइजेशन) न प्रारम्भ कर दे। छोटे आकार के ग्रेन्स (small grains) में अधिक ग्रेन बाउन्ड्री प्राप्त होती है जिससे वर्क हार्डनिंग की क्रिया उत्तम होती है।

धातुओं की वर्क हार्डनिंग द्वारा उनकी सामर्थ्य तथा कठोरता (strength and hardness), कास्ट धातु (metal as in cast condition) की तुलना में बहुत अधिक की जा सकती है। वर्क हार्डनिंग से धातु की कठोरता (hardness) बढ़ती है तथा विद्युत चालकता (electrical conductivity) कम होती है। वर्क हर्डनिंग की गई धातु पर रासायनिक क्रिया भी अधिक सरलता से होती है। इसके अतिरिक्त ये धातुएँ आन्तरिक स्ट्रैस (internal stress) की अवस्था में होती हैं जिसके कारण कोरोसिव वातावरण (corrosive atmosphere) के सम्पर्क में आने पर इनमें क्रेक सरलता से उत्पन्न हो सकते हैं।

8.19. रिकवरी, रिक्रिस्टलाइजेशन तथा ग्रेन ग्रोथ (Recovery, Recrystallisation and Grain Growth)

धातु के प्लास्टिक डिफॉर्मेशन से क्रिस्टल लैटिस में विरुपण (distortion) उत्पन्न हो जाता है। तथा ग्रेन्स के समूह (block of grains) जो डिफॉर्मेशन से पहले समाक्षीय रूप से (equi-axially) व्यवस्थित होते हैं, ब्रेक हो जाते हैं जिससे पदार्थ की संरचना रेशेदार (fibrous) हो जाती है। इसके फलस्वरूप धातु का ऊर्जा स्तर (energy level) बढ़ जाता है।

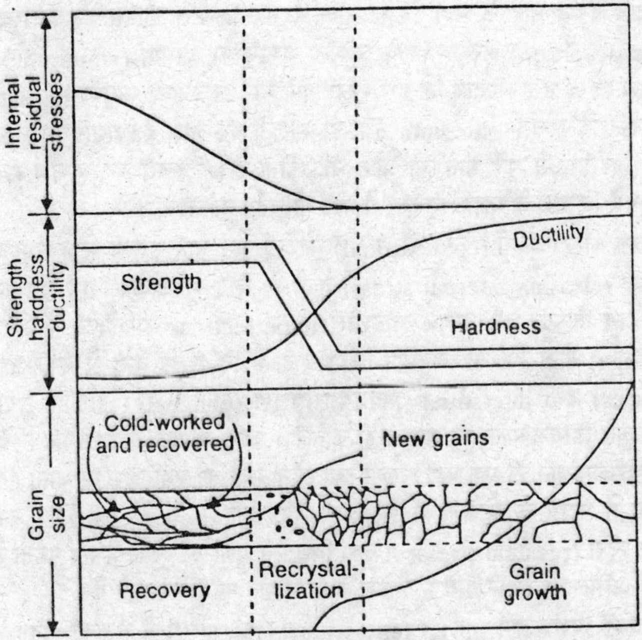

चित्र 8.28—रिकवरी, रिक्रिस्टलाइज़ेशन तथा ग्रेन ग्रोथ

एक विकृत (deformed) धातु, अविकृत (undeformed) स्थिति की तुलना में असन्तुलन (nonequilibrium) में होती है तथा ऊष्मागतिकि (thermodynamics) की दृष्टि से अस्थायी (unstable) होती है। अतः स्ट्रेन हार्डेन्ड (strain or work hardened) धातु में, सामान्य ताप पर भी तुरन्त (spontaneously) ऐसी क्रियाएँ होती हैं जो धातु को अधिक स्थायी (stable) स्थिति में लाती हैं। यदि धातु का ताप समुचित रूप से बढ़ाया जाए तब वह निम्न तीन प्रक्रियाओं द्वारा सन्तुलन में आने का प्रयत्न करती है—

1. रिकवरी (Recovery)
2. रिक्रिस्टलाइज़ेशन (Recrystallisation) तथा
3. ग्रेन ग्रोथ (Grain growth)

चित्र 8.28 में इन तीनों प्रक्रियाओं का डॉयग्राम प्रदर्शित किया गया है तथा प्रत्येक क्षेत्र में धातु के मुख्य गुणों में परिवर्तन का विवरण दिया गया है।

1. रिकवरी (Recovery) (AMIE Winter 1974, 75)

पदार्थ के माइक्रोस्ट्रक्चर में कोई विशेष परिवर्तन किए बिना क्रिस्टल लैटिस के डिस्टॉर्शन को कम कर (reduce) मूल गुणों को पुनः प्राप्त करना (restoration of original properties) "रिकवरी" कहलाता है। रिकवरी, एक निम्न ताप प्रक्रिया (low temperature process) है। जब स्ट्रैन द्वारा कठोर किया गया (strain hardened)

कोई पदार्थ, निम्न ताप पर गर्म किया जाता है तब क्रिस्टल लैटिस का प्रत्यस्थ विरूपण (elastic distortion), परमाणुओं के ऊष्मीय कम्पन का आयाम (amplitude) बढ़ने के कारण कम हो जाता है। पदार्थ को इस प्रकार गर्म करने से, उसकी सामर्थ्य (strength) कुछ कम हो जाती है परन्तु elastic limit तथा डक्टिलिटी बढ़ जाता है। यद्यपि इनका मान पदार्थ के स्ट्रेन हार्डनिंग से पूर्व मान को प्राप्त नहीं होता है। रिकवरी की अवधि (recovery period) में क्रिस्टल के माइक्रोस्ट्रक्चर में कोई परिवर्तन नहीं होता है।

जब कोल्ड-वर्किंग (cold worked) की गई कोई धातु, उसकी स्ट्रैस समाप्त करने के लिए (for releasing internal stress) करने के लिए अपेक्षाकृत निम्न ताप पर गर्म की जाती है तब क्रिस्टल की अधिक गतिशील imperfections ही लैटिस में पुर्नव्यवस्थित (rearrange) होती हैं। यह अनुमान किया जाता है कि स्लिप बैन्ड में उपस्थित रिक्तियाँ (vacancies) तथा interstitials सर्वप्रथम विलुप्त (eliminate) होती है तथा विपरीत चिन्ह के कुछ डिसलोकेशन भी समाप्त हो जाते हैं। परन्तु सामान्य रिकवरी क्रिया के बाद भी धातु में डिसलोकेशन की एक बड़ी संख्या तथा स्ट्रेन ऊर्जा का बड़ा अंश रह जाता है। रिकवरी की क्रिया में पदार्थ के स्ट्रक्चर में हुए अल्प परिवर्तनों (minor changes) का धातु में अवशिष्ट स्ट्रैस (residual stresses) तथा विद्युतीय गुणों पर काफी प्रभाव पड़ता है क्योंकि यह दोनों अभिलक्षण स्लिप बैन्ड में लैटिस के डिस्टोंशन पर निर्भर करते हैं।

किसी विशेष ताप (given temperature) पर, प्रारम्भ में रिकवरी बहुत तीव्रता से होती है परन्तु समय के साथ कम होकर, समाप्त हो जाती है। इस प्रकार बढ़ते हुए ताप (increasing temperature) पर, एक निश्चित समय में रिकवरी की मात्रा बढ़ती है। कोल्ड वर्क्ड (cold worked) धातु में, उसके विभिन्न गुण रिकवरी क्रिया में, विभिन्न दर से (at different rates) रिकवर होते हैं।

रिकवरी की क्रिया का प्रयोग फोर्जिंग्स, वेल्ड तथा फेब्रिकेट किए गए उपकरणों बॉयलर ट्यूब्स इत्यादि में आन्तरिक स्ट्रैस (internal stress) समाप्त करने के लिए किया जाता है। तथा इस क्रिया में, पदार्थ में कोल्ड वर्किंग की अवधि में, प्राप्त सामर्थ्य (strength) में कमी नहीं होती है।

2. रिक्रिस्टलाइज़ेशन (Recrystallisation)

रिक्रिस्टलाइज़ेशन की क्रिया में ऊष्मन द्वारा (by heating process) धातु की कोल्ड वर्कड संरचना (cold worked structure) को स्ट्रेन मुक्त ग्रेन्स (strain free grains) में परिवर्तित किया जाता है। चित्र 8.29 में रिक्रिस्टलाइज़ेशन की क्रिया में नए ग्रेन्स बनने की विभिन्न अवस्थाएँ प्रदर्शित की गई हैं। डिफॉर्म हुई धातु को गर्म करने पर सर्वप्रथम चित्र 8.29 (a) की भाँति बहुत छोटे-छोटे नए ग्रेन बनने प्रारम्भ होते हैं। ये ग्रेन तीव्रता से (rapidly) आकार (size) में तब तक बढ़ते हैं जब तक चित्र 8.29 (b) तथा 8.29 (c) की भाँति परस्पर मिल नहीं जाते। अन्त में ग्रेन्स की मूल अवस्था (original system) समाप्त हो जाता है तथा चित्र 8.29 (d) की भाँति नया क्रिस्टलाइन स्ट्रक्चर प्राप्त होता है। चित्र 8.29 (d) में प्रारम्भिक ग्रेन्स डॉटेड लाइन द्वारा प्रदर्शित किए गए हैं।

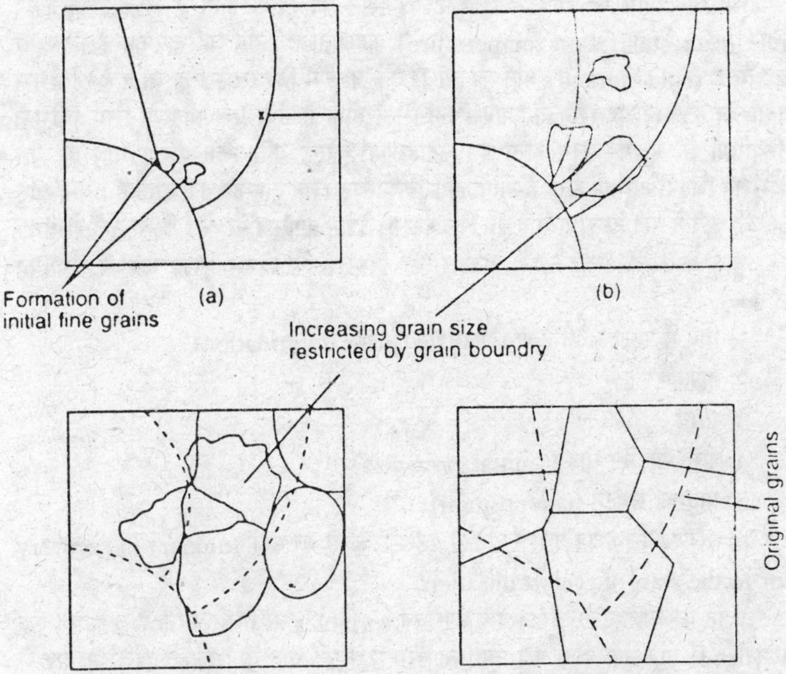

चित्र 8.29—रिक्रिस्टलाइज़ेशन में उष्मन (heating) द्वारा नये ग्रन्स की उत्पत्ति : (a) सर्वप्रथम अत्यन्त छोटे आकार के ग्रेन बनना प्रारम्भ होते हैं। (b), (c) ग्रेन का आकार बढ़ता है जो अन्य ग्रेन बाउण्ड्री द्वारा सीमित होता है (d) नया उत्पन्न क्रिस्टलाइन स्ट्रक्चर (new crystalline structure)

ऊष्मन की क्रिया जारी रखने पर ग्रेन बाउन्ड्रीज का समायोजन (adjustment) होता है, कुछ ग्रेन्स के आकार में और अधिक वृद्धि रुक जाती है। रिक्रिस्टलाइज़ेशन में वास्तव में नया स्ट्रक्चर नहीं उत्पन्न होता बल्कि समान संरचना के नए ग्रेन तथा क्रिस्टल उत्पन्न होते हैं। रिक्रिस्टलाइज़ेशन की क्रिया मेटलोग्राफिक विधियों द्वारा देखी जा सकती है तथा इसकी पुष्टि कठोरता अथवा सामर्थ्य में कमी (decrease in hardness or strength) तथा डक्टिलिटी में वृद्धि (increase in ductility) से होती है। रिक्रिस्टलाइज़ेशन के पश्चात् डिसलोकेशन के घनत्व (density of dislocations) में काफी कमी होती है तथा स्ट्रेन हार्डनिंग (hardening) के सभी प्रभाव समाप्त हो जाते हैं। यदि नए स्ट्रेन-फ्री ग्रेन्स को रिक्रिस्टलाइज़ेशन के लिए आवश्यक ताप से अधिक तक गर्म किया जाए तब ग्रेन साइज लगातार बढ़ता जाता है जैसा कि चित्र 8.29 से स्पष्ट है। ग्रेन के आकार में वृद्धि (grain growth) का कारण मुक्त ऊर्जा का कम (decrease) होना है जो ग्रेन साइज बढ़ने पर ग्रेन बाउन्ड्री क्षेत्र कम होने के कारण कम होती है।

वह ताप जिस पर धातु में रिक्रिस्टलाइज़ेशन की क्रिया होती है रिक्रिस्टलाइज़ेशन तापमान (recrystallisation temperature) कहलाता है। यह वह तापमान है जिस पर कोल्ड वर्क्ड (cold worked) धातु का 50% एक घण्टे में क्रिस्टलाइज़ हो जाता है। विभिन्न धातुओं का रिक्रिस्टलाइज़ेशन तापमान भिन्न-भिन्न होता है तथा एक धातु के लिए, विभिन्न परिस्थितियों में अलग-अलग होता है। उदाहरणतः कोल्ड वर्किंग के कारण धातु का ग्रेन डिफॉर्मेशन जितना अधिक होता है उतना ही रिक्रिस्टलाइज़ेशन तापमान कम होता है। यदि धातु का कोल्ड वर्किंग नहीं किया गया है तब रिक्रिस्टलाइज़ेशन तापमान पर कोई क्रिया नहीं होगी।

धातु के रिक्रिस्टलाइज़ेशन व्यवहार को निम्न 6 पैरामीटर्स मुख्य रूप से प्रभावित करते हैं—

1. धातु में पहले से ही हुआ डिफॉर्मेशन (prior deformation)
2. तापक्रम
3. समय
4. प्रारम्भिक ग्रेन साइज (initial grain size)
5. धातु का संघटन (composition)
6. रिक्रिस्टलाइज़ेशन प्रारम्भ होने से पहले रिकवरी की मात्रा (amount of recovery prior to the start of recrystallisation)

धातु का रिक्रिस्टलाइज़ेशन ताप उपरोक्त variables पर निर्भर करता है अतः यह एक स्थिर (fixed) ताप नहीं होता है। उपरोक्त पैरामीटर्स का धातु के रिक्रिस्टलाइज़ेशन ताप से सम्बन्ध निम्न प्रकार व्यक्त किया जा सकता है—

1. धातु के रिक्रिस्टलाइज़ेशन के लिए डिफॉर्मेशन की न्यूनतम मात्रा होना आवश्यक है।

2. डिफॉर्मेशन का स्तर जितना कम होगा, रिक्रिस्टलाइज़ेशन के लिए उतने ही अधिक ताप की आवश्यकता होगी।

3. धातु की एनीलिंग अवधि (period of annealing) बढ़ने से रिक्रिस्टलाइज़ेशन ताप कम होता है परन्तु ताप, समय से अधिक महत्त्वपूर्ण है। एनीलिंग टाइम का दो गुना, एनीलिंग ताप में लगभग 10°C वृद्धि के तुल्य है।

4. रिक्रिस्टलाइज़ेशन में अन्तिम ग्रेन साइज (final grain size), डिफॉर्मेशन के स्तर पर निर्भर करता है। डिफॉर्मेशन का स्तर जितना अधिक तथा एनीलिंग जितना कम होगा, रिक्रिस्टलाइज़ेशन में क्रिस्टलाइज्ड ग्रेन का साइज उतना ही अधिक छोटा होगा।

5. ग्रेन्स (grains) का प्रारम्भिक आकार (original grain size) जितना अधिक बड़ा होगा, एक विशेष रिक्रिस्टलाइजेशन ताप उत्पन्न करने के लिए उतना ही अधिक कोल्ड वर्क करना होगा।

6. धातु की शुद्धता (purity) जितनी उच्च होगी, रिक्रिस्टलाइज़ेशन ताप उतना ही कम होगा। Solid-solution alloying additions से रिक्रिस्टलाइज़ेशन ताप सदा बढ़ता है।

7. एक विशेष रिक्रिस्टलाइज़ेशन व्यवहार प्राप्त करन के लिए आवश्यक डिफॉर्मेशन की मात्रा वर्किंग ताप (working temperature) में वृद्धि के साथ बढ़ती है।

8. धातु के अनुप्रस्थ क्षेत्र में एक निश्चित कमी (given reduction in cross sectional area) के लिए विभिन्न मेटल वर्किंग प्रक्रियाओं उदाहरणतः रोलिंग, ड्राइंग (drawing) में अलग-अलग डिफॉर्मेशन उत्पन्न होता है। अतः समान रिक्रिस्टलाइज़ेशन व्यवहार नहीं प्राप्त किया जा सकता है।

रिक्रिस्टलाइजेशन अवधि के पश्चात् धातु में स्ट्रैस-फ्री क्रिस्टल होते हैं तथा धातु में उसके अधिकांश वास्तविक भौतिक गुण (original physical properties) पुनः आ जाती (restore) हैं जिनके अभिलक्षण अन्तिम ग्रेन साइज द्वारा निर्धारित होते हैं। ग्रेन अपना अन्तिम साइज न्यूक्लियेशन तथा ग्रेन ग्रोथ की क्रिया में प्राप्त करते हैं।

3. ग्रेन ग्रोथ (Grain Growth)

यदि एक कोल्ड-वर्क्ड धातु के रिक्रिस्टलाइज़ेशन के पश्चात् प्राप्त स्ट्रेन-फ्री ग्रेन्स को रिक्रिस्टलाइज़ेशन तापमान से अधिक तापमान तक गर्म किया जाए तब ग्रेन साइज में निरन्तर वृद्धि होती है। यह क्रिया ग्रेन ग्रोथ कहलाती है।

ग्रेन ग्रोथ के लिए आवश्यक ऊर्जा की मात्रा रिक्रिस्टलाइज़ेशन के लिए आवश्यक ऊर्जा से कम होती है अतः उस ताप पर, जिस पर रिक्रिस्टलाइज़ेशन की क्रिया तत्परता से (readily) सम्पन्न होती है, ग्रेन ग्रोथ की क्रिया धीमी गति से होगी, फिर भी ग्रेन ग्रोथ, तापक्रम पर अधिक निर्भर करता है।

ग्रेन ग्रोथ का कारण, धातु के ग्रेन्स का अधिक स्थायी अवस्था (more stable state) में वापस आने की प्रवृत्ति (tendency) है तथा यह ग्रेन्स के आकार पर निर्भर करती है।

रिक्रिस्टलाइज़ेशन से अधिक तापमान पर ग्रेन्स का एक अधिकतम आकार (practical maximum size) होता है जिसे ग्रेन प्राप्त कर सकते हैं तथा उसके पश्चात् उनका आकार बढ़ना बन्द (cease) हो जाता है चाहे उस तापमान पर उन्हें कितने ही समय तक क्यों न रखा जाए।

कुछ विशेष अवस्थाओं में, जब धातु में अशुद्धियों के असमान वितरण (non uniform impurity distribution) के कारण अवशिष्ट स्ट्रेन (residual strain) होती है, तब ग्रेन अप्रत्याशित (abnormally) रूप से बढ़ते हैं तथा ऐसी स्थिति में प्रायः बड़े आकार के सिंगल ग्रेन (large single grains) उत्पन्न होते हैं।

इसी प्रकार कुछ विशेष परिस्थितियों में उच्च ताप पर गर्म करने पर फाइन ग्रेन्ड रिक्रिस्टलाइज्ड (fine grained recrystallised) धातु के कुछ ग्रेन्स, अन्य ग्रेन्स की तुलना में तीव्रता से बढ़ते हैं। यह क्रिया 'exaggerated' ग्रेन ग्रोथ कहलाती है। इस क्रिया का मुख्य कारण पृष्ठ ऊर्जा (surface energy) में कमी होना है (ग्रेनस् में स्टोर हुई ऊर्जा नहीं)। यह क्रिया भी रिक्रिस्टलाइज़ेशन की भाँति ही होती है तथा secondary recrystallisation कहलाती है।

ग्रेन ग्रोथ की क्रिया 'second phase particles' के डिसपर्शन (dispersion) सीमित हो जाती है। इससे ग्रेन बाउन्ड्री की गति (movement) प्रतिबन्धित (restrict) हो जाती है।

महीन (fine) ग्रेन वाली धातुएँ, बड़े (coarse) ग्रेन वाली धातुओं की तुलना में अधिक कठोर (harder) तथा मजबूत (stronger) होती हैं। ग्रेन साइज का धातु की सतह के appearance पर भी प्रभाव होता है।

8.20. प्रीफर्ड ओरियेन्टेशन (Preferred Orientation)

यदि कोई धातु अत्यधिक डिफॉर्मेशन की क्रियाओं से गुजरी हो जैसा कि रोलिंग (rolling) अथवा वायर ड्राइंग (wire drawing) में होता है, तब उसमें एक विशेष संरचना (texture) विकसित हो जाती है जिसे 'प्रीफर्ड ओरियेन्टेशन' कहा जाता है। धातु के कुछ निश्चित क्रिस्टलोग्राफिक तल (crystallographic planes) अधिकतम स्ट्रेन की दिशा के सापेक्ष इस 'फ्रीफर्ड ओरियेन्टेशन' में व्यवस्थित होने का प्रयत्न करते हैं। 'प्रीफर्ड ओरियेन्टेशन' धातु के सभी क्रिस्टलों में समान ओरियेन्टेशन प्रदर्शित करता है।

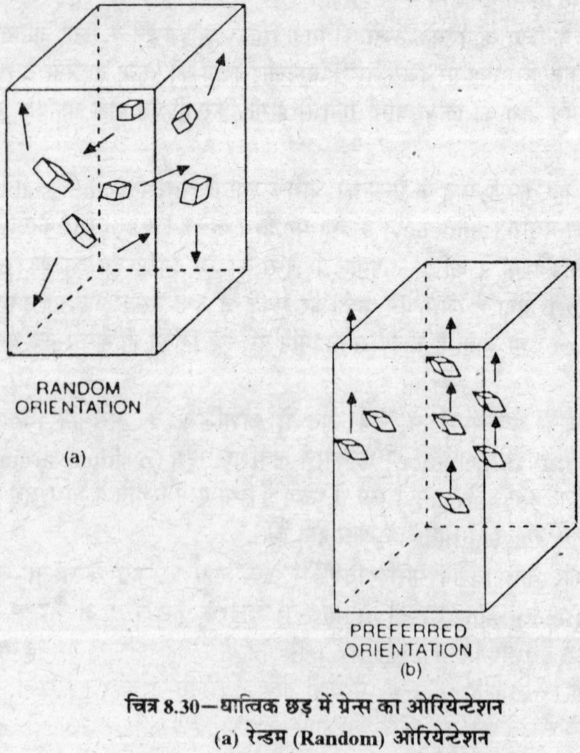

चित्र 8.30—धात्विक छड़ में ग्रेन्स का ओरियेन्टेशन
(a) रेन्डम (Random) ओरियेन्टेशन
(b) प्रीफर्ड (preferred) ओरियेन्टेशन

धातु में किसी क्रिस्टल में सभी दिशाओं में समान प्लास्टिक डिफॉर्मेशन नहीं होता क्योंकि कुछ विशेष तलों (crystal planes) के अनुदिश डिफॉर्मेशन सरलता से होता है। अतः प्लास्टिक डिफॉर्मेशन उस धातु के ग्रेन्स का एक प्रीफर्ड ओरियेन्टेशन उत्पन्न करता है जो mechanically worked हो। धातु के ग्रेन्स स्लिप तलों (slip planes) को तनाव-अक्ष (axis of tension) की ओर रोटेट करने का प्रयत्न करते हैं तथा कम्प्रेशन में, अपने स्लिप तलों को कम्प्रेशन अक्ष से दूर (away) रोटेट करने का प्रयत्न करते हैं। इस प्रकार प्राप्त ओरियेन्टेशन चित्र 8.30 की भाँति होती है।

किसी धातु के सेम्पल में 'प्रीफर्ड ओरियेन्टेशन' X-rays द्वारा प्रेक्षित (observe) की जा सकती है जब कोल्ड वर्किंग द्वारा उसके अनुप्रस्थ क्षेत्र (cross-section) में 20 से 30 प्रतिशत की कमी हो गई हो। इस स्थिति में क्रिस्टलों के ओरियेन्टेशन, आदर्श (ideal) ओरियेन्टेशन के चारों ओर बिखरे (scattered) होते हैं तथा क्षेत्र (area of cross-section) में और अधिक कमी होने से स्कैट्रिंग कम होती जाती है। अनुप्रस्थ क्षेत्र में 80 से 90% कमी होने पर प्रीफर्ड ओरियेन्टेशन पूर्ण (complete) हो जाती है। धातु में प्रीफर्ड ओरियेन्टेशन (or deformed texture) धातु में उपलब्ध स्लिप सिस्टम तथा मुख्य (principal) स्ट्रेन पर निर्भर करता है। इसके अतिरिक्त डिफॉर्मेशन के समय ताप तथा डिफॉर्मेशन से पहले धातु का texture भी प्रीफर्ड ओरियेन्टेशन की टाइप को प्रभावित करते हैं।

क्रिस्टल लैटिसों के इस प्रकार संरेखित (align) होने की प्रवृत्ति (preferred orientation) से धातु में दैशिक गुण (directional properties) उत्पन्न होते हैं क्योंकि कुछ धातु के क्रिस्टलों की सामर्थ्य (strength) तथा चुम्बकशीलता (magnetic permeability) विभिन्न क्रिस्टलीय दिशाओं में अलग-अलग (different) हो सकती है। प्रायः इस प्रकार की directional properties महत्त्वपूर्ण होती हैं; उदाहरणतः ट्राँसफार्मर में प्रयुक्त लेमिनेशन के लिए प्लास्टिक फ्लो (flow) की दिशा में चुम्बकीय शीलता (μ) का मान अधिक होता है।

धातु में ग्रेन एलाइमेन्ट (alignment) से उसके मैकनिकल गुणों में दिशा के अनुसार असमरूपता (anistropy) उत्पन्न होती है तथा विभिन्न दिशाओं में विभिन्न गुणों के कारण धातु के विभिन्न प्रकार के फेब्रिकेशन तथा फॉर्मिंग आपरेशन्स में कठिनाई हो सकती है।

8.21. कोल्ड-वर्किंग (Cold-Working)

(AMIE, Winter 1975, 1978, 1981, Summer 1975)

धातु का ऐसे तापक्षेत्र (temperature range) तथा समय पर किया गया प्लास्टिक डिफॉर्मेशन, जिससे कि उसकी स्ट्रेन हार्डनिंग समाप्त न हो, कोल्ड वर्किंग कहलाता है। धातु के द्रवणाँक (melting point) से 30 से 50 प्रतिशत ताप ($0 \cdot 3\ T_m$ to $0 \cdot 5\ T_m$) से नीचे ताप पर किया गया प्लास्टिक डिफॉर्मिंग कार्य (plastic deformation) कोल्ड वर्क होता है।

चित्र 8.31 में कोल्ड वर्क की मात्रा (amount of cold work) बढ़ने के साथ धातु की सामर्थ्य तथा डक्टिलिटी (strength and ductility) में परिवर्तन प्रदर्शित किये गये हैं।

चूँकि अधिकांश कोल्ड-वर्किंग क्रियाओं में धातु की एक या दो dimension में वृद्धि तथा अन्य dimensions में कमी होती है अतः कोल्ड वर्क द्वारा वर्किंग की दिशा (in the direction of working) में ग्रेन की लम्बाई में वृद्धि (elongation) होती ह। अत्यधिक डिफॉर्मेशन होने पर ग्रेन्स (grains) का ओरियेन्टेशन परिवर्तित होकर 'प्रीफर्ड ओरियेन्टेशन' (preferred orientation) में हो जाता है। कोल्ड-वर्किंग से धातु के टेन्साइल गुणों (tensile properties) के अतिरिक्त भौतिक गुणों में भी परिवर्तन होता है।

कोल्ड-वर्किंग की गई धातु में स्ट्रेन हार्डनिंग प्रभाव के कारण, धातु की कठोरता (hardness), yield point तथा सामर्थ्य (strength) में काफी वृद्धि होती है। इन परिवर्तनों के साथ डक्टिलिटी में काफी कमी (decrease), घनत्व (density) एवं थरमल गुणांक (thermal coefficient of expansion) में अल्प वृद्धि तथा विद्युत चालकता (electrical conductivity) में कुछ कमी (slight decrease) होती है। कोल्ड-वर्किंग से सभी धारको की कठोरता में वृद्धि होती है।

इसके अतिरिक्त कोल्ड-वर्किंग में डिसलोकेशनों का परस्पर entanglement तथा pileup इतना अधिक होता है कि इससे स्लिप होने के बजाय क्रेक्स (cracks) की उत्पत्ति होती है। कोल्ड-वर्किंग से ग्रेन्स का क्रमहीन ओरियेन्टेशन (random orientation) भी नष्ट (destroy) होता है जिससे पॉलीक्रिस्टलाइन पदार्थों के गुण सभी दिशाओं में समान नहीं होते हैं। कोल्ड-वर्किंग के पश्चात् धातु के विभिन्न दिशाओं में गुण अलग-अलग (different) होते हैं।

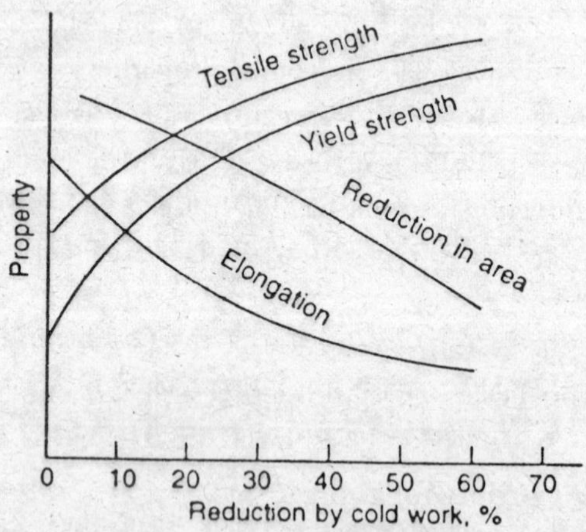

चित्र 8.31—कोल्ड वर्क के साथ टेन्साइल (tensile) गुणों में परिवर्तन।

कोल्ड-वर्किंग में धातु पर किए गए कार्य (work) का कुछ भाग आन्तरिक ऊर्जा (internal energy) के रूप में स्टोर हो जाता है। प्लास्टिक डिफॉर्मेशन की ऊर्जा का 1 से 10% भाग पदार्थ में स्ट्रेन ऊर्जा की भाँति स्टोर होता है। इस प्रकार कोल्ड-वर्किंग के पश्चात् धातु उच्च ऊर्जा अवस्था (high energy state) में होती है तथा उसकी अपनी सामान्य

सन्तुलन की अवस्था में आने की प्रवृत्ति होती है। कोल्ड वर्क्ड अवस्था में आन्तरिक ऊर्जा बढ़ने के कारण रासायनिक सक्रियता (chemical activity) में वृद्धि होती है। इसके कारण धातु के कोरोज़न प्रतिरोध (corrosion resistance) में कमी होती है तथा कुछ मिश्र धातुओं (alloys) में स्ट्रैस कोरोज़न क्रेकिंग की सम्भावना हो जाती है। उच्च ताप पर एनीलिंग (annealing) अर्थात् ऊष्मण (heating) करने पर तथा उस ताप (annealing temperature) पर धातु को काफी समय तक सोक (soak) करने पर धातु अपनी अतिरिक्त ऊर्जा रिकवरी, रिक्रिस्टलाइज़ेशन तथा ग्रेन ग्रोथ की क्रियाओं द्वारा मुक्त करने का प्रयत्न करती है।

कोल्ड-वर्किंग की मुख्य विधियाँ निम्न हैं—

1. Rolling, 2. Forging, 3. Drawing, 4. Bending, 5. Spinning, 6. Extruding, 7. Squeezing, 8. Peening.

8.22. कोल्ड-वर्किंग के लाभ तथा हानियाँ (Advantages and Disadvantages of Cold Working)

धातु की कोल्ड-वर्किंग से निम्न मुख्य लाभ तथा हानियाँ होती हैं—

लाभ (Advantages)

(i) धातु में ऑक्सीकरण (oxidation) के कारण धातु का ह्रास (loss of metal) रुक जाता है।

(ii) कोल्ड-वर्किंग से धातु की कठोरता (hardness) तथा सामर्थ्य (strength) में वृद्धि होती है।

(iii) ऐसे पदार्थों की स्ट्रेन हार्डनिंग, जिन पर हीट ट्रीटमेन्ट की क्रिया प्रभावी नहीं होती है कोल्ड-वर्किंग द्वारा सरलता से की जा सकती है।

(iv) हॉट वर्किंग की तुलना में सतह (surface) की फिनिश उत्तम होती है।

(v) धातु पार्टस की माप (dimensions) की accurately maintain किया जा सकता है।

हानियाँ (Disadvantages)

(i) हॉट वर्किंग की तुलना में, कोल्ड वर्किंग द्वारा प्लास्टिक डिफॉर्मेशन में अधिक ऊर्जा की आवश्यकता है।

(ii) कोल्ड-वर्किंग से डक्टिलिटी में कमी होती है।

(iii) धातु में अवशिष्ट स्ट्रैस (residue stress) रह जाता है जो तब तक धातु में उपस्थित रहता है जब तक की एनीलिंग द्वारा उसे समाप्त न किया जाए। अवशिष्ट स्ट्रैस बहुत समय तक रहने पर धातु में स्ट्रैस कोरोज़न उत्पन्न हो जाता है।

(iv) धातु के ग्रेन स्ट्रक्चर में विरूपण (distortion) आ जाता है।

(v) लौह धातुओं की कोल्ड-वर्किंग से रिक्रिस्टलाइज़ेशन ताप में वृद्धि होती है।

(vi) धातु की अत्यधिक कोल्ड-वर्किंग करने से, उसमें आवश्यक आकार तथा साइज प्राप्त होने से पूर्व फ्रेक्चर हो सकता है। इस समस्या को हल करने के लिए कोल्ड-वर्किंग की क्रिया विभिन्न पदों (steps) में की जाती है जिनके मध्य कुछ एनीलिंग आपरेशन्स किए जाते हैं जिससे धातु की softening होती है तथा डक्टिलिटी पुनः restore हो जाती है।

8.23. हॉट वर्किंग

(Hot Working)

हॉट वर्किंग, नियन्त्रित तापमान तथा स्ट्रेन दर (controlled temperature and strain rate) के अन्तर्गत उत्पन्न वह डिफॉर्मेशन है जिसमें डिफॉर्मेशन क्रिया में ही काफी मात्रा में 'रिकवरी' (recovery) हो जाती है जिससे पदार्थ में हार्डनिंग हुए बिना ही काफी स्ट्रेन उत्पन्न की जा सकती है।

हॉट वर्किंग में, रिक्रिस्टलाइजेशन के कारण उत्पन्न स्ट्रेन मुक्त (strain free) ग्रेन्स के निर्मित (form) होने से, ग्रेन स्ट्रक्चर के विरूपण (distortion) तथा स्ट्रेन हार्डनिंग शीघ्रता से समाप्त हो जाती है। हॉट वर्किंग में, काफी अधिक बड़े (large) डिफॉर्मेशन दिए जाने भी सम्भव हैं क्योंकि इसमें रिकवरी तथा डिफॉर्मेशन क्रियाएँ साथ-साथ (simultaneously) चलती हैं।

हॉट वर्किंग से धातु को डिफॉर्म करने के लिए आवश्यक ऊर्जा में कमी होती है तथा धातु में क्रेकिंग के बिना फ्लो होने की योग्यता (ability to flow without cracking) बढ़ती है। इसके साथ ही हॉट-वर्किंग तापमान (temperature) पर परमाणुओं के डिफ्यूज़न की क्रिया भी तीव्रता से होती है जिससे कास्ट-स्ट्रक्चर (cast structure) में रासायनिक समांगता (chemical homogeniety) बढ़ती है। ब्लो होल्स तथा सरन्ध्रता (blow holes and porosity) भी इनके परस्पर वेल्ड हो जाने से समाप्त हो जाते हैं। कास्टिंग के बड़े ग्रेन वाले कॉलम (coarse columnar grains) टूटकर फाइन रिक्रिस्टलाइज्ड ग्रेनस (refined equiaxed recrystalised grains) में परिवर्तित हो जाते हैं। हॉट वर्किंग के कारण स्ट्रक्चर में इन परिवर्तनों से डक्टिलिटी में वृद्धि (increase in ductility) होती है।

हॉट वर्किंग की क्रिया रिक्रिस्टलाइज़ेशन ताप (recrystallization temperature) के लगभग समीप (परन्तु इससे कुछ अधिक) पर की जाती है।

हॉट वर्किंग के लिए तापक्रम की निम्न सीमा (lower temperature limit) वह निम्नतम (lowest) तापमान है जिस पर रिक्रिस्टलाइज़ेशन की दर इतनी तीव्र होती है कि धातु के इस तापमान पर रहने की अवधि (duration) में उसकी स्ट्रेन हार्डनिंग समाप्त हो जाती है। किसी धातु अथवा एलॉय के लिए निम्न (lower) हॉट वर्किंग तापमान का मान, धातु में उपस्थित डिफॉर्मेशन तथा इस ताप पर धातु के रहने की अवधि (time) पर निर्भर करता है। क्योंकि धातु में जितना अधिक डिफॉर्मेशन होगा रिक्रिस्टलाइज़ेशन तापमान भी उतना ही अधिक निम्न होगा। अतः अधिक मात्रा के डिफॉर्मेशन (large deformations) के लिए हॉट वर्किंग के लिए निम्न तापमान की सीमा (lower temperature limit) घट जाती है।

उन धातुओं का हॉट वर्किंग ताप (hot working temperature) जिनका डिफॉर्मेशन शीघ्रता से (rapidly) हुआ है तथा शीतलन (cooling) भी तीव्रता से हुआ है, समान डिफॉर्मेशन के लिए ऐसी धातुओं की तुलना में अधिक होता है जिनका डिफॉर्मेशन तथा कूलिंग अपेक्षाकृत (relatively) धीमी गति से हुआ हो।

हॉट वर्किंग के लिए आवश्यक ताप की उच्च सीमा (upper limit) उस ताप द्वारा निर्धारित होती है जिस पर धातु का मैल्टिंग अथवा अत्यधिक ऑक्सीकरण (melting or excessive oxidation) होता है। सामान्यतः हॉट वर्किंग क्रिया का अधिकतम ताप (maximum temperature) धातु के मैल्टिंग ताप (melting temperature) से 50°C कम तक सीमित रखा जाता है। हॉट वर्किंग की क्रिया कई पदों (passes) में की जाती है। मध्य वाले पदों (middle passes) का तापक्रम, न्यूनतम कार्यकारी ताप (working tcmperature) से काफी अधिक रखा जाता है।

यह सम्भव है कि इस ताप पर रिक्रिस्टलाइज़ेशन के पश्चात् कुछ मात्रा में ग्रेन ग्रोथ (grain growth) हो। चूँकि प्रोडक्ट में प्रायः फाइन ग्रेन साइज (fine grain size) अधिक वाँछित (desired) होता है अतः अन्तिम पद (last pass) में कार्यकारी ताप (working temperature) को इतना कम कर दिया जाता है जिससे कि इस ताप के कूलिंग (cooling) होने पर ग्रेन ग्रोथ लगभग शून्य हो। हॉट वर्किंग में फिनिशिंग ताप (finishing temperature) प्रायः न्यूनतम रिक्रिस्टलाइज़ेशन ताप से कुछ अधिक (just above) होता है। अन्तिम पद (last pass) में अपेक्षाकृत अधिक डिफॉर्मेशन होना चाहिए।

8.24. हॉट वर्किंग के लाभ तथा हानियाँ
(Advantages and Disadvantages of Hot Working)

धातु का हॉट वर्किंग से उसमें निम्न सुधार होते हैं—

1. धातु की सरन्ध्रता (porosity) लगभग समाप्त हो जाती है। ठोस होने पर (on solidification) एक स्टील इनगॉट (ingot) में अनेक छोटे-छोटे ब्लो होल्स (blow holes) होते हैं परन्तु बाहर से इसकी स्किन मोटी होती है। हॉट वर्किंग में प्रयुक्त दाब के प्रभाव से ये परस्पर प्रेस (press) होकर समाप्त हो जाते हैं।

2. बड़े ग्रेन्स (coarse grains) का आकार छोटा (refine) हो जाता है। धातु रिक्रिस्टलाइज़ेशन ताप से अधिक पर प्लास्टिक हो जाती है तथा इस ताप पर ग्रेन ग्रोथ की क्रिया होती है। हॉट वर्किंग से ग्रेन्स टूट जाते हैं तथा उनके टूटे हुए भागों से पुनः छोटे-छोटे असंख्य (numerous) क्रिस्टल फॉर्म हो जाते हैं।

3. हॉट वर्किंग में इनगॉट (ingot) की मूल संरचना (original structure) नष्ट हो जाती है तथा स्लैग (slag) एवं अशुद्धियाँ सम्पूर्ण पदार्थ में समान रूप से वितरित हो जाती हैं तथा समांगता (uniformity) स्थापित हो जाती है।

4. फाइबर स्ट्रक्चर उत्पन्न होने के कारण पदार्थ में directional properties आ जाती हैं। हॉट वर्किंग में ग्रेन्स अधिकतम स्ट्रैस की दिशा में काफी दूर तक फ्लो (flow) हो जाते हैं जिससे पदार्थ की सामर्थ्य (strength) बढ़ती है।

5. हॉट वर्किंग में ग्रेन्स की रिफाइनिंग (refinement) के कारण दृढ़ता (toughness), डक्टिलिटी, प्रतिशल एलोगेंशन (percent elongation), अनुप्रस्थ क्षेत्र में प्रतिशत कमी, शॉक तथा कम्पन (shock and vibration) के प्रति प्रतिरोध में सुधार होता है।

हानियाँ (Disadvantages)—हॉट वर्किंग की प्रक्रिया के कारण पदार्थ के गुणों में निम्न हानियाँ होती हैं—

1. हॉट वर्किंग में अधिक महँगे औजार (tools) प्रयोग किए जाते हैं जो अधिक ताप को सह (withstand) सकते हैं।

2. हॉट वर्किंग से परफेस फिनिश उत्तम नहीं प्राप्त होती है। इसका कारण धातु की सतह का उच्च ताप पर ऑक्सीकरण (oxidation) तथा स्केलिंग (scaling) है। हॉट वर्क्ड स्टील का सरफेस डि-कारब्यूराइजनेशन (decarburisation) एक गम्भीर समस्या हो सकती है। अतः सतह की डि-कारब्यूराइजेशन को समाप्त करने के लिए सरफेस फिनिश का कार्य अधिक करने की आवश्यकता हो सकती है।

3. हॉट वर्किंग के प्रोडक्ट्स की dimensional tolerances कोल्ड वर्क्ड प्रोडक्ट्स की तुलना में अधिक होती है।

4. हॉट वर्क्ड धातुओं का स्ट्रक्चर तथा उनके गुण धातु के अनुप्रस्थ क्षेत्र में कोल्ड वर्क्ड एवं एनील (anneal) की गई धातु की तुलना में कम यूनिफॉर्म होते हैं। चूँकि सतह की परतों (surface layers) में डिफॉर्मेशन सदा अधिक होता है अतः इस क्षेत्र में फाइन रिक्रिस्टलाइज्ड ग्रेन होते है। चूँकि कूलिंग के समय धातु के अन्दर का भाग बाहर की तुलना में उच्च ताप पर होता है तथा इसका कूलिंग धीरे-धीरे होता है अतः पदार्थ के अन्दर वाले बड़े भाग में, वर्किंग ताप से कूलिंग के समय ग्रोथ हो सकती है।

मुख्य हॉटवर्किंग आपरेशन्स निम्न हैं—

1. रोलिंग (Rolling)
2. फोर्जिंग (Forging)
3. पाइप वैल्डिंग (Pipe welding)
4. हॉट पियरसिंग (Hot piercing)
5. हॉट ड्राइंग (Hot drawing)
6. हॉट स्पिनिंग (Hot spinning)
7. हॉट एक्स्टुडिंग (Hot extruding)

8.25. हॉट वर्किंग तथा कोल्ड वर्किंग की ताप सीमा (Temperatures for Hot and Cold Working)

हॉट वर्किंग मे डिफॉर्मेशन के कारण हार्डनिंग तथा एनीलिंग के कारण softening साथ-साथ होती है। यदि डिफॉर्मेशन की क्रिया, उस ताप पर softening होने की क्रिया से अधिक तीव्रता से की गई हो तब धातु कठोर (hard) हो जाएगी। धातुएँ अपने melting points तक भी वर्क-हार्डेन होने की प्रवृत्ति रखती हैं परन्तु ताप बढ़ने के साथ वर्क हार्डनिंग की

15.	धातु सतह का डिकारब्यूराइज़ेशन (Decarburisation of surface)	हॉट वर्क्ड स्टील का डिकारब्यूराइज़ेशन होता है तथा डिकारब्यूराइज़ेशन को समाप्त करने के लिए सतह पर फिनिशिंग का कार्य अत्यधिक करना पड़ता है।	कोल्ड वर्किंग में सतह का डिकारब्यूराइज़ेशन नहीं होता।
16.	ब्लो होल्स तथा सरन्ध्रता (Blow holes and porosity)	हॉट वर्किंग में कैविटीज के परस्पर वेल्डिंग से ब्लो होल्स समाप्त हो जाते हैं।	कोल्ड वर्किंग में ये समाप्त नहीं होते हैं।
17.	रासायनिक असमानता (Chemical inhomogeneities)	कास्ट इनगॉट स्ट्रक्चर में हॉट वर्किंग के कारण तीव्र डिफ्यूज़न होने से रासायनिक inhomogeneities कम हो जाती है।	Chemical inhomogeneities विद्यमान (continue) रहती है।
18.	ऑक्सीकरण के कारण हानियाँ (Metal loss due to oxidation)	ऑक्सीकरण के कारण धातु की काफी हानि होती है।	ऑक्सीकरण नहीं होता अतः ये हानियाँ नहीं होती है।
19.	प्रयुक्त उपकरण एवं औजारों का मूल्य (Cost of tooling and handling)	अधिक	कम
20.	सरफेस फिनिश (Surface finish)	उत्तम नहीं होती	उत्तम तथा सम (smooth) होती है।
21.	अनुप्रयोग (Applications)	गर्म करने पर प्लास्टिक होने वाली तथा अधिक flowability वाली धातुओं का हॉट वर्किंग किया जा सकता है।	कोल्ड वर्किंग की क्रिया केवल डक्टाइल धातुओं पर ही की जाती है।

8.27. शब्दावली (Glossary)

बॉशिगर्स प्रभाव (Baushinger Effect)—तनन (tension) के अधीन पहले से ही प्लास्टिक रूप से डिफार्म पदार्थ सम्पीडन के अन्तर्गत decreased flow stress प्रदर्शित करता है। यह reversible है।

बर्जर वेक्टर (Burger Vector)—डिसलोकेशन का बर्जर वेक्टर डिसलोकेशन सिद्धान्त का एक मुख्य गुण है। यह वेक्टर, स्लिप की मात्रा तथा दिशा को परिभाषित करता है। बर्जर वेक्टर से ज्ञात होता है कि स्लिप प्लेन के ऊपर, स्लिप प्लेन के निचले भाग के सापेक्ष, लैटिस कितनी तथा किस दिशा में शिफ्ट हुई है।

कोल्ड वर्किंग (Cold Working)—धातु का ऐसे तापमान क्षेत्र (temperature range) तथा समय पर किया गया प्लास्टिक डिफॉर्मेशन, जिससे कि उसकी स्ट्रेन हार्डनिंग समाप्त न हो, कोल्ड वर्किंग कहलाता है।

क्रिटिकल रिजोल्वड शियर स्ट्रैस (Critical Resolved Shear Stress)—सिंगल क्रिस्टल में स्लिप का मान बाह्य लोड (external loads) द्वारा उत्पन्न शियर स्ट्रैस की मात्रा, क्रिस्टल स्ट्रक्चर तथा शियर स्ट्रैस के सापेक्ष एक्टिव स्लिप प्लेन पर निर्भर करता है। क्रिस्टल में स्लिप उस समय प्रारम्भ होती है जब स्लिप प्लेन पर स्लिप दिशा में शियर स्ट्रैस का मान क्रिटिकल रिजोल्वड शियर स्ट्रैस (τ_R) के तुल्य हो जाता है।

क्रॉस-स्लिप (Cross slip)—वह प्रोसेस जिसमें एक स्क्रू डिसलोकेशन किसी अन्य स्लिप प्लेन में, जिसकी स्लिप दिशा मूल स्लिप प्लेन के साथ कॉमन हो ग्लाइड करता है।

डिफॉर्मेशन (Deformation)—पदार्थ पर बल लगाने पर उसके आकार में परिवर्तन (Change in dimension or form) डिफॉर्मेशन कहलाता है। यह डिफॉर्मेशन स्थायी (permanent) अथवा अस्थायी (temporary) हो सकता है।

ड्राइंग (Drawing)—एक डिफॉर्मेशन प्रोसेसिंग तकनीकी जिसमें एक पदार्थ को एक डाई (Die) में एक ओपनिंग के द्वारा खींचा जाता है। (जैसे—वायर ड्राइंग)

डिसलोकेशन का सिद्धान्त (Theory of dislocation)—डिसलोकेशन एक रेखिक लैटिस दोष (linear lattice defect) है तथा धातुओं में लगभग सभी प्लास्टिक डिफॉर्मेशन के लिए उत्तरदायी (responsible) है। क्रिस्टल लैटिस में परमाणु के एक समूह के समीप, किसी दूसरे समूह का लीनियर disturbance डिसलोकेशन कहलाता है।

डिसलोकेशन लूप (Dislocation loop)—क्रिस्टलों में डिसलोकेशन सीधी रेखाओं (Straight lines) अथवा एक प्लेन में सामान्यतः बहुत कम होता है, प्रायः प्रत्येक डिसलोकेशन में कुछ अंश edge तथा कुछ स्क्रू डिसलोकेशन होता है जो प्रायः लूप (loops) अथवा वक्रों (curves) का आकार लेता है।

डिसलोकेशन क्लाइम्ब (Dislocation Climb)—विशेष परिस्थितियों में, edge डिसलोकेशन स्लिप प्लेन से बाहर, स्लिप प्लेन के ऊपर अथवा नीचे गति कर सकता है। यह क्रिया dislocation climb कहलाती है।

ऐज डिसलोकेशन (Edge dislocation)—यह edge slip की दिशा के लम्बवत डिसलोकेशन है।

इलास्टिक आफ्टर इफैक्ट (Elastic after effect)—इलास्टिक स्ट्रेन की लोड लगाने के बाद समय के पथ (passage) के साथ इसके सन्तुलन (equilibrium) को asymptotic approach। इसे delayed elasticity भी कहते हैं।

इलास्टिक डिफॉर्मेशन (Elastic deformation)—बाह्य बल अथवा स्ट्रैस के प्रभाव से सभी पदार्थों में कुछ न कुछ डिफॉर्मेशन अवश्य होता है। यदि बाह्य बल हटाने पर पदार्थ में उत्पन्न स्ट्रेन अथवा डिफॉर्मेशन पूर्णतया विलुप्त (disappear) हो जाता है, तब यह इलास्टिक डिफॉर्मेशन कहलाता है।

इलास्टोमरिक डिफॉर्मेशन (Elastomeric deformation)—यह Slightly Cross-linked coiled long-chain molecules के बने नान क्रिस्टलीय पदार्थ से सम्बन्धित है।

फ्रेन्केल दोष (Frankel defect)—जब कोई धन (+ve) आयन किसी लैटिस बिन्दु को छोड़कर क्रिस्टल में इन्टरस्टिशियल स्थान (interstitialcy) ग्रहण कर लेता है तब यह फ्रेन्केल दोष कहलाता है।

फ्रेन्क-रीड सोर्स (Frank-Read Sources)—फ्रैन्क तथा रीड के अनुसार क्रिस्टल में विद्यमान डिसलोकेशन अन्य डिसलोकेशनों के स्रोत (sources) का कार्य करते हैं। ये सोर्स फ्रेन्क-रीड सोर्स कहलाते हैं।

ग्रेन ग्रोथ (Grain growth)—यदि एक कोल्ड-वर्क्ड धातु के रिक्रिस्टलाइजेशन के पश्चात् प्राप्त स्ट्रेन-फ्री ग्रेन्स को रिक्रिस्टलाइजेशन तापमान से अधिक तापमान तक गर्म किया जाय तब ग्रेन साइज में निरन्तर वृद्धि होती है। यह क्रिया ग्रेन ग्रोथ कहलाती है।

हॉट वर्किंग (Hot Working)—हॉट वर्किंग, नियन्त्रित तापमान तथा स्ट्रेन दर (controlled temperature and strain rate) के अन्तर्गत उत्पन्न वह डिफॉर्मेशन है जिसमें डिफॉर्मेशन क्रिया में ही काफी मात्रा में रिकवरी हो जाती है जिससे पदार्थ में हार्डनिंग हुए बिना ही काफी स्ट्रेन उत्पन्न की जा सकती है।

इन्टरस्टिशियल दोष (Interstitial defect)—जब एक आदर्श (ideal) क्रिस्टल लैटिस में कोई अतिरिक्त इकाई (परमाणु) स्थान ले लेती है तब यह दोष इन्टरस्टिशियल दोष कहलाते हैं।

डिसलोकेशन में जोग (Jog in Dislocation)—जब कोई डिसलोकेशन एक स्लिप प्लेन से दूसरे स्लिप प्लेन पर गति करता है तब डिसलोकेशन लाइन में एक जोग (jog या step) उत्पन्न हो जाता है।

प्रीफर्ड ओरियेन्टेशन (Preferred Orientation)—यदि कोई धातु अत्यधिक डिफॉर्मेशन की क्रियाओं से गुजरी हो जैसा कि रोलिंग (rolling) अथवा वायर ड्राइंग (wire drawing) में होता है, तब उसमें एक विशेष संरचना (texture) विकसित हो जाती है जिसे प्रीफर्ड ओरियेन्टेशन कहा जाता है।

रिकववरी (Recovery)—पदार्थ के माइक्रोस्ट्रक्चर में कोई विशेष परिवर्तन किये बिना क्रिस्टल लैटिस के मरोड़ (distortion) को कम कर मूल गुणों को पुनः प्राप्त करना (restoration of original properties) 'रिकवरी' कहलाता है।

रिक्रिस्टलाइज़ेशन (Recrystallisation)—यह एक प्रोसेस है जिसमें ऊष्मन द्वारा (by heating process) धातु की कोल्ड वर्क्ड संरचना (cold worked structure) को स्ट्रेन मुक्त ग्रेन्स (strain free grains) में परिवर्तित किया जाता है।

रिक्रिस्टलाइज़ेशन तापमान (Recrystallisation temperature)—वह तापमान जिस पर धातु में रिक्रिस्टलाइज़ेशन की क्रिया होती है, रिक्रिस्टलाइज़ेशन तापमान कहलाता है।

अवशेष प्रतिबल (Residual stresses)—प्रोसेसिंग के दौरान पदार्थ में उत्पन्न प्रतिबल।

स्ट्रेन ऐजिंग (strain aging)—कोल्ड वर्किंग के बाद निम्न तापमान पर धातु की सामर्थ्य बढ़ जाती है। स्ट्रेन ऐजिंग yield point phenomenon के साथ जुड़ी है।

सीजन क्रेकिंग (Season Cracking)—ऐसे पदार्थ जिनमें आन्तरिक स्ट्रैस होता है कुछ समय बाद कोरोजिव माध्यम, औद्योगिक वातावरण, एमोनिया समुद्री जल अथवा मरक्यूरस नाइट्रेट जैसे वातावरण में expose होने पर crack होने की प्रवृत्ति रखते हैं। यह क्रिया season cracking कहलाती है।

स्क्रू डिसलोकेशन (Screw dislocation)—स्क्रू डिसलोकेशन को Burgers डिसलोकेशन भी कहा जाता है। इस डिसलोकेशन में परमाणु दो परस्पर लम्बवत तलों में डिसप्लेस होते हैं।

स्ट्रेन हार्डनिंग (strain hardening)—डिफॉर्मेशन अथवा कोल्ड वर्किंग के द्वारा डिसलोकेशन्स की संख्या बढ़ाकर पदार्थ की strengthening करना। इसे work hardening भी कहा जाता है।

थर्मोइलास्टिक इफेक्ट (Thermoelastic effect)—पदार्थ पर मेकेनिकल वर्क डन तथा इसकी थर्मोडायनेमिक गुणों अर्थात् एक तरफ स्ट्रैस व स्ट्रेन तथा तापमान, एन्ट्रॉपी दूसरी तरफ, के बीच अन्तर्सम्बन्ध।

ट्वनिंग (Twining)—एक मुख्य प्रक्रिया जिसके द्वारा धातुओं में डिफॉर्मेशन होता है। इस क्रिया में डिफॉर्मेशन के बाद क्रिस्टल का एक भाग ऐसी orientation में आ जाता है जिससे कि यह मूल क्रिस्टल (parental crystal) की छाया (mirror image) की भाँति होता है।

वार्म वर्किंग (Warm Working)—एक तापमान रेंज जो उनके बीच है जो कोल्ड वर्किंग तथा हॉट वर्किंग को डिफाइन करते हैं (प्रायः °K में गलन तापमान के 0.3 से 0.6 के बीच तापमान) में मेटेलिक पदार्थों की प्रोसेसिंग को इंगित करने को प्रयोग होने वाला पद (term)।

वर्क हार्डनिंग (Work hardening)—धातु में पूर्व में हुए प्लास्टिक डिफॉर्मेशन (previous plastic deformation) के कारण, स्लिप उत्पन्न करने के लिए आवश्यक स्ट्रैस में वृद्धि वर्क हार्डनिंग अथवा स्ट्रेन हार्डनिंग (strain hardening) कहलाती है।

अभ्यासमाला (Exercise)

1. निम्नलिखित का संक्षेप में विवरण दीजिए— (AMIE, Summer 1992)
   (a) बॉशिंगर प्रभाव
   (b) स्ट्रैस द्वारा प्रेरित बाउन्ड्री माइग्रेशन (Stress induced boundary migration)
   (c) वर्क हार्डनिंग
2. धातु क्रिस्टलों में पाए जाने वाले दोष (imperfections) क्या है ? धातु के गुणों पर इन imperfections का क्या प्रभाव होता है ? (AMIE, Summer 1992)
3. हॉट तथा कोल्ड वर्किंग की तुलना कीजिए। (AMIE, Summer 1992, Winter 1993, 1994)
4. पॉलीक्रिस्टलाइन पदार्थ में ग्रेन साइज का निम्न पर प्रभाव समझाइए—
   (i) Yield Strength
   (ii) Fatigue Strength
   (iii) Creep Strength (AMIE, Winter 1992)
5. निम्नलिखित का संक्षिप्त विवरण दीजिए—
   (i) Critical resolved shear stress
   (ii) Stress relieving treatment (AMIE, Winter 1992)
6. डिफॉर्मेशन के स्लिप तथा ट्विनिंग मोड में अन्तर स्पष्ट कीजिए। (AMIE, Winter 1992)
7. निम्न पर टिप्पणी लिखिए—
   (i) Burger's Vector
   (ii) Recrystallisation (AMIE, Winter 1992)
8. (i) रिक्रिस्टलाइज़ेशन ताप की परिभाषा दीजिए।
   (ii) डिस्पर्शन हार्डनिंग पर टिप्पणी लिखिए। (AMIE, Summer 1993)
9. हॉट वर्किंग के लाभ तथा हानियों का वर्णन कीजिए। (AMIE, Summer 1993)
10. Critical resolved shear stress की परिभाषा दीजिए। (AMIE, Summer 1993)
11. Preferred Orientation से आप क्या समझते हैं ? 'Preferred Orientation' के एलास्टिक गुणों पर प्रभाव की विवेचना कीजिए। (AMIE, Winter 1993)
12. निम्न पर टिप्पणी लिखिए—
    रिकवरी, रिक्रिस्टलाइज़ेशन तथा ग्रेन ग्रोथ (AMIE, Winter 1993, Summer 1996)
13. एलास्टिक डिफॉर्मेशन तथा एलास्टिक आफ्टर-इफेक्ट (elastic aftereffects) में अन्तर स्पष्ट कीजिए। (AMIE, Winter 1993)
14. (i) अवशिष्ट स्ट्रैस (residual stress) की परिभाषा दीजिए।
    (ii) बॉशिंगर प्रभाव क्या है ? (AMIE, Winter 1993)

15. (i) धातुओं में प्लास्टिक डिफॉर्मेशन की स्लिप तथा ट्विनिंग प्रक्रियाओं में अन्तर स्पष्ट कीजिए।

(ii) रिक्रिस्टलाइज़ेशन की क्रिया का वर्णन कीजिए। **(AMIE, Summer 1994)**

16. (i) धातुओं में प्लास्टिक डिफॉर्मेशन का डिसलोकेशन से क्या सम्बन्ध है ?

(ii) Critical resolved shear stress की परिभाषा दीजिए।

(iii) रिकवरी क्या है ?

(iv) हॉट तथा कोल्ड वर्किंग के वर्गीकरण का क्या आधार है ? **(AMIE, Summer 1994)**

17. कोल्ड वर्किंग की क्रिया में रिकवरी तथा रिक्रिस्टलाइज़ेशन का क्या अर्थ है ? **(AMIE, Winter 1994)**

18. पदार्थ में ग्रेन साइज को कौन से factors नियन्त्रित करते हैं ? **(AMIE, Winter 1994)**

19. (i) स्टैकिंग फाल्ट क्या है ?

(ii) वर्क हार्डनिंग क्या है ?

(iii) सीज़न क्रैकिंग का क्या अर्थ है ?

(iv) Preferred Orientation का क्या अर्थ है ?

(v) बर्जर वेक्टर की परिभाषा दीजिये। **(AMIE, Winter 1994)**

20. (a) स्लिप तथा ट्विनिंग में अन्तर समझाइए।

(b) क्रिटिकल रिजॉल्वड शियर स्ट्रैस की परिभाषा दीजिए तथा ताप का इस पर प्रभाव समझाइए।

(c) स्ट्रेन हार्डनिंग क्या है ? आयरन, कॉपर तथा मेगनेशियम के सिंगल क्रिस्टलों के लिए शीयर-स्ट्रैस तथा शीयर-स्ट्रेन वक्र खींचिए। **(AMIE, Summer 1995)**

21. Solute-heardening तथा precipitation hardening की व्याख्या कीजिये। **(AMIE, Summer 1995)**

22. (a) डिसलोकेशन सिद्धान्त क्या है ? स्लिप तथा ट्विनिंग में क्या अन्तर है ?

(b) रिकवरी, रिक्रिस्टलाइज़ेशन तथा ग्रेन ग्रोथ को समझाइए।

(c) स्ट्रेन हार्डनिंग क्या है ? आयरन तथा कॉपर के सिंगल क्रिस्टल के शियर स्ट्रैस-शियर स्ट्रेन वक्र खींचिए। **(AMIE, Summer 1996)**

23. निम्न पर टिप्पणी लिखिए—

(i) हॉट तथा कोल्ड वर्किंग

(ii) एलास्टिक तथा एनएलास्टिक (enelastic) डिफॉर्मेशन **(AMIE, Summer 1996)**

24. (i) शॉट की दोष (defect) क्या है ?

(ii) बॉशिंगर प्रभाव क्या है ?

(iii) Residual stress की परिभाषा दीजिए।

(iv) रिक्रिस्टलाइज़ेशन तापक्रम की परिभाषा दीजिए।

(v) स्टैकिंग फॉल्ट क्या है ? **(AMIE, Summer 1996)**

25. (a) प्लास्टिक डिफॉर्मेशन के दो मोड (two modes) को चित्र सहित समझाइए।

(b) एज (edge) तथा स्क्रू डिसलोकेशन के स्वच्छ चित्र बताइये। प्रत्येक में Burger's वेक्टर तथा डिसलोकेशन लाइन में सम्बन्ध स्थापित कीजिए। **(AMIE, Winter 1996)**

26. (a) हॉट वर्किंग तथा कोल्ड वर्किंग में अन्तर समझाइए।

(b) बॉशिंगर प्रभाव को चित्र द्वारा समझाइए। इसका क्या महत्त्व है ?

(c) किसी पदार्थ की Uniaxial tensile loading में Critical resolved shear के लिए व्यंजक स्थापित कीजिए।

(d) रिक्रिस्टलाइज़ेशन तापक्रम की परिभाषा दीजिए। **(AMIE, Winter 1996)**

27. पुष्टि कीजिए—

(a) कोल्ड वर्किंग से पदार्थों की कठोरता (hardness) में वृद्धि होती है ?

(AMIE, Summer 2005)

(b) स्पष्ट कीजिए कि ट्विनिंग (Twinning) homogeneous sheer के साथ क्यों जुड़ी है, यद्यपि परमाणु स्लिप में समान दूरी (equal distance) के द्वारा displaced होते हैं ?

28. (a) Edge तथा Screw डिसलोकेशन के बीच अन्तर बताइये।

(b) कोल्ड वर्किंग (cold working), warm working तथा हॉट वर्किंग को स्पष्ट कीजिये।

(c) वॉशिंगर प्रभाव (Bauschinger effect) क्या है ? **(AMIE, Summer 2006)**

खण्ड-2

9 ऊष्मा-उपचार (Heat-Treatment)

9.1. परिचय (Introduction), 9.2. ऊष्मा-उपचार का उद्देश्य (Purposes of heat treatment), 9.3. वर्गीकरण (Classification), 9.4. आयरन कार्बन सिस्टम (Iron-carbon system), 9.5. आयरन-कार्बन फेज डायग्राम (Iron-carbon phase diagram), 9.6. आसटेनीटाइजिंग (Austenitizing), 9.7. ऑस्टेनाइट का समतापीय परिवर्तन (TTT वक्र), 9.8. लगातार कूलिंग द्वारा ट्रांसफॉर्मेशन (Transformation on continuous cooling), 9.9. मार्टेनसाइटिक ट्रांसफार्मेशन (Martensitic Transformation), 9.10. ऊष्मा उपचार संक्रियाओं के तापक्रम क्षेत्र, 9.11. एनीलिंग (Annealing), 9.12. नॉर्मलाइजिंग (Normalising), 9.13. हार्डेनिग (Hardening), 9.14. केस हार्डनिंग अथवा कारब्यूराइजेशन, 9.15. सायनाइडिंग (Cyaniding), 9.16. नाइट्राइडिंग (Nitriding), 9.17. सतह हार्डनिंग (Surface Hardening), 9.18. टेम्परिंग (Tempering), 9.19. मारटेम्परिंग (Martempering), 9.20. आस्टेम्परिंग (Austempering), 9.21. ऐज हार्डनिंग (Age hardening), 9.22. डिफ्यूजन कोटिंग (Diffusion coating), 9.23. हल किये गये उदाहरण (Solved Examples) 9.24. शब्दावली (Glossory)।

9.1. परिचय (Introduction)

धातुओं का ऊष्मा-उपचार (heat treatment) ठोस अवस्था में कुछ वांछित गुण (desired properties) उत्पन्न करने के लिए धातुओं (metels) अथवा मिश्र धातुओं (alloys) की हीटिंग तथा कूलिंग सम्मिलित करते हुए एक संक्रिया (operation) अथवा संक्रियाओं के संयोग (combination of operations) के रुप में परिभाषित किया जा सकता है। परिणामस्वरूप, मशीनी अंगों तथा टूल्स (tools) के निर्माण प्रक्रम (manufacturing process) में ऊष्मा-उपचार (heat treatment) का अत्यधिक महत्त्व है। केवल ऊष्मा उपचार द्वारा ही पदार्थों की संरचना (structure) को परिवर्तित किया जा सकता है जिससे आधुनिक मशीनरी एवं टूल्स के सामान्य आपरेशन के लिए आवश्यक धातुओं के यांत्रिक गुणों (mechanical properties) में परिवर्तन होता है। सभी ऊष्मा-उपचार प्रोसेस निम्न तीन मुख्य अंगों से बनी हुई समझी जा सकती हैं—

1. धातु को पूर्व निर्धारित तापक्रम तक गर्म करना (The heating of metal to the predetermined temperature)

2. इस तापक्रम पर धातु की उस समय तक soaking करना जब तक कि सम्पूर्ण पदार्थ में समांगी (uniform) संरचना (structure) न प्राप्त हो जाये।

3. धातु को पूर्व निर्धारित दर पर ठण्डा (cooling) करना जिससे कि धातु के अन्दर वांछित गुणों के लिए वांछित संरचना (structure) का फॉर्मेशन हो सके।

9.2. ऊष्मा-उपचार का उद्देश्य (Purposes of heat treatment)

ऊष्मा-उपचार की प्रक्रिया से धातुओं में निम्न में से एक अथवा अधिक उद्देश्यों की पूर्ति की जा सकती है—

(i) धातु की मशीनेबिलिटी (machinability) में सुधार।

(ii) धातु को कास्टिग के असमान संकुचन के कारण आन्तरिक प्रतिबलों (internal stresses) से मुक्त करना।

(iii) यांत्रिक गुणों जैसे तन्यता (ductility), सामर्थ्य (strength), कठोरता (hardness), कड़ापन (toughness) इत्यादि में सुधार।

(iv) ग्रेन साइज (grain size) में परिवर्तन

(v) ऊष्मा (heat) एवं संक्षारण (corrosion) के प्रति धातु का प्रतिरोध बढ़ाना

(vi) इलेक्ट्रिकल तथा मेगनेटिक गुणों को modify करना

(vii) धातु का रासायनिक संगठन (Chemical composition) परिवर्तित करना

(viii) धातु से गैसों का निष्कासन (removal) करना

(ix) हॉट एवं कोल्ड वर्किंग के द्वारा उत्पन्न प्रतिबलों से मुक्त करना।

(x) अ-लोह धातुओं को कठोर बनाना।

(xi) घिसाव (wear) प्रतिरोध तथा संक्षारण प्रतिरोध के सुधार हेतु अन्य घटकों (elements) के साथ बाहरी सतह लगाना।

9.3. वर्गीकरण (Classification)

उपरोक्त उद्देश्यों की पूर्ति हेतु धातुओं पर आवश्यकतानुसार एक या अधिक निम्न ऊष्मा उपचार विधियाँ कार्य में लाई जाती हैं—

1. एनीलिंग (Annealing)

   एनीलिंग के अन्तर्गत मुख्य विधियाँ निम्न हैं—

   (i) पूर्ण एनीलिंग (Full annealing)

   (ii) आइसोथर्मल एनीलिंग (Isothermal annealing)

   (iii) प्रोसेस एनीलिंग (Process annealing)

   (iv) स्फेरायडाइज एनीलिंग (Spheroidise annealing)

   (v) डिफ्यूजन एनीलिंग (Diffusion annealing)

2. नारमेलाइजिंग (Normalising)
3. हार्डेनिंग (Hardening)
4. केस हार्डेनिंग (Case hardening)

   केस हार्डेनिंग के अन्तर्गत निम्न सक्रियाएँ की जा सकती हैं—

   (i) कारब्यूराजिंग (Carburising)

   (ii) साइनाइडिंग (Cyaniding)

   (iii) नाइट्राइडिंग (Nitriding)

5. सरफेस हार्डेनिंग (Surface hardening)
   सरफेस हार्डेनिंग के लिए निम्न संक्रियाएँ प्रयुक्त की जा सकती है—
   (i) इन्डक्शन हार्डेनिंग (Induction hardening)
   (ii) फ्लेम हार्डेनिंग (Flame hardening)
6. टेम्परिंग (Tempering)
7. मारटेम्परिंग (Martimpering)
8. ऑसटेम्परिंग (Astempering)
9. ऐज हार्डेनिंग (Age hardening)
10. डिफ्यूजन कोटिंग (Diffusion coating)

9.4. आयरन कार्बन सिस्टम (Iron-carbon system)

कई धातुएँ जैसे आयरन, टिन, जिंक इत्यादि अपने तापक्रम में परिवर्तन पर ठोस अवस्था में crystalline transformation के अधीन होती हैं। दो अथवा अधिक crystalline forms में उसी धातु का अस्तित्व (existence), 'allotropy' कहलाता है तथा धातु जिसमें इस प्रकार के परिवर्तन (changes) होते हैं, को allotropic जाना जाता है। प्रोसेस जिसमें crystal lattice तापक्रम के साथ अनुरूपता में बदलता है, धातु का एक allotropic अथवा polymorphic transformation कहलाता है। Allotropic transformation का मूल (essence) है कि क्रिस्ट्रलीय ठोस के परमाणु (atoms) एक क्रिस्ट्रलीय रूप से दूसरे को परिवर्तित होते हैं, अर्थात् वे नया crystal lattice बनाते हैं।

Allotropic forms जिसमें एक धातु विद्यमान रहता है इसके modifications कहलाते हैं। उसी धातु के भिन्न modifications ग्रीक अक्षर α (alpha), β (beta), γ (gamma) तथा δ (delta) इत्यादि द्वारा पदनाम किये जाते हैं।

आयरन एक allotropic धातु है। इस प्रकार आयरन तापक्रम पर निर्भर करते हुए एक से अधिक atomic structure में विद्यमान रहता है। फेज डायग्राम (phase diagram) को सन्तुलन (equilibrium) डायग्राम भी कहते हैं। यह किसी alloy प्रणाली की विभिन्न तापक्रम पर संरचना (structure) को ग्राफ के रूप में प्रदर्शित करता है। फेज डायग्राम ऍलाय के फ्रींजिग तथा मेल्टिंग बिन्दुओं (freezing and melting points) को प्रदर्शित करता है तथा ऍलाय के कम्पोनेन्टस के सन्तुलन की अवस्था में तापक्रम, दाब एवं कम्पोनेन्टस की सान्द्रता (concentration) की विभिन्न अवस्थाओं में, विभिन्न फेज (Phases) प्रदर्शित करता है। फेज डायग्राम, ऍलाय में उसके घटकों (components) की द्रव एवं ठोस अवस्था में घुलनशीलता (Solubility) के आधार पर तथा निर्मित ठोस विलयन (Solid solution or intermediate phases) के आधार पर बनाये जाते हैं।

आयरन का फेज डायग्राम चित्र 9.1 में दिखाया गया है। द्रव आयरन 1538°C पर ठोस होता है तथा 1538°C के ठीक नीचे आयरन b.c.c. संरचना (structure) रखता है। यह संरचना δ (detla) आयरन कहलाती है। जब इसे पुनः ठण्डा किया जाता है, 1400°C पर, atomic structure में परिवर्तन होता है। आयरन अब fcc structure में बदल जाता है। यह γ (gamma) आयरन कहलाता है। यह अ-चुम्बकीय (non-magnetic) है। γ आयरन में 1130°C तक पहुँचने तक 2% कार्बन घुल (disslosc) सकती है। तापक्रम के और आगे गिरने पर, अर्थात् 910°C पर atomic structure में दूसरी परिवर्तन होता है। fcc से यह फिर से bcc structure में बदल जाता है। यह α-iron (alpha-iron) कहलाता है। यह α-iron 768°c तक non-magnetic है। जब तापक्रम 768°C से और नीचे गिरता है। यह चुम्बकीय (magnetic) हो जाता है परन्तु atomic structure में कोई बदलाव नहीं होता इसमें 723°C पर कार्बन की बहुत कम मात्रा (लगभग 0.025%) घुल सकती है। जब शुद्ध आयरन (Pure iron) को ठण्डा किया जाता है, ऊष्मा सभी allotropic changes को दी जाती हैं तथा इसके विपरीत (vice-versa) अर्थात् जब आयरन गर्म किया जाता है तो ऊष्मा शोषित (absorbed) होती है।

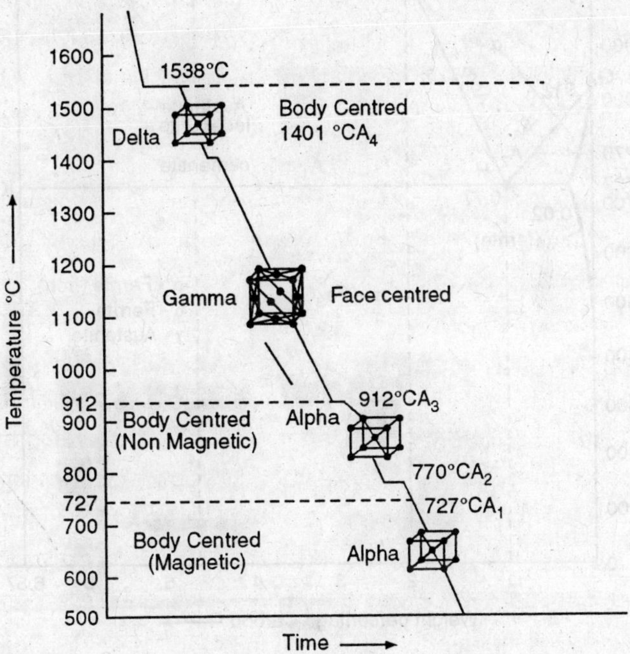

चित्र 9.1—शुद्ध आयरन के लिए कूलिंग वक्र।

9.5. आयरन-कार्बन फेज डायग्राम (Iron-carbon phase diagram)

आयरन कार्बन सिस्टम के लिए 6.67 प्रतिशत कार्बन के लिए फेज डायग्राम (Phase diagram) चित्र 9.2 में दिखाया गया है। 0 प्रतिशत कार्बन पर ऍलाय शुद्ध आयरन (pure iron) है तथा आयरन कारबाइड (Fe_3C) 6.67% C रखता है। डायग्राम में कई फेज (phases) जैसे ferrite, austenite, cementite, pearlite तथा ledeburite प्रदर्शित किये गये हैं।

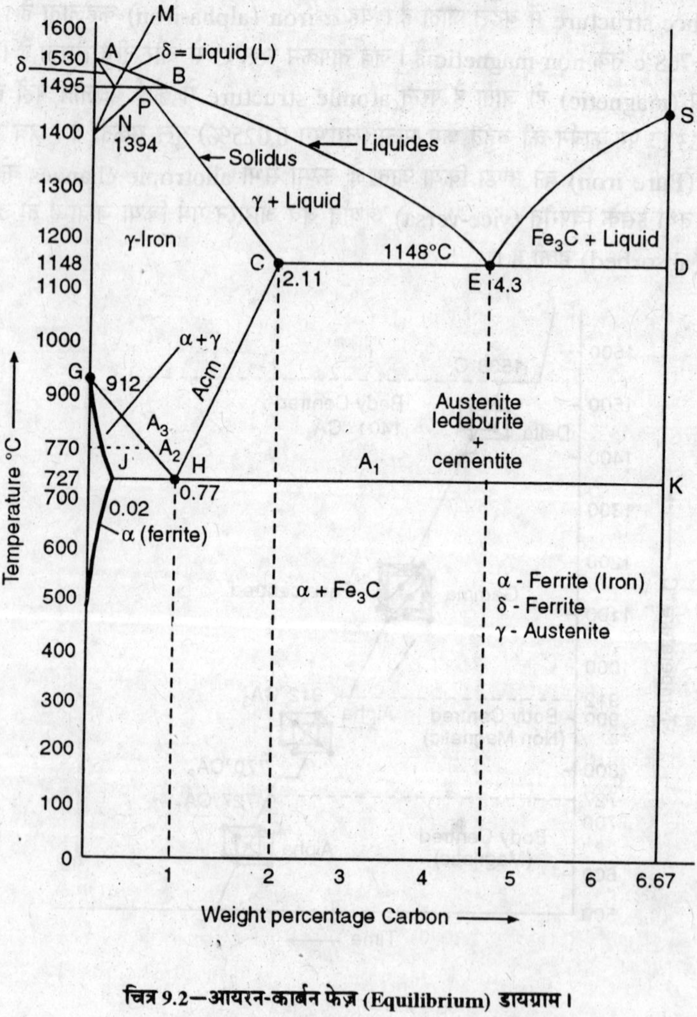

चित्र 9.2—आयरन-कार्बन फेज़ (Equilibrium) डायग्राम।

फैराइट (Ferrite)—यह α-आयरन भी कहलाता है तथा व्यवहारिक रूप से कक्ष तापमान पर शुद्ध आयरन है तथा सामर्थ्य रूप से चुम्बकीय है। इसमें कार्बन (C) की मात्रा 0.025% है। यह α-आयरन में कार्बन का solid solution है। इसकी संरचना (Structure) body centred cubic (b.c.c) हैं। निम्न कार्बन इस्पात तथा पिटवाँ लोह (wrought iron) में अधिकांश भाग फैराइट होता है। यह phase बहुत soft होता है। फैराइट की कोल्ड वर्किंग (Cold working) सरलता से की जा सकती है। इसकी कठोरता (hardness) 50 से 100 BHN तथा अधिकतम टे-साइस स्थ्रेन्थ (UTS) लगभग 3400 kgf/cm^2 तथा प्रसार (elongation) लगभग 40% है। उच्च ताप (red hot) से शीघ्रता से ठण्डा होने पर इसमें छोटे-छोटे क्रिस्टल बनते हैं।

यह 1400°C तथा 1535°C (melting point) के बीच face centred cubic (f.c.c.) रूप में होता है तथा δ-आयरन कहलाता है। यह δ-ferrite भी कहलाता है।

ऑस्टेनाइट (Austenite)—यह face centred cubic (fcc) γ-आयरन में कार्बन का solid solution है। इसमें 1130°C पर कार्बन की अधिकतम मात्रा 2.11% है। कार्बन की शून्य मात्रा से 2.11% तक γ-आयरन के सभी Solid solution आस्टेनाइट कहलाते हैं। यह Soft, tough तथा highly ductile है तथा अ-चुम्बकीय (non-magnetic) पदार्थ है। यह निम्न tensile strength रखता है। यह फेब्रीकेशन प्रोसेसों के लिए सर्वाधिक उपयोगी है। अधिकतर रालिगें एवं फोर्जिंग संक्रियाएँ 1150°C पर अथवा इससे ऊपर की जाती हैं। यह 727°C के ऊपर तापक्रम पर मिलता है।

सीमेन्टाइट (Cementite)—यह आयरन तथा कार्बन का यौगिक (compound), आयरन कारबाइड (Fe_3C) होता है जिसमें 6.67% कार्बन होता है। यह orthohombic structure का होता है। इसके unit cell 12 आयरन एटम्स तथा 4 कार्बन एटम्स रखते हैं। इसका melting point लगभग 1500°C हैं। यह 210°C तक चुम्बकीय है। यह निम्न तनन सामर्थ्य का non-ductile तथा brittle, interstitial यौगिक है परन्तु इसकी संपीडन सामर्थ्य (compressive strength) उच्च है। यह अत्यन्त कठोर होता है (BHN 650)। इसकी UTS 45.0 kg f/cm^2 होती है। यह सफेद रंग का brittle आयरन है। ऐसे इस्पात जिसमें 0.8% से कम कार्बन होती है उसमें यह एक अन्य अवयव पियरलाइट के घटक की भाँति उपस्थित रहता है।

पीयरलाइट (Pearlite)—यह Ferrite तथा Cementite का intimate मिश्रण है जिसमें एक के बाद एक से इन दो तत्त्वों की पर्तें (layer) होती हैं। 88.5% ferrite तथा 11.5% cementite, पीयरलाइट बनाते हैं जो सूक्ष्मदर्शी से देखने में distinct lustrous appearance रखते हैं। इसलिए यह pearlite कहलाता है। इसमें कार्बन की मात्रा लगभग 0.8% तक होती है। यह इस्पात का सबसे अधिक strong घटक है। इसकी कठोरता 180 BHN, UTS लगभग 8100 kgf/cm^2 है।

लैडीबूराइट (Ledeburite)—यह 727°C तथा 1148°C के बीच γ-आयरन तथा Fe_3C का मिश्रण है। 1148°C तापक्रम पर eutectie reaction होता है। जिसमें liquid phase γ-iron तथा Fe_3C दो solid phase में परिवर्तित हो जाता है। 727°C पर ledeburite पीयरलाइट में बदल जाता है।

जब 4.3% कार्बन (C) वाला liquid solution, 1148°C तापक्रम पर austenite तथा cementite में रूप परिवर्तित (transform) होता है तो Eutectic reaction होता है। यह चित्र 9.2 में बिन्दु *E* द्वारा दिखाई गई है।

$$\text{Liquid L} \xrightarrow[1148°\text{C}]{4.3\%\ \text{C}} \text{Austenite } (\gamma) + \text{cementite } (Fe_3C)$$

Eutectic reaction का product लैडीबूराइट (ledeburite) है।

जब 0.17% कार्बन तथा liquid एवं solid δ-iron वाला ऐलाय (alloy) 1495°C तापक्रम पर Solid austenite में transform होता है तो peritectic reaction होता है। चित्र 9.2 में यह बिन्दु P द्वारा प्रदर्शित है।

$$\underset{(0.53\%\ \text{C})}{\text{Liquid}} + \underset{(0.09\%\text{C})}{\delta\text{-iron}} \ldots.. \xrightarrow[1495°\text{C}]{} \underset{(0.17\%\text{C})}{\text{solid austenite}}$$

जब 727°C पर 0.77% कार्बन रखने वाला Solid austenite, फैराइट तथा सीमेण्टाइट में विघटित होता है तो eutectoid reaction होता है। चित्र 9.2 में बिन्दु H द्वारा प्रदर्शित है।

$$\text{Solid Austenite } (\gamma) \xrightarrow[727°\text{C}]{0.77\%\ \text{C}} \text{Ferrite } (\alpha) + \text{cementite } (Fe_3C)$$

वह तापक्रम जिस पर ये transformation होते हैं क्रान्तिक तापक्रम (Critical temperatur) कहलाते हैं तथा चित्र 9.2 में दिखाये गये हैं।

तापक्रम A_1 निम्न क्रान्तिक तापक्रम (lower critical temperature) है तथा इस तापमान पर गर्म करने पर pearlite किसी कार्बन (C) के प्रतिशत के लिए austenite में बदलता है। A_1, 727°C है। 0.77% कार्बन (C) से कम के लिए अवशेष α-आयरन उच्च कान्तिक तापक्रम (upper critical temperature) जो रेखा GH के द्वारा प्रदर्शित है, A_3 के अन्वायाम, γ-iron में बदल जाता है। A_3 कार्बन की प्रतिशत पर निर्भर करते हुए 727°C तथा 912°C के बीच कहीं भी हो सकता है 0.77% तथा 2.11% के बीच कार्बन (C) के बीच Fe_3C की बाकी बची मात्रा तापक्रम ACm (रेखा HC) के अन्वायाम α-iron में बदल जाती है। Acm 727°C से 1148°C तक परिवर्तित होता है। ACm को उच्च क्रान्तिक तापक्रम (upper critical temperature) भी कहते हैं।

पीयरलाइट एक महत्त्वपूर्ण पदार्थ है। लगभग सभी स्टील उचित ऊष्मा उपचार के द्वारा इस संरचना से तैयार किये जाते हैं। फेज डायग्राम में कार्बन की 2% की सीमा इस्पात तथा कास्ट आयरन की सीमा को प्रदर्शित करती है। कोई भी आयरन-कार्बन एलाय जिसमें 2% तक कार्बन होता है इस्पात (Steel) कहलाता है तथा 2% से अधिक कार्बन मात्रा वाले एलॉय कास्ट आयरन (cast iron) कहलाते हैं।

स्टील में कार्बन की मात्रा 0.2% से अधिक होने पर वह तापक्रम जिस पर आस्टेनाइट से फैराइट सर्वप्रथम reject हुआ था, तब तक गिरता है जब तक कि लगभग 0.77% कार्बन (बिन्दु H) पर ऑस्टेनाइट द्वारा फैराइट का रिजेक्शन बन्द न हो जाये। यह स्टील eutectoid स्टील कहलाता है तथा 100% पीयरलाइट होता है।

वे स्टील जिनमें कार्बन की मात्रा 0.8% से कम होती है hypoeutectoid स्टील कहलाते हैं। इस स्टील के संघटक (constituents) पीयरलाइट तथा फैराइट हैं तथा वे स्टील जिनमें कार्बन की मात्रा 0.8% से 2% के बीच होती है hypereutecloid स्टील कहलाते हैं। इसके संघटक पीयरलाइट एवं सीमेन्टाइट हैं।

आयरन-कार्बन डायग्राम का स्पष्टीकरण
(Explanation of Iron-Carbon diagram)

1. डायग्राम का ऊपरी भाग (Upper portion of diagram) (तापक्रम लगभग 1500°C) चित्र 9.2 का संदर्भ लें।

(a) (i) Liquidus रेखा AB के अन्वायाम, δ-iron, liquid ऍलाय (L) के freeze होना प्रारम्भ होता है।

(ii) Liquidus रेखा BE के अन्वायाम, austenite, liquid ऍलाय (L) के freeze होना प्रारम्भ होता है। रेखा BE के नीचे ऍलाय Liquid phase तथा γ phase का बना होता है।

(iii) Liquidus रेखा BE के अन्वायाम, प्राइमरी सीमेन्टाइट Liquid ऍलाय (L) के freeze होना शुरू करता है। जब तापक्रम इस रेखा के नीचे गिरता है, hypereutectic cast iron ठोस होना प्रारम्भ होता है। सीमेण्टाइट के क्रिस्टल्स nucleate होते हैं तथा liquid phase में grow करते हैं।

(b) (i) Solidus रेखा AM के नीचे, केवल δ-iron विद्यमान रहता है।

(ii) रेखा MPB के अन्वायाम, peritectic reaction बिन्दु P पर होता है तथा austenite बनता है।

(iii) रेखा PB के नीचे, दो phase ऍलाय हैं, अर्थात् $\gamma + L$.

(iv) Solidus रेखा PC के अन्वायाम, ऍलाय पूर्णरूप से solidify हैं इस PC रेखा के नीचे, ऍलाय single phase austenite है।

2. डायग्राम का मध्य भाग (Middle portion of diagram)— (i) Solidus रेखा CED के अन्वायाम, eutectic composition के इस्पात का क्रस्टलाइजेशन होता है। यह composition, lubernite कहलाती है। बिन्दु E पर प्रतिक्रिया (reaction) है—

$$L \longrightarrow \gamma + Fe_3C$$

Ledeburite या तो lamellar है अथवा honeycomb structure है। Lamellar संरचना क्रमानुसार पर्तों (alternative layers) की है अथवा सीमेन्टाइट एवं आस्टेनाइट के प्लेटों की बनी होती है। यह संरचना (lamellar) रेपिड कुलिंग पर बनती है जबकि honey comb संरचना मन्द कूलिंग पर बनती है। Honey comb संरचना सीमेन्टाइट के प्लेट के पर्त की बनी होती है जिसमें austenite के branched क्रिस्टल्स उगते हैं।

(ii) तापक्रम 1148°C पर, γ बिन्दु C पर, अधिकतम carbon concentration रखता है।

(iii) 2.11 से 4.3% C रखने वाले ऍलाय hypoeutectie cast Iron कहलाते हैं तथा 4.3% से 6.7% कार्बन रखने वाले ऍलाय hyper eutectic Cast Iron कहलाते हैं।

2% तक कार्बन रखने वाले ऍलाय इस्पात (Steels) कहलाते हैं तथा 2% से अधिक कार्बन रखने वाले ऍलाय cast Iron कहलाते हैं।

इस्पात ledeburite नहीं रखते हैं। उन पर सामान्य तथा उच्च तापक्रम पर आसानी से यांत्रिक रूप से कार्य किया जा सकता है।

कास्ट आयरन फाउन्ड्री प्रयोग के लिए बहतर कास्टिंग गुण रखते हैं। वे निम्न melting point तथा less shinkage रखते हैं। यह ledeburite की उपस्थिति के कारण है जो कास्ट आयरन का low melting eutectie structure है।

3. डायग्राम का निचला भाग (Lower portion of diagram)—स्टील 770°C तापक्रम के ऊपर अचुम्बकीय (non-magnetic) है, तथा यह तापमान A_2 द्वारा दिया गया है। 0.02% तक कार्बन रखने वाले ऍलाय ingot iron अथवा आयरन के रूप में जाने जाते हैं। वे allotropic transeformation के अधीन होते हैं। ($\alpha \leftrightarrow \gamma$)

(i) 0.02 से 0.77% तक कार्बन वाले ऍलाय Hypoeutectic इस्पात कहलाते हैं। वे ferrite + pearlite संरचना रखते हैं। वे रेखा GH के ऊपर γ के बने होते हैं।

(ii) 0.77% से 2.00% कार्बन रखने वाले ऍलाय hypereutactie इस्पात कहलाते हैं। वे रेखा HC के ऊपर सभी तापक्रमों पर γ के बने होते हैं।

जब तापक्रम HK रेखा से नीचे गिरता है, ऍलाय दो phase (α + सेकेण्ड्री सीमेन्टाइट) हो जाते हैं। पूर्णरूप से कूल्ड hyper euteclic ऍलाय peartite तथा Secondary cementite रखते हैं। सेकेण्ड्री सीमेण्टाइट भंगुर (brittle) है जिसे special ऊष्मा उपचार की जरुरत है।

9.6. आस्टेनीटाइजिंग (Austenitizing)

fcc austenite का उत्पादन austenitizing कहलाता है। fcc austenite अधिकतम 2% तक कार्बन dissolve कर सकता है। ठण्डा होने पर austenits विघंटित (decomposes) होता है, केवल कार्बन की थोड़ी मात्रा (bcc) α-iron में dissolve हो सकती है तथा अवशेष कार्बन Fe_3C के रूप में प्रतीत होती है। चित्र 9.3 में वह तापक्रम दिखाया गया है जिस पर 100% austenite पैदा होता है। तापक्रम कार्बन धारिता (carbon content) के अनुसार बदलता है। तापक्रम 0.77% कार्बन के लिए अधिकतम है, अर्थात् eutectoid संरचना वास्तव में जब कार्बन धारिता 0.0 से 0.77 तक बढ़ती है, न्यूनतम तापक्रम जिस पर austenite पैदा होता है A_3 रेखा के अन्वायाम 0.77% कार्बन पर न्यूनतम को बदलता है। जैसे ही कार्बन content 0.77% से बढ़ती है, न्यूनतम तापक्रम (जिस पर austenite उत्पन्न होता है) Acm रेखा के अन्वायाम बढ़ता है।

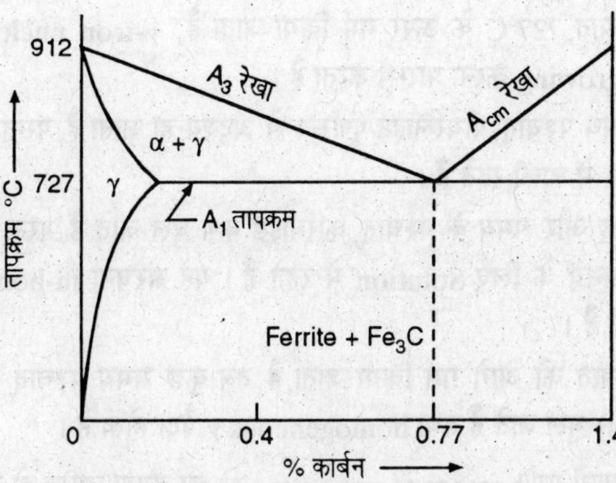

चित्र 9.3—Austenite के पैदा होने के लिए तापक्रम रेंज।

Austenitizing दो variables का function है।

1. तापक्रम (Temperature)—तापक्रम सन्तुलन तापक्रम (equilibrium temperatures) A_1 के ऊपर होना चाहिए।

2. समय (time)—Auistavite मुनासिव समय की मात्रा के बाद पैदा होता है। दोनों variables का प्रभाव चित्र 9.4 में दिखाया गया है।

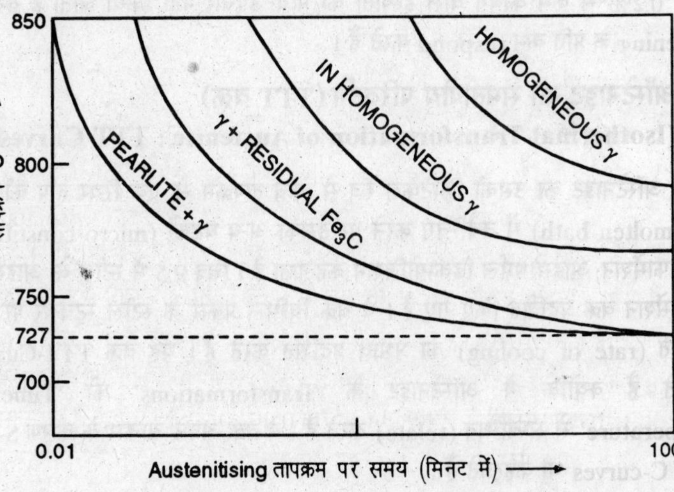

चित्र 9.4—Eutectoid इस्पात के लिए भिन्न तापक्रम पर austenite पैदा करने को आवश्यक समय।

Homogeneous γ पैदा करने को अवस्थाएँ (stages)

(a) जब इस्पात 727°C के ऊपर गर्म किया जाता है, γ-iron nucleating करना तथा पीयरलाइट से growing करना प्रारम्भ करता है।

(b) कुछ समय पश्चात्, पीयरलाइट पूर्णरूप से अदृश्य हो जाता है, परन्तु कारबाइड के कुछ कण austenite में बाकी रहते हैं।

(c) पुनः, कुछ और समय के पश्चात्, कारबाइड़ कण घुल जाते हैं, परन्तु कारबाइड के कुछ traces कुछ समय के लिए Solution में रहते हैं। यह संरचना in-homogeneous austenile कहलाती है।

(d) जब इस्पात को आगे गर्म किया जाता है, तब कुछ समय पश्चात् कारबाइड की समस्त छाप (traces) घुल जाते हैं तथा homogeneous γ पैदा होता है।

उच्चतर तापमानों पर, homogeneous austenite का बनना त्वरित हो जाता है।

Hypoeutectoid एवं eutectoid इस्पातों के लिए 100% austenite उत्पन्न करने को, इन इस्पातों को न्यूनतम तापक्रम के 50°C ऊपर तक गर्म किया जाता है तथा सापेक्ष समय (relative time) छड़ के प्रति 25 mm अनुप्रस्थ काट, एक घण्टा (hour) है अथवा article गर्म होता है। यदि तापक्रम austenitizing temperature (minimum transformation temperature + 50°C) के परे और आगे बढ़ाया जाता है, तो (a) oxidation (b) decarbanization (c) grain growth के लिए बढ़ी हुई प्रवत्ति होगी।

0.2% से कम कार्बन वाले इस्पातों का प्रायः उपचार नहीं किया जाता है क्योंकि वे hardening के प्रति कम respond करते हैं।

9.7. ऑस्टेनाइट का समतापीय परिवर्तन (TTT वक्र)
(Isothermal Transformation of Austenite : TTT Curves)

ऑस्टेनाइट का उसकी क्रिटिकल रेंज से उच्च तापक्रम से, एक स्थिर ताप की मोल्टेन बाथ (molten bath) में क्वैन्चिंग करने पर उसका अन्य घटकों (micro-constituents) में ट्रांसफार्मेशन, आइसोथर्मल डिकम्पोजिशन कहलाता है। चित्र 9.5 में स्टील के आइसोथर्मल ट्रांसफार्मेशन वक्र प्रदर्शित किए गए हैं। ये वक्र विभिन्न प्रकार के स्टील स्ट्रक्चर पर कूलिंग की गति (rate of cooling) का प्रभाव प्रदर्शित करते हैं। यह वक्र TTT-Curve भी कहलाते हैं क्योंकि ये ऑस्टेनाइट के 'Transformations' को 'Time' तथा 'Temperature' से सम्बन्धित (relate) करते हैं। ये वक्र अपने आकार के कारण S-curve अथवा C-curves भी कहलाते हैं।

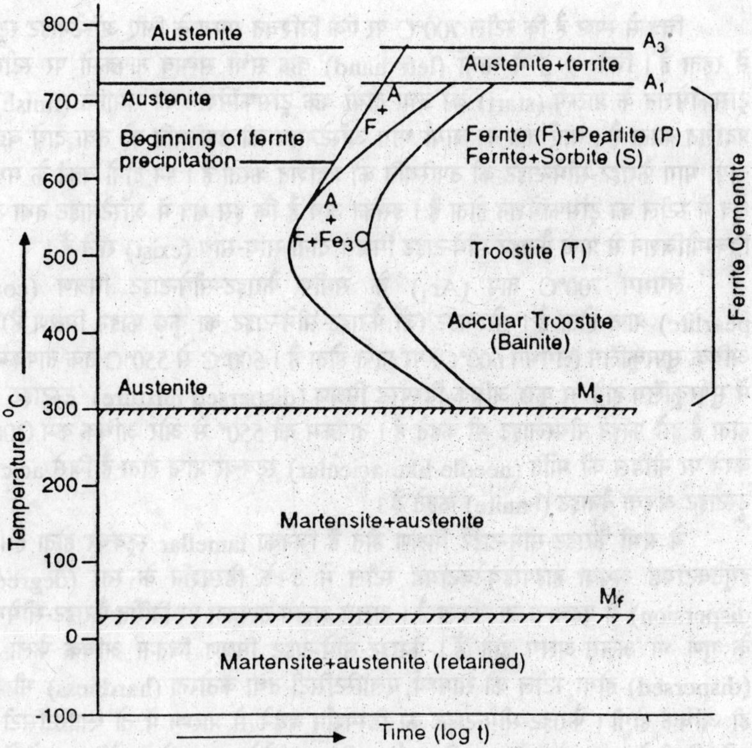

चित्र 9.5—ऑस्टेनाइट के डिकम्पोज़िशन के लिये TTT- वक्र।

सर्वप्रथम स्टील के स्पेसीमेन को उच्च क्रिटिकल तापक्रम (Ac_3) से अधिक ताप तक गर्म किया जाता है। इस ताप पर स्टील ऑस्टेनाइट (Austenite) कहलाता है तथा स्थायी (stable) होता है। इसके पश्चात् उसे तीव्रता से 700°, 600°, 500°, 400°, 300°C इत्यादि तक ठण्डा किया जाता है। ऑस्टेनाइट को इन तापक्रमों पर विभिन्न अवधियों (various lengths of time) तक रखा जाता है जब तक कि ऑस्टेनाइट का पूर्ण आइसोथर्मल डिकम्पोजिशन न हो जाए।

प्रारम्भ में कुछ समय तक स्थिर ताप पर ऑस्टेनाइट का प्रायोगिक रूप से (experimentally) कोई डिकम्पोजिशन नहीं देखा गया। इस अवधि को incumbation period कहते हैं। इस अवधि के पश्चात् ऑस्टेनाइट का डिकम्पोजिशन फैराइट-सीमेन्टाइट (ferrite-cementite) मिश्रण में होता है। प्रारम्भ में डिकम्पोजिशन की दर (rate) तीव्र (rapid) होती है तथा बाद में धीरे-धीरे धीमी (slow) हो जाती है। एक निश्चित समय के पश्चात् यह प्रक्रिया पूर्ण हो जाती है अथवा रुक जाती है।

चित्र 9·5 में प्रदर्शित वक्र हाइपोयूटेक्टॉयड स्टील के आइसोथर्मल डिकम्पोजिशन का समय ताप (time vs temperature) प्लॉट है। टाइम स्केल लघुगणकीय (logarithmic) है क्योंकि डिकम्पोजिशन में व्यय समय के क्षेत्र काफी बड़े (wide range) होते हैं जिसका मान सेकण्ड मिनट अथवा घण्टों में हो सकता है।

चित्र से स्पष्ट है कि स्टील 700°C पर एक निश्चित समय के लिए ऑस्टेनाइट स्ट्रक्चर में रहता है। चित्र 9·5 में बायाँ (left hand) वक्र सभी सम्भव तापक्रमों पर स्टील के ट्रांसफॉर्मेशन के प्रारम्भ (start) को तथा दायाँ वक्र ट्रांसफॉर्मेशन की समाप्ति (finish) को प्रदर्शित करता है। बाएँ वक्र का बायाँ भाग ऑस्टेनाइट की उपस्थिति को तथा दायें वक्र का दायाँ भाग फैराइट-सीमेन्टाइट की उपस्थिति को प्रदर्शित करता है। इन दोनों वक्रों के मध्य के क्षेत्र में स्टील का ट्रांसफॉर्मेशन होता है। इसका अर्थ है कि इस क्षेत्र में ऑस्टेनाइट तथा उसके डिकम्पोजिशन से प्राप्त फैराइट सीमेन्टाइट मिश्रण, दोनों साथ-साथ (exist) रहते हैं।

लगभग 700°C ताप (Ar_1) के समीप फैराइट-सीमेन्टाइट मिश्रण (coarse pearlite) प्राप्त होता है। सोरबाइट (जो फैराइट-सीमेन्टाइट का कुछ फाइन मिश्रण है) और अधिक सुपरकूलिंग (लगभग 600°C) पर प्राप्त होता है। 500°C से 550°C तक तापक्रम क्षेत्र में सुपरकूलिंग होने पर कुछ अधिक डिर्स्पस्ड मिश्रण (dispersed mixture) 'ट्रूस्टाइट' प्राप्त होता है इसे फ़ाइन पीयरलाइट भी कहते हैं। तापक्रम को 550° से ओर अधिक कम (300°C) करने पर नीडिल की भाँति (needle like acicular) स्ट्रक्चर प्राप्त होता है जिसे acicular ट्रूस्टाइट अथवा बैनाइट (banite) कहते हैं।

ये सभी फैराइट-सीमेन्टाइट मिश्रण होते हैं जिनका lamellar स्ट्रक्चर होता है। इन्हें इयूटेक्टॉयड अथवा हाइपरइयूटेक्टॉयड स्टील में उनके डिस्पर्शन के स्तर (degree of dispersion) से पहचाना जा सकता है। अलग-अलग तापक्रम पर निर्मित फैराइट-सीमेन्टाइट के गुण भी अलग-अलग होते हैं। फैराइट-सीमेन्टाइट मिश्रण जितना अधिक फैला हुआ (dispersed) होगा, स्टील की सामर्थ्य, एलास्टिसिटी तथा कठोरता (hardness) भी उतनी ही अधिक होगी। फैराइट-सीमेन्टाइट का डिस्पर्शन बढ़ने से प्रारम्भ में तो प्लास्टिसिटी तथा डक्टिलिटी में सुधार होता है परन्तु डिस्पर्शन अधिकतम होने पर इन दोनों भौतिक गुणों में कमी (reduction) होने लगती है। सोरबाइट की प्लास्टिसिटी तथा डक्टिलिटी उत्तम होती है। बैनाइट एक टफ (tough) तथा काफी दृढ़ पदार्थ है। यह लगभग मार्टेन्साइट की भाँति ही होता है।

चित्र 9·5 में प्रदर्शित वक्र के बिन्दु M_s (subcritical temperature) पर डिफ्यूजन लगभग समाप्त हो जाता है तथा फैराइट-सीमेन्टाइट का बनना बन्द हो जाता है। आयरन के स्पेस लैटिस में कार्बन परमाणुओं का प्रवेश करना एक डिफ्यूजन क्रिया है। इस तापक्रम पर मार्टेन्साइट का बनना प्रारम्भ होता है तथा M_f पर समाप्त हो जाता है। मार्टेन्साइट एक हार्डेन्ड स्टील स्ट्रक्चर (hardened steel structure) होता है।

9.8. लगातार कूलिंग द्वारा ट्रांसफॉर्मेशन (Transformation on Continous Cooling)

हीट ट्रीटमैन्ट की वास्तविक परिस्थितियों में स्टील का आइसोथर्मल ट्रांसफॉर्मेशन नहीं होता बल्कि सतत कूलिंग (continuous cooling) से होता है। ऑस्टेनाइट को किसी बाथ (bath) में क्वैन्च करने से ऑस्टेनाइट के ताप में निरन्तर गिरावट (continuous fall) होता है तथा यह अन्य स्ट्रक्चर्स में ट्रांसफॉर्म होता है। ऑस्टेनाइट का इस प्रकार डिकम्पोजिशन "transformation on continuous cooling" कहलाता है।

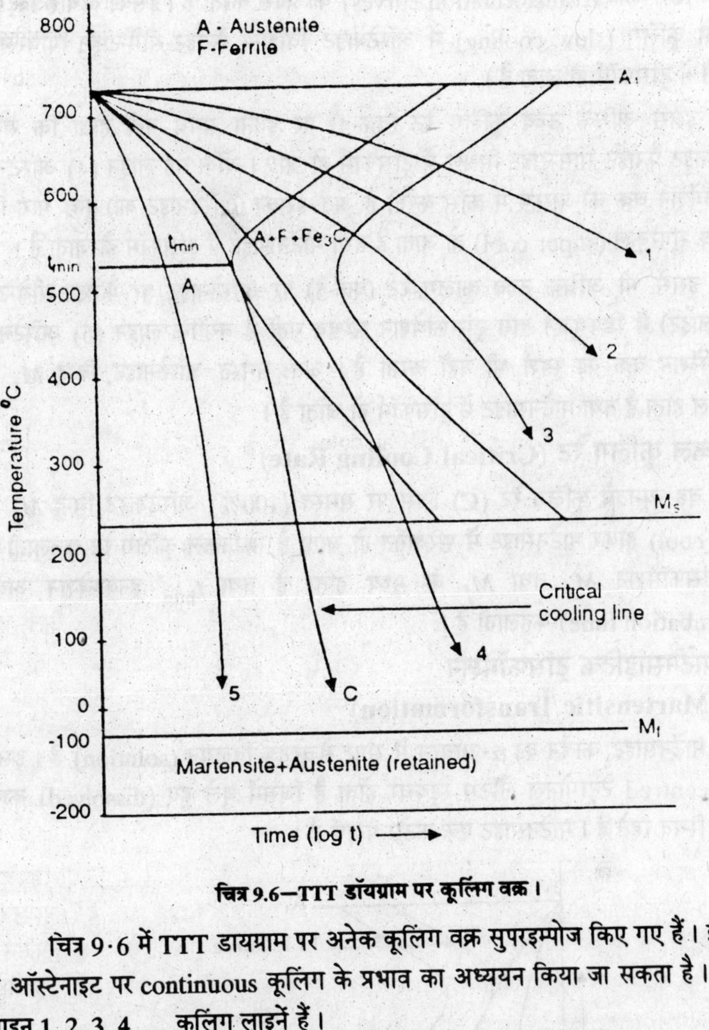

चित्र 9.6—TTT डॉयग्राम पर कूलिंग वक्र।

चित्र 9·6 में TTT डायग्राम पर अनेक कूलिंग वक्र सुपरइम्पोज किए गए हैं। इस चित्र से ऑस्टेनाइट पर continuous कूलिंग के प्रभाव का अध्ययन किया जा सकता है। चित्र में लाइन 1, 2, 3, 4, ... कूलिंग लाइनें हैं।

कूलिंग रेट जितनी अधिक उच्च होगी ऑस्टेनाइट के डिकम्पोजिशन के लिए उतना ही कम तापान्तर (temperature interval) प्राप्त होगा।

ऑस्टेनाइट के आइसोथर्मल डिकम्पोजिशन की भाँति low cooling (वक्र-1) पर पीयरलाइट का फॉर्मेशन होगा।

कुछ उच्च (higher) कूलिंग रेट (वक्र-2) पर सोरबाइट तथा ओर अधिक उच्च कूलिंग रेट (वक्र-3) पर ट्रूस्टाइट फॉर्म होता है। इन सभी स्थितियों में कूलिंग लाइनें 1, 2 तथा 3 दोनों

ट्रांसफॉर्मेशन वक्रों (transformation curves) को क्रॉस करती हैं। इसका अर्थ है कि धीमी गति से कूलिंग (slow cooling) में ऑस्टेनाइट, विभिन्न फैराइट-सीमेन्टाइट (पीयरलाइट) मिश्रणों में ट्रांसफॉर्म हो जाता है।

इससे अधिक उच्च कूलिंग रेट (वक्र-4) पर इतना समय नहीं होता कि समस्त ऑस्टेनाइट फैराइट-सीमेन्टाइट मिश्रण में ट्रांसफार्म हो जाए। चँकि यह लाइन (4) ऑस्टेनाइट ट्रांसफॉर्मेशन वक्र को प्रारम्भ में क्रॉस करती है अतः इसका (ऑस्टेनाइट का) कुछ भाग बिन्दु M_s तक सुपरकूल (super cool) हो जाता है तथा मोर्टेनसाइट में ट्रांसफॉर्म हो जाता है।

इससे भी अधिक उच्च कूलिंग रेट (वक्र-5) पर ऑस्टेनाइट पर फैराइट-सीमेन्टाइट (पियरलाइट) में डिफ्यूजन द्वारा ट्रांसफॉर्मेशन सम्भव नहीं है क्योंकि लाइन (5) ऑस्टेनाइट ट्रांसफॉर्मेशन वक्र का स्पर्श भी नहीं करती है। अतः समस्त ऑस्टेनाइट, बिन्दु M_s तक सुपरकूल होता है तथा मार्टेनसाइट में ट्रांसफॉर्म हो जाता है।

क्रिटिकल कूलिंग रेट (Critical Cooling Rate)

वह न्यूनतम कूलिंग रेट (C) जिस पर समस्त (100%) ऑस्टेनाइट बिन्दु M_s तक ठण्डा (cool) होकर मार्टेनसाइट में परिवर्तित हो जाता है, क्रिटिकल कूलिंग रेट कहलाती है। यह ट्रांसफॉर्मेशन M_s तथा M_f के मध्य होता है तथा t_{min} इनकम्बेशन अवधि (incumbation time) कहलाती है।

9.9. मार्टेनसाइटिक ट्रांसफॉर्मेशन (Martensitic Transformation)

मार्टेनसाइट, कार्बन का α-आयरन में सुपर सेचुरेटेड विलयन (solution) है। इसका body centred टेट्रागोनल लैटिस स्ट्रक्चर होता है जिसमें घुले हुए (dissolved) कार्बन परमाणु स्थित रहते हैं। मार्टेनसाइट एक कठोर पदार्थ है।

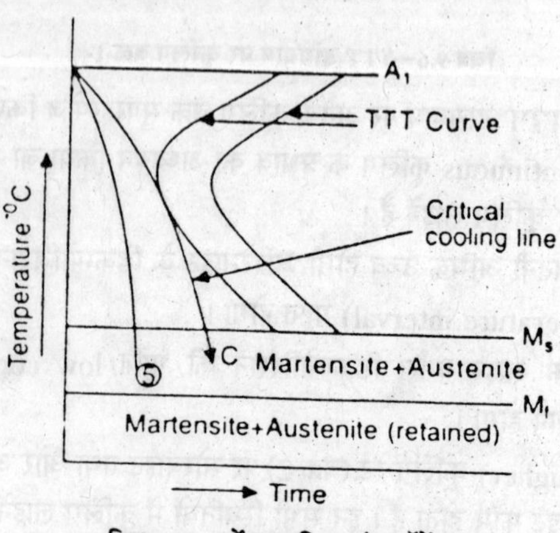

चित्र 9.7—मार्टेन्साइटिक ट्रांसफॉर्मेशन।

इसकी डक्टिलिटी बहुत कम होती है। ऑस्टेनाइट के मार्टेनसाइट में ट्रांसफॉर्मेशन पर उसके (मार्टेनसाइट) के विशिष्ट आयतन (specific volume) में लगभग 3% की वृद्धि होती है। इसी कारण से हार्डेनिंग के समय धातु में अत्यधिक स्ट्रैस उत्पन्न हो जाते हैं जिससे वस्तुओं में डिस्टोर्शन के कारण क्रैक उत्पन्न होते हैं।

मार्टेनसाइट ट्रांसफॉर्मेशन के मुख्य अभिलक्षण निम्न प्रकार हैं—

(i) न्यूक्लियेशन (nucleation) की उच्च दर तथा निम्न ताप पर क्रिस्टलों की ग्रोथ (growth)।

(ii) क्रिस्टल की सीमित (limited) ग्रोथ अर्थात् क्रिस्टल एक निश्चित साइज तक तीव्रता से ग्रो (grow) करते हैं, उसके पश्चात् ग्रोथ बन्द हो जाती है।

(iii) कूलिंग क्रिया बन्द होने के पश्चात् ट्रांसफॉर्मेशन में तीव्र गिरावट (rapid attenuation)।

जब ऑस्टेनाइट को अपर (upper) क्रिटिकल तापक्रम से तीव्रता से ठण्डा किया जाता है तब डिफ्यूजन द्वारा उसका फैराइट-सीमेन्टाइट ट्रांसफॉर्मेशन पूर्ण नहीं होता है। यह चित्र 9·7 में प्रदर्शित है, क्योंकि अधिक कूलिंग रेट वाली लाइन (5) ऑस्टेनाइट ट्रांसफॉर्मेशन वाली लाइन को स्पर्श भी नहीं करती। अतः समस्त ऑस्टेनाइट बिन्दु M_s तक सुपर कूल (super cool) हो जाता है तथा नए फेज 'मार्टेनसाइट' में ट्रांसफॉर्म हो जाता है। इसका अर्थ है कि मार्टेनसाइटिक ट्रांसफॉर्मेशन क्रिटिकल कूलिंग रेट से कम पर सम्भव नहीं है। क्रिटिकल कूलिंग रेट पर ऑस्टेनाइट की मार्टेनसाइट बिन्दु M_s तक सुपरकूलिंग होती है। इस अवस्था में डिफ्यूजन की क्रिया नहीं होती। इस प्रकार मार्टेनसाइट का बनना एक विसरणहीन (diffusionless) ट्रांसफॉर्मेशन है।

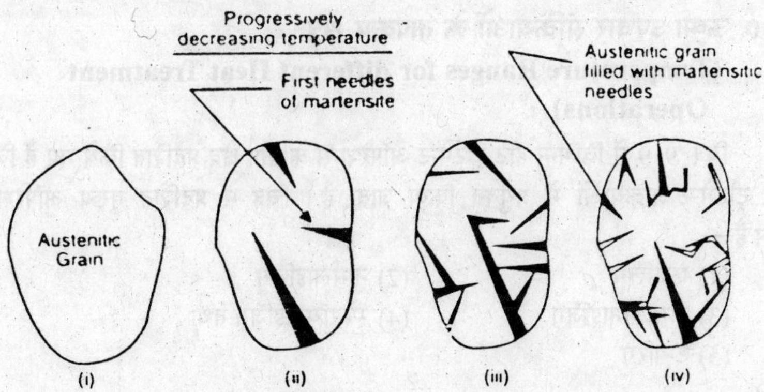

चित्र 9.8—ऑस्टेनाइट का तीव्र दर पर कूलिंग (rapid cooling) द्वारा मार्टेनसाइट में ट्रांसफॉर्मेशन।

मार्टेनसाइट ट्रांसफॉर्मेशन ताप एक बड़े क्षेत्र (wide range of temperature) में होता है। यह ट्रांसफॉर्मेशन बिन्दु M_s के संगत ताप पर प्रारम्भ होता है (चित्र 9·7)। जब कूलिंग प्रोसेस इस बिन्दु से गुजरती है तब ऑस्टेनाइट का मार्टेनसाइट में ट्रांसफॉर्मेशन जारी रहता है तथा M_f पर ट्रांसफॉर्मेशन बन्द हो जाता है। मार्टेन्साइट का ट्रांसफॉर्मेशन, ताप पर निर्भर करता है समय पर नहीं। ताप जितना कम (lower) होगा, मार्टेनसाइट उतना ही अधिक निर्मित होगा।

बिन्दु M_s तथा M_f कूलिंग रेट पर निर्भर नहीं करते, बल्कि ये ऑस्टेनाइट के रासायनिक संगठन (composition) द्वारा निर्धारित होते हैं। ऑस्टेनाइट में कार्बन की मात्रा जितनी अधिक होगी M_s तथा M_f बिन्दु भी उतने ही नीचे (lower) होंगे।

मार्टेनसाइट ट्रांसफॉर्मेशन में कोई संघठनात्मक (compositional) परिवर्तन नहीं होता तथा यह तात्क्षणिक रूप से (instantaneously) निडिल के समान स्ट्रक्चर (needle like structure) में परिवर्तित हो जाता है जैसा कि चित्र 9·8 में प्रदर्शित किया गया है।

मार्टेनसाइट ट्रांसफॉर्मेशन की मुख्य विशेषता यह है कि कभी भी समस्त ऑस्टेनाइट मार्टेनसाइट में परिवर्तित नहीं होता है। अतः हार्डेन्ड (hardened) स्टील में अवशेष (residual or retained) ऑस्टेनाइट भी मार्टेनसाइट के साथ अवश्य होता है। ऑस्टेनाइट में प्रारम्भ में कार्बन की जितनी मात्रा अधिक होगी उतना ही अधिक ऑस्टेनाइट रिटेन (retained) होगा।

जैसा कि ऊपर वर्णन किया जा चुका है मार्टेनसाइट के मुख्य अभिलक्षण इसकी उच्च कठोरता (high hardness) तथा अत्यन्त कम सामर्थ्य (very low strength) है।

9.10. ऊष्मा उपचार संक्रियाओं के तापक्रम क्षेत्र (Temperature Ranges for different Heat Treatment Operations)

चित्र 9·9 में विभिन्न हीट ट्रीटमेन्ट ऑपरेशन्स के ताप क्षेत्र प्रदर्शित किये गए हैं जिन्हें हीट ट्रीटमेन्ट प्रक्रियाओं में प्रयुक्त किया जाता है। चित्र में प्रदर्शित मुख्य ऑपरेशन्स निम्न हैं—

(1) एनीलिंग (2) नार्मलाइजिंग
(3) होमोजीनाइजिंग (4) स्फेरॉयडाइजिंग तथा
(5) टेम्परिंग

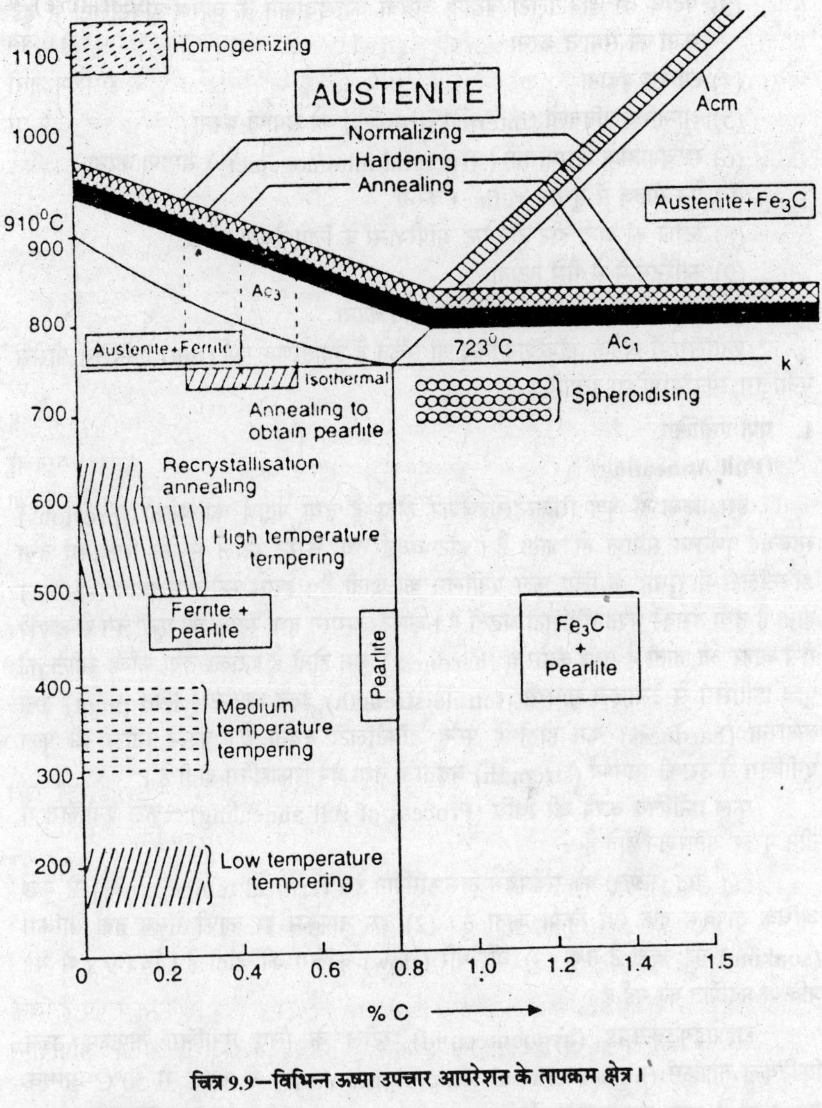

चित्र 9.9—विभिन्न ऊष्मा उपचार आपरेशन के तापक्रम क्षेत्र।

9.11. एनीलिंग (Annealing)

स्टील के हीट ट्रीटमेन्ट में एनीलिंग एक व्यापक रूप से किया जाने वाला ऑपरेशन है। एनीलिंग द्वारा धातु अथवा एलॉय में निम्नलिखित गुण उत्पन्न किए जा सके हैं—

(1) स्टील को soften करना

(2) पदार्थ की मशीनेबिलिटी (machinability) बढ़ाना

(3) पदार्थ की डक्टिलिटी बढ़ाना अथवा कोल्डवर्किंग के कारण डक्टिलिटी में हुई कमी को समाप्त करना

(4) टफनैस बढ़ाना

(5) आन्तरिक प्रतिबलों (internal stresses) को समाप्त करना

(6) संरचनात्मक असमांगता (structural inhomogeniety) समाप्त करना

(7) ग्रेन साइज में सुधार (refine) करना

(8) स्टील को अन्य हीट ट्रीटमेन्ट ऑपरेशन्स के लिए तैयार करना

(9) कास्टिंग में से गैसें हटाना

(10) चुम्बकीय तथा विद्युत गुण परिवर्तित करना

एनीलिंग में अनेक ऑपरेशन किए जा सकते हैं उदाहरणत: पूर्ण (full) एनीलिंग, प्रोसेस एनीलिंग, स्फेरॉयडिजिंग इत्यादि।

1. पूर्ण एनीलिंग
(Full Annealing)

इस क्रिया में पूर्ण रिक्रिस्टलाइज़ेशन होता है तथा पदार्थ का पहला (previous) स्ट्रक्चर पूर्णतया समाप्त हो जाता है। हॉट वर्क्ड तथा कास्ट स्टील में ग्रेन रिफानिंग तथा डक्टिलिटी में सुधार के लिए फुल एनीलिंग की जाती है। इससे स्टील मुलायम (soften) होता है तथा उसकी मशीनेबिलिटी बढ़ती है। कास्ट आयरन तथा स्टील की एनीलिंग से उनकी गैसें बाहर आ जाती हैं तथा कठोरता (hardness) कम होती है। रोल्ड तथा फोर्ज्ड स्टील की फुल एनीलिंग से टेन्साइल सामर्थ्य (tensile strength), ईल्ड प्वाइन्ट (yield point) तथा कठोरता (hardness) कम होती है परन्तु डक्टिलिटी बढ़ती है। कास्ट स्टील की फुल एनीलिंग से उसकी सामर्थ्य (strength) बढ़ती है तथा ग्रेन रिफाइनिंग होती है।

फुल एनीलिंग करने की विधि (Process of full annealing)—फुल एनीलिंग में तीन मुख्य ऑपरेशन होते हैं—

(1) धातु (स्टील) को सर्वप्रथम ट्रांसफॉर्मेशन रेंज (critical temperature) से कुछ अधिक तापक्रम तक गर्म किया जाता है। (2) इस तापक्रम पर काफी समय तक सोकिंग (soaking) की जाती है तथा (3) धीरे-धीरे (slow) कूलिंग की जाती है। चित्र 9.2 में यह प्रक्रिया प्रदर्शित की गई है।

हाइपोइयूटेक्टायड (hypoeutectoid) स्टील के लिए एनीलिंग तापक्रम, उच्च क्रिटिकल तापक्रम (higher critical temperature Ac_3) से 30°C से 50°C अधिक तक होता है तथा हाइपरइयूटेक्टॉयड (hypereutectoid) स्टील के लिए निम्न क्रिटिकल तापक्रम (lower critical temperature) Ac_1 से 50°C अधिक होता है।

जब धातु उपरोक्त निर्धारित ऊष्मन तापक्रम (heating temperature) पर आ जाती है तब इसे इस तापक्रम पर काफी समय तक होल्ड (hold or soak) किया जाता है जिससे कि समस्त वर्कपीस में आन्तरिक परिवर्तन हो सके। एनीलिंग तापक्रम पर धातु का होल्डिंग समय धातु के बड़े भागों के लिए प्रत्येक मिलिमीटर सेक्शन के लिए 3 से 4 मिनट होता है।

इसके पश्चात् धातु को धीरे-धीरे ठण्डा (cool) किया जाता है। पदार्थ को प्रायः धीरे-धीरे भट्टी (furnace) में ठण्डा होने दिया जाता है अथवा धातु को उच्च ताप पर किसी अचालकीय पदार्थ (non-conducting material) उदाहरणतः रेत (sand), चूना (lime) अथवा राख (ashes) में दबा (bury) दिया जाता है। प्लेन कार्बन स्टील प्रायः 150°C से 200°C प्रति घण्टे की दो से ठण्डे किए जाते हैं जबकि एलॉय स्टील (जिनमें ऑस्टेनाइट अधिक स्थाई होता है) अधिक (30°C से 100°C प्रति घण्टा) धीमी गति से ठण्डे किए जाते हैं।

ऑस्टेनाइट की धीमी गति से इसलिए कूलिंग आवश्यक है जिससे कि वह सुपरकूलिंग के निम्न तापक्रम (below the critical range) पर डिकम्पोज हो सके। कूलिंग की क्रिया में ऑस्टेनाइट (i) हाइपोइयूटेक्टॉयड (hypoeutectoid) स्टील में पीयरलाइट तथा फैराइट स्ट्रक्चर (ii) इयूटेक्टॉयड स्टील में पीयरलाइट स्ट्रक्चर तथा (iii) हाइपरइयूटेक्टॉयड (hypereutectoid) स्टील में पीयरलाइट तथा सीमेन्टाइट स्ट्रक्चर बनाता है। ऑस्टेनाइट का उपरोक्त विघटन (decomposition) स्टील में कार्बन की मात्रा (carbon content) पर निर्भर करता है। उपयुक्त रूप से (properly and successfully) एनील किए गए स्टील में फैराइट के ग्रेन बड़े तथा समान (large and regular) होते हैं जबकि पीयरलाइट में सीमेन्टाइट तथा फैराइट की कुछ बड़े आकार की प्लेटें (coarse plates) होती हैं।

हॉट वर्क किए गए हाइपोइयूटेक्टॉयड स्टील उदाहरणतः रोल्ड स्टॉक, शीट फोर्जिंग्स तथा कार्बन एवं एलॉय स्टील पर पूर्ण (full) एनीलिंग की क्रियाएँ की जाती हैं।

हाइपरइयूटेक्टॉयड स्टील पर पूर्ण (full) एनीलिंग की क्रिया तब की जाती है जब उनकी हॉट वर्किंग उच्च तापक्रम पर समाप्त की गई हो अर्थात् स्टील कोर्स ग्रेन्ड (coarse grained) हो।

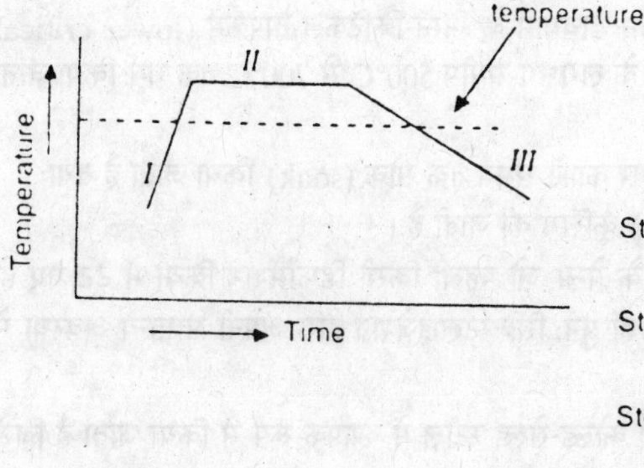

Step *I*- Heating just above the upper critical temperature

Step *II*- Holding for sufficient time at this temperature (soaking)

Step *III*- Cooling (Transformation)

चित्र 9.10—पूर्ण (full) एनीलिंग।

2. समतापीय एनीलिंग (Isothermal Annealing)

आइसोथरमल एनीलिंग की क्रिया सामान्य एनीलिंग की भाँति ही जाती है। स्टील की सामान्य एनीलिंग के पश्चात् इसे वायु में अथवा भट्टी (furnace) में ब्लास्ट (blast) द्वारा तीव्रता (rapidly) से निम्न क्रिटिकल तापक्रम Ar_1 (lower critical temperature) से 50°C से 100°C तक नीचे ठण्डा किया जाता है अर्थात् इसकी कूलिंग 600°C से 700°C तक की जाती है। इस तापक्रम पर स्टील को समतापीय रूप से (isothermally) तब तक होल्ड किया जाता है जब तक कि पीयरलाईट में पूर्ण डिकम्पोजिशन न हो जाए। इसके पश्चात् इसकी तीव्र कूलिंग (rapid cooling) की जाती है।

आइसोथर्मल एनीलिंग से धातु का समांगी (homogeneous) स्ट्रक्चर प्राप्त होता है। इस एनीलिंग द्वारा प्राप्त स्ट्रक्चर अधिक स्थायी (stable) होते हैं। आइसोथर्मल एनीलिंग में स्टील के हीट ट्रीटमेन्ट के लिए आवश्यक समय भी कम होता है। एलॉय स्टील में कठोरता (hardness) कम करने के लिए उन्हें आइसोथर्मल एनीलिंग क्रिया प्रयुक्त कर धीरे-धीरे ठण्डा किया जाता है।

3. प्रोसेस अथवा आर्थिक एनीलिंग (Process or partial Anealing)

स्टील की कोल्ड वर्किंग के पश्चात् उसकी कठोरता (hardness) तथा विशेष रूप से उसके एलास्टिक गुण बढ़ जाते हैं जबकि डक्टिलिटी काफी कम हो जाती है तथा स्टील और अधिक प्लास्टिक डिफॉर्मेशन के योग्य नहीं रहता है। प्रोसेस एनीलिंग (or recrystallisation) द्वारा स्टील की डक्टिलिटी पुनः प्राप्त (restore) की जा सकती है। इसके अतिरिक्त प्रोसेस एनीलिंग द्वारा पूर्व में की गई हीट ट्रीटमेन्ट क्रियाओं के कारण उत्पन्न आन्तरिक स्ट्रैस (internal stresses) भी समाप्त की जा सकती है। प्रोसेस एनीलिंग की क्रिया निम्न प्रकार की जाती है—

(i) स्टील को आयरन कार्बन डायग्राम के निम्न क्रिटिकल तापक्रम (lower critical temperature) Ac_1 के लगभग समीप 500°C से 700°C तक गर्म किया जाता है।

(ii) स्टील को इस तापक्रम पर काफी समय तक सोक (soak) किया जाता है तथा

(iii) इसकी धीरे-धीरे (slow) कूलिंग की जाती है।

उपरोक्त क्रिया द्वारा स्टील के ग्रेन्स, जो पहली किसी डिफॉर्मेशन क्रिया में टूट गए हों अथवा डिस्टोर्ट (distort) हो गए हों पुनः रिक्रिस्टलाइज़ेशन द्वारा अपनी सामान्य अवस्था में आ जाते हैं।

प्रोसेस एनीलिंग का उपयोग कोल्ड-रोल्ड स्टील में व्यापक रूप से किया जाता है जिसे स्टील की प्लास्टिसिटी बढ़ाने के लिए डीप ड्राइंग (deep drawing) तथा वायर ड्राइंग (wire drawing) क्रियाओं में एक इन्टरमीडिएट प्रोसेस की भाँति प्रयुक्त किया जाता है।

प्रोसेस एनीलिंग केवल निम्न कार्बन स्टील (low carbon steels) के लिए ही उपयुक्त है। मीडियम तथा हाई-कार्बन स्टील में रिक्रिस्टलाइज़ेशन के लिए पूर्ण एनीलिंग (full annealing) की क्रिया की जाती है।

प्रोसेस एनीलिंग में मूल (original) डिस्टोंटेड ग्रेन्स (distorted or elongated grains) से नए समाक्षीय (equiaxial) ग्रेन्स उत्पन्न होते हैं जिससे नए न्युक्लियस निर्मित होते हैं। प्रोसेस एनीलिंग में फेज ट्रांसफॉर्मेशन द्वारा कोई नया स्ट्रक्चर नहीं उत्पन्न होता बल्कि पहले (same) स्ट्रक्चर से ही नए क्रिस्टल उत्पन्न होते हैं।

4. स्फेरॉयडाइज एनीलिंग (Spheroidise Annealing)

हाई कार्बन टूल स्टील की मशीनेबिलिटी उस समय श्रेष्ठ होती है जब इनके स्ट्रक्चर, ग्रेनयुक्त पीयरलाइट (grained or globular pearlite) द्वारा निर्मित होते हैं। सभी एलॉय स्टील (कार्बाइड स्टील, बाल बियरिंग स्टील इत्यादि) में ग्लोबुलर स्ट्रक्चर वांछित (desired) होता है।

ग्लोबुलर पीयरलाइट स्ट्रक्चर प्राप्त करने के लिए की गई क्रिया स्फेरॉयडाइजिंग (spheroidising or spheroidise annealing) कहलाती है। इस क्रिया में स्टील को निम्न क्रिटिकल तापक्रम (lower critical temperature) Ac_1 से कुछ अधिक (just above) तक अर्थात् 730°C से 770°C तक गर्म किया जाता है। इसके पश्चात् इसे इसी तापक्रम पर काफी समय (sufficient time) तक soak करने के बाद भट्टी में 25°C से 30°C प्रति घण्टा की दर से 550° से 600°C तक ठण्डा किया जाता है। पुनः इसकी कूलिंग सामान्य तापक्रम पर शान्त वातावरण (still air) में की जा सकती है। इस क्रिया में lamellar पीयरलाइट, ग्लोबुलर पीयरलाइट में परिवर्तित हो जाता है।

लगभग इयूटेक्टॉयड संरचना वाले स्टील में ग्लोबुलर पीयरलाइट निर्मित होने का तापक्रम क्षेत्र (temperature range of heating) बहुत कम होता है। इयूटेक्टॉयड स्टील में न्यूनतम एनीलिंग ताप 750°C तथा हाइपरइयूक्टॉयड स्टील में 770°C होता है। स्फेरॉयडाइजिंग द्वारा हाइपरइयूक्यायड स्टील की मशीनेबिलिटी में सुधार नहीं होता तथा उसके लिए पूर्ण एनीलिंग (full annealing) अथवा नार्मलाइजिंग (normalising) की क्रिया करनी पड़ती है।

स्फेरॉयडाइजिंग की क्रिया 0·6% कार्बन मात्रा वाले उन सभी स्टील के लिए उपयुक्त है जिनकी मशीनिंग अथवा कोल्ड फॉर्मिंग की जानी होती है।

5. होमोजीनाइजिंग अथवा डिफ्यूजन एनीलिंग (Homogenising or Diffusion Annealing)

इस क्रिया में डिफ्यूजन द्वारा कार्बन तथा स्टील एलॉय के इनगॉट (ingots) एवं बड़े (complex) कास्टिंग्स के क्रिस्टलों की रासायनिक असमांगता (chemical in homogeneity) समाप्त की जाती है। यह आपरेशन 1100°C से 1200°C तक किया जाता है (optimum temperature 1150°C)। इस ताप क्षेत्र में डिफ्यूजन सरलता से होता है जो स्टील के कम्पोजिशन के तुल्य है। हीटिंग तापक्रम (heating temperature) आने पर धातु को इस ताप पर बहुत कम समय (short period) के लिए होल्ड किया जाता है। होल्डिंग के

पश्चात् धातु को भट्टी (furnace) में 800°C से 850°C तापक्रम पर 6 से 8 घण्टे तक ठण्डा (cool) किया जाता है। उसके पश्चात् कूलिंग वायु में की जाती है।

होमोजीनाइजिंग में ऑस्टेनाइटिक ग्रेन बहुत तेजी से उत्पन्न (grow) होते हैं। अतः होमोजीनाइजिंग के पश्चात् स्टील इनगॉट्स की पूर्ण एनीलिंग (full annealing) अवश्य की जाती है जिससे फाइन-ग्रेन स्ट्रक्चर निर्मित हो सके।

Table 9.1 विभिन्न स्टील्स के एनीलिंग तापक्रम (लगभग)

(Approximate annealing temperature of different types of steels)

Percentage of Carbon Content	Annealing temperature in °C
Less than 0·12 (dead mild)	875–925
0·12–0·45 (mild)	840–970
0·45–0·50 (medium)	815–840
0·50–0·80 (medium)	780–870
0·80–1·50 (high)	760–780

9.12. नॉर्मलाइजिंग (Normalising)

स्टील पर हॉट वर्किंग अथवा कोल्ड वर्किंग क्रिया के पश्चात् उसके ग्रेन स्ट्रक्चर को रिफाइन (refining the grain structure) करने के लिए की जाने वाली क्रिया 'नॉर्मलाइजिंग' (Normalising) कहलाती है।

कोल्ड वर्किंग के पश्चात् स्टील का क्रिस्टल स्ट्रक्चर विरुपित (distort) हो जाता है तथा धातु भंगुर (brittle) एवं अविश्वसनीय (unreliable) हो जाती है। हॉट वर्क्ड, फोंज्ड कम्पोनेन्टस की आन्तरिक संरचना (internal structure) भी निम्न ताप पर वर्क किए जाने के कारण विरूपित (distort) हो जाती है।

नॉर्मलाइजिंग करने के निम्न उद्देश्य (purpose) होते हैं—

(1) कोर्स-ग्रेन्ड (coarse grained) स्ट्रक्चर को समाप्त करना

(2) धातु की कोल्ड वर्किंग के कारण उत्पन्न आन्तरिक प्रतिबलों (internal stresses को समाप्त करना।

(3) स्टील के यान्त्रिक गुणों (mechanical properties) को सुधारना।

(4) कोल्ड वर्किंग के कारण उत्पन्न भंगुरता (brittleness) को कम करना।

(5) लम्बे समय तक हॉट वर्किंग के कारण धातु की toughness में कमी को पुनः प्राप्त (restore) करना तथा

(6) मशीनेबिलिटी सुधारना।

उपरोक्त के अतिरिक्त नॉर्मलाइजिंग द्वारा मीडियम कार्बन स्टील की सामर्थ्य (strength) भी कुछ सीमा तक बढ़ाई जाती है तथा निम्न (low) कार्बन स्टील की मशीनेबिलिटी में सुधार किया जा सकता है।

ऐसे कम्पोनेन्टस (parts) पर, जो अपेक्षाकृत उच्च स्टैस पर प्रचालित होते हैं, नॉर्मलाइजिंग की क्रिया अन्तिम हीट ट्रीटमेन्ट ऑपरेशन के रूप में किया जाता है।

नॉर्मलाइजिंग की क्रिया निम्न प्रकार की जाती है—

(1) धातु को उच्च क्रिटिकल तापक्रम (upper critical temperature) Ac_3 से 40°C से 50°C ऊपर तक गर्म करना। यह नॉर्मलाइजिंग क्षेत्र है (चित्र 9.9)

(2) इस तापक्रम पर धातु को बहुत कम समय के लिए होल्ड (soak) करना तथा

(3) वायु में शीतलन (cooling) करना।

इस क्रिया से (1) हाइपोइयूटेक्टॉयड स्टील के लिए फैराइट तथा पीयरलाइट का होमोजीनियस स्ट्रक्चर (2) इयूटेक्टॉयड स्टील के लिए केवल पीयरलाइट तथा (3) हाइपरइयूटेक्टॉयड स्टील के लिए पीयरलाइट तथा सीमेन्टाइट उत्पन्न होता है।

एलॉय स्टील में नॉर्मलाइजिंग द्वारा प्राप्त स्ट्रक्चर में फैराइट तथा सोरबाइट (sorbite) होते हैं।

नॉर्मलाइज्ड स्टील का yield point, तनाव सामर्थ्य (tensile strength) तथा इम्पेक्ट सामर्थ्य (impact strength) एनील्ड स्टील की तुलना में अधिक होते हैं परन्तु डक्टिलिटी तथा मशीनेबिलिटी कुछ कम हो जाती है।

एनीलिंग तथा नॉर्मलाइजिंग की तुलना

(Comparison between Annealing and Normalising)

नॉर्मलाइजिंग एवं एनीलिंग लगभग एक ही प्रकार के ऑपरेशन हैं परन्तु इनमें दो मुख्य अन्तर हैं—

(1) नॉर्मलाइजिंग में हीटिंग रेंज (heating range) एनीलिंग की तुलना में 30°C से 50°C अधिक होती है तथा

(2) नॉर्मलाइजिंग में वायु द्वारा शीतलन (cooling in air) के कारण शीतलन दर (rate of cooling) बढ़ जाती है।

तथापि नार्मलाइजिंग तथा एनीलिंग हीट ट्रीटमेन्ट ऑपरेशन में नॉर्मलाइजिंग की क्रिया अधिक प्राथमिकता (preferable) से की जाती है। नार्मलाइजिंग के एनीलिंग पर निम्न लाभ हैं—

सर्वप्रथम नॉर्मलाइजिंग में स्टील के यान्त्रिक गुणों (mechanical properties) में कुछ सुधार अवश्य होता है। दूसरे, नार्मलाइजिंग की क्रिया में हीट ट्रीटमेन्ट चक्र में (heat treatment cycle) में एनीलिंग की तुलना में कम समय लगता है तथा व्यय ऊर्जा (fuel or electric power) भी कम होती है।

एनीलिंग की क्रिया उस स्थिति में अधिक प्रयुक्त की जाती है जब हीट ट्रीटमेन्ट का उद्देश्य मशीनेबिलिटी में सुधार तथा आन्तरिक प्रतिबलों (internal stresses) को दूर करना होता है जबकि नॉर्मलाइजिंग द्वारा धातु के यान्त्रिक गुणों में सुधार होता है।

9.13. कठोरीकरण
(Hardening)

सभी मशीन टूल्स (tools) तथा मुख्य मशीन पार्टस, जिन्हें हेवी ड्यूटी सरविस के लिए प्रयोग किया जाता है, की हार्डेनिंग (hardening) की जाती है। एलॉय स्टील से निर्मित सभी मशीन पार्ट्स पर भी हार्डेनिंग ऑपरेशन किया जाता है।

हार्डेनिंग के पश्चात् टेम्परिंग ऑपरेशन भी किया जाता है। हार्डेनिंग करने के निम्न उद्देश्य (purpose) होते हैं—

(1) धातु में इतनी कठोरता (hardness) उत्पन्न करना कि यह टूट-फूट (wear) का प्रतिरोध कर सके तथा अन्य धातुओं को काटने के योग्य हो सके।

(2) सामर्थ्य, एलॉस्टिसिटी, डक्टिलिटी तथा दृढ़ता (toughness) बढ़ाना।

(3) स्थायी चुम्बक बनाने के लिए स्टील की कठोरता बढ़ाकर चुम्बकन गुणों (magnetisation properties) में सुधार करना।

हार्डनिंग की क्रिया तीन पदों (steps) में की जाती है—

(1) स्टील को क्रिटिकल तापक्रम से अधिक तापक्रम तक गर्म किया जाता है।

(2) आवश्यकता के अनुसार उचित (considerable) समय तक इसी तापक्रम पर होल्ड किया जाता है जिसे सोकिंग (soaking) कहते हैं।

(3) जल (water), तेल (oil) अथवा पिघले हुए लवण बाथ (molten salt bath) में क्वैन्च (शीघ्रता से ठण्डा करना) किया जाता है।

1. ताप बढ़ाना (Heating the material)—हाइपोयूटेक्टॉयड (hypoeutectoid) स्टील उच्च क्रिटिकल (upper critical) ताप Ac_3 से लगभग 30°C से 50°C तक गर्म किए जाते हैं जबकि हाइपरयूटेक्टॉयड (hypereutectoid) स्टील, निम्न क्रिटिकल तापक्रम (lower critical temperature) Ac_1 तक गर्म किए जाते हैं जैसा कि चित्र 9.11 में प्रदर्शित किया गया है।

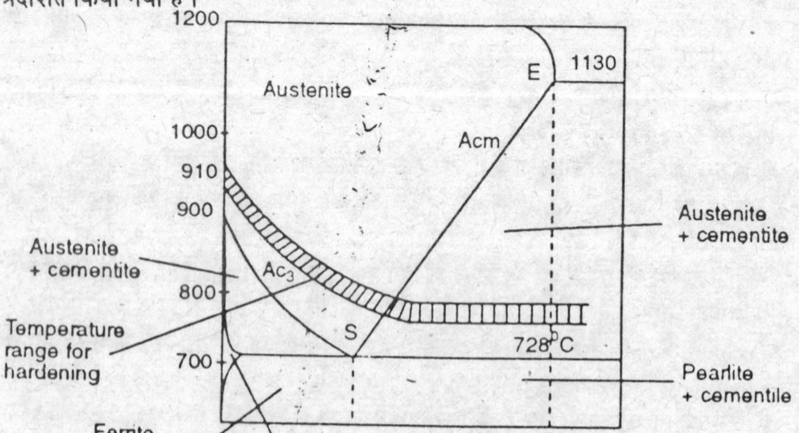

चित्र 9.11—कठोरीकरण के लिए ताप क्षेत्र।

प्रथम अवस्था में फैराइट (ferrite) पीयरलाइट तथा दूसरी अवस्था में पीयरलाइट एवं सीमेन्टाइट के मिश्रण गर्म करने पर ऑस्टेनाइट में परिवर्तित हो जाते हैं। सीमेन्टाइट का काफी भाग शेष रह जाता है। क्वेचिंग (rapid cooling) के कारण ऑस्टेनाइट का मार्टेन्साइट (martensite) में ट्रांसफॉर्मेशन हो जाता है।

एलॉय स्टील तथा हाइ-स्पीड स्टील की हार्डेनिंग के लिए उन्हें 1,100°C से 1,300°C तक गर्म किया जाता है तथा वायु द्वारा (air stream) द्वारा ठण्डा किया जाता है। स्टील में एलॉयिंग कम्पोनेन्ट, ऑस्टेनाइट का स्थायीत्व (stability) बढ़ाता है तथा उसके मार्टेन्साइट में डिकम्पोजिशन होने की क्रिया को धीमी करता है। इसका अर्थ है कि एलॉय स्टील को कूलिंग की कुछ कम गति से अर्थात् हल्की क्वेचिंग (mild quenching) से कठोर किया जा सकता है।

2. सोकिंग (Soaking)—जब धातु का हार्डनिंग के लिए निर्धारित ताप पर हीटिंग हो जाता है तब उसे (metal or metal parts) इसी ताप पर तब तक रखा (hold) जाता है जब तक कि वह पूर्णतया गर्म न हो जाए तथा सभी फेज ट्रांसफॉर्मेशन न सम्पन्न हो जाएँ। इस प्रक्रिया में धातु का समस्त भाग (full volume) ऑस्टेनाइट में ट्रांसफॉर्म हो जाता है। हीटिंग तापक्रम जितना अधिक उच्च होता है होल्डिंग समय उतना ही कम होता है।

कार्बन टूल स्टील तथा मीडियम एलॉय स्ट्रक्चुरल स्टील का हीटिंग टाइम, प्लेन कार्बन स्ट्रक्चुरल की तुलना में 25% से 30% तक अधिक होता है।

हाइ एलॉय (high alloy) स्ट्रक्चुरल तथा टूल स्टील का हीटिंग टाइम 50% से 100% तक अधिक होता है।

3. क्वेंचिंग माध्यम (Quenching Media)—अधिकतम कठोरता (maximum hardness) प्राप्त करने के लिए जल (water) एक प्रभावशाली क्वेचिंग माध्यम है। क्वेचिंग माध्यम ऐसा होना चाहिए जो 650°C से 550°C तक उच्च शीतलन दर (high cooling rate) उपलब्ध करा सके। यह वह रेंज है जिसमें ऑस्टेनाइट तीव्रता से फैराइट तथा सीमेन्टाइट के मिश्रण में डिकम्पोज होता है। इसके विपरीत 300°C से 200°C तापक्रम तक शीतलन दर (cooling rate) कुछ धीमी (slow) होनी चाहिए क्योंकि इस रेंज में मार्टेन्साइट का फॉर्मेशन होता है। 300°C से 200°C तापक्रम तक कूलिंग में धातु के आयतन में वृद्धि होती है अतः इस क्षेत्र में तीव्र कूलिंग (rapid cooling) से उच्च आन्तरिक स्ट्रैस (high internal stress) तथा हार्डनिंग क्रेक्स (hardening cracks) उत्पन्न हो सकते हैं। व्यापक रूप से प्रयोग किए जाने वाले क्वेचिंग माध्यम जल, विभिन्न आर्द्र विलयन (aqueous solutions) तेल, वायु तथा द्रवीय लवण (molten salts) हैं।

क्वेचिंग की दर (Rate of quenching)—विभिन्न क्वेचिंग माध्यमों में स्टील के लिए अलग-अलग शीतलन दर होती है तथा शीतलन दर अलग-अलग होने से हार्डनैस भी अलग-अलग प्राप्त होती है। तालिका 9.2 में इयूटेक्टॉयड स्टील के लिए विभिन्न माध्यमों में शीतलन दर तथा उसके यान्त्रिक गुणों पर प्रभाव दिया गया है।

Table 9.2— Cooling rates, resulting structure and mechanical properties for eutectoid steel

	Cooling rate	Structures	UTS MN/m^2	Yield MN/m^2	Hardness Rockwell	% Elongation	% Reduction in area
1.	Water quenching	Martensite	1720	—	65	Low	Low
2.	Oil quenching	Very fine pearlite	1100	551	35	5	30
3.	Air cooling	Fine pearlite	860	275	25	8	22
4.	Furnace cooling	Coarse pearlite	525	138	15	12	27

मास इफैन्ट
(Mass Effect)

धातु पीस (work piece) के द्रव्यमान (mass) तथा आकार (dimensions) का भी प्रभाव हार्डनैस पर होता है। छोटे आकार की वस्तुएँ बड़े आकार की तुलना में सरलता से कठोर की जा सकती है क्योंकि उनके क्वैन्चिंग का प्रभाव पदार्थ के समस्त भाग (centre or core of piece) तक पहुँचने में कम समय लगता है। इस प्रकार बड़े आकार के स्टील सेक्शन की हीट ट्रीटमेन्ट द्वारा असमान हार्डनिंग (non-univorm hardening) 'मास इफैक्ट' (mass effect) कहलाती है।

वर्कपीस की सतह
(Surface condition of work piece)

वर्कपीस की सतह की स्थिति का भी प्रभाव हार्डनैस पर पड़ता है। सतह पर धूल अथवा अन्य पदार्थों के कण, अशुद्धियाँ (impurities) तथा स्केलिंग (scaling) इत्यादि होने से कठोरीकरण के प्रभाव (hardening effect) काफी कम हो जाता है। अतः वर्कपीस को हीट करने से पहले सतह की अच्छी प्रकार सफाई (cleaning) अवश्य कर लेनी चाहिए। तेल तथा ग्रीस (oil and grease) को दूर करने के लिए वर्कपीस को सोडा मिश्रित गर्म पानी से धोया (rinse) जाता है तथा सतह से स्केलिंग (scaling) अथवा अन्य (foreign) पदार्थ वायर ब्रश अथवा सैंड ब्लास्टिंग मशीन से किये जा सकते हैं।

हार्डेनबिलिटी (Hardenability)

हार्डेनबिलिटी स्टील का वह गुण है जिसके द्वारा क्वैचिंग के पश्चात् धातु में कठोरता की गहराई (depth of hardness) तथा वितरण (distribution) ज्ञात होता है। यह हार्डनैस की पहचान नहीं है।किसी धातु की उत्तम हार्डेनबिलिटी यह प्रदर्शित करती है कि उसमें यूनिफार्म हार्डनेस है तथा धातु वांछित (desired) गहराई (depth) तक कठोर (hard) हो गई है। धातु को ऑस्टेनाइजिंग ताप से क्वैन्च करने पर प्राप्त कठोरता की गहराई तथा वितरण (depth and distribution of hardness) उसकी हार्डेनबिलिटी निर्धारित करती है।

हार्डेनबिलिटी को प्रभावित करने वाले कारक (Factors affecting Hardenability)

1. क्वैचिंग माध्यम तथा क्वैंचिंग की विधि (Quenching medium and method of quenching)
2. स्टील का संगठन (Composition of steel)
3. ग्रेन साइज (Grain Size)
4. एलॉयिंग तत्व (Alloying elements)

क्वैन्चिग की विधि (Method of quenching)

स्टील की थर्मल कन्डक्टिविटी कम होने के कारण स्टील की (अथवा वर्क पीस) कूलिंग धातु की सरफेस के अन्दर की और धीरे-धीरे होती है जिसके कारण अत्यधि क्वैन्चिग के पश्चात् भी उसमें 'mass effect' उत्पन्न हो जाता है। अतः क्वैन्चिग द्वारा स्टील में उत्पन्न गुण द्रव्यमान (mass) अथवा भार (weight) पर निर्भर नहीं करते बल्कि शीतलन दर (rate of cooling) पर अधिक निर्भर करते हैं।

अतः हार्डेनिंग की गहराई (depth), क्रिटिकल शीतलन दर (critical cooling rate) पर निर्भर करती है। चूँकि धातु के समस्त भाग (whole cross-section) के लिए कूलिंग रेट समान नहीं होती अतः पूर्ण कठोरता (complete hardening) के लिए (कोर पर भी) कूलिंग रेट, क्रिटिकल रेट से अधिक होनी चाहिए।

स्टील का संघटन (Composition of steel)

स्टील के कम्पोजिशन अर्थात उसमें कार्बन की मात्रा हार्डेनबिलिटी को अत्यन्त प्रभावित करती है। धातु में कार्बन की मात्रा (carbon content) बढ़ने से हार्डेनबिलिटी बढ़ती है।

ग्रेन साइज (Grain size)

फाइन ग्रेन स्टील में कोर्स ग्रेन्ड स्टील की तुलना में पीयरलाइट बहुत तेजी से फॉर्म होता है। अतः फाइन ग्रेन्ड स्टील की हार्डेनबिलिटी कम होती है।

एलॉयिंग तत्वों का प्रभाव (Effect of Alloying Elements)

स्टील की एलॉयिंग से उसकी हार्डेनबिलिटी बढ़ती है तथा छोटे वर्क पीस (work pieces) की अन्दर एवं बाहर से हार्डेनिंग यूनिफार्म होती है। स्टील में हार्डनैस की उत्तम गहराई (depth of hardness) प्राप्त करने के लिए उपयुक्त एलॉयिंग तत्व, मॉलिबड्नम, टंग्सटन, क्रोमियम तथा क्रोमियम-निकिल है। कोबाल्ट को एलॉयिंग तत्व की भाँति प्रयुक्त करने से स्टील की हार्डेनबिलिटी कम होती है।

स्टील में कोबाट की उपस्थिति से न्यूक्लियेशन तथा पीयरलाइट निर्मित होने की दर अधिक हो जाती है अतः कोबाल्ट युक्त को हार्ड करना कठिन होता है।

अन्य सामान्य एलॉयिंग पदार्थ जो आयरन में घुलनशील है, स्टील की हार्डनबिलिटी बढ़ाते हैं। क्रोमियम (3%) तथा निकिल (1%) मिलाने से ऑस्टेनाइट, ट्रांसफॉर्मेशन की दर इतनी कम हो जाती है कि तेल द्वारा क्वैन्चिग (oil quenching) क्रिटिकल कूलिंग वेग (critical cooling velocity) से अधिक हो जातीं है तथा वर्कपीस का समस्त भाग (edge to centre) कठोर हो जाता है।

इस प्रकार एलॉय स्टील की उत्तम हार्डेनबिलिटी होने के कारण उन्हें प्लेन कार्बन स्टील की तुलना में धीमी दर (slower rate) से शीतल (cool) किया जा सकता है। अर्थात उन्हें जल में क्वैन्च करने के बजाय तेल में क्वैन्च किया जा सकता है।

हार्डेनबिलिटी ज्ञात करना (Determination of Hardenability)

स्टील की हार्डेनबिलिटी कई विधियों से ज्ञात की जा सकती है उदाहरणतः (1) फ्रेक्चर का निरीक्षण कर (2) क्रॉस-सेक्शन के अनुदिश हार्डनैस के वितरण द्वारा तथा (3) जोमिनी एन्ड क्वेन्च टैस्ट (Jominy End-Quench Test) द्वारा। इन सब में जोमिनी टैस्ट (Jominy Test) सबसे सरल तथा विश्वसनीय है।

जोमिनी एन्ड-क्वैन्च टैस्ट (Jominy End-Quench Test)

इस परीक्षण में 100 mm लम्बी तथा 25 mm व्यास की एक सिलिन्ड्रीकल छड़ को सर्वप्रथम, ऑस्टेनाइजिंग तापक्रम (austenising temperature) तक गर्म किया जाता है तथा इसे इस तापक्रम पर उस समय तक सोक (soak) किया जाता है जब तक कि इसमें यूनिफॉर्म ऑस्टेनाइट स्ट्रक्चर न उत्पन्न हो जाये। इसके पश्चात् इसे एक स्टैन्डर्ड क्वैन्चिंग जिग (jig) में ट्रांसफर कर दिया जाता है। छड़ की क्वैन्चिंग इस प्रकार की जाती है कि चित्र 10.4 की भाँति छड़ का केवल एक सिरा (end) जल की धारा (stream of water) के सम्पर्क में आता है। जल की धारा 240°C पर 12.5 mm व्यास के जेट (jet) से छोड़ी जाती है। जेट की ऊँचाई (free height) 62.5 mm होती है।

क्वैन्चिंग सिरे (quenched end) पर स्पेसीमेन (specimen) बड़ी तीव्रता से ठण्डा होता है तथा छड़ के दूसरे सिरे की तरफ धीरे-धीरे ठण्डा होता जाता है।

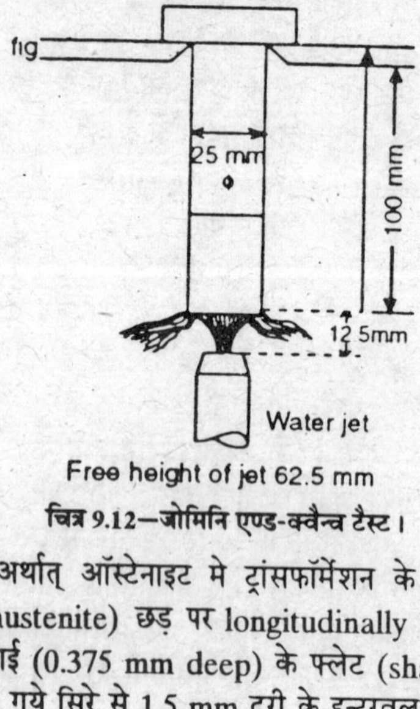

चित्र 9.12—जोमिनि एण्ड-क्वैन्च टैस्ट।

ठण्डा होने पर अर्थात् ऑस्टेनाइट मे ट्रांसफॉर्मेशन के पश्चात् (on complete transformation to austenite) छड़ पर longitudinally विपरीत सतहों (opposite sides) पर दो कम गहराई (0.375 mm deep) के फ्लेट (shallow flats) ग्राउन्ड किये जाते हैं तथा क्वैन्च किये गये सिरे से 1.5 mm दूरी के इन्टरवल पर हार्डनैस (Hardness)

ज्ञात की जाती है। एलॉय स्टील तथा कार्बन स्टील के लिए, इस प्रकार मापी गई हार्डनैस एवं क्वैन्चड सिरे से दूरी के मध्य ग्राफ प्लॉट किया जाता है जो कि चित्र 10.5 में प्रदर्शित किया गया है।

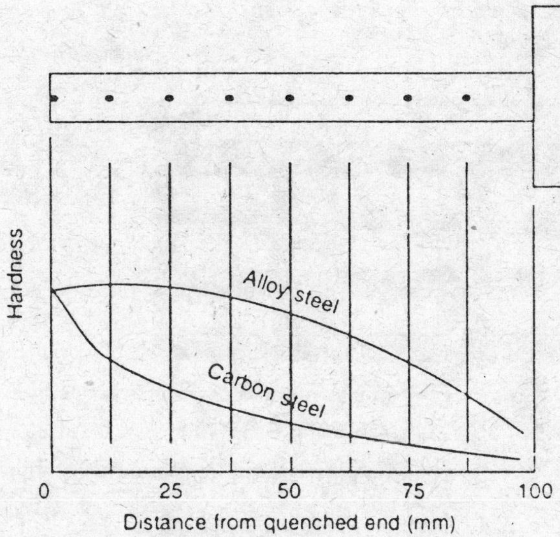

चित्र 9.13—हार्डनैस तथा क्वैन्चड सिरे से दूरी के मध्य वक्र।

चित्र 10.5 से स्पष्ट है कि तीव्र कूलिंग (rapid cooling) वाले स्थान पर (at the quenched end) हार्डनैस अधिकतम है। इन वक्रों का उपयोग विभिन्न प्रकार के स्टील की हार्डेनेबिलिटी की तुलना के लिए किया जा सकता है। इसके लिए किसी विशेष हार्डनैस स्तर (hardness level) के लिए क्वैन्चिंग सिरे से दूरी ज्ञात की जाती है। इसके अतिरिक्त माइक्रोस्कोप द्वारा विभिन्न छड़ों पर 50% अथवा 100% मार्टेन्साइट स्ट्रक्चर की दूरी ज्ञात कर हार्डेनबिलिटी की तुलना की जा सकती है।

9.14. केस हार्डनिंग अथवा कारब्यूराइज़ेशन (Case Hardening or Carburisation)

निम्न कार्बन स्टील (low carbon steel) के कोर की सतह (core surface) को हीट ट्रीटमेन्ट द्वारा कठोर (hard) करने की क्रिया केस हार्डेनिंग कहलाती है। इस क्रिया में प्रयुक्त स्टील में लगभग 0·15% कार्बन होता है जिन पर हीट ट्रीटमेन्ट की क्रियाएँ बहुत अधिक प्रभाव नहीं डालती है। केस हार्डेनिंग में स्टील की बाहरी सतह (outer layer) को उच्च कार्बन स्टील (high carbon steel) की परत में परिवर्तित किया जाता है जिसमें 0·9% से 1·2% तक कार्बन होती है। उपयुक्त (proper) हीट ट्रीटमेन्ट की क्रिया करने पर इसकी सतह अत्यन्त कठोर (hard) तथा कोर, मुलायम एवं डक्टाइल हो जाती है।

विधि (Process)

(i) केस हार्डेनिंग के लिए निम्न कार्बन स्टील (low carbon steel) के कम्पोनेन्ट (or part) को कारब्यूराइजिंग मिश्रण (carburising mixture) के साथ एक कास्ट आयरन बॉक्स में चित्र 9.14 की भाँति पैक किया जाता है। कारब्यूराइजिंग मिश्रण में लकड़ी, चारकोल,

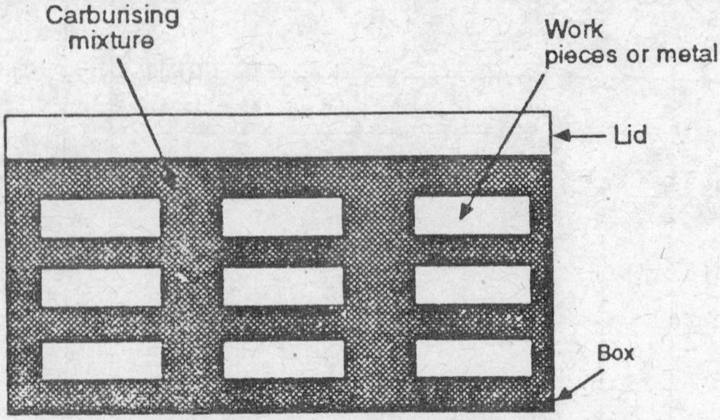

चित्र 9.14—केस हार्डनिंग में कार्यखण्ड की कारब्यूराइजेशन के लिए कास्ट आयरन बाक्स में पैकिंग।

अस्थियाँ (bones), चमड़ा (leather) तथा बेरियम, कैल्शियम अथवा सोडियम कार्बोनेट होते हैं।

बॉक्स को एक ढ़क्कन (lid) द्वारा टाइट बन्द कर चारों और से मिट्टी (clay) द्वारा सील कर दिया जाता है जिससे गैस अथवा वायु इसमें प्रवेश न कर सके और न बाहर आ सके। वर्कपीस के वह भाग जिनको कठोर नहीं बनाया जाना है, ऐसे पदार्थ द्वारा कवर कर दिए जाते हैं जो कार्बन का अवशोषण न करे तथा हार्डेनिंग ताप (hardening temperature) पर क्षतिग्रस्त न हो।

कवर करने के लिए ऊष्मा प्रतिरोधक पदार्थ उदाहरणतः एसबेस्टस तथा फायर क्ले (fire clay) का मिश्रण प्रयुक्त किया जा सकता है। यह बॉक्स (जिनमें वर्कपीस पैक किए गए हैं) किसी भट्टी (furnace) में 900°C से 950°C तक अथवा इसके क्रिटिकल तापक्रम के समीप तक गर्म किए जाते हैं। आयरन इस तापक्रम पर कार्बन के प्रति affinity रखता है। गर्म किए जाने की अवधि हार्डनैस की वांछित गहराई (desired depth of hardness) पर निर्भर करती है। सामान्यतः 3 से 4 घण्टे की अवधि काफी होती है। इस तापक्रम पर कार्बन, धातु में प्रवेश (infuse) कर जाती है तथा आयरन के साथ सोलिड सॉल्यूशन बनाती है जिससे वर्कपीस की बाहरी सतह (outer surface), हाइ-कार्बन स्टील में परिवर्तित हो जाती है।

इस ऑपरेशन के पश्चात् बाक्स (वर्कपीस के साथ) ठण्डा होने के लिए छोड़ दिया जाता है। यदि डिस्टॉर्शन का महत्त्व बहुत अधिक न हो तब वर्कपीस को उनकी गर्म अवस्था (when hot) में बाक्स से बाहर निकाल कर क्वैन्च किया जा सकता है।

(ii) **वर्कपीस के कोर का रिफाइनिंग** (Refining the core of work piece)—वर्कपीस सहित बॉक्स के लम्बे समय तक उच्च तापक्रम पर कारब्यूराइजिंग किए जाने के कारण कोर का ग्रेन स्ट्रक्चर कोर्स (coarse) हो जाता है अतः हार्डेनिंग करने से पहले ग्रेन रिफाइनिंग के लिए वर्कपीस को लगभग 800°C तक गर्म कर जल में क्वैन्च किया जाता है।

(iii) **वर्कपीस की सरफेस हार्डेनिंग** (Hardening the surface of work piece)—इसके पश्चात् स्टील सरफेस (case) को ट्रांसफॉर्मेशन रेंज से अधिक ताप पर गर्म कर क्वैन्च किया जाता है जिससे कठोर एवं फाइन स्ट्रक्चर प्राप्त होता है।

(iv) **सरफेस की टेम्परिंग** (Tempering the case)—उपरोक्त प्रोसेस से प्राप्त वर्क पीस का कोर टफ (tough) तथा केस (surface) शीशे की भाँति कठोर एवं भंगुर (brittle) होता है। भंगुरता (brittleness) को समाप्त करने के लिए वर्कपीस की टेम्परिंग की जाती है।

9.15. सायनाइडिंग
(Cyaniding)

इस क्रिया में निम्न अथवा माध्यम (low or medium) कार्बन स्टील की सरफेस कठोर करने के लिए, स्टील को 800°C से 900°C तापक्रम वाले सायनाइड के साल्ट बाथ में डूबोने (immersion) के पश्चात् जल अथवा तेल में क्वैन्च किया जाता है। इस क्रिया में हार्डनैस उत्पन्न होने का कारण, स्टील की सतह में नाइट्रोजन तथा कार्बन के यौगिकों की उपस्थिति है।

विधि—(i) सायनाइडिंग ट्रीटमेन्ट के लिए प्रयुक्त बाथ में सोडियम क्लोराइड 33%, सोडियम सायनाइड 33% तथा सोडियम कार्बोनेट 33% प्रयुक्त किए जाते हैं। अधिक गहराई (greater depth) लगभग (1 mm) के लिए इनके साथ बेरियम क्लोराइड भी प्रयोग किया जाता है जिससे सायनाइड बाथ एक्टिवेट हो जाता है।

(ii) वर्कपीस को इस ताप पर 5 मिनट से 3 घण्टे तक according to job रखा जाता है। साल्ट बाथ के तापक्रम (900°C) पर सायनाइड, वर्कपीस की सरफेस से क्रिया कर उसमें कार्बन की मात्रा (carbon content) बढ़ा देता है।

सामान्य अवस्था में 850°C पर 15 मिनट में 0·125 mm गहरी केस (deep case) उत्पन्न हो जाती है अर्थात् 0·125 mm तक हार्डनैस उत्पन्न हो जाती है। सायनाइडिंग प्रायः 0·8 mm मोटाई से अधिक के लिए प्रयुक्त नहीं की जाती।

(iii) इसके पश्चात् वर्कपीस को जल अथवा तेल में क्वैन्च किया जाता है जिससे कठोर सरफेस प्राप्त होती है।

(iv) आवश्यकता के अनुसार वर्कपीस की सतह को पुनः 760°C तक गर्म कर, क्वैन्च किया जाता है।

इस क्रिया के मुख्य लाभ यह हैं—

(i) मशीन किए गए पार्ट की सतह का चमकीलापन नष्ट नहीं होता,

(ii) धातु में डिस्टोर्शन नहीं होता, तथा

(iii) सरफेस (case) से कोर तक हार्डनैस धीरे-धीरे परिवर्तित होती है।

Table 9.3 – सायनाइडिंग ऑपरेशन में सायनाडिंग समय तथा केस-डेप्थ में सम्बन्ध
(Relationship between cyaniding time and case depth in cyaniding operation)

Time of Cyaniding (minutes)	Case depth (mm)
10	0·1
40	0·2
90	0·3
180	0·4

9.16. नाइट्राइडिंग (Nitriding)

नाइट्राइडिंग द्वारा एलॉय स्टील पर कठोर सतह (hard surface layer) उत्पन्न की जाती है। नाइट्राइडिंग में स्टील को एमोनिया गैस के वातावरण में 500°C से 650°C तापक्रम तक गर्म किया जाता है तथा इसके पश्चात् इसका हीट ट्रीटमेन्ट नहीं किया जाता है। उच्च ताप पर अमोनिया का अपघटन (dissociation) हो जाता है ($2NH_3 \longrightarrow 2N + 3H_2$) तथा उत्पन्न nacent नाइट्रोजन (N) स्टील में उपस्थित तत्त्वों से संयोग कर नाइट्राइड्स बनाती हैं। यह नाइट्राइड्स सतह (surface) को अत्यन्त कठोर बनाते हैं। एक 0·2 mm से 0·4 mm तक गहरी कठोर सतह लगभग 50 घण्टों में बनती है।

एल्यूमिनियम युक्त स्टील (1 to 1·5%) नाइट्राइडिंग प्रक्रिया के लिए माइल्ड स्टील की तुलना में अधिक उपयुक्त होते हैं। विशेष एलॉय स्टील (0·2–0·5% C, 1·5% Cr, 1% Al तथा 0·2% Mo) नाइट्राइडिंग क्रिया के लिए अत्यन्त उपयुक्त है।

चित्र 9.15 में एक नाइट्राइडिंग प्लान्ट का ले-आउट प्रदर्शित किया गया है।

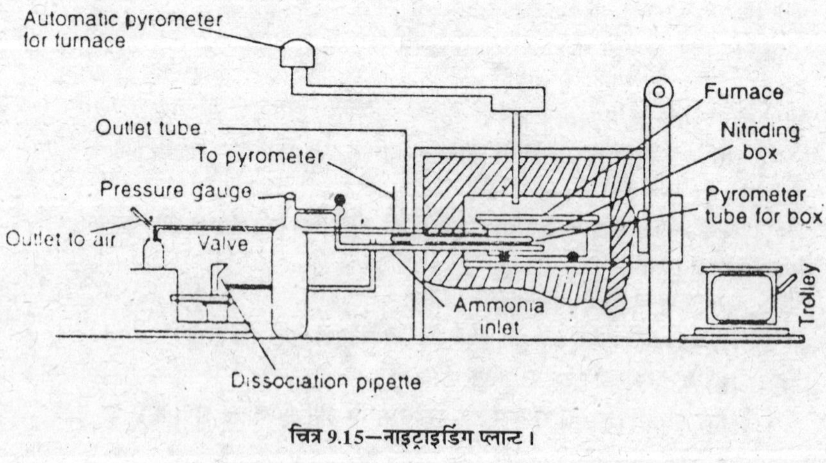

चित्र 9.15—नाइट्राइडिंग प्लान्ट।

धातु की शेपिंग तथा हीट ट्रीटमेन्ट के पश्चात् नाइट्राइडिंग अन्तिम (last) ऑपरेशन होता है। नाइट्राइडिंग द्वारा वीयर (wear) तथा कोराइज़न के प्रति सतह में उत्तम प्रतिरोध उत्पन्न होता है।

नाइट्राइडिंग का प्रयोग वायुयान तथा डीजल इंजन के वीयरिंग पार्ट्स पर किया जाता है। इसके अतिरिक्त पम्पशाफ्ट, गेज, ड्राइंग में प्रयुक्त डाई (drawing dies), गीयर्स, क्लच, मेन्ड्रेल इत्यादि पार्ट्स की भी प्रयोग करने से पूर्व नाइट्राइडिंग की जाती है।

9.17. सतह हार्डेनिंग (Surface Hardening)

सतह हार्डेनिग के लिए निम्न संक्रियाएँ प्रयुक्त की जाती हैं—

(i) फ्लेम हार्डेनिंग (Flame Hardening)

स्टील को ऑक्सी-एसीटलीन (oxy-acetylene) टार्च की फ्लेम द्वारा कठोर करने की क्रिया 'फ्लेम' हार्डेनिंग कहलाती है। इस क्रिया में सतह (surface) शीघ्रता (rapidly) से गर्म हो जाती है, उसके पश्चात् वीयरिंग सतह (wearing surface) को क्वैन्च किया जाता है। टार्च की फ्लेग को केवल कठोर किए जाने वाले पार्ट तक ही सीमित रखा जाता है तथा शेष भाग को ऊष्मा (heat) के प्रभाव से बचाया जाता है।

फ्लेम हार्डेनिंग के निम्न लाभ हैं—

(1) इसके शीघ्रता से गर्म करने के प्रभाव (quick heating) के कारण यह विधि एक सीमित गहराई (depth) तक कठोरीकरण (hardening) के लिए अत्यन्त उपयोगी है जबकि वर्कपीस के शेष भाग की टफनैस तथा डक्टिलिटी प्रभावित नहीं होती है।

(2) अत्यन्त बड़े आकार के वर्कपीस अथवा उनके पार्ट जिन्हें फरनेस में रखना कठिन होता है उनकी हार्डेनिंग इस विधि द्वारा की जा सकती है।

(3) फरनेस में हीटिंग की तुलना में, फ्लेम हार्डेनिंग द्वारा हीटिंग में कम समय लगता है।

(ii) इण्डक्शन हार्डेनिंग (Induction Hardening)

इण्डक्शन हार्डेनिंग विधि द्वारा क्रैंक शाफ्ट का बीयरिंग वाला भाग, कैम शाफ्ट, एक्सिल शाफ्ट तथा इसी प्रकार की वीयर (wearing) होने वाली सतहों की अत्यन्त संतोषजनक हार्डेनिंग की जा सकती है। इस विधि एवं केस हार्डेनिंग में मुख्य अन्तर यह है कि इसमें स्टील की सतह का संघठन (composition) परिवर्तित नहीं होता। इस विधि में कठोर की जाने वाली सतह की तीव्र (rapid) हीटिंग एवं क्वैन्चिंग की जाती है जिससे surface hardening तो हो जाती है परन्तु अन्दर स्थित कोर पर कोई प्रभाव नहीं होता। इन्डक्शन हार्डेनिंग विधि से प्राप्त कठोरता (hardness) अन्य सामान्य विधियों के समान ही होती है तथा वर्कपीस में कार्बन की मात्रा पर निर्भर करती है।

इन्डक्शन हार्डेनिग में एक कॉपर इन्डक्टर ब्लॉक में उच्च आवृत्ति धारा (high frequency current) लगभग 2 kHz अथवा अधिक, प्रवाहित की जाती है यह कॉपर

इन्डक्टर एक ट्रॉसफॉर्मर की प्राइमरी वाइन्डिंग का कार्य करता है। यह ब्लाक कठोर किये जाने वाले वर्क पीस के चारों तरफ रखा जाता है, उसे स्पर्श नहीं करता। वर्कपीस में, इन्डक्टर ब्लॉक में प्रवाहित उच्च आवृत्ति धारा के कारण, भंवर धाराएँ (eddy currents) उत्पन्न होती हैं तथा हिस्टेरीसिस हानियाँ (hysteresis loss) होती हैं जिसके कारण वर्क पीस में ऊष्मीय प्रभाव (heating effect) उत्पन्न होता है। इस विधि में 0·5% कार्बन स्टील के लिए हार्डेनिंग टेम्परेचर 750°C से 760°C तक तथा एलॉय स्टील के लिए 790°C से 800°C होता है। गर्म हुए भाग (heated areas) को तुरन्त जल की बौछारों (sprays of water) द्वारा क्वैंच किया जाता है। जल स्प्रे के लिए ब्लॉक में ही अनेक छिद्र (holes) बनाये जाते हैं। यह विधि सरफेस हार्डेनिंग की जा सकती है।

इन्डक्शन हार्डेनिंग में प्रयुक्त उपकरण यद्यपि काफी महँगा होता है परन्तु इसके तीव्र प्रचालन (fast operation), स्केलिंग न होना (free from scaling), स्वच्छ ऑपरेशन, डिस्टॉर्शन न होना तथा गर्म पार्टस की ऑटोमेटिक हेन्डलिंग, इत्यादि गुणों के कारण यह विधि

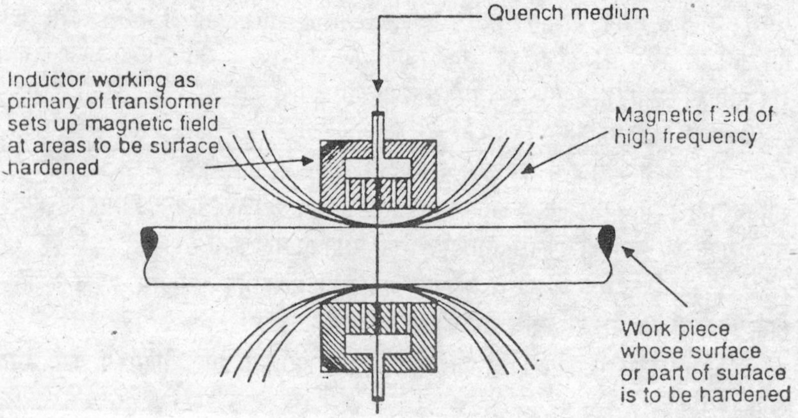

चित्र 9.16—इन्डक्शन हार्डेनिंग।

व्यापक रूप से प्रयोग की जाती है। हार्डनैस की depth, प्रयुक्त आवृत्ति (frequency used) में परिवर्तन कर परिवर्तित की जा सकती हैं। चित्र 10.8 में इन्डक्शन हार्डेनिंग की विधि प्रदर्शित की गई है।

9.18. टेम्परिंग
(Tempering)

स्टील के हार्डेनिंग ट्रीटमेन्ट में क्वैंचिंग मीडयम से प्राप्त धातु में, ग्रेन साइज का रिफाइनिंग, अधिकतम हार्डनैस (maximum hardness), न्यूनतम डक्टिलिटी (minimum ductility or maximum brittleness) तथा अत्यन्त अधिक आन्तरिक स्ट्रेन (internal strain) उत्पन्न हो जाती है। यह स्टील इतना अधिक ब्रिटेल (brittle) तथा स्ट्रैस में होता है

कि उसका वास्तविक उपयोग नहीं किया जा सकता है। स्टील की स्ट्रेन को समाप्त करने, भंगुरता (brittleness) को कम करने के लिए तथा डक्टिलिटी की पुनः प्राप्ति (restore) के लिए (हार्डनैस की क्षति हुए बिना), उस पर किया गया ऑपरेशन टेम्परिंग (tempering) कहलाता है।

टेम्परिंग ऑपरेशन के मुख्य उद्देश्य (purpose) निम्न हैं—

(1) धातु के स्ट्रक्चर को स्थायीत्व (stability) देना।

(2) पूर्व में की गई हीटिंग (previous heating) में उत्पन्न आन्तरिक स्ट्रैस को कम करना।

(3) होर्डेनिंग ऑपरेशन में उत्पन्न हार्डनैस को कुछ कम करना तथा धातु की डक्टिलिटी बढ़ाना।

(4) धातु को टफ (tough) तथा शॉक प्रतिरोधी (shock-resistant) बनाना।

सामान्यतः टेम्परिंग से डक्टिलिटी में सुधार होता है तथा कठोरता (hardness) में कुछ कमी (reduction) होती है। टेम्परिंग ऑपरेशन में निम्न क्रियाएँ की जाती हैं—

(1) हार्डनिंग किए गए स्टील को पुनः निम्न क्रिटिकल तापक्रम (lower critical temperature) Ac_1 तक गर्म करना।

(2) इस ताप पर समुचित (considerable) समय तक होल्ड करना।

(3) धीरे-धीरे (slow) कूलिंग करना।

कठोरीकृत (hardened) स्टील का हीटिंग तापक्रम पदार्थ की हार्डनैस तथा प्राप्त की जाने वाली टफनैस (desired toughness) पर निर्भर करता है। टेम्परिंग तीन वर्गों में विभाजित की जा सकती है—

1. निम्न ताप टेम्परिंग (Low temperature tempering)—यह 150°C से 250°C तक की जाती है। इस टेम्परिंग का उद्देश्य धातु को आन्तरिक प्रतिबलों (internal stresses) से मुक्त करना तथा हार्डनैस को कम किए बिना डक्टिलिटी बढ़ाना है। निम्न ताप टेम्परिंग विधि, कार्बन तथा निम्न एलॉय (low alloy) स्टील, कटिंग टूल्स के हीट ट्रीटमेन्ट में प्रयोग की जाती है। इसके अतिरिक्त ऐसे पार्ट्स, जिनका कारब्यूराइज़ेशन तथा सरफेस हार्डेनिंग की गई हो, की भी निम्न ताप (low temperature) टेम्परिंग की जाती है।

2. मध्यम ताप टेम्परिंग (Medium temperature tempering)—इस टेम्परिंग में वर्कपीस को 350°C से 450°C तक गर्म किया जाता है। इस क्रिया में स्टील का स्ट्रक्चर परिवर्तित हो जाता है जिससे हार्डनैस तथा सामर्थ्य (strength) में कमी तथा प्रसार (elongation) एवं डक्टिलिटी में वृद्धि होती है। मीडियम ताप टेम्परिंग मुख्य रूप से उन वस्तुओं पर किया जाता है जिन पर इम्पैक्ट लोडिंग होता है, उदाहरणतः स्प्रिंग, स्प्रिंग प्लेट्स, हैमर्स, चिज़ल इत्यादि।

3. उच्च ताप टेम्परिंग (High temperature tempering)—उच्च ताप टेम्परिंग 500°C से 650°C तक तापक्रम क्षेत्र में की जाती है। इस ताप पर स्टील में सोरबाइट (sorbite) का फॉर्मेशन होता है तथा आन्तरिक प्रतिबल (internal stresses) लगभग पूर्णतया समाप्त हो जाते हैं।

उच्च ताप टेम्परिंग से वस्तुओं (articles and parts) की डक्टिलिटी में काफी सुधार होता है तथा हार्डनैस की उचित मात्रा (adequate) में रहती है। यह टेम्परिंग उन वस्तुओं पर की जाती है जो उच्च प्रतिबलों (high stresses) तथा इम्पेक्ट लोडिंग की अवस्थाओं में प्रयुक्त किए जाते हैं, उदाहरणतः शॉफ्ट, कनेक्टिंग रॉड, गियर व्हील इत्यादि।

टेम्परिंग बाथ (Tempering Baths)

लगभग 230°C ताप पर टेम्परिंग करने के लिए टेम्परिंग ऑयल बाथ का प्रयोग किया जाता है। टेम्परिंग में प्रयुक्त ऑयल सामान्यतः खनिज तेल (mineral oils) होते हैं। 230°C से अधिक ताप के लिए द्रव लवण (liquid salt) बाथ अधिक उत्तम रहते हैं। इन साल्ट बाथ में प्रायः नाइट्रेट का मिश्रण अथवा नाइट्रेट्स एवं नाइट्राइट्स प्रयुक्त किए जाते हैं। अधिक उच्च ताप के लिए क्लोराइड अथवा फ्लोराइड्स का प्रयोग किया जाता है। इन भट्टियों में एक समान तापक्रम (uniform temperature) उत्पन्न करने के लिए वायु प्रवाहित की जाती है।

टेम्परिंग कलर्स (Tempering Colours)

टेम्परिंग की जा रही वस्तु की सतह (surface) के रंग (colour) को देखकर टेम्परिंग ताप का अनुमान लगाया जा सकता है। ये रंग स्टील की सतह (surface) के ऑक्सीकरण (oxidation) के कारण आयरन ऑक्साइड की पतली फिल्म बनने से उत्पन्न होते हैं। यह फिल्म, जल में ऑयल फिल्म की भाँति कार्य करती है। एलॉय स्टील में, कार्बन स्टील की तुलना में पतली फिल्मस (thinner films) बनती है।

तालिका 9.4 में कार्बन स्टील के विभिन्न टूल्स के टेम्परिंग ताप तथा कलर्स दिए गए हैं। इस ताप के पश्चात् ऑक्साइड फिल्म अपारदर्शी (opaque) हो जाती है तथा रंग (colours) समाप्त हो जाते हैं।

टेम्परिंग का सिद्धान्त (Theory of Tempering) (AMIE, Summer 1983)

सामान्य रूप से कठोर एवं क्वैन्च किए गए स्टील ऑस्टेनाइट तथा मार्टेन्साइट का मिश्रण होते हैं। जिसमें मार्टेन्साइट की अधिक मात्रा होती है। सामान्य ताप पर ये दोनों स्ट्रक्चर डिकम्पोज होने लगते हैं। इसके अतिरिक्त शुद्ध मार्टेन्साइट का स्ट्रक्चर अत्यन्त भंगुर (brittle) होता है तथा सामान्य ताप पर अधिक समय तक रखा जाने पर इसमें क्वैन्च क्रैक (cracks) उत्पन्न हो जाते हैं। इस विवेचन से स्पष्ट है कि मार्टेन्साइट स्ट्रक्चर औद्योगिक प्रयोग के लिए अनुप्रयुक्त है। अतः क्वैन्च किए गए स्टील के भौतिक गुणों को सुधारने के लिए टेम्परिंग ऑपरेशन किया जाता है। टेम्परिंग का उद्देश्य अधिक स्थायी स्ट्रक्चर बनाना तथा स्टील की भंगुरता (brittleness) कम करना है।

कठोरीकृत (hardened) स्टील में टेम्परिंग ऑपरेशन करने पर निम्न ट्रांसफॉर्मेशन होते हैं—

(1) टेट्रागोनल (tetragonal) मार्टेन्साइट का स्पेस लैटिस से अलग होना; यह क्रिया 80°C से 200°C तक होती है।

(2) अवशेष (residual) ऑस्टेनाइट का डिकम्पोजिशन (200°C–300°C)

(3) सीमेन्टाइट में ट्रांसफॉर्मेशन (300°C–400°C)

(4) सीमेन्टाइट का जमना (Coagulation)

[400°C से निम्न (lower) क्रिटिकल तापक्रम तक]

Table 9.4—Tempering temperatures (app.) and temper colour for tools

S.N.	Type of work	Approx. tempering temperature in °C	Temper colour
1.	Springs	300	Dark blue
2.	Screw drivers	295	Blue
3.	Cold chisels for wrought iron	290	Violet
4.	Planning cutters for soft wood	285	–
5.	Cold chisels and sets for steel, cold chisels for cast iron, chisels for wood	280	Purple
6.	Gimlets, axes and hot sets	275	–
7.	Surgical instruments, augers and presseing cutters	270	Reddish-brown dappled with purple
8.	Twist drills for wood	265	–
9.	Plane irons, gauges and brace-bits and stone cutting tools	260	–
10.	Rock drills, screw-cutting dies, boring cutters and reamers	245	–
11.	Shear blades, milling cutters and bone cutting tools	240	Golden Yellow
12.	Wood-engraving tools, paper-cutters, planers for iron	235	–
13.	Hammer faces, planers for steel, screwing dies for brass	230	Straw or dark
14.	Hacksaws, steel engraving tools, circular saws for steel, light turning and parting tools	225	–
15.	Scrapers and lathe tools forbrass	220	Light straw or pale yellow
16.	Hammer dies	350–450	Grey blue at 35°C
17.	Toughening of structural steel	450–650	Grey at 400°C

कठोरीकृत स्टील (hardened steel) का मार्टेन्साइटिक स्ट्रक्चर, स्टील (जो ऑस्टेनाइटिक अवस्था से कूलिंग पर प्राप्त होते हैं) के सामान्य पीयरलाइट स्ट्रक्चर से अलग होता है। हार्डेनिंग से प्राप्त मार्टेन्साइट में टेट्रागोनल परमाणुविक arrangement होता है तथा इसे α-मार्टेन्साइट कहते हैं। यह स्थायी अवस्था (पीयरलाइटिक) प्राप्त करने की प्रवृत्ति रखता है तथा टेम्परिंग आपरेशन में ताप बढ़ने पर अपनी अवस्था परिवर्तित कर देता है। जब α-मार्टेन्साइट को 90°C तक गर्म किया जाता है तब BCC लैटिस स्ट्रक्चर β-मार्टेन्साइट बनता है। यदि β-मार्टेन्साइट को ओर अधिक गर्म किया जाए तब यह अपने कार्बन को सीमेन्टाइट के रूप में अवक्षेपित (precipitate) कर देता है। अवक्षेपित (precipitated) सीमेन्टाइट के कण इतने छोटे होते हैं कि उन्हें निम्न टेम्परिंग तापक्रम (लगभग 200°C) पर माइक्रोस्कोप द्वारा देखना भी सम्भव नहीं है परन्तु टेम्परिंग ताप बढ़ाने पर (200°C से अधिक) सीमेन्टाइट कणों का आकार बढ़ता है तथा वे सबमाइक्रोस्कोपिक (submicroscopic) हो जाते हैं।

पुनः गर्म करने पर हार्डेन्ड स्टील में अवशेष (retained) ऑस्टेनाइट, मार्टेन्साइट अथवा उसके टेम्परड् फार्म (tempered martensite) में परिवर्तित हो जाता है। इसे α-सोल्यूशन कहते हैं। इसमें अवशेष (not transformed) ऑस्टेनाइट भी होता है।

दूसरा ट्रांसफॉर्मेशन (200°C से 300°C तक) भी प्रथम ट्रांसफॉर्मेशन के साथ ही चलता है अर्थात् ऑस्टेनाइट का डिकम्पोजिशन होता है जिससे प्राप्त पदार्थ (aggregate) α-सोल्यूशन तथा सीमेन्टाइट का यौगिक (compound) होता है। इस क्रिया में स्टील की हार्डनैस में कमी (reduction) होती है।

तीसरा ट्रांसफॉर्मेशन (300°C से 500°C तक) भी प्रथम एवं द्वितीय ट्रांसफॉर्मेशन के साथ होता रहता है परन्तु इस ताप क्षेत्र में यह अत्यन्त तीव्रता से होता है। यह सीमेन्टाइट फेज होता है। इस फेज में निम्न (low) कार्बन मार्टेन्साइट तथा α-सोल्यूशन, फैराइट एवं सीमेन्टाइट में परिवर्तित होते हैं। इस स्टेज में स्टील की softening होती है।

चतुर्थ ट्रांसफॉर्मेशन (400°C से 700°C तक) में स्टील की एलास्टिक स्ट्रेन समाप्त होती है तथा डिफॉर्मड फैराइट का रिक्रिस्टलाइज़ेशन होता है।

उपरोक्त क्रियाओं के फलस्वरूप धातु में रेखीय संकुचन (linear contraction) होता है तथा सीमेन्टाइट कण जमने (coagulation) लगते हैं।

500°C से ऊपर टेम्परिंग करने पर सीमेन्टाइट कण सामान्य माइक्रोस्कोप से देखे जा सकते हैं। 680°C से 700°C तक टेम्परिंग करने पर स्टील के स्ट्रक्चर में पीयरलाइट के ग्रेन स्पष्ट देखें जा सकते हैं।

हार्डेन्ड स्टील को 400°C से 500°C के मध्य टेम्पर करने पर प्राप्त स्ट्रक्चर 'tempering troostite' कहलाता है तथा 500°C से 650°C के मध्य टेम्पर किया गया स्टील "tempering sorbite" कहलाता है।

9.19. मारटेम्परिंग (Martempering)

मारटेम्परिंग (or interrupted quenching) वह हार्डेनिंग ऑपरेशन है जिसमें मार्टेन्साइट उत्पन्न होता है। यह टेम्परिंग (tempering) से भिन्न ऑपरेशन है। इसमें स्टील को हार्डनिंग तापक्रम तक गर्म किया जाता है तथा ऐसे माध्यम (medium) में क्वैन्च किया जाता है जिसका ताप मार्टेन्साइट बनने के तापक्रम से कुछ ऊपर (लगभग 150°C से 300°C) हो। क्वैन्चिग मीडियम प्रायः साल्ट बाथ (salt bath) होता है। वर्कपीस को मीडियम में तब तक होल्ड (hold or soak) करते हैं जब तक कि वर्कपीस का ताप मीडियम के ताप के तुल्य न हो जाए। होल्डिंग टाइम इतना अधिक नहीं होना चाहिए कि ऑस्टेनाइट का डिकम्पोजिशन हो जाए। इसके पश्चात् वर्कपीस को सामान्य तापक्रम (room temperature) तक वायु में अथवा तेल (oil) में ठण्डा किया जाता है। शीतलन (cooling) की अन्तिम अवधि (last period) में ऑस्टेनाइट का ट्रांसफॉर्मेशन मार्टेन्साइट में हो जाता है। उपरोक्त ट्रीटमेन्ट में हार्डेन्ड स्टील (hardened steel) में मार्टेन्साइट का स्ट्रक्चर तथा शेष बचा हुआ ऑस्टेनाइट होता है।

सामान्य क्वैचिंग की तुलना में मारटेम्परिंग के निम्न लाभ हैं—

(i) ऑस्टेनाइट के अधिक मात्रा में शेष रहने (retain) से वर्कपीस के आयतन में अधिक परिवर्तन नहीं होते हैं।

(ii) वर्कपीस के समस्त भाग में ट्रांसफॉर्मेशन एक साथ (simultaneously) होने से वार्पिग (warping) कम नहीं होती हैं तथा

(iii) वर्कपीस में क्वैचिंग क्रैक कम उत्पन्न होते हैं।

9.20. ऑस्टेम्परिंग (Austempering)

ऑस्टेम्परिंग एक आइसोथर्मल क्वैचिंग (isothermal quenching) ऑपरेशन है। इसमें वर्कपीस को सर्वप्रथम क्रिटिकल तापक्रम (A_3) से अधिक तापक्रम पर तक गर्म किया जाता है जब तक कि समस्त धातु ऑस्टेनाइट में परिवर्तित न हो जाए। उसके पश्चात् उच्च तापक्रम (लगभग 300°C से 350°C तक) पर मोल्टेन (molten) साल्ट अथवा लैड बाथ में काफी समय तक क्वैन्च किया जाता है जिससे कि ऑस्टेनाइट का बैनाइट (banite) में थर्मल ट्रांसफॉर्मेशन हो जाता है। इसके पश्चात् इसे जल में क्वैन्च किया जाता है।

प्राप्त स्टील की हार्डनैस यद्यपि मार्टेन्साइट की हार्डनैस के तुल्य ही होती है परन्तु यह अन्य क्वैन्च किए गए तथा टेम्पर किए गए स्टील से अधिक टफ (tough) तथा डक्टाइल (ductile) होता है। ऑस्टेम्परिंग के पश्चात् टेम्परिंग की क्रिया प्रायः नहीं की जाती।

9.21. ऐज हार्डनिंग (Age hardening)

ऐज हार्डनिंग Solid State reaction के द्वारा कुछ अ-लौह मिश्र धातुओ (non-ferrous alloys) के भौतिक गुणों (physical properties) को सुधारने की अत्यन्त महत्त्वपूर्ण विधि है। यह अधिकतर एल्यूमीनियम, मेगनीशियम तथा निकल के एलाओं के लिए

योग्य है तथा कभी-कभी कॉपर एवं आयरन के एलाओं के लिए भी प्रयोग होती है। ऐज हार्डनिंग का प्रक्रम अक्सर precepitation hardening के रूप में पुकारा जाता है।

ऐज हार्डनिंग का प्रक्रम निम्न दो स्टेजों से बना होता है—

1. प्रथम स्टेज में, सुपरसैचूरेटिड सालिड सोल्यूशन के निर्माण के द्वारा एक अस्थाई स्थिति (unstable condition) पैदा की जाती है। इस अवस्था में, ऍलाय के भौतिक गुणों में कोई ज्यादा परिवर्तन नहीं होता है तथा ऍलाय मृदु (Soft) तथा तन्य (ductile) रहता है।

2. द्वितीय स्टेज में, सुपर सेचूरेटिड फेज का precipitation होता है जो ऍलाय की कठोरता (hardness) तथा सामर्थ्य (strength) में वृद्धि कर देता है।

प्रक्रम उच्चतर तापमानों पर कम समय लेता है, तथा जब यह भट्टी (furnace) में किया जाता है, तो यह precipitation heat treatment कहलाता है। कक्ष तापमान पर, यह कई दिन ले सकता है।

इस्पात को कई घण्टों के लिए निम्न तापमान पर रखने के द्वारा age hardned किया जाता है जिसके दौरान कार्बन धीरे-धीरे diffuse करता है तथा इस्पात को कठोर बनाता है। यह पाया जाता है कि यदि इस्पात को 20°C पर रखा जाता है, तो यह 500 घण्टों में अपनी अधिकतम कठोरता को पहुँच जाता है। यदि इसे 80°C पर रखा जाता है तो यह 10 घण्टे में ही अपनी अधिकतम कठोरता को पहुँच जाता है। तापमान एवं समय दोनों age hardening के दौरान महत्त्वपूर्ण फेक्टर्स हैं। जैसे ही तापमान बढ़ाया जाता है, अणुओं (atoms) की mobility, जो एक अस्थाई समतुलन स्थिति (unstable equilibrium position) में हैं, भी बढ़ती है जो physical properties में अन्य परिवर्तन के साथ ऍलाय की कठोरता तथा सामर्थ्य को कम कर देती है। यदि age hardness तापमान कम किया जाता है तो अणुओं का diffusion जो सुपर सेचुरेटिड परिस्थिति में रहते हैं, कम हो जाता है। अत्यधिक उच्च अथवा अत्यधिक कम तापमान की इस प्रक्रम में जरुरत नहीं होता है। यदि age hardening के द्वारा अच्छे परिणामों को प्राप्त करना है तो तापमान तथा समय दोनों को भिन्न ऍलायों के लिए स्पष्ट रूप से विशेषित होना चाहिए।

9.22. डिफ्यूजन कोटिंग
(Diffusion coating)

डिफ्यूजन कोटिंग अथवा मेटेलिक सीमेण्टेशन (metallic cementation), एल्यूमिनियम, क्रोमियम, सिलीकान, बोरोन (boron), बेरिलियम (beryllium) तथा अन्य घटकों (elements) के साथ इस्पात की सतह को impregnating करने का प्रक्रम है। डिफ्यूजन कोटिंग उपरोक्त घटकों (elements) में से एक के साथ जो ठोस तरल अथवा गैसीय अवस्था में हो सकते हैं सीधे सम्पर्क में इस्पात को रखकर तथा गर्म करने के द्वारा पूरी की जाती है।

यह प्रक्रम इस्पात (Steel) को अनेक मूल्यवान गुणों को प्रदान करता है जिनमें high heat, corrosion तथा wear resistance मुख्य हैं। कई दशाओं में डिफ्यूजन कोटिंग के अधीन इस्पात को उच्च ऍलाय इस्पात (high alloy steel) के लिए प्रतिनिधि (substetute) के रुप में प्रयोग किया जा सकता है।

9.23. हल किये गये उदाहरण
(Solved Examples)

उदाहरण 9.1 – (a) एल्यूमिनियम एलॉयों की age hardening के मेकेनिज्म की विवेचना कीजिए।

(b) Hardenability test कैसे किया जाता है ?

(c) Quenching के दौरान ऊष्मा स्थानान्तर लक्षणों (heat trasfer characterstics) की विवेचना कीजिए तथा यांत्रिक गुणों पर इसका प्रभाव बताइए।

(d) नाइट्राइडिंग प्रक्रम (Nitriding process) का वर्णन कीजिए।

[AMIE-A-Summer 2006]

हल (Solution) : (a) Age Hardening—कृपया अनुच्छेद 9.21 देखें।

(b) Hardenability Test—इस्पात की हार्डेनेबिलिटी जोमिनी एण्ड क्वेन्च टेस्ट (Jominy Endquench test) द्वारा ज्ञात की जाती है जो मानक टेस्ट तथा सबसे सरल एवं विश्वसनीय विधि है। इस परीक्षण में एक विशेषित आकार तथा साइज (100 मिमी० लम्बी तथा 25 मिमी० व्यास) की बेलनाकार छड़ को क्रान्तिक तापमान से ऊपर ऑस्टेनाइजिंग ताप (austeniging temperature) तक गर्म किया जाता है तथा इसे इस ताप पर उस समय तक soak किया जाता है जब तक कि इसमें यूनिफार्म ऑस्टेनाइट संरचना उत्पन्न न हो जायें। इसके पश्चात् इसे water stream के द्वारा quench किया जाता है। छड़ की quenching चित्र 9.12 में दिखाये गये के अनुसार इस प्रकार की जाती है कि छड़ का केवल एक सिरा (end) जल की धारा (water stream) के सम्पर्क में आता है। जल की धारा 20°C पर 12.5 मिमी व्यास के जेट (jet) से छोड़ी जाती है। जेट की ऊँचाई (free height) 62.5 मिमी होती है।

क्वैचिंग सिरे (quenched end) पर specimen बड़ी शीघ्रता से ठण्डा होता है तथा छड़ के दूसरे सिरे की तरफ धीरे-धीरे ठण्डा होता है। Quench किया गया सिरा अधिकतम कठोरता रखता है क्योंकि यह अत्यन्त शीघ्रता से ठण्डा होता है। जैसे-जैसे quenched सिरे से दूरी बढ़ती है, कठोरता (hardness) कम होती जाती है जैसा कि चित्र 9.13 में दिखाया गया है क्योंकि ठण्डा होने की दर (Cooling rate) घटती जाती है जब quenched सिरे से दूरी बढ़ती है।

चित्र 9.13 जो एलाय इस्पात तथा कार्बन इस्पात के लिए मापी गई कठोरता तथा quenched सिरे से दूरी के मध्य ग्राफ प्लाट किया गया है, से स्पष्ट है कि तीव्र कूलिंग (rapid cooling) वाले स्थान पर (at the quenched end) कठोरता अधिकतम है। इन वक्रों का उपयोग विभिन्न प्रकार के इस्पात की हार्डेनेबिलिटी की तुलना के लिए किया जा सकता है।

(c) Quenching के दौरान ऊष्मा स्थानान्तरण लक्षण—इस्पातों की hardenability, एलॉय संगठन (alloy composition) तथा ठण्डा होने की दर (cooling rate) अथवा quenching rate दोनों पर निर्भर करती है। specimen के ठण्डा होने की

दर (Cooling rate) ऊष्मा ऊर्जा स्थानान्तर की दर (rate of heat energy transfer) पर निर्भर करती है जो specimen की साइज (size) तथा ज्यामिति (geometry) के साथ-साथ specimen सतह के साथ सम्पर्क में quenching माध्यम (जैसे वायु, जल, आयल इत्यादि) के लक्षणों का function है। ठण्डा करने का माध्यम (heat transfer) साधारणतः जल, आयल तथा वायु है। जल, आयल के द्वारा अनुसरण करते हुये जो वायु की तुलना में अधिक प्रभावी है, सबसे गम्भीर quench पैदा करता है। प्रत्येक माध्यम की degree of agitation भी heat removal की दर को प्रभावित करती है। specimen के तिर्यक quenching माध्यम के वेग में वृद्धि भी heat transfer की दर को बढ़ाती है। Heat transfer की दर सतह पर तथा specimen की interior पर परिवर्तित होती है तथा ज्यामिति तथा साइज पर निर्भर करती है। चित्र 9.17 में 25 मिमी व्यास की छड़ को जल द्वारा quench करने पर Cooling curve प्रदर्शित किये गये हैं। सारणी 9.2 में भिन्न Cooling medium में शीतलन दर तथा उसके यांत्रिक गुणों पर प्रभाव दिया गया है।

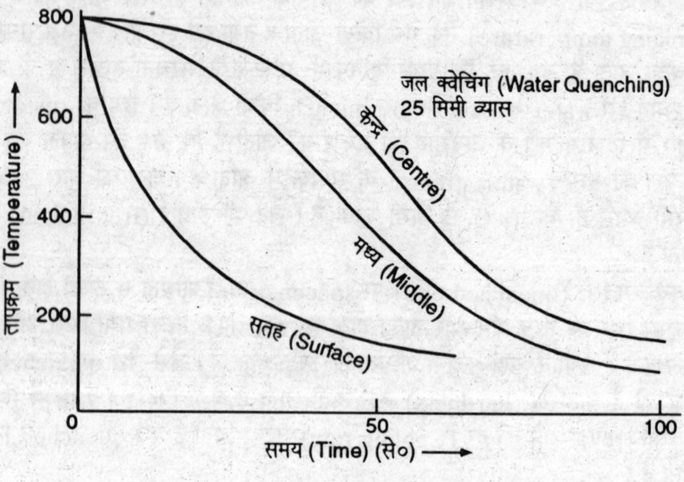

चित्र 9.17—

(a) कृपया नाइट्राइडिंग के लिए अनुच्छेद 9.16 देखें।

उदाहरण 9.2—(a) Fe-C बायनरी फेज डायग्राम में eutectoid तथा eutectic reations क्या है ?

(b) Age hardening तथा dispersion hardening के बीच भेद स्पष्ट कीजिए। अपने उत्तर में Dislocations सेकेण्ड फेज के साथ कैसे interact करते हैं तथा उच्च तापमानों पर इन विधियों के द्वारा सामर्थ्यशील बनाये गये पदार्थों के अनुप्रयोग के लिए उपयोगिता (Suitablity) पर जोर दीजिए। **[AMIE Winter 2005]**

हल : **(a)** Eutectoid reaction में एक Solid Solution ठण्डा करने पर दो भिन्न Solid solutions प्रदान करता है

$$\text{Solid}_1 \underset{\text{Heating}}{\overset{\text{Cooling}}{\rightleftharpoons}} \text{Solid}_2 + \text{Solid}_3$$

Eutectic reaction

एक liquid solution ठण्डा करने पर दो solid solution प्रदान करता है।

$$L \underset{\text{Heating}}{\overset{\text{Cooling}}{\rightleftharpoons}} \text{Solid}_2 + \text{Solid}_3$$

उपरोक्त eutactoid तथा eutectic reaction चित्र 9.18 तथा 9.19 में दिखाये गये हैं।

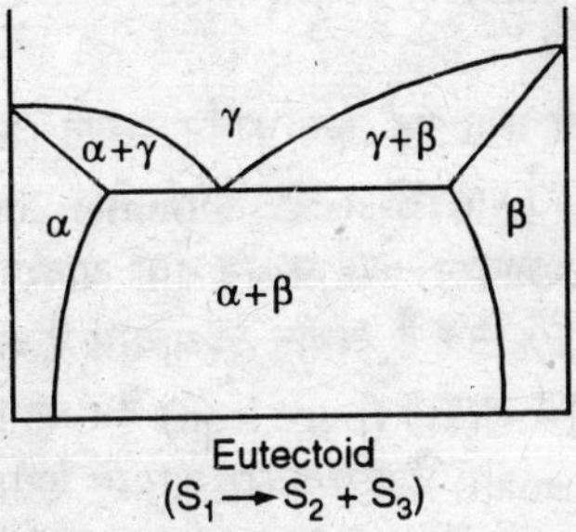

चित्र 9.18

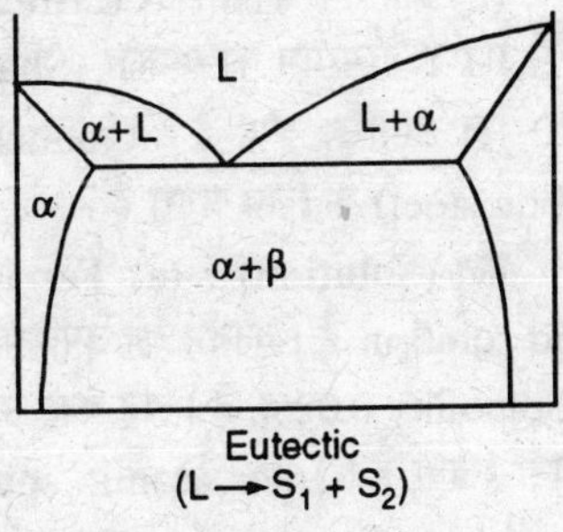

चित्र 9.19

(b) Second Phase Particles से दृढ़ करना—अधिकतर Solid Solution एलॉयज small hardening प्रभाव रखते है तथा एलायज सिस्टम्स की अत्यन्त सीमित संख्या भी high solid solubility रखती है। अधिकतर एलॉयज (alloys) एक अथवा अधिक फेज से बने हुए non-homogenous microstructure रखते हैं। फेज कई प्रकार से वितरित रहते हैं, जैसे—

(1) दो फेज ductile हो सकते हैं तथा micro structure में उपस्थित हो सकते हैं।

(2) Ductile matrix में Hard brittle phase

Age Hardening—एक एलॉय को treating तथा quenching करते हुए Solution के द्वारा Strengthening पैदा की जाती है। यहाँ, दूसरा फेज कम तापमान पर quenching तथा aging करने पर precipitate होता है।

Dispersion Hardening—द्वितीय फेज को ऊँचे तापमान (elevated temperature) पर matrix में कम Solubility रखना चाहिए। पाउडर मेटलरजी (powder metallurgy) में, द्वितीय फ्रेज particles अन्तिम रूप से divided metallic powders के साथ disposed किये जाते हैं। Dispersion hardening system की अनन्त संख्या पैदा होती है। अन्तिम रूप से dispersed द्वितीय फेज particles, के द्वारा पैदा किये गये alloys, precipitate hardening system की तुलना में recrystallization तथा grain growth के प्रतिरोधी होते हैं।

उदाहरण 9.3—(a) Ferrite कार्बन की बहुत कम Solubility क्यों रखता है, जबकि austenits कार्बन की उच्च Solubility रखता है।

(b) हार्डेनेबिलिटी (hardenability) क्या है? प्लेन कार्बन इस्पातों (plain carbon steels) में यह इतनी उच्च क्यों नहीं है?

(c) Fe – C सिस्टम के Peritectic reaclion को draw कीजिए।

(d) अनीलिंग (annealing) के ऊपर नारमलाइजिंग (normalising) के लाभ बताइये।

(e) क्रान्तिक कूलिंग दर (critical cooling rate) क्या है? इंगलिश अक्षर 'C' के रूप में T-T-T डायग्राम का आकार (Shape) क्यों है?

(f) टेम्परिंग क्या है? Quenching के बाद क्या यह उच्च कार्बन इस्पात (high carbon steel) के लिए जरुरी है? **[AMIE-sec A, Summer 2005]**

हल (Solution) : (a) Ferrite अथवा α-आयरन—यह कार्बन तथा आयरन का Solid solution है। कार्बन की उपस्थिति केवल 0.2% तक है, अर्थात् α-आयरन में कार्बन की Solubility 0.02% है। यह कक्ष तापमान पर शुद्ध आयरन (pure iron) है। यह bcc संरचना रखता है। Inter atomic spaces छोटे (small) हैं, इस प्रकार आयरन एटमों में Spherical carbon atoms समायोजित नहीं हो सकते हैं। यही कारण है कि कार्बन की Solubility कम है। अधिकतम Solubility 727°C पर 0.0218% है तथा कक्ष तापमान पर solubility केवल 0.008% है।

कार्बन एटम स्थानापत्रता (Substitution) के लिए बहुत छोटा है तथा interstitial solid solution के लिए बहुत बड़ा है। Ferrite मृदु (soft) तथा तन्य (ductile) है।

यह 770°C के नीचे चुम्बकीय (magnetic) है।

Austenite अथवा γ-आयरन—γ-आयरन में कार्बन की अधिकतम Solubility 2.11% है। यह fcc संरचना (Structure) रखता है। यह ferrite की तुलना में बड़ी interatomic spacing (1.02 A) रखता है। कार्बन एटम्स interstitial spaces पर समायोजित हो जाते हैं। Austenite मृदु (Soft), चीमड़ (tough) तथा उच्च रूप से तन्य (highly ductile) है। यह निम्न तनाव सामर्थ्य (low tensile strength) रखता है। यह फ्रेब्रीकेशन प्रयोजनों के लिए अधिक योग्य है। रॉलिंग तथा फोर्जिंग की अधिकतर संक्रियाएँ 1150°C पर अथवा इसके ऊपर की जाती है। यह किसी ताप पर non-magnetic है।

(b) हार्डेनेबिलिटी (Hardenability)—कठोरता (hardness), प्लास्टिक विरूपता (plastic deformation) अथवा अन्त प्रवेश (penetration) के प्रति प्रतिरोध

(resistance) के रूप में परिभाषित की जाती है। हार्डेनेबिलिटी, quenching के द्वारा प्राप्त हो सकने वाली सुगमता के रूप में परिभाषित की जाती है। quenching के द्वारा अधिकतम कठोरता (maximum hardness) विकसित करने की योग्यता के रूप में भी परिभाषित की जाती है। दूसरे शब्दों में यह इस्पात का गुण है जिसके द्वारा quenching के पश्चात् धातु में कठोरता की गहराई (depth of hardness) तथा वितरण (distribution) ज्ञात होता है। किसी धातु की उत्तम हार्डेनेबिलिटी यह प्रदर्शित करती है कि उसमें समान हार्डनैस है तथा धातु वांछित गहराई तक कठोर हो गई है। यह quenching के पश्चात् martensite की hardened layer रखने का तथा उसी दी हुई गहराई (depth) पर उच्च कठोरता (high hardness) रखने का भी प्रक्रम है।

पदार्थ जो कम क्रान्तिक कूलिंग दर (critical cooling rate) रखते हैं, उच्चतर हार्डेनेबिलिटी रखते हैं। फेक्टर्स जो क्रान्तिक कूलिंग दर कम करते हैं, वहीं फेक्टर्स, हार्डेनेबिलिटी बढ़ाते हैं, उदाहरण के लिए, एलॉय इस्पात कम क्रान्तिक कूलिंग दर रखते हैं।

प्लेन कार्बन इस्पात 0.5% सिलिकान तथा 1.5% मेगनीज से अधिक नहीं रखते हैं। ये इस्पात मजबूत (strong), चीमड़ (tough), तन्य (ductile) है तथा कीमती पदार्थों में प्रयोग किये जाते हैं। प्लेन कार्बन इस्पात carbon content की उपस्थित के ऊपर निर्भर करते हैं। कठोंरता (hardness) तथा सामर्थ्य (strength) में carbon content में वृद्धि के साथ, वृद्धि होती है।

(c) Peritectic Reaction—Peritectic reaction 1495°C पर क्षैतिज रेखा (horizontal line) के अन्वायाम होता है। इस रेखा से ठीक ऊपर घटक (constituents) द्रव (liquid) तथा δ-आयरन (Solid solution) हैं। जब इन दो फेजों का मिश्रण 1495°C तापमान के नीचे को ठण्डा किया जाता है, तब नया Solid Solution अर्थात्, austenite बनता है। बिन्दु P पर क्षैतिज रेखा में reaction प्रारम्भ होता है, देखिये चित्र 9.20।

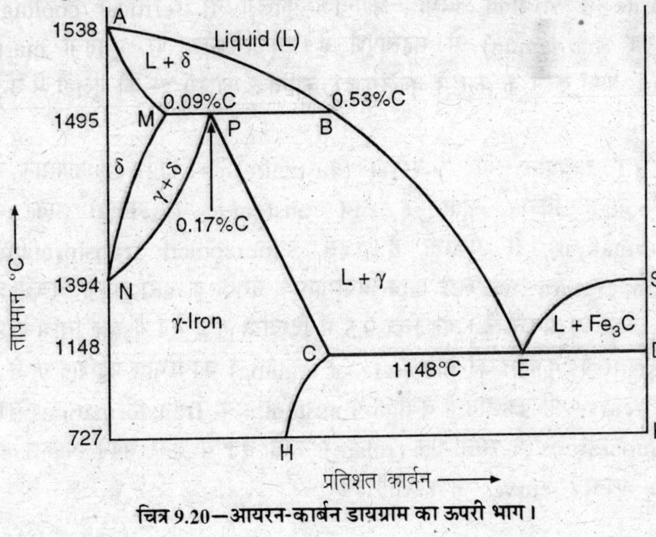

चित्र 9.20—आयरन-कार्बन डायग्राम का ऊपरी भाग।

निम्न रूप में लिखा जाता है—

Reaction : $$L + \delta \underset{\text{Cooling}}{\overset{\text{heating}}{\rightleftharpoons}} \gamma$$

$$\text{Liquid} + \text{solid}_1 \rightleftharpoons \text{Solid}_2$$

Reaction स्थिर तापमान पर घटित होता है। यह peritectic transformation कहलाता है। δ-आयरन में कार्बन की अधिकतम Solubility 0.09% है परन्तु fcc γ-आयरन में, कार्बन की Solubility कहीं अधिक है।

(d) एनीलिंग (annealing) पर नारमलाइजिंग (normalising) के लाभ—

1. नारमलाइज्ड इस्पात, एनील्ड इस्पातों की तुलना में उसी संगठन (Composition) के साथ अधिक कठोर (harder) तथा मजबूत (stronger) है परन्तु कम तन्य (ductile) हैं।

2. नारमलाइजिंग को heating range की आवश्यकता होती है जो एनीलिंग के लगभग 40°C ऊपर है।

3. एनीलिंग के द्वारा उत्पन्न किये इस्पातों की तुलना में इस्पातों के यांत्रिक गुण (mechanical properties) अधिक अच्छे हैं।

4. एनीलिंग की तुलना में वायु में धातु की बढ़ी हुई कूलिंग की दर के कारण ऊष्मा उपचार प्रक्रम (heat treatment process) छोटा (Short) है।

(e) क्रान्तिक कूलिंग दर (Critical cooling rate)—यह austenite की न्यूनतम (minimum) अथवा सबसे मन्द (Slowest) कूलिंग है जो austenite को 100% martensite में परिवर्तित करेगी। क्रान्तिक कूलिंग दर (critical cooling rate) कठोरीकरण (hardening) में महत्त्वपूर्ण है। कठोरीकरण पर पूर्णतया martensite structure प्राप्त करने के क्रम में, कूलिंग दर, क्रान्तिक कूलिंग दर की तुलना में ऊँची होनी चाहिए।

TTT डायग्राम—यदि γ-इस्पात (austenite) को 727°C तापमान से नीचे Supercooled किया जाता है, तब austenite (γ-इस्पात) एक परिवर्तन (transformation) से गुजरता है। इस Supercooled transformation का time-temperature वक्र प्लाट करके प्रयोगात्मक तरीके के द्वारा सबसे अच्छी प्रकार से अध्ययन किया जा सकता है। यह चित्र 9.5 में दिखाया गया है। ये वक्र विभिन्न प्रकार के इस्पात स्ट्रक्चर पर कूलिंग की गति (rate of cooling) का प्रभाव प्रदर्शित करते हैं। यह वक्र TTT-curve भी कहलाते हैं क्योंकि ये austenite के Transformations को Time तथा Temperature से सम्बन्धित (relate) करते हैं। ये वक्र अपने आकार के कारण S-curve अथवा C-curves भी कहलाते हैं।

चित्र 9.5 के डाटा निम्न प्रकार प्राप्त किये जाते हैं—

एक ही इस्पात छड़ से काफी अधिक संख्या में छोटे सेम्पल्स (Specimen) तैयार किये जाते हैं। इन स्पेसीमेन अथवा सेम्पल्स को austenite के पूर्णतः transformation को सुनिश्चित करने को पर्याप्त लम्बे संमय के लिए austenite temperature (AC_3 ताप से अधिक) तक गर्म किया जाता है। इस ताप पर इस्पात austenite कहलाता है तथा स्थायी (Stable) होता है। इसके पश्चात् उनको तब तापमान A_1 से नीचे उदाहरण के लिए 700, 600, 500, 400°C इत्यादि तक तीव्रता से ठण्डा (Supercooled) किया जाता है तथा समय की विभिन्न लम्बाइयों (Varying length of time) के लिए रखा जाता है जब तक कि austenite पूर्णरूप से ferrite तथा pearlite में decompe नहीं हो जाता है।

(f) टेम्परिंग (Tempering)—इस्पात के कठोरीकरण ट्रीटमेण्ट में quenching से प्राप्त martensite धातु में अधिकतम हार्डनैस, न्यूनतम तन्यता अथवा अधिकतम भंगुरता (maximum brittleness) तथा अत्यन्त अधिक आन्तरिक स्ट्रेन (internal strain) उत्पन्न हो जाती है जिससे यह इस्पात इतना अधिक brittle तथा स्ट्रैस में होता है कि उसका वास्तविक उपयोग नहीं किया जा सकता है। इस्पात की स्ट्रेन को समाप्त करने, भंगुरता को कम करने तथा तन्यता को पुनः प्राप्त करने के लिए कठोरीकरण के पश्चात् की गयी आवश्यक संक्रिया टेम्परिंग (tempering) कहलाती है।

टेम्परिंग में कठोरीकृत इस्पात को क्रान्तिक तापमान A_1 के नीचे कुछ तापमान तक गर्म किया जाता है, कुछ समय के लिए इसे पकड़े रखा जाता है तथा तब धीरे-धीरे ठण्डा किया जाता है। यह ऊष्मा उपचार में अन्तिम संक्रिया है तथा इस्पात में आवश्यक यांत्रिक गुण विकसित हो जाते हैं।

हाँ, quenching के पश्चात् उच्च कार्बन इस्पात (high carbon steel) के लिए टेम्परिंग आवश्यक है। उच्च कार्बन इस्पात प्रायः austenite तथा martensite के मिश्रण हैं जिसमें बाद का घटक (martensite) predominating है। इन संरचनाओं के दोनों अस्थाई है तथा कक्ष तापमान पर धीरे-धीरे decompose होते हैं।

9.24. शब्दावली (Glossary)

ऐज हार्डनिंग (Age hardening)—यह Solid state reaction के द्वारा कुछ अलौह मिश्र धातुओं (non-ferrous alloys) के भौतिक गुणों (physical properties) को सुधारने की अत्यन्त महत्त्वपूर्ण ऊष्मा उपचार विधि है। इसे precipitation hardening के रूप में भी जाना जाता है।

अनीलीकरण (Annealing)—यह एक ऊष्मा उपचार विधि है जिसमें धात्विक पदार्थ को बढ़े हुए समय काल के लिए उच्च तापमान पर गर्म करना सम्मिलत है जिससे विस्थापन (dislocation) घनत्व को कम किया जा सके तथा तन्यता (ductility) प्राप्त की जा सके।

अनीलिकरण (कास्ट आयरन) (Annealing (cast iron))—एक ऊष्मा उपचार विधि जो austenitizing के द्वारा कास्ट आयरन में ferrite matrix उत्पन्न करने के लिए, तब फरनेन्स कूलिंग कर प्रयोग की जाती है।

अनीलिकरण (इस्पात) —एक ऊष्मा उपचार विधि जो austenitizing के द्वारा इस्पात में soft, coarse pearlite पैदा करने के लिए, तब फरनेन्स कूलिंग कर प्रयोग की जाती है।

ऑस्टेम्परिंग (Austempering)—आस्टेम्परिंग एक आइसोथर्मल क्वैन्चिंग (Isothermal quenching) संक्रिया है। इसमें वर्क पीस को सर्वप्रथम क्रान्तिक ताप (A_3) से अधिक ताप पर तब तक गर्म किया जाता है जब तक कि समस्त धातु का ऑस्टेनाइट में परिवर्तन न हो जाये।

ऑस्टेनाइट (Austenite)—यह आयरन के FCC क्रिस्टल संरचना को दिया गया नाम है।

ऑस्टेनीटाइजिंग (Austenitizing)—इस्पात अथवा कास्ट आयरन को एक तापमान तक गर्म करना जहाँ homogeneous austenite बन सके। ऑस्टेनीटाइजिंग इस्पात तथा कास्ट आयरन के लिए ऊष्मा उपचार की अधिकतर विधियों में पहला चरण है।

बेईनाइट (Bainite)—Ferrite तथा cementite रखने वाला एक दो-फेज microconstituent जो इस्पातों में बनता है जो अपेक्षाकृत कम तापमानों पर isothermally परिवर्तित होते हैं।

कारबोनाइट्राडिंग (Carbonitriding)—एक विशेष गैस वातावरण से प्राप्त नाइट्रोजन तथा कार्बन के साथ इस्पात की सतह का कठोरीकरण (hardening)।

कारबूराईजिंग (Carburizing)—सतह कठोरीकरण तकनीकियों का समूह जिसके द्वारा कार्बन, इस्पात में डिफ्यूज होता है।

केस डेफ्थ (Case depth)—इस्पात की सतह के नीचे गहराई जिस पर surface hardening तथा कारबूराईजिंग प्रक्रमों द्वारा hardening होती है।

केस हार्डनिंग (Case hardening)—निम्न कार्बन इस्पात के core surface को ऊष्मा उपचार द्वारा कठोर करने की क्रिया।

सीमेन्टाइट (Cementite)—कठोर, भंगुर सेरेमिक जैसा यौगिक Fe_3C जो जब उचित प्रकार से disperse किया जाता है, तो इस्पातों में strengthening प्रदान करता है।

क्रान्तिक कूलिंग दर (Critical cooling rate)—यह austenite की न्यूनतम अथवा सबसे धीरे कूलिंग है जो austenite को 100% martensite में परिवर्तित करेगी।

साइनाईडिंग (Cyaniding)—तरल साईनाइड घोल के बाथ (bath) से प्राप्त कार्बन तथा नाइट्रोजन के साथ इस्पात की सतह का कठोरीकरण (hardening)।

डिफ्यूजन अनीलिंग (Diffusion Annealing)—इस्पात को उच्च तापमान 1100-1200°C तक गर्म किया जाता है। इस तापमान पर इस्पात के समस्त काट पर composition समान रूप से हो जाता है। इस प्रकार की अनीलिंग coarse grain structure पैदा करता है।

हार्डेनेबिलिटी (Hardenability)—सरलता जिसके साथ इस्पात को martensite बनाने को quench किया जा सकता है। उच्च हार्डेनेबिलिटी के साथ इस्पात slow cooling पर भी martensite बनाते हैं। यह इस्पात का गुण है जिसके द्वारा quenching के बाद धातु में कठोरता की गहराई तथा विवरण ज्ञात होता है।

हार्डेनेबिलिटी वक्र (Hardenability curves)—Quenched इस्पात की कठोरता पर cooling rate का प्रभाव प्रदर्शित करने वाले वक्र।

आइसोथर्मल एनीलिंग (Isothermal annealing)—आइसोथर्मल एनीलिंग की क्रिया सामान्य एनिलिंग की भाँति austenite बनाने के लिए की जाती है। सामान्य एनीलिंग के पश्चात् इसे शीघ्रता से निम्न क्रान्तिक तापमान पर ठण्डा किया जाता है। इस ताप पर इस्पात को isothermally तब तक होल्ड किया जाता है जब तक कि पीयरलाइट में पूर्ण डिकम्पोजिंश न हो जाये।

जोमीनी टेस्ट (Jominy test)—यह hardenability evalute करने के लिए परीक्षण किया जाता है।

नाइट्राइडिग (Nitriding)—नाइट्राइडिंग द्वारा ऍलाय इस्पात पर कठोर सतह (hard surface layer) उत्पन्न की जाती है। यह विशिष्ट गैस वातावरण से प्राप्त नाइट्रोजन के साथ इस्पात की सतह का कठोरीकरण (hardening) है।

नार्मलाइजिंग (Normalizing)—इस्पात पर हॉट वर्किंग अथवा कोल्ड वर्किंग क्रिया के पश्चात् उसकी ग्रेन संरचना को रिफाइन करने के लिए की जाने वाली क्रिया नार्मलाइजिंग कहलाती है।

पीयरलाइट (Pearlite)—ferrite तथा cementile रखने वाला एक दो-फेज lameller microconstituent जो इस्पात को सामान्य फैशन अथवा अपेक्षाकृत उच्च तापमान पर isothermally transform करने में ठण्डा कर बनता है।

सतह हार्डनिंग (surface hardening)—सतह लेयर (Surface layer) को ऊष्मा उपचार दिया जाता है। यह drastic quenching के द्वारा अनुसरण करते हुये सतह को ऊष्मा आपूर्ति के द्वारा प्राप्त किया जाता है। सतह को austenite range तक गर्म किया जाता है तथा तब martensite बनाने के लिए शीघ्रता से quench किया जाता है।

टेम्परिंग (Tempering)—यह निम्न तापमान ऊष्मा उपचार क्रिया है जो इस्पात की स्ट्रेन को समाप्त करने, भंगुरता (brittleness) को कम करने के लिए तथा तन्यता (ductility) की पुनः प्राप्ति के लिए टेम्परिंग क्रिया की जाती है।

टी टी टी डायग्राम (TTT Diagram)—Time-temperature-transformation डायग्राम एक फेज परिवर्तन के लिए प्रारम्भ से अन्त तक किसी तापमान पर आवश्यक समय को बताता है। TTT डायग्राम मानता है कि तापमान फेज परिवर्तन के दौरान स्थिर है।

अभ्यासमाला (Exercise)

1. Eutectoid, hypoeutectoid तथा hypereutectoid इस्पातों से क्या तात्पर्य है? उनके बीच क्या सम्बन्ध है?
2. Austenite के निम्न के transformation के मेकेनिज्म का वर्णन कीजिए तथा उनकी संरचनाओं तथा गुणों की तुलना कीजिए।
   (a) Pearlite (b) ferrite (c) cementite तथा (d) martensite
3. TTT वक्रों से क्या सूचना प्रदान की जाती है?
4. निम्न का क्या अर्थ है?
   (i) α-आयरन (ii) γ-आयरन (iii) δ-आयरन
   (iv) क्रान्तिक कूलिंग दर (Critical cooling rate)
5. हीट ट्रीटमेन्ट के उद्देश्य (purpose) क्या होते हैं?
6. फ्लेम हार्डेनिंग की प्रक्रिया समझाइये। इसके अनुप्रयोग (applications) क्या है?
7. एनीलिंग प्रक्रम को समझाइये। एनीलिंग का क्या प्रयोजन है?
8. इस्पात की कठोरता (hardness) तथा हार्डेनेबिलिटी में क्या अन्तर है? हार्डेनेबिलिटी को प्रभावित करने वाले फेक्टर्स क्या है? **[AMIE, Winter 1993, 94]**
9. निम्न पर टिप्पणी लिखिये
   (i) सायनायडिंग (ii) केस हार्डेनिंग
   (iii) नार्मलाइजिंग (iv) एनीलिंग **[AMIE, Winter 1994]**
10. निम्न में अन्तर स्पष्ट कीजिए।
    (i) मारटेम्परिंग (Martempering) तथा ऑस टेम्परिंग (Austempering)
    (ii) एनीलिंग तथा टेम्परिंग
    (iii) हार्डनैस तथा हार्डेनेबिलिटी
11. मार्टेन्साइटिक ट्रांसफार्मेशन से क्या तात्पर्य है? **(AMIE, winter 1994)**
12. टेम्परिंग की थ्यौरी संक्षेप में स्पष्ट कीजिए। इस्पात की टेम्परिंग क्यों की जाती है, तथा यह कैसे की जाती है? इस्पात के यांत्रिक गुणों (mechanical properties) पर टेम्परिंग के क्या प्रभाव हैं? **(AMIE, Summer 2005)**
13. इस्पात की हार्डनेस तथा हार्डेनेबिलिटी में अन्तर बताइये। हार्डेनेबिलिटी को प्रभावित करने वाले फेक्टर्स बताइये तथा यह कैसे मापी जाती है?
14. किन कारणों के लिए इस्पात का हीट ट्रीटमेण्ट किया जा सकता है। सभी हीट ट्रीटमेण्ट प्रक्रमों की सूची बनाइये।
15. मारटेम्परिंग तथा मॉसटेम्परिंग क्या है? क्या वे हार्डनिंग अथवा टेम्परिंग प्रक्रम हैं? अपना उत्तर कारणों सहित स्पष्ट कीजिए।
16. हार्डनिंग तथा केस हार्डनिंग के बीच अन्तर स्पष्ट कीजिए तथा व्याख्या कीजिए।
17. "आइसोथर्मल हीट ट्रीटमेन्ट" पद के अर्थ को स्पष्ट कीजिए। तथा संक्षेप में इस प्रकार के ट्रीटमेण्ट के एक उदाहरण की व्याख्या कीजिए।

18. निम्न को संक्षेप में स्पष्ट कीजिए तथा उनके लाभ, हानियाँ तथा सीमाएँ बताइये।
   (i) सायनाईडिंग (ii) कारबुराईजिंग
   (iii) नाइट्राइडिंग (iv) इन्डक्शन हार्डनिंग

19. क्रान्तिक कूलिंग दर (Critical cooling rate) की परिभाषा दीजिए। TTT डायग्राम पर विभिन्न कूलिंग वक्रों का वर्णन कीजिए। ऐसे वक्र कैसे बनाये जाते हैं? क्रिटिकल कूलिंग रेट को प्रभावित करने वाले फेकटर्स क्या हैं? **(AMIE, Summer 2005)**

20. नाईट्राइडिंग के कारबुराजिंग पर लाभों की विवेचना कीजिए। नाइट्राइडिंग की विधि को स्पष्ट कीजिए तथा इसके अनुप्रयोग बताइये।

21. इस्पात के एक खण्ड (piece) को austenitised कैसे किया जाता है? इस्पातों के हीट-ट्रीटमेण्ट में austenitizing का समय (time) तथा तापमान (temperature) क्यों अधिक महत्वपूर्ण है?

22. कारबुराइजिंग की परिभाषा दीजिए। विभिन्न कारबुराइजिंग प्रक्रमों का वर्णन कीजिए। एक दूसरे के ऊपर वे क्यों पसन्द किये जाते हैं?

23. साइनाइडिंग तथा डीप साइनाइडिंग में अन्तर बताइये। उनके अनुप्रयोगों की सूची बनाइये। गैस साइनाइडिंग प्रक्रम का भी वर्णन कीजिए तथा इसकी अच्छाईयाँ तथा बुराइयाँ भी बताइये।

24. (a) Age hardening तथा dispersion hardening में अन्तर बताइए। **(AMIE, Winter 2005)**
   (b) Al एलायज की age hardening के मेकेनिज्म को बताइए। **(AMIE, Summer 2006)**
   (c) हर्डेनेबिलिटी टेस्ट कैसे किया जाता है? **(AMIE, Summer 2006)**
   (d) क्वचिंग (quenching) के दौरान heat transfer characteristics की विवेचना कीजिए। **(AMIE, Summer 2006)**

●

10

पदार्थों के ऊष्मीय गुण

(Thermal Properties of Materials)

10.1. परिचय

(Introduction)

पदार्थों के ऊष्मीय गुणों से उनका ऊष्मा (heat or temperature) के प्रति व्यवहार का ज्ञान होता है। ठोस पदार्थों के किसी विशेष अनुप्रयोग (specific application) के लिए चयन (selection) के समय उसके ऊष्मीय गुणों को ध्यान में रखा जाता है। उदाहरणतः ताप परिवर्तन पर ठोस पदार्थों में प्रसार (expansion) होता है। निरन्तर ऊष्मीय वातावरण में प्रयोग किये जाने पर उसकी क्रिस्टलीय संरचना प्रभावित होती है अथवा उनमें fatigue के कारण दोष उत्पन्न हो सकते हैं। पदार्थों के अनेक यांत्रिक अभिलक्षण (mechanical characterstics) ऊष्मा के प्रभाव से परिवर्तित हो जाते हैं।

पदार्थों के ऊष्मीय गुण अनेक टेकनालाजीयों में एक अत्यन्त महत्त्वपूर्ण रोल अदा करते हैं। मेटेलिक पदार्थों के उत्पादन में प्रयोग होने वाली refectories से लेकर टरबाइन ब्लेडों के लिए thermal barrier coating (TBC_s) तक, अनेक अनुप्रयोगों में पदार्थों की जो ऊष्मा ट्रांसफर को न्यूनतम करते हैं, आवश्यकता होती है। अन्य अनुप्रयोग है जहाँ thermal management अत्यन्त महत्ता का होगा। यह आगणन किया गया है कि सन 2010 तक, एक एकल कम्प्यूटर चिप 1000 वाट की शक्ति उत्पन्न करने वाले एक विलियन ट्रांजिस्टरों का धारण करेगी। इन अनुप्रयोगों में उच्च ऊष्मीय चालकता (thermal conductivity) वाले पदार्थों की आवश्यकता होती है। पदार्थों का ऊष्मीय प्रसार (thermal expansion) भी कई परिस्थितियों में मुख्य रोल अदा करता है। धात्विक पदार्थों में, इलैक्ट्रॉन्स ऊष्मा का स्थानान्तर करते हैं। सेरेमिक पदार्थों में, ऊष्मा का संवाहन phonons को सम्मिलित करता है।

पदार्थों के मुख्य ऊष्मीय गुण (thermal properties) निम्न प्रकार है जिनका इस अध्याय में अध्ययन किया जायेगा—

1. ऊष्मा के प्रति प्रतिरोध (Resistance to heat)
2. विशिष्ट ऊष्मा (Specific heat)
3. ऊष्मीय प्रसार (Thermal expansion)
4. ऊष्मीय आघात (Thermal shock)
5. ऊष्मीय चालकता (Thermal conductivity)
6. ऊष्मीय विसरण (Thermal diffusivity)
7. थर्मो-एलास्टिक प्रभाव (Thermo-elastic effects)

10.2. ऊष्मा के प्रति प्रतिरोध (Resistance to heat)

पदार्थों का ऊष्मा के प्रति प्रतिरोधी व्यवहार उस ताप से ज्ञात होता है जिस पर वे पिघलना (melting) अथवा मुलायम (softening) होना प्रारम्भ करते हैं। यदि किसी पदार्थ को उच्च ताप पर प्रयुक्त किया जाता है तब निश्चित ही उसे कार्यकारी ताप (service temperature) से कम ताप पर नहीं पिघलना चाहिए। क्रिस्टलाइन पदार्थों के गलनांक (melting point) निश्चित (well defined) होते हैं परन्तु रवाहीन (amorphous) पदार्थ जैसे प्लास्टिक, रबर तथा ग्लास इत्यादि के गलनांक निश्चित नहीं होते तथा ये धीरे-धीरे पिघलना (softening) प्रारम्भ करते हैं।

किसी भी एक पदार्थ में समस्त वांछित (desired) उच्च तापीय गुण नहीं होते हैं। उदाहरणतः सिरेमिक पदार्थों के गलनांक उच्च होते हैं तथा उनमें रासायनिक स्थिरता (chemical stability) भी उच्च होती है, परन्तु उनके फेब्रिकेशन गुण उत्तम नहीं होते। सिरेमिक पदार्थों की तापीय (thermal) तथा यान्त्रिक (mechanical) प्रहारो (shocks) को सहने की क्षमता भी निम्न (low) होती है। कुछ पदार्थों की उच्च ताप पर tensile strength उच्च होती है। परन्तु उनका ऑक्सीकरण (oxidation) के प्रति प्रतिरोध कम होता है। सिरमेट्स (cermets) पदार्थ जिनमें धातुओं एवं सिरेमिक्स पदार्थों का मिश्रण होता है, उच्च ताप तथा तापीय प्रहारों (thermal shocks) के प्रति उत्तम प्रतिरोध प्रदर्शित करते हैं। कार्बनिक पदार्थों (प्लास्टिक, रबर, लकड़ी इत्यादि) का ऊष्मा के प्रति प्रतिरोध कम होता है।

10.3. विशिष्ट ऊष्मा (Specific heat)

किसी पदार्थ की विशिष्ट ऊष्मा (C) उसके इकाई द्रव्यमान (unit mass) के तापक्रम को 1 डिग्री बढ़ाने के लिए आवश्यक ऊष्मा की मात्रा के तुल्य होती है। प्रयोगों से ज्ञात हुआ है कि भिन्न-भिन्न पदार्थों में समान ताप वृद्धि के लिए आवश्यक ऊष्मा की मात्रा भिन्न होती है। इसका कारण उनकी विशिष्ट ऊष्मा अलग-अलग होना है।

जब किसी ठोस पदार्थ को ऊष्मा दी जाती है तब उसकी ऊर्जा में वृद्धि होती है। इस ऊर्जा का कुछ भाग पदार्थ के अन्दर ऊष्मीय कम्पन (thermal vibration or kinetic energy) में प्रयुक्त हो जाता है जिससे उसका ताप बढ़ता है तथा शेष ऊर्जा से उसका ऊष्मीय प्रसार (thermal expansion) होता है जोकि पदार्थ में स्थितिज ऊर्जा (potential energy) के रूप में व्यय होती है। [यदि पदार्थ में कोई संरचनात्मक परिवर्तन (structural change) अर्थात् क्रिस्टल ट्रांसफॉर्मेशन, वाष्पन (vapourisation) अथवा गलन (melting) इत्यादि न हो।]

यदि बाह्य ऊर्जा देने पर पदार्थ में कोई संरचनात्मक अथवा रासायनिक (structural or chemical) परिवर्तन नहीं होता है तब उसकी विशिष्ट ऊष्मा निम्न प्रकार प्रदर्शित की जा सकती है—

$$c = \frac{1}{m}\frac{dE}{dT}$$

यहाँ m द्रव्यमान (mass), E सम्पूर्ण ऊर्जा तथा T तापमान है।

यदि $m = 1$ तथा $T = 1$ तब $c = \Delta E$, अर्थात् ऊष्मा की वह मात्रा जोकि इकाई द्रव्यमान (unit mass) के ठोस पदार्थ का तापमान एक डिग्री बढ़ाने के लिए आवश्यक है।

विशिष्ट ऊष्मा के विभिन्न प्रणालियों (systems) में अलग-अलग मात्रक (units) हैं। इन्जियरिंग अनुप्रयोगों हेतु MKS प्रणाली में $(Cal/gm)/°C$ तथा SI प्रणाली में joule per kilogram Kelvin $J/(KgK)$ प्रयोग किए जाते हैं। कुछ अवस्थाओं में पदार्थ की विशिष्ट ऊष्मा जल की विशिष्ट ऊष्मा के सापेक्ष प्रदर्शित की जाती है। इस परिभाषा में विशिष्ट ऊष्मा का कोई मात्रक (unit) नहीं होता।

द्रव्यमान की इकाई किलोग्राम के स्थान पर प्रायः मोल (mole) भी प्रयुक्त किया जाता है। मोल पदार्थ के अणुओं की एक विशिष्ट संख्या 'ऐवोगेड्रो संख्या' (N) को प्रदर्शित करता है; $N = 6 \cdot 023 \times 10^{26}$ kg mol^{-1}, यहाँ द्रव्यमान को किलोग्राम में प्रदर्शित किया गया है। पदार्थ की प्रति मोल विशिष्ट ऊष्मा "मोलर ऊष्मा" (molar heat) कहलाती है तथा इसे C द्वारा प्रदर्शित किया जाता है।

प्रयोगों से ज्ञात हुआ है कि भिन्न-भिन्न पदार्थों की ऊष्मा ग्रहण करने की क्षमता (heat capacity) भिन्न-भिन्न होती है।

किसी वस्तु का ताप 1°C बढ़ाने के लिए आवश्यक ऊष्मा की मात्रा को उस वस्तु की ऊष्मा धारिता कहते हैं। इस प्रकार यदि वस्तु का द्रव्यमान m तथा विशिष्ट ऊष्मा c हो तब पदार्थ की ऊष्मा धारिता $= mc$

तथा ऊष्माधारिता प्रति इकाई आयतन = mass per unit volume × specific heat

$$= \rho C$$

10.4. गैसों की विशिष्ट ऊष्मा

(Specific Heat of Gases)

गैसों में कम तापक्रम परिवर्तन पर दाब तथा आयतन मे परिवर्तन, ठोस एवं द्रव पदार्थों की तुलना में अधिक होता है। अतः गैस के तापक्रम में परिवर्तन करने पर उसके दाब एवं आयतन में परिवर्तन होने के कारण गैस की दो विशिष्ट ऊष्माएँ होती हैं।

(i) एक स्थिर दाब पर C_p, तथा

(ii) दूसरी स्थिर आयतन पर C_v

जब गैस को गर्म किया जाता है तब स्थिर दाब (constan pressure) पर उसके आयतन में प्रसार (expansion) होता है एवं गैस को बाह्य दाब के विरुद्ध प्रसार (expand) होने में कुछ कार्य करना पड़ता है। यह कार्य करने में व्यय ऊर्जा गैस की ऊष्मा से प्राप्त होती है। अतः स्थिर दाब पर गैस को गर्म करने में दी गई ऊष्मा की कुछ मात्रा गैस के आयतन प्रसार में खर्च हो जाती है। इस कारण से गैस की दो विशिष्ट ऊष्माएं होती हैं।

(i) स्थिर आयतन पर विशिष्ट उष्मा C_v—स्थिर आयतन पर किसी गैस के unit mass का ताप 1°C बढ़ाने के लिए आवश्यक ऊष्मा की मात्रा C_v कहलाती है।

(ii) स्थिर दाब पर विशिष्ट ऊष्मा C_p—स्थिर दाब पर किसी गैस के Unit mass का ताप 1°C बढ़ाने के लिए आवश्यक ऊष्मा को उस गैस की नियत दाब पर विशिष्ट ऊष्मा C_p कहलाती है।

C_v तथा C_p की परिभाषा से स्पष्ट है कि गैस की इन दोनों विशिष्ट ऊष्माओं में unit mass का ताप 1°C बढ़ाने के लिए आवश्यक ऊष्मा है। जब गैस को नियत आयतन (constant volume) पर गर्म करते हैं तब गैस द्वारा कोई बाह्य कार्य नहीं किया जाता क्योंकि उसके आयतन में प्रसार (exprcssion) नहीं होता अतः नियत आयतन पर गैस को दी गई समस्त ऊष्मा उसके ताप में वृद्धि करने में व्यय होती है।

इसके विपरीत स्थिर दाब पर गैस को गर्म करने पर, गैस बाहरी दाब के विरुद्ध प्रसारित (expand) होती है अतः इस क्रिया में गैस को कुछ कार्य करना पड़ता है जिसके लिए आवश्यक ऊर्जा, गैस को दी गई ऊष्मा से प्राप्त होती है। इस प्रकार नियत दाब पर गैस को दी गई ऊष्मा दो भागों में व्यय होती है।

(i) गैस का ताप बढ़ाने में,

(ii) गैस के आयतन प्रसार (volume expansion) में

इसलिए स्थिर दाब पर गैस की विशिष्ट ऊष्मा C_p, उसकी स्थिर आयतन पर विशिष्ट ऊष्मा C_v से अधिक होती है। अर्थात्

$$C_p > C_v$$

किसी गैस के लिए C_p एवं C_v का अनुपात स्थिर होता है तथा इसे γ द्वारा प्रदर्शित किया जाता है $C_p/C_v = \gamma$, यहाँ γ गैस का एडियाबैटिक इन्डैक्स है। मोलर ऊष्मा को (cal/mol)/°K अथवा J/(kg K) द्वारा प्रदर्शित किया जाता है।

पदार्थों की विशिष्ट ऊष्मा, मापन की परिस्थितियों (conditions under which it is measured) के अनुसार परिवर्तित होती है। यदि पदार्थ को ऊष्मा देते समय expand होने दिया जाये तब वायुमण्डल दाब के विरुद्ध किये गये कार्य में अतिरिक्त ऊर्जा व्यय होगी तथा पदार्थ के ताप में भी वृद्धि होगी। इस परिस्थिति में, विशिष्ट ऊष्मा स्थिर आयतन पर विशिष्ट ऊष्मा से अधिक होगी। स्थिर दाब पर जब आयतन में प्रसार होता है विशिष्ट ऊष्मा को C_p से तथा स्थिर आयतन पर जब दाब परिवर्तित होता है विशिष्ट ऊष्मा को C_v से

प्रदर्शित किया जाता है। इस प्रकार मोलर ऊष्माओं को C_p तथा C_v से प्रदर्शित किया जाता है। C_p तथा C_v से निम्न अन्तर होता है।

$$C_p - C_v = TVK(3\alpha)^2$$

जहाँ T तापक्रम है, V पदार्थ का मोलर आयतन, K बल्क (Bulk) मोडुलस तथा α, रेखीय प्रसार गुणांक (linear coefficient of expansion) है।

ठोस तथा द्रवों में ऊष्मा देने पर प्रसार बहुत कम होता है तथा α लगभग 10^{-5} के बराबर होता है। अतः C_p तथा C_v का अन्तर इतना कम होता हैकि C_p लगभग C_v के बराबर होती है ($C_p \approx C_v$)।

जब पदार्थ की विशिष्ट ऊष्मा ज्ञात हो तब ऊष्मा की कुछ मात्रा देने पर उसमें ताप वृद्धि ज्ञात की जा सकती है। ताप में सूक्ष्म परिवर्तनों के लिए अथवा स्थिर विशिष्ट ऊष्मा पर, m द्रव्यमान के पदार्थ में Q ऊष्मा देने पर ताप में वृद्धि

$$\Delta T = \frac{Q}{mc}$$

यहाँ $Q = \Delta E$ (दी गई ऊष्मा की मात्रा)

तालिका 10.1 – 27°C पर चयनित पदार्थों की विशिष्ट ऊष्मा
(Specific-heat at 27°C)

पदार्थ (Material)	विशिष्ट ऊष्मा (Specific heat) (Cal/g.k)	पदार्थ (Material)	विशिष्ट ऊष्मा (Specific heat)
Al	0·215	Al_2O_3	0·200
Cu	0·092	Diamond	0·124
B	0·245	SiC	0·250
Fe	0·106	Si_3N_4	0·170
Pb	0·036	SiO_2 (Silica)	0·265
Mg	0·243	**Polymers :**	
Ni	0·106	High density polyethylene	0·440
Si	0·168	Low density polyethylene	0·550
Ti	0·125	6;6-nylon	0·400
W	0·032	Polystyrene	0·280
Zn	0·093	**Others :**	
		Water	1·00
Note : 1 cal/g.k = 4184 J/Kg.k		Nitrogen	0·249

10.5. ऊष्मीय प्रसार

(Thermal Expansion)

प्रायः सभी वस्तुएँ ठोस, द्रव अथवा गैस, ऊष्मा देने पर प्रसार (expansion) तथा ठण्डी (cool) होने पर संकुचित (contract) होती है। गैसीय अवस्था में प्रसार तथा संकुचन अत्यधिक होता है, द्रव अवस्था में उससे कम तथा उसी ताप पर ठोस पदार्थों में सबसे कम होता है। जब किसी ठोस को गर्म किया जाता है तब यह सभी दिशाओं में फैलता है। किसी एक दिशा में प्रसार रेखीय प्रसार (linear expansion) कहलाता है तथा उसके क्षेत्रफल में प्रसार superficial expansion तथा आयतन में प्रसार, आयतन प्रसार (cubical expansion) कहलाता है। यदि एक छड़ की 0°C पर लम्बाई L_0 तथा $\theta°$ पर लम्बाई L_θ है तब

$$L_\theta = L_0 (1 + \alpha\theta)$$

यहाँ α, पदार्थ का रेखीय प्रसार गुणांक (Co-efficient of linear expansion) है।

इसी प्रसार यदि छड़ का 0°C पर आयतन V_0 तथा θ°C पर आयतन V_θ है तब

$$V_\theta = V_0 (1 + \gamma\theta)$$

यहाँ γ, पदार्थ का आयतन प्रसार गुणांक (Co-efficient of cubical expansion) है।

रेखीय प्रसार गुणांक (α) तथा आयतन प्रसार गुणांक (γ) में निम्न सम्बन्ध हैं—

$$\gamma = 3\alpha$$

ठोस पदार्थ को ऊष्मा देने पर परमाणु अपनी सामान्य स्थिति (mean position) के इर्द-गिर्द कम्पन करते हैं। परमाणुओं के कम्पन से क्रिस्टल के आकार तथा आयतन में परिवर्तन होता है। यह स्थिति दो समीपस्थ परमाणुओं को ऊष्मा देने पर अर्न्तक्रिया (interactions) के कारण स्थितिज ऊर्जा (potential energy) द्वारा प्रदर्शित की जा सकती है। ठोस पदार्थ में परमाणुओं की स्थितिज ऊर्जा निम्न समीकरण द्वारा प्रदर्शित की जाती है—

$$V = -\frac{a}{\gamma^m} + \frac{b}{\gamma^n}$$

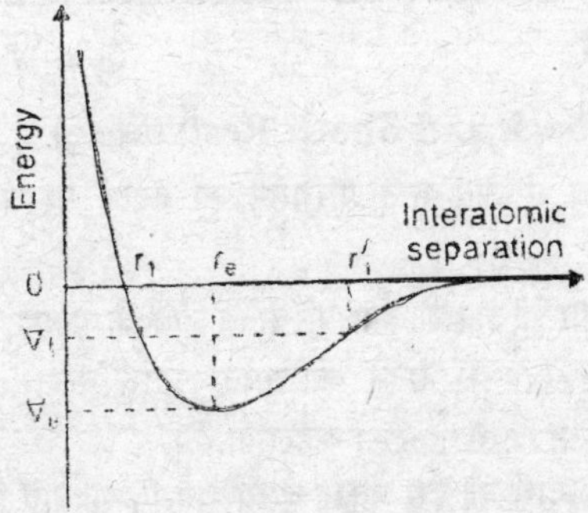

चित्र 10.1—अन्तर्परमाणु-दूरी-स्थितज ऊर्जा वक्र।

यहाँ a, आकर्षण के कारण स्थितिज ऊर्जा नियतांक तथा b, विकर्षण (repulsion) के कारण स्थितिज ऊर्जा नियतांक है। γ, दो परमाणुओं के मध्य दूरी है। यदि n तथा m के वास्तविक मान पर विचार न किया जाए तब इस समीकरण का ग्राफ चित्र 10.1 में प्रदर्शित ऊर्जा वक्र की भाँति प्राप्त होता है।

परमाणुओं के मध्य उनके सन्तुलन की स्थिति में दूरी r_e तथा उनकी स्थितिज ऊर्जा V_e है।

माना ऊर्जा का मान V_e से बढ़कर V_1 हो जाता है। इस ऊर्जा के संगत परमाणुविक दूरी r_1 अथवा r_1' हो सकती है। दूसरे शब्दों में इसका अर्थ है कि परमाणु इनमें से किसी भी स्थिति में (r_1 अथवा r_1') हो सकते हैं। चूँकि स्थितिज ऊर्जा वक्र इन दोनों स्थितियों के सापेक्ष सम (symmetrical) नहीं हैं अतः यह दोनों परमाणुओं के मध्य औसत से अधिक दूरी (larger interatomic seperation) प्रदर्शित करता है तथा क्रिस्टल के ऊष्मीय प्रसार (thermal expansion) का सूचक है।

चूँकि क्रिस्टल में ऊष्मीय प्रसार की मात्रा, अन्तर्परमाणु बलों (interatomic forces) पर निर्भर करती है अतः यह क्रिस्टल की संरचना पर भी निर्भर है। उदाहरणतः सहसंयोजी (covalent) क्रिस्टलों (e.g. diamond) में दृढ़ बन्ध (strong bonding) होने के कारण प्रसार गुणांक (coefficient of thermal expansion) कम होता है। इसी प्रकार आयनिक क्रिस्टलों में यह आयनों की संयोजकता पर निर्भर करता है। जितनी अधिक संयोजकता होगी, प्रसार गुणांक भी उतना ही कम होगा। निम्न तालिका में कुछ क्रिस्टलों के रेखीय प्रसार गुणांकों (α) की तुलना की गई है।

Material	Linear expansion coefficient
Diamond	$1{\cdot}1 \times 10^{-6}$/°C
Sodium	$62{\cdot}2 \times 10^{-6}$/°C
Aluminium	$25{\cdot}0 \times 10^{-6}$/°C
Copper	$16{\cdot}8 \times 10^{-6}$/°C
Sodium (Iodide)	$48{\cdot}0 \times 10^{-6}$/°C

10.6. ऊष्मीय आघात

(Thermal Shock and Shock Resistance)

पदार्थ के तापक्रम में अकस्मात् परिवर्तन का पदार्थ पर प्रभाव thermal shock कहलाता है।

पदार्थ की सतह पर तीव्रता से ताप परिवर्तित होने के कारण, पदार्थ में उत्पन्न ऊष्मीय प्रतिबलों (thermal stress) को सहने की क्षमता पदार्थ का thermal shock के प्रति प्रतिरोध (thermal shock resistance) कहलाता है।

यदि किसी ठोस पदार्थ को इस प्रकार व्यवस्थित किया जाए कि वह गर्म करने अथवा ठण्डा करने पर न तो expend करे तथा न ही contract हो तब उसमें उत्पन्न उच्च thermal stresses के कारण उसका failure हो सकता है। इसी प्रकार अत्यधिक cooling करने पर उसमें tensile stress इतनी अधिक हो सकती है कि उसमें surface failure हो जाए।

ठोस पदार्थों का thermal shock resistance निम्न सूत्र द्वारा प्रदर्शित किया जाता है—

$$\text{Thermal shock resistance} = \frac{K\sigma_t}{E\alpha}$$

यहाँ K—Thermal conductivity of materials

σ_t—Tensile strength of material

E—Young's modulus of elasticity

α—Linear Co-efficient of thermal expansion

थरमल आघात के प्रति उच्च प्रतिरोध उत्पन्न होने के लिए पदार्थ में निम्न गुण होने चाहिए—

(i) High thermal conductivity (K)

(ii) Low linear coefficient of thermal expansion (α)

(iii) Low Young's Modulus (E)

(iv) High tensile strength σ_t

सिरेमिक एवं ग्लास पदार्थों का ऊष्मीय शॉक (shock) के प्रति प्रतिरोध कम होता है। क्योंकि उनमें plastic yield नहीं होता बल्कि अपेक्षाकृत brittle failure तुरन्त हो जाता है।

10.7. ऊष्मीय चालकता

(Thermal Conductivity)

पदार्थ में ऊष्मा प्रवाह होने का गुण उसकी thermal conductivity कहलाती है। भिन्न-भिन्न पदार्थों की thermal conductivities भिन्न होती हैं। पदार्थों में ऊष्मा चालन

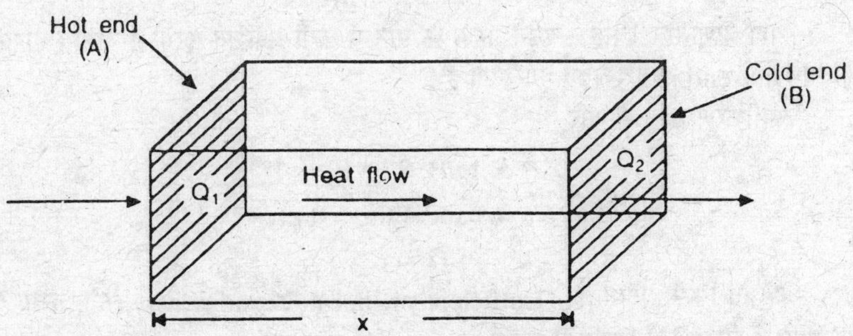

चित्र 10.2—ठोस पिण्ड में ऊष्मा का प्रवाह।

(thermal conduction) उसकी आणुविक संरचना पर निर्भर करता है। उदाहरणार्थ धातु पदार्थों, जिनमें मुक्त इलेक्ट्रॉन (free electron) अधिक संख्या में होते हैं, की ऊष्मीय चालकता उत्तम होती है जबकि इन्सुलेटिंग पदार्थों की ऊष्मा चालकता निम्न होती है उदाहरणतः लकड़ी (wood), एस्बेस्टस (asbestoes) इत्यादि।

जब किसी uniform अनुप्रस्थ काट की छड़ को एक सिरे (A) पर गर्म किया जाता है तब उसमें ऊष्मा चालन (heat conduction) गर्म सिरे से ठण्डे सिरे (B) की ओर होने लगता है। छड़ को कुछ समय तक गर्म करते रहने पर उसकी स्थायी दशा (stable state) प्राप्त हो जाती है जबकि छड़ की प्रत्येक परत (layer) का ताप नियत (constant) हो जाता है। छड़ में प्रवाहित ऊष्मा की मात्रा (Q) निम्न तथ्यों पर निर्भर करती है—

(i) दोनों तलों A एवं B के तापान्तर के समानुपाती होती है।

(ii) तलों के क्षेत्रफल (heat flow की दिशा में लम्बवत्) के समानुपाती होती है।

(iii) तलों के मध्य दूरी के विलोमानुपाती होती है।

(iv) समय (t) के समानुपाती होती है।

इस प्रकार चित्र 10.2 के अनुसार A एवं B के मध्य t सेकण्ड में प्रवाहित ऊष्मा की मात्रा,

$$Q \propto \frac{A(\theta_1 - \theta_2)t}{x}$$

$$\therefore \qquad Q = K\frac{A(\theta_1 - \theta_2)t}{x} \qquad \ldots 10.1$$

यहाँ K एक नियतांक है। इसे Coefficient of thermal conductivity कहते हैं।

उपरोक्त समीकरण में $\frac{\theta_1 - \theta_2}{x}$ को तापक्रम प्रवणता (temperature gradient) कहा जाता है। इसका मान changing conditions में समान नहीं होता अतः इसे $\frac{d\theta}{dx}$ से प्रदर्शित करते हैं। इस प्रकार

$$Q = -KA\frac{d\theta}{dx} \cdot t \qquad \ldots 10.2$$

यहाँ ऋणात्मक चिन्ह x बढ़ने पर θ के मान में कमी प्रदर्शित करता है अर्थात् तापक्रम का मान hot end से दूरी बढ़ने पर घटता है।

समीकरण 10.1 में, यदि

$$A = 1\,m^2, \theta_1 - \theta_2 = 1°$$

$$t = 1 \text{ sec तथा } x = 1\,m, \text{ तब}$$

$$Q = K$$

अर्थात् किसी पदार्थ का Coefficient of thermal conductivity (K), ऊष्मा की वह मात्रा है जो स्थायी स्थिति में पदार्थ के 1 metre मोटे तथा 1 m^2 क्षेत्रफल के parallel faces के लम्बवत् प्रति सेकण्ड प्रवाहित होती है जबकि तलों (faces) के मध्य तापान्तर 1°C हो।

K के मात्रक (Units of K)

समीकरण 10.1 से

$$K = \frac{Q\,.x}{A\,(\theta_1 - \theta_2)\,t} = \frac{\text{Joules} \times m}{m^2 \times {}^\circ K \times \text{sec}}$$

$$= Jm^{-1}K^{-1}s^{-1}$$

or $$= k\,cal\,m^{-1}K^{-1}\,s^{-1}$$

तालिका 10.2 में कुछ सामान्य पदार्थों की ऊष्मा चालकताएँ दी गई हैं—

Table 10.2. Thermal Conductivities of Some Common Materials

S.No.	Material	Thermal conductivity (Joule/meter sec °C)
1.	Silver	418·7
2.	Copper	389·6
3.	Gold	312·8
4.	Aluminium	209·3
5.	Brass	85·5
6.	Iron	74·4
7.	Mercury	29·1
8.	Glass	0·74
9.	Aesbestos	0·757
10.	Water	0·551 – 0·683
11.	Ethyl Alchohal	0·188 – 0·177
12.	Methyl Alchohal	0·214 – 0·207
13.	Glyceryne	0·283 – 0·288
14.	Ice	2·21
15.	Paper	0·14
16.	Steel	5·4
17.	Cork	0·042 – 0·054
18.	Air	257×10^{-4}
19.	Helium	1558×10^{-4}
20.	Hydrogen	1754×10^{-4}
21.	Oxygen	262×10^{-4}
22.	Card Board	0·14 – 0·45

10.8. ऊष्मीय विसरण

(Thermal Diffusivity)

उपरोक्त अनुच्छेद में ऊष्मा का चालन एक समान (uniform) माना गया है अर्थात् पदार्थ में ऊष्मा का अवशोषण (absorption) नहीं होता है। यदि पदार्थ को परिवर्तनशील दशा में गर्म किया जाए तो छड़ में ऊष्मा का प्रवाह, उसके पदार्थ की ऊष्मा चालकता (thermal conductivity) तथा ऊष्मा धारिता (heat capacity) दोनों पर निर्भर करता है क्योंकि उसकी ऊष्मा धारिता जितनी कम होगी उतनी ही कम ऊष्मा वह 1° तापक्रम वृद्धि पर कम अवशोषित करेगी तथा परिणामस्वरूप छड़ में ऊष्मा चालन की दर अधिक होगी।

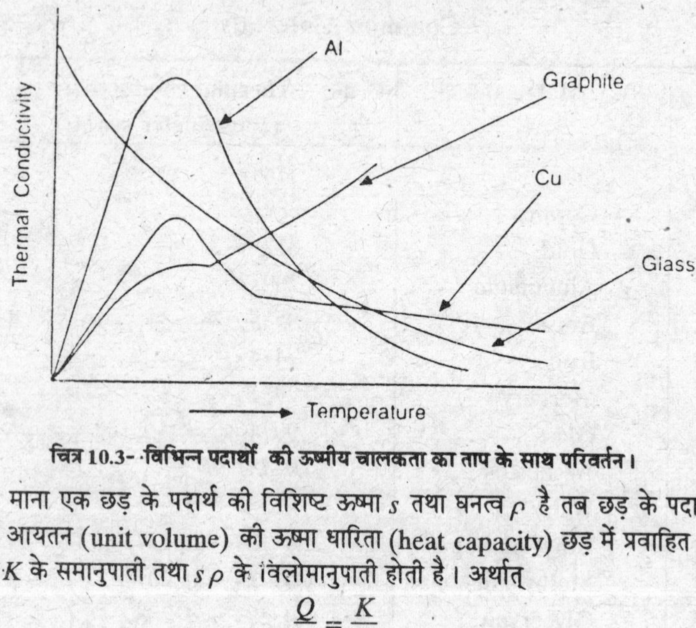

चित्र 10.3- विभिन्न पदार्थों की ऊष्मीय चालकता का ताप के साथ परिवर्तन।

माना एक छड़ के पदार्थ की विशिष्ट ऊष्मा s तथा घनत्व ρ है तब छड़ के पदार्थ के एकांक आयतन (unit volume) की ऊष्मा धारिता (heat capacity) छड़ में प्रवाहित ऊष्मा की दर K के समानुपाती तथा $s\rho$ के विलोमानुपाती होती है। अर्थात्

$$\frac{Q}{t} = \frac{K}{\rho s}$$

यहाँ $K/\rho s$, पदार्थ की Thermal diffusivity कहलाती है।

सिल्वर की ऊष्मीय चालकता एल्यूमिनियम से दो गुनी है अर्थात् समान आकार की एल्यूमिनियम छड़ की तुलना में सिल्वर की छड़ में दो गुनी ऊष्मा प्रवाह हो सकती है।

क्रिस्टलाइन ठोस पदार्थों (उदाहरणतः ग्रेफाइट) की ऊष्मीय चालकता सामान्य तापक्रम पर उच्च होती है परन्तु ताप बढ़ने पर कम होने लगती है (चित्र 10.3)। एमोरफस प्लास्टिक तथा ग्लास की चालकताएँ सामान्य तापक्रम पर कम, परन्तु ताप बढ़ने पर बढ़ती हैं (चित्र 10.3)।

शुद्ध धातुओं में ताप परिवर्तन के साथ चालकता में बहुत कम परिवर्तन होता है। एल्यूमिनियम तथा कॉपर की तापक्रम बढ़ने पर चालकता बढ़ती है तथा एक विशेष तापक्रम पर अधिकतम होने के पश्चात् कम होने लगती है। तापक्रम को अत्यधिक कम करने पर भी ऊष्मा चालकता कम होने लगती है तथा शून्य की तरफ अग्रसर होती है।

10.9. थर्मो-एलास्टिक प्रभाव

(Thermoelastic effects)

जब किसी ठोस पदार्थ पर कोई भार (load) लगाया जाता है तब प्रायः इसके आकार (आयतन) में परिवर्तन होता है। आकार में परिवर्तन होने के कारण ठोस पदार्थ पर वातावरण के दाब (pressure) के विरूद्ध कार्य होता है। यदि इस क्रिया में पदार्थ एवं वातावरण की ऊष्मा का परस्पर स्थानान्तरण (heat transfer) नहीं होता है, अर्थात् पदार्थ के आकार में adiabatic परिवर्तन है तब ठोस पदार्थ का तापक्रम बढ़ जाता है। इसी प्रकार लोड हटाने पर पदार्थ अपने पूर्व आकार में आ जाता है तथा उसका तापक्रम कम हो जाता है। पदार्थ का इस प्रकार गर्म होना (cooling) तथा ठण्डा होना (cooling) ही thermoelastic प्रभाव कहलाता है।

10.10. पदार्थों का गलना तथा गलन बिन्दु

(Melting of Materials and Melting point)

पदार्थों के गलने (melting) अथवा जमने (freezing) की क्रिया में तापक्रम नियत रहता है, यदि पदार्थ शुद्ध हों तथा बाह्य दाब (external pressure) स्थिर हो। जिस तापक्रम पर कोई ठोस पदार्थ गलता है उसे पदार्थ का गलनांक (melting point) कहते हैं।

पदार्थों का गलना (melting) तथा उनका प्रसार (expansion) उनके अणुओं अथवा परमाणुओं में बन्धों (bonds) पर निर्भर करता है। दृढ़ बन्ध (strong bonds) वाले पदार्थों का melting point उच्च होता है। उदाहरणतः covalent बन्ध वाले पदार्थों का गलनांक सबसे उच्च तथा आयनिक, धात्विक (metallic) तथा आणुविक (molecular) बन्ध वाले पदार्थों के गलनांक, उनकी दृढ़ता क्रमशः कम होने के कारण कम होते हैं। परमाणुविक क्रिस्टलों के गलनांक प्रायः निश्चित (well defined) होते हैं जिन पर ये अकस्मात् ठोस से द्रव अवस्था में परिवर्तित हो जाते हैं। रवाहीन (amorphous) पदार्थ, उदाहरणतः ग्लास, प्लास्टिक एवं रबर इत्यादि का melting अथवा freezing एक सूक्ष्म ताप परिसर (small temperature range) में होता है। अतः इस प्रकार के पदार्थों के गलनांक पूर्णतः स्थिर नहीं होते हैं।

ठोस पदार्थों के गलने की क्रिया में जब पदार्थ को ऊष्मा दी जाती है तब पदार्थ की ऊष्मीय ऊर्जा (thermal energy) बढ़ती जाती है तथा एक स्थिति ऐसी आ जाती है कि पदार्थ की सतह पर स्थित अणु thermal vibration के कारण साम्य स्थिति (equilibrium position) से टूटने (break away) लगते हैं। पदार्थ से अणु (अथवा परमाणुओं) की break होने की क्रिया उस समय प्रारम्भ होती है जब पदार्थ में अन्तरपरमाणु (interatomic) स्पेसिंग इतनी होती है कि बन्धन बल (binding force) अधिकतम हो। इस प्रकार प्रत्येक पदार्थ के गलने के लिए अणुओं के कम्पन का एक निश्चित आयाम (definite amplitude of vibration) होता है अर्थात् गलनांक (melting point) का एक निश्चित मान होता है। पदार्थ के गलने के प्रारम्भ होने के पश्चात् यदि उसे और ऊष्मा दी जाती है तब यह ठोस के

अन्य अणुओं को activate करने में प्रयुक्त हो जाती है। अणु ऊर्जा पाकर (energise) अन्य पड़ोसी परमाणुओं से टकराकर अपनी ऊर्जा उन्हें दे देते हैं तथा ठोस पदार्थ की संरचना द्रव संरचना (liquid structure) में परिवर्तित हो जाती है।

प्रत्येक पदार्थ के लिए एक निश्चित तापमान होता है जिस पर यह दिये गये Superincumbent pressure पर ठोस (Solid) से द्रव (liquid) में परिवर्तित होता है। यह स्थिर तापमान ठोस का गलनांक बिन्दु (melting point) के रूप में जाना जाता है। यह पिघलने के प्रक्रम के दौरान स्थिर रहता है, अर्थात्, तापमान स्थिर रहता है जब तक कि सम्पूर्ण ठोस पिघलता है यदि इस पर दाब स्थिर रहता है, यद्यपि ऊष्मा का देना समस्त समय के लिए जारी रहता है। तापमान केवल ठोस के आखिरी कण के पिघलने के बाद ही बढ़ेगा। गलनांक बिन्दु भिन्न पदार्थों के लिए भिन्न होता है तथा प्रत्येक पदार्थ के लिए यह थोड़ा बदलता है जब Superincumbent pressure बदलता है।

एक पदार्थ का सामान्य गलनांक बिन्दु (normal melting point) एक निश्चित तापमान है जिस पर यह एक वातावरण के दाब पर पिघलता है।

जैसे ही ऊष्मा एक ठोस को दी जाती है, इसकी ऊष्मीय ऊर्जा (thermal energy) बढ़ती है जब तक कि सतह पर एटम्स (molecules) साम्यावस्था स्थिति से नष्ट होना प्रारम्भ करते हैं। ऊष्मीय कम्पनों (thermal vibralions) का आयाम (amplitude) जिस पर यह घटित होता है interatomic spacing के साथ जुड़ा है जिस पर bonding force अधिकतम है। यदि परमाणु (atoms) उस बिन्दु पर पृथक् हो सकते हैं, तो कोई बल में वृद्धि की उनको आगे पृथक् करने को आवश्यकता नहीं होती है। यह दिखाया जा सकता है कि उसका एक निश्चित आयाम (amplitude) तथा उसी समय प्रत्येक प्रकार के परमाणु अर्थात् प्रत्येक घटक के लिए एक निश्चित गलन तापमान होता है।

तापमान जिस पर पिघलना प्रारम्भ होता है, आवश्यक ऊष्मीय ऊर्जा की मात्रा पर निर्भर करता है, जो घुमाव में, interatomic तथा intermolecular bonds के लक्षणों पर निर्भर करता है। इस प्रकार मजबूत वाण्ड रखने वाले पदार्थ उच्चतर गलन बिन्दु रखने को प्रवत्त होते हैं। यह प्रतिबन्ध पदार्थों को निम्नानुसार घटते हुए गलन बिन्दुओं के क्रम में रखता है— covalent, ionic, metallic तथा molecular पिघलने की आकस्मिक कणों की साइज की समानता पर तथा उनकी व्यवस्था में क्रम की प्रबलता (degree of order) पर निर्भर करती है। चूँकि गलन तापमान (melting temperature) तथा ऊष्मीय प्रसार (thermal expansion) दोनों ठोस के परमाणुओं (atoms) अथवा अणुओं के मध्य बाण्ड (bonds) पर निर्भर करते हैं, यह आश्चर्यजनक नहीं है कि वे सम्बन्धित होने वाले पाये जाते हैं। ठोसों को वर्गों में बाँटा जा सकता है, तथा प्रत्येक वर्ग के लिए thermal expansion की एक लाक्षणिक् मात्रा होती है जिस पर पिघलन प्रारम्भ होती है। इस प्रकार दी हुए वर्ग के लिए

$$\alpha T_m = \text{constant.}$$

दिए हुए वर्ग के किन्हीं दो पदार्थ जो समान प्रसार गुणांक (coefficient of expansion) रखते हैं, इसलिए लगभग समान गलन बिन्दु रखेगें।

10.11. उच्च तापमान पदार्थ

(High Temperature Materials)

किसी भी एक पदार्थ में समस्त वांछित उच्च तापीय गुण नहीं होते हैं। सिस्मेट्स (cermets) पदार्थ जिसमें धातुओं एवं सिरेमिक्स पदार्थों का मिश्रण होता है, उच्च तापमान (high temperture) को सहन कर सकते हैं तथा साथ-साथ ऊष्मीय प्रहारों (thermal shocks) को भी सहन कर सकते हैं।

तापमान पदार्थों के चुम्बकीय लक्षणों (magnetic charactersties) को भी प्रभावित कर सकते हैं। एक ठोस के तापमान में वृद्धि करने पर परमाणुओं के ऊष्मीय कम्पनों के परिमाण में वृद्धि का परिणाम होता है।

वह पदार्थ जो विभिन्न स्थितियों में उच्च तापमान (high temperature) सह सकते हैं refractories कहलाते हैं। इन पदार्थों की विशेषता यह है कि उच्च तापीय अवस्थाओं में कार्य करने पर भी इनमें cracking disintegrating अथवा softening दोष उत्पन्न नहीं होते हैं। इनका प्रयोग भट्टियों, बायलर्स, फ्ल्यू (flues), रिजनरेटर्स, कनवर्टर्स, क्रुसिबिल्स (crucibles), ड्रायर्स, पायरोमीटर ट्यूब्स इत्यादि की लाइनिंग तथा अन्य उच्च ताप अवस्थाओं पर किया जाता है।

सामान्य refractories पदार्थों में सिलिका (silica), मेगनेसाइट (magnesite), फोरेस्टेराइट (Foresterite), डोलोमाइट (dotomite), सिलिकान कार्बाइड (silicon carbide) तथा जिरकॉन (zircon) इत्यादि सम्मिलित है।

व्यावसायिक कार्यों में प्रयुक्त किये जाने वाले मुख्य refractories पदार्थ सिलिकान, एल्यूमिनियम, मेगनिशियम, केलशियम, जिरकोमियम के ऑक्साइडों का मिश्रण होता है। उच्च तापमान पर प्रयुक्त किये जाने वाले सामान्य refractories पदार्थों में क्रिस्टलाइन तथा amorphous पदार्थों का मिश्रण होता है जो किसी glassy matrix के विभिन्न संगठन द्वारा परस्पर बंधे होते हैं।

व्यापक रूप से प्रयोग किया जाने वाला एक refractory पदार्थ एल्यूमिनियम तथा सिलिका का मिश्रण (composition) होता है। कुछ वर्षों पूर्व ही कुछ नये रिफरेक्ट्री पदार्थों का विकास हुआ है जिनका प्रयोग गैस टरबाइन, रैम जैट इंजन, मिसाइल्स (missiles), न्यूक्लियर रिएक्टर इत्यादि में उत्पन्न अति उच्च तापमान पर किया जाता है। ये रिफरेक्ट्रीज सामान्य क्रिस्टलाइन पदार्थ होते हैं जिनमें शुद्ध धात्विक (metallic) ऑक्साइड्स, कारबाइड्स, बोराइड्स (borides), नाइट्राइड्स तथा सल्फाइड्स का मिश्रण होता है। उपरोक्त के अतिरिक्त कुछ मिश्र धातुएँ उदाहरणतः निमोनिक (nimonic) तथा इन्कलॉय (incoloy) भी उच्च ताप पदार्थों के रूप में प्रयोग किए जाते हैं। सारणी 10.3 में कुछ महत्त्वपूर्ण उच्च तापमान पदार्थों (refractories materials) के वर्ग, नाम, रासायनिक सूत्र, संगठन (composition) तथा अनुप्रयोग के लिए तापमान की सीमाएँ प्रदर्शित की गई हैं।

Table 10.3. Some Important Refractory Materials

Class	Name and Chemical formula	Composition	Limits of Temperature for application
Acid	Silica–SiO_2	SiO_2 – 100%	1750°C
	Kaolin– $Al_2O_3 . 2 SiO_2 . 2 H_2O$	Al_2O_3 – 45·9%	1735°C
	Sillimanite–$Al_2O_3 . 2 SiO_2$	SiO_2 – 54·1%	1800°C
	Mullite–3 $Al_2O_3 . 2 SiO_2$	Al_2O_3 – 63%, SiO_2 – 37%	1900°C
	Alumina–Al_2O_3	Al_2O_3 – 72%, SiO_2 – 28%	2050°C
	Silicon–SiC	Al_2O_3 – 100% (Corundum)	2700°C
	Corbide	SiC – 100%	
Basic	Lime–CaO	CaO – 100%	2570%
	Magnesia–MgO	MgO – 100%	2800°C
Neutral	Chromite–FeO . Cr_2O_3	FeO – 32%, Cr_2O_3 – 68%	2180°C
	Zirconia–ZrO_2	ZrO_2 – 100%	2700°C
	Graphite–C	C – 100%	3000°C

10.12. CRYOGENIC अनुप्रयोगों के लिए पदार्थ (Materials for Cryogenic Application)

(A) एल्यूमिनियम रिसाइकिलिंग प्रक्रम का डिजाइन (Design of an Aluminium Recycling Process)

माना कि beverage cans के लिए प्रयोग होने वाले recycling एल्यूमिनियम एलॉय के लिए एक विधि का डिजाइन करना है। एल्यूमिनियम की recycling लाभप्रद है क्योंकि ऊर्जा का केवल एक अंश (लगभग 5%) ही Al_2O_3 से एल्यूमिनियम उत्पन्न करने को आवश्यक होता है। हालाँकि, beverage cans के recycling में काफी कठिनाइयाँ आती हैं।

Beverage cans, भिन्न संगठन (compositions) रखते हुए दो एल्यूमिनियम एलॉय (मुख्य बॉडी के लिए 3004 तथा lids के लिए 5182) से बनाए जाते हैं। 3004 एलॉय deep drawing process को करने को आवश्यक विशिष्ट formability रखता है, जबकि 5182 एलॉय अपेक्षाकृत कठोर है तथा उचित प्रकार से कार्य करने को pull-tops को अनुमत करता है। जब cans को remelt किया जाता है, तब परिणामस्वरूप प्राप्त एलॉय Mg तथा Mn दोनों को रखता है तथा किसी भी अनुप्रयोग के लिए उपयोगी नहीं है।

Cans को recycling करने की एक एप्रोच cans से दो एलॉयों को पृथक् करने की है। Cans को चिथड़े-चिथड़े (shred) किया जाता है, तब lacquer को दूर करने को गर्म किया जाता है जो cans को प्रयोग के दौरान सुरक्षित करने में सहायता करता है। हम तब पदार्थ को एक तापमान पर जहाँ 5182 एलॉय पिघलना प्रारम्भ करता है, फिर shred कर सकते थे। 5182 एलॉय 3004 एलॉय की तुलना में wider freezing range रखता है तथा बहुत छोटे टुकड़ों में खण्डित हो जाता है; तथा अधिक तन्य 3004 एलॉय बड़े टुकड़ों में बँट जाता है। 5182 के छोटे टुकड़ों को इसलिए एक screen के द्वारा गुजारकर अलग किया जा सकता है। अलग किए गए दो एलॉयों को तब पिघलाया, कास्ट किया तथा नए can stock में रोल किया जा सकता है।

एक वैकल्पिक विधि cans के remels को सरल करने की होगी। एक बार cans के remelt हो जाने पर, हम द्रव एलॉय (liquid alloy) से होकर क्लोरीन गैस को bubble कर सकेगें। क्लोरीन मैग्नीशियम के साथ इसे chloride के रूप में दूर करते हुए selectively react करती है। अवशेष द्रव को तब उचित composition को समायोजित किया जा सकता है तथा 3004 एलॉय के रूप में recycle हो सकता है।

(B) CRYOGENIC Talk के लिए पदार्थ का चुनाव (Material Selection for a Cryogenic Talk)

Space shuttle के लिए द्रव हाइड्रोजन ईंधन रखने को प्रयोग होने वाले टेंक के पदार्थ का डिजाइन कीजिए।

द्रव हाइड्रोजन को – 253°C के नीचे संचय (store) किया जाता है, इसलिए, संचय के लिए टेंक (tank) को अच्छी cryogenic properties रखनी चाहिए। टेंक उच्च प्रतिबलों के अधीन होता है; विशेष रूप से जबकि प्लेन आरबिट (orbit) में प्रवेश करता है तथा इस catastrophic failure के अवसरों को न्यूनतम करने को अच्छी fracture toughness रखना चाहिए। अन्तिम रूप से, इसे उच्चतर payloads अथवा कम ईंधन खपत (less fuel consumption) अनुमत करने को भार में हल्का होना चाहिए।

हल्के भार वाला एल्यूमिनियम एक अच्छी पसन्द प्रतीत होगी। एल्यूमिनियम brittle transition को तन्यता (ductile) प्रदर्शित नहीं करता है। इसकी अच्छी तन्यता के कारण, हम एल्युमिनियम को अच्छी fracture toughness रखने को, विशेष रूप से जबकि एलॉय annealed condition में है, आशा करते हैं।

सबसे सामान्य cryogenic एल्यूमिनियम एलॉय में से एक 5083–0 है। एल्यूमिनियम-लीथियम एलायज भी उनको निम्नतर घनत्व के लाभ को लेने को निम्न तापमान अनुप्रयोगों के लिए विचार किए जा रहे हैं।

(C) ऑटोमोटिव व्हील्स के लिए कास्टिंग प्रक्रम का डिजाइन (Design of a Casting Process for Wheels)

कम भार (reduced weight) तथा अनुरूप एवं समान गुणों को रखते हुए ऑटोमोटिव व्हील्स उत्पन्न करने को एक कास्टिंग प्रक्रम का डिजाइन कीजिए।

बहुत से automotive wheels 356 एल्यूमिनियम एलॉय के स्थाई मोल्ड कास्टिंग (permanent mould casting) के द्वारा उत्पन्न किए जाते हैं। स्थाई मोल्ड कास्टिंग में, द्रव एल्यूमिनियम (liquid aluminium) गर्म किए गए कास्ट आयरन मोल्ड में भेजा जाता है तथा ठोस होता है। यह सुनिश्चित करने कि shrinkage voids न बनें, राइजर्स (risers) की आवश्यकता हो सकती है। इस आवश्यकता के लिए, भार कम करने की तुलना में, अच्छे कास्टिंग लक्षणों को सुनिश्चित करने को व्हील्स के डिजाइन की आवश्यकता हो सकती है। कास्टिंग secondary dendrite arm spacing तथा समस्त व्हील में गुणों जैसे microstructure में differences पैदा करते हुए भिन्न दरों पर ठण्डी की जा सकती है।

एक वैकल्पिक प्रक्रम Thixocasting Process प्रयोग करना हो सकता था जिसमें पदार्थ को, solidification के दौरान आंशिक रूप से द्रव, आंशिक रूप से solid structure उत्पन्न करते हुए जो बाह्य बल न लगाने पर solid के रूप में व्यवहार करता हो; यहाँ तक कि दाब के अधीन द्रव के रूप में flow करे, stirred किया जाता है। हम wide freezing range के साथ एक एलॉय का चयन करेंगे ताकि dendrites की growth के द्वारा solidification प्रक्रम का significant portion प्राप्त हो। एक hypoeutectic aluminium silicon alloy उपयोगी हो सकता है। Thixocasting process में, solidification के दौरान stirring के द्वारा dendrites खण्डित हो जाते हैं। Billet को बाद में एलॉय के ठीक eutectic portion को पिघलाने को reheat किया जाता है; तथा यह तब liquidus temperature के नीचे तापमान पर अपनी semi-solid condition में मोल्ड में force किया जाता है। जब एलॉय पुनः ठोस होता है, primary aluminium phase, समान होगा, round grain (dendrites की तुलना में) eutectic के continuous matrix के द्वारा घिरे हुए होंगे। चूँकि लगभग आधा एलॉय injection के समय पहले से ही ठोस है, shrinkage की कुल मात्रा, आन्तरिक दोषों की सम्भावना को कम करते हुए, कम है। यह परिणाम risers की आवश्यकता को भी कम करता है, जो बाद में व्हील के निर्माण की सुगमता की तुलना में इसके eventual function के लिए, इसकी डिजाइनिंग में अधिक स्वतन्त्रता प्रदान करता है।

(D) जेट इंजन के टरबाइन ब्लेडों में प्रयोग होने वाले पदार्थ का चयन तथा डिजाइन

(Select and Design Materials to be used in Turbine Blade of Jet Engines)

स्टेनलैश स्टील (stainless steels) पर्यावरण की भिन्नता में, विशेष रूप से ambient atmosphere में, संक्षारण (corrosion) के उच्च रूप से प्रतिरोधी हैं। उत्कृष्ट संक्षारण की प्रतिरोधकता (resistance to corrosion) के साथ संयुक्त, यान्त्रिक गुणों की बड़ी रेंज, स्टेनलैश स्टील को अपनी अनुप्रयोगिता में बहुत versatile बनाता है। Martensitic stainless steels इस प्रकार से heat treated होने के समर्थ हैं कि martensite prime micro constituent है। विशिष्ट सान्द्रताओं (significant concentrations) में एलॉय घटकों का योग आयरन-आयरन कारबाइड फेज डायग्राम में dramatic alternations पैदा करता है।

कुछ stainless steels बहुधा उच्च तापमानों पर प्रयोग किए जाते हैं तथा गम्भीर पर्यावरण में, चूँकि वे ऑक्सीडेसन का प्रतिरोध करते हैं तथा ऐसी परिस्थितियों के अधीन अपनी mechanical integrity बनाए रखते हैं; ऑक्सीडाइजिंग वातावरण में ऊपरी तापमान सीमा लगभग 1300°C है। इन इस्पातों को प्रयोग करने वाले उपकरण (equipment) में गैस टरबाइन्स, उच्च तापमान भाप बायलर्स, ताप उपचार करने वाली भट्टियाँ (heat-treating furnaces), एयरक्राफ्ट, मिसाइल्स (missiles) तथा न्यूक्लियर पावर जनरेटिंग यूनिट्स सम्मिलित हैं।

10.13. ऊष्मीय इन्सुलेटिंग पदार्थ (Thermal Insulating Materials)

थरमल इन्सुलेटर्स (thermal insulators) वे पदार्थ हैं जिनकी ऊष्मा चालकता (conductivity) कम (low) तथा ऊष्मा प्रतिरोधकता (heat resisistivity) उच्च होती है। इनका प्रयोग प्रायः किसी गर्म वातावरण (hot atmosphere) से ठण्डे वातावरण (cool atmosphere) में ऊष्मा के प्रवाह को रोकने के लिए किया जाता है।

उदाहरणतः भट्टियाँ (furnaces) अथवा वातावरण से निम्न ताप पर सम्पन्न कोई प्रक्रिया।

थरमल इन्सुलेटर्स में निम्न गुण होने चाहिए—

1. Low specific gravity
2. low thermal conductivity
3. Low specific heat
4. Odourless अर्थात् गन्ध हीन
5. Resistant to moisture
6. High thermal stability
7. High chemical stability
8. Physical stability
9. Non-inflammatory
10. Resistant to vibration and mechanical shocks

परन्तु किसी एक इन्सुलेटिंग पदार्थ में उपरोक्त सभी गुणों का होना सम्भव नहीं है। इन्सुलेटिंग पदार्थ का चयन (selection) उसके अनुप्रयोग (particular application) के अनुसार किया जाता है तथा उसमें वे समस्त गुण होने आवश्यक हैं जिनके लिए उसे प्रयोग किया जाता है। सामान्यतः एक उत्तम (ideal) इन्सुलेटिंग पदार्थ (thermal insulation) के विभिन्न अभिलक्षण निम्न प्रकार होते हैं—

(a) स्टील की यान्त्रिक सामर्थ्य के समान
(Like mechanical strength of steel)

(b) गन्धक की आयतन एवं पृष्ठ प्रतिरोधकता
(Volume and surface resistivity of sulphur)

(c) सिलिका की अग्नि-रोधक क्षमता
(Fire-proof qualities of silica)

(d) लकड़ी की मशीनेबिलिटी
(Machinability of wood)

(e) प्लेटीनम की भाँति रासायनिक रोधकता
(Resistant to chemical reactantants like platinum)

(f) पैराफीन मोम की भाँति वाटर-प्रूफ
(Water proof like parafin wax)

(g) माइका की डायलेक्ट्रिक क्षमता के समान
(Dielectric strength like that of mica)

थरमल इन्सुलेटर्स का वर्गीकरण
(Classification of thermal insulators)

थरमल इन्सुलेटिंग पदार्थ दो प्रकार के होते हैं—

(1) कार्बनिक (organic) तथा (2) अकार्बनिक (inorganic)

मुख्य कार्बनिक (organic) इन्सुलेटर्स निम्न प्रकार है—

(i) ऊन (wool)

(ii) कपास ऊन (Cotton wool)

(iii) कार्क बोर्ड (Cork board)

(iv) सिल्क (Silk)

(v) लकड़ी का पलप (Wood pulp)

(vi) गन्ने के फाइबर्स (Sugarcane fibres)

(vii) लकड़ी का बुरादा (Saw dust)

(viii) चमड़ा (Leather)

(ix) कागज (Paper) इत्यादि।

मुख्य अकार्बनिक (inorganic) इन्सुलेटर्स निम्न है—

(i) स्लैग ऊन (slag wool)

(ii) खनिज ऊन (Mineral wool)

(iii) ग्लास ऊन (Glass wool)

(iv) एल्यूमीनियम की पत्तियाँ (Aluminium foils)

(v) लकड़ी की राख (Wood ash)

(vi) चार कोल (Charcoal)

(vii) जिप्सम पाउडर (Gypsum)

10.14. शब्दावली (Glossary)

ऊष्मा धारिता (Heat capacity)—एक पदार्थ के एक mole के तापमान को एक डिग्री के द्वारा बढ़ाने को आवश्यक ऊर्जा।

ऊष्मीय प्रसारण का रेखीय गुणांक (Linear coefficient of thermal expansion)—वह मात्रा (amount) जिसके द्वारा पदार्थ की प्रत्येक इकाई लम्बाई बदलती है जब पदार्थ का तापमान एक डिग्री के द्वारा बदलता है।

गलन बिन्दु (Melting point)—एक दिए हुए superincumbent pressure पर ठोस से द्रव अवस्था में बदलने वाला निश्चित तापमान।

सामान्य गलन बिन्दु (Normal melting point)—एक पदार्थ एक निश्चित तापमान (definite temperature) जिस पर यह एक वातावरण के दाब पर पिघलता है, रखता है।

फोनोन (Phonon)—Elastic waves का एक पैकेट (packet)। यह इसकी ऊर्जा (energy), wavelength अथवा frequency द्वारा बताया जाता है जो एक पदार्थ के द्वारा ऊर्जा स्थानान्तरित करती है।

विशिष्ट ऊष्मा (Specific heat)—पदार्थ के एक ग्राम के तापमान को एक डिग्री द्वारा बढ़ाने को आवश्यक ऊर्जा।

ऊष्मीय चालकता (Thermal conductivity)—एक microstructure sensitive गुण जो दर (rate) जिस पर ऊष्मा पदार्थ के द्वारा स्थानान्तरित होती है, मापती है।

ऊष्मीय आघात (Thermal shock)—तापमान में यकायक परिवर्तन के द्वारा उत्पन्न प्रतिबलों के द्वारा हुई पदार्थ की असफलता (failure)।

ऊष्मीय प्रतिबल (Thermal stresses)—तापमान परिवर्तन के कारण हुए contraction के लिए प्रसार की मात्रा (amount of expansion) में भिन्नता के कारण पदार्थ में उत्पन्न प्रतिबल।

अभ्यासमाला (Exercise)

1. पदार्थों के ऊष्मीय गुण (thermal properties) क्या हैं? ऊष्मीय चालकता (thermal conductivity) को विस्तार से स्पष्ट कीजिए।
2. पदार्थों के ऊष्मीय प्रसार (thermal expansion) से आप क्या समझते हैं? यह कितने प्रकार के होते हैं? पदार्थों के ऊष्मीय प्रसार के कारण बताइए।
3. ऊष्मीय इन्सुलेटिंग पदार्थों की मुख्य विशेषताओं (special features) का वर्णन कीजिए।
4. पदार्थों के ऊष्मीय आघात (thermal shock) को परिभाषित कीजिए।

5. क्या पदार्थों की ऊष्मीय चालकता (thermal conductivity) एक microstructure sensitive गुण है ? स्पष्ट कीजिए ।
6. निम्न पर संक्षिप्त टिप्पणी लिखिए—
   (i) विशिष्ट ऊष्मा (Specific heat)
   (ii) ऊष्मीय आघात (Thermal shock)
   (iii) ऊष्मीय प्रतिरोध (Thermal resistance)
   (iv) गलन बिन्दु (Melting point)
   (v) थर्मो-इलास्टिक प्रभाव (Thermo-elastic effect)
7. विशिष्ट ऊष्मा क्या है ? स्पष्ट कीजिए कि विशिष्ट ऊष्मा भिन्न पदार्थों के लिए भिन्न क्यों हैं ? विशिष्ट ऊष्मा कैसे specify की जाती है ?

●

11
सिरेमिक पदार्थ
(Ceramic Materials)

11.1. परिचय (Introduction)

सिरेमिक पदार्थ, phases रखने वाले, जो धातुओं एवं अधातु तत्वों के यौगिक (compounds of metallic and non-metallic elements) होते हैं, के रूप में परिभाषित किए जाते हैं। संक्षेप में, सिरेमिक्स (ceramics) अकार्बनिक (inorganic) अ-धात्विक (non-metallic) पदार्थ हैं। चूँकि धात्विक तथा अधात्विक परमाणुओं के अनेक सम्भव संयोग (combinations) होते हैं तथा प्रत्येक संयोग की अनेक संरचनीय व्यवस्थाएँ (structural arrangements) हो सकती हैं; सिरेमिक पदार्थों की एक बड़ी रेंज प्राप्त होने को पाई जाती है तथा बहुत उपयोगी इन्जीनियरी पदार्थों के रूप में प्रयोग की जाती है।

जब मानव का पाषाण युग (stone ages) समाप्त हुआ था, सिरेमिक पदार्थ प्रौद्योगिकी के बाहर नहीं हुए। इन पदार्थों के लिए नए प्रयोग तारतम्यता से पाए जाते रहे हैं तथा आधुनिक

वर्षों में सिरेमिक पदार्थ निःसन्देह लुब्रीकेन्ट्स (molybdenum disulphide) तथा ईंधन (न्यूक्लियर रिऐक्टर्स के लिए यूरेनियम ऑक्साइड तथा सालिड प्रोपेलन रॉकेट्स के लिए बोरोन हाइड्राइड) के रूप में प्रयोग किए गए हैं। अधिकतर सिरेमिक पदार्थ सिलीकेट्स, एल्यूमिनेट्स, ऑक्साइड्स, कारबाइड्स, बोराइड्स, नाइट्राइड्स अथवा हाइड्राइड्स हैं। सिरेमिक उत्पादों का सामान्य वर्गीकरण करना इन पदार्थों की बड़ी अस्थिरता (versality) के कारण कठिन है, परन्तु निम्न सूची दीर्घ समूहों को सम्मिलित करती है—

1. एब्रेसिव्स (Abrasives)
2. व्हाइटवेयर्स (Whitewares)
3. रासायनिक स्टोनवेयर्स (Chemical stonewares)
4. पोर्सेलेन इनेमल (Porcelain enamel)
5. विद्युत पोर्सेलेन (Electrical porcelain)
6. ग्लास (Glass)
7. ब्रिक्स एवं टाइल्स (Bricks and tiles)
8. सीमेन्ट एवं कंक्रीट (Cement and Concerete)
9. मिनरल ओर्स (Mineral ores)
10. रिफरेक्ट्रीज (Refractories)
11. स्लेग एवं फलक्स (Slags and fluxes)
12. इन्सुलेटर्स (Insulators)

सिरेमिक पदार्थों के प्रमुख लक्षणों में से एक अपेक्षाकृत उच्च तापमानों पर स्थिरता (stability) है। उनमें से कई धातुओं की तुलना में अधिक उच्चतर तापमानों को सामर्थ्य कायम रखते हैं, कई सिरेमिक्स ऊष्मीय घात (thermal shock) के प्रति संवेदनीय (susceptible) हैं। छिद्रमय सिरेमिक्स (porous ceramics) ऊष्मीय इन्सुलेशन के लिए ऊष्मीय घात के प्रतिरोधी हैं। जबकि वही सिरेमिक सघन रूप में संरचनीय उपयोग (structural use) के लिए संवेदनीय हो सकते हैं। सामान्यतया, हालाँकि, सिरेमिक्स या तो धातुओं अथवा कार्बनिक पॉलीमर्स (organic polymers) के बिलकुल भिन्न (unlike) गुण रखते हैं। वे उच्च संपीडन सामर्थ्य (compressive strength) रखते हैं परन्तु तनाव (tension) में कमजोर हैं। वे ऑक्सीडेशन तथा कोरोसन के प्रतिरोधी हैं। वे उच्च तापमान क्रीप के प्रतिरोधी हैं। वे मजबूत (strong), कठोर (hard) तथा brittle हैं तथा उच्च गलन तापमान रखते हैं। वे अच्छे ऊष्मीय तथा विद्युत इन्सुलेटर्स हैं।

11.2. सिरेमिक्स का वर्गीकरण
(Classification of Ceramics)

सिरेमिक पदार्थ सामान्यतः दो भिन्न ढंग में वर्गीकृत किए जाते हैं—

1. कार्यात्मक वर्गीकरण (विशिष्ट उद्योगों तथा औद्योगिक अनुप्रयोगों को इंगित करते हुए) देखिए सारणी 11.1
2. संरचनीय वर्गीकरण (संरचनीय नियमों को इंगित करते हुए) देखिए सारणी 11.2

सारणी 11.1. सिरेमिक्स का कार्यात्मक वर्गीकरण

	समूह (Group)	उदाहरण (Examples)
1.	एब्रेसिव्स (abrasives)	एल्यूमिना, कारबोरडंम
2.	शुद्ध ऑक्साइड सिरेमिक्स (pure oxide ceramics)	MgO, Al_2O, SiO_2
3.	फायर्ड-क्ले प्राडक्ट	ब्रिक, टाइल्स, पोर्सेलेन आदि
4.	अकार्बनिक ग्लासेज	बिन्डो ग्लास, लैड ग्लास आदि
5.	सीमेन्टिंग पदार्थ	पोर्टलेण्ड, सीमेन्ट, लाइम आदि
6.	चट्टानें (rocks)	ग्रेनाइट्स, सेन्डस्टोन आदि
7.	मिनरल्स (minerals)	क्वाटर्ज, कैलसाइट आदि
8.	रिफरेक्ट्रीज (refractories)	सिलिका ब्रिक, मेगनीसाइट आदि

सारणी 11.2. सिरेमिक्स का संरचनीय वर्गीकरण

	समूह (Group)	उदाहरण (Examples)
1.	क्रिस्टिलाइन सिरेमिक्स (Crystalline ceramics)	सिंगल फेज जैसे MgO अथवा मल्टी-फेज MgO से Al_2O_3 बायनरी सिस्टम
2.	नॉन-क्रिस्टिलाइन सिरेमिक्स	प्राकृतिक तथा कृत्रिम अकार्बनिक ग्लासेज (जैसे, विण्डो ग्लास)
3.	"ग्लास-बाण्डिड" सिरेमिक्स (Glass-bonded ceramics)	फायर्डक्ले प्राडक्ट क्रिस्टलीय फेज ग्लासी मेट्रिक्स में पकड़े रहते हैं।
4.	सीमेन्ट्स (cements)	क्रिस्टिलाइन अथवा क्रिस्टिलाइन तथा नॉन-क्रिस्टलाइन फेजज

11.3. सिरेमिक्स की संरचना (Structure of Ceramics)

अधिकतर सिरेमिक फेज (phases) जैसे धातुएँ (metals), क्रिस्टल संरचना (crystal structure) रखते हैं। सिरेमिक क्रिस्टल्स या तो pure ionic bond (जैसे कि सोडियम क्लोराइड में) अथवा a pure covalent bond (जैसे कि सिलिकान कारबाइड में) अथवा बाण्ड्स (bonds) जो कोवेलेन्ट लक्षणों के साथ-साथ ionic रखते हैं (जैसा कि SiO_2 एवं MgO में) के द्वारा बने होते हैं।

आयनिक बाण्ड्स सिरेमिक पदार्थों को अपेक्षाकृत उच्च स्थिरता (stability) प्रदान करते हैं। वर्ग के रूप में, धातुओं अथवा कार्बनिक पदार्थों की तुलना में, औसत पर, वे अधिक

उच्चतर गलन बिन्दु (higher melting point) रखते हैं। साधारणत: वे harder भी हैं तथा chemical reaction के अधिक प्रतिरोधी हैं। कोवेलेन्ट क्रिस्टल्स प्राय: उच्च कठोरता (high hardness), उच्च गलन बिन्दु (high melting point) तथा कक्ष तापमान पर निम्न विद्युत चालकता (low electrical conductivity) भी रखते हैं।

सिरेमिक्स की क्रिस्टल संरचना, हालाँकि, उन धातुओं की तुलना में अधिक जटिल (complex) है, चूँकि भिन्न साइजों के परमाणु तथा electronic configurations एक साथ एकत्र (assemble) होते हैं। सिरेमिक्स, इसलिए, अपनी आन्तरिक संरचनाओं के पदों में वर्गीकृत किए तथा समझे जाते हैं। क्रिस्टिलाइन सिरेमिक्स में पाई जाने वाली सामान्य क्रिस्टल संरचना, विशेष रूप से ऑक्साइड प्रकार की, को संक्षेप में अग्र वर्णित किया गया है—

11.4. सीसियम क्लोराइड संरचना (Cesium Chloride Structure)

सिरेमिक यौगिकों के लिए सरल क्यूबिक संरचना (cubic structure) जो धातुओं में नहीं पाई जाती है, सम्भव है। सीसियम क्लोराइड इस दशा के लिए prototype है। देखिए चित्र 11·1। इस संरचना में, क्लोराइड आयन्स सरल क्यूबिक संरचना में व्यवस्थित किए जाते हैं तथा सभी interstices सीसियम आयन्स द्वारा occupy किए जाते हैं। इनके आयनों का साइज अनुपात (size ratio) 1·65/1·81 अथवा लगभग 0·9 है, जो आठ (eight) के coordination संख्या का समर्थन करता है।

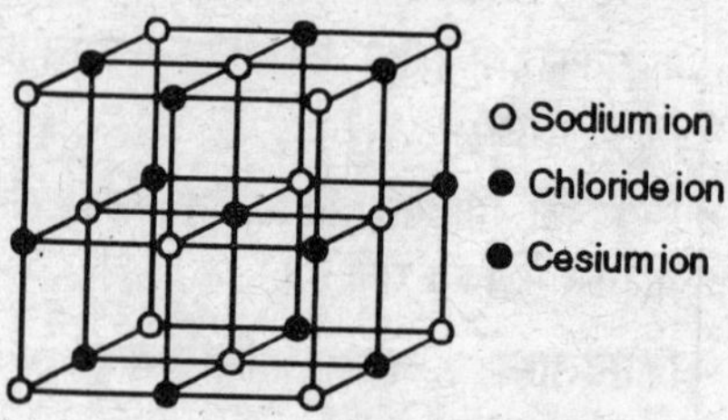

चित्र 11.1—सीसियम क्लोराइड संरचना।

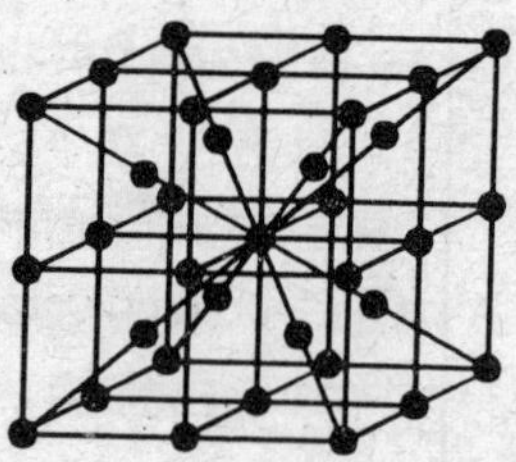

चित्र 11.2—सोडियम क्लोराइड संरचना।

11.5. रॉक साल्ट संरचना (Rock Salt Structure)

अधिकतर oxides तथा halides, close packed cubic संरचना में रॉक साल्ट (सोडियम क्लोराइड) जैसा कि चित्र 11.2 में प्रदर्शित किया गया है, के समान (similar) है। संरचना को सभी उपलब्ध interstitial positions को भरते हुए छोटे cations के साथ fcc anions के बने हुए रूप में समझा जा सकता है। संरचना 4 anion तथा 4 cations positions प्रति इकाई सैल रखता है तथा यह इसलिए 8 छोटे cubes का बना होता है। यहाँ, प्रत्येक धातु परमाणु 6 धातु परमाणुओं (metal atoms) के द्वारा घिरा रहता है। इस प्रकार

atomic coordination (CN) 6 : 6 है। दूसरे उदाहरण इस प्रकार हैं—MgO, CaO, BaO, CdO, MnO, FeO, CeO तथा NiO.

11.6. Zinc Blende संरचना

अधिक cubic ceramic यौगिकों के जो दो 4-fold sites में परमाणु रखते हैं, अर्थात् atomic coordination 4 : 4 में, zinc blende (SnS) तथा सिलिकॉन कारबाइड (β-Sic) है। पहला चित्र 11.3 में दिखाया गया है जहाँ चार प्रक्षेण (observations) किए जा सकते हैं—

1. प्रत्येक प्रकार का परमाणु अपना स्वयं का एक fcc structure बनाता है।
2. उपलब्ध tetrahedral interstices का केवल आधा smaller cations के साथ भरा जाता है।
3. अधिकतम coordination संख्या विद्यमान नहीं रहती है क्योंकि कुछ covalent bonding उपस्थित रहती है जो चार neighbours की पसन्द प्रदान करती है।
4. संरचना वही है जैसी कि डायमण्ड क्यूबिक (diamond cubic), सिवाय इसके कि परिवर्ती परमाणु (alternate atoms) भिन्न तत्त्वों के हैं।

यह संरचना भी केडमियम सल्फाइड (CdS) तथा एल्यूमिनियम फासफाइड (AlP) सम्मिलित करती है।

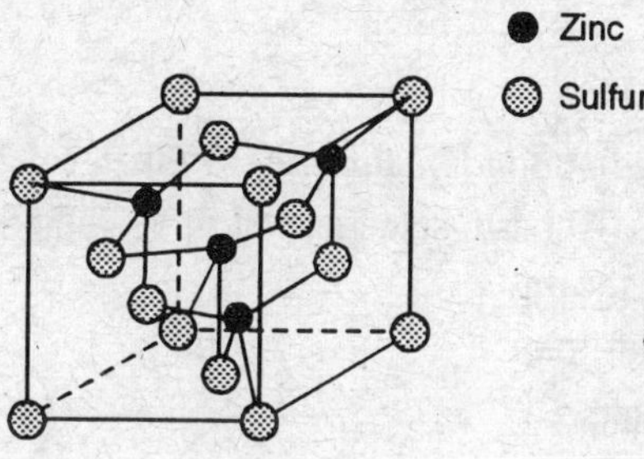

चित्र 11.3—जिंक ब्लेण्ड संरचना।

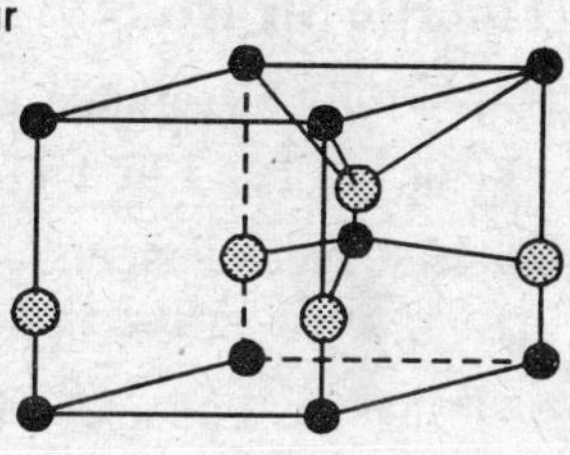

चित्र 11.4—Wurzite संरचना।

11.7. WURZITE संरचना

अन्य क्यूबिक सिरेमिक यौगिक जो 4 : 4 के अनुपात में atomic coordination रखते हैं Wurzite को सम्मिलित करते हैं जो second ZnS polymorph है। यह चित्र 11.4 में प्रदर्शित किया गया है। Zincite (ZnO) तथा बेरिलियम ऑक्साइड (BeO) जिसमें प्रत्येक प्रकार का परमाणु एक hcp संरचना बनाता है, tetrahedral interstices के आधे smaller cations के द्वारा भरे होते हैं ताकि अधिकतम cation separation हो।

11.8. स्पीनेल संरचना (Spinel Structure)

Spinels सूत्र AB_2O_4 के ऑक्साइडों के complex group हैं, जहाँ A तथा B भिन्न धातुएँ हैं जैसे मैगनिशियम एल्यूमिनिटे स्पीनेल ($MgAl_2O_4$) तथा fine ferrospinel ($ZnFe_2O_4$) । Spinels में क्रिस्टल संरचना जो एक close packed cubic structure है, एक rock salt तथा zinc blende structure के संयोग (combination) के रूप में सोची जाती है । $ZnFe_2O_4$, $FeAl_2O_4$, $COAl_2O_4$ तथा $ZnAl_2O_4$ के लिए भी समान संरचनाएँ प्रेषित की जाती हैं । ऐसे Spinel structures तीन प्रकार के यौगिकों में आवश्यक रूप से विद्यमान रहते हैं जैसे Aluminates, the ferrites (based on Fe_2O_3) तथा Chromites (based on Cr_2O_3) । Spinel structure परमाणुओं की इसमें निम्न व्यवस्था रखता है ।

1. Oxygen ions एक fcc pattern में है ।
2. A^{2+} metal ions, tetrahedral sites होते हैं ।
3. B^{3+} metal ions, octahedral sites occupy करते हैं ।

इस प्रकार, spinel में, प्रत्येक इकाई सैल (unit cell) में, A^{2+} metal ions के द्वारा occupy की हुई 8 tetrahedral sites तथा B^{3+} metal ions के द्वारा occupy की हुई 16 octahedral holes के साथ; 32 ऑक्सीजन आयन्स होते हैं। ऐसे मिनरल्स के चुम्बकीय गुण (magnetic properties), cation distributions पर निर्भर करते हैं ।

11.9. फ्लूओराइट संरचना (Fluorite Structure)

सिरेमिक यौगिक (ceramic compounds), fluorite संरचना में होने को पाये जाते हैं । देखिए चित्र 11.5 । यह UO_2 का basic structure भी है, जो न्यूक्लियर फ्यूल तत्त्वों (nuclear fuel elements) में तथा ZrO_3 की एक रूप में, जो एक उपयोगी उच्च तापमान ऑक्साइड है, प्रयोग किया जाता है । संरचना, आठ के cation CN तथा चार के anion CN प्रदान करते हुए, सभी 4-fold स्थितियों में anions के साथ cations का एक fcc व्यवस्था रखता है । यह भी सुझाव दिया जा सकता है कि 8-fold positions के आधे में cations के साथ anions की एक सरल cubic व्यवस्था है । इस fluorite structure का एक दिलचस्प पहलू unit cell के केन्द्र में large vacancy है ।

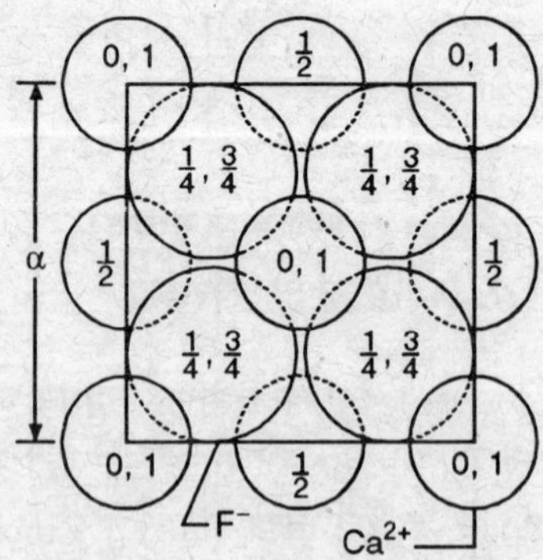

चित्र 11.5—फ्लूओराइट संरचना ।

11.10. इलमेनाइट संरचना (Ilmenite Structure)

यद्यपि तीन प्रकार के परमाणुओं की उपस्थिति additional complexity देती है, ऐसे अनेक यौगिक जैसे ilmenite ($FeTiO_3$) तथा $BaTiO_3$ हमारे ध्यान के लिए पर्याप्त लाभ के हैं। $BaTiO_3$, सिरेमिक पदार्थों के लिए प्रोटोटाइप, अनुप्रयोगों जैसे record players के लिए cartiges में प्रयोग होता है, 120°C के ऊपर स्थाई है। यह cube के केन्द्र में Ti^{4+} ion के साथ cubic unit cell, कोनों (coners) पर Ba^{2+} ions तथा प्रत्येक फलक के केन्द्र पर O^{2-} ions रखता है। देखिए चित्र 11.6। कुछ चयनित सिरेमिक यौगिकों को सारणी 11.3 में दिखाया गया है।

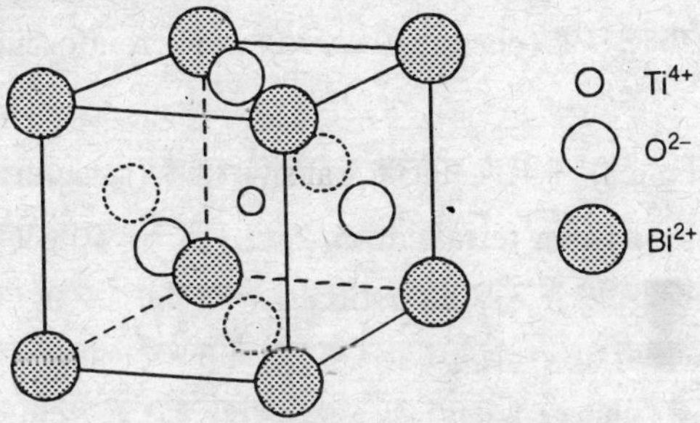

चित्र 11.6—क्यूबिक $BaTiO_3$ संरचना।

सारणी 11.3. चयनित सिरेमिक यौगिक

संरचना (Structure)	Anion व्यवस्था	Cation Interstitial Location	Location filled	अन्य उदाहरण
CsCl	Sc	8-fold	All	—
NaCl	fcc	6-fold	All	MgO, MnS, LiF
NiAs	hcp	6-fold	All	FeS
Zinc blende (ZnS)	fcc	4-fold	½	β-SiC, CdS, AIP
Wavzite (ZnS)	hcp	4-fold	½	BeO, ZnO, AIN
Corundum (Al_2O_3)	hcp	6-fold	⅔	Cr_2O_3, Fe_2O_3, $MgTiO_3$
Y-Al_2O_3	fcc	6-fold	⅔	y-Fe_2O_3
Fluorite (CaF_2)	Sc	8-fold	½	ZO_3, UO_2,
Fluorite (CaF_2)	fcc	4-fold (anion location)	All	ZrO_3, UO_3

11.11. सिलिकेट संरचना (Silicate Structure)

सिलिकेट्स सिरेमिक पदार्थों के बहुत बड़े तथा महत्त्वपूर्ण समूह बनाते हैं। ये सिलिकेट्स प्रचुर मात्रा में तथा सस्ते हैं तथा निश्चित विषय गुण (distrinct properties) लेते हैं जो इंजीनियरी अनुप्रयोगों में उपयोगी हैं। सम्भवतः सबसे अधिक ज्ञात सिलिकेट पोर्टलैण्ड सीमेण्ट (portland cement) है। ब्रिक (brick), टाइल (tile), ग्लास (glass) तथा vitreous enamels भी सिलिकेटों के बने होते हैं। सिलिकेट्स के महत्त्वपूर्ण इंजीनियरी अनुप्रयोगों में विद्युत इन्सुलेटर्स (electrical insulators), कैमिकल वेयर (chemical ware) तथा reinforcing glass fibres सम्मिलित हैं।

सिलिका (silica) के लिए मौलिक संरचनीय इकाई (structural unit) तथा सभी सिलिकेट्स silicon-oxygen tetrahedron $(SiO_4)^{4-}$ हैं जिसमें एक सिलिकॉन परमाणु चार ऑक्सीजन परमाणुओं के बीच interstitially फिट होता है जैसा कि चित्र 11.7 (a) में दिखाया गया है। इसके octet को पूरा करने के क्रम में प्रत्येक ऑक्सीजन परमाणु इस प्रकार ऋणात्मक रूप से charged होते हुए एक अतिरिक्त इलेक्ट्रॉन अर्जित करता है। यह tetravalent negative ion के गठन को बनाता है। भिन्न सिलिकेट संरचना विभिन्न ढंगों से पैदा होती है जिसमें सिलिकॉन ऑक्सीजन tetrahedra एक साथ संयोग करती हैं। यह भिन्न भौतिक गुणों के प्राकृतिक रूप से होने वाले मिनरल्स के कई शतकों के गठन (formation) में फलित होती है। बेसिक इकाइयाँ, हालाँकि, निम्न भिन्न प्रकार के सिलिकेटों को स्वीकार करने को अनेक संरचनाओं में एक साथ बाण्ड होती हैं।

1. **ओरथोसिलिकेट्स** (Orthosilicates)—Orthosilicates $(SiO_4)^{4-}$ में tetrahedra एक-दूसरे से link नहीं होते हैं परन्तु स्वतन्त्र tetravalent ऋण आयन्स (negative ions) के रूप में विद्यमान रहते हैं। $(SiO_4)^{4-}$ आयन्स रखते हुए मिनरल्स का सबसे सरल उदाहरण foresterite $(MgSiO_4)$ है जो Olivine समूह का मिनरल है तथा 1900°C के अपने उच्च गलन बिन्दु के लिए उच्च तापमान रिफरेक्टरी रूप में अक्सर प्रयोग होता है। अन्य महत्त्वपूर्ण orthosilicates में $MgCaSiO_4$, olivine group के अन्य मिनरल, zircon $(ZrSiO_4)$ तथा grossular $Ca_3Al_2(SiO_4)_3$ के रूप में garnet group के अनेक सदस्य सम्मिलित हैं। आयोनिक यौगिकों के रूप में orthosilicates यान्त्रिक रूप से मजबूत होगा तथा अपेक्षाकृत उच्च विशिष्ट गुरुत्व (high specific gravity) तथा साधारणतः उच्च गलन बिन्दुओं को रखेगा।

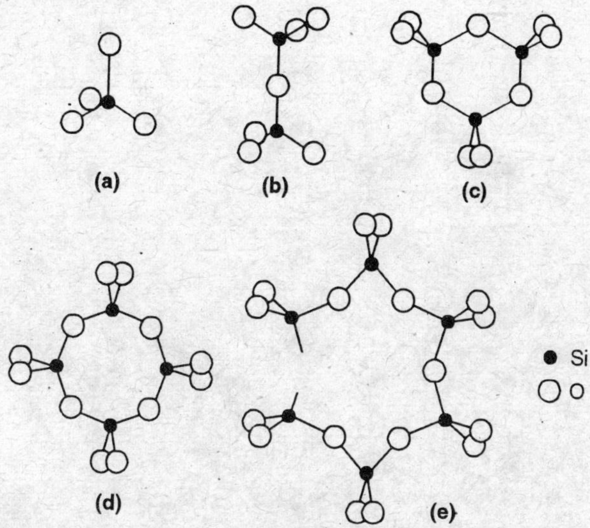

चित्र 11.7—सिलीकेट संरचना।

2. **पायरोसिलिकेट्स** (Pyrosilicates)—पायरोसिलिकेट्स $(SiO_4)^{4-}$ में tetrahedra एक corner अंश के साथ तथा दो इकाइयों के सदस्य होते हुए ऑक्सीजनों के एक के साथ युगलों (pairs) में होता है। यह संगठन $(Si_2O_7)^{6-}$ के एक स्वतन्त्र negative ion में फलित होता है जैसा कि चित्र 11.7 (b) में दिखाया गया है। इसी प्रकार, तीन, चार तथा छः tetrahedra, संगठन $(Si_2O_9)^{6-}$, $(Si_4O_{12})^{8-}$, $(Si_8O_{18})^{12-}$ के ring-like structure की close units को उत्पन्न करने को एक सामान्य ऑक्सीजन परमाणु के द्वारा संयोग (combine) कर सकता है, जैसा कि चित्र 11.7 में दिखाया गया है। ये पायरोसिलिकेट्स बहुत कम (rare) हैं।

3. **मेटासिलिकेट्स** (Metasilicates)—Metasilicates में प्रत्येक tetrahedra के दो corners, ring अथवा chain संरचना बनाते हुए link होते हैं। एक एकल चेन (single chain), जैसा कि pyroxenes $(SiO_3)_n^{2-}$ में (चित्र 11.8 a) तथा दोहरी चेन (double chain) जैसा कि amphiboles $(Si_4O_{11})_n^{6-}$ में, सम्भव है (चित्र 11.8) Asbestor minerals tremolite, $Ca_2Mg_5Si_8O_{22}(OH)_2$ तथा Chrysolite, $Mg_6Si_4O_{11}(H_6).H_2O$ दोहरे चेन संरचना (double chain structure) के उदाहरण हैं।

ये चेन संरचनाएँ लम्बाई में लगभग अनिश्चित (infinite) हैं तथा कार्बनिक पदार्थों में polymerization के समरूप (similar) हैं केवल एक भिन्नता के, कि सिरेमिक्स में

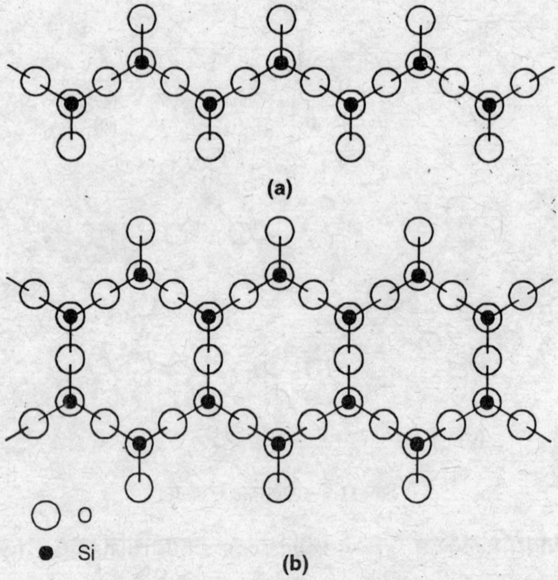

चित्र 11.8—$(SiO_4)^{4-}$ tetrahedra से Chains का बनना।

chains, ionic bonds के द्वारा पकड़ी रहती हैं, जबकि कार्बनिक पदार्थों में, chains साधारणत: weak vander waals बलों के द्वारा पकड़ी रहती हैं। थोड़े Weaker ये ionic bonds, cleavage अथवा चेन के समानान्तर fracture के लिए एक location प्रदान करते हैं।

4. सीट संरचना सिलिकेट्स (Sheet structure silicates)—जब tetrahedra, सामान्य स्थान में पड़ने वाले तीन परमाणुओं के द्वारा अन्य tetrahedra को प्रत्येक tetrahedra जोड़ने के साथ एक रेखा के ठीक अन्वायाम (along) की तुलना में सभी एक समतल में जुड़े रहते हैं, तो एक sheet की प्राप्ति होती है। संगठन $(Si_2O_5)_n$ की एक बड़ी two-dimensional unit फलित होती है। दो अथवा अधिक sheets को एक layer उत्पन्न रकने को मजबूत electrostatic force के द्वारा एक साथ बाण्ड किया जाता है। (देखिए चित्र 11.9) इसी कारण यह कभी-कभी layer structure कहलाता है। मिनरल में, ये layers एक-दूसरे पर loosely superimposed होती है तथा केवल weak vander waals बलों के द्वारा एक साथ पकड़ी जाती हैं। यह संरचनीय व्यवस्था, mica के cleavage, क्ले की प्लास्टिसीटी तथा लुब्रीकेटिंग लक्षण तथा टाल्क की कोमलता (softness of tale) जैसे सिरेमिक्स के निश्चित महत्त्वपूर्ण गुणों के लिए उत्तरदायी है। सबसे सरल क्ले, Kaolinate तथा अन्य क्ले मिनरल्स layer संरचना प्रदर्शित करते हैं जो एक असमिती (unsymmetrical) प्रकार की है।

5. फ्रेमवर्क संरचना सिलिकेट्स (Frame work structure silicates)—सिलिकेट tetrahedra इकाइयों का three dimensional में विस्तार (extension) एक फ्रेमवर्क संरचना उत्पन्न करता है। इन संरचनाओं में किसी विशेष इकाई के प्रत्येक ऑक्सीजन संलग्न इकाई (unit) के साथ संयुक्त रूप से share होता है तथा प्रत्येक सिलिकॉन चार ऑक्सीजन के बीच है। Cristobalite, एक SiO_2 polymorphous सबसे सरल रूप का फ्रेमवर्क संरचना प्रदान करता है। इस संरचना की मेटेलिक सिलिकॉन के साथ तुलना हो सकती है, जो diamond cubic structure रखता है (चित्र 11.10)। फ्रेमवर्क संरचनाएँ low atomic

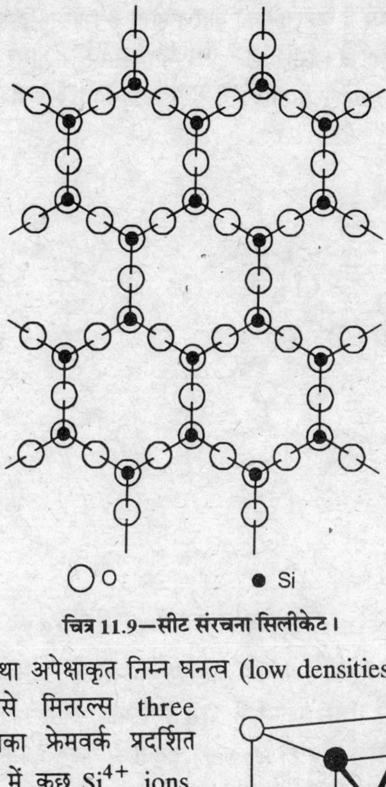

चित्र 11.9—सीट संरचना सिलीकेट।

packing factors तथा अपेक्षाकृत निम्न घनत्व (low densities) रखती हैं। Zeolites तथा Feldspar जैसे मिनरल्स three dimensional सिलिका फ्रेमवर्क प्रदर्शित करते हैं। Feldspar में कुछ Si^{4+} ions, Al^{3+} ion के द्वारा बदले (replace) जाते हैं, यह फ्रेमवर्क संरचना के अन्तर्गत विशिष्ट open sites पर समायोजित होने वाले Na, K, Ca, Ba के larger ions को आवश्यक करता है। Quartz एक जटिल पैटर्न में व्यवस्थित SiO_4 tetrahedra की फ्रेमवर्क संरचना रखता है।

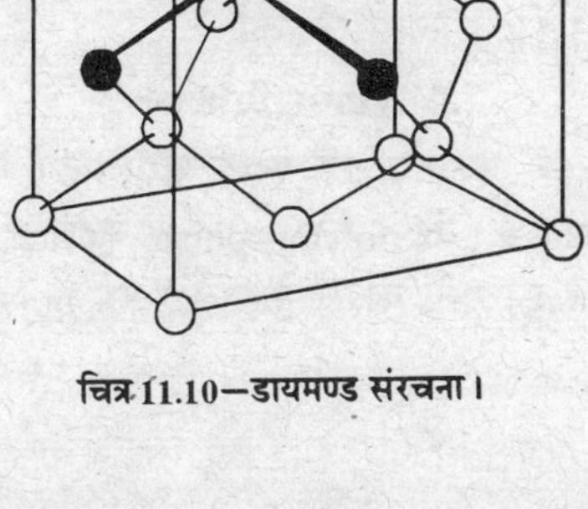

चित्र 11.10—डायमण्ड संरचना।

6. विटरस संरचना (Vitreous structure)—ग्लास एक vitreous सिलिकेट है तथा इस रूप में यह vitreous संरचना का सबसे सरल रूप प्रदान करता है। यह द्रव (liquid) जैसा एक amorphous पदार्थ है परन्तु यह covalent bonds रखते हुए एक three dimensional फ्रेमवर्क संरचना रखता है। साथ-साथ यह अधिक दृढ़ (rigid) है, अर्थात् अधिकतर द्रवों की तुलना में viscous। चित्र 11.11 में सिलिका ग्लास का two-dimensional प्रदर्शन दिखाया गया है जो SiO_4 इकाइयों का composed है जिसमें प्रत्येक ऑक्सीजन दो संलग्न tetrahedra का अंश (part) है। इसकी परमाणु से परमाणु short range व्यवस्था quartz के जैसी ही है, जो सिलिका ग्लास को fused अथवा vitreous quartz के रूप में कहलाने का कारण होती है। परन्तु क्रिस्टीलाइन सिलिका long range फ्रेमवर्क क्रम रखता है। सिलिका ग्लास की फ्रेमवर्क पॉलीमर के साथ सीधे तुलना हो सकती है चूँकि दोनों primary bonds के साथ bonded हैं तथा कोई भी crystallinity नहीं रखते हैं।

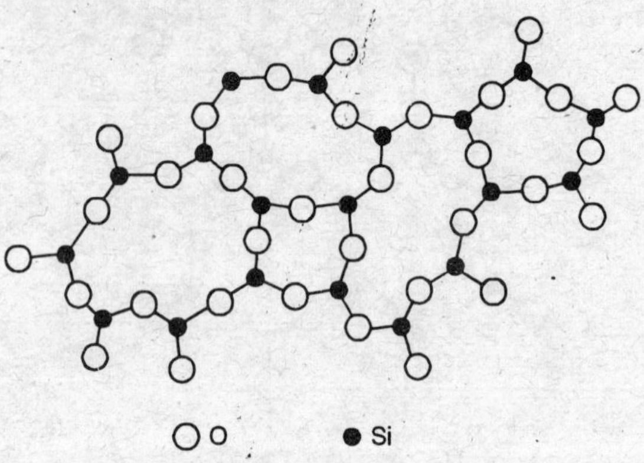

चित्र 11.11—दो विमाओं में सिलिका का विटरस रूप।

ग्लास की नान-क्रिस्टिलीय संरचना अन्य परमाणुओं की उपस्थिति को स्वयं सरलता से समायोजित कर सकता है। इस ग्लास में शुद्ध सिलिका ग्लास की तुलना में बड़ी ionic bonding होती है तथा वहाँ कुछ ही (fewer) दृढ़ता से पकड़े Si–O बाण्ड हैं। ऐसे ग्लास इसलिए pure SiO_2 glasses की तुलना में कम viscous हैं।

11.12. पॉलीमोरफिज्म (Polymorphism)

एक तथा वही पदार्थ, परिस्थितियों पर निर्भर करते हुए, भिन्न रूपों में crystallize कर सकते हैं। यह polymorphism कहलाता है जो अक्सर allotropy के रूप में संदर्भित होता है। इन गुणों को रखने वाले पदार्थ polymorphous कहलाते हैं। ये सिरेमिक पदार्थों में

व्यापक रूप से फैले हैं। Polymorphous पदार्थ का बना प्रत्येक क्रिस्टल तापमान तथा दाब की केवल एक निश्चित रेंज के अन्तर्गत स्थायी (stable) है। Polymorphism अकार्बनिक व कार्बनिक दोनों रासायनिक यौगिकों के बीच के साथ-साथ pure तत्त्वों के बीच पाया जाता है। भिन्न पॉलीमोरफिक रूपों की संख्या के अनुसार एक पदार्थ di-ortrimorphic के रूप में ज्ञात हो सकता है।

एक निम्नतर (lower) तापमान पर stable एक क्रिस्टलीय रूप से उच्चतर तापमान पर stable दूसरे रूप के transformation को एक ऊर्जा की निश्चित मात्रा की आवश्यकता होती है। यह ऊर्जा एक upward transformation के दौरान पदार्थ के द्वारा शोषित होती है तथा उच्च अवस्था (high state) की संरचना में फलित होती है। परिणामस्वरूप, संरचना में परमाणुओं की बाण्डिंग में परिवर्तन होता है।

पॉलीमोरफिज्म का फिनोमिनन प्रकृति में व्यापक रूप से फैला है। सिलिका एक महत्त्वपूर्ण सिरेमिक है तथा यह पॉलीमोरफिक परिवर्तनों से गुजरता है। सिलिका $(SiO_4)^{4-}$ की tetrahedral इकाइयाँ hexagonal pattern में व्यवस्थित हैं तथा यह कक्ष तापमान (room temperature) पर स्थाई हैं। उच्चतर तापमानों पर भिन्न transformations होते हैं तथा बाण्ड्स जो पहले ही विद्यमान रहते हैं नए बनने को भंजित होते हैं। सिलिका के तीन सुधार (modifications) साधारणतः देखे जाते हैं—

1. क्वार्टज (Quartz)
2. त्रिडाइमाइट (Tridymite)
3. क्रिस्टोबलाइट (Cristobalite)

पहला, अर्थात् Quartz निम्न तापमान फेज है तथा 870°C पर स्थिर (stable) है, दूसरा, अर्थात् Tridymite माध्यमिक phase है तथा 1470°C पर स्थिर है, जबकि आखिरी, अर्थात् Cristobalite उच्च तापमान मिनरल है तथा 1710°C एवं गलन बिन्दु (melting point) के बीच स्थिर है। परन्तु ये forms एक अनिश्चित समय काल के लिए metastable state में दृढ़ रह सकते हैं। Quartz, tridymite तथा cristobalite भिन्न स्कीमों के अनुसार एक साथ जुड़े अपने SiO_4 tetrahedra रखते हैं। Quartz से tridymite अथवा tridymite से cristobalite को परिवर्तन में $-Si-O-Si$ bonds का टूटना (breaking) तथा एक भिन्न ढंग में tetrahedra का एक साथ जुड़ना (joining) सम्मिलित है। मौलिक रूप से, tetrahedra units एक hexagonal pattern में व्यवस्थित होते हैं तथा यह व्यवस्था 870°C तक रहती है, परन्तु यह 870°C से अपने गलन बिन्दु तक cubic pattern के परिवर्तनों से गुजरती है।

Aluminosilicates (Al_2SiO_5) में तीन भिन्न क्रिस्टेलाइन forms : sillimanite, andalusite तथा Kyanite यौगिक mullite $(3Al_2O_3\,2SiO_2)$ से बनते हैं जो liquidus पर स्थिर है। इसी प्रकार, अल्फा (alpha) तथा गामा (gamma) फ्यूज्ड एल्यूमिना (fused alumina) से एल्यूमिना के रूप (forms of alumina) प्राप्त होते हैं।

11.13. सिरेमिक फेजों के यान्त्रिक गुण (Mechanical Properties of Ceramic Phases)

सिरेमिक फेजों का यान्त्रिक व्यवहार (mechanical behaviour) लगाए गए बल पर निर्भर करते हुए कई ढंग में ज्ञात किया जाता है। लगाया गया बल संपीडन, तनाव, ट्रांसवर्स, मरोड़ (torsional), कर्तन अथवा घात (impact) बल हो सकता है।

सिरेमिक्स में साधारणतः संपीडन सामर्थ्य (compressive strength) तनन सामर्थ्य की तुलना में कई गुना अधिक है। यह सत्य है कि ब्रिक, सीमेन्ट तथा ग्लास जैसे सिरेमिक्स सदैव संपीडन में प्रयोग किए जाते हैं न कि तनन (tension) में। 'Tempered glass', glass doors, cars की पिछली खिड़कियों तथा उनकी उच्च संपीडन सामर्थ्य के लिए वैसी ही उच्च-सामर्थ्य अनुप्रयोगों के लिए प्रयोग किया जाता है।

क्ले (clay) जैसी कुछ पदार्थों को छोड़कर सिरेमिक्स की उच्च कर्तन सामर्थ्य तथा निम्न फ्रेक्चर सामर्थ्य साधारणतः लक्षण हैं। नान-क्रिस्टिलीय सिरेमिक्स softening temperature के नीचे सदैव पूर्णतया भंगुर (brittle) हैं। इस प्रकार विशेष crystallographic समतलों के अन्वायाम brittle cleavage के द्वारा failure होती है।

सिरेमिक्स में तनन सामर्थ्य (tensile strength) सैद्धान्तिक रूप से उच्च है, परन्तु व्यवहार में प्रायः बिलकुल निम्न (low) है। Failures अक्सर pores, grain corners अथवा microcrack पर stress concentrations के कारण होते हैं। उदाहरण के लिए pores पदार्थ के तेजी से सामर्थ्य खोने के कारण होते हैं चूँकि वे stress concentrations के लिए स्थान प्रदान करते हैं। दूसरी तरफ, ग्लास फाइबर्स बहुत उच्च तनाव सामर्थ्य (700 MN/m^2 से अधिक) रखते हैं।

सिरेमिकों में तिर्यक सामर्थ्य (transverse strength) ज्ञात करना कठिन है। Torsional सामर्थ्य भी सिरेमिकों के क्रान्तिक गुणों के रूप में बहुत कम सोची जाती है।

कुछ परिस्थितियों में, अधिकतर सिरेमिक पदार्थों को dynamic forces को सहन करना पड़ता है। Impact values vitrified ware के लिए 0·72 से 1·22, 1·12 से 1·33 NM dense stone ware के लिए तथा stealite एवं high-titania के लिए 1·6 से 2·8 NM रेंज करती है।

सिरेमिक पदार्थ उच्च प्रत्यास्था गुणांक (modulus of elasticity) रखते हैं।

11.14. सिरेमिक फेजों के विद्युत गुण (Electrical Properties of Ceramic Phases)

विद्युत गुण पदार्थों के संगठन (composition), texture, साइज तथा घनत्व तथा तापमान व समय पर भी निर्भर करते हैं। ये फेक्टर्स सिरेमिक पदार्थों के विद्युत व्यवहार को बहुत प्रभावित करते हैं। सिरेमिक पदार्थ इन्सूलेटर्स (insulators), चालक (conductors), अर्द्धचालक (semi-conductors) तथा dielectries के रूप में प्रयोग किए जाते हैं। सिरेमिक्स ferroelectric तथा piezoelectric पदार्थों के रूप में भी प्रयोग होते हैं।

सिरेमिक इन्सूलेटर्स (Ceramic Insulators)—सिरेमिक पदार्थ एक विद्युत परिपथ (electric circuit) में विद्युत इन्सूलेटर्स के रूप में तथा इसके कार्यात्मक अंगों के रूप दोनों में प्रयोग होते हैं। जब वे इन्सूलेटर्स के रूप में प्रयोग किए जाते हैं तब सिरेमिक्स की सरल रूप में electrically inert तथा भिन्न potentials के दो कन्डेक्टरों को अलग करने की जरूरत पड़ती है। जब वे functional parts के रूप में प्रयोग किए जाते हैं तब electric field के बीच interaction तथा सिरेमिक पदार्थ की संरचना के अन्तर्गत charges विद्यमान रहना चाहिए। उच्च वोल्टता के अधीन इन्सूलेटर्स होने वाले पदार्थ break down हो सकते हैं। इन्सूलेटर्स surface shorting की सम्भवता को कम करने को लम्बे surface paths के साथ डिजाइन किए जाते हैं। इन्सूलेटर्स को nonabsorbent बनाने के लिए भी glazed किया जाता है क्योंकि आन्तरिक pores एवं cracks की उपस्थिति अतिरिक्त surface failure की सम्भवता प्रदान करती है। Porcelains, विद्युत इन्सूलेटर्स तथा रेजिस्टर्स (resisters) के रूप में बहुत सामान्य रूप से प्रयोग किए जाते हैं।

डाईइलैक्ट्रिक सिरेमिक्स (Dielectric Ceramics)—डाईइलैक्ट्रिक, इन्सूलेटर के लिए दूसरा नाम है क्योंकि दो charged bodies को अलग करने वाला पदार्थ dielectric के रूप में जाना जाता है। इसलिए, एक पदार्थ को अच्छा dielectric होने के लिए, एक insulator होना चाहिए। भिन्न पदार्थों के द्वारा बनाए रखने वाले dielectric लक्षण dielectric constants, dielectric strength, insulation, resistance तथा dielectric losses हैं।

सिरेमिक पदार्थ अच्छी डाइइलैक्ट्रिक धारिता (dielectric capacity) रखते हैं तथा इसी कारण वे ट्रांसफॉमर्स में कोर (cores) के रूप में तथा कन्डेन्सर्स में dielectric medium के रूप में प्रयोग किए जाते हैं। पार्सेलेन (porecelain) तथा उच्च ग्रेड फायर क्लेज (high grade fire clays) उच्च dielectric strength रखते हैं। Dielectric constant तापमान के साथ बदलता है। सबसे बड़े रूप में सिरेमिक्स, ग्लास (glass), porcelain, एल्यूमिना (alumina), क्वार्ट्ज (quartz), माईका (mica) तथा एसबैसटस (asbestos) हैं, जिसमें सभी 12 तक dielectric constants रखते हैं। कुछ सिरेमिक्स उच्चतर dielectric constants रखते हैं जैसे mineral rutile (TiO_2).

सिरेमिक कन्डेक्टर्स (Ceramic Conductors)—एक पदार्थ की चालकता (conductivity), स्वतन्त्र आयनों तथा इलेक्ट्रॉनों (ions and electrons) के मूवमेन्ट का परिणाम है। सिरेमिक पदार्थों में स्वतन्त्र इलेक्ट्रॉनों अथवा electronically unbalanced ions का कोई मूवमेन्ट नहीं होता है। अतः वे निम्न तापमान पर तथा विशेष रूप से cold conditions में व्यवहारिक रूप से non-conductors हैं। चूँकि सिरेमिक पदार्थ उच्च प्रतिरोध (high resistance) प्रस्तुत करते हैं, वे शीघ्र ही गर्म हो जाते हैं। जिस क्षण वे गर्म होते हैं, ionic bonds विरोध प्रकट (agitated) करते हैं तथा परिणामस्वरूप जैसे ही तापमान बढ़ता है, डिफ्यूजन (diffusion) तथा mobility बढ़ जाती है। Mobility परमाणुविक संरचना (atomic structure) में दोषों की संख्या के साथ भी बढ़ती है। आयन का मूवमेन्ट

कम तापमान पर अत्यन्त छोटा हो जाता है, परन्तु impurity ions जो charges ले जाते हैं, के कारण अभी भी मापने योग्य चालकता (measurable conductivity) रहती है। साधारण ग्लास तथा सिलिकेट्स इन्सूलेटर्स हैं परन्तु पिघली अवस्था में वे बहुत अच्छे कन्डक्सर्स हैं।

सिरेमिक अर्द्धचालक (Ceramic semi-conductors)—यद्यपि सिरेमिक यौगिक (compounds) सामान्य रूप से इन्सूलेटर्स हैं, वे अर्द्धचालक (semi-conductors) हो जाते हैं यदि वह multivalent transition elements रखते हैं।

पदार्थ जो उच्च तापमानों पर चालकों तथा निम्न तापमानों पर इन्सूलेटर्स के गुणों को प्रदर्शित करते हैं, अर्द्धचालक (semi conductors) कहलाते हैं। सिलिकॉन (Si) तथा जरमेनियम (Ge) दोनों साधारण अर्द्धचालक पदार्थ हैं। Conduction जो होता है, intrinsic के रूप में जाना जाता है, जब पदार्थ ultrapure होता है, जबकि यह extrinsic कहलाता है जब निश्चित अशुद्धियाँ (impurities) पदार्थ में प्रयोजन रूप से पैदा की जाती है।

Intrinsic अर्द्धचालकों में, धारा (current) इलेक्ट्रॉन्स तथा holes दोनों के द्वारा ले जाई जाती है। साधारणतः कक्ष तापमान (room temperature) कोवेलेन्ट बाण्डों, जो सिरेमिक पदार्थों में विद्यमान रहते हैं, को तोड़ने (break down) को पर्याप्त है ताकि electrons तथा holes समान संख्या में पैदा हों। एक विद्युत क्षेत्र की उपस्थिति में, इलेक्ट्रॉन्स अधिक positive potential की तरफ चलते हैं तथा holes, negative potential की तरफ बहते (drift) हैं।

Extrinsic अर्द्धचालकों में, प्रत्येक impurity परमाणु अपेक्षाकृत कम तापमानों पर एक इलेक्ट्रॉन दान कर सकता है। हालाँकि, उच्चतर तापमानों पर इलेक्ट्रॉन hole pairs ऐसी degree को उत्पन्न करते हैं कि वे दान किए गए इलेक्ट्रॉनों (donated electrons) को overweigh करते हैं तथा संवाहन (conduction) आवश्यक रूप से intrinsic होता है। बोरोन (boron), सिरेमिक पदार्थ के रूप में मानी जाती है, एक acceptor impurity के रूप में संदर्भित किया जाता है चूँकि यह पास के covalent bond से इलेक्ट्रॉन्स स्वीकार करता है। इस प्रकार एक hole सृजित किया जाता है जो क्रम में पड़ोस से एक इलेक्ट्रॉन आकर्षित करता है तथा प्रक्रम दोहराया जाता है। मैगनेटाइट (Fe_3O_4 अथवा $FeFe_2O_4$) 10^{-4} ohm.m की प्रतिरोधकता (resistivity) के साथ एक सिरेमिक अर्द्धचालक है, जो ग्रेफाइट (graphite) तथा grey tin के तुलना करने योग्य है। चालकता (conductivity) का उद्गम (origin) FeO के समान है।

फेरोइलैक्ट्रिक सिरेमिक्स (Ferroelectric Ceramics)—धनात्मक (positive) तथा ऋणात्मक (negative) charges के केन्द्रों को समान (identical) न रखते हुए सिरेमिक पदार्थ ferroelectric ceramics के रूप में जाने जाते हैं। इस प्रकार का पदार्थ, उदाहरण के लिए, क्वार्ट्ज (quartz) एक विद्युत क्षेत्र में या तो elongate करता है अथवा contract करता है चूँकि dipole lengths वोल्टेज ग्रेडियेन्ट (voltage gradient) के साथ

बदलती हैं। जैसे ही एक alternating current की आवृत्ति (frequency) के साथ वोल्टेज भिन्नता (voltage differential) के अनुपात में क्रिस्टल कम्पन्न करता है, यह विद्युत ऊर्जा को यान्त्रिक ऊर्जा बदलने का स्रोत प्रदान करता है। यह यान्त्रिक विद्युत युक्ति (mechanical electrical devices) जो transducers कहलाते हैं, sound waves उत्पन्न करने तथा विद्युत परिपथों (electrical circuits) की tunning करने को प्रयोग किए जाते हैं। साधारण रूप से प्रयोग होने वाले ferroelectric ceramic, $BaTiO_3$ को 120°C के नीचे कक्ष तापमान पर सम्मिलित करते हैं।

पिजोइलैक्ट्रिक सिरेमिक्स (Piezoelectric ceramics)—पूर्व वर्णित प्रक्रम, अर्थात् यान्त्रिक ऊर्जा का विद्युत ऊर्जा में परिवर्तन piezoelectric effect कहलाता है। यह क्वार्टज क्रिस्टल को दाब के अधीन रखने के द्वारा पूरा किया जाता है तथा इसी कारण piezoelectric सैद्धान्तिक रूप में pressure electric कहलाता है। यह प्रभाव $BaTiO_3$, SiO_2 तथा $PbZrO_3$ जैसे सिरेमिकों में पाया जाता है।

चुम्बकीय सिरेमिक्स (Magnetic ceramics)—सिरेमिक यौगिक जो आयरन, कोबाल्ट अथवा निकिल रखते हैं, चुम्बकीय हो सकते हैं यदि उनकी संरचनाएँ ऐसी हैं कि पूर्व वर्णित आयन्स अपने magnetic moments सहसा संरेखित (spontaneously aligned) रख सकते हैं। Spinel structure (अनुच्छेद 11.8) वह है जो चुम्बकीय हो सकता है तथा इसलिए अधिक प्रयोग किया जाता है।

11.15. सिरेमिक फेजों के ऊष्मीय गुण (Thermal Properties of Ceramic Phases)

सिरेमिकों के ऊष्मीय गुण धातुओं के गुणों से बिलकुल भिन्न हैं क्योंकि वे अपेक्षाकृत कुछ स्वतन्त्र इलेक्ट्रॉन्स रखते हैं तथा सिरेमिक फेज radiant प्रकार की ऊर्जा के पारदर्शी (transparent) हैं। सिरेमिक पदार्थों के सबसे महत्त्वपूर्ण ऊष्मीय गुण जो पदार्थ से पदार्थ तक तथा परिस्थिति से परिस्थिति तक बदलते हैं, निम्न प्रकार हैं—

1. ऊष्मीय धारिता (Thermal capacity)
2. ऊष्मीय चालकता (Thermal conductivity)
3. ऊष्मीय शॉक प्रतिरोधी (Thermal shock resistance)

ऊष्मीय धारिता (Thermal capacity)—फायर क्ले ब्रिक्स की विशिष्ट ऊष्मा 1000°C पर 0·25 तथा 1400°C पर 0·297 है। कार्बन ब्रिक्स (carbon bricks) 200°C पर लगभग 0·812 तथा 1000°C पर 0·412 विशिष्ट ऊष्मा (specific heat) रखती हैं।

ऊष्मीय चालकता (Thermal conductivity)—जैसा कि पूर्व में बताया जा चुका है कि सिरेमिक पदार्थ इलेक्ट्रॉनिक थर्मल कन्डेक्टिविटि के परिणाम होने के लिए पर्याप्त इलेक्ट्रॉन्स नहीं रखते हैं। यहाँ ऊष्मा phonon conductivity तथा interaction of the lattice vibration के द्वारा संवाहित होती है, जबकि उच्च तापमानों पर conduction, radiant ऊर्जा के स्थानान्तरण के द्वारा होता है। ऊष्मीय चालकता भी impurity content, porosity तथा तापमान के साथ कम होती है। अधिकतम ऊष्मीय चालकता के लिए, अधिकतम घनत्व (density) रखना आवश्यक है जो अधिकतर सिरेमिक पदार्थों में कम पाया जाता है।

ऊष्मीय शॉक (Thermal shocks)—ऊष्मीय शॉक प्रतिरोध तापमान में यकायक अथवा आकस्मिक परिवर्तन के अधीन पदार्थ के cracking अथवा disintegration को विरोध करने की पदार्थ की योग्यता (ability) है। ऊष्मीय घात (shock) प्राथमिक रूप से ऊष्मीय प्रसार अथवा सिकुड़न (thermal expansion or contraction) के कारण विकसित होता है। Thermal expansion अथवा contraction आन्तरिक संरचना विशेष रूप से interatomic bonding का बड़े रूप में function है। अबद्ध रूप से पैक की गई संरचनाएँ जैसे ग्लासेज internal expansion प्रदान कर सकती हैं। इस प्रकार प्रसार गुणांक (coefficient of expansion) कम (low) है। लिथियम यौगिक ऊष्मीय प्रसार को कम करने तथा उत्कृष्ट ऊष्मीय शॉक प्रतिरोध प्रदान करने को अनेक सिरेमिक यौगिकों में प्रयोग किए जाते हैं। साधारण सिरेमिक पदार्थ ऊष्मीय शॉक प्रतिरोध के कम होने के क्रम में वर्गीकृत इस प्रकार हैं—hot pressed silicon nitride, fused silica, cordierite, zircon, silicon carbide, beryllia, alumina, porcelain तथा steatite आदि।

11.16. सिरेमिकों के अनुप्रयोग
(Applications of Ceramics)

प्राचीन सिरेमिक्स "Whitewares" को सन्दर्भित होता है तथा टाइल (tile), सेनेटरी वेयर (sanitary ware), निम्न व उच्च वोल्टेज इन्सूलेटर्स तथा उच्च फ्रीक्वेन्सी अनुप्रयोगों के रूप में विशालता से प्रयोग किए जाते हैं। Whiteware रासायनिक उद्योगों में crucibles, Jars तथा केमिकल रिएक्टर्स के घटकों (components) के रूप में अभी भी विस्तार से प्रयोग किए जाते हैं। ऊष्मा प्रतिरोधी अनुप्रयोगों में पायरोमीटर ट्यूब, बर्नर्स, बर्नर टिप्स तथा रेडिऐन्ट हीटर सपोर्ट्स सम्मिलित हैं।

नवीन सिरेमिक्स जिसमें borides, carbides, nitrides, single oxides, mixed oxides, silicates, matelloid तथा inter-metallic compounds सम्मिलित हैं, के गुण उच्च hardness values तथा heat व oxidation values हैं। वे, इसलिए, न्यूक्लियर रिएक्टर्स के लिए ईंधन (fuels) को औद्योगिक भट्टियों के लिए रेफरेक्टरीज (refractories) के रूप में विपरीत अनुप्रयोगों में विशालता से प्रयोग किए जाते हैं।

विद्युत तथा इलेक्ट्रॉनिक उद्योगों में, सिरेमिक्स को wide applications प्राप्त है। इन्सूलेटर्स, अर्द्धचालक, डाइइलैक्ट्रिक्स, फेरोइलैक्ट्रिक क्रिस्टल्स, पिजोइलैक्ट्रिक क्रिस्टल्स, ग्लास, पोर्सेलीन, एल्यूमिना, क्वार्ट्ज, माइका के रूप में तथा कई अन्य इस शदाब्दि के दौरान परिमाण (quantity) तथा गुणवत्ता (quality) दोनों में उच्च माँग प्राप्त कर रहे हैं।

आधुनिक समय में, सिरेमिक्स न्यूक्लियर अनुप्रयोगों में फ्यूल ऐलीमेन्ट्स, फ्यूल कनटेनर्स, मॉडरेटर्स, कन्ट्रोल रॉड्स तथा संरचनीय अंगों (structural parts) के रूप में प्रयोग होते हैं। सिरेमिक्स जैसे UO_2, UC तथा UC_2 इन सभी प्रयोजनों के लिए प्रयोग किए जाते हैं।

सिरेमिक्स के ऑप्टीकल अनुप्रयोग अनजान (unknown) नहीं है। सिरेमिक्स पिगमेन्ट (pigment) के रूप में विख्यात रूप से उपयोगी हैं क्योंकि यह अपवाद रूप से टिकाऊ है। यह पूर्ण रूप से oxidesed है तथा chemical attack व variation के अधीन

नहीं है। Yttralox, जो सिरेमिक पदार्थ क्षेत्र में तुलनात्मक newcomer है, ऑप्टीकल अनुप्रयोगों में उपयोगी है क्योंकि यह window glass जैसा पारदर्शी है तथा अत्यन्त उच्च तापमान का प्रतिरोध कर सकता है। साधारणतः सिरेमिक्स अपने अन्दर tiny pores जो प्रकाश छितराते हैं की उपस्थिति के कारण पारदर्शी (opaque) हैं। Yttralox, छिद्रों (pores) से पूर्णतया युक्त है।

कटिंग टूल्स के रूप में भी सिरेमिक्स पदार्थ उपयोगी हैं। सिरेमिक धातु कटिंग टूल्स आवश्यक रूप से ग्लास से मुक्त Al_2O_3 से बनाए जाते हैं। Tool inserts 1200°C पर 98 से 99% Al_2O_3 के powdered composition को hot pressing करके फेब्रीकेट किए जाते हैं। ये inserts उत्कृष्ट hot hardness तथा wear resistance रखते हैं।

11.17. रॉक्स तथा बिल्डिंग स्टोन्स
(Rocks and Building Stones)

रॉक (rock) earth's crust के भाग के रूप में कोई आकार अथवा निश्चित रासायनिक संगठन (chemical composition) न रखते हुए, परिभाषित की जाती है तथा homogeneous नहीं है। यह प्रायः दो अथवा अधिक मिनरल्स का मिश्रण है। प्राकृतिक चट्टानें (natural rocks), इसलिए, विशेष रूप से निश्चित टेक्चर के polycrystalline solids हैं।

बिल्डिग एवं अन्य स्टोन्स, रॉक्स (rocks) से निकाले जाते हैं तथा वे निर्माण कार्य के लिए प्रयोग किए जाते हैं। जहाँ संरचना के स्थायित्व (parmanancy of structure) की आवश्यकता है, बिल्डिग स्टोन अन्य विरोधी पदार्थों पर प्रधानता (superiority) का आनन्द लेना जारी रखते हैं। चूँकि यह अधिक चलता है तथा भारी अनुरक्षण मूल्य (heavy maintenance cost) को सम्मिलित नहीं करता है।

11.18. चट्टानों का वर्गीकरण तथा लक्षण
(Classification and Characteristics of Rocks)

चट्टानें (rocks) जिससे stones प्राप्त किए जाते हैं का वर्गीकरण सारणी 11.4 में दिखाया गया है।

सारणी 11.4—चट्टानों (rock) का वर्गीकरण

जियोलाजीकल वर्गीकरण (उदगम रीति के आधार पर)	भौतिक वर्गीकरण (भौतिक गुणों के आधार पर)	रासायनिक वर्गीकरण (रासायनिक संगठन के आधार पर)
आग्नेय चट्टानें (Igneous rocks)	स्ट्रेटीफाइड चट्टानें (Stratified rocks)	Argillaceous rocks
सेडीमेन्ट्री चट्टानें (Sedimentary rocks)	अव स्ट्रेटीफाइड चट्टानें (unstratified rocks)	सिलीसियस चट्टानें (Siliceous rock)
मेटामोरफिक चट्टानें (Metamorphic rocks)		Calcareous rocks

आग्नेय चट्टानें (Igneous rocks)—आग्नेय चट्टानें (igneous rocks) पृथ्वी के अन्दर से पिघले पदार्थ के ठण्डा होने (cooling) तथा ठोस होने (solidifying) के द्वारा बनती हैं। वे मौलिक पिघले सिलीकेट घोल (molten silicate solution) से विकसित क्रिस्टल तथा ग्लास की बनी होती हैं। यह प्रमुख रूप से ऐसी rock-forming oxides के द्वारा सज्जित की जाती हैं जैसे सिलीका (silica), एल्यूमिना, फैरिक एवं फैरस ऑक्साइड, कैलशियम ऑक्साइड, सोडियम तथा पोटेशियम ऑक्साइड, मेगनेशियम ऑक्साइड तथा टाइटेनियम ऑक्साइड। Earth's crust की चट्टानों की कुल संहति (total mass) 60 प्रतिशत सिलिका तथा 15 प्रतिशत एल्यूमिना है। मिनरल्स (खादानों से निकाले गए) जो अधिकतर igneous rocks का गठन करते हैं, feldsper, quartz, pyroxenes, amphiboles, micas, olivine इत्यादि हैं।

आग्नेय चट्टानों को crystallisation के अनुसार तीन समूहों में बाँटा जा सकता है—(1) plutonic अथवा intrusive rocks, (2) hypabasal rocks तथा (3) volcanic अथवा extrusive rocks।

Plutonic चट्टानें—Plutonic चट्टानों का क्रिस्टलाइजेशन पृथ्वी की सतह के अन्दर होता है। यह ठण्डा होने (cooling) में काफी समय लेती है तथा अधिक अथवा कम स्थिर क्रिस्टल साइज के साथ एक ग्रेन्यूलर टेक्चर (granular texture) विकसित करती हैं। Plutonic चट्टानें दृढ़ रूप से इन्टरलाकिंग मिनरल ग्रेनों की बनी होती हैं तथा granite व gabbro जो अधिकतर भवन निर्माण के लिए प्रयोग किए जाते हैं, द्वारा प्रदर्शित की जाती हैं। Gabbro तथा diabase जो कम siliceous intrusive igneous rocks हैं, साधारणत: उसी समय बने क्रिस्टल्स के बने होते हैं। इसमें बड़ी homogeneity के साथ-साथ interlocking texture को निकटता से समर्थन दिया है; जो ग्रेनाइट के साथ तुलना में इन चट्टानों की greater toughness के लिए उत्तरदायी है।

Hypabassal चट्टानें—इस चट्टान का क्रिस्टलाइजेशन पृथ्वी की सतह के निकट होता है। यह चट्टान ठण्डा होने (cooling) के लिए कम समय लेती है तथा उनके क्रिस्टल्स उनकी बहुत fineness के कारण आसानी से पहचाने नहीं जा सकते हैं। Dolerite इस समूह के अन्तर्गत आता है।

Volcanic चट्टानें—चट्टानें जो बहिर्निष्कासित (extruded) की जाती हैं तथा पृथ्वी की सतह पर ठोस होती हैं, volcanic चट्टानें अथवा लावा (lava) के द्वारा exemplified के रूप में कहलाती हैं। चूँकि यह तीव्र कूलिंग के द्वारा गुजरती हैं, लावा में पिघले सिलिकेट पदार्थ का भाग किसी क्रिस्टलाइजेशन के होने के पहले ग्लास बना सकता है। ऐसी चट्टानें, इसलिए एक amorphous glassy संरचना रखती है, जिसमें केवल छोटे क्रिस्टल्स पदार्थ दबाए जाते हैं। Volcanic rocks, Congealing lava से गैसों के बचाव को ऋणी होते हुए, अक्सर उच्च रूप से porous होती हैं। Basalt इस समूह के बीच महत्त्वपूर्ण हैं।

Sedimentary चट्टानें—Sedimentary अथवा aqueous चट्टानें मन्द जमाव (gradual deposition) अथवा जल के नीचे sedimentation के द्वारा बनती हैं। ज्यादातर सेडीमेन्ट्री चट्टानें पदार्थ के जल जमाव (water deposition) जो तुरन्त निलम्बन

(suspension) में तथा solution में ले जाया जाता है, के द्वारा बनती हैं। जमाव (deposits) या तो मेकेनिकल, केमिकल अथवा बायोकेमिकल स्रोतों के द्वारा बन सकता है। यान्त्रिक रूप से जमे हुए सेडीमेन्ट्रस, जैसे सेन्डस्टोन्स तथा Shales, दाब अथवा निथरे हुए पानी के द्वारा ले जाए गए कुछ सीमेन्टिंग माध्यम के द्वारा अनुगामिता से दृढ़ होती हैं। सीमेन्टिंग पदार्थ (cementing substance) अधिकतर कैल्शियम कार्बोनेट, सिलिका तथा आयरन ऑक्साइड्स हैं। क्ले (clay) भी एक binding agent के रूप में कार्य कर सकती है। लाइम स्टोन, डोमोमाइट तथा cherts इस प्रकार की चट्टानों के उदाहरण हैं।

सेडिमेन्ट्री चट्टानों के ग्रेन्स (grains) बहुत बड़े हो सकते हैं जैसे कि conglomerates अथवा बहुत फाइन में, जैसा कि shales तथा कुछ लाइमस्टोन में। साधारणतः सेडिमेन्ट्री चट्टानें आग्नेय (igneous) अथवा metamorphic चट्टानों की तुलना में weathering तथा hydrothermal alternation करने को अधिक संवेदनीय (susceptible) हैं।

मेटामोरफिक चट्टानें (Metamorphic rocks)—मेटामोरफिक चट्टानें अपने उद्‌गम (origin) में आग्नेय (igneous) अथवा सेडिमेन्ट्री हैं; जो तीव्र दाब अथवा ऊष्मा अथवा दोनों के अधीन होते हुए, अपनी संरचना texture तथा colour में परिवर्तन से गुजरती हैं। वे साधारणतः कठोर (hard) तथा टिकाऊ (durable) तथा कार्य करने के साथ कठिन हैं। मेटामोरफिक क्रिया के फलस्वरूप, granites, trap, basalt तथा लाइमस्टोन क्रमशः gneiss, chists, laterite तथा मारबल में बदलती हैं। इसी प्रकार, सेन्डस्टोन क्वार्टज में बदलता है तथा मडस्टोन तथा shale, स्लेट (state) में बदलते हैं।

11.19. बिल्डिंग स्टोन का वर्गीकरण तथा लक्षण
(Classification and Characteristic of Building Stones)

बिल्डिंग स्टोन, बिल्डिंग के निर्माण के लिए उनको उपयोगी बनाने को कटिंग एवं शेपिंग के द्वारा उनको आवश्यक साइज को प्राकृतिक चट्टानों से प्राप्त किए जाते हैं। चूँकि वे चट्टानों से उत्पन्न किए जाते हैं, बिल्डिंग स्टोन के गुण आवश्यक रूप से प्राकृतिक चट्टानों के हैं जिससे वे निकाले जाते हैं। बिल्डिंग स्टोन में ग्रेनाइट, gneiss, basalt, trap, serpentine, quartzite, limestone, marble, sandstone इत्यादि सम्मिलित हैं। ये बिल्डिंग स्टोन्स को दो वर्गों में बाँटा जा सकता है—

1. Dimension stone
2. Crushed stone

(1) Dimension stone—इसे या तो चट्टान से आवश्यक साइज काटकर अथवा छोटे आयताकार ब्लाक्स के रूप में जिसे ashlar के रूप में जाना जाता है, प्रयोग किया जाता है। Dimension stones को अधिकतर भव्य इमारतों में उनकी high longevity तथा कटिंग की आरनामेन्टल आकृति के लिए प्रयोग किया जाता है।

(2) Crushed stone—इसे विभिन्न साइजों में उत्पन्न किया जाता है तथा कंक्रीट के लिए aggregate के रूप में, सड़कों के निर्माण तथा कई दूसरे ऐसे ही प्रयोजनों के लिए प्रयोग किया जाता है।

बिल्डिंग स्टोन को एर्याप्त कठोरता तथा सामर्थ्य तथा पर्याप्त प्रतिरोध रखना चाहिए ताकि वर्षा के पानी को सम्मिलित करते हुए भौतिक (physical) तथा रासायनिक क्रिया के कारण किसी भी तरीके में स्टोन प्रभावित न हो। स्टोन ऊष्मा के कुचालक (poor conductor) हैं तथा असमान रूप से फैलते तथा सिकुड़ते हैं। यह अक्सर तापमान के तीव्र परिवर्तन के अधीन सतह की cracking में फलित होता है। इसके अलावा निश्चित तापमानों पर होने वाले व्यक्तिगत क्रिस्टलाइन घटकों (crystalline constituents) के पॉलीमोरफिक ट्रांसफारमेशन के कारण आयतन में परिवर्तन हो सकते हैं। यह साधारणतः बिल्डिंग स्टोन के poor fire resistance तथा ग्रेनाइट के इस विषय में poorest होने के लिए उत्तरदायी हैं। सघन (dense) तथा कठोर स्टोन साधारणतः non-porous तथा freezing क्रिया के अधिक प्रतिरोधी होते हैं जो उच्च रूप से हानिकारक है। विशेष रूप से जब स्टोन freezing तथा consequent expansion के कारण अच्छी porosity रखता है।

क्ले तथा क्ले-बॉडी सिरेमिक्स (Clay and clay-body ceramics)—क्ले तथा क्ले-उत्पाद सामान्य नाम "सिरेमिक्स" के अन्तर्गत समूह में किए जाते हैं। क्लेज (clays) की फायरिंग से बने सिरेमिक्स संरचना में जटिल (complex) हैं चूँकि वे सदैव क्रिस्टलाइन तथा नान-क्रिस्टलाइन (glassy) दोनों फेज रखते हैं। क्ले-बॉडी सिरेमिक्स विभिन्न इंजीनियरी अनुप्रयोगों में बहुत उपयोगी हैं।

11.20. क्लेज की प्रकृति (Nature of Clays)

क्लेज प्राकृतिक रूप से होने वाले अकार्बनिक पदार्थ तथा आवश्यक रूप से चट्टानों की विभिन्न प्रकार के weathered remains हैं जैसे ग्रेनाइट, pegmatite, syenite, basalt तथा dolerite ये चट्टानें अन्य मिनरल्स तथा कार्बनिक पदार्थ के अलावा क्ले मिनरल्स रखती हैं जो parent rock में उपस्थित feldspar मिनरल्स से निकाले गए hyrated alumina-silicates हैं। दो मूल क्ले पदार्थ निम्न प्रकार हैं—

Kaolinite : $Al_2O_3 . 2SiO_2 . 2H_2O$

Montmorillonite : $Al_2O_3 . 4SiO_2 . nH_2O$

Kaolinite जो एक white clay है, China, इलैक्ट्रिकल पोर्सेलेन बॉडीज, सेनेटरी वेयर तथा पेपर, रबड़ तथा फायरब्रिक्स में प्रयोग किए जाते हैं। Montmorillonite, जो सामान्य क्लेज का बड़ा समूह है, में talc सम्मिलित है जो उच्च आवृत्ति अनुप्रयोगों के लिए मूल्यवान steatite के रूप में जानने वाले इलैक्ट्रिकल डाईइलैक्ट्रिक के उत्पादन में प्रयोग किया जाता है।

सभी क्ले-मिनरल्स क्रिस्टल्स layer अथवा steel structure है जिसमें ऋण सिलिकेट आयन्स घन hydrated मेटल आयन्स के साथ interleaved होते हैं। क्ले मिनरल्स की ionic संरचना छोटी "platey" अथवा "flakey" आकार के लक्षण को वृद्धि प्रदान करती है जो moist क्ले पदार्थ की प्लास्टिसिटी के लिए बड़े रूप में उत्तरदायी है।

क्ले की प्लास्टिसिटी इसमें उपस्थित पानी के साथ बदलती है। जल अणु सेकेन्ड्री बाण्ड्स के द्वारा क्ले क्रिस्टल्स को weakly bonded होते हैं। विभिन्न क्ले उत्पादों को पैदा करने को डिफॉर्मेशन के अधीन इन बाण्डों में से कई टूट जाते हैं तथा water film आन्तरिक लुब्रीकेन्ट के रूप में कार्य करती है। यह क्ले क्रिस्टलों को एक-दूसरे के ऊपर सरलता से slide करने को बनाती है। सभी क्लेज, हालाँकि, निम्न गुण रखती हैं—

1. नम (moist) होने पर प्लास्टिसिटी
2. सूखी होने पर दृढ़ता (rigidity when dried)
3. यान्त्रिक सामर्थ्य, कठोरता तथा fire करने पर नान-प्लास्टिसिटी

11.21. क्ले बॉडीज (Clay Bodies)

Crushed तथा ground क्वार्टज, feldspar, talc अथवा 'gorg' एक महीन पिसा हुआ फायर क्ले पदार्थ जैसे नान-प्लास्टिक पदार्थों की निश्चित मात्रा के साथ अनेक भिन्न क्ले पदार्थों को संयुक्त करने द्वारा clay body बनाई जाती है। नान प्लास्टिक पदार्थ सामान्य में क्ले-बॉडी की प्लास्टिसिटी के बाद विभिन्न प्रक्रमों के लिए इसे अधिक उपयोगी बनाते हुए, फायरिंग के दौरान degree of vitrification को बड़ा करते हुए तथा क्ले-बॉडी की ड्राइंग (drying) तथा firing shrinkages को कम करते हुए, फ्लक्स (fluxes) के रूप में कार्य करती हैं।

क्ले-बॉडी सिरेमिकों का वर्गीकरण (Classification of clay-body ceramics)—क्ले-बॉडी सिरेमिक्स firing के बाद उनके गुणों के अनुसार वर्गीकृत किया जाता है तथा साधारणतया चार समूहों को सम्बन्धित हैं। वे सारणी 11.5 में संक्षेप किए गए हैं।

सारणी 11.5 क्ले-बॉडी सिरेमिकों के प्रकार तथा लक्षण

बॉडी प्रकार	प्रकट पोरोसिटी	फायरिंग रेंज	विशिष्ट अनुप्रयोग
Earthen ware	प्रायः 6–8% 15% तक बढ़ सकती है।	800°–950°C 1000°C तक बढ़ सकती हैं।	पोरस ड्रेनेज पाइप, सिरेमिक फिल्टर, वाल टाइल्स, ब्रिक्स
फाइन चायना	प्रायः 1% से कम	1100°–1200°C	फाइन टेबल वेयर
स्टोन वेयर	3% से कम प्रायः 1–2%	1250°C से अधिक	ग्लेज्ड पाइप्स, रूफिंग टाइल्स, टेबल वेयर
पोर्सेलेन	1% से कम प्रायः शून्य	1300°–1450°C	फाइन टेबल वेयर, साइंटिफिक उपकरण

जब क्ले-बॉडी सुखाई जाती है तथा फायर की जाती है, इसकी संरचना पूर्ण रूप से बदलती है। अन्त में एक कठोर (hard), दृढ़ (rigid) पदार्थ बनता है जो कभी-कभी "artificial stone" कहलाता है। अन्तिम संरचना क्रिस्टलाइन फेज (phases) से बनी होगी जो glassy matrix में प्राथमिक तथा सेकेन्ड्री mullite embeded के रूप में जानी जाती है। उदाहरण के लिए, क्वार्टज फायर्ड क्लेज का सामान्य घटक है।

11.22. रिफ्रैक्ट्रीज (Refractories)

वह पदार्थ जो विभिन्न परिस्थितियों उच्च तापमान सह सकने के सक्षम हैं, रिफ्रैक्ट्रीज कहलाते हैं। वे मूलतः सिरेमिक (ceramic) पदार्थ होते हैं तथा फर्नेशों के निर्माण अथवा लाइनिंग (lining), बायलर्स, फ्लूज (flues), रिजनरेटर्स, कनबर्टर्स, क्यूसिबल्स, ड्रायर्स, पायरोमीटर्स ट्यूब तथा कई अन्य अनुप्रयोगों में प्राथमिक रूप से उच्च तापमान को सहन करने पर भी cracking, disintegrating अथवा softening के बिना अधीन होने को, प्रयोग किए जाते हैं।

11.23. रिफ्रैक्ट्री पदार्थ (Refractory Materials)

सामान्य रिफ्रैक्ट्री पदार्थ सिलिका (silica), मेगनेसाइट (magnesite), फोरेस्टेराइट (forsterite), डोलोमाइट (dolomite), सिलिकन कार्बाइड (silicon carbide) तथा जिरकॉन (zircon) इत्यादि हैं। कॉमर्शियल कार्यों में प्रयुक्त किए जाने वाले मुख्य रिफ्रैक्ट्री पदार्थ उच्च गलन ऑक्साइडों से बने जटिल ठोस (complex solids) अथवा अशुद्धियों (impurities) के रूप में उपस्थित अन्य घटकों की थोड़ी मात्रा के साथ सिलिकॉन, एल्यूमिनियम, मेगनिसियम, कैल्शियम तथा जिरकोनियम जैसे घटकों के ऐसे ऑक्साइडों के संयोग (combination) हैं। उच्च तापमान पर प्रयुक्त किए जाने वाले सामान्य रिफ्रैक्ट्री पदार्थ में क्रिस्टलाइन तथा आंशिक एमारफस (amorphous) पदार्थों का मिश्रण होता है जो किसी glassy matrix के विभिन्न संगठन द्वारा परस्पर बँधे होते हैं।

व्यापक रूप से प्रयोग किया जाने वाला एक रिफ्रैक्ट्री पदार्थ एल्यूमिनियम तथा सिलिका का मिश्रण (composition) होता है जिसमें शुद्ध एल्यूमिना से लेकर एल्यूमिना सिलिकेट की विभिन्न मात्राएँ (wide range of aluminium silicates) होती है। कुछ वर्षों पूर्व ही कुछ नए रिफ्रैक्ट्री पदार्थों का विकास हुआ है जिनका प्रयोग गैस टरबाइन, रैम-जैट इंजन, मिसाइल्स (missiles), न्यूक्लियर रिएक्टर (nuclear reactor) इत्यादि में अति उच्च तापमान पर किया जाता है। ये रिफ्रैक्ट्रीज अपेक्षाकृत सरल क्रिस्टलाइन पदार्थ होते हैं जिनमें शुद्ध धात्विक ऑक्साइड्स, कारबाइड्स, बोराइड्स, नाइट्राइड्स तथा सल्फाइड्स का मिश्रण होता है। एक अन्य मुख्य रिफ्रैक्ट्री पदार्थ सिरमैट (cermet) है जो सिरेमिक तथा धातुओं का मिश्रण होता है। इसका ऊष्मीय आघात (thermal shock) के प्रति प्रतिरोध सिरेमिक्स की तुलना में उत्तम होता है। इसके अतिरिक्त कुछ मिश्र धातुएँ उदाहरणतः निमोनिक (nimonic) तथा इन्कलॉय (incoloy) भी रिफ्रैक्ट्री पदार्थों की भाँति प्रयुक्त किए जाते हैं।

11.24. रिफ्रैक्ट्रीज का वर्गीकरण (Classification of Refractories)

रिफ्रैक्ट्री पदार्थ के मुख्य घटकों (constitients) के आधार पर, (मुख्यतः ऑक्साइड तथा उनके यौगिक), रिफ्रैक्ट्रीज को तीन सामान्य वर्गों में विभाजित किया गया है—

(1) एसिड (acid) रिफ्रैक्ट्रीज

(2) क्षारीय (basic) रिफ्रैक्ट्रीज

(3) न्यूट्रल (neutral) रिफ्रैक्ट्रीज

1. एसिड रिफ्रैक्ट्रीज (Acid Refractories)

एसिड रिफ्रैक्ट्रीज अम्लीय (acidic) पदार्थों उदाहरणतः एल्यूमिनो-सिलिकेट्स तथा सिलिशियस (siliceous) पदार्थों से निर्मित होती है। एसिड रिफ्रैक्ट्रीज का मूल घटक (constituent) सिलिका है। एसिड रिफ्रैक्ट्रीज क्षार (bases) पदार्थों से तत्परता से प्रतिक्रिया (combine) कर जाती है अतः इन्हें "एसिड" कहा जाता है। यही कारण है कि ये रिफ्रैक्ट्रीज अम्लीय माध्यम (acidic medium) से प्रभावित नहीं होते परन्तु क्षारीय वातावरण (basic atmosphere) के प्रति अत्यन्त सक्रिय (scnsitivc) हैं।

मुख्य एसिड रिफ्रैक्ट्रीज निम्न हैं—

(i) जेनिस्टर्स (Genisters)

(ii) रेत (Sand)

(iii) क्वार्टजाइट (Quartzite)

(iv) सिलिमैनाइट (Sillimanite)

(v) कायनाइट (Kyanite)

(vi) फायरक्ले (Fire clays)

(vii) जिरकॉन (Zircon)

(viii) जिरकोनिया (Zirconia) तथा

(ix) फायर ब्रिक्स (Fire bricks)

2. क्षारीय रिफ्रैक्ट्रीज (Basic Refractories)

बेसिक रिफ्रैक्ट्रीज, मूलतः बेसिक पदार्थों उदाहरणतः मेगनिशिया (MgO) द्वारा संरचित (composed) होते हैं। उदाहरणतः क्रोम मैगनेसाइट (chrome-magnesite), डोलोमाइट (dolomite), लाइमस्टोन (lime-stone) तथा मैगनेसाइट (magnesite)।

बेसिक रिफ्रैक्ट्रीज पर अम्लीय माध्यम (acidic medium) की तुरन्त क्रिया (attack) होती है।

3. न्यूट्रल रिफ्रैक्ट्रीज (Neutral Refractories)

न्यूट्रल रिफ्रैक्ट्रीज वे पदार्थ हैं जो अम्लीय (acidic) अथवा क्षारीय (basic) ऑक्साइडों से क्रिया नहीं करते हैं।

अम्लीय रिफ्रैक्ट्रीज एल्यूमिना-सिलिका में एल्यूमिना की मात्रा बढ़ने पर यह क्षारीय रिफ्रैक्ट्रीज में परिवर्तित हो सकती है।

निम्न पदार्थ क्षारीय रिफ्रैक्ट्रीज के गुण प्रदर्शित करते हैं—

(i) कार्बन (Carbon), (ii) ग्रेफाइट (Graphite), (iii) कारबाइड (Carbides),
(iv) क्रोमाइट (Chomite), (v) बॉक्साइट (Bauxite),
(vi) फॉरेस्टेराइट (Foresterite)

11.25. रिफ्रैक्ट्रीज के गुण (Properties of Refractories)

रिफ्रैक्ट्रीज पदार्थों में निम्न मुख्य गुण होते हैं—

(1) रिफ्रैक्ट्रीनैस (Refractoriness)
(2) सिरेमिक बाण्ड (Ceramic bond)
(3) विमिय स्थिरता (Dimensional stability)

1. रिफ्रैक्ट्रीनैस (Refractoriness)

पदार्थों की बिना किसी विशेष डिफॉर्मेशन हुए उसकी ऊष्मा (heat) को सहन (withstand) करने की क्षमता, रिफ्रैक्ट्रीनैस कहलाती है। पदार्थ का द्रवणांक (melting point) अर्थात् softening उसके रिफ्रैक्ट्रीनैस के गुण की माप है।

2. सिरेमिक बाण्ड (Ceramic Bond)

सिरेमिक बाण्ड एक glassy matrix की भाँति है जो मिश्रण (mixture) की फायरिंग करने पर अधिक fusible constituents से उत्पन्न द्रव (liquid) की cooling से निर्मित होता है। सिरेमिक बाण्ड पदार्थ के उच्च ताप पर प्रयोग करने के समय उसकी dimensional stability सुनिश्चित करता है। पदार्थ में सिरेमिक बाण्ड की उपस्थिति से रिफ्रैक्ट्री की cold strength में वृद्धि होती है परन्तु उच्च ताप पर उसकी रिफ्रैक्ट्रीनैस में गिरावट आती है। पदार्थ में उच्च रिफ्रैक्ट्रीनैस में गिरावट आती है। पदार्थ में उच्च रिफ्रैक्ट्रीनैस के गुण के लिए उसमें glassy matrix की मात्रा इतनी कम होनी चाहिए। जितनी की सामान्य ताप पर रिफ्रैक्ट्री की strength के लिए आवश्यक है।

3. विमिय स्थिरता (Dimensional Stability)

पदार्थ का लम्बे समय तक उच्च ताप पर कार्य करने के फलस्वरूप, उसके आयतन में परिवर्तन का विरोध करने का गुण "Dimensional Stability" कहलाता है। रिफ्रैक्ट्रीज में उच्च ताप पर भौतिक (physical) तथा रासायनिक (chemical) स्थिरता होना, उनकी सबसे पहली आवश्यकता है। रिफ्रैक्ट्रीज को जब वह hot होती है, विविध प्रकार के अनेक कार्य करने पड़ सकते हैं, उदाहरणतः,

भट्टियों (furnances) के पार्टस तथा भट्टी में प्रयुक्त पदार्थों (content) का भार वहन (with stand) करना, तीव्र गति से heating एवं cooling के कारण उत्पन्न थरमल शॉक, ताप परिवर्तन के कारण उत्पन्न प्रतिबल (stress), भट्टियों में चार्ज (charge) की गति

से उत्पन्न mechanical wear तथा गर्म ठोस, द्रव, गैस अथवा fumes के कारण रासायनिक प्रभाव। अतः रिफ्रैक्ट्रीज पदार्थों में उपरोक्त सभी स्थितियों में कार्य करने का तथा उनकी किसी क्रिया का उन पर विरोध करने का गुण होना चाहिए।

रिफ्रैक्ट्रीज उत्तम थरमल इन्सुलेटिंग पदार्थ होते हैं।

सारणी 11.6—Some Important Refractory Materials

Class	Name and Chemical formula	Composition	Limits of Temperature for application
Acid	Silica–SiO_2	SiO_2 – 100%	1750°C
	Kaolin–$Al_2O_3 . 2SiO_2 . 2H_2O$	Al_2O_3 – 45·9%	1735°C
	Sillimanite–$Al_2O_3 . 2SiO_2$	SiO_2 – 54·1%	1800°C
	Mullite–$3Al_2O_3 . 2SiO_2$	Al_2O_3 – 63%, SiO_2 – 37%	1900°C
	Alumina–Al_2O_3	Al_2O_3 – 72%, SiO_2 – 28%	2050°C
	Silicon–SiC	Al_2O_3 – 100% (Corundum)	2700°C
	Corbide	SiC – 100%	
Basic	Lime–CaO	CaO – 100%	2570°C
	Magnesia–MgO	MgO – 100%	2800°C
Neutral	Chromite–FeO . Cr_2O_3	FeO – 32%, Cr_2O_3 – 68%	2180°C
	Zirconia–ZrO_2	ZrO_2 – 100%	2700°C
	Graphite–C	C – 100%	3000°C

11.26. ग्लासेज (Glasses)

सिरेमिक विज्ञान में "glass" शब्द सिरेमिक मिश्रण का कोई भी एमोरफॉस घटक (amorphous component) जाहिर करता है। अधिक सामान्य रूप में, ग्लास (glass) एक पारदर्शी सिलिका उत्पाद है जो ऊष्मा उपचार पर निर्भर करते हुए amorphous अथवा crystalline हो सकता है। ग्लासेज या तो अकार्बनिक अथवा कार्बनिक हो सकते हैं। विट्रस पदार्थ (vitreous material) अथवा अकार्बनिक ग्लासेज fusion product हैं जो द्रव अवस्था से ठोसकरण (solidification) के दौरान क्रिस्टलाइज होने को असफल रहते हैं। ग्लास के गुण असमर्थन रूप से प्रभावित होते हैं यदि क्रिंस्टल्स, ग्लास द्रव (glass liquid) में विकसित होते हैं। कूलिंग प्रक्रम के दौरान, ग्लासेज किसी भी तापमान पर असंतत (discontinuous) परिवर्तन प्रदर्शित नहीं करते हैं तथा केवल visosity में progressive वृद्धि नोटिस की जाती है। वास्तव में, ग्लास एक कठोर द्रव (hard liquid) है।

11.27. ग्लास बनाने वाले घटक (Glass Forming Constituents)

सिलिका जो high purity सिलिका सेण्ड से प्राप्त होता है व्यापक रूप से प्रयुक्त होने वाला glass-forming घटक है। अन्य ग्लास formers बोरोन, वेनेडियम, जरमेनियम तथा फॉस्फोरस के ऑक्साइड्स हैं। कुछ घटक तथा यौगिक (elements and compounds) जैसे tellurium, selenium तथा BeF_2, भी ग्लास बना सकते हैं।

ग्लास बैच (glass batch) में मिलाने वाले ऑक्साइड घटकों का निम्न प्रकार उपविभाजन किया जा सकता है—

(i) ग्लास फोर्मस (Glass formers)

(ii) मध्यवर्ती (Intermediates)

(iii) मॉडीफायर्स (Modifiers)

ये कार्यों (functions) जो वे ग्लास के अन्तर्गत करते हैं, के आधार पर वर्गित किए जाते हैं। ग्लास फोर्मर्स (glass formers) अथवा network formers में SiO_2, B_2O_3, GeO_2, P_2O_5, V_2O_5 तथा As_2O_3 जैसे ऑक्साइड्स सम्मिलित हैं जो ग्लास के फॉर्मेशन में indespensible हैं चूँकि वे random three-dimensional network of glass का आधार बनाते हैं।

मध्यवर्ती (intermediates) में Al_2O_3, Sb_3O_2, ZrO_2, TiO_3, PbO, BeO तथा ZnO सम्मिलित हैं। ये ऑक्साइड्स संरचनीय तारतम्यता (structural continuity) को बनाए रखने को बेसिक ग्लास नेटवर्क के साथ जोड़ने के लिए उच्च अनुपातों में मिलाए जाते हैं।

मॉडीफायर्स (modifiers) में MgO, Li_2O, BaO, CaO, SrO, Na_2O तथा K_2O सम्मिलित हैं। ये ऑक्साइड्स ग्लासेज के गुणों को संशोधित करने को मिलाए जाते हैं।

ग्लास में अन्य वृद्धियाँ (additions) fluxes हैं जो ग्लास बैच का fusion तापमान कम करते हैं तथा पिघले ग्लास को मुनासिब तापमान पर कार्य करने योग्य करते हैं। इसके विपरीत, fluxes रासायनिक आक्रमण (chemical attack) को ग्लास का प्रतिरोध कम कर सकते हैं, इसे water soluble करते हैं अथवा इसे आंशिक (partial) अथवा ठण्डा होने पर पूर्ण devitrification अथवा क्रिस्टलाइजेशन के अधीन बनाते हैं। Devitrified ग्लास अवांछनीय है, चूँकि क्रिस्टलाइन areas अत्यन्त weak तथा brittle हैं। इसलिए इन समस्याओं का सामना करने के लिए, Stabilizers ग्लास बैच में मिलाए जाते हैं।

11.28. ग्लास की संरचना तथा गुण (Structure and Properties of Glasses)

ग्लासेज की संरचना liquids के बिलकुल मिलती-जुलती है सिवाय यह कि ये उच्च रूप से viscous एवं nonrelaxing हैं। X-ray विश्लेषण दिखाते हैं कि ग्लासेज में

परमाणुओं की सापेक्ष स्थितियाँ liquids के समान हैं। इसका तात्पर्य है कि परमाणुओं के बीच एक short-range क्रम विद्यमान है, परन्तु long-range order भी है। अतः ग्लासेज साधारणतः supercooled liquids जो उनके क्रिस्टलाइन फेजों के सन्दर्भ में अस्थिर हैं, के रूप में सोचे जाते हैं।

अकार्बनिक ग्लासेज polyhedra के irregular, three-dimensional network से बने होते हैं, जो समान base unit रखते हुए सिलिका, feldspar तथा zeolites से काफी मिलते-जुलते हैं। चित्र 11.11 सिलिका ग्लास की संरचना प्रदर्शित करता है। चूँकि संरचना

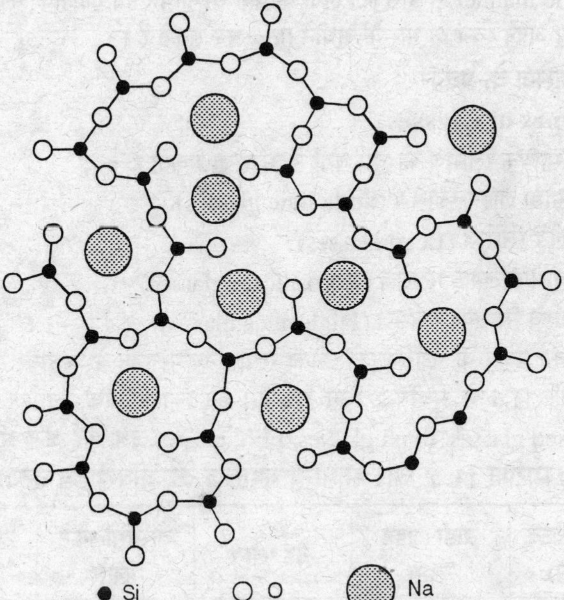

चित्र 11.11—सोडियम सिलीकेट ग्लास की संरचना।

three-dimensional है, CN, 3 होना चाहिए। व्यवहार में, केवल tetrahedrally व्यवस्थित MO_2 तथा M_2O_3 प्रकार के ऑक्साइड्स तथा triangularly व्यवस्थित जैसे ऑक्साइड्स जैसा कि पूर्व में बताया जा चुका है, network forming पदार्थों के रूप में समझे जाते हैं। सिलिका एक उत्कृष्ट उदाहरण है। अन्य ऑक्साइडों में GeO_2, P_2O_5, Sb_2O_3, B_2O_3 तथा As_2O_3 सम्मिलित हैं। ये ऑक्साइड ग्लासेज की viscosity, easy fracture, thermal conductivity तथा प्रसार गुणांक (coefficient of expansion) के रूप में गुण प्रदान करते हैं।

व्यवहारिक रूप में ग्लास **viscous flow** के मेकेनिज्म के द्वारा विरूपित (deform) होता है न कि **slip** के द्वारा जो क्रिस्टलाइन पदार्थों में होने को पायी जाती है। दर (rate) जिस पर viscous deformation हो सकता है, वास्तव में, प्राथमिक रूप से लगाये गए प्रतिबन्ध की मात्रा पर तथा दूसरी बार संगठन (composition) तथा संरचना पर निर्भर करता है।

वास्तव में, साधारण तापमानों पर ग्लास में viscous flow की दर अत्यन्त निम्न (low) है। इसलिए, यदि ग्लास पर यकायक भार लगाया (suddenly applied load) जाता है, तो ग्लास की संरचना के अन्तर्गत bonds भंजित (broken) हो जाते हैं। इस प्रकार से, यह brittle manner में असफल होना अधिक सम्भावित है। हालाँकि, ग्लास काफी लम्बे समय के लिए अपने स्वयं के भार के अधीन flow कर सकते हैं।

11.29. ग्लासेज के प्रकार
(Types of Glasses)

व्यावसायिक ग्लासेज को चार वर्गों में बाँटा जा सकता है—

(1) सोडा लाइम ग्लासेज (Soda lime glasses)

(2) लैड ग्लासेज (Lead glasses)

(3) बोरोसिलिकेट ग्लासेज (Borosilicate glasses)

(4) उच्च सिलिका ग्लासेज (High silica glasses)

उपरोक्त प्रकार के ग्लासेज को उनकी रासायनिक संगठन के अनुसार नाम दिया गया है। ये सारणी 11.6 में सूचीबद्ध किए गए हैं। इन व्यावसायिक ग्लासेज के अतिरिक्त, recrystallised glasses, foam glasses, fibre glasses तथा कई अन्य भी हैं।

सारणी 11.6. चार सामान्य ग्लासेज के ऑक्साइड घटक

ऑक्साइड घटक (प्रतिशत में)	सोडा लाइम ग्लास	लैड ग्लास	बोरोसिलिकेट ग्लास	उच्च सिलिका ग्लास
SiO_2	70–75	53–68	73–82	96
Na_2O	12–18	5–10	3–10	–
K_2O	0–1	1–10	0·4–1	–
CaO	5–4	0–6	0·1	–
PbO	–	15–40	0·1	–
B_2O_3	–	–	5–20	3
Al_2O_3	0·5–2·5	0–2	2–3	–
MgO	0·4	–	–	–

सोडा लाइम ग्लासेज (Soda lime glasses)—सोडा लाइम अथवा लाइम ग्लासेज को सेण्ड, लाइम अथवा लाइमस्टोन तथा सोडा-ऐस (soda-ash) को एक साथ fusing के द्वारा बनाया जाता है। चूँकि कच्चे पदार्थ (raw materials) बहुत सस्ते हैं तथा कम तापमान इन ग्लासेज को पिघलाने के लिए दिया जा सकता है अतः सोडा लाइम ग्लासेज बहुत सस्ते हैं तथा इस कारण से ग्लास विनिर्माण का largest tonnage सम्मिलित है। ये ग्लासेज window glass, bottles, lamp globes, टेस्ट-ट्यूब जैसे साधारण रासायनिक उपकरण, बीकर्स (beakers) इत्यादि के रूप में प्रयुक्त किए जाते हैं।

लैड ग्लासेज (Lead glasses)—लैड ग्लासेज "flint" ग्लासेज भी कहलाते हैं, उच्च गुणवत्ता टेबल वेयर के लिए, ऑप्टीकल प्रयोजनों, neon-sign ट्यूबिंग, उसकी उच्च चमक के कारण आर्ट आब्जेक्ट्स, X-ray रेडिऐशन्स से व्यक्तियों के बचाव को शिल्ड्स (shields) तथा विन्डो के लिए प्रयुक्त होते हैं। लैड ग्लासेज अपेक्षाकृत निम्न गलन बिन्दु (low melting point) रखते हैं, परन्तु वे उत्तम hot work ability, उच्च विद्युत प्रतिरोधकता तथा उच्च रिफ्रैक्ट्री indices प्रदर्शित करते हैं।

बोरोसिलिकेट ग्लासेज (Borosilicate glasses)—बोरोसिलिकेट ग्लासेज में सिलिका का एक भाग बोरिक ऑक्साइड के द्वारा बदला जाता है जो ग्लासेज को कुछ निश्चित वांछनीय गुणों जैसे ऊष्मीय शॉक (thermal shock), विद्युत शॉक (electrical shock) तथा रासायनिक स्थिरता (chemical stability) अर्पण करता है। सोडा (soda) तथा लाइम (lime) के स्थान पर B_2O_3 की उपस्थिति के कारण, इसका प्रसार गुणांक (coefficient of expansion) $9{\cdot}0 \times 10^{-6}$ से $3{\cdot}5 \times 10^{-6}$ तक कम हो जाता है। इसका किचिन वेयर में, फैक्टरीज में ग्लास पाइप लाइन, हाइ टेंशन इन्सूलेटर्स, टेलिसकोप मिरर तथा लेबोरेटरी वेयर्स में व्यापक उपयोग होता है। इस प्रकार का विशेष ग्लास (special glass) "pyrex" ट्रेड नाम के अन्तर्गत बनाया जाता है।

उच्च सिलिका ग्लासेज (High silica glasses)—उच्च सिलिका ग्लासेज (96 प्रतिशत सिलिका रखते हुए) मुख्य रूप से प्रयुक्त किए जाते हैं जहाँ उच्च तापमान प्रतिरोध की जरूरत होती है तथा वे नियमित रूप से लगभग 900°C तक तापमानों पर प्रयुक्त किए जा सकते हैं। उच्च सिलिका ग्लासेज बहुत कम ऊष्मीय प्रसार गुणांक (thermal expansion coefficient) रखते हैं जो थर्मल शॉक को अपने उच्च प्रतिरोध के लिए उत्तरदायी हैं।

रंगीन ग्लासेज (Coloured glasses)—कभी-कभी इरादन रंगीन ग्लासेज प्राप्त करने को ग्लास फ्यूजन (glass fusion) को विभिन्न पदार्थ (substances) मिलाए जाते हैं। इस प्रकार उदाहरण के लिए, क्रोमिक ऑक्साइड Cr_2O_3 ग्लास को हरा रंग (green colour) प्रदान करता है, मैगनीज डाइऑक्साइड, लाल-बैंगनी (reddish-purple) रंग, कोबाल्टस ऑक्साइड, नीला रंग इत्यादि। अधिकतर परिस्थिति में, ग्लास का रंग आयरन, मैंगनीज, कोबाल्ट इत्यादि के रंगीन सिलिकेट्स के बनने पर निर्भर करता है, परन्तु कभी-कभी इस सत्य के कारण है कि ग्लास में मिलाया गया पदार्थ अत्यन्त महीन बँटे हुए कणों के रूप में उपस्थित

है। इस प्रकार, यदि सोने (gold) की बहुत कम मात्रा ग्लास में मिलाई जाती है, गोल्ड के महीन कणों की उपस्थिति के कारण ruby-red रंग प्राप्त करता है। गोल्ड के महीन कण निःसन्देह माइक्रोस्कोप के अधीन अदृष्टिगोचर होते हैं जो जब बनाता है जब पिघला ग्लास धीरे-धीरे ठण्डा होता है।

रिक्रिस्टलाइज्ड ग्लासेज (Recrystallised glasses)—रिक्रिस्टलाइज्ड ग्लास, **polycrystalline glass** के रूप में भी जाना जाता है, सामान्यतः पिघले ग्लास में सोडियम फ्लूराइड (sodium fluoride), फॉस्फोरस पेन्टऑक्साइड, टाइटेनियम ऑक्साइड अथवा वेनेडियम ऑक्साइड जैसे nucleating agents को add करने के द्वारा उत्पन्न किया जाता है। ग्लास तब किसी एक पारम्परिक ग्लास फार्मिंग प्रक्रम के द्वारा बनाया जाता है तथा तब क्रिस्टलाइजेशन बढ़ाने को heat treated किया जाता है। इस प्रकार के ग्लासेज साधारण ग्लास की तुलना में उच्च कठोरता तथा इम्पेक्ट सामर्थ्य (impact strength) तथा बहतर thermal stability रखते हैं। इन ग्लासेज का मुख्य अनुप्रयोग refrigerator-to-oven cooking dishes कहे जाने वाले के निर्माण में है।

फाइबर ग्लासेज (Fibre glasses)—फाइबर ग्लास, सामान्यतः जो ग्लास फाइबर के रूप में जाना जाता है, फाइबर रूप (fibre form) में ग्लास है। पिघले ग्लास को 2 से 10 μ व्यास में फाइबरों में डाईयों (dies) से होकर खींचा (draw) जा सकता है; तथा तब यह फाइबर्स ग्लास के रूप में जाना जाता है। यह साधारण ग्लास की भाँति brittle नहीं है तथा उच्च तनाव सामर्थ्य अक्सर 700 MN/m^2 से अधिक रखता है। सामान्य ग्लास से भिन्न, ग्लास फाइबर सतह दोषों (surface defects) से लगभग मुक्त हैं तथा इस प्रकार तनाव भारों (tensile loads) के अधीन crack propagation न्यूनतम तक रखा जाता है। ये फाइबर्स non-flamable हैं, न तो ऊष्मा का संवाहन करते हैं, न ही विद्युत धारा का तथा ध्वनि (sound) का कुचालक (poor-conductors) है तथा रासायनिक रूप से निष्क्रिय (inactive) है।

फाइबर ग्लासेज विभिन्न कृत्रिम रेजिन्स के साथ मिलाकर नए प्रकार का बिल्डिंग पदार्थ प्रदान करते हैं, जो **glass fibre laminates** के रूप में जाना जाता है। वे इस्पात की तुलना में तीन अथवा चार गुना हल्के (lighter) होते हैं, परन्तु ठीक इतना मजबूत होते हैं जो उनको मेकेनिकल इंजीनियरिंग, निर्माण कार्य इत्यादि में धातु के लिए तथा लकड़ी के लिए दोनों को प्रतिनिधि (substitutes) के रूप में योग्य बनाता है। ग्लास फाइबर लेमिनेट्स (glass fibre laminates) ऑटोमोबाइल तथा एयरक्राफ्ट अंगों के निर्माण के लिए व्यापक रूप से प्रयुक्त किए जाते हैं।

ग्लास वूल्स (Glass wools)—ग्लास वूल्स ग्लास फाइबर से बिलकुल भिन्न प्रक्रम के द्वारा उत्पन्न किए जाते हैं। पिघले ग्लास को, प्रक्रम में जिसे crown process कहा जाता है, अपकेन्द्री बल (centrifugal force) के द्वारा कुछ vents से होकर बलात गुजारा जाता है जिससे लगभग 0·007 मिमी व्यास के अपेक्षाकृत बहुत छोटे फाइबर बनते हैं। ये इन्सूलेशन के लिए उपयोगी होते हैं।

फोम ग्लासेज (Foam glasses)—फोम ग्लासेज पिघले ग्लास (molten glass) में अनगिनत air cells अथवा pores को introduce करने के द्वारा बनाए जाते हैं। यह ठण्डा होने पर बिलकुल हल्का हो जाता है। वास्तव में, यह पानी में तैरता है क्योंकि यह cork की तुलना में हल्का होता है। इसे उपयोगी साइजों में काटा जाता है तथा तब heat insulating material के रूप में प्रयोग किया जाता है।

11.30. ग्लास में फ्रेक्चर (Fracture in Glass)

फ्रेक्चर, जैसा कि हम जानते हैं, पदार्थ में कुछ अपूर्णताओं के कारण होता है। ये अपूर्णताएँ (imperfections) विशिष्ट मान की प्रतिबल पैदा करती है। जब यह प्रतिबल का उच्च मान पदार्थ की cohesive strength के बराबर हो जाता है, प्रभावित रिजम पर पदार्थ के atomic bonds भंजित (broken) हो जाते हैं। इस atomic bonds की breaking के कारण, अपूर्णताएँ लगभग instant तथा पूर्ण फ्रेक्चर बनाते हुए सारे पदार्थ के तिर्यक फैल जाती है।

तन्य पदार्थ (ductile material) में प्रतिबल संकेन्द्रन (stress concentration) प्लास्टिक डिफॉर्मेशन के द्वारा समस्त क्षेत्रफल के यकायक वितरित हो जाता है, परन्तु ठण्डे ग्लासेज की भाँति भंगुर पदार्थ में यह सम्भव नहीं है। यदि, इसलिए अपूर्णताओं पर stress concentration, निरीक्षित फ्रेक्चर सामर्थ्य से बढ़ जाता है तो फ्रेक्चर की असफलता होगी। सतह अपूर्णताएँ (surfce imperfections), blow holes, pores internal cracks, grain boundary ग्लासेज में प्रतिबल संकेन्द्रन के कुछ कारण हैं तथा फ्रेक्चर उनमें लगभग प्लास्टिक डिफॉर्मेशन के बिना ही होता है, अर्थात् brittle manner में।

पदार्थ के भिन्न सदस्यों में failure के कारण होने वाली अपूर्णताएँ भिन्न होती हैं। इसलिए, दो सदस्यों की निरीक्षित सामर्थ्य (observed strength) भी भिन्न होगी। अतः ग्लास जैसे भंगुर पदार्थ के लिए, fracture strength का अकेला मान (single value) नहीं है तथा यह individual specimen के statistical distribution जैसा विचार हो सकता है। ग्लास को सम्मिलित करते हुए भंगुर (brittle) पदार्थों की बड़ी संख्या fracture strength की अपने साइजों के साथ बड़ी भिन्नता रखती है।

11.31. एब्रेसिब्स (Abrasives)

पदार्थ की सतह का यान्त्रिक रूप से रगड़ना (rubbing) अपघर्षण (abrasion) कहलाता है तथा यह मृदु पदार्थ (softer material) को रगड़कर घिसने के लिए प्रयोग किए जाने वाला कठोर पदार्थ अपघर्षक (abrasive) कहलाता है। सिरेमिक्स सबसे कठोर पदार्थ है। अतः अपघर्षण प्रयोजनों हेतु इनका चयन किया जाता है। अपघर्षक (abrasives) scratching, grinding, cutting, rubbing तथा polishing जैसी संक्रियाओं के लिए प्रयुक्त किए जाते हैं।

11.32. अपघर्षकों का वर्गीकरण तथा उनके प्रयोग (Classification and Uses of Abrasives)

उद्योगों में प्रयुक्त होने वाले अपघर्षक निम्न प्रकार वर्गीकृत किए जाते हैं—

(1) कठोर अपघर्षक (hard abrasives)

(2) सिलिसियस अपघर्षक (siliceous abrasives)

(3) मृदु अपघर्षक (soft abrasives)

(4) कृत्रिम अपघर्षक (artificial abrasives)

(1) कठोर अपघर्षक (Hard abrasives)—कठोर अपघर्षक हीरा (diamond), corrundom, emergy तथा garnet हैं। हीरा (diamond) प्रकृति में पाया जाने वाला कार्बन का क्रिस्टलाइन फार्म है। यह ज्ञात सबसे कठोर पदार्थ है तथा यह अन्य अपघर्षकों की अपेक्षा 10 से 100 गुना अधिक टिकाऊ है। इसलिए डायमण्ड उन अनुप्रयोगों के लिए प्रयुक्त किया जाता है जहाँ अन्य अपघर्षकों का जीवन कम है। विशिष्ट अनुप्रयोग, brick व concrete saws, wire-drawing dies, कठोर चट्टानों की ड्रिलिंग के लिए डायमण्ड ड्रिल तथा कठोर धातुओं की मशीनन के लिए कटर्स इत्यादि हैं। किसी अपघर्षक की तरह, डायमण्ड impact के द्वारा शीघ्रता से नष्ट हो जाता है। Corrundum एल्यूमिनियम ऑक्साइड है। यह ग्लास की ग्राइडिंग तथा grinding wheels बनाने में प्रयुक्त होता है। Emery कोरण्डम (corrundum) तथा मैगनेटाइट (Fe_3O_4) का मिश्रण है। यह विशेष रूप से grinding wheel बनाने तथा ग्लास तथा अन्य पदार्थों की पालिसिंग के लिए प्रयुक्त किया जाता है। Garnet या तो alamandite $Fe_3Al_2(SiO_4)_3$ अथवा grossularite $Ca_3Cl_2(SiO_4)_3$ है। ये मुख्य रूप से rough-polishing plate glass के लिए प्रयुक्त किया जाता है।

सिलिसियस अपघर्षक (Siliceous abrasives)—सिलिसियस अपघर्षक quartz, flint, chert, quartzite, sandstone तथा pumice हैं जो सभी मुख्य रूप से सिलिका के बने (composed) हैं। उनमें से अधिकतर स्टोन तथा बहुत बारीक सिरे (edge) वाले उपकरणों की sharpening के लिए प्रयुक्त किए जाते हैं।

मृदु अपघर्षक (Soft abrasives)—ये nonsiliceous पदार्थ हैं। अधिक साधारण मृदु अपघर्षक rotten stone, vienna lime तथा मेटेलिक ऑक्साइड्स हैं। मृदु अपघर्षकों के पर्त चढ़े, कपड़ा अथवा चमड़े से बने rapidly revolving flexible wheels, buffing के लिए प्रयुक्त किए जाते हैं।

कृत्रिम अपघर्षक (Artificial abrasives)—अधिक महत्त्वपूर्ण कृत्रिम अपघर्षक, (1) silicon carbide SiC जो carborundum तथा crystolon के trade name द्वारा जाने जाते हैं, (2) बोरोन कार्बाइड B_4C, (3) fused aluminium oxide Al_2O_3 जो aluntum तथा aloxite द्वारा जाने जाते हैं, (4) steel shots तथा (5) crushed steel हैं।

डायमण्ड के बाद, सामान्य प्रयोग में सबसे कठोर अपघर्षक silicon carbide है। एल्यूमिनियम ऑक्साइड, सिलिकॉन कारबाइड जैसा बिलकुल कठोर नहीं है, परन्तु चीमड़

(tougher) है तथा इस प्रकार impact के अधिक प्रतिरोधी है। यह कठोर धातुओं की ग्राइंडिंग के लिए पसन्द किया जाने वाला पदार्थ है, चूँकि सिलिकान कारबाइड की तुलना में अधिक शीघ्रता से घिसाई करता है, इस प्रकार कटिंग के लिए नई कोरों को उभारता है। सिलिकॉन कारबाइड को कास्ट आयरन तथा अलौह धातुओं के मृदु प्रकारों के लिए चुना जाता है।

साधारणतः केवल ये दो अपघर्षक ही ग्राइंडिंग व्हील्स में प्रयुक्त किए जाते हैं।

11.33. सीमेन्ट तथा कंक्रीट (Cement and Concretes)

सिलिकेट उद्योग के द्वारा उत्पन्न किया जाने वाला सबसे महत्त्वपूर्ण पदार्थों में से एक सीमेन्ट (cement) है, जो सभी प्रकार के निर्माण कार्यों में प्रचुर मात्रा में प्रयुक्त होता है। चूँकि यह जल के प्रति inert है, यह सभी पोर्ट (ports) तथा सबमेरीन संरचनाओं में, बाँधों (dams) के निर्माण के लिए, नम स्थानों में भवनों के erection इत्यादि के लिए, परम रूप से irreplacable है।

यदि चूने का गारा (mortar) को gravel, crushed rock इत्यादि के साथ मिलाया जाता है, तब हमको concrete प्राप्त होती है। यह vaults, arches, bridges, cisterns, tanks इत्यादि को बनाने को व्यापक रूप से प्रयुक्त की जाती है। आयरन धरनो (iron beams) तथा छड़ों पर आधारित कंक्रीट के बनी संरचना reinforced concrete संरचनाएँ कहलाती हैं।

11.34. सीमेन्ट बनाने वाले घटक (Cement-forming Constituents)

आजकल सबसे अधिक स्तर पर प्रयोग किया जाने वाला सीमेन्टिंग पदार्थ को पोर्टलैण्ड सीमेन्ट (portland cement) कहा जाता है। यह आजकल कैलकेरेसियस (calcareous) तथा argillaceous पदार्थों जैसे क्ले तथा लाइम स्टोन तथा सिलिकॉन के ऑक्साइड्स एल्यूमिनियम, आयरन तथा अक्सर मैगनिसियम के मिश्रण के आंशिक फ्यूजन (partial fusion) के द्वारा उत्पन्न की जाती है। जब लगभग 1450°C तक गर्म किया जाता है, तो राशि (mass), **clinker** जैसा जो फ्यूज्ड स्टोनी पदार्थ है, कठोर हो जाता है। इस पदार्थ को crush किया जाता है तथा इसमें जिप्सम (gypsum) का थोड़ा प्रतिशत मिलाने पर, इसे 10^{-5} मीटर से छोटे कणों को रखने वाले महीन पाउडर तक ग्राइण्ड किया जाता है। जिप्सम की थोड़ी मात्रा, पानी के साथ मिलाने पर सीमेन्ट को "flash set" लेने से बचाने के क्रम में, मिलाई जाती है। पोर्टलैण्ड सीमेन्ट प्रायः सारणी में सूचीबद्ध घटकों (constituents) को रखती है। जब सीमेन्ट के संगठन (composition) को ज्ञात किया जाता है, तो मुक्त कैलसियम तथा मेगनिसियम ऑक्साइड की मात्रा को न्यूनतम किया जाना चाहिए चूँकि वे ऑक्साइड्स जब पानी से मिलते हैं तो दीर्घ आयतन वृद्धि से गुजरते हैं। यह कठोरीकृत सीमेन्ट (hardened cement) के cracking तथा वास्तविक disintigration का कारण हो सकता है।

सारणी 11.7. पोर्टलैण्ड सीमेन्ट के घटक

घटक (Constituents)	रासायनिक सूत्र	लघु चिह्न	भार में प्रतिशत
ट्राईकैल्शियम सिलिकेट	$3CaO . SiO_2$	C_3S	46
डाईकैल्शियम सिलिकेट	$2CaO . SiO_2$	C_2S	28
ट्राईकैल्शियम एल्यूमिनेट	$3CaO . Al_2O_3$	C_3A	11
टेट्राकैल्शियम एल्यूमिनोफेराइट	$4CaO . Al_2O_3$ Fe_2O_3	C_4AF	8
जिप्सम	$CaSO_4$	–	3
मैग्नीशियम	MgO	–	3
कैल्शियम ऑक्साइड	CaO	–	0·5
सोडियम ऑक्साइड तथा पोटेशियम ऑक्साइड	$Na_2O_2K_2O$	–	0·5
आयरन ऑक्साइड	Fe_2O	–	2·4

11.35. सीमेन्ट की सेटिंग (Setting of Cement)

क्ले की भाँति, सीमेन्ट पानी के साथ मिलाने पर प्लास्टिक फ्लो प्रदर्शित करती है। समय के साथ सीमेन्ट-जल पेस्ट set होता है, अर्थात् यह चट्टान की तरह ठोस हो जाती है। कठोरीकृत राशि (hardened mass) homogeneous नहीं होती है तथा अनेक छिद्रों युक्त होती है जो पानी तथा हवा से भरे होते हैं। Texture भी समरूप (unform) नहीं होता है। राशि (mass) निःसन्देह छोटे कणों की विशाल संख्या के संपीडित (conglomerate) जैसी होती है, जो coherent solid में एक साथ बँधी हुई 100×10^{-1} nm (100 A) से बड़ी नहीं होती है। Aggregate, **tobermorite gel** ($C_2S . xH_2O$) कहलाता है, जो colloidal पदार्थ होता है जिसमें कैल्शियम सिलिकेट, संलग्न परतों के बीच घुले हाइड्रोजन के पानी के साथ distorted crystalline layer संरचना बनाता है। Tobermorite gel लगभग set सीमेन्ट के bulk के 50 प्रतिशत के लिए उत्तरदायी होता है तथा बड़े रूप में इसके सामर्थ्य गुणों को बताता है।

सीमेन्ट पेस्ट भौतिक प्रक्रम की तुलना में निःसन्देह आवश्यक रूप से रासायनिक है, यह phase transformations के द्वारा मुक्त होता है। पोर्टलैण्ड सीमेन्ट के सभी घटक, थोड़ी अथवा बड़ी मात्रा में hydrated products बनाने को पानी के साथ संयुक्त करते हैं। प्रतिक्रियाएँ (reactions) बड़े रूप में exothermic होती हैं तथा पहले अनुमान को प्रत्येक घटक पानी के साथ प्रतिक्रिया करने पर, ऊष्मा की विशिष्ट मात्रा evolve करती है, जिसे **heat of hydration** कहते हैं। C_3A का हाइड्रेशन, ऊष्मा की बड़ी मात्रा evolve करता है, C_3S उसके बाद तथा C_2S सबसे कम हाइड्रेशन की ऊष्मा की मात्रा evolve करता है। हाइड्रेशन की ऊष्मा में ये विभिन्नता विशिष्ट परिस्थिति में प्रयोग के लिए सीमेन्ट के उचित प्रकार के चयन पर एक महत्त्वपूर्ण दबाव रखती है।

प्रयोगों द्वारा प्रदर्शित हुआ है कि चार मुख्य घटकों के द्वारा प्रदर्शित सेटिंग तथा हार्डनिंग की दरें (rates of setting and hardening) हाइड्रेशन की ऊष्मा की मात्रा के साथ समानुपाती है। दरें, जिस पर इन अवयवों (components) की cohesive सामर्थ्य बढ़ती है, समय के साथ संगत संपीडन सामर्थ्य (compressive strength) की वृद्धि से भी अनुमानित की जा सकती हैं। सीमेन्ट की hardening के अध्ययन सूचित करते हैं कि C_3S को इसकी अधिकतम सामर्थ्य (ultimate strength) के 70 प्रतिशत तक पहुँचने को लगभग एक महीना की आवश्यकता होती है। C_2S का hydration इतना धीरे होता है कि यह छः महीने में अपनी अन्तिम सामर्थ्य का केवल दो-तिहाई पहुँच पाता है। इस धीमी दर के बावजूद, C_2S सभी चार घटकों की उच्चतम अल्टीमेट सामर्थ्य के लिए शीर्ष पर रहता दिखाई पड़ता है। यह झुकाव (trend) स्पष्ट करता है कि क्यों सीमेन्ट तथा cemented aggregates कई वर्षों भी सामर्थ्य में धीमे प्राप्त करना जारी रखते हैं।

11.36. कंक्रीट (Concrete)

पानी के साथ संयोग में, सीमेन्ट, crushed stone के aggregates, gravel तथा sand को coherent तथा ठोस राशि (solid mass) में एक साथ वेल्ड करती है, जिसे कंक्रीट कहा जाता है। यह अकेले पोर्टलैण्ड सीमेन्ट की तुलना में कम खर्चीला (expensive) तथा सामर्थ्यशील (stronger) है।

कंक्रीट मिश्रण में, हाइड्रेट (hydrates) पैदा करने तथा aggregates को लुब्रीकेट करने तथा मिश्रण को अधिक कार्यशील बनाने के लिए, पानी मिलाया जाता है। यदि मिश्रण (mixture) में पानी-सीमेन्ट अनुपात बहुत कम है, तब मिश्रण में trapped वायु को आसानी से दूर नहीं किया जा सकता है तथा कंक्रीट में पैदा की हुई porosity, कंक्रीट राशि की सामर्थ्य को कम कर देती है। यदि, दूसरी तरफ, सीमेन्ट-पानी का अनुपात बहुत अधिक है, तब अधिक पानी के evaporation के फलस्वरूप porosity भी सामर्थ्य को बुरी तरह से प्रभावित करती है। इसलिए, माध्यमिक पानी-सीमेन्ट अनुपात दृढ़ता (compaction) की भिन्न विधियों के लिए ऑप्टीमम सामर्थ्य उत्पन्न करेगी। ऑप्टीमम पानी-सीमेन्ट अनुपातों को रखते हुए कंक्रीट में हार्डनिंग के बाद अभी भी पर्याप्त porosity रहती है तथा ये pores कंक्रीट संरचना (concrete structure) की असफलता के लिए प्राथमिक रूप से उत्तरदायी हैं। इस स्थिति को एसफाल्ट पेन्ट (asphalt paints) के प्रयोग के द्वारा अथवा कंक्रीट मिश्रण में acids के salts जो water repellents के रूप में कार्य करती है, के योग के द्वारा, कम किया जा सकता है अथवा टाला जा सकता है।

प्रबलित कंक्रीट (Reinforced concrete)—प्रबलित कंक्रीट को इस्पात छड़ों (steel rods) के ऊपर कंक्रीट को cast करने के द्वारा बनाया जाता है। किसी भंगुर पदार्थ (brittle material) की तरह, कंक्रीट तनाव (tension) की तुलना में संपीडन (compression) में अधिक मजबूत है। कंक्रीट मिक्स में उचित साइज एवं आकार की इस्पात छड़ों की placing के द्वारा तथा संरचनीय अवयव (element) के अनुप्रस्थ काट में उनको strategically locating के द्वारा, विशेष रूप से लगाए गए भार के सन्दर्भ के साथ, कंक्रीट की पूर्ण संपीडन सामर्थ्य को उपयोग में लाना तथा सपोर्टिंग लोड के पूर्ण प्रतिरोध के द्वारा तनाव (tension) में इसकी कमजोरी (weakness) की क्षतिपूर्ति करना सम्भव है।

कंक्रीट को, इस्पात छड़ों को तनाव के अधीन रखने तथा उन पर कंक्रीट डालने (pouring) के द्वारा, prestressed भी किया जा सकता है ताकि यह तनाव भार (tensile load) को सपोर्ट कर सके। कंक्रीट के सैट होने तथा कठोर होने के बाद, तनाव भार को छड़ों से हटा लिया जाता है, इस प्रकार इसे संपीडन में रखा जाता है। शुद्ध तनाव प्रतिबल के विद्यमान होने से पूर्व तनाव भार को इस संपीडन सामर्थ्य से अधिक होना चाहिए।

11.37. शब्दावली (Glossary)

सिरेमिक (Ceramic)—ये अकार्बनिक (inorganic), अधात्विक (non-metallic) पदार्थ हैं जो उच्च तापमानों पर प्रोसेस किए जाते अथवा प्रयोग किए जाते हैं। प्रायः कठोर तथा भंगुर होते हैं।

सिरेमिक बाण्ड (Ceramic bond)—उच्च फायरिंग तापमानों (high-firing temperature) पर बनाने को एक glassy product की अनुमति के द्वारा सिरेमिक पदार्थों की बाण्डिंग।

सिरमैट (Cermet)—यह सिरेमिक तथा धातुओं का मिश्रण होता है। इसका ऊष्मीय शॉक (thermal shock) के प्रति प्रतिरोध सिरेमिक्स की तुलना में उत्तम होता है।

डिविट्रीफिकेशन (Divitrification)—ग्लास का क्रिस्टलाइजेशन।

इनेमल (Enamel)—धातुओं पर सिरेमिक कोटिंग।

फायरिंग (Firing)—सिरेमिक बाण्ड के बनने के कारण को उच्च तापमान पर सिरेमिक बॉडी का गर्म करना।

फ्लक्स (Flux)—सिरेमिक कच्चे पदार्थों को वृद्धि (additions) जो गलन तापमान को कम कर देती है।

ग्लास (Glass)—यह एक एमोरफॉस अकार्बनिक पदार्थ है। यह पारदर्शी सिलिका उत्पाद है जो ऊष्मा उपचार पर निर्भर करते हुए amorphous अथवा crystalline हो सकता है।

ग्लास-सिरेमिक्स (Glass-ceramics)—ग्लासी अवस्था में बनी सिरेमिक आकार तथा बाद में सुधरी हुई सामर्थ्य तथा चीमड़पन को प्राप्त करने को ऊष्मा उपचार के दौरान क्रिस्टलाइन होने को अनुमत करता है।

ग्लेज (Glaze)—ग्लास को लगाई गई सिरेमिक कोटिंग (coating)। ग्लेज ग्लासी तथा क्रिस्टलीय सिरेमिक फेजों को रखता है।

ग्रीन सिरेमिक (Green ceramic)—एक सिरेमिक जिसे एक वांछित रूप में आकार दिया गया है परन्तु अभी sintered नहीं हुआ है।

आग्नेय चट्टानें (Igneous rocks)—ये पृथ्वी के अन्दर से पिघले पदार्थ के ठण्डा होने तथा ठोस होने के द्वारा बनती हैं। वे मूल पिघले सिलिकेट घोल से विकसित क्रिस्टल्स तथा ग्लास की बनी होती हैं।

मध्यवर्ती (Intermediates)—ये ऑक्साइड्स हैं, जब ग्लास में मिलाए जाते हैं, ग्लासी नेटवर्क को बढ़ाने को मदद करते हैं, यद्यपि ऑक्साइड्स सामान्यतः स्वयं ग्लास नहीं बनाते हैं।

लेमिनेटिड ग्लास (Laminated glass)—पॉलीमर के साथ अनिलिकृत ग्लास (उदाहरणतः पॉलीविनायल बूट्रायल, PVB) मध्य में सेण्डविच किया हुआ। यह car windshields के लिए प्रयुक्त किया जाता है।

लीचिंग (Leaching)—एक प्रक्रम, जिसमें acids अथवा alkalis को मिनरल dissolve करने को प्रयुक्त किया जाता है। यह solution में पसन्द की धातु अथवा मिनरल प्राप्त करने को विशेष रूप से किया जाता है।

मेटासिलिकेट्स (Metasilicates)—प्रत्येक tetrahedra के दो कार्नर्स रिंग (ring) अथवा चेन संरचनाएँ बनाते हुए जोड़े जाते हैं।

प्लूटोनिक चट्टानें (Plutonic rocks)—प्लूटोनिक चट्टानों का क्रिस्टलाइजेशन पृथ्वी की सतह के अन्दर होता है। यह ठण्डा होने में काफी समय लेती है तथा ज्यादा अथवा कम समान क्रिस्टल साइज के साथ एक ग्रेनूलर टेक्चर विकसित करती है।

रिफ्रैक्ट्रीज (Refractories)—अधिक समय अवधि के लिए उच्च तापमानों को सहन करने के योग्य सिरेमिक पदार्थों का समूह।

सेडीमेन्ट्री चट्टानें (Sedimentary rocks)—सेडीमेन्ट्री अथवा aqueous चट्टानें पानी के नीचे मन्द जमाव (deposition) अथवा सेडीमेन्टेसन के द्वारा बनती हैं। ये आग्नेय (igneous) अथवा मेटामारफिक चट्टानों की तुलना में weathering तथा hydrothermal alteration को अधिक susceptible होती हैं।

स्लिप (Slip)—यह एक liquid slurry है जो मोल्ड में डाली जाती है। जब slurry गोल्ड सतह पर कठोर होना प्रारम्भ करती है, तब अवशेष liquid slurry, पीछे एक खोखली सिरेमिक कास्टिंग छोड़ते हुए, decant होती है।

टेम्परर्ड ग्लास (Tempered glass)—एक उच्च सामर्थ्य ग्लास जो एक सतह पर्त (surface layer) रखता है जहाँ प्रतिबल संपीडन (compressive) है, कूलिंग के दौरान अथवा आयनों के रासायनिक डिफ्यूजन के द्वारा ऊष्मीय induced होता है।

ट्रयू पोरोसिटी (True-porosity)—सिरेमिक बॉडी का प्रतिशत जो closed तथा interconnected porosity दोनों से बना है।

विसकस फ्लो (Viscous flow)—उच्च तापमानों पर ग्लासी पदार्थ का डिफॉर्मेशन।

विट्रीफिकेशन (Vitrification)—ग्लास का पिघलना (melting) अथवा बनना (formation)।

वॉलकेनिक चट्टानें (Volcanic rocks)—चट्टानें जो पृथ्वी की सतह के ऊपर वहिर्गमित (extruded) तथा ठोस (solidify) होती है। वॉलकेनिक चट्टानें प्रायः उच्च रूप से पोरस (porous), निकलती गैसों को देय होते हुए, होती है।

अभ्यासमाला (Exercise)

1. सिरेमिक पदार्थों का परिवार (family of ceramic materials) अत्यधिक बड़ा क्यों हैं?
2. सिरेमिक पदार्थों का वर्गीकरण कीजिए तथा प्रत्येक का उदाहरण दीजिए।
3. सिरेमिक पदार्थों में परमाणुओं के बाण्डिग के स्वभाव का वर्णन कीजिए तथा सिरेमिक क्रिस्टल संरचना के मुख्य कारकों (main features) की विवेचना कीजिए।
4. सिलिकेट्स के प्रकारों के नाम बताइए तथा स्पष्ट कीजिए कि उनकी संरचना (structure) Si/O टेट्राहेड्रा (tetrahedra) बेसिक यूनिटों से कैसे उत्पन्न होती है?
5. सिलिका के पॉलीमोरफिक रूपों (polymorphic forms) तथा इसके ट्रांसफारमेशन को संक्षेप में बताइए।
6. सिरेमिक फेजों के यान्त्रिक तथा विद्युत (mechanical and electrical) गुणों को बताइए।
7. सिरेमिक पदार्थों के विभिन्न अनुप्रयोगों की विवेचना कीजिए।
8. चट्टानें (rocks) कैसे बनती हैं? संक्षेप में बताइए कि चट्टानों को कैसे वर्गीकृत किया जाता है?
9. क्ले (clay) के महत्त्वपूर्ण लक्षणों (important characteristics) को बताइए। क्ले बॉडी (clay body) कैसे बनाई जाती है?
10. ग्लास संरचना (glass structure) की प्रकृति (nature) की विवेचना कीजिए। विभिन्न व्यावसायिक ग्लासों के नाम बताइए तथा उनके संगठन (composition) तथा प्रयोगों को बताइए।
11. ग्लास फार्मर्स (glass formers), intermediates तथा modifiers के कार्य को बताइए। ग्लास में एक stabiliser का क्या कार्य (function) है?
12. "Devitrification" तथा recrystallisation का क्या अर्थ है तथा अर्थ (meaning) में किसी महत्त्वपूर्ण अन्तर को इंगित कीजिए।
13. निम्न पर संक्षिप्त टिप्पणी लिखिए—

    (i) फाइबर ग्लास (ii) ग्लास वूल (glass wool)

    (iii) रिफरेक्ट्रीज (refractories) (iv) एब्रेसिव्स (abrasives)

14. सीमेन्ट क्या है? सीमेन्ट के मुख्य घटकों (main ingredients) को बताइए। सीमेन्ट की सेटिंग (setting) तथा कठोरीकरण (hardening) के दौरान होने वाले आवश्यक कारकों (essential features) की विवेचना कीजिए।

15. (i) सिरेमिक्स तथा ग्लास (glass) में उदाहरण सहित अन्तर स्पष्ट कीजिए।

(ii) Glass Transition Temperature क्या है? Spectacle lenses में किस प्रकार का ग्लास प्रयुक्त किया जाता है?

(iii) पारम्परिक रिफ्रैक्ट्रीज पर शुद्ध ऑक्साइड सिरेमिक्स की बढ़ती हुई लोकप्रियता के लिए कारण स्पष्ट कीजिए। **[AMIE, Summer 2005]**

16. कारण सहित स्पष्ट कीजिए—

(i) सिरेमिक्स बहुत कठोर (hard) हैं। **[AMIE, Summer 2005]**

(ii) आयोनिक सिरेमिक्स (ionic ceramics) कैपेसिटर्स में dielectric के रूप में क्यों प्रयोग किए जाते हैं।

(iii) Ferroelectric सिरेमिक्स में विशेष (special) क्या है? क्या आयरन के लिए उपस्थित होना आवश्यक है? **[AMIE, Winter 2005]**

●

12
पॉलीमेराइज़ेशन
(Polymerization)

12.1. परिचय (Introduction), 12.2. पॉलीमर्स (polymers), 12.3. पॉलीमर का आकार तथा डिग्री ऑफ पॉलीमेराइजेशन (size of polymer and degree of polymerization), 12.4. पॉलीमेराइजेशन की यन्त्रावली (mechanism of polymerization), 12.5. पॉलीमेराइजेशन प्रक्रम (polymerization process), 12.6. एडीशन तथा कन्डेन्सेशन पॉलीमेराइजेशन में तुलना, 12.7. Additions to polymers, 12.8. पॉलीमर्स की संरचना एवं गुण (structural properties of polymers), 12.9. पॉलीमर्स की सामर्थ्य बढ़ाना (strengthening of polymers), 12.10. पॉलीमर्स का वर्गीकरण (classification of polymers), 12.11. थर्मोसैटिंग तथा थर्मोप्लास्टिक की तुलना (comparison between thermosetting and thermoplastics), 12.12. प्लास्टिक के गुण (properties of plastic), 12.13. प्लास्टिक्स में डिफॉर्मेशन, 12.14. रबर तथा एलास्टोमर्स (rubber and elastomers), 12.15. फाइबर्स तथा फिलामेन्ट्स, 12.16. पॉलीमर्स का व्यवहार (behaviour of polymers), 12.17. पॉलीमर्स के ताप अभिलक्षण, 12.18. लकड़ी (wood), 12.19. कम्पोजिट पदार्थ, 12.20. संपुजित संरचना (agglomerated structure), 12.21. संपुजित संरचनाओं में आयतन बदलाव, 12.22. संपुजित पदार्थ (agglomerated materials), 12.23. Reinforced materials, 12.24. लेमिनेट्स (laminates), 12.25. पॉलीमर नेनो कम्पोजिट (nano composites), 12.26. पॉलीमर/क्ले-नेनो कम्पोजिट फॉर्मेशन का सिद्धान्त, 12.27. नेनो-कम्पोजिट के लाभ (advantages), 12.28. नेनो-कम्पोजिटी के अनुप्रयोग (applications), 12.29. नेनोकम्पोजिट सिन्थेसिस की विधियाँ, 12.30. नेनो कम्पोजिटों की तैयारी (preparation), 12.31. नेनो कम्पोजिटों के गुण (properties), 12.32. नेनों पदार्थों का भविष्य (future), 12.33. शब्दावली (Glossary)।

12.1. परिचय (Introduction)

प्राकृतिक रूप से होने वाले पॉलीमर्स जो प्लान्ट्स तथा पशुओं से ग्रहण किए जाते हैं, कई शताब्दियों के लिए प्रयुक्त किये जा चुके हैं। इन पदार्थों में लकड़ी (wood), रबर (rubber), कॉटन (cotton), वूल (wool) तथा सिल्क (silk) इत्यादि सम्मिलित हैं। अन्य प्राकृतिक पॉलीमर्स जैसे प्रोटीन्स (proteins), एनजाइम्स (enzymes), स्टार्च (starches) तथा सेलूलोज (cellulose) इत्यादि प्लान्ट्स तथा पशुओं में बायोलोजिकल तथा फिजियोलाजीकल (physiological) में महत्त्वपूर्ण हैं। मॉर्डन साईंटिफिक रिसर्ज टूल्स (MSRT) ने इस समूह के पदार्थों की आणविक संरचनाओं (molecular structures) तथा अनेकों पॉलीमर्स जो लघु कार्बनिक अणुओं से synthesize किए जाते हैं, के विकास को ज्ञात

करने को सम्भव बनाया है। हमारे कई उपयोगी रबर तथा फाइबर पदार्थ कृत्रिम पॉलीमर्स (synthetic polymers) हैं। कृत्रिम पॉलीमर्स को कम मूल्य पर उत्पन्न किया जा सकता है तथा उनके गुणों को उनके प्राकृतिक विरोधियों (natural counter parts) की तुलना में अधिक उत्तम बनाने की डिग्री तक बनाने को नियन्त्रित हो सकता है। कुछ अनुप्रयोगों में धातु तथा लकड़ी के अंगों को प्लास्टिकों के द्वारा बदला गया है, जो सन्तोषजनक गुण रखते हैं तथा कम मूल्य पर उत्पन्न किए जा सकते हैं।

धातुओं तथा सिरेमिक्स की तरह, पॉलीमर्स के गुण पदार्थ के संरचनीय तत्त्वों (structural elements) के लिए जटिल रूप से सम्बन्धित (intricately related) हैं। यह अध्याय पॉलीमर्स के आणुविक (molecular) तथा क्रिस्टल संरचनाओं की जाँच (explores) करता है।

12.2. पॉलीमर्स
(Polymers)

"Polymer" पद दो ग्रीक शब्दों poly, जिसका अर्थ है अनेक (many) तथा mers, जिसका अर्थ है अंश (parts) अथवा इकाईयाँ (units) से लिया गया है। इस प्रकार, पॉलीमर्स उच्च अणु भार वाले ऐसे यौगिक हैं जो कम अणु भार वाले छोटे-छोटे अणुओं की अनेकों repeating units, जिन्हें मोनोमर (monomer) कहते हैं, के संयोजन से बनते हैं। मोनोमर को mer भी कहा जाता है। पॉलीमर, molecular पदार्थ होते हैं जिनके बनने की क्रिया में constituent atoms एक-दूसरे से मिलकर बड़े अणु (large molecule) बनाते हैं जो कि पुनः एक-दूसरे के साथ मिलकर सैकेन्डरी बन्ध (secondary bonds) बनाते हैं। पॉलीमर का प्रत्येक अणु एक लम्बी चेन (long chain) के रूप में अथवा repeating units का network होता है जिनके मध्य covalent bonding या secondary bonds, उदाहरणतः वान्डर वाल तथा हाइड्रोजन बन्ध होते हैं। चित्र 12.1 में प्रदर्शित क्रिया में इथाइलीन मोनोमर के पॉलीमेराइजेशन से पॉलीइथाइलीन पॉलीमर निर्मित किया गया है। सामान्य तापमान पर पॉलीमर्स प्रायः नान-क्रिस्टलाइन ठोस होते हैं। केवल एक ही प्रकार के

$$\underset{\substack{\text{Ethylene, } C_2H_4 \\ \text{(Monomer)}}}{n\,(CH_2 = CH_2)} \xrightarrow[\text{Pressure}]{O_2,\ \text{heat}} \underset{\text{Polymer}}{\overbrace{CH_2 - CH_2}^{\text{Mer}} - CH_2 - CH_2 - \ldots\ldots}$$

$$\underset{\text{Polyethylene, } [C_2H_4]_n}{(-CH_2 - CH_2 -)}$$

चित्र 12.1—मोनोमर्स (mers) के परस्पर लिंक होने से पॉलीमर का बनना।

monomers के संयोजन से बने पॉलीमर होमोपॉलीमर (homopolymer) कहलाते हैं। भिन्न प्रकार के monomers के संयोजन से बने पॉलीमर, कोपॉलीमर्स (copolymers) कहलाते हैं।

प्राकृतिक रूप से उत्पन्न पॉलीमर्स natural polymers कहलाते हैं। प्रोटीन, सेल्युलोज, स्टार्च आदि natural polymer हैं। मनुष्य द्वारा बनाए गए (manmade) पॉलीमर synthetic polymers कहलाते हैं। पॉलीमर रबर, natural तथा synthetic दोनों ही रूपों में प्राप्त किया जा सकता है। पॉलीइथाइलीन, पॉलीस्टाइरीन, नाइलॉन इत्यादि सिन्थेटिक पॉलीमर्स हैं।

12.3. पॉलीमर का आकार तथा डिग्री ऑफ पॉलीमेराइज़ेशन (Size of the Polymer or Degree of Polymerization)

किसी अणु के आकार की व्याख्या करने के लिए एक मुख्य पैरामीटर "डिग्री ऑफ पॉलीमेराइजेशन" (Degree of Polymerisation or D.P.) है। किसी शृंखला (chain) में repeat units की संख्या D.P. कहलाती है। 10 से 20 mers प्रति अणु द्वारा निर्मित पदार्थ light oil होता है। यदि यह इथाइलिन (C_2H_4) से निर्मित हुआ है तब पैराफीन liquid होता है। D.P. का मान बढ़ने पर पदार्थ greasy हो जाता है, उसके पश्चात् waxy तथा D.P. का मान 1000 तक होने पर यह ठोस बन जाता है जो वास्तविक (real) पॉलीमर होता है। इस प्रकार D.P. के मान की कोई सीमा नहीं होती है। यह 100,000 तक बढ़ सकता है। कॉमर्शियल प्लास्टिक्स में D.P. का मान 75 से 750 mers प्रति अणु तक होता है।

पॉलीमर के अणु भार (molecular weight) को मोनोमर के भार (mer weight) से भाग देने पर D.P. का मान प्राप्त होता है।

$$\therefore \text{Degree of Polymerisation (D.P.)} = \frac{\text{Molecular weight of Polymer}}{\text{weight of 'mer'}}$$

D.P. का मात्रक $\dfrac{\text{gm/gm} - \text{mol}}{\text{gm/gm} - \text{mer}}$ अथवा mers/mol है।

उदाहरणतः यदि स्टाइरीन ($CH_2{=}CH-C_6H_5$) के पॉलीमेराइजेशन पर प्राप्त पॉलीमर का अणु भार 104×10^4 है तब D.P. निम्न प्रकार ज्ञात की जा सकती है—

स्टाइरीन का अणु भार अर्थात्

$$\text{मोनोमर का अणुभार} = 12 + 2 + 12 + 1 + 12 \times 6 + 5$$
$$= 104$$

अतः

$$\text{D.P.} = \frac{104 \times 10^4}{104} = 10^4 = 10{,}000$$

अर्थात् स्टाइरीन को 10,000 डिग्री तक पॉलीमेराइज किया गया है।

12.4. पॉलीमेराइजेशन की यन्त्रावली (Mechanism of Polymerisation)

मोनोमर्स के परस्पर जुड़ने की (link) क्रिया पॉलीमेराइजेशन कहलाती है। पॉलीमेराइजेशन की क्रिया प्रारम्भ करने के लिए मोनोमर्स के डबल बॉण्ड ($C{=}C$) तोड़ने (breaking) आवश्यक है। जैसा कि चित्र 12.2 में प्रदर्शित किया गया है।

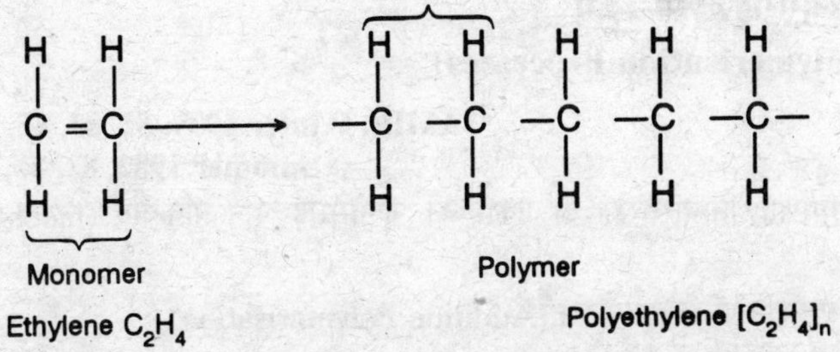

चित्र 12.2—इथाइलीन के पॉलीमेराइज़ेशन से पॉलीइथाइलीन का बनना।

इसी प्रकार चित्र 12.3 में मोनोमर प्रोपाइलीन (propylene) से पॉलीमर, पॉलीप्रोपाइलीन का निर्मित होना प्रदर्शित किया गया है—

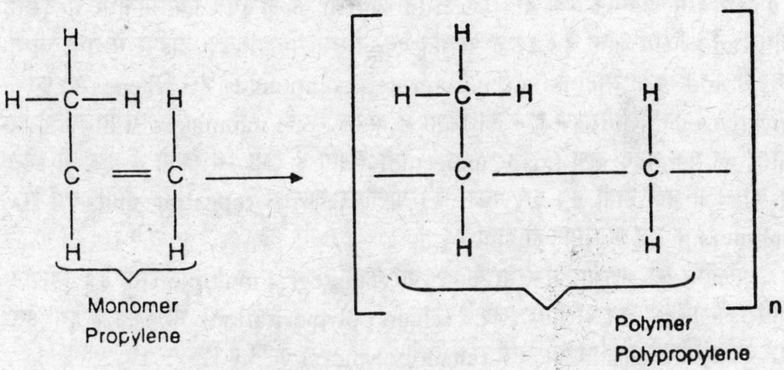

चित्र 12.3—प्रोपाइलीन के पॉलीमेराइज़ेशन से पॉलीप्रोपाइलीन का बनना।

मोनोमर का फंक्शन (Function of Monomers)

पॉलीमेरिक अणु उत्पन्न होने के लिए, प्रत्येक मोनोमर, विकसित होते हुए (growing) अणु पर graft किया जाना चाहिए। इसके लिए मोनोमर का अणु, bifunctional या polyfunctional होना चाहिए। पॉलीमेराइजेशन में प्रयुक्त होने वाले अणु में दो या दो से अधिक reactive sites या functional groups होने आवश्यक हैं। ये functional groups, hydroxyl या amino acids, di या polyalcohols तथा diamino acids या diacids हो सकते हैं।

जिन अणुओं में double bonds होते हैं उन्हें bifunctional माना जाता है क्योंकि ऊष्मा (heat) या प्रकाश ऊर्जा (light energy) के प्रभाव से double bond द्वारा intermolecular rearrangement होता है। चित्र 12.1 में प्रदर्शित इथाइलीन bifunctional monomer है क्योंकि इसमें दो reaction sites है जहाँ पर पॉलीमेराइजेशन हो सकता है।

12.5. पॉलीमेराइज़ेशन प्रक्रम (Polymerisation Processes)

[AMIE, Winter 1979, 82, 83, 85, 86, 87, Summer 1982, 83, 86, 87, 88]

साधारणतः निम्नलिखित दो प्रकार की पॉलीमेराइज़ेशन प्रक्रियाएँ (mechanisms) होती है—

1. एडीशन पॉलीमेराइज़ेशन (Addition Polymerisation)
2. कन्डेन्सेशन पॉलीमेराइज़ेशन (Condensation Polymerisation)

1. एडीशन पॉलीमेराइज़ेशन (Addition Polymerisation)

एडीशन पॉलीमेराइज़ेशन में किसी कैटेलिस्ट (Catalyst), जिसे initiator कहते हैं, की उपस्थिति में तापमान तथा दाब की उचित व्यवस्था के अन्तर्गत एक मोनोमर में दूसरा मोनोमर add किया जाता है। इसकें पश्चात् एक तीसरा मोनोमर इस डाइमर में तथा चौथा ट्राइमर में add किया जाता है। कुछ unsaturated compounds जैसे alkenes या इनके derivatives के पॉलीमेराइज़ होने की क्रिया में अनेक समान monomers संयोजित होकर पॉलीमर का एक वृहद् अणु (giant molecule) बनाते हैं तथा इस क्रिया में एक भी छोटे अणु की कमी नहीं होती है। इस प्रकार बने पॉलीमर अणु में repeating units का सूत्र monomers के सूत्र के समान ही होता है।

पॉलीमर का अणुभार, मोनोमर के अणुभार का integral multiple होता है। एडीशन पॉलीमेराइज़ेशन को चेन पॉलीमेराइज़ेशन (chain polymerisation) भी कहते हैं तथा इस प्रकार बने पॉलीमर्स को चेन पॉलीमर्स (chain polymers) कहते हैं।

उदाहरण—पॉलीप्रोपाइलीन (Polypropylene), पॉलीइथाइलीन (Polyethylene), पॉलीस्टाईरीन (Polystyrene), पॉलीविनाइल क्लोराइड (Polyvinyl chloride), टेफ्लॉन (Teflon) आदि।

निम्नलिखित समीकरण में डाइबेन्जोइल परॉक्साइड (dibenzoyl peroxide) की उपस्थिति में स्टाईरीन (विनाइल बेन्जीन) के पॉलीमेराइज़ेशन द्वारा पॉलीस्टाईरीन (polystyrene) पॉलीमर का बनना प्रदर्शित किया गया है—

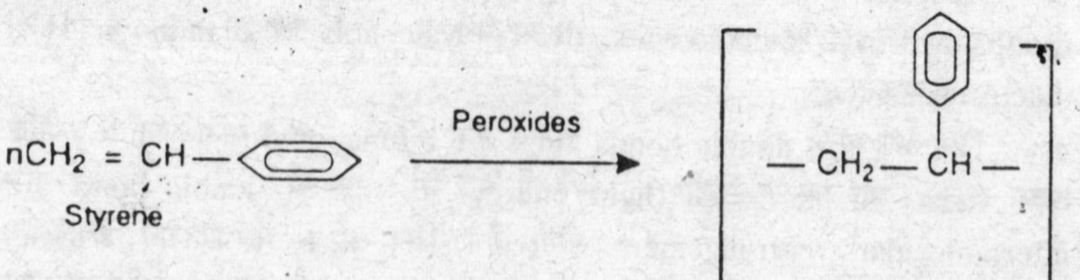

एडीशन पॉलीमेराइज़ेशन की क्रिया में असन्तृप्त अणु (unsaturated molecules) भाग लेते हैं। इन असन्तृप्त अणुओं में कार्बन परमाणुओं के मध्य डबल तथा ट्रिपल बन्ध होते हैं जोकि सिंगल बन्धों से कमजोर होते हैं। ये असन्तृप्त अणु अस्थाई होते हैं तथा तापमान, दाब, प्रकाश या कैटेलिस्ट की उपस्थिति में क्रिया होने पर इनके multiple bond टूट जाते हैं।

जब एक डबल बॉण्ड टूटता है तब इससे 'free valency' उत्पन्न होती है जोकि दूसरे समान अणु द्वारा उत्पन्न 'free valency' के साथ लिंक होती है। इस प्रकार डबल अणु के प्रत्येक सिरे पर एक free valency होती है, जिससे कि डबल अणु दो additional molecules के साथ हुक-अप (hook-up) कर सकता है।

उदाहरणतः पॉलीविनाइल क्लोराइड (PVC) की उत्पत्ति में विनाइल क्लोराइड मोनोमर्स का क्रमिक addition अनेक mers की चेन के रूप में होता है। चित्र 12.4 में विनाइल क्लोराइड के addition पॉलीमेराइज़ेशन में पॉलीविनाइल क्लोराइड का उत्पन्न होना प्रदर्शित किया गया है।

विनाइल क्लोराइड अणु असन्तृप्त होते हैं अतः इनमें कार्बन परमाणुओं के मध्य इलेक्ट्रॉनों के दो-दो pairs द्वारा डबल बन्ध बनते हैं। क्रिया के समय बन्धों के शिफ्ट होने पर mers एक-दूसरे के साथ जुड़कर सैचुरेटेड हाइड्रोकार्बन (saturated hydrocarbon) चेन बनाते हैं।

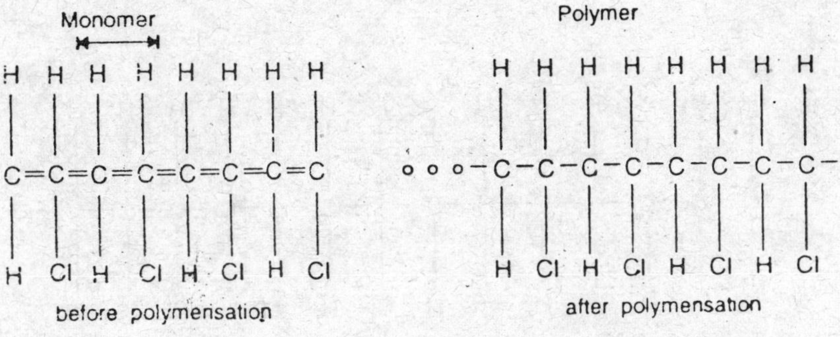

चित्र 12.4—विनाइल क्लोराइड के पॉलीमेराइज़ेशन से पॉलीविनाइल क्लोराइड का बनना।

को-पॉलीमेराइज़ेशन (Co-polymerization)—यह addition पॉलीमेराइज़ेशन का ही एक अन्य रूप है। इस प्रकार के addition पॉलीमेराइज़ेशन में दो या अधिक परन्तु भिन्न प्रकार के मोनोमर्स क्रिया में भाग लेते हैं।

चित्र 12.5 में बुटाडीन (butadiene) तथा स्टाइरीन का को-पॉलीमेराइज़ेशन प्रदर्शित किया गया है। यह विधि कृत्रिम रबर (artificial rubber) के निर्माण में व्यापक रूप से प्रयुक्त की जाती है—

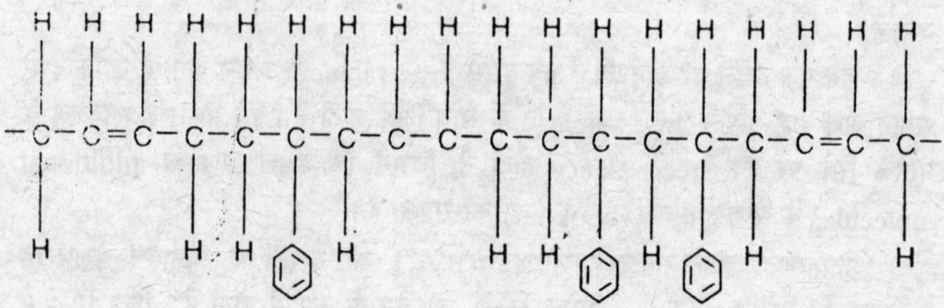

चित्र 12.5—बुटाडीन तथा स्टाइरीन का को-पॉलीमेराइज़ेशन।

इसी प्रकार विनाइल क्लोराइड (vinyl chloride) तथा विनाइल एसीटेट (vinyl acetate) का पॉलीमेराइज़ेशन एक copolymerization क्रिया है। चित्र 12.6 में यह क्रिया प्रदर्शित की गई है।

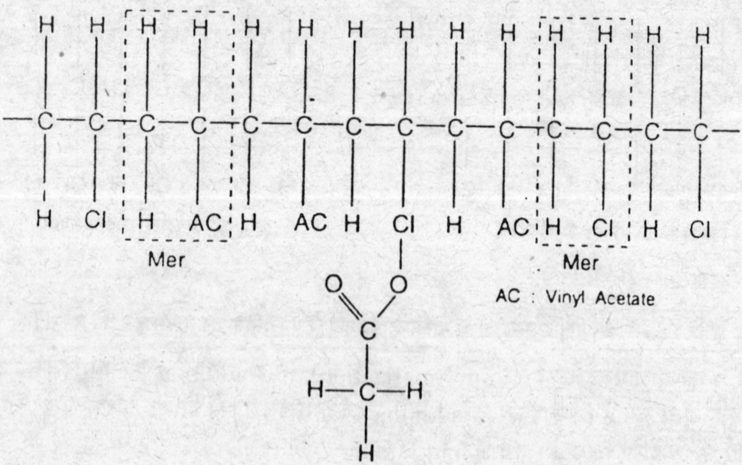

चित्र 12.6—विनाइल ऐसीटेट तथा विनाइल क्लोराइड का को-पॉलीमेराइज़ेशन।

को-पॉलीमेराइज़ेशन में पॉलीमर चेन की regularity कम हो जाती है। को-पॉलीमर्स के बनने में विभिन्न प्रकार के ज्यामीतिय (geometric) arrangements प्राप्त होते हैं जिनमें से कुछ चित्र 12.7 में दर्शाए गए हैं—

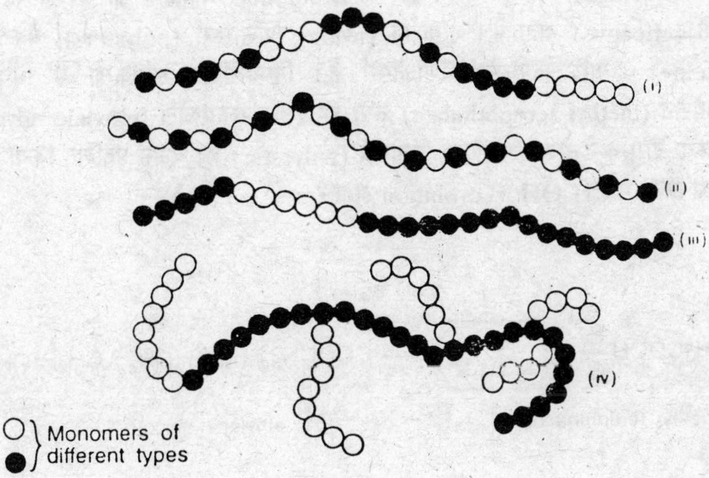

चित्र 12.7—को-पॉलीमर्स की ज्यामीतिय संरचना के उदाहरण।

2. कन्डेन्सेशन पॉलीमेराइज़ेशन (Condensation Polymerization)

कन्डेन्सेशन पॉलीमेराइज़ेशन में मोनोमर्स एक समान (identical) नहीं होते तथा पॉलीमेराइज़ेशन की क्रिया में एक छोट्टा अणु मुक्त होता है जो प्रायः जल (H_2O) अथवा CH_3OH का होता है। पॉलीमर बनने से पहले monomers के संयोजन की क्रियाएँ कई पदों (steps) में होती हैं। इन steps में dimer, trimer तथा tetramer आदि बनते हैं। अतः कन्डेन्सेशन पॉलीमेराइज़ेशन को step polymerization भी कहते हैं तथा इस क्रिया द्वारा बना पॉलीमर step polymer कहलाता है। कन्डेन्सेशन पॉलीमेराइज़ेशन में repeating units तथा मोनोमर्स के सूत्र समान नहीं होते जबकि addition पॉलीमेराइज़ेशन में दोनों के सूत्र समान होते हैं।

कन्डेन्सेशन पॉलीमेराइज़ेशन में भाग लेने वाले मोनोमर्स के सूत्र समान नहीं होते जबकि addition पॉलीमेराइज़ेशन में दोनों के सूत्र समान होते हैं।

कन्डेन्सेशन पॉलीमेराइज़ेशन में भाग लेने वाले मोनोमर्स, multifunctional compounds होते हैं, साधारणतः इन मोनोमर्स में कम से कम दो functional groups होते हैं।

कन्डेन्सेशन पॉलीमेराइज़ेशन में उत्प्रेरक (catalyst) के कार्य हेतु अल्ट्रावायलेट प्रकाश (ultraviolet light) या सूर्य के प्रकाश का irradiation प्रतिक्रिया को सम्पन्न करने में प्रभावी (effective) होता है। नॉयलोन (nylon), पॉलीस्टर्स (polysters), बैकेलाइट (bakelite) इत्यादि कन्डेन्सेशन पॉलीमर्स हैं। निम्नलिखित समीकरण में मिथाइल टैरीफैथेलेट (methyl terephthalate) तथा इथाइलीन ग्लायकोल (ethylene glycol) की क्रिया द्वारा कन्डेन्सेशन, पॉलीमर, पॉलीस्टर (polyester) का बनना प्रदर्शित किया गया है। इस क्रिया में CH_3OH का evolution होता है—

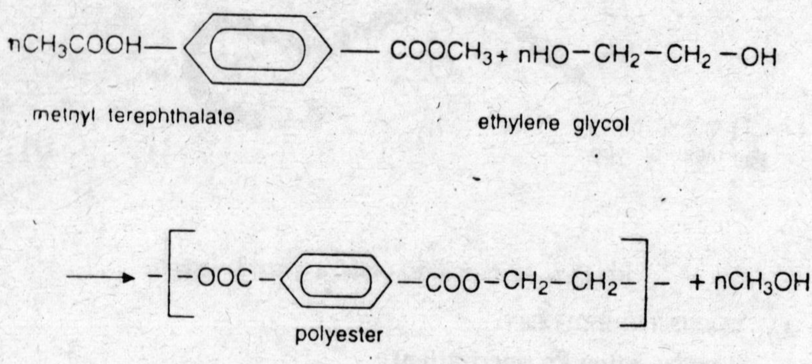

चित्र 12.8—कन्डेन्सेशन पॉलीमेराइज़ेशन द्वारा पॉलीस्टर का बनाना।

इसी प्रकार फॉर्मेल्डिहाइड (CH_2O) तथा फीनॉल (C_6H_5OH) के संयोजन से कन्डेन्सेशन पॉलीमर बैकेलाइट बनता है। इसकी समीकरण चित्र 12.9 में दी गई है—

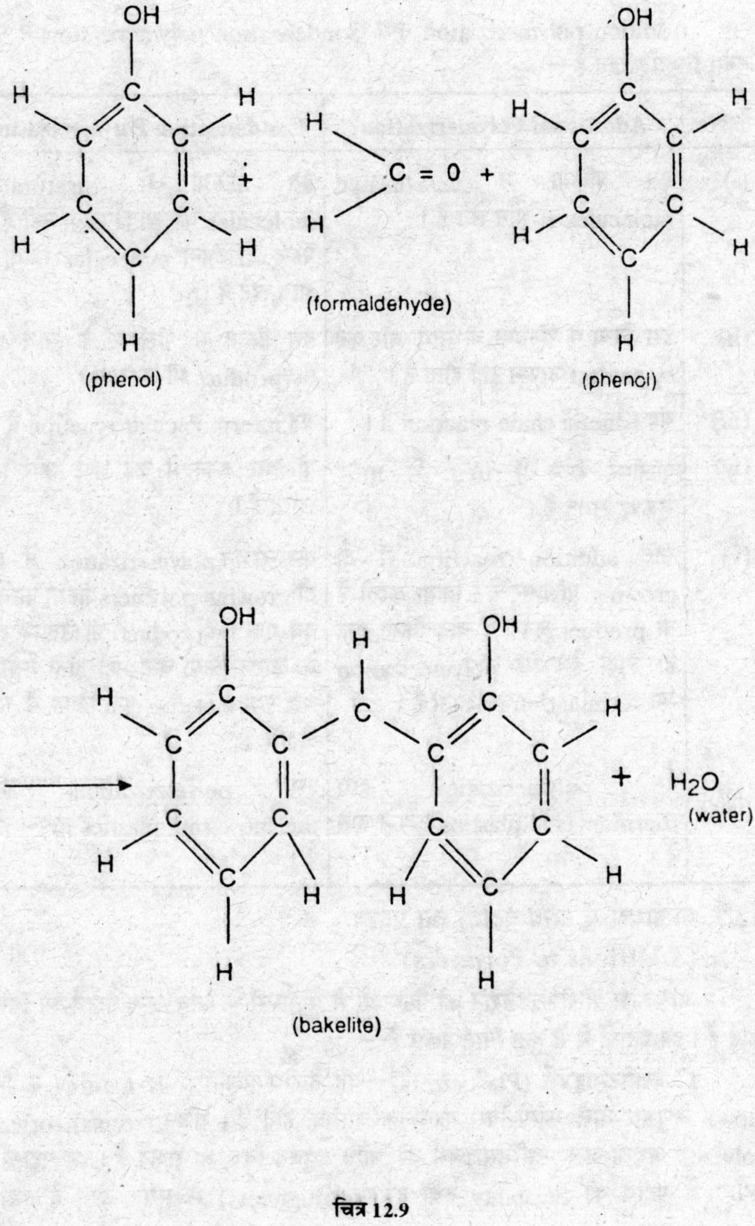

चित्र 12.9

12.6. एडीशन तथा कन्डेन्सेशन पॉलीमेराइज़ेशन में तुलना (Comparison between Addition Polymerization and Condensation Polymerization)

Addition polymerization तथा Condensation polymerization में मुख्य अन्तर निम्नलिखित हैं—

S.No.	Additional Polymerization	Condensation Polymerization
(i)	इस प्रक्रिया में unsaturated molecules ही भाग लेते हैं।	इस प्रक्रिया में unsaturated molecules की आवश्यकता नहीं होती परन्तु दो भिन्न molecules क्रिया में भाग लेते हैं।
(ii)	इस क्रिया में पॉलीमर के साथ और कई by-product उत्पन्न नहीं होता है।	इस क्रिया में पॉलीमर के साथ एक by-product भी बनता है।
(iii)	यह Kinetic chain reaction है।	यह intermolecular reaction है।
(iv)	पॉलीमर बनने में 10^{-2} से 10^{-6} सेकण्ड लगते हैं।	पॉलीमर बनने में कई घण्टे और दिन लगते हैं।
(v)	यदि addition reaction में दो growing पॉलीमर चेन क्रिया करती है तो product बनने के बाद क्रिया बन्द हो जाती है। यह polymerization का termination कहलाती है।	कन्डेन्सेशन polymerization में जब दो growing polymers क्रिया करते हैं तब एक by-product भी उत्पन्न होने के कारण क्रिया बन्द नहीं होती क्योंकि यह नया molecule पुनः क्रिया में भाग लेता है।
(vi)	इस polymerization द्वारा thermoplastic plastics उत्पन्न होते हैं।	इस polymerization द्वारा thermosetting plastics उत्पन्न होते हैं।

12.7. पॉलीमर्स में अन्य पदार्थों का प्रयोग (Additions to Polymers)

अधिकांश पॉलीमेराइज़ेशन की क्रियाओं में मोनोमर्स के साथ अन्य पदार्थ भी मिलाए जाते हैं। इन पदार्थों में से कुछ निम्न प्रकार हैं—

1. प्लास्टिसाइज़र्स (Plasticizers)—यह तैलीय प्रकृति (oily nature) के निम्न (low) अणुभार वाले कॉम्पलैक्स कार्बनिक यौगिक होते हैं। रेजिन (resins), organic solvents अथवा जल प्लास्टिसाइज़र्स की भाँति प्रयुक्त किए जा सकते हैं। इन पदार्थों के प्रयोग से पदार्थ की flexibility तथा दृढ़ता (toughness) में सुधार होता है तथा ये

आन्तरिक (internal) लुब्रिकेन्ट्स की भाँति कार्य करते हैं। पॉलीमर्स प्रायः क्रिस्टलाइन प्रकृति के होते हैं। प्लास्टिसाइज़र्स के प्रयोग से पॉलीमर्स की चेन (chains) को अलग-अलग रख उन्हें नॉन-क्रिस्टलाइन ठोस के रूप में विकसित किया जा सकता है। कैम्फर प्लास्टिसाइज़र को प्रयोग कर नाइट्रोसेलुलोज (nitrocellulose) को सिन्थेटिक पॉलीमर सैलुलायड (Celluloid) के रूप में प्लास्टिसाइज किया जाता है।

2. फिल्लर्स (Fillers)—फिल्लर्स का प्रयोग पॉलीमर की strength, dimensional stability तथा heat resistance सुधारने के लिए किया जाता है। कुछ सामान्य फिल्लर्स निम्न हैं—

लकड़ी का बुरादा (wood flour), एस्बेस्टस (asbestos), फाइबर (fibre), ग्लास फाइबर (glass fibre), माइका (mica) तथा स्लेट पाउडर (slate powders)।

3. उत्प्रेरक (Catalysts)—उत्प्रेरकों का प्रयोग पॉलीमेराइज़ेशन की क्रिया को तीव्र करने तथा पॉलीमेराइजेशन की क्रिया पूर्ण करने के लिए किया जाता है अतः इन्हें accelerators तथा hardeners कहा जाता है।

4. इनिशियेटर्स (Initiators)—इनका प्रयोग पॉलीमेराइजेशन की क्रिया को प्रारम्भ (initiate) करने के लिए किया जाता है। इनिशियेटर्स आणुविक शृंखला (molecular chain) के सिरों (ends) अर्थात् reaction sites को स्थिरता (stability) देते हैं। हाइड्रोजन पराक्साइड (H_2O_2) एक सामान्य initiatior है।

5. डाई तथा पिगमैन्ट्स (Dyes and Pigments)—इनका प्रयोग प्रायः पॉलीमर को विभिन्न शेड्स (shades) देने के लिए किया जाता है।

12.8. पॉलीमर्स की संरचना एवं गुण (Structural Properties of Polymers)

पॉलीमर के बड़े आकार के अणु (macromolecule) की आकृति के अनुसार पॉलीमर की संरचना निम्न प्रकार वर्गीकृत की जा सकती है—

(1) लीनियर एवं फ्रेमवर्क स्ट्रक्चर
(Linear and Framework Structures)

(2) ब्रांच-चैन स्ट्रक्चर
(Branched-chain Structures)

(3) क्रॉस-लिंक चेन स्ट्रक्चर
(Cross-linked Chain Structures)

1. लीनियर तथा फ्रेमवर्क स्ट्रक्चर (Linear and Framework Structure)

लीनियर स्ट्रक्चर्स में चित्र 12.10 (a) की भाँति लम्बी चेन होती है जिनमें अणु एक-दूसरे से दूर (seperate) होते हैं। केवल वान्डरवाल बॉण्ड्स ही इन शृंखलाओं को

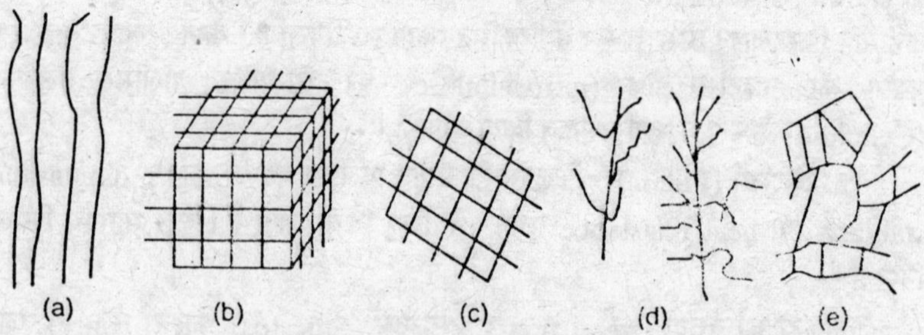

चित्र 12.10—पॉलीमर्स की संरचना– (a) लीनियर (b) फ्रेम वर्क (c) नैटवर्क (d) ब्रांच -चेन (e) क्रॉस-लिंक ।

परस्पर समीप बाँधे (hold) रखते हैं। गर्म करने पर यह पिघल जाते हैं। लीनियर पॉलीमर्स की संरचना कुछ उलझी (tangled) होती है तथा इनकी यान्त्रिक शक्ति (mechanical strength) अणुओं के परस्पर interwining से प्राप्त होती है। चित्र 12.11 में एक bifunctional पॉलीमर (C_2H_4) द्वारा उत्पन्न लीनियर पॉलीमर (पाली इथाइलीन) की रचना प्रदर्शित की गई है।

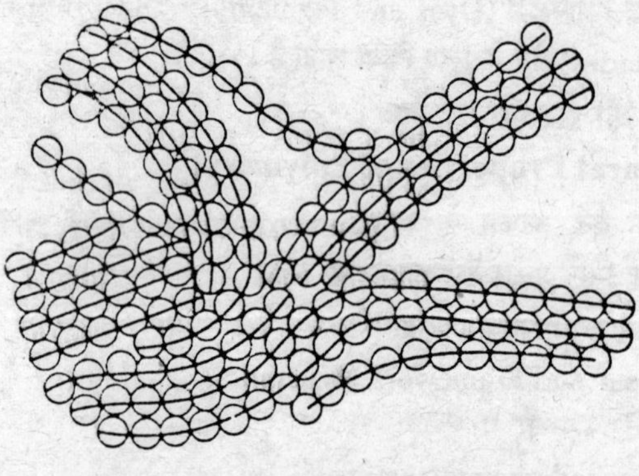

चित्र 12.11—लीनियर पॉलीमर (पॉलीइथाइलीन) ।

Trifunctional तथा tetrafunctional मोनोमर्स, चित्र 12.10 (b) तथा (c) की भाँति फ्रेमवर्क (framework) तथा नैटवर्क पॉलीमर्स बनाते हैं। इन पॉलीमर्स में मोनोमर्स की अलग-अलग पहचान (distinguish) करना कठिन होता है। चित्र 12.12 में फीनोल फॉर्मेल्डिहाइड का फ्रेमवर्क स्ट्रक्चर प्रदर्शित किया गया है। पॉलीइथाइलीन की तुलना में यह कठोर एवं दृढ़ प्लास्टिक होते हैं तथा इनका melting point उच्च होता है।

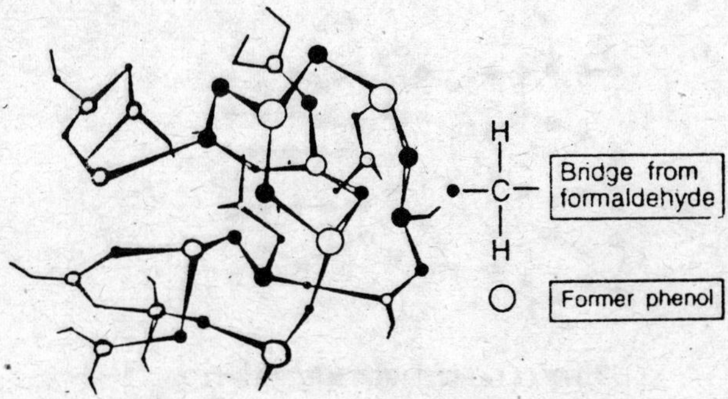

चित्र 12.12—फीनॉल फॉर्मेल्डिहाइड का फ्रेम-वर्क स्ट्रक्चर।

2. ब्रांच-चेन स्ट्रक्चर
(Branched Chain Structure)

ब्रांच चेन पॉलीमर्स में अणुओं की चेन में चित्र 12.10 (d) की भाँति शाखाएँ (branches) होती हैं। इन पॉलीमर्स में सिन्थेसिस की क्रिया द्वारा बड़े अणुओं (macromolecules) की लीनियर चेन में विभिन्न प्रकार के मोनोमर्स ग्राफ्ट किए जा सकते हैं। ब्रांच चेन स्ट्रक्चर का उदाहरण प्राकृतिक रबर है। यदि लीनियर अणुओं की branching बहुत अधिक हो जाती है तब interlocking होने के कारण पॉलीमर अधिक मजबूत (stronger) हो जाता है तथा उसकी प्लास्टीसिटी (plasticity) कम हो जाती है जैसा कि चित्र 12.13 में प्रदर्शित किया गया है।

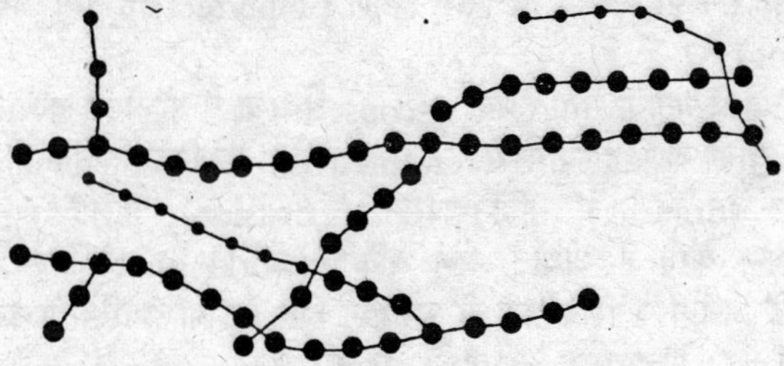

चित्र 12.13—ब्रांचिंग।

3. क्रॉस-लिंक चेन स्ट्रक्चर्स
(Cross-link Chain Structures)

क्रॉस-लिंक स्ट्रक्चर में समीपस्थ (adjacent) चेन चित्र 12.14 की भाँति परस्पर anchoring होती है। इस स्ट्रक्चर से पॉलीमर के यान्त्रिक गुणों (mechanical properties) में काफी परिवर्तन आ जाते हैं।

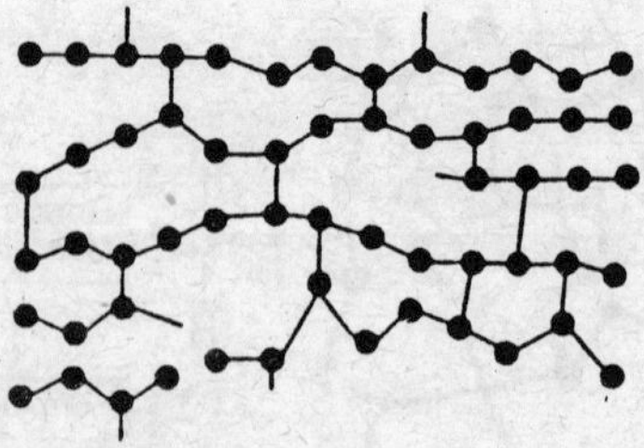

चित्र 12.14—पॉलीमर्स में क्रांस-लिकिंग।

पॉलीमर्स की strength बढ़ाने के लिए तथा प्लास्टिसिटी कम करने के लिए, उनमें क्रॉस लिंकिंग की जाती है। यह पॉलीमर में प्राकृतिक रूप से भी हो सकती है।

4. क्रिस्टेलाइन संरचनाएँ (Crystalline Structures)

पॉलीमर्स ऐसी संरचनाओं जो आंशिक रूप से क्रिस्टेलाइन हैं से पूर्णतः एमोरफॉस (amorphous) तक रेंज करते हैं। क्रिस्टेलीनिटी की डिग्री (degree of crystallinity) पॉलीमर चेन की ज्यामिति के द्वारा बड़े रूप में ज्ञात की जाती है। लीनियर पॉलीमर चेन (linear polymer chains) की निकटवर्ती pack की जा सकती है तो यह और अधिक क्रिस्टेलाइन होगी। इसके विपरीत, चेन (chains) के और आगे अनियमिताओं (irregularities) के कारण पकड़ी जाती हैं, तो संरचना और अधिक amorphous होगी। इसी तारतम्य में, यह C–C चेन के सन्दर्भ में side groups के सापेक्ष व्यवस्था (relative arrangement) को नियमित करने को निर्माण करना महत्त्वपूर्ण हित का है। वास्तव में, हालांकि, क्रिस्टेलाइजेशन यथासम्भव बिलकुल अपूर्ण (imperfect) है तथा अक्सर पूर्णरूप से अप्राप्य (lacking) है।

जैसा कि चित्र में बताया गया है कि viscous अवस्था में पॉलीमर्स की संरचना सदैव amorphous है चूँकि अणु दैवयोग से oriented हैं। मैकेनिकल वर्किंग जैसे, रॉलिंग (rolling), ड्राइंग (drawing), बर्हिनिष्कासन (extrusion), हालांकि, molecular orientation उत्पन्न करते हैं, अर्थात्, अणु वर्किंग (working) की दिशा में संरेखित (aligned) होते हैं अथवा आंशिक रूप से संरेखित होते हैं। पॉलीमेरिक फाइबर्स इसलिए drawing प्रक्रमों के फलस्वरूप अनुदैर्ध्य दिशा (longitudinal direction) में सामर्थ्यशील होते हैं। तिर्यक सामर्थ्य (transverse strength) भी सुधारी जा सकती है यदि फाइबर में कुछ degree of cross-linking उपस्थित रहती है।

12.9. पॉलीमर्स की सामर्थ्य बढ़ाना (Strengthening of Polymers)

पॉलीमर्स को दृढ़ बनाने के लिए, तापमान के प्रति प्रतिरोधी (resistant) बनाने के लिए तथा कोरोसिव कैमिकल्स (corrosive chemicals) के प्रति प्रतिरोधी बनाने के लिए निम्न विधियों को प्रयुक्त किया जाता है।

क्रिस्टलाइजेशन (Crystallisation)

क्रिस्टलाइजेशन में पॉलीमर में परमाणुविक तथा आणुविक व्यवस्था (atomic and molecular arrangement) में दृढ़ता आती है। यह chains के orientation पर निर्भर करता है तथा तापमान पर निर्भर नहीं करता है। पॉलीमर के decomposition से उसकी क्रिस्टलाइन प्रकृति समाप्त होने लगती है अर्थात् क्रिस्टलाइजेशन की क्रिया reversible है।

क्रॉस लिंकिंग (Cross-linking)

क्रॉस-लिंकिंग होने से पॉलीमर में चेन (chains) सहसंयोजी बन्धों (covalent bonds) द्वारा बन्ध जाते हैं। यह रासायनिक क्रिया पर निर्भर करता है, चेन ऑरियन्टेशन पर नहीं। ताप क्रम बढ़ने पर चेन-लिंकिंग प्रक्रिया में तीव्रता (acceleration) आती है तथा यह क्रिया reversible नहीं है।

चेन का कठोर होना (Chain stiffening)

पॉलीमर्स में विभिन्न विधियों द्वारा Chains को कड़ा (stiffen) किया जा सकता है। एक विधि में चेन के अधिक भारी (bulky) समूहों (groups) को 'hang' किया जाता है। कुछ पॉलीमर्स स्वत: ही stiff हो जाते हैं। इनमें चेन, अपने बन्धों (bonds) पर ट्विस्ट कर सकती है परन्तु bend नहीं हो सकती है। अनेक पॉलीमर्स में ring के आकार के समूह होते हैं अत: उनमें स्वाभाविक कठोरता (rigidity) होती है।

तालिका 12.1 में कुछ पॉलीमर्स की संरचना एवं उनके अनुप्रयोग दिए गए हैं—

Table 12.1—पॉलीमर्स की संरचना एवं उनके अनुप्रयोग (Structure of Polymers and their application)

पॉलीमर के अभिलक्षण (Polymer characterstics)	पॉलीमर (Polymer)	अनुप्रयोग (Applications)
पॉलीमर का कुछ क्रिस्टलाइन होना तथा flexible chains होना	(i) पॉलीइथाइलीन (Polyethylene)	फिल्मस, पाइप, खाद्य पदार्थों के कन्टेनर, बाल्टियाँ (buckets) इत्यादि।
	(ii) पॉलीप्रोपाइलीन (Polypropylene)	फाइबर्स, रस्सियाँ (ropes), फिल्मस, घरेलू वस्तुएँ (house hold wares) hot water tubings.
	(iii) पॉलीविनाइल क्लोराइड (PVC)	पाइप, खिलौने, विद्युत चालकों की शीथ (sheath of electrical conductors)।
	(iv) नायलॉन (Nylon)	फेब्रिक्स, स्टाकिंग, कम क्षमता (low strength) के मशीनी पुर्जे।

पूर्णतया विकसित क्रिस्टलाइन डोमेन (Well developed crystalline domains)	(i) टेरीलीन (डेक्रोन) (ii) सेलुलोज एसीटेट	दोनों का प्रयोग पतली फिल्मस तथा वस्त्रों के लिए फाइबर्स निर्माण में।
सामान्य क्रॉस लिकिंग तथा क्रिस्टलाइन डोमेन (Moderate cross-linked with crystalline domain)	(i) नियोप्रीन (Neoprene) (ii) पॉलीआईसोप्रीन (Polyisoprene)	(i) तेल प्रतिरोधी (oil resi stant) सिन्थेटिक रबर।
क्रॉस-लिंकड एमोरफस संरचना (cross-linked amorphous structure)	(i) फीनॉल फार्मेल्डिहाइड (Phenol formaldehyde)	(i) रेडियो एवं टेलीविजन के कैबिनेट, टेलीफोन, ऐश ट्रे।
	(ii) यूरिया फार्मेल्डिहाइड (Urea formaldehyde)	(ii) बटन, हल्के स्विच, खिलौने इत्यादि।

12.10. पॉलीमर्स का वर्गीकरण (Classification of Polymers)

पॉलीमर्स को तीन मुख्य विभागों में बाँटा जाता है—

(1) प्लास्टिक्स तथा रेजिन्स (Plastics and resins)

(a) थर्मोसेटिंग (Thermosetting)

(b) थर्मोप्लास्टिक (Thermoplastic)

(2) रबर्स तथा इलास्टोमर्स (Rubbers and Elastomers)

(3) फाइबर्स तथा फिलामेन्ट्स (Fibres and Filaments)

(1) प्लास्टिक्स तथा रेजिन्स (Plastics and resins)—रेजिन्स (resins) को प्रायः प्लास्टिक कहा जाता है। मूल रूप से रेजिन पद उच्च आणविक भार (high molecular weight) के vegetable-derived कार्बनिक उत्पादों को सन्दर्भित है। परन्तु अब यह पद (term) मानव निर्मित मॉलीमेरिक पदार्थों (man-made polymeric substances) तथा थर्मोप्लास्टिक प्लाटिक्स को संम्मिलित करने के लिए अधिक व्यापक रूप से प्रयोग किया जाता है।

प्लास्टिक्स, प्राकृतिक (natural) अथवा कृत्रिम (synthetic) रेजिन्स अथवा इनके यौगिक होते हैं। प्लास्टिक को फिल्म अथवा कोटिंग (coating) से समान प्रयोग किया जाता है। ये आवश्यकतानुसार mould तथा extrude किए जा सकते हैं। कुछ प्लास्टिक कार्बनिक प्रकृति के होते हैं जोकि हाइड्रोजन, ऑक्सीजन, कार्बन तथा नाइट्रोजन द्वारा बने होते हैं। डॉ० बीकलैण्ड ने सर्वप्रथम सन् 1900 में phenol formaldehyde प्लास्टिक का शोध किया।

प्लास्टिक को निम्नलिखित दो भागों में वर्गीकृत किया जाता है—

(a) थर्मोसेटिंग प्लास्टिक्स (Thermosetting Plastics)

(b) थर्मोप्लास्टिक प्लास्टिक्स (Thermoplastic Plastics)

(a) थर्मोसेटिंग प्लास्टिक्स (Thermosetting Plastics)—वे पॉलीमर्स जिनकी चेन (chains) के मध्य covalent cross-linked प्राइमरी बन्धों का 3-dimensional नैटवर्क

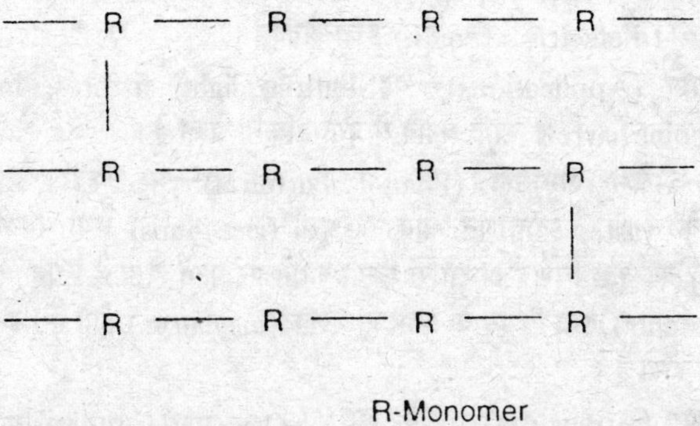

चित्र 12.15—थर्मोसेटिंग प्लास्टिक्स का crosslinked स्ट्रक्चर : R मानोमर को प्रदर्शित करता है

होता है, थर्मोसेटिंग प्लास्टिक कहलाते हैं। ये प्लास्टिक अपने निर्माण (manufacture) के समय ही तुरन्त एक नैटवर्क में सैट हो जाते हैं। इनकी curing क्रिया प्रायः दाब (pressure) की सहायता से की जाती है। Curing एक रासायनिक क्रिया है, इसमें तापमान की सहायता से पॉलीमर में 3-dimensional नैटवर्क उत्पन्न (create) किया जाता है। थर्मोसेटिंग प्लास्टिक में चेनों के मध्य शक्तिशाली क्रॉस-लिंक स्ट्रक्चर चित्र 12.15 में प्रदर्शित किया गया है। इनको ऊष्मा तथा दाब की क्रिया द्वारा एक बार अन्तिम रूप से दृढ़ एवं ठोस (final rigid and solid) आकार में लाने के उपरान्त पुनः परिवर्तित नहीं किया जा सकता है।

थर्मोसेटिंग प्लास्टिक गर्म करने पर मृदु (soften) नहीं होते तथा इन पर पुनः कोई क्रिया (reworking) नहीं की जा सकती। अति उच्च तापमान पर सहसंयोजी लिंकस (covalent links) के टूटने से इनके प्लास्टिक के उपयोगी गुण समाप्त हो जाते हैं। यह क्रिया degradation कहलाती है। सामान्य तापमान पर क्रॉस-लिंक के कारण ये पदार्थ काफी कठोर होते हैं। व्यापक रूप से प्रयुक्त किए जाने वाले थर्मोसेटिंग प्लास्टिक्स, एलकाइड्स (alkydes), पॉलीस्टर्स (polysters), एमीनोज (aminos), इपॉक्सी (expoxies) तथा बेकेलाइट (bakelite) हैं।

थर्मोसेटिंग यौगिक के उदाहरण

(Examples of Thermosetting Compounds)

(i) पॉलीस्टर्स (Polyesters)—ये यौगिक डाईहाइड्रिक एल्कोहल तथा अनासैचुरेटेड डाइबेसिक एसिड की क्रिया द्वारा बनाये जाते हैं।

अनुप्रयोग (Applications)—Car bodies, boat hulls, surface coating, flooring आदि में polysters का प्रयोग होता है।

(ii) फीनोल फॉर्मेल्डिहाइड (Phenol Formaldehyde)—यह फीनॉल तथा फॉर्मेल्डिहाइड की क्रिया द्वारा बनाया जाता है। इनकी सामर्थ्य (strength) बहुत उच्च होती है तथा बहुत कठोर होते हैं। यह विद्युत के अच्छे कुचालक होते हैं।

अनुप्रयोग (Applications)—यह coating materials, grinding wheels, metal and glass bonding materials बनाने में प्रयोग किया जाता है।

(iii) **यूरिया फॉर्मेलिडहाइड** (Urea Formalidehyde)—यह यूरिया तथा फॉर्मेल्डिहाइड की क्रिया द्वारा बनाया जाता है। यह रंगहीन रेजिन पदार्थ है। इसकी सामर्थ्य (strength), कठोरता (hardness) तथा bonding quality श्रेष्ठ होती है। इनकी परावैद्युत सामर्थ्य (dielectric strength) उच्च होती है।

अनुप्रयोग (Applications)—यह button, light, fixtures, instruments dials, ball point barrels आदि बनाने में प्रयोग किया जाता है।

(iv) **फीनोल फरफूरल** (Phenol Furfulral)—यह फॉर्म उत्पाद (farm products) के waste, उदाहरणतः धान की भूसी (rice hubs) तथा मक्का के छिलके (corn cobs) की कुछ विशेष अम्लों से क्रिया कराने पर प्राप्त होता है। यह जल प्रतिरोधक (water resistants), तथा विद्युत के उत्तम कुचालक (insulators) होते हैं। इनका रंग प्रायः गहरा (dark) होता है।

अनुप्रयोग (Appliction)—इनके द्वारा electric parts, brake lining, इत्यादि बनाये जाते हैं। यह impregnating laminates की vanish बनाने में भी प्रयोग किया जाता है।

(v) **मैलामाइन्स** (Melamines)—ये प्लास्टिक मुख्यतः मैलामाइन फॉर्मेल्डिहाइड्स (melamine formaldehyde) होते हैं। इन्हें डाइसाइनेडिमाइड (dicynadimide) तथा फॉर्मेल्डिहाइड की क्रिया द्वारा बनाया जाता है। इनके मुख्य गुण, विद्युत आर्क के प्रति उत्तम प्रतिरोध (good electric arc resistance) उत्तम जल प्रतिरोधक (excellent resistance to water) तथा उत्तम परावैद्युत सामर्थ्य (excellent dielectric strength) हैं।

अनुप्रयोग (Applications)—इनका प्रयोग circuit breaker, terminal blocks, laminated products तथा enamel बनाने में किया जाता है।

(vi) **इपॉक्साइड्स** (Epoxides)—ये cross-linked पॉलीइथर्स (polyethers) है। इनके मुख्य गुण रसायनों के प्रति उत्तम प्रतिरोधकता (excellent chemical resistance), ग्लास तथा धातुओ से adhesion की प्रकृति (adhesion to glass and metals), आघातों के प्रति प्रतिरोधकता (resistance to wear and impact), तथा उत्तम विद्युत कुचालकता (good electrical insulation) हैं।

अनुप्रयोग (Applications)—इनका प्रयोग printed circuit के panels, metal forming operations के लिए jigs तथा press dies बनाने में किया जाता है।

थर्मोप्लास्टिक्स (Thermoplastics)—थर्मोप्लास्टिक्स लीनियर पॉलीमर होते हैं तथा इनके स्ट्रक्चर में क्रॉस लिन्किग (cross-linking) बहुत सीमित (limited) होती है (चित्र 12.16)। तापमान के साथ इनकी प्लास्टिसिटी में वृद्धि (increasing) होती है अर्थात् इनमें प्लास्टिक डिफॉर्मेशन हो सकता है जिससे इनमें निर्मित चेन (individual chains) के मध्य सेकेन्डरी बन्ध टूट जाते हैं। क्रॉस-लिंक न होने के कारण थर्मोप्लास्टिक पदार्थ सरलता से mould तथा extrude किए जा सकते हैं तथा इन्हें गर्म तथा शीतल (heat and cool) कर

मुलायम (soften) तथा पुनः कठोर (reharden) किया जा सकता है। इन्हें, इनके द्रवणांक (melting point) से कम तापमान पर भी आवश्यकतानुसार आकार (shape) में मोल्ड किया जा सकता है। यान्त्रिक रूप से (mechanically) से यह कम कठोर होते हैं। तापमान एवं सूर्य के प्रकाश के प्रभाव (exposure) से इनमें thermal degradation उत्पन्न होता है।

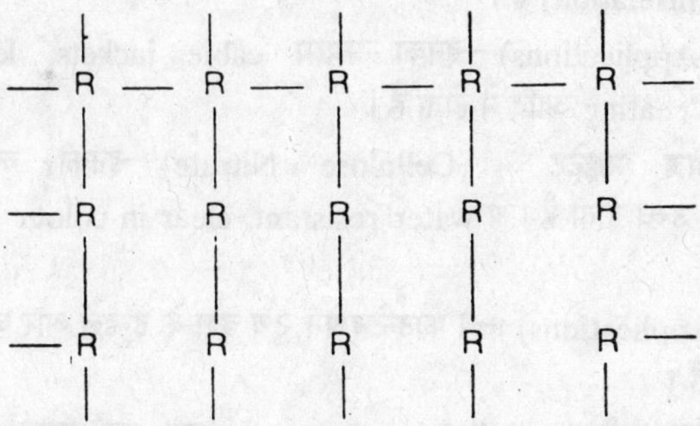

चित्र 12.16—थर्मोप्लास्टिक पॉलीमर संरचनाः इनमें crosslink अत्यन्त सीमित होते हैं।

थर्मोप्लास्टिक यौगिकों के उदाहरण
(Examples of Thermoplastic Compounds)

(i) पॉलीइथाइलीन (Polyethylene)—यह एक विनाइल रेज़िन (vinyl resin) है। इसके मुख्य गुण flexibility, आर्द्र-प्रतिरोधी (moisture resistance) तथा विद्युत की उत्तम कुचालकता (good electrical insulation) हैं।

अनुप्रयोग (Applications)—इनका प्रयोग ice-cube trays, film developing trays, fabrics, co-axial cable, तथा electrical insulation of co-axial cable इत्यादि में किया जाता है।

(ii) पॉलीस्टाइरीन (Polystyrene)—स्टाइरीन के पॉलीमेराइज़ेशन द्वारा पॉलीस्टाइरीन (polystyrene) प्राप्त होती है। इसके मुख्य गुण उच्च प्रतिरोधकता (high resistivity), आर्द्र प्रतिरोधी (resistance to water), रसायनों के प्रभाव के प्रति प्रतिरोधक (resistance to chemicals) तथा निम्न परावैद्युतांक (low dielectric constant) हैं।

अनुप्रयोग (Applications)—इसका प्रयोग radar components, instrument panels, refrigerator-cabinet compounds, battery boxes, lenses, wall tiles आदि बनाने में किया जाता है।

(iii) पॉलीविनाइल ब्यूटाइरल (Polyvinyl Butyral)—यह विनाइल रेज़िन (vinyl resin) है। इसके मुख्य गुण resistance to moisture, stability towards light and heat, तथा उत्तम adhesiveness हैं।

अनुप्रयोग (Applications)—इसका प्रयोग raincoat, sealing fuel tanks, तथा flexible moulded articles बनाने में किया जाता है।

(iv) पॉलीविनाइल क्लोराइड (Polyvinyl Chloride)—विनाइल क्लोराइड्स हाइड्रोक्लोरिक एसिड, लाइमस्टोन और प्राकृतिक गैस द्वारा बनाये जाते हैं। यह नम्य (flexible)तथा (rigid) दोनों प्रकार के होते हैं। Flexible PVC दृढ़ (Strong) होते हैं, तथा rigid पॉली विनाइल क्लोराइड water resistant होते हैं। पॉलीविनाइल क्लोराइड के मुख्य गुण निम्न प्रज्वलनशीलता (low inflammability) तथा उत्तम विद्युत कुचालकता (good electrical insulation) हैं।

अनुप्रयोग (Applications)—इनका प्रयोग cable jackets, lead wire insulation fabric coating आदि मे होता है।

(v) सेलुलोज़ नाइट्रेट (Cellulose Nitrate)—इनकी ज्वलनशीलता (inflammability) उच्च होती है। ये water resistant, clear in colour तथा अत्यन्त tough होते हैं।

अनुप्रयोग (Applications)—ये फाउन्टेन पेन, टुथ ब्रुश के हेन्डल और ज्वैलरी बनाने में प्रयोग किये जाते हैं।

(vi) सेलुलोज़ एसीटेट (Cellulose Acetate)—यह एक स्थाई Cellulose compound है। इसकी यान्त्रिक क्षमता (mechanical strength) उत्तम होती है।

अनुप्रयोग (Applications)—इसका प्रयोग toys, knobs, radio panels, flash light cases इत्यादि बनाने में किया जाता है। यह extruded strips में भी प्रयोग किया जाता है।

(vii) सेलुलोज़ एसीटेट-ब्युटाइरेट (Cellulose Acetate-Butyrate)—यह सेलुलोज का derivative है। इसके मुख्य गुण toughness, low moisture absorption तथा dimensional stability हैं।

अनुप्रयोग (Applications)—इसका प्रयोग goggle frames, football helmets, trays, belts, furniture trims, insulation foil तथा extrubed tubing for gas and water में होता है।

(viii) इथाइल सेलुलोज़ (Ethyl Cellulose)—यह सेल्युलोज का derivative है। इसकी यान्त्रिक क्षमता (mechanical strength) अच्छी होती है। इसके मुख्य गुण surface hardness तथा good insulation हैं।

अनुप्रयोग (Applications)—इसका प्रयोग dies, drill jigs, trim mouldings, तथा flexible coating में किया जाता है।

(ix) सैलोफोन (Cellophone)—यह एक regenerated cellulose है। यह durable, fire resistant पदार्थ है तथा देखने में आकर्षक है।

अनुप्रयोग (Applications)—इसका प्रयोग packing materials बनाने में किया जाता है।

12.11. थर्मोसेटिंग तथा थर्मोप्लास्टिक टाइप प्लास्टिक्स की तुलना (Comparison between Thermosetting and Thermoplastics)

	थर्मोसेटिंग प्लास्टिक्स (Thermosetting Plastics)		थर्मोप्लास्टिक प्लास्टिक्स (Thermoplastics Plastics)
(i)	ये Thermoplastics से अधिक शक्तिशाली व कठोर होते हैं।	(i)	ये अपेक्षाकृत कम शक्तिशाली व नर्म होते हैं।
(ii)	एक बार कठोर हो जाने के पश्चात् ऊष्मा का प्रयोग करने पर भी ये पुनः नर्म नहीं होते हैं और न ही पूर्व अवस्था प्राप्त कर पाते हैं।	(ii)	इनके कठोर व नर्म होने की पुनरावृत्ति की जा सकती है। ये ऊष्मा द्वारा नर्म किए जा सकते हैं तथा ठण्डा करने पर कठोर हो जाते हैं।
(iii)	इनका स्ट्रक्चर covalent cross-linked primary bonds का 3-dimensional होता है।	(iii)	यह लीनियर पॉलीमर्स हैं तथा इनमें cross-linking नहीं होती।
(iv)	Thermosetting plastics द्वारा बने पदार्थों को उच्च तापमान पर किसी कार्य में प्रयोग करने पर ये damage नहीं होते तथा इन पर reworking नहीं किया जा सकता।	(iv)	इनके द्वारा बने पदार्थों को उच्च तापमान पर किसी कार्य में प्रयोग नहीं किया जा सकता।
(v)	इन्हें T.V. cabinets, Dyes, Furnitures आदि बनाने में प्रयोग किया जाता है।	(v)	इन्हें contact lenses, brush backs, toys, handles of tooth brushes, electrical insulation tapses आदि बनाने में प्रयोग किया जाता है।
(vi)	उदाहरण—Alkyds, Epoxides, Furan, Inorganics, Melamides, Phenolics, Polysteres, Silicons, Ureas.	(vi)	उदाहरण—Acryclics Cellulosics Fluorocarbons, Shellac, Asphalt, Nylon, Polyethylenes, Poly styrenes, Polyvinyls, Proteins.

12.12. प्लास्टिक्स के गुण (Properties of Plastic)

प्लास्टिक के मुख्य गुण निम्नलिखित हैं—

(i) इनका भार बहुत कम (light weight) होता है।

(ii) इनकी ऊष्मीय चालकता (thermal conductivity) बहुत कम होती है।

(iii) प्लास्टिक विभिन्न प्रकार के रंगों में बनाए जा सकते हैं।

(iv) इनकी विद्युत चालकता (electrical conductivity) बहुत कम होती है अर्थात् यह विद्युत के उत्तम कुचालक (insulators) होते हैं।

(v) अकार्बनिक अम्ल, क्षार या लवणों के प्रति अच्छी प्रतिरोध क्षमता रखते हैं।

(vi) कुछ प्रयोगों में यह अज्वलनशील (non-inflammable) होते हैं।

(vii) ये पारदर्शी (transparent) अथवा अपारदर्शी (opaque) दोनों प्रकार के होते हैं।

12.13. प्लास्टिक में डिफॉर्मेशन (Deformation of Plastics)

धातुओं की भाँति, पॉलीमर्स में भी प्रत्यास्थ (elastic) तथा प्लास्टिक डिफॉर्मेशन होते हैं। परन्तु पॉलीमर्स में इन डिफॉर्मेशन की क्रिया धातुओं से भिन्न है।

प्रत्यास्थ डिफॉर्मेशन (Elastic Deformations)—पॉलीमर्स में elastic डिफॉर्मेशन bond-straightening तथा bond-lengthening की मात्रा पर निर्भर करता है। तथा इस क्रिया में काफी स्ट्रेन उत्पन्न होता है। चित्र 12.17 में bond straightening तथा bond-lengthening प्रदर्शित किया गया है।

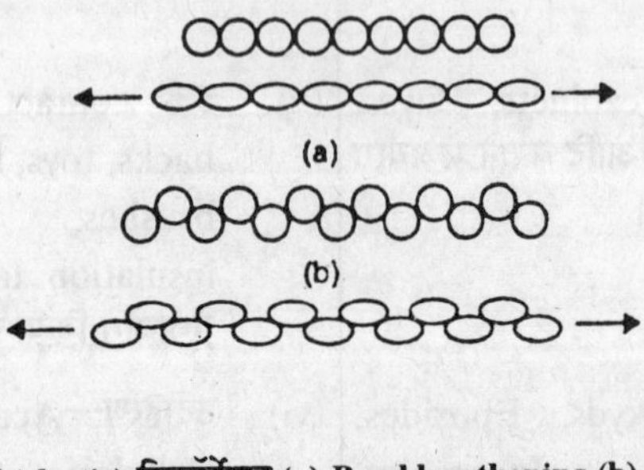

चित्र 12.17—प्रत्यास्थ (elastic) डिफॉर्मेशन (a) Bond lengthening (b) Bond straightening।

चेन straightening के कारण elastic डिफॉर्मेशन उन पॉलीमर्स में अत्यधिक होता है जिनके स्ट्रक्चर में cross-linking बहुत कम होती है तथा उनका स्ट्रक्चर कुछ tangled तथा चेन झुकावदार (kinked) होती है। स्ट्रेस (force) एप्लाई किए जाने पर सर्वप्रथम चेन unkink होती है, उसके पश्चात् bond-straightening तथा कभी-कभी bond-lengthening होती है।

लीनियर पॉलीमर्स में स्ट्रैस एप्लाई करने पर डिफॉर्मेशन क्रिस्टलाइजेशन होता है। जब उन पर स्ट्रैस एप्लाई की जाती है तब पॉलीमर के अणु बहुत समीप संरेखित (closely aligned) हो जाते हैं। एलास्टोमर्स (elastomers) उदाहरणतः प्राकृतिक रबर में स्ट्रैस एप्लाई होने पर बहुत अधिक डिफॉर्मेशन क्रिस्टलाइजेशन होता है जिससे breaking point के समीप उनका modulus of elasticity बढ़ जाता है।

स्ट्रैस कम करने पर एलास्टोमर्स की क्रिस्टलाइन होने की प्रवृत्ति भी समाप्त हो जाती है।

प्लास्टिक डिफॉर्मेशन (Plastic Deformation)—पॉलीमर्स (प्लास्टिक्स) में प्लास्टिक डिफॉर्मेशन समीपस्थ (adjacent) अणुओं के मध्य स्लिप (slip) के रूप में होता है। यह डिफॉर्मेशन अन्तर्परमाणुविक बन्धों (intermolecular bonds) के टूटने की तुलना में अणुओं के दुर्बल स्थानों (weak points) पर slippage के कारण होता है। उन पॉलीमर्स में, जिनमें cross-linking अथवा branching नहीं होती, अत्यधिक प्लास्टिक डिफॉर्मेशन उत्पन्न होता है जबकि नैटवर्क पॉलीमर्स में प्लास्टिक डिफॉर्मेशन नहीं होता है। यही कारण है कि cross-linked तथा branched पॉलीमर्स भंगुर (brittle) होते हैं।

थर्मोप्लास्टिक रेजिन उच्च तापमान पर सरलता से डिफॉर्म हो जाते हैं क्योंकि ऊष्मा (heat) के कारण उनके वान्डर वाल बन्ध (Vander waals bond) टूट जाते हैं। जबकि थर्मोसेटिंग रेजिन की प्लास्टिसिटी तापमान बढ़ने पर नहीं बढ़ती क्योंकि इनमें पॉलीमेराइजेशन के कारण continuous framework स्ट्रक्चर बन जाता है जिसमें अणुओं में मध्य स्लिप (slip) सम्भव नहीं है।

12.14. रबर तथा एलास्टोमर्स (Rubbers and Elastomers)

रबर, एलास्टोमर (elastomer) श्रेणी का पदार्थ है। एलास्टोमर्स ऐसे पॉलीमर्स हैं जिनमें उच्च प्रत्यास्थता (high elasticity) का गुण होता है। इन्हें लोड करने पर इनकी लम्बाई में मूल लम्बाई (original length) का 5 से 10 गुना तक वृद्धि (stretch) हो जाती है तथा लोड हटाने पर पुनः अपने मूल आकार में आ जाते हैं। संरचना की दृष्टि से (structurally) ये सामान्य तापमान पर अक्रिस्टलीय (non-crystalline) पॉलीमर्स होते हैं तथा इनकी संरचना long chain अणुओं तथा 3-dimensional नैटवर्क के मध्य की होती है।

रबर दो प्रकार की होती है, (1) प्राकृतिक (natural) रबर तथा (2) सिन्थेटिक रबर। यह दोनों elastomer श्रेणी में आती है।

1. प्राकृतिक रबर (Natural Rubber)

प्राकृतिक रबर एक सर्वविदित एलास्टोमर है। यह लेटैक्स (Latex) से निर्मित की जाती है। लेटैक्स एक viscous milky द्रव पदार्थ है जो hevea वृक्षों की छाल से प्राप्त किया जाता है। लेटैक्स में पॉलीआइसोप्रीन (polyisoprene) का एक लीनियर पॉलीमर होता है।

रबर की आणुविक संरचना cis-polyisopropene कहलाती है क्योंकि इसमें मिथाइल (CH_3) ग्रुप तथा हाइड्रोजन (H) चेन एक दिशा में ही होती है। चित्र 12.18 में प्राकृतिक रबर की आणुविक संरचना प्रदर्शित की गई है।

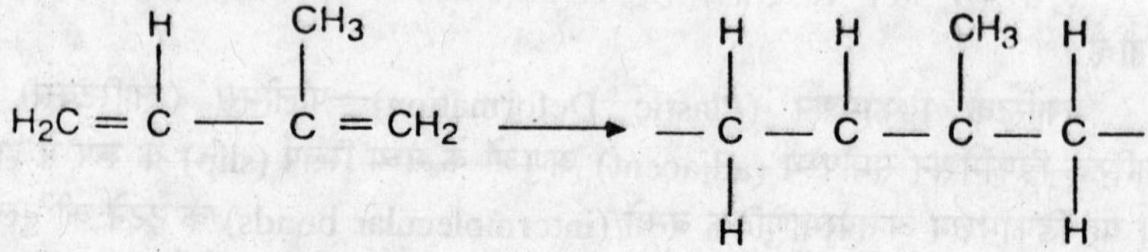

चित्र 12.18—प्राकृतिक रबर (cis–1, 4 polyisoprene)।

इस प्रकार की संरचना में चेन के bend होने की अथवा coiling की प्राकृतिक प्रवृत्ति होती है। सामान्य ताप पर भी एलास्टोमर्स को इतनी ऊर्जा प्राप्त हो जाती है जिससे कि chain segments में translational motion हो सके। एलास्टोमर्स में ताप एक मुख्य पैरामीटर है क्योंकि पॉलीमर में चेन (chain) को इतना flexible होना आवश्यक है जिससे कि इनकी लम्बाई में शत प्रतिशत से भी अधिक (few hundred percent) वृद्धि हो सके।

इसके अतिरिक्त पॉलीमर को एलास्टोमर्स होने के लिए उसकी संरचना में unsaturated बन्ध का होना भी आवश्यक है। इन बन्धों से चेन के मध्य रासायनिक क्रिया द्वारा cross-links प्राप्त होते हैं। रबर के extension की reversibility के लिए cross-links का होना आवश्यक है। यदि चेन क्रॉस-लिंक नहीं है तब load हटाने पर एलास्टोमर्स अपने मूल आकार में वापस नहीं आएगा। प्राकृतिक रबर की प्रवृत्ति एक अत्यधिक गाढ़े द्रव (extremely viscous liquid) की भाँति बहने (flow) की है क्योंकि इसमें क्रॉस-लिंक नहीं होते हैं। इसमें क्रॉस-लिंक उत्पन्न करने के लिए इसे 1 से 2% गन्धक (भार के अनुपात में) के साथ गर्म किया जाता है। यह क्रिया वुलकेनाइजेशन (vulcanisation) कहलाती है। गर्म करने पर C═C बन्ध टूट जाते हैं तथा चेन (chains) के मध्य C—S—C बन्ध निर्मित हो जाते हैं प्राकृतिक रबर में निम्न गुण होते हैं—

(i) पदार्थ मृदु (soft) होता है तथा इसकी modulus of elasticity low होती है।

(ii) पदार्थ में अत्यधिक स्ट्रेन उत्पन्न की जा सकती है।

(iii) पदार्थ में उत्पन्न स्ट्रेन reversible है।

(iv) पदार्थ अक्रिस्टलीय (non-crystalline) होता है तथा इसका ग्लास ट्रांजिशन तापक्रम (glass transition temperature) सामान्य तापक्रम से काफी कम होता है।

2. कृत्रिम अथवा सिन्थेटिक रबर (Synthetic Rubber)

प्राकृतिक रबर प्रकाश (light), ऑक्सीजन, तेल (oils) तथा ग्रीज (greases) की उपस्थिति में क्षय (deteriorate) होती है। अतः इसके स्थान पर विभिन्न प्रकार की सिन्थेटिक रबर्स का प्रयोग किया जाता है। यह प्राकृतिक रबर की तुलना में अधिक स्थायी (stable) होती है परन्तु इनकी प्रत्यास्थता (elasticity) तथा resilience प्राकृतिक रबर की तुलना में कम होती है।

सिन्थेटिक रबर या एलास्टोमर को लाइमस्टोन (limestone), पेट्रोलियम, प्राकृतिक गैस, लवण, एल्कोहाल, सल्फर, अमोनिया तथा कोलतार आदि कच्चे पदार्थों (raw materials) द्वारा बनाया जाता है। कुछ मुख्य कृत्रिम रबर निम्नलिखित हैं—

(1) निओप्रीन (Neoprene) :

$$-CH_2-\overset{Cl}{\overset{|}{C}}=CH-CH_2-$$

(Neoprene unit)

यह रबर, क्लोरोप्रीन का पॉलीमर है। इसके बनाने हेतु प्रयुक्त कच्चा पदार्थ (raw material) ब्यूटाडीन (butadiene) है। इन्हें metal oxides के साथ वुल्केनाइज (vulcanize) किया जाता है परन्तु ये बहुत अधिक stiff बनने की सीमा तक वुल्केनाइज नहीं किए जा सकते हैं। ये ओजोन, कुछ रसायनों, तेल तथा ज्वाला (flame) के प्रति बहुत अधिक प्रतिरोधी होते हैं। इनका फ्रीजिंग प्वाइन्ट (freezing point) काफी कम होता है। इनका प्रयोग hose pipes (रबड़ की नली), low voltage insulators, adhesives, moulded articles तथा tank linings आदि में किया जाता है।

(2) ब्यूटाइल रबर (Butyl Rubber) :

$$-\underset{\underset{CH_3}{|}}{\overset{\overset{CH_3}{|}}{C}}-CH_2-CH_2-\overset{\overset{CH_3}{|}}{C}=\overset{\overset{H}{|}}{C}-CH_2-\underset{\underset{CH_3}{|}}{\overset{\overset{CH_3}{|}}{C}}-$$

Butyl rubber unit

ब्यूटाइल रबर आइसोब्यूटालीन (isobutalene) तथा आइसोप्रीन या ब्यूटाडाइन के संयोजन से बनते हैं।

इनका सल्फर के साथ वुल्केनाइजेशन करने पर मुलायम (soft) रबर प्राप्त होती है। इनका प्रयोग tyre, adhesive, tank linings, wire, cable insulation आदि बनाने में किया जाता है।

(3) ब्यूटाडाइन स्टाईरीन रबर [Butadiene-Styrene Rubber (SBR)] :

$$-CH_2-\overset{\overset{\displaystyle H}{|}}{C}=\overset{\overset{\displaystyle H}{|}}{C}-CH_2-CH_2CH--$$

(SBR unit)

यह रबर ब्यूटाडाइन तथा स्टाईरीन के कोपॉलीमेराइजेशन से बना एक कोपॉलीमर है। इस रबर को सल्फर के साथ वुल्केनाइज किया जाता है। SBR रबर, abrasion तथा weathering के प्रति काफी अधिक प्रतिरोधकता प्रदर्शित करते हैं। इनका प्रयोग car tyres, belting, shoe soles, flooring तथा electric insulation आदि में होता है।

(4) नाइट्राइल रबर (Nitrile Rubber 'Bune N-types') :

$$-CH_3-CH=CH-CH_2-CH_2-\underset{\underset{\displaystyle CN}{|}}{\overset{\overset{\displaystyle H}{|}}{C}}-$$

Nitrile Rubber unit

यह रबर क्राइलोनाइट्राइल (Crylonitrile) तथा ब्यूटाडाइन के संयोजन से बना कोपॉलीमर है। यह तेल, ग्रीस तथा विलायकों के प्रति बहुत अच्छा प्रतिरोध (resistance) प्रदर्शित करते हैं। ये abrasion तथा aging के प्रति भी अच्छे प्रतिरोधक हैं। इस रबर का प्रयोग tank linings, conveyor belts तथा hose pipe बनाने के लिए किया जाता है। ठंडक (cold) के प्रति प्रतिरोधी होने के कारण इनका प्रयोग बहुत अधिक ऊँचाई (high altitudes) पर उड़ने वाले aircraft design में भी किया जाता है।

(5) थायोकोल पॉलीसल्फाइड रबर (Thiokol Polysulphide Rubber) :

$$-CH_2\ CH_2\ SSSS\ CH_2\ CH_2\ SSSS-$$

Thiokol Type A unit

थायोकोल पॉलीसल्फाइड रबर कन्डेन्सेशन पॉलीमर (condensation polymer) हैं। यह एक कार्बनिक डाइहैलाइड तथा एक अकार्बनिक पॉलीसल्फाइड की क्रिया द्वारा बनते हैं। इनकी श्यानता (viscosities) में परिवर्तन होता रहता है। ये gasoline, fuel oil, lubricating oils तथा solvents के उत्तम प्रतिरोधी (resistant) होते हैं। ये ठंडक (cold) के प्रति प्रतिरोध क्षमता रखते हैं परन्तु ऊष्मा (heat) के प्रति नहीं। ये अन्य रबर की अपेक्षा सस्ते होते हैं। इनका प्रयोग gas pipe, hose pipes for cars and service station, printer blankets, cable covering, coating for balloon, fabrics आदि के लिए किया जाता है।

(6) सिलिकॉन रबर (Silicon Rubber) :

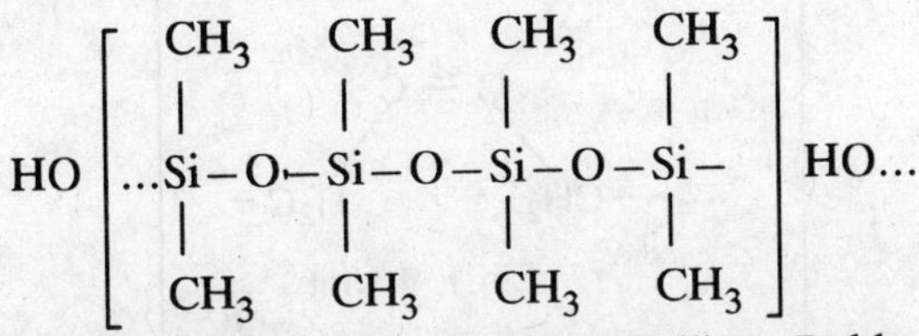

Dimethyl Polysiloxane (Standard Silicon Rubber)

सिलिकॉन रबर लीनियर कन्डेन्सेशन पॉलीमर (condensation polymer) है। इसके भौतिक गुण अच्छे नहीं होते हैं तथा इनकी क्रियाएँ भी जटिलता से होती हैं। ये काफी स्थाई रबर (Stable Rubber) हैं तथा $-55°C$ से $+315°C$ तक फ्लैक्सिबिल (flexible) रहते हैं। इन पर ओजोन का कोई प्रभाव नहीं होता है। गर्म तेल (hot oil) के प्रति ये प्रतिरोधी होते हैं। इनके विद्युतीय गुण (electrical properties) बहुत उत्तम होते हैं।

सिलिकॉन रबर का प्रयोग wire and cable insulation, coating, tubing, packaging तथा gaskets बनाने में किया जाता है।

(7) हाइपेलॉन (Hypalon) :

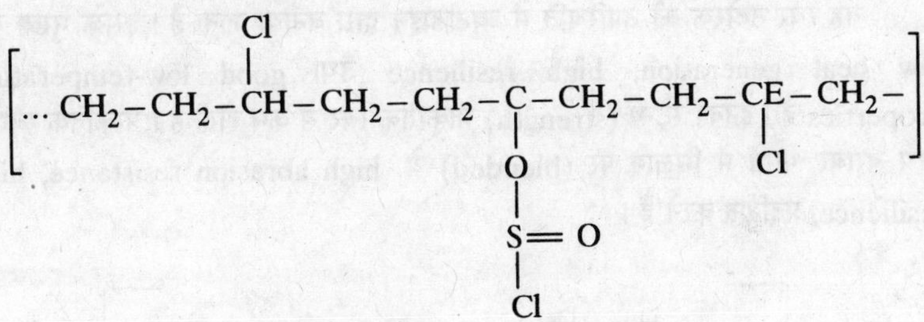

(Hypalon unit)

यह क्लोरोसल्फोनेटेड पॉलीइथाइलीन (chlorosulphonated polyethylene) है। यह ओजोन तथा शक्तिशाली रसायनों के प्रति बहुत अधिक प्रतिरोधक क्षमता प्रदर्शित करते हैं। इनके वुल्केनाइजेशन से प्राप्त पंदार्थ अच्छे ऊष्मा प्रतिरोधी होते हैं। इनमें अच्छे यान्त्रिक गुण (mechanical properties) होते हैं।

इनका प्रयोग steam hose tubes, moulded articles, O-rings and gaskets in ozone generators, coated fabrics for outdoor service आदि में किया जाता है।

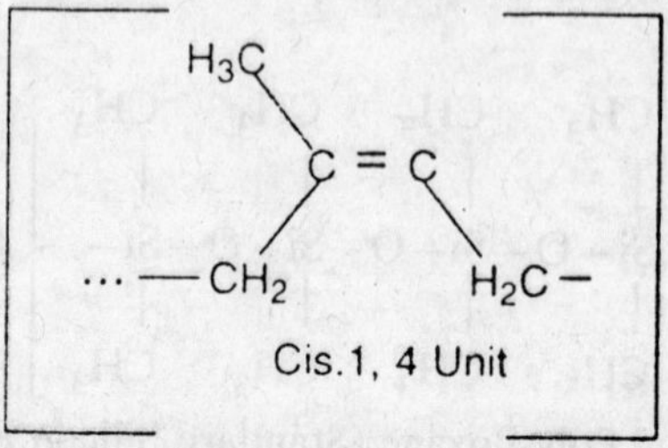

Cis.1, 4 Unit

(8) सिस–1, 4-पॉलीआइसोप्रीन (Cis–1, 4-Polyisoprene)

यह natural रबर का डुप्लीकेट होता है। यह रबर आइसोप्रीन द्वारा बनाई जाती है। इसके बनाने में निम्नलिखित में से किसी एक उत्प्रेरक (catalyst) का प्रयोग किया जा सकता है—

(i) लीथियम धातु तथा इसका एल्काइल

(ii) एल्यूमीनियम एल्काइल तथा टाइटेनियम टैट्राक्लोराइड का मिश्रण

यह रबर प्राकृतिक रबर के ही समान है। इस रबर की tensile strength प्राकृतिक रबर की अपेक्षा अच्छी होती है।

(9) सिस-1, 4-पॉलीब्यूटाडाइन (Cis-1, 4-Polybutadiene) :

यह रबर उत्प्रेरक की उपस्थिति में ब्यूटाडाइन द्वारा बनाया जाता है। इसके मुख्य गुण low heat generation, high resilience तथा good low-temperature properties हैं। इनकी स्ट्रेन्थ (strength) प्राकृतिक रबर से कम होती है। प्राकृतिक रबर के साथ बराबर भागों में मिलाने पर (blended) ये high abrasion resistance, high resilience, प्रदर्शित करते हैं।

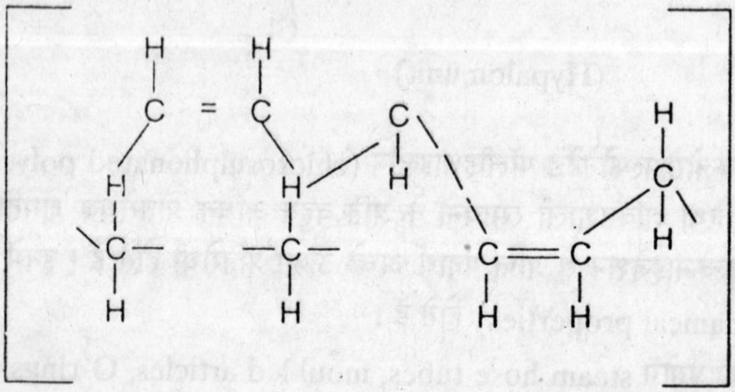

(10) एडक्ट रबर (Adduct Rubber) :

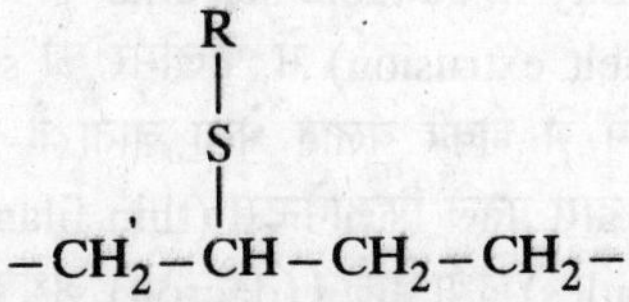

Adduct rubber unit

कम अणु भार वाले एल्काइल मरसैप्टन (alkyl merceptan) तथा एक डाइन रबर (diene rubber) की क्रिया होने पर एडक्ट रबर का निर्माण होता है।

इसके मुख्य गुण heat resistance, solvent resistance, low gas permeability, ozone resistance हैं।

इस रबर का प्रयोग radiator, coolant hose, impregnant for airship, fabric तथा oil resistance foam for railway journal boxes आदि में किया जाता है।

12.15. फाइबर्स तथा फिलामेन्ट्स (Fibres and Filaments)

पॉलीमर्स के बड़े अणुओं के गुण तथा versatility फाइबर्स में अच्छी प्रकार से प्रदर्शित होते हैं, जो long-chain अणुओं से बने होते हैं, सभी चेन अधिक या कम फाइबर की लम्बी दिशा में संरेखित (aligned) होती है। यह संरेखन (alignment) उनको दिशामय गुण प्रदान करता है तथा फाइबर लम्बाई के समानान्तर दिशा में उनकी सामर्थ्य असंरेखित संरचना (nonaligned structure) की तुलना में, लगभग परिमाण के क्रम के द्वारा बढ़ाई जा सकती है। फाइबर्स संरचनात्मक आणुविक यूनिटों की सामर्थ्य तथा उनके रचना (conformation) की उनकी लचकता (flexibility) दोनों का गठन करते हैं।

सभी कृत्रिम फाइबर बनाने वाले पॉलीमर्स, थर्मोप्लास्टिक्स (thermoplastics) जो क्रिस्टेलाइजेशन की उच्च प्रवृत्ति प्रदर्शित करते हैं, के बड़े समूहों से सम्बन्धित होते हैं। ऐसी क्रिस्टेलाइज्ड संरचना उच्च softening point पर उच्च तन्यता (high tenacity) के फाइबर उत्पन्न करेगी। फाइबर की उचित लचकता को सुरक्षित रखने को कुछ पदार्थ amorphous अवस्था में अवशेष होना चाहिए; अन्यथा यह बहुत दृढ़ (rigid) तथा भंगुर (brittle) होगा।

कृत्रिम फाइबर्स तीन भिन्न विधियों द्वारा उत्पन्न किए जाते हैं—

(1) पिघला बहिर्निष्कासन (melt extrusion)

(2) आर्द्र स्पिनिंग (wet spinning) तथा

(3) शुष्क स्पिनिंग (Dry spinning)

उत्पन्न करने की विधि का चयन पॉलीमर लक्षणों जैसे गलन बिन्दु (melting point), heat stability तथा solubility in suitable solvents पर निर्भर करते हुए निर्भर करता है। पिघले बहिर्निष्कासन (melt extrusion) में, पॉलीमर को spinneret से होकर छिद्रों (orifices) की शृंखलाओं में से होकर बलात भेजा जाता है तथा ठण्डी वायु की धारा (stream of cool air) के द्वारा पतले फिलामेन्ट्स (thin filaments) में ठोस होने दिया जाता है। नायलॉन (polyamides) तथा डेक्रोन (dacron) अथवा टेरीलीन (terylene) जो linear aromatic polyesters है, को पिघली अवस्था में spun किया जाता है चूँकि वे कार्बनिक सालवेन्ट्स में उच्च ऊष्मीय स्थिरता (thermal stability) तथा सीमित solubility रखते हैं। Polyvinylidene chloride भी इसी प्रकार फिलामेन्ट रूप में उत्पन्न किया जाता है।

व्हिस्कर्स रेयन फाइबर्स (regenerated cellulose) आर्द्र स्पिनिंग (wet spinning) के द्वारा उत्पन्न किए जाते हैं। एल्केलाइन विस्कस सोल्यूशन को spinneret से होकर एक ऐसिडबाथ में बल द्वारा संघनित किया (coagulate) जाता है जहाँ फाइबर्स का संघनन एक ठोस फिलामेन्ट उत्पन्न करते हुए होता है।

सेलूलोज एसिटेट (cellulose acetate), polyacrylonitrile जिसे orlon अथवा acritan द्वारा जाना जाता है, शुष्क स्पिनिंग (dry spinning) के उत्पाद हैं। शुष्क स्पिनिंग suitable solvent में पॉलीमर को घोलकर पूर्ण की जाती है। स्पिनिंग घोल (spinning solution) को spinneret से होकर बहिर्निष्कासित किया जाता है तथा सिस्टम के द्वारा चक्रीकृत गर्म हवा में solvent evaporation के द्वारा ठोसकरण किया जाता है।

जब पॉलीमर को फिलामेन्ट में सर्वप्रथम स्पिनिंग किया जाता है, तो chain molecules एक chaotic ढंग में व्यवस्थित किए जाते हैं। अगला पद chains को सीधा करना (straighten) तथा उनको फाइबर अक्ष की दिशा के समानान्तर orient करना होता है। यह फिलामेन्ट की stretching के द्वारा अथवा cold working द्वारा किया जाता है। जो फाइबर्से को high tenacity तथा melting point प्रदान करता है।

रासायनिक उपचार (chemical treatment) फाइबर्स के गुणों को बेहतर बनाने को अर्थात् crease resistance बढ़ाने, water अथवा fire proof बनाने इत्यादि को किया जाता है।

उदाहरण के लिए, फाइबर्स का crease resistance बढ़ाने को resinous substance की थोड़ी मात्रा inner spring के प्रभाव पैदा करते हुए long chain में सम्मिलित की जाती है। रेजिनस अणु चेन को नाश होने (collapsing) से तथा फेब्रिक creasing से रोकते हैं। जल तथा फायर प्रूफिंग (fire proofing) रासायनिक उपचार के अन्य उदाहरण हैं।

पॉलीमेरिक फाइबर्स के लगभग सभी गुणों को मेटेलिक तथा सिरेमिक फाइबर्स जो बहुत उच्च तनाव सामर्थ्य रखने के लिए कई औद्योगिक अनुप्रयोग भी रखते हैं, में पुनः उत्पन्न

किया जा सकता है। इसके अतिरिक्त, सेलूलोज फाइबर, सिल्क, वूल तथा अन्य जैसे प्राकृतिक फाइबर्स भी हैं। सेलूलोज फाइबर्स (cellulose fibres) तनन में मजबूत होते हैं तथा लचीले (flexible) हैं। कॉटन (cotton) एक सम्बन्धित प्राकृतिक प्लान्ट फाइबर है। यदि कॉटन के long-chain अणुओं में झुरियाँ (wrinkles) स्थायी रूप से दूर की जाती है, तब हमको shrink-resistant, sanforized कॉटन प्राप्त होता है। ये प्राकृतिक फाइबर्स अब उनके सस्तेपन (cheapness), टिकाऊपन (durability), विमिय स्थिरता (dimensional stability) के लिए कृत्रिम फाइबर्स (synthetic fibres) के द्वारा अब बदले जाते (replace) हैं तथा कई अन्य गुण भिन्न परिस्थितियों में उनको उपयोगी बनाते हैं।

12.16. पॉलीमर्स का व्यवहार (Behaviour of Polymers)

पॉलीमर्स का घनत्व (specific density) कम होने के कारण यह बहुत हल्के होते हैं। ग्लास (glass) की तुलना में ये कम भंगुर (brittle) होते हैं परन्तु इन्हें ग्लास की भाँति smooth तथा पारदर्शी (transparent) बनाया जा सकता है। इनकी परावैद्युत सामर्थ्य (dielectric strength) उच्च होने के कारण इन्हें विद्युत के कुचालकों (insulators) की भाँति व्यापक रूप से प्रयोग किया जाता है। इसी प्रकार रसायनों (chemicals) के प्रति इनकी निष्क्रियता (inertness) के कारण इनका corrosion के प्रति प्रतिरोध उत्तम होता है। अनेक इंजीनियरिंग अनुप्रयोगों (engineering applications) में तथा प्रतिदिन प्रयोग में आने वाली वस्तुओं में पॉलीमर्स अत्यन्त लोकप्रिय (popular) हैं। टफलॉन (Tuflon) भी एक पॉलीमर पदार्थ है जिसके अद्‌भुत गुण है। पॉलीमर्स के मिकेनिकल, इलेक्ट्रिकल तथा ऊष्मीय (thermal) अभिलक्षण निम्न प्रकार हैं—

पॉलीमर्स के मैकेनिकल अभिलक्षण (Mechanical Behaviour of Polymers)

पॉलीमर्स का स्ट्रैस के प्रति व्यवहार (mechanical behaviour) उसके स्ट्रक्चर पर निर्भर करता है। अर्थात् पॉलीमर की degree of polymerisation, branching तथा cross-linking उसकी सामर्थ्य (strength) को प्रभावित करते हैं।

पॉलीमर की crystallinity बढ़ने से भी उसका घनत्व तथा सामर्थ्य बढ़ती है। एलास्टोमर्स, जिनकी प्रत्यास्थता (elasticity) उच्च होती है, में लोडिंग (loading) तथा अनलोडिंग (unloading) वक्र, धातुओं की भाँति coincide नहीं करते हैं बल्कि उनके stress-strain डॉयग्राम में चित्र 12.19 (a) की भाँति हिस्टेरिसिस लूप बनता है। इस हिस्टेरिसिस के कारण ही रबर, स्ट्रेन की काफी अधिक मात्रा को ऊष्मा में परिवर्तित करती है। इस प्रकार रबर एक उत्तम शॉक एब्जोंबर (shock absorber) का कार्य करती है। उल्लेखनीय है कि रबर में तेजी से खिंचाव (rapid streching) होने पर वह गर्म (heat up) हो जाती है तथा rapid compression पर ठण्डी (cool down) हो जाती है।

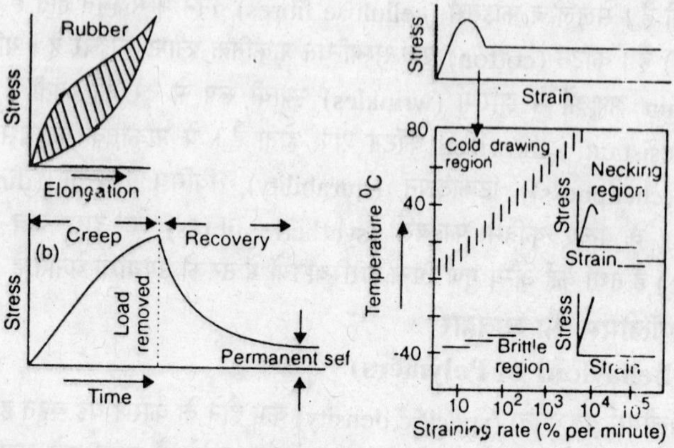

चित्र 12.19—पॉलीमर्स का मैकेनिकल व्यवहार (mechanical behaviour)
(a) रबर में एलास्टिक हिस्टरिसिस।
(b) पॉलीमर्स में viscoelastic डिफॉर्मेशन।
(c) पॉलीमर्स पर ताप एवं स्ट्रेन का प्रभाव।

पॉलीमर्स में क्रॉस-लिंक होने से viscous flow कम होता है। नॉयलोन का tensile behaviour लगभग माइल्ड स्टील की भाँति होता है। नॉयलोन में yield point तक elastic स्ट्रेन उत्पन्न होता है, उसके पश्चात् ultimate tensile stress तक प्लास्टिक डिफॉर्मेशन होता है तथा उसमें 50 से 150 प्रतिशत तक elongation होता है। तथापि यह रबर की तुलना में कम है जिनमें 400 से 600 प्रतिशत तक elongation हो जाता है।

सामान्यत: पॉलीमर्स का व्यवहार viscoelastic होता है अर्थात् उन पर स्ट्रैस एप्लाई करने पर उनमें चित्र 12.19 (b) की भाँति recoverable तथा permanent दोनों प्रकार के डिफॉर्मेशन होते हैं।

धातुओं की भाँति पॉलीमर्स में fatigue होने पर उनमें dampness बढ़ जाती है। यह प्रभाव एलास्टोमर्स में अधिक होता है अत: इनका प्रयोग antivibration तथा sound dampening उपकरणों में किया जाता है।

तालिका 12.2 में कुछ पॉलीमर्स के मैकेनिकल गुण (mechanical properties) दिए गए हैं।

Table 12.2. Mechanical properties of some polymers

Materials	Young's mod. N/mm^2	TS N/mm^2	EI%	Izod J
Polyethylene	55-104	214-38	50-600	1·5-1·2
Polystyrene	275-410	34·5-83	1-2·5	0·2-0·5
Polyvinyl chloride	240	59	2-40	0·8
PTFE	26-45	17-24	250-300	3·5-5·0
Polyacetals	275	69	15-75	1·4-3·3
Nylon 66	290	80	40-80	1-3
Mild steel	20,600	350	30	30

पॉलीमर्स के विद्युत अभिलक्षण (Electrical Behaviour of Polymers)

पॉलीमर्स में चुम्बकीय गुण नहीं होते हैं तथा इनमें तब तक विद्युत धारा भी प्रवाहित नहीं होती जब तक कि ये किसी चालकीय फिल्लर (conducting filler) के साथ संयोजित न किए जाए। अधिकांश पॉलीमर्स विद्युत के अच्छे कुचालक (insulators) होते हैं। इसका कारण पॉलीमर्स में सभी इलेक्ट्रॉनों का सहसंयोजी बन्धों (covalent bonds) में दृढ़ता (strongly) से बँधना है। पॉलीविनाइल क्लोराइड (PVC), पॉलीइथाइलीन तथा पॉलीटेट्राफ्लोरोइथाइलीन (PTFE), विद्युत के उत्तम तथा flexible कुचालक हैं। पर्सपैक्स (perspex or lucite) तथा टफलॉन, विद्युत के दृढ़ (rigid) कुचालक हैं।

कुछ पॉलीमर्स, जिनमें पोलर ग्रुप जैसे क्लोराइड परमाणु, हाइड्रॉक्सिल ग्रुप तथा सल्फर परमाणु होते हैं, विद्युत क्षेत्र के प्रभाव से ध्रुवित (electrically polarised) हो जाते हैं जिसके कारण इनका परावैद्युतांक (dielectric constant) उच्च होता है। प्रायः अधिकतर प्लास्टिक्स में फिल्लर्स (plasticizers) प्रयुक्त किए जाते हैं अतः उनका परावैद्युतांक कृत्रिम रूप से बढ़ जाता है। यह क्रिया interfacial polarisation कहलाती है।

पॉलीमर्स के तापीय अभिलक्षण (Thermal Behaviour of Polymers)

थर्मोप्लास्टिक पॉलीमर्स, उच्च ताप भी सह सकते हैं जबकि थर्मोसेटिंग पॉलीमर्स उच्च ताप पर डिग्रेडेशन के कारण अपनी सामर्थ्य (strength) खो देते हैं। उच्च ताप पर पॉलीमर्स में बाण्ड्स टूटते हैं तथा पुनः recombine करते हैं जिसके कारण पॉलीमर के गुण पूर्णतया परिवर्तित हो जाते हैं।

अत्यन्त निम्न ताप पर भी पॉलीमर्स उपयोगी नहीं होते हैं क्योंकि लगभग शून्य ताप पर ये भंगुर (brittle) हो जाते हैं चित्र 12. (c) में विभिन्न तापक्रमों पर पॉलीमर के temperature- strain अभिलक्षण प्रदर्शित किए गए हैं। अभिलक्षण के तीन भाग हैं— (1) Brittle region, (2) Necking region तथा (3) Cold Drawing region

12.17. पॉलीमर्स के ताप-अभिलक्षण
(Temperature Characteristics of Polymers)

कार्बनिक यौगिकों द्वारा बने पॉलीमर्स बहुत अधिक लोकप्रिय (common) हैं। अकार्बनिक रसायनों (inorganic chemicals) जैसे सिलिकेट (silicate) और सिलिकॉन्स (silicons) द्वारा भी पॉलीमर्स बनाए जाते हैं।

जब किसी पॉलीमर को गर्म किया जाता है तब उसमें निम्नलिखित पाँच परिवर्तन होते हैं—

(i) Glassy

(ii) Leathery

(iii) Rubbery

(iv) Viscous rubbery

(v) Liquid

Glassy region में पॉलीमर कठोर (hard) तथा भंगुर (brittle) होता है। इस अवस्था में स्ट्रैस एप्लाई करने पर स्ट्रेन उत्पन्न होता है तथा स्ट्रैस हटा लेने पर स्ट्रेन recover हो जाता है। Glassy region में bonds की stretching से स्ट्रेन उत्पन्न होता है। Leathery region में तापमान के प्रभाव से Modulus of Elasticity में तेजी से (speedily) drop होता है। इस region में polymer chain के छोटे-छोटे segments में reversible sliding होती है। इससे एक छोटा section गति (move) करता है; जिसके साथ-साथ अन्य neighbouring section भी move करते हैं। इस range में elastic behaviour से viscoelastic behaviour में transition होता है।

नॉन-क्रिस्टलाइन पॉलीमर्स के Rubbery region में viscoelastic deformation dominate करता है। इस प्रकार का व्यवहार elastomers में पाया जाता है। जब तापमान glass transition temperature से अधिक होने लगता है तब आणविक segments slide कर एक-दूसरे को reversibly pass करने लगते हैं तथा straighten out होने की कोशिश करते हैं।

Rubbery flow तथा liquid regions में मुख्य रूप से permanent molecular sliding होती है। जैसे-जैसे तापमान में वृद्धि होती है, श्यानता (viscosity) के मान में कमी होती है तथा modulus इतना अधिक drop होता है कि उच्च ताप पर पॉलीमर द्रव (liquid) ही होता है।

क्रिस्टलाइन पॉलीमर्स (Crystalline polymers) में rubbery region नहीं होता है तथा इस प्रकार के पॉलीमर्स में ताप बढ़ने पर modulus का मान धीरे-धीरे तब तक घटता है जब तक crystalline का melting point नहीं आ जाता है।

चित्र 12.20 में polystyrene के लिए ताप में परिवर्तन होने पर elastic modulus (E_r) का variation प्रदर्शित किया गया है।

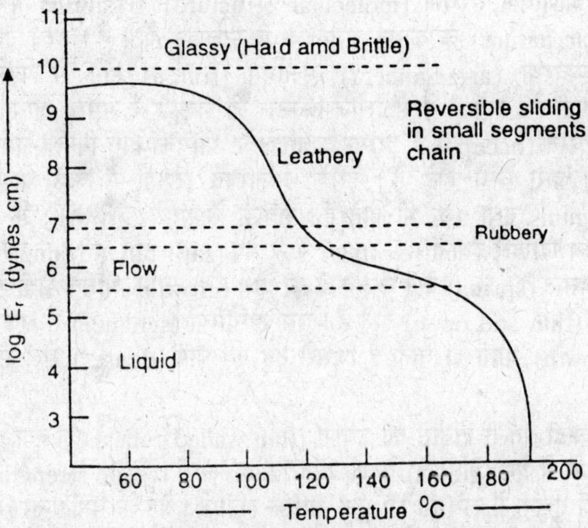

चित्र 12.20—पॉलीस्टाइरीन का 'E_r – T' वक्र।

12.18. लकड़ी (Wood)

लकड़ी एक कार्बनिक पदार्थ (organic material) है। यह एक प्राकृतिक पॉलीमर है जो एक साइड में टेपर्ड (tapered) लम्बी ट्यूब के आकार के सैलों (cells) द्वारा निर्मित है। लकड़ी की आणुविक संरचना चित्र 12.21 की भाँति सैलुलोज चेन (cellulose chain) पर

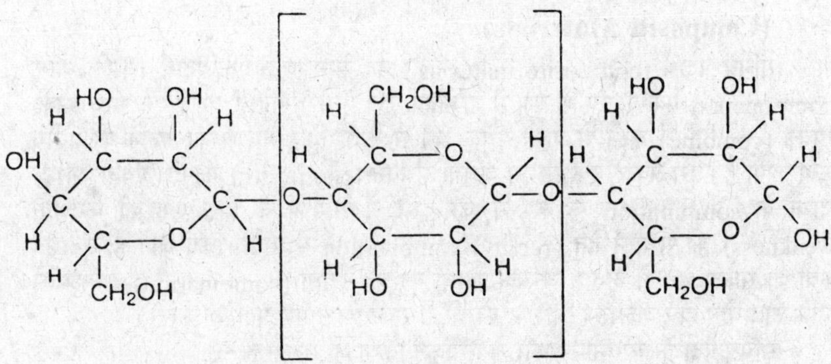

चित्र 12.21—लकड़ी (wood) की आणुविक सरचना।

आधारित है। अनुमान है कि सैलुलोज ($C_6H_{10}O_5$) पॉलीमर, 5000 से 10,000 पॉलीमर यूनिटों द्वारा निर्मित होता है।

लकड़ी की आणुविक संरचना (molecular structure) हाइड्रॉक्सिल ग्रुपों की ध्रुवीय प्रकृति (polar nature) के कारण अत्यधिक क्रिस्टलाइन होती है। उच्च ताप पर अणुओं की यह व्यवस्था (arrangement), मुलायम (soften) होने से पहले ही decompose हो जाती है। लकड़ी में सैलुलोज क्रिस्टल जो लकड़ी के समस्त आयतन का केवल 50 से 70% घेरते (occupy) हैं, परस्पर कार्बोहाइड्रेट यौगिकों द्वारा निर्मित, एमोरफस लाइनिन (lighnin) द्वारा बन्धे होते हैं। इसके अतिरिक्त लकड़ी में कुछ वाष्पशील (volatile) पदार्थ, gums तथा ash भी होते हैं। लकड़ी के बढ़ने (growth) के समय ट्यूबलर सैलों के मध्य खोखले स्थानों (cavities) में से सैप (sap) तथा नमी (moisture) का प्रवाह होता है। बसन्त (spring) ऋतु में लकड़ी की ग्रोथ (growth) अधिक होती है तथा सैल पतले एवं खुले (thin and open) होते हैं। जबकि गर्मियों (summer) में लकड़ी के बढ़ने की गति (growth) धीमी हो जाती है जिससे दृढ़ एवं घनी (denser) सैल संरचना उत्पन्न होती है।

इस प्रकार लकड़ी पतली दीवारों की ट्यूब्स (thin walled tubes) का एक बन्डल (bundle) है। लकड़ी में ग्रेन (grains) के लम्बवत् किसी तल में tensile strength, ग्रेन के समानान्तर तल की तुलना में लगभग 10 गुना अधिक होती है। ग्रेन के समानान्तर shear strength बहुत उच्च होती है। लकड़ी में नमी (moisture) की मात्रा में परिवर्तन के कारण उसके आकार में परिवर्तन (dimensional changes), लकड़ी के tubular स्ट्रक्चर पर निर्भर करता है। ग्रेनस के समानान्तर लम्बाई में परिवर्तन लगभग नगण्य (negligible) होता है। लकड़ी की नमी सोखने की प्रवृत्ति (moisture absorption) तथा dimensional stability के लिए विभिन्न क्रियाएँ की जाती हैं, उदाहरणतः लैमिनेशन (lamination), प्लाईवुड में क्रॉस लैमिनेशन, प्लास्टिक इम्प्रीगनेशन तथा उच्च ताप पर बाइन्डर्स के साथ कम्प्रेशन।

12.19. संमिश्र पदार्थ (Composite Materials)

संमिश्र पदार्थ (composite materials) पद साधारणतः एक पदार्थ, जिसके घटक (components) एक एलॉय के रूप में प्राकृतिक रूप में नहीं होते हैं, परन्तु एक साथ इनको संयुक्त (combine) करने से पहले पृथक् रूप से तैयार किए गए हैं, को बताने को प्रयोग किया जाता है। इस प्रकार, एक संमिश्र अथवा संयुक्त (composite) को दो अथवा अधिक पदार्थों के combination के रूप में, जो दूसरे में सामर्थ्य के द्वारा एक की कमजोरी (weakness) को सुधारने हेतु (rectify) combination में प्रयोग किए जाते हैं; संदर्भित किया जा सकता है। दो अथवा अधिक पदार्थों का वह संयोग (combination), संमिश्र को बनाने को प्रयोग होने वाले उन विशिष्ट पदार्थों से स्पष्ट भिन्न गुण प्रदर्शित करता है।

संमिश्र पदार्थों को निम्न प्रकार से वर्गीकृत किया जा सकता है—

1. Agglomerated पदार्थ
2. Reinforced पदार्थ
3. Liminates
4. Surface-coated पदार्थ

उपरोक्त संमिश्र पदार्थों के विषम में अध्ययन करने से पूर्व agglomerated structure के विषय में जानना आवश्यक है।

12.20. संपुजित संरचना (Agglomerated Structure)

पदार्थों के संरचनीय लक्षण उनके गुणों पर व्यापक प्रभाव रखते हैं। Microstructure पद, जिसका अर्थ है सामान्य संरचना (coarse structure) से है, प्रायः dimensional अथवा compositional details जो माइक्रोस्कोप की सहायता के बिना देखा जा सकता है, को लागू होता है। माइक्रो संरचना (micro structure) दो के बीच मानचित्रण (delineation) के बिन्दु पर देखा जाता है। माइक्रो संरचनाएँ पदार्थों के lextural लक्षण हैं, संपुजन के कारण उनमें ठोसकरण (solidification) तथा डिफॉर्मेशन को सरलता से विभाजित किए जा सकते हैं। अनके इंजीनियरी पदार्थों को छोटे कणों के संपुजन (agglomeration) के द्वारा उपयोगी पदार्थों में बनाया जाता है। सबसे स्पष्ट उदाहरण कंक्रीट है, जिसमें gravel, sand तथा पोर्टलैण्ड सीमेन्ट एक monolitic (stone) इंजीनियरी पदार्थ हाईवे निर्माण में मिलाए जाते हैं। Gravel के अन्तर्गत छिद्रों (pores) को हाइड्रेटिड पोर्टलैण्ड सीमेन्ट पेस्ट के साथ भरा जाता है। Asphalt तथा stone के संपुजन (agglomerizations) भी highway surface के लिए प्रयुक्त किए जाते हैं। Viscous asphalt हाइड्रेटिड सिलिकेट की तुलना में, निःसन्देह bond के रूप में कार्य करता है।

कई अन्य इंजीनियरी पदार्थ संपुजन के द्वारा बनाए जाते हैं। ग्राइडिंग व्हील्स के abrasive grains ग्लास अथवा रेजिन के द्वारा bound किए जाते हैं। ब्रिक (brick) पूर्णतः vitreous bond पर निर्भर करती है। powered metal बाण्डिग के उच्च तापमानों पर ठोस सिण्टरिंग (solid sintring) पर निर्भर करते हैं। धातु कास्टिंग के लिए shell moulding, फिनोल-फोरमैल्डीहाइड रेजिन (phenol-formaldehyde resin) के साथ sand bounded की बनी होती है।

छिद्र (pores)—एक संपुजित पदार्थ (agglomerated material) में खुले छिद्र (open pores) अथवा बन्द छिद्र (closed pores) हो सकते हैं। Gravel में spaces सेण्ड के साथ आंशिक रूप से भरे जाते हैं।

ये spaces खुले छिद्र (open pores) कहलाते हैं तथा वे अन्तर्सम्बन्धित चैनल्स (interconnecting channels) होती हैं। बन्द छिद्र (closed pores) पदार्थ की permissibility को प्रदान नहीं करते हैं। मिश्रण (mixture) का घनत्व (density) तथा विशिष्ट गुरुत्व (specific gravity) की गणना करने के लिए विधि की पसन्द इस पर निर्भर करती है कि pores खुले हैं अथवा बन्द हैं जैसा कि निम्न सम्बन्ध के द्वारा सूचित है—

ट्रयू घनत्व (True density)

$$= \frac{\text{संहति (mass)}}{\text{ट्रयू आयतन (True volume)}} = \frac{\text{संहति}}{\text{बल्क आयतन} - \text{कुल छिद्र आयतन}}$$

प्रत्यक्ष घनत्व (Apparent density)

$$= \frac{\text{संहति}}{\text{प्रत्यक्ष आयतन}} = \frac{\text{संहति}}{\text{ट्रयू आयतन}} = \frac{\text{संहति}}{\text{बल्क आयतन} - \text{खुले छिद्र आयतन}}$$

बल्क घनत्व (Bulk density)

$$= \frac{\text{संहति}}{\text{बल्क आयतन + कुल छिद्र आयतन}}$$

$$\text{ट्रयू porosity} = \frac{\text{कुछ छिद्र का आयतन}}{\text{बल्क आयतन}}$$

$$\text{प्रत्यक्ष porosity} = \frac{\text{खुले छिद्र आयतन}}{\text{बल्क आयतन}} = 1 - \text{पेकिंग फेक्टर}$$

$$\text{जहाँ पेकिंग फेक्टर} = \frac{\text{ट्रयू आयतन}}{\text{बल्क आयतन}}$$

पदार्थ का bulk behaviour उपरोक्त मानों के बीच सम्बन्ध के द्वारा ज्ञात किया जाता है। Sponge, कंक्रीट अथवा सैलूलर वाल इन्सूलेशन (cellular wall insulation) के absorption लक्षण apparent porosity पर निर्भर करते हैं। पदार्थ की bulk density इसके निर्माण भार को नियन्त्रित करती है तथा thermal conductivity को भी प्रभावित करती हैं। खुले छिद्रों की संख्या उनके साइज एवं आकार के साथ, permeability तथा सामर्थ्य लक्षणों को योगदान करती है।

एक समान साइज का पदार्थ (uniformly sized material) कन्टेनर में विचारणीय porosity की उपस्थिति के बिना बड़े कन्टेनर (large container) में पैक नहीं किया जा सकता है। गोले (sphere) के लिए विशालतम पैकिंग फेक्टर (packing factor) केवल 74% है अर्थात् कुल आयतन का केवल 74% गोले के द्वारा घेरा (occupy) जाता है। पेकिंग फेक्टर को दो विधि द्वारा बढ़ाया जा सकता है (i) मैचिंग सतह के साथ non-spherical particles के प्रयोग द्वारा (ii) भिन्न साइजों के particles को mix करने के द्वारा। उदाहरण के लिए, सेण्ड तथा ग्रेवल का मिश्रण या तो सेण्ड अथवा अकेले ग्रेवल (gravel) की तुलना में बड़ा पेकिंग फेक्टर रखेगा क्योंकि सेण्ड, ग्रेवल के खण्डों के बीच pore space को भर देगा।

12.21. संपुजित संरचनाओं में आयतन बदलाव (Volume Changes in Agglomerated Structures)

संपुजित पदार्थ का आयतन या तो उत्पादन संक्रिया (production operation) अथवा सेवा प्रक्रिया (service reactions) के दौरान परिवर्तित होता है। अतः आयतन परिवर्तनों के लिए संपुजित पदार्थ में एक छूट (allowance) रखी जानी चाहिए। शुष्क करने (drying) तथा आग लगने (firing) में ब्रिक्स (bricks) का आयतन कम होता है। प्लास्टिक क्ले अधिक जल रखती है जो firing के पूर्व शुष्क की जाती है। जैसे ही पानी दूर किया जाता है, इस प्रकार आयतन में कमी होते हुए क्ले सिकुड़ती है, जब तक कि क्ले particles सम्पर्क में आते हैं। पुनः शोषित जल का हटाव (removal) क्ले के आयतन को कम नहीं करता है परन्तु अनुगामी फायरिंग (subsequent firing) ब्रिक को shrink करती

है जैसे ही particles सिन्टर (sinter) होते हैं। उसी समय drying तथा firing दोनों के लिए छूट (allowance) प्रदान की जानी चाहिए।

एक संपुजित पदार्थ में, जिसे mechanical wear का प्रतिरोध करने को पर्याप्त सामर्थ्यवान होना चाहिए, न्यूनतम porosity प्राप्त करने को thorough sintering की आवश्यकता होती है। हालांकि, self oiling bearing तथा इन्सूलेशन पदार्थों की तरह कुछ अंगों में porosity वांछित है।

प्लास्टर अथवा कंक्रीट hydration होने पर निःसन्देह थोड़ा फैल (expand) सकते हैं। कंक्रीट भी अन्य आयतन प्रसार (volume expansion) के अधीन होती है।

ये प्रसार (expansion) दो ढंग में हो सकते हैं—

(1) जमाव (freezing) छिद्रों (pores) को फैलाता है तथा स्थानीय cracking उत्पन्न करता है। पानी cracks में प्रवेश करता है। अगला freezing cycle पुनः प्रसार (expansion) तथा क्रेकिंग (cracking) उत्पन्न करता है तथा इसी प्रकार पुनरावृत्ति होती है।

(2) हाइड्रेटिक पोर्टलैण्ड सीमेन्ट प्रकृति में आंशिक रूप से colloidal है तथा इसलिए, अपनी संरचना तथा साथ के प्रसार में पानी की कम मात्रा शोषित करेगी। पानी को drying के द्वारा दूर किया जा सकता है परन्तु आयतन परिवर्तन (volume changes) आंशिक रूप से प्रत्यावर्ती (partially reversible) नहीं है। बारम्बार आर्द्रन (wetting) तथा शुष्कन (drying) इसलिए growth तथा cracking उत्पन्न करेगा। इन प्रभावों को न्यूनतम porosity रखने के द्वारा तथा cycle service conditions को रोकने के द्वारा टाला जाना (avoide) चाहिए। उदाहरण के लिए, वाटर प्रूफ सतह कंक्रीट को या तो आर्द्र (wet) अथवा शुष्क (dry) रखने को प्रयोग की जा सकती है। बड़ी संरचनाओं में, अनुमत प्रसार (permissible expansion) के लिए व्यवस्था की जाती है, उदाहरण के लिए, हाईवे में प्रसार जोड़ (expansion joints in highways)।

12.22. संपुजित पदार्थ (Agglomerated Materials)

मेक्रोस्कोपिक कण (macroscopic particles) जब एक integrated mass में एक साथ bonded किए जाते हैं, तो संपुजित (agglomerates) के रूप में जाने जाते हैं तथा इस प्रकार से उत्पन्न संरचना संपुजित संरचना (agglomerated structure) कहलाती है। अनेक इंजीनियरी पदार्थों को छोटे कणों के संपुजन (agglomeration) के द्वारा उपयोगी पदार्थ में बनाया जाता है। कंक्रीट, जो ग्रेवेल (gravel), सेण्ड, पोटलैण्ड सीमेन्ट तथा पानी को मिलाने के द्वारा monolithic (अथवा stone) पदार्थ में बनाई जाती है, agglomerated पदार्थों का सामान्य उदाहरण है। Asphalt तथा स्टोन का संपुजन जो highway surfaces के लिए asphalt paving के लिए प्रयुक्त किया जाता है, संपुजित पदार्थों का दूसरा उदाहरण है।

संपुजित संमिश्र पदार्थों (agglomerated composite materials) के दूसरे उदाहरणों में abrasive grinding wheels जिनमें abrasive particles एक विटरस

(vitreous) अथवा एक रेजिन बाण्ड (regin bond) के द्वारा एक साथ पकड़े (held) जाते हैं, सिन्टर्ड एलॉयज (sintered alloys); रेजिन बाइण्डर जो एक गर्म पैटर्न के द्वारा पॉलीमेराइज्ड होता है, प्रयोग करते हुए शैल मोल्डिंग सेन्ड्स तथा particle board जिसमें wood chips एक उपयोगी glue के द्वारा एक साथ पकड़े होते हैं।

सिन्टर्ड उत्पाद (Sintered products)—बल्क पदार्थों (bulk materials) में छोटे कणों को संपुजित करने के क्रम में गर्म करने (heating) का प्रक्रम सिन्टरिंग (sintering) कहलाता है। एक बाण्ड को विकसित करना चाहिए (1) Liquid phage के फॉर्मेशन के द्वारा (2) सिन्टरिंग होने के लिए सालिड डिफ्यूजन (solid diffusion) के द्वारा। यद्यपि bonding, liquid phase के फॉर्मेशन के द्वारा प्राप्त हो सकता है, द्रव (liquid) को वांछित सेवा के लिए पदार्थ के अन्तिम रूप से बनाए जाने के पहले अपनी fluidity खोना (lose) चाहिए। सीमेन्टीड कार्बाइड (cemented carbide) के बने टूल (tools) कोबाल्ट अथवा निकिल (nickel) रखने वाले एलॉयज के साथ bounded होते हैं। कोबाल्ट (binder) सिन्टरिंग के दौरान पिघलता है तथा कठोर टंगस्टन कार्बाइड कणों के बीच एक सतत् मेट्रिक्स (continuous matrix) बनाता है। सिन्टरिंग के बाद metal binder एक मजबूत (strong) तथा दृढ़ (rigid) टूल प्रदान करने को क्रिस्टेलाइज होता है। इस तरीके में टूल बनाने का प्रक्रम **vitreous sintering** के रूप में जाना जाता है, अर्थात् liquid phase के फॉर्मेशन के साथ सिन्टरिंग (sintering)।

अनेक पाउडर्ड धातु अंग (powdered metal parts) तथा विभिन्न मेगनेटिक तथा डाई इलैक्ट्रिक सिरेमिक पदार्थ solid sintering के द्वारा उत्पन्न किए जाते हैं जिसे सिन्टरिंग के प्रक्रम में डिफ्यूजन (diffusion) की आवश्यकता होती है तथा किसी liquid phase की आवश्यकता नहीं होती है। यह इसलिए solidus के ठीक नीचे तापमान पर अत्यन्त शीघ्रता से घटित होता है।

सिरमैट (Cermets)—सिरमेट्स धातुओं तथा सिरेमिक्स के संयोग (combination) के बने संपुजित संमिश्र पदार्थ (agglomerated composite materials) हैं, जिनमें धातु एक binder के रूप में कार्य करती है। वे powder metallurgy के द्वारा बनाए जाते हैं। सिन्टरिंग तापमान प्रायः धातु पाउडर के गलन बिन्दु के ऊपर होता है। सिरेमिक्स के बीच जो सिरमेट्स में घटक के रूप में उपयुक्त पाए हैं, ऑक्साइड्स, कार्बाइड्स, बोराइड्स (borides) तथा silicides है। ऑक्साइड सिरेमिक की bonding के लिए सामान्य धातुएँ, आयरन, क्रोमियम तथा टंगस्टन (tungsten) हैं। विभिन्न कार्बाइड्स सिरमिक्स आयरन, निकिल तथा कोबाल्ट के द्वारा bonded होते हैं। अन्तिम सिरेमेट्स (finished cermets) में धातु उच्च चीमड़पन (high toughness) तथा ऊष्मीय शॉक प्रतिरोध (thermal shock resistance) का योगदान करता है, जबकि सिरेमिक उच्चतर रिफेरेक्ट्रीनैश (higher refractoriness) तथा क्रीप प्रतिरोध (creep resistance), बहतर रासायनिक स्थिरता (chemical stability) तथा abrasion resistance का अंशदान करता है। सिरमैट के अन्तिम गुण, हालांकि, सिरेमिक तथा धातु के अनुपात पर निर्भर करते हैं।

सिरमेट्स के बने inserts तथा tips ने धातु कार्य उद्योग में कटिंग टूल्स तथा डाइयों की दक्षता एवं घिसाव प्रतिरोध के साथ-साथ माइनिंग उद्योग में रोटरी ड्रिल्स की स्पीड एवं जीवन (life) को कई रूप में बढ़ाया है। उनकी असामान्य उच्च कठोरता के कारण, सिरमेट्स ने मशीन न किए जा सकने वाले अनेक रिफरेक्ट्री पदार्थों जैसे ग्लास, पोर्सेलोन तथा उच्च तापमान प्रतिरोध भंगुर एलॉय की कटाई करना तथा आकार देना सम्भव बनाया है। सीमेन्टिड कार्बाइड्स जो महत्त्वपूर्ण high-speed heavy-duty cutting tips के रूप में प्रयुक्त किए जाते हैं, सिरमैट्स के उदाहरण हैं।

12.23. प्रबलित पदार्थ
(Reinforced Materials)

प्रबलित पदार्थ संमिश्र पदार्थों के सबसे बड़े तथा सबसे महत्त्वपूर्ण समूह को बनाते हैं। प्रबलन (reinforcement) dispersed phase अथवा strong fibre, thread अथवा rod का प्रयोग संयुक्त कर सकता है, जिसका प्रयोजन सदैव सामर्थ्य गुणों के सुधार का रहा है। अनेक अनुप्रयोग हैं जिनमें उच्च सामर्थ्य की आवश्यकता होती है, परन्तु उसी समय पदार्थ को tough तथा resistant to fatigue failure होना चाहिए। फाइबर द्वारा सामर्थ्यवान (fibre-strengthened) अथवा fire-reinforced पदार्थ इसका समाधान देते हैं क्योंकि कोई crack जो एक फाइबर की सतह पर विद्यमान रह सकता है, उस फाइबर की असफलता का कारण हो सकता है तथा पराकाष्ठा रूप से बढ़ाने को अयोग्य है जैसा कि bulk material में। जब फाइबर्स bulk materials की तुलना में stronger नहीं हैं, तो notch-sensitively काफी सुधर जाती है यदि bundle of fibres प्रयोग किया जाता है। अनेक जाँचों की पहुँच bundle of fibres अथवा soft ductile matrix के साथ wires को संयोजित करना रही है।

मेटेलिक फाइबर्स जैसे patented steel, stainless steel, tungsten and molybdenum wires धातु matrix में प्रयोग किए जाते हैं जैसे एल्यूमिनियम तथा टाइटेनियम। घटक में विकसित विशिष्ट सामर्थ्य (specific strength) तथा fracture toughness का संयोग (combination) किसी भी घटक की तुलना में बहतर है। कार्बन फाइबर्स तथा whiskers भी ultra-high strength composites उत्पन्न करने को प्रयुक्त किए जाते हैं।

फाइबर प्रबलित धातु (fibre-reinforced metal) में, प्रतिबल लगभग पूर्णरूप से फाइबर्स द्वारा ले जायी जाती है तथा फाइबरों को एक साथ bind करने तथा एक फाइबर से दूसरे फाइबर को प्रतिबल पारेषित करने को matrix प्रयोग की जाती है। यह यन्त्रावली (mechanism) dispersed phase hardening में जो होता है उसके विपरीत है जिसमें दूसरा phase, matrix को कठोर करता है जो सम्पूर्ण भार वहन करता है।

फाइबर्स के धातुओं को सीमित होने की आवश्यकता नहीं है। ग्लास, सिरेमिक तथा पॉलीमर फाइबर्स गुणों की व्यापक रेंजों को रखते हुए composites की विभिन्नता को उत्पन्न करने को प्रयुक्त किए जाते हैं। फाइबर्स staple-fibre form में सतत लम्बाई (continuous length) के रूप में अथवा whiskers के रूप में प्रयोग किये जा सकते हैं।

फाइबर्स प्रबलित पदार्थ को अपेक्षाकृत weak matrix में strong fibres के दिशामय नियन्त्रण (directional control) के द्वारा बिलकुल anisotropic बनाया जा सकता है। यह ऐसे अंगों, जहाँ सामर्थ्य नियन्त्रण (strength control) भिन्न दिशाओं में विकसित किया जाता है, को उत्पन्न करने को सम्भव बनाता है। यदि संमिश्र (composite) को फाइबर्स के समानान्तर प्रतिबलित किया जाता है, तो matrix प्लास्टिक रूप से yield करता है तथा समान विकृति (strain) के अधीन प्रतिबल (stress) फाइबर्स के अन्तर्गत matrix में की तुलना में प्रचुरता से बड़ी है। यदि प्रतिबल फाइबर्स को भंजित करने (break) को उच्च रूप से पर्याप्त है, matrix की कोमलता (softness) crack की वृद्धि को रोकती है तथा किसी परिस्थिति में फाइबर्स एक समतल में असफल नहीं होते हैं। सारणी 12.3 में कुछ मेटेलिक तथा नान मेटेलिक फाइबर्स के तनन गुणों (tensile properties) को दर्शाया गया है।

Table 12.3—फाइबर्स के गुण

पदार्थ	व्यास (mm)	तनाव प्रतिबल N/mm^2	यंग माडुलस KN/mm^2	विशिष्ट तनाव सामर्थ्य N/mm^2	विशिष्ट माडुलस KN/mm^2
इस्पात	0·076-0·18	2760-4310	260	358-532	26·6
बोर्न (Born)	0·10	2410-3440	378-412	925-1330	145-159
कार्बन फाइबर	0·0076	1380-1720	310-378	794-989	178-217
S ग्लास (as drown)	0·005-0·01	4820	86	193	34·6
S ग्लास (व्यवहारिक संरचना में)	0·005-0·01	2410-2760	86	969-1108	34·6

प्रबलित कंक्रीट (Reinforced concrete)—प्रबलित कंक्रीट सभी निर्माण पदार्थों के लिए सबसे अधिक व्यापक रूप से प्रयुक्त होने वाला पदार्थ है। कंक्रीट तनाव (tension) में अत्यधिकता से कमजोर (weak) है, परन्तु संपीडन (compression) में stronger है। कंक्रीट में पदार्थ को प्रबलित करने हेतु प्रयोग होने वाली इस्पात छड़ (rods) अथवा तार (wires) संरचना पर रखे हुए समस्त तनाव भार (tensile load) का वहन करती हैं। प्रबलित कंक्रीट, 28 दिनों पर 4 N/mm^2 उच्च सामर्थ्य कंक्रीट के विरुद्ध 14 दिनों पर 14 N/mm^2 की flexural strength रखती है।

ग्लास-फाइबर प्रबलित प्लास्टिक्स (Glass-fibre Reinforced Plastics)—ग्लास को फाइबर्स में सरलता से खींचा (draw) जा सकता है तथा असंतृप्त पॉलीस्टर रेजिन

(unsaturated polyster resin) के matrix में रखा जा सकता है। क्रमागत परतों (successive layers) के द्वारा बड़े खण्डों को बनाया जा सकता है। ये प्लास्टिक की shock resistance तथा formability के साथ ग्लास फाइबर्स की सामर्थ्य को संयुक्त करता है। ग्लास-प्रबलित प्लास्टिक्स की दो हानियाँ हैं, पहली, प्रत्यास्थ गुणांक (elastic modulus) कम है तथा संरचना में पर्याप्त दृढ़ता (rigidity) प्राप्त नहीं हो सकती है तथा दूसरी, resin matrix लगभग 200°C पर burns, chars अथवा flow करता है। ये हानियाँ शुद्ध SiO_2 फाइबर्स के साथ उच्च तापमान पॉलीमाइड रेजिन (polymide resin) के प्रयोग द्वारा कम हो सकती हैं। एक विशेष प्रकार का ग्लास फाइबर flexible प्रकार की कंक्रीट को बनाने को सीमेन्ट बाण्ड (cement bond) के साथ प्रयुक्त हो सकता है।

फाइबर-प्रबलित प्लास्टिक्स boat hulls, car bodies, truck cabins, aircraft fittings तथा अन्य अनुप्रयोगों में जहाँ सामर्थ्य, हल्कापन (lightness), संरक्षण से मुक्त (free from corrosion) तथा निर्माण की सुगमता वांछित होती हैं; प्रयुक्त किए जाते हैं।

कार्बन-फाइबर प्रबलित प्लास्टिक्स (Carbon-fibre reinforced plastics)—ये ग्लास-फाइबर प्रबलित प्लास्टिक्स जैसे ही होते हैं, परन्तु lower density तथा greater resistance to fatigue दोनों रखते हैं। फाइबर्स स्वयं कृत्रिम टेक्सटाइल फाइबर्स जो इस प्रकार से उपचारित (treated) किये जाते हैं कि side groups पूर्णरूप से हटे होते हैं, से बनाए जाते हैं।

व्हिस्कर्स (Whiskers)—अत्यन्त नवीनतम रूप से विकसित reinforced पदार्थ, बहुत मजबूत तथा प्रायः चीमड़ (tough) परन्तु ductile metallic matrix में embedded brittle whiskers उपयोग करते हैं। Whiskers, विशेष परिस्थिति के अधीन बने हुए ताकि वे easily moved dislocations नहीं रखें, few microns व्यास में तथा अनेक मिलीमीटर लम्बाई में, फाइन फिलामेन्ट के रूप में single crystals होते हैं। एकल क्रिस्टल whiskers जो आज सबसे मजबूत फाइबर्स के रूप में जाने जाते हैं, एक सम्पूर्ण क्रिस्टल की सामर्थ्य को पहुँचाते हुए, सामान्य धातुओं की तुलना में कई गुना बड़ी सामर्थ्य प्रदर्शित करते हैं। एक आयरन विस्कर्स की सामर्थ्य शुद्ध आयरन के टुकड़े के लिए लगभग 294 MN/m^2 की तुलना में 13450 MN/m^2 होना पाई जाती है। वे केवल निम्न तापमान पर विचारणीय उच्च प्रतिबल सहन करने के योग्य ही नहीं है वरन उनके गलन बिन्दु (melting point) के निकट तापमानों पर भी सहन करने योग्य हैं। व्हिस्कर्स की उच्च सामर्थ्य उच्च डिग्री की पूर्णता (perfection) तथा उनकी संरचना में dislocations की अनुपस्थिति के कारण है। सारणी 12.4 में कुछ मेटेलिक तथा नान-मेटेलिक व्हिस्कर्स की तनाव सामर्थ्य प्रदर्शित की गई है।

व्हिस्कर्स की साइज इसकी सामर्थ्य पर निश्चित प्रभाव रखती हैं जो व्हिस्कर्स का व्यास बढ़ने पर कम होती है चूँकि बड़े व्यास के व्हिस्कर्स दोष (defects) रख सकते हैं जो पदार्थ की सामर्थ्य को विपरीत रूप से प्रभावित करते हैं। उदाहरण के लिए, आयरन व्हिस्कर्स बड़े व्यास रखने के लिए प्रायः किसी प्लास्टिक डिफॉर्मेशन के बिना fracture करते हैं तथा 2 प्रतिशत तक हुक का नियम (Hook's Law) का पालन करते हैं, जबकि सिल्वर व्हिस्कर्स

छोटे व्यास रखने के लिए उनमें fracture होने से पहले कुछ प्लास्टिक डिफॉर्मेशन प्रदर्शित करते हैं। धातु व्हिस्कर्स के अतिरिक्त, लम्बे नान मेटेलिक व्हिस्कर्स उत्पन्न करने के लिए अब साधनों का विकास हो चुका है जैसे Al_2O_3, SiC तथा Si_2N_4 तथा ग्रेफाइट व्हिस्कर्स तंथा उच्च तापमानों पर उच्च सामर्थ्य तथा उच्च दुर्नम्यता (high stiffness) के प्रयोजन हेतु रेजिन तथा मेटेलिक मेटरिक्स (matrix) में परिचय कराते हुए।

Table 12.4—व्हिस्कर्स की तनाव सामर्थ्य

पदार्थ	तनाव सामर्थ्य MN/m^2
Al_2O_3 विस्कर्स	15170
SiC विस्कर्स	20680
आयरन विस्कर्स	12100

12.24. लेमिनेट्स (Laminates)

पर्तदार संमिश्र (layered composites) कई ज्ञात अनुप्रयोगों में पाए जाते हैं। प्लाइवुड (plywood) लकड़ी की पतली पर्तों का एक लेमिनेटिड संमिश्र है जिनमें क्रमागत पर्तें (successive layers) grain अथवा fibre की भिन्न orientations रखती हैं। जिसका परिणाम कम अथवा ज्यादा isotropic composite sheet है जो किसी भी दिशा में कमजोर (weaker) है। मृदु इस्पात-स्टेनलैश संयोग, कॉपर-स्टेनलैश संयोग (combination) भी आधुनिक मेटल से मेटल लेमिनेट्स (metal-to-metal liminates) के अच्छे उदाहरण हैं लेमिनेटिड plastic sheering दूसरा महत्त्वपूर्ण नान-मेटेलिक लेमिनेट है।

लेमिनेटिड प्लास्टिक सीट (Laminated plastic sheet)—लेमिनेटिड प्लास्टिक शीट प्रायः पेपर अथवा कपड़े की सीटों तथा उपयुक्त थर्मोसेटिंग रेजिन से बनाई जाती है। प्रयुक्त होने वाला पेपर अथवा कपड़ा ढेरों सामर्थ्य प्रदान करता है, जबकि रेजिन semi-rigid binder के रूप में कार्य करता है। प्रयोग होने वाले रेजिन में phenolics, polyesters, silicons तथा epoxises सम्मिलित हैं। लेमिनेटिड प्लास्टिक सीट का मशीनन, ड्रिल, पंच (punched) तथा pressed to shape हो सकता है तथा गियरों (gears), बियरिंग (bearings) विद्युत घटकों (electrical components) तथा small cabinets के उत्पादन में प्रयोग होता है।

टफनॉल (Tufnol)—यह थर्मोसेटिंग रेजिन के साथ पूर्ण किए गए woven textiles की पर्तों का बना एक लेमिनेटिड पदार्थ है। टफनॉल (tufnol) में, woven पदार्थ बड़ी तनन सामर्थ्य (tensile strength) प्रदान करता है जबकि पॉलीमर दृढ़ता (rigidity) प्रदान करता है। पेपर अथवा ऐसबेट्स (asbestos) वैकल्पिक प्रबलन (alternative reinforcements) के रूप में प्रयुक्त हो सकता है।

12.25. पॉलीमर नेनोकम्पोजिट (Polymer Nanocomposite)

Polymer-clay nanocomposite (PCN) का विकास पॉलीमर टेक्नॉलाजी में अन्तिम उद्विकासी (latest evolutionary) पदों में से एक है। PCNs कार्बनिक-अकार्बनिक हाइब्रिड (hybrid) कम्पोजिट पदार्थों के वर्ग हैं। प्रकृति ने अनेक सर्वव्यापी पदार्थों (ubiquitous materials) जैसे bones, abalone, shell of mollusks तथा marine sponges के द्वारा प्रशंसनीय कार्बनिक-अकार्बनिक हाइब्रिडस को synthesize करने के झुकाव को काफी प्रदर्शित किया है। इसलिए कई अन्य टेक्नाजियों की तरह, nanocomposite टेक्नालॉजी भी स्वांगी स्वभाव (mimic nature) को मनुष्य के प्रयास का एक निष्कर्ष है।

जब phase mixing एक नेनोमीटर लम्बाई स्केल पर होती है तो एक नेनो कम्पोजिट बनता है। ऐसे नेनो कम्पोजिट्स को प्राप्त करने की एक सफल एप्रोच sol-gel प्रक्रम से होकर कार्बनिक matrices में metal alkoxides के situ polymerization में है। अकार्बनिक घटक, विशेष रूप से सिलिका, कई पॉलीमर सिस्टम्स में tetraethoxysilane (TEOS) जैसे मोनोन्यूक्लियर precursor के hydrolysis तथा condensation के द्वारा बनाया गया है। Hydrolysis/condensation प्रतिक्रिया में बने volatile by products की हानि के कारण, मोल्डिंग के पश्चात् sample shrinkage को नियन्त्रित करना कठिन है। नेनो कम्पोजिट्स के synthesis की दूसरी विधि पॉलीमर मेटरिक्स (polymer matrix) में nano particles का direct dispersion है। आज, सिलिकॉन व्हिस्कर्स, कार्बन नेनोट्यूब्स इत्यादि जैसे नेनोमेटिरियल्स की व्यापक विधिवता की synthesis के लिए टेक्नॉलाजियाँ उपलब्ध हैं। हांलाकि, एक पॉलीमर मेटरिक्स में ऐसे पदार्थों के dispersion में कठिनाई तथा health hazards तथा ऐसे पदार्थों की synthesis के साथ जुड़ा उच्च मूल्य, ऐसे नेनो कम्पोजिट्स के अनुप्रयोग को सीमित करता है।

पॉलीमर/क्ले नेनोकम्पोजिट्स, नेनोकम्पोजिट का एक नया वर्ग है जो क्ले पदार्थों का उपयोग करता है, जो सस्ते तथा पॉलीमर पदार्थों के लिए लोकप्रिय फिलर (filler) हैं। इस प्रकार फिलर कहे जाने वाले, अर्थात् क्ले चमत्कार (miracle) कर सकती है, 1993 में टोयटा जापान में खोजकर्ताओं द्वारा सर्वप्रथम सिद्ध किया गया। जबकि ऑटोमेटिव अनुप्रयोगों के लिए हल्के भार वाले पदार्थ (light weight material) के लिए खोजने (searching) को, उन्होंने एक नाइलॉन-6/क्ले नेनोकम्पोजिट को सफलतापूर्वक विकसित किया, जो pristine polymer की तुलना में गुणों के dramatic सुधार में फलित हुआ।

12.26. पॉलीमर/क्ले नेनोकम्पोजिट फॉर्मेशन का सिद्धान्त (Principle of Polymer/Clay nanocomposite Formation)

Montmorillonite जैसे layered सिलिकेट्स की मॉडल संरचना चित्र 12.22 में दिखाई गई है। एकल 0·95 nm मोटी पर्त का क्रिस्टल लैटिस या तो एल्यूमीनियम अथवा

मेगनिसियम हाइड्रोक्साइड (2 : 1 layer) की एक octahedral sheet को fused दो टेट्राहेडरल सीटों का बना होता है। ये 2 : 1 layers इलेक्ट्रोस्टेटिकली उदासीन (electrostatically neutral) नहीं है। टेट्राहेडरल लैटिस में Al^{3+} के लिए Si^{4+} तथा ओक्टाहेडरल सीट में Mg^{2+} के लिए Al^{3+} के isomorphous substitutions के द्वारा बना अतिरिक्त layer charge, interlayer cations द्वारा सन्तुलित होता है जो सामान्य रूप से Na^+, Ca^{2+} अथवा Mg^{2+} आयन्स हैं। क्ले सतह (clay surface) की strong hydrophilic nature, layered सिलिकेट को intercalate करने तथा पॉलीमर मेटरिक्स में homogeneously disperse करने को कठिन बनाते हुए, कार्बनिक पदार्थों के साथ उच्च interfacial tension में फलित होती है। इसी कारण क्ले के साथ पॉलीमर के situ polymerization अथवा blending में लगभग 5 से 15 μm के particle साइज के साथ एक पारम्परिक माइक्रोकम्पोजिट को मार्ग प्रदर्शन करती है।

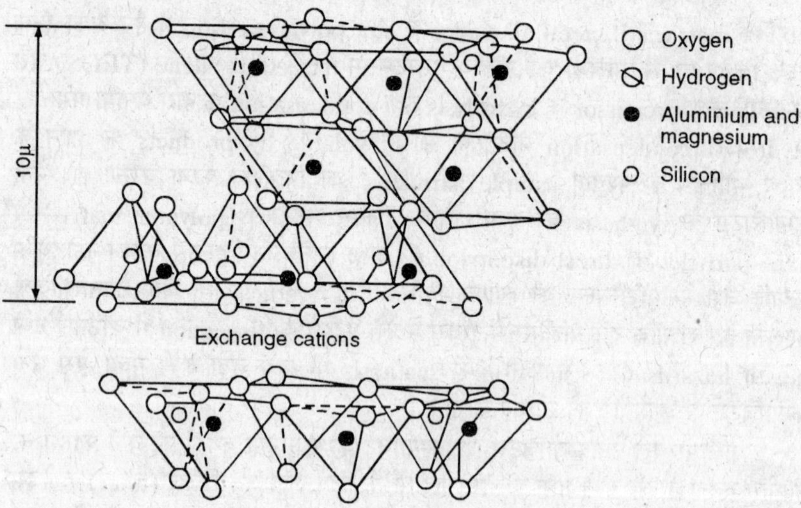

चित्र 12.22—नेनोकम्पोजिट का फॉर्मेशन।

पॉलीमर/क्ले नेनोकम्पोजिट फॉर्मेशन के पीछे मौलिक सिद्धान्त यह है कि monomer, interlayer galleries के अन्तर्गत गति करने तथा प्रतिक्रिया करने के योग्य है। गैलरी स्पेस में कार्बनिक पदार्थ के प्रवेश करने को सुगम बनाने के क्रम में, alkyl ammonium cations सरल आयन exchange विधि के द्वारा क्ले में भेजे जाते हैं ताकि क्ले गैलरी में रहने वाले alkali cations exchangeable हों। ऐसा संशोधन दो प्रयोजनों का कार्य करता है, यह क्ले गैलरी में hydrophobic character की पहचान कराता है तथा यह spacing भी बढ़ाता है। Organo-clay अथवा insitu-polymerization के साथ पॉलीमर की blending नेनोकम्पोजिट के फॉर्मेशन को मार्ग प्रदर्शन करती है।

साधारणत: दो idealized polymer layered silicate structure सम्भव हैं—intercalated तथा exfoliated। पारम्परिक intercalated तथा exfoliated अथवा delaminated नेनोकम्पोजिट का योजनात्मक प्रदर्शनं चित्र 12.23 में दिखाया गया है।

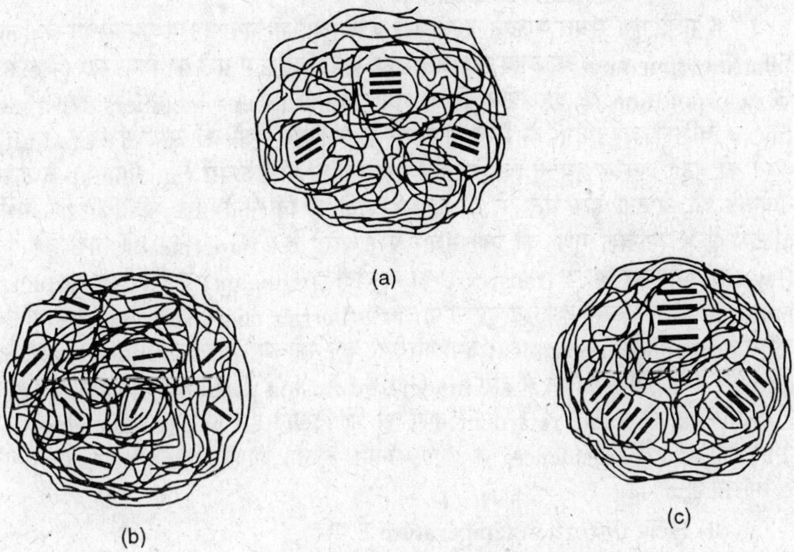

चित्र 12.23— (a) पारम्परिक माइक्रो कम्पोजिट (b) Intercalated तथा (c) Exfoliated नेनोकम्पोजिट का योजनात्मक चित्रण।

एक intercalated नेनोकम्पोजिट में क्ले संरचना के अन्दर पॉलीमर का समावेश (insertion)—crystallographically नियमित फैशन में होता है तथा पॉलीमर की कुछ आणविक पर्तें (molecular layers) विशेष प्रकार से गैलरी रिजन को घेरती हैं। इसी के साथ, एक intercalated कम्पोजिट के गुण प्रायः उन ceramic host से एक-से प्रतीत होते हैं। इसके विपरीत, एक exfoliated नेनोकम्पोजिट में, विशेष 1 nm मोटी क्ले की पर्त सतत पॉलीमर मेटरिक्स में अदृश्य होती हैं तथा एक-दूसरे से औसत दूरियों (average distances) के द्वारा पृथक् करती है जो क्ले loading पर निर्भर करती है। अतः एक exfoliated नेनोकम्पोजिट उन प्रारम्भिक पॉलीमर से सम्बन्धित गुणों के साथ एक monolithic संरचना रखता है।

12.27. नेनोकम्पोजिट्स के लाभ (Advantages of Nanocomposites)

नेनोकम्पोजिटों के निम्न लाभ हैं—

1. सुधरे हुए यान्त्रिक गुण
2. कम ऊष्मीय प्रसार गुणांक

3. निम्नतर अवशेष प्रतिबल (residual stress)
4. घटी हुई गैस प्रवेशनीयता (gas permeability)
5. बढ़ी हुई सालवेन्ट प्रतिरोध (solvent resistance)
6. फ्लेम बाधा (flame retardancy)

ये सभी गुण सुधार माइक्रो कम्पोजिटों जहाँ गुणों में निःसन्देह मध्यम सुधार के लिए filler incorporation का उच्च स्तर आवश्यक है के विरोध में क्ले का निम्न स्तर (<5%) के incorporation के द्वारा प्राप्त किया गया था। Rubbery modifiers तथा rigid fillers विभिन्न अनुप्रयोगों के लिए पॉलीमरों के यान्त्रिक गुणों को समायोजित (adjust) करने को बहुत अक्सर प्रयुक्त किए जाते हैं। पारम्परिक मॉडीफायर्स (modifiers) के ऊपर नेनोक्ले की श्रेष्ठता इस सत्य में अधोशायी होती है कि नेनो क्ले मॉडीफिकेशन सभी दृष्टिकोणों में यान्त्रिक गुणों का एक सुधार पेश करती है। Impermeable क्ले की पर्तें (layers) नेनोकम्पोजिट के transverse को अनुवेदी (permeant) के लिए एक tortuous pathway आदेश करती है। बढ़े हुए सीमा लक्षण (barrier characteristics), रासायनिक प्रतिरोध (chemical resistance) तथा पॉलीमर क्ले नेनोकम्पोजिट का reduced solvent uptake सभी नेनोकम्पोजिट के द्वारा hindered diffusion pathways से लाभान्वित होते हैं। नेनोकम्पोजिट flame retardent गुणों को भी दिखाते हैं। दहन (combustion) को नेनोकम्पोजिटों के resilience के लिए निम्न मुख्य साक्ष्य (key evidence) में सम्मिलित हैं—

(a) Heat distortion temperature में वृद्धि
(b) Peak heat release temperature में वृद्धि
(c) Char structure में बदलाव
(d) Char permeability में कमी
(e) Mass loss की दर में कमी
(f) Self extinguish के प्रति झुकाव

12.28. नेनोकम्पोजिट के अनुप्रयोग (Application of Nanocomposite)

नेनोकम्पोजिट्स निम्न उद्योगों में प्रबल अनुप्रयोग रखते हैं—
1. ऑटोमोटिव (Automotive)
2. पेकेजिंग (Packaging)
3. एयरोस्पेस (Aerospace)
4. इलैक्ट्रॉनिक्स (Electronics)

नेनोकम्पोजिटों के एकमेव यान्त्रिक (mechanical) तथा सीमा (barrier) गुण संरचनीय तथा पेकेजिंग अनुप्रयोगों में अपने प्रबल अनुप्रयोगों को उचित ठहराते हैं। बहुत पतली नेनोकम्पोजिट फिल्मों को ऑक्सीजन तथा नमी को उनकी सहवर्ती (inherant) बहुत कम permeability के कारण लम्बे भण्डारण के लिए तरकारी एवं फलों के लिए wrapping materials के रूप में प्रयोग किया जा सकता है।

Conducting पॉलीमर आधारित नेनोकम्पोजिट तथा द्रव क्रिस्टेलाइन, पॉलीमर आधारित नेनोकम्पोजिट्स इलेक्टॉनिक अनुप्रयोगों के लिए सुदृढ़ आशा दिखाते हैं। Conductive आधारित नेनोकम्पोजिट्स, अनुप्रयोगों में, जिनमें modificed electrodes, biosensor, solid state batteries, smart windows तथा अन्य इलेक्ट्रोकेमिकल युक्तियाँ (devices) सम्मिलित हैं, दिलचस्पी आकर्षित करते हुए, असामान्य इलेक्ट्रोकेमिकल व्यवहार प्रस्तुत करते हैं। Polypyrole (Ppy)-clay नेनोकम्पोजिट, रासायनिक रूप से synthesized Ppy की तुलना में लगभग 1 V अधिक ऋणात्मक (negative) redox chemistry प्रदर्शित करते हैं। यद्यपि पदार्थों की capacitances समान (similar) है, charge discharge plateau भी लगभग 1 V हटा हुआ है। ये निरीक्षण (observation) Ppy cationic form को स्थिर करते हुए, amionic clay layers के साथ पॉलीमर के निकट अन्तर्क्रिया (close interaction) को सम्बन्धित हो सकती थीं।

12.29. नेनोकम्पोजिट सिनथेसिस की विधियाँ (Methods of Nanocomposite Synthesis)

टोयटा (जापान) के खोजकर्त्ताओं के द्वारा nylon 6/clay नेनोकम्पोजिट पर इस अग्रणी कार्य का अनुकरण करते हुए, poly (methyl methacrylate), polystyrene, polypropylene, epoxy, polyurethanes इत्यादि जैसे अनेक पॉलीमर मेटरिसिस प्रयोग करते हुए नेनोकम्पोजिट को विकसित करने के प्रयास किए जा रहे हैं। विभिन्न खोजकर्त्ताओं के द्वारा नेनोकम्पोजिट के synthesizing के लिए प्रक्रम (process) को चार वर्गों में बाँटा जा सकता है—

1. Monomer intercalation
2. Covulcanization
3. Common solvent
4. Polymer melt blending

In-situ reaction की स्थिति में साधारणतः क्ले गैलरी में onium आयन के साथ catalyst moiety को प्रवेश कराया जाता है। यह intra gallery reaction को त्वरित (accelerate) करता है, जिसके परिणामस्वरूप गैलरी के अन्दर पॉलीमर तेज दर पर बनता है तथा अधिक से अधिक monomer गैलरी में diffuse होता है तथा exfoliated morphology के बनने को अग्रसर होते हुए clay platelets को एक ओर धक्का देता है। Epoxy, polyurethane इत्यादि जैसे नेनोकम्पोजिट आधारित थर्मोसेटिंग रेजिन in-situ पॉलीमेराइजेशन विधि द्वारा बनाए जाते हैं तथा नेनोकम्पोजिट की परिणामित मोरफोलॉजी विभिन्न कारकों (factors) पर निर्भर करती है जैसे, layered silicate charge density, the nature of interlayer exchanged ion, cure condition, nature of resin, curing agent तथा उनके संगठन (composition)। उच्च processing, तापमान ने intercalation/exfoliation के सुधारने को मार्ग प्रदर्शन किया। हाँलाकि, चूँकि तापमान प्रोसेसिंग की window, side reaction, thermal degradation के द्वारा सीमित है, अकेले cure temperature की विभिन्नता fully dispersed true नेनोकम्पोजिट को बनाने को पर्याप्त नहीं हो सकती है।

रबर आधारित नेनोकम्पोजिट्स covalcanization विधि द्वारा बनाए जाते हैं तथा पॉलीइमाइड (polyimide) आधारित नेनोकम्पोजिट्स dimethyl acetamide (DMAC) जैसे सामान्य सोलवेन्ट (solvent) के प्रयोग द्वारा बनाए जाते हैं।

12.30. नेनोकम्पोजिटों की तैयारी (Preparation of Nanocomposites)

सभी केमिकल्स को सेम्पल तैयारी के पूर्व निर्वात (vacuum) के अधीन 60°C पर सुखाया गया। कार्बनिक रूप से संशोधित क्ले को Kunkel stirrer का प्रयोग करते हुए 80°C पर DGEBA रेजिन में disperse किया गया। 45 मिनट के लिए stirring करने के बाद, curing agent की stoichiometric मात्रा डाली गई तथा निर्वात के अधीन 100°C पर दूसरे 30-40 मिनट के लिए मिश्रित की गई। मिश्रण को तब 10 मिनट के लिए sonicate किया गया तथा मोल्ड में डाला गया। ग्लासी इपोक्सी के लिए curing को, 100°C पर 2 घण्टे के लिए, 130°C पर 1 घण्टे के लिए तथा 200°C पर 2 घण्टे के लिए curing की गई। रबर इपोक्सी (rubber epoxy) के लिए 80°C पर 4 घण्टे तथा 160°C पर 2 घण्टे curing की गई।

नेनोकम्पोजिट की synthesis को सुनिश्चित करने को XRD विश्लेषण के द्वारा नेनोकम्पोजिटों को characterise किया गया।

12.31. नेनोकम्पोजिटों के गुण (Properties of Nanocomposites)

नेनोकम्पोजिट पारम्परिक कम्पोजिटों की तुलना में अधिक भिन्न गुण पेश करते हैं। सबसे महत्त्वपूर्ण बढ़ी हुई यान्त्रिक सामर्थ्य (mechanical strength), ऑप्टिकल पारदर्शिता (optical transparency), सुधरी हुई ऊष्मीय स्थिरता (improved thermal stability), सुधरे हुए बेरियर गुण (improved barrier properties), सुधरी हुई लचीलापन (improved flexibility), आधुनिक विद्युत गुण (novel electrical properties) इत्यादि हैं।

यान्त्रिक गुण (Mechanical properties)—Novak et al, ने रिपोर्ट किया कि पॉलीमर मेटरिक्स को नेनो कणों (nano particles) की वृद्धि के साथ कठोरता (hardness) तथा खरोंच प्रतिरोध (scratch resistance) में वृद्धि विद्यमान होती है। Kojima et al, ने रिपोर्ट किया कि नेनो स्केल पर Nylon-6 में कम से कम 2 vol% सिलिकेट intercalating करने पर तनन सामर्थ्य तथा modulus of hybrid, शुद्ध पॉलीमर (virgin polymer) की तुलना में दुगने से अधिक सुधर गए थे। Kojima et al ने दिखाया कि कार्बनिक क्ले का केवल 10 phr, कार्बन ब्लेक (carbon black) के 40 phr के साथ भारित (loaded) यौगिक की तुलना में तनन सामर्थ्य (tensile strength) प्राप्त करने को आवश्यक था। यह दिखाया गया कि भंजन (break) पर tensile strength तथा elongation, filler loading तथा compatibilization पर निर्भर करते हुए, सुधर गए

थे। Exfoliated polymer/silicate सिस्टम्स, पारम्परिक रूप से filled सिस्टम की तुलना में बहतर यान्त्रिक गुणों (superior mechanical properties) को प्रदर्शित करते पाए गए हैं। Strawhecker et al. ने PVA/Na^+ montmorillonite नेनोकम्पोजिटों के यान्त्रिक गुणों का अध्ययन किया। इन नेनोकम्पोजिटों के यान्त्रिक/तनन गुणों का low silicate loadings के लिए अध्ययन किया गया तथा neat PVA के स्थिति की तुलना में यंग मापांक (Young's modulus) 5 wt% सिलिकेट के लिए 300% के द्वारा toughness में केवल 20% की कमी के साथ तथा भंजन (break) पर प्रतिबल के बलिदान के बिना, वृद्धि होना पाया गया। साथ में, इन low loadings के लिए, TGA measurements से ऊष्मीय स्थिरता, थोड़ी-सी बढ़ी हुई दिखाई गई तथा उच्च ऑप्टीकल शुद्धता (optical purity) बनाये रखी गई। Ganter et al. ने organophilic-layered सिलिकेट्स के द्वारा BR एवं SBR Vulcanizates reinforced प्रयोग करते हुए रबर नेनोकम्पोजिटों के यान्त्रिक गुणों का अध्ययन किया। यह दिखाया गया कि coupling agent की अनुपस्थिति में layered सिलिकेट्स रखने वाले यौगिक unfilled vulcanizates के सन्दर्भ में भंजन (break) पर बढ़ी हुई तनन सामर्थ्य तथा विकृति (strain) दिखाते हैं। जब सिलिका यौगिकों से तुलना की गई है, तो SBR तथा BR vulcanizates दोनों ने यान्त्रिक गुणों में अच्छी वृद्धि दिखाई। परन्तु जब TSEPT के द्वारा मेटरिक्स सिलिका को रासायनिक रूप से bonded किया जाता है, तनन सामर्थ्य स्थिर रहती है, परन्तु भंजन पर विकृति कम होती है। ऐसा ही प्रभाव anisotropic layered सिलिकेट के लिए देखा जाता है। इस सत्य के कारण है कि elastomer matrix की reactive coupling सतह पर quaternary अमोनियम साल्ट्स रखते हुए सिलिकेट पर्तों की सतह पर भी प्रभावी है। Hysteresis अध्ययनों से, सिलिका vulcanizates के सापेक्ष 20% से 50% के द्वारा सुधरा हुआ प्रबलन (improved reinforcement) BR तथा SBR organoclay compounds के लिए देखा जाता है। रबर मेटरिक्स (rubber matrix) के केमिकल बाण्डिग ने संगत सिलिका सिस्टम के सापेक्ष 50% से 90% के द्वारा reinforcing effect में आगे वृद्धि को मार्ग प्रदर्शित किया।

बेरियर गुण (Barrier properties)—पॉलीमर मेटरिक्स के एक सिरे से दूसरे तक अल्ट्रा थिन अकार्बनिक पर्तों (thin inorganic layers) के dispersion के साथ नेनोकम्पोजिटों के बेरियर गुण सम्बन्धित पॉलीमर की तुलना में मजबूती से बढ़ने को आशा किए जाते हैं। PVA/Na^+ Montmorillonite नेनोकम्पोजिटों में, water vapour transmission rates शुद्ध पॉलीमर तथा अनेक इसके निम्न MMT नेनोकम्पोजिटों के लिए मापी गई। केवल 4-6 wt% की सिलिकेट लोडिंग के लिए pure water vapour transmission values लगभग 40% को permeabilities कम हुई। यह कमी penetrant molecules के increased path tortuosity को तथा पॉलीमर मेटरिक्स के बढ़े हुए modulus को दोषारोपित की जाती हैं।

रिहोलॉजीकल गुण (Rheological properties)—In-situ पॉलीमेराइज्ड नेनोकम्पोजिटों के गुण का end-tethered पॉलीमर चेनों के साथ, सर्वप्रथम

Giannelis et. al के द्वारा वर्णन किया गया। उन्होंने पाया कि poly (E-caprolactone) तथा polyamide-6 नेनोकम्पोजिट का flow behavior, neat matrices से अन्तिम रूप से भिन्न था, जबकि संमिश्रों (composites) के thermorheological गुण (Arrhenius activation energy of flow) मेटरिक्स के उस व्यवहार के द्वारा पूर्णरूप से ज्ञात किये गए। हालांकि, in-situ polymerization technique पर आधारित ऐसे नेनोकम्पोजिट पॉलीमर मेटरिक्स के fairy broad molar mass distribution को प्रदर्शित करते हैं, जो structure relevant information को छिपाते हैं तथा परिणामों के अनुवाद में रुकावट डालते हैं। Vansant et al. ने स्थापित किया कि organoclays का interlayer distance, alkyl अमोनियम केशन (cautions), जो organoclays का विशेष प्रकार का modifiers प्रदर्शित करता है, के substituents के रूप में प्रयुक्त alkyl groups की बढ़ती हुई chain length के साथ बढ़ता है। इससे पूर्व Okada ने निरीक्षण किया कि (जिसने modifiers के रूप में ω-aminoacids प्रयोग किया); interlayer distance 0·95 mm से 2 mm तक बढ़ सकता है जब ऐसे छोटे आणुविक भार मॉडीफायर्स प्रयोग किए जाएँ। लेकिन संमिश्रों (composites) की मॉरफोलॉजी तथा viscoelasticity के बीच परिमाणात्मक correlations को स्थापित किया जा सकता है। Dietrich et al. ने पॉलीस्ट्रिरिन/आर्गेनो क्ले नेनोकम्पोजिटों के rheological behaviour तथा मारफोलॉजी डेवलपमेन्ट के बीच correlations स्थापित करने के क्रम में सतत मेटरिक्स (continuous matrix) के रूप में तथा आर्गेनो क्ले के अमोनियम फंगशनल मॉडिफायर के रूप में narrow molecular distributions के साथ पॉलीस्टिरिन (polystyrenes) प्रयोग करते हुए पॉलीस्टिरिन-क्ले नेनोकम्पोजिटों के rheological तथा यान्त्रिक गुणों का अध्ययन किया। चूँकि पॉलीस्टिरिन continuous phase तथा अमोनियम-टरमीनेटिड पॉलीस्टिरिन (ammonium-terminated polystyrene) सिलिकेट नेनोपार्टीकल सतह को जुड़ी, दोनों ने बहुत narrow molecular weight distributions प्रदर्शित किया, तो rheological गुणों का जाँचना (examine) सम्भव हुआ। केवल जब उच्च आणुविक भार पॉलीस्टिरीन disporsed सिलिकेट लेयर्स पर graft किया गया, तो rheological जाँच ने in-situ बने सिलिकेट नेनोपार्टीकल्स की एसेम्बली से होकर नेटवर्क्स का फॉर्मेशन प्रकट किया।

फ्लेम रिटार्डेन्सी (Flame retardancy)—पॉलीमर्स के लिए condensed flame retardants के क्षेत्र में खोज (research) प्रायः विद्यमान टेक्नालॉजीयों पर बनती हैं। वे मेटल हाइड्रोक्साइड्स (एल्यूमिना, मेगनिसियम हाइड्रोक्साइड) अथवा फॉस्फोरस आधारित पदार्थ हैं। हालांकि, ये पदार्थ, flammability resistance में सुधार करते समय, यान्त्रिक गुणों को कमजोर करने को प्रवत्त होते हैं।

कुछ समय के लिए इस क्षेत्र में कोई नई major flame retardant टेक्नालॉजी दृष्टिगोचर नहीं हुई है। पॉलीमर-क्ले नेनोकम्पोजिटों ने प्राथमिक रूप से सुधरे हुए यान्त्रिक तथा ऊष्मीय गुणों के कारण बड़ी दिलचस्पी पैदा की है। उन्होंने अच्छे यान्त्रिक गुणों को अनुरक्षित करते समय flammability resistance को भी संशोधित किया है, जो विद्यमान condensed phase flame retardants के ऊपर मुख्य लाभ हैं। Morgan तथा उसके

सह-कार्मिकों ने इस दृष्टिकोण पर काफी कार्य किया। उन्होंने दिखाया कि पॉलीमर-क्ले नेनोकम्पोजिट्स ने विशालता से heat-release rates को कम किया है। उन्होंने पॉलीमरों का भी निरीक्षण किया है, जो सामान्यतः झुलसे नहीं अथवा जलने पर कोई कार्बनयुक्त अवशेष नहीं छोड़ते, क्ले की उपस्थिति में char उत्पन्न करते हैं। Morgon et al. ने पॉलीमर-क्ले नेनोकम्पोजिटों के दो प्रकार लेकर पॉलीमर नेनोकम्पोजिटों की flammability का अध्ययन किया।

Polycaprolactum (PA-6) तथा polyethelene-covinylacetate (EVA) से नेनोकम्पोजिटों को तैयार किया गया। साधारणतः flame retardants, flammability को सुधारते हैं परन्तु पॉलीमर यान्त्रिक गुणों को कम करते हैं। परन्तु इस अध्ययन से यह देखा गया है कि पॉलीमर-क्ले नेनोकम्पोजिट्स ने यान्त्रिक गुणों में सुधार के साथ पॉलीमरों की flammability को कम किया। Antonov ने दिखाया कि पॉलीमर सिस्टम में छोटे से छोटे 0·05% के रूप में नेनोमेटल कणों को मिलाने पर पॉलीमर की fire resistance को 23% तक बढ़ाया जा सकता है। इसने इलेक्ट्रॉनिक उत्पादों तथा fire retardancy के सुधार के लिए नवीन धातु पॉलीमर नेनोकम्पोजिट्स के अन्वेषण (exploration) को मार्ग प्रदर्शित किया। Fire retardancy की वृद्धि के प्रयोजन के साथ क्ले/पॉलीमर नेनोकम्पोजिट्स के विकास में सबसे महत्त्वपूर्ण कठिनाई यह है कि fire retardancy की वृद्धि के लिए सबसे दक्ष संरचना सर्वश्रेष्ठ यान्त्रिक गुणों में फलित न हो सकती हो। Layered सिलिकेट/पॉलीमर नेनोकम्पोजिट्स में fire retardancy की वृद्धि flammable volatile pyrolysis species के विकास (evolution) निषेध करने को torturous pass ways के फॉर्मेशन से होकर आवश्यक रूप से प्राप्त होती है। यह कम प्रभावी हो सकती है जब सिलिकेट पर्तें forturous passways के नष्ट होने के कारण को एक निश्चित दूरी पर एक ओर पृथक् होते हुए हों। Kim et al. ने ग्रेफाइट/पॉलीमर नेनोकम्पोजिटों को विकसित किया जिन्होंने बहतर fire retardancy दिखाई। Fire retardancy के मेकेनिज्म ग्रेफाइट/पॉलीमर सिस्टम में न केवल torturous passways के फॉर्मेशन से वरन aromatic sheets के द्वारा char formation के nucleation के catalytic प्रभाव से प्राप्त होते हैं। Gao तथा उसके समूह ने बहतर यान्त्रिक गुणों तथा fire retardancy के साथ non-black coloured graphite/पॉलीमर नेनोकम्पोजिटों के विकास पर फोकस किया। पॉलीमर-layered silicate (PLS) नेनोकम्पोजिट्स ने दहन (combustion), recycling तथा disposal of end products के पदों में पर्यावरणीय समस्याओं के सृजन के बिना प्रभावी flame retarlancy प्रदान करते हैं। यह environmental-friendly flame retarding polymers को उत्पन्न करने की अभी तक विकसित सबसे सफल एप्रोच है।

परावैद्युत गुण (Dielectric properties)—परावैद्युत स्पैक्ट्रोस्कोपी (DEA) पॉलीमर तथा कम्पोजिटों में relaxation phenomenon अध्ययन करने में एक शक्तिशाली टूल है। यह relaxation transitions की स्थिति (location) तथा activation energy, subunits involved के dipole moments, charge carriers की संकेन्द्रता

(concentration) तथा चंचलता (mobility) तथा इसी प्रकार के विषय में सूचना प्रदान करता है। पॉलीयूरेथेन नेनोसिलिका संमिश्र (polyurethane nanosilica composites) में परावैद्युत मापन ने दिखाया कि नानफिल्ड (nonfilled) तथा फिल्ड कम्पोजिट दोनों दो subrelaxations के बने एक overlapping transition को प्रदर्शित करते हैं जो केवल सबसे ऊँची आवृत्तियों (highest frequencies) पर विश्लेषित होती है—Wei et al. ने PT/PEK-C नेनोकम्पोजिट फिल्मों के परावैद्युत गुणों पर poling के प्रभाव का अध्ययन किया। घटकों के पराविद्युत स्थिरांकों के बीच अन्तर बहुत बड़ा है। प्लास्टिसाइजेशन (plasticization) पर, नेनोकम्पोजिट थिन फिल्मों के poling तापमान को ज्ञात करने के क्रम में, विचार किया जाना चाहिए। पॉलीमर की viscosity नीचे गिरने के अतिरिक्त तथा Pt ultrafine particles का संरेखन (alignment) उच्च तापमान पर सरल है। परन्तु PT/PEK-C कम्पोजिट थिन फिल्मों की चालकता तापमान के साथ तेजी से बढ़ती है, अर्थात् थिन फिल्में उच्च तापमान पर सरलता से भंजित होती हैं।

12.32. नेनोपदार्थों का भविष्य
(Future of Nanomaterials)

अब नेनोटेक्नालॉजी में क्रान्तिकारक खोजों की गति आगामी दशकों में सारी दुनिया में त्वरित होने की आशा की जाती है। यह लगभग सभी उद्योग सेक्टरों में, पदार्थों एवं ऊर्जा के संरक्षण में, बायोमेडिसिन तथा पर्यावरणीय सहने की योग्यता (environmental sustainability) में, विद्यमान तथा दृष्टिगोचर होने वाले टेक्नालाजियों पर गहरा आघात रखेगा। Potential technological अनुप्रयोग, उच्च व्यावसायिक (high commercial) के साथ सिरेमिकों के सुपरप्लास्टिक बनने, अल्ट्रा उच्च सामर्थ्य तथा टफ संरचनीय पदार्थों चुम्बकीय रेफ्रिजिरेटर्स, elastormers पर आधारित नेनोकणों से भरे नेनोकम्पोजिटों की व्यापक रेंज, थर्मोप्लास्टिक्स तथा थर्मोसेट्रस एवं तन्य सीमेन्टों के क्षेत्रों में आशा किए जा सकते हैं।

एक प्रश्न अक्सर यह पूछा जाता है; कि यह यौगिक (compounds) कितने व्यापक रूप से लम्बे समय में लागू हो सकता है। ज्ञान की इस अवस्था पर इसका एक निश्चित उत्तर देना असम्भव है। पॉलीमर नेनोकम्पोजिट्स enhancing classic इंजीनियरी गुणों एवं बेरियरों की तुलना में कहीं अधिक कर सकते हैं। Range finding कार्य, इलैक्ट्रिकल फिनोमिना, UV stabilization, fire retardancy तथा पॉलीमर क्रिस्टेलाइजेशन का नियन्त्रण में सुधार के लिए, साक्ष्य प्रदान करता है। यह दशाब्दि पहले नेनोकम्पोजिट टेक्नालॉजी बड़े potential के साथ एक कल्पना (concept) थी। आज यह एक वास्तविकता है तथा कल यह उन्नति करेगी।

12.33. शब्दावली (Glossary)

एडीशन पॉलीमेराइजेशन (Addition polymerization)—एक प्रक्रम जिसके द्वारा, एक सह-उत्पाद (by-product) सृजित किए बिना, मोनोमर्स (monomers) को एक साथ मिलाने (add) के द्वारा पॉलीमर chains बनाई जाती हैं।

एजिंग (Aging)—ऊष्मा के निम्न स्तरों (low levels of heat), ऑक्सीजन, बैक्टीरिया (bacteria) अथवा अल्ट्रावायलट किरणों के प्रगट करण (exposure) के फलस्वरूप पॉलीमर्स का मन्द ह्रास (degradation)।

ब्रांच्ड पॉलीमर (Branched polymer)—शृंखलाओं (chains) से बना कोई भी पॉलीमर। शृंखलाएँ मुख्य चेन तथा सेकेन्ड्री चेन की बनी होती हैं जो मुख्य चेन से अलग शाखा बनाती हैं।

कन्डेन्सेशन पॉलीमेराइज़ेशन (Condensation polymerization)—कन्डेन्सेशन पॉलीमेराइजेशन में, प्रारम्भिक मोनोमर्स एक समान (identical) नहीं होते परन्तु कुछ अणुओं के superfluous groups रखते हैं जिसे मुक्त होना चाहिए जब यूनिट को चेन के अन्त में जोड़ा जाता है। यह एक मेकेनिज्म है जिसमें एक छोटा अणु (जैसे पानी, मिथानोल इत्यादि) सह उत्पाद के रूप में कन्डेन्स होता है।

को-पॉलीमर (Co-polymer)—एक प्रकार के मोनोमर से अधिक के जुड़ने के द्वारा उत्पन्न एक addition polymer।

क्रेजिंग (Crazing)—एक पॉलीमर में स्थानीय प्लास्टिक डिफॉर्मेशन। क्रेज (craze) पदार्थ में cracks के फॉर्मेशन का मार्ग प्रदर्शन कर सकता है।

क्रॉस-लिंकिंग (Cross-linking)—पॉलीमर की चेनों को एक त्रिविमीय नेटवर्क पॉलीमर (three-dimensional network polymer) पैदा करने को एक साथ जोड़ना।

डिफ्लेक्शन तापमान (Deflection temperature)—तापमान जिस पर एक पॉलीमर एक दिए मानक भार के अधीन डिफार्म करेगा।

डिग्रेडेशन तापमान (Degradation temperature)—तापमान जिसके ऊपर एक पॉलीमर जलता (burn), झुलसता (chars) अथवा नष्ट (decompose) होता है।

पॉलीमेराइजेशन की डिग्री (Degree of polymerization)—मोनोमर के आणुविक भार (molecular weight) के द्वारा भाग किया गया पॉलीमर का औसत molecular भार।

डीने (Diene)—मोनोमर्स का समूह जो दो double-covalent bonds रखते हैं। ये मोनोमर्स प्रायः elastomers के उत्पन्न करने में प्रयोग किए जाते हैं।

इलास्टोमर्स (Elastomers)—ये पॉलीमर्स (थर्मोप्लास्टिक्स अथवा lightly cross-linked thermosets) हैं जो 20% से अधिक elastic deformation रखते हैं।

ग्लास तापमान (Glass temperature)—तापमान रेंज जिसके नीचे amorphous पॉलीमर एक दृढ़ ग्लासी संरचना मानी जाती है।

लीनियर पॉलीमर (Linear polymer)—कोई पॉलीमर जिसमें अणु spaghetti जैसी चेन के रूप में होते हैं।

मर (Mer)—परमाणुओं तथा अणुओं का एक यूनिट समूह जो एक पॉलीमर के लिए लाक्षणिक व्यवस्था (characterstic arrangement) परिभाषित करता है। पॉलीमर को अनेक mers अथवा units को संयुक्त करने के द्वारा बना पदार्थ के रूप में सोचा जा सकता है।

मोनोमर (Monomer)—अणु जिससे एक पॉलीमर उत्पन्न किया जाता है।

नेनोकम्पाजिट (Nanocomposite)—जब phase mixing नेनोमीटर लम्बाई स्केल पर होती है तब नेनोकम्पोजिट बनते हैं।

ओलीगोमर (Oligomer)—ये low molecular weight अणु हैं। ये दो (dimers) अथवा तीन (trimers) mers रख सकते हैं।

पॉलीमर (Polymer)—पॉलीमर्स विशाल (अथवा macromolecular) चेन जैसे अणुओं जो रासायनिक बाण्डों के द्वारा कई mers अथवा units के जुड़ने के द्वारा बने 10,000 से 1,000,000 g/mol से अधिक औसत आणुविक भार रखते हैं, से बने पदार्थ हैं। पॉलीमर्स प्रायः लेकिन सदैव नहीं, कार्बन आधारित होते हैं।

रिपीट यूनिट (Repeat unit)—यह repeating संरचनीय इकाई है जिससे एक पॉलीमर बनता है इसे mer भी कहते हैं।

टेक्टिसिटी (Tacticity)—यह असंमीतिय (unsymmetrical) मोनोमर्स में परमाणुओं की पॉलीमर चेन अथवा परमाणु समूहों में location का वर्णन करती है।

थर्मोप्लास्टिक इलास्टोमर्स (Thermoplastic elastormer)—ये पॉलीमर्स हैं जो उच्च तापमानों पर थर्मोप्लास्टिक्स के रूप में परन्तु निम्न तापमानों पर इलास्टोमर्स के रूप में व्यवहार करते हैं।

थर्मोप्लास्टिक्स (Thermoplastics)—ये linear अथवा branched पॉलीमर्स है जिनमें अणुओं की चेन एक-दूसरे से अन्तर्सयोजित होती हैं।

थर्मोसेटिंग पॉलीमर्स (Thermosetting polymers)—वे पॉलीमर्स जो एक मजबूत त्रिविमीय नेटवर्क संरचना पैदा करने को heavily cross-linked होते हैं।

वुल्केनाइजेशन (Vulcanization)—सल्फर अथवा अन्य केमिकल्स के प्रस्तुत द्वारा क्रॉस लिकिंग इलास्टोमर चेन (cross-linking elastomer chains)।

अभ्यासमाला (Exercise)

1. (a) डिग्री ऑफ पॉलीमेराइजेशन (DP) तथा Number average molecular weight of polymer पदों को समझाइए।
   (b) पॉलीमर्स में strengthening mechanism की विवेचना कीजिए।
2. पॉलीमर्स तथा एलास्टोमर्स में अन्तर स्पष्ट कीजिए। **[AMIE, Summer 1992]**
3. पॉलीमर्स में crystallinity किन कारणों से बढ़ती है?
4. थर्मोसेटिंग तथा थर्मोप्लास्टिक पॉलीमर्स में अन्तर स्पष्ट कीजिए। **[AMIE, Winter 1992, 95]**
5. (a) पॉलीमर्स की दो broad classification क्या है? वह परस्पर किस प्रकार भिन्न है?
   (b) इथाइलीन ($CH_2 = CH_2$) मोनोमर से addition पॉलीमेराइजेशन की क्रिया द्वारा पॉलीइथाइलीन पॉलीमर बनाने की क्रिया का वर्णन कीजिए। **[AMIE, Summer 1993]**

6. पॉलीमेराइजेशन से आप क्या समझते हैं? Addition तथा Condensation पॉलीमेराइजेशन में विभेद कीजिए। [AMIE, Summer, Winter 1993, 94, 97, 2005]

7. पॉलीमेरिक पदार्थों के सामान्य गुण क्या हैं? लेमिनेटिंग प्लास्टिक्स क्या है? [AMIE, 1994]

8. Addition पॉलीमेराइजेशन के लिए मोनोमर में क्या गुण (feature) होने आवश्यक हैं? क्या ये condensation पॉलीमेराइजेशन के लिए भी आवश्यक हैं?

9. थर्मोप्लास्टिक तथा थर्मोसेटिंग पॉलीमर्स के मध्य निम्न के सन्दर्भ में अन्तर बताइए—
(i) Applied stress (ii) Increased temperature (iii) Atomic structure
[AMIE, 1995]

10. पॉलीमेराइजेशन की परिभाषा दीजिए। विभिन्न प्रकार के पॉलीमर्स का उदाहरण एवं अनुप्रयोग (applications) के साथ वर्णन कीजिए। [AMIE, Winter 1996]

11. Addition तथा condensation पॉलीमेराइजेशन के मध्य विभेद कीजिए तथा बताइए कि उनमें से किसे polyethylene तथा polycarbonates के प्रोसेसिंग के लिए लागू किया जाता है। [AMIE, Winter 2005]

12. (a) पॉलीमेराइजेशन क्या है? उपयुक्त उदाहरण की सहायता से addition पॉलीमेराइजेशन तथा condensation पॉलीमेराइजेशन के प्रोसेस की तुलना कीजिए।
(b) सामान्य रूप से प्रयुक्त होने वाले दो पॉलीमर्स के नाम बताइए तथा उनके अनुप्रयोग बताइए।
(c) फाइबर ग्लास प्रबलित संमिश्र (fibre glass reinforced composites) क्यों व्यापक रूप से प्रयोग किए जाते हैं? [AMIE, Summer, 2006]

13. Composite materials पद के अर्थ को स्पष्ट कीजिए।

14. संपुजित पदार्थों (agglomerated materials) तथा लेमीनेट्स (laminates) के बीच विभेद कीजिए तथा प्रत्येक के उदाहरण दीजिए।

15. निम्न पर टिप्पणी लिखिए—
(i) सिरेमेट (cermet)
(ii) फाइबर-प्रबलित (fibre-reinforced) पदार्थ
(iii) टेफनाल (tefnol) तथा
(iv) प्लाईवुड (plywood)

16. (i) उनके विशेष प्रकार के एक प्रयोग के साथ, Teflon तथा ABS पॉलीमर्स के वैज्ञानिक नाम लिखिए।
(ii) Chain polymerisation reaction को स्पष्ट कीजिए। डिग्री ऑफ पॉलीमेराइजेशन क्या है? यदि विशिष्ट प्रकार के polyethylene का molecular mass 140;000 g/mol है तो इसकी degree of polymerisation क्या है?
[AMIE, Summer 2005]

17. नेनोकम्पोजिट पदार्थों के द्वारा आप क्या समझते हैं ? स्पष्ट कीजिए ।

18. नेनोकम्पोजिट्स फॉर्मेशन का सिद्धान्त क्या है ? इसके क्या लाभ हैं ?

19. नेनोकम्पोजिट के अनुप्रयोग से आप क्या समझते हैं ?

20. नेनोकम्पोजिटों की तैयारी पर संक्षिप्त टिप्पणी लिखिये ।

21. नेनोकम्पोजिटों के विभिन्न प्रकार के गुणों को स्पष्ट कीजिए ।

22. टिप्पणी लिखिए—

(i) संपुजित (agglomerated) पदार्थ, (ii) Sintered products

(iii) Whiskers (iv) लेमीनेट्स (laminates)

13

पदार्थों के इलेक्ट्रॉनिक गुण
(Electronic Properties of Materials)

13.1. परिचय
(Introduction)

इलेक्ट्रॉनिक्स के क्षेत्र में नवीनतम विकास (recent development) ने पदार्थों के प्रयोगों को समझने की वृद्धि (growth of understanding) को त्वरित किया है। तथा पदार्थों के इलैक्ट्रिकल तथा मैग्नेटिक व्यवहार के अध्ययन ने उनके विविध अनुप्रयोगों का मार्ग प्रदर्शित किया है। इलैक्ट्रिकल अथवा इलेक्ट्रॉनिक पदार्थ, कन्डक्टर पदार्थ (Conductor materials), इन्सुलेटिंग पदार्थ, ट्राँसफॉर्मर कोर के लिए आयरन्स (irons), ट्रांजिस्टर्स तथा फेराइट्स (ferrites) आदि के रूप में प्रयुक्त होते हैं।

मेगनेटिक पदार्थ (magnetic materials) ऐसी वस्तुओं को चलाने में प्रयोग किये जाते हैं जैसे, विद्युत मोटर्स, जेनरेटर्स तथा ट्रांसफॉमर्स इत्यादि। डाटा स्टोरेज टेकनालॉजी (कम्प्यूटर हार्ड डिस्क, कम्प्यूटर डिस्क, विडियो तथा ओडियो कैसेट्स) अधिकतर मेगनेटिक कणों (magnetic particles) पर आधारित है। मेगनेटिक पदार्थ लाउडस्पीकर्स, टेलीफोन्स, सीडी प्लेयर, टेलीविजन तथा विडियो रिकार्डर आदि में भी प्रयोग किये जाते हैं।

चुम्बकीय व्यवहार (magnetic behaviour) प्राथमिक रूप से पदार्थ की इलेक्ट्रॉनिक संरचना जो magnetic dipoles प्रदान करती है, के द्वारा ज्ञात किया जाता है। इन डाईपोल्स (dipoles) के बीच अन्तर्क्रिया (interactions) magnetic behaviour जो देखा जाता है के प्रकार को ज्ञात करती है। चुम्बकीय व्यवहार को संगठन (Composition), माइक्रोसंरचना (microstructure) तथा बेसिक पदार्थों की प्रोसेसिंग के द्वारा नियन्त्रित किया जा सकता है। इस अध्याय में चुम्बकीय क्षेत्रों की उपस्थिति को निश्चित पदार्थों के प्रत्युत्तर (response) के लिए मौलिक आधार पर अध्ययन करेंगे। हम चुम्बकीय पदार्थों की भिन्न प्रकार के गुणों तथा अनुप्रयोगों की भी परीक्षा करेंगे।

13.2. चुम्बकीयता (Magnetism)

जब एक तार के क्वाइल (coil) से होकर विद्युत धारा प्रवाहित की जाती है तो एक चुम्बकीय क्षेत्र (magnetic field) तार के चारों ओर उत्पन्न हो जाता है जो coil के अन्दर संकेन्द्रित रहता है। देखिये चित्र 13.1। चुम्बकीय क्षेत्र की सामर्थ्य तीव्रता (Strength intensity) H निम्न प्रकार प्रगट की जाती है—

$$H = \frac{4\pi nI}{10}$$

जहाँ I विद्युत धारा तथा n घुमावों (turns) की संख्या है। H को चुम्बकीय बल (magnetic force) कहते हैं। Line of force/sqm को flux density के रूप में पुकारा जाता है तथा B द्वारा प्रगट किया जाता है।

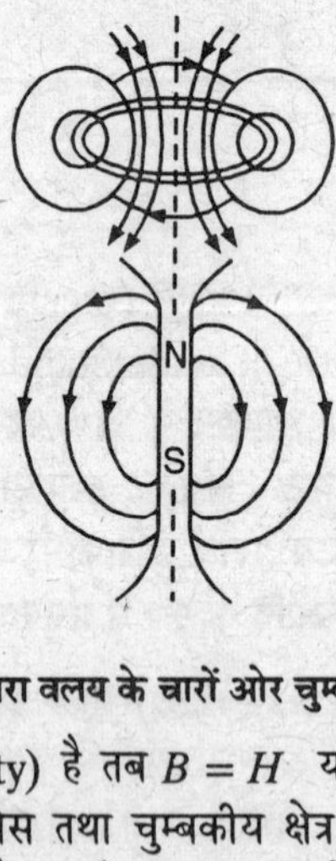

चित्र 13.1—धारा वलय के चारों ओर चुम्बकीय क्षेत्र वितरण।

यदि coil रिक्त (empty) है तब $B = H$ यदि ठोस पदार्थ को coil के अन्तर्गत रखा जाता है तो $B \neq H$ (ठोस तथा चुम्बकीय क्षेत्र के मध्य interaction के कारण)। चुम्बकीयता के दो poles होते हैं अर्थात् यह स्वभाव में dipolar है। दो poles पारम्परिक रूप से उत्तरी (north) तथा दक्षिणी (south) के रूप में जाने जाते हैं। चुम्बकीय 'dipole strength, pole strength (p) तथा poles के मध्य दूरी (d) का गुणनफल (pd) होता है। गुणनफल (pd) को magnetic moment के रूप में भी जाना जाता है। चुम्बक के दो poles को पृथक् नहीं किया जा सकता है। चित्र 13.1 में एक चुम्बक छड़ (bar magnet) को north तथा south poles के साथ भी दिखाया गया है। यही यह चुम्बक दो खण्डों में विभक्त की जाती है, तो अवशेष प्रत्येक दोनों खण्ड दो poles रखेंगे।

13.3. पदार्थों के चुम्बकीय गुण (Magnetic Properties of Materials)

(i) चुम्बकशीलता (Permeability)—चुम्बकीय पदार्थ का वह गुण जिसके कारण उसे चुम्बकीय क्षेत्र (H) में रखने पर वह चुम्बकित हो जाता है, permeability कहलाता है। यदि चुम्बकीय पदार्थ को किसी चुम्बकीय क्षेत्र H में रखने पर किसी बिन्दु पर चुम्बकीय प्रेरण (magnetic induction) का मान 'B' है तब,

$$B \propto H$$

या

$$B = \mu H$$

यहाँ μ एक स्थिरांक है जिसे permeability कहते हैं। पदार्थ की permeability पर तापमान, एलॉयिंग तत्त्वों (alloying elements) तथा हीट ट्रीटमैन्ट का प्रभाव होता है।

(ii) Retentivity : किसी चुम्बकित किये गये (magnetised) चुम्बकीय पदार्थ से magnetising force हटाने पर उसमें अवशेष चुम्बकत्व (residual magnetism), पदार्थ की retentivity कहलाती है। इसका मात्रक wb/m^2 है।

चुम्बकीय पदार्थों की rententivity अलग-अलग होती है तथा यह पदार्थ की प्रकृति पर निर्भर करती है। पदार्थ की ageing के साथ उसकी retentivity तथा चुम्बकीय गुणों में कमी (deterioration) होती है।

(iii) Coercive force : पदार्थ के चुम्बकन को पूर्णतया समाप्त करने के लिए आवश्यक demagnetising force, 'coercive force' कहलाती है। इसका मान पदार्थ की प्रकृति, अशुद्धियों, (alloying elements), तापक्रम तथा grain direction पर निर्भर करता है।

(iv) परम तथा सापेक्ष चुम्बकीयशीलता (Absolute Permeability 'μ' and Relative Permeability) :

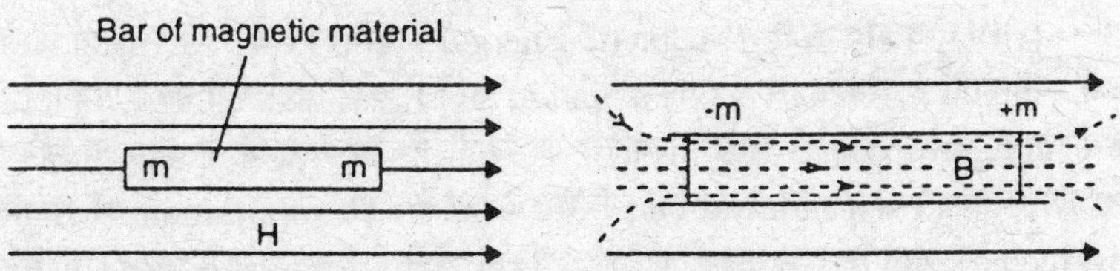

चित्र 13.2—चुम्बकीय क्षेत्र में चुम्बकीय पदार्थ।

यदि चुम्बकीय पदार्थ से निर्मित किसी छड़ को H newton/wb के क्षेत्र (field) में रखने पर उसमें उत्पन्न फ्लक्स घनत्व का मान B webers/m^2 हो तब पदार्थ की absolute permeability

$$\mu = B/H \text{ newtons/metre}$$

या
$$B = \mu H = \mu_0 \mu_r H \text{ wb/m}^2 \quad ...(1)$$

यदि क्षेत्र 'H' वायु (or vacuum) में स्थापित किया गया हो तब फ्लक्स घनत्व का मान

$$B_0 = \mu_0 H \quad ...(2)$$

समीकरण (1) तथा (2) से

$$\mu_r = \frac{B}{B_0} = \frac{B \text{ (material)}}{B_0 \text{ (vacuum)}}$$

(v) चुम्बकन तीव्रता (Intensity of Magnetisation) : चुम्बकन तीव्रता (I) चुम्बकीय पदार्थ में pole strength per unit area द्वारा प्रदर्शित की जाती है। यह चुम्बकीय पदार्थ में चुम्बकीय आघूर्ण प्रति घन मीटर (magnetic moment/volume) द्वारा प्रदर्शित की जाती है।

$$\therefore \quad I = \frac{m}{A} \text{ wb/m}^2 = \frac{ml}{Al} = \frac{M}{V}$$

किसी पदार्थ में Intensity of magnetisation, अपने स्वयं के कारण उसमें प्रेरित चुम्बकत्व के कारण फ्लक्स घनत्व होता है।

(vi) Susceptibility (K) : चुम्बकीय पदार्थ में चुम्बकन magnetisation तथा चुम्बकन बल (magnetising force) के अनुपात को उसकी Susceptibility कहा जाता है।

$$K = \frac{I}{H} \text{ henery/metre.}$$

फैरोमेगनेटिक तथा पैरामेगनेटिक पदार्थों की susceptibity (K) धनात्मक तथा डायमेगनेटिक पदार्थों की ऋणात्मक होती है। फैरामेगनेटिक पदार्थों (उदाहरणतः आयरन, निकिल, कोबाल्ट, निकिल आयरन एवं कोबाल्ट-आयरन मिश्र धातुएं) की relative permeability (μ_r) 1 से बहुत अधिक तथा पैरामेगनेटिक पदार्थों (एल्यूमीनियम इत्यादि) की μ_r इकाई से कुछ अधिक होती है। डायमेगनेटिक पदार्थों (उदाहरणतः बिस्मथ) की μ_r का मान 1 से कम ($\mu_r < 1$) होता है।

(vii) चुम्बकीय ऊर्जा (Magnetic Energy) : चुम्बकीय क्षेत्र को स्थापित करने में ऊर्जा व्यय होती है, यद्यपि इस क्षेत्र को maintain करने में कोई कार्य नहीं करना पड़ता। जब किसी inductive coil में धारा परिवर्तित की जाती है तब धारा में प्रत्येक परिवर्तन का क्वायल में उत्पन्न self induced emf विरोध करता है। इस opposition को सन्तुलित (overcome) करने के लिए ऊर्जा की आवश्यकता होती है। क्वॉयल के चुम्बकीय क्षेत्र में यह energy स्टोर हो जाती है तथा field collapse होने पर पुनः प्राप्त हो जाती है।

यदि coil में instantaneous धारा i है तब

$$e = -L\frac{di}{dt}$$

तथा opposition को overcome करने के लिए किया गया कार्य

$$dw = eidt = L\frac{di}{dt}i\,dt = Li\,di$$

यदि धारा का मान 0 से I तक परिवर्तित हो तब

$$W = \int_o^I dw = \int_o^I Li\,di = \frac{1}{2}LI^2 \text{ joule}$$

13.4. चुम्बकीय पदार्थ (Magnetic Materials)

सन् 1846 में फैराडे ने देखा कि प्रायः सभी पदार्थों में चुम्बकत्व (magnetism) के कुछ न कुछ गुण पाये जाते हैं। पदार्थों के चुम्बकीय गुणों की व्याख्या परमाणुवीय मॉडल के आधार पर की जा सकती है। हम जानते हैं कि पदार्थ परमाणुओं से मिलकर बना है। प्रत्येक परमाणु के केन्द्र पर एक positively charged nucleus होता है जिसके चारों ओर विभिन्न कक्षाओं में इलेक्ट्रॉन परिक्रमण करते हैं। चूँकि इलेक्ट्रॉन पर ऋण आवेश है अतः परिक्रमण (rotate) करता हुआ इलेक्ट्रॉन एक धारा लूप (current loop) अथवा magnetic

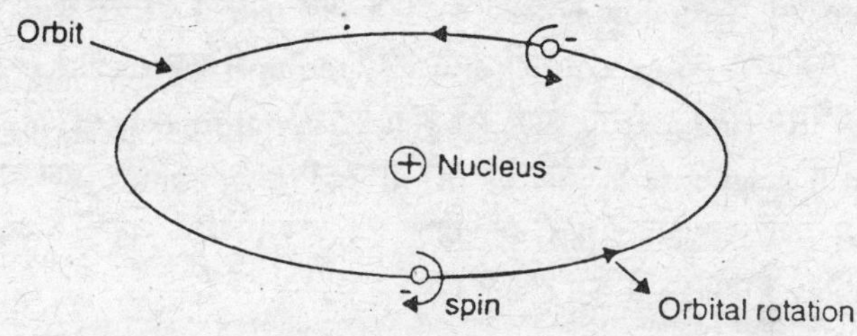

चित्र 13.3—परमाणु में इलेक्ट्रॉन की कक्षीय तथा स्पिन गतियाँ।

dipole की भाँति व्यवहार करता है जिसके कारण इसमें चुम्बकीय आघूर्ण (magnetic moment) होता है। इलेक्ट्रॉन, orbital motion के अतिरिक्त अपनी axis पर भी घूमता है जिसे spin कहते हैं (चित्र 13.3)। इलेक्ट्रॉन के orbital तथा spin motion दोनों ही के कारण magnetic moment उत्पन्न होता है। परन्तु चुम्बकीय आघूर्ण का अधिकांश भाग इलेक्ट्रॉन के spin से उत्पन्न होता है।

चुम्बकीय पदार्थों को तीन वर्गों में विभाजित किया जा सकता है—(i) डायमेगनेटिक (Diamagnetic) (ii) पैरामेगनेटिक (Paramagnetic) (iii) फैरोमेगनेटिक (Ferromagnetic)।

1. डायमेगनेटिक पदार्थ (Diamagnetic Substances)

डायमेगनेटिक पदार्थ चुम्बकीय क्षेत्र में रखे जाने पर क्षेत्र की विपरीत दिशा (opposite to the direction of magnetic field) में मामूली से चुम्बकित होते हैं। यह पदार्थ किसी शक्तिशाली (strong) चुम्बक के समीप लाये जाने से कुछ प्रतिकर्षित (repel) होते हैं। मुख्य डॉयमेगनेटिक पदार्थ निम्न है—

Bismuth (Bi), Zinc (Zn), Copper (Cu), Silver (Ag), Gold (Au), Diamond (C), Salt (NaCl), Water (H_2O), Mercury (Ag), Nitrogen (N_2), Hydrogen (H_2)

Diamagnetism का गुण प्रायः उन पदार्थों में पाया जाता है जिनके परमाणु अथवा अणुओं में इलेक्ट्रॉनों की संख्या सम (even) होती है तथा दो-दो इलेक्ट्रॉन मिलकर pair बना लेते हैं। प्रत्येक pair में एक इलेक्ट्रॉन का स्पिन दूसरे इलेक्ट्रॉनों के स्पिन से विपरीत दिशा से होता है। अतः pair के इलेक्ट्रॉन एक-दूसरे के magnetic moment को पूर्णतः निरस्त (cancel) कर देते हैं। इस प्रकार डायमेगनेटिक परमाणु का नैट dipole moment शून्य होता है।

जब डायमेगनेटिक पदार्थ को किसी चुम्बकीय क्षेत्र में रखा जाता है तब magnetic field के कारण इलेक्ट्रॉनों की गति परिवर्तित हो जाती है। प्रत्येक pair का एक इलेक्ट्रॉन accelerate तथा दूसरा slow हो जाता है। अतः अब pair के इलेक्ट्रॉनों के magnetic moment एक-दूसरे को cancel नहीं करते तथा atom में एक resultant magnetic moment प्रेरित (induce) हो जाता है। अतः पदार्थ, external field की opposite direction में magnetise हो जाता है। ताप परिवर्तन (temperature) का डायमेगनेटिक पदार्थों के गुणों पर कोई प्रभाव नहीं होता है। डायमेगनेटिक पदार्थों की relative permeability का मान 1 से कम होता है।

2. पैरामेगनेटिक पदार्थ (Paramagnetic Substances)

पैरामेगनेटिक पदार्थ चुम्बकीय क्षेत्र में रखे जाने पर क्षेत्र की दिशा में मामूली से चुम्बकित हो जाते हैं तथा किसी शक्तिशाली चुम्बक के समीप लाने से चुम्बकीय सिरों की और आकर्षित होते हैं। उदाहरणतः

Aluminium (Al), Sodium (Na), Platinum (Pt), Manganese (Mn), Copper Chloride ($CuCl_2$), Oxygen (O_2) इत्यादि।

पैरामेगनेटिज्म (Paramagnetism) का गुण उन पदार्थों में पाया जाता है जिनके परमाणुओं तथा अणुओं में कुछ ऐसे excess इलेक्ट्रॉन होते हैं जिनका स्पिन एक ही दिशा में होता है। अतः इन पदार्थों के परमाणुओं में permanent magnetic moment होता है तथा प्रत्येक इलेक्ट्रॉन एक tiny bar magnet की भाँति व्यवहार करता है। जिसे atomic

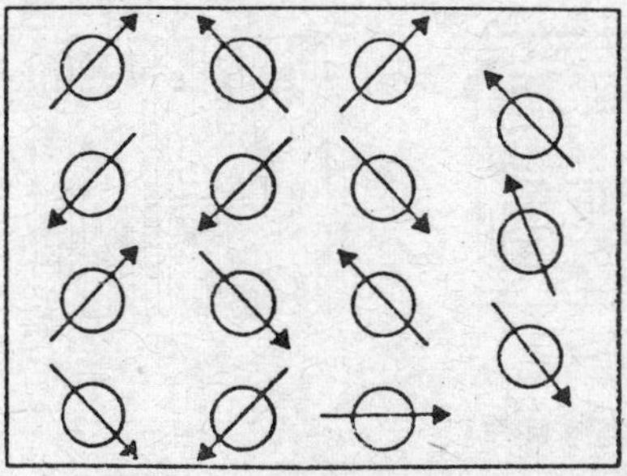

चित्र 13.4 (a)—परमाणुवीय चुम्बकों का random ओरियन्टेशन होने के कारण विचुम्बकन (demagnetisation)

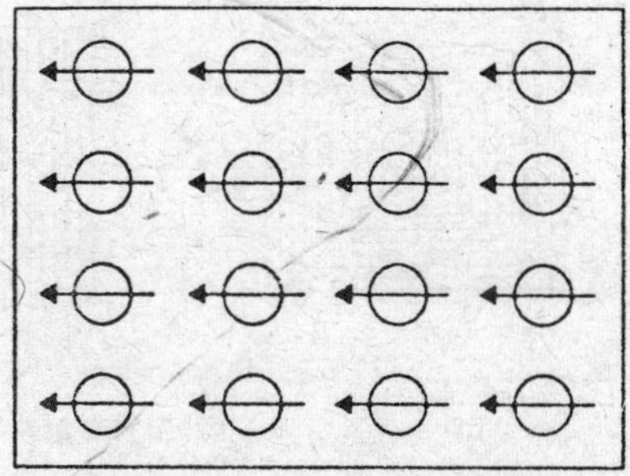

चित्र 13.4 (b)— परमाणुवीय चुम्बकों के alignment से चुम्बकन (magnetisation)

magnet कहते हैं। परन्तु फिर भी paramagnetic पदार्थ external magnetic field न होने पर कोई चुम्बकीय प्रभाव नहीं दिखाते। इसका कारण, इसके atomic चुम्बकों का random orientation है (चित्र 13.4 a) जिसके कारण पूरे पदार्थ का परिणामी magnetic moment शून्य होता है।

जब पैरामेगनेटिक पदार्थ को किसी बाह्य चुम्बकीय क्षेत्र में रखते हैं तब प्रत्येक atomic magnets पर एक torque कार्य करता है जो इन चुम्बकों को घुमाकर क्षेत्र की दिशा में align कर देता है। (चित्र 13.4 b)। इस प्रकार सम्पूर्ण पदार्थ क्षेत्र की दिशा में चुम्बकित हो जाना है तथा उसका एक परिणामी magnetic moment होता है।

पदार्थ के परमाणुओं में thermal agitation भी होता है। यदि पदार्थ कोई गैस है तब परमाणुओं की गति random होती है और यदि ठोस है तब परमाणु कम्पन (vibrate) करते हैं। इस thermal agitation से पैरोमेगनेटिक पदार्थ के alignment में बाधा होती है। अतः सामान्यतः पैरामैग्नेटिक पदार्थों में बहुत कम चुम्बकन (magnetisation) हो पाता है। बाह्य (external) चुम्बकीय क्षेत्र बढ़ाने पर तथा ताप घटाने पर पैरामैगनेटिक पदार्थों का magnetisation बढ़ जाता है।

पैरामेगनेटिक पदार्थों की relative permeability का मान 1 से अधिक होता है।

3. फैरोमैगनेटिक पदार्थ (Ferromagnetic Substances)

फैरोमेगनेटिक पदार्थ क्रिस्टलाइन ठोस पदार्थ होते हैं। ये चुम्बकीय क्षेत्र में रखे जाने पर क्षेत्र की दिशा में (in the direction of field) प्रबल रूप से चुम्बकित (strongly magnetism) हो जाते हैं तथा किसी चुम्बक के समीप लाये जाने पर चुम्बकीय सिरे की और तेजी से आकर्षित होते हैं। उदाहरणतः

Iron (Fe), Nickel (Ni), Cobalt (Co), Magnetite (Fe_2O_4) इत्यादि।

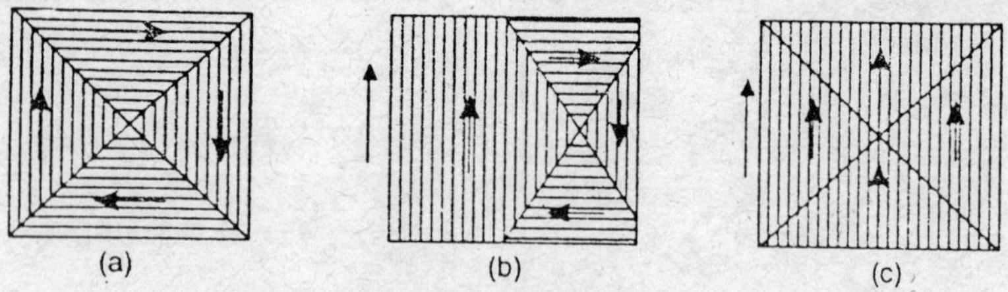

चित्र 13.5—चुम्बकीय डोमेन।

फैरोमेगनेटिक तथा पैरामेगनेटिक पदार्थों में मुख्य अन्तर उनकी चुम्बकन तीव्रता (intensity of magnetisation) में है। फैरोमेगनेटिक पदार्थों का बाह्य चुम्बकन क्षेत्र मे तीव्र चुम्बकन (strong magnetisation) होता है। पैरामेगनेटिक पदार्थों की भाँति फैरोमेगनेटिक पदार्थों का भी प्रत्येक परमाणु एक atomic magnet होता है जिसमें कुछ permanent magnetic moment होता है। परन्तु फैरोमेगनेटिक पदार्थों के atoms में कुछ ऐसी complex प्रतिक्रियाएँ होती हैं जिनके कारण पदार्थ में असंख्य (infinite), अतिसूक्ष्म (very small) आकार के कुछ प्रभावी क्षेत्र बन जाते हैं जिन्हें डोमेन (domain) कहते हैं। प्रत्येक डोमेन में 10^{17} से 10^{21} तक परमाणु होते हैं जिनकी चुम्बकीय अक्ष (magnetic axis) एक ही दिशा में aligned होती हैं परन्तु समीपी (nearby) अन्य डोमेन में alignment किसी और दिशा में होता है। इस प्रकार प्रत्येक डोमेन, बिना किसी बाह्य चुम्बकीय क्षेत्र के ही magnetic saturation की स्थिति में रहता है अर्थात् एक strong magnet की भाँति व्यवहार करता है। परन्तु सामान्य अवस्था में पदार्थ में विभिन्न डोमेन इस ढंग से randomly बिखरे (scattered) होते हैं कि उनका किसी भी दिशा में resultant magnetic moment शून्य ही रहता है। यही कारण है लोहे का प्रत्येक टुकड़ा चुम्बक नहीं होता है। चित्र 13.5 (a) में आयरन की चार डोमेन तथा उनके magnetic moments की possible directions दिखाई गई है।

फैरोमेगनेटिक पदार्थों की relative permeability 1 से काफी अधिक होती है।

फैरोमेगनेटिक पदार्थों का magnetisation दो प्रकार से बढ़ सकता है।

(1) जो डोमेन external field के favourably oriented होते हैं उनका size बढ़ जाता है तथा जो external field के opposite oriented होते हैं उनका size कम हो जाता है (चित्र 13.5 b)।

(2) External field एप्लाई करने पर domain rotate करते हैं जिससे उनके magnetic moments की दिशायें बहुत कुछ external field की दिशा में ही हो जाती हैं (चित्र 13.5 c)।

जब बाह्य चुम्बकीय क्षेत्र weak होता है तो पदार्थ का magnetisation अधिकतर domains के rearrangement से होता है परन्तु strong magnetic field लगाने पर magnetisation प्रायः domains के rotation से होता है।

चित्र 13.6 में डायमेगनेटिक, पेरामेगनेटिक तथा फैरोमेगनेटिक पदार्थों का चुम्बकीय क्षेत्रों में व्यवहार प्रदर्शित किया गया है।

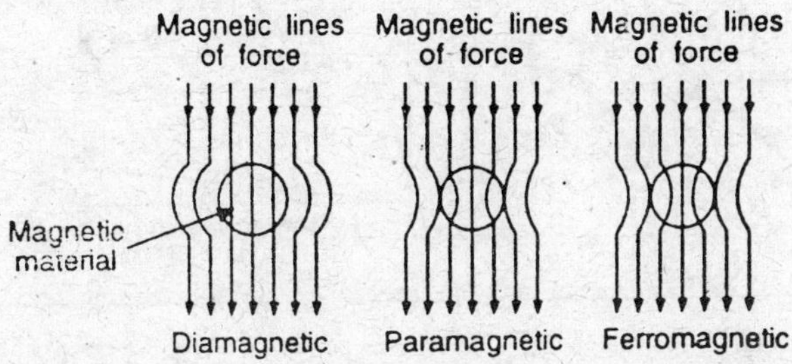

चित्र 13.6—चुम्बकीय क्षेत्रों में डायमेगनेटिक, पेरोमेगनेटिक तथा फैरोमेगनेटिक पदार्थों का व्यवहार।

13.5. क्यूरी तापमान (Curie Temperature)

यदि किसी लौह चुम्बकीय (Ferromagnetic) पदार्थ को गर्म करें तब एक निश्चित तापमान पर पदार्थ का चुम्बकीय गुण समाप्त हो जाता है तथा पदार्थ पैरामेगनेटिक हो जाता है। वह तापमान जिसके नीचे पदार्थ फैरोमेगनेटिक तथा जिसके ऊपर पैरामेगनेटिक होता है, पदार्थ का क्यूरी तापमान कहलाता है। पदार्थ को ठण्डा करने पर वह पुनः फैरोमेगनेटिक हो जाता है।

क्यूरी तापमान के ऊपर पदार्थ का डोमेन स्ट्रक्चर भंग (disrupt) होने का प्रयत्न करता है। डोमेन अपना alignment समाप्त कर देते हैं तथा randomly arrange हो जाते हैं जिसके कारण पदार्थ का फैरोमेगनेटिक गुण समाप्त हो जाता है। यह तापमान चुम्बकीय पदार्थ पर निर्भर करता है। आयरन का क्यूरी तापमान 770°C निकिल का 358°C, कोबाल्ट का 1127°C होता है।

13.6. चुम्बकन (Magnetisation)

सभी फैरोमेगनेटिक पदार्थ सामान्य अवस्था में अचुम्बकित (unmagnetised) अवस्था में होते हैं तथा चुम्बकीय क्षेत्र में रखने पर वे शीघ्र ही प्रबल रूप से (strongly) चुम्बकित हो जाते हैं। इसका कारण यह है कि unmagnetised अवस्था में इस पदार्थ के domain किसी एक दिशा में aligned नहीं होते तथा उनका net चुम्बकीय डाई-पोल आघूर्ण

(magnetic dipole moment) शून्य होता है। चुम्बकीय क्षेत्र में रखने पर उसके सभी डोमेन aligned हो जाते हैं तथा उनका एक परिणामी dipole moment होने के कारण, वे चुम्बक की भाँति व्यवहार करते हैं।

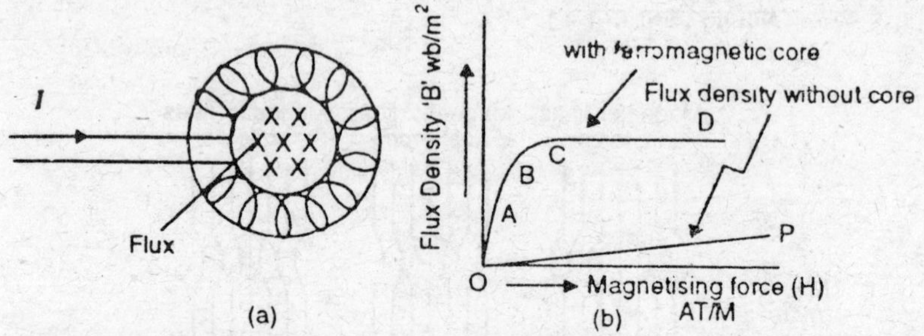

चित्र 13.7— (a) Torrodoil solenoid with ferromagnetic core
(b) Magnetisation Curve।

यदि एक फैरोमेगनेटिक पदार्थ को एक वृत्ताकार परिनालिका (torrodoil solenoid) के कोर की भाँति प्रयुक्त कर चित्र 13.7 (a) की भाँति उसमें एक धारा प्रवाहित की जाये तब धारा के प्रभाव से उत्पन्न चुम्बकन बल (magnetising force 'H') के कारण कुण्डली के केन्द्र पर फ्लक्स घनत्व (B) अथवा magnetic induction उत्पन्न होता है। फ्लक्स घनत्व का मान चुम्बकन बल 'H' पर निर्भर करता है। कुण्डली अथवा पदार्थों के specimen के लिए खींचा गया B-H वक्र चुम्बकन वक्र कहलाता है। चित्र 13.7 (b) में एक torrodoil coil का magnetisation वक्र प्रदर्शित किया गया है—

चित्र 13.7 (b) में सरल रेखा OP उस स्थिति में चुम्बकन प्रदर्शित करती है जब कुण्डली में आयरन कोर नहीं होता। यह linear magnetisation है। कुण्डली में फैरोमेगनेटिक पदार्थ का कोर रखने पर फ्लक्स घनत्व का मान तीव्रता से बढ़ता है। चुम्बकन वक्र के बिन्दु B के पश्चात् फ्लक्स घनत्व का मान धारा में वृद्धि अर्थात् (चुम्बकन बल H) में वृद्धि के साथ बहुत अधिक नहीं बढ़ता है। इसका अर्थ है कि मेगनेटिक कोर के सभी डोमेन लगभग align हो चुके हैं। चुम्बकन बल और अधिक बढ़ाने पर फ्लक्स घनत्व स्थिर रहता है अर्थात् कोर (core) का मेगनेटिक सेचुरेशन हो चुका है। यह वक्र के CD भाग द्वारा प्रदर्शित होता है। वक्र $OABCD$ (saturation curve) तथा वक्र OP (for air core) का अन्तर केवल चुम्बकीय पदार्थ के कारण उत्पन्न फ्लक्स को प्रदर्शित करता है। यह फ्लक्स 'इन्ट्रेन्जिक फ्लक्स' कहलाता है।

13.7. चुम्बकीय आघूर्ण-डाइपोल्स
(Magnetic Moments : Dipoles)

एक पदार्थ के चुम्बकीय गुण डाइपोल आघूर्ण (dipole moments) की उपस्थिति पर निर्भर करते हैं। एक charged particle एक angular momentum रखते हुये dipole moment को योगदान करता है। एक परमाणु के angular momentum को निम्न contributors है—

(1) एक इलेक्ट्रॉन का orbital angular momentum

(2) इलेक्ट्रॉन स्पिन angular momentum

(3) न्यूक्लियस स्पिन angular momentum

एक परमाणु का कुल चुम्बकीय dipole moment, angular momentum के उपरोक्त रूपों के प्रत्येक के dipole moments का योग (sum) होता है। orbital angular momentum, induced dipole moment को उत्थान (rise) प्रदान करता है; जो लगाये गये चुम्बकीय क्षेत्र के विपरीत दिशा रखता है। Electron orbit तथा Nucleus spin थोड़ा योगदान करते हैं तथा एक परमाणु का दीर्घ दिखाई देने वाला चुम्बकीय व्यवहार (magnetic behaviour) इलेक्ट्रॉन स्पिन के कारण है।

इलेक्ट्रॉन स्पिन चुम्बकीय आघूर्ण
(Electron spin magnetic moment)

विविध घटकों (elements) के आन्तरिक (inner) तथा बाह्य (outer) orbits दोनों में प्रत्येक इलेक्ट्रॉन electron spin के कारण चुम्बकीय आघूर्ण धारण करते हैं। (One Bohr magnetron $= 9 \cdot 27 \times 10^{-24}$ Am^2)। आघूर्णों (moments) का चिन्ह स्पिन की दिशा पर निर्भर करते हुये धन (+ve) अथवा ऋण (– ve) हो सकता है। समस्त field energy levels, concellation के कारण चुम्बकीय आघूर्ण नहीं रखते हैं। परमाणुओं में unbalanced spin orientation में चुम्बकीय गुण उत्पन्न होते हैं। Transition घटकों के अपूर्ण आन्तरिक सेलों (incomplete inner shells) में इलेक्ट्रॉन उसी दिशा में अपने spin aligned रखते हैं जब तक कि Hund's rule के अनुसार shells half filled होते हैं। इस प्रकार transition घटकों के *3d* इलेक्ट्रॉन्स सार्थक चुम्बकीय आघूर्ण विकसित करते हैं। चित्र 13.8 में उपरोक्त घटकों के *3d* इलेक्ट्रॉन्स की spin direction दिखाई गई है।

	3*d* इलेक्ट्रॉन्स		4*s* इलेक्ट्रॉन
	संख्या	स्पिन दिशा	
Sc	1	↑	2
Ti	2	↑ ↑	2
V	3	↑ ↑ ↑	2
Cr	5	↑ ↑ ↑ ↑ ↑	1
Mn	5	↑ ↑ ↑ ↑ ↑	2
Fe	6	↑ ↑ ↑ ↑ ↑ ↓	2
CO	7	↑ ↑ ↑ ↑ ↑ ↓ ↓	2
Ni	8	↑ ↑ ↑ ↑ ↑ ↓ ↓ ↓	2

चित्र 13.8 — 3*d* इलेक्ट्रॉन्स की स्पिन दिशा (spin direction)

सारणी 13.1 में महत्त्वपूर्ण चुम्बकीय पदार्थों के कुछ चुम्बकीय लक्षणों को दिखाया गया है।

सारणी 13.1—पदार्थों के चुम्बकीय लक्षण

डायमेगनेटिक पदार्थ		पैरामेगनेटिक पदार्थ		फेरोमेगनेटिक पदार्थ			
पदार्थ	$x = (\mu_r^{-1})$	पदार्थ	$x = (\mu_r - 1)$	पदार्थ	μ_r mass	B_2 in Tesla	H_2 in Amp/m
Si	$-0 \cdot 3 \times 10^{-5}$	$NiSO_4$	1.2×10^{-5}	Iron	5000	2.1	80
Al_2O_3	-0.5×10^{-5}	Fe_2O_2	1.4×10^{-5}	40% Si−Fe	7000	2.0	40
Cu	-0.9×10^{-5}	$CrCl_2$	1.5×10^{-5}	Mumetal	10^5	0.65	04
NaCl	-1.2×10^{-5}	$FeSO_4$	2.8×10^{-5}	Sup. malloy	8×10^{-5}	0.8	0.16
Diamond	-2.1×10^{-5}	$MnSO_4$	3.6×10^{-5}				
Graphite	-12×10^{-5}	$FeCl_2$	3.6×10^{-5}				

13.8. हिस्टेरेसिस वक्र (Hysteresis Loop)

जब किसी चुम्बकीय पदार्थ को प्रत्यावर्ती चुम्बकीय क्षेत्र (alternating magnetic field) में रखा जाता है, तो उसमें दो प्रकार की हानियाँ होती हैं—(1) हिस्टेरेसिस हानियाँ तथा (2) भँवर धारा (eddy current) हानियाँ। किसी specimen के alternating field में चुम्बकन के एक चक्र (magnetisation cycle) में *B-H* वक्र (Flux density-magnetisation curve) चित्र 13.9 की भाँति प्राप्त होता है।

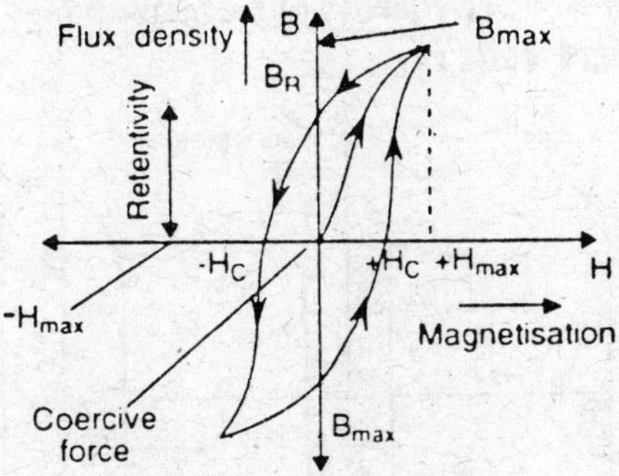

चित्र 13.9—*B*–*H* वक्र ।

चुम्बकीय पदार्थ के चुम्बकशीलता (permeability) के गुण के कारण उसका चुम्बकन होता है। चुम्बकन बल को शून्य से अधिकतम (H_{max}) करने तथा पुनः चुम्बकन की दिशा विपरीत कर, चुम्बकन बल न्यूनतम ($-H_{max}$) तथा पुनः शून्य करने पर, *B-H* वक्र एक closed loop होता है जिसे Hysteresis loop कहते हैं।

हिस्टेरेसिस वक्र से ज्ञात होता है कि प्रारम्भ में चुम्बकन की वृद्धि के साथ magnetic induction 'B' तीव्रता से तथा बाद में धीरे-धीरे बढ़ता है तथा saturation value "B_{max}" पर स्थिर हो जाता है। चुम्बकन बल की दिशा विपरीत करने पर 'B' धीरे-धीरे कम होता है तथा शून्य चुम्बकन ($H = 0$) पर एक अवशिष्ट चुम्बकत्व (residual magnetism) B_R के तुल्य रहता है। यह चुम्बकीय क्षेत्र को हटाने पर पदार्थ द्वारा retain किया गया चुम्बकन प्रदर्शित करता है तथा पदार्थ की retentivity की माप है। यदि चुम्बकीय क्षेत्र (H) को विपरीत दिशा में निरन्तर बढ़ाया जाता है तब पदार्थ के domain, disalign होने का प्रयत्न करते हैं तथा 'H' के एक विशेष मान 'H_C' पर पदार्थ का चुम्बकन शून्य हो जाता है। यह बल Coercive force कहलाता है। चुम्बकीय क्षेत्र को पुनः विपरीत दिशा में बढ़ाए जाने पर पदार्थ का चुम्बकन विपरीत दिशा में होने लगता है तथा विपरीत दिशा में सेचुरेशन होने के पश्चात्, क्षेत्र को पहली दिशा में बढ़ाने पर Hysteresis loop पूरा होता है।

इस लूप का क्षेत्रफल (area) पदार्थ के चुम्बकन एवं विचुम्बकन के एक चक्र में ऊर्जा व्यय के समानुपाती होता है।

पदार्थ के आयतन 'V' में चुम्बकीय आवृत्ति f पर सम्पूर्ण चुम्बकीय हानि (hysteresis loss) निम्न सूत्र द्वारा प्रदर्शित की जाती है—

$$W_h = \text{loop area} \times f \times V \text{ watt}$$

$$= \eta \, B_{max}^{1.6} \text{ watt}$$

हिस्टेरेसिस हानियाँ निम्न पर निर्भर करती हैं—

(1) चुम्बकीय पदार्थ का आयतन (V)

(2) फ्लक्स घनत्व का उच्चतम मान (B_{max})

(3) चुम्बकन की आवृत्ति (frequency of magnetisation)

(4) चुम्बकीय पदार्थ का ग्रेड (η)

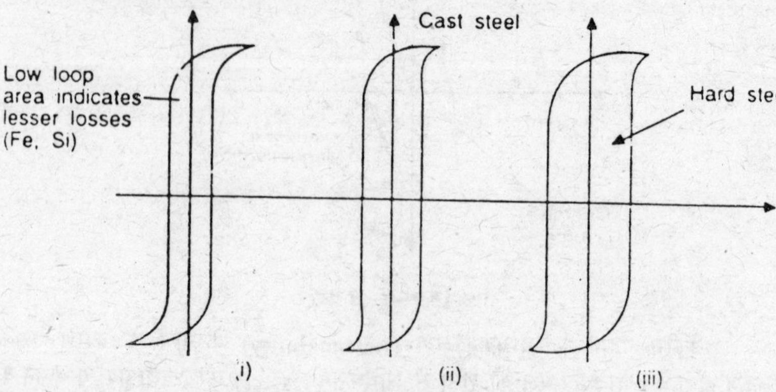

चित्र 13.10

चित्र 13.10 में तीन हिस्टेरिसिस लूप प्रदर्शित किये गए हैं। Loop (1) का क्षेत्रफल काफी कम है। इसका अर्थ कि इस पदार्थ में ह्रानियाँ कम होती हैं, उदाहरणतः आयरन, सिलिकॉन, म्यूमेटल इत्यादि।

दूसरा लूप-2 wrought Iron अथवा cast steel के लिए है। इन पदार्थों की permeability उच्च होती है। अक्ष B पर बड़ा intercept पदार्थ की उच्च retentivity प्रदर्शित करता है। लूप-3 हार्ड स्टील के लिए है। लूप का अधिक क्षेत्रफल उच्च hysteresis loss प्रदर्शित करता है परन्तु उच्च coercive force होने के कारण permanent magents के लिए उपयुक्त है।

13.9. मृदु चुम्बकीय पदार्थ (Soft Magnetic Materials)

मृदु चुम्बकीय (soft magnetic) पदार्थों का magnetisation वक्र चित्र 13.11 की

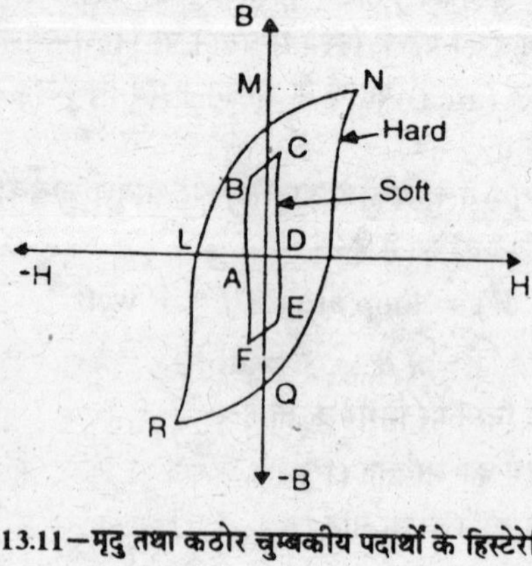

चित्र 13.11—मृदु तथा कठोर चुम्बकीय पदार्थों के हिस्टेरेसिस लूप।

भाँति rising होता है। अतः इनके प्रत्येक चुम्बकन चक्र (per magnetic cycle) में ऊर्जा हानियाँ कम होती हैं। इनका मुख्य प्रयोग प्रत्यावर्ती चुम्बकीय क्षेत्रों (alternating magnetic field) के core बनाने में किया जाता है। Soft magnetic materials निम्न हैं—

Soft Iron, Silicon Steel, Nickel Iron alloys तथा Soft ferries चित्र 13.... में soft magnetic material का hysteresis loop ABCDEFA प्रदर्शित किया गया है।

Soft magnetic पदार्थों के सामान्य अभिलक्षण निम्नलिखित होते हैं—

(i) इनकी permeability उच्च होती है।

(ii) इनमें stored magnetic energy कम होती है।

(iii) इनकी coersive force लगभग शून्य होती है।

(iv) इनकी remenance कम होती है।

कुछ soft magnetic materials का विवरण निम्न प्रकार है।

1. कास्ट आयरन (Cast Iron)

कास्ट आयरन में 2.5% से अधिक कार्बन content होता है। यह उत्तम चुम्बकीय पदार्थ नहीं है। इसका मुख्य उपयोग डी० सी० मशीनों के फ्रेम निर्माण हेतु किया जाता है।

2. शुद्ध आयरन (Pure or Ingot Iron)

इसकी permeability उच्च होती है तथा प्रबल (strong) चुम्बकन पर बढ़ती है। इसकी प्रतिरोधकता निम्न होती है। इसमें उत्पन्न भंवर धाराओं को कम करने के लिए इसे पतली शीटों में roll किया जाता है। इस आयरन में हिस्टेरिसिस प्रभाव कम (low) होता है। प्रत्यावर्ती धारा परिपथों के लिए यह आयरन उपयुक्त नहीं है।

3. कार्बन स्टील (Carbon Steels)

स्टील के गुण कार्बन contents की मात्रा पर निर्भर करते हैं। निम्न कार्बन स्टील जिसमें कार्बन की मात्रा 0.15 से 0.5% तक होती है लगभग शुद्ध आयरन की भाँति व्यवहार करता है। स्टील में कार्बन की मात्रा बढ़ने पर स्टील के गुण निम्न प्रकार प्रभावित होते हैं—

(i) Permeability का मान बढ़ता है।

(ii) Coercive force तथा retentivity में वृद्धि होती है।

(iii) पदार्थ की resistivity बढ़ती है।

(iv) Mechanical strength में वृद्धि होती है।

(v) Saturation तापमान में कमी होती है।

उच्च कार्बन (high carbon) स्टील में उपरोक्त गुण होने के कारण यह टर्बो-आल्टरनेटर्स के रोटर्स के निर्माण में प्रयुक्त किया जाता है। निम्न कार्बन (low carbon) स्टील का प्रयोग फेब्रिकेटेड स्ट्रक्चर्स के कम्पोनेन्ट निर्माण में किया जाता है जहाँ फ्लक्स शून्य अथवा स्थिर होता है।

4. सिलिकॉन स्टील (Silicon Steel)

स्टील में अल्प मात्रा में सिलिकॉन मिलाने से permeability का मान कम होता है तथा विद्युत प्रतिरोध बढ़ता है जिसके कारण भंवर धारा हानियाँ कम हो जाती हैं। सिलिकॉन स्टील की हार्डनैस साधारण स्टील की तुलना में अधिक होती है तथा प्रत्यास्था सीमा (elastic limit) भी अधिक होती है।

सिलिकॉन स्टील प्रायः सभी विद्युत मशीनों AC तथा DC मोटर, जनरेटर, ट्रांसफॉर्मर इत्यादि में प्रयुक्त किया जाता है।

5. मेगनीज तथा निकिल स्टील (Manganese and Nickel Steel)

स्टील में मेगनीज अथवा निकिल मिलाने से यह hard तथा non-magnetic हो जाता है। निकिल एवं मेगनीज की अधिक मात्रा से युक्त कास्ट स्टील, केबिल बाक्स, मीटर्स के non-magnetic कवरिंग (cases) तथा टर्बो-आल्टरनेटर्स के end-rings निर्मित करने में प्रयुक्त किया जाता है।

6. परमैलॉय (Permalloy)

यह निकिल आयरन एलॉय (Ni-Fe alloy) है। इसमें निकिल, आयरन तथा क्रोमियम, कोबाल्ट, कॉपर एवं मेगनीज की कुछ मात्रा होती है। परमैलॉय की permeability 10^5 तथा प्रतिरोधकता 17×10^{-6} ohm-cm होती है। परमैलॉय का प्रयोग टेलीफोन की ट्रांसमीशन लाइनों में लोडिंग क्वॉयल (loading coil) के कवरिंग (cases) में किया जाता है।

7. म्यूमेटल (Mumetal)

यह निकिल-आयरन एलॉय है। इसमें 75.4% निकिल, 4% कॉपर, 1.5% क्रोमियम तथा शेष आयरन होता है। इसकी permeability 10^5 है। म्यूमेटल की coercivity निम्न होने के कारण इसका उपयोग ट्रांसफॉर्मर के कोर, ऑडियो फ्रीक्वैन्सी ट्रांसफॉर्मर के कोर तथा moving iron instruments में किया जाता है।

13.10. कठोर चुम्बकीय पदार्थ (Hard Magnetic Materials)

कठोर चुम्बकीय पदार्थों का magnetising वक्र धीरे-धीरे rise करता है। चित्र 13.11 में एक कठोर चुम्बकीय पदार्थ का हिस्टेरिसिस लूप (LNPQRL) प्रदर्शित किया गया है। इनके hysteresis loop का क्षेत्रफल अधिक (large area) होता है अतः चुम्बकन के प्रत्येक चक्र (magnetising cycle) में अधिक ऊर्जा हानि (energy loss) होती है। इन चुम्बकीय पदार्थों के अवशेष चुम्बकत्व को समाप्त करने के लिए उच्च coercive force की आवश्यकता होती है। इन पदार्थों का उपयोग स्थायी चुम्बक (permanent magnets) बनाने में किया जाता है। कुछ मुख्य hard magnetic materials निम्न प्रकार हैं—

Tungsten, Carbon, Steel, Cobalt-steel, Alnico, Hard ferrites इत्यादि।

Hard magnetic materials के मुख्य अभिलक्षण निम्न प्रकार हैं—

(1) इनके B-H वक्र (hysteresis loop) का area अधिक होता है।

(2) इनकी retentivity तथा coercivity उच्च होती है।

(3) इनकी reluctance $\left(\frac{\text{MMF}}{\text{Flux}}\right)$ भी उच्च होती है।

(4) इनके Hysteresis लूप का आकार लगभग आयताकार होता है।

कुछ मुख्य hard magnetic materials के अभिलक्षण निम्न प्रकार हैं—

1. एलनिको (ALNICO)

एलनिको में 18% निकिल, 10% एल्यूमिनियम, 5% कॉपर, 15% कोबाल्ट तथा शेष आयरन होता है। यह लगभग 1.2 wb/m^2 फ्लक्स घनत्व पर सेचुरेट होता है। इसकी coercivity का मान 10^5 AT/m है। इसका प्रयोग स्थाई चुम्बक बनाने में किया जाता है। एलनिको से निर्मित चुम्बक, टंगस्टन तथा कोबाल्ट चुम्बकों की तुलना मे हल्के तथा आकार में छोटे होते हैं। एलनिको hard तथा brittle प्रकृति का पदार्थ है। इसका hysteresis loop आयताकार होता है तथा remenance उच्च होती है।

2. टंगस्टन स्टील (Tungsten Steel)

टंगस्टन स्टील में 4.5 से 6% तक टंगस्टन, 0.4 से 0.7% तक कार्बन तथा शेष आयरन होता है। यह 1.2 Wb/m^2 फ्लक्स घनत्व पर सेचुरेट होता है। इसकी coercivity 8×10^3 AT/m होती है। चुम्बकीय फ्लक्स के लिए टंगस्टन स्टील की reluctance उच्च होती है एवं उसके हिस्टेरेसिस लूप का क्षेत्रफल अधिक होता है। इसका प्रयोग स्थायी चुम्बकों तथा मोटर एवं जनरेटर्स में किया जाता है।

3. कोबाल्ट स्टील (Cobalt Steel)

कोबाल्ट स्टील में 34% कोबाल्ट, 5% क्रोमियम, 3.5% से 6% तक टंगस्टन तथा शेष आयरन होता है। सेचुरेशन फ्लक्स घनत्व उच्च लगभग 2.4 wb/m^2 तथा coercivity 10^4 AT/m होती है। कोबाल्ट स्टील, कठोर एवं दृढ़ (strong) होता है। इसमें कोबाल्ट के प्रयोग से इसका मूल्य अधिक होता है। इसका प्रयोग इलेक्ट्रिक मोटर्स, पंखे तथा दृढ़ (heavy duty) मापन यन्त्रों में किया जाता है।

4. क्रोमियम स्टील (Cromium Steel)

इस चुम्बकीय पदार्थ में 2.6% क्रोमियम, 0.6% से 1% तक कार्बन, 0.3 से 0.5% मेगनीज तथा शेष आयरन होता है इसकी saturation flux density 1.5 wb/m^2 तथा coercivity 7.5×10^3 AT/M है। यह hard तथा tough स्टील है।

13.11. फैराइट्स
(Ferrites)

फैराइट्स, आयरन के ऑक्साइड होते हैं। इनकी क्रिस्टल संरचना face centred cubic (fcc) होती है। फैराइट्स में कार्बन content नहीं होता है। फैराइट्स की रासायनिक संरचना में फैरिक ऑक्साइड (Fe_2O_3) तथा एक divalent धातु (M) होती है। इस प्रकार फैराइट का सूत्र MFe_2O_3 के समान होता है जहाँ M किसी ट्रांजिशनल तत्त्व, उदाहरणतः Managnese (Mn), कोबाल्ट (Co) अथवा Nickel (Ni) इत्यादि तथा द्विसंयोजी तत्त्वों Zn एवं Cu को प्रदर्शित करता है।

सभी फैराइट FCC संरचना के होते हैं तथा इनके क्रिस्टल क्रा साइज ऑक्सीजन परमाणुओं द्वारा निर्धारित होता है।

फैराइटस रिफ्रेक्टरी (ceramic) पदार्थों की भाँति होते हैं जिनमें valance electrons आयनिक रूप से क्रिस्टल में बद्ध होते हैं। इनकी प्रतिरोधकता (resistivity) उच्च होती है तथा उनमें भंवर धाराएँ उत्पन्न नहीं होती। फैराइट के इन गुण के कारण इन्हें फैरीमेगनेटिक पदार्थों (Ferrimagnetic materials) की भाँति की उपयोग किया जाता है।

फैरोमेगनेटिक पदार्थ धात्विय सुचालक (metallic conductors) होते हैं तथा परिवर्ती चुम्बकीय क्षेत्रों में इनमें स्ट्रे धाराएँ (stray currents) उत्पन्न होती हैं। जिन्हें भंवर धाराएँ कहते हैं। भंवर धाराओं के कारण ऊर्जा व्यय (energy dissipation) तो होती ही है साथ-साथ इनके द्वारा mechanical तथा electrical vibrations का मन्दन (dampening) भी होता है। इस कारण से उच्च आवृत्तियों पर फैरोमेगनेटिक पदार्थ अधिक उपयुक्त (useful) नहीं होते। परन्तु फैरोमेगनेटिक पदार्थ विशेषकर फैराइट्स में यह दोष नहीं होता, अतः फैराइट्स को उच्च आवृत्ति पर, उदाहरणतः टेलीविजन टयूब्स, मेमोरी डिवाइस तथा उच्च गति स्विचिंग (high speed switching) इत्यादि के लिए व्यापक रूप से प्रयोग किया जाता है। निकिल-जिंक (Nickel-Zinc) फैराइट्स का टीवी तथा रेडियो ट्रांसफॉमर्स में प्रयोग किया जाता है। Magnesium Manganese फैराइट्स की resistivity अत्यन्त उच्च होने के कारण इनका उपयोग माइक्रोवेव दोलित्र (microwave oscillators) में किया जाता है जहाँ operating frequency का क्रम KHz तथा MHz होता है। Manganese/ Magnesium अनुपात बढ़ाने से फैराइट्स का hysteresis लूप लगभग आयताकार हो जाता है जिसके कारण यह कम्प्यूटर्स में मैमोरी कोर (memory cores) के लिए अत्यन्त उपयोगी होते हैं। फैराइट्स में पाया जाने वाला मेगनीशियम, anti-ferromagnetism प्रकृति का होता है क्योंकि उसके alternate atoms के magnetic moments की दिशा परस्पर विपरीत होती है। फैराइट्स को सामान्य रूप से दो वर्गों में विभाजित किया जा सकता है—

(1) Magnetically soft तथा

(2) Magnetically hard

Magnetically soft फैराइट्स में फैरिक ऑक्साइड तथा जिंक, निकल एवं मेगनीज जैसी धातुओं के ऑक्साइड का मिश्रण होता है। इनका उपयोग प्रायः इलेक्ट्रॉनिक उपकरणों में compact aerials की भाँति किया जाता है।

Magnetically hard फैराइट्स में फैरिक ऑक्साइड तथा मेगनीशियम, कोबाल्ट एवं बेरियम इत्यादि धातुओं के ऑक्साइड का मिश्रण होता है। इनमें मुख्य फैराइट वेक्टोलाइट (Vectolite) तथा इन्डैक्स (Index) हैं। फैरिक ऑक्साइड तथा कोबाल्ट ऑक्साइड के मिश्रण से तथा Index, मेगनीशियम-मेगनीज एलॉय एवं फैरिक ऑक्साइड के मिश्रण से निर्मित किया जाता है। Hard फैराइट्स का उपयोग टेलीविजन ट्यूब्स में focussing magnet की भाँति तथा कम्प्यूटर्स में information storing device (memories) की भाँति किया जाता है।

13.12. मेगनेटोस्ट्रिक्शन (Magnetostriction)

फैरोमेगनेटिक पदार्थों को चुम्बकित (magnetise) करने पर उनकी dimensions में परिवर्तन होने का गुण Magnetostriction कहलाता है। पदार्थ को चुम्बकित करने पर क्रिस्टलों में कुछ extension तथा साथ ही cross-sectional area में कुछ कमी (reduction) हो सकती है। तीव्र गति से परिवर्तित होने वाले प्रत्यावर्ती चुम्बकीय क्षेत्र (rapidly changing alternating magnetic fields) में रखने पर क्रिस्टलों में continuous extension तथा contraction होता है। चुम्बकीय पदार्थों के इस गुण के कारण ही ट्रांसफॉर्मर तथा चोक (choke) में हमिंग की ध्वनि (humming) होती है।

Magnetostriction प्रभाव तीन प्रकार का हो सकता है—

(i) Longitudinal magnetostriction

चुम्बकीय क्षेत्र में रखने पर पदार्थ के magnetisation के दिशा में लम्बाई में वृद्धि अथवा कमी longitudinal magnetostriction कहलाता है।

(ii) Transverse magnetostriction

चुम्बकन की दिशा में लम्बवत्, पदार्थ के क्रिस्टलों की dimensions में परिवर्तन transverse magnetostriction कहलाती है।

(iii) Volume megnetostriction

पदार्थ में longitudinal तथा transverse परिवर्तन के कारण आयतन में परिवर्तन volume magnetostriction कहलाता है।

Constant of Megnetostriction : पदार्थों में magnetostriction के प्रभाव को Constant of magnetostriction (λ) द्वारा निम्न प्रकार प्रदर्शित किया जा सकता है—

$$\lambda = \frac{dl}{l}$$

जहाँ dl स्पेसीमैन की लम्बाई l में प्रयुक्त चुम्बकीय क्षेत्र 'H' की दिशा में extension अथवा Contraction है, जबकि क्षेत्र 0 से maximum तक परिवर्तित होता है।

मेगनेटोस्ट्रिक्शन के अनुप्रयोग
(Applications of Magnetostriction)

चुम्बकन के इस प्रभाव का उपयोग उच्च आवृत्ति दोलित्र (high frequency oscillators), sound detectors तथा supersonic sound generation में किया जाता है।

13.13. चुम्बकीय एनिसोट्रॉपी (Magnetic Anisotropy)

अनेक चुम्बकीय पदार्थों उदाहरणतः आयरन के single magnetised क्रिस्टल में देखा गया है कि वे कुछ विशेष crystallographic axes के along चुम्बकित होने की प्रवृत्ति रखते हैं। यह दिशाएँ पदार्थ के easy magnetisation की दिशाएँ हैं अर्थात् आयरन, preferred directions of magnetisation प्रदर्शित करता है। आयरन में इस प्रकार की 6 preferred easy directions है। इनमें एक cubic edge के अनुदिश हैं। चुम्बकीय पदार्थों में उनकी दिशा के साथ इस प्रकार गुणों में परिवर्तन magnetic anisotropy कहलाती है।

13.14. सुपर कन्डक्टिविटी (Super Conductivity)

कुछ पदार्थों को बहुत कम तापमान तक ठण्डा करने पर उनकी विद्युत प्रतिरोधकता (electrical resistivity) अचानक शून्य हो जाती है। इस निम्न (low) तापमान का मान पदार्थ के एक विशिष्ट (certain) तापमान critical temperature (T_c) से कम होता है। पदार्थ की विद्युत प्रतिरोधकता (electrical resistivity) का क्रान्तिक तापमान (critical temperature) से कम तापमान पर शून्य हो जाना सुपर कन्डक्टिविटी (super conductivity) कहलाता है।

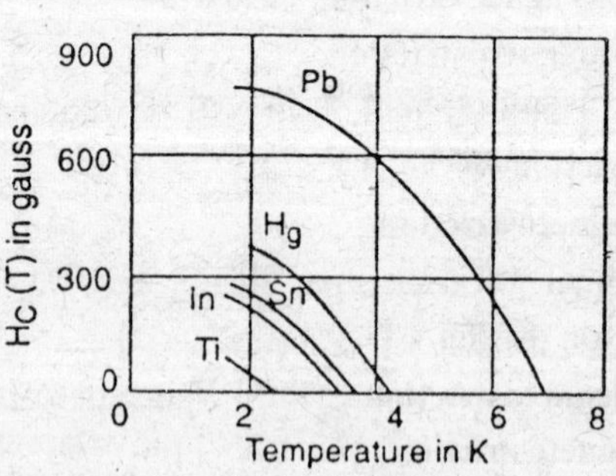

चित्र 13.12—सुपर कन्डक्टर्स के क्रिटिकल क्षेत्र-ताप वक्र।

सुपर कन्डक्टिविटी की खोज सर्वप्रथम Kamerlingh Onnes ने Leiden में 1911 की थी। पदार्थ की सुपर कन्डक्टिविटी को चुम्बकीय क्षेत्र प्रयुक्त कर नष्ट किया जा सकता है।

किसी शक्तिशाली चुम्बकीय क्षेत्र द्वारा सुपर कन्डक्टिविटी के destruction के लिए प्रयुक्त चुम्बकीय क्षेत्र की critical value को H_C (T) द्वारा प्रदर्शित किया जाता है। यह तापमान (temperature) का function है अर्थात् यह तापमान पर निर्भर करता है। चित्र 13.12 में कुछ super conductors के लिए H_C (T) अभिलक्षण प्रदर्शित किए जाते हैं।

प्रयोगों द्वारा देखा गया कि बहुत कम शक्तिशाली चुम्बकीय क्षेत्र में एक bulk super conductor किसी perfect diamagnetic पदार्थ की तरह व्यवहार करता है, जिसके अन्दर चुम्बकीय प्रेरण (magnetic induction) का मान शून्य होता है।

13.15. मैसनर प्रभाव (Meissner Effect)

जब किसी स्पेसीमैन को चुम्बकीय क्षेत्र में रखकर उसमें superconductivity का गुण उत्पन्न करने के लिए transition temperature तक ठण्डा किया जाता है तब पूर्व में उपस्थित चुम्बकीय फ्लक्स (magnetic flux) स्पेसीमैन से बाहर आ जाता है। यह प्रभाव 'मैसनर प्रभाव' कहलाता है। इस प्रकार सुपरकन्डक्टिविटी को दो क्रियाओं का combination माना जा सकता है (i) ideal conductivity तथा (ii) ideal diamagnetism. चित्र 13.13 में मैसनर प्रभाव दिखाया गया है।

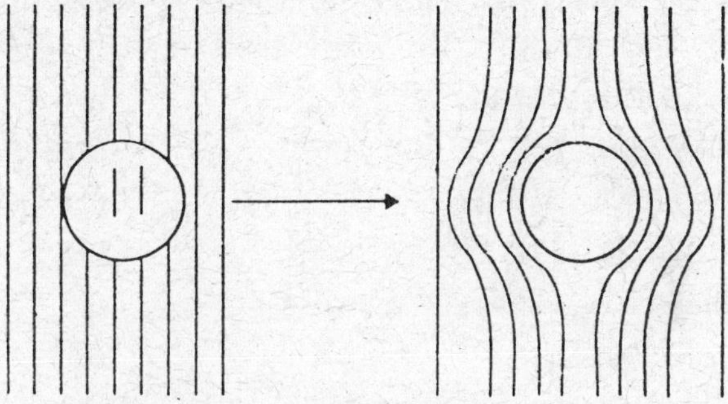

चित्र 13.13—मैसनर प्रभाव : एक चुम्बकीय क्षेत्र में cooled superconducting sphere में मैसनर प्रभाव : ट्रांजिशन तापमान से निम्न तापमान पर magneticlines of induction, sphere से eject हो जाती है।

वैज्ञानिकों Meissner तथा Ochsenfeld ने 1933 में प्रयोगों द्वारा ज्ञात किया कि यदि एक सुपरकन्डक्टर को चुम्बकीय क्षेत्र की उपस्थिति में transition temperature से कम तापमान तक ठण्डा किया जाता है तब lines of magnetic induction सुपर कन्डक्टर से बाहर की ओर push हो जाती है। Meissner Effect के अनुसार bulk superconductor ऐसा व्यवहार करता है तब specimen के अन्दर magnetic induction $B = 0$ हो।

चुम्बकीय क्षेत्र का मान बढ़ाने पर फ्लक्स तब तक exclude होता रहेगा जब तक कि चुम्बकीय क्षेत्र का मान इतना उच्च न पहुँच जाये कि फ्लक्स स्पेसीमैन को अचानक penetrate कर दे। इस स्थिति में स्पेसीमैन मे प्रतिरोध पुनः उत्पन्न होना प्रारम्भ हो जाता है।

सुपरकन्डक्टर एक ऐसा ideal diamagnetic पदार्थ है जिसकी magnetic susceptibility का मान 1 होता है।

Table 13.3 में कुछ पदार्थों में सुपरकन्डक्टिविटी उत्पन्न करने के लिए आवश्यक critical तापमान के मान दिए गए हैं—

Table 13.3 Critical Temperatures for Superconductivity

Materials	Critical Temperature T_c in °K
(A) Elements	
(i) Zn	4.2
(ii) Mo	7.8
(iii) Al	7.9
(iv) Ta	66.1
(v) Pb	63.9
(B) Alloys	
(i) Mo – 25% Re	10.0
(ii) Nb – 78% Zr	10.0
(iii) Nb – 33% Zr	10.8
(iv) Nb – 10% Zr	10.8
(C) Compounds	
(i) Nb_3Sn	18.05
(ii) Nb_3Ge	23.2
(iii) Nb_3Al	17.5
(iv) NbN	16.0
(v) $(SN)_x$ polymer	0.26
(vi) V_3Ga	16.5
(vii) V_3Si	17.1
(viii) $Pb . MO_5 . S_6$	14.4
(ix) Ti_2Co	3.44
(x) $La_3 In$	10.4

सुपरकन्डक्टर्स को दो भागों में वर्गीकृत किया जाता है—

(i) वर्ग-I सुपर कन्डक्टर्स (Type I super conductors)

(ii) वर्ग-II सुपर कन्डक्टर्स (Type II super conductors)

1. Type I Super Conductors

इन सुपर कन्डक्टर्स को soft super conductors भी कहते हैं। Type I super conductors के लिए T_C तथा H_C का मान इतना अधिक कम होता है कि इनका technical application हेतु प्रयोग सीमित हो जाता है। क्रिटिकल फील्ड के मान से

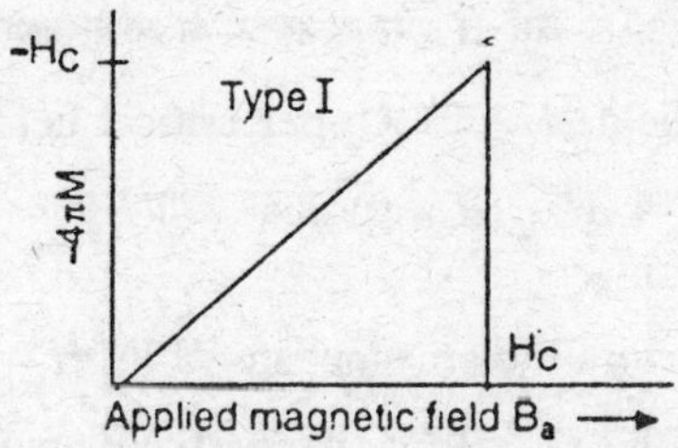

चित्र 13.14—वर्ग-I सुपर कन्डक्टर्स के अभिलक्षण।

ऊपर specimen एक normal conductor की भाँति व्यवहार करता है। कुछ metallic elements जैसे टिन, लैड, मरकरी तथा एल्यूमिनियम को Type I super conductors की श्रेणी में रखा जाता है।

चित्र 13.14 में M का ऋणात्मक मान diamagnetism को प्रदर्शित करता है। M, magnetisation को निर्देशित करता है।

जिन पदार्थों की magnetic susceptibility ऋणात्मक होती है वे पदार्थ diamagnetic कहलाते हैं।

जहाँ Magnetic Susceptibility

$$\chi = \frac{M}{B} \text{ (CGS)}$$

$$\chi = \frac{\mu_0 M}{B} \text{ (SI)}$$

2. Type II Super conductors

इन super conductors को hard super conductors भी कहते हैं। यह सामान्यतः मिश्र धातु अथवा ट्रांजिशन पदार्थ होते हैं जिनकी प्रतिरोधकता सामान्य अवस्था में उच्च होती है। Type II super conductors की super conducting electrical properties चित्र 13.15 के अनुसार चुम्बकीय क्षेत्र की upper value H_{C_2} तक प्राप्त होती है।

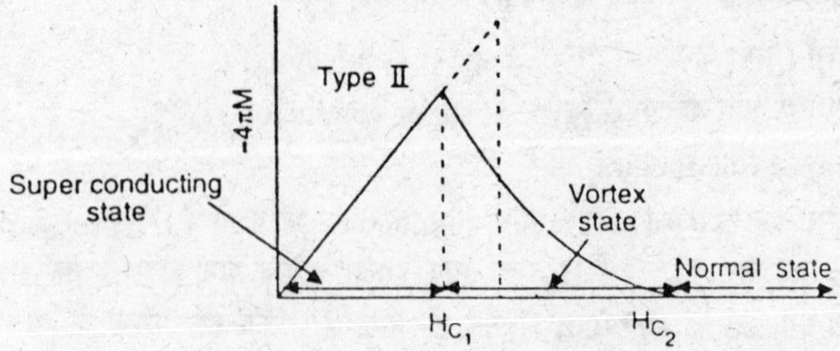

चित्र 13.15—वर्ग-II सुपर कन्डक्टर्स के अभिलक्षण।

Lower critical field H_{C_1} तथा Upper critical field H_{C_2} के मध्य फ्लक्स घनत्व (flux density) शून्य नहीं $(B \neq 0)$ होता तथा मैसनर प्रभाव को इस भाग में incomplete माना जाता है।

इन super conductors में diamagnetism का गुण H_{C_1} के अधिक मान होने पर धीरे-धीरे H_{C_2} पर नष्ट होता है। H_{C_1} से H_{C_2} तक partial diamagnetism का क्षेत्र बहुत अधिक चुम्बकीय क्षेत्र (0.1 से 20 Tesla) के संगत होता है। जबकि इस सम्पूर्ण क्षेत्र में प्रतिरोध शून्य ही रहता है। अतः टाइप-I सुपरकन्डक्टर्स के दोष टाइप-II सुपरकन्डक्टर्स में समाप्त हो जाते हैं। टाइप-II सुपरकन्डक्टर्स निम्नलिखित हैं—

$Nb_3(Al_{0.7}Ge_{0.3})$, $PbMo_{5.1}S_6$, Nb–Ti, Nb_3Sn, Nb_3Ge

सभी super conductors को critical temperature से कम तापमान तक ठण्डा करने पर entropy का मान घटता है। सुपरकन्डक्टर्स का critical temperature, isotopic mass के बढ़ने से बढ़ता है।

मरकरी में T_C का मान 4.185 K से 4.16 K तक बढ़ता है क्योंकि इसका average atomic mass M, 199.5 से 203.4 A.M.U. तक बढ़ता है। जब एक ही element के विभिन्न isotopes को mix किया जाता है तब transition temperature में भी smooth परिवर्तन होता है।

13.16. सुपरकन्डिक्टिविटी के अनुप्रयोग (Applications of Superconductivity)

मिश्रधातुओं (alloys), मुख्यतः transition elements की मिश्रधातुओं जैसे Nb–Zr, Nb–Ti तथा Mo–Re के लिए T_C का मान 10 K के लगभग होता है तथा इनकी critical magnetic field की strength भी उच्च होती है। ये alloys चुम्बकों की super conducting coils बनाने में प्रयुक्त किए जाते हैं। कुछ intermetallic compounds जैसे Nb_3Sn भी अच्छे superconducting materials हैं जिनके T_C व critical magnetic field उच्च होते हैं।

सुपरकन्डिक्टिंग पदार्थों का प्रयोग 50 Tesla मान के प्रबल (strong) चुम्बकीय क्षेत्र उत्पन्न करने के लिए किया जाता है जिसका मान विद्युत चुम्बक द्वारा उत्पन्न क्षेत्र के मान से बहुत अधिक होता है। इतने उच्च चुम्बकीय क्षेत्र की आवश्यकता MHD (Magnetohydro dynamic power generators) में होती है।

सुपरकन्डक्टर्स का प्रयोग computers में logic और storage functions को perform करने के लिए भी किया जाता है।

सुपरकन्डक्टिंग पदार्थों को वायु में permanent magnet से उत्पन्न repulsive force के विरुद्ध suspend किया जा सकता है, इस magnetic deviation effect का प्रयोग transportation में किया जाता है।

13.17. एन्टीफैरोमेगनेटिज्म (Antiferrromagnetism)

यह पदार्थ बहुत कम चुम्बकत्व गुण (external magnetism) प्रदर्शित करते हैं। इनका चुम्बकत्व फेरोमेगनेटिक पदार्थों की तुलना में काफी कम होता है। उदाहरणतः MnS, MnO_4, FeO, $FeCl_2$ इत्यादि। इन पदार्थों की susceptibility धनात्मक होती है। क्यूरी तापमान (curie temperature) तक इनकी susceptibility तापमान के साथ बढ़ती है परन्तु क्यूरी तापमान के पश्चात् ये पदार्थ फैरामेगनेटिक पदार्थों की भाँति व्यवहार करते हैं अर्थात् तापमान बढ़ने पर susceptibility कम होती है। इन पदार्थों में पड़ोसी परमाणुओं के चुम्बकीय वेक्टर, सम्पूर्ण क्रिस्टल लैटिस में परस्पर विपरींत दिशा में होते हैं।

फेरोमेगनेटिक पदार्थों की तुलना में, पदार्थों में संलग्न परमाणुओं अथवा आयनों के बीच मेगनेटिक मोमेन्ट कपलिंग (magnetic moment coupling) होता है। ऐसे एक समूह में, यह coupling एक antiparallel alignments में फलित होता है, पड़ोसी परमाणुओं अथवा आयनों के ठीक विपरीत दिशाओं में spin moment का alignment, एन्टीफेरोमेगनेटिज्म कहलाता है। मेगनीज ऑक्साइड (MnO) एक पदार्थ है जो ऐसा व्यवहार दिखाता है।

13.18. सुपरपेरामेगनेटिज्म (Superparamagnetism)

जब फेरोमेगनेटिक (ferromagnetic) तथा फेरीमेगनेटिक (ferrimagnetic) पदार्थों का साइज अथवा ग्रेन साइज एक निश्चित क्रान्तिक साइज के नीचे प्राप्त होता है तो ये पदार्थ ऐसा व्यवहार करते हैं जैसे कि वे पेरामेगनेटिक (paramagnetic) हों। प्रत्येक कण की मेगनेटिक डाईपोल ऊर्जा ऊष्मीय ऊर्जा के तुलना योग्य हो जाती है। यह न्यून मेगनेटिक घूर्ण (moment) अपनी दिशा आकस्मिक रूप से बदलता है। इस प्रकार, पदार्थ ऐसे व्यवहार करता है जैसे कि यह net magnetic moment नहीं रखता हो। यह superparamagnetism के रूप में जाना जाता है। इस प्रकार, यदि हम 3–5 mm साइज में आयरन ऑक्साइड (Fe_3O_4) उत्पन्न करते हैं, तो वे superparamagnetic पदार्थों के रूप में कार्य

करते हैं। ऐसे आयरन ऑक्साइड सुपरमेगनेटिक कण, aqueous अथवा organic carrier phases में dispersions बनाने को अथवा "liquid magnets" अथवा ferrofluids बनाने को प्रयुक्त किये जाते हैं। ये कण तरल (fluid) में, मेगनेटिक क्षेत्र में gradient के प्रतिउत्तर में गति करते हैं। हालांकि, चूँकि कण एक stable sol बनाते हैं, सम्पूर्ण dispersion गति करता है तथा अतः पदार्थ तरल चुम्बक (liquid magnet) के रूप में व्यवहार करता है। ऐसे पदार्थ कम्प्यूटर हार्डड्राइव्स में seals के रूप में तथा लाउडस्पीकर्स में heat transfer (cooling) माध्यमों के रूप में प्रयुक्त किये जाते हैं। लाउडस्पीकर में प्रयुक्त होने वाला स्थायी चुम्बक (permanent magnet) इसके स्थान में liquid magnets धारण करता है। आयरन ऑक्साइड (Fe_3O_4) के सुपरपेरामेगनेटिक कणों को भिन्न रसायनों के साथ भी लेपन किया जा सकता है तथा DNA अणुओं, प्रोटीन्स तथा अन्य अणुओं से cells को अलग करने को प्रयुक्त किया जा सकता है।

13.19. ठोस पदार्थों का जोन सिद्धान्त (Zone Theory of Solids)

सोमरफील्ड (Sommerfeld) के मुक्त इलेक्ट्रॉन सिद्धान्त के अनुसार धातु पदार्थ में इलेक्ट्रॉन स्थिर पोटेन्शियल क्षेत्र (constant potential field) में गति करते हैं। इस सिद्धान्त के द्वारा धातुओं में विद्युत चालन, उत्सर्जन (emission) तथा धातुओं के कुछ चुम्बकीय गुणों का विश्लेषण किया जा सका।

ठोस पदार्थों के जोन सिद्धान्त के अनुसार धातुओं में इलेक्ट्रॉन एक periodic potential के क्षेत्र में गति करते हैं। यह अभिकल्पना सोमरफील्ड सिद्धान्त के विपरीत है। जोन सिद्धान्त के अनुसार इलेक्ट्रॉन ऊर्जा की इतनी मात्रा तथा गति की वह विशिष्ट दिशाएँ ग्रहण नहीं कर सकते जिससे कि धातु में ब्रेग नियम (Bragg's law) के अनुसार उनका परावर्तन हो सके। इस शर्त के अनुसार धातु में इलेक्ट्रॉन अनेक जोन (different zones) में विभाजित रहते हैं जिन्हें ब्रिलियॉन जोन (Brillouin Zones) कहा जाता है। यह जोन एक दूसरे से अलग होते हैं तथा दो जोन के मध्य कुछ ऊर्जा गैप होता है।

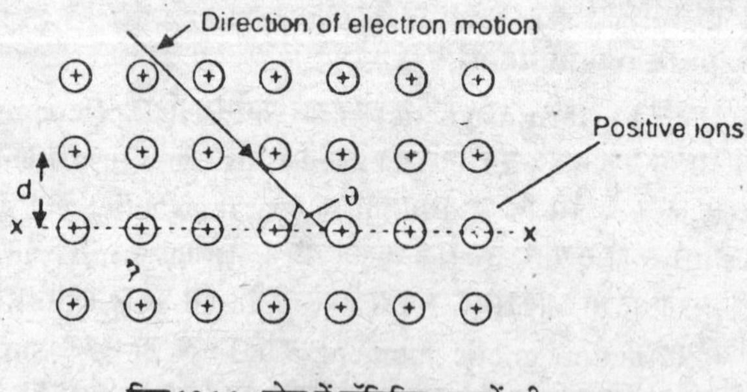

चित्र 13.16—ठोस में पॉजिटिव आयनों की व्यवस्था।

चित्र 13.16 में धातु पदार्थ में स्थिर धनात्मक आयन (fixed positive ions) की पीरियॉडिक व्यवस्था (periodic arrangement) प्रदर्शित की गई है। किसी आयन के

कारण किसी स्थान पर स्थितिज ऊर्जा अथवा पोटेन्शियल दूसरे आयन के कारण उसी स्थान पर स्थितिज ऊर्जा अथवा पोटेन्शियल से प्रभावित होता है तथा चित्र 13.17 के अनुसार पदार्थ में एक पीरियॉडिक पोटेन्शियल उत्पन्न होता है।

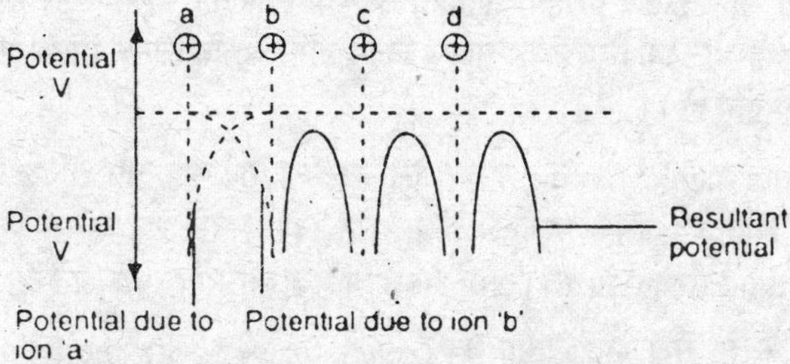

चित्र 13.17—आयनों के कारण ठोस में उत्पन्न पीरियॉडिक पोटेन्शियल।

तरंग यान्त्रिकी (Wave mechanical approach) के सिद्धान्त के आधार पर पीरियॉडिक पोटेन्शियल क्षेत्र में इलेक्ट्रॉन की गति के विश्लेषण से एक महत्त्वपूर्ण निष्कर्ष यह प्राप्त होता है कि क्रिस्टल में इलेक्ट्रॉन उन दिशाओं में गति नहीं कर सकता जिन पर ब्रेग का डिफ्रेक्शन नियम ($n\lambda = 2d\sin\theta$) सत्य सिद्ध होता है। अर्थात् इलेक्ट्रॉन की गति इस प्रकार सम्भव नहीं है जिससे कि

$$n\lambda = 2d\sin\theta$$

अथवा
$$\lambda = \frac{2d\sin\theta}{n} \quad \ldots(i)$$

जहाँ n एक integer तथा λ इलेक्ट्रॉन गति के कारण उत्पन्न तरंग की wavelength है। लैटिस तलों के मध्य स्पेसिंग d है तथा θ लैटिस तलों के सापेक्ष इलेक्ट्रॉन की गति की दिशा का आपतन कोण (angle of incidence) है। इस प्रकार यदि चित्र 13.16 में लैटिस प्लेन X-X तथा इस प्लेन पर इलेक्ट्रॉन की गति की दिशा एवं प्लेन के मध्य कोण θ है तब इलेक्ट्रॉन, क्रिस्टल में समीकरण (i) के अनुसार गति नहीं कर सकता।

किसी तरंग के wave number को $k = \frac{2\pi}{\lambda}$ द्वारा प्रदर्शित किया जाता है। अतः

$$k = \frac{2\pi}{\lambda} = \frac{2\pi \times n}{2d\sin\theta}$$

$$= \frac{n\pi}{d\sin\theta} \quad \ldots(ii)$$

या
$$k\sin\theta = \frac{n\pi}{d} \quad \ldots(iii)$$

Wave number 'k' एक वेक्टर है जिसकी दिशा इलेक्ट्रॉन गति की दिशा प्रदर्शित करती है। k का मान इलेक्ट्रॉन के आवेग (momentum) पर निर्भर करता है (हाइजेनबर्ग के uncertainty principle के अनुसार $\lambda \approx \frac{h}{p}$)।

समीकरण (iii) के अनुसार, कि प्रत्येक उस दिशा में जहाँ k का कम्पोनेन्ट $k \sin \theta = \frac{n\pi}{d}$ के तुल्य होता है ब्रैग का internal reflection का नियम सत्य होता है। चूँकि वेक्टर k के इस normal component ($k \sin \theta$) का मान लैटिस स्पेसिंग d के विलोमानुपाती (inversely proportional) है अतः इलेक्ट्रॉन की गति को प्रभावित करने वाले वह तल होंगे जिनके लिए d का मान उच्चतम होगा अर्थात् जिनके मिलर अंक (miller indices) निम्नतम होंगे।

Simple Cubic Lattice में ब्रैग की उपरोक्त शर्त सर्वप्रथम लैटिस प्लेन (100) द्वारा सन्तुष्ट होती है। उसके पश्चात् लैटिस प्लेन (110) इस शर्त को सन्तुष्ट करते हैं। Simple Crystal संरचना में, तल (110) सबसे अधिक स्पेसिंग (d) के होते हैं।

तलों के इन सैटों द्वारा निर्मित क्षेत्र (zones formed with the help of these planes) प्रथम एवं द्वितीय ब्रिलियॉन क्षेत्र (Brillouin Zones) कहलाते हैं।

इस प्रकार Brillouin Zones वह क्षेत्र हैं जो किसी विशिष्ट wave number के क्षेत्र में वह स्पेस enclose करते हैं जिनके लिए wave number 'k' के normal component $k \sin \theta$ का मान π/d के तुल्य हो।

ब्रिलियॉन क्षेत्रों की एक विशेषता यह है कि किसी एक क्रिस्टल में इनका क्षेत्रफल समान होता है।

चित्र 13.18 में प्रदर्शित एक simple cubic लैटिस में zone-1 तथा zone-2 का क्षेत्रफल बराबर है। दूसरे जोन के अभिलक्षण प्रथम जोन के समान ही हैं। इस जोन की बाउन्डरी पर पड़ने वाला कोई भी वेक्टर k इलेक्ट्रॉन के परावर्तन की दिशा को प्रदर्शित करता है जोकि असम्भव है।

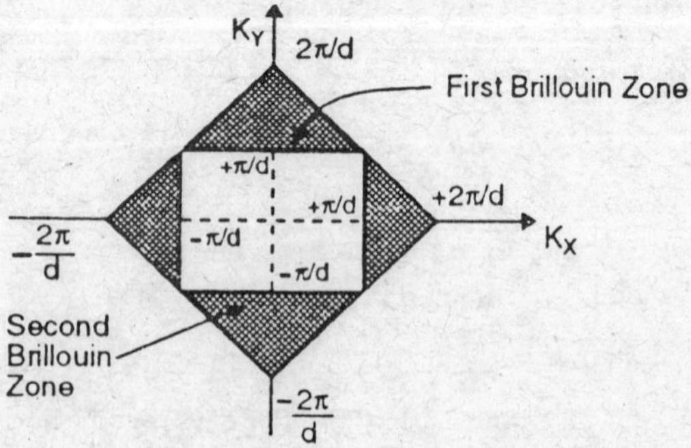

चित्र 13.18—ठोस पदार्थों मे Brillouin क्षेत्र।

13.20. ऊर्जा एवं तरंग संख्या में सम्बन्ध (Relation Between Energy and Wave Number)

सोमरफील्ड के अनुसार constant potential क्षेत्र में इलेक्ट्रॉन की ऊर्जा एवं wave number में निम्न सम्बन्ध होता है—

$$E = \frac{h^2k^2}{8\lambda^2 m}$$

यह एक parabolic समीकरण है। X-दिशा में गतिमान अर्थात् तल (100) की ओर गति करते हुए किसी इलेक्ट्रॉन की ऊर्जा इस समीकरण के अनुसार चित्र 13.19 द्वारा प्रदर्शित की जा सकती है।

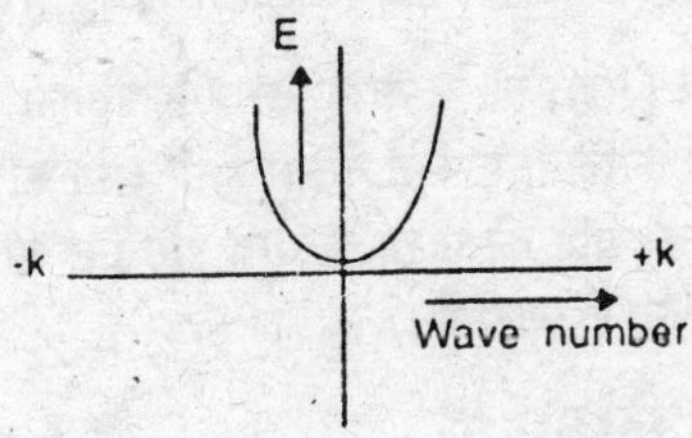

चित्र 13.19

पीरियॉडिक पोटेन्शियल में भी इलेक्ट्रॉन की गति की इस ग्राफ (चित्र 13.19) द्वारा विवेचना की जा सकती है। अन्तर केवल यह है कि periodic potential क्षेत्र में wave number के कुछ क्रिटिकल मान $\left(K_x = \frac{n\pi}{d \sin\theta}\right)$ पर इलेक्ट्रॉन की सामान्य गति बाधित हो जाती है जिसके कारण wave number-energy वक्र में चित्र 13.20 की भाँति कुछ

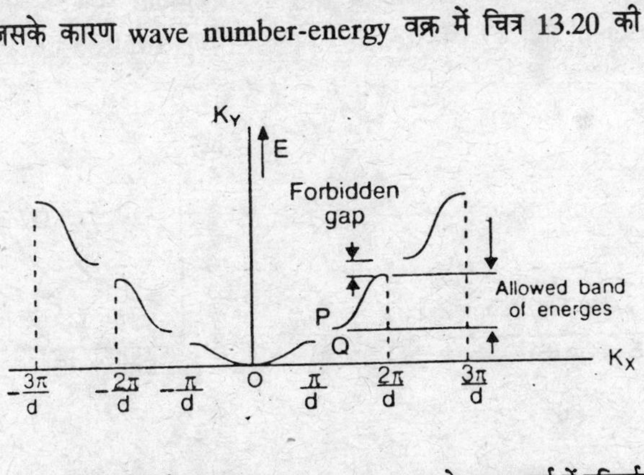

चित्र 13.20—जोन थ्योरी के अनुसार wave number (k) के साथ ऊर्जा में परिवर्तन : इलेक्ट्रॉन-ऊर्जा बैण्ड एवं forbidden ऊर्जा गैप

discontinuities आ जाती है। इस प्रकार तल (100) के लम्बवत् गतिमान इलेक्ट्रॉन के लिए

$$K_x = \pm \frac{n\pi}{d \sin \theta}$$

परन्तु $\theta = 90^\circ \therefore \sin \theta = 1$ अर्थात् $K_x = \frac{n\pi}{d}$ (यहाँ n एक integer है)

अतः energy-wave number वक्र में π/d के अन्तराल पर discontinuities उत्पन्न होती है।

किसी एक discontinuity उदाहरणतः π/d पर विचार कीजिए। k_x का मान $\frac{\pi}{d}$ अथवा π/d की ओर बढ़ने पर ऊर्जा में परिवर्तन बहुत धीरे-धीरे होता है।

$k_x = \frac{\pi}{d}$ पर ऊर्जा के दो मान होते हैं जिन्हें चित्र 13.20 में P तथा Q द्वारा प्रदर्शित किया गया है। इस प्रकार (100) की लम्बवत् दिशा में गतिमान इलेक्ट्रॉन की ऊर्जा केवल P एवं Q के मध्य ऊर्जा गैप के किसी मान के बराबर होगी अन्य कोई नहीं। क्रिस्टल में energy gap का मान इलेक्ट्रॉन की गति की दिशा के साथ परिवर्तित होता है अतः जोन की बाउन्ड्री क्रॉस होने पर ऊर्जा परिवर्तित हो जाती है।

13.20. डेन्सिटी ऑफ स्टेट्स (Density of States)

चित्र 13.21 में 'density of states-energy' वक्र प्रदर्शित किया गया है। इस वक्र में Brillouin Zone के कारण विरुपण (distortion) स्पष्ट प्रदर्शित होता है। ग्राफ में Y-अक्ष पर density of states N (E), तथा X-अक्ष पर इलेक्ट्रॉन की ऊर्जा प्लॉट की गई है। N (E)-E वक्र की आकृति parabolic है परन्तु ऊर्जाओं के उन मान (values) पर इसकी आकृति में परिवर्तन हो जाता है जिन पर Brillouin क्षेत्रों की परस्पर अर्न्तक्रिया (interactions) होती है। चित्र 13.21 में बिन्दुदार लाइन (dotted line) जोन प्रभाव की

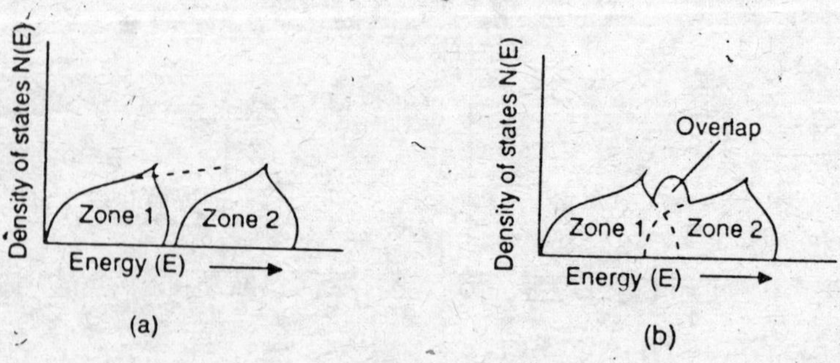

चित्र 13.21—Density of States.

अनुपस्थिति में मुक्त इलेक्ट्रॉनों के लिए N (E)-E वक्र प्रदर्शित करता है तथा सीधी रेखा (full lines) जोन की उपस्थिति (presence) को प्रदर्शित करती है। वक्र से एक मुख्य तथ्य यह ज्ञात होता है कि energy of states बढ़ने पर density of states भी बढ़ती है तथा वक्र में parabolic आकृति से विचलन (deviation) हो जाता है। ऊर्जा ओर अधिक बढ़ने पर density of states में गिरावट (decrease) आती है तथा अन्ततः शून्य हो जाती है।

सीधी रेखा (full line) द्वारा घिरे (enclosed) इलेक्ट्रॉनों के जोन (zone of electrons) को भरने के लिए आवश्यक इलेक्ट्रॉनों की संख्या 2 N है, जहाँ N धातु में परमाणुओं की कुल संख्या है। अतः Brillouin जोन केवल तब पूर्णतया भर सकता है जब धातु का प्रत्येक परमाणु बैन्ड को 2 इलेक्ट्रॉन दे। परन्तु, यदि परमाणु दो से अधिक इलेक्ट्रॉन उपलब्ध कराता है तब अतिरिक्त (excess) इलेक्ट्रॉन दूसरे अथवा उच्च जोन से सम्मिलित (accommodate) होंगे।

चित्र 13.21 में दो क्षेत्र (zones) एक ऊर्जा गैप (energy gap) द्वारा अलग-अलग स्थित हैं। परन्तु वास्तविक धातुओं में ऐसा होना आवश्यक नहीं है तथा दोनों क्षेत्र N (E)-E वक्र में ऊर्जा के कुछ मानों (values) के लिए परस्पर ओवर लैप कर सकते हैं ताकि इस प्रकार कोई ऊर्जा गैप उत्पन्न न हो। इस ओवर लैप का मुख्य कारण यह है कि forbidden ऊर्जा क्षेत्र की ऊर्जा लैटिस में दिशा के साथ परिवर्तित होती है तथा प्रथम जोन के उच्चतम ऊर्जा स्तर की ऊर्जा का एक दिशा में मान दूसरे जोन में किसी अन्य दिशा में निम्नतम (lowest) ऊर्जा स्तर की ऊर्जा के मान से उच्च (higher) होता है। अतः N (E)-E वक्र में ऊर्जा गैप जोकि सभी दिशाओं में इलेक्ट्रॉन ऊर्जा स्तरों का योग है एक बन्द वक्र (closed curve) है [चित्र 13.21 (b)]।

13.21. चालक, अर्द्धचालक एवं कुचालकों में जोन (Zones in Conductors, Semiconductors and Nonconductors)

जोन थ्योरी के आधार पर चालक कुचालक एवं अर्द्धचालकों के व्यवहार का विश्लेषण किया जा सकता है।

1. चालक (Conductors)

माना प्रथम एवं द्वितीय क्षेत्रों (Zones) के मध्य अधिक बड़ा ऊर्जा गैप है जिसके कारण इन क्षेत्रों के ऊर्जा स्तर परस्पर overlap नहीं करते हैं। एक monovalent धातु की cubic लैटिस पर विचार कीजिए। चूँकि धातु के प्रत्येक परमाणु पर एक valance electron है अतः प्रथम जोन को लगभग आधा भरने के लिए धातु में काफी इलेक्ट्रॉन हैं। परम शून्य तापमान पर माना जा सकता है कि valancy इलेक्ट्रॉन प्रथम जोन के आधे भाग के ऊर्जा स्तरों को भर देगें।

परमशून्य तापमान पर यह माना जाता है कि इलेक्ट्रॉन प्रथम जोन के निम्न आधे (lower half) ऊर्जा स्तरों को occupy करते हैं। जब कोई जोन आंशिक रूप से

(partially) भरा होता है तब ठोस पदार्थ एक सामान्य धातु अर्थात् विद्युत चालक होता है। ठोस में धारा प्रवाह होने के लिए यह आवश्यक है कि इलेक्ट्रॉन निम्न ऊर्जा स्तरों से उच्च ऊर्जा स्तरों में जायें। उपरोक्त स्थिति में यह सम्भव है कि एक जोन में ऊर्जा स्तर खाली (unfilled) हो तथा धातु को थोड़ी सी ऊर्जा देने पर इलेक्ट्रॉन इस ऊर्जा स्तर में जा सकते हैं।

दूसरी स्थिति यह हो सकती है कि ठोस में एक Brillouin क्षेत्र को भरने के लिए प्रचुर मात्रा में इलेक्ट्रॉन उपलब्ध हों। इस अवस्था में ठोस पदार्थ में चालकीय गुण (conducting properties) हो सकते हैं बशर्ते कि जोन परस्पर ओवर लैपिंग करते हैं।

माना प्रथम जोन पूर्णतया भरा हुआ है। Zones में ऊर्जा स्तरों के ओवरलैप करने से पहले जोन के कुछ इलेक्ट्रॉन दूसरे जोन में जा सकते (over flow) हैं। अतः दोनों जोन समान ऊर्जा स्तर तक भर जायेंगे।

इस प्रकार के ठोस पदार्थों में विद्युत चालन इसलिए सम्भव है क्योंकि दोनों जोन में फरमी स्तर से ऊपर की ओर कुछ unfilled ऊर्जा स्तर है तथा इलेक्ट्रॉन, एक जोन से दूसरे जोन में सरलता से शिफ्ट कर सकते हैं।

2. कुचालक अथवा इन्सूलेटर्स (Nonconductors or Insulators)

माना ठोस में केवल एक जोन को पूर्णतया भरने के लिए काफी इलेक्ट्रॉन हैं तथा प्रथम एवं द्वितीय जोन के मध्य काफी बड़ा ऊर्जा गैप है जिसके कारण ऊर्जा स्तर परस्पर ओवरलैप नहीं करते हैं। इस स्थिति में ठोस एक कुचालक की भाँति व्यवहार करता है। इलेक्ट्रॉन प्रथम जोन के उच्च ऊर्जा स्तरों में शिफ्ट नहीं कर सकते क्योंकि यह पूर्णतया भरे हुए हैं तथा सामान्य ऊर्जा देने पर प्रथम जोन के इलेक्ट्रॉन ऊर्जा गैप को क्रॉस कर दूसरे जोन में नहीं जा सकते। चूँकि इस प्रकार के ठोस पदार्थों में इलेक्ट्रॉन की ऊर्जा अवस्था (energy states) को परिवर्तित करना सम्भव नहीं है अतः इलेक्ट्रॉन का औसत वर्ग भी अपरिवर्तित रहता है। फलस्वरूप कोई धारा का चालन (conduction) नहीं होगा।

दूसरे शब्दों में कुचालक अथवा इन्सूलेटर वह पदार्थ हैं जिनके प्रथम Brillouin जोन पूर्णतया भरे होते हैं तथा उनके एवं उनके ठीक ऊपर जोन के मध्य काफी बड़ा ऊर्जा गैप होता है।

3. अर्द्धचालक (Semiconductors)

इन पदार्थों में पूर्णतया भरे जोन तथा unfilled जोन के मध्य ऊर्जा गैप कुचालकों की तुलना में कम होता है। जिसके कारण पदार्थ को ऊर्जा देने पर इलेक्ट्रॉन प्रथम जोन के उच्च स्तरों से दूसरे unfilled जोन के निम्न स्तरों में शिफ्ट कर जाते हैं अतः आंशिक रूप से चालन होता है। जब थर्मल ऊर्जा अर्द्धचालक को दी जाती है तो कुछ इलैक्ट्रान्स उच्चतर ऊर्जा बॉण्ड में उत्तेजित हो जाते हैं तथा इस प्रकार वहाँ विद्युत धारा प्रवाहित होती है। थर्मल ऊर्जा vacency सृजित कर सकती है जो धारा के प्रवाह (flow of current) में फलित होती है। धातु में अशुद्धियों की उपस्थिति भी अर्धचालकता का कारण हो सकती है।

अर्धचालकों के अनुप्रयोग
(Application of Semiconductors)

अर्धचालक निम्न युक्तियों (devices) में प्रयुक्त किये जाते हैं—

1. फोटो कन्डक्टिव सैल्स
2. फोटो वोल्टिक सैल्स
3. स्ट्रेन गेजेज
4. थाईरिस्टर्स
5. ट्रांजिस्टर्स
6. रेक्टिफायर्स
7. तापमान सेंसिटिव रेजिस्टर्स

13.22. शब्दावली (Glossary)

एन्टीफेरोमेगनेटिज्म (Antiferromagnetism)—मेगनेटिक आघूर्णों की व्यवस्था इस प्रकार से कि परमाणुओं अथवा आयनों का magnetic moments, zero net magnetization का कारण होते हुए निष्क्रिय हो जाता है।

ब्लोच वाल्स (Bloch walls)—मेगनेटिक डोमेन्स (magnetic domains) के बीच बाउन्ड्रियाँ।

क्यूरी तापमान (Curie temperature)—तापमान (T_c) जिसके ऊपर फेरोमेगनेटिक अथवा फेरीमेगनेटिक पदार्थ, पेरामेगनेटिक (paramagnetic) हो जाते हैं।

डायामेगनेटिज्म (Diamagnetism)—आरबिटिंग इलेक्ट्रॉनों के कारण मेगनेटिक आघूर्ण के द्वारा बनाया गया प्रभाव जो imposed मेगनेटिक क्षेत्र का थोड़ा सा विरोध पैदा करता है।

डोमेन्स (Domains)—एकल अथवा पॉलीक्रिस्टेलाइन पदार्थ में छोटे क्षेत्र (small regions) जिनमें समस्त मेगनेटाइजेशन दिशाएँ aligne की जाती हैं।

फेरोमेगनेटिज्म (Ferromagnetism)—जब पदार्थ में आयन (ions) एक antiparallel व्यवस्था में अपने मेगनेटिक आघूर्ण संरेखित (aligned) रखते हैं इस प्रकार कि आघूर्ण पूर्णरूप से निष्क्रिय नहीं होते हैं तथा मेगनेटिक क्षेत्र को दूर करने के बाद शुद्ध मेगनेटाइजेशन बाकी रहता है, तो मेगनेटिक व्यवहार प्राप्त होता है।

हार्ड मेगनेट (Hard magnet)—फेरोमेगनेटिक अथवा फेरोमेगनेटिक पदार्थ जो coercivity > 10^4 m^{-1} रखता है।

हिस्टेरिसिस लूप (Hysteresis loop)—जैसे ही मेगनेटिक क्षेत्र crycled होता है, फेरोमेगनेटिक अथवा फेरीमेगनेटिक पदार्थ में magnetization के द्वारा बनाया गया लूप (loop) हिस्टेरिसिस लूप कहलाता है।

मेगनेटिक आघूर्ण (Magnetic moment)—एक मेगनेटिक डाइपोल के साथ सहायक मेगनेटिक क्षेत्र की सामर्थ्य।

मेगनेटिक परमीएबिलिटी (Magnetic permeability)—Inductance अथवा magnetization तथा मेगनेटिक फिल्ड के मध्य अनुपात। यह एक पदार्थ से होकर मेगनेटिक फ्लक्स लाइन्स के flow कर सकने की सुगमता का मापन है।

मेगनेटाइजेशन (Magnetization)—प्रति इकाई आयतन कुल मेगनेटिक आघूर्ण।

पेरामेगनेटिज्म (Paramagnetism)—जब एक मेगनेटिक क्षेत्र लगाया जाता है, तब electron spins के संरेखन (alignment) के द्वारा बनाया गया शुद्ध मेगनेटिक आघूर्ण।

स्थायी मेगनेट (Permanent magnet)—एक कठोर मेगनेटिक पदार्थ।

रिमेनेन्स (Remanance)—पॉलरीजेशन (polarization) अथवा मेगनीटाइजेशन जो क्षेत्र से हटा लिए जाने के बाद पदार्थ में रहता है। यह dipoles के स्थायी संरेखन के कारण होता है।

संतृप्त मेगनेटाइजेशन (Saturation magnetization)—जब सभी dipoles अधिकतम मेगनेटाइजेशन उत्पन्न करते हुए, field के द्वारा संरेखित किए जा चुके हों।

मृदु मेगनेट (Soft magnet)—फेरोमेगनेटिक अथवा फेरीमेगनेटिक पदार्थ जो coercivity $\leq 10^3 \text{ Am}^{-1}$ रखता है।

सुपरपेरामेगनेटिज्म (Superparamagnetism)—Nano-scale regime में, पदार्थ जो फेरोमेगनेटिक अथवा फेरीमेगनेटिक हैं परन्तु पेरामेगनेटिक ढंग में व्यवहार करते हैं।

अभ्यासमाला (Exercise)

1. Diamagnetism तथा Paramagnetism के मध्य विभेद कीजिए।
[AMIE, Summer 2005]

2. Paramagnetism तथा ferromagnetism के बीच electron spins को सम्मिलित कर मेकेनिज्म को समझाते हुए अन्तर बताइए। **[AMIE, Winter 2005]**

3. Hysteresis loop क्या है? इसकी महत्ता (importance) को स्पष्ट कीजिए।
[AMIE, Summer 2005]

4. कठोर (hard) तथा मृदु चुम्बकों (soft magnets) के लिए मेगनेटिक hysteresis loop खींचिए तथा magnetization parameters पर बल के साथ alternating field के प्रतिउत्तर में व्यवहार में अन्तर स्पष्ट कीजिए। **[AMIE, Winter 2005]**

5. Zone Theory of Solids की विवेचना कीजिए तथा कन्डक्टर्स तथा इन्सूलेटर्स में zones स्पष्ट कीजिए। **[AMIE, Summer 1980, 1993, 1995, 2006, Winter 94]**

6. मृदु (soft) तथा कठोर मेगनेट्स (hard magnets) के बीच अन्तर बताइए।
[AMIE, Summer 1992, 2006]

7. फैरोमेगनेटिज्म की domain theory समझाइए।

8. धातु पदार्थ Brillouin Zones से निर्मित ठोस पदार्थ हैं, स्पष्ट कीजिए।

9. सुपरकन्डक्टिविटी (Superconductivity) पर टिप्पणी लिखिए।

10. निम्न पर संक्षिप्त टिप्पणी लिखिए—

(i) Diamagnetism

(ii) Paramagnetism

(iii) Magnetic hysteresis

(iv) Curie temperature

(v) Ferromagnetism

(vi) Hysteresis loop of ferromagnetic materials

(vii) Brillouin Zone

11. (a) Paramagnetism, ferromagnetism तथा diamagnetism को संक्षेप में समझाइए।

(b) Ferromagnetism की domain theory की विवेचना कीजिए।

(c) मृदु तथा कठोर चुम्बकों के अभिलक्षणों (characterstics) को बताइए।

(d) ट्रांसफॉर्मर बनाने के लिए शुद्ध आयरन (pure iron) क्यों प्रयुक्त नहीं किया जाता है ?

12. फैरोमेगनेट पदार्थों के लिए hysteresis loop के सन्दर्भ में ferromagnetism पद को स्पष्ट कीजिए।

13. Br तथा Hc को दिखाते हुए hysteresis loop का चित्र बनाइए। इन quantities का क्या महत्त्व है ?

14. निम्न पर संक्षिप्त टिप्पणी लिखिए—

(i) Magenetostriction

(ii) Ferrites

(iii) Super conductivity

(iv) Superparamagnetism.

खण्ड-3

SHORT QUESTIONS WITH ANSWERS

(A) निम्न प्रश्नों का एक अथवा दो वाक्यों में उत्तर दें—

1. सामर्थ्य के आधार पर बेसिक बन्ध (bond) कौन-से हैं ?
उत्तर : प्राइमरी एवं सेकेण्डरी।

2. बन्ध (bond) की सामर्थ्य किस बात पर निर्भर करती है ?
उत्तर : बन्ध को तोड़ने के लिए आवश्यक ऊर्जा के मान पर।

3. धात्विक बन्ध (metallic bond) किस प्रकार निर्मित होते हैं ?
उत्तर : जब धातु का प्रत्येक परमाणु अपने valency इलेक्ट्रॉन द्वारा electron cloud के formation में योगदान (contribute) करता है।

4. सेकेण्डरी बन्ध किन परिस्थितियों में निर्मित होते हैं ?
उत्तर : डाइपोल आकर्षण (dipole attraction) के कारण सेकेण्डरी बन्ध बनते हैं। डाइपोल की उत्पत्ति asymmetrical molecules में इलेक्ट्रॉनों के unbalanced distribution से होती है।

5. स्पेस लैटिस (space lattice) का क्या अर्थ है ?
उत्तर : स्पेस लैटिस 3-dimension में array of point है जिसमें प्रत्येक बिन्दु की surrounding एक समान होती है।

6. परमाणुविक त्रिज्या (atomic radius) किसे कहते हैं ?
उत्तर : किसी शुद्ध तत्त्व के क्रिस्टल के दो समीपस्थ (nearest) परमाणुओं (अथवा neighbours) के मध्य दूरी का आधा परमाणुविक त्रिज्या कहलाती है।

7. Atomic packing factor क्या है ?
उत्तर : $\text{Atomic packing factor} = \dfrac{\text{Volume of atoms per unit cell}}{\text{Total volume of the unit cell}}$

8. मिलर अंक (indices) क्या है ?
उत्तर : स्पेस लैटिस में क्रिस्टल समतल (planes) के नोटेशन की प्रणाली "मिलर अंक" है।

9. क्रिस्टल symmetry के मूल तत्त्व क्या हैं ?
उत्तर : Plane of symmetry, axis of symmetry तथा centre of symmetry क्रिस्टल symmetry के मूल तत्त्व हैं।

10. Co-ordination number का क्रिस्टल स्ट्रक्चर में क्या महत्त्व है ?
उत्तर : Co-ordination number क्रिस्टल स्ट्रक्चर में परमाणुओं के packing के closeness का सूचक है।

11. Co-valent bonding की क्या विशेषताएँ हैं ? दो covalent ठोस पदार्थों के नाम लिखिए।
उत्तर : Co-valent bonding से diatomic, chain, layer तथा 3-dimensional molecules प्राप्त होते हैं। डायमण्ड तथा ग्रेफाइट covalent ठोस पदार्थ हैं।

12. ब्रेग का नियम क्या प्रदर्शित करता है ?
उत्तर : यह नियम क्रिस्टल द्वारा diffraction का नियम प्रदर्शित करता है।

13. क्रिस्टल स्ट्रक्चर ज्ञात करने की मुख्य तकनीक क्या है ?

उत्तर : X-ray diffraction, electron तथा neutron diffraction ।

14. पॉली एक्सक्ल्यूजन सिद्धान्त क्या है ?

उत्तर : इस नियम के अनुसार किन्हीं दो इलेक्ट्रॉन की चारों क्वान्ट्म संख्याएँ समान नहीं हो सकती ।

15. सिलिकॉन तथा जर्मेनियम का क्रिस्टल स्ट्रक्चर क्या है ?

उत्तर : Si – $1s^2, 2s^2, 2p^6, 3s^2, 3p^2$

Ge – $1s^2, 2s^2, 2p^6, 3s^2\, 3p^6\, 3d^{10}, 4s^2\, 4p^2$

16. X-ray धातुओं को भेद सकती हैं परन्तु प्रकाश किरणें नहीं, इसका क्या कारण है ?

उत्तर : X-rays की wave length प्रकाश की किरणों की wave length की तुलना में अत्यन्त कम होती हैं जिसके कारण उसमें अधिक ऊर्जा होती है अतः X-rays धातुओं को भेद (penctrate) सकती हैं ।

17. परमाणु के न्यूक्लियस के घटक (constituents) क्या होते हैं ?

उत्तर : प्रोटॉन तथा न्यूट्रॉन ।

18. ड्यूटिरियम (deuterium) क्या है ?

उत्तर : ड्यूटिरियम, हाइड्रोजन का आइसोटोप है । इसमें एक प्रोटॉन, एक न्यूट्रॉन होता है जिसके कारण इसकी द्रव्यमान संख्या (mass number) हाइड्रोजन का दो गुणा होती है ।

19. Hexagonal closed packed crystal (hcp) के उदाहरण दीजिए ।

उत्तर : बेरियम, कैडमियम, कोबाल्ट, मेगनिशियम, जिंक इत्यादि ।

20. क्रीप (Creep) से आप क्या समझते हो ?

उत्तर : बढ़े हुए तापमान पर एक स्थिर तनन भार (constant tensile load) के अधीन पदार्थ creep करेगा तथा समय पर निर्भर डिफॉर्मेशन से गुजरेगा। इसलिए स्थिर प्रतिबल पर समय के साथ पदार्थ का धीमे (slow) तथा प्रयासी (progressive) डिफॉर्मेशन क्रीप (creep) कहलाता है ।

21. Yield point क्या प्रदर्शित करता है ?

उत्तर : Yield point प्रतिबल (stress) का वह मान प्रदर्शित करता है जिस पर प्रतिबल में वृद्धि हुए बिना विकृति (strain) में अत्यधिक वृद्धि होती है ।

22. दिखाइए कि true stress इन्जीनियरी स्ट्रैस (σ_s) से सम्बन्ध $\sigma = \sigma_s (1 + \sigma_e)$ के द्वारा सम्बन्धित है जहाँ σ_e इन्जीनियरी स्ट्रेन है ।

उत्तर : यदि मूल लम्बाई l_0 तथा अनुप्रस्थ काट (cross section) a_0 का एक बेलनाकार स्पेसीमैन लगाए गए भार P के अधीन लम्बाई l तथा अनुप्रस्थ काट क्षेत्रफल a तक डिफार्म करता है,

तब इन्जीनियरी स्ट्रेन $$\sigma_e = \frac{l - l_0}{l_0} = \frac{l}{l_0} - 1$$

इस प्रकार $$\frac{l}{l_0} = 1 + \sigma_e \qquad \ldots(1)$$

इन्जीनियरी स्ट्रैस $\sigma_s = \dfrac{P}{a_0}$

True stress $\sigma = \dfrac{P}{a} = \dfrac{P}{a_0} \cdot \dfrac{a_0}{a} = \sigma_s \cdot \dfrac{a_0}{a}$ ...(2)

चूँकि $l_0 a_0 = l \,.\, a$

$$\frac{a_0}{a} = \frac{l}{l_0} = 1 + \sigma_e$$

इस प्रकार $\sigma = \sigma_s (1 + \sigma_e)$

23. एक tension test के दौरान एक पदार्थ की उसके इलास्टिक रेंज के अन्तर्गत 345 Mpa इन्जीनियरी स्ट्रैस के विरुद्ध $0 \cdot 0046$ की इन्जीनियरी स्ट्रेन रिकार्ड की गई। पदार्थ का elastic modulus तथा मेटेलिक एलॉय का प्रकार (जैसे iron base, copper base इत्यादि) ज्ञात कीजिए। **[AMIE, Summer 2005]**

उत्तर : दिया है इन्जीनियरी स्ट्रेन $\sigma_e = 0 \cdot 0046$

इन्जीनियरी स्ट्रैस $\sigma_s = 345$ MPa

$$\text{Young's modulus } Y = \frac{\sigma_s}{\sigma_e} = \frac{345}{0 \cdot 0046} = 75000 \text{ MPa}$$

यह Silica base मेटेलिक एलॉय है।

24. दो धातु परमाणुओं (metal atoms) के atomic radii क्रमशः $0 \cdot 128$ nm तथा $0 \cdot 133$ nm हैं। ज्ञात कीजिए कि क्या वे एक solid solution बनाते हैं तथा यदि वे बनाते हैं, तो बताइए कि यह किस प्रकार का solid solution है? **[AMIE, Summer 2005]**

उत्तर : radii में प्रतिशत परिवर्तन $= \dfrac{0 \cdot 133 - 0 \cdot 128}{0 \cdot 128}$

$= 0 \cdot 03906 = 3 \cdot 91\%$

चूँकि $3 \cdot 91\% < 15\%$

अतः वे solid solution बनाते हैं, solid solution का प्रकार solid solubility है।

25. तन्यता (ductility) की परिभाषा दीजिए।

उत्तर : यदि कोई पदार्थ tensile loading पर प्लास्टिक विधि से elongate होता है तब वह तन्य पदार्थ (ductile material) कहलाता है। यह प्रतिशत elongation अथवा प्रतिशत reduction in area के पदों में व्यक्त किया जाता है।

$$\% \text{ elongation} = \frac{l - l_0}{l_0} \times 100$$

जहाँ l_0 = स्पेसीमेन की मूल लम्बाई

l = स्पेसीमेन की अन्तिम लम्बाई है

$$\% \text{ reduction in area} = \frac{a_0 - a}{a_0} \times 100$$

जहाँ a_0 = प्रारम्भिक क्षेत्रफल, a = अन्तिम क्षेत्रफल

26. अवशेष प्रतिबल (Residual stress) क्या है ?

उत्तर : जब किसी धातु पर कोल्ड वर्क किया जाता है तब उसमें कुछ आन्तरिक प्रतिबल तथा स्थायी डिफार्मेशन रह जाता है। ये stress, स्लिप तलों पर, barriers पर डिसलोकेशन के pile up होने से होती है। इन residual stress के कारण धातु की कठोरता (hardness) बढ़ती है परन्तु कोरोजन की सम्भावना भी बढ़ जाती है। पदार्थ में सतह (surface) पर अवशिष्ट compressive stress से पदार्थ का fatigue resistance बढ़ता है।

27. बाशींगर प्रभाव (Bauchinger effect) क्या है ?

उत्तर : जब किसी एलास्टिक अथवा तन्य पदार्थ को Yield condition तक लोड किया जाता है तथा उसके पश्चात् उसे unload कर पुनः विपरीत दिशा (reverse direction) में लोड किया जाता है तब yield stress का मान कम हो जाता है। यह बाशींगर प्रभाव कहलाता है।

28. क्रीप (creep) की अवस्था में सिंगल क्रिस्टल, पॉलीक्रिस्टेलाइन पदार्थों से अधिक मजबूत (stronger) क्यों होते हैं ?

उत्तर : क्रीप लोडिंग की अवस्था में ग्रेन बाउन्डरी एक दुर्बल क्षेत्र (weak zones) होती है। अतः पॉलीक्रिस्टेलाइन क्रिस्टल में अधिक ग्रेन बाउन्ड्री होने के कारण वे सिंगल क्रिस्टलों की तुलना में कमजोर होते हैं।

29. Tensile तथा Yield strength में क्या अन्तर है ?

उत्तर : Tensile strength इन्जीनियरी स्ट्रैस-स्ट्रेन डायग्राम पर वह अधिकतम स्ट्रैस है जो स्पेसीमैन में rupture से पहले विकसित होती है।

Yield strength वह stress है जिस पर पदार्थ में प्लास्टिक डिफॉर्मेशन प्रारम्भ होता है।

30. किन परिस्थितियों में हुक का नियम (Hook's Law) fail होता है ?

उत्तर : हुक के नियम के अनुसार एलास्टिक डिफॉर्मेशन में elastic limit के अन्तर्गत स्ट्रैस, स्ट्रेन के समानुपाती होता है। यह स्थिति एलास्टोमर्स में लागू नहीं होती है जिनके स्ट्रैस-स्ट्रेन वक्र (stress-strain curve) एलास्टिक रेंज में रेखीय (linear) नहीं होते। उदाहरण—रबर।

31. एलास्टिक डिफॉर्मेशन क्या है ?

उत्तर : वह डिफॉर्मेशन जो fully-recoverable तथा time independent होता है। एलास्टिक डिफॉर्मेशन कहलाता है। यह डिफॉर्मेशन elastic range में होता है तथा हुक के नियम का पालन करता है।

32. एलास्टोमरिक डिफॉर्मेशन (elastomeric deformation) से क्या तात्पर्य है ?

उत्तर : यह डिफॉर्मेशन यद्यपि recoverable है परन्तु इसका आयाम बहुत अधिक होता है। इस डिफॉर्मेशन में स्ट्रेन, स्ट्रैस के समानुपाती नहीं होती अर्थात् हुक के नियम का पालन नहीं होता है।

33. एलास्टिक आफ्टर-इफेक्ट (after-effect) क्या है ?

उत्तर : पदार्थ पर लोड प्रयुक्त करने के पश्चात्, समय के साथ स्ट्रैन की asymptotic approach एलास्टिक आफ्टर-इफेक्ट कहलाता है।

34. प्लास्टिक डिफॉर्मेशन क्या है ?

उत्तर : क्रिस्टलाइन पदार्थों में $0 \cdot 4\ T_m$ (जहाँ T_m मेल्टिंग प्वाइन्ट है), से कम ताप पर होने वाले permanent डिफॉर्मेशन, प्लास्टिक डिफॉर्मेशन होते हैं। यह डिफॉर्मेशन टेन्साइल, कम्प्रेसिव अथवा शीयर स्ट्रैस के प्रभाव से हो सकते हैं।

35. प्लास्टिक डिफॉर्मेशन किस प्रकार होता है ?

उत्तर : प्लास्टिक डिफॉर्मेशन slip तथा twinning से होता है। सामान्य एवं उच्च ताप पर प्रायः स्लिप के कारण डिफॉर्मेशन होता है जबकि ट्विनिंग, क्रिस्टल के sheared portion को unsheared-portion की mirror image में ट्रांसफार्म करता है।

36. स्लिप प्लेन्स तथा दिशाओं (directions) का क्या अर्थ है ?

उत्तर : स्लिप प्लेन्स तथा दिशाएँ क्रिस्टलोग्राफिक प्लेन तथा दिशाएँ होती हैं।

37. क्रिस्टल में स्लिप प्रायः किन स्थानों पर होती है ?

उत्तर : क्रिस्टल में स्लिप प्रायः अधिकतम परमाणु घनत्व वाले (densest atomic) तलों के समानान्तर तथा इन तलों में अधिकतम परमाणु घनत्व की दिशा में होती है। यह स्थिति ताप परिवर्तन के साथ परिवर्तित हो सकती हैं।

38. क्रिस्टल में प्लास्टिक डिफॉर्मेशन कब होता है ?

उत्तर : क्रिस्टल में प्लास्टिक डिफॉर्मेशन उस स्ट्रैस पर होता है जिनका मान एक परफेक्ट (perfect) क्रिस्टल में स्लिप उत्पन्न करने के लिए आवश्यक स्टैस के मान से काफी कम होते हैं। क्रिस्टल स्ट्रक्चर में 'डिसलोकेशन' दोष (imperfections) के कारण प्लास्टिक डिफॉर्मेशन होता है।

39. डिसलोकेशन क्या होते हैं ?

उत्तर : डिसलोकेशन एक line defect है जो स्लिप प्लेन के across उत्तरोत्तर (progressive) स्लिप उत्पन्न करता है। डिसलोकेशन, क्रिस्टल में वह बाउन्ड्री है जो स्लिप प्लेन के sheared तथा unsheared portion को अलग करती है। क्रिस्टल में ग्रेन बाउन्ड्री की उपस्थिति से डिसलोकेशन की गति अवरुद्ध होती है।

40. फ्रैन्क-रीड सोर्स से क्या तात्पर्य है ?

उत्तर : फ्रैन्क-रीड सोर्सेज (Frank Read Source) क्रिस्टल के अन्दर डिसलोकेशन उत्पन्न होने (generation) के सोर्स हैं। इनके कारण अत्यधिक प्लास्टिक स्ट्रेन उत्पन्न होता है। यह सोर्सज (sources) के कारण

डिसलोकेशन density बढ़ती है जिसके फलस्वरूप प्लास्टिक डिफॉर्मेशन में वृद्धि होती है।

41. प्लास्टिक डिफॉर्मेशन का सिंगल क्रिस्टलों तथा पॉली क्रिस्टलाइन पदार्थों का क्या प्रभाव होता है ?

उत्तर : सिंगल क्रिस्टल तथा पॉली क्रिस्टलाइन पदार्थों में प्लास्टिक डिफॉर्मेशन से वर्क हार्डेनिंग (work hardening or strain hardening) होती है।

42. किसी धातु के स्पेसीमैन में कुछ प्लास्टिक डिफॉर्मेशन के पश्चात् load reversal पर Yield strength में कमी होती है। यह प्रभाव क्या कहलाता है ?

उत्तर : बॉशिंगर प्रभाव।

43. बॉशिंगर प्रभाव के क्या कारण हैं ?

उत्तर : इस प्रभाव का कारण पदार्थ में residual stress है जिसके कारण डिसलोकेशन, original दिशा के विपरीत सरलता से गति (move) करते हैं तथा स्ट्रेन, कम स्ट्रैस (lower stress) पर ही उत्पन्न हो जाती है।

44. धातु में strain hardening किस प्रकार समाप्त की जा सकती है ?

उत्तर : धातु को लगभग $0 \cdot 4\ T_m$ ताप (T_m मेल्टिंग प्वाइन्ट है), तक गर्म करने पर स्ट्रेन हार्डेनिंग समाप्त की जा सकती है तथा पदार्थ को पुनः सामान्य सन्तुलन (normal equilibrium) में लाया जा सकता है।

45. Recrystallisation ताप के समीप पदार्थ की hot-working का क्या प्रभाव होता है ?

उत्तर : रिक्रिस्टलाइजेशन ताप के समीप हॉट-वर्किंग करने से डिफॉर्मेशन के कारण हार्डेनिंग तथा एनीलिंग के कारण softening एक साथ (simultaneously) होती है।

46. फ्रैक्चर से क्या तात्पर्य है ?

उत्तर : स्ट्रैस के प्रभाव से किसी ठोस पदार्थ का दो या अधिक भागों में टूट कर अलग होना (fragmentation) फ्रैक्चर कहलाता है।

47. फ्रैक्चर कितने प्रकार के होते हैं ?

उत्तर : फ्रैक्चर को उसके अभिलक्षणों के अनुसार strain to fracture, crystal- lographic mode of fracture तथा appearance of the fracture में वर्गीकृत किया जा सकता है। इस आधार पर शीयर फ्रैक्चर, क्लीवेज फ्रैक्चर, fatigue फ्रैक्चर, क्रीप फ्रैक्चर, डक्टाइल फ्रैक्चर तथा ब्रिटैल फ्रैक्चर होते हैं।

48. फ्रैक्चर में मुख्य प्रक्रियाएँ क्या हैं ?

उत्तर : फ्रैक्चर प्रक्रिया में crack initiation तथा crack propagation की क्रियाएँ सम्पन्न होती हैं।

49. डक्टाइल फ्रैक्चर क्या होता है ?

उत्तर : डक्टाइल फ्रैक्चर क्रिस्टल के necked region में pores अथवा voids के फॉर्मेशन एवं उनके एकत्रित (coalese) होने से उत्पन्न होता है तथा necking होने से पहले इसमें अत्यधिक प्लास्टिक डिफॉर्मेशन होता है।

50. ब्रिटैल फ्रैक्चर किस प्रकार होता है ?

उत्तर : ब्रिटैल फ्रैक्चर पदार्थ में पहले से ही उपस्थित pre-existing किसी क्रेक के प्रोपेगेशन से होता है। इस फ्रैक्चर में प्लास्टिक डिफॉर्मेशन बहुत कम होता है।

51. डक्टाइल पदार्थों में प्लास्टिक डिफॉर्मेशन किस प्रकार होता है ?

उत्तर : डक्टाइल पदार्थों में प्लास्टिक डिफॉर्मेशन क्रैक्स के किनारों पर (at the tips of cracks) होता है। प्लास्टिक डिफॉर्मेशन में वर्किंग के कारण क्रैक्स की पृष्ठ ऊर्जा (surface energy) बढ़ती है। अतः डक्टाइल पदार्थों में वास्तविक फ्रैक्चर होने के लिए बड़े आकार के क्रैक्स का होना आवश्यक है।

52. पदार्थों में crack initiation के क्या कारण हैं ?

उत्तर : क्रैक initiation धातु में interface पर inclusion, ग्रेन बाउन्ड्री, ट्विन बाउन्ड्री इत्यादि पर डिसलोकेशनों के एकत्रित (pile up) होने से होता है। यह सभी लोकेशन, डिसलोकेशन के लिए अवरोध (barrier) की भाँति कार्य करती है जिसके फलस्वरूप स्ट्रैस कन्सेन्ट्रेशन होता है जिसके प्रभाव से inclusions की shearing अथवा क्रैक्स के न्यूक्लियस उत्पन्न होते हैं।

53. डक्टाइल-ब्रिटैल ट्रांजिशन तापक्रम का क्या अर्थ है ?

उत्तर : अनेक पदार्थ निम्न ताप पर डक्टाइल से ब्रिटैल (brittle) व्यवहार में ट्रांजिशन प्रदर्शित करते हैं। पदार्थ की surface conditions, ग्रेन साइज तथा डिसलोकेशनों को move करने के लिए आवश्यक स्ट्रैस ब्रिटैल ट्रांजिशन निर्धारित करते हैं।

वह तापक्रम जिस पर डक्टाइल से ब्रिटैल में ट्रांजिशन होता है 'डक्टाइल-ब्रिटैल' ट्रांजिशन ताप कहलाता है। यह वह न्यूनतम तापक्रम सीमा (narrow temperature range) है जिसमें पदार्थ के क्षेत्रफल तथा elongation के प्रतिशत reduction में अत्यधिक कमी तथा इम्पेक्ट लोडिंग में न्यूनतम ऊर्जा अवशोषित होती है।

54. पदार्थों में फेज ट्रांसफॉर्मेशन क्यों होता है ?

उत्तर : पदार्थों में फेज ट्रांसफॉर्मेशन के कारण न्यूक्लियेशन (nucleation) तथा ग्रेन ग्रोथ (growth) है।

55. क्रिस्टल के solidification में किस प्रकार के स्ट्रक्चर फॉर्म हो सकते हैं ?

उत्तर : Dendritic (tree-like), लेमेलर (Lamellar), needle type अथवा acicular स्ट्रक्चर्स।

56. एलोट्रॉणी का क्या अर्थ है ?

उत्तर : ठोस अवस्था में आयरन अनेक अवस्थाओं में हो सकता है। इसी प्रकार किसी धातु का विभिन्न ताप पर दो या अधिक क्रिस्टलाइन फार्म में रहना एलोट्रॉपी कहलाता है।

57. फैरस धातुओं में क्रिटिकल प्वाइन्टस क्या प्रदर्शित करते हैं ?

उत्तर : फैरस धातुओं (ferrous metals) में क्रिटिकल प्वाइन्टस पर संरचनात्मक परिवर्तन (Structural change) होते हैं। दो क्रिटिकल बिन्दुओं (lower critical and higher critical point) के मध्य तापक्रम क्षेत्र (temperature range) थर्मल क्रिटिकल रेंज कहलाती है।

58. आयरन-कार्बन सन्तुलन (equilibrium) डायग्राम क्या प्रदर्शित करता है ?

उत्तर : यह डायग्राम विभिन्न तापक्रम पर आयरन एवं स्टील में फेज ट्रांसफॉर्मेशन तथा कार्बन की मात्रा (carbon content) प्रदर्शित करता है।

59. TTT Curves क्या प्रदर्शित करते हैं ?

उत्तर : यह Curves ऑस्टेनाइट के थर्मल डिकम्पोजिशन में विभिन्न micro con-stituents का फॉर्मेशन प्रदर्शित करते हैं।

60. Schimid's Law क्या है ?

उत्तर : इस नियम के अनुसार क्रिटिकल resolved shear stress का मान $\frac{P}{A}\cos\alpha\cos\beta$ होता है।

61. ट्विनिंग (twinning) से क्या तात्पर्य है ?

उत्तर : Twinning वह प्रक्रिया है जिसमें क्रिस्टल का एक portion इस प्रकार की orientation प्राप्त करता है जिससे कि यह portion, parent crystal की mirror image होती है।

62. शॉटकी दोष (Schottky defect) क्या है ?

उत्तर : शॉटकी (Schottky) अपूर्णता (imperfection) में विपरीत आवेशों (opposite charges) के pair की vacancies होती हैं।

63. फ्रेन्कील दोष (Frenkel defect) क्या है ?

उत्तर : लैटिस से निकले (dislodged) हुए किसी आयन के interstitial में जाने की क्रिया फ्रेन्कील दोष (Frenkel defect) कहलाती है।

64. डिसलोकेशन क्या है ?

उत्तर : डिसलोकेशन, परमाणुओं का एक Linear disturbance है जो क्रिस्टल में स्लिप प्लेन पर सरलता से गति कर सकता है।

65. Burger vector की परिभाषा दीजिए।

उत्तर : डिसलोकेशन के चारों ओर परमाणु की विस्थापन दूरी (displacement distance) बर्जर वैक्टर कहलाती है। यह edge dislocation रेखा के लम्बवत् होता है।

66. स्क्रू डिसलोकेशन में बर्जर वेक्टर की स्थिति क्या होती है ?

उत्तर : स्क्रू डिसलोकेशन (Screw dislocation) में बर्जर वेक्टर linear defect के समानान्तर होता है परन्तु इस डिसलोकेशन में क्रिस्टल प्लेन भी distort होता है।

67. क्रॉस-स्लिप (cross-slip) क्या है ?

उत्तर : क्रॉस-स्लिप में एक स्क्रू डिसलोकेशन एक अन्य स्लिप प्लेन में ग्लाइड करता है जिसकी slip direction, मूल स्लिप प्लेन की दिशा के समान होती है।

68. "JOG" क्या है ?

उत्तर : क्रिस्टल में "JOG" वह क्रिया है जिसमें डिसलोकेशन एक प्लेन से दूसरे प्लेन पर jump करते हैं।

69. रिकवरी का क्या अर्थ है ?

उत्तर : रिकवरी निम्न ताप (low temperature) पर होने वाली एक भौतिक प्रक्रिया है जिसमें पदार्थ के माइक्रो स्ट्रक्चर में परिवर्तन हुए बिना उसके भौतिक गुण restore हो जाते हैं।

70. 'Preferred orientation' से आप क्या समझते हैं ?

उत्तर : पदार्थ में क्रिस्टल अथवा अणुओं का non-random ओरियेन्टेशन 'Preferred orientation' कहलाता है।

71. अन्तिम प्रतिबल (ultimate stress) क्या है ?

उत्तर : धातु के स्ट्रैस-स्ट्रेन डायग्राम में उच्चतम बिन्दु (highest point) अन्तिम प्रतिबल प्रदर्शित करता है। यह पदार्थ में फ्रैक्चर तथा फ्लो (flow) से पहले अधिकतम लोडिंग का मान है।

72. धातुओं में प्लास्टिक डिफॉर्मेशन का डिसलोकेशन से क्या सम्बन्ध है ?

उत्तर : धातु क्रिस्टलों में डिसलोकेशन के movement से स्लिप (slip) तथा प्लास्टिक डिफॉर्मेशन होता है।

73. इम्पेक्ट (Impact) के प्रति agglomerated स्ट्रक्चर सामान्यतः दुर्बल (weak) क्यों होते हैं ?

उत्तर : Agglomerated स्ट्रक्चर्स प्राकृतिक रूप से porous होते हैं। इसमें pores अथवा voids की बड़ी संख्या होती है तथा ये minicracks की भाँति कार्य करते हैं। Impact loading होने से ये minicracks तीव्रता से प्रोपेगेट होते हैं तथा brittle fracture उत्पन्न करते हैं।

74. स्टैकिंग फाल्ट (Stacking fault) क्या है ?

उत्तर : स्टैकिंग फाल्ट, क्रिस्टल के regular atomic arrangement में लैटिस परमाणुओं की अनुपस्थिति के कारण विचलन (deviation) है।

75. ग्रेन बाउन्ड्री की पृष्ठ ऊर्जा (surface energy) के मात्रक (units) क्या है ?

उत्तर : E0rgs/cm^2 अथवा dynes/cm

76. धातुओं में ग्रेन बाउन्ड्री की shearing कब हो सकती है ?

उत्तर : धातु में $0 \cdot 5\ T_m$ से अधिक तापमान पर ग्रेन बाउन्ड्री shear हो सकती है। जहाँ T_m धातु का melting temperature है।

77. क्रीप (Creep) की परिस्थितियों में पॉली क्रिस्टेलाइन पदार्थों की तुलना में सिंगल क्रिस्टल अधिक मजबूत (stronger) क्यों होते हैं ?

उत्तर : ग्रेन बाउन्ड्री पर परमाणुओं की ऊर्जा अधिक होती हैं। उच्च तापमान पर ये परमाणु शीघ्र गति करने लगते हैं। अतः लोड एप्लाई करने पर इसके कारण ग्रेन बाउन्ड्री का rotation अथवा sliding होता है। पॉलीक्रिस्टेलाइन पदार्थों में काफी ग्रेन बाउन्ड्री होती है अतः क्रीप की परिस्थितियों में यह सिंगल क्रिस्टल की तुलना में weak होते हैं।

78. Recrystallisation temperature क्या होता है ?

उत्तर : रिक्रिस्टेलाइजेशन तापमान वह तापमान है जिस पर एक cold worked धातु में एक घण्टे में 50% stress free ग्रेन निर्मित हो जाते हैं।

79. एक कठोर कॉपर सीट की अन्तिम मोटाई (final thickness) $1 \cdot 00$ mm है। इसे 25% डिफॉर्मेशन के साथ cold working के द्वारा बनाया गया। cold working के पूर्व धातु की प्रारम्भिक मोटाई क्या थी ? कठोरता (herdness) को कम करने को आप क्या करोगे ? **[AMIE, Summer 2005]**

उत्तर : दिया है कि कठोर कॉपर सीट की अन्तिम मोटाई $= 1 \cdot 0$ mm

यह 25% डिफॉर्मेशन के साथ बनाई गई

माना कोल्ड वर्किंग के पूर्व धातु की प्रारम्भिक मोटाई $= x$

25% डिफॉर्मेशन के साथ $= 0 \cdot 25x$

अतः
$$(1 - 0 \cdot 25x) = 1 \text{ mm}$$

अथवा
$$0 \cdot 75x = 1$$

$$x = \frac{1}{0 \cdot 75} = 1 \cdot 33 \text{ mm}$$

कठोरता (hardness) कम करने को, हम पुनः नार्मलाइजिंग (normalizing) करेंगे।

80. Nickel (only Miller indices) की Slip plane तथा Slip direction (केवल एक plane तथा एक direction) लिखिए। Nickel में कितने slip systems होते हैं ? **[AMIE, Summer 2005]**

उत्तर : एक slip plane तथा एक slip direction जो इस पर lie करते हैं एक साथ एक slip system बनाते हैं। उदाहरण के लिए, (111) तथा [110] संयोग (combination) एक slip system बनाते हैं, परन्तु (111) तथा [110] नहीं बनाते; चूँकि [110] direction (111) plane पर lie नहीं करती है।

केवल Most densely packed slip planes के लिए slip systems की गणना करते हुए, Nickel के लिए FCC तथा BCC में 12 slip systems होते हैं।

81. पॉलीमर्स क्या होते हैं ?

उत्तर : पॉलीमर्स कार्बन से प्राप्त long-chain molecules के समूह (aggregates) होते हैं तथा इसके repeat units की संख्या 10,000 से अधिक हो सकती है। पॉलीमर चेन के simpler molecules अथवा यूनिट, मोनोमर्स (monomers) कहलाते हैं।

82. पॉलीमेराइजेशन से क्या तात्पर्य है ?
उत्तर : मोनोमर्स का परस्पर लिंक होना पॉलीमेराइजेशन कहलाता है।

83. एडिशन (addition) पॉलीमेराइजेशन तथा कन्डेन्सेशन पॉलीमेराइजेशन में क्या अन्तर है ?
उत्तर : एडिशन पॉलीमेराइजेशन में डबल बॉण्ड (C═C) के सिंगल बॉण्ड में स्पलिट होने पर लिंक (links) बनते हैं तथा समस्त कार्बन परमाणुओं में इन बॉण्डस का पुर्नवितरण (redistribution) होता है। इस प्रक्रिया को जारी रखने के लिए किसी initiator का प्रयोग किया जाता है।
कन्डेन्सेशन पॉलीमेराइजेशन में समीपस्थ (adjacent) मोनोमर्स में reactive groups के direct linking से बॉण्ड स्थापित होते हैं तथा इस क्रिया का एक छोटा अणु (प्रायः H_2O) eliminate होता है।

84. को-पॉलीमेराइजेशन क्या होता है ?
उत्तर : को-पॉलीमेराइजेशन में असमान (dissimilar) अणु परस्पर लिंक होते हैं। जिससे पॉलीमर्स के गुणों में भिन्न परिवर्तन (variety of properties) होती है।

85. पॉलीमर्स स्ट्रक्चर प्रायः कितने प्रकार के होते हैं ?
उत्तर : (1) Linear and frame work structure (2) Branched chain structure (3) Cross linked structure तथा (4) Crystalline structure I

86. पॉलीमर्स में क्रॉस-लिंकिंग (cross-linking) के क्या लाभ हैं ?
उत्तर : क्रॉस-लिंकिंग से पॉलीमर की सामर्थ्य (strength) में वृद्धि तथा प्लास्टिसिटी में कमी होती है।

87. पॉलीमर्स को किस प्रकार दृढ़ (strengthen) किया जा सकता है ?
उत्तर : (1) क्रिस्टलाइजेशन द्वारा (2) क्रॉस लिंकिंग द्वारा तथा (3) chain stiffening द्वारा। इनमें से प्रत्येक विधि अथवा सभी विधियों के combination द्वारा पॉलीमर्स की मैकेनिकल, थर्मल तथा इलेक्ट्रिकल properties को सुधारा जा सकता है।

88. पॉलीमर्स सामान्यतः कितने प्रकार के होते हैं ?
उत्तर : तीन प्रकार के (1) प्लास्टिक्स, (ii) एलास्टोमर्स तथा (iii) फाइबर्स।

89. रेजिन क्या है ?
उत्तर : रेजिन प्लास्टिक पदार्थ है जिन्हें थर्मोप्लास्टिक तथा थर्मोसेटिंग वर्गों में विभाजित किया जा सकता है।

90. थर्मोप्लास्टिक पदार्थों के मुख्य अभिलक्षण क्या हैं ?
उत्तर : इन पदार्थों को ऊष्मा तथा दाब प्रयुक्त कर पुनः पुनः (indefinitely) soften तथा resoften किया जा सकता है।

91. थर्मोसेटिंग पदार्थों के अभिलक्षण क्या हैं ?
उत्तर : इन पदार्थों को गर्म करने पर इनमें रासायनिक परिवर्तन (chemical changes) होते हैं तथा इन्हें पुनः गर्म कर परिवर्तित नहीं किया जा सकता है।

92. Viscoelasticity का क्या अर्थ है ?
उत्तर : पदार्थ का ठोस तथा द्रव की भाँति व्यवहार (solid like and liquid like behaviour) 'विस्को एलास्टिक' कहलाता है।

93. फाइबर्स से क्या तात्पर्य है ?
उत्तर : फाइबर्स long-chain molecules होते हैं तथा सभी चेन, फाइबर की लम्बी दिशा (long direction) में aligned रहते हैं। इस alignment में उनमें directional properties आ जाती हैं। उदाहरणतः नाइलॉन, टैरीलीन इत्यादि।

94. पॉलीमर्स की मुख्य physical characterristics क्या है ?
उत्तर : (i) उच्च टेन्साइल सामर्थ्य (high tensile strength)
(ii) उच्च प्रत्यास्थता गुणांक (high modulus of elasticity)
(iii) निम्न विद्युत एवं ऊष्मीय चालकता
(low electrical and thermal con- ductivity)
(iv) उच्च इन्सुलेशन प्रतिरोध (high insulation resistance)

95. 'Wood' किस प्रकार का पदार्थ है ?
उत्तर : लकड़ी (wood) एक प्राकृतिक पॉलीमर है। इसमें उच्च क्रिस्टलाइन सेलुलोज पॉलीमर, एक एमॉरफस लाइनिन (lignin) के साथ बद्ध (bonded) होता है।

96. Addition पॉलीमेराइजेशन में तीन steps क्या है ?
उत्तर : (i) Initiation (ii) Chain propagation (iii) Termination।

97. कम्पोजिट पदार्थ क्या होते हैं ?
उत्तर : कम्पोजिट पदार्थ दो अथवा अधिक पदार्थों का combination होते हैं तथा उसके गुण उसके constituents के गुणों से भिन्न होते हैं।

98. लेमिनेट्स (laminates) से क्या तात्पर्य है ?
उत्तर : लेमिनेट्स पदार्थ की पतली-पतली पर्तें (layers) होती हैं जिसमें क्रमागत पर्तें (successive layers) के ग्रेन ओरियेन्टेशन भिन्न होते हैं।

99. लैकर (lacquer) क्या है ?
उत्तर : लैकर एक फिनिशिंग पदार्थ है जो solvents के evaporation के कारण शीघ्रता से शुष्क (dry) हो जाता है तथा अपने non-volatile constituents की फिल्म बनाता है।

100. कोरोजन से आप क्या समझते हैं ?
उत्तर : कोरोजन, धातुओं पर वातावरण का धीमी गति का (gradual) कैमिकल अथवा इलेक्ट्रोकैमिकल attack है जिसमें धातु, किसी ऑक्साइड अथवा अन्य यौगिक में परिवर्तित हो जाती है।

101. माइक्रोबॉयलोजिकल कोरोजन से क्या तात्पर्य है ?
उत्तर : जब किसी पदार्थ को किसी अन्य ऐसे वातावरण अथवा पदार्थ में submerge किया जाता है जिसमें माइक्रोब (microbes) अथवा बैक्टीरिया हो तब होने वाला कोरोजन 'माइक्रोबॉयलोजिकल' कोरोजन कहलाता है। यह कोरोजन माइक्रोब्स के बायोकैमिकल प्रोडक्टस के कारण होता है।

102. कार्बनिक पॉलीमर्स उच्च तापक्रम पर अस्थाई (unstable) क्यों होते हैं ?

उत्तर : उच्च तापक्रम पर कार्बनिक पॉलीमर्स के दुर्बल बन्ध (weaker bonds) तथा पॉलीमर्स के कार्बन परमाणुओं की वायु की ऑक्सीजन से क्रिया करने की प्रवृत्ति के कारण, कार्बनिक पॉलीमर्स अस्थाई होते हैं।

103. वुलकेनाइजेशन से क्या तात्पर्य है ?

उत्तर : इस क्रिया में रबर (rubber) की कठोरता तथा सामर्थ्य (strength) सुधारने के लिए उसे उच्च तापक्रम पर सल्फर के साथ ट्रीट किया जाता है।

104. गैल्वेनिक कोरोजन क्या है ?

उत्तर : दो असमान धातुओं को किसी इलेक्ट्रोलाइट की उपस्थिति में परस्पर विद्युतीय रूप से (electrically) कनैक्ट करने पर होता है। यह कोरोजन गैल्वेनिक सैल में होने वाली क्रिया की भाँति एक इलेक्ट्रोकैमिकल कोरोजन है।

105. सीजन क्रैकिंग (season cracking) का क्या अर्थ है ?

उत्तर : जब कोल्ड वर्क किया गया कोई ब्रास कम्पोनेन्ट किसी एकललाइन कोरोजिव माध्यम में एक्सपोज किया जाता है तब कुछ समय पश्चात् यह ब्रिटेल विधि (brittle manner) में क्रेक होने की प्रवृत्ति रखता है। यह प्रक्रिया सीजन क्रैकिंग कहलाती है।

106. "Surface passivating" का क्या अर्थ है ?

उत्तर : यह कोरोजन रोकने की विधि है। इस विधि में पदार्थ की सतह पर एक पर्त (layer) के फॉर्मेशन होने के कारण पदार्थ की सतह की रासायनिक सक्रियता (chemical activity of surface) कम हो जाती है।

107. थर्मोप्लास्टिक्स तथा थर्मोसैटिंग प्लास्टिक्स के दो-दो उदाहरण दीजिए।

उत्तर : थर्मोप्लास्टिक्स—सेलुलोज पॉलीइथाइलीन, पॉलीस्टाइरीन।

थर्मोसैटिंग प्लास्टिक्स—एलकाइडस, इपॉक्साइड्स, फीनॉलिक्स।

108. सामान्य ताप पर होने वाले कोरोजन का नाम बताइए।

उत्तर : इलेक्ट्रोकैमिकल/गैल्वेनिक कोरोजन।

109. थर्मोप्लास्टिक पदार्थों में प्लास्टिसाइजर प्रयुक्त करने के क्या प्रभाव होते हैं ?

उत्तर : प्लास्टिसाइजर प्रयुक्त करने से क्रिस्टलाइजेशन नहीं होता तथा नान-क्रिस्टलाइन पदार्थ प्राप्त होता है। प्लास्टिसाइजर के प्रयोग से पदार्थ में flexibility, toughness उत्पन्न होती है तथा यह आन्तरिक ल्यूब्रिकेन्ट की भाँति कार्य करता है जिससे पदार्थ के flow में सुधार होता है।

110. ब्रास के dezincification का क्या अर्थ है ?

उत्तर : यह एक selective corrosion है। यह brass को soft water service में प्रयोग करने पर होता है। जब ब्रास पाइप में जल का प्रवाह होता है तब जिंक, जल में dissolve हो जाता है तथा कॉपर एक spongy mass की तरह शेष रह जाता है जिसमें कोई strength नहीं होती। Dezinification को टिन अथवा आर्सेनिक की कुछ मात्रा मिलाकर नियन्त्रित किया जा सकता है।

ब्रास को उच्च ताप तक गर्म करने पर ही dezincification होता है जिसमें जिंक का वाष्पीकरण (evaporisation) हो जाता है तथा कॉपर शेष रह जाता है।

111. 'Pitting' कोरोजन क्या है?

उत्तर : धातु की सतह पर किन्हीं विशेष बिन्दुओं पर प्रोटेक्टिव फिल्म के ब्रेकडाउन से 'pitting' होती है।

112. इसके साथ प्रारम्भ करने को carbon-carbon double bond के साथ monomer पर addition polymerization की आवश्यकता क्यों होती है?

(AMIE, Winter 2005)

उत्तर : Addition polymerization, कार्बन परमाणुओं की समस्त श्रेणियों (series) के बीच ethylene molecules तथा इन बॉण्ड्स का अनुगामी redistribution के अन्तर्गत दो कार्बन परमाणुओं के मध्य double covalent bonds का अवरोध (breaking down) सम्मिलित करता है। Linear polymers को side group हटाकर तथा एक chain के साथ इसे replacing के द्वारा branching polymer को भी बदला जा सकता है।

113. पॉलीक्रिस्टेलाइन पदार्थों में प्लास्टिक डिफॉर्मेशन के लिए कितने independent slip की आवश्यकता होती है? **(AMIE, Winter 2005)**

उत्तर : पॉलीक्रिस्टेलाइन पदार्थों में प्लास्टिक डिफॉर्मेशन के लिए दो (2 Nos) independent slip की आवश्यकता होती है।

114. एक बाह्य प्रतिबल (external stress) के अनुप्रयोग के अधीन, Burgers Vector के सन्दर्भ में edge तथा screw dislocation के movement की direction क्या है? **(AMIE, Winter 2005)**

उत्तर : Edge dislocation की दशा में, dislocation की गति (motion), Burger vector के समानान्तर होती है तथा जबकि screw dislocation की दशा में dislocation के गति की दिशा (direction), Burger vector के समलम्ब (perpendicular) होती है।

115. रबर जैसे elastomers के जो धातुओं में अनुपस्थित हैं, elastic deformation के दो mechanism क्या हैं? **(AMIE, Winter 2005)**

उत्तर : रबर जैसे elastomers के जो धातुओं में अनुपस्थित हैं, elastic deformation के दो mechanism निम्न प्रकार हैं—

(a) Elastic after effect.

(b) Anelastic deformation

116. पदार्थ के thermal shock properties से क्या तात्पर्य है?

उत्तर : पदार्थ की thermal shock properties, तापमान में यकायक तथ तीक्ष्ण परिवर्तनों (sudden and severve changes in temperature) के कारण उत्पन्न ऊष्मीय प्रतिबल (thermal stress) के प्रति प्रतिरोध उत्पन्न करने की माप है।

Thermal shock resistance $R = \dfrac{K - Pu}{Et\,\alpha}$

जहाँ K—Thermal conductivity, Pu—Ulimate tensile strength,
Et—tensile stress

तथा α—Linear coefficient of thermal expansion हैं।

117. पदार्थ की विशिष्ट ऊष्मा धारिता (specific heat capacity) की परिभाषा दीजिए।

उत्तर : पदार्थ की specific heat capacity $c = \frac{1}{m} \cdot \frac{dE}{dT}$

जहाँ m—Mass of substance
E—Total energy content
T—Temperature

यदि $m = 1$, तब $c = \Delta E$

अर्थात् पदार्थ के unit mass का ताप 1° बढ़ाने के लिए आवश्यक ऊष्मा उसकी ऊष्मा धारिता कहलाती है।

118. थर्मल कन्डक्टिविटी (thermal conductivity) की परिभाषा दीजिए।

उत्तर : पदार्थ के एक स्पेसीमैन में unit temperature gradient पर एक face से दूसरे face के मध्य प्रवाहित होने वाली ऊष्मा की मात्रा उसकी थर्मल कन्डक्टिविटी कहलाती है।

119. रिफ्रेक्ट्रीज (refrectories) का क्या अर्थ है ?

उत्तर : किसी पदार्थ की डिफॉर्मेशन अथवा softening हुए बिना उच्च तापमान सहन करने की क्षमता रिफ्रेक्ट्रीनैस कहलाती है।

120. सभी पदार्थों के सार्वत्रिक अनुप्रयोग (universal application) के लिए Griffith theory की expression में क्या modification किये गए ?

(AMIE, Winter 2005)

उत्तर : Griffith theory को निम्नानुसार modified किया गया—

$$\sigma_g = \left[\frac{2E(\gamma + p)}{\pi c}\right]^{1/2}$$

जहाँ p crack को प्रोपेगेट करने को आवश्यक plastic work है।

$\sigma_f = \left[\frac{Ep}{c}\right]^{1/2}$ चूँकि p का मान surface energy (1500 mJ/m^2) के साथ तुलना में कहीं अधिक (लगभग 10^6 mJ/m^2) है। यह समीकरण Griffith equation जैसी ही है परन्तु नई interpretation of energy के साथ। यह modification महत्त्वपूर्ण है क्योंकि p के मान पदार्थ के micro structure में उपयुक्त परिवर्तनों के द्वारा बढ़ाया जा सकता है।

121. पदार्थों के ऊष्मा उपचार (heat treatment) का क्या अर्थ है ?

उत्तर : पदार्थों का ऊष्मा उपचार एक नियन्त्रित (controlled) हीटिंग तथा कूलिंग (cooling) प्रक्रम है। ऊष्मा उपचार (heat treatment) द्वारा पदार्थों की mechanical properties परिवर्तित की जाती है।

122. ऊष्मा उपचार की मुख्य प्रक्रियाएँ क्या है ?

उत्तर : एनीलिंग (annealing), नार्मेलाइजिंग (normalising), हार्डेनिंग (hardening), केस हार्डेनिंग, सरफेस हार्डेनिंग, टेम्परिंग इत्यादि ऊष्मा उपचार की मुख्य प्रक्रियाएँ हैं ।

123. ऊष्मा उपचार में सामान्य चरण (steps) क्या होते हैं ?

उत्तर : सभी हीट ट्रीटमेन्ट प्रक्रियाओं में सामान्य निम्न steps होते हैं—

(i) धातु को पूर्व निर्धारित (predetermined) तापमान तक गर्म करना ।

(ii) धातु को इसी तापमान पर soak करना ।

(iii) धातु की कूलिंग, कूलिंग दर, धातु में वांछित (desired) स्ट्रक्चर पर निर्भर करती है ।

124. किस हीट ट्रीटमेन्ट प्रक्रिया में धातु के micro-constituents का फॉर्मेशन होता है ?

उत्तर : एनीलिंग, नार्मेलाइजिंग, हार्डेनिंग तथा टेम्परिंग में पदार्थ के micro-constituents का फॉर्मेशन होता है जिससे उसकी mechanical properties में सुधार होता है ।

125. किन हीट ट्रीटमेन्ट प्रक्रियाओं में पदार्थों के रासायनिक संगठन (chemical composition) में परिवर्तन होता है ।

उत्तर : हार्डेनिंग तथा सरफेस हार्डेनिंग, प्रक्रिया में धातु की सरफेस अथवा केश (case) का रासायनिक संगठन परिवर्तित कर उसके गुणों में सुधार किया जाता है ।

126. 'Hardenability' क्या होती है ? यह किन factors पर निर्भर करती है ?

उत्तर : इस्पात (steel) की हार्डेनिबिलिटी उसका वह गुण है जिसके द्वारा quenching से प्राप्त हार्डनैस की depth तथा distributions निर्धारित होती है। पदार्थ की हार्डेनिबिलिटी कूलिंग विधियों, ग्रेन साइज, रासायनिक संगठन तथा एलॉयिंग तत्त्वों पर निर्भर करती है । सामान्यतः इसे Jominey अथवा End quench test द्वार, ज्ञात किया जाता है ।

127. स्टील का eutectoid क्या है ? पीयरलाइट तथा सीमेन्टाइट को combine करने से क्या प्राप्त होता है ?

उत्तर : स्टील का eutectoid पीयरलाइट है । पीयरलाइट तथा सीमेन्टाइट को combine करने से कठोर स्टील प्राप्त होता है ।

128. मार्टेन्साइट क्या है ?

उत्तर : मार्टेन्साइट fibrous structure का कठोर एवं भंगुर (hard and brittle mass) आयरन है ।

129. क्रान्तिक कूलिंग दर (critical cooling rate) का क्या अर्थ है ?

उत्तर : वह न्यूनतम कूलिंग दर जिस पर समस्त ऑस्टेनाइट (austenite) बिन्दु Ms पर सुपरकूल होकर मार्टेन्साइट में परिवर्तित हो जाता है, क्रान्तिक कूलिंग दर कहलाती है ।

130. कार्बन की 0·3 से 0·6% मात्रा वाले स्टील के लिए, जिस पर मशीनिंग क्रिया की जानी है, एनीलिंग की कौन-सी विधि उपयुक्त होगी ?

उत्तर : Full anealing.

131. स्फेरॉयडाइजिंग (spheroidising) प्रक्रिया क्या है ?
उत्तर : यह एक एनीलिंग प्रक्रिया है जिसमें स्टील में उपस्थित सभी कार्बाइड, छोटे-छोटे gloubles (spheroids) के रूप में एकत्रित (agglomerate) हो जाते हैं।

132. नार्मेलाइजिंग की क्रिया क्यों की जाती है ?
उत्तर : इस क्रिया द्वारा धातु पर ऊष्मा उपचार की क्रियाओं के प्रभावों को समाप्त किया जाता है।

133. स्टील की हार्डनैस में अध्याधिक वृद्धि करने की क्या विधि है ?
उत्तर : Sudden cooling.

134. धातु की quenching करने की अनेक विधियाँ हैं। एक distortionless quenching की सरलतम विधि क्या हो सकती है ?
उत्तर : Air blast quenching.

135. केस हार्डेनिंग क्या है ?
उत्तर : केस हार्डेनिंग में स्टील को ठोस, द्रव अथवा गैसीय माध्यम में गर्म किया जाता है, जिससे स्टील की सतह कठोर (hard) तथा कोर ductile रहता है।

136. बैबिट (babbit) क्या है ?
उत्तर : यह एक white बियरिंग एलॉय है।

137. Y-alloy का प्रयोग कहाँ किया जाता है ?
उत्तर : पिस्टन, सिलिण्डर हैड तथा IC इंजन के क्रेंक में।

138. एक non-corrosive एलॉय का नाम दीजिए। यूरेनियम किस विधि द्वारा निर्मित किया जाता है ?

उत्तर : नाइक्रोम। यूरेनियम powder metallurgy विधि द्वारा निर्मित किया जाता है।

139. विभिन्न इन्जिनियरिंग पदार्थों का सामान्य वर्गीकरण किस प्रकार है ?
उत्तर : पदार्थों को निम्न चार ग्रुप में विभाजित किया जा सकता है—

1. Metals 2. Alloys 3. Polymers 4. Ceramics

इन्हें पुनः निम्न प्रकार वर्गीकृत किया जा सकता है—

1. Ferrous Metals 2. Non-ferrous Metals
3. Non-metals

140. ठोस पदार्थ कितने प्रकार के होते हैं ?
उत्तर : क्रिस्टलाइन तथा एमोरफस।

141. धातुओं में मुख्यतः कितने प्रकार की लैटिस होती है ?
उत्तर : BCC, FCC तथा HCP

142. δ-आयरन क्या होता है ?
उत्तर : δ-आयरन, आयरन की एक एलोट्रॉफिक फार्म है। यह आयरन को 1401°C से अधिक ताप तक गर्म करने पर प्राप्त होती है।

143. स्टील को हीट ट्रीटमेन्ट द्वारा कठोर करने के लिए उसमें न्यूनतम कितना प्रतिशत कार्बन भाग होना आवश्यक है ?

उत्तर : 0.1%

144. फ्री-कटिंग स्टील्स में उच्च मशीनेबिलिटी के लिए कौन-सा तत्त्व होना आवश्यक है ?

उत्तर : सल्फर तथा लैड ।

145. हॉट तथा कोल्ड वर्किंग का वर्गीकरण किस आधार पर किया जाता है ?

उत्तर : इस वर्गीकरण का आधार धातु का working temperature तथा recrystallisation temperature है। यदि धातु में डिफॉर्मेशन रिक्रिस्टलाइजेशन तापक्रम से अधिक तापमान पर हुआ है तब यह हॉट वर्किंग तथा इस ताप से नीचे कोल्ड वर्किंग कहलाती है ।

146. Intermetallic compounds क्या है ?

उत्तर : यह दो या अधिक धातुओं के परमाणुओं से मिलकर बने यौगिक हैं ।

147. हाई-स्पीड स्टील क्या होता है ?

उत्तर : यह एक स्टील एलॉय है जिसमें टंगस्टन, क्रोमियम तथा वैनेडियम एलॉयिंग तत्त्व होते हैं । यह मुख्यतः कटिंग टूल्स में प्रयुक्त किया जाता है ।

148. नाइट्राइडिंग प्रक्रिया क्या है ?

उत्तर : यह स्टील एलॉय की हार्डेनिंग (hardening) के लिए प्रयुक्त की जाती है। स्पेसीमैन को एमोनिया की उपस्थिति में किसी भट्टी (furnace) अथवा Oven में गर्म किया जाता है । इस क्रिया में एलॉयिंग तत्त्वों के कठोर नाइट्राइड्स बनते हैं जिससे स्टील में हार्डनैस विकसित होती है ।

149. कोल्ड वर्किंग क्या है ?

उत्तर : कोल्ड वर्किंग, धातु में recrystallisation तापमान से कम तापमान पर होने वाला प्लास्टिक डिफॉर्मेशन है । इससे धातु की strength तथा hardness बढ़ती है ।

150. मशीन टूल बैड्स (beds) के लिए कास्ट आयरन का प्रयोग क्यों किया जाता है ?

उत्तर : कास्ट आयरन की मशीनेबिलिटी उत्तम होती है तथा इसकी dimensions स्थायी (stable) होती हैं । इसके अतिरिक्त मशीन टूल के कार्यों में उत्पन्न होने वाले jerks तथा shocks को यह damp करता है ।

151. Heat resisting alloys के उदाहरण दीजिए ।

उत्तर : थोरिया डिस्पर्स्ड निकिल, जैट, एलॉय जिसमें 0.22% C, 20% Cr, 28% Ni तथा शेष कोबाल्ट होता है ।

152. न्यूक्लियर ऊर्जा के लिए कौन-से पदार्थ प्रयुक्त किये जाते हैं ?

उत्तर : यूरेनियम, बैरीलियम, प्लूटोनियम, कैडमियम ।

153. ड्यूरेलुमिन क्या है ? इसका संगठन (composition) तथा अनुप्रयोग क्या हैं ?

उत्तर : यह एक एल्युमिनियम एलॉय है । इसमें 90% Al, 4% Cu तथा Si, Mn, Mg तथा Fe प्रत्येक की मात्रा 4% होती है ।

इसका मुख्य उपयोग सर्जीकल उपकरणों तथा मापन यन्त्रों में अचुम्बकीय (non-magnetic) शील्डींग के लिए किया जाता है।

154. हाई कार्बन स्टील में कार्बन content कितना होता है ? इसके क्या उपयोग हैं ?

उत्तर : 0·6% से 0·9% तक

(i) ड्राप हैमर, डाइ (dies), saws स्क्रू ड्राइवर्स — 0·6% से 0·7% C

(ii) बैन्डसॉ, एनविल, हैमर्स, रिंच, लैमिनेटेड स्प्रिंग — 0·7 to 0·8%

(iii) चीजल्स, शीयरिंग ब्लेड, पंच, ड्रिल इत्यादि — 0·8% to 0·9% C

155. डाई-स्टील (die-steels) तथा severely cold worked कॉपर वायर पर अन्तिम हीट ट्रीटमेन्ट क्रिया किस प्रकार की जाती है ?

उत्तर : डाई-स्टील पर अन्त में टेम्परिंग की जाती है जिससे उसमें अवशेष स्ट्रैस (residual stress) समाप्त हो जाते हैं। डक्टिलिटी में सुधार तथा टफनैस (toughness) में वृद्धि होती है। इससे स्टील की हार्डनैस बढ़ती है तथा स्ट्रक्चर स्थायी (stabilize) होता है।

Severely cold worked copper वायर पर अन्तिम हीट ट्रीटमेन्ट क्रिया एनीलिंग की जाती है। इससे उसकी डक्टिलिटी तथा टफनैस (toughness) में सुधार होता है। वायर में अवशिष्ट एवं आन्तरिक स्ट्रैस समाप्त हो जाता है तथा उसके विद्युत एवं चुम्बकीय गुणों में सुधार होता है एवं वायर की softness तथा माइक्रोस्ट्रक्चर में सुधार होता है।

156. आयरन में कार्बन की अधिकतम solubility क्या है ?

उत्तर : 2%.

157. White metal bearing alloys के constituents क्या हैं ?

उत्तर :

Antimony	–	10%
Copper	–	5%
Tin	–	5%

तथा शेष लैड होता है।

158. 18-4-1 हाई स्पीड स्टील क्या है ?

उत्तर : वह स्टील जिसमें 18% टंगस्टन, 4% क्रोमियम, 1% वैनेडियम तथा 0·75% कार्बन होता है 18-4-1 हाई-स्पीड स्टील कहलाता है।

159. Allotropic transformation क्या होता है ?

उत्तर : वह क्रिया जिसमें क्रिस्टल लैटिस, तापक्रम के साथ परिवर्तित होती है एलोट्रॉपिक ट्रांसफॉर्मेशन कहलाती है।

160. धातु के 'modification' का क्या अर्थ है ?

उत्तर : 'modification' वह एलोट्रॉपिक फॉर्म है जिनमें कोई धातु exist कर सकती है।

161. Anistropy तथा Isotropy में क्या अन्तर है ?

उत्तर : जब क्रिस्टलाइन ठोस पदार्थों की mechanical properties विभिन्न दिशाओं में भिन्न होती है तब पदार्थ का यह गुण anistropy कहलाता है। इसके विपरीत एमोरफस ठोस पदार्थों की mechanical properties सभी दिशाओं में समान होती है। यह isotropy कहलाता है।

162. क्रिस्टल स्ट्रक्चर पर कौन-से गुण निर्भर करते हैं ?
उत्तर : Density, Specific heat, Melting point, Elastic Constants, Hardness, Ductility etc.

163. 'Solid Solution' का क्या अर्थ है ?
उत्तर : किसी alloy में सबसे अधिक प्रतिशत मात्रा वाला पदार्थ solvent कहलाता है तथा शेष solute कहलाता है। ऐसा मिश्रण solid solution कहलाता है।

164. Interstitial solid solution क्या है ?
उत्तर : जब Solute atoms का साइज इतना छोटा होता है कि वह solvent matrix में interstitial space occupy कर सकें तब यह interstitial solid solution कहलाता है।

165. Substitutional solid solution क्या है ?
उत्तर : जब solute atoms, solvent atoms को विस्थापित कर रेगुलर मेट्रिक्स में पोजिशन occupy करते हैं तब यह substitutional solid solution कहलाता है।

166. 'Phase rule' क्या है ?
उत्तर : किसी बहुफेज (several phase) वाली प्रणाली में सभी परिवर्तन external conditions अर्थात् तापमान एवं दाब के अनुसार होते हैं। यह 'phase rule' कहलाता है। यह degree of freedom (F) प्रणाली के कम्पोनेन्ट्स की संख्या (C) तथा फेज की संख्या P में सम्बन्ध प्रदर्शित करता है। इस नियम के अनुसार—

$$P = C + 2 - F$$

167. Equilibrium फेज डायग्राम क्या प्रदर्शित करता है ?
उत्तर : यह डायग्राम निम्न क्रियाओं को प्रदर्शित करता है—

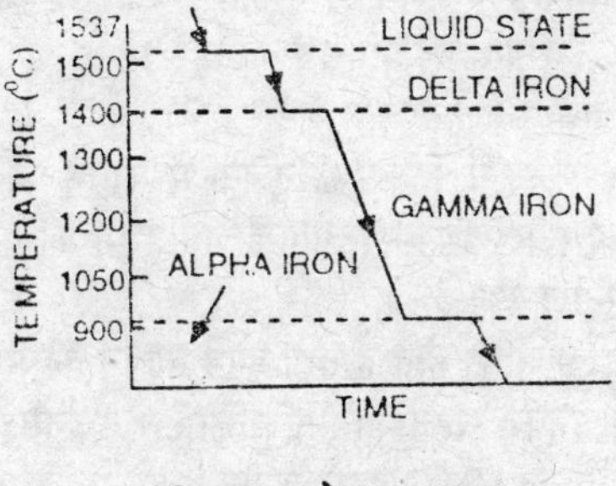

चित्र E–1 : फेज डायग्राम

(1) वे ताप जिन पर ठोस एलॉय melt होना प्रारम्भ करती है तथा समाप्त (finish) करती है।

(2) तापक्रम परिवर्तन के कारण उत्पन्न होने वाले विभिन्न फेज (चित्र E-1)

168. Solid solution hardening तथा dispersion hardening में क्या अन्तर है ?

उत्तर : क्रिस्टल में ग्रेन्स (grains) के across डिसलोकेशन के flow अवरुद्ध (interfere) होने से ग्रेन कठोर (hardens) होते हैं। यह स्पेस लैटिस के डिस्टोर्शन अथवा किसी बाह्य पदार्थ (foreign material) की उपस्थिति से हो सकता है। प्रथम अवस्था में 'solid solution hardening' तथा दूसरी अवस्था में 'dispersion hardening' होती है।

169. स्ट्रेन-एजिंग (strain aging) क्या है ?

उत्तर : यदि किसी स्पेसीमैन की जिसे yield point पर लाने के लिए overstrain किया गया हो, पुनः टेस्ट करने से पहले ऐसे ही छोड़ दिया जाता है (allowed to rest or age) तब उसका yield point उच्च स्ट्रैस की ओर शिफ्ट हो जाता है। यह प्रक्रिया स्ट्रेन-एजिंग अथवा स्ट्रेन हार्डेनिंग कहलाती है।

170. स्टिफनैस (stiffness) क्या है ?

उत्तर : स्टिफनैस पदार्थ का वह गुण है जिसके कारण वह डिफॉर्मेशन का प्रतिरोध (resist) करता है। यह rigidity भी कहलाती है।

171. Endurance limit का क्या अर्थ है ?

उत्तर : Endurance limit अथवा fatigue limit वह सीमा (limit) है जिस तक कोई धातु cyclic loading करने पर लोड को सह सकती है।

172. कास्ट आयरन में कार्बन कितने रूप में exist करता है ?

उत्तर : (1) Compound Cementite तथा (2) Free carbon

173. स्टेनलैस स्टील क्या होते हैं ?

उत्तर : इस स्टील में क्रोमियम के साथ अन्य तत्त्व उदाहरणतः निकिल होते हैं। स्टेनलैस स्टील में 18% क्रोमियम तथा 8% निकिल होता है। यह एसिड, साल्ट तथा एलकली के प्रभावों का प्रतिरोध करता है।

174. कास्ट आयरन तथा स्टील में क्या अन्तर है ?

उत्तर : कास्ट आयरन में स्टील की तुलना में कार्बन की मात्रा अधिक होती है। किसी पदार्थ को स्टील तब कहा जाता है जब उसमें फ्री-कार्बन न हो।

175. Low कार्बन स्टील क्या है ?

उत्तर : यह माइल्ड स्टील होते हैं तथा इनमें कार्बन की मात्रा 0·05% से 0·3% तक होती है। इनकी elongation property उत्तम होती है। इनका प्रयोग वायर्स, शीट्स, चैनल, प्लेट, पाइपस, शाफ्ट बनाने में किया जाता है।

176. मीडियम कार्बन स्टील क्या है ?

उत्तर : मीडियम कार्बन स्टील में 0·3% से 0·6% तक कार्बन की मात्रा होती है। इसकी tensile strength उच्च होती है। इसका प्रयोग बॉयलर ड्रम, लोकोमोटिव टायर्स, एरोइन्जिन सिलिन्डर्स तथा अन्य हैवी डयूटी के लिए प्रयुक्त उपकरण निर्मित करने में किया जाता है।

177. उच्च (high) कार्बन स्टील क्या है ?

उत्तर : उच्च कार्बन स्टील में 0·6% से 1·1% तक कार्बन होता है। इसका प्रयोग स्प्रिंग, फोर्जिंग डाई, शीयर ब्लेड, वुड (wood) चिजेल्स तथा पंच इत्यादि निर्मित करने के लिए किया जाता है।

178. स्टील में मार्टेन्साइट (martensite) कैसे बनता है ?

(AMIE, Summer 2006)

उत्तर : जब स्पेसीमैन को austenitic region (अर्थात् A_3 तापमान से ऊपर) से कक्ष तापमान (room temperature) तक critical cooling rate से ऊपर पानी में quench किया जाता है तो मार्टेन्साइट बनता है।

179. Work hardening क्या है ? **(AMIE, Summer 2006)**

उत्तर : यह पद (work hardening) एक प्रोसेस, जिसमें धातु की कठोरता (hardness) recrystallisation तापमान के नीचे स्थायी विरूपण (permanent deformation) के द्वारा विकसित की जाती है, के सन्दर्भ में प्रयुक्त होता है। स्थाई विरूपण में crystal structure का कुछ distortion सम्मिलित है।

180. Brass की cracking के लिए कारण स्पष्ट कीजिए।

(AMIE, Summer 2006)

उत्तर : भौतिक तथा रासायनिक गुणों में परिवर्तनों के अतिरिक्त, वस्तुओं में cold deformation के बाद, आन्तरिक प्रतिबल (internal stress), जो प्रायः उत्यन्त उच्च तीव्रता वाली होती है, रह सकती है।

धातुएँ जैसे working के बाद आन्तरिक प्रतिबलों के दृष्टिगोचर होने के साथ brass, intercrystalline corrosion को संवेदनीय (susceptible) है। यदि यह लम्बे समय के लिए संचित की जाती है तो धातु के disintegration अथवा failure को अग्रसर होती है। यह फिनोमिनन season cracking अथवा अधिक उचित रूप से stress corrosion cracking कहलाता है। Cracks का विकास corrosive medium के साथ प्रतिक्रिया के द्वारा त्वरित होता है तथा cracks ग्रेन्स के चारों ओर हो जाते हैं, अर्थात् वे intercrystalline होते हैं। यह दोष brass को लगभग 300°C पर annealing द्वारा दूर किया जाता है।

181. धातु की हॉट वर्किंग के लिए आप तापमान कैसे ज्ञात करते हो ?

(AMIE, Summer 2006)

उत्तर : हॉट वर्किंग (hot working) की निम्न तापमान सीमा (lower temperature limit) वह सबसे कम तापमान है जिस पर recrystallization की दर strain hardening विलोप करती है। यह सीमा निम्न पर निर्भर है—

(i) डिफॉर्मेशन की मात्रा पर (amount of deformation)

(ii) समय जिसके लिए धातु उस तापमान पर रहता है।

इस प्रकार hot working के लिए निम्न तापमान सीमा, बड़े डिफॉर्मेशन के लिए कम हो जाती है। अधिकतर हॉट वर्किंग संक्रियाएँ कई चरणों में की जाती हैं।

माध्यमिक फेजों का working तापमान निम्न तापमान सीमा से कहीं अधिक ऊपर रखा जाता है। इस तापमान पर, डिफॉर्मेशन की मात्रा अधिक है, साथ-साथ cost of working कम है। परन्तु इस तापमान पर grain growth होगी। अन्तिम रूप से fine grain size structure रखने को, आखिरी चरण में working तापमान कम कर दिया जाता है। यह अन्तिम तापमान प्रायः न्यूनतम recrystallization temperature से ऊपर होता है।

182. Nano पदार्थों के दो अनुप्रयोग दीजिए। **(AMIE, Summer 2006)**

उत्तर : नेनो पदार्थों के दो अनुप्रयोग निम्न प्रकार हैं—

(i) Next-generation कम्प्यूटर चिप्स

(ii) बढ़ी हुई lethality के साथ Kinetic Energy (KE) Penetrators.

183. Fick's second law of diffusion को बताइए।

(AMIE, Summer 2006)

उत्तर : फिक (Fick) डिफ्यूजन का द्वितीय नियम अस्थिर दशाओं (unstable condition) के अधीन डिफ्यूजन के साथ सम्बन्धित है, अर्थात् फ्लक्स space एवं time दोनों का function है। फ्लक्स J काट (section) से काट पर बदलता है तथा एक दिए हुए काट पर समय के साथ परिवर्तित होता है। इस स्थिति में concentration profile समय (time) का function होगा। इस प्रकार की स्थिति सामान्य रूप से व्यवहारिक सिस्टमों में विद्यमान रहती है तथा इसलिए फिक का दूसरा नियम real systems को लागू होता है।

184. एक आयरन-कार्बन एलॉय तथा एक आयरन-क्रोमियम-निकिल एलॉय के लिए, 1 atmosphere के नीचे, eutectic reaction के लिए degree of freedom की गणना कीजिए। **(AMIE, Summer 2005)**

उत्तर : 1 atoms के नीचे एक आयरन-कार्बन एलॉय के लिए eutectic reaction के लिए degree of freedom

फेज नियम (phase rule) अथवा Gibbs rule के अनुसार, एक आयरन-कार्बन एलॉय के लिए Eutectic reaction, बायनरी फेज डायग्राम रखता है।

$$F = C - P + 2$$

जहाँ F = Degree of freedom

C = Components की संख्या।

P = फेजों की संख्या।

यहाँ इस स्थिति में, $C = 2, \quad P = 2$

इसलिए, $F = 2 - 2 + 2$

$= 2$ **Ans.**

आयरन-क्रोमियम-निकिल एलॉय के लिए degree of freedom

यहाँ, इस स्थिति में, three component सिस्टम tenary diagrams को rise देता है।

अतः $F = C - P + 1$

$C = 3, \quad P = 3$

इसलिए $F = 3 - 3 + 1 = 1$ **Ans.**

185. ब्रास (brass) 903°C के तापमान पर, मध्य (middle) में $36 \cdot 8\%$ Zn (β-phase) तथा α-phase end पर $32 \cdot 5\%$ Zn तथा liquidus end पर $37 \cdot 5\%$ Zn के साथ peritectic reaction रखता है। Peritectic point पर उपस्थित liquid phase तथा α-phase की प्रतिशत (%) ज्ञात कीजिए।

(AMIE, Summer 2005)

उत्तर : Liquid phase का प्रतिशत (%) $= \frac{XZ}{XY} \times 100$

$$XZ = 37 \cdot 5 - 36 \cdot 8 = 0 \cdot 7$$

$$XY = 37 \cdot 5 - 32 \cdot 5 = 5$$

XZ, XY के मान रखने पर,

$$= \frac{0 \cdot 7}{5} \times 100 = 14\%$$

जब liquid क्रिस्टलस के साथ प्रतिक्रिया करता है, तो क्रिस्टल liquid के बाहर precipated होता है तथा क्रिस्टल की नई किस्म बनाता है।

186. हाइजेनबर्ग का अनिश्चितता (uncertainty) का सिद्धान्त क्या है?

उत्तर : इस नियम के अनुसार किसी इलेक्ट्रॉन का एक ही क्षण में (simultaneous) वेग अथवा ऊर्जा या संवेग एवं स्थिति (position) का निर्धारण (determination) सम्भव नहीं है।

187. धात्विक बन्ध की आधुनिकता अवधारणा (concept) क्या है?

उत्तर : धात्विक बन्ध (metallic bond) की आधुनिकतम अवधारणा के अनुसार ये सहसंयोजी (covalent) बन्ध के अधिक समीप (closely related) हैं तथा कुछ-कुछ आयनिक बन्धों के समान होते हैं।

188. धातुओं कीं cohesive energy के लिए व्यंजक (expression) लिखिए।

उत्तर :
$$E_c = -\left(V_0 + \frac{3}{5} E_0 + V_1\right)$$

यहाँ E_0—Kinetic energy of each electron

V_0—Potential energy of electron in the field of positive ion

V_1—First ionisation potential of atoms

189. फरमी स्तर क्या है?

उत्तर : शून्य डिग्री केलविन (0°K) पर इलेक्ट्रॉन का उच्चतम भरा हुआ ऊर्जा स्तर (highest filled energy level) फरमी ऊर्जा स्तर कहलाता है।

190. Free-electron सिद्धान्त के अनुसार density of states, इलेक्ट्रॉन ऊर्जा के साथ किस प्रकार परिवर्तित होती है?

उत्तर : Parabolically.

191. Zone theory के assumptions क्या हैं ?

उत्तर : Zone theory के अनुसार स्थितिज ऊर्जा (potential energy) का मान space lattice की periodicity के अनुसार periodically परिवर्तित होता है।

192. Brillouin Zone क्या है ?

उत्तर : उन इलेक्ट्रॉन को प्रदर्शित करने वाले वेक्टर जो डिफरेक्शन प्रभाव के कारण लैटिस को penetrate नहीं कर सकते एक 3-dimensional surface ट्रेस करते हैं। ये surfaces ही Brilloium Zone कहलाती हैं।

193. Forbidden energy gap क्या है ?

उत्तर : Brillouin Zone के existence के कारण free electron के E-K parabolic वक्र, wave number 'K' के क्रिटिकल मान (values) पर distort हो जाते हैं तथा energy gaps उत्पन्न करते हैं। सभी दिशाओं को consider करते हुए next gap, 'forbidden energy gap' कहलाते हैं।

194. ठोस पदार्थों को किस प्रकार वर्गीकृत किया जाता है ?

उत्तर : ठोस पदार्थ उनके बैंड स्ट्रक्चर के अनुसार चालक, कुचालक एवं अर्द्धचालक वर्गों में वर्गीकृत किये गए हैं। कुचालकों तथा अर्द्धचालकों में सदा energy gap होते हैं। अर्द्धचालकों में कुचालकों की तुलना में छोटा energy gap होता है तथा इसका मान 2 eV से 3 eV तक होता है। चालकों में आंशिक (paratially) रूप से भरे हुए अर्थात् ओवरलैपिंग बैन्ड होते हैं।

195. आइसोटोप की परिभाषा दीजिए।

उत्तर : एक ही तत्त्व के कुछ परमाणुओं में जब प्रोटॉन की संख्या समान परन्तु न्यूट्रॉन की संख्या भिन्न होते हैं तब यह उस तत्त्व के आइसोटोप कहलाते हैं। उदाहरणतः आयरन के तीन आइसोटोप होते हैं जिनमें न्यूट्रॉन की संख्या क्रमशः 28, 31 तथा 32 होती है परन्तु प्रोटॉन की संख्या सभी में 24 है। अतः उनके परमाणु भार क्रमशः 54, 57, 58 हैं।

196. Polar co-valent बन्ध क्या हैं ?

उत्तर : इस प्रकार के बन्ध परमाणु के ऑर्बिटलों (orbitals) के ओवरलैपिंग से निर्मित होते हैं जिसके कारण internuclear क्षेत्र में charge density अधिक हो जाती है।

197. ठोस पदार्थों की Zone theory क्या है ?

उत्तर : इस सिद्धान्त में इलेक्ट्रॉनों की density of states का ऊर्जा स्तरों की ऊर्जा परिवर्तन की व्याख्या द्वारा पदार्थों की प्रकृति (behaviour) का विश्लेषण (analysis) किया गया है।

198. तापमान का धातुओं की विद्युत प्रतिरोधकता (electrical resistivity) पर क्या प्रभाव है ?

उत्तर : तापमान के साथ धातुओं की विद्युत प्रतिरोधकता linearly बढ़ती है।

199. Soft तथा hard चुम्बकीय पदार्थों में मुख्य अन्तर क्या है ?

उत्तर : Soft चुम्बकीय पदार्थों की coercive force कम (low) होती है जबकि hard चुम्बकीय पदार्थ सरलता से magnetise तथा demagnetise किये जा सकते हैं जबकि hard चुम्बकीय पदार्थों को magnetise करने के लिए उच्च (high) चुम्बकन बल (magnetising force) की आवश्यकता होती है तथा उन्हें विचुम्बकित (demagnetise) करने के लिए भी विपरीत दिशा में उच्च चुम्बकीय क्षेत्र एप्लाई करने की आवश्यकता होती है।

200. व्हिज्कर्स (Whiskers) क्या है ?

उत्तर : व्हिज्कर्स धातुओं के दोषमुक्त (defect free) सिंगल क्रिस्टल होते हैं। यह प्रायः पतले तार (short fine wires) के आकार में होते हैं तथा इन्हें विशेष तकनीक द्वारा निर्मित किया जाता है।

201. धातुओं में उच्च विद्युत चालकता के क्या कारण हैं ?

उत्तर : धातुओं में परमाणु के चारों ओर उपस्थित मुक्त इलेक्ट्रॉन तथा आयन, विद्युत क्षेत्र एप्लाई करने पर सरलता से गति करते हैं। धातुओं में उच्च चालकता का मुख्य कारण मुक्त इलेक्ट्रॉनों की सरल उपलब्धता (easy availability) है।

202. डायलेक्ट्रिक्स (Dielectrics) क्या होते हैं ?

उत्तर : डायलेक्ट्रिक्स उच्च विद्युत प्रतिरोधकता वाले पदार्थ होते हैं। इनका प्रयोग कैपेसिटर्स, इलेक्ट्रिक, हीटिंग तथा इनसुलेशन में किया जाता है। उदाहरणतः माइका, मोम, सिरेमिक, खनिज तेल इत्यादि।

203. फैराइट्स क्या होते हैं ?

उत्तर : फैराइट्स वह चुम्बकीय पदार्थ हैं जिनमें मुख्यतः रिफ्रैक्ट्री धात्विक ऑक्साइड होते हैं। वह आयरन जिसमें कार्बन की मात्रा बहुत कम अथवा शून्य होती है, फैराइट कहलाते हैं। यह soft तथा डक्टाइल होता है। मैटलर्जी में इसे α-आयरन कहते हैं।

204. अर्द्धचालक पदार्थों में इलेक्ट्रॉनों की ड्रिफ्ट मोबिलिटी (drift mobility) का क्या अर्थ है ?

उत्तर : इलेक्ट्रॉनों की ड्रिफ्ट मोबिलिटी drift velocity/electric field द्वारा प्रदर्शित की जाती है।

$$\text{Drift mobility } `\mu_n' = \frac{\text{drift velocity}}{\text{electric field}} = \frac{V_d}{E} \text{ cm}^2/\text{sec/volt}$$

205. पैरामेगनेटिक पदार्थों की क्यूरी का नियम (Curie law) क्या है ?

उत्तर : क्यूरी के नियम के अनुसार चुम्बकीय susceptibility (χ) परम तापमान T के विलोमानुपाती होता है। $\chi = \dfrac{C}{T}$

यहाँ C क्यूरी नियतांक (Curie's Constant) है।

206. गारनेट (Garnets) क्या होते हैं ?

उत्तर : गारनेट अधात्विय (non metallic) चुम्बकीय पदार्थ होते हैं। इनका निर्माण पाउडर मैटलर्जी विधियों द्वारा किया जाता है।

207. कन्डक्शन बैन्ड से क्या तात्पर्य है ?

उत्तर : परमाणु संरचना में valency band के ऊपर से ऊर्जा स्तर conduction band कहलाते हैं। इलेक्ट्रॉनों के conduction band में जाने से धातु विद्युतीय रूप से चालक (electrically conductive) हो जाती है।

208. पेल्टियर प्रभाव Peltier's effect क्या है ?

उत्तर : पेल्टियर प्रभाव के अनुसार जब दो असमान धातुएँ किसी बिन्दु पर जंक्शन निर्मित करती हैं तब जंक्शन के तापमान परिवर्तन पर धातुओं के खुले सिरों (open ends) के मध्य एक e.m.f. उत्पन्न होता है। यह e.m.f. जंक्शन के तापमान के अनुसार परिवर्तित होता है इसके विपरीत यदि जंक्शन में कोई धारा प्रवाहित की जाती है तब जंक्शन पर ऊष्मा (heat) का अवशोषण (absorption) अथवा उत्सर्जन (evolution) होता है।

209. प्रतिरोधकता (resistivity) तथा चालकता (conductivity) में क्या सम्बन्ध है ?

उत्तर : ये एक-दूसरे के विलोम (opposite) होते हैं।

$$\text{Resistivity } (\rho) = \frac{1}{\text{conductivity } (\sigma)}\Bigg]$$

210. Matthiessen's rule क्या है ?

उत्तर : इस नियम के अनुसार किसी धातु की प्रतिरोधकता (resistivity)

$$\rho = \rho_L + \rho_i$$

जहाँ ρ_L पदार्थ की थर्मल प्रतिरोधकता (thermal resistivity) तथा ρ_i पदार्थ के दोष एवं solute atoms के कारण प्रतिरोधकता है। ρ_i तापक्रम पर निर्भर नहीं करती है।

211. स्पाइनेल (Spinel) क्या होते हैं ?

उत्तर : स्पाइनेल, सूत्र AB_2O_4 के अनुसार ऑक्साइड्स के complex groups होते हैं जहाँ A तथा B भिन्न धातुएँ हैं। उदाहरणतः Magnesium aluminate spinel ($MgAl_2O_4$) तथा फैरोस्पाइनेल ($ZnFe_2O_4$)। स्पाइनेल में closed packed cubic स्ट्रक्चर होता है जिसमें रॉक साल्ट तथा जिंक ब्लेन्डी संरचना होती है।

उदाहरणतः $ZnFe_2O_4$, $FeAl_2O_4$, $CoAl_2O_4$ तथा $ZnAl_2O_4$।
इस प्रकार के स्पाइनेल स्ट्रक्चर तीन प्रकार के यौगिकों में प्राप्त होते हैं।

(i) एल्यूमिनेट्स (aluminates), (ii) फैराइट्स (Fe_2O_3 पर आधारित) तथा (iii) क्रोमाइट्स (Cr_2O_3 पर आधारित)। स्पाइनेल स्ट्रक्चर में परमाणुओं की निम्न व्यवस्था होती है।

(i) ऑक्सीजन आयन FCC पैटर्न में होते हैं।

(ii) A^{2+} धातु आयन टेट्राहेड्रल sites occupy करते हैं।

(iii) B^{3+} धातु आयन ऑक्टाहेड्रल sites occupy करते हैं।

इन खनिज पदार्थों के चुम्बकीय गुण उनमें cations के distribution पर निर्भर करते हैं। स्पाइनेल, फैरीमेगनेटिक प्रकृति के पदार्थ पर होते हैं।

212. दो मृदु चुम्बकीय पदार्थों (soft magnetic materials) के नाम दीजिए।

(AMIE, Summer 2005)

उत्तर : (i) साफ्ट आयरन सिलिकॉन एलॉय, (ii) साफ्ट आयरन निकिल एलॉय।

213. PET तथा Melamine के scientific names लिखिए।

(AMIE, Summer 2005)

उत्तर : PET – Polyethylene terephthalate

Melamine – Melamine-formaldehyde

214. सीमेन्टाइट (cementite) तथा मारटेनसाइट (martensite) के क्रिस्टल स्ट्रक्चर को बताइए। **(AMIE, Summer 2005)**

उत्तर : सीमेन्टाइट (Cementite)—सीमेन्टाइट जिसे आयरन कारबाइड भी कहा जाता है, Fe_3C संगठन (composition) का आयरन एवं कार्बन का यौगिक है। यह orthorhombic structure का है। इसके यूनिट सैल 12 आयरन परमाणु तथा 4 कार्बन परमाणु रखते हैं। यह $6 \cdot 67\%$ कार्बन content रखता है। इसका गलन बिन्दु (melting point) लगभग 1550°C है। सीमेन्टाइट 210°C तक मेगनेटिक है। यह निम्न तनन सामर्थ्य का नान-डक्टाइल तथा भंगुर (brittle) interstitial यौगिक है परन्तु उच्च संपीडन सामर्थ्य रखता है।

आयरन-आयरन कार्बाइड डायग्राम में, आयरन का गलन बिन्दु 1538°C बिन्दु से दिखाया गया है तथा सीमेन्टाइट का melting point 1500°C है। स्ट्रक्चर बिन्दु G (912°C) पर bcc ferrite से fcc austenite तथा बिन्दु N (1394°C) पर γ-fcc से δ-fcc को बदलता है।

जब कूलिंग दर क्रान्तिक मान से ऊपर बढ़ाई जाती है अर्थात् water quenching पर, कार्बन के लिए solution के diffuse out होने को बहुत कम है। इसलिए fcc स्ट्रक्चर bcc स्ट्रक्चर को नहीं बदलता है जबकि कार्बन solution में ट्रेप होता है। परिणामी स्ट्रक्चर body center-tetragonal है जो martensite कहलाता है। यह super saturated solution तथा नान-क्यूबिक स्ट्रक्चर है। Body center tetragonal यूनिट सैल की दो विमाएँ समान हैं जबकि तीसरी भुजा (third side) trapped कार्बन के कारण थोड़ी सी बढ़ जाती है। चूँकि कार्बन लैटिस में उपस्थित है, स्लिप आसानी से नहीं होती है। इस वजह से, मारटेनसाइट कठोर (hard), मजबूत (strong) तथा भंगुर (brittle) है। यह needle जैसा स्ट्रक्चर रखता है।

215. एक पदार्थ की fracture toughness समीकरण $K_{1c} = \sigma_f \sqrt{\pi \, . \, a}$ द्वारा दी जाती है। यदि पदार्थ की सामर्थ्य 300 MPa है तथा fracture toughness 4 MPa $\sqrt{\text{m}}$ है, तो पदार्थ के cracking को सपोर्ट किये बिना microns में largest internal crack ज्ञात कीजिए। $\sigma_f =$ सामर्थ्य MPa, $a =$ crack size m.

उत्तर : दी हुई स्थिति के लिए, स्टील में propogate होने वाला crack की size ज्ञात करेंगे।

दिया है $K_{1c} = 4$ MPa, $\sigma_f = 300$ MPa

$$K_{1c} = \sigma_f \sqrt{\pi . a}$$

$$4 = 300\sqrt{\pi a}$$

अथवा $$\sqrt{a} = \frac{4}{300\sqrt{4}}$$

अथवा $$a = \frac{4 \times 4}{300 \times 300 \times \pi}$$

$$= 0 \cdot 0666 \text{ m}$$

216. Zinc की तुलना में Gold अधिक तन्य (ductile) क्यों है ?

उत्तर : तन्यता (ductility) धातु क्रिस्टल में स्लिप के व्यवहार पर निर्भर करती है। स्लिप (slip) slip directions कही जाने वाली दिशाओं में स्लिप समतल पर होती है। Gold में, जो Fcc स्ट्रक्चर रखता है, चार स्लिप समतल (slip planes) तथा तीन स्लिप दिशा होती है, इस प्रकार $4 \times 3 = 12$ स्लिप सिस्टम्स होते हैं। जिंक (zinc) की स्थिति में स्लिप समतलों का केवल एक सेट (0001) होता है तथा प्रत्येक स्लिप समतल के लिए तीन दिशाएँ होती हैं, इस प्रकार $1 \times 3 = 3$ स्लिप सिस्टम्स होते हैं। चूँकि गोल्ड अधिक स्लिप सिस्टम्स रखता है, इसलिए यह जिंक की तुलना में स्लिप (slip) की अधिक सम्भवता रखता है तथा इसलिए अधिक तन्यता (ductility) रखता है।

217. पतली चादरों के rolling के लिए छोटे व्यास के rolls पसन्द किये जाते हैं, इसका क्या कारण है ?

उत्तर : जब पतली चादरों को roll किया जाता है तो rolls का एलास्टिक डिफॉर्मेशन, डिफॉर्मेशन की मात्रा को सीमित करता है। Rolls का चपटा होना (flattening) अच्छे लुब्रीकेशन का प्रयोग करके, उच्चतर प्रत्यास्थ सामर्थ्य (elastic strength) के साथ पदार्थ के rolls का प्रयोग कर तथा छोटे व्यास के साथ roll को प्रयोग कर कम किया जा सकता है। इस प्रकार rolls अधिक thickness reduction प्राप्त करने में मदद करते हैं।

218. Austenitic स्टेनलैश स्टील में कार्बन की अधिक उपस्थिति weld decay को अग्रसर होती है, क्यों ?

उत्तर : स्टेनलैश स्टील में कार्बन की अधिक उपस्थिति क्रोमियम कार्बाइड को बनाने को प्रवत्त होती है। यह क्रोमियम को कम करती है जो संक्षारण (corrosion) रोकने को मुख्य घटक है। क्रोमियम की कमी इस प्रकार संक्षारण को त्वरित (accelerate) करती है। इस प्रकार तब weld decay को अग्रसर होती है।

219. सरूप बेलनाकार आकार के ठोस की true strain ज्ञात कीजिए जब इसे इसकी मूल लम्बाई के आधे तक संपीडित (compressed) किया जाता है।

उत्तर : True strain $\varepsilon_t = \log_e \left(\frac{l}{l_0}\right)$ द्वारा दी जाती है जहाँ l_0 मूल लम्बाई है तथा l अन्तिम लम्बाई है। चूँकि $l = l_0/2$, इसलिए $\varepsilon_t = \log_e (0 \cdot 5)$.

220. Photon तथा electron के मध्य क्या अन्तर है ?

उत्तर : एक electron, atomic nucleus के चारों ओर orbits में घूमने वाला negatively charged subatomic particle है। इसका charge $1 \cdot 602 \times 10^{-19}$ कूलम्ब तथा rest mass $9 \cdot 109 \times 10^{-31}$ kg होता है। जबकि फोटोन (photon), electromagnetic radiation का quantum है। जब एक electron ऊँचे orbit से निचले orbit को jump करता है तो यह मुक्त होता है। Emitted photon की ऊर्जा $E_2 - E_1 = \Delta E = hv$ द्वारा प्रदर्शित की जाती है, जहाँ v radiation की आवृत्ति (frequency) है तथा h Planck's स्थिरांक है।

221. कभी-कभी कार्बन metalloid क्यों कहलाता है ?

उत्तर : धातुएँ तत्त्व (elements) हैं जो प्रत्यास्थता (elasticity), तन्यता (ductility) तथा अच्छी चालकता (conductivity) के गुण रखती हैं जैसे कॉपर, एल्यूमिनियम तथा आयरन इत्यादि। तत्त्व जैसे ऑक्सीजन, आयोडीन, हाइड्रोजन अ-धातुएँ (non-metals) हैं। कुछ तत्त्व जैसे कार्बन तथा सिलिकॉन इत्यादि भिन्न स्थितियों के अधीन धातुओं तथा अ-धातुओं दोनों के अभिलक्षण प्रदर्शित करती हैं तथा metalloid कहलाती हैं।

222. पिग आयरन (pig iron) से स्टील कैसे भिन्न (differ) है ?

उत्तर : पिग आयरन एक ब्लास्ट फर्नेश से आयरन को गर्म करने से प्राप्त पहला उत्पाद (first product) है। इसमें एलॉयिंग तत्त्वों (कार्बन तथा सल्फर इत्यादि) तथा अन्य अशुद्धियों का बड़ा प्रतिशत होता है। स्टील अन्य भट्टियों (furnaces) तथा कन्वर्टस में इसकी कार्बन की उपस्थिति को 2% से कम करने को पिघले पिग़ आयरन के आगे के उपचार के द्वारा प्राप्त किया जाता है।

223. Austentic स्टेनलैश स्टील के कुछ विलक्षण गुण क्या हैं ?

उत्तर : (i) उत्कृष्ट संक्षारण प्रतिरोधक (corrosion resistance), (ii) उच्च तन्यता तथा कुट्टयता (melleability), (iii) उच्चत्तर तापमान पर उच्च सामर्थ्य तथा निम्न तापमानों पर अच्छी इम्पेक्ट सामर्थ्य।

224. सिरेमिक पदार्थों के कौन से कारक (factors) उनकी बढ़े तापमान अनुप्रयोगों के लिए आकृष्ट बनाते हैं ?

उत्तर : उच्च गलन बिन्दु (melting point), ऊँचे तापमानों पर अच्छी सामर्थ्य, कम चालकता तथा ऑक्सीडेशन एवं संक्षारण (corrosion) को उच्च प्रतिरोधकता।

225. Equilibrium phase diagrams में कौन-से तीन primary variables पर विचार किया जाता है ?

उत्तर : Equilibrium में फेजों की संख्या (no. of phases), सिस्टम्स बनाने वाले कम्पोनेटों की संख्या तथा डिग्री ऑफ फ्रीडम (degree of freedom)।

226. Open die तथा impression die forging के मध्य क्या अन्तर है ?

उत्तर : Open die फोर्जिंग से इम्पेक्ट अथवा संपीडन बल (compressive force) जॉब को विरूपित करता है परन्तु परिणामी आकार को नियन्त्रित नहीं किया जाता है। Closed die अथवा impression die फोर्जिंग में जॉब (job) एक cavity में सीमाबद्ध रहता है ताकि संपीडन बल की squeezing प्रतिक्रिया के अधीन जॉब cavity आकार प्राप्त करता है।

227. Isobars क्या है ?

उत्तर : समान कुल प्रोटोन्स तथा न्यूट्रॉन्स रखते हुए atomic nuclei का एक set (अर्थात् समान mass संख्या) परन्तु प्रोटोनों की भिन्न संख्या तथा इसलिए भिन्न identities) Isobars कहलाता है।

228. सेकेन्ड्री बॉण्ड (secondary bond) क्या है ?

उत्तर : ये weaker बॉण्ड्स हैं। परमाणुओं तथा अणुओं के बीच आकर्षण बल विद्यमान रहता है। इनको intermolecular bonds के रूप में जाना जाता है क्योंकि वे intermolecular अथवा dipole आकर्षण से फलित होते हैं। वाण्डरवाल्स बॉण्ड्स (vanderwaals bonds) तथा हाइड्रोजन बॉण्ड्स secondary bonds के सामान्य उदाहरण हैं।

229. Deuterium क्या है ?

उत्तर : यह हाइड्रोजन का एक isotope है। इसमें प्रोटोनों की वही संख्या होती है जो हाइड्रोजन में, परन्तु nucleus में एक neutron होता है ताकि इसकी mass संख्या हाइड्रोजन के लगभग दुगनी होती है।

230. δ-iron क्या है ?

उत्तर : δ-आयरन, आयरन की एक allotrophic form है। जब आयरन को 1401°C से ऊपर गर्म किया जाता है तो यह होता है। जितना अधिक bonding orbitals की overlap की मात्रा होती है उतना ही अधिक ऊर्जा कम होती है तथा अतः bond मजबूत (stronger) होता है।

231. Fcc तथा Bcc स्ट्रक्चर में प्रति इकाई सैल (unit cell) परमाणुओं की संख्या क्या है ?

(a) Fcc स्ट्रक्चर में प्रति इकाई सैल, परमाणुओं की संख्या 4 परमाणु है।

(b) Bcc स्ट्रक्चर में प्रति इकाई सैल, परमाणुओं की संख्या 2 परमाणु है।

232. सुपर कन्डक्टिविटी को परिभाषित कीजिए।

उत्तर : कुछ धातुएँ बहुत कम तापमान पर सभी electrical resistivity अप्रत्यासित रूप से तथा पूर्ण रूप से खो देती हैं। यह फिनोमिनम superconductivity कहलाता है तथा ऐसे पदार्थ सुपर-कण्डक्टर्स कहलाते हैं।

233. मृदु (soft) तथा कठोर मेगनेट्स के मध्य मुख्य अन्तर बताइए।

उत्तर : मृदु चुम्बकीय पदार्थ low coercive force रखते हैं तथा कठोर चुम्बकीय पदार्थ high coercive force रखते हैं, अर्थात् मृदु चुम्बकीय पदार्थ सरलता से magnetised एवं demagnetised हो जाते हैं जबकि कठोर चुम्बकीय पदार्थ को अधिक चुम्बकीय बल की आवश्यकता होती है तथा केवल

stronger reversed magnetic field के साथ demagnetised भी हो सकते हैं।

234. क्या glasses, anisotropic पदार्थों के रूप में सोचे जा सकते हैं?

उत्तर : ग्लास स्ट्रक्चर anisotropic है क्योंकि यह एक super cooled liquid है तथा coordination number 3 रखते हुए polyhedra का अनियमित dimensional network बनाता है।

235. Composite material क्या है?

उत्तर : कुछ विशिष्ट गुणों को विकसित करने के क्रम में जो विशेष पदार्थ में प्राकृतिक रूप से नहीं होते हैं, संयुक्त पदार्थ (composite materials) अथवा पदार्थों का संयोग (combination) प्रयुक्त किया जाता है। कम्पोजिट पदार्थ विशेष अनुप्रयोगों के लिए प्रत्येक पदार्थ के अभिलक्षण बनाए रखते हैं। वे या तो प्राकृतिक हो सकते हैं जैसे wood अथवा कृत्रिम रूप से बनाये जा सकते हैं। कम्पोजिट पदार्थ, laminates अथवा layered composites, reinforced composites, Agglomerated materials तथा Surface-coated materials के रूप में वर्गीकृत हो सकते हैं।

236. आवृत्ति (frequency) के साथ dielectric constant कैसे बदलता है?

उत्तर : Dielectric constant Δ_m/Δ_n का अनुपात है, जो spacer पदार्थ के साथ तथा इसके बिना density बदलता है। Dielectric constant पदार्थ का वह गुण है जो dielectric के रूप में प्रयोग किया जाता है। यह नोट करने की बात है कि वे तापमान तथा आवृत्ति (frequency) के प्रति संवेदनशील (sensitive) हो सकते हैं।

237. क्रिस्टेलाइन (crystalline) तथा amorphous solids के बीच विभेद कीजिए।

उत्तर : क्रिस्टेलाइन ठोस प्राय: कई क्रिस्टलों से, जो एक से (similar) अथवा व्यापक रूप से बदली साइजों में तथा मेटेलिक अथवा नान-मेटेलिक हो सकते हैं, बने होते हैं। पदार्थ जो नान-क्रिस्टेलाइन हैं (जैसे ग्लास), amorphous कहलाते हैं, उनकी आन्तरिक संरचना regular repetition पर निर्भर नहीं हैं। देखिए चित्र E–2

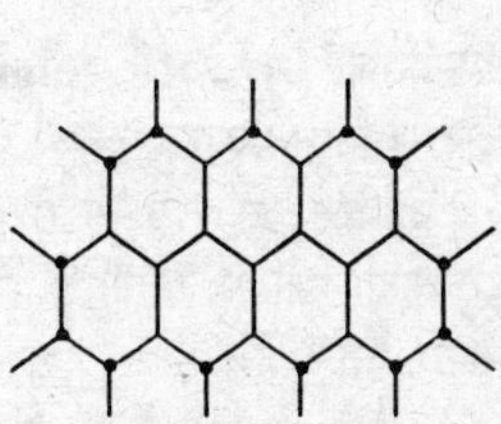

(a) क्रिस्टेलाइन स्ट्रक्चर

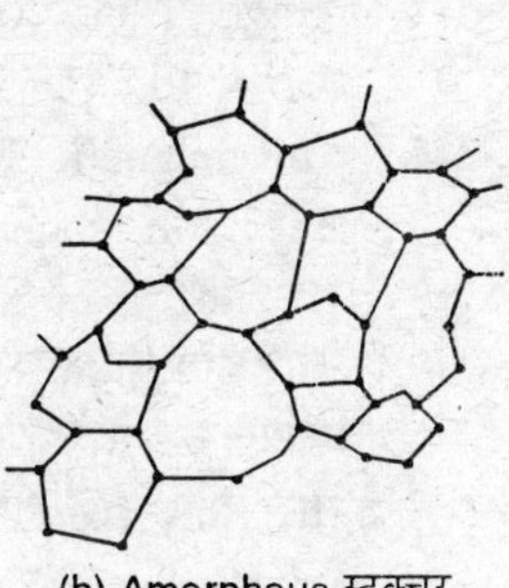

(b) Amorphous स्ट्रक्चर

चित्र E–2

238. Allotropy तथा Polymorphism के बीच अन्तर बताइए।

उत्तर : Allotropy : किसी धातु का एक से अधिक क्रिस्टेलाइन फार्म में रहना allotropy कहलाता है तथा ऐसी धातुएँ जिनमें ऐसे परिवर्तन होते हैं एलोटॉपिक धातुएँ कहलाती हैं।

Polymorphism : वह प्रक्रम जिसमें क्रिस्टल लैटिस तापमान के साथ अनुरूपता में परिवर्तित होता है धातु का allotropic अथवा polymorphic transformation कहलाता है। पॉलीमारफिक ट्रांसफॉर्मेशन में क्रिस्टलीय ठोस के परमाणु एक क्रिस्टल से दूसरे क्रिस्टल में परिवर्तित होते हैं तथा नई क्रिस्टल लैटिस बनाते हैं। इस फिनामिनन का सबसे सामान्य उदाहरण औद्योगिक महत्ता रखते हुए, आयरन का है।

239. पदार्थों में slip तथा twinning के बीच अन्तर बताइए।

उत्तर : स्लिप (slip) तथा twinning दोनों ही धातुओं के प्लास्टिक डिफॉर्मेशन के modes हैं। स्लिप मेकेनिज्म में परमाणु एक slip plane के अनुदिश गति करते हैं तथा सभी परमाणु एक मात्रा (amount) के द्वारा उसी दिशा में गति करते हैं। दूसरे शब्दों में स्लिप निश्चित दिशा के अनुदिश (along) सापेक्ष डिसलोकेशन (relative dislocation) है। यह क्रिस्टल के ब्लाक्स का निश्चित crystallographic समतल जिसे slip planes कहते हैं के अनुदिश एक-दूसरे के ऊपर sliding के रूप में भी परिभाषित किया जाता है।

Twinning की क्रिया में डिफॉर्मेशन के पश्चात् क्रिस्टल का एक भाग ऐसी ओरियेन्टेशन (orientation) में आ जाता है जिससे कि यह मूल क्रिस्टल (parental crystal) की छाया (mirror image) की भाँति होता है।

240. बोरोसिलिकेट ग्लासेज (borosilicate glasses) के विशेष गुण क्या हैं ?

उत्तर : बोरोसिलिकेट ग्लासेज में सिलिका एक भाग boric oxide के द्वारा replace किया जाता है जो ग्लासेज में निश्चित वांछनीय गुण सुनिश्चित करता है जैसे thermal shock, electrical shock तथा chemical stability। सोडा (soda) तथा lime के स्थान पर B_2O_3 की उपस्थिति के कारण इसका प्रसार गुणांक (coefficient of expansion) $9{\cdot}0 \times 10^{-6}$ से $3{\cdot}5 \times 10^{-6}$ तक कम हो जाता है।

241. Soft magnetic पदार्थों के दो उदाहरण दीजिए। **(AMIE, Summer 2006)**

उत्तर : Soft magnetic पदार्थों के उदाहरण निम्न प्रकार हैं—

(i) Soft Iron Silicon Alloys : आयरन को लगभग 0·8 से 4·8% सिलिकॉन बढ़ाने पर एलॉय की प्रतिरोधकता तेजी से बढ़ती है। यह सर्वाधिक व्यापक रूप से प्रयुक्त होने वाला मेगनेटिक पदार्थ है।

(ii) Soft Iron Nickel Alloys : इनको दो समूहों में बाँटा जा सकता है—(1) Low Nickel तथा (2) High Nickel। Low Nickel एलॉय में मेगनीज, सिलिकॉन तथा क्रोमियम के साथ 38-50% Nickel होता है जबकि High Nickel एलॉय में 80% तक Nickel होता है।

242. यदि आप Thermal gradient (heating at one end and cooling at other) को एक refractory lining प्रयोग करते हैं, तो high or low coefficient of thermal expansion तथा thermal conductivity इसकी longevity को कैसे प्रभावित करेगी ? **(AMIE, Summer 2006)**

उत्तर : एक refractory पदार्थ की coefficient of thermal expansion तथा thermal conductivity निम्न प्रकार है—

Thermal expansion (k^{-1}) Thermal conductivity

$0\cdot5 \times 10^{6}$ से 8×10^{-6} 1 से 38 w/mk

दो सतह के मध्य तापमान में अन्तर के कारण, ऊष्मा hot surface से cold surface को बहती है। पॉलीमर्स में heat transfer अधिक है परन्तु धातुओं से कम है। दूसरी तरफ, लम्बाई में वृद्धि धातुओं तथा पॉलीमर्स की तुलनां में बहुत कम है।

उदाहरण : 50°C के लिए 1 m लम्बाई में वृद्धि होगी

$$= 0\cdot5 \times 10^{-6} \times 50 \times 1$$

$$= 2\cdot5 \times 10^{-5} \text{ m} = 0\cdot025 \text{ mm}$$

243. Critical cooling दर को परिभाषित कीजिए।

उत्तर : यह Austenite की सबसे धीमी कूलिंग दर है जो transformation के द्वारा 100% martensite में फलित होती है।

244. Hardening के पश्चात् tempering क्यों आवश्यक है ?

उत्तर : मारटेनसाइट (martensite) जो quenching के दौरान बनता है, बहुत ही भंगुर (brittle) होता है तथा इसलिए कई स्थितियों में प्रयुक्त नहीं होता है। मारटेनसाइट के बनने के दौरान स्टील में अवशिष्ट प्रतिबल (residual stresses) भी विकसित हो जाती है। इसलिए hardening के बाद सदैव tempering की जाती है।

245. Cold working, मेटेलिक पदार्थों की सामर्थ्य (strength) को क्यों बढ़ा देता है ?

उत्तर : गुणों में महत्त्वपूर्ण परिवर्तन धातुओं की सामर्थ्य (strenght) में वृद्धि करना है। जैसे ही डिफॉर्मेशन बढ़ता जाता है, आगे के डिफॉर्मेशन को धातु का प्रतिरोध लगातार बढ़ता है। उसी समय धातु की तन्यता (ductility) घटती जाती है। यह फिनोमिनन strain hardening कहलाता है। पुनः जैसे ही cold working का तापमान बढ़ता है, strain hardening की दर कम होती है। इस प्रकार सभी धातुओं की कठोरता (hardness), cold work के साथ बढ़ती है।

246. Interstitial तथा Vacancy diffusion के बीच अन्तर बताइए।

(AMIE, Summer 2006)

उत्तर: Interstitial defects : परमाणुओं की close-packed व्यवस्था में यदि atomic packing factor कम है तो एक अतिरिक्त परमाणु क्रिस्टल स्ट्रक्चर में स्थापित हो सकती है। तब यह दोष इन्टरस्टिशियल दोष कहलाता है।

एक परमाणु नियमित रूप से स्थापित परमाणुओं के बीच interstitial void अथवा space में तभी प्रवेश कर सकता है जब यह parent atom की तुलना में पर्याप्त रूप से छोटा होता है अन्यथा यह atomic distoration उत्पन्न करेगा। ये दोष single interstitial, di-interstitials तथा tri-interstitials हो सकते हैं।

Vacancy defects : वेकेन्सी दोष उस समय उत्पन्न होता है जब लैटिस से कोई संरचनात्मक इकाई (constituent unit) अपने स्थान को छोड़ देती है। यह missing atom अथवा vacant atomic site को सन्दर्भित है। ऐसे दोष या तो मूल क्रिस्टेलाइजेशन के दौरान अपूर्ण पेकिंग से अथवा उच्च तापमानों पर परमाणुओं के thermal vibrations से उठ सकते हैं।

247. धात्विक पदार्थों में क्या solid solubility, तापमान का function है? स्पष्ट कीजिए।

उत्तर : हाँ, जैसे ही तापमान में वृद्धि होती है, सामर्थ्य (strength) तथा प्रत्यास्थ सीमा (elastic limit) में कमी होती है तथा solid solubilty बढ़ती है।

248. ग्रेन साइज (grain size) कैसे पदार्थों की yield strength को प्रभावित करता है?

उत्तर : छोटे ग्रेन्स (grains) रखने वाली धातुएँ (फाइन ग्रेन वाली संरचना) कठिनता से डिफॉर्म होती हैं, अर्थात् वे उच्च yield सामर्थ्य, उच्च तनन सामर्थ्य तथा अधिक कठोरता रखती हैं। ऊष्मा उपचार (heat treatment) के दौरान, प्रक्रम जो foreign atoms का diffusion चाहते हैं, fine grained स्ट्रक्चर के साथ अधिक प्रभावी होते हैं। इसी कारण से, fine grained स्टील सरफेस हार्डेनिंग प्रोसेस में तेजी से कठोरता विकसित करता है जैसे कार्बुराजिंग (carburising)।

249. Elastomers क्या है?

उत्तर : एलास्टोमर्स (elastomers) ऐसे पॉलीमर्स हैं जिनमें उच्च प्रत्यास्थता (high elasticity) का गुण होता है। इन पर भार लगाने पर इनकी लम्बाई में मूल लम्बाई (original length) का 5 से 10 गुना तक वृद्धि हो जाती है तथा भार हटाने पर पुनः अपने मूल आकार में आ जाते हैं। संरचना की दृष्टि से ये सामान्य ताप पर non-crystalline पॉलीमर्स होते हैं तथा इनकी संरचना long chain अणुओं तथा 3-dimensional नैटवर्क के मध्य की होती है।

250. Covalent पदार्थों के melting point बहुत उच्च क्यों होते हैं?

उत्तर : क्योंकि डायमण्ड की कठोरता इस सत्य का परिणाम है कि प्रत्येक कार्बन परमाणु चार पड़ोसी परमाणुओं के साथ covalently बाण्डिड है तथा प्रत्येक पड़ोसी (neighbour) परमाणु दृढ़-3-dimensional स्ट्रक्चर बनाने को समान संख्या के परमाणुओं के साथ बॉण्डिड है।

(B) सबसे उचित पसन्द (appropriate choice) बताइए—

1. Valency electrons परमाणु में ऊर्जा स्तर occupy करते हैं—
   (a) उच्चतम (highest) (b) निम्नतम (lowest)
2. इलेक्ट्रॉन की भाँति व्यवहार कर सकता है—
   (a) particle (b) wave
   (c) particle तथा wave दोनों
3. प्राइमरी बन्ध (bond) सेकेण्डरी बन्धों की तुलना में अधिक होते हैं—
   (a) दृढ़ (strong) (b) दुर्बल (weak)
4. दो पड़ोसी परमाणुओं के द्वारा इलेक्ट्रॉन की sharing से निर्मित होता है—
   (a) covalent bond (b) ionic bond
5. वह यूनिट सैल जिसमें केवल corners पर ही परमाणु होते हैं, कहलाती है—
   (a) BCC (b) FCC
   (c) HCP (d) Primitive cell
6. चालक (conductor) पदार्थों में valency band तथा conduction band के energy gap होता है—
   (a) Big energy gap (b) Small energy gap
   (c) No gap, they over-lap
7. एक क्रिस्टल के पैरामीटर्स $a = b = c$ तथा $\alpha = \beta = \gamma = 90°$ हैं। यह इस सिस्टम से सम्बन्धित है—
   (a) Cubic (b) Triclinic
   (c) Hexagonal system
8. BCC लैटिस के दो परमाणुओं के मध्य न्यूनतम दूरी है—
   (a) $\frac{a\sqrt{2}}{3}$ (b) $\frac{a\sqrt{3}}{2}$ (c) $\sqrt{3a}$ (d) $\frac{a}{\sqrt{2}}$
9. लैड (lead) में लैटिस होते हैं—
   (a) fcc (b) scc (c) bcc
10. Visible light के प्रति वह ठोस जो सदा अपारदर्शक (opaque) रहता है—
    (a) आयनिक क्रिस्टल (b) सहसंयोजी (covalent) क्रिस्टल
    (c) धात्विक (metallic) ठोस (d) उपरोक्त में कोई नहीं
11. एक यूनिट सैल में $a \neq b \neq c$ तथा $\alpha \neq \beta = \gamma$। यह इस वर्ग का क्रिस्टल है—
    (a) Hexagonal (b) Monoclinic
    (c) Triclinic (d) Orthorhomic
12. पदार्थ की stiffness इसके द्वारा प्रदर्शित होती है—
    (a) Young's modulus (b) Bulk modulus
    (c) Shear modulus
13. पदार्थ में elongation तथा bending सहने की क्षमता उसके इस गुण के कारण होती है—

(a) Stiffness (b) Brittleness
(c) Ductility (d) Melleability

14. एक पदार्थ को rupture हुए बिना पतली चादर (sheet) में roll किया जा सकता है। इसका अर्थ है कि वह पदार्थ है—
(a) elastic (b) ductile (c) plastic (d) malleable

15. पदार्थ में ductility की कमी इसका सूचक है—
(a) elasticity (b) brittleness
(c) plasticity (d) malleability

16. वह अधिकतम प्रतिबल जिस पर stress तथा strain परस्पर समानुपाती रहते हैं, कहलाती है—
(a) elastic limit (b) yield point stress
(c) proportional limit (d) rupture stress

17. ग्रिफिथ का सिद्धान्त पूर्णतया इस पदार्थ के लिए सत्य है—
(a) एलास्टिक (b) प्लास्टिक (c) डक्टाइल (d) ब्रिटैल

18. ये पदार्थ प्रबलता से (strongly) चुम्बक द्वारा आकर्षित होते हैं—
(a) फैरोमेगनेटिक (b) डायमेगनेटिक (c) पैरामेगनेटिक

19. अर्द्धचालकों की चालकता (conductivity) ताप वृद्धि पर—
(a) बढ़ती है (b) घटती है (c) स्थिर रहती है

20. P-Type Extrinsic अर्द्धचालक निर्मित करने के लिए अशुद्धि प्रयुक्त की जाती है—
(a) covalent (b) pentavalent (c) trivalent

21. एमोरफस पदार्थों की थर्मल कन्डक्टिविटी ताप वृद्धि के साथ—
(a) बढ़ती है (b) घटती है (c) स्थिर रहती है

22. रिफ्रेक्ट्रीज में सहने की क्षमता होती है—
(a) थर्मल (b) मेकेनिकल (c) विद्युत शॉक

23. धातुएँ अच्छी सुचालक हैं क्योंकि उनका valence bond होता है—
(a) partially filled (b) fully filled
(c) completely empty

24. सोल्डर मेटिरियल होता है—
(a) Pb-Cu एलॉय (b) Cu-Zn एलॉय
(c) Pb-Sn एलॉय

25. Transition temperature पद इससे सम्बन्धित है—
(a) तनन गुणों (b) फटिंग गुणों
(c) इम्पेक्ट गुणों (d) क्रीप गुणों

26. टेम्परिंग का तापमान उच्चतर (higher) होने पर—
(a) उत्पाद softner होगा (b) उत्पाद tougher होगा
(c) उत्पाद harder होगा (d) उत्पाद अधिक strong होगा

27. केडमियम का सामान्य क्रिस्टल स्ट्रक्चर होता है—
(a) FCC (b) BCC
(c) HCP (d) इनमें से कोई नहीं

28. Cu-Pb-Sn एलॉय इसका उदाहरण है—
(a) ऊष्मा प्रतिरोधी एलॉय (b) बियरिंग एलॉय
(c) मेगनेटिक एलॉय (d) संक्षारण प्रतिरोधी एलॉय

29. फाइबर ग्लास इसका composite है—
(a) पॉलीमर मेटरिक्स में ग्लास फाइबर्स
(b) ग्लासी मेटरिक्स में पॉलीमर फाइबर्स
(c) मेटल मेटरिक्स में ग्लास फाइबर

30. Theoretical strength के निकट रखने वाले बहुत thin dimension के फाइबर्स इस नाम से जाने जाते हैं—
(a) सेमीकन्डक्टर्स (b) सिरेमिक्स
(c) व्हिसकर्स (whiskers) (d) सिंगल क्रिस्टल्स

31. पदार्थ जो age hardening से गुजरते हैं का उदाहरण है—
(a) Al-4% Cu एलॉय (b) Fe-12% Cr एलॉय
(c) टूल स्टील (d) फैराइट

32. विद्युत बल्ब का फिलामेन्ट इसके द्वारा बनाया जाता है—
(a) कोल्ड ड्राइंग (b) हॉट ड्राइंग
(c) पाउडर मेटलर्जी

33. निम्न में composite material कौन-सा है—
(a) कंक्रीट (concrete) (b) प्लास्टिक्स

34. निम्न में से कौन-सी rubbers वेक्यूम सीलिंग के लिए प्रयुक्त 'O' rings बनाने के लिए प्रयोग की जाती है—
(a) Butadiene rubber (b) Neoprin rubber

35. सरफेस हार्डनैस को सुधारने के लिए पदार्थ का—
(a) Spheroidising किया जाता है (b) कार्बुराइजिंग किया जाता है

उत्तर (Answers)

1. (a) **2.** (c) **3.** (a) **4.** (a) **5.** (d) **6.** (c) **7.** (a) **8.** (b)
9. (a) **10.** (c) **11.** (c) **12.** (a) **13.** (c) **14.** (a) **15.** (b) **16.** (c)
17. (d) **18.** (a) **19.** (a) **20.** (c) **21.** (a) **22.** (a) **23.** (a) **24.** (c)
25. (c) **26.** (a) **27.** (c) **28.** (b) **29.** (a) **30.** (c) **31.** (a) **32.** (c)
33. (a) **34.** (b) **35.** (b)

(C) रिक्त स्थानों की पूर्ति कीजिए—

1. परमाणु क्रमांक (Atomic number), परमाणु के .... में .... की संख्या प्रदर्शित करता है। एक न्यूट्रल परमाणु में प्रोट्रॉन विद्युतीय रूप से नाभिक के बाहर उपलब्ध इलेक्ट्रॉनों की समान संख्या से सन्तुलित होते हैं।
[उत्तर : न्यूक्लियस, प्रोटॉन]
2. यूनिट सैल की dimensions को .... कहा जाता है।
[उत्तर : Lattice parameter]
3. एक FCC क्रिस्टल का co-ordination number .... है।
[उत्तर : 12]
4. एक simple cubic structure का atomic packing factor .... है।
[उत्तर : 0.52]
5. एक BCC structure का atomic factor .... है।
[उत्तर : $\frac{\sqrt{3}}{4}$]
6. एक BCC स्ट्रक्चर का atomic packing factor .... है।
[उत्तर : 0.74]
7. एक BCC स्ट्रक्चर में परमाणुविक त्रिज्या .... है।
[उत्तर : $\frac{\sqrt{3}}{4} a$]
8. एक sub-shell में इलेक्ट्रॉनों की अधिकतम संख्या .... है।
[उत्तर : 2 (21 + 1)]
9. X-rays की wavelength range...................... है।
[उत्तर : 0.02 Å to 10 Å]
10. ब्रेग के diffraction के नियम के अनुसार, $n\lambda =$ .... ।
[उत्तर : $n\lambda = 2d \sin\theta$]
11. फोटो-इलेक्ट्रिक सैल .... ऊर्जा को .... में परिवर्तन करती है।
[उत्तर : प्रकाश ऊर्जा, विद्युत ऊर्जा]
12. हाइड्रोजन परमाणु के प्रथम बोर कक्ष (Bohr's orbit) में परिक्रमण करते हुए इलेक्ट्रॉन की कुल ऊर्जा .... eV है।
[उत्तर : 13.6]
13. NaCl में FCC लैटिस होता है जिसकी $a = 5.63$ Å। इस क्रिस्टल में (100) तलों के सिस्टम की स्पेसिंग .... है।
[उत्तर : 2.82 Å]
14. .... Point प्रतिबल का वह मान प्रदर्शित करता है जिस पर प्रतिबल में वृद्धि हुए बिना स्ट्रेन में अत्यधिक वृद्धि होती है।
[उत्तर : Yield point]

15. अनेक पदार्थों की 0°K पर प्रतिरोधकता (resistivity) शून्य होती है। ये पदार्थ .... कहलाते हैं।

[उत्तर : सुपर कंडक्टर्स]

16. चुम्बकीय क्षेत्र में विकर्षित (repel) होने वाले चुम्बकीय पदार्थ .... होते हैं।

[उत्तर : डायमेगनेटिक]

17. चुम्बकीय पदार्थों के .... गुण के कारण उन्हें चुम्बकीय क्षेत्र में रखने पर चुम्बकीय क्षेत्र के विपरीत दिशा में हल्के से चुम्बकित हो जाते हैं।

[उत्तर : डायमेगनेटिक]

18. स्थायी चुम्बक बनाने के लिए .... स्टील प्रयुक्त किया जाता है।

[उत्तर : टंगस्टन]

19. फेरोमेगनेटिक पदार्थों को magnetic करने पर उनकी dimensions में अल्प परिवर्तन (small changes) होते हैं। यह प्रभाव .... कहलाता है।

[उत्तर : मेगनेटोस्ट्रिक्शन]

20. .... सिद्धान्त के अनुसार इलेक्ट्रॉन, स्थिर पोटेन्शियल क्षेत्र में गति करते हैं।

[उत्तर : सोमर फोल्ड]

21. कृत्रिम रबर (synthetic rubber) में .... अधिकता से प्रयुक्त किया जाता है।

[उत्तर : Co-polymerisation]

22. .... पॉलीमेराइजेशन में कोई बाइप्रोडेक्ट नहीं प्राप्त होता है।

[उत्तर : एडिशन (Addition)]

23. .... पदार्थ वह प्लास्टिक है जिन्हें आकार (shape) देने के लिए ऊष्मा एवं दाब की आवश्यकता है।

[उत्तर : थर्मोसेटिंग]

24. रबर की वुलकेनाइजिंग द्वारा उसके .... गुणों में काफी सुधार किया जा सकता है।

[उत्तर : मेकेनिकल]

25. धात्विक कोटिंग एप्लाई करने की सरलतम विधि .... है।

[उत्तर : Dipping]

26. .... एक shear डिफॉर्मेशन है जो एक समतल के परमाणुओं के ऊपर किसी अन्य क्रिस्टल समतल में atom by atom अनेक interatomic distances तक गति करता है।

[उत्तर : स्लिप (slip)]

27. सबसे सरल point defects .... है तथा इसमें धातु क्रिस्टल का कोई परमाणु missing होता है।

[उत्तर : Vacancies]

28. ध्वनि के साथ यकायक उत्पन्न होने वाला defect ············ कहलाता है।
[उत्तर : Twining]
29. Interstitial तथा ············ परस्पर विपरीत प्रक्रियाएँ हैं।
[उत्तर : Vacancies]
30. शॉटकी दोष तथा vacancies के कारण ············ डिफ्यूजन होता है।
[उत्तर : Atomic]
31. ············ डिसलोकेशन climb तथा glide कर सकता है।
[उत्तर : Edge]
32. ············ डिसलोकेशन केवल glide कर सकता है।
[उत्तर : Screw]
33. Hypo-eutectoid स्टील में ············% कार्बन content होता है।
[उत्तर : 0.8%]
34. स्टील में निकिल एलॉयिंग करने से उसकी ············ बढ़ती है।
[उत्तर : Toughness]
35. स्टील में सिलिकॉन मिलाने से उसकी ············ बढ़ती है।
[उत्तर : विद्युत प्रतिरोध एवं चुम्बकशीलता]
36. ब्रास (brasses) ············ धातुओं के एलॉय है।
[उत्तर : कॉपर तथा जिंक]
37. ············ का शुद्ध क्रिस्टल एक instrinsic semiconductor है।
[उत्तर : सिलिकॉन (silicon)]
38. Strain hardening रिक्रिस्टलाइजेशन तापमान के नीचे तापमानों पर प्लास्टिक डिफॉर्मेशन के द्वारा ············ तथा ············ बढ़ाता है।
[उत्तर : सामर्थ्य, कठोरता]
39. मेगनेसाइट (magnesite) एक ············ पदार्थ है।
[उत्तर : रिफ्रेक्टरी]
40. हेक्सा ब्लेड ············ कार्बन स्टील से बने होते हैं।
[उत्तर : उच्च]
41. Martensitic transformation ············ ऊष्मा उपचार के द्वारा प्राप्त हो सकता है।
[उत्तर : टेम्परिंग]
42. कोल्ड-वर्किंग ············ तापमान के नीचे की जाती है।
[उत्तर : रिक्रिस्टेलाइजेशन]
43. फाइबर ग्लास रीनफोर्सड प्लास्टिक एक ············ पदार्थ है।
[उत्तर : कम्पोजिट (composite)]
44. एल्यूमिनियम डोप्ड सिलिकॉन अथवा जरमेनियम ············ सेमीकन्डक्टर बनाता है।
[उत्तर : p-type]

45. ग्रेफाइट एक .... बाण्डिड सालिड है।
[उत्तर : कोवेलेन्ट]
46. .... कम्प्यूटर मेगनेटिक मेमोरी कोर्स (cores) के रूप में प्रयुक्त किया जाता है।
[उत्तर : फैराइट]
47. .... तथा .... प्लास्टिक डिफॉर्मेशन को दो मोड्स (modes) हैं।
[उत्तर : स्लिप तथा ट्वीनिंग]
48. .... एक फाइबर सिलिकेट मिनरल है।
[उत्तर : एसबेसट्स]
49. बेईनाइट (bainite) बनाने को आइसोथर्मल ट्रांसफॉर्मेशन का प्रक्रम .... है।
[उत्तर : एसटेम्परिंग (austempering)]
50. आंशिक रूप से डिहाइड्रेटिट जिप्सम का बना प्लास्टर .... होता है।
[उत्तर : प्लास्टर ऑफ पेरिस]

(D) निम्न में सही (True)/गलत (False) लिखिए—

1. सिरेमिक पदार्थ मुख्य रूप से सेकेन्डरी बाण्डिंग रखते हैं।
2. कम्पोजिट्स सदैव धातुओं तथा सिरेमिक्स के मिश्रण होते हैं।
3. नान-क्रिस्टेलाइन पदार्थ सामान्यतया क्यूबिक स्ट्रक्चर रखते हैं।
4. सेमीकन्डक्टर पदार्थ सदैव covalent bonding रखते हैं।
5. हेक्सागोनल क्लोज पेक्ड स्ट्रक्चर की atomic packing 0.74 है।
6. सभी pyroelectric पदार्थ piezoelectric नहीं हैं परन्तु सभी piezoelectric पदार्थ पायरोइलेक्ट्रिक हैं।
7. Avogardo's number का मान 6.023×10^{-23} mol^{-1} है तथा Boltzmann's constant 1.38×10^{23} Jk^{-1} है।
8. HCP धातुओं में स्लिप सिस्टम का number 48 है।
9. Weldability तथा hardenability विपरीत रूप से सम्बन्धित हैं।
10. Butyl रबर ऑटोमोबाइल ट्यूबों को बनाने के लिए प्रयुक्त की जाती है।
11. ग्लास ट्रांजिशन तापमान पॉलीमर्स तथा ग्लासेज दोनों को लागू होता है।
12. Twinning केवल HCP धातुओं में सम्भव है।
13. रासायनिक बन्ध cohesive प्रकृति के होते हैं।
14. किसी परमाणु के समीपस्थ स्थित परमाणु की संख्या Miller Indice कहलाती है।
15. एक BCC स्ट्रक्चर में परमाणुविक त्रिज्या $\left(\frac{\sqrt{3}}{4}a\right)$ है।
16. आयनिक बन्ध unidirectional होते हैं।
17. BCC लैटिस के दो परमाणुओं के मध्य न्यूनतम दूरी $\frac{a\sqrt{2}}{3}$ है।

18. प्लास्टिसिटी के कारण पदार्थ में permanent set उत्पन्न होता है।
19. पदार्थ की कठोरता उसके penetration के प्रति प्रतिरोध का सूचक है।
20. ग्रिफिथ का सिद्धान्त पूर्णतया डक्टाइल पदार्थ के लिए सत्य है।
21. हुक के नियम के अनुसार प्रत्यास्थ डिफॉर्मेशन में प्रत्यास्थ सीमा के अन्तर्गत प्रतिबल, स्ट्रेन के समानुपाती होता है।
22. क्रिस्टल स्ट्रक्चर का यान्त्रिक दाब लगाने से उसकी चालकता घटती है।
23. अर्द्धचालकों की चालकता (conductivity) ताप वृद्धि पर घटती है।
24. Whiskers धातुओं के दोषयुक्त सिंगल क्रिस्टल होते हैं।
25. डायलेक्ट्रिक्स (dielectrics) उच्च विद्युत प्रतिरोधकता वाले पदार्थ होते हैं।
26. गारनेट (Garnets) नानमेटेलिक चुम्बकीय पदार्थ होते हैं।
27. किसी पदार्थ की, डिफॉर्मेशन अथवा softening हुए बिना उच्च तापमान सहने की क्षमता रिफ्रेक्ट्रीनैस कहलाती है।
28. मोनोमर्स का परस्पर डिलिंक होना पॉलीमेराइजेशन कहलाता है।
29. फीनॉलिक्स तथा पॉलीस्टाइरीन क्रमशः थर्मोप्लास्टिक्स एवं थर्मोसेटिंग प्लास्टिक्स के उदाहरण हैं।
30. Interstitial तथा Vacancies परस्पर विपरीत प्रक्रियाएँ हैं।
31. डिसलोकेशन के चारों ओर परमाणु की विस्थापन दूरी बर्जर वेक्टर कहलाती है तथा यह edge dislocation लाइन के समानान्तर होता है।
32. धातु की cold working से उसकी ultimate tensile stress घटती है।
33. ग्रेन बाउण्ड्री की surface energy का मात्रक (units) Ergs/cm होता है।
34. वह तापमान जिस पर एक cold worked धातु में एक घण्टे में 50% stress free ग्रेन निर्मित हो जाते हैं, रिक्रिस्टलाइजेशन तापमान कहलाता है।
35. स्टील में सिलिकॉन मिलाने से उसकी चुम्बकशीलता (permeability) बढ़ती है।

उत्तर (Answers)

1. गलत	2. गलत	3. गलत	4. सही	5. सही
6. सही	7. गलत	8. गलत	9. सही	10. सही
11. गलत	12. गलत	13. सही	14. गलत	15. सही
16. सही	17. गलत	18. सही	19. सही	20. गलत
21. सही	22. सही	23. गलत	24. गलत	25. सही
26. सही	27. सही	28. गलत	29. गलत	30. सही
31. गलत	32. गलत	33. गलत	34. सही	35. सही

●

INDEX